Standardized List of Quality Supervision and Inspection of Power Project

火力发电工程
质量监督检查标准化清单

电力工程质量监督总站　主编

2018 年版　　**上册**

中国电力出版社
CHINA ELECTRIC POWER PRESS

内 容 提 要

本书为《火力发电工程质量监督检查标准化清单》，共有 10 部分，分别是首次监督检查、地基处理监督检查、主厂房主体结构施工前监督检查、主厂房交付安装前监督检查、锅炉水压试验前监督检查、汽轮机扣盖前监督检查、厂用电系统受电前监督检查、建筑工程交付使用前监督检查、机组整套启动试运前监督检查、机组商业运行前监督检查。附录列出了检查依据文件中的相关表格。

本书供火力发电工程质量监督检查相关专业技术人员使用。

图书在版编目（CIP）数据

火力发电工程质量监督检查标准化清单：2018 年版：全 2 册/电力工程质量监督总站主编. —北京：中国电力出版社，2019.9
ISBN 978-7-5198-3671-9

Ⅰ.①火…　Ⅱ.①电…　Ⅲ.①火力发电—电力工程—工程质量监督　Ⅳ.①TM621

中国版本图书馆 CIP 数据核字（2019）第 202452 号

出版发行：中国电力出版社
地　　址：北京市东城区北京站西街 19 号
邮政编码：100005
网　　址：http://www.cepp.sgcc.com.cn
责任编辑：姜　萍（010-63412368）　马雪倩
责任校对：黄　蓓　李　楠　郝军燕　王海南　马　宁
装帧设计：赵姗姗
责任印制：吴　迪

印　　刷：北京天宇星印刷厂
版　　次：2019 年 9 月第一版
印　　次：2019 年 9 月北京第一次印刷
开　　本：787 毫米×1092 毫米　横 16 开本
印　　张：79.5
字　　数：1967 千字
印　　数：0001—1500 册
定　　价：318.00 元（上、下册）

编　委　会

主 任 委 员　张天文

副主任委员　王振伟　李　晛

委　　　员　张学平　孙向东　朱品德　李传玉　江　明　朱　滨　李德林　陈长才

　　　　　　　王郁田　杜　增

审　　　核　刘志伟　李仲秋　薛建峰　吴　松　刘凤梅　张盛勇　张　宁　王力争

　　　　　　　李　磊　刘福海　李　真　罗　凌　杜　洋　黄勇德　陆彦章　蒋　雁

编 审 人 员 名 单

编 制 人 员

质量行为部分

建　设　单　位：孙向东　杜　增　胡俊琛　崔　影

勘察设计单位：刘美丽　姜越訡　胡俊琛　崔　影

监　理　单　位：孙向东　杜　增　刘美丽　胡俊琛

施　工　单　位：乔建潮　曹月平　赵　瑞

调　试　单　位：曹月平　毕正大　汤　兴

生产运行单位：王郁田　曹月平　赵　瑞　李　明

检　测　单　位：杨庆斌　崔　影　王亦民　樊传琦

　　　　　　　　毕正大

实体质量部分

地基处理专业：廖光农　张宗武　胡俊琛

建　筑　专　业：杨庆斌　陈尚文　陈三林　张宗武

锅　炉　专　业：孙仁学　秦淮伍　田壮齐

汽　机　专　业：赵　瑞　李　明　杨建清

电　气　专　业：曹月平　汪建生　姜越訡　毕正大

热　控　专　业：崔　影　张国强

化　环　专　业：郑玉敏　汤　兴

调 试 专 业：曹月平　张小光　汤　兴　　　　　电 气 专 业：曹月平　乔建潮　毕正大

生产准备专业：曹月平　李　明　　　　　　　　金 属 专 业：王亦民　樊传琦　何　玲

监督检测部分

建 筑 专 业：杨庆斌　陈三林

审 核 人 员

质量行为部分

建 设 单 位：陈长才　杜　增

勘察设计单位：王郁田　杜　增

监 理 单 位：刘凤梅　姜越訏　乔建潮

施 工 单 位：刘凤梅　乔建潮　杜　增

调 试 单 位：王郁田　汪健生

生产运行单位：刘凤梅　赵　瑞

检 测 单 位：刘凤梅　陈三林　何　玲

实体质量部分

地基处理专业：吴　松　陈尚文　胡俊琛　张宗武

建 筑 专 业：吴　松　杨庆斌　陈尚文　陈三林　胡俊琛

锅 炉 专 业：孟德峰　李传玉　江　明　胡发祥　秦淮伍

汽 机 专 业：刘志伟　李德林　杨建清　李　明

电 气 专 业：王郁田　朱　滨　乔建潮　汪建生　姜越訏

热 控 专 业：朱品德　张国强

化 环 专 业：周仲康　邢　畅

调　试　专　业：李德林　王郁田　曹月平　　　　电　气　专　业：王郁田　曹月平　汪健生

生产准备专业：朱　滨　乔建潮　赵　瑞　　　　金　属　专　业：肖　俊　刘志伟　王亦民

监督检测部分

建　筑　专　业：吴　松　张宗武　陈尚文

为有效落实《火力发电工程质量监督检查大纲》（以下简称《大纲》）的要求，实现监督检查工作电子化和数据集成化，根据标准、管理文件的更新变化情况，电力工程质量监督站组织安徽省电力工程质量监督中心站等单位，集合电力行业优秀专家，对 2015 年版《火力发电工程质量监督检查标准化清单》（以下简称《标准化清单》）进行了修编。

本次《标准化清单》修编工作以"依据可靠全面、检查要点统一、问题描述规范、记录格式一致"为指导思想，以当前最新版本国家法律、法规、标准或管理文件和行业规程、规范等为依据，在总结分析 2015 年版《标准化清单》的基础上，针对使用过程中发现的问题，梳理全篇内容，采用统一组织、分工负责、专业编制、集中审核修编而成。

本版《标准化清单》的适用范围与《大纲》的适用范围相同。

一、《标准化清单》的主要内容

本版《标准化清单》保留了 2015 年版《标准化清单》的组成部分、结构布局、行文规则以及阶段划分。

本版《标准化清单》由正文和附录两部分组成，正文按照《大纲》的内容结构划分为首次监督检查、地基处理监督检查、主厂房主体结构施工前监督检查、主厂房交付安装前监督检查、锅炉水压试验前监督检查、汽轮机扣盖前监督检查、厂用电系统受电前监督检查、建筑工程交付使用前监督检查、机组整套启动试运前监督检查和机组商业运行前监督检查共十个部分，每部分均包括质量行为、实体质量和监督检测三项内容。附录中根据标准或文件名称分类，并按实际表号排序汇总了依据文件中的各相关表格。每项表格内容均由依据文件名、表号表名和表格正文三部分组成。

本版《标准化清单》对应《大纲》中的各条款，分别编制了"检查依据"和"检查要点"，并规范了"问题描述"的叙述格式，具体如下：

"检查依据"原文摘录了与《大纲》条款对应的国家标准或文件，其中包括了相关要求和执行标准两方面的内容，便于监检人员在现场检查时能够快速、有针对性地查询。每个依据文件名均用加重字体表示，以便于识别。

"检查要点"中明确了《大纲》各条款检查的最基本检查对象、检查要素及相应的检查标准，细化了《大纲》各条款的执行点，增强了《大纲》的可操作性。检查要点的表达逻辑一般是：查看检查对象中的（另起一行）一个或若干检查点应达到的标准。

二、《标准化清单》的修编原则

本版《标准化清单》重点对 2015 年版《标准化清单》中引用标准已过期作废的、重点不突出的以及与《大纲》条款不对应的"检查依据"进行了修订，对表述不准确的、内容不完整的"检查要点"进行了补充完善。

（一）依据可靠全面

按照依法依规的原则，《大纲》所有检查条款都以国家有关法律、法规、标准或管理文件的要求为依据。相关标准或文件的取定原则如下：

依据有效：依据标准或文件是国家或行业发布的最新有效版本。

排序规范：一个《大纲》条款对应有多个标准或文件依据时，按照"国家法律法规→政府部门规章→国家标准→电力行业标准→其他行业标准"的等级顺序列出，同等级的不同标准或文件按时间最近优先的顺序排列。

简明完整：一段文字中不必要的文字用省略号（……）代替，只保留与《大纲》条款及应达到的有关标准相关的文字内容。

重叠不省：各依据标准或文件内容有重叠的部分不省略，保证内容查阅时的独立完整性。

相同不略：多个《大纲》条款依据相同的标准或文件，即使内容相同，也同时列出。

表格另建：依据标准或文件中的表格另建附表。

（二）检查要点统一

监督检查的深度保持在一个基本水平之上，不因检查人员专业技术水平、实际工作经验等差异影响检查的效果。采取的具体原则如下：

要点明确：检查要点是证明《大纲》条款得到落实的最基本点和工程施工中经常出现问题或危及安全、质量的最重要点。

对象规范：检查对象名称与国家规定名称相符。国家无规定时，与行业惯用名称一致。无行业惯用名称时，按照合理原则确定检查对象的名称。

标准具体：检查执行的合格标准直接可衡量、操作性强。

三、使用说明

本版《标准化清单》是在明确《大纲》各条款的依据标准或文件、细化《大纲》各条款基本执行要点的基础上形成的表格式标准化文件，既是电力工程现场监督检查的执行基准，又是相关应用软件的运行基础，是应用软件的数据库支持文件，其内容会根据使用过程中发现的问题定期在应用软件中完善更新。

本版《标准化清单》"检查依据"中的标准或文件为 2019 年 3 月底前的有效版本，如依据标准或文件即时发生更新时，检查人员可按照更新的标准或文件执行，并将更新内容反馈给中电联电力工程质量监督站，收集后将对《标准化清单》持续进行集中定期更新。

本版《标准化清单》的"检查要点"是《大纲》各条款落实的基本要点，在监督检查时全部执行，但"检查要点"并不意味着涵盖了所有的检查点。检查人员在现场检查时可根据实际情况和相关的标准或文件相应增加检查要点。

目录

前言

上　册

第 1 部分　首次监督检查 …………………………… 1

第 2 部分　地基处理监督检查 …………………… 67

第 3 部分　主厂房主体结构施工前监督检查 …………… 251

第 4 部分　主厂房交付安装前监督检查 ……………… 363

第 5 部分　锅炉水压试验前监督检查 ………………………… 469

第 6 部分　汽轮机扣盖前监督检查 ……………………… 549

第 7 部分　厂用电系统受电前监督检查 ……………………… 619

下　册

第 8 部分　建筑工程交付使用前监督检查 …………… 701

第 9 部分　机组整套启动试运前监督检查 …………… 791

第 10 部分　机组商业运行前监督检查 ……………… 897

附录 ……………………………………………… 963

《通用硅酸盐水泥》GB 175—2007 ……………964

《碳素结构钢》GB/T 700—2006 ………………………………… 965

《钢筋混凝土用钢　第 1 部分：热轧光圆钢筋》GB 1499.1—2017

………………………………………………………………… 967

《钢筋混凝土用钢　第 2 部分：热轧带肋钢筋》GB 1499.2—2018

………………………………………………………………… 968

《低合金高强度结构钢》GB/T 1591—2018 ……………… 971

《用于水泥和混凝土中的粉煤灰》GB/T 1596—2017 ……… 972

《钢结构用扭剪型高强度螺栓连接副》GB/T 3632—2008 …… 974

《烧结普通砖》GB 5101—2017 …………………………… 974

《建筑外门窗气密、水密、抗风压性能分级及检测方法》

　　GB/T 7106—2008 ……………………………………… 975

《电厂运行中矿物涡轮机油质量》GB/T 7596—2017 …… 975

《混凝土外加剂》GB 8076—2008 ……………………… 977

《污水综合排放标准》GB 8978—1996 ………………… 979

《旋转电机噪声测定方法及限值　第 3 部分：噪声限值》

　　GB 10069.3—2006 …………………………………… 983

《绝热用模塑聚苯乙烯泡沫塑料》GB/T 10801.1—2002 …… 986

《蒸压加气混凝土砌块》GB 11968—2006 …………… 986

《火力发电机组及蒸汽动力设备水汽质量》GB/T 12145—2016

　　………………………………………………………… 987

《火电厂大气污染控制标准》GB 13223—2011 ………… 993

《预拌混凝土》GB/T 14902—2012 …………………… 996

《建筑用硅酮结构密封胶》GB 16776—2005 ………… 997

《弹性体改性沥青防水卷材》GB 18242—2008 ……… 998

《室内空气质量标准》GB/T 18883—2002 …………… 999

《透平型发电机定子绕组端部动态特性和振动试验方法及评定》

　　GB/T 20140—2006 …………………………………… 1000

《电力安全工作规程　发电厂和变电站电气部分》GB 26860—2011

　　………………………………………………………… 1001

《建筑地基基础设计规范》GB 50007—2011 ………… 1002

《混凝土结构设计规范》GB 50010—2010 …………… 1004

《工程测量规范》GB 50026—2007 …………………… 1004

《电气装置安装工程　高压电器施工及验收规范》

　　GB 50147—2010 ……………………………………… 1006

《电气装置安装工程　电力变压器、油浸电抗器、互感器施工及

　　验收规范》GB 50148—2010 ………………………… 1007

《电气装置安装工程　母线装置施工及验收规范》

　　GB 50149—2010 ……………………………………… 1007

《电气装置安装工程　电气设备交接试验标准》GB 50150—2016

　　………………………………………………………… 1010

《混凝土质量控制标准》GB 50164—2011 …………… 1017

《电气装置安装工程　旋转电机施工及验收规范》

　　GB 50170—2006 ……………………………………… 1018

《建筑地基基础工程施工质量验收规范》GB 50202—2018·····1018

《砌体结构工程施工质量验收规范》GB 50203—2011·········1027

《混凝土结构工程施工质量验收规范》GB 50204—2015·······1030

《钢结构工程施工质量验收规范》GB 50205—2001············1031

《建筑防腐蚀工程施工质量验收规范》GB/T 50224—2018····1032

《建筑工程施工质量验收统一标准》GB 50300—2013·········1033

《屋面工程技术规范》GB 50345—2012························1034

《建筑节能工程施工质量验收规范》GB 50411—2007·········1036

《混凝土结构工程施工规范》GB 50666—2011··············1038

《钢结构工程施工规范》GB 50755—2012·····················1038

《火电厂凝汽器管防腐防垢导则》DL/T 300—2011···········1039

《电厂用磷酸酯抗燃油运行与维护导则》DL/T 571—2014····1039

《火力发电厂锅炉化学清洗导则》DL/T 794—2012···········1041

《管道焊接接头超声波检验技术规程》DL/T 820—2002·······1041

《火力发电厂焊接技术规程》DL/T 869—2012···············1042

《电力基本建设热力设备化学监督导则》DL/T 889—2004····1043

《火电工程项目质量管理规程》DL/T 1144—2012············1044

《汽轮发电机运行导则》DL/T 1164—2012···················1046

《火力发电厂土建结构设计规程》DL 5022—2012············1046

《发电厂化学设计规范》DL 5068—2014······················1047

《火力发电厂保温油漆设计规程》DL/T 5072—2007··········1048

《电气装置安装工程　质量检验及评定规程》
DL/T 5161—2002·······································1050

《电力建设施工技术规范　第1部分：土建结构工程》
DL 5190.1—2012··1051

《电力建设施工技术规范　第2部分：锅炉机组》DL 5190.2—2012
···1054

《电力建设施工技术规范　第3部分：汽轮发电机组》
DL 5190.3—2012··1056

《电力建设施工技术规范　第4部分：热工仪表及控制装置》
DL 5190.4—2012··1059

《电力建设施工技术规范　第9部分：水工结构工程》
DL 5190.9—2012··1060

《电力建设施工质量验收及评价规程　第1部分：土建工程》
DL/T 5210.1—2012······································1061

《电力建设施工质量验收规程　第2部分：锅炉机组》
DL/T 5210.2—2018······································1082

《电力建设施工质量验收规程　第3部分：汽轮发电机组》

DL/T 5210.3—2018 ……………………………………… 1121

《火电工程达标投产验收规程》DL 5277—2012 …………… 1126

《火力发电厂调试质量验收及评价规程》DL/T 5295—2013

……………………………………………………… 1129

《电力建设工程监理规范》DL/T 5434—2009 …………… 1190

《火力发电建设工程启动试运及验收规程》DL/T 5437—2009

……………………………………………………… 1198

《电力工程施工测量技术规范》DL/T 5445—2010 ………… 1202

《固定污染源烟气（SO_2、NO_x、颗粒物）排放连续监测技术规范》

HJ 75—2017 ……………………………………… 1204

《氢冷电机气密封性检验方法及评定》JB/T 6227—2005 …… 1207

《粉煤灰砖》JC 239—2001 ……………………………… 1207

《普通混凝土用砂、石质量及检验方法标准》JGJ 52—2006

……………………………………………………… 1208

《混凝土用水标准》JGJ 63—2006 ……………………… 1209

《建筑地基处理技术规范》JGJ 79—2012 ……………… 1209

《钢结构高强度螺栓连接技术规程》JGJ 82—2011 ……… 1211

《建筑桩基技术规范》JGJ 94—2008 …………………… 1211

《建筑工程冬期施工规程》JGJ/T 104—2011 …………… 1214

《钢筋机械连接技术规程》JGJ 107—2016 ……………… 1216

《冻土地区建筑地基基础设计规范》JGJ 118—2011 ……… 1216

《混凝土结构后锚固技术规程》JGJ 145—2013 ………… 1217

《建筑工程检测试验技术管理规范》JGJ 190—2010 ……… 1217

《测量用电流互感器》JJG 313—2010 …………………… 1221

《测量用电压互感器》JJG 314—2010 …………………… 1224

《电力工程检测试验管理办法（试行）》电力工程质量监督总站质

监〔2015〕20 号 ……………………………………… 1224

《电力工程质量监督实施管理程序（试行）》中电联质监〔2012〕

437 号 ………………………………………………… 1229

《工程监理企业资质管理规定》中华人民共和国建设部令〔2007〕

158 号 ………………………………………………… 1231

《工程设计资质标准》中华人民共和国建设部建市〔2007〕

86 号 ………………………………………………… 1239

《注册建造师执业工程规模标准（试行）》中华人民共和国建设部

建市〔2007〕171 号…………………………………… 1239

第 **1** 部分

首次监督检查

条款号	大纲条款	检查依据	检查要点
4 责任主体质量行为的监督检查			
4.1 建设单位质量行为的监督检查			
4.1.1	工程项目经国家行政主管部门核准（批准），文件齐全	**1.《国务院关于发布政府核准的投资项目目录（2016年本）的通知》国发〔2016〕72号** 二、能源 火电站（含自备电站）：由省级政府核准，其中燃煤燃气火电项目应在国家依据总量控制制定的建设规划内核准。 **2.《政府核准投资项目管理办法》中华人民共和国国家发展和改革委员会令〔2014〕第11号** 第二条 实行核准制的投资项目……核准机关，是指《核准目录》中规定具有项目核准权限的行政机关。《核准目录》所称国务院投资主管部门是指国家发展和改革委员会；《核准目录》规定由省级政府、地方政府核准的项目，其具体项目核准机关由省级政府确定。 第二十条 对于同意核准的项目，项目核准机关应当出具项目核准文件并依法将核准决定向社会公开；……。属于国务院核准权限的项目，由国家发展和改革委员会根据国务院的意见出具项目核准文件或者不予核准决定书。 第二十五条 项目核准文件自印发之日起有效期2年。在有效期内未开工建设的，项目单位应当在有效期届满前的30个工作日之前向原项目核准机关申请延期，原项目核准机关应当在有效期届满前作出是否准予延期的决定。在有效期内未开工建设也未按照规定向原项目核准机关申请延期的，原项目核准文件自动失效。 第二十六条 取得项目核准文件的项目，有下列情形之一的，项目单位应当及时以书面形式向原项目核准机关提出调整申请。原项目核准机关应当根据项目具体情况，出具书面确认意见或者要求其重新办理核准手续。 （一）建设地点发生变更的； （二）建设规模、建设内容发生较大变化的； （三）项目变更可能对经济、社会、环境等产生重大不利影响的； （四）需要对项目核准文件所规定的内容进行调整的其他情形。	查阅该项目的核准批复文件 发文单位：政府主管部门 核准规模：与本项目规模一致 时效性：项目在核准文件规定的有效时间内

条款号	大纲条款	检查依据	检查要点
4.1.1	工程项目经国家行政主管部门核准（批准），文件齐全	**3.《火电工程项目质量管理规程》DL/T 1144—2012** 5.2.4 （建设单位的质量职责）应按照国家有关法律、法规组织办理工程建设合法性文件，……	
4.1.2	工程项目按规定完成招投标并与承包商签订合同	**1.《中华人民共和国建筑法》中华人民共和国主席令〔2011〕第46号** 第十五条 建筑工程的发包单位与承包单位应当依法订立书面合同，…… 第二十条 建筑工程实行公开招标的，发包单位应当依照法定程序和方式，发布招标公告提供……招标文件。 第二十二条 建筑工程实行招标发包的，发包单位应当将建筑工程发包给依法中标的承包单位。…… **2.《中华人民共和国招标投标法》中华人民共和国主席令〔2017〕第21号** 第三条 在中华人民共和国境内进行下列工程建设项目包括项目的勘察、设计、施工、监理以及与工程建设有关的重要设备、材料等的采购，必须进行招标： （一）大型基础设施、公用事业等关系社会公共利益、公众安全的项目； （二）全部或者部分使用国有资金投资或者国家融资的项目。 第四条 任何单位和个人不得将依法必须进行招标的项目化整为零或者以其他任何方式规避招标。 第十条 招标分为公开招标和邀请招标。 第四十五条 中标人确定后，招标人应当向中标人发出中标通知书，…… 第四十六条 招标人和中标人应当自中标通知书发出之日起三十日内，按照招标文件和中标人的投标文件订立书面合同。招标人和中标人不得再行订立背离合同实质性内容的其他协议。	1. 查阅中标通知书 内容：包括勘察、设计、监理、施工等单位

条款号	大纲条款	检查依据	检查要点
4.1.2	工程项目按规定完成招投标并与承包商签订合同	**3.《中华人民共和国招标投标法实施条例》中华人民共和国国务院令〔2018〕第 613 号** 第七条　按照国家有关规定需要履行项目审批、核准手续的依法必须进行招标的项目，其招标范围、招标方式、招标组织形式应当报项目审批、核准部门审批、核准。…… 第八条　国有资金占控股或者主导地位的依法必须进行招标的项目，应当公开招标；…… 第五十七条　招标人和中标人应当依照招标投标法和本条例的规定签订书面合同，合同的标的、价款、质量、履行期限等主要条款应当与招标文件和中标人的投标文件的内容一致。招标人和中标人不得再行订立背离合同实质性内容的其他协议。 **4.《建设工程质量管理条例》中华人民共和国国务院令第 279 号** 第八条　建设单位应当依法对工程建设项目的勘察、设计、施工、监理以及与工程建设有关的重要设备、材料等的采购进行招标。 第三十一条　实行监理的建筑工程，由建设单位委托具有相应资质条件的工程监理单位监理。建设单位与其委托的工程监理单位应当订立书面委托监理合同。 **5.《建设工程项目管理规范》GB/T 50326—2017** 7.1.2　组织应配备符合要求的项目合同管理人员，实施合同的策划和编制活动，规范项目合同管理的实施程序和控制要求，确保合同订立和履行过程的合规性。 **6.《火电工程项目质量管理规程》DL/T 1144—2012** 5.2.2（建设单位的质量职责）应对工程建设项目的勘察、设计、监理、施工及重要设备、材料的采购进行招标，发包给具有相应资质等级并有能力、业绩、诚信的单位。主体施工单位的招标工作应在工程项目核准后进行。 5.3.7　建设单位应按国家法律法规组织工程招投标，…… 9.3.1　工程具备开工条件后，由建设单位按照国家规定办理开工手续。工程开工应满足下列条件： e）主体工程的施工单位已通过招标确定，施工合同已签订。 f）施工监理单位已通过招标确定，监理合同已签订	2. 查阅与勘察、设计、监理、施工单位签订的承包合同 单位名称：与中标通知书中的中标单位名称相符 签字：法定代表人或授权人已签字 盖章：单位已盖章

条款号	大纲条款	检查依据	检查要点
4.1.3	质量管理组织机构已建立,质量管理人员已到位	**1.《建设工程项目管理规范》GB/T 50326—2017** 4.3.4 建立项目管理机构应遵循下列规定: 1 结构应符合组织制度和项目实施需求。 2 应有明确的管理目标、运行程序和责任制度。 3 机构成员应满足项目管理要求及具备相应资格。 4 组织分工应相对稳定并可根据项目实施变化进行调整。 5 应确定机构成员的职责、权限、利益和需承担风险。 10.1.1 组织应根据需求制订项目质量管理和质量管理绩效考核制度,配备质量管理资源。 **2.《火电工程项目质量管理规程》DL/T 1144—2012** 5.2.1 (建设单位的质量职责)应组织设计、监理、施工、调试、生产运行等单位,建立工程项目的质量管理组织机构和全过程质量控制管理网络。 9.3.1 工程具备开工条件后,由建设单位按照国家规定办理开工手续。工程开工应满足下列条件: a)项目法人已设立,项目组织管理机构和规章制度应健全	1. 查阅组织机构成立文件 内容:已设立质量管理组织机构,质量管理岗位职责已明确 2. 查阅相关质量文件 签字人:与岗位设置人员相符
4.1.4	质量管理制度已制定	**1.《火电工程项目质量管理规程》DL/T 1144—2012** 9.3.1 工程具备开工条件后,由建设单位按照国家规定办理开工手续。工程开工应满足下列条件: a)项目法人已设立,项目组织管理机构和规章制度应健全	查阅质量管理制度 签字:责任人已签字 盖章:单位已盖章
4.1.5	施工组织总设计已审批	**1.《建筑施工组织设计规范》GB/T 50502—2009** 3.0.5 施工组织设计的编制和审批应符合下列规定: 1 施工组织设计应由项目负责人主持编制,可根据需要分阶段编制和审批。 2 施工组织总设计应由总承包单位技术负责人审批;单位工程施工组织设计应由施工单位技术负责人或技术负责人授权的技术人员审批,施工方案应由项目技术负责人审批;重点、难点分部(分项)工程和专项工程施工方案应由施工单位技术部门组织相关专家评审,施工单位技术负责人批准。	查阅施工组织总设计的审批文件 审批:上级主管单位已批准

条款号	大纲条款	检查依据	检查要点
4.1.5	施工组织总设计已审批	**2.《电力建设工程监理规范》DL/T 5434—2009** 6.1.1　对机组容量大、电压等级高、新能源电力建设工程，施工组织设计宜由监理单位组织审查，总监理工程师签发，报建设单位	
4.1.6	工程采用的专业标准清单已审批	**1.《火电工程项目质量管理规程》DL/T 1144—2012** 5.3.3　建设单位在工程开工前应组织相关单位编制下列质量文件： 　　c）工程执行法律法规和标准清单	查阅法律法规和标准规范清单目录 签字：责任人已签字 盖章：单位已盖章
4.1.7	工程建设标准强制性条文已制定实施计划和措施	**1.《中华人民共和国标准化法实施条例》中华人民共和国国务院〔1990〕第 53 号令** 第二十三条　从事科研、生产、经营的单位和个人，必须严格执行强制性标准。 **2.《实施工程建设强制性标准监督规定》中华人民共和国建设部令〔2000〕第 81 号** 第二条　在中华人民共和国境内从事新建、扩建、改建等工程建设活动，必须执行工程建设强制性标准。 第十条　强制性标准监督检查的内容包括： （一）有关工程技术人员是否熟悉、掌握强制性标准； （二）工程项目的规划、勘察、设计、施工、验收等是否符合强制性标准的规定； （三）工程项目采用的材料、设备是否符合强制性标准的规定； （四）工程项目的安全、质量是否符合强制性标准的规定； （五）工程中采用的导则、指南、手册、计算机软件的内容是否符合强制性标准的规定。 **3.《火电工程项目质量管理规程》DL/T 1144—2012** 4.5　火电工程项目应认真执行国家和行业相关技术标准，严格执行工程建设标准中的强制性条文…… 建设单位在工程开工前应组织相关单位编制下列质量管理文件： 5.3.3 　　d）工程建设强制性条文实施规划	查阅强制性条文实施计划和措施 签字：责任人已签字 盖章：单位已盖章

条款号	大纲条款	检查依据	检查要点
4.1.8	施工图会检已组织完成	**1.《建设工程项目管理规范》GB/T 50326—2017** 8.3.4 技术管理规划应是承包人根据招标文件要求和自身能力编制的、拟采用的各种技术和管理措施，以满足发包人的招标要求。项目技术管理规划应明确下列内容： 4 技术交底要求，图纸自审、会审…… **2.《火电工程项目质量管理规程》DL/T 1144—2012** 9.3.1 工程具备开工条件后，由建设单位按照国家规定办理开工手续。工程开工应满足下列条件： h）……，图纸已会检；…… 9.3.2 单位工程开工应满足下列条件，并应由建设单位和监理单位进行核查。 d）开工所需施工图已齐全，并已会检和交底，……	查阅已开工单位工程施工图会检记录 签字：责任人已签字 日期：工程开工前
4.1.9	工程项目开工文件已下达	**1.《中华人民共和国建筑法》中华人民共和国主席令〔2011〕第46号** 第七条 建筑工程开工前，建设单位应当按照国家有关规定向工程所在地县级以上人民政府建设行政主管部门申请领取施工许可证；…… 第九条 建设单位应当自领取施工许可证之日起三个月内开工。因故不能按期开工的，应当向发证机关申请延期；延期以两次为限，每次不超过三个月。既不开工又不申请延期或者超过延期时限的，施工许可证自行废止。 **2.《火电工程项目质量管理规程》DL/T 1144—2012** 9.3.1 工程具备开工条件后，由建设单位按照国家规定办理开工手续。工程开工应满足下列条件： a）项目法人已设立，项目组织管理机构和规章制度应健全。 b）项目初步设计及总概算已批复，开工审计已进行。 c）项目总概算批复时间至项目申请开工时间超过两年；或概算批复至开工期间，动态因素变化大，总投资超出原批复概算10%以上的，应重新核定项目总概算。	查阅工程开工批准文件 盖章：上级主管单位已盖章

条款号	大纲条款	检查依据	检查要点
4.1.9	工程项目开工文件已下达	d）项目资本金和其他建设资金已落实，资金来源应符合国家有关规定。 e）主体工程的施工单位已通过招标确定，施工合同已签订。 f）施工监理单位已通过招标确定，监理合同已签订。 g）项目施工组织总设计大纲编制完成并经审定。 h）已确定施工图交付计划并签订交付协议，图纸已会检；主体工程的施工图至少可满足连续三个月施工的需要，并进行了设计交底。 i）项目征地、拆迁和施工场地"五通一平"工作已完成，力能供给满足施工需要，有关外部配套生产条件协议已签订；项目主体工程施工准备工作已完成，具备连续施工条件。 j）主要设备、材料已招标选定，运输条件已落实，并已备好连续施工三个月的材料用量。 k）绿化施工措施已编制并落实。 l）第三方检验、检测单位已确定	
4.1.10	无任意压缩合同约定工期的行为	**1.《建设工程质量管理条例》中华人民共和国国务院令第 279 号** 第十条　建设工程发包单位……，不得任意压缩合理工期。 **2.《电力建设工程施工安全监督管理办法》中华人民共和国国家发展和改革委员会令〔2015〕第 28 号** 第十一条　建设单位应当执行定额工期，不得压缩合同约定的工期。如工期确需调整，应当对安全影响进行论证和评估。论证和评估应当提出相应的施工组织措施和安全保障措施。 **3.《建设工程项目管理规范》GB/T 50326—2017** 9.1.2　项目进度管理应遵循下列程序： 1. 编制进度计划； 2. 进度计划交底，落实管理责任； 3. 实施进度计划； 4. 进行进度控制和变更管理。	查阅施工进度计划、合同工期和调整工期的相关文件 　内容：有压缩工期的行为时，应有设计、监理、施工和建设单位认可的书面文件

条款号	大纲条款	检查依据	检查要点
4.1.10	无任意压缩合同约定工期的行为	**4.《火电工程项目质量管理规程》DL/T 1144—2012** 5.3.5 建设单位应合理地控制工程项目建设周期。典型新建、扩建机组推荐的合理工期可参照附录 A。 5.3.6 火电工程项目的工期应按合同约定执行。当需要调整时，建设单位应组织设计、监理、施工单位对影响工期的资源、环境、安全等确认其可行性。任何单位和个人不得违反客观规律，任意压缩合同约定工期，并接受建设行政主管部门的监督	
4.1.11	采用的新技术、新工艺、新流程、新装备、新材料已审批	**1.《中华人民共和国建筑法》中华人民共和国主席令〔2011〕第 46 号** 第四条 国家扶持建筑业的发展，支持建筑科学技术研究，提高房屋建筑设计水平，鼓励节约能源和保护环境，提倡采用先进技术、先进设备、先进工艺、新型建筑材料和现代管理方式。 **2.《建设工程质量管理条例》中华人民共和国国务院令第 279 号** 第六条 国家鼓励采用先进的科学技术和管理方法，提高建设工程质量。 **3.《实施工程建设强制性标准监督规定》中华人民共和国建设部令〔2000〕第 81 号** 第五条 工程建设中拟采用的新技术、新工艺、新材料，不符合现行强制性标准规定的，应当由拟采用单位提请建设单位组织专题技术论证，报批准标准的建设行政主管部门或者国务院有关主管部门审定。 **4.《火电工程项目质量管理规程》DL/T 1144—2012** 4.7 火电工程项目应采用新设备、新技术、新工艺、新材料（简称"四新"技术），…… 9.2.2 施工单位在工程开工前，应编制质量管理文件，经监理、建设单位会审、批准后实施，质量管理文件应包括： e）"四新"技术实施计划和工法编制计划。 9.3.7 施工过程质量控制应符合下列规定： f）采用新材料、新工艺、新技术、新设备，并进行相应的策划和控制。	查阅新技术、新工艺、新流程、新装备、新材料论证文件 意见：同意采用等肯定性意见 盖章：相关单位已盖章

条款号	大纲条款	检查依据	检查要点
4.1.11	采用的新技术、新工艺、新流程、新装备、新材料已审批	9.3.9 当首次应用"四新"技术，且技术要求高、作业程度复杂、设计单位和施工单位未有同类型设计和施工经验时，建设单位应组织设计、监理、施工单位进行专题研究确认，必要时，可组织专家评审。 **5.《电力建设施工技术规范 第1部分：土建结构工程》DL 5190.1—2012** 3.0.4 采用新技术、新工艺、新材料、新设备时，应经过技术鉴定或具有允许使用的证明。施工前应编制单独的施工措施及操作规程。 **6.《电力工程地基处理技术规程》DL/T 5024—2005** 5.0.8 ……。当采用当地缺乏经验的地基处理方法或引进和应用新技术、新工艺、新方法时，须通过原体试验验证其适用性	
4.2 勘察设计单位质量行为的监督检查			
4.2.1	企业资质与合同约定的业务范围相符	**1.《中华人民共和国建筑法》中华人民共和国主席令〔2011〕第46号** 第十三条 从事建筑活动的建筑施工企业、勘察单位、设计单位……经资质审查合格，取得相应等级的资质证书后，方可在其资质等级许可的范围内从事建筑活动。 **2.《建设工程质量管理条例》中华人民共和国国务院令第279号** 第十八条 从事建设工程勘察、设计的单位应当依法取得相应等级的资质证书，并在其资质等级许可的范围内承揽工程。 禁止勘察、设计单位超越其资质等级许可的范围或者以其他勘察、设计单位的名义承揽工程。禁止勘察、设计单位允许其他单位或者个人以本单位的名义承揽工程。 **3.《建设工程勘察设计管理条例》中华人民共和国国务院令第293号** 第八条 建设工程勘察、设计单位应当在其资质等级许可的范围内承揽建设工程勘察、设计业务。禁止建设工程勘察、设计单位超越其资质等级许可的范围或者以其他建设工程勘察、设计单位的名义承揽建设工程勘察、设计业务。禁止建设工程勘察、设计单位允许其他单位或者个人以本单位的名义承揽建设工程勘察、设计业务。	1. 查阅勘察设计企业资质证书 发证单位：政府主管部门 有效期：当前有效

条款号	大纲条款	检查依据	检查要点
4.2.1	企业资质与合同约定的业务范围相符	**4.《建设工程勘察设计资质管理规定》中华人民共和国建设部令〔2007〕第160号** 第三条 从事建设工程勘察、工程设计活动的企业，……取得建设工程勘察、工程设计资质证书后，方可在资质许可的范围内从事建设工程勘察、工程设计活动。 **5.《工程设计资质标准》中华人民共和国建设部建市〔2007〕86号** 三、承担业务范围 工程设计综合甲级资质承担各行业建设工程项目的设计业务，其规模不受限制…… 工程设计行业资质 甲级：承担本行业建设工程项目主体工程及其配套工程的设计业务，其规模不受限制。 乙级：承担本行业中、小型建设工程项目的主体工程及其配套工程的设计业务。 丙级：承担本行业小型建设项目的工程设计业务。 附件3-4：电力行业建设项目设计规模划分表 **6.《工程勘察资质标准》中华人民共和国住房和城乡建设部建市〔2013〕9号** 三、承担业务范围 附件3：工程勘察项目规模划分表	2. 查阅工程勘察设计合同 勘察设计范围和工作内容：与资质等级相符
4.2.2	工程设计更改控制程序、现场服务管理文件齐全	**1.《建设工程勘察设计管理条例》中华人民共和国国务院令第293号** 第三十条 建设工程勘察、设计单位应当在建设工程施工前，向施工单位和监理单位说明建设工程勘察、设计意图，解释建设工程勘察、设计文件。建设工程勘察、设计单位应当及时解决施工中出现的勘察、设计问题。 **2.《火电工程项目质量管理规程》DL/T 1144—2012** 6.3.5 设计更改的管理应符合下列规定： a）设计更改应符合可研或初设审核的要求。 b）因设计原因引起的设计更改，应经监理单位审核并经建设单位批准后实施。 c）非设计原因引起的设计更改，应得到设计单位的确认，并由设计单位出具设计更改。	1. 查阅设计更改控制程序文件 内容：符合规程规定 审批：责任人已签字

条款号	大纲条款	检查依据	检查要点
4.2.2	工程设计更改控制程序、现场服务管理文件齐全	d）所有的设计更改凡涉及已经审批确定的设计原则、方案重大设计变化，或增减投资超过50万元时，应由设计单位分管领导审批，报工程设计的原主审单位批准确认，并经建设单位认可后实施。 6.3.6　工地服务。 在施工、调试阶段，勘察、设计单位应任命工地代表组长及各专业工地代表，将名单主送建设单位，抄送监理和各施工单位。工地代表应深入现场，了解施工是否与设计要求相符，协助施工单位解决出现的具体技术问题，做好技术服务工作。…… **3.《电力勘测设计驻工地代表制度》DLGJ 159.8—2001** 2.0.1　工代的工地现场服务是电力工程设计的阶段之一，为了有效地贯彻勘测设计意图，实施设计单位通过工代为施工、安装、调试、投运提供及时周到的服务，促进工程顺利竣工投产，特制定本制度。 c）工地代表应按 DL/T 5210 及时参加建筑、安装工程中分部、单位（子单位）工程的验收	2. 查阅工代服务管理程序文件 内容：符合规程规定 审批：责任人已签字
4.2.3	设计图纸交付进度能保证连续施工	**1.《火电工程项目质量管理规程》DL/T 1144—2012** 6.1.6　勘察、设计单位应按火力发电厂施工流程，制订施工图供图计划…… 6.2.3　设计单位应依据合同和现场要求控制设计进度计划,满足由建设单位组织的在基础施工前、结构施工前、设备安装前三个阶段监督检查中对设计图纸及其设备资料的需求。 9.3.1　工程具备开工条件后，由建设单位按照国家规定办理开工手续。工程开工应满足下列条件： h）已确定施工图交付计划并签订交付协议，图纸已会检；主体工程的施工图至少可满足连续三个月施工的需要……	1. 查阅设计单位编制的施工图供图计划、交付协议及图纸交付记录 交图进度：与施工进度计划相协调，能满足连续三个月施工的需要 2. 查阅建设单位的设计文件接收记录 接收时间：与出图计划一致
4.2.4	设计交底已完成，设计更改文件完整,手续齐全	**1.《建设工程质量管理条例》中华人民共和国国务院令第 279 号** 第二十三条　设计单位应当就审查合格的施工图设计文件向施工单位做出详细说明。	1. 查阅设计变更通知单和设计工程联系单 编制签字：设计单位各级责任人已签字

条款号	大纲条款	检查依据	检查要点
4.2.4	设计交底已完成,设计更改文件完整,手续齐全	**2.《火电工程项目质量管理规程》DL/T 1144—2012** 6.1.7 勘察、设计单位应按合同约定履行下列职责: 　d)施工图交底,参加施工图、审查、会检。 6.3.5 设计更改的管理应符合下列规定: 　a)设计更改应符合可研或初设审核的要求。 　b)因设计原因引起的设计更改,应经监理单位审核并经建设单位批准后实施。 　c)非设计原因引起的设计更改,应得到设计单位的确认,并由设计单位出具设计更改。 　d)所有的设计更改凡涉及已经审批确定的设计原则、方案重大设计变化,或增减投资超过50万元时,应由设计单位分管领导审批,报工程设计的原主审单位批准确认,并经建设单位认可后实施。 6.3.6 工地服务。 　a)施工图完成交付后,应及时进行技术交底并形成记录	审核签字:建设单位、监理单位责任人已签字 2. 查阅设计交底会议纪要 交底人:由原设计人进行交底 交底内容:包括设计交底的范围、设计意图、施工中应重点关注的问题 交底时间:施工前 签字:交底人、接受交底人已签字
4.2.5	按规定参加工程质量验收并签证	**1.《火电工程项目质量管理规程》DL/T 1144—2012** 6.1.7 勘察、设计单位应按合同约定履行下列职责: 　e)参加相关工程质量验收	1. 查阅项目质量验收范围划分表 勘察、设计单位参加验收的项目:已确定 2. 查阅勘察、设计人员应参加验收项目的验收单 签字:勘察、设计单位责任人已签字
4.2.6	工程建设标准强制性条文落实到位	**1.《建设工程质量管理条例》中华人民共和国国务院令第279号** 第十九条 勘察、设计单位必须按照工程建设强制性标准进行勘察、设计,并对其勘察、设计的质量负责。	1. 查阅与强条有关的可研、初设、技术规范书等设计文件 设计、审核、批准:设计相关负责人已签字

条款号	大纲条款	检查依据	检查要点
4.2.6	工程建设标准强制性条文落实到位	注册建筑师、注册结构工程师等注册执业人员应当在设计文件上签字，对设计文件负责。 **2.《建设工程勘察设计管理条例》中华人民共和国国务院令第 293 号** 第五条　……建设工程勘察、设计单位必须依法进行建设工程勘察、设计，严格执行工程建设强制性标准，并对建设工程勘察、设计的质量负责。 **3.《实施工程建设强制性标准监督规定》中华人民共和国建设部令〔2000〕第 81 号** 第二条　在中华人民共和国境内从事新建、扩建、改建等工程建设活动，必须执行工程建设强制性标准。 **4.《火电工程项目质量管理规程》DL/T 1144—2012** 6.2.2　设计单位在工程开工前应编制下列管理文件，报设计监理、建设单位会审、批准： 　　b）设计强制性条文实施计划	2. 查阅强制性条文实施计划（含强制性条文清单）和本阶段执行记录 计划审批：监理和建设单位审批人已签字 记录内容：与实施计划相符 记录审核：监理单位审核人已签字
4.3　监理单位质量行为的监督检查			
4.3.1	企业资质与合同约定的业务范围相符	**1.《中华人民共和国建筑法》中华人民共和国主席令〔2011〕第 46 号** 第十三条　从事建筑活动的……和工程监理单位，按照其拥有的注册资本、专业技术人员、技术装备和已完成的建筑工程业绩等资质条件，划分为不同的资质等级，经资质审查合格，取得相应等级的资质证书后，方可在其资质等级许可的范围内从事建筑活动。 第三十四条　工程监理单位应当在其资质等级许可范围内，承担工程监理业务。 　　…… 　　工程监理单位不得转让工程监理业务。 **2.《建设工程质量管理条例》中华人民共和国国务院令第 279 号** 第三十四条　工程监理单位应当依法取得相应等级的资质证书，并在其资质等级许可的范围内承担工程监理业务。禁止工程监理单位超越本单位资质等级许可的范围或者以其他工程监理单位的名义承担工程监理业务；禁止工程监理单位允许其他单位或者个人以本单位的名义承担工程监理业务。	1. 查阅企业资质证书 发证单位：政府主管部门 有效期：当前有效

条款号	大纲条款	检查依据	检查要点
4.3.1	企业资质与合同约定的业务范围相符	**3.《工程监理企业资质管理规定》中华人民共和国建设部令〔2007〕158号** 第三条　从事建设工程监理活动的企业，应当按照本规定取得工程监理企业资质，并在工程监理企业资质证书（以下简称资质证书）许可的范围内从事工程监理活动。 第八条　工程监理企业资质相应许可的业务范围如下： （一）综合资质 可以承担所有专业工程类别建设工程项目的工程监理业务。 （二）专业资质 　　1 专业甲级资质： 可承担相应专业工程类别建设工程项目的工程监理业务（见附表2）。 　　2 专业乙级资质： 可承担相应专业工程类别二级以下（含二级）建设工程项目的工程监理业务（见附表2）。 　　3 专业丙级资质： 可承担相应专业工程类别三级建设工程项目的工程监理业务（见附表2）。 …… 工程监理企业可以开展相应类别建设工程的项目管理、技术咨询等业务。 **4.《火电工程项目质量管理规程》DL/T 1144—2012** 7.1.1　监理单位应当依法取得相应等级的资质，并在其资质等级许可的范围内承担工程监理业务	2. 查阅工程监理合同 监理范围和工作内容：与企业资质证书资质等级及业务许可范围相符
4.3.2	监理人员持证上岗，专业人员配备满足工程实际需要	**1.《中华人民共和国建筑法》中华人民共和国主席令〔2011〕第46号** 第十四条　从事建筑活动的专业技术人员，应当依法取得相应的职业资格证书，并在执业资格证书许可的范围内从事建筑活动。 **2.《建设工程质量管理条例》中华人民共和国国务院令第279号** 第三十七条　工程监理单位应当选派具备相应资格的总监理工程师和监理工程师进驻施工现场。……	1. 查阅工程监理规划 人员数量及专业：已明确 2. 查阅监理人员名单 专业与数量：与工程阶段和监理规划相符

条款号	大纲条款	检查依据	检查要点
4.3.2	监理人员持证上岗，专业人员配备满足工程实际需要	**3.《建设工程监理规范》GB/T 50319—2013** 3.1.2 项目监理机构的监理人员应由总监理工程师、专业监理工程师和监理员组成，且专业配套、数量应满足建设工程监理工作需要，必要时可设总监理工程师代表。 3.1.3 ⋯⋯应及时将项目监理机构的组织形式、人员构成及对总监理工程师的任命书面通知建设单位。 **4.《建设工程项目管理规范》GB/T 50326—2017** 2.0.4 项目管理机构：根据组织授权，直接实施项目管理的单位，可以是项目管理公司、项目部、工程监理部等。 4.1.7 项目管理机构负责人应按相关约定在岗履职，对项目实行全过程及全面管理。 **5.《电力建设工程监理规范》DL/T 5434—2009** 5.1.3 项目监理机构由总监理工程师、专业监理工程师和监理员组成，且专业配套、数量满足工程项目监理工作的需要，必要时可设总监理工程师代表和副总监理工程师	3. 查阅各级监理人员的岗位资格证书 发证单位：符合要求 有效期：当前有效
4.3.3	检测仪器和工具配置满足监理工作需要	**1.《中华人民共和国计量法》中华人民共和国主席令〔2014〕第 26 号** 第九条 ⋯⋯。未按照规定申请检定或计量检定不合格的，不得使用。⋯⋯ **2.《建设工程监理规范》GB/T 50319—2013** 3.3.2 工程监理单位宜按建设工程监理合同约定，配备满足监理工作需要的检测设备和工器具。 **3.《火电工程项目质量管理规程》DL/T 1144—2012** 7.1.4 监理单位应配备与工程相适应的常规测量设备，并经检定合格且在有效期内。 **4.《电力建设工程监理规范》DL/T 5434—2009** 5.3.1 项目监理机构应根据工程项目类别、规模、技术复杂程度、工程项目所在地的环境条件，按委托监理合同的约定，配备满足监理工作需要的常规检测设备和工具。	1. 查阅监理项目部检测仪器和工具配置台账 仪器和工具配置：与监理设施配置计划相符 2. 查看检测仪器 标识：贴有合格标签且在有效期内

续表

条款号	大纲条款	检查依据	检查要点
4.3.3	检测仪器和工具配置满足监理工作需要	**5.《建设工程监理合同（示范文本）》住房和城乡建设部 GF-2012-0202** 2.3.1 监理人应组建满足工作需要的项目监理机构，配备必要的检测设备……	
4.3.4	已按验收规程规定，对施工现场质量管理进行检查	**1.《建设工程监理规范》GB/T 50319—2013** 5.1.8 总监理工程师应组织专业监理工程师审查施工单位报送的工程开工报审表及相关资料；…… 5.1.10 分包工程开工前，项目监理机构应审核施工单位报送的分包单位资格报审表，专业监理工程师提出审查意见后，应由总监理工程师审核签认。 5.2.1 工程开工前，项目监理机构应审查施工单位现场的质量管理组织机构、管理制度及专职管理人员和特种作业人员的资格。 **2.《火电工程项目质量管理规程》DL/T 1144—2012** 7.1.9 监理单位应监查各参建单位落实质量责任。 7.5.4 审查单位工程开工条件，报建设单位同意后，下达单位工程开工令。 7.5.5 工程项目施工中应实施下列质量管理工作： b）通过审核文件、现场巡视、旁站、测量、见证取样、平行检验及验收等方式，监查施工过程，…… **3.《电力建设施工质量验收及评价规程 第1部分：土建工程》DL/T 5210.1—2012** 3.0.14 施工现场质量管理检查记录应由施工单位按表3.0.14填写，总监理工程师（建设单位项目负责人）进行检查，并做出检查结论。	查阅施工现场质量管理检查记录 内容：符合规程规定 结论：有肯定性结论 签字：监理总监、专业监理工程师已签字

条款号	大纲条款	检查依据	检查要点
4.3.4	已按验收规程规定，对施工现场质量管理进行检查	**4.《电力建设工程监理规范》DL/T 5434—2009** 8.0.3 工程项目开工前，总监理工程师应组织审核承包单位现场项目部的质量管理体系、职业健康安全与环境管理体系，满足要求时予以确认	
4.3.5	本工程应执行的工程建设标准强制性条文已确认	**1.《建设工程安全生产管理条例》中华人民共和国国务院令〔2004〕第 393 号** 第十四条　工程监理单位应当审查施工组织设计中的安全技术措施或者专项施工方案是否符合工程建设强制性标准。 **2.《实施工程建设强制性标准监督规定》中华人民共和国建设部令〔2000〕第 81 号** 第二条　在中华人民共和国境内从事新建、扩建、改建等工程建设活动，必须执行工程建设强制性标准。 **3.《火电工程项目质量管理规程》DL/T 1144—2012** 7.2　监理质量管理 7.2.2　监理单位在工程开工前，应编制下列监理管理文件： 　d）各专业工程建设强制性条文实施细则。 7.5　施工调试监理 7.5.3　审核确认下列主要质量管理文件： 　c）工程建设强制性条文实施计划。 **4.《电力建设工程监理规范》DL/T 5434—2009** 9.4.3　项目监理机构应审查承包单位提交的施工组织设计中的安全技术方案或下列危险性较大的分部分项工程专项施工方案是否符合工程建设强制性标准	1. 查阅各参建单位工程建设强制性条文实施计划及其报审表 实施计划的编、审、批：参建单位相关人员已签字 审核意见：同意执行 签字：监理工程师已签字 2. 查阅监理单位工程建设强制性条文实施细则 内容：明确了强制性条文检查计划

条款号	大纲条款	检查依据	检查要点
4.3.6	对进场的工程材料、设备、构配件的质量进行检查验收以及原材料复检的见证取样	**1.《建设工程质量管理条例》中华人民共和国国务院令第 279 号** 第三十七条 …… 　　未经监理工程师签字，建筑材料、建筑构配件和设备不得在工程上使用或者安装，施工单位不得进行下一道工序的施工。…… **2.《建设工程监理规范》GB/T 50319—2013** 5.2.9　项目监理机构应审查施工单位报送的用于工程的材料、构配件、设备的质量证明文件，并应按有关规定、建设工程监理合同约定，对用于工程的材料进行见证取样，平行检验。 　　项目监理机构对已进场经检验不合格的工程材料、构配件、设备，应要求施工单位限期将其撤出施工现场。 　　…… **3.《建筑工程施工质量验收统一标准》GB 50300—2013** 3.0.2　建筑工程应按下列规定进行施工质量控制： 1　建筑工程采用的主要材料、半成品、成品、建筑构配件、器具和设备应进行现场验收。凡涉及安全、节能、环境保护和主要使用功能的重要材料、产品，应按各专业工程施工规范、验收规范和设计文件等规定进行复验，并应经监理工程师检查认可。 **4.《房屋建筑工程和市政基础设施工程实行见证取样和送检的规定》中华人民共和国建设部建〔2000〕211 号** 第五条　涉及结构安全的试块、试件和材料见证取样和送检的比例不得低于有关技术标准中规定应取样数量的 30%。 第六条　下列试块、试件和材料必须实施见证取样和送检： （一）用于承重结构的混凝土试块； （二）用于承重墙体的砌筑砂浆试块；	1. 查阅工程材料/设备/构配件报审表 审查意见：同意使用 质量证明文件：齐全完整 2. 查阅见证取样单 取样项目：符合规范规定 取样比例或数量：符合要求 签字：施工单位材料员、监理单位见证取样员已签字

条款号	大纲条款	检查依据	检查要点
4.3.6	对进场的工程材料、设备、构配件的质量进行检查验收以及原材料复检的见证取样	（三）用于承重结构的钢筋及连接接头试件； （四）用于承重墙的砖和混凝土小型砌块； （五）用于拌制混凝土和砌筑砂浆的水泥； （六）用于承重结构的混凝土中使用的掺加剂； （七）地下、屋面、厕浴间使用的防水材料； （八）国家规定必须实行见证取样和送检的其他试块、试件和材料。 **5.《火电工程项目质量管理规程》DL/T 1144—2012** 7.5.5　工程项目施工中应实施下列质量管理工作： 　　a）参加设备开箱检验、工程主要材料的检验和见证取样，严格控制不合格的设备和材料在工程中使用。 **6.《电力建设工程监理规范》DL/T 5434—2009** 7.2.3　见证取样。对规定的需取样送试验室检验的原材料和样品，经监理人员对取样进行见证、封样、签认。 9.1.6　项目监理机构应审核承包单位报送的主要工程材料、半成品、构配件生产厂商的资质，符合后予以签认。 　　工程材料/构配件/设备报审表应符合表A.12的格式。 9.1.7　项目监理机构应对承包单位报送的拟进场工程材料、半成品和构配件的质量证明文件进行审核，并按有关规定进行抽样验收。对有复试要求的，经监理人员现场见证取样后送检，复试报告应报送项目监理机构查验。 9.1.8　项目监理机构应参与主要设备开箱验收，对开箱验收中发现的设备质量缺陷，督促相关单位处理	3. 开箱检验记录 结论：合格/不合格退场

续表

条款号	大纲条款	检查依据	检查要点
4.3.7	已组织编制施工质量验收项目划分表，设定工程质量控制点	**1.《火电工程项目质量管理规程》DL/T 1144—2012** 7.5.3 审核确认下列主要质量管理文件： b）施工质量验收范围划分表。 **2.《电力建设施工质量验收及评价规程 第 1 部分：土建工程》DL/T 5210.1—2012** 4.0.1 ……主要包含四部分内容：工程编号、质量检验项目的划分、各单位（部门）检验权限、各分项工程检验批质量验收标准的套用。表 4.0.1-1 及表 4.0.1-2 为火力发电厂土建工程质量验收范围表的基本模式。 4.0.8 ……工程开工前，应由承建工程的施工单位按工程具体情况编制项目划分表……，划分表应报监理单位审核，建设单位批准。…… **3.《电力建设工程监理规范》DL/T 5434—2009** 9.1.2 项目监理机构应审查承包单位编制的质量计划和工程质量验收及评定项目划分表，提出监理意见，报建设单位批准后监督实施。 质量验收及评定项目划分报审表应符合表 A.11 的格式	查阅施工质量验收范围划分表及报审表 划分表内容：符合规程规定且已明确了质量控制点 报审表签字：监理总监、监理工程师及建设单位技术负责人已签字
4.4 施工单位质量行为的监督检查			
4.4.1	企业资质与合同约定的业务相符	**1.《中华人民共和国建筑法》中华人民共和国主席令〔2011〕第 46 号** 第十三条 从事建筑活动的建筑施工企业、勘察单位、设计单位……经资质审查合格，取得相应等级的资质证书后，方可在其资质等级许可的范围内从事建筑活动。 **2.《建设工程质量管理条例》中华人民共和国国务院令第 279 号** 第二十五条 施工单位应当依法取得相应等级的资质证书，并在其资质等级许可的范围内承揽工程。 **3.《建筑业企业资质管理规定》中华人民共和国住房和城乡建设部令〔2015〕第 22 号** 第三条 企业应当按照其拥有的资产、主要人员、已完成的工程业绩和技术装备等条件申请建筑业企业资质，经审查合格，取得建筑业企业资质证书后，方可在资质许可的范围内从事建筑施工活动。	1. 查阅企业资质证书 发证单位：政府主管部门 有效期：当前有效 业务范围：涵盖合同约定的业务 2. 查阅承装（修、试）电力设施许可证 发证单位：国家能源局派出机构（原国家电力监管委员会派出机构） 有效期：当前有效

条款号	大纲条款	检查依据	检查要点
4.4.1	企业资质与合同约定的业务相符	**4.《火电工程项目质量管理规程》DL/T 1144—2012** 9.1.1　施工单位应依法取得相应等级的资质，并在其资质等级许可的范围内承揽工程。施工单位不得超越本单位资质等级许可的业务范围承揽工程	业务范围：涵盖合同约定的业务
4.4.2	项目经理资格符合要求并经本企业法定代表人授权	**1.《中华人民共和国建筑法》中华人民共和国主席令〔2011〕第 46 号** 第十四条　从事建筑活动的专业技术人员，应当依法取得相应的执业资格证书，并在执业资格证书许可的范围内从事建筑活动。 **2.《注册建造师管理规定》中华人民共和国建设部令〔2006〕第 153 号** 第三条　本规定所称注册建造师，是指通过考核认定或考试合格取得中华人民共和国建造师资格证书（以下简称资格证书），并按照本规定注册，取得中华人民共和国建造师注册证书（以下简称注册证书）和执业印章，担任施工单位项目负责人及从事相关活动的专业技术人员。 未取得注册证书和执业印章的，不得担任大中型建设工程项目的施工单位项目负责人，不得以注册建造师的名义从事相关活动。 第十条　…… 注册证书与执业印章有效期为 3 年。 **3.《建筑施工项目经理质量安全责任十项规定》中华人民共和国住房和城乡建设部建质〔2014〕123 号** 第一条　合同约定的项目经理必须在岗履职，不得违反规定同时在两个及两个以上工程项目担任项目经理。 **4.《建筑施工企业主要负责人、项目负责人和专职安全生产管理人员安全生产管理规定》中华人民共和国住房和城乡建设部令〔2014〕第 17 号** 第二条　在中华人民共和国境内从事房屋建筑和市政基础设施工程施工活动的建筑施工企业的"安管人员"，参加安全生产考核，履行安全生产责任，以及对其实施安全生产监督管理，应当符合本规定。	1. 查阅项目经理资格证书 发证单位：政府主管部门 有效期：当前有效 等级：满足项目要求 注册单位：与承包单位一致 2. 查阅项目经理安全生产考核合格证书 发证单位：政府主管部门 有效期：当前有效 3. 查阅施工单位法定代表人对项目经理的授权文件 被授权人：与当前工程项目经理一致

条款号	大纲条款	检查依据	检查要点
4.4.2	项目经理资格符合要求并经本企业法定代表人授权	第三条　……项目负责人，是指取得相应注册执业资格，由企业法定代表人授权，负责具体工程项目管理的人员。…… **5.《建设工程项目管理规范》GB/T 50326—2017** 4.1.4　建设工程项目各实施主体和参与方法定代表人应书面授权委托项目管理机构负责人，并实行项目负责人责任制。 4.1.5　项目管理机构负责人应根据法定代表人授权范围、期限和内容，履行管理职责。 4.1.6　项目管理机构负责人应取得相应资格，并按规定取得安全生产考核合格证书。 4.1.7　项目管理机构负责人应按相关约定在岗履职，对项目实行全过程及全面管理。 4.2.3　项目管理机构负责人应在工程开工前签署质量承诺书报相关工程管理机构备案。 **6.《关于印发〈注册建造师执业工程规模标准〉（试行）的通知》中华人民共和国建设部建市〔2007〕171号** 附件：《注册建造师执业工程规模标准》（试行） 表：注册建造师执业工程规模标准（电力工程） **7.《火电工程项目质量管理规程》DL/T 1144—2012** 9.3.4　施工单位的人员资格应符合下列规定： 　a）项目经理应担任过一项大型或两项及以上中型火电工程的项目副经理或总工程师，具有8年以上施工经验，并持有国家注册一级建造师证书	4.查阅项目经理质量终身责任承诺书 承诺人：与当前工程项目经理一致
4.4.3	项目部组织机构健全，专业人员配置合理	**1.《中华人民共和国建筑法》中华人民共和国主席令〔2011〕第46号** 第十四条　从事建筑活动的专业技术人员，应当依法取得相应的执业资格证书，并在执业资格证书许可的范围内从事建筑活动。 **2.《建设工程质量管理条例》中华人民共和国国务院令第279号** 第二十六条　施工单位对建设工程的施工质量负责。 　施工单位应当建立质量责任制，确定工程项目的项目经理、技术负责人和施工管理负责人。……	查阅项目部成立文件，组织机构及管理体系。 专业人员配置包括：项目经理、项目总工程师、施工管理负责人、专业技术负责人、专业技术员、施工员、质量员、安全员、资料员等

条款号	大纲条款	检查依据	检查要点
4.4.3	项目部组织机构健全，专业人员配置合理	**3.《建设工程项目管理规范》GB/T 50326—2017** 4.3.4 建立项目管理机构应遵循下列规定： 　　1 结构应符合组织制度和项目实施要求； 　　2 应有明确的管理目标、运行程序和责任制度； 　　3 机构成员应满足项目管理要求及具备相应资格； 　　4 组织分工应相对稳定并可根据项目实施变化进行调整； 　　5 应确定机构人员的职责、权限、利益和需承担的风险。 **4.《火电工程项目质量管理规程》DL/T 1144—2012** 9.2.1 施工单位应设置独立的质量管理机构，并应符合下列规定： 　　a）配备满足工程需要的专职质量管理人员。 9.3.2 单位工程开工应满足下列条件，并应由建设单位和监理单位进行核查。 　　e）开工所需的施工人员及机械已到位。 　　g）特种作业人员的资格证和上岗证已经监理确认。 9.3.4 施工单位的人员资格应符合下列规定： 　　a）项目经理应担任过一项大型或两项及以上中型火电工程的项目副经理或总工程师，具有8年以上施工经验，并持有国家注册一级建造师证书。 　　b）项目总工程师应担任过两项及以上火电工程的项目副总工程师或专业技术负责人，具有中级及以上技术职称。 　　c）专业技术负责人应担任过两项及以上火电工程的专业技术工作，具有中级及以上技术职称。 　　d）专业质检人员应具有工程质量检验的相应能力，并持有相应的质量检验资格证书	

条款号	大纲条款	检查依据	检查要点
4.4.4	质量检查员及特殊工种人员持证上岗	**1.《特种作业人员安全技术培训考核管理办法》中华人民共和国国家安全生产监督管理总局令〔2010〕第30号** 第三条 ……，特种作业的范围由特种作业目录规定。 　　本规定所称特种作业人员，是指直接从事特种作业的从业人员。 第五条 特种作业人员必须经专门的安全技术培训并考核合格，取得《中华人民共和国特种作业操作证》（以下简称特种作业操作证）后，方可上岗作业。 第十九条 特种作业操作证有效期为6年，在全国范围内有效。 第二十一条 特种作业操作证每3年复审1次。 附件 （特种作业）种类 1　电工作业 1.1　高压电工作业 1.2　低压电工作业 1.3　防爆电气作业 2　焊接与热切割作业 2.1　熔化焊接与热切割作业 2.2　压力焊作业 2.3　钎焊作业 3　高处作业 3.1　登高架设作业 3.2　高处安装、维护、拆除的作业 **2.《建筑施工特种作业人员管理规定》中华人民共和国建设部建质〔2008〕75号** 第三条　建筑施工特种作业包括： 　　（一）建筑电工；	1. 查阅项目部各专业质检员资格证书 专业类别：包括土建、电气等 　发证单位：政府主管部门或电力建设工程质量监督站 　有效期：当前有效 2. 查阅特殊工种人员台账 　内容：包括姓名、工种类别、证书编号、发证单位、有效期等 　证书有效期：作业期间有效

条款号	大纲条款	检查依据	检查要点
4.4.4	质量检查员及特殊工种人员持证上岗	（二）建筑架子工； （三）建筑起重信号司索工； （四）建筑起重机械司机； （五）建筑起重机械安装拆卸工； （六）高处作业吊篮安装拆卸工； （七）经省级以上人民政府建设主管部门认定的其他特种作业。 第四条　建筑施工特种作业人员必须经建设主管部门考核合格，取得建筑施工特种作业人员操作资格证书，方可上岗从事相应作业。 第十九条　用人单位应当履行下列职责： （六）建立本单位特种作业人员管理档案。 **3.《工程建设施工企业质量管理规范》GB/T 50430—2017** 5.2.2　施工企业应根据质量管理需求配备相应的管理、技术及作业人员	3. 查阅特殊工种人员资格证书 发证单位：政府主管部门 有效期：与台账一致
4.4.5	专业施工组织设计已审批	**1.《建筑施工组织设计规范》GB/T 50502—2009** 3.0.5　施工组织设计的编制和审批应符合下列规定： 　1　施工组织设计应由项目负责人主持编制，可根据需要分阶段编制和审批。 　2　施工组织总设计应由总承包单位技术负责人审批；单位工程施工组织设计应由施工单位技术负责人或技术负责人授权的技术人员审批，施工方案应由项目技术负责人审批；重点、难点分部（分项）工程和专项工程施工方案应由施工单位技术部门组织相关专家评审，施工单位技术负责人批准。 **2.《工程建设施工企业质量管理规范》GB/T 50430—2017** 10.3.2　施工企业应确定工程设计的依据，对其内容进行校对、审核，并保存相关记录。 10.3.3　施工企业应按设计策划安排对工程设计进行评审、验证和确认。评审、验证和确认记录应予以保存。	1. 查阅工程项目专业施工组织设计 审批：责任人已签字 编审批时间：专业工程开工前

条款号	大纲条款	检查依据	检查要点
4.4.5	专业施工组织设计已审批	**3.《火电工程项目质量管理规程》DL/T 1144—2012** 9.3.2 单位工程开工应满足下列条件,并应由建设单位和监理单位进行核查。 　c)专业施工组织设计、重大施工方案已经监理批准	2. 查阅专业施工组织设计报审表 审批意见:同意实施等肯定性意见 签字:施工项目部、监理项目部、建设单位责任人已签字 盖章:施工项目部、监理项目部、建设单位职能部门已盖章
4.4.6	施工方案和作业指导书已审批,技术交底记录齐全	**1.《建筑施工组织设计规范》GB/T 50502—2009** 3.0.5 施工组织设计的编制和审批应符合下列规定: 　2 ……施工方案应由项目技术负责人审批;重点、难点分部(分项)工程和专项工程施工方案应由施工单位技术部门组织相关专家评审,施工单位技术负责人批准。 　3 由专业承包单位施工的分部(分项)工程或专项工程的施工方案,应由专业承包单位技术负责人或技术负责人授权的技术人员审批;有总承包单位时,应由总承包单位项目技术负责人核准备案。 　4 规模较大的分部(分项)工程和专项工程的施工方案应按单位工程施工组织设计进行编制和审批。 　6.4.1 施工准备应包括下列内容: 　1 技术准备:包括施工所需技术资料的准备、图纸深化和技术交底的要求、试验检验和测试工作计划、样板制作计划以及与相关单位的技术交接计划等。 **2.《电力建设施工技术规范 第1部分:土建结构工程》DL 5190.1—2012** 3.0.1 工程施工前,应按设计图纸,结合具体情况和施工组织设计的要求编制施工方案,并经批准后方可施工。	1. 查阅施工方案和作业指导书 审批:责任人已签字 编审批时间:施工前 2. 查阅施工方案和作业指导书报审表 审批意见:同意实施等肯定性意见 签字:施工项目部、监理项目部责任人已签字 盖章:施工项目部、监理项目部已盖章

条款号	大纲条款	检查依据	检查要点

4.4.6	施工方案和作业指导书已审批，技术交底记录齐全	3.0.6 施工单位应当在危险性较大的分部、分项工程施工前编制专项方案；对于超过一定规模和危险性较大的深基坑工程、模板工程及支撑体系、起重吊装及安装拆卸工程、脚手架工程和拆除、爆破工程等，施工单位应当组织专家对专项方案进行论证。
		3.《火电工程项目质量管理规程》DL/T 1144—2012
		9.2.2 施工单位在工程开工前，应编制质量管理文件，经监理、建设单位会审、批准后实施，质量管理文件应包括：
		  f）重大施工方案、作业指导书清单，并规定审批级别。
		9.3.2 单位工程开工应满足下列条件，并应由建设单位和监理单位进行核查。
		  c）专业施工组织设计、重大施工方案已经监理批准。
		  d）开工所需施工图已齐全，并已会检和交底，……
			3. 查阅技术交底记录
			内容：与方案或作业指导书相符
			时间：施工前
			签字：交底人和被交底人已签字

4.4.7	计量工器具经检定合格，且在有效期内	**1.《中华人民共和国计量法》中华人民共和国主席令〔2014〕第 8 号**
		第四十七条 ……。未按照规定申请计量检定、计量检定不合格或者超过计量检定周期的计量器具，不得使用。
		2.《中华人民共和国依法管理的计量器具目录（型式批准部分）》国家质检总局公告〔2005〕第 145 号
		  1. 测距仪：光电测距仪、超声波测距仪、手持式激光测距仪；
		  2. 经纬仪：光学经纬仪、电子经纬仪；
		  3. 全站仪：全站型电子速测仪；
		  4. 水准仪：水准仪；
		  5. 测地型 GPS 接收机：测地型 GPS 接收机。
		3.《电力建设施工技术规范 第 1 部分：土建结构工程》DL 5190.1—2012
		3.0.5 在质量检查、验收中使用的计量器具和检测设备，应经计量检定合格后方可使用；承担材料和设备检测的单位，应具备相应的资质。
			1. 查阅计量工器具台账
			内容：包括计量工器具名称、出厂合格证编号、检定日期、有效期、在用状态等
			检定有效期：在用期间有效

续表

条款号	大纲条款	检查依据	检查要点
4.4.7	计量工器具经检定合格，且在有效期内	**4.《电力工程施工测量技术规范》DL/T 5445—2010** 4.0.3 施工测量所使用的仪器和相关设备应定期检定，并在检定的有效期内使用。…… **5.《建筑工程检测试验技术管理规范》JGJ 190—2010** 5.2.2 施工现场配置的仪器、设备应建立管理台账，按有关规定进行计量检定或校准，并保持状态完好	2. 查阅计量工器具检定合格证或报告 检定单位资质范围：包含所检测工器具 工器具有效期：在用期间有效，且与台账一致
4.4.8	检测试验项目计划已审批	**1.《房屋建筑和市政基础设施工程质量检测技术管理规范》GB 50618—2011** 3.0.12 施工单位应根据工程施工质量验收规范和检测标准的要求编制检测计划，并应做好检测取样、试件制作、养护和送检等工作。 **2.《建筑工程检测试验技术管理规范》JGJ 190—2010** 3.0.1 建筑工程施工现场检测试验技术管理应按以下程序进行： 　　1 制订检测试验计划。 5.3.1 施工检测试验计划应在工程施工前由施工项目技术负责人组织有关人员编制，并应报送监理单位进行审查和监督实施	1. 查阅工程检测试验项目计划 签字：责任人已签字 编审批时间：施工前 2. 查阅工程检测试验项目计划报审表 审批意见：同意实施等肯定性意见 签字：施工项目部、监理项目部责任人已签字 盖章：施工项目部、监理项目部已盖章
4.4.9	单位工程开工报告已审批	**1.《工程建设施工企业质量管理规范》GB/T 50430—2017** 10.4.2 项目部应确认施工现场已具备开工条件，进行报审、报验，提出开工申请，经批准后方可开工。 **2.《建设工程监理规范》GB/T 50319—2013** 5.1.8 总监理工程师应组织专业监理工程师审查施工单位报送的开工报审表及相关资料；同时具备下列条件时，应由总监理工程师签署审查意见，并应报建设单位批准后，总监理工程师签发工程开工令：	查阅单位工程开工报告 申请时间：开工前 审批意见：同意开工等肯定性意见 签字：施工项目部、监理项目部、建设单位责任人已签字 盖章：施工项目部、监理项目部、建设单位职能部门已盖章

条款号	大纲条款	检查依据	检查要点
4.4.9	单位工程开工报告已审批	1 设计交底和图纸会审已完成。 2 施工组织设计已由总监理工程师签认。 3 施工单位现场质量、安全生产管理体系已建立，管理及施工人员已到位，施工机械具备使用条件，主要工程材料已落实。 4 进场道路及水、电、通信等已满足开工要求	
4.4.10	专业绿色施工措施已制订	**1.《绿色施工导则》中华人民共和国建设部建质〔2007〕223 号** 4.1.2 规划管理 　1 编制绿色施工方案。该方案应在施工组织设计中独立成章，并按有关规定进行审批。 **2.《建筑工程绿色施工规范》GB/T 50905—2014** 3.1.1 建设单位应履行下列职责： 　1 在编制工程概算和招标文件时，应明确绿色施工的要求…… 　2 应向施工单位提供建设工程绿色施工的设计文件、产品要求等相关资料…… 4.0.2 施工单位应编制包含绿色施工管理和技术要求的工程绿色施工组织设计、绿色施工方案或绿色施工专项方案，并经审批通过后实施。 **3.《火电工程项目质量管理规程》DL/T 1144—2012** 5.3.3 建设单位在工程开工前应组织相关单位编制下列质量文件： 　n）绿色施工措施。 9.2.2 施工单位在工程开工前，应编制质量管理文件，经监理、建设单位会审、批准后实施，质量管理文件应包括： 　i）绿色施工措施。 9.3.1 工程具备开工条件后，由建设单位按照国家规定办理开工手续。工程开工应满足下列条件： 　k）绿化施工措施编制并落实。	查阅绿色施工措施 审批：责任人已签字 审批时间：施工前

条款号	大纲条款	检查依据	检查要点
4.4.10	专业绿色施工措施已制订	9.3.12 绿色施工应符合下列规定： a）施工单位应按《绿色施工导则》的规定：在工程开工前编制节能、节水、节地、节材的控制措施，控制措施应重点包含能源合理配备、废水利用、节约用地、材料合理选配及循环使用等内容。 b）施工单位应编制控制噪声、防尘、废液排放、水土保持及环保设施投入等控制措施，各项措施应经监理、建设单位的审批。所有措施均应表示实测指标，施工过程应由监理工程师实时监查。 **4.《电力建设施工技术规范　第1部分：土建结构工程》DL 5190.1—2012** 3.0.12 施工单位应建立绿色施工管理体系和管理制度，实施目标管理，施工前应在施工组织设计和施工方案中明确绿色施工的内容和方法	
4.4.11	工程建设标准强制性条文实施计划已制订	**1.《实施工程建设强制性标准监督规定》中华人民共和国建设部令〔2000〕第81号** 第二条 在中华人民共和国境内从事新建、扩建、改建等工程建设活动，必须执行工程建设强制性标准。 第三条 本规定所称工程建设强制性标准是指直接涉及工程质量、安全、卫生及环境保护等方面的工程建设标准强制性条文。 国家工程建设标准强制性条文由国务院建设行政主管部门会同国务院有关行政主管部门确定。 第六条 ……工程质量监督机构应当对工程建设施工、监理、验收等阶段执行强制性标准的情况实施监督 **2.《火电工程项目质量管理规程》DL/T 1144—2012** 4.5 火电工程项目应认真执行国家和行业相关技术标准，严格执行工程建设标准中的强制性条文…… 5.3.3 建设单位在工程开工前应组织相关单位编制下列质量管理文件： d）工程建设强制性条文实施规划。 9.2.2 施工单位在工程开工前，应编制质量管理文件，经监理、建设单位会审、批准后实施，质量管理文件应包括： d）工程建设强制性条文实施细则	查阅强制性条文实施计划 审批：责任人已签字 审批时间：工程开工前

条款号	大纲条款	检查依据	检查要点
4.4.12	无违规转包或者违法分包工程的行为	**1.《中华人民共和国建筑法》中华人民共和国主席令〔2011〕第 46 号** 第二十八条　禁止承包单位将其承包的全部建筑工程转包给他人,禁止承包单位将其承包的全部建筑工程肢解以后以分包的名义转包给他人。 第二十九条　建筑工程总承包单位可以将承包工程中的部分工程发包给具有相应资质条件的分包单位,但是,除总承包合同约定的分包外,必须经建设单位认可。施工总承包的,建筑工程主体结构的施工必须由总承包单位自行完成。 禁止总承包单位将工程分包给不具备相应资质条件的单位。禁止分包单位将其承包的工程再分包。 **2.《建筑工程施工转包违法分包等违法行为认定查处管理办法（试行）》住房和城乡建设部　建市〔2014〕118 号** 第七条　存在下列情形之一的,属于转包: （一）施工单位将其承包的全部工程转给其他单位或个人施工的; （二）施工总承包单位或专业承包单位将其承包的全部工程肢解以后,以分包的名义分别转给其他单位或个人施工的; （三）施工总承包单位或专业承包单位未在施工现场设立项目管理机构或未派驻项目负责人、技术负责人、质量管理负责人、安全管理负责人等主要管理人员,不履行管理义务,未对该工程的施工活动进行组织管理的; （四）施工总承包单位或专业承包单位不履行管理义务,只向实际施工单位收取费用,主要建筑材料、构配件及工程设备的采购由其他单位或个人实施的; （五）劳务分包单位承包的范围是施工总承包单位或专业承包单位承包的全部工程,劳务分包单位计取的是除上缴给施工总承包单位或专业承包单位"管理费"之外的全部工程价款的; （六）施工总承包单位或专业承包单位通过采取合作、联营、个人承包等形式或名义,直接或变相的将其承包的全部工程转给其他单位或个人施工的; （七）法律法规规定的其他转包行为。	1. 查阅工程分包申请报审表 审批意见:同意分包等肯定性意见 签字:施工项目部、监理项目部、建设单位责任人已签字 盖章:施工项目部、监理项目部、建设单位已盖章

条款号	大纲条款	检查依据	检查要点
4.4.12	无违规转包或者违法分包工程的行为	第九条 存在下列情形之一的，属于违法分包： （一）施工单位将工程分包给个人的； （二）施工单位将工程分包给不具备相应资质或安全生产许可的单位的； （三）施工合同中没有约定，又未经建设单位认可，施工单位将其承包的部分工程交由其他单位施工的； （四）施工总承包单位将房屋建筑工程的主体结构的施工分包给其他单位的，钢结构工程除外； （五）专业分包单位将其承包的专业工程中非劳务作业部分再分包的； （六）劳务分包单位将其承包的劳务再分包的； （七）劳务分包单位除计取劳务作业费用外，还计取主要建筑材料款、周转材料款和大中型施工机械设备费用的； （八）法律法规规定的其他违法分包行为	2. 查阅工程分包商资质 业务范围：涵盖所分包的项目 发证单位：政府主管部门 有效期：当前有效
4.5 检测试验机构质量行为的监督检查			
4.5.1	检测试验机构已经通过能力认定并取得相应证书，其现场派出机构（现场试验室）满足规定条件，并已报质量监督机构备案	**1.《建设工程质量检测管理办法》中华人民共和国建设部令〔2005〕第 141 号** 第四条 ……。检测机构未取得相应的资质证书，不得承担本办法规定的质量检测业务。 第八条 检测机构资质证书有效期为 3 年。资质证书有效期满需要延期的，检测机构应当在资质证书有效期满 30 个工作日前申请办理延期手续。 **2.《检验检测机构资质认定管理办法》中华人民共和国国家质量监督检验检疫总局令〔2015〕第 163 号** 第二条 …… 资质认定包括检验检测机构计量认证。 第三条 检验检测机构从事下列活动，应当取得资质认定： （四）为社会经济、公益活动出具具有证明作用的数据、结果的；	1. 查阅检测机构资质证书 发证单位：国家认证认可监督管理委员会（国家级）或地方质量技术监督部门或各直属出入境检验检疫机构（省市级）及电力质监机构 有效期：当前有效 业务范围：涵盖检测项目

条款号	大纲条款	检查依据	检查要点
4.5.1	检测试验机构已经通过能力认定并取得相应证书，其现场派出机构（现场试验室）满足规定条件，并已报质量监督机构备案	（五）其他法律法规规定应当取得资质认定的。 第五条 …… 　　各省、自治区、直辖市人民政府质量技术监督部门（以下简称省级资质认定部门）负责所辖区域内检验检测机构的资质认定工作；…… 第十一条 资质认定证书有效期为6年。需要延续资质认定证书有效期的，应当在其有效期届满3个月前提出申请。 **3.《建设工程监理规范》GB/T 50319—2013** 6.2.5 专业监理工程师应检查施工单位的试验室 **4.《房屋建筑和市政基础设施工程质量检测技术管理规范》GB 50618—2011** 3.0.2 建设工程质量检测机构（以下简称"检测机构"）应取得建设主管部门颁发的相应资质证书。 3.0.3 检测机构必须在技术能力和资质规定范围内开展检测工作。 **5.《电力工程检测试验管理办法（试行）》电力工程质量监督总站质监〔2015〕20号** 第三条 电力工程检测试验机构是指依据国家规定取得相应资质，从事电力工程检测试验工作，为保障电力工程建设质量提供检测验证数据和结果的单位。 第七条 ……相应地将承担工程检测试验业务的检测机构划分为A级和B级两个等级。 第九条 承担建设建模200MW及以上发电工程和330kV及以上变电站（换流站）的检测机构，必须符合B级及以上等级标准要求。不同规模电力工程项目所要求的检测机构业务等级标准见附件5。 第三十五条 检测机构的《业务等级确认证明》有效期为四年，有效期满后，需重新进行确认。重新确认的程序及要求详见第三章规定。 第三十条 根据工程建设需要和质量验收规范要求，检测机构应在所承担电力工程项目的检测试验任务时，应当设立现场试验室。检测机构对所设立现场试验室的一切行为负责。	2. 查看现场土建试验室 场所：有固定场所且面积、环境、温、湿度满足规范要求

条款号	大纲条款	检查依据	检查要点
4.5.1	检测试验机构已经通过能力认定并取得相应证书,其现场派出机构(现场试验室)满足规定条件,并已报质量监督机构备案	第三十一条　现场试验室在开展工作前,须通过负责本项目质监机构组织的能力认定。对符合条件的质监机构应予以书面确认。…… **6.《火电工程项目质量管理规程》DL/T 1144—2012** 9.3.1　工程具备开工条件后,由建设单位按照国家规定办理开工手续。工程开工应满足下列条件: 　　1)第三方检验、检测单位已确定。 9.4.3　工程建设应根据需要建立土建、金属、电气试验及热工校验室。试验室应具有相应资质,试验人员应持证上岗。 9.4.4　第三方专项检测和见证取样检测应符合下列规定: 　　b)检测单位必须有相应的检测资质,…… 　　c)工程规模较大、试验检测工作量较大时,检测单位宜在项目现场分设现场检测站,配备必要的试验人员、设备、仪器、设施及相关的试验检测标准。 **7.《电力建设施工质量验收及评价规程　第1部分:土建工程》DL/T 5210.1—2012** 3.0.2　……;承担土建工程试验、检测的试验室及承担有关结构安全和功能试验、检测的单位或机构应具有相应资质。 **8.《建筑工程检测试验技术管理规范》JGJ 190—2010** 3.0.5　承担建筑工程施工检测试验任务的检测单位应符合下列规定: 　　1　当行政法规、国家现行标准或合同对检测单位的资质有要求时,应遵守其规定;当没有要求时,可由施工单位的企业试验室试验,也可委托具备相应资质的检测机构检测; 　　3　检测单位的检测试验能力应与其所承接检测试验项目相适应。 5.2.3　施工现场试验环境及设施应满足检测试验工作的要求。 5.2.4　单位工程建筑面积超过10000m²或造价超过1000万元人民币时,可设立现场试验站。现场试验站的基本要求应符合表5.2.4的规定	3.查阅检测机构的申请报备文件 报备日期:土建工程开工前

条款号	大纲条款	检查依据	检查要点
4.5.2	检测人员资格符合规定,持证上岗	**1.《房屋建筑和市政基础设施工程质量检测技术管理规范》GB 50618—2011** 4.1.3 检测机构的技术负责人、质量负责人、检测项目负责人应具有工程类专业中级及其以上技术职称,掌握相关领域知识,具有规定的工作经历和检测工作经验。检测报告批准人、检测报告审核人应经检测机构技术负责人授权,掌握相关领域知识,并具有规定的工作经历和检测工作经验。 4.1.5 检测操作人员应经技术培训、通过建设主管部门或委托有关机构的考核,方可从事检测工作。 5.3.6 检测前应确认检测人员的岗位资格,检测操作人员应熟识相应的检测操作规程和检测设备使用、维护技术手册等。 **2.《电力工程检测试验机构能力认定管理办法(试行)》质监〔2015〕20 号** 第三条 电力工程检测试验人员(以下简称检测人员)是指具备检测试验专业知识,经考试合格,取得相应的检测专业资格证书,并承担电力工程检测试验工作的专业技术人员。 **3.《火电工程项目质量管理规程》DL/T 1144—2012** 9.4.3 ……,试验人员应持证上岗	1. 查阅检测人员登记台账、资格证 人员专业类别和数量:满足检测项目需求 资格证发证单位:各级政府和电力行业主管部门 资格证有效期:当前有效 2. 查阅检测报告 检测项目:在持证资格范围内 检测人:与台账相符
4.5.3	检测仪器、设备检定合格,且在有效期内;标养室条件符合要求	**1.《中华人民共和国计量法》中华人民共和国主席令〔2014〕第 8 号** 第四十七条 ……。未按照规定申请计量检定、计量检定不合格或者超过计量检定周期的计量器具,不得使用。 **2.《房屋建筑和市政基础设施工程质量检测技术管理规范》GB 50618—2011** 4.2.7 检测设备的校准或检测应送至具有校准或检测资格的实验室进行校准或检测。 4.2.14 检测机构的所有设备均应标有统一的标识,在用的检测设备均应标有校准或检测有效期的状态标识。	1. 查阅检测仪器、设备管理台账 内容:包括检定日期、有效期 证书有效期:当前有效 2. 查阅检定证书 有效期:与台账一致 结论:合格 3. 查看检测仪器、设备检定标识 检定有效期:与台账及检定证书一致

续表

条款号	大纲条款	检查依据	检查要点
4.5.3	检测仪器、设备检定合格，且在有效期内；标养室条件符合要求	**3.《普通混凝土力学性能试验方法标准》GB/T 50081—2002** 5.2.2 采用标准养护的试件，应在温度为（20±5）℃的环境中静置 1～2 昼夜，然后编号、拆模。拆模后应立即放入温度为（20±2）℃，相对湿度为 95% 以上的标准养护室中养护，或在温度为（20±2）℃的不流动 Ca(OH)$_2$ 饱和溶液（即石灰溶液）中养护。标准养护室内的试件应放在支架上，彼此间隔 10mm～20mm，试件表面应保持潮湿，并不得被水直接冲淋。 **4.《火电工程项目质量管理规程》DL/T 1144—2012** 9.3.2 单位工程开工应满足下列条件，并应由建设单位和监理单位进行核查。 h）主要监视测量设备、主要施工机械设备的检定证书，已经监理确认。 9.3.5 检测设备的控制应符合下列规定： a）施工单位应配备与工程相适应的测量设备，并保证其持续有效。 b）施工单位应对影响质量的检测设备进行控制，并在这些设备进场时报监理审查；…… c）建设单位和监理单位有权对施工单位使用的检测设备进行监督检查。 **5.《建筑工程检测试验技术管理规范》JGJ 190—2010** 5.2.2 施工现场配置的仪器、设备应建立管理台账，按有关规定进行计量检定或校准，并保持状态完好。 5.2.3 施工现场试验环境及设施应满足检测试验工作的要求。 5.2.4 单位工程建筑面积超过 10000m² 或造价超过 1000 万元人民币时，可设立现场试验站。现场试验站的基本要求应符合表 5.2.4 的规定。 **6.《建筑基桩检测技术规范》JGJ 106—2014** 3.2.4 基桩检测用仪器设备应在检定或校准的有效期内；基桩检测前应对仪器设备进行检查调试	4. 查看现场标养室 场所：有固定场所 装置：已配备恒温、控湿装置和温、湿度计，试件支架

条款号	大纲条款	检查依据	检查要点
4.5.4	检测依据正确、有效，检测报告及时、规范	**1. 《检验检测机构资质认定管理办法》中华人民共和国国家质量监督检验检疫总局令〔2015〕第 163 号** 第十三条 ······ 　　　　检验检测机构资质认定标志，······。式样如下：CMA 标志。 第二十五条　检验检测机构应当在资质认定证书规定的检验检测能力范围内，依据相关标准或者技术规范规定的程序和要求，出具检验检测数据、结果。 　　　　检验检测机构出具检验检测数据、结果时，应当注明检验检测依据，······ 第二十八条　检验检测机构向社会出具具有证明作用的检验检测数据、结果，应当在其检验检测报告上加盖检验检测专用章，并标注资质认定标志。 **2. 《建设工程质量检测管理办法》中华人民共和国建设部令〔2005〕第 141 号** 第十四条　检测机构完成检测业务后，应当及时出具检测报告。检测报告经检测人员签字、检测机构法定代表人或者其授权的签字人签署，并加盖检测机构公章或者检测专用章后方可生效。检测报告经建设单位或者工程监理单位确认后，由施工单位归档。 　　　　见证取样检测的检测报告中应当注明见证人单位及姓名。 **3. 《房屋建筑和市政基础设施工程质量检测技术管理规范》GB 50618—2011** 4.1.3 ······。检测报告批准人、检测报告审核人应经检测机构技术负责人授权，······ 5.5.4　检测报告至少应由检测操作人签字、检测报告审核人签字、检测报告批准人签发，并加盖检测专用章，多页检测报告还应加盖骑缝章。 5.5.6　检测报告结论应符合下列规定： 　　1 材料的试验报告结论应按相关材料、质量标准给出明确的判定； 　　2 当仅有材料试验方法而无质量标准，材料的试验报告结论应按设计要求或委托方要求给出明确的判定；	查阅检测试验报告 检测依据：有效的标准规范、合同及技术文件 检测结论：明确 签章：检测操作人、审核人、批准人已签字，已加盖检测机构公章或检测专用章（多页检测报告加盖骑缝章），并标注相应资质认定标志 时间：在检测机构规定时间内出具

条款号	大纲条款	检查依据	检查要点
4.5.4	检测依据正确、有效，检测报告及时、规范	3 现场工程实体的检测报告结论应根据设计及鉴定委托要求给出明确的判定。 **4.《电力工程检测试验机构能力认定管理办法（试行）》质监〔2015〕20号** 第十三条 检测机构及由其派出的现场试验室必须按照认定的能力等级，专业类别和业务范围，承担检测试验任务，并按照标准规定出具相应的检测试验报告，未通过能力认定的检测机构或超出规定能力等级范围出具的检测数据、试验报告无效。 第三十二条 检测机构应当……，及时出具检测试验报告	
5 施工现场条件和工程实体质量的监督检查			
5.0.1	测量定位基准点验收合格，厂区平面控制网、高程控制网、主要建（构）筑物控制桩复测报告齐全，桩位保护措施有效	**1.《中华人民共和国测绘法》中华人民共和国主席令〔2002〕第75号** 第二十二条 国家对从事测绘活动的单位实行测绘资质管理制度。 从事测绘活动的单位应当具备下列条件，并依法取得相应等级的测绘资质证书后，方可从事测绘活动： （一）有与其从事的测绘活动相适应的专业技术人员； （二）有与其从事的测绘活动相适应的技术装备和设施； （三）有健全的技术、质量保证体系和测绘成果及资料档案管理制度； （四）具备国务院测绘行政主管部门规定的其他条件。 第二十四条 测绘单位不得超越其资质等级许可的范围从事测绘活动或者以其他测绘单位的名义从事测绘活动，并不得允许其他单位以本单位的名义从事测绘活动。 测绘项目实行承发包的，测绘项目的发包单位不得向不具有相应测绘资质等级的单位发包或者迫使测绘单位以低于测绘成本承包。 测绘单位不得将承包的测绘项目转包。	1. 查阅建设单位与施工单位的定位基准点报告签收记录 签字：建设、施工单位责任人已签字 盖章：建设、施工单位已盖章 2. 查阅建设单位与施工单位的厂区平面控制网、高程控制网报告签收记录 签字：建设、施工、监理单位责任人已签字 盖章：建设、施工、监理单位已盖章

条款号	大纲条款	检查依据	检查要点
5.0.1	测量定位基准点验收合格，厂区平面控制网、高程控制网、主要建（构）筑物控制桩复测报告齐全，桩位保护措施有效	**2.《工程测量规范》 GB 50026—2007** 8.1.4 场区控制网，应充分利用勘察阶段的已有平面和高程控制网。原有平面控制网的边长，应投影到测区的主施工高程面上，并进行复测检查。精度满足施工要求时，可作为场区控制网使用。否则，应重新建立场区控制网。 8.2.2 场区平面控制网，应根据工程规模和工程需要分级布设。对于建筑场地大于 1km² 的工程项目或重要工业区，应建立一级或一级以上精度等级的平面控制网；对于场地面积小于 1km² 的工程项目或一般性建筑区，可建立二级精度的平面控制网。 场区平面控制网相对于勘察阶段控制点的定位精度，不应大于 5cm。 8.2.10 大中型施工项目场区的高程测量精度，不应低于三等水准。 8.3.3 建筑物施工平面控制网的建立，应符合下列规定： 2 主要的控制网点和主要设备中心线端点，应埋设固定标桩。 3 控制网轴线起始点的定位误差，不应大于 2cm；两建筑物（厂房）间有联动关系时，不应大于 1cm，定位点不得少于 3 个。 **3.《建设工程监理规范》GB/T 50319—2013** 5.2.5 专业监理工程师应检查、复核施工单位报送的施工控制测量成果及保护措施，签署意见。 施工控制测量及保护成果的检查、复核，应包括下列内容： 1 施工测量人员的资格证书及测量设备鉴定证书。 2 施工平面控制网、高程控制网和临时水准点的测量成果及控制桩的保护措施。 **4.《火力发电厂工程测量技术规程》DL/T 5001—2014** 1.0.5 对于工程中所引用的测量成果资料应进行检核。 4.1.5 平面控制网的布设应符合下列原则： 4 各等级平面控制网均可作为测区首级控制。当电厂规划容量为 200MW 及以上时，变电站建设规划电压等级为 750kV 及以上时，首级控制网不应低于一级。	3. 查阅厂区平面控制网、高程控制网报告 使用仪器：精度满足要求，有计量检定证书、在有效期内 精度：满足设计要求和规范的规定 结论：明确 签字盖章：测绘单位已签字盖章

条款号	大纲条款	检查依据	检查要点
5.0.1	测量定位基准点验收合格，厂区平面控制网、高程控制网、主要建(构)筑物控制桩复测报告齐全，桩位保护措施有效	5.1.3　厂区首级高程控制的精度等级不应低于四等，且应布设成环形网。 5.1.5　厂区应埋设不少于 3 个永久性高程控制点。 10.1.4　厂区平面控制网的等级和精度应符合下列规定： 　1　厂区施工首级平面控制网等级不宜低于一级。 　2　当原有控制网作为厂区控制网时，应进行复测检查，满足要求时才能使用。 10.1.9　新建发电厂区或大型变电项目场区平面控制网相对于勘测设计阶段平面控制网的定位精度不应大于 5cm。 10.3.1　厂区高程控制网应采用水准测量的方法建立。高程测量的精度不应低于三等水准。 10.3.3　高程控制点的布设与埋石应符合下列规定： 　2　……一个测区及周围应有不少于 3 个永久性的高程控制点。 **5.《电力建设施工技术规范　第 1 部分：土建结构工程》 DL 5190.1—2012** 11.1.3　施工单位进入施工现场后，建设单位（或委托方）应移交有关厂区测量的原始资料；施工单位对提供的原始资料进行认真校核，确认满足施工放线精度要求后，方可接受使用。 11.1.4　对厂区布置的施工测量控制点，应定期对其稳定性进行检测，同时要求对施工测量控制点进行有效的防护，防止进行或车辆碰撞。 11.5.1　厂区控制网或建筑方格网使用前应进行复查和测试，测试完毕应进行验收。验收时应提供以下资料： 　4　控制网及建筑方格网成果表 　6　测量技术报告 **6.《电力工程施工测量技术规程》DL/T 5445—2010** 8.1.5　施工控制点……埋设深度……一般应至坚实的原状土中 1m 以下……，厂区施工控制网点应砌井并加护栏保护，……均应有醒目的保护装置…… 8.3.3　厂区平面控制网的等级和精度，应符合下列规定： 　1　厂区施工首级平面控制网等级不宜低于一级。	4. 查阅施工单位复测报告 测量仪器：在计量鉴定有效期 结论：符合标准规定 签字：有效责任人已签字 报验：已完成

条款号	大纲条款	检查依据	检查要点
5.0.1	测量定位基准点验收合格，厂区平面控制网、高程控制网、主要建（构）筑物控制桩复测报告齐全，桩位保护措施有效	2 当原有控制网作为厂区控制网时，应进行复测检查。 8.3.9 导线网竣工后，应按与施测相同的精度实地复测检查，检测数量不应少于总量的 1/3，且不少于 3 个，复测时应检查网点间角度及边长与理论值的偏差，一级导线的偏差满足表 8.3.9 的规定时，方能提供给委托单位。 8.3.13 厂区平面控制测量结束后，应向业主或监理现场交桩。 8.4.1 厂区高程控制网……。高程测量的精度，不宜低于三等水准。 **7.《电力建设工程监理规范》DL/T 5434—2009** 8.0.7 项目监理机构应督促承包单位对建设单位提出的基准点进行复测，并审批承包单位控制网或加密控制网的布设、保护、复测和原状地形图测绘的方案。监理工程师对承包单位实测过程机械能监督复核，并主持厂（站）区控制网的检测验收工作。工程控制网测量报审表应符合表 A.8 的格式	5. 查看控制点桩位 数量：至少有三个固定埋设的控制桩 保护措施：控制桩在砌井中，外围有护栏并有明显标识
5.0.2	建筑施工原材料、半成品、成品存放符合要求，材质检验合格，报告齐全	**1.《混凝土结构工程施工规范》GB 50666—2011** 7.2.11 原材料进场后，应按各类、批次分开储存与堆放，应标识明晰，并应符合下列规定： 1 散装水泥、矿物掺合料等粉体材料，应采用散装罐分开储存；袋装水泥、矿物掺合料、外加剂等，应按品种、批次分开码垛堆放，并应采取防雨、防潮措施，高温季节应有防晒措施。 2 骨料应按品种、规格分别堆放，不得混入杂物，并应保持洁净和颗粒级配均匀。骨料堆放场地的地面应做硬化处理，并应采取排水、防尘和防雨等措施。 3 液体外加剂应旋转于阴凉干燥处，应防止日晒、污染、浸水，使用前应搅拌均匀；有离析、变色等现象时，应经检验合格后再使用。 **2.《工程建设施工企业质量管理规范》GB/T 50430—2017** 8.1.1 施工企业应建立并实施工程材料、构配件和设备管理制度，对工程材料、构配件和设备的采购、进场验收、现场管理及不合格品的控制作出规定。	1. 查看原材料、半成品、成品存放现场 骨料场地面：已硬化 材料存放：已分类 材料标识：注明名称、规格、产地等 防护措施：有防潮、防雨雪、防暴晒和防尘措施

条款号	大纲条款	检查依据	检查要点
5.0.2	建筑施工原材料、半成品、成品存放符合要求，材质检验合格，报告齐全	8.1.2 工程材料、构配件和设备的种类、规格、型号、技术性能、职业健康、节能环保及质量标准应符合设计和国家现行相关标准的规定。 8.3.1 项目部应对进场的工程材料、构配件和设备进行验收，并保存适宜的验收记录。验收的过程、记录和标识应符合相关要求。未经验收或验收不合格的工程材料、构配件和设备，不得用于工程施工。 8.3.2 施工企业应对工程材料、构配件和设备进场验收的内容、方法和时间进行控制，形成记录，并根据需求到供应方的现场进行验证。 8.3.3 施工企业应按工程合同约定对发包方提供的工程材料、构配件和设备进行识别与验收，并保存关记录	2. 查阅原材料、半成品、成品的材质检验记录及其报告 检验报告中的代表数量：与进场数据及批次相符 检测项目：符合设计要求和规范规定 结论：符合设计要求和规范规定 签字：检测单位已签字 报告盖章：检测单位已盖章
5.0.3	施工用水水质检验合格	**1.《混凝土结构工程施工质量验收规范》GB 50204—2015** 7.2.5 混凝土拌制及养护用水应符合《混凝土用水标准》JGJ 63 的规定。采用饮用水作为混凝土用水时，可不检验；采用中水、搅拌站清洗水、施工现场循环水等其他水源时，应对其成分进行检验。 检查数量：同一水源检查不应少于一次。 检验方法：检查水质检验报告。 **2.《混凝土结构工程施工规范》GB 50666—2011** 7.2.9 混凝土拌合及养护用水，应符合《混凝土用水标准》JGJ 63 的有关规定。 7.2.10 未经处理的海水严禁用于钢筋混凝土结构和预应力混凝土结构中拌制和养护。 **3.《混凝土用水标准》JGJ 63—2006** 3.1.1 混凝土拌合用水水质要求应符合表 3.1.1 的规定。对于设计使用年限为 100 年的结构混凝土，氯离子含量不得超过 500mg/L；对使用钢丝或经热处理钢筋的预应力混凝土，氯离子含量不得超过 350mg/L。 3.1.2 地表水、地下水、再生水的放射性应符合《生活饮用水卫生标准》GB 5749 的规定。	查阅施工用水检验报告 检测项目：符合标准规定 结论：合格 签章：检测机构已签字盖章

条款号	大纲条款	检查依据	检查要点
5.0.3	施工用水水质检验合格	3.1.7 未经处理的海水严禁用于钢筋混凝土和预应力混凝土。 3.1.8 在无法获得水源的情况下，海水可用于素混凝土，但不宜用于装饰混凝土	
5.0.4	现场混凝土搅拌站条件符合要求；商品混凝土技术检验合格，报告齐全	**1.《预拌混凝土》GB/T 14902—2012** 6.1 强度 混凝土强度应满足设计要求，检验评定应符合 GB/T 50107 的规定。 6.2 坍落度和坍落度经时损失 混凝土坍落度实测值与控制目标值的允许偏差应符合表 8 的规定。常规品的泵送混凝土坍落度控制目标值不宜大于 180mm，并应满足施工要求，坍落度经时损失不宜大于 30mm/h；特制混凝土坍落度应满足相关标准规定和施工要求。 6.3 扩展度 扩展度实测值与控制目标值的允许偏差宜符合表 8 的规定。自密实混凝土扩展度控制目标值不宜小于 30mm，并应满足施工要求。 6.4 含气量 混凝土含气量实测值不宜大于 7%，并与合同规定值的允许偏差不宜超过±1.0%。 6.5 水溶性氯离子含量 混凝土拌合物中水溶性氯离子最大含量实测值应符合表 9 的规定。 7.2.1 各种原材料应分仓贮存，并应有明显的标识。 7.2.2 水泥应按品种、强度等级和生产厂家分别标识和贮存；应防止水泥受潮及污染，不应采取结块的水泥；水泥用于生产时的温度不宜高于 60℃；水泥出厂超过 3 个月应进行复检，合格者方可使用。 7.2.3 骨料堆场应为能排水的硬质地面，并应有防尘和遮雨设施；不同品种、规格的骨料应分别贮存，避免混杂或污染。	1. 查看现场混凝土搅拌站现场 骨料场地面：已硬化 材料存放：已分类 材料标识：注明名称、规格、产地等 防护措施：有防潮、防雨雪、防暴晒和防尘措施

条款号	大纲条款	检查依据	检查要点
5.0.4	现场混凝土搅拌站条件符合要求；商品混凝土技术检验合格，报告齐全	7.2.4 外加剂应按品种和生产厂家分别标识和贮存；粉状外加剂应防止受潮结块，如有结块，应进行检验，合格者应经粉碎至全部通过 300μm 方孔筛后方可使用；液态外加剂应贮存在密闭容器内，并应防晒和防冻。如有沉淀等异常现象，应经检验合格后方可使用。 7.2.5 矿物掺合料庆按品种、质量等级和产地分别标识和贮存，不应与水泥等其他粉状料混杂，并应防潮、防雨。 7.2.6 纤维应按品种、规格和生产厂家分别标识和贮存。 9.4.1 混凝土强度检验结果符合 6.1 规定时为合格。 9.4.2 混凝土坍落度、扩展度和含气量的检验结果分别符合 6.2、6.3 和 6.4 规定时为合格；若不符合要求，则应立即用试样余下部分或重新取样进行复检，当复检结果分别符合 6.2、6.3 和 6.4 的规定时，应评定为合格。 9.4.3 混凝土拌合物中水溶性氯离子含量检验结果符合 6.5 规定时为合格。 9.4.4 混凝土耐久性能检验结果符合 6.6 规定时为合格。 9.4.5 其他的混凝土性能检验结果符合 6.7 规定时为合格。 10.3.1 供方应按分部工程向需方提供同一配合比混凝土的出厂合格证。出厂合格证应至少包括以下内容： 　　a）出厂合格证编号； 　　b）合同编号； 　　c）工程名称； 　　d）需方； 　　e）供方； 　　f）供货日期； 　　g）浇筑部位； 　　h）混凝土标记；	2. 查阅搅拌站管理制度 内容：包括组织机构、人员持证上岗等规定 计量设备：已经计量检定，在有效期内

条款号	大纲条款	检查依据	检查要点
5.0.4	现场混凝土搅拌站条件符合要求；商品混凝土技术检验合格，报告齐全	i）标记内容以外的技术要求； k）原材料的品种、规格、级别及检验报告编号； l）混凝土配合比编号； m）混凝土质量评定。 10.3.3　供方应随每一辆运输车向需方提供该车混凝土的发货单，发货单应至少包括以下内容： a）合同编号； b）工程名称； c）需方； d）供方； e）工程部位； f）浇筑部位； g）混凝土标记； h）本车的供货量（m³）； i）运输车号； j）交货地点； k）交货日期； l）发车时间和到达时间； m）供需（含施工方）双方交接人员签字。 **2.《混凝土用水标准》JGJ 63—2006** 3.1.1　混凝土拌合用水水质要求应符合表 3.1.1 的规定。对于设计使用年限为 100 年的结构混凝土，氯离子含量不得超过 500mg/L；对使用钢丝或经热处理钢筋的预应力混凝土，氯离子含量不得超过 350mg/L。 4.0.1　pH 值的检验应符合《水质 pH 的测定玻璃电极法》GB/T 6920 的要求。	3. 查阅搅拌站计量设备计量检定证书 有效期：当前有效

条款号	大纲条款	检查依据	检查要点
5.0.4	现场混凝土搅拌站条件符合要求；商品混凝土技术检验合格，报告齐全	4.0.2 不溶物的检验应符合《水质悬浮物的测定 重量法》GB/T 11901 的要求。 4.0.3 可溶物的检验应符合《生活饮用水标准检验法》GB 5750 中溶解性总固体检验法的要求。 4.0.4 氯化物的检验应符合《水质氯化物的测定硝酸银滴定法》GB/T 11896 的要求。 4.0.5 硫酸盐的检验应符合《水质硫酸盐的测定重量法》GB/T 11899 的要求。 4.0.6 碱含量的检验应符合《水泥化学分析方法》GB/T 176 中关于氧化钾、氧化钠测定的火焰光度法的要求。 5.1.1 水质检验水样不应少于 5L。 **3.《普通混凝土用砂、石质量及检验方法标准》JGJ 52—2006** 1.0.3 对于长期处于潮湿环境的重要混凝土结构所用砂、石应进行碱活性检验。 3.1.3 天然砂中含泥量应符合表 3.1.3 的规定。 3.1.4 砂中泥块含量应符合表 3.1.4 的规定。 3.1.5 人工砂或混合砂中石粉含量应符合表 3.1.5 的规定。 3.1.10 钢筋混凝土和预应力混凝土用砂的氯离子含量分别不得大于 0.06% 和 0.02%。 3.2.2 碎石或卵石中针、片状颗粒应符合表 3.2.2 的规定。 3.2.3 碎石或卵石中含泥量应符合表 3.2.3 的规定。 3.2.4 碎石或卵石中泥块含量应符合表 3.2.4 的规定。 3.2.5 碎石的强度可用岩石抗压强度和压碎指标表示。岩石的抗压等级应比所配制的混凝土强度至少高 20%。当混凝土强度大于或等于 C60 时，应进行岩石抗压强度检验。岩石强度首先由生产单位提供，工程中可采用能够压碎指标进行质量控制，岩石压碎值指标宜符合表 3.2.5-1。卵石的强度可用压碎值表示。其压碎指标宜符合表 3.2.5-2 的规定。 5.1.3 对于每一单项检验项目，砂、石的每组样品取样数量应符合下列规定： 砂的含泥量、泥块含量、石粉含量及氯离子含量试验时，其最小取样质量分别为 4400g、20000g、1600g 及 2000g；对最大公称粒径为 31.5mm 的碎石或卵石，含泥量和泥块含量试验时，其最小取样质量为 40kg。	4. 查看标养室 温、湿度记录仪：完好 环境：符合标养条件

续表

条款号	大纲条款	检查依据	检查要点
5.0.4	现场混凝土搅拌站条件符合要求；商品混凝土技术检验合格，报告齐全	6.8 砂中含泥量试验 6.10 砂中泥块含量试验 6.11 人工砂及混合砂中石粉含量试验 6.18 氯离子含量试验 6.20 砂中的碱活性试验（快速法） 7.7 碎石或卵石中含泥量试验 7.8 碎石或卵石中泥块含量试验 7.16 碎石或卵石的碱活性试验（快速法）	5. 查阅商品混凝土出厂发货单和合格证 发货单内容：符合规范规定 发货单数量：每车一份 发货单签字：供货商和施工单位已交接签字 合格证：强度符合设计要求
5.0.5	已完成的桩基或地基处理工程验收合格	**1.《建筑地基基础设计规范》GB 50007—2011** 10.2.13 人工挖孔桩终孔时，应进行桩端持力层检验。单柱单桩的大直径嵌岩桩，应视岩性检验孔底下3倍桩身直径或5m深度范围内有无土洞、溶洞、破碎带或软弱夹层等不良地质条件。 10.2.14 施工完成后的工程桩应进行桩身完整性和竖向承载力检验。承受水平力较大的桩应进行水平承载力检验，抗拔桩应进行抗拔承载力检验。 **2.《建筑地基处理技术规程》JGJ 79—2012** 3.0.12 地基处理施工中应有专人负责质量控制和监测，并做好施工记录；当出现异常情况时，必须及时会同有关部门妥善解决。施工结束后应按国家有关规定进行工程质量检验和验收。 4.4.2 换填垫层的施工质量检验应分层进行，并应在每层的压实系数符合设计要求后铺填上层。 4.4.4 竣工验收应采用静荷载试验检验垫层承载力，且每个单体工程不宜少于3个点；对于大型工程应按单体工程数量或工程划分的面积确定检验点数。 5.4.2 预压地基竣工验收检验应符合下列规定： 　1 排水竖井处理深度范围内和竖井底面以下受压土层，经预压所完成的竖向变形和平均固结度应满足设计要求；	1. 查阅已完成的人工地基或桩基检测报告 试验方法：符合技术方案要求

条款号	大纲条款	检查依据	检查要点
5.0.5	已完成的桩基或地基处理工程验收合格	2 应对预压的地基土进行原位试验和室内土工试验。 5.4.4 预压处理后的地基承载力应按本规范附录 A 确定。检验数量按每个处理分区不应少于3 点进行检测。 6.2.5 压实地基的施工质量检验应分层进行。每完成一道工序，应按设计要求进行验收，未经验收或验收不合格时，不得进行下一道工序施工。 6.3.5 强夯处理后的地基竣工验收，承载力检验应根据静载荷试验经、其他原位测试和室内土工试验等方法综合确定。强夯转换后的地基竣工验收，除应采用单墩静载荷试验进行承载力检验外，尚应采用动力触探等查明置换墩着底情况及密度随深度的变化情况。 6.3.6 夯实地基的质量检验应符合下列规定： 3 强夯地基均匀性检验，可采用动力触探试验或标准贯入试验、静力触探试验等原位测试，以及室内土工试验。检验点的数量，可根据场地复杂程度和建筑物的重要性确定，对于简单场地上的一般建筑物，按每 400m² 不少于 1 个检测点，且不少于 3 点；对于复杂场地或重要建筑地基，每 300m² 不少于 1 个检测点，且不少于 3 点。强夯置换地基，可采用超重型或重型动力触探试验等方法，检查置换墩着底情况及承载力与密实度随深度的变化，检验数量不应少于墩点数的3%，且不少于 3 点。 4 强夯地基承载力检验的数量，应根据场地复杂程度和建筑物的重要性确定，对于简单场地上的一般建筑物，每个建筑地基载荷试验检验点不应少于 3 点；对于复杂场地或重要建筑地基应增加检验点数。检测结果的评价，应考虑夯点和夯间位置的差异。强夯置换地基单墩载荷试验数量不应少于墩点数的1%，且不少于 3 点；对饱和粉土地基，当处理后墩间土能形成 2.0m 以上厚度的硬层时，其地基承载力可通过现场单墩复合地基静载荷试验确定，检验数量不应少于墩点数的 1%，且每个建筑载荷试验检验点不应少于 3 点。 7.9.11 多桩型复合地基的质量检验应符合下列规定： 1 竣工验收时，多桩型复合地基承载力试验，应采用多桩复合地基静载荷试验和单桩静载荷试验检验数量不得少于总桩数的 1%；	检测比例：符合标准规定 承载力：符合设计要求 签字：检测机构责任人已签字

条款号	大纲条款	检查依据	检查要点
5.0.5	已完成的桩基或地基处理工程验收合格	2 多桩复合地基载荷试验，对每个单体工程检验数量不得少于 3 点； 3 增加体施工质量检验，地散体材料增强体的检验数量不应少于其总桩数的 2%，对具有黏结强度的增强体，完整性检验数量不应少于其总桩数的 10%。 8.4.4 注浆加固处理后地基的承载力应进行静载荷试验检验。 8.4.5 静载荷试验应按附录 A 的规定进行，每个单体建筑的检验数量不应少于 3 点。 9.5.4 微型桩的竖向承载力检验应采用静载荷试验，检验桩数不得少于总载数的 1%，且不得少于 3 根。 10.1.1 地基处理工程的验收检验应在分析工程的岩土工程勘察报告、地基基础设计及地基处理设计资料，了解施工工艺中出现异常情况等后，根据地基处理的目的、制定检验方案，选择检验方法。当采用一种检验方法的检测结果具有不确定性时，应采用其他检验方法进行验证。 10.1.2 检验数量应根据场地复杂程度、建筑物的重要性以及地基处理施工技术的可靠性确定，并满足处理地基评价要求。在满足本规范各种处理地基的检验数量，检验结果不满足设计要求时，应分析原因，提出处理措施。对重要的部位，应增加检验数量。 10.1.4 工程验收承载力检验时，静载荷试验最大加载量不应小于设计要求的承载力特征值的 2 倍。 10.1.5 换填垫层和压实地基的静载荷试验的压板面积不应小于 1.0m²；强夯地基或强夯置换地基静载荷试验的压板面积不宜小于 2.0m²。 10.2.7 处理地基上的建筑物应在施工期间及使用期间进行沉降观测，直到沉降达到稳定为止。 **2.《建筑桩基技术规范》JGJ 94—2008** 5.1.1 ……桩基工程施工前应对放好的轴线和桩位进行复核。群桩柱位的放样允许偏差应为 20mm，单排柱桩位的放样允许偏差应为 10mm。 5.1.5 工程桩应进行承载力和桩身完整性检验。	盖章：检测机构已盖章 结论：合格

条款号	大纲条款	检查依据	检查要点
5.0.5	已完成的桩基或地基处理工程验收合格	5.1.6 设计等级为甲级或地质条件复杂时，应采用静载试验的方法对桩基承载力进行检验，检验桩数不应少于总桩数的1%，且不应少于3根，当总桩数少于50根时，不应少于2根。在有经验和对比资料的地区，设计等级为乙级、丙级的桩基可采用高应变法对柱基进行竖向抗压承载力检测，检测数量不应少于总桩数的5%，且不应少于10根。 5.1.7 工程柱的桩身完整性的抽检数量不应少于总桩数的20%，且不应少于10根。每根柱子承台下的桩抽检数量不应少于1根。 **3.《电力工程基桩检测技术规程》DL/T 5493—2014** 3.1.1 电力工程基桩检测可分为综合试桩检测、施工过程工程桩。 3.1.2 当满足下列条件之一时，施工前应进行综合试桩。 1 地基基础设计等级为甲级、乙级的桩基工程； 2 场地地质条件复杂的桩基工程； 3 本地区采用的新桩型或采用新工艺施工的桩基工程； 4 设计有要求的桩基工程。 3.1.3 工程桩应进行单桩承载力和桩身完整性检测。 **4.《电力工程地基处理技术规程》DL/T 5024—2005** 5.0.3 当符合下列条件之一时，电力工程应进行地基处理： 1 天然地基承载力或变形不能满足工程要求； 2 发现地基有暗沟、隐埋湖塘、暗浜、土洞或溶洞； 3 地震区存在可液化土层的地基，不能满足抗液化要求； 4 经技术经济比较，处理的地基比天然地基更合理。 5.0.4 电力工程地基处理方案应结合相应的工程勘测设计阶段逐步深化，分步实施。 5.0.5 地基处理工作的规划和实施，可按下列顺序进行： 1 根据岩土工程勘测资料和建筑物对地基的要求，分析场地作为天然地基的条件及存在的主要问题，明确需要进行地基处理的建筑物名称、特点及其外部条件，以及地基处理要求达到的各项技术指标。初步选定几种可供选择的地基处理方案。	2. 查阅已完成的桩基或地基处理的验收记录 桩基的桩位偏差、标高偏差、垂直度：符合规范规定

条款号	大纲条款	检查依据	检查要点
5.0.5	已完成的桩基或地基处理工程验收合格	2 综合场地的岩土工程条件，从加固原理、适用范围、预期处理效果、机具条件、施工工期及工程造价等技术经济各方面，对初步选定几种可供选择的地基处理方案进行分析比较，选择最佳的地基处理方法。 3 结合电力工程初步设计阶段的岩土工程勘测，实施必要的地基处理原体试验，以获得必要的设计参数和合理的施工方案。 **5.《刚-柔性桩复合地基技术规程》JGJ/T 210—2010** 6.0.1 刚柔性桩复合地基质量检测宜在施工结束 28d 后进行。 6.0.7 复合地基承载力检测宜采用刚柔性复合地基载荷试验或单桩复合地基载荷试验，也可采用单桩载荷试验。刚性桩载荷试验检测数量宜为刚性桩总数的 1.0%，且不应少于 3 点；柔性桩载荷试验检测数量宜为柔性桩总数的 0.5%～1.0%，且不应少于 3 点。刚-柔性桩复合地基载荷试验中复合地基所包含的刚性桩和柔性桩面积置换率应与实际复合地基中所包含的刚性桩和柔性桩面积置换率相同	地基处理验收记录的数量（含分层）：与已完工程相符 签字：验收人员已签字 结论：合格
5.0.6	深基坑开挖边坡放坡坡度,符合施工方案要求	**1.《危险性较大的分部分项工程安全管理规定》中华人民共和国建办质〔2018〕31 号** 一、关于危大工程范围 危大工程范围详见附件 1。超过一定规模的危大工程范围详见附件 2。 二、关于专项施工方案内容 危大工程专项施工方案的主要内容应当包括： （一）工程概况：危大工程概况和特点、施工平面布置、施工要求和技术保证条件； （二）编制依据：相关法律、法规、规范性文件、标准、规范及施工图设计文件、施工组织设计等； （三）施工计划：包括施工进度计划、材料与设备计划； （四）施工工艺技术：技术参数、工艺流程、施工方法、操作要求、检查要求等； （五）施工安全保证措施：组织保障措施、技术措施、监测监控措施等；	1. 查看深基坑施工现场 支护与放坡：与设计要求和施工方案相符

条款号	大纲条款	检查依据	检查要点
5.0.6	深基坑开挖边坡放坡坡度,符合施工方案要求	（六）施工管理及作业人员配备和分工：施工管理人员、专职安全生产管理人员、特种作业人员、其他作业人员等； （七）验收要求：验收标准、验收程序、验收内容、验收人员等； （八）应急处置措施； （九）计算书及相关施工图纸。 三、关于专家论证会参会人员 超过一定规模的危大工程专项施工方案专家论证会的参会人员应当包括： （一）专家； （二）建设单位项目负责人； （三）有关勘察、设计单位项目技术负责人及相关人员； （四）总承包单位和分包单位技术负责人或授权委派的专业技术人员、项目负责人、项目技术负责人、专项施工方案编制人员、项目专职安全生产管理人员及相关人员； （五）监理单位项目总监理工程师及专业监理工程师。 四、关于专家论证内容 对于超过一定规模的危大工程专项施工方案，专家论证的主要内容应当包括： （一）专项施工方案内容是否完整、可行； （二）专项施工方案计算书和验算依据、施工图是否符合有关标准规范； （三）专项施工方案是否满足现场实际情况，并能够确保施工安全。 五、关于专项施工方案修改 超过一定规模的危大工程专项施工方案经专家论证后结论为"通过"的，施工单位可参考专家意见自行修改完善；结论为"修改后通过"的，专家意见要明确具体修改内容，施工单位应当按照专家意见进行修改，并履行有关审核和审查手续后方可实施，修改情况应及时告知专家。	基坑周边荷载：未超过施工规范要求 变形监测：观测点布置合理、保护良好；现场无明显的裂缝与沉降

条款号	大纲条款	检查依据	检查要点
5.0.6	深基坑开挖边坡放坡坡度,符合施工方案要求	六、关于监测方案内容 进行第三方监测的危大工程监测方案的主要内容应当包括工程概况、监测依据、监测内容、监测方法、人员及设备、测点布置与保护、监测频次、预警标准及监测成果报送等。 七、关于验收人员 危大工程验收人员应当包括: (一)总承包单位和分包单位技术负责人或授权委派的专业技术人员、项目负责人、项目技术负责人、专项施工方案编制人员、项目专职安全生产管理人员及相关人员; (二)监理单位项目总监理工程师及专业监理工程师; (三)有关勘察、设计和监测单位项目技术负责人。 八、关于专家条件 设区的市级以上地方人民政府住房城乡建设主管部门建立的专家库专家应当具备以下基本条件: (一)诚实守信、作风正派、学术严谨; (二)从事相关专业工作15年以上或具有丰富的专业经验; (三)具有高级专业技术职称。 附件一 危险性较大的分部分项工程范围 一、基坑工程 (一)开挖深度超过3m(含3m)的基坑(槽)的土方开挖、支护、降水工程。 (二)开挖深度虽未超过3m,但地质条件、周围环境和地下管线复杂,或影响毗邻建(构)筑物安全的基坑(槽)的土方开挖、支护、降水工程。 二、模板工程及支撑体系 (一)各类工具式模板工程:包括大模板、滑模、爬模、飞模等工程。	2. 查阅基坑开挖面上方的锚杆、土钉、支撑试验报告 检验项目、试验方法、代表部位、数量和试验结果:符合规范规定

条款号	大纲条款	检查依据	检查要点
5.0.6	深基坑开挖边坡放坡坡度,符合施工方案要求	（二）混凝土模板支撑工程：搭设高度 5m 及以上；搭设跨度 10m 及以上；施工总荷载 10kN/m² 及以上；集中线荷载 15kN/m² 及以上；高度大于支撑水平投影宽度且相对独立无联系构件的混凝土模板支撑工程。 （三）承重支撑体系：用于钢结构安装等满堂支撑体系。 三、起重吊装及起重机械安装拆卸工程 （一）采用非常规起重设备、方法，且单件起吊重量在 10kN 及以上的起重吊装工程。 （二）采用起重机械进行安装的工程。 （三）起重机械安装和拆卸工程。 四、脚手架工程 （一）搭设高度 24m 及以上的落地式钢管脚手架工程（包括采光井、电梯井脚手架）。 （二）附着式升降脚手架工程。 （三）悬挑式脚手架工程。 （四）高处作业吊篮。 （五）卸料平台、操作平台工程。 （六）异型脚手架工程。 五、拆除工程 可能影响行人、交通、电力设施、通信设施或其他建（构）筑物安全的拆除工程。 六、暗挖工程 采用矿山法、盾构法、顶管法施工的隧道、洞室工程。 七、其他 （一）建筑幕墙安装工程。 （二）钢结构、网架和索膜结构安装工程。 （三）人工挖孔桩工程。	盖章：有计量认证章、资质章及试验单位章。见证取样时，加盖见证取样章

条款号	大纲条款	检查依据	检查要点
5.0.6	深基坑开挖边坡放坡坡度，符合施工方案要求	（四）水下作业工程。 （五）装配式建筑混凝土预制构件安装工程。 （六）采用新技术、新工艺、新材料、新设备可能影响工程施工安全，尚无国家、行业及地方技术标准的分部分项工程。 **2.《建筑边坡工程技术规范》GB 50330—2013** 18.1.1　边坡工程应根据安全等级、边坡环境、工程地质和水文地质、支护结构类型和变形控制要求等条件编制施工方案，采取合理、可行、有效的措施保证施工安全。 **3.《土方与爆破工程施工及验收规范》GB 50201—2012** 4.4.1　土方开挖的坡度应符合下列规定： 　　1　永久性挖方边坡坡度应符合设计要求。当工程地质与设计资料不符，需修改边坡坡度或采取加固措施时，应由设计单位确定； 　　2　临时性挖方边坡坡度应根据工程地质和开挖边坡高度要求，结合当地同类土体的稳定坡度确定。 4.4.2　土方开挖应从上至下分层分段依次进行，随时注意控制边坡坡度，并在表面上做成一定的流水坡度。当开挖的过程中，发现土质弱于设计要求，土（岩）层外倾于（顺坡）挖方的软弱夹层，应通知设计单位调整坡度或采取加固，防止土（岩）体滑坡。 **4.《建筑基坑支护技术规程》JGJ 120—2012** 8.1.1　基坑开挖应符合下列规定： 　　1　当支护结构构件强度达到开挖阶段的设计要求时，方可下挖基坑；对采用预应力锚杆的支护结构，应在锚杆施加预加力后，方可下挖基坑；对土钉墙，应在土钉、喷射混凝土面层的养护时间大于2d后，方可下挖基坑； 　　2　应按支护结构设计规定的施工顺序和开挖深度分层开挖； 　　3　锚杆、土钉的施工作业面与锚杆地、土钉的高差不宜大于500mm；	3. 查阅基坑开挖施工方案 内容：完整 签字：编制单位责任人已签字

条款号	大纲条款	检查依据	检查要点
5.0.6	深基坑开挖边坡放坡坡度，符合施工方案要求	4 开挖时，挖土机械不得碰撞损害锚杆、腰梁、土钉墙面、内支撑及其连接件等构件，不得损害已施工的基础桩； 5 当基坑采用降水时，应在降水后开挖地下水位以下的土方； 6 当开挖揭露的实际土层性状或地下水情况与设计依据的勘察资料明显不符，或出现异常现象、不明物体时，应停止开挖，在采取相应措施后方可继续开挖。 7 挖至坑底时，应避免扰动基底持力层的原状结构。 8.1.2 软土基坑开挖除应符合本规程 8.1.1 的规定外，尚应符合下列规定： 1 应按分层、分段、对称、均衡、适时的原则开挖； 2 当主体结构采用桩基础且基础桩已施工完成时，应根据开挖面下软土的性状，限制每层开挖厚度，不得造成基础桩偏位； 3 对采用内支撑的支护结构，宜采用局部开槽方法浇筑混凝土支撑或安装钢支撑；开挖到支撑作业面后，应及时进行支撑的施工； 4 对重力式水泥土墙，沿水泥土墙方向应分区段开挖，每一开挖区段的长度不宜大于40m。 8.1.3 当基坑开挖面上方的锚杆、土钉、支撑未达到设计要求时，严禁向下超挖土方。 8.1.4 采用锚杆或支撑的支护结构，在未达到设计规定的拆除条件时，严禁拆除锚杆或支撑。 8.1.5 基坑周边施工材料、设施或车辆荷载严禁超过设计要求的地面荷载限值。 8.2.2 安全等级为一级、二级的支护结构，在基坑开挖过程与支护结构使用期内，必须进行支护结构的水平位移监测和基坑开挖影响范围内建（构）筑物、地面的沉降监测。 8.2.23 基坑监测数据、现场巡查结果应及时整理和反馈，出现下列危险征兆时应立即报警： 1 支护结构位移达到设计规定的位移限值； 2 支护结构位移速率增长且不收敛；	审批：监理单位已审批 专家论证意见：方案可行等通过性意见

条款号	大纲条款	检查依据	检查要点
5.0.6	深基坑开挖边坡放坡坡度,符合施工方案要求	3 支护结构构件的内力超过其设计值; 4 基坑周边建（构）筑物、道路、地面的沉降达到设计规定的沉降、倾斜限值;基坑周边建（构）筑物、道路、地面开裂; 5 支护结构构件出现影响整体结构安全性的损坏; 6 基坑出现局部坍塌; 7 开挖面出现隆起现象; 8 基坑出现流土、管涌现象	4. 查阅变形观测记录 工况:明确 观测频次:与方案一致 观测数据:清晰
6 质量监督检测			
6.0.1	开展现场质量监督检查时,应重点对下列项目的检测试验报告进行查验,必要时可进行验证性抽样检测。对检验指标或结论有怀疑时,必须进行检测		

续表

条款号	大纲条款	检查依据	检查要点
（1）	水泥	**1.《通用硅酸盐水泥》GB 175—2007** 7.3.1 硅酸盐水泥初凝结时间不小于 45min，终凝时间不大于 390min。普通硅酸盐水泥、矿渣硅酸盐水泥、火山灰质硅酸盐水泥、粉煤灰硅酸盐水泥和复合硅酸盐水泥初凝结时间不小于 45min，终凝时间不大于 600min。 7.3.2 安定性沸煮法合格。 7.3.3 强度符合表 3 的规定。 8.5 凝结时间和安定性按 GB/T 1346 进行试验。 8.6 强度按 GB/T 17671 进行试验。 9.1 取样方法按 GB 12573 进行。可连续取，亦可从 20 个以上不同部位取等量样品，总量至少 12kg。 **2.《大体积混凝土施工规范》GB 50496—2018** 4.2.1 水泥的选择及其质量，应符合下列规定： 　2 选用水化热低的通用硅酸盐水泥，3d 水化热不宜大于 250kJ/kg，7d 水化热不宜大于 280kJ/kg；当选用 52.5 强度等级水泥时，7d 水化热宜小于 300kJ/kg。 4.2.2 用于大体积混凝土的水泥进场时应检查水泥品种、代号、强度等级、包装或散装编号、出厂日期等，并应对水泥的强度、安定性、凝结时间、水化热等进行检验，检验结果应符合《通用硅酸盐水泥》GB 175 的相关规定	查验抽测水泥试样 凝结时间：符合 GB 175—2007 中 7.3.1 的要求 安定性：符合 GB 175—2007 中 7.3.2 的要求 强度：符合 GB 175—2007 中表 3 的要求 水化热（大体积混凝土）：符合 GB 50496 的规定
（2）	钢材、钢筋及连接接头	**1.《碳素结构钢》GB/T 700—2006** 5.4.1 钢材的拉伸和冲击试验结果应符合表 2 的规定。 6.1 每批钢材的检验项目、取样数量、取样方法和试验方法应符合表 4 的规定。 **2.《低合金高强度结构钢》GB/T 1591—2008** 6.4.1 钢材拉伸试验的性能应符合表 6 的规定。 　7 钢材的检验项目、取样数量、取样方法和试验方法应符合表 9 的规定。	1. 查验抽测碳素结构钢试件 屈服强度：符合标准 GB/T 700—2006 中表 2 的要求 抗拉强度：符合标准 GB/T 700—2006 中表 2 的要求 断后伸长率：符合标准 GB/T 700—2006 中表 2 的要求

续表

条款号	大纲条款	检查依据	检查要点

（2）	钢材、钢筋及连接接头	**3.《钢筋混凝土用钢 第1部分：热轧光圆钢筋》GB 1499.1—2017**
		
		6.6.2 直条钢筋实际重量与理论重量的允许偏差应符合表4的规定。
		
		7.3.1 钢筋力学性能及弯曲性能特征值应符合表6的规定。
		
		8.1 每批钢筋的检验项目、取样数量、取样方法和试验方法应符合表7的规定。
		
		8.4.1 测量重量偏差时，试样应随机从不同根钢筋上截取，数量不少于5支，每支试样长度不小于500mm。
		
		4.《钢筋混凝土用钢 第2部分：热轧带肋钢筋》GB 1499.2—2018
		
		6.6.2 钢筋实际重量与理论重量的允许偏差应符合表4的规定。
		
		7.4.1 钢筋力学性能特征值应符合表6的规定。
		
		7.5.1 钢筋弯曲性能按表7的规定。
		
		8.1.1 每批钢筋的检验项目、取样方法和试验方法应符合表8的规定。
		
		8.4.1 测量钢筋重量偏差时，试样应从不同根钢筋上截取，数量不少于5支，每支试样长度不小于500mm。
		
		5.《混凝土结构工程施工质量验收规范》GB 50204—2015
		
		5.2.3 对按一、二、三级抗震等级设计的框架和斜撑构件（含梯段）中的纵向受力普通钢筋应采用 HRB335E、HRB400E、HRB500E、HRBF335E、HRBF400E 或 HRBF500E 钢筋，其强度和最大力下总伸长率的实测值应符合下列规定：
		
		    1 抗拉强度实测值与屈服强度实测值的比值不应小于1.25；
		
		    2 屈服强度实测值与强度标准值的比值不应大于1.30；
		
		    3 最大力下总伸长率不小于9%。
		
		6.2.1 预应力筋进场时，应按国家现行相关标准的规定抽取试件做抗拉强度、伸长率检验，其检验结果应符合相应标准的规定。
		
		检查数量：按进场的批次和产品的抽样检验方案确定。
		
		检验方法：检查质量证明文件和抽样检验报告。
			2. 查验抽测低合金高强度结构钢试件
			
			  屈服强度：符合标准 GB/T 1591—2008 中表6的要求
			
			  抗拉强度：符合标准 GB/T 1591—2008 中表6的要求
			
			  断后伸长率：符合标准 GB/T 1591—2008 中表6的要求
			
			3. 查验抽测热轧光圆钢筋试件
			
			  重量偏差：符合标准 GB 1499.1—2017 中表4的要求
			
			  屈服强度：符合标准 GB 1499.1—2017 中表6的要求
			
			  抗拉强度：符合标准 GB 1499.1—2017 中表6的要求
			
			  断后伸长率：符合标准 GB 1499.1—2017 中表6的要求
			
			  最大力总伸长率：符合标准 GB 1499.1—2017 中表6的要求
			
			  弯曲性能：符合标准 GB 1499.1—2017 表6的要求

条款号	大纲条款	检查依据	检查要点
（2）	钢材、钢筋及连接接头	**6.《钢筋焊接及验收规程》JGJ 18—2012** 5.1.8 钢筋焊接接头力学性能试验时，应在外观检查合格后随机实测。试验方法按《钢筋焊接接头试验方法》JGJ 27 执行。 5.3.1 闪光对焊接头力学性能试验时，应从每批中随机切取 6 个接头，其中 3 个做拉伸试验，3 个做弯曲试验。 5.5.1 电弧焊接头的质量检验，……，在现浇混凝土结构中，应以 300 个同牌号钢筋、同型式接头作为一批；……，每批随机切取 3 个接头做拉伸试验。 5.6.1 电渣压力焊接头的质量检验，……，在现浇混凝土结构中，应以 300 个同牌号钢筋接头作为一批；……，每批随机切取 3 个接头试件做拉伸试验。 5.8.2 预埋件钢筋 T 形接头进行力学性能检验时，应以 300 件同类型预埋件作为一批；……，每批预埋件中随机切取 3 个接头做拉伸试验。 **7.《钢筋机械连接技术规程》JGJ 107—2016** 7.0.5 钢筋机械连接接头的现场检验应按验收批进行。同一施工条件下采用同一批材料的同等级、同型式、同规格接头，应以 500 个为一检验批进行检验和验收，不足 500 个也应作为一个检验批。 7.0.7 对钢筋机械连接接头的每一验收批，必须在工程结构中随机截取 3 个接头试件做抗拉强度试验，按设计要求的接头等级评定。 A.2.2 现场抽检接头试件的极限抗拉强度试验应采用零到破坏的一次加载制度。 A.2.2 施工现场随机实测接头试件的抗拉强度试验应采用零到破坏的一次加载制度。6.1.1 取样套筒原材料的取样应符合 GB/T 2975 的规定。	4. 查验抽测热轧带肋钢筋试件 重量偏差：符合标准 GB 1499.2—2018 中表 4 的要求 屈服强度：符合标准 GB 1499.2—2018 中表 6 的要求 抗拉强度：符合标准 GB 1499.2—2018 中表 6 的要求 断后伸长率：符合标准 GB 1499.2—2018 中表 6 的要求 最大力总伸长率：符合标准 GB 1499.2—2018 中表 6 的要求 弯曲性能：符合标准 GB 1499.2—2018 中表 7 的要求 5. 纵向受力钢筋（有抗震要求的结构）试件 抗拉强度查验抽测值与屈服强度查验抽测值的比值：符合规范 GB 50204—2015 中 5.2.3 的要求 屈服强度查验抽测值与强度标准值的比值：符合规范 GB 50204—2015 中 5.2.3 的要求 最大力下总伸长率：符合规范 GB 50204—2015 中 5.2.3 的要求

续表

条款号	大纲条款	检查依据	检查要点
（2）	钢材、钢筋及连接接头	**8.《钢筋机械连接用套筒》JG/T 163—2013** 6.1.2 外观、尺寸 套筒原材料的外观应用目测方法进行检验，尺寸应用游标卡尺或专用量具进行检验。 6.1.3 力学性能 套筒原材料力学性能试验应符合以下要求： a）套筒原材料力学性能试验应按 GB/T 228.1 的规定进行。 b）挤压套筒原材料硬度试验应按 GB/T 230.1 的规定进行。试验压痕中心应选在管壁的中心线上	6. 查验抽测钢筋焊接接头试件 抗拉强度：符合 JGJ 18 的要求 7. 查验抽测钢筋机械连接接头试件 抗拉强度：符合 JGJ 107 的要求
（3）	混凝土粗细骨料	**1.《普通混凝土用砂、石质量及检验方法标准》JGJ 52—2006** 1.0.3 对于长期处于潮湿环境的重要混凝土结构所用砂、石应进行碱活性检验。 3.1.3 天然砂中含泥量应符合表 3.1.3 的规定。 3.1.4 砂中泥块含量应符合表 3.1.4 的规定。 3.1.5 人工砂或混合砂中石粉含量应符合表 3.1.5 的规定。 3.1.10 钢筋混凝土和预应力混凝土用砂的氯离子含量分别不得大于 0.06% 和 0.02%。 3.2.2 碎石或卵石中针、片状颗粒含量应符合表 3.2.2 的规定。 3.2.3 碎石或卵石中含泥量应符合表 3.2.3 的规定。 3.2.4 碎石或卵石中泥块含量应符合表 3.2.4 的规定。 3.2.5 碎石的强度可用岩石抗压强度和压碎指标表示。岩石的抗压等级应比所配制的混凝土强度至少高 20%。当混凝土强度大于或等于 C60 时，应进行岩石抗压强度检验。岩石强度首先由生产单位提供，工程中可采用能够压碎指标进行质量控制，岩石压碎值指标宜符合表 3.2.5-1。卵石的强度可用压碎值表示。其压碎指标宜符合表 3.2.5-2 的规定。	1. 查验抽测砂试样 含泥量：符合 JGJ 52—2006 中表 3.1.3 的规定 泥块含量：符合 JGJ 52—2006 中表 3.1.4 的规定 石粉含量：符合 JGJ 52—2006 中表 3.1.5 的规定 氯离子含量：符合 JGJ 52—2006 中标准 3.1.10 的规定 碱活性：符合 JGJ 52—2006 中标准要求

续表

条款号	大纲条款	检查依据	检查要点
（3）	混凝土粗细骨料	5.1.3 对于每一单项检验项目，砂、石的每组样品取样数量应符合下列规定： 砂的含泥量、泥块含量、石粉含量及氯离子含量试验时，其最小取样质量分别为 4400g、20000g、1600g 及 2000g；对最大公称粒径为 31.5mm 的碎石或卵石，含泥量和泥块含量试验时，其最小取样质量为 40kg。 6.8　砂中含泥量试验 6.10　砂中泥块含量试验 6.11　人工砂及混合砂中石粉含量试验 6.18　氯离子含量试验 6.20　砂中的碱活性试验（快速法） 7.7　碎石或卵石中含泥量试验 7.8　碎石或卵石中泥块含量试验 7.16　碎石或卵石的碱活性试验（快速法） **2.《混凝土质量控制标准》GB 50164—2011** 2.2.2　粗骨料质量主要控制项目应包括颗粒级配、针片状颗粒 含量、含泥量、泥块含量、压碎值指标和坚固性，用于高强混凝土的粗骨料主要控制项目还应包括岩石抗压强度。 **3.《混凝土中氯离子含量检测技术规程》JGJ/T 322—2013** 4.1.1　混凝土施工过程中，应进行混凝土合物中水溶性氯离子含量检测。 4.1.2　同一工程、同一配合比的混凝土摔合物中水溶性氯离子含量的检测不应少于 1 次；当混凝土原材料发生变化时，应重新对混凝土拌合物中水溶性氯离子含量进行检测	2. 查验抽测碎石或卵石试样 含泥量：符合 JGJ 52—2006 中表 3.2.3 的规定 泥块含量：符合 JGJ 52—2006 中表 3.2.4 的规定 针、片状颗粒：符合 JGJ 52—2006 中表 3.2.2 的规定 碱活性：符合标准要求 压碎指标(高强混凝土)：符合 JGJ 52 的规定
（4）	混凝土外加剂	**1.《混凝土外加剂》GB 8076—2008** 5.1　掺外加剂混凝土的性能应符合表 1 的要求。 6.5　混凝土拌合物性能试验方法 6.6　硬化混凝土性能试验方法	查验抽测外加剂试样 减水率：符合 GB 8076—2008 中表 1 的规定 泌水率比：符合 GB 8076—2008 中表 1 的规定

条款号	大纲条款	检查依据	检查要点
（4）	混凝土外加剂	7.1.3 取样数量 每一批号取样量不少于 0.2t 水泥所需用的外加剂量	含气量：符合 GB 8076—2008 中表 1 的规定 凝结时间差：符合 GB 8076—2008 中表 1 的规定 1h 经时变化量：符合 GB 8076—2008 中表 1 的规定 抗压强度比：符合 GB 8076—2008 中表 1 的规定 收缩率比：符合 GB 8076—2008 中表 1 的规定 相对耐久性：符合 GB 8076—2008 中表 1 的规定
（5）	混凝土搅拌用水	**1.《混凝土用水标准》JGJ 63—2006** 3.1.1 混凝土拌合用水水质要求应符合表 3.1.1 的规定。对于设计使用年限为 100 年的结构混凝土，氯离子含量不得超过 500mg/L；对使用钢丝或经热处理钢筋的预应力混凝土，氯离子含量不得超过 350mg/L。 4.0.1 pH 值的检验应符合现行国家标准《水质 pH 的测定玻璃电极法》GB/T 6920 的要求。 4.0.2 不溶物的检验应符合现行国家标准《水质悬浮物的测定重量法》GB/T 11901 的要求。 4.0.3 可溶物的检验应符合现行国家标准《生活饮用水标准检验法》GB 5750 中溶解性总固体检验法的要求。 4.0.4 氯化物的检验应符合现行国家标准《水质氯化物的测定 硝酸银滴定法》GB/T 11896 的要求。 4.0.5 硫酸盐的检验应符合现行国家标准《水质硫酸盐的测定 重量法》GB/T 11899 的要求。	查验抽测水样 pH 值：符合 JGJ 63—2006 中表 3.1.1 的规定 不溶物：符合 JGJ 63—2006 中表 3.1.1 的规定 可溶物：符合 JGJ 63—2006 中表 3.1.1 的规定 氯化物：符合 JGJ 63—2006 中表 3.1.1 的规定 硫酸盐：符合 JGJ 63—2006 中表 3.1.1 的规定

条款号	大纲条款	检查依据	检查要点
（5）	混凝土搅拌用水	4.0.6 碱含量的检验应符合现行国家标准《水泥化学分析方法》GB/T 176 中关于氧化钾、氧化钠测定的火焰光度法的要求。 5.1.1 水质检验水样不应少于 5L	碱含量：符合 JGJ 63—2006 中表 3.1.1 的规定
（6）	防水、防腐材料	**1.《建筑防腐蚀工程施工及验收规范》GB 50212—2014** 8.2.1 块材的质量指标应符合设计要求：当设计无要求时，应符合下列规定： 1 耐酸砖、耐酸耐温砖质量指标应符合国家现行标准《耐酸砖》GB/T 8488 和《耐酸耐温砖》JC/T 424 的有关规定。 2 防腐蚀炭砖的质量指标应符合现行国家标准《工业设备及管道防腐蚀工程施工规范》GB 50726 的有关规定。 3 天然石材应组织均匀，结构致密，无风化、不得有裂纹或不耐腐蚀的夹层，不得有缺棱掉角等现象，并应符合表 8.2.1 的规定。 6.2.1 钠水玻璃的质量，应符合现行国家标准《工业硅酸钠》GB/T 4209 及表 6.2.1 的规定，其外观应为无色或略带色的透明或半透明黏稠液体。 6.2.2 钾水玻璃的质量应符合表 6.2.2 的规定，外观应为白色或灰白色黏稠液体。 5.2.1 液体树脂的质量应符合下列规定： 1 环氧树脂品种包括 EP01441-310 和 EP01451-310 双酚 A 型环氧树脂，其质量应符合现行国家标准《双酚 A 型环氧树脂》GB/T 13657 的有关规定。 2 乙烯基酯树脂的质量应符合现行国家标准《乙烯基酯树脂防腐蚀工程技术规范》GB/T 50590 的有关规定。 3 不饱和聚酯树脂品种包括双酚 A 型、二甲苯型、间苯型和邻苯型，其质量应符合现行国家标准《纤维增强塑料用液体不饱和聚酯树脂》GB/T 8237 的有关规定。	1. 查验抽测卷材试样 可溶物含量：符合 GB 18242—2008 中表 2 的要求 耐热度：符合 GB 18242—2008 中表 2 的要求 低温柔性：符合 GB 18242—2008 中表 2 的要求 不透水性：符合 GB 18242—2008 中表 2 的要求 拉力及延伸率：符合 GB 18242—2008 中表 2 的要求 2. 查验抽测耐酸砖、耐酸耐温砖试样，质量应符合 GB 50212—2014 中 8.2.1 的要求。氧化钠%：符合 GB 50212—2014 表 6.2.1 的要求；二氧化硅%：符合 GB 50212—2014 中表 6.2.2 的要求 模数：符合 GB 50212—2014 中表 6.2.2 的要求

续表

条款号	大纲条款	检查依据	检查要点
（6）	防水、防腐材料	4 呋喃树脂的质量应符合表 5.2.1-1 的规定。 11.2.1　道路石油沥青、建筑石油沥青应符合现行国家标准《道路石油沥青》NB/ST/T 0522 及《建筑石油沥青》GB/T 494 及表 11.2.1 的规定。 **2.《地下防水工程质量验收规范》GB 50208—2011** 4.1.14　防水混凝土的原材料、配合比及坍落度必须符合设计要求。 4.1.15　防水混凝土的抗压强度和抗渗性能必须符合设计要求	3. 查验抽测钠水玻璃试样 　其质量，应符合现行国家标准《工业硅酸钠》GB/T 4209 及表 6.2.1 规定 4. 查验抽测钾水玻璃试样 　密度：符合 GB 50212—2014 中表 6.2.2 的要求 　二氧化硅%：符合 GB 50212—2014 中表 6.2.2 的要求 　模数：符合 GB 50212—2014 中表 6.2.2 的要求 5. 查验抽测环氧树脂试样，其质量应符合《双酚 A 型环氧树脂》GB/T 13657 的有关规定 6. 查验抽测沥青试样 　针入度：符合 GB 50212—2014 中表 11.2.1 的要求 　延度：符合 GB 50212—2014 中表 11.2.1 的要求 　软化点：符合 GB 50212—2014 中表 11.2.1 的要求

第 2 部分

地基处理监督检查

条款号	大纲条款	检查依据	检查要点
4 责任主体质量行为的监督检查			
4.1 建设单位质量行为的监督检查			
4.1.1	已按规定完成招投标并签订合同	**1.《中华人民共和国建筑法》中华人民共和国主席令〔2011〕第 46 号** 第十五条 建筑工程的发包单位与承包单位应当依法订立书面合同，…… 第二十条 建筑工程实行公开招标的，发包单位应当依照法定程序和方式，发布招标公告提供……招标文件。 第二十二条 建筑工程实行招标发包的，发包单位应当将建筑工程发包给依法中标的承包单位。 **2.《中华人民共和国招标投标法》中华人民共和国主席令〔2017〕第 21 号** 第三条 在中华人民共和国境内进行下列工程建设项目包括项目的勘察、设计、施工、监理以及与工程建设有关的重要设备、材料等的采购，必须进行招标： （一）大型基础设施、公用事业等关系社会公共利益、公众安全的项目； （二）全部或者部分使用国有资金投资或者国家融资的项目； 第四条 任何单位和个人不得将依法必须进行招标的项目化整为零或者以其他任何方式规避招标。 第十条 招标分为公开招标和邀请招标。 第四十五条 中标人确定后，招标人应当向中标人发出中标通知书，…… 第四十六条 招标人和中标人应当自中标通知书发出之日起三十日内，按照招标文件和中标人的投标文件订立书面合同。招标人和中标人不得再行订立背离合同实质性内容的其他协议。 **3.《中华人民共和国招标投标法实施条例》中华人民共和国国务院令〔2018〕第 613 号** 第七条 按照国家有关规定需要履行项目审批、核准手续的依法必须进行招标的项目，其招标范围、招标方式、招标组织形式应当报项目审批、核准部门审批、核准。…… 第八条 国有资金占控股或者主导地位的依法必须进行招标的项目，应当公开招标；…… 第五十七条 招标人和中标人应当依照招标投标法和本条例的规定签订书面合同，合同的标的、价款、质量、履行期限等主要条款应当与招标文件和中标人的投标文件的内容一致。招标人和中标人不得再行订立背离合同实质性内容的其他协议。	1. 查阅中标通知书 内容：包括勘察、设计、监理、施工等单位

条款号	大纲条款	检查依据	检查要点
4.1.1	已按规定完成招投标并签订合同	**4.《建设工程质量管理条例》中华人民共和国国务院令第279号** 　第八条　建设单位应当依法对工程建设项目的勘察、设计、施工、监理以及与工程建设有关的重要设备、材料等的采购进行招标。 　第三十一条　实行监理的建筑工程，由建设单位委托具有相应资质条件的工程监理单位监理。建设单位与其委托的工程监理单位应当订立书面委托监理合同。 **5.《建设工程项目管理规范》GB/T 50326—2017** 　7.1.2　组织应配备符合要求的项目合同管理人员，实施合同的策划和编制活动，规范项目合同管理的实施程序和控制要求，确保合同订立和履行过程的合规性。 **6.《火电工程项目质量管理规程》DL/T 1144—2012** 　5.2.2　（建设单位的质量职责）应对工程建设项目的勘察、设计、监理、施工及重要设备、材料的采购进行招标，发包给具有相应资质等级并有能力、业绩、诚信的单位。主体施工单位的招标工作应在工程项目核准后进行。 　5.3.7　建设单位应按国家法律法规组织工程招投标，…… 　9.3.1　工程具备开工条件后，由建设单位按照国家规定办理开工手续。工程开工应满足下列条件： 　e）主体工程的施工单位已通过招标确定，施工合同已签订。 　f）施工监理单位已通过招标确定，监理合同已签订	2. 查阅与勘察、设计、监理、施工单位签订的承包合同 　单位名称：与中标通知书中的中标单位名称相符 　签字：法定代表人或授权人已签字 　盖章：单位已盖章
4.1.2	质量管理组织机构已建立，质量管理人员已到位	**1.《建设工程项目管理规范》GB/T 50326—2017** 　4.3.4　建立项目管理机构应遵循下列规定： 　1　结构应符合组织制度和项目实施需求。 　2　应有明确的管理目标、运行程序和责任制度。 　3　机构成员应满足项目管理要求及具备相应资格。 　4　组织分工应相对稳定并可根据项目实施变化进行调整。 　5　应确定机构成员的职责、权限、利益和需承担风险。 　10.1.1　组织应根据需求制订项目质量管理和质量管理绩效考核制度，配备质量管理资源。	1. 查阅组织机构成立文件 　组织机构：已设立质量管理组织机构，质量管理岗位职责已明确

条款号	大纲条款	检查依据	检查要点
4.1.2	质量管理组织机构已建立，质量管理人员已到位	**2.《火电工程项目质量管理规程》DL/T 1144—2012** 5.2.1 （建设单位的质量职责）应组织设计、监理、施工、调试、生产运行等单位，建立工程项目的质量管理组织机构和全过程质量控制管理网络。 9.3.1 工程具备开工条件后，由建设单位按照国家规定办理开工手续。工程开工应满足下列条件： 　　a）项目法人已设立，项目组织管理机构和规章制度应健全	2. 查阅相关质量文件 签字人：与岗位设置人员相符
4.1.3	相关质量管理制度已制订	**1.《火电工程项目质量管理规程》DL/T 1144—2012** 9.3.1 工程具备开工条件后，由建设单位按照国家规定办理开工手续。工程开工应满足下列条件： 　　a）项目法人已设立，项目组织管理机构和规章制度应健全	查阅质量管理制度 签字：责任人已签字 盖章：单位已盖章
4.1.4	施工方案和作业指导书已审批	**1.《建筑施工组织设计规范》GB/T 50502—2009** 3.0.5 施工组织设计的编制和审批应符合下列规定： 　　2 ……施工方案应由项目技术负责人审批；重点、难点分部（分项）工程和专项工程施工方案应由施工单位技术部门组织相关专家评审，施工单位技术负责人批准； 　　3 由专业承包单位施工的分部（分项）工程或专项工程的施工方案，应由专业承包单位技术负责人或技术负责人授权的技术人员审批；有总承包单位时，应由总承包单位项目技术负责人核准备案； 　　4 规模较大的分部（分项）工程和专项工程的施工方案应按单位工程施工组织设计进行编制和审批。 **2.《电力建设施工技术规范　第1部分：土建结构工程》DL 5190.1—2012** 3.0.1 工程施工前，应按设计图纸，结合具体情况和施工组织设计的要求编制施工方案，并经批准后方可施工。 3.0.6 施工单位应当在危险性较大的分部、分项工程施工前编制专项方案；对于超过一定规模和危险性较大的深基坑工程、模板工程及支撑体系、起重吊装及安装拆卸工程、脚手架工程和拆除、爆破工程等，施工单位应当组织专家对专项方案进行论证。	1. 查阅施工方案和作业指导书 审批人员：符合规范规定 编审批时间：施工前

条款号	大纲条款	检查依据	检查要点
4.1.4	施工方案和作业指导书已审批	**3.《火电工程项目质量管理规程》DL/T 1144—2012** 9.2.2 施工单位在工程开工前，应编制质量管理文件，经监理、建设单位会审、批准后实施，质量管理文件应包括： f）重大施工方案、作业指导书清单，并规定审批级别。 9.3.2 单位工程开工应满足下列条件，并应由建设单位和监理单位进行核查。 c）专业施工组织设计、重大施工方案已经监理批准。 **4.《电力工程地基处理技术规程》DL/T 5024—2005** 5.0.2 地基处理方案的选择，应根据工程场地岩土工程条件、建筑物的安全等级、结构类型、荷载大小、上部结构和地基基础的共同作用，以及当地地基处理经验和施工条件、建筑物使用过程中岩土环境条件的变化。经技术经济比较后，在技术可靠、满足工程设计和施工进度的要求下，选用地基处理方案或加强上部结构与地基处理相结合的方案。采用的地基处理方法应符合环境保护的要求，避免因地基处理而污染地表水和地下水；避免由于地基土的变形而损坏邻近建（构）筑物；防止振动噪声及飞灰对周围环境的不良影响。 5.0.12 地基处理的施工应有详细的施工组织设计、施工质量管理和质量保证措施。应有专人负责施工检验与质量监督，做好各项施工记录，当发现异常情况时，应及时会同有关部门研究解决	2. 查阅施工方案和作业指导书报审表 审批意见：同意实施等肯定性意见 签字：责任人已签字 盖章：单位已盖章
4.1.5	已组织设计交底及施工图纸会检	**1.《建设工程质量管理条例》中华人民共和国国务院令第 279 号** 第二十三条 设计单位应当就审查合格的施工图设计文件向施工单位作出详细说明。 **2.《建筑工程勘察设计管理条例》中华人民共和国国务院令〔2000〕第 293 号** 第三十条 建设工程勘察、设计单位应当在建设工程施工前，向施工单位和监理单位说明建设工程勘察、设计意图，解释建设工程勘察、设计文件。建设工程勘察、设计单位应当及时解决施工中出现的勘察、设计问题。 **3.《建设工程监理规范》GB/T 50319—2013** 5.1.2 监理人员应熟悉工程设计文件，并应参加建设单位主持的图纸会审和设计交底会议，会议纪要应由总监理工程师签认。	1. 查阅设计交底记录 主持人：建设单位责任人 交底人：设计单位责任人 签字：交底人及被交底人已签字 时间：开工前

条款号	大纲条款	检查依据	检查要点
4.1.5	已组织设计交底及施工图纸会检	**4.《建设工程项目管理规范》GB/T 50326—2017** 8.3.4　技术管理规划应是承包人根据招标文件要求和自身能力编制的、拟采用的各种技术和管理措施，以满足发包人的招标要求。项目技术管理规划应明确下列内容： 4　技术交底要求，图纸自审、会审…… **5.《火电工程项目质量管理规程》DL/T 1144—2012** 9.3.1　工程具备开工条件后，由建设单位按照国家规定办理开工手续。工程开工应满足下列条件： 　　h）……，图纸已会检；…… 9.3.2　单位工程开工应满足下列条件，并应由建设单位和监理单位进行核查。 　　d）开工所需施工图已齐全，并已会检和交底，……	2．查阅施工图会检纪要 签字：施工、设计、监理、建设单位责任人已签字 时间：开工前
4.1.6	无任意压缩合同约定工期的行为	**1.《建设工程质量管理条例》中华人民共和国国务院令第279号** 第十条　建设工程发包单位……，不得任意压缩合理工期。 **2.《电力建设工程施工安全监督管理办法》中华人民共和国国家发展和改革委员会令〔2015〕第28号** 第十一条　建设单位应当执行定额工期，不得压缩合同约定的工期。如工期确需调整，应当对安全影响进行论证和评估。论证和评估应当提出相应的施工组织措施和安全保障措施。 **3.《建设工程项目管理规范》GB/T 50326—2017** 9.1.2　项目进度管理应遵循下列程序： 1．编制进度计划； 2．进度计划交底，落实管理责任； 3．实施进度计划； 4．进行进度控制和变更管理。 **4.《火电工程项目质量管理规程》DL/T 1144—2012** 5.3.5　建设单位应合理地控制工程项目建设周期。典型新建、扩建机组推荐的合理工期可参照附录A（表A.1）。	查阅施工进度计划、合同工期和调整工期的相关文件 内容：有压缩工期的行为时，应有设计、监理、施工和建设单位认可的书面文件

条款号	大纲条款	检查依据	检查要点
4.1.6	无任意压缩合同约定工期的行为	5.3.6 火电工程项目的工期应按合同约定执行。当需要调整时，建设单位应组织设计、监理、施工单位对影响工期的资源、环境、安全等确认其可行性。任何单位和个人不得违反客观规律，任意压缩合同约定工期，并接受建设行政主管部门的监督	
4.1.7	采用的新技术、新工艺、新流程、新装备、新材料已审批	1.《中华人民共和国建筑法》中华人民共和国主席令〔2011〕第 46 号 第四条 国家扶持建筑业的发展，支持建筑科学技术研究，提高房屋建筑设计水平，鼓励节约能源和保护环境，提倡采用先进技术、先进设备、先进工艺、新型建筑材料和现代管理方式。 2.《建设工程质量管理条例》中华人民共和国国务院令第 279 号 第六条 国家鼓励采用先进的科学技术和管理方法，提高建设工程质量。 3.《实施工程建设强制性标准监督规定》中华人民共和国建设部令〔2000〕第 81 号 第五条 建设工程勘察、设计文件中规定采用的新技术、新材料，可能影响建设工程质量和安全，又没有国家技术标准的，应当由国家认可的检测机构进行试验、论证，出具检测报告，并经国务院有关主管部门或者省、自治区、直辖市人民政府有关主管部门组织的建设工程技术专家委员会审定后，方可使用。 4.《火电工程项目质量管理规程》DL/T 1144—2012 4.7 火电工程项目应采用新设备、新技术、新工艺、新材料（以下简称"四新"技术），…… 9.2.2 施工单位在工程开工前，应编制质量管理文件，经监理、建设单位会审、批准后实施，质量管理文件应包括： e）"四新"技术实施计划和工法编制计划。 9.3.7 施工过程质量控制应符合下列规定： f）采用新材料、新工艺、新技术、新设备，并进行相应的策划和控制。 9.3.9 当首次应用"四新"技术，且技术要求高、作业程度复杂、设计单位和施工单位未有同类型设计和施工经验时，建设单位应组织设计、监理、施工单位进行专题研究确认，必要时，可组织专家评审。	查阅新技术、新工艺、新流程、新装备、新材料论证文件 意见：同意采用等肯定性意见 盖章：相关单位已盖章

条款号	大纲条款	检查依据	检查要点
4.1.7	采用的新技术、新工艺、新流程、新装备、新材料已审批	**5.《电力建设施工技术规范 第 1 部分：土建结构工程》DL 5190.1—2012** 3.0.4 采用新技术、新工艺、新材料、新设备时，应经过技术鉴定或具有允许使用的证明。施工前应编制单独的施工措施及操作规程。 **6.《电力工程地基处理技术规定》DL/T 5024—2005** 5.0.8 ……当采用当地缺乏经验的地基处理方法或引进和应用新技术、新工艺、新方法时，须通过原体试验验证其适用性	
4.2 勘察设计单位质量行为的监督检查			
4.2.1	设计图纸交付进度能保证连续施工	**1.《火电工程项目质量管理规程》DL/T 1144—2012** 6.1.6 勘察、设计单位应按火力发电厂施工流程，制订施工图供图计划…… 6.2.3 设计单位应依据合同和现场要求控制设计进度计划，满足由建设单位组织的基础施工前、结构施工前、设备安装前三个阶段监督检查中对设计图纸及其设备资料的需求。 9.3.1 工程具备开工条件后，由建设单位按照国家规定办理开工手续。工程开工应满足下列条件： h）已确定施工图交付计划并签订交付协议，图纸已会检；主体工程的施工图至少可满足连续三个月施工的需要……	查阅设计单位编制的施工图供图计划、交付协议及图纸交付记录 交图进度：与施工进度计划相协调，能满足连续三个月施工的需要
4.2.2	按规定进行设计交底并参加图纸会检	**1.《建设工程质量管理条例》中华人民共和国国务院令第 279 号** 第二十三条 设计单位应当就审查合格的施工图设计文件向施工单位作出详细说明。 **2.《火电工程项目质量管理规程》DL/T 1144—2012** 6.1.7 勘察、设计单位应按合同约定履行下列职责： d）施工图交底，参加施工图审查、会检。 6.3.6 工地服务。 a）施工图完成交付后，应及时进行技术交底并形成记录	1. 查阅施工图交底会议纪要 审核签字：建设单位、监理单位、施工单位及设计单位责任人已签字 2. 查阅图纸会检记录 签字：设计、施工、监理、建设单位责任人已签字

条款号	大纲条款	检查依据	检查要点
4.2.3	设计更改、技术洽商等文件完整,手续齐全	**1.《火电工程项目质量管理规程》DL/T 1144—2012** 6.3.5 设计更改的管理应符合下列规定: 　　a)设计更改应符合可研或初设审核的要求。 　　b)因设计原因引起的设计更改,应经监理单位审核并经建设单位批准后实施。 　　c)非设计原因引起的设计更改,应得到设计单位的确认,并由设计单位出具设计更改。 　　d)所有的设计更改凡涉及已经审批确定的设计原则、方案重大设计变化,或增减投资超过50万元时,应由设计单位分管领导审批,报工程设计的原主审单位批准确认,并经建设单位认可后实施	查阅设计变更通知单、工程联系单和技术洽商记录 　编制签字:设计单位各级责任人已签字 　审核签字:建设单位、监理单位责任人已签字
4.2.4	工程建设标准强制性条文落实到位	**1.《建设工程质量管理条例》中华人民共和国国务院令第279号** 第十九条 勘察、设计单位必须按照工程建设强制性标准进行勘察、设计,并对其勘察、设计的质量负责。 注册建筑师、注册结构工程师等注册执业人员应当在设计文件上签字,对设计文件负责。 **2.《建设工程勘察设计管理条例》中华人民共和国国务院令第293号** 第五条 ……建设工程勘察、设计单位必须依法进行建设工程勘察、设计,严格执行工程建设强制性标准,并对建设工程勘察、设计的质量负责。 **3.《实施工程建设强制性标准监督规定》中华人民共和国建设部令〔2000〕第81号** 第二条 在中华人民共和国境内从事新建、扩建、改建等工程建设活动,必须执行工程建设强制性标准。 **4.《火电工程项目质量管理规程》DL/T 1144—2012** 6.2.2 设计单位在工程开工前应编制下列管理文件,报设计监理、建设单位会审、批准: 　　b)设计强制性条文实施计划	查阅强制性条文实施计划(含强制性条文清单)和本阶段执行记录 　计划审批:监理和建设单位审批人已签字 　记录内容:与实施计划相符 　记录审核:监理单位审核人已签字

条款号	大纲条款	检查依据	检查要点
4.2.5	设计代表工作到位，处理设计问题及时	**1.《火电工程项目质量管理规程》DL/T 1144—2012** 6.3.1　人员资格应符合下列规定： 　c）工地代表组长宜由本工程设计总工程师担任，若由其他同资格的人担任，应取得建设单位的同意；工地代表应能独立处理专业技术问题，宜由本工程主要设计人或主要卷册负责人担任。 6.3.6　工地服务。 在施工、调试阶段，勘察、设计单位应任命工地代表组长及各专业工地代表，将名单主送建设单位，抄送监理和各施工单位。工地代表应深入现场，了解施工是否与设计要求相符，协助施工单位解决出现的具体技术问题，做好技术服务工作。重点还应做好： 　a）施工图完成交付后，应及时进行技术交底并形成记录。 　b）工地代表组长应参加施工或试运行重大技术方案的研究与讨论。 　c）工地代表应按 DL/T 5210 及时参加建筑、安装工程中分部、单位（子单位）工程的验收。 **2.《电力勘测设计驻工地代表制度》DLGJ 159.8—2001** 2.0.1　工代的工地现场服务是电力工程设计的阶段之一，为了有效地贯彻勘测设计意图，实施设计单位通过工代为施工、安装、调试、投运提供及时周到的服务，促进工程顺利竣工投产，特制定本制度。 2.0.2　工代的任务是解释设计意图，解释施工图纸中的技术问题，收集包括设计本身在内的施工、设备材料等方面的质量信息，加强设计与施工、生产之间的配合，共同确保工程建设质量和工期，以及国家和行业标准的贯彻执行。 2.0.3　工代是设计单位派驻工地配合施工的全权代表，应能在现场积极地履行工代职责，使工程实现设计预期要求和投资效益	1. 查阅设计单位对工代的任命书 内容：包括设计修改、变更、材料代用等签发人资格 2. 查阅设计服务报告 内容：包括现场施工与设计要求相符情况和工代协助施工单位解决具体技术问题的情况 3. 查阅设计变更通知单和工程联系单 签发时间：在现场问题要求解决时间前
4.2.6	按规定参加地基处理工程的质量验收及签证	**1.《建筑工程施工质量验收统一标准》GB 50300—2013** 6.0.3　分部工程应由总监理工程师组织施工单位项目负责人和项目技术负责人等进行验收。勘察、设计单位项目负责人和施工单位技术、质量部门负责人应参加地基与基础分部工程的验收。设计单位项目负责人和施工单位技术、质量部门负责人应参加主体结构、节能分部工程的验收。	查阅勘察、设计人员应参加地基处理工程的质量验收及签证 签字：勘察、设计单位责任人已签字

条款号	大纲条款	检查依据	检查要点
4.2.6	按规定参加地基处理工程的质量验收及签证	6.0.6 建设单位收到工程竣工报告后，应由建设单位项目负责人组织监理、施工、设计、勘察等单位项目负责人进行单位工程验收。 **2.《电力建设施工质量验收及评价规程 第1部分：土建工程》DL/T 5210.1—2012** 3.0.12 工程质量验收的程序、组织和记录应符合下列规定： 　3 分部（子分部）工程质量验收应由总监理工程师（建设单位项目负责人）组织施工单位项目负责人和技术、质量负责人等进行验收；地基与基础、主体结构分部工程的勘测、设计单位工程项目负责人和施工单位技术、质量部门负责人也应参加分部工程的质量验收。 　4 ……建设单位收到工程竣工报告后，应由建设单位（项目）负责人组织施工（含分包单位）、设计、监理等单位（项目）负责人进行单位（子单位）工程验收…… **3.《火电工程项目质量管理规程》DL/T 1144—2012** 6.1.7 勘察、设计单位应按合同约定履行下列职责： 　e）参加相关工程质量验收。 6.3.6 工地服务。 ……工地代表应深入现场，了解施工是否与设计要求相符，协助施工单位解决出现的具体技术问题，做好技术服务工作。重点还应做好： 　c）工地代表应按DL/T 5210及时参加建筑、安装工程中分部、单位（子单位）工程的验收	
4.2.7	进行了本阶段工程实体质量与勘察设计的符合性确认	**1.《火电工程项目质量管理规程》DL/T 1144—2012** 6.3.6 工地服务。 ……工地代表应深入现场，了解施工是否与设计要求相符，协助施工单位解决出现的具体技术问题，做好技术服务工作。重点还应做好： 　c）工地代表应按DL/T 5210及时参加建筑、安装工程中分部、单位（子单位）工程的验收。	1. 查阅地基处理分部、子分部工程质量验收记录 审核签字：勘察、设计单位项目负责人已签字

条款号	大纲条款	检查依据	检查要点
4.2.7	进行了本阶段工程实体质量与勘察设计的符合性确认	**2.《电力勘测设计驻工地代表制度》DLGJ 159.8—2001** 5.0.3 深入现场，调查研究 1 工代应坚持经常深入施工现场，调查了解施工是否与设计要求相符，并协助施工单位解决施工中出现的具体技术问题，做好服务工作，促进施工单位正确执行设计规定的要求。 2 对于发现施工单位擅自作主，不按设计规定要求进行施工的行为，应及时指出，要求改正，如指出无效，又涉及安全、质量等原则性、技术性问题，应将问题事实与处理过程用"备忘录"的形式书面报告建设单位和施工单件，同时向设总和处领导汇报	2. 查阅工代备忘录 记录：描述了施工单位不按设计规定要求进行施工的行为及处理过程
4.3 监理单位质量行为的监督检查			
4.3.1	企业资质与合同约定的业务范围相符	**1.《中华人民共和国建筑法》中华人民共和国主席令〔2011〕第 46 号** 第十三条 从事建筑活动的……和工程监理单位，按照其拥有的注册资本、专业技术人员、技术装备和已完成的建筑工程业绩等资质条件，划分为不同的资质等级，经资质审查合格，取得相应等级的资质证书后，方可在其资质等级许可的范围内从事建筑活动。 第三十四条 工程监理单位应当在其资质等级许可范围内，承担工程监理业务。 工程监理单位不得转让工程监理业务。 **2.《建设工程质量管理条例》中华人民共和国国务院令第 279 号** 第三十四条 工程监理单位应当依法取得相应等级的资质证书，并在其资质等级许可的范围内承担工程监理业务。禁止工程监理单位超越本单位资质等级许可的范围或者以其他工程监理单位的名义承担工程监理业务；禁止工程监理单位允许其他单位或者个人以本单位的名义承担工程监理业务。 **3.《工程监理企业资质管理规定》中华人民共和国建设部令〔2007〕158 号** 第三条 从事建设工程监理活动的企业，应当按照本规定取得工程监理企业资质，并在工程监理企业资质证书（以下简称资质证书）许可的范围内从事工程监理活动。	1. 查阅企业资质证书 发证单位：政府主管部门 有效期：当前有效

条款号	大纲条款	检查依据	检查要点
4.3.1	企业资质与合同约定的业务范围相符	第八条 工程监理企业资质相应许可的业务范围如下： （一）综合资质 　　可以承担所有专业工程类别建设工程项目的工程监理业务。 （二）专业资质 　　1 专业甲级资质： 　　可承担相应专业工程类别建设工程项目的工程监理业务（见附表2）。 　　2 专业乙级资质： 　　可承担相应专业工程类别二级以下（含二级）建设工程项目的工程监理业务（见附表2）。 　　3 专业丙级资质： 　　可承担相应专业工程类别三级建设工程项目的工程监理业务（见附表2）。 　　工程监理企业可以开展相应类别建设工程的项目管理、技术咨询等业务。 **4.《火电工程项目质量管理规程》DL/T 1144—2012** 7.1.1 监理单位应当依法取得相应等级的资质，并在其资质等级许可的范围内承担工程监理业务	2. 查阅工程监理合同 　监理范围和工作内容：与资质等级相符
4.3.2	专业监理人员配备合理，资格证书与承担的任务相符	**1.《中华人民共和国建筑法》中华人民共和国主席令〔2011〕第46号** 第十四条 从事建筑活动的专业技术人员，应当依法取得相应的职业资格证书，并在执业资格证书许可的范围内从事建筑活动。 **2.《建设工程质量管理条例》中华人民共和国国务院令第279号** 第三十七条 工程监理单位应当选派具备相应资格的总监理工程师和监理工程师进驻施工现场。…… **3.《建设工程监理规范》GB/T 50319—2013** 3.1.2 项目监理机构的监理人员应由总监理工程师、专业监理工程师和监理员组成，且专业配套、数量应满足建设工程监理工作需要，必要时可设总监理工程师代表。 3.1.3 ……应及时将项目监理机构的组织形式、人员构成，及对总监理工程师的任命书面通知建设单位。	1. 查阅工程监理规划 　人员数量及专业：已明确 2. 查阅监理人员名单 　专业与数量：与工程阶段和监理规划相符

条款号	大纲条款	检查依据	检查要点
4.3.2	专业监理人员配备合理，资格证书与承担的任务相符	**4.《建设工程项目管理规范》GB/T 50326—2017** 2.0.4 项目管理机构：根据组织授权，直接实施项目管理的单位。可以是项目管理公司、项目部、工程监理部等。 4.1.7 项目管理机构负责人应按相关约定在岗履职，对项目实行全过程及全面管理。 **5.《电力建设工程监理规范》DL/T 5434—2009** 5.1.3 项目监理机构由总监理工程师、专业监理工程师和监理员组成，且专业配套、数量满足工程项目监理工作的需要，必要时可设总监理工程师代表和副总监理工程师	3. 查阅各级监理人员的岗位资格证书 发证单位：符合要求 有效期：当前有效
4.3.3	组织补充完善施工质量验收项目划分表，对设定的工程质量控制点，进行了旁站监理	**1.《建设工程质量管理条例》中华人民共和国国务院令第279号** 第三十八条 监理工程师应当按照工程监理规范的要求，采取旁站、巡视和平行检验等形式，对建设工程实施监理。 **2.《建设工程监理规范》GB/T 50319—2013** 5.2.11 项目监理机构应……确定旁站的关键部位；关键工序，安排监理人员进行旁站，并应及时记录旁站情况。 **3.《火电工程项目质量管理规程》DL/T 1144—2012** 7.2.2 监理单位在工程开工前，应编制下列监理管理文件： 　　g）关键工序、隐蔽工程和旁站监理的清单及措施。 7.5.3 审核确认下列主要质量管理文件： 　　b）施工质量验收范围划分表。 **4.《电力建设施工质量验收及评价规程　第1部分：土建工程》DL/T 5210.1—2012** 4.0.1 ……主要包含四部分内容：工程编号、质量检验项目的划分、各单位（部门）检验权限、各分项工程检验批质量验收标准的套用。表4.0.1-1及表4.0.1-2为火力发电厂土建工程质量验收范围表的基本模式。	1. 查阅施工质量验收范围划分表及报审表 划分表内容：符合规程规定且已明确了质量控制点 报审表签字：监理总监、监理工程师及建设单位技术负责人已签字

条款号	大纲条款	检查依据	检查要点
4.3.3	组织补充完善施工质量验收项目划分表，对设定的工程质量控制点，进行了旁站监理	4.0.8 ……工程开工前，应由承建工程的施工单位按工程具体情况编制项目划分表……，划分表应报监理单位审核，建设单位批准。…… **5.《电力建设工程监理规范》DL/T 5434—2009** 9.1.2 项目监理机构应审查承包单位编制的质量计划和工程质量验收及评定项目划分表，提出监理意见，报建设单位批准后监督实施。 质量验收及评定项目划分报审表应符合表 A.11 的格式。 9.1.9 项目监理机构应安排监理人员对施工过程进行巡视和检查，对工程项目的关键部位、关键工序的施工过程进行旁站监理。 表 B.5 旁站监理记录表	2. 查阅旁站计划和旁站记录 旁站计划质量控制点：符合质量验收范围划分表要求 旁站记录：完整 签字：施工单位技术人员、监理旁站人员已签字
4.3.4	地基处理施工方案已审查，特殊施工技术措施已审批	**1.《建设工程安全生产管理条例》中华人民共和国国务院令〔2003〕第 393 号** 第二十六条 ……，对下列达到一定规模的危险性较大的分部分项工程编制专项施工方案，并附具安全验算结果，经施工单位技术负责人、总监理工程师签字后实施，由专职安全生产管理人员进行现场监督： （一）基坑支护与降水工程； （二）土方开挖工程； （三）模板工程； （四）起重吊装工程； （五）脚手架工程； （六）拆除、爆破工程； （七）国务院建设行政主管部门或者其他有关部门规定的其他危险性较大的工程。	1. 查阅地基处理施工方案报审表 审核意见：同意实施 审核签字：监理总监、专业监理工程师及建设单位专工已签字

条款号	大纲条款	检查依据	检查要点
4.3.4	地基处理施工方案已审查，特殊施工技术措施已审批	对前款所列工程中涉及深基坑、地下暗挖工程、高大模板工程的专项施工方案，施工单位还应当组织专家进行论证、审查。 **2.《建设工程监理规范》GB 50319—2013** 5.2.2 总监理工程师应组织专业监理工程师审查施工单位报审的施工方案，符合要求后应予以签认。 施工方案审查应包括下列基本内容： 1 编审程序符合相关规定。 2 工程质量保证措施应符合有关标准。 5.5.3 项目监理机构应审查施工单位报审的专项施工方案，符合要求的，应由总监理工程师签认后报建设单位。超过一定规模的危险性较大的分部分项工程的专项施工方案，应检查施工单位组织专家进行论证、审查的情况，以及是否附具安全验算结果。项目监理机构应要求施工单位按已批准的专项施工方案组织施工。专项施工方案需要调整时，施工单位应按程序重新提交项目监理机构审查。 专项施工方案审查应包括下列基本内容： 1 编审程序应符合相关规定。 2 安全技术措施应符合工程建设强制性标准。 **3.《电力建设工程监理规范》DL/T 5434—2009** 9.1.3 专业监理工程师应要求承包单位报送重点部位、关键工序的施工工艺方案和工程质量保证措施，审核同意后签认。 方案报审表应符合表 A.4 的格式。 9.4.3 项目监理机构应审查承包单位提交的施工组织设计中的安全技术方案或下列危险性较大的分部分项工程专项施工方案是否符合工程建设强制性标准	2. 查阅特殊施工技术措施报审表 审核意见：专家意见已在技术措施中落实，同意实施 审核签字：监理总监、专业监理工程师及建设单位专工已签字

条款号	大纲条款	检查依据	检查要点
4.3.5	对进场的工程材料、设备、构配件的质量进行检查验收以及原材料复检的见证取样	**1.《建设工程质量管理条例》中华人民共和国国务院令第 279 号** 第三十七条 …… 　　未经监理工程师签字,建筑材料、建筑构配件和设备不得在工程上使用或者安装,施工单位不得进行下一道工序的施工。…… **2.《建设工程监理规范》GB/T 50319—2013** 5.2.9 项目监理机构应审查施工单位报送的用于工程的材料、构配件、设备的质量证明文件,并应按有关规定、建设工程监理合同约定,对用于工程的材料进行见证取样,平行检验。 　　项目监理机构对已进场经检验不合格的工程材料、构配件、设备,应要求施工单位限期将其撤出施工现场。 **3.《建筑工程施工质量验收统一标准》GB 50300—2013** 3.0.2 建筑工程应按下列规定进行施工质量控制: 1 建筑工程采用的主要材料、半成品、成品、建筑构配件、器具和设备应进行现场验收。凡涉及安全、节能、环境保护和主要使用功能的重要材料、产品,应按各专业工程施工规范、验收规范和设计文件等规定进行复验,并应经监理工程师检查认可。 **4.《房屋建筑工程和市政基础设施工程实行见证取样和送检的规定》的通知 建设部建建〔2000〕211 号** 第五条 涉及结构安全的试块、试件和材料见证取样和送检的比例不得低于有关技术标准中规定应取样数量的 30%。 第六条 下列试块、试件和材料必须实施见证取样和送检: 　　(一)用于承重结构的混凝土试块; 　　(二)用于承重墙体的砌筑砂浆试块; 　　(三)用于承重结构的钢筋及连接接头试件; 　　(四)用于承重墙的砖和混凝土小型砌块; 　　(五)用于拌制混凝土和砌筑砂浆的水泥;	1. 查阅工程材料/设备/构配件报审表 审查意见:同意使用 质量证明文件:齐全完整 2. 查阅见证取样单 取样项目:符合规范规定 取样比例或数量:符合要求 签字:施工单位材料员、监理单位见证取样员已签字

条款号	大纲条款	检查依据	检查要点
4.3.5	对进场的工程材料、设备、构配件的质量进行检查验收以及原材料复检的见证取样	（六）用于承重结构的混凝土中使用的掺加剂； （七）地下、屋面、厕浴间使用的防水材料； （八）国家规定必须实行见证取样和送检的其他试块、试件和材料。 **5.《火电工程项目质量管理规程》DL/T 1144—2012** 7.5.5　工程项目施工中应实施下列质量管理工作： 　　a）参加设备开箱检验、工程主要材料的检验和见证取样，严格控制不合格的设备和材料在工程中使用。 **6.《电力建设工程监理规范》DL/T 5434—2009** 7.2.3　见证取样。对规定的需取样送试验室检验的原材料和样品，经监理人员对取样进行见证、封样、签认。 9.1.6　项目监理机构应审核承包单位报送的主要工程材料、半成品、构配件生产厂商的资质，符合后予以签认。 　　工程材料、构配件、设备报审表应符合表 A.12 的格式。 9.1.7　项目监理机构应对承包单位报送的拟进场工程材料、半成品和构配件的质量证明文件进行审核，并按有关规定进行抽样验收。对有复试要求的，经监理人员现场见证取样后送检，复试报告应报送项目监理机构查验。 9.1.8　项目监理机构应参与主要设备开箱验收，对开箱验收中发现的设备质量缺陷，督促相关单位处理	3. 开箱检验记录 结论：合格/不合格退场
4.3.6	地基处理工程施工质量已验收签证	**1.《建设工程质量管理条例》中华人民共和国国务院令第 279 号** 第三十七条　…… 　　未经监理工程师签字，……，施工单位不得进行下一道工序的施工。未经总监理工程师签字，建设单位不拨付工程款，不进行竣工验收。	查阅地基处理工程施工质量验收表 　项目：与验收范围划分表内容相符

条款号	大纲条款	检查依据	检查要点
4.3.6	地基处理工程施工质量已验收签证	**2.《建设工程监理规范》GB/T 50319—2013** 5.2.14 项目监理机构应对施工单位报验的隐蔽工程、检验批；分项工程和分部工程进行验收，对验收合格的应给予签认，对验收不合格的应拒绝签认，同时应要求施工单位在指定的时间内整改并重新报验。 …… **3.《电力建设工程监理规范》DL/T 5434—2009** 9.1.10 对承包单位报送的隐蔽工程报验申请表和自检记录，专业监理工程师应进行现场检查，符合要求予以签认后，承包单位方可隐蔽并进行下一道工序的施工。 对未经监理人员验收或验收不合格的工序，监理人员应拒绝签认，并严禁承包单位进行下一道工序的施工。 验收申请表应符合表 A.14 的格式。 9.1.11 专业监理工程师应对承包单位报送的分项工程质量报验资料进行审核，符合要求予以签认；总监理工程师应组织专业监理工程师对承包单位报送的分部工程和单位工程质量验评资料进行审核和现场检查，符合要求予以签认。 **4.《火电工程项目质量管理规程》DL/T 1144—2012** 7.5.6 监理单位应在施工验收阶段实施下列质量管理工作。 a）审核工程项目检验批、分项工程质量的符合性。 b）监查特殊过程施工质量，批准进行下一道施工工序。 c）组织分部、单位工程验收，…… e）审核施工单位编制的单位工程竣工资料，……	结论：合格 签字：施工单位、监理单位责任人已签字
4.3.7	质量问题及处理台账完整，记录齐全	**1.《建设工程监理规范》GB/T 50319—2013** 5.2.15 项目监理机构发现施工存在质量问题……，应及时签发监理通知单，要求施工单位整改。整改完毕后，项目监理机构应根据施工单位报送的监理通知回复对整改情况进行复查，提出复查意见。 ……	查阅质量问题及处理记录台账 记录要素：质量问题、发现时间、责任单位、整改要求、闭环文件、完成时间

条款号	大纲条款	检查依据	检查要点
4.3.7	质量问题及处理台账完整，记录齐全	**2.《电力建设工程监理规范》DL/T 5434—2009** 9.1.12 对施工过程中出现的质量缺陷，专业监理工程师应及时下达书面通知，要求承包单位整改，并检查确认整改结果。 9.1.15 专业监理工程师应……，并根据承包单位报送的消缺报验申请表和自检记录进行检查验收	检查内容：记录完整
4.3.8	工程建设标准强制性条文检查到位	**1.《建设工程安全生产管理条例》中华人民共和国国务院令〔2004〕第393号** 第十四条 工程监理单位应当审查施工组织设计中的安全技术措施或者专项施工方案是否符合工程建设强制性标准。 **2.《实施工程建设强制性标准监督规定》中华人民共和国建设部令〔2000〕第81号** 第二条 在中华人民共和国境内从事新建、扩建、改建等工程建设活动，必须执行工程建设强制性标准。 **3.《火电工程项目质量管理规程》DL/T 1144—2012** 7.5 施工调试监理 7.5.3 审核确认下列主要质量管理文件： c）工程建设强制性条文实施计划。 **4.《电力建设施工质量验收及评价规程 第1部分：土建工程》DL/T 5210.1—2012** 前言 本部分中以黑体字标志的条文为强制性条文，必须严格执行。 14.0.13 每个工程部位（范围）应分别按施工现场质量保证条件……强制性条文管理和执行情况六项评价内容进行判定…… 17.0.6 强制性条文管理和执行情况评价方法应符合下列规定： 3 强制性条文管理和执行情况评价应符合表17.0.6的规定。 **5.《电力建设工程监理规范》DL/T 5434—2009** 9.4.3 项目监理机构应审查承包单位提交的施工组织设计中的安全技术方案或下列危险性较大的分部分项工程专项施工方案是否符合工程建设强制性标准	查阅工程强制性条文执行情况检查表 内容：符合强条计划要求 签字：施工单位技术人员、监理工程师已签字

条款号	大纲条款	检查依据	检查要点
4.3.9	提出地基处理施工质量评价意见	**1.《火电工程项目质量管理规程》DL/T 1144—2012** 7.5.6 监理单位应在施工验收阶段实施以下质量管理工作： d 组织单项、单台及整体工程的质量评价自检工作	查阅本阶段工程质量评价文件 评价意见：明确

4.4 施工单位质量行为的监督检查

条款号	大纲条款	检查依据	检查要点
4.4.1	企业资质与合同约定的业务相符	**1.《中华人民共和国建筑法》中华人民共和国主席令〔2011〕第 46 号** 第十三条 从事建筑活动的建筑施工企业、勘察单位、设计单位……经资质审查合格，取得相应等级的资质证书后，方可在其资质等级许可的范围内从事建筑活动。 **2.《建设工程质量管理条例》中华人民共和国国务院令第 279 号** 第二十五条 施工单位应当依法取得相应等级的资质证书，并在其资质等级许可的范围内承揽工程。 **3.《建筑业企业资质管理规定》中华人民共和国住房和城乡建设部令〔2015〕第 22 号** 第三条 企业应当按照其拥有的资产、主要人员、已完成的工程业绩和技术装备等条件申请建筑业企业资质，经审查合格，取得建筑业企业资质证书后，方可在资质许可的范围内从事建筑施工活动。 **4.《火电工程项目质量管理规程》DL/T 1144—2012** 9.1.1 施工单位应依法取得相应等级的资质，并在其资质等级许可的范围内承揽工程。施工单位不得超越本单位资质等级许可的业务范围承揽工程	1. 查阅企业资质证书 发证单位：政府主管部门 有效期：当前有效 业务范围：涵盖合同约定的业务 2. 查阅承装（修、试）电力设施许可证 发证单位：国家能源局派出机构（原国家电力监管委员会派出机构） 有效期：当前有效 业务范围：涵盖合同约定的业务
4.4.2	项目部组织机构健全，专业人员配置合理	**1.《中华人民共和国建筑法》中华人民共和国主席令〔2011〕第 46 号** 第十四条 从事建筑活动的专业技术人员，应当依法取得相应的执业资格证书，并在执业资格证书许可的范围内从事建筑活动。 **2.《建设工程质量管理条例》中华人民共和国国务院令第 279 号** 第二十六条 施工单位对建设工程的施工质量负责。 施工单位应当建立质量责任制，确定工程项目的项目经理、技术负责人和施工管理负责人。	查阅项目部成立文件，组织机构及管理体系。 专业人员配置包括：项目经理、项目总工程师、施工管理负责人、专业技术负责人、专业技术员、施工员、质量员、安全员、资料员等

条款号	大纲条款	检查依据	检查要点
4.4.2	项目部组织机构健全，专业人员配置合理	**3.《建设工程项目管理规范》GB/T 50326—2017** 4.3.4 建立项目管理机构应遵循下列规定： 　1 结构应符合组织制度和项目实施要求； 　2 应有明确的管理目标、运行程序和责任制度； 　3 机构成员应满足项目管理要求及具备相应资格； 　4 组织分工应相对稳定并可根据项目实施变化进行调整； 　5 应确定机构人员的职责、权限、利益和需承担的风险。 **4.《火电工程项目质量管理规程》DL/T 1144—2012** 9.2.1 施工单位应设置独立的质量管理机构，并应符合下列规定： 　a）配备满足工程需要的专职质量管理人员。 9.3.2 单位工程开工应满足下列条件，并应由建设单位和监理单位进行核查。 　e）开工所需的施工人员及机械已到位。 　g）特种作业人员的资格证和上岗证已经监理确认。 9.3.4 施工单位的人员资格应符合下列规定： 　a）项目经理应担任过一项大型或两项及以上中型火电工程的项目副经理或总工程师，具有8年以上施工经验，并持有国家注册一级建造师证书。 　b）项目总工程师应担任过两项及以上火电工程的项目副总工程师或专业技术负责人，具有中级及以上技术职称。 　c）专业技术负责人应担任过两项及以上火电工程的专业技术工作，具有中级及以上技术职称。 　d）专业质检人员应具有工程质量检验的相应能力，并持有相应的质量检验资格证书。 **5.《建筑与市政工程施工现场专业人员职业标准》JGJ/T 250—2011** 1.0.3 本标准所指建筑与市政工程施工现场专业人员包括施工员、质量员、安全员、标准员、材料员、机械员、劳务员、资料员。其中，施工员、质量员、标准员可分为土建施工、装饰装修、设备安装和市政工程四个子专业	

条款号	大纲条款	检查依据	检查要点
4.4.3	项目经理资格符合要求并经本企业法定代表人授权	**1.《中华人民共和国建筑法》中华人民共和国主席令〔2011〕第 46 号** 第十四条 从事建筑活动的专业技术人员，应当依法取得相应的执业资格证书，并在执业资格证书许可的范围内从事建筑活动。 **2.《注册建造师管理规定》中华人民共和国建设部令〔2006〕第 153 号** 第三条 本规定所称注册建造师，是指通过考核认定或考试合格取得中华人民共和国建造师资格证书（以下简称资格证书），并按照本规定注册，取得中华人民共和国建造师注册证书（以下简称注册证书）和执业印章，担任施工单位项目负责人及从事相关活动的专业技术人员。 未取得注册证书和执业印章的，不得担任大中型建设工程项目的施工单位项目负责人，不得以注册建造师的名义从事相关活动。 第十条 …… 注册证书与执业印章有效期为 3 年。 **3.《建筑施工项目经理质量安全责任十项规定》中华人民共和国住房和城乡建设部建质〔2014〕123 号** 第一条 合同约定的项目经理必须在岗履职，不得违反规定同时在两个及两个以上工程项目担任项目经理。 **4.《建筑施工企业主要负责人、项目负责人和专职安全生产管理人员安全生产管理规定》中华人民共和国住房和城乡建设部令〔2014〕第 17 号** 第二条 在中华人民共和国境内从事房屋建筑和市政基础设施工程施工活动的建筑施工企业的"安管人员"，参加安全生产考核，履行安全生产责任，以及对其实施安全生产监督管理，应当符合本规定。 第三条 ……项目负责人，是指取得相应注册执业资格，由企业法定代表人授权，负责具体工程项目管理的人员。……	1. 查阅项目经理资格证书 发证单位：政府主管部门 有效期：当前有效 等级：满足项目要求 注册单位：与承包单位一致 2. 查阅项目经理安全生产考核合格证书 发证单位：政府主管部门 有效期：当前有效 3. 查阅施工单位法定代表人对项目经理的授权文件 被授权人：与当前工程项目经理一致

条款号	大纲条款	检查依据	检查要点
4.4.3	项目经理资格符合要求并经本企业法定代表人授权	**5.《建设工程项目管理规范》GB/T 50326—2017** 4.1.4 建设工程项目各实施主体和参与方法定代表人应书面授权委托项目管理机构负责人，并实行项目负责人责任制。 4.1.5 项目管理机构负责人应根据法定代表人授权范围、期限和内容，履行管理职责。 4.1.6 项目管理机构负责人应取得相应资格，并按规定取得安全生产考核合格证书。 4.1.7 项目管理机构负责人应按相关约定在岗履职，对项目实行全过程及全面管理。 4.2.3 项目管理机构负责人应在工程开工前签署质量承诺书报相关工程管理机构备案。 **6.《注册建造师执业工程规模标准（试行）》中华人民共和国建设部建市〔2007〕171号** 附件：《注册建造师执业工程规模标准》（试行） 表：注册建造师执业工程规模标准（电力工程） **7.《火电工程项目质量管理规程》DL/T 1144—2012** 9.3.4 施工单位的人员资格应符合下列规定： a）项目经理应担任过一项大型或两项及以上中型火电工程的项目副经理或总工程师，具有8年以上施工经验，并持有国家注册一级建造师证书。	4. 查阅项目经理质量终身责任承诺书 承诺人：与当前工程项目经理一致
4.4.4	质量检查员及特殊工种人员持证上岗	**1.《特种作业人员安全技术培训考核管理办法》国家安全生产监督管理总局令〔2010〕第30号** 第三条 ……，特种作业的范围由特种作业目录规定。 本规定所称特种作业人员，是指直接从事特种作业的从业人员。 第五条 特种作业人员必须经专门的安全技术培训并考核合格，取得《中华人民共和国特种作业操作证》（以下简称特种作业操作证）后，方可上岗作业。 第十九条 特种作业操作证有效期为6年，在全国范围内有效。 第二十一条 特种作业操作证每3年复审1次。	1. 查阅项目部各专业质检员资格证书 专业类别：包括土建、电气等 发证单位：政府主管部门或电力建设工程质量监督站 有效期：当前有效

条款号	大纲条款	检查依据	检查要点
4.4.4	质量检查员及特殊工种人员持证上岗	附件 （特种作业）种类 1　电工作业 1.1　高压电工作业 1.2　低压电工作业 1.3　防爆电气作业 2　焊接与热切割作业 2.1　熔化焊接与热切割作业 2.2　压力焊作业 2.3　钎焊作业 3　高处作业 3.1　登高架设作业 3.2　高处安装、维护、拆除的作业 **2.《建筑施工特种作业人员管理规定》中华人民共和国住房和城乡建设部建质〔2008〕75号** 第三条　建筑施工特种作业包括： （一）建筑电工； （二）建筑架子工； （三）建筑起重信号司索工； （四）建筑起重机械司机； （五）建筑起重机械安装拆卸工； （六）高处作业吊篮安装拆卸工； （七）经省级以上人民政府建设主管部门认定的其他特种作业。 第四条　建筑施工特种作业人员必须经建设主管部门考核合格，取得建筑施工特种作业人员操作资格证书，方可上岗从事相应作业。	2. 查阅特殊工种人员台账 内容：包括姓名、工种类别、证书编号、发证单位、有效期等 证书有效期：作业期间有效

条款号	大纲条款	检查依据	检查要点
4.4.4	质量检查员及特殊工种人员持证上岗	第十九条　用人单位应当履行下列职责： （六）建立本单位特种作业人员管理档案 **3.《工程建设施工企业质量管理规范》GB/T 50430—2017** 5.2.2　施工企业应根据质量管理需求配备相应的管理、技术及作业人员	3. 查阅特殊工种人员资格证书 发证单位：政府主管部门 有效期：与台账一致
4.4.5	施工方案和作业指导书审批手续齐全，技术交底记录齐全。重大方案或特殊专项措施经专项评审	**1.《危险性较大的分部分项工程安全管理规定》中华人民共和国住房和城乡建设部令〔2018〕第37号** 第十条　施工单位应当在危大工程施工前组织工程技术人员编制专项施工方案。 实行施工总承包的，专项施工方案应当由施工总承包单位组织编制。危大工程实行分包的，专项施工方案可以由相关专业分包单位组织编制。 第十一条　专项施工方案应当由施工单位技术负责人审核签字、加盖单位公章，并由总监理工程师审查签字、加盖执业印章后方可实施。 危大工程实行分包并由分包单位编制专项施工方案的，专项施工方案应当由总承包单位技术负责人及分包单位技术负责人共同审核签字并加盖单位公章。 第十二条　对于超过一定规模的危大工程，施工单位应当组织召开专家论证会对专项施工方案进行论证。实行施工总承包的，由施工总承包单位组织召开专家论证会。专家论证前专项施工方案应当通过施工单位审核和总监理工程师审查。 专家应当从地方人民政府住房城乡建设主管部门建立的专家库中选取，符合专业要求且人数不得少于5名。与本工程有利害关系的人员不得以专家身份参加专家论证会。 第十三条　专家论证会后，应当形成论证报告，对专项施工方案提出通过、修改后通过或者不通过的一致意见。专家对论证报告负责并签字确认。 专项施工方案经论证需修改后通过的，施工单位应当根据论证报告修改完善后，重新履行本规定第十一条的程序。 专项施工方案经论证不通过的，施工单位修改后应当按照本规定的要求重新组织专家论证。	1. 查阅施工方案和作业指导书 审批：责任人已签字 编审批时间：施工前 2. 查阅施工方案和作业指导书报审表 审批意见：同意实施等肯定性意见 签字：施工项目部、监理项目部责任人已签字 盖章：施工项目部、监理项目部已盖章

续表

条款号	大纲条款	检查依据	检查要点
4.4.5	施工方案和作业指导书审批手续齐全，技术交底记录齐全。重大方案或特殊专项措施经专项评审	**2.《建筑施工组织设计规范》GB/T 50502—2009** 3.0.5 施工组织设计的编制和审批应符合下列规定： 　2 ……施工方案应由项目技术负责人审批；重点、难点分部(分项)工程和专项工程施工方案应由施工单位技术部门组织相关专家评审，施工单位技术负责人批准； 　3 由专业承包单位施工的分部（分项）工程或专项工程的施工方案，应由专业承包单位技术负责人或技术负责人授权的技术人员审批；有总承包单位时，应由总承包单位项目技术负责人核准备案； 　4 规模较大的分部（分项）工程和专项工程的施工方案应按单位工程施工组织设计进行编制和审批。 6.4.1 施工准备应包括下列内容： 　1 技术准备：包括施工所需技术资料的准备、图纸深化和技术交底的要求、试验检验和测试工作计划、样板制作计划以及与相关单位的技术交接计划等。 **3.《电力建设施工技术规范 第1部分：土建结构工程》DL 5190.1—2012** 3.0.1 工程施工前，应按设计图纸，结合具体情况和施工组织设计的要求编制施工方案，并经批准后方可施工。 3.0.6 施工单位应当在危险性较大的分部、分项工程施工前编制专项方案；对于超过一定规模和危险性较大的深基坑工程、模板工程及支撑体系、起重吊装及安装拆卸工程、脚手架工程和拆除、爆破工程等，施工单位应当组织专家对专项方案进行论证。 **4.《火电工程项目质量管理规程》DL/T 1144—2012** 9.2.2 施工单位在工程开工前，应编制质量管理文件，经监理、建设单位会审、批准后实施，质量管理文件应包括： 　f）重大施工方案、作业指导书清单，并规定审批级别。	3. 查阅技术交底记录 内容：与方案或作业指导书相符 时间：施工前 签字：交底人和被交底人已签字

续表

条款号	大纲条款	检查依据	检查要点
4.4.5	施工方案和作业指导书审批手续齐全,技术交底记录齐全。重大方案或特殊专项措施经专项评审	9.3.2 单位工程开工应满足下列条件,并应由建设单位和监理单位进行核查。 c)专业施工组织设计、重大施工方案已经监理批准。 d)开工所需施工图已齐全,并已会检和交底,……	4.查阅重大方案或特殊专项措施(需专家论证的专项方案)的评审报告 内容:对论证的内容提出明确的意见 评审专家资格:符合住建部《危险性较大的分部分项工程安全管理办法》要求
4.4.6	计量工器具经检定合格,且在有效期内	**1.《中华人民共和国计量法》中华人民共和国主席令〔2014〕第8号** 第四十七条 ……。未按照规定申请计量检定、计量检定不合格或者超过计量检定周期的计量器具,不得使用。 **2.《中华人民共和国依法管理的计量器具目录(型式批准部分)》国家质检总局公告 2005 年第145号** 1.测距仪:光电测距仪、超声波测距仪、手持式激光测距仪; 2.经纬仪:光学经纬仪、电子经纬仪; 3.全站仪:全站型电子速测仪; 4.水准仪:水准仪; 5.测地型 GPS 接收机:测地型 GPS 接收机。 **3.《电力建设施工技术规范 第1部分:土建结构工程》DL 5190.1—2012** 3.0.5 在质量检查、验收中使用的计量器具和检测设备,应经计量检定合格后方可使用;承担材料和设备检测的单位,应具备相应的资质。	1.查阅计量工器具台账 内容:包括计量工器具名称、出厂合格证编号、检定日期、有效期、在用状态等 检定有效期:在用期间有效

条款号	大纲条款	检查依据	检查要点
4.4.6	计量工器具经检定合格，且在有效期内	**4.《电力工程施工测量技术规范》DL/T 5445—2010** 4.0.3　施工测量所使用的仪器和相关设备应定期检定，并在检定的有效期内使用。…… **5.《建筑工程检测试验技术管理规范》JGJ 190—2010** 5.2.2　施工现场配置的仪器、设备应建立管理台账，按有关规定进行计量检定或校准，并保持状态完好	2. 查阅计量工器具检定合格证或报告 检定单位资质范围：包含所检测工器具 工器具有效期：在用期间有效，且与台账一致
4.4.7	按照检测试验项目计划进行了见证的取样和送检，台账完整	**1.《建设工程质量管理条例》中华人民共和国国务院令第 279 号** 第三十一条　施工人员对涉及结构安全的试块、试件以及有关材料，应当在建设单位或者工程监理单位监督下现场取样，并送具有相应资质等级的质量检测单位进行检测。 **2.《建设工程质量检测管理办法》中华人民共和国建设部令〔2005〕第 141 号** 第十三条　质量检测试样的取样应当严格执行有关工程建设标准和国家有关规定，在建设单位或者工程监理单位监督下现场取样。…… **3.《房屋建筑工程和市政基础设施工程实行见证取样和送检的规定》中华人民共和国建设部建建〔2000〕211 号** 第六条　下列试块、试件和材料必须实施见证取样和送检： （一）用于承重结构的混凝土试块； （二）用于承重墙体的砌筑砂浆试块； （三）用于承重结构的钢筋及连接接头试件； （四）用于承重墙的砖和混凝土小型砌块； （五）用于拌制混凝土和砌筑砂浆的水泥； （六）用于承重结构的混凝土中使用的掺加剂； （七）地下、屋面、厕浴间使用的防水材料； （八）国家规定必须实行见证取样和送检的其他试块、试件和材料。	查阅见证取样台账 取样数量、取样项目：与检测试验计划相符

条款号	大纲条款	检查依据	检查要点
4.4.7	按照检测试验项目计划进行了见证的取样和送检，台账完整	第七条　见证人员应由建设单位或该工程的监理单位具备建筑施工试验知识的专业技术人员担任，并应由建设单位或该工程的监理单位书面通知施工单位、检测单位和负责该项工程的质量监督机构。 **4.《房屋建筑和市政基础设施工程质量检测技术管理规范》GB 50618—2011** 3.0.5　对实行见证取样和见证检测的项目，不符合见证要求的，检测机构不得进行检测。 **5.《建筑工程检测试验技术管理规范》JGJ 190—2010** 3.0.6　见证人员必须对见证取样和送检的过程进行见证，且必须确保见证取样和送检过程的真实性。 5.5.1　施工现场应按照单位工程分别建立下列试样台账： 　1　钢筋试样台账； 　2　钢筋连接接头试样台账； 　3　混凝土试件台账； 　4　砂浆试件台账； 　5　需要建立的其他试样台账。 5.6.1　现场试验人员应根据施工需要及有关标准的规定，将标识后的试样送至检测单位进行检测试验。 5.8.5　见证人员应对见证取样和送检的全过程进行见证并填写见证记录。 5.8.6　检测机构接收试样时应核实见证人员及见证记录，见证人员与备案见证人员不符或见证记录无备案见证人员签字时不得接收试样	
4.4.8	专业绿色施工措施已制订	**1.《绿色施工导则》中华人民共和国建设部建质〔2007〕223号** 4.1.2　规划管理 　1　编制绿色施工方案。该方案应在施工组织设计中独立成章，并按有关规定进行审批。 **2.《建筑工程绿色施工规范》GB/T 50905—2014** 3.1.1　建设单位应履行下列职责	查阅绿色施工措施 审批：责任人已签字 审批时间：施工前

条款号	大纲条款	检查依据	检查要点
4.4.8	专业绿色施工措施已制订	1 在编制工程概算和招标文件时，应明确绿色施工的要求…… 2 应向施工单位提供建设工程绿色施工的设计文件、产品要求等相关资料…… 4.0.2 施工单位应编制包含绿色施工管理和技术要求的工程绿色施工组织设计、绿色施工方案或绿色施工专项方案，并经审批通过后实施。 **3.《火电工程项目质量管理规程》DL/T 1144—2012** 5.3.3 建设单位在工程开工前应组织相关单位编制下列质量文件： n）绿色施工措施。 9.3.1 工程具备开工条件后，由建设单位按照国家规定办理开工手续。工程开工应满足下列条件： k）绿化施工措施编制并落实。 9.2.2 施工单位在工程开工前，应编制质量管理文件，经监理、建设单位会审、批准后实施，质量管理文件应包括： i）绿色施工措施。 9.3.12 绿色施工应符合下列规定： a）施工单位应按《绿色施工导则》的规定：在工程开工前编制节能、节水、节地、节材的控制措施，控制措施应重点包含能源合理配备、废水利用、节约用地、材料合理选配及循环使用等内容。 b）施工单位应编制控制噪声、防尘、废液排放、水土保持及环保设施投入等控制措施，各项措施应经监理、建设单位的审批。所有措施均应表示实测指标，施工过程应由监理工程师实时监查。 **4.《电力建设施工技术规范 第1部分：土建结构工程》DL 5190.1—2012** 3.0.12 施工单位应建立绿色施工管理体系和管理制度，实施目标管理，施工前应在施工组织设计和施工方案中明确绿色施工的内容和方法	

条款号	大纲条款	检查依据	检查要点
4.4.9	工程建设标准强制性条文实施计划已执行	**1.《实施工程建设强制性标准监督规定》中华人民共和国建设部令〔2000〕第 81 号** 第二条　在中华人民共和国境内从事新建、扩建、改建等工程建设活动，必须执行工程建设强制性标准。 第三条　本规定所称工程建设强制性标准是指直接涉及工程质量、安全、卫生及环境保护等方面的工程建设标准强制性条文。 国家工程建设标准强制性条文由国务院建设行政主管部门会同国务院有关行政主管部门确定。 第六条　……工程质量监督机构应当对工程建设施工、监理、验收等阶段执行强制性标准的情况实施监督。 **2.《火电工程项目质量管理规程》DL/T 1144—2012** 4.5　火电工程项目应认真执行国家和行业相关技术标准，严格执行工程建设标准中的强制性条文…… 5.3.3　建设单位在工程开工前应组织相关单位编制下列质量管理文件： 　　d）工程建设强制性条文实施规划。 9.2.2　施工单位在工程开工前，应编制质量管理文件，经监理、建设单位会审、批准后实施，质量管理文件应包括： 　　d）工程建设强制性条文实施细则。 　　……	查阅强制性条文执行记录 内容：与强制性条文执行计划相符 签字：责任人已签字 执行时间：与工程进度同步
4.4.10	施工验收中发现的不符合项已整改和验收	**1.《建设工程质量管理条例》中华人民共和国国务院令第 279 号** 第三十二条　施工单位对施工中出现质量问题的建设工程或者竣工验收不合格的建设工程，应当负责返修。 **2.《建筑工程施工质量验收统一标准》GB 50300—2013** 5.0.6　当建筑工程施工质量不符合规定时，应按下列规定进行处理： 　　1　经返工或返修的检验批，应重新进行验收。	查阅不符合项台账 不符合项：已整改和验收

续表

条款号	大纲条款	检查依据	检查要点
4.4.10	施工验收中发现的不符合项已整改和验收	**3.《电力建设施工质量验收及评价规程 第1部分：土建工程》DL/T 5210.1—2012** 3.0.9 当工程质量不符合要求时，应按下列规定进行处理： 　　1 经返工重做或更换器具、设备的检验批，应重新进行验收。 　　2 经有资质的检测单位检测鉴定能够达到设计要求的检验批，应予以验收。 　　3 经有资质的检测单位检测鉴定达不到设计要求、但经原设计单位核算认可能够满足结构安全和使用功能的检验批，可予以验收。 　　4 经返修或加固处理的分项、分部工程，虽然改变外形尺寸但仍能满足安全使用要求，可按技术处理方案和协商文件进行验收。 3.0.10 通过返修或经过加固处理仍不能满足安全使用要求的分部工程、单位（子单位）工程，严禁验收。 **4.《火电工程项目质量管理规程》DL/T 1144—2012** 9.4.5 当施工质量的检验项目不合格时，应按下列规定进行处理： 　　a）当施工质量影响机组的功能、性能及存在安全隐患时，应返工处理，自检合格后可重新进行验收。 　　b）不影响功能和安全使用的经返修处理，自检合格后可重新进行验收。 　　c）经有资质的检测单位检测鉴定，能够达到设计要求的检验批，应予以验收。 　　d）经有资质的检测单位检测鉴定达不到设计要求，但经原设计单位核算认可能够满足结构安全和使用功能的检验批，可予以验收。 　　e）对于存在于检验批中发生的外形尺寸改变，但仍能满足安全使用要求，可按技术处理方案和协商文件进行验收。 　　f）通过返修或经过加固处理仍不能满足安全使用要求的分部工程、单位（子单位）工程，严禁验收	

条款号	大纲条款	检查依据	检查要点
4.4.11	无违规转包或者违法分包工程的行为	**1.《中华人民共和国建筑法》中华人民共和国主席令〔2011〕第46号** 第二十八条 禁止承包单位将其承包的全部建筑工程转包给他人，禁止承包单位将其承包的全部建筑工程肢解以后以分包的名义转包给他人。 第二十九条 建筑工程总承包单位可以将承包工程中的部分工程发包给具有相应资质条件的分包单位，但是除总承包合同约定的分包外，必须经建设单位认可。施工总承包的，建筑工程主体结构的施工必须由总承包单位自行完成。 禁止总承包单位将工程分包给不具备相应资质条件的单位。禁止分包单位将其承包的工程再分包。 **2.《建筑工程施工转包违法分包等违法行为认定查处管理办法（试行）》中华人民共和国住房和城乡建设部建市〔2014〕118号** 第七条 存在下列情形之一的，属于转包： （一）施工单位将其承包的全部工程转给其他单位或个人施工的； （二）施工总承包单位或专业承包单位将其承包的全部工程肢解以后，以分包的名义分别转给其他单位或个人施工的； （三）施工总承包单位或专业承包单位未在施工现场设立项目管理机构或未派驻项目负责人、技术负责人、质量管理负责人、安全管理负责人等主要管理人员，不履行管理义务，未对该工程的施工活动进行组织管理的； （四）施工总承包单位或专业承包单位不履行管理义务，只向实际施工单位收取费用，主要建筑材料、构配件及工程设备的采购由其他单位或个人实施的； （五）劳务分包单位承包的范围是施工总承包单位或专业承包单位承包的全部工程，劳务分包单位计取的是除上缴给施工总承包单位或专业承包单位"管理费"之外的全部工程价款的； （六）施工总承包单位或专业承包单位通过采取合作、联营、个人承包等形式或名义，直接或变相的将其承包的全部工程转给其他单位或个人施工的； （七）法律法规规定的其他转包行为。	1.查阅工程分包申请报审表 审批意见：同意分包等肯定性意见 签字：施工项目部、监理项目部、建设单位责任人已签字 盖章：施工项目部、监理项目部、建设单位已盖章

续表

条款号	大纲条款	检查依据	检查要点
4.4.11	无违规转包或者违法分包工程的行为	第九条 存在下列情形之一的，属于违法分包： （一）施工单位将工程分包给个人的； （二）施工单位将工程分包给不具备相应资质或安全生产许可的单位的； （三）施工合同中没有约定，又未经建设单位认可，施工单位将其承包的部分工程交由其他单位施工的； （四）施工总承包单位将房屋建筑工程的主体结构的施工分包给其他单位的，钢结构工程除外； （五）专业分包单位将其承包的专业工程中非劳务作业部分再分包的； （六）劳务分包单位将其承包的劳务再分包的； （七）劳务分包单位除计取劳务作业费用外，还计取主要建筑材料款、周转材料款和大中型施工机械设备费用的； （八）法律法规规定的其他违法分包行为	2. 查阅工程分包商资质 业务范围：涵盖所分包的项目 发证单位：政府主管部门 有效期：当前有效
4.5 检测试验机构质量行为的监督检查			
4.5.1	检测试验机构已经通过能力认定并取得相应证书，其现场派出机构（现场试验室）满足规定条件，并已报质量监督机构备案	**1.《建设工程质量检测管理办法》中华人民共和国建设部令〔2005〕第141号** 第四条 ……。检测机构未取得相应的资质证书，不得承担本办法规定的质量检测业务。 第八条 检测机构资质证书有效期为3年。资质证书有效期满需要延期的，检测机构应当在资质证书有效期满30个工作日前申请办理延期手续。 **2.《检验检测机构资质认定管理办法》中华人民共和国国家质量监督检验检疫总局令〔2015〕第163号** 第二条 …… 资质认定包括检验检测机构计量认证。 第三条 检验检测机构从事下列活动，应当取得资质认定： （四）为社会经济、公益活动出具具有证明作用的数据、结果的； （五）其他法律法规规定应当取得资质认定的。	1. 查阅检测机构资质证书 发证单位：国家认证认可监督管理委员会（国家级）或地方质量技术监督部门或各直属出入境检验检疫机构（省市级）及电力质监机构 有效期：当前有效 业务范围：涵盖检测项目

条款号	大纲条款	检查依据	检查要点
4.5.1	检测试验机构已经通过能力认定并取得相应证书，其现场派出机构（现场试验室）满足规定条件，并已报质量监督机构备案	第五条 …… 各省、自治区、直辖市人民政府质量技术监督部门（以下简称省级资质认定部门）负责所辖区域内检验检测机构的资质认定工作；…… 第十一条 资质认定证书有效期为 6 年。需要延续资质认定证书有效期的，应当在其有效期届满 3 个月前提出申请。 **3.《建设工程监理规范》GB/T 50319—2013** 6.2.5 专业监理工程师应检查施工单位的试验室。 **4.《房屋建筑和市政基础设施工程质量检测技术管理规范》GB 50618—2011** 3.0.2 建设工程质量检测机构（以下简称检测机构）应取得建设主管部门颁发的相应资质证书。 3.0.3 检测机构必须在技术能力和资质规定范围内开展检测工作。 **5.《电力工程检测试验机构能力认定管理办法（试行）》质监〔2015〕20 号** 第四条 电力工程检测试验机构（以下简称检测机构）是指取得相应资质，并在其资质范围内从事电力工程土建、金属、电气和热控等专业检测试验的企业或单位。 第八条 检测机构能力认定分为 A 级和 B 级，…… 第十二条 承担建设建模 200MW 及以上发电工程和 330kV 及以上变电工程检测试验任务的检测机构，必须具有 B 级及以上能力等级，独立承担以上工程范围内单项检测试验任务的检测机构，必须具有单项能力认定证书。不同规模电力工程项目所对应要求的检测机构能力等级详见附件 5。 第二十七条 认定证书的有效期为四年。持证单位应在有效期满前三个月向总站提出复证申请…… 第三十七条 根据工程建设需要或电力工程标准要求，检测机构应在所承担检测试验任务的工程现场设立现场试验室，现场试验室的设立应满足本办法有关要求。 第四十二条 检测机构设立的现场试验室，在开展工作前，须通过负责本项目质监机构组织的检测试验能力确认。……	2. 查看现场土建试验室场所：有固定场所且面积、环境、温度、湿度满足规范要求

条款号	大纲条款	检查依据	检查要点
4.5.1	检测试验机构已经通过能力认定并取得相应证书，其现场派出机构（现场试验室）满足规定条件，并已报质量监督机构备案	附件 1-3　土建检测试验机构现场试验室要求 **6.《火电工程项目质量管理规程》DL/T 1144—2012** 9.3.1　工程具备开工条件后，由建设单位按照国家规定办理开工手续。工程开工应满足下列条件： 　　1）第三方检验、检测单位已确定。 9.4.3　工程建设应根据需要建立土建、金属、电气试验及热工校验室。试验室应具有相应资质，试验人员应持证上岗。 9.4.4　第三方专项检测和见证取样检测应符合下列规定： 　　b）检测单位必须有相应的检测资质，…… 　　c）工程规模较大、试验检测工作量较大时，检测单位宜在项目现场分设现场检测站，配备必要的试验人员、设备、仪器、设施及相关的试验检测标准。 **7.《电力建设施工质量验收及评价规程　第 1 部分：土建工程》DL/T 5210.1—2012** 3.0.2　……；承担土建工程试验、检测的试验室及承担有关结构安全和功能试验、检测的单位或机构应具有相应资质。 **8.《建筑工程检测试验技术管理规范》JGJ 190—2010** 3.0.5　承担建筑工程施工检测试验任务的检测单位应符合下列规定： 　　1　当行政法规、国家现行标准或合同对检测单位的资质有要求时，应遵守其规定；当没有要求时，可由施工单位的企业试验室试验，也可委托具备相应资质的检测机构检测。 　　3　检测单位的检测试验能力应与其所承接检测试验项目相适应。 5.2.3　施工现场试验环境及设施应满足检测试验工作的要求。 5.2.4　单位工程建筑面积超过 10000m² 或造价超过 1000 万元人民币时，可设立现场试验站。现场试验站的基本要求应符合表 5.2.4 的规定	3. 查阅检测机构的申请报备文件 报备日期：土建工程开工前

条款号	大纲条款	检查依据	检查要点
4.5.2	检测人员资格符合规定，持证上岗	**1.《房屋建筑和市政基础设施工程质量检测技术管理规范》GB 50618—2011** 4.1.3　检测机构的技术负责人、质量负责人、检测项目负责人应具有工程类专业中级及其以上技术职称，掌握相关领域知识，具有规定的工作经历和检测工作经验。检测报告批准人、检测报告审核人应经检测机构技术负责人授权，掌握相关领域知识，并具有规定的工作经历和检测工作经验。 4.1.5　检测操作人员应经技术培训、通过建设主管部门或委托有关机构的考核，方可从事检测工作。 5.3.6　检测前应确认检测人员的岗位资格，检测操作人员应熟识相应的检测操作规程和检测设备使用、维护技术手册等。 **2.《电力工程检测试验机构能力认定管理办法（试行）》质监〔2015〕20 号** 第三条　电力工程检测试验人员（以下简称检测人员）是指具备检测试验专业知识，经考试合格，取得相应的检测专业资格证书，并承担电力工程检测试验工作的专业技术人员。 **3.《火电工程项目质量管理规程》DL/T 1144—2012** 9.4.3　……，试验人员应持证上岗	1. 查阅检测人员登记台账、资格证 人员专业类别和数量：满足检测项目需求 资格证发证单位：各级政府和电力行业主管部门 资格证有效期：当前有效 --- 2. 查阅检测报告 检测项目：在持证资格范围内 检测人：与台账相符
4.5.3	检测仪器、设备检定合格，且在有效期内	**1.《中华人民共和国计量法》中华人民共和国主席令〔2014〕第 8 号** 第四十七条　……。未按照规定申请计量检定、计量检定不合格或者超过计量检定周期的计量器具，不得使用。 **2.《房屋建筑和市政基础设施工程质量检测技术管理规范》GB 50618—2011** 4.2.7　检测设备的校准或检测应送至具有校准或检测资格的实验室进行校准或检测。 4.2.14　检测机构的所有设备均应标有统一的标识，在用的检测设备均应标有校准或检测有效期的状态标识。 **3.《火电工程项目质量管理规程》DL/T 1144—2012** 9.3.2　单位工程开工应满足下列条件，并应由建设单位和监理单位进行核查。 　h）主要监视测量设备、主要施工机械设备的检定证书，已经监理确认。	1. 查阅检测仪器、设备管理台账 内容：包括检定日期、有效期 证书有效期：当前有效 --- 2. 查阅检定证书 有效期：当前有效 结论：合格

条款号	大纲条款	检查依据	检查要点
4.5.3	检测仪器、设备检定合格，且在有效期内	9.3.5 检测设备的控制应符合下列规定： a）施工单位应配备与工程相适应的测量设备，并保证其持续有效。 b）施工单位应对影响质量的检测设备进行控制，并在这些设备进场时报监理审查；…… c）建设单位和监理单位有权对施工单位使用的检测设备进行监督检查。 **4.《建筑工程检测试验技术管理规范》JGJ 190—2010** 5.2.2 施工现场配置的仪器、设备应建立管理台账，按有关规定进行计量检定或校准，并保持状态完好。 5.2.3 施工现场试验环境及设施应满足检测试验工作的要求。 5.2.4 单位工程建筑面积超过 10000m² 或造价超过 1000 万元人民币时，可设立现场试验站。现场试验站的基本要求应符合表 5.2.4 的规定。 **5.《建筑基桩检测技术规范》JGJ 106—2014** 3.2.4 基桩检测用仪器设备应在检定或校准的有效期内；基桩检测前应对仪器设备进行检查调试	3. 查看检测仪器、设备检定标识 检定有效期：与台账及检定证书一致
4.5.4	地基处理检测方案已审批	**1.《电力工程地基处理技术规程》DL/T 5024—2005** 5.0.13 地基处理施工过程中及施工结束后应进行监测和检测。…… **2.《建筑工程检测试验技术管理规范》JGJ 190—2010** 3.0.7 检测方法应符合国家现行相关标准的规定。当国家现行标准未规定检测方法时，检测机构应制定相应的检测方案并经相关各方认可，必要时应进行论证或验证。 **3.《建筑基桩检测技术规范》JGJ 106—2003** 3.2.3 应根据调查结果和确定的检测目的，选择检测方法，制订检测方案。……	查阅地基处理检测方案及报审表 签字：责任人已签字 盖章：有关单位已盖章 意见：有同意实施的肯定性意见
4.5.5	检测依据正确、有效，检测报告及时、规范	**1.《检验检测机构资质认定管理办法》中华人民共和国国家质量监督检验检疫总局令〔2015〕第163号** 第十三条 …… 检验检测机构资质认定标志，……。式样如下：CMA 标志。	查阅检测试验报告 检测依据：有效的标准规范、合同及技术文件 检测结论：明确

条款号	大纲条款	检查依据	检查要点
4.5.5	检测依据正确、有效，检测报告及时、规范	第二十五条　检验检测机构应当在资质认定证书规定的检验检测能力范围内，依据相关标准或者技术规范规定的程序和要求，出具检验检测数据、结果。 　　检验检测机构出具检验检测数据、结果时，应当注明检验检测依据，…… 第二十八条　检验检测机构向社会出具具有证明作用的检验检测数据、结果的，应当在其检验检测报告上加盖检验检测专用章，并标注资质认定标志。 **2.《建设工程质量检测管理办法》中华人民共和国建设部令〔2005〕第 141 号** 第十四条　检测机构完成检测业务后，应当及时出具检测报告。检测报告经检测人员签字、检测机构法定代表人或者其授权的签字人签署，并加盖检测机构公章或者检测专用章后方可生效。检测报告经建设单位或者工程监理单位确认后，由施工单位归档。 　　见证取样检测的检测报告中应当注明见证人单位及姓名。 **3.《房屋建筑和市政基础设施工程质量检测技术管理规范》GB 50618—2011** 4.1.3　……。检测报告批准人、检测报告审核人应经检测机构技术负责人授权，…… 5.5.4　检测报告至少应由检测操作人签字、检测报告审核人签字、检测报告批准人签发，并加盖检测专用章，多页检测报告还应加盖骑缝章。 5.5.6　检测报告结论应符合下列规定： 　　1　材料的试验报告结论应按相关材料、质量标准给出明确的判定； 　　2　当仅有材料试验方法而无质量标准，材料的试验报告结论应按设计要求或委托方要求给出明确的判定； 　　3　现场工程实体的检测报告结论应根据设计及鉴定委托要求给出明确的判定。 **4.《电力工程检测试验机构能力认定管理办法（试行）》质监〔2015〕20 号** 第十三条　检测机构及由其派出的现场试验室必须按照认定的能力等级，专业类别和业务范围，承担检测试验任务，并按照标准规定出具相应的检测试验报告，未通过能力认定的检测机构或超出规定能力等级范围出具的检测数据、试验报告无效。 　　第三十二条　检测机构应当……，及时出具检测试验报告	签章：检测操作人、审核人、批准人已签字，已加盖检测机构公章或检测专用章（多页检测报告加盖骑缝章），并标注相应资质认定标志 时间：在检测机构规定时间内出具

条款号	大纲条款	检查依据	检查要点
5　工程实体质量的监督检查			
5.1　换填垫层地基的监督检查			
5.1.1	换填技术方案、施工方案齐全，已审批	**1.《建筑地基基础工程施工质量验收标准》GB 50202—2018** 4.2.1　施工前应检查素土、灰土土料、石灰或水泥等配合比及灰土的拌合均匀性。 4.3.1　施工前应检查砂、石等原材料质量和配合比及砂、石拌合的均匀性。 4.4.1　施工前应检查土工合成材料的单位面积质量、厚度、比重、强度、延伸率以及土、砂石料质量等。土工合成材料以100m²为一批，每批应抽查5%。 4.5.1　施工前应检查粉煤灰材料质量。 **2.《电力工程地基处理技术规程》DL/T 5024—2005** 5.0.5.3　结合电力工程初步设计阶段岩土工程勘测，实施必要的地基处理原体试验，以获得必要的设计参数和合理的施工方案。 5.0.12　地基处理的施工应有详细的施工组织设计、施工质量管理和质量保证措施。应有专人负责施工检验与质量监督，做好各项施工记录，当发现异常情况时，应及时会同有关部门研究解决。 **3.《建筑地基处理技术规范》JGJ 79—2012** 4.3.2　垫层的施工方法、分层铺填厚度、每层压实遍数宜通过现场试验确定。 4.3.6　换填垫层施工时，应采取基坑排水措施。除砂垫层宜采用水撼法施工外，其余垫层施工均不得在浸水条件下进行。工程需要时应采取降低地下水位的措施	1. 查阅设计单位的换填地基技术方案 审批：审批人已签字 2. 查阅施工方案报审表 审核：监理单位相关责任人已签字 批准：建设单位相关责任人已签字 3. 查阅施工方案 编、审、批：施工单位相关责任人已签字 施工步骤和工艺参数：与技术方案相符
5.1.2	地基验槽符合设计，验收签字齐全	**1.《建筑地基基础工程施工质量验收标准》GB 50202—2018** 3.0.4　地基基础工程必须进行验槽，验槽检查要点应符合本标准附录A的规定。 A.1.1　勘察、设计、监理、施工、建设等各方相关技术人员应共同参加验槽。 A.1.7　验槽完毕填写验槽记录或检验报告，对存在的问题或异常情况提出处理意见	查阅地基验槽记录 结论：地基验槽符合设计要求 签章：建设、勘测、设计、监理和施工单位责任人已签字且加盖单位公章

条款号	大纲条款	检查依据	检查要点
5.1.3	砂石、粉质黏土、灰土、矿渣、粉煤灰、土工合成材料等换填垫层材料性能符合设计要求，质量证明文件齐全	**1.《电力建设施工质量验收及评价规程 第 1 部分：土建工程》DL/T 5210.1—2012** 3.0.1 涉及结构安全的试块、试件以及有关材料，应按规定进行见证取样检测。 **2.《建筑地基基础设计规范》GB 50007—2011** 6.3.6 压实填土的填料，应符合下列规定： 1 级配良好的砂土或碎石土；以卵石、砾石、块石或岩石碎屑作填料时，分层压实时其最大粒径不宜大于 200mm，分层夯实时其最大粒径不宜大于 400mm。 3 以粉质黏土、粉土作填料时，其含水量宜为最优含水量，可采用击实试验确定。 **3.《建筑地基基础工程施工质量验收标准》GB 50202—2018** 3.0.8 原材料的质量检验应符合下列规定： 3 砂、石子、水泥、石灰、粉煤灰、矿（钢）渣粉等掺合料、外加剂等原材料的质量、检验项目、批量和检验方法，应符合国家现行有关标准的规定。 **4.《建筑地基处理技术规范》JGJ 79—2012** 4.2.1 垫层材料的选用应符合下列要求： 1 砂石。宜选用碎石、卵石、角砾、圆砾、砾砂、粗砂、中砂或石屑，并应级配良好，不含植物残体、垃圾等杂质。当使用粉细砂或石粉时，应掺入不少于总重量 30%的碎石或卵石。砂石的最大粒径不宜大于 50mm。对湿陷性黄土或膨胀土地基，不得选用砂石等透水性材料。 2 粉质黏土。土料中有机质含量不得超过 5%，且不得含有冻土或膨胀土。当含有碎石时，其最大粒径不宜大于 50mm。用于湿陷性黄土或膨胀土地基的粉质黏土垫层，土料中不得夹有砖、瓦或石块等。 3 灰土。体积配合比宜为 2∶8 或 3∶7。石灰宜选用新鲜的消石灰，其最大粒径不得大于 5mm。土料宜选用粉质黏土，不宜使用块状黏土，且不得含有松软杂质，土料应过筛且最大粒径不得大于 15mm。	1. 查阅施工单位换填材料跟踪管理台账 砂石、粉质黏土、灰土、矿渣、粉煤灰、土工合成材料等换填垫层材料性能：符合设计要求

条款号	大纲条款	检查依据	检查要点
5.1.3	砂石、粉质黏土、灰土、矿渣、粉煤灰、土工合成材料等换填垫层材料性能符合设计要求，质量证明文件齐全	4 粉煤灰。选用的粉煤灰应满足相关标准对腐蚀性和放射性的要求。粉煤灰垫层上宜覆土0.3m～0.5m。粉煤灰垫层中采用掺加剂时，应通过试验确定其性能及适用条件。粉煤灰垫层中的金属构件、管网应采取防腐措施。大量填筑粉煤灰时，应经场地地下水和土壤环境的不良影响评价合格后，方可使用。 5 矿渣。宜选用分级矿渣、混合矿渣及原状矿渣等高炉重矿渣。矿渣的松散重度不应小于11kN/m³，有机质及含泥总量不得超过 5%。垫层设计、施工前应对所选用的矿渣进行试验，确认性能稳定并满足腐蚀性和放射性安全的要求。对易受酸、碱影响的基础或地下管网不得采用矿渣垫层。大量填筑矿渣时，应经场地地下水和土壤环境的不良影响评价合格后，方可使用。 7 土工合成材料加筋垫层所选用土工合成材料的品种与性能及填料，通过设计计算并进行现场试验后确定。土工合成材料应采用抗拉强度较高、耐久性好、抗腐蚀的土工带、土工格栅、土工格室、土工垫或土工织物等土工合成材料。垫层填料宜用碎石、角砾、砾砂、粗砂、中砂等材料，且不宜含氯化钙、碳酸钠、硫化物等化学物质。当工程要求垫层具有排水功能时，垫层材料应具有良好的透水性。在软土地基上使用加筋垫层时，应保证建筑物稳定并满足允许变形的要求	2. 查阅换填垫层材料合格证、检测报告和试验委托单 合格证：原件或有效抄件 报告检测结果：合格 报告签章：有 CMA 章和试验报告检测专用章；授权人已签字 委托单签字：见证取样人员已签字且已附资质证书编号 代表数量：与进场数量相符
5.1.4	换填土料按规范规定进行击实试验、土易溶盐分析试验、消石灰化学分析试验、土颗粒分析试验及设计有要求时的腐蚀性或放射性试验合格	**1.《建筑地基基础设计规范》GB 50007—2011** 6.3.8 压实填土的最大干密度和最优含水量，应采用击实试验确定。 **2.《建筑地基处理技术规范》JGJ 79—2012** 4.2.1 垫层材料的选用应符合下列要求： 4）粉煤灰。选用的粉煤灰应满足相关标准对腐蚀性和放射性的要求。 5）矿渣。垫层设计、施工前应对所选用的矿渣进行试验，确认性能稳定并满足腐蚀性和放射性安全的要求。	查阅换填土料击实试验、土易溶盐分析试验、消石灰化学分析试验、土颗粒分析试验和设计要求的粉煤灰、矿渣等腐蚀性或放射性材料试验检测报告 结论：检测结果合格 盖章：有 CMA 章和试验报告检测专用章 签字：授权人已签字

条款号	大纲条款	检查依据	检查要点
5.1.4	换填土料按规范规定进行击实试验、土易溶盐分析试验、消石灰化学分析试验、土颗粒分析试验及设计有要求时的腐蚀性或放射性试验合格	**3.《电力建设土建工程施工技术检验规范》DL/T 5710—2014** 5.2.1　施工过程质量检测试验应符合下列要求： 1　施工过程质量检测试验项目和主要检测试验参数应依据国家现行相关标准、设计文件的规定和合同要求以及施工质量控制的需要确定。 2　施工过程质量检测试验的主要内容应包括地基与基础、主体结构、建筑装饰装修、建筑屋面、建筑给排水等。 **4.《建筑地基基础工程施工质量验收标准》GB 50202—2018** 4.1.4　素土和灰土地基、砂和砂石地基、土工合成材料地基、粉煤灰地基、强夯地基、注浆地基、预压地基的承载力必须达到设计要求。地基承载力的检测数量每 300m² 不应少于 1 点，超过 3000m² 部分每 500m² 不应少于 1 点。每单位工程不应少于 3 点	
5.1.5	换填已进行分层压实试验，压实系数符合设计要求	**1.《建筑地基基础设计规范》GB 50007—2011** 6.3.7　压实填土的质量以压实系数控制，并应根据结构类型、压实填土所在部位按表 6.3.7 确定。 **2.《建筑地基基础工程施工质量验收标准》GB 50202—2018** 4.1.4　素土和灰土地基、砂和砂石地基、土工合成材料地基、粉煤灰地基、强夯地基、注浆地基、预压地基的承载力必须达到设计要求。地基承载力的检测数量每 300m² 不应少于 1 点，超过 3000m² 部分每 500m² 不应少于 1 点。每单位工程不应少于 3 点。 **3.《电力工程地基处理技术规程》DL/T 5024—2005** 6.1.12　垫层的质量检验必须分层进行。跟踪检验每层的压实系数，及时控制每层、每片的质量指标。 **4.《建筑地基基础工程施工质量验收规范》GB 50202—2002** 4.1.4　素土和灰土地基、砂和砂石地基、土工合成材料地基、粉煤灰地基、强夯地基、注浆地基、预压地基的承载力必须达到设计要求。地基承载力的检验数量每 300m² 不应少于 1 点，超过 3000m² 部分每 500m² 不应少于 1 点。每单位工程不应少于 3 点	1. 查阅施工单位检测计划、试验台账 检测计划检验数量：符合设计要求和规范规定 试验台账检验数量：不少于检测计划检验数量

条款号	大纲条款	检查依据	检查要点
5.1.5	换填已进行分层压实试验，压实系数符合设计要求	**4.《电力建设施工质量验收及评价规程 第1部分：土建工程》DL/T 5210.1—2012** 3.0.1 涉及结构安全的试块、试件以及有关材料，应按规定进行见证取样检测。· 5.3.2 土方回填工程。 2）压实系数：场地平整每层 100m² ~ 400m² 取 1 组；沟道及基础每层 20m² ~ 50m² 取 1 组，且不得少于 1 组。 **5.《建筑地基处理技术规范》JGJ 79—2012** 4.4.2 换填垫层的施工质量检验应分层进行，并应在每层的压实系数符合设计要求和规定后铺填上层	2. 查阅回填土压实系数检测报告和试验委托单 报告检测结果：合格 报告签章：有 CMA 章和试验报告检测专用章、授权人已签字 委托单签字：见证取样人员已签字且已附资质证书编号
5.1.6	地基承载力检测报告结论满足设计要求	**1.《建筑地基基础工程施工质量验收标准》GB 50202—2018** 4.1.4 素土和灰土地基、砂和砂石地基、土工合成材料地基、粉煤灰地基、强夯地基、注浆地基、预压地基的承载力必须达到设计要求。 **2.《电力工程地基处理技术规程》DL/T 5024—2005** 6.5.4 压实施工的粉煤灰或粉煤灰素土、粉煤灰灰土垫层的设计与施工要求，可参照素土、灰土或砂砾石垫层的有关规定。其地基承载力值应通过试验确定（包括浸水试验条件）。对掺入水泥砂浆胶结的粉煤灰水泥砂浆或粉煤灰混凝土，应采用浇注法施工，并按有关设计施工标准执行。其承载力等指标应由试件强度确定。 **3.《建筑地基处理技术规范》JGJ 79—2012** 4.4.4 竣工验收应采用静荷载试验检验垫层承载力，且每个单体工程不宜少于 3 个点；对于大型工程应按单体工程的数量或工程划分的面积确定检验点数。 10.1.4 工程验收承载力检验时、静荷载试验最大加载量不应小于设计要求承载力特征值的 2 倍	查阅地基承载力检测报告 结论：符合设计要求 检验数量：符合规范规定 盖章：有 CMA 章和试验报告检测专用章 签字：授权人已签字

条款号	大纲条款	检查依据	检查要点
5.1.7	质量控制参数符合技术方案，施工记录齐全	**1.《建筑工程施工质量验收统一标准》GB 50300—2013** 3.0.3 建筑工程的施工质量控制应符合下列规定： 　1. 建筑工程采用的主要材料、半成品、建筑构配件、器具和设备应进行进场检验。凡涉及安全、节能、环境保护和主要使用功能的重要材料、产品，应按各专业工程施工规范、验收规范和设计文件等规定进行复验，并应经监理工程师检查认可。 　2. 各施工工序应按技术标准进行质量控制，每道施工工序完成后，经施工单位自检符合规定后，才能进行下道工序施工。各专业工种之间的相关工序应进行交接检验，并应记录。 　3. 对于监理单位提出检查要求的重要工序，应经监理工程师检查认可，才能进行下道工序施工。 **2.《建筑地基基础设计规范》GB 50007—2011** 6.3.6 压实填土的填料，应符合下列规定： 　1. 级配良好的砂土或碎石土；以卵石、砾石、块石或岩石碎屑作填料时，分层压实时其最大粒径不宜大于200mm，分层夯实时其最大粒径不宜大于400mm。 　3. 以粉质黏土、粉土作填料时，其含水量宜为最优含水量，可采用击实试验确定。 6.3.8 压实填土的最大干密度和最优含水量，应采用击实试验确定。 **3.《电力工程地基处理技术规程》DL/T 5024—2005** 5.0.12 地基处理的施工应有详细的施工组织设计、施工质量管理和质量保证措施。应有专人负责施工检验与质量监督，做好各项施工记录。 6.1.6 垫层材料的物理力学性质指标可通过试验取得，垫层的承载力宜通过现场载荷试验确定。 6.2.3 素土垫层的物理力学性质参数，宜通过现场试验取得。在有经验的地区，也可按室内试验和地区经验取用。 **4.《建筑地基处理技术规范》JGJ 79—2012** 3.0.12 地基处理施工中应有专人负责质量控制和监测，并做好各项施工记录	1. 查阅施工方案 质量控制参数：符合技术方案要求 2. 查阅施工记录 内容：包括原材料、分层铺填厚度、施工机械、压实遍数、压实系数等 记录数量：与验收记录相符

续表

条款号	大纲条款	检查依据	检查要点
5.1.8	施工质量的检验项目、方法、数量符合规范规定,质量验收记录齐全	**1.《建筑地基基础工程施工质量验收标准》GB 50202—2018** 4.2.1 施工前应检查素土、灰土土料、石灰或水泥等配合比及灰土的拌合均匀性。 4.3.1 施工前应检查砂、石等原材料质量和配合比及砂、石拌合的均匀性。 4.4.1 施工前应检查土工合成材料的单位面积质量、厚度、比重、强度、延伸率以及土、砂石料质量等。土工合成材料以 100m² 为一批,每批应抽查 5%。 4.5.1 施工前应检查粉煤灰材料质量。 **2.《电力工程地基处理技术规程》DL/T 5024—2005** 6.1.12 垫层的质量检验必须分层进行。跟踪检验每层的压实系数,及时控制每层、每片的质量指标。 6.2.5 素土垫层施工时,应遵循下列规定: 1. 当回填料中含有粒径不大于 50mm 的粗颗粒时,应尽可能使其均匀分布。 2. 回填料的含水量宜控制在最优含水量 w_{op}（100±2)%范围内。 3. 素土垫层整个施工期间,应防雨、防冻、防暴晒,直至移交或进行上部基础施工。 注:回填碾压指标,应用压实系数 l_c（土的控制干密度与最大干密度 $r_{d,max}$ 的比值)控制。其取值标准根据结构物类型和荷载大小确定,一般为 0.95～0.97,最低不得小于 0.94。 6.2.6 对每一施工完成的分层进行干重度检验时,取样深度应在该层顶面下 2/3 层厚处,并应用切削法取得环刀试件,要具有代表性,确保每层夯实或碾压的质量指标。 6.2.7 素土垫层施工完成后,可采用探井取样或静载荷试验等原位测试手段进行检验。 **3.《电力建设施工质量验收及评价规程 第 1 部分:土建工程》DL/T 5210.1—2012** 5.3.2 土方回填工程 2）压实系数:场地平整每层 100m²～400m² 取 1 组;单独基坑每 20m²～50m² 取 1 组,且不得少于 1 组。 **4.《建筑地基处理技术规范》JGJ 79—2012** 4.2.1 垫层材料的选用应符合下列要求: 4）粉煤灰。选用的粉煤灰应满足相关标准对腐蚀性和放射性的要求。	1. 查阅质量检验记录 检验项目:压实系数、配合比、地基承载力等符合规范规定 检验方法:环刀法、静荷载试验等符合规范规定 检验数量:符合规范规定

条款号	大纲条款	检查依据	检查要点
5.1.8	施工质量的检验项目、方法、数量符合规范规定,质量验收记录齐全	5）矿渣。垫层设计、施工前应对所选用的矿渣进行试验,确认性能稳定并满足腐蚀性和放射性安全的要求。 4.3　施工 4.3.1　垫层施工应根据不同的换填材料选择施工机械。 4.3.2　垫层的施工方法、分层铺填厚度、每层压实遍数宜通过现场试验确定。 4.4.1　对粉质黏土、灰土、砂石、粉煤灰垫层的施工质量可选用环刀取样、静力触探、轻型动力触探或标准贯入度试验等方法进行检验;对碎石、矿渣垫层的施工质量可采用重型动力触探试验等进行检验。压实系数可采用灌砂法、灌水法或其他方法进行检验。 4.4.2　换填垫层的施工质量检验应分层进行,并应在每层的压实系数符合设计要求后铺填上层。 4.4.3　采用环刀法检验垫层的施工质量时,取样点应选择位于每层垫层厚度的2/3深度处。检验点数量,条形基础下垫层每10m~20m不应少于1个点,独立基础、单个基础下垫层不应少于1个点,其他基础下垫层每50m²~100m²不应少于1个点。采用标准贯入试验或动力触探法检验垫层的施工质量时,每分层平面上检验点的间距不应大于4m	2. 查阅质量验收记录 内容:包括检验批、分项工程验收记录及隐蔽工程验收文件等 数量:与项目质量验收范围划分表相符

5.2　预压地基的监督检查

条款号	大纲条款	检查依据	检查要点
5.2.1	设计前已通过现场试验或试验性施工,确定了设计参数和施工工艺参数	**1.《电力工程地基处理技术规程》DL/T 5024—2005** 5.0.5　地基处理工作的规划和实施,可按下列顺序进行: 　　3　结合电力工程初步设计阶段的岩土工程勘测,实施必要的地基处理原体试验,以获得必要的设计参数和合理的施工方案。 7.1.2　采用预压法加固软土地基,应调查软土层的厚度与分布、透水层的位置及地下水径流条件,进行室内物理力学试验,测定软土层的固结系数、前期固结压力、抗剪强度、强度增长率等指标。	查阅设计前现场试验或试验性施工、检测报告 设计参数和施工工艺参数:已确定

条款号	大纲条款	检查依据	检查要点
5.2.1	设计前已通过现场试验或试验性施工，确定了设计参数和施工工艺参数	7.1.4 重要工程应预先在现场进行原体试验，加固过程中应进行地面沉降、土体分层沉降、土体侧向位移、孔隙水压力、地下水位等项目的动态观测。在试验的不同阶段（如预压前、预压过程中和预压后），采用现场十字板剪刀试验、静力触探和土工试验等勘测手段对被加固土体进行效果检验。 **2《建筑地基处理技术规范》JGJ 79—2012** 5.1.4 对重要工程，应在现场选择试验区进行预压试验，在预压过程中应进行地基竖向变形、侧向位移、孔隙水压力、地下水位等项目的监测并进行原位十字板剪切试验和室内土工试验。根据试验区获得的监测资料确定加载速率控制指标，推算土的固结系数、固结度及最终竖向变形等，分析地基处理效果，对原设计进行修正，指导整个厂区的设计与施工。 5.4.1 施工过程中，质量检验和监测应包括下列内容： 　1 对塑料排水带应进行纵向通水量、复合体抗拉强度、滤膜抗拉强度、滤膜渗透系数和等效孔径等性能指标现场随机抽样测试。 　2 对不同来源的砂井和砂垫层砂料，应取样进行颗粒分析和渗透性试验。 5.4.2 预压地基竣工验收检验应符合下列规定： 　2 应对预压的地基土进行原位试验和室内土工试验。 5.4.3 原位试验可采用十字板剪切试验或静力触探，检验深度不应小于设计处理深度。原位试验和室内土工试验，应在卸载3d～5d后进行。检验数量按每个处理分区不少于6点进行检测，对于堆载斜坡处应增加检验数量	
5.2.2	预压地基技术方案、施工方案齐全，已审批	**1.《建筑地基基础工程施工质量验收标准》GB 50202—2018** 4.8.1 施工前应检查施工监测措施和监测初始数据、排水设施和竖向排水体等。 **2.《电力工程地基处理技术规程》DL/T 5024—2005** 5.0.5.3 结合电力工程初步设计阶段岩土工程勘测，实施必要的地基处理原体试验，以获得必要的设计参数和合理的施工方案。	1. 查阅预压地基技术方案 审批：审批人已签字 2. 查阅施工方案报审表 审核：监理单位相关责任人已签字

条款号	大纲条款	检查依据	检查要点
5.2.2	预压地基技术方案、施工方案齐全，已审批	7.1.8 预压加固软土地基的设计应包括以下内容： 1 选择竖向排水体，确定其直径、计算间距、深度、排列方式和布置范围。 2 确定水平排水体系的结构、材料及其规格要求。 3 确定预压方法、加固范围、预压荷重大小、荷载分级加载速率和预压时间。 4 计算地基固结度、强度增长、沉降变形及预压过程中的地基抗滑稳定性	批准：建设单位相关责任人已签字 3. 查阅施工方案 编、审、批：施工单位相关责任人已签字 施工步骤和工艺参数：与技术方案相符
5.2.3	所用土、砂、石、塑料排水板等原材料性能指标符合规范规定	**1.《电力建设施工质量验收及评价规程　第1部分：土建工程》DL/T 5210.1—2012** 3.0.1　涉及结构安全的试块、试件以及有关材料，应按规定进行见证取样检测。 **2.《建筑地基处理技术规范》JGJ 79—2012** 5.4.1　施工过程中，质量检验和监测应包括下列内容： 　1. 对塑料排水带应进行纵向通水量、复合体抗拉强度、滤膜抗拉强度、滤膜渗透系数和等效孔径等性能指标现场随机抽样测试。 　2. 对不同来源的砂井和砂垫层砂料，应取样进行颗粒分析和渗透性试验。 **3.《普通混凝土用砂、石质量及检验方法标准》JGJ 52—2006** 4.0.1　供货单位应提供砂或石的产品合格证及质量检验报告。 使用单位应按砂或石的同产地同规格分批验收。采用大型工具（如火车、货船或汽车）运输的，应以400m³或600t为一验收批；采用小型工具（如拖拉机等）运输的，应以200m³或300t为一验收批。不足上述者，应按一验收批进行验收。 4.0.2　当砂或石的质量比较稳定、进料量又较大时，可以1000t为一验收批。 **4.《建筑地基基础工程施工质量验收标准》GB 50202—2018** 3.0.8　原材料的质量检验应符合下列规定：	1. 查阅塑料排水板等原材料进场验收记录 内容：包括出厂合格证（出厂试验报告），材料进场时间、批次、数量、规格 性能指标：符合规范规定 2. 查阅材料跟踪管理台账 内容：包括土、砂、石、塑料排水板等材料合格证、复试报告、使用情况、检验数量 3. 查阅砂、石、塑料排水板等材料试验检测报告和试验委托单 报告检测结果：合格 报告签章：有CMA章和试验报告检测专用章、授权人已签字

条款号	大纲条款	检查依据	检查要点
5.2.3	所用土、砂、石、塑料排水板等原材料性能指标符合规范规定	3 砂、石子、水泥、石灰、粉煤灰、矿（钢）渣粉等掺合料、外加剂等原材料的质量、检验项目、批量和检验方法，应符合国家现行有关标准的规定	委托单签字：见证取样人员已签字且已附资质证书编号
5.2.4	原位十字板剪切试验、室内土工试验、地基强度或承载力等试验合格，报告结论明确	**1.《电力建设施工质量验收及评价规程　第1部分：土建工程》DL/T 5210.1—2012** 3.0.1　涉及结构安全的试块、试件以及有关材料，应按规定进行见证取样检测。 **2.《建筑地基处理技术规范》JGJ 79—2012** 5.4.2　预压地基竣工验收检验应符合下列规定： 　2 应对预压的地基土进行原位试验和室内土工试验。 5.4.3　原位试验可采用十字板剪切试验或静力触探，检验深度不应小于设计处理深度。原位试验和室内土工试验，应在卸载3d～5d后进行。检验数量按每个处理分区不少于6点进行检测，对于堆载斜坡处应增加检验数量。 5.4.4　预压处理后的地基承载力应按规范确定。检验数量按每个处理分区不应少于3点进行检测	1. 查阅施工单位检测检验计划 检验数量：符合规范规定 2. 查阅原位十字板剪切试验、室内土工试验、地基承载力检测报告和试验委托单 报告检测结果：合格 报告签章：有CMA章和试验报告检测专用章、授权人已签字 委托单签字：见证取样人员已签字且已附资质证书编号
5.2.5	真空预压、堆载预压、真空和堆载联合预压工艺与设计及施工方案一致	**1.《电力工程地基处理技术规程》DL/T 5024—2005** 7.2.6　对堆载预压工程，应根据观测和勘测资料，综合分析地基土经堆载预压处理后的加固效果。当堆载预压达到下列标准时方可进行卸荷： 　1 对主要以沉降控制的建筑物，当地基经预压后消除的变形量满足设计要求，且软土层的平均固结度达到80%以上时。	查阅施工记录、施工方案及设计文件

条款号	大纲条款	检查依据	检查要点
5.2.5	真空预压、堆载预压、真空和堆载联合预压工艺与设计及施工方案一致	2 对主要以地基承载力或抗滑稳定性控制的建筑物，在地基土经预压后增长的强度满足设计要求时。 7.3.10 对真空预压后的地基，应进行现场十字板剪切试验、静力触探试验和载荷试验，以检验地基的加固效果。 7.4.2 土石坝、煤场、堆料场、油罐等构筑物地基的排水固结设计，应根据最终荷载和地基土的变形特点，可在场地不同位置设置不同密度和深度的竖向排水体。在工程施工前应设计好加荷过程和加荷速率，计算地基的最终沉降量，预留基础高度，做好地下结构物适应地基土变形的设计。 7.1.8 预压加固软土地基的设计应包括以下内容： 　1 选择竖向排水体，确定其直径、计算间距、深度、排列方式和布置范围。 　2 确定水平排水体系的结构、材料及其规格要求。 　3 确定预压方法、加固范围、预压荷重大小、荷载分级加载速率和预压时间。 　4 计算地基固结度、强度增长、沉降变形及预压过程中的地基抗滑稳定性。 7.1.9 竖向排水体的平面布置形式可采用等边三角形或正方形排列。每根竖向排水体的等效圆直径 d_e 与竖向排水体的间距 s 的关系见式（7.1.9-1）、式（7.1.9-2）。 7.1.10 竖向排水体的布置应符合"细而密"的原则，其直径和间距应根据地基土的固结特性、要求达到的平均固结度和场地提交使用的工期要求等因素计算确定。普通砂井直径可取 200mm～500mm，间距按井径比 n（砂井等效影响圆直径 d_e 与砂井直径 d_w 之比，$n=d_e/d_w$）为 6～8 选用。袋装砂井直径可取 70mm～120mm，间距可按井径比 15～22 选用。塑料排水板的当量换算直径可按式（7.1.10）计算，井径比可采用 15～22。 7.1.11 竖向排水体的设置深度应根据软土层分布、建筑物对地基稳定性和变形的要求确定。对于以地基稳定性控制的建筑物，竖向排水体的深度应超过最危险滑动面 2m～3m。 **2.《建筑地基处理技术规范》JGJ 79—2012** 5.2.29 当设计地基预压荷载大于 80kPa，且进行真空预压处理地基不能满足设计要求时可采用真空和堆载联合预压地基处理。	竖向排水体系，包括直径、计算间距、深度、排列方式和布置范围；水平排水体系，包括结构、材料及其规格；加固范围、荷载分级、加载速率和预压时间等；预压工艺与设计及施工方案一致

条款号	大纲条款	检查依据	检查要点
5.2.5	真空预压、堆载预压、真空和堆载联合预压工艺与设计及施工方案一致	5.2.30 堆载体的坡肩线宜与真空预压边线一致。 5.2.31 对于一般软黏土，上部堆载施工宜在真空预压膜下真空度稳定达到 6.7kPa(650mmHg)且抽真空时间不少于 10d 后进行。对于高含水量的淤泥类土，上部堆载施工宜在真空预压膜下真空度稳定达到 86.7kPa(650mmHg)且抽真空 20d～30d 后可进行。 5.2.32 当堆载较大时，真空和堆载联合预压应采用分级加载，分级系数应根据地基土稳定计算确定。分级加载时，应待前期预压荷载下地基的承载力增长满足下一级荷载下地基的稳定性要求时，方可增加堆载。 5.2.33 真空和堆载联合预压时地基固结度和地基承载力增长可按本规范 5.2.7、5.2.8 和 5.2.11 计算。 5.3.2 砂井的灌砂量，应按井孔的体积和砂在中密状态时的干密度计算，实际灌砂量不得小于计算值的 95%。 5.3.5 塑料排水带需接长时，应采用滤膜内芯带平搭接的连接方法，搭接长度宜大于 200mm。 5.3.7 塑料排水带和袋装砂井施工时，平面井距偏差不应大于井径。 5.3.8 塑料排水带和袋装砂井砂袋埋入砂垫层中的长度不应小于 500mm。 5.3.9 堆载预压加载过程中，应满足地基承载力和稳定控制要求，并应进行竖向变形，水平位移及孔隙水压力的监测，堆载预压加速率应满足下列要求： 1 竖井地基最大竖向变形量不应超过 15mm/d。 2 天然地基最大竖向变形量不应超过 10mm/d。 3 堆载预压边缘处水平位移不应超过 5mm/d。 4 根据上述观测资料综合分析、判断地基的承载力和稳定性。 5.3.14 采用真空和堆载联合预压时，应先抽真空，当真空压力达到设计要求并稳定后，在进行堆载，并继续抽真空。	

条款号	大纲条款	检查依据	检查要点

5.2.5	真空预压、堆载预压、真空和堆载联合预压工艺与设计及施工方案一致	5.3.18 堆载加载过程中，应满足地基稳定性设计要求，对竖向变形、边缘水平位移及孔隙水压力的监测应满足下列要求：
		  1 地基向加固区外的侧移速率不应大于 5mm/d。
		  2 地基竖向变形速率不应大于 10mm/d。
		  3 根据上述观察资料综合分析、判断地基的稳定性。
		5.3.19 真空和堆载联合预压除满足本规范 5.3.14～5.3.18 规定外，尚应符合本规范第 5.3 节"Ⅰ堆载预压"和"Ⅱ真空预压"的规定	

5.2.6	地基承载力检测报告结论满足设计要求	**1.《建筑地基基础工程施工质量验收标准》GB 50202—2018** 4.1.4 素土和灰土地基、砂和砂石地基、土工合成材料地基、粉煤灰地基、强夯地基、注浆地基、预压地基的承载力必须达到设计要求。地基承载力的检测数量每 300m² 不应少于 1 点，超过 3000m² 部分每 500m² 不应少于 1 点。每单位工程不应少于 3 点。 **2.《建筑地基处理技术规范》JGJ 79—2012** 5.4.4 预压处理后的地基承载力应按规范确定。检验数量按每个处理分区不应少于 3 点进行检测	查阅地基承载力检测报告 结论：符合设计要求 检验数量：符合规范要求 盖章：有 CMA 章和试验报告检测专用章 签字：授权人已签字

5.2.7	质量控制参数符合技术方案，施工记录齐全	**1.《电力建设施工质量验收及评价规程 第 1 部分：土建工程》DL/T 5210.1—2012**
		5.4.1 施工过程中，质量检验和监测应包括下列内容：
		  1 对塑料排水带应进行纵向通水量、复合体抗拉强度、滤膜抗拉强度、滤膜渗透系数和等效孔径等性能指标现场随机抽样测试。
		  2 对不同来源的砂井和砂垫层砂料，应取样进行颗粒分析和渗透性试验。
		2.《电力工程地基处理技术规程》DL/T 5024—2005
		5.0.12 地基处理的施工应有详细的施工组织设计、施工质量管理和质量保证措施。应有专人负责施工检验与质量监督，做好各项施工记录。
			1. 查阅施工方案
			质量控制参数：符合技术方案要求

条款号	大纲条款	检查依据	检查要点
5.2.7	质量控制参数符合技术方案，施工记录齐全	**3.《建筑地基处理技术规范》JGJ 79—2012** 3.0.12 地基处理施工中应有专人负责质量控制和监测，并做好各项施工记录；当出现异常情况时，必须及时会同有关部门妥善解决。施工结束后应按国家有关规定进行工程质量检验和验收	2. 查阅施工记录 内容：包括通水量、渗透性等，符合设计要求 记录数量：与验收记录相符
5.2.8	施工质量的检验项目、方法、数量符合规范规定，质量验收记录齐全	**1.《建筑地基基础工程施工质量验收标准》GB 50202—2018** 4.1.1 地基工程的质量验收宜在施工完成并在间歇期后进行，间歇期应符合国家现行标准的有关规定和设计要求。 4.1.2 平板静载试验采用的压板尺寸应按设计或有关标准确定。素土和灰土地基、砂和砂石地基、土工合成材料地基、粉煤灰地基、注浆地基、预压地基的静载试验的压板面积不宜小于 1.0m²；强夯地基静载试验的压板面积不宜小于 2.0m²。复合地基静载试验的压板尺寸应根据设计置换率计算确定。 4.1.3 地基承载力检验时，静载试验最大加载量不应小于设计要求的承载力特征值的 2 倍。 4.1.4 素土和灰土地基、砂和砂石地基、土工合成材料地基、粉煤灰地基、强夯地基、注浆地基、预压地基的承载力必须达到设计要求。地基承载力的检测数量每 300m² 不应少于 1 点，超过3000m² 部分每 500m² 不应少于 1 点。每单位工程不应少于 3 点。 **2.《建筑地基处理技术规范》JGJ 79—2012** 5.4.2 预压地基竣工验收检验应符合下列规定： 　　2. 应对预压的地基土进行原位试验和室内土工试验。 5.4.3 原位试验可采用十字板剪切试验或静力触探，检验深度不应小于设计处理深度。原位试验和室内土工试验，应在卸载 3d～5d 后进行。检验数量按每个处理分区不少于 6 点进行检测，对于堆载斜坡处应增加检验数量。 5.4.4 预压处理后的地基承载力应按规范确定。检验数量按每个处理分区不应少于 3 点进行检测	1. 查阅检测报告 检验项目：地基强度或地基承载力符合设计要求 检验方法：包括十字板剪切强度或标贯、静力触探试验，静荷载试验等符合规范规定 检验数量：符合规范规定和设计要求 2. 查阅质量验收记录 内容：包括检验批、分项工程验收记录及隐蔽工程验收文件等 数量：与项目质量验收范围划分表相符

条款号	大纲条款	检查依据	检查要点
		5.3 压实地基的监督检查	
5.3.1	现场试验性施工，确定了碾压分层厚度、碾压遍数、碾压范围和有效加固深度等施工参数和压实地基施工方法	**1.《建筑地基基础工程施工质量验收标准》GB 50202—2018** 9.5.1 施工前应检查基底的垃圾、树根等杂物清除情况，测量基底标高、边坡坡率，检查验收基础外墙防水层和保护层等。回填料应符合设计要求，并应确定回填料含水量控制范围、铺土厚度、压实遍数等施工参数。 **2.《建筑地基处理技术规范》JGJ 79—2012** 4.1.3 对于工程量较大的换填垫层，应按所选用的施工机械、换填材料及场地的土质条件进行现场试验，确定换填垫层压实效果和施工质量控制标准。 6.2.1 压实地基处理应符合下列规定： 2 压实地基的设计和施工方法的选择，应根据建筑物体型、结构与荷载特点、场地土层条件、变形要求及填料等因素确定。对大型、重要或场地地层条件复杂的工程，在正式施工前，应通过现场试验确定地基处理效果。 6.2.2 压实填土地基的设计应符合下列规定： 2 碾压法和震动压实法施工时，应根据压实机械的压实性能，地基土性质、密实度、压实系数和施工含水量等，并结合现场试验确定碾压分层厚度、碾压遍数、碾压范围和有效加固深度等施工参数。初步设计可按表 6.2.2-1 选用。 4 压实填土的质量以压实系数 λ_c 控制，并应根据结构类型和压实填土所在部位按表 6.2.2-2 的要求确定。 5 压实填土的最大干密度和最优含水量，宜采用击实试验确定，当无试验资料时，最大干密度可按式（6.2.2）计算。 7 压实填土的边坡坡度允许值，应根据其厚度、填料性质等因素，按照填土自身稳定性、填土下原地基的稳定性的验算结果确定，初步设计时可按表 6.2.2-3 的数值确定。	查阅试验性施工的检测报告（含击实试验报告和压实试验报告） 碾压分层厚度、碾压遍数、碾压范围和有效加固深度等施工参数和施工方法：已确定

条款号	大纲条款	检查依据	检查要点
5.3.1	现场试验性施工，确定了碾压分层厚度、碾压遍数、碾压范围和有效加固深度等施工参数和压实地基施工方法	6.2.3　压实填土地基的施工应符合下列规定： 　　1　应根据使用要求、邻近结构类型和地质条件确定允许加载量和范围，并按设计要求均衡分步施加，避免大量快速集中填土。 　　2　填料前，应清除填土层地面以下的耕土、植被或软弱土层等。 　　3　压实填土施工过程中，应采取防雨、防冻措施，防止填料（粉质黏土、粉土）受雨水淋湿或冻结。 　　4　基槽内压实时，应先压实基槽两边，再压实中间。 　　5　冲击碾压法施工的冲击碾压宽度不宜小于 6m，工作面较窄时，需设置转弯车道，冲压最短直线距离不宜小于100m，冲压边角及转弯区域应采用其他措施压实；施工时，地下水位应降低到碾压面以下 1.5m。 　　6　性质不同的填料，应采取水平分层、分段填筑，并分层压实；同一水平层，应采用同一填料，不得混合填筑；填方分段施工时，接头部位如不能交替填筑，应按 1∶1 坡度分层留台阶；如能交替填筑，则应分层相互交替搭接，搭接长度不小于 2m；压实填土的施工缝各层应错开搭接，在施工缝的搭接处，应适当增加压实遍数；边角及转弯区域应采取其他措施压实，以达到设计标准。 　　7　压实地基施工场地附近有对振动和噪声环境控制要求时，应合理安排施工工序和时间，减少噪声与振动对环境的影响，或采取挖减振沟等减振和隔振措施，并进行振动和噪声监测。 　　8　施工过程中，应避免扰动填土下卧的淤泥或淤泥质土层。压实填土施工结束检验合格后，应及时进行基础施工	
5.3.2	压实地基技术方案、施工方案齐全，已审批	**1.《建筑地基基础工程施工质量验收标准》GB 50202—2018** 9.5.1　施工前应检查基底的垃圾、树根等杂物清除情况，测量基底标高、边坡坡率，检查验收基础外墙防水层和保护层等。回填料应符合设计要求，并应确定回填料含水量控制范围、铺土厚度、压实遍数等施工参数。	1. 查阅预压地基技术方案审批：审批人已签字

条款号	大纲条款	检查依据	检查要点
5.3.2	压实地基技术方案、施工方案齐全，已审批	**2.《电力工程地基处理技术规程》DL/T 5024—2005** 5.0.12　地基处理的施工应有详细的施工组织设计、施工质量管理和质量保证措施。应有专人负责施工检验与质量监督，做好各项施工记录，当发现异常情况时，应及时会同有关部门研究解决	2. 查阅施工方案报审表 　审核：监理单位相关责任人已签字 　批准：建设单位相关责任人已签字 3. 查阅施工方案 　编、审、批：施工单位相关责任人已签字 　施工步骤和工艺参数：与技术方案相符
5.3.3	压实土性能指标符合要求	**1.《建筑地基处理技术规范》JGJ 79—2012** 6.2.1　压实地基应符合下列规定： 　3　以压实填土作为建筑地基持力层时，应根据建筑结构类型、填料性能和现场条件等，对拟压实的填土提出质量要求。未经检验，且不符合质量要求的压实填土，不得作为建筑地基持力层。 6.2.2　压实填土地基的设计应符合下列规定： 　2　碾压法和震动压实法施工时，应根据压实机械的压实性能，地基土性质、密实度、压实系数和施工含水量等，并结合现场试验确定碾压分层厚度、碾压遍数、碾压范围和有效加固深度等施工参数。初步设计可按表 6.2.2-1 选用。 　4　压实填土的质量以压实系数 λ_c 控制，并应根据结构类型和压实填土所在部位按表 6.2.2-2 的要求确定。 　5　压实填土的最大干密度和最优含水量，宜采用击实试验确定，当无试验资料时，最大干密度可按式（6.2.2）计算。	查阅压实土性能检测报告 　击实报告：土质性能符合设计要求，最大干密度和最优含水率已确定 　压实系数：符合设计要求 　盖章：有 CMA 章和试验报告检测专用章 　签字：授权人已签字

条款号	大纲条款	检查依据	检查要点
5.3.3	压实土性能指标符合要求	7 压实填土的边坡坡度允许值，应根据其厚度、填料性质等因素，按照填土自身稳定性、填土下原地基的稳定性的验算结果确定，初步设计时可按表 6.2.2-3 的数值确定。 9 压实填土地基承载力特征值，应根据现场静载荷试验确定，或可通过动力触探、静力触探等试验，并结合静载荷试验结果确定；其下卧层顶面的承载力应满足本规范式（4.2.2-1）、式（4.2.2-2）和式（4.2.2-3）的要求	
5.3.4	地基承载力检测报告结论满足设计要求	**1.《建筑地基基础工程施工质量验收标准》GB 50202—2018** 4.1.4 素土和灰土地基、砂和砂石地基、土工合成材料地基、粉煤灰地基、强夯地基、注浆地基、预压地基的承载力必须达到设计要求。地基承载力的检测数量每 300m² 不应少于 1 点，超过 3000m² 部分每 500m² 不应少于 1 点。每单位工程不应少于 3 点。 9.5.1 施工前应检查基底的垃圾、树根等杂物清除情况，测量基底标高、边坡坡率，检查验收基础外墙防水层和保护层等。回填料应符合设计要求，并应确定回填料含水量控制范围、铺土厚度、压实遍数等施工参数。 **2.《电力工程地基处理技术规程》DL/T 5024—2005** 6.5.4 压实施工的粉煤灰或粉煤灰素土、粉煤灰灰土垫层的设计与施工要求，可参照素土、灰土或砂砾石垫层的有关规定。其地基承载力值应通过试验确定（包括浸水试验条件）。对掺入水泥砂浆胶结的粉煤灰水泥砂浆或粉煤灰混凝土，应采用浇注法施工，并按有关设计施工标准执行。其承载力等指标应由试件强度确定。 **3.《建筑地基处理技术规范》JGJ 79—2012** 4.4.4 竣工验收应采用静荷载试验检验垫层承载力，且每个单体工程不宜少于 3 个点；对于大型工程应按单体工程的数量或工程划分的面积确定检验点数。 10.1.4 工程验收承载力检验时，静荷载试验最大加载量不应小于设计要求承载力特征值的 2 倍	查阅地基承载力检测报告 检验数量：符合规范规定 地基承载力特征值：符合设计要求 盖章：有 CMA 章和试验报告检测专用章 签字：授权人已签字

条款号	大纲条款	检查依据	检查要点
5.3.5	质量控制参数符合技术方案，施工记录齐全	**1.《建筑地基基础设计规范》GB 50007—2011** 6.3.6　压实填土的填料，应符合下列规定： 　　1　级配良好的砂土或碎石土；以卵石、砾石、块石或岩石碎屑作填料时，分层压实时其最大粒径不宜大于200mm，分层夯实时其最大粒径不宜大于400mm。 　　3　以粉质黏土、粉土作填料时，其含水量宜为最优含水量，可采用击实试验确定。 6.3.8　压实填土的最大干密度和最优含水量，应采用击实试验确定。 **2.《电力建设施工质量验收及评价规程　第1部分：土建工程》DL/T 5210.1—2012** 3.0.1　涉及结构安全的试块、试件以及有关材料，应按规定进行见证取样检测。 18.3.1　地基及桩基工程质量记录应评价的内容包括： 　　1　材料、预制桩合格证（出厂试验报告）、进场验收记录及水泥、钢筋复验报告。 **3.《电力工程地基处理技术规程》DL/T 5024—2005** 5.0.12　地基处理的施工应有详细的施工组织设计、施工质量管理和质量保证措施。应有专人负责施工检验与质量监督，做好各项施工记录。 **4.《建筑地基处理技术规范》JGJ 79—2012** 3.0.12　地基处理施工中应有专人负责质量控制和监测，并做好各项施工记录；当出现异常情况时，必须及时会同有关部门妥善解决。施工结束后应按国家有关规定进行工程质量检验和验收。 6.2.1　压实地基应符合下列规定： 　　3　以压实填土作为建筑地基持力层时，应根据建筑结构类型、填料性能和现场条件等，对拟压实的填土提出质量要求。未经检验，且不符合质量要求的压实填土，不得作为建筑地基持力层。	1.查阅施工方案 质量控制参数：符合技术方案要求

续表

条款号	大纲条款	检查依据	检查要点
5.3.5	质量控制参数符合技术方案，施工记录齐全	6.2.2 压实填土地基的设计应符合下列规定： 2 碾压法和震动压实法施工时，应根据压实机械的压实性能，地基土性质、密实度、压实系数和施工含水量等，并结合现场试验确定碾压分层厚度、碾压遍数、碾压范围和有效加固深度等施工参数。初步设计可按表 6.2.2-1 选用。 4 压实填土的质量以压实系数 λ_c 控制，并应根据结构类型和压实填土所在部位按表 6.2.2-2 的要求确定。 5 压实填土的最大干密度和最优含水量，宜采用击实试验确定，当无试验资料时，最大干密度可按式（6.2.2）计算。 7 压实填土的边坡坡度允许值，应根据其厚度、填料性质等因素，按照填土自身稳定性、填土下原地基的稳定性的验算结果确定，初步设计时可按表 6.2.2-3 的数值确定。 9 压实填土地基承载力特征值，应根据现场静载荷试验确定，或可通过动力触探、静力触探等试验，并结合静载荷试验结果确定；其下卧层顶面的承载力应满足本规范式（4.2.2-1）、式（4.2.2-2）和式（4.2.2-3）的要求	2. 查阅施工记录 内容：包括施工过程控制记录及隐蔽工程验收文件 记录数量：与验收记录相符
5.3.6	施工质量的检验项目、方法、数量符合规范规定，质量验收记录齐全	**1.《建筑地基基础工程施工质量验收标准》GB 50202—2018** 4.1.1 地基工程的质量验收宜在施工完成并在间歇期后进行，间歇期应符合国家现行标准的有关规定和设计要求。 4.1.2 平板静载试验采用的压板尺寸应按设计或有关标准确定。素土和灰土地基、砂和砂石地基、土工合成材料地基、粉煤灰地基、强夯地基、注浆地基、预压地基的静载试验的压板面积不宜小于 2.0m²。 4.1.3 地基承载力检验时，静载试验最大加载量不应小于设计要求的承载力特征值的 2 倍。 4.1.4 素土和灰土地基、砂和砂石地基、土工合成材料地基、粉煤灰地基、强夯地基、注浆地基、预压地基的承载力必须达到设计要求。地基承载力的检测数量每 300m² 不应少于 1 点，超过 3000m² 部分每 500m² 不应少于 1 点。每单位工程不应少于 3 点。	1. 查阅质量检验记录 检验项目：压实系数、最大干密度和最优含水量或压缩模量等符合规范规定 检验方法：采用分层取样、动力触探、静力触探、标准贯入度等试验符合规范规定 检验数量：符合规范规定和设计要求

条款号	大纲条款	检查依据	检查要点
5.3.6	施工质量的检验项目、方法、数量符合规范规定，质量验收记录齐全	**2.《电力建设施工质量验收及评价规程　第1部分：土建工程》DL/T 5210.1—2012** 3.0.1　涉及结构安全的试块、试件以及有关材料，应按规定进行见证取样检测。 18.3.1　地基及桩基工程质量记录应评价的内容包括： 　　1. 材料、预制桩合格证（出厂试验报告）、进场验收记录及水泥、钢筋复验报告。 **3.《电力工程地基处理技术规程》DL/T 5024—2005** 5.0.12　地基处理的施工应有详细的施工组织设计、施工质量管理和质量保证措施。应有专人负责施工检验与质量监督，做好各项施工记录。 **4.《建筑地基处理技术规范》JGJ 79—2012** 3.0.12　地基处理施工中应有专人负责质量控制和监测，并做好各项施工记录；当出现异常情况时，必须及时会同有关部门妥善解决。施工结束后应按国家有关规定进行工程质量检验和验收。 6.2.4　压实填土地基的质量检验应符合下列规定： 　　1　在施工过程中，应分层取样检验土的干密度和含水量；每50m²～100m²面积内应设不少于1个检测点，每一个独立基础下，检测点不少于1个，条形基础每20延米设检测点不少于1个点，压实系数不得低于本规范表6.2.2-2的规定；采用灌水法或灌砂法检测的碎石土干密度不得低于2.0t/m³。 　　2　有地区经验时，可采用动力触探、静力触探、标准贯入等原位试验，并结合干密度试验的对比结果进行质量检验。 　　3　冲击碾压法施工宜分层进行变形量、压实系数等土的物理学指标监测和检测。 　　4　地基承载力验收检验，可通过静载荷试验并结合动力触探、静力触探、标准贯入等试验结果综合判定。每个单位工程静载荷试验不应少于3点，大型工程可按单体工程的数量或面积确定检验点数。 6.2.5　压实地基的施工质量检验应分层进行。每完成一道工序，应按设计要求进行验收，未经验收或验收不合格时，不得进行下一道工序施工	2. 查阅质量验收记录 内容：包括检验批、分项工程验收记录及隐蔽工程验收文件等 数量：与项目质量验收范围划分表相符

条款号	大纲条款	检查依据	检查要点
5.4 夯实地基的监督检查			
5.4.1	设计前已通过现场试验或试验性施工，确定了设计参数和施工工艺参数	**1.《电力工程地基处理技术规程》DL/T 5024—2005** 5.0.5.3 结合电力工程初步设计阶段岩土工程勘测，实施必要的地基处理原体试验，以获得必要的设计参数和合理的施工方案。 8.1.3 强夯设计中应在施工现场有代表性的场地上选取一个或几个试验区进行原体试验，试验区规模应根据建筑物场地复杂程度、建设规模及建筑物类型确定。根据地基条件、工程要求确定强夯的设计参数，包括：夯击能级、施工起吊设备；设计夯击工艺、夯锤参数、单点锤击数、夯点布置形式与间距、夯击遍数及相邻夯击遍数的间歇时间、地面平均夯沉量和必要的特殊辅助措施；确定原体试验效果的检测方法和检测工作量。还应对主要工艺进行必要的方案组合，通过效果测试和环境影响评价，提出一种或几种合理的方案在强夯有成熟经验的地区，当地基条件相同（或相近）时，可不进行专门原体试验，直接采用成功的工艺。但在正式（大面积）施工之前应先进行试夯，验证施工工艺和强夯设计参数在进行原体试验施工时，进行分析评价的主要内容应包括： 1 观测、记录、分析每个夯点的每击夯沉量、累计夯沉量（即夯坑深度）、夯坑体积、地面隆起量、相邻夯坑的侧挤情况、夯后地面整平压实后平均下沉量。绘制夯点的夯击次数 N 与夯沉量 s 关系曲线，进行隆起、侧挤计算，确定饱和夯击能和最佳夯击能。 2 观测孔隙水压力变化。当孔隙水压力超过自重有效压力，局部隆起和侧挤的体积大于夯点夯沉的体积时，应停止夯击，并观测孔隙水压力消散情况，分析确定间歇时间。 3 宜进行强夯振动观测，绘制单点夯击数与地面震动加速度关系曲线、震动速度曲线、分析饱和夯击能、振动衰减和隔振措施的效果。 4 有条件的还可进行挤压应力观测和深层水平位移观测。 5 在原体试验施工结束一个月（砂土、碎石土为1周~2周）后，应在各方案试验片内夯点和夯点间沿深度每米取试样进行室内土工试验，并进行原位测试。	查阅试夯报告 设计参数和施工工艺参数：已确定

条款号	大纲条款	检查依据	检查要点
5.4.1	设计前已通过现场试验或试验性施工，确定了设计参数和施工工艺参数	**2.《建筑地基处理技术规范》JGJ 79—2012** 6.3.1 夯实地基处理应符合下列规定： 1 强夯和强夯置换施工前，应在施工现场有代表性的场地选取一个或几个试验区，进行试夯或试验性施工。每个试验区面积不宜小于 20m×20m，试验区数量应根据建筑场地复杂程度、建筑规模及建筑类型确定。 6.3.2 强夯置换处理地基，必须通过现场试验确定其适用性和处理效果。 6.3.3 强夯处理地基的设计应符合下列规定： 1 强夯的有效加固深度，应根据现场试夯或地区经验确定。在缺少试验资料或经验时，可按表 6.3.3-1 进行预估。 2 夯点的夯击次数，应根据现场试夯的夯击次数和夯沉量关系曲线确定，并应同时满足表 6.3.3-2。 3 夯击遍数应根据地基土的性质确定，可采用点夯 2 遍～4 遍，对于渗透性较差的细颗粒土，应适当增加夯击遍数；最后以低能量满夯 2 遍，满夯可采用轻锤或低落距锤多次夯击，锤印搭接。 4 两边夯击之间，应有一定的时间间隔，间隔时间取决于土中超静空隙水压力的消散时间。当缺少实测资料时，可根据地基土的渗透性确定，对于渗透性较差的黏性土地基，间隔时间不应少于 2 周～3 周；对于渗透性较好的地基可连续夯击。 5 夯击点位置可根据基础底面形状，采用等边三角形、等腰三角形或正方形布置。第一遍夯击点间距可取夯锤直径的 2.5 倍～3.5 倍，第二遍夯击点应位于第一遍夯击点之间。以后各遍夯击点间距可适当减小。对处理深度较深或单击夯击能较大的工程，第一遍夯击点间距宜适当增大。 6 强夯处理范围应大于建筑物基础范围，每边超出基础外缘的宽度宜为基底下设计处理深度的 1/2～2/3，且不应小于 3m；对可液化地基，基础边缘的处理宽度，不应小于 5m；对湿陷性黄土地基，应符合《湿陷性黄土地区建筑规范》GB 50025 的有关规定。	

条款号	大纲条款	检查依据	检查要点
5.4.1	设计前已通过现场试验或试验性施工，确定了设计参数和施工工艺参数	7 根据初步确定的强夯参数，提出强夯试验方案，进行现场试夯。应根据不同土质条件，待试夯结束一周至数周后，对试夯场地进行检测，并与夯前测试数据进行对比，检验强夯效果，确定工程采用的各项强夯参数。 8 根据基础埋深和试夯时所测得的夯沉量，确定启夯面标高、夯坑回填方式和夯后标高。 9 强夯地基承载力特征值应通过现场静载荷试验确定。 10 强夯地基变形计算，应符合《建筑地基基础设计规范》GB 50007 有关规定。夯后有效加固深度内土的压缩模量，应通过原位测试或土工试验确定	
5.4.2	根据不同的土质采取的强夯夯锤质量、夯锤底面形式、锤底面积、锤底静接地压力值、排气孔等施工工艺与设计（施工）方案一致	**1.《电力工程地基处理技术规程》DL/T 5024—2005** 8.1.6 一般情况下夯锤重量可选用 100kN～250kN，最大可采用 400kN，其底面形式宜采用圆形。锤底面积宜按土的性质确定，锤底静压力值可取 30kPa～60kPa，对于细颗粒土锤底静压力宜取较小值。锤体中应均匀地设置若干个上下垂直贯通的通气孔，通气孔直径宜为 200mm～300mm。夯锤应选用保持夯锤外形和重心不变的材料制作。 8.1.7 强夯夯点的布置可按三角形（等边、等腰三角形）或正方形布置，夯点间距应按原体试验效果确定，可为夯锤底面直径的 1.6 倍～2.6 倍。夯击点位置的布置可按建筑物轴线、轮廓线或以基础中心线对称等形式布置，并应考虑各遍夯点间交叉对应关系。 对满堂处理的基础或要求整片加固的场地应整片布点，其可按正三角形布点。 对条形基础、独立基础，可在基础下按正方形或梅花形布点。 当独立基础或条形基础及带承台的基础采用强夯处理时，应根据基础设计要求按专门夯锤形状布点	查阅施工方案 强夯夯锤质量、夯锤底面形式、锤底面积、锤底静接地压力值、排气孔等；夯点布置形式、遍数施工工艺：与设计方案一致

条款号	大纲条款	检查依据	检查要点
5.4.3	强夯过程和强夯置换夯符合规范规定，并采取了必要的隔震或减震措施	**1.《电力工程地基处理技术规程》DL/T 5024—2005** 8.1.2　当夯击振动对邻近建筑物、设备、仪器、施工中的砌筑工程和浇灌混凝土等产生有害影响时，应采取有效的减振措施或错开工期施工。 8.1.9　夯击遍数应根据地基土的性质确定，一般情况下应采用多遍夯击。每一遍宜为最大能级强夯，可称为主夯，宜采用较稀疏的布点形式进行；第二遍、第三遍……强夯能级逐渐减小，可称为间夯、拍夯等，其夯点插于前遍夯点之间进行。对于渗透性弱的细粒土，必要时夯击遍数可适当增加。 8.1.10　当进行多遍夯击时，每两遍夯击之间，应有一定的时间间隔。间隔时间取决于土中超孔隙水压力的消散时间。当缺少实测资料时，可根据地基土的渗透性确定，对于渗透性较差的黏性土及饱和度较大的软土地基的间隔时间，不应少于3周～4周；对于渗透性较好且饱和度较小的地基，可连续夯击。 8.2.1　强夯置换法适用于一般性强夯加固不能奏效（塑性指数 $I_p > 10$）的、高饱和度（$S_r > 80\%$）的黏性土地基上对变形控制不严的工程，在设计前必须通过现场试验确定其适用性和处理效果。 **2.《建筑地基处理技术规范》JGJ 79—2012** 6.3.6　强夯置换处理地基的施工应符合下列规定： 1　强夯置换夯锤底面宜采用圆形，夯锤底静接地压力值宜大于80kPa。 2　强夯置换施工应按下列步骤进行： 5）夯击并逐击记录夯坑深度；当夯坑过深，起锤困难时，应停夯，向夯坑内填料直至与坑顶齐平，记录填料数量；工序重复，直至满足设计的夯击次数及质量控制标准，完成一个墩体的夯击；当夯点周围软土挤出，影响施工时，应随时清理，并宜在夯点周围铺垫碎石后，继续施工。 6）按照"由内而外，隔行跳打"的原则，完成全部夯点的施工。 7）推平场地，采用低能量满夯，将场地表层松土夯实，并测量夯后场地高程。 8）铺设垫层，分层碾压密实。	1. 查阅强夯过程记录文件 主夯、搭夯（间夯、拍夯）满夯、渗透性较差的软土地基的间隔时间等：符合规范规定 2. 查阅振动或变形监测记录 内容：已采取隔震或减震措施，振动或变形符合规范规定 3. 查阅强夯置换夯记录文件 内容：符合规范规定

续表

条款号	大纲条款	检查依据	检查要点
5.4.3	强夯过程和强夯置换夯符合规范规定，并采取了必要的隔震或减震措施	6.3.10　当强夯施工所引起的振动和侧向挤压对邻近建构筑物产生不利影响时，应设置监测点，并采取挖隔振沟等隔振或防振措施。 6.3.11　施工过程中的监测应符合下列规定： 　1　开夯前，应检查夯锤质量和落距，以确保单击夯击能量符合设计要求。 　2　在每一遍夯击前，应对夯点放线进行复核，夯完后检查夯坑位置，发现偏差或漏夯应及时纠正。 　3　按设计要求，检查每个夯点的夯击次数、每击的夯沉量、最后两击的平均夯沉量和总夯沉量、夯点施工起止时间。对强夯置换施工，尚应检查置换深度。 　4　施工过程中，应对各项施工参数及施工情况进行详细记录	4. 查看施工方案 内容：已采用现场隔震或减震措施
5.4.4	地基承载力检测报告结论满足设计要求	**1.《电力工程地基处理技术规程》DL/T 5024—2005** 8.1.20　强夯效果检测应采用原位测试与室内土工试验相结合的方法，重点查明强夯后地基土的有关物理力学指标，确定强夯有效影响深度，核实强夯地基设计参数等 8.1.21　地基检测工作量，应根据场地复杂程度和建筑物的重要性确定。对于简单场地上的一般建筑物，每个建筑物地基的检测点不应少于 3 处；对于复杂场地或重要建筑物地基应增加检测点数。对大型处理场地，可按下列规定执行： 　1　对黏性土、粉土、填土、湿陷性黄土，每1000m² 采样点不少于 1 个（湿陷性黄土必须有探井取样），且在深度上每米应取 1 件一级土试样，进行室内土工试验；静力触探试验点不少于 1 个。标准贯入试验、旁压试验和动力触探试验可与静力触探及室内试验对比进行。 　2　对粗粒土、填土，每 600m² 应布置 1 个标准贯入试验或动力触探试验孔，并应通过其他有效手段测试地基土物理力学性质指标。粗粒土地基还应有一定数量的颗粒分析试验。 　3　载荷试验点每 3000m²～6000m² 取 1 点，厂区主要建筑载荷试验点数不应少于 3 点。承压板面积不宜小于 0.5m²。	查阅地基承载力检测报告 结论：符合设计要求 检验数量：符合规范要求 盖章：有 CMA 章和试验报告检测专用章 签字：授权人已签字

条款号	大纲条款	检查依据	检查要点
5.4.4	地基承载力检测报告结论满足设计要求	**2.《建筑地基基础工程施工质量验收标准》GB 50202—2018** 4.1.5 砂石桩、高压喷射注浆桩、水泥土搅拌桩、土和灰土挤密桩、水泥粉煤灰碎石桩、夯实水泥土桩等复合地基的承载力必须达到设计要求。复合地基承载力的检验数量不应少于总桩数的0.5%，且不应少于3点。有单桩承载力或桩身强度检验要求时，检验数量不应少于总桩数的0.5%，且不少于3根	
5.4.5	质量控制参数符合技术方案，施工记录齐全	**1.《电力工程地基处理技术规程》DL/T 5024—2005** 5.0.12 地基处理的施工应有详细的施工组织设计、施工质量管理和质量保证措施。应有专人负责施工检验与质量监督，做好各项施工记录。 8.1.16 强夯施工应严格按规定的强夯施工设计参数和工艺进行，并控制或做好以下工作： 　　1 起夯面整平标高允许偏差为±100mm。 　　2 夯点位置允许偏差为200mm。当夯锤落入坑内倾斜较大时，应将夯坑底填平后再夯。 　　3 夯点施工中质量控制的主要指标为：每个夯点达到要求的夯击数；要求达到的夯坑深度；最后两击的夯沉量小于原体试验确定的值。 　　4 强夯过程中不应将夯坑内的土移出坑外。当有特殊原因确需挖除部分土体或工艺设计为用基坑外土填入夯坑时，应在计算夯沉量中扣除或增加移动土的土量。 　　5 施工过程中应防止因降水或曝晒原因，使土的湿度偏离设计值过大。 8.1.18 施工过程中应有专人负责下列工作： 　　1 开夯前应检查夯锤重和落距，以确保单击夯击能量符合设计要求。 　　2 在每遍夯击前，应对夯点放线进行复核，夯完后检查夯坑位置，发现偏差或漏夯应及时纠正。 　　3 按设计要求检查每个夯点的夯击次数和每击的夯沉量。 　　4 施工过程中应对各项参数及施工情况进行详细记录。	1. 查阅施工方案 质量控制参数：符合技术方案要求

条款号	大纲条款	检查依据	检查要点
5.4.5	质量控制参数符合技术方案，施工记录齐全	8.2.8 强夯置换的施工参数： 1 单击夯击能。夯锤重量与落距的乘积应大于普通强夯的加固能量，夯能不宜过小，特别要注意避免橡皮土的出现。 2 单位面积平均夯击能。单位面积单点夯击能不宜小于 1500kN·m/m²，一般软土地基加固深度能达到 4m～10m 时，单位面积夯击能为 1500kN·m/m²～4000kN·m/m²。单位面积平均夯击能在上述范围内与地基土的加固深度成正比，对饱和度高的淤泥质土，还应考虑孔隙水消散与地面隆起的因素，来决定单位面积夯击能。 3 夯击遍数。夯击时宜采用连续夯击挤淤。根据置换形式和地基土的性质确定，可采用 2 遍～3 遍，也可用一遍连续夯击挤淤一次性完成，最后再以低能量满夯一遍，每遍 1 击～2 击完成。 4 夯点间距。桩式置换夯点宜布置成三角形、正方形，夯点间距一般取 1.5 倍～2.0 倍夯锤底面直径，夯墩的计算直径可取夯锤直径的 1.1 倍～1.2 倍；与土层的强度成正比，即土质差，间距小。整式置换的夯点间距，要求夯坑顶部夯点间的间隙处能被置换形成硬壳层。施工时应采用跳点夯。 6 夯沉量。最后两击平均夯沉量应小于 50mm～80mm；单击夯击能量较大时，夯沉量应小于 100mm～120mm。对墩体穿透软弱土层，累计夯沉量为设计墩长的 1.5 倍～2.0 倍。 7 点式置换范围。每边超出基础外缘的宽度宜为基底下设计处理深度的 1/2～2/3，并不宜小于 3m。 **2.《建筑地基处理技术规范》JGJ 79—2012** 3.0.12 地基处理施工中应有专人负责质量控制和监测，并做好各项施工记录。 **3.《吹填土地基处理技术规范》GB 51064—2015** 9.1.2 强夯施工前，应在有代表性的场地上进行试验性施工，确定其适用性、加固效果和施工工艺。试验区数量应根据场地复杂程度、工程规模、工程类型及施工工艺等确定。 9.1.3 强夯施工场地应平整，应能承受夯机的重量。	2. 查阅施工记录 内容：包括土壤的含水率、起夯面整平标高、夯点位置、夯击数、夯沉量等 记录数量：与验收记录相符

条款号	大纲条款	检查依据	检查要点
5.4.5	质量控制参数符合技术方案，施工记录齐全	**4.《组合锤法地基处理技术规程》JGJ/T 290—2012** 3.0.3　组合锤法处理地基设计前应通过现场试验或试验性施工和必要的测试确定其适用性和处理效果，并根据检测数据确定设计和施工参数。施工现场试验区的个数应根据建筑场地复杂程度、建筑规模、类型和有无类似工程经验确定，宜为 2 个～3 个	
5.4.6	施工质量的检验项目、方法、数量符合规范规定，质量验收记录齐全完整	**1.《建筑地基基础工程施工质量验收标准》GB 50202—2018** 3.0.8　原材料的质量检验应符合下列规定： 　　3　砂、石子、水泥、石灰、粉煤灰、矿（钢）渣粉等掺合料、外加剂等原材料的质量、检验项目、批量和检验方法，应符合国家现行有关标准的规定。 　　4.1.1　地基工程的质量验收宜在施工完成并在间歇期后进行，间歇期应符合国家现行标准的有关规定和设计要求。 **2.《电力工程地基处理技术规程》DL/T 5024—2005** 8.2.10　强夯置换的检测方案，除按照 8.1.21 的规定外，还应注意下列事项： 　　1　测定孔隙水压力的增长与消散变化规律，通过埋设孔隙水压力计，测定土中孔隙水压力值，来确定最佳夯击数。通过测定孔隙水压力的消散率来确定夯击遍数的间隙时间。 　　2　测定记录分析每点夯沉量与坑外隆起体积，确定有效夯实系数，绘制 $N\text{-}s$ 曲线，初步确定最佳夯击能。宜通过埋设压力盒测定挤压应力值。 　　3　当大面积强夯置换时，应测定强夯引起的振动对建筑物影响和确定安全距离。 　　4　宜用弹性波速法来测定强夯效果。 　　5　强夯地基承载力特征值应通过现场载荷试验确定，对点式置换强夯饱和粉土地基，可采用单墩复合地基载荷试验确定。 **3.《建筑地基处理技术规范》JGJ 79—2012** 6.3.12　夯实地基施工结束后，应根据地基土的性质及所采用的施工工艺，待土层休止期结束后，方可进行基础施工。	1. 查阅质量检验记录 检验项目：地基强度、承载力符合设计要求 检验方法：原位试验和室内土工试验；用弹性波速法测定强夯效果；现场载荷试验或单墩复合地基载荷试验；动力触探等检验方法符合规范规定 检验数量：符合规范规定

条款号	大纲条款	检查依据	检查要点
5.4.6	施工质量的检验项目、方法、数量符合规范规定，质量验收记录齐全完整	6.3.13　强夯处理后的地基竣工验收，承载力检验应根据静载荷试验、其他原位测试和室内土工试验等方法综合确定。强夯置换后的地基竣工验收，除应采用单墩静载荷试验进行承载力检验外，尚应采用单墩静载荷试验进行承载力检验外，尚应采用动力触探等查明置换墩着底情况及密度随深度的变化情况。 6.3.14　夯实地基的质量检验应符合下列规定： 　1　检查施工过程中的各项测试数据和施工记录，不符合设计要求时应补夯或采取其他有效措施。 　2　强夯处理后的地基承载力检验，应在施工结束后间隔一定时间进行，对于碎石土和砂土地基，间隔时间宜为 7d～14d；粉土和黏性土地基，间隔时间宜为 14d～28d；强夯置换地基，间隔时间宜为 28d。 　3　强夯地基均匀性检验，可采用动力触探试验或标准贯入试验、静力触探试验等原位测试，以及室内土工试验。检验点的数量，可根据场地复杂程度和建筑物的重要性确定，对于简单场地上的一般建筑物，按每 400m² 不少于 1 个检测点，且不少于 3 点；对于复杂场地或重要建筑地基，每 300m² 不少于 1 个检验点，且不少于 3 点。强夯置换地基，可采用超重型或重型动力触探试验等方法，检查置换墩着底情况及承载力与密度随深度的变化，检验数量不应少于墩点数的 3%，且不少于 3 点。 　4　强夯地基承载力检验的数量，应根据场地复杂程度和建筑物的重要性确定，对于简单场地上的一般建筑，每个建筑地基载荷试验检验点不应少于 3 点；对于复杂场地或重要建筑地基应增加检验点数。检测结果的评价，应考虑夯点和夯间位置的差异。强夯置换地基单墩载荷试验数量不应少于墩点数的 1%，且不少于 3 点；对饱和粉土地基，当处理后墩间土能形成 2.0m 以上厚度的硬层时，其地基承载力可通过现场单墩复合地基静载荷试验确定，检验数量不应少于墩点数的 1%，且每个建筑载荷试验检验点不应少于 3 点	2. 查阅质量验收记录 　内容：包括检验批、分项工程验收记录及隐蔽工程验收文件等 　数量：与项目质量验收范围划分表相符

续表

条款号	大纲条款	检查依据	检查要点
5.5 复合地基的监督检查			

5.5.1	设计前已通过现场试验或试验性施工，确定了设计参数和施工工艺参数	**1.《复合地基技术规范》GB/T 50783—2012**
		3.0.1 复合地基设计前，应具备岩土工程勘察、上部结构及基础设计和场地环境等有关资料。
		3.0.2 复合地基设计应根据上部结构对地基处理的要求、工程地质和水文地质条件、工期、地区经验和环境保护要求等，提出技术上可行的方案，经过技术经济比较，选用合理的复合地基形式。
		3.0.7 复合地基设计应符合下列规定：
		  1 宜根据建筑物的结构类型、荷载大小及使用要求，结合工程地质和水文地质条件、基础形式、施工条件、工期要求及环境条件进行综合分析，并进行技术经济比较，选用一种或几种可行的复合地基方案。
		  2 对大型和重要工程，应对已选用的复合地基方案，在有代表性的场地上进行相应的现场试验或试验性施工，并应检验设计参数和处理效果，通过分析比较选择和优化设计方案。
		7.1.4 高压旋喷桩复合地基方案确定后，应结合工程情况进行现场试验、试验性施工或根据工程经验确定施工参数及工艺。
		8.1.3 对于缺乏灰土挤密法地基处理经验的地区，应在地基处理前，选择有代表性的场地进行现场试验，并应根据试验结果确定设计参数和施工工艺，再进行施工。
		8.3.5 夯填施工前，应进行不少于 3 根桩的夯填试验，并应确定合理的填料数量及夯击能量。
		9.1.3 夯实水泥土桩复合地基设计前，可根据工程经验，选择水泥品种、强度等级和水泥土配合比，并可初步确定夯实水泥土材料的抗压强度设计值。缺乏经验时，应预先进行配合比试验。
		2.《电力工程地基处理技术规程》DL/T 5024—2005
		5.0.5.3 结合电力工程初步设计阶段岩土工程勘测，实施必要的地基处理原体试验，以获得必要的设计参数和合理的施工方案。
		3.《建筑地基处理技术规范》JGJ 79—2012
		7.1.1 复合地基设计前，应在有代表性的场地上进行现场试验或试验性施工，以确定设计参数和处理效果
			1. 查阅试桩检测报告或试桩报告
			设计参数、施工工艺参数：已确定

条款号	大纲条款	检查依据	检查要点
5.5.2	复合地基技术方案、施工方案齐全，已审批	**1.《建筑地基基础工程施工质量验收标准》GB 50202—2018** 4.9.1　施工前应检查砂石料的含泥量及有机质含量等。振冲法施工前应检查振冲器的性能，应对电流表、电压表进行检定或校准。 4.10.1　施工前应检查水泥、外掺剂等的质量、桩位、浆液配比、高压喷射设备的性能等，并应对压力表、流量表进行检定或校准。 4.11.1　施工前应检查水泥、外掺剂等的质量、桩位、搅拌机工作性能，并应对各种计量设备进行检定或校准。 4.12.1　施工前应对石灰及土的质量、桩位等进行检查。 4.13.1　施工前应对入场的水泥、粉煤灰、砂及碎石等原材料进行检验。 4.14.1　施工前应对进场的水泥及夯实用土料的质量进行检验。 **2.《电力工程地基处理技术规程》DL/T 5024—2005** 5.0.5.3　结合电力工程初步设计阶段岩土工程勘测，实施必要的地基处理原体试验，以获得必要的设计参数和合理的施工方案。 5.0.12　地基处理的施工应有详细的施工组织设计、施工质量管理和质量保证措施。应有专人负责施工检验与质量监督，做好各项施工记录	1. 查阅复合地基技术方案 审批：审批人已签字 2. 查阅施工方案报审表 审核：监理单位相关责任人已签字 批准：建设单位相关责任人已签字 3. 查阅施工方案 编、审、批：施工单位相关责任人已签字 施工步骤和工艺参数：与技术方案相符
5.5.3	散体材料复合地基增强体密实，检测报告齐全	**1.《建筑地基基础工程施工质量验收标准》GB 50202—2018** 4.9.1　施工前应检查砂石料的含泥量及有机质含量等。振冲法施工前应检查振冲器的性能，应对电流表、电压表进行检定或校准。 4.9.3　施工结束后，应进行复合地基承载力、桩体密实度等检验。 **2.《建筑地基处理技术规范》JGJ 79—2012** 7.1.2　对散体材料复合地基增强体应进行密实度检验。	1. 查阅材料跟踪管理台账 内容：包括砂石等材料的检验报告、使用情况、检验数量

条款号	大纲条款	检查依据	检查要点
5.5.3	散体材料复合地基增强体密实,检测报告齐全	7.9.11 多桩型复合地基的质量检验应符合下列规定: 3. 增强体施工质量检验,对散体材料增强体的检验数量应少于其总桩数的2%	2. 查阅散体材料复合地基增强体的密实度检测报告 报告检测结果:密实、连续 报告签章:有CMA章和试验报告检测专用章、授权人已签字 委托单签字:见证取样人员已签字且已附资质证书编号
5.5.4	有黏结强度要求的复合地基增强体的强度及桩身完整性检测报告齐全	**1.《建筑地基处理技术规范》JGJ 79—2012** 7.1.2 对有黏结强度复合地基增强体应进行强度及桩身完整性检验	查阅强度检测报告和桩身完整性检测报告 结论:符合设计要求 盖章:有CMA章和试验报告检测专用章 签字:授权人已签字
5.5.5	复合地基承载力及有设计要求的单桩承载力已通过静载荷试验,检测数量及承载力满足设计要求	**1.《复合地基技术规范》GB/T 50783—2012** 3.0.5 复合地基中由桩周土和桩端土提供的单桩竖向承载力和桩身承载力,均应符合设计要求。	1. 查阅复合地基承载力的检测报告 结论:符合设计要求 检测数量:符合规范规定 盖章:有CMA章和试验报告检测专用章 签字:授权人已签字

续表

条款号	大纲条款	检查依据	检查要点
5.5.5	复合地基承载力及有设计要求的单桩承载力已通过静载荷试验，检测数量及承载力满足设计要求	**2.《建筑地基处理技术规范》JGJ 79—2012** 7.1.3 复合地基承载力的验收检验应采用复合地基静载荷试验，对有黏结强度的复合地基增强体尚应进行单桩静载荷试验	2. 查阅有设计要求的单桩承载力静载荷试验报告 结论：符合设计要求 检测数量：符合规范规定； 盖章：有 CMA 章和试验报告检测专用章 签字：授权人已签字
5.5.6	复合地基增强体单桩的桩位偏差符合规范规定	**1.《建筑地基处理技术规范》JGJ 79—2012** 7.1.4 复合地基增强体单桩的桩位施工允许偏差：对条形基础的边桩沿轴线方向应为桩径的±1/4，沿垂直轴线方向应为桩径的±1/6，其他情况桩位的施工允许偏差应为桩径的±40%；桩身的垂直度允许偏差应为±1%	1. 查阅复合地基增强体单桩的桩位交接记录 签字：交接双方及监理已签字 2. 查阅质量检验记录 复合地基增强体单桩的桩位偏差数值：符合规范规定
5.5.7	质量控制参数符合技术方案，施工记录齐全	**1.《电力工程地基处理技术规程》DL/T 5024—2005** 5.0.12 地基处理的施工应有详细的施工组织设计、施工质量管理和质量保证措施。应有专人负责施工检验与质量监督，做好各项施工记录。 **2.《建筑地基处理技术规范》JGJ 79—2012** 3.0.12 地基处理施工中应有专人负责质量控制和监测，并做好各项施工记录。 7.1.5 复合地基承载力特征值应通过复合地基静载荷试验或采用增强体静载荷试验结果和其周边土的承载力特征值结合经验确定，初步设计时，可按下列公式计算： 1 对散体材料增强体复合地基应按式（7.1.5-1）计算。	1. 查阅施工方案 质量控制参数：与技术方案一致

条款号	大纲条款	检查依据	检查要点
5.5.7	质量控制参数符合技术方案，施工记录齐全	2 对有黏结强度增强体复合地基应按式（7.1.5-2）计算。 3 增强体单桩竖向承载力特征值可按式（7.1.5-3）计算。 7.1.6 有黏结强度复合地基增强体桩身强度应满足式（7.1.6-1）的要求。当复合地基承载力进行基础埋深的深度修正时，增强体桩身强度应满足式（7.1.6-2）的要求。 7.1.7 复合地基变形计算应符合《建筑地基基础设计规范》GB 50007 的有关规定，地基变形计算深度应大于复合土层的深度。复合土层的分层与天然地基相同，各复合土层的压缩模量应等于该层天然地基压缩模量的 ζ 倍，ζ 值可按式（7.1.7）确定。 7.1.8 复合地基的沉降计算经验系数 ψ_s 可根据地区沉降观测资料统计值确定，无经验取值时，可采用表 7.1.8 的数值。 **3.《混凝土大直径管桩复合地基技术规程》JGJ/T 213—2010** 4.1.4 工程施工前应按下列要求进行施工工艺参数试验： 1 应根据设计要求的数量、位置打试桩，进行施工工艺参数试验。 2 试桩的规格、长度应符合设计要求，应具有该场地的代表性，试验桩与工程桩的施工工艺条件应一致。 3 应根据试桩的参数优化设计，并应根据试桩的结果调整施工方案或施工组织设计。 **4.《刚-柔性桩复合地基技术规程》JGJ/T 210—2010** 5.1.2 施工组织设计应结合工程特点编制，并应包括下列内容： 1 施工平面图：应标明桩位、编号、施工顺序、水电线路和临时设施的位置；灌注桩采用泥浆护壁成孔时，应标明泥浆制备设备及其循环系统。 2 确定成孔机械、配套设备以及合理施工工艺的有关资料，泥浆护壁灌注桩必须有泥浆处理措施。 3 施工作业计划和劳动力组织计划。 4 机械设备、备件、工具、材料供应计划。	2. 查阅施工记录 内容：包括质量控制参数量，必要时的监测记录 记录数量：与验收记录相符

条款号	大纲条款	检查依据	检查要点
5.5.7	质量控制参数符合技术方案,施工记录齐全	5 安全、劳动保护、防火、防雨、防台风、爆破作业、文物、节能和环境保护等方面的措施,并应符合有关部门的规定。 6 保证工程质量、安全生产和季节性施工的技术措施	
5.5.8	施工质量的检验项目、方法、数量符合规范规定,质量验收记录齐全	**1.《建筑地基基础工程施工质量验收标准》GB 50202—2018** 3.0.8 原材料的质量检验应符合下列规定: 3 砂、石子、水泥、石灰、粉煤灰、矿（钢）渣粉等掺合料、外加剂等原材料的质量、检验项目、批量和检验方法,应符合国家现行有关标准的规定。 **2.《复合地基技术规范》GB/T 50783—2012** 6.4.1 深层搅拌桩施工过程中应随时检查施工记录和计量记录,并应对照规定的施工工艺对每根桩进行质量评定,应对固化剂用量、桩长、搅拌头转数、提升速度、复搅次数、复搅深度以及停浆处理方法等进行重点检查。 6.4.2 深层搅拌桩的施工质量检验数量应符合设计要求,并应符合下列规定: 1 成桩 7d 后,应采用浅部开挖桩头,深度宜超过停浆（灰）面下 0.5m,应目测检查搅拌的均匀性,并应量测成桩直径。 2 成桩 28d 后,应用双管单动取样器钻取芯样做抗压强度检验和桩体标准贯入检验。 3 成桩 28d 后,可按本规范附录 A 的有关规定进行单桩竖向抗压载荷试验。 6.4.3 深层搅拌桩复合地基工程验收时,应按本规范附录 A 的有关规定进行复合地基竖向抗压载荷试验。载荷试验应在桩体强度满足试验荷载条件,并宜在成桩 28d 后进行。检验数量应符合设计要求。 7.2.2 旋喷桩主要用于承受竖向荷载时,其平面布置可根据上部结构和基础特点确定。独立基础下的桩数不宜少于 3 根。 7.4.1 高压旋喷桩施工过程中应随时检查施工记录和计量记录,并应对照规定的施工工艺对每根桩进行质量评定。	1. 查阅质量检验记录 检验项目:包括复合地基承载力、有要求时的单位桩承载力、散体材料桩的桩身质量、有黏结强度要求桩的桩身完整性检测符合设计要求和规范规定 检验方法:采用静载试验、动力触探、低应变法等符合规范规定 检验数量:符合规范规定

条款号	大纲条款	检查依据	检查要点
5.5.8	施工质量的检验项目、方法、数量符合规范规定,质量验收记录齐全	7.4.2 高压旋喷桩复合地基检测与检验可根据工程要求和当地经验采用开挖检查、取芯、标准贯入、载荷试验等方法进行检验,并应结合工程测试及观测资料综合评价加固效果。 7.4.4 高压旋喷桩复合地基工程验收时,应按本规范附录 A 的有关规定进行复合地基竖向抗压载荷试验。载荷试验应在桩体强度满足试验荷载条件,并宜在成桩 28d 后进行。检验数量应符合设计要求。 17.3.1 复合地基检测内容应根据工程特点确定,宜包括复合地基承载力、变形参数、增强体质量、桩间土和下卧土层变化等。复合地基检测内容和要求应由设计单位根据工程具体情况确定,并应符合下列规定: 　1 复合地基检测应注重竖向增强体质量检验。 　2 具有挤密效果的复合地基,应检测桩间土挤密效果。 17.3.3 施工人员应根据检测目的、工程特点和调查结果,选择检测方法,制订检测方案,宜采用不少于两种检测方法进行综合质量检验,并应符合先简后繁、先粗后细、先面后点的原则。 17.3.4 抽检比例、质量评定等均应以检验批为基准,同一检验批的复合地基地质条件应相近,设计参数和施工工艺应相同,应根据工程特点确定抽检比例,但每个检验批的检验数量不得少于 3 个。 17.3.6 复合地基检测抽检位置的确定应符合下列规定: 　1 施工出现异常情况的部位。 　2 设计认为重要的部位。 　3 局部岩土特性复杂可能影响施工质量的部位。 　4 当采用两种或两种以上检测方法时,应根据前一种方法的检测结果确定后一种方法的检测位置。 　5 同一检验批的抽检位置宜均匀分布。	2. 查阅质量验收记录 内容:包括检验批、分项工程验收记录及隐蔽工程验收文件等 数量:与项目质量验收范围划分表相符

条款号	大纲条款	检查依据	检查要点
5.5.8	施工质量的检验项目、方法、数量符合规范规定,质量验收记录齐全	**3.《建筑地基处理技术规范》JGJ 79—2012** 7.1.9　处理后的符合地基承载力,应按本规范附录 B 的方法确定;复合地基增强体的单桩承载力,应按本规范附录 C 的方法确定。	
5.5.9	振冲碎石桩和沉管碎石桩符合以下要求:		
（1）	原材料性能证明文件齐全	**1.《建筑地基基础工程施工质量验收标准》GB 50202—2018** 3.0.8　原材料的质量检验应符合下列规定: 3 砂、石子、水泥、石灰、粉煤灰、矿（钢）渣粉等掺合料、外加剂等原材料的质量、检验项目、批量和检验方法,应符合国家现行有关标准的规定。 **2.《电力建设施工技术规范　第 1 部分:土建结构工程》DL 5190.1—2012** 3.0.2　工程所用主要原材料、半成品、构（配）件、设备等产品,进入施工现场时应按规定进行现场检验或复验,合格后方可使用,有见证取样检测要求的应符合国家现行有关标准的规定。对工程所用的水泥、钢筋等主要材料应进行跟踪管理。 **3.《电力建设施工质量验收及评价规程　第 1 部分:土建工程》DL/T 5210.1—2012** 3.0.1　涉及结构安全的试块、试件以及有关材料,应按规定进行见证取样检测。 18.3.1　地基及桩基工程质量记录应评价的内容包括: 1 材料、预制桩合格证（出厂试验报告）、进场验收记录及水泥、钢筋复验报告。	查阅碎石试验检测报告和试验委托单 报告检测结果:合格 报告签章:有 CMA 章和试验报告检测专用章,授权人已签字 委托单签字:见证取样人员已签字且已附资质证书编号 代表数量:与进场数量相符

条款号	大纲条款	检查依据	检查要点
（1）	原材料性能证明文件齐全	3 施工试验： 1）各种地基材料的配合比试验报告。 **4.《建筑地基处理技术规范》JGJ 79—2012** 3.0.11 地基处理所采用的材料，应根据场地类别符合有关标准对耐久性设计与使用的要求	
（2）	施工工艺与设计（施工）方案一致	**1.《建筑地基处理技术规程》JGJ 79—2012** 3.0.12 施工技术人员应掌握所承担工程的地基处理目的，加固原理，技术要求和质量标准等。施工中应有专人负责质量控制和监测，并做好施工记录。 7.2.1 振冲碎石桩、沉管砂石桩复合地基处理应符合下列规定： 2 对大型的、重要的或场地地层复杂的工程，以及对于处理不排水抗剪强度不小于20kPa的饱和黏性土和黄土地基，应在施工前通过现场试验确定其适用性。 3 不加填料振冲挤密法适用于处理黏粒含量不大于10%的中砂、粗砂地基，在初步设计阶段宜进行现场工艺试验，确定不加填料振密的可行性，确定孔距、振密电流值、振冲水压力、振后砂层的物理学指标等施工参数；30kW 振冲器振密深度不宜超过 7m，75kW 振冲器振密深度不宜超过 15m	查阅施工方案 施工工艺：与设计方案一致
（3）	地基承载力检测报告结论满足设计要求	**1.《建筑地基基础工程施工质量验收标准》GB 50202—2018** 4.1.5 砂石桩、高压喷射注浆桩、水泥土搅拌桩、土和灰土挤密桩、水泥粉煤灰碎石桩、夯实水泥土桩等复合地基的承载力必须达到设计要求。复合地基承载力的检验数量不应少于总桩数的0.5%，且不应少于 3 点。有单桩承载力或桩身强度检验要求时，检验数量不应少于总桩数的0.5%，且不少于 3 根	1. 查阅地基承载力检测报告 结论：符合设计要求 检验数量：符合规范要求 盖章：有 CMA 章和试验报告检测专用章 签字：授权人已签字

续表

条款号	大纲条款	检查依据	检查要点
（4）	质量控制参数符合技术方案，施工记录齐全	**1.《电力工程地基处理技术规程》DL/T 5024—2005** 5.0.12 地基处理的施工应有详细的施工组织设计、施工质量管理和质量保证措施。应有专人负责施工检验与质量监督，做好各项施工记录。 **2.《建筑地基处理技术规范》JGJ 79—2012** 3.0.12 地基处理施工中应有专人负责质量控制和监测，并做好各项施工记录。 7.2.2 振冲碎石桩、沉管砂石桩复合地基设计应符合下列规定： 1 地基处理范围应根据建筑物的重要性和场地条件确定，宜在基础外缘扩大（1～3）排桩。对可液化地基，在基础外缘扩大宽度不应小于基底下可液化土层厚度的1/2，且不应小于5m。 2 桩位布置，对大面积满堂基础和独立基础，可采用三角形、正方形、矩形布桩；对条形基础，可沿基础轴线采用单排布桩或对称轴线多排布桩。 3 桩径可根据地基土质情况、成桩方式和成桩设备等因素确定桩的平均直径可按每根桩所用填料量计算。振冲碎石桩桩径宜为800mm～1200mm；沉管砂石桩桩径宜为300mm～800mm。 4 桩间距应通过现场试验确定，并应符合下列规定： 1）振冲碎石桩的桩间距应根据上部结构荷载大小和场地土层情况，并结合所采用的振冲器功率大小综合考虑；30kW 振冲器布桩间距可采用 1.3m～2.0m；55kW 振冲器布桩间距可采用1.4m～2.5m；75kW 振冲器布桩间距可采用 1.5m～3.0m；不加填料振冲挤密孔距可为2m～3m。 2）沉管砂石桩的桩间距，不宜大于砂石桩直径的4.5倍；初步设计时，对松散粉土和砂土地基，应根据挤密后要求达到的孔隙比确定，可按式（7.2.2-1）～式（7.2.2-3）估算。 5 桩长可根据工程要求和工程地质条件，通过计算确定并应符合下列规定： 1）当相对硬土层埋深较浅时，可按相对硬层埋深确定。 2）当相对硬土层埋深较大时，应按建筑物地基变形允许值确定。 3）对按稳定性控制的工程，桩长应不小于最危险滑动面以下2.0m的深度。 4）对可液化的地基，桩长应按要求处理液化的深度确定。 5）桩长不宜小于4m。	1. 查阅施工方案 桩位布置，桩长、桩径、桩距，振冲桩桩体材料、振冲电流、留振时间质量控制参数：符合技术方案

条款号	大纲条款	检查依据	检查要点
（4）	质量控制参数符合技术方案，施工记录齐全	6 振冲桩桩体材料可采用含泥量不大于 5% 的碎石、卵石、矿渣或其他性能稳定的硬质材料，不宜使用风化易碎的石料。对 30kW 振冲器，填料粒径宜为 20mm～80mm；对 55kW 振冲器，填料粒径宜为 30mm～100mm；对 75kW 振冲器，填料粒径宜为 40mm～150mm。沉管桩桩体材料可用含泥量不大于 5% 的碎石、卵石、角砾、粗砂、中砂或石屑等硬质材料，最大粒径不宜大于 50mm。 7 桩顶和基础之间宜铺设厚度为 300mm～500mm 的垫层，垫层材料宜用中砂、粗砂、级配砂石和碎石等，最大粒径不宜大于 30mm，其夯填度（夯实后的厚度与虚铺厚度的比值）不应大于 0.9。 8 复合地基的承载力初步设计可按本规范式（7.1.5-1）估算，处理后桩间土承载力特征值，可按地区经验确定，如无经验时，对于一般黏性土地基，可按地区经验确定，如无经验时，对于一般黏性土地基，可取天然地基承载力特征值，松散的砂土、粉土可取原天然地基承载力特征值的 1.2 倍～1.5 倍；复合地基桩土应力比 n，宜采用实测值确定，如无实测资料时，对于黏性土可取 2.0～4.0，对于砂土、粉土可取 1.5～3.0。 9 复合地基变形计算应符合本规范 7.1.7 和 7.1.8 的规定。 10 对处理堆载场地地基，应进行稳定性验算。 7.2.3 振冲碎石桩施工应符合下列规定： 1 振冲施工可根据设计荷载的大小、原土强度的高低、设计桩长等条件选用不同功率的振冲器。施工前应在现场进行试验，以确定水压、振密电流和留振时间等各种施工参数。 2 升降振冲器的机械可用起重机、自行井架式施工平车或其他合适的设备。施工设备应配有电流、电压和留振时间自动信号仪表。 3 振冲施工可按下列步骤进行： 1）清理平整施工场地，布置桩位。 2）施工机具就位，使振冲器对准桩位。 3）启动供水泵和振冲器，水压宜为 200kPa～600kPa，水量宜为 200L/min～400L/min，将振冲器徐徐沉入土中，造孔速度宜为 0.5m/min～2.0m/min，直至达到设计深度；记录振冲器经各深度的水压、电流和留振时间。	2. 查阅施工记录 内容：包括桩位布置，桩长、桩径、桩距，振冲桩桩体材料、振冲电流、留振时间等 记录数量：与验收记录相符

条款号	大纲条款	检查依据	检查要点
（4）	质量控制参数符合技术方案，施工记录齐全	4）造孔后边提升振冲器，边冲水直至孔口，再放至孔底，重复 2 次～3 次扩大孔径并使孔内泥浆变稀，开始填料制桩。 5）大功率振冲器投料可不提出孔口，小功率振冲器下料困难时，可将振冲器提出孔口填料，每次填料厚度不宜大于 500mm；将振冲器沉入填料中进行振密制桩，当电流达到规定的密实电流值和规定的留振时间后，将振冲器提升 300mm～500mm。 6）重复以上步骤，自下而上逐段制作桩体直至孔口，记录各段深度的填料量、最终电流值和留振时间。 7）关闭振冲器和水泵。 4 施工现场应事先开设泥水排放系统，或组织好运浆车辆将泥浆运至预先安排的存放地点，应设置沉淀池，重复使用上部清水。 5 桩体施工完毕后，应将顶部预留的松散桩体挖除，铺设垫层并压实。 6 不加填料振冲加密宜采用大功率振冲器，造孔速度宜为 8m/min～10m/min，到达设计深度后，宜将射水量减至最小，留振至密实电流达到规定时，上提 0.5m，逐段振密直至孔口，每米振密时间约 1min。在粗砂中施工，如遇下沉困难，可在振冲器两侧增焊辅助水管，加大造孔水量，降低造孔水压。 7 振密孔施工顺序，宜沿直线逐点逐行进行。 7.2.4　沉管砂石桩施工应符合下列规定： 1 砂石桩施工可采用振动沉管、锤击沉管或冲击成孔等成桩法。当用于消除粉细砂及粉土液化时，宜用振动沉管成桩法。 2 施工前应进行成桩工艺和成桩挤密试验。当成桩质量不能满足设计要求时，应调整施工参数后，重新进行试验或设计。 3 振动沉管成桩法施工，应根据沉管和挤密情况，控制填砂石量、提升高度和速度、挤压次数和时间、电动机的工作电流等。	

条款号	大纲条款	检查依据	检查要点
（4）	质量控制参数符合技术方案，施工记录齐全	4 施工中应选用能顺利出料和有效挤压桩孔内砂石料的桩尖结构。当采用活瓣桩靴时，对砂土和粉土地基宜选用尖锥形；一次性桩尖可采用混凝土锥形桩尖。 5 锤击沉管成桩法施工可采用单管法或双管法。锤击法挤密应根据锤击能量，控制分段的填砂石量和成桩的长度。 6 砂石桩桩孔内材料填料量，应通过现场试验确定，估算时，可按设计桩孔体积乘以充盈系数确定，充盈系数可取 1.2～1.4。 7 砂石桩的施工顺序：对砂土地基宜从外围或两侧向中间进行。 8 施工时桩位偏差不应大于套管外径的 30%，套管垂直度允许偏差应为±1%。 9 砂石桩施工后，应将表层的松散层挖除或夯压密实，随后铺设并压实砂石垫层	
（5）	施工质量的检验项目、方法、数量符合规范规定	**1.《建筑地基基础工程施工质量验收标准》GB 50202—2018** 3.0.8 原材料的质量检验应符合下列规定： 3 砂、石子、水泥、石灰、粉煤灰、矿（钢）渣粉等掺合料、外加剂等原材料的质量、检验项目、批量和检验方法，应符合国家现行有关标准的规定。 4.1.1 地基工程的质量验收宜在施工完成并在间歇期后进行，间歇期应符合国家现行标准的有关规定和设计要求。 **2.《建筑地基处理技术规范》JGJ 79—2012** 7.2.5 振冲碎石桩、沉管砂石桩复合地基的质量检验应符合下列规定： 1 检查各项施工记录，如有遗漏或不符合要求的桩，应补桩或采取其他有效的补救措施。 2 施工后，应间隔一定时间方可进行质量检验。对粉质黏土地基不宜少于 21d，对粉土地基不宜少于 14d，对砂土和杂填土地基不宜少于 7d。 3 施工质量的检验，对桩体可采用重型动力触探试验；对桩间土可采用标准贯入、静力触探、动力触探或其他原位测试等方法；对消除液化的地基检验应采用标准贯入试验。桩间土质量的检测位置应在等边三角形或正方形的中心。检验深度不应小于处理地基深度，检测数量不应少于桩孔总数的 2%。	1. 查阅质量检验记录 检验项目：包括原材料、地基承载力，符合设计要求 检验方法：包括桩间土采用标准贯入、静力触探、动力触探或其他原位测试；对消除液化的地基检验采用标准贯入试验，符合规范规定 检验数量：符合规范规定

续表

条款号	大纲条款	检查依据	检查要点
（5）	施工质量的检验项目、方法、数量符合规范规定	7.2.6　竣工验收时，地基承载力检验应采用复合地基静载荷试验，试验数量不应少于总桩数的1%，且每个单体建筑不应少于3点	2. 查阅质量验收记录 内容：符合规范规定
5.5.10	水泥土搅拌桩符合以下要求		
（1）	原材料性能证明文件齐全	**1.《复合地基技术规范》GB 50783—2012** 6.2.1　固化剂宜选用强度等级为42.5级及以上的水泥或其他类型的固化剂；外掺剂可根据设计要求和土质条件选用具有早强、缓凝、减水以及节省水泥等作用的材料，且应避免污染环境。 **2.《电力建设施工质量验收及评价规程　第1部分：土建工程》DL/T 5210.1—2012** 3.0.1　涉及结构安全的试块、试件以及有关材料，应按规定进行见证取样检测。 18.3.1　地基及桩基工程质量记录应评价的内容包括： 1. 材料、预制桩合格证（出厂试验报告）、进场验收记录及水泥、钢筋复验报告。 3. 施工试验： 　1）各种地基材料的配合比试验报告。 **3.《建筑地基处理技术规范》JGJ 79—2012** 7.3.1　水泥土搅拌桩复合地基处理应符合下列规定： 5　增强体的水泥掺量不应小于12%，块状加固时水泥掺量不应小于加固天然土质量的7%；湿法的水泥浆水灰比可取0.5～0.6。 6　水泥土搅拌桩复合地基宜在基础和桩之间设置褥垫层，厚度可取200mm～300mm。褥垫层材料可选用中砂、粗砂、级配砂石等，最大粒径不宜大于20mm。褥垫层的夯填度不应大于0.9。	1. 查阅水泥、外掺剂进场验收记录 内容：包括出厂合格证（出厂试验报告），材料进场时间、批次、数量、规格等相应性能指标 2. 查阅材料跟踪管理台账 内容：包括水泥、外掺剂等材料合格证、复试报告、使用情况、检验数量

条款号	大纲条款	检查依据	检查要点
（1）	原材料性能证明文件齐全	**4.《混凝土结构工程施工质量验收规范》GB 50204—2015** 7.2.1　水泥进场时应对其品种、级别、包装或散装仓号、出厂日期等进行检查，并应对其强度、安定性及其他必要的性能指标进行复验，其质量必须符合《硅酸盐水泥、普通硅酸盐水泥》GB 175 等的规定。 检查数量：按同一生产厂家、同一等级、同一品种、同一批号且连续进场的水泥，袋装不超过 200t 为一批，散装不超过 500t 为一批，每批抽样不少于一次。检验方法：检查质量证明文件和抽样检验报告	3.查阅水泥、外掺剂试验检测报告和试验委托单 　报告检测结果：合格 　报告签章：有 CMA 章和试验报告检测专用章、授权人已签字 　委托单签字：见证取样人员已签字且已附资质证书编号 　代表数量：与进场数量相符
（2）	施工工艺与设计（施工）方案一致	**1.《复合地基技术规范》GB/T 50783—2012** 6.1.1　深层搅拌桩可采用喷浆搅拌法或喷粉搅拌法施工。当地基土的天然含水量小于 30% 或黄土含水量小于 25% 时不宜采用喷粉搅拌法。 6.1.4　确定处理方案前应搜集拟处理区域内详尽的岩土工程资料。 6.2.1　固化剂宜选用强度等级为 42.5 级及以上的水泥或其他类型的固化剂。固化剂掺入比应根据设计要求的固化土强度经室内配比试验确定。 6.3.1　深层搅拌桩施工现场应预先平整，应清除地上和地下的障碍物。遇有明洪、池塘及洼地时……，不得回填杂填土或生活垃圾。 6.3.3　深层搅拌桩的喷浆（粉）量和搅拌深度应采用经国家计量部门认证的监测仪器进行自动记录。 6.3.4　搅拌头翼片的枚数、宽度与搅拌轴的垂直夹角，搅拌头的回转数，搅拌头的提升速度应相互匹配。加固深度范围内土体任何一点均应搅拌 20 次以上。 6.3.5　成桩应采用重复搅拌工艺，全桩长上下至少重复搅拌一次。 6.3.6　深层搅拌桩施工时，停浆（灰）面应高于桩顶设计标高 300mm～500mm。在开挖基时，应将搅拌桩顶端施工质量较差的桩段用人工挖除。 6.3.8　深层搅拌桩施工应根据喷浆搅拌法和喷粉搅拌法施工设备的不同，按下列步骤进行：	查阅施工方案 施工工艺：与设计方案一致

条款号	大纲条款	检查依据	检查要点
（2）	施工工艺与设计（施工）方案一致	1 深层搅拌机械就位、调平。 2 预搅下沉至设计加固深度。 3 边喷浆（粉）、边搅拌提升直至预定的停浆（灰）面。 4 重复搅拌下沉至设计加固深度。 5 根据设计要求，喷浆（粉）或仅搅拌提升直至预定的停浆（灰）面。 6 关闭搅拌机械。 6.3.9 喷浆搅拌法施工时，……应使搅拌提升速度与输浆速度同步，同时应根据设计要求通过工艺性成桩试验确定施工工艺。 6.3.10 喷浆搅拌法施工时，所使用的水泥应过筛，制备好的浆液不得离析，泵送应连续。 6.3.13 喷粉施工前应仔细检查搅拌机械、供粉泵、送（粉）管路、接头和阀门的密封性、可靠性。送气（粉）管路的长度不宜大于60m。 6.3.14 搅拌头每旋转一周，其提升高度不得超过16mm。 6.3.15 成桩过程中因故停止喷粉，应将搅拌头下沉至停灰面以下1m处，并应待恢复喷粉时再喷粉搅拌提升。 6.3.16 需在地基土天然含水量小于30%土层中喷粉成桩时，应采用地面注水搅拌工艺。 **2.《建筑地基处理技术规范》JGJ 79—2012** 7.3.2 水泥土搅拌桩用于处理泥炭土、有机质土、pH值小于4的酸性土、塑性指标大于25的黏土，或在腐蚀性环境中以及无工程经验的地区使用时，必须通过现场和室内试验确定其适用性。 7.3.5 水泥土搅拌桩施工前，应根据设计进行工艺性试桩，数量不得少于3根，多轴搅拌施工不得少于3组。应对工艺试桩的质量进行检查，确定施工参数。 7.3.6 水泥土搅拌桩干法施工机械必须配置经国家计量部门确认的具有能瞬时检测并记录出粉体计量装置及搅拌深度自动记录仪。	

条款号	大纲条款	检查依据	检查要点
（2）	施工工艺与设计（施工）方案一致	**3.《深层搅拌法技术规范》DL/T 5425—2009** 6.5.9 施工记录应有专人负责，施工记录格式可参见《电力建设施工质量验收及评价规程 第1部分：土建工程》DL/T 5210.1—2012 配套表格 3-14 水泥搅拌桩施工记录。 7.0.11 施工过程中应详细记录搅拌钻头每米下沉（提升）时间、注浆与停泵的时间。记录深度误差不得大于 50mm，时间误差不得大于 5s。 7.0.12 施工记录应及时、准确、完整、清晰	
（3）	对变形有严格要求的工程，采用钻取芯样做水泥土抗压强度检验，检验数量、检测结果符合规范规定	**1.《建筑地基基础工程施工质量验收标准》GB 50202—2018** 4.11.3 施工结束后，应检验桩体的强度和直径，以及单桩与复合地基的承载力。 **2.《建筑地基处理技术规范》JGJ 79—2012** 7.3.7 水泥土搅拌桩复合地基质量检验应符合下列规定： 4. 对变形有严格要求的工程，应在成桩 28d 后，采用双管单动取样器钻取芯样作水泥土抗压强度检验，检验数量为施工总桩数的 0.5%，且不少于 6 点	1. 查阅对变形有严格要求工程的施工记录 内容：芯样检验数量、检测时间和结果符合设计要求和规范规定 2. 查阅水泥土抗压强度检测报告和试验委托单 报告检测结果：合格 报告签章：有 CMA 章和试验报告检测专用章、授权人已签字 委托单签字：见证取样人员已签字且已附资质证书编号
（4）	地基承载力检测报告结论满足设计要求	**1.《复合地基技术规范》GB/T 50783—2012** 3.0.5 复合地基中由桩周土和桩端土提供的单桩竖向承载力和桩身承载力，均应符合设计要求	查阅地基承载力检测报告 结论：复合地基和单桩承载力符合设计要求 检验数量：符合规范要求 盖章：有 CMA 章和试验报告检测专用章 签字：授权人已签字

条款号	大纲条款	检查依据	检查要点
（5）	质量控制参数符合技术方案，施工记录齐全	**1.《复合地基技术规范》GB/T 50783—2012** 6.3.7 施工中应保持搅拌桩机底盘水平和导向架竖直，搅拌桩垂直度的允许偏差为1%；桩位的允许偏差为50mm；成桩直径和桩长不得小于设计值。 6.3.9 喷浆搅拌法施工前应确定灰浆泵输浆量、灰浆经输浆管到达搅拌机喷浆口的时间和起吊等施工参数，宜用流量泵控制输浆速度，注浆泵出口压力应保持在0.4MPa～0.6MPa。 6.3.10 喷浆搅拌法施工时拌制水泥浆液的罐数、水泥和外掺剂用量以及泵送浆液的时间等，应有专人记录。 6.3.11 搅拌机喷浆提升的速度和次数应符合施工工艺的要求，并应有专人记录。 6.3.12 当水泥浆液到达出浆口后，应喷浆搅拌30s，应在水泥浆与桩端土充分搅拌后，再开始提升搅拌头	1. 查阅施工方案 灰浆泵输浆量、设备提升速度、注浆泵出口压等质量控制参数：符合技术方案 2. 查阅施工记录 内容：包括灰浆泵输浆量、设备提升速度、注浆泵出口压等 记录数量：与验收记录相符
（6）	施工质量的检验项目、方法、数量符合规范规定，质量验收记录齐全	**1.《建筑地基基础工程施工质量验收标准》GB 50202—2018** 4.11.4 水泥土搅拌桩地基质量检验标准应符合表4.11.4的规定。 **2.《建筑地基处理技术规范》JGJ 79—2012** 7.3.7 水泥土搅拌桩复合地基质量检验应符合下列规定： 2 水泥土搅拌桩的施工质量检验可采用下列方法： 1）成桩3d内，采用轻型动力触探（N10）检查上部桩身的均匀性，检验数量为施工总桩数的1%，且不少于3根。 2）成桩7d后，采用浅部开挖桩头进行检查，开挖深度宜超过停浆（灰）面下0.5m，检查搅拌的均匀性，量测成桩直径，检查数量不少于总桩数的5%。 3 静载荷试验宜在成桩28d后进行。水泥土搅拌桩复合地基承载力检验应采用复合地基静载荷试验和单桩静载荷试验，验收检验数量不少于总桩数的1%，复合地基静载荷试验数量不少于3台（多轴搅拌为3组）。	1. 查阅质量检验记录 检验项目：包括水泥用量、桩底标高、桩顶标高、桩位、桩径等偏差等，符合设计要求和规范规定 检验方法：包括成桩3d内，采用轻型动力触探（N10）；成桩7d后，采用浅部开挖桩头进行检查等，符合规范规定 检验数量：符合规范规定

条款号	大纲条款	检查依据	检查要点
（6）	施工质量的检验项目、方法、数量符合规范规定,质量验收记录齐全	4 对变形有严格要求的工程,应在成桩 28d 后,采用双管单动取样器钻取芯样做水泥土抗压强度检验,检验数量为施工总桩数的 0.5%,且不少于 6 点。 7.3.8 基槽开挖后,应检验桩位、桩数与桩顶桩身质量如不符合设计要求,应采取有效补强措施	2. 查阅质量验收记录 内容:包括检验批、分项工程验收记录及隐蔽工程验收文件等,验收合格 数量:与项目质量验收范围划分表相符
5.5.11	旋喷桩复合地基符合以下要求		
（1）	原材料性能证明文件齐全	**1.《电力建设施工质量验收及评价规程　第 1 部分:土建工程》DL/T 5210.1—2012** 3.0.1 涉及结构安全的试块、试件以及有关材料,应按规定进行见证取样检测。 18.3.1 地基及桩基工程质量记录应评价的内容包括: 1. 材料、预制桩合格证（出厂试验报告）、进场验收记录及水泥、钢筋复验报告。 3. 施工试验: 1）各种地基材料的配合比试验报告。 **2.《建筑地基处理技术规范》JGJ 79—2012** 7.4.6 旋喷桩复合地基宜在基础和桩顶之间设置褥垫层。褥垫层厚度宜为 150mm～300mm,褥垫层材料可选用中砂、粗砂和级配砂石等,褥垫层最大粒径不宜大于 20mm。褥垫层的夯填度不应大于 0.9。 7.4.8 旋喷桩施工应符合下列规定: 3 旋喷注浆,宜采用强度等级为 42.5 级的普通硅酸盐水泥,可根据需要加入适量的外加剂及掺合料。外加剂和掺合料的用量,应通过试验确定。	1. 查阅水泥、外掺剂进场验收记录 内容:包括出厂合格证（出厂试验报告）、材料进场时间、批次、数量、规格、相应性能指标 2. 查阅材料跟踪管理台账 内容:包括水泥、外掺剂等材料力合格证、复试报告、使用情况、检验数量,可追溯

条款号	大纲条款	检查依据	检查要点
（1）	原材料性能证明文件齐全	4 水泥浆液的水灰比宜为 0.8~1.2。 **3.《混凝土结构工程施工质量验收规范》GB 50204—2015** 7.2.1　水泥进场时应对其品种、级别、包装或散装仓号、出厂日期等进行检查，并应对其强度、安定性及其他必要的性能指标进行复验，其质量必须符合《硅酸盐水泥、普通硅酸盐水泥》GB 175 等的规定。 检查数量：按同一生产厂家、同一等级、同一品种、同一批号且连续进场的水泥，袋装不超过 200t 为一批，散装不超过 500t 为一批，每批抽样不少于一次。检验方法：检查质量证明文件和抽样检验报告	3. 查阅水泥、外掺剂试验检测报告和试验委托单 报告检测结果：合格 报告签章：有 CMA 章和试验报告检测专用章、授权人已签字 委托单签字：见证取样人员已签字且已附资质证书编号 代表数量：与进场数量相符
（2）	施工工艺与设计（施工）方案一致	**1.《复合地基技术规范》GB/T 50783—2012** 7.1.4　高压旋喷桩复合地基方案确定后，应结合工程情况进行现场试验、试验性施工或根据工程经验确定施工参数及工艺。 7.3.1　施工前应根据现场环境和地下埋设物位置等情况，复核设计孔位。 7.3.3　高压旋喷水泥土桩施工应按下列步骤进行： 1　高压旋喷机械就位、调平。 2　贯入喷射管至设计加固深度。 3　喷射注浆，边喷射、边提升，根据设计要求，喷射提升直至预定的停喷面。 4　拔管及冲洗，移位或关闭施工机械。 **2.《建筑地基处理技术规范》JGJ 79—2012** 7.4.8　旋喷桩施工应符合下列规定： 9　在旋喷注浆过程中出现压力骤然下降、上升或冒浆异常时，应查明原因并及时采取措施。 10　旋喷注浆完毕，应迅速拔出喷射管。为防止浆液凝固收缩影响桩顶高程，可在原孔位采用冒浆回灌或第二次注浆等措施。 11　施工中应做好废泥浆处理，及时将废泥浆运出或在现场短期堆放后作土方运出。 12　施工中应严格按照施工参数和材料用量施工，用浆量和提升速度应采用自动记录装置，并做好各项施工记录	查阅施工方案 施工工艺：与设计方案一致

条款号	大纲条款	检查依据	检查要点
（3）	地基承载力检测报告结论满足设计要求	**1.《复合地基技术规范》GB/T 50783—2012** 7.4.4　高压旋喷桩复合地基工程验收时，应按本规范附录 A 的有关规定进行复合地基竖向抗压载荷试验。载荷试验应在桩体强度满足试验荷载条件，并宜在成桩 28d 后进行。检验数量应符合设计要求。 **2《建筑地基处理技术规范》JGJ 79—2012** 7.4.10　竣工验收时，旋喷桩复合地基承载力检验应采用复合地基静载荷试验和单桩静载荷试验。检验数量不得少于总桩数的 1%，且每个单体工程复合地基静载荷试验的数量不得少于 3 根	查阅地基承载力检测报告 结论：复合地基和单桩承载力符合设计要求 检验数量：符合规范要求 盖章：有 CMA 章和试验报告检测专用章 签字：授权人已签字
（4）	质量控制参数符合技术方案，施工记录齐全	**1.《复合地基技术规范》GB/T 50783—2012** 7.4.1　高压旋喷桩施工过程中应随时检查施工记录和计量记录，并应对照规定的施工工艺对每根桩进行质量评定。 **2.《建筑地基处理技术规范》JGJ 79—2012** 7.4.8　旋喷桩施工应符合下列规定： 2　单管法、双管法高压水泥浆和三管法高压水的压力应大于 20MPa，流量应大于 30L/min，气流压力宜大 0.7MPa，提升速度宜为 0.1m/min～0.2m/min。 3　旋喷注浆，宜采用强度等级为 42.5 级的普通硅酸盐水泥，可根据需要加入适量的外加剂及掺合料。外加剂和掺合料的用量，应通过试验确定。 4　水泥浆液的水灰比宜为 0.8～1.2	1. 查阅施工方案 质量控制参数：包括水灰比、灰浆泵输浆量、设备提升速度、注浆泵出口压力等，符合技术方案 2. 查阅施工记录 内容：包括水灰比、灰浆泵输浆量、设备提升速度、注浆泵出口压等 记录数量：与验收记录相符
（5）	施工质量的检验项目、方法、数量符合规范规定，质量验收记录齐全	**1.《复合地基技术规范》GB/T 50783—2012** 7.4.2　高压旋喷桩复合地基检测与检验可根据工程要求和当地经验采用开挖检查、取芯、标准贯入、载荷试验等方法进行检验，并应结合工程测试及观测资料综合评价加固效果。 7.4.3　检验点布置应符合下列规定： 1　有代表性的桩位。 2　施工中出现异常情况的部位。	1. 查阅质量检验记录 检验项目：包括水泥用量、桩底标高、桩顶标高、桩位、桩径等，符合设计要求和规范规定

条款号	大纲条款	检查依据	检查要点
（5）	施工质量的检验项目、方法、数量符合规范规定，质量验收记录齐全	3 地基情况复杂，可能对高压喷射注浆质量产生影响的部位。 7.4.4 高压旋喷桩复合地基工程验收时，应按本规范附录 A 的有关规定进行复合地基竖向抗压载荷试验。载荷试验应在桩体强度满足试验荷载条件，并宜在成桩 28d 后进行。检验数量应符合设计要求。 **2.《建筑地基基础工程施工质量验收标准》GB 50202—2018** 4.10.3 施工结束后，应检验桩体的强度和直径，以及单桩与复合地基的承载力	检验方法：采用开挖检查、取芯、标准贯入法、载荷试验等，符合规范规定 　检验数量：检验数量不少于施工总桩数的1%，且每个单体工程复合地基不少于 3 根，符合规范规定 2. 查阅质量验收记录 内容：包括检验批、分项工程验收记录及隐蔽工程验收文件等 数量：与项目质量验收范围划分表相符
5.5.12	灰土挤密桩和土挤密桩复合地基符合以下要求		
（1）	消石灰性能指标及灰土强度等级符合设计要求	**1.《建筑地基处理技术规范》JGJ 79—2012** 7.5.2 灰土挤密桩、土挤密桩复合地基设计应符合下列规定：	1. 查阅消石灰进场验收记录 内容：包括出厂合格证（出厂试验报告）、材料进场时间、批次、数量、规格、相应性能指标

条款号	大纲条款	检查依据	检查要点
（1）	消石灰性能指标及灰土强度等级符合设计要求	6. 桩孔内的灰土填料，其消石灰与土的体积配合比，宜为2：8或3：7。土料宜选用粉质黏土，土料中的有机质含量不应超过5%，且不得含有冻土，渣土垃圾粒径不应超过15mm。石灰可选用新鲜的消石灰或生石灰粉，粒径不应大于5mm。消石灰的质量应合格，有效$CaO+MgO$含量不得低于60%	2. 查阅消石灰试验报告和试验委托单 报告检测结果：合格 报告签章：有CMA章和试验报告检测专用章、授权人已签字 委托单签字：见证取样人员已签字且已附资质证书编号 3. 查阅灰土配合比记录 配合比：符合设计要求
（2）	施工工艺与设计（施工）方案一致	**1.《复合地基技术规范》GB/T 50783—2012** 8.1.1　灰土挤密桩复合地基适用于填土、粉土、粉质黏土、湿陷性黄土和非湿陷性黄土、黏土以及其他可进行挤密处理的地基。 8.1.2　采用灰土挤密桩处理地基时，应使地基土的含水量达到或接近最优含水量。地基土的含水量小于12%时，应先对地基土进行增湿，再进行施工。当地基土的含水量大于22%或含有不可穿越的砂砾夹层时，不宜采用。 8.1.3　对于缺乏灰土挤密法地基处理经验的地区，应在地基处理前，选择有代表性的场地进行现场试验，并应根据试验结果确定设计参数和施工工艺，再进行施工。 8.1.4　成孔挤密施工，可采用沉管、冲击、爆扩等方法。当采用预钻孔夯扩挤密时，应加强施工控制，并应确保夯扩直径达到设计要求。 8.1.5　孔内填料宜采用素土或灰土，也可采用水泥土等强度较高的填料。对非湿陷性地基，也可采用建筑垃圾、砂砾等作为填料。 8.3.1　灰土挤密桩施工应间隔分批进行，桩孔完成后应及时夯填。进行地基局部处理时，应由外向里施工。	查阅施工方案 施工工艺：与设计方案一致

续表

条款号	大纲条款	检查依据	检查要点
（2）	施工工艺与设计（施工）方案一致	8.3.3 填料用素土时，宜采用纯净黄土，也可选用黏土、粉质黏土等，土中不得含有有机质，不宜采用塑性指数大于 17 的黏土，不得使用耕土或杂填土，冬季施工时严禁使用冻土。 8.3.4 灰土挤密桩施工应预留 0.5m～0.7m 的松动层，冬季在零度以下施工时，宜增大预留松动层厚度。 8.3.5 夯填施工前，应进行不少于 3 根桩的夯填试验，并应确定合理的填料数量及夯击能量。 8.3.6 灰土挤密桩复合地基施工完成后，应挖除上部扰动层，基底下应设置厚度不小于 0.5m 的灰土或土垫层，湿陷性土不宜采用透水材料作垫层。 **2.《建筑地基处理技术规范》JGJ 79—2012** 7.5.3 灰土挤密桩、土挤密桩施工应符合下列规定： 　6 铺设灰土垫层前，应按设计要求将桩顶标高以上的预留松动土层挖除或夯（压）密实。 　7 施工过程中，应有专人监督成孔及回填夯实的质量，并应做好施工记录；如发现地基土质与勘察资料不符，应立即停止施工，待查明情况或采取有效措施处理后，方可继续施工。 　8 雨期或冬期施工，应采取防雨或防冻措施，防止填料受雨水淋湿或冻结	
（3）	桩长范围内灰土或土填料的平均压实系数、处理深度内桩间土的平均挤密系数、抽检数量符合规范规定	**1.《建筑地基处理技术规范》JGJ 79—2012** 7.5.2 灰上挤密桩、土挤密桩复合地基设计应符合下列规定： 　7 孔内填料应分层回填夯实，填料的平均压实系数不应低于 0.97，其中压实系数最小值不应低于 0.93。	1. 查阅击实试验报告，平均压实系数、平均挤密系数试验检测报告和试验委托单 　报告检测结果：合格 　报告签章：有 CMA 章和试验报告检测专用章、授权人已签字 　委托单签字：见证取样人员已签字且已附资质证书编号

条款号	大纲条款	检查依据	检查要点
（3）	桩长范围内灰土或土填料的平均压实系数、处理深度内桩间土的平均挤密系数、抽检数量符合规范规定	7.5.4 灰土挤密桩、土挤密桩复合地基质量检验应符合下列规定： 2. 应随机抽样检测夯后桩长范围内灰土或土填料的平均压实系数，抽检的数量不应少于桩总数的1%，且不得少于9根。对灰土桩桩身强度有怀疑时，尚应检验消石灰与土的体积配合比。 3. 应抽样检验处理深度内桩间土的平均挤密系数，检测探井数不应少于总桩数的0.3%，且每项单体工程不得少于3个	2. 查阅地基承载力检测报告和试验委托单 报告检测结果：合格 报告签章：有CMA章和试验报告检测专用章、授权人已签字 委托单签字：见证取样人员已签字且已附资质证书编号
（4）	对消除湿陷性的工程，进行了现场浸水静载荷试验，试验结果符合规范规定	1.《复合地基技术规范》GB/T 50783—2012 8.4.4 在湿陷性土地区，对特别重要的项目尚应进行现场浸水载荷试验	查阅特别重要项目的浸水载荷试验报告 结论：符合规范规定和设计要求 盖章：有CMA章和试验报告检测专用章 签字：授权人已签字
（5）	地基承载力检测报告结论满足设计要求	1.《复合地基技术规范》GB/T 50783—2012 8.4.3 灰土挤密桩复合地基工程验收时，应按本规范附录A的有关规定进行复合地基竖向抗压载荷试验。检验数量应符合设计要求	1. 查阅地基承载力检测报告 结论：复合地基承载力符合设计要求 检验数量：符合规范要求 盖章：有CMA章和试验报告检测专用章 签字：授权人已签字

条款号	大纲条款	检查依据	检查要点
(6)	质量控制参数符合技术方案，施工记录齐全	**1.《复合地基技术规范》GB/T 50783—2012** 8.2.5 当挤密处理深度不超过 12m 时，不宜采用预钻孔，挤密孔的直径宜为 0.35m～0.45m。当挤密孔深度超过 12m 时，宜在下部采用预钻孔，成孔直径宜为 0.30m 以下；也可全部采用预钻孔，孔径不宜大于 0.40m，应在填料回填程中进行孔内强夯挤密，挤密后填料孔直径应达到 0.60m 以上。 8.2.9 灰土的配合比宜采用 3：7 或 2：8（体积比），含水量应控制在最优含量±2%以内，石灰应为熟石灰。 8.3.2 挤密桩孔底在填料前应夯实，填料时宜分层回填夯实，其压实系数（λ_c）不应小于0.97。	1. 查阅施工方案 灰土配合比控制参数：符合技术方案要求
		2.《建筑地基处理技术规范》JGJ 79—2012 7.5.3 灰土挤密桩、土挤密桩施工应符合下列规定： 4 土料有机质含量不应大于 5%，且不得含有冻土和膨胀土，使用时应过 10mm～20mm 的筛，混合料含水量应满足最优含水量要求，允许偏差应为±2%，土料和水泥应拌合均匀。 5 成孔和孔内回填夯实应符合下列规定： 1）成孔和孔内回填夯实的施工顺序，当整片处理地基时，宜从里（或中间）向外间隔 1 孔～2 孔依次进行，对大型工程，可采取分段施工；当局部处理地基时，宜从外向里间隔 1 孔～2 孔依次进行。 2）向孔内填料前，孔底应夯实，并应检查桩孔的直径、深度和垂直度。 3）桩孔的垂直度允许偏差应为±1%。 4）孔中心距允许偏差应为桩距的±5%。 5）经检验合格后，应按设计要求，向孔内分层填入筛好的素土、灰土或其他填料，并应分层夯实至设计标高	2. 查阅施工记录 内容：包括灰土比、桩位、孔径、孔深等质量控制参数 记录数量：与验收记录相符

条款号	大纲条款	检查依据	检查要点
（7）	施工质量的检验项目、方法、数量符合规范规定，质量验收记录齐全	**1.《建筑地基处理技术规范》JGJ 79—2012** 7.5.2　灰土挤密桩、土挤密桩复合地基设计应符合下列规定： 7　孔内填料应分层回填夯实，填料的平均压实系数不应低于 0.97，其中压实系数最小值不应低于 0.93。 7.5.4　灰土挤密桩、土挤密桩复合地基质量检验应符合下列规定： 2　应随机抽样检测夯后桩长范围内灰土或土填料的平均压实系数，抽检的数量不应少于桩总数的 1%，且不得少于 9 根。对灰土桩桩身强度有怀疑时，尚应检验消石灰与土的体积配合比。 3　应抽样检验处理深度内桩间土的平均挤密系数，检测探井数不应少于总桩数的 0.3%，且每项单体工程不得少于 3 个	1. 查阅质量检验记录 检验项目：包括桩孔直径、桩孔深度、夯击次数、填料的含水量、密实度等，符合设计要求 检验方法：量测、环刀法等符合规范规定 检验数量：符合规范规定 2. 查阅质量验收记录 内容：包括检验批、分项工程验收记录及隐蔽工程验收文件等 数量：与项目质量验收范围划分表相符
5.5.13	夯实水泥土桩复合地基符合以下要求		
（1）	原材料性能证明文件齐全	**1.《复合地基技术规范》GB 50783—2012** 9.3.2　水泥应符合设计要求的种类及规格。 9.3.3　土料宜采用黏性土、粉土、粉细砂或渣土，土料中的有机物质含量不得超过 5%，不得含有冻土或膨胀土，使用前应过孔径为 10mm～20mm 的筛。 9.3.4　水泥土混合料配合比应符合设计要求，含水量与最优含水量的允许偏差为±200，并应采取搅拌均匀的措施。当用机械搅拌时，搅拌时间不应少于 1min，当用人工搅拌时，拌合次数不应少于 3 遍。混合料拌合后应在 2h 内用于成桩。	1. 查阅水泥、外掺剂进场验收记录 内容：包括出厂合格证（出厂试验报告）、复试报告、材料进场时间、批次、数量、规格、相应性能指标

条款号	大纲条款	检查依据	检查要点
（1）	原材料性能证明文件齐全	**2.《混凝土结构工程施工质量验收规范》GB 50204—2015** 7.2.1 水泥进场时应对其品种、级别、包装或散装仓号、出厂日期等进行检查，并应对其强度、安定性及其他必要的性能指标进行复验，其质量必须符合《硅酸盐水泥、普通硅酸盐水泥》GB 175 等的规定。 检查数量：按同一生产厂家、同一等级、同一品种、同一批号且连续进场的水泥，袋装不超过 200t 为一批，散装不超过 500t 为一批，每批抽样不少于一次。 检验方法：检查质量证明文件和抽样检验报告	2. 查阅材料跟踪管理台账 内容：包括水泥、外掺剂等材料的合格证、复试报告、使用情况、检验数量，可追溯 3. 查阅水泥、外掺剂试验检测报告和试验委托单 报告检测结果：合格 报告签章：有 CMA 章和试验报告检测专用章、授权人已签字 委托单签字：见证取样人员已签字且已附资质证书编号 代表数量：与进场数量相符
（2）	施工工艺与设计（施工）方案一致	**1.《复合地基技术规范》GB/T 50783—2012** 9.1.1 夯实水泥土桩复合地基适用于处理深度不超过 10m，在地下水位以上为黏性土、粉土、粉细砂、素填土、杂填土等适合成桩并能挤密的地基。 9.1.2 夯实水泥土桩可采用沉管、冲击等挤土成孔法施工，也可采用洛阳铲、螺旋钻等非挤土成孔法施工。 9.2.4 夯实水泥土桩桩径宜根据施工工具和施工方法确定，宜取 300mm～600mm，桩中心距不宜大于桩径的 5 倍。 9.2.5 夯实水泥土桩的桩顶宜铺设厚度为 100mm～300mm 的垫层，垫层材料宜选用最大粒径不大于 20mm 的中砂、粗砂、石屑、级配砂石等。 9.3.1 施工前应根据设计要求，进行工艺性试桩，数量不得少于 2 根。	查阅施工方案 施工工艺：与设计方案一致

条款号	大纲条款	检查依据	检查要点
（2）	施工工艺与设计（施工）方案一致	**2.《建筑地基处理技术规范》JGJ 79—2012** 7.6.3 夯实水泥土桩施工应符合下列规定： 1 成孔应根据设计要求、成孔设备、现场土质和周围环境等，选用钻孔、洛阳铲成孔等方法。当采用人工洛阳铲成孔工艺时，处理深度不宜大于 6.0m。 2 桩顶设计标高以上的预留覆盖土层厚度不宜小于 0.3m。 3 成孔和孔内回填夯实应符合下列规定： 1）宜选用机械成孔和夯实。 2）向孔内填料前，孔底应夯实；分层夯填时，夯锤落距和填料厚度应满足夯填密实度的要求。 3）土料有机质含量不应大于 5%，且不得含有冻土和膨胀土，混合料含水量应满足最优含水量要求，允许偏差应为±2%，土料和水泥应拌合均匀。 4）成孔经检验合格后，按设计要求，向孔内分层填入拌合好的水泥土，并应分层夯实至设计标高。 4 铺设垫层前，应按设计要求将桩顶标高以上的预留土层挖除。垫层施工应避免扰动基底土层。 5 施工过程中，应有专人监理成孔及回填夯实的质量，并应做好施工记录。如发现地基土质与勘察资料不符，应立即停止施工，待查明情况或采取有效措施处理后，方可继续施工。 6 雨期或冬期施工，应采取防雨或防冻措施，防止填料受雨水淋湿或冻结	
（3）	夯填桩体的干密度、抽检数量符合规范规定	**1.《建筑地基处理技术规范》JGJ 79—2012** 7.6.4 夯实水泥土桩复合地基质量检验应符合下列规定：	1. 查阅夯填桩体的干密度试验检测报告： 报告检测结果：合格 报告签章：有 CMA 章和试验报告检测专用章、授权人已签字 委托单签字：见证取样人员已签字且已附资质证书编号

条款号	大纲条款	检查依据	检查要点
（3）	夯填桩体的干密度、抽检数量符合规范规定	2 夯填桩体的干密度质量检验应随机抽样检测，抽检的数量不应少于总桩数的2%	2. 查阅施工单位抽检计划 检测数量：抽检数量与计划一致
（4）	地基承载力检测报告结论满足设计要求	**1.《建筑地基处理技术规范》JGJ 79—2012** 7.6.5 竣工验收时，夯实水泥土桩复合地基承载力检验应采用单桩复合地基静载荷试验和单桩静载荷试验；对重要或大型工程，尚应进行多桩复合地基静载荷试验	查阅地基承载力检测报告 结论：符合设计要求 检验数量：符合规范要求 盖章：有CMA章和试验报告检测专用章 签字：授权人已签字
（5）	质量控制参数符合技术方案，施工记录齐全	**1.《复合地基技术规范》GB/T 50783—2012** 9.2.9 夯实水泥土材料的配合比应根据工程要求、土料性质、施工工艺及采用的水泥品种、强度等级，由配合比试验确定，水泥与土的体积比宜取1∶5～1∶8。 9.3.2 水泥应符合设计要求的种类及规格。 9.3.3 土料宜采用黏性土、粉土、粉细砂或渣土，土料中的有机物质含量不得超过5%，不得含有冻土或膨胀土，使用前应过孔径为10mm～20mm的筛。 9.3.4 水泥土混合料配合比应符合设计要求，含水量与最优含水量的允许偏差为±2%，并应采取搅拌均匀的措施。 当用机械搅拌时，搅拌时间不应少于1min，当用人工搅拌时，拌合次数不应少于3遍。混合料拌合后应在2h内用于成桩。 9.3.5 成桩宜采用桩体夯实机，宜选用梨形或锤底为盘形的夯锤，锤体直径与桩孔直径之比宜取0.7～0.8，锤体质量应大于120kg，夯锤每次提升高度，不应低于700mm。	1. 查阅施工方案 水泥土配合比控制参数：符合技术方案要求

条款号	大纲条款	检查依据	检查要点
（5）	质量控制参数符合技术方案，施工记录齐全	9.3.6　夯实水泥土桩施工步骤应为成孔—分层夯实—封顶—夯实。成孔完成后，向孔内填料前孔底应夯实。填料频率与落锤频率应协调一致，并应均匀填料，严禁突击填料。每回填料厚度应根据夯锤质量经现场夯填试验确定，桩体的压实系数（λ_c）不应小于0.93。 9.3.8　施工时桩顶应高出桩顶设计标高100mm～200mm，垫层施工前应将高于设计标高的桩头凿除，桩顶面应水平、完整。 9.3.9　成孔及成桩质量监测应设专人负责，并应做好成孔、成桩记录，发现问题应及时进行处理。 9.3.10　桩顶垫层材料不得含有植物残体、垃圾等杂物，铺设厚度应均匀，铺平后应振实或夯实，夯填度不应大于0.900	2. 查阅施工记录 内容：包括水泥土配合比、分层回填厚度、桩锤落距、桩位、孔径、孔深等质量控制参数 记录数量：与验收记录相符
（6）	施工质量的检验项目、方法、数量符合规范规定，质量验收记录齐全	**1.《复合地基技术规范》GB/T 50783—2012** 9.3.7　桩位允许偏差，对满堂布桩为桩径的0.4倍，条基布桩为桩径的0.25倍；桩孔垂直度允许偏差为1.5%；桩径的允许偏差为±20mm；桩孔深度不应小于设计深度。 9.4.1　夯实水泥土桩施工过程中应随时检查施工记录和计量记录，并应对照规定的施工工艺对每根桩进行质量评定。 9.4.2　桩体夯实质量的检查，应在成桩过程中随时随机抽取，检验数量应由设计单位根据工程情况提出具体要求。 密实度的检测可在夯实水泥土桩桩体内取样测定干密度或以轻型圆锥动力触探击数判断桩体夯实质量。 **2.《建筑地基基础工程施工质量验收标准》GB 50202—2018** 4.14.1　施工前应对进场的水泥及夯实用土料的质量进行检验。 4.14.2　施工中应检查孔位、孔深、孔径、水泥和土的配比及混合料含水量等。 4.14.3　施工结束后，应对桩体质量、复合地基承载力及褥垫层夯填度进行检验。 4.14.4　夯实水泥土桩的质量检验标准应符合表4.14.4的规定。	1. 查阅质量检验记录 检验项目：包括孔位、孔深、孔径、水泥和土的配比、混合料含水量等，符合规范规定 检验方法：量测、环刀法符合规范规定 检验数量：符合规范规定

条款号	大纲条款	检查依据	检查要点
（6）	施工质量的检验项目、方法、数量符合规范规定，质量验收记录齐全	**3.《建筑地基处理技术规范》JGJ 79—2012** 7.6.4 夯实水泥土桩复合地基质量检验应符合下列规定： 　　1 成桩后，应及时抽样检验水泥土桩的质量。 　　2 夯填桩体的干密度质量检验应随机抽样检测，抽检的数量不应少于总桩数的2%。 　　3 复合地基静载荷试验和单桩静载荷试验检验数量不应少于桩总数的1%，且每项单体工程复合地基静载荷试验检验数量不应少于3点	2. 查阅质量验收记录 内容：包括检验批、分项工程验收记录及隐蔽工程验收文件等 数量：与项目质量验收范围划分表相符
5.5.14	水泥粉煤灰碎石桩复合地基符合以下要求		
（1）	原材料性能证明文件齐全	**1.《建筑地基基础工程施工质量验收标准》GB 50202—2018** 3.0.8 原材料的质量检验应符合下列规定： 　　3 砂、石子、水泥、石灰、粉煤灰、矿（钢）渣粉等掺合料、外加剂等原材料的质量、检验项目、批量和检验方法，应符合国家现行有关标准的规定。 **2.《电力建设施工质量验收及评价规程　第1部分：土建工程》DL/T 5210.1—2012** 18.3.1 地基及桩基工程质量记录应评价的内容包括： 　　1 材料、预制桩合格证（出厂试验报告）、进场验收记录及水泥、钢筋复验报告。 　　3 施工试验： 　　1）各种地基材料的配合比试验报告。 **3.《混凝土结构工程施工质量验收规范》GB 50204—2015** 7.2.1 水泥进场时应对其品种、级别、包装或散装仓号、出厂日期等进行检查，并应对其强度、安定性及其他必要的性能指标进行复验，其质量必须符合《硅酸盐水泥、普通硅酸盐水泥》GB 175等的规定。	1. 查阅水泥、粉煤灰进场验收记录 内容：包括出厂合格证（出厂试验报告）、复试报告、材料进场时间、批次、数量、规格、相应性能指标 2. 查阅施工单位材料跟踪管理台账 内容：包括水泥、粉煤灰等材料的合格证、复试报告、使用情况、检验数量，可追溯

条款号	大纲条款	检查依据	检查要点
（1）	原材料性能证明文件齐全	检查数量：按同一生产厂家、同一等级、同一品种、同一批号且连续进场的水泥，袋装不超过200t 为一批，散装不超过 500t 为一批，每批抽样不少于一次。 检验方法：检查质量证明文件和抽样检验报告	3. 查阅水泥、外掺剂试验检测报告和试验委托单 检测报告：检测结果合格、有CMA 章和试验报告检测专用章、授权人已签字，检测项目满足认证范围且在有效期内 委托单：有监理见证取样签字且具备见证资质 代表数量：与进场数量相符
（2）	施工工艺与设计（施工）方案一致	**1.《建筑地基处理技术规范》JGJ 79—2012** 7.7.1　水泥粉煤灰碎石桩复合地基适用于处理黏性土、粉土、砂土和自重固结已完成的素填土地基。对淤泥质土应按地区经验或通过现场试验确定其适用性。 7.7.3　水泥粉煤灰碎石桩施工应符合下列规定： 1　可选用下列施工工艺： 1）长螺旋钻孔灌注成桩：适用于地下水位以上的黏性土、粉土、素填土、中等密实以上的砂土地基。 2）长螺旋钻中心灌成桩：适用于黏性土、粉土、砂土和素填土地基，对噪声或泥浆污染要求严格的场地可优先选用；穿越卵石夹层时应通过试验确定适用性。 3）振动沉管灌注成桩：适用于粉土、黏性土及素填土地基；挤土造成地面隆起量大时，应采用较大桩距施工。 4）泥浆护壁成孔灌注桩，适用于地下水位以下的黏性土、粉土、砂土、填土、碎石土及风化岩层等地基；桩长范围和桩端有承压水的土层应通过试验确定其适应性。	查阅施工方案 施工工艺：与设计方案一致

条款号	大纲条款	检查依据	检查要点
（2）	施工工艺与设计（施工）方案一致	2 长螺旋钻中心压灌成桩施工和振动沉管灌注成桩施工应符合下列规定： 1）施工前，应按设计要求在试验室进行配合比试验；施工时，按配合比配制混合料；长螺旋钻中心压灌成桩施工的坍落度宜为 160mm～200mm，振动沉管灌注成桩施工的坍落度宜为 30mm～50mm；振动沉管灌注成桩后桩顶浮浆厚度不宜超过 200mm。 2）长螺旋钻中心压灌成桩施工钻至设计深度后，应控制提拔钻杆时间，混合料泵送量应与拔管速度相配合，不得在饱和砂土或饱和粉土层内停泵待料；沉管灌注成桩施工拔管速度宜为 1.2m/min～1.5m/min，如遇淤泥质土，拔管速度应适当减慢；当遇有松散饱和粉土、粉细砂或淤泥质土，当桩距较小时，宜采取隔桩跳打措施。 3）施工桩顶标高宜高出设计桩顶标高不少于 0.5m；当施工作业面高出桩顶设计标高较大时，宜增加混凝土灌注量。 4）成桩过程中，应抽样做混合料试块，每台机械每台班不应少于一组。 3 冬期施工时，混合料入孔温度不得低于 5℃，对桩头和桩间土应采取保温措施。 4 清土和截桩时，应采用小型机械或人工剔除等措施，不得造成桩顶标高以下桩身断裂或桩间土扰功。 5 褥垫层铺设宜采用静力压实法，当基础底面下桩间土的含水量较低时，也可采用动力夯实法，夯填度不应大于 0.9。 6 泥浆护壁成孔灌注成桩，应符合《建筑桩基技术规范》JGJ 94 的规定。 **2.《建筑桩基技术规范》JGJ 94—2008** 6.3 泥浆护壁成孔灌注桩 6.3.1 除能自行造浆的黏性土层外，均应制备泥浆。泥浆制备应选用高塑性黏土或膨润土。泥浆应根据施工机械、工艺及穿越土层情况进行配合比设计	

条款号	大纲条款	检查依据	检查要点
（3）	混合料坍落度、桩数、桩位偏差、褥垫层厚度、夯填度和桩体试块抗压强度等符合设计要求	**1.《建筑地基处理技术规范》JGJ 79—2012** 7.7.4 水泥粉煤灰碎石桩复合地基质量检验应符合下列规定： 1 施工质量检验应检查施工记录、混合料坍落度、桩数、桩位偏差、褥垫层厚度、夯填度和桩体试块抗压强度等	查阅质量验收记录 混合料坍落度、桩数、桩位偏差、褥垫层厚度偏差和夯填度、桩体试块抗压强度检测等：符合设计要求
（4）	桩身完整性检测数量符合规范规定	**1.《建筑地基处理技术规范》JGJ 79—2012** 7.7.4 水泥粉煤灰碎石桩复合地基质量检验应符合下列规定： 4 采用低应变动力试验检测桩身完整性，检查数量不低于总桩数的10%	查阅复合地基检测报告 结论：符合设计要求 检验数量：符合规范要求 盖章：有CMA章和试验报告检测专用章 签字：授权人已签字
（5）	地基承载力检测报告结论满足设计要求	**1.《建筑地基处理技术规范》JGJ 79—2012** 7.1.3 复合地基承载力的验收检验应采用复合地基静载荷试验，对有黏结强度的复合地基增强体尚应进行单桩静载荷试验。 7.7.4 水泥粉煤灰碎石桩复合地基质量检验应符合下列规定： 2 竣工验收时，水泥粉煤灰碎石桩复合地基承载力检验应采用复合地基静载荷试验和单桩静载荷试验。	查阅复合地基检测报告 检测时间、数量、方法和检测结果：符合设计要求和规范规定 盖章：有CMA章和试验报告检测专用章 签字：授权人已签字

条款号	大纲条款	检查依据	检查要点
（5）	地基承载力检测报告结论满足设计要求	3 承载力检验宜在施工结束 28d 后进行，其桩身强度应满足试验荷载条件；复合地基静载荷试验和单桩静载荷试验的数量不应少于总桩数的 1%，且每个单体工程的复合地基静载荷试验的试验数量不应少于 3 点	
（6）	质量控制参数符合技术方案，施工记录齐全	**1.《建筑地基处理技术规范》JGJ 79—2012** 7.7.3 水泥粉煤灰碎石桩施工应符合下列规定： 2 长螺旋钻中心压灌成桩施工和振动沉管灌注成桩施工应符合下列规定： 1）施工前，应按设计要求在试验室进行配合比试验；施工时，应按配合比配制混合料；长螺旋钻中心压灌成桩施工的坍落度宜为 160mm～200mm，振动沉管灌注成桩施工的坍落度宜为 30mm～50mm；振动沉管灌注成桩后桩顶浮浆厚度不宜超过 200mm。 2）长螺旋钻中心压灌成桩施工钻至设计深度后，应控制提拔钻杆时间，混合料泵送量应与拔管速度相配合，不得在饱和砂土或饱和粉土层内停泵待料；沉管灌注成桩施工拔管速度宜为 1.2m/min～1.5m/min，如遇淤泥质土，拔管速度应适当减慢；当遇有松散饱和粉土、粉细砂或淤泥质土，当桩距较小时，宜采取隔桩跳打措施。 3）施工桩顶标高宜高出设计桩顶标高不少于 0.5m；当施工作业面高出桩顶设计标高较大时，宜增加混凝土灌注量。 4）成桩过程中，应抽样做混合料试块，每台机械每台班不应少于一组。 5 褥垫层铺设宜采用静力压实法，当基础底面下桩间土的含水量较低时，也可采用动力实法夯，夯填度不应大于 0.9	**1. 查阅施工方案** 混合料的配合比、坍落度和提拔钻杆速度（或提拔套管速度）、成孔深度、混合料灌入量等：符合技术方案要求 **2. 查阅施工记录** 内容：包括混合料的配合比、坍落度和提拔钻杆速度（或提拔套管速度）、成孔深度、混合料灌入量等施工记录 记录数量：与验收记录相符

条款号	大纲条款	检查依据	检查要点
（7）	施工质量的检验项目、方法、数量符合规范规定，质量验收记录齐全	**1.《建筑地基基础工程施工质量验收标准》GB 50202—2018** 4.13.1 施工前应对入场的水泥、粉煤灰、砂及碎石等原材料进行检验。 4.13.2 施工中应检查桩身混合料的配合比、坍落度和成孔深度、混合料充盈系数等。 4.13.3 施工结束后，应对桩体质量、单桩及复合地基承载力进行检验。 4.13.4 水泥粉煤灰碎石桩复合地基的质量检验标准应符合表 4.13.4 的规定	1. 查阅质量检验记录 检验项目：包括桩顶标高、桩位、桩体质量、地基承载力以及褥垫层等，符合设计要求和规范规定 检验方法：量测、静载荷试验等，符合规范规定 检验数量：符合规范规定 2. 查阅质量验收记录 内容：包括检验批、分项工程验收记录及隐蔽工程验收文件等 数量：与项目质量验收范围划分表相符
5.5.15	柱锤冲扩桩复合地基符合以下要求		
（1）	碎砖三合土、级配砂石、矿渣、灰土等原材料性能证明文件齐全	**1.《电力建设施工质量验收及评价规程　第 1 部分：土建工程》DL/T 5210.1—2012** 3.0.1 涉及结构安全的试块、试件以及有关材料，应按规定进行见证取样检测。 **2.《建筑地基处理技术规范》JGJ 79—2012** 7.8.4 柱锤冲扩桩复合地基设计应符合下列规定： 6 桩体材料可采用碎砖三合土、级配砂石、矿渣、灰土、水泥混合土等，当采用碎砖三合土时，其体积比可采用生石灰：碎砖：黏性土为 1：2：4，当采用其他材料时，应通过试验确定其适用性和配合比	查阅石灰等试验检测报告和试验委托单 报告检测结果：合格 报告签章：有 CMA 章和试验报告检测专用章、授权人已签字 委托单签字：见证取样人员已签字且已附资质证书编号 代表数量：与进场数量相符

条款号	大纲条款	检查依据	检查要点
（2）	施工工艺与设计（施工）方案一致	**1.《建筑地基处理技术规范》JGJ 79—2012** 7.8.1 柱锤冲扩桩复合地基适用于处理地下水位以上的杂填土、粉土、黏性土、素填土和黄土等地基；对地下水位以下饱和土层处理，应通过现场试验确定其适用性。 7.8.2 柱锤冲扩桩处理地基的深度不宜超过10m。 7.8.3 对大型的、重要的或场地复杂的工程，在正式施工前，应在有代表性的场地进行试验。 7.8.5 柱锤冲扩桩施工应符合下列规定： 　1 宜采用直径300mm～500mm、长度2m～6m、质量2t～10t的柱状锤进行施工。 　2 起重机具可用起重机、多功能冲扩桩机或其他专用机具设备。 　3 柱锤冲扩桩复合地基施工可按下列步骤进行： 　1）清理平整施工场地，布置桩位。 　2）施工机具就位，使柱锤对准桩位。 　3）柱锤冲孔：根据土质及地下水情况可分别采用下列三种成孔方式： 　①冲击成孔：将柱锤提升一定高度，自由下落冲击土层，如此反复冲击，接近设计成孔深度时，可在孔内填少量粗骨料继续冲击，直到孔底被夯密实。 　②填料冲击成孔：成孔时出现缩颈或塌孔时，可分次填入碎砖和生石灰块，边冲击边将填料挤入孔壁及孔底，当孔底接近设计成孔深度时，夯入部分碎砖挤密桩端土。 　③复打成孔：当塌孔严重难以成孔时，可提锤反复冲击至设计孔深，然后分次填入碎砖和生石灰块，待孔内生石灰吸水膨胀、桩间土性质有所改善后，再进行二次冲击复打成孔。 　当采用上述方法仍难以成孔时，也可以采用套管成孔，即用柱锤边冲孔边将套管压入土中，直至桩底设计标高。 　4）成桩：用料斗或运料车将拌合好的填料分层填入桩孔夯实。当采用套管成孔时，边分层填料夯实，边将套管拔出。锤的质量、锤长、落距、分层填料量、分层夯填度、夯击次数和总填料量等，应根据试验或按当地经验确定。每个桩孔应夯填至桩顶设计标高以上至少0.5m，其上部桩孔宜用原地基土夯封。	查阅施工方案 施工工艺：与设计方案一致

条款号	大纲条款	检查依据	检查要点
（2）	施工工艺与设计（施工）方案一致	5）施工机具移位，重复上述步骤进行下一根桩施工。 4 成孔和填料夯实的施工顺序，宜间隔跳打。 7.8.6 基槽开挖后，应晾槽拍底或振动压路机碾压后，再铺设垫层并压实	
（3）	地基承载力检测报告结论满足设计要求	**1.《建筑地基处理技术规范》JGJ 79—2012** 7.8.7 柱锤冲扩桩复合地基的质量检验应符合下列规定： 3 竣工验收时，柱锤冲扩桩复合地基承载力检验应采用复合地基静载荷试验。 4 承载力检验数量不应少于总桩数的1%，且每个单体工程复合地基静载荷试验不应少于3点。 5 静载荷试验应在成桩14d后进行	查阅地基承载力检测报告 结论：复合地基承载力符合设计要求 检验数量：符合规范要求 盖章：有CMA章和试验报告检测专用章 签字：授权人已签字
（4）	质量控制参数符合技术方案，施工记录齐全	**1.《建筑地基处理技术规范》JGJ 79—2012** 7.8.4 柱锤冲扩桩复合地基设计应符合下列规定： 5 桩顶部应铺设200mm~300mm厚砂石垫层，垫层的夯填度不应大于0.9。 6 桩体材料可采用碎砖三合土、级配砂石、矿渣、灰土、水泥混合土等，当采用碎砖三合土时，其体积比可采用生石灰：碎砖：黏性土为1：2：4，当采用其他材料时，应通过试验确定其适用性和配合比	1. 查阅施工方案 桩位、桩径、配合比、夯实度等质量控制参数：符合技术方案要求 2. 查阅施工记录 内容：包括碎砖三合土、级配砂石、矿渣、灰土、水泥混合土 记录数量：与验收记录相符

续表

条款号	大纲条款	检查依据	检查要点
（5）	施工质量的检验项目、方法、数量符合规范规定，质量验收记录齐全	**1.《建筑地基处理技术规范》JGJ 79—2012** 7.8.7 柱锤冲扩桩复合地基的质量检验应符合下列规定： 　1 施工过程中应随时检查施工记录及现场施工情况，并对照预定的施工工艺标准，对每根桩进行质量评定。 　2 施工结束后 7d～14d，可检验，检验数量不应少于冲扩桩总数的 2%，每个单体工程桩身及桩间土总检验点数均不应少于 6 点。 　6 基槽开挖后，应检查桩位、桩径、桩数、桩顶密实度及槽底土质情况。如发现漏桩、桩位偏差过大、桩头及槽底土质松软等质量问题，应采取补救措施	1. 查阅质量检验记录 　检验项目：包括桩位、桩径、桩数、桩顶密实度及槽底土质情况等，符合设计要求和规范规定 　检验方法：测量、静载荷试验等，符合规范规定 　检验数量：符合规范规定 2. 查阅质量验收记录 　内容：包括检验批、分项工程验收记录及隐蔽工程验收文件等 　数量：与项目质量验收范围划分表相符
5.5.16	多桩型复合地基符合以下要求		
（1）	原材料性能证明文件齐全	**1.《建筑地基基础工程施工质量验收标准》GB 50202—2018** 3.0.8 原材料的质量检验应符合下列规定： 　3 砂、石子、水泥、石灰、粉煤灰、矿（钢）渣粉等掺合料、外加剂等原材料的质量、检验项目、批量和检验方法，应符合国家现行有关标准的规定。 **2.《电力建设施工质量验收及评价规程　第 1 部分：土建工程》DL/T 5210.1—2012** 18.3.1 地基及桩基工程质量记录应评价的内容包括： 　1 材料、预制桩合格证（出厂试验报告）、进场验收记录及水泥、钢筋复验报告。 　3 施工试验：	1. 查阅原材料进场验收记录 　内容：包括出厂合格证（出厂试验报告）、复试报告，材料进场时间、批次、数量、规格、相应性能指标

续表

条款号	大纲条款	检查依据	检查要点
（1）	原材料性能证明文件齐全	1）各种地基材料的配合比试验报告。 **3.《混凝土结构工程施工质量验收规范》GB 50204—2015** 7.2.1　水泥进场时应对其品种、级别、包装或散装仓号、出厂日期等进行检查，并应对其强度、安定性及其他必要的性能指标进行复验，其质量必须符合《硅酸盐水泥、普通硅酸盐水泥》GB 175等的规定。 检查数量：按同一生产厂家、同一等级、同一品种、同一批号且连续进场的水泥，袋装不超过200t为一批，散装不超过500t为一批，每批抽样不少于一次。 检验方法：检查质量证明文件和抽样检验报告。 7.2.2　混凝土外加剂进场时，应对其品种、性能、出厂日期等进行检查，并应对外加剂的相关性能指标进行检验，检验结果应符合现行国家标准《混凝土外加剂》GB 8076和《混凝土外加剂应用技术规范》GB 50119的规定。 **4.《普通混凝土用砂、石质量及检验方法标准》JGJ 52—2006** 4.0.1　供货单位应提供砂或石的产品合格证及质量检验报告。 使用单位应按砂或石的同产地同规格分批验收。采用大型工具（如火车、货船或汽车）运输的，应以400m³或600t为一验收批；采用小型工具（如拖拉机等）运输的，应以200m³或300t为一验收批。不足上述量者，应按一验收批进行验收。 4.0.2　当砂或石的质量比较稳定、进料量又较大时，可以1000t为一验收批	2. 查阅施工单位材料跟踪管理台账 内容：包括水泥、粉煤灰等材料的合格证、复试报告、使用情况、检验数量，可追溯 3. 查阅桩体材料试验检测报告和试验委托单 报告检测结果：合格 报告签章：有CMA章和试验报告检测专用章、授权人已签字 委托单签字：见证取样人员已签字且已附资质证书编号 代表数量：与进场数量相符
（2）	施工工艺与设计（施工）方案一致	**1.《建筑地基处理技术规范》JGJ 79—2012** 1.2.1　地基处理工程应进行施工全过程的监测。施工中，应有专人或专门机构负责监测工作，随时检查施工记录和计量记录，并按照规定的施工工艺对工序进行质量评定。	查阅施工方案 增强体施工步骤和施工工艺：与设计方案一致

条款号	大纲条款	检查依据	检查要点
（2）	施工工艺与设计（施工）方案一致	7.9.1 多桩型复合地基适用于处理不同深度存在相对硬层的正常固结土，或浅层存在欠固结土、湿陷性黄土、可液化土等特殊土，以及地基承载力和变形要求较高的地基。 7.9.10 多桩型复合地基的施工应符合下列规定： 1 对处理可液化土层的多桩型复合地基，应先施工处理液化的增强体。 2 对消除或部分消除湿陷性黄土地基，应先施工处理湿陷性的增强体。 3 应降低或减小后施工增强体对已施工增强体的质量和承载力的影响	
（3）	多桩复合地基静载荷试验和单桩静载荷试验符合要求	**1.《建筑地基处理技术规范》JGJ 79—2012** 7.9.11 多桩型复合地基的质量检验应符合下列规定： 1 竣工验收时，多桩型复合地基承载力检验，应采用多桩复合地基静载荷试验和单桩静载荷试验，检验数量不得少于总桩数的1%。 2 多桩复合地基载荷板静载荷试验，对每个单体工程检验数量不得少于3点。 3 增强体施工质量检验，对散体材料增强体的检验数量不应少于其总桩数的2%，对具有黏结强度的增强体，完整性检验数量不应少于其总桩数的10%。 **2.《电力工程地基处理技术规程》DL/T 5024—2005** 14.1.17 为确保实际单桩竖向极限承载力标准值达到设计要求，应根据工程重要性、岩土工程条件、设计要求及工程施工情况采用单桩静载荷试验或可靠的动力测试方法进行工程桩单桩承载力检测。对于工程桩施工前未进行综合试桩的一级建筑桩基和岩土工程条件复杂、桩的施工质量可靠性低、确定单桩承载力的可靠性低、桩数多的二级建筑桩基，应采用单桩静载荷试验对工程桩单桩竖向承载力进行检测，在同一条件下的检测数量不宜小于总桩数的1%，且不应小于3根；对于工程桩施工前已进行过综合试桩的一级建筑桩基及其他所有工程桩基，应采用可靠的高应变动力测试法对工程桩单桩竖向承载力进行检测	1. 查阅单桩静载荷试验报告 单桩承载力：满足设计要求 2. 查阅多桩复合地基静载荷试验报告 多桩复合地基承载力：满足设计要求

续表

条款号	大纲条款	检查依据	检查要点
（4）	地基承载力检测报告结论满足设计要求	**1.《建筑地基处理技术规范》JGJ 79—2012** 7.9.11　多桩型复合地基的质量检验应符合下列规定： 　　1　竣工验收时，多桩型复合地基承载力检验，应采用多桩复合地基静载荷试验和单桩静载荷试验，检验数量不得少于总桩数的1%。 　　2　多桩复合地基载荷板静载荷试验，对每个单体工程检验数量不得少于3点。 　　3　增强体施工质量检验，对散体材料增强体的检验数量不应少于其总桩数的2%，对具有黏结强度的增强体，完整性检验数量不应少于其总桩数的10%	查阅地基承载力检测报告 结论：符合设计要求 检验数量：符合规范要求 盖章：有CMA章和试验报告检测专用章 签字：授权人已签字
（5）	质量控制参数符合技术方案，施工记录齐全	**1.《复合地基技术规范》GB/T 50783—2012** 15.4　质量检验 15.4.1　长-短桩复合地基中长桩和短桩施工过程中应随时检查施工记录，并也对照规定的施工工艺对每根桩进行质量评定	1. 查阅施工方案 质量控制参数：符合技术方案要求 2. 查阅施工记录 内容：包括桩位、桩顶标高等 数量：与验收记录相符
（6）	施工质量的检验项目、方法、数量符合规范规定，质量验收记录齐全	**1.《建筑地基处理技术规范》JGJ 79—2012** 7.9.11　多桩型复合地基的质量检验应符合下列规定： 　　1　竣工验收时，多桩型复合地基承载力检验，应采用多桩复合地基静载荷试验和单桩静载荷试验，检验数量不得少于总桩数的1%。 　　2　多桩复合地基载荷板静载荷试验，对每个单体工程检验数量不得少于3点。	1. 查阅质量检验记录 检验项目：包括桩顶标高、桩位、桩体质量、地基承载力以及褥垫层等，符合设计要求和规范规定 检验方法：量测、静载荷试验等，符合规范规定 检验数量：符合规范规定

续表

条款号	大纲条款	检查依据	检查要点
（6）	施工质量的检验项目、方法、数量符合规范规定,质量验收记录齐全	3 增强体施工质量检验,对散体材料增强体的检验数量不应少于其总桩数的 2%,对具有黏结强度的增强体,完整性检验数量不应少于其总桩数的 10%	2. 查阅质量验收记录 内容:包括检验批、分项工程验收记录及隐蔽工程验收文件等 数量:与项目质量验收范围划分表相符
5.6　注浆地基的监督检查			
5.6.1	设计前已通过室内浆液配比试验和现场注浆试验,确定了设计参数、施工工艺参数及选用的设备	**1.《电力工程地基处理技术规程》DL 5024—2005** 9.1.15　水泥浆液的水灰比应根据工程设计的需要通过试验后确定,可取 1∶1～1∶1.5。 9.2.3　注浆设计前宜进行室内浆液配比试验和现场注浆试验,以确定设计参数和检验施工方法及设备。 9.2.4　注浆材料可采用水泥为主的悬浊液,也可选用水泥和硅酸钠（水玻璃）的双液型混合液。在有地下动水流的情况下,应采用双液型浆液或初凝时间短的速凝配方	1. 查阅设计前室内浆液配比和现场注浆试验记录和设计试验检测报告及论证报告 试验记录内容:包括浆液配比和现场注浆试验结果 试验检测及论证报告内容:确定了设计参数、施工工艺参数及选用的设备 2. 查阅选用设备档案 设备性能:满足设计要求
5.6.2	浆液、外加剂等原材料性能证明文件齐全	**1.《电力建设施工质量验收及评价规程　第 1 部分:土建工程》DL/T 5210.1—2012** 3.0.1　涉及结构安全的试块、试件以及有关材料,应按规定进行见证取样检测。 18.3.1　地基及桩基工程质量记录应评价的内容包括: 1 材料、预制桩合格证(出厂试验报告)、进场验收记录及水泥、钢筋复验报告。	1. 查阅水泥、外加剂等材料性能证明文件

条款号	大纲条款	检查依据	检查要点
5.6.2	浆液、外加剂等原材料性能证明文件齐全	**2.《建筑地基处理技术规范》JGJ 79—2012** 8.2.1 水泥为主剂的注浆加固设计应符合下列规定： 1 对软弱地基土处理，可选用以水泥为主剂的浆液及水泥和水玻璃的双液型混合浆液；对有地下水流动的软弱地基，不应采用单液水泥浆液。 8.2.2 硅化浆液注浆加固设计应符合下列规定： 3 双液硅化注浆用的氯化钙溶液中的杂质含量不得超过 0.06%，悬浮颗粒含量不得超过 1%，溶液的 pH 值不得小于 5.5。 6 单液硅化法采用浓度为 10%～15% 的硅酸钠，并掺入 2.5% 氯化钠溶液。 8.2.3 碱液注浆加固设计应符合下列规定： 2 当 100g 干土中可溶性和交换性钙镁离子含量大于 10mg·eq 时，可采用灌注氢氧化钠一种溶液的单液法；其他情况可采用灌注氢氧化钠和氯化钙双液灌注加固	进场验收记录：包括出厂合格证（出厂试验报告）、复试报告、材料进场时间、批次、数量、规格、相应性能指标 报告检测结论：合格 报告签章：有 CMA 章和试验报告检测专用章、授权人已签字 委托单签字：见证取样人员已签字且已附资质证书编号 代表数量：与进场数量相符 2. 查阅施工单位材料跟踪管理台账 内容：包括水泥、粉煤灰等材料，质保资料、复试报告、使用情况、检验数量
5.6.3	注浆地基技术方案、施工方案齐全，已审批	**1.《建筑地基基础工程施工质量验收标准》GB 50202—2018** 4.10.1 施工前应检查水泥、外掺剂等的质量，桩位，浆液配比，高压喷射设备的性能等，并应对压力表、流量表进行检定或校准。 **2.《电力工程地基处理技术规程》DL/T 5024—2005** 5.0.12 地基处理的施工应有详细的施工组织设计、施工质量管理和质量保证措施。应有专人负责施工检验与质量监督，做好各项施工记录，当发现异常情况时，应及时会同有关部门研究解决。	1. 查阅设计单位的注浆地基技术方案 审批：审批人已签字 2. 查阅施工方案报审表 审核：监理单位相关责任人已签字 批准：建设单位相关责任人已签字

条款号	大纲条款	检查依据	检查要点
5.6.3	注浆地基技术方案、施工方案齐全，已审批	**3.《建筑地基处理技术规范》JGJ 79—2012** 8.1.2 注浆加固设计前，应进行室内浆液配比试验和现场注浆试验，确定设计参数，检验施工方法和设备	3. 查阅施工方案 编、审、批：施工单位相关责任人已签字 施工步骤和工艺参数：与技术方案相符
5.6.4	施工工艺与设计（施工）方案一致	**1.《建筑地基基础工程施工质量验收标准》GB 50202—2018** 4.10.2 施工中应检查压力、水泥浆量、提升速度、旋转速度等施工参数及施工程序	查阅施工方案 施工工艺：与设计方案一致
5.6.5	标准贯入试验、动力触探、静力触探等原位测试试验和室内试验符合规范规定，加固地层的压缩性、强度、渗透性、湿陷性、均匀性等指标满足设计要求	**1.《建筑地基处理技术规范》JGJ 79—2012** 8.4.1 水泥为主剂的注浆加固质量检验应符合下列规定： 　1 注浆检验应在注浆结束28d后进行。可选用标准贯入、轻型动力触探、静力触探或面波等方法进行加固地层均匀性检测。 　2 按加固土体深度范围每间隔1m取样进行室内试验，测定土体压缩性、强度或渗透性。 　3 注浆检验点不应少于注浆孔数的2%～5%。检验点合格率小于80%时，应对不合格的注浆区实施重复注浆。 8.4.2 硅酸钠注浆加固质量检验应符合下列规定： 　1 硅酸钠溶液灌注完毕，应在7d～10d后，对加固的地基土进行检验。 　2 应采用动力触探或其他原位测试检验加固地基的均匀性。 　3 工程设计对土的压缩性和湿陷性有要求时，尚应在加固土的全部深度内，每隔1m取土样进行室内试验，测定其压缩性和湿陷性。 　4 检验数量不应少于注浆孔数的2%～5%。	1. 查阅注浆加固试验记录 试验时间：符合规程规定 间距和数量：检验点不应少于注浆孔数的2%～5%

条款号	大纲条款	检查依据	检查要点
5.6.5	标准贯入试验、动力触探、静力触探等原位测试试验和室内试验符合规范规定，加固地层的压缩性、强度、渗透性、湿陷性、均匀性等指标满足设计要求	8.4.3 碱液加固质量检验应符合下列规定： 　1 碱液加固施工应做好施工记录，检验碱液浓度及每孔注入量是否符合设计要求。 　2 开挖或钻孔取样，对加固土体进行无侧限抗压强度试验和水稳性试验。取样部位应在加固土体中部，试块数不少于 3 个，28d 龄期的无侧限抗压强度平均值不得低于设计值的 90%。将试块浸泡在自来水中，无崩解。当需要查明加固土体的外形和整体性时，可对有代表性加固土体进行开挖，量测其有效加固半径和加固深度。 　3 检验数量不应少于注浆孔数的 2%～5%。 **2.《建筑地基处理技术规范》JGJ 79—2012** 8.1.3 注浆加固应保证加固地基在平面和深度连成一体，满足土体渗透性、地基土的强度和变形的设计要求	2. 查阅加固土试验报告 性能指标：包括强度值、均匀性、渗透性、压缩性、湿陷性 结论：符合设计要求
5.6.6	地基承载力检测（对地基承载力有要求时）报告结论满足设计要求	**1.《建筑地基处理技术规范》JGJ 79—2012** 8.4.4 注浆加固处理后地基的承载力应进行静载荷试验检验。 8.4.5 静载荷试验应按附录 A 的规定进行，每个单体建筑的检验数量不应少于 3 点	1. 查阅地基承载力检测报告（对地基承载力有要求时） 结论：符合设计要求 检验数量：符合规范要求 盖章：有 CMA 章和试验报告检测专用章 签字：授权人已签字

条款号	大纲条款	检查依据	检查要点
5.6.7	质量控制参数符合技术方案，施工记录齐全	**1.《建筑工程施工质量验收统一标准》GB 50300—2013** 3.0.3 建筑工程的施工质量控制 应符合下列规定： 1 建筑工程采用的主要材料、半成品、建筑构配件、器具和设备应进行进场检验。凡涉及安全、节能、环境保护和主要使用功能的重要材料、产品，应按各专业工程施工规范、验收规范和设计文件等规定进行复验，并应经监理工程师检查认可。 2 各施工工序应按技术标准进行质量控制，每道工序完成后经单位自检符合规定后，才能进行下道工序施工。各专业工种之间的相关工序应进行交接检验，并应记录。 3 对于监理单位 提出检查要求的重要工序 ，应经监理工程师检查认可，才能进行下道工序施工。 **2.《电力工程地基处理技术规程》DL/T 5024—2005** 9.1.12 注浆施工时，应保持注浆孔就位准确，浆管垂直。尤其是作为地下连续体结构的注浆工程，注浆孔中心就位偏差不应超过20mm，注浆管的垂直度偏差不应超过0.5%。 **3.《建筑地基处理技术规范》JGJ 79—2012** 3.0.12 地基处理施工中应有专人负责质量控制和监测，并做好施工记录；当出现异常情况时，必须及时会同有关部门妥善解决。施工结束后应按国家有关规定进行工程质量检验和验收	1. 查阅施工方案 浆液配合比、注浆压力、孔位等质量控制参数：符合技术方案要求 2. 查阅施工记录 内容：包括孔位、浆管垂直度、浆液配合比、注浆压力等施工记录 记录数量：与验收记录相符
5.6.8	施工质量的检验项目、方法、数量符合规范规定，质量验收记录齐全	**1.《建筑地基基础工程施工质量验收标准》GB 50202—2018** 4.10.1 施工前应检查水泥、外掺剂等的质量，桩位，浆液配比，高压喷射设备的性能等，并应对压力表、流量表进行检定或校准。 4.10.2 施工中应检查压力、水泥浆量、提升速度、旋转速度等施工参数及施工程序。 4.10.3 施工结束后，应检验桩体的强度和直径，以及单桩与复合地基的承载力。 **2.《电力工程地基处理技术规程》DL/T 5024—2005** 9.1.21 注浆体的质量检验，可采用开挖检查、钻孔取芯抗压试验、静载荷试验等方法，检验时间应在注浆结束后28d进行，对防渗体应做压水试验。	1. 查阅质量检验报告 检验项目：包括孔位、注浆体质量、地基承载力质量等，符合设计要求和规范规定 检验方法：包括标准贯入、静力触探、动力触探、开挖检查、钻孔取芯抗压试验、静载荷试验等，符合规范规定 检验数量：符合规范规定

续表

条款号	大纲条款	检查依据	检查要点
5.6.8	施工质量的检验项目、方法、数量符合规范规定,质量验收记录齐全	9.1.22 检验位置应布置在荷重最大的部位、施工中有异常现象的部位、对成桩质量有疑虑的地方,并进行随机抽样检验。 　　检验桩的数量宜为施工总桩数的 0.5%～1%,且每一单项工程不少于 3 根。当应用低应变动测检验时,检验数量宜为 20%～50%,并不得少于 10 根。当采用单桩或单桩复合地基静载荷试验确定地基承载力时,单项工程不应少于 3 组	2. 查阅质量验收记录 内容:包括检验批、分项工程验收记录及隐蔽工程验收文件等 数量:与项目质量验收范围划分表相符
5.7　微型桩加固工程的监督检查			
5.7.1	设计前已通过现场试验或试验性施工,确定了设计参数和施工工艺参数	**1.《建筑地基基础工程施工质量验收标准》GB 50202—2018** 5.7.1 施工前应对原材料、施工组织设计中制定的施工顺序、主要成孔设备性能指标、监测仪器、监测方法、保证人员安全的措施或安全施工专项方案等进行检查验收。 **2.《电力工程地基处理技术规程》DL/T 5024—2005** 5.0.10 地基处理正式施工前,宜进行试验性施工,在确认施工技术条件满足设计要求后,才能进行地基处理的正式施工。 14.1.7 对于一、二级建筑物的单桩抗压、抗拔、水平极限承载力标准值,宜按综合试桩结果确定,并应符合下列要求: 　　1 试验地段的选取,应能充分代表拟建建筑物场地的岩土工程条件。 　　2 在同一条件下,试桩数量不应少于 3 根。当总桩数在 50 根以内时,不应少于 2 根	1. 查阅设计前现场试验或试验性施工的检测报告 施工工艺参数:已确定 2. 查阅设计文件 地基处理设计参数与施工工艺参数:已确定
5.7.2	微型桩加固技术方案、施工方案齐全,已审批	**1.《电力工程地基处理技术规程》DL/T 5024—2005** 5.0.12 地基处理的施工应有详细的施工组织设计、施工质量管理和质量保证措施。应有专人负责施工检验与质量监督,做好各项施工记录,当发现异常情况时,应及时会同有关部门研究解决。	1. 查阅微型桩加固技术方案 审批:审批人已签字 2. 查阅施工方案报审表 审核:监理单位相关责任人已签字

条款号	大纲条款	检查依据	检查要点
5.7.2	微型桩加固技术方案、施工方案齐全，已审批	**2.《电力建设施工技术规范 第1部分：土建结构工程》DL 5190.1—2012** 3.0.1 工程施工前，应按设计图纸，结合具体情况和施工组织设计的要求编制施工方案，并经批准后方可施工。 **3.《建筑桩基技术规范》JGJ 94—2008** 6.1.3 施工组织设计应结合工程特点，有针对性地制定相应质量管理措施，主要应包括下列内容。 　　1 施工平面图：标明桩位、编号、施工顺序、水电线路和临时设施的位置；采用泥浆护壁成孔时，应标明泥浆制备设施及其循环系统。 　　2 确定成孔机械、配套设备以及合理施工工艺的有关资料，泥浆护壁灌注桩必须有泥浆处理措施。 　　3 施工作业计划和劳动力组织计划。 　　4 机械设备、备件、工具、材料供应计划。 　　5 桩基施工时，对安全、劳动保护、防火、防雨、防台风、爆破作业、文物和环境保护等方面应按有关规定执行。 　　6 保证工程质量、安全生产和季节性施工的技术措施	批准：建设单位相关责任人已签字 3. 查阅施工方案 编、审、批：施工单位相关责任人已签字 施工步骤和工艺参数：与技术方案相符
5.7.3	原材料性能证明文件齐全	**1.《建筑地基处理技术规范》JGJ 79—2012** 3.0.11 地基处理所采用的材料，应根据场地类别符合有关标准对耐久性设计与使用的要求。 **2.《建筑地基基础工程施工质量验收标准》GB 50202—2018** 3.0.8 原材料的质量检验应符合下列规定： 　　3 砂、石子、水泥、石灰、粉煤灰、矿（钢）渣粉等掺合料、外加剂等原材料的质量、检验项目、批量和检验方法，应符合国家现行有关标准的规定。	1. 查阅砂石、水泥、钢材进场验收记录 内容：包括出厂合格证（出厂试验报告）、复试报告，材料进场时间、批次、数量、规格、相应性能指标

续表

条款号	大纲条款	检查依据	检查要点
5.7.3	原材料性能证明文件齐全	**3.《电力建设施工技术规范　第1部分：土建结构工程》DL 5190.1—2012** 3.0.2　工程所用主要原材料、半成品、构（配）件、设备等产品，进入施工现场时应按规定进行现场检验或复验，合格后方可使用，有见证取样检测要求的应符合国家现行有关标准的规定。对工程所用的水泥、钢筋等主要材料应进行跟踪管理	2.查阅施工单位换填材料跟踪管理台账 内容：包括换填材料合格证、复试报告、使用情况、检验数量，可追溯 3.查阅原材料试验报告 结果：合格 盖章：有CMA章和试验报告检测专用章 签字：授权人已签字 代表数量：与进场数量相符
5.7.4	微型桩施工工艺与设计（施工）方案一致	**1.《建筑地基处理技术规范》JGJ 79—2012** 1.2.1　地基处理工程应进行施工全过程的监测。施工中，应有专人或专门机构负责监测工作，随时检查施工记录和计量记录，并按照规定的施工工艺对工序进行质量评定	查阅施工方案 施工工艺：与设计方案一致
5.7.5	树根桩施工允许偏差、成孔、吊装、灌注、填充、加压、保护等符合规范规定	**1.《建筑地基处理技术规范》JGJ 79—2012** 9.2.3　树根桩施工应符合下列规定： 1　桩位允许偏差宜为±20mm；桩身垂直度允许偏差应为±1%。 2　钻机成孔可采用天然泥浆护壁，遇粉细砂层易塌孔时应加套管。 3　树根桩钢筋笼宜整根吊装。分节吊放时，钢筋搭接焊缝长度双面焊不得小于5倍钢筋直径，单面焊不得小于10倍钢筋直径，施工时，应缩短吊放和焊接时间；钢筋笼应采用悬挂或支撑的方法，确保灌浆或浇注混凝土时的位置和高度。在斜桩中组装钢筋笼时，应采用可靠的支撑和定位方法。	查阅质量检验记录 桩位偏差、桩身垂直度偏差、钢筋搭接焊缝长度、成孔、吊装、灌注、填充、加压、保护：符合规范规定

条款号	大纲条款	检查依据	检查要点
5.7.5	树根桩施工允许偏差、成孔、吊装、灌注、填充、加压、保护等符合规范规定	4 灌注施工时，应采用间隔施工、间歇施工或添加速凝剂等措施，以防止相邻桩孔位移和窜孔。 5 当地下水流速较大可能导致水泥浆、砂浆或混凝土流失影响灌注质量时，应采用永久套管、护筒或其他保护措施。 6 在风化或有裂隙发育的岩层中灌注水泥浆时，为避免水泥浆向周围岩体的流失，应进行桩孔测试和预灌浆。 7 当通过水下浇注管或带孔钻杆或管状承重构件进行浇注混凝土或水泥砂浆时，水下浇注管或带孔钻杆的末端应埋入泥浆中。浇注过程应连续进行，直到顶端溢出浆体的黏稠度与注入浆体一致时为止。 8 通过临时套管灌注水泥浆时，钢筋的放置应在临时套管拔出之前完成，套管拔出过程中应每隔2m施加灌浆压力。采用管材作为承重构件时，可通过其底部进行灌浆	
5.7.6	预制桩预制过程（包括连接件）、压桩力、接桩和截桩等符合规范规定	**1.《建筑地基基础工程施工质量验收标准》GB 50202—2018** 5.5.1 施工前应检验成品桩构造尺寸及外观质量。 5.5.2 施工中应检验接桩质量及锤击及静压的技术指标、垂直度及桩顶标高等。 5.5.3 施工结束后应对承载力及桩身完整性进行检验。 **2.《建筑地基处理技术规范》JGJ 79—2012** 9.3.2 预制桩桩体可采用边长为150mm～300mm的预制混凝土方桩，直径300mm的预应力混凝土管桩，断面尺寸为100mm～300mm的钢管桩和型钢等，施工除应满足《建筑桩基技术规范》JGJ 94的规定外，尚应符合下列规定： 1 对型钢微型桩应保证压桩过程中计算桩体材料最大应力不超过材料抗压强度标准值的90%。 2 对预制混凝土桩或预应力混凝土管桩，所用材料及预制过程（包括连接件）压桩力、接桩和截桩等，应符合《建筑桩基技术规范》JGJ 94的有关规定。	1.查阅质量检验记录 桩位偏差、桩身垂直度偏差、钢筋搭接焊缝长度、压桩力、接桩和截桩等：符合规范规定

条款号	大纲条款	检查依据	检查要点
5.7.6	预制桩预制过程（包括连接件）、压桩力、接桩和截桩等符合规范规定	3 除用于减小桩身阻力的涂层外，桩身材料以及连接件的耐久性应符合《工业建筑防腐蚀设计规范》GB 50046 的有关规定。 9.3.3 预制桩的单桩竖向承载力应通过单桩静载荷试验确定；无试验资料时，初步可按本规范式（7.1.5-3）估算	2. 查阅施工记录 压桩力、贯入度、接桩、截桩等：符合施工方案要求
5.7.7	注浆钢管桩水泥浆灌注的注浆方法、时间间隔、钢管连接方式、焊接质量符合规范规定	1.《建筑地基处理技术规范》JGJ 79—2012 9.4.1 注浆钢管桩适用于淤泥质土、黏性土、粉土、砂土和人工填土等地基处理。 9.4.2 注浆钢管桩承载力的设计计算，应符合《建筑桩基技术规范》JGJ 94 的有关规定；当采用二次注浆工艺时，桩侧摩阻力特征取值可乘以 1.3 的系数。 9.4.3 钢管桩可采用静压或植入等方法施工。 9.4.4 水泥浆的制备应符合下列规定： 1 水泥浆的配合比应采用经认证的计量装置计量，材料掺量符合设计要求。 2 选用的搅拌机应能够保证搅拌水泥浆的均匀性；在搅拌槽和注浆泵之间应设置存储池，注浆前应进行搅拌以防止浆液离析和凝固。 9.4.5 水泥浆灌注应符合下列规定： 1 应缩短桩孔成孔和灌注水泥浆之间的时间间隔。 2 注浆时，应采取措施保证桩长范围内完全灌满水泥浆。 3 灌注方法应根据注浆泵和注浆系统合理选用，注浆泵与注浆孔口距离不宜大于 30m。 4 当采用桩身钢管进行注浆时，可通过底部一次或多次灌浆；也可将桩身钢管加工成花管进行多次灌浆。 5 采用花管灌浆时，可通过花管进行全长多次灌浆，也可通过花管及阀门进行分段灌浆，或通过互相交错的后注浆管进行分步灌浆。	1. 查阅质量检验记录 注浆方法、时间间隔、钢管连接方式、焊接质量、压桩力等：符合规范规定

条款号	大纲条款	检查依据	检查要点
5.7.7	注浆钢管桩水泥浆灌注的注浆方法、时间间隔、钢管连接方式、焊接质量符合规范规定	9.4.6 注浆钢管桩钢管的连接应采用套管焊接，焊接强度与质量应满足《建筑地基基础工程施工质量验收规范》GB 50202 的要求	2. 查阅施工记录 压桩力、贯入度、接桩、注浆方法、时间间隔、钢管连接方式、焊接质量等：符合施工方案要求
5.7.8	混凝土和砂浆抗压强度、钢构件防腐及钢筋保护层厚度符合规范规定	**1.《建筑地基处理技术规范》JGJ 79—2012** 9.1.4 根据环境的腐蚀性、微型桩的类型、荷载类型（受拉或受压）、钢材的品种及设计使用年限，微型桩中钢构件或钢筋的防腐构造应符合耐久性设计的要求。钢构件或预制桩钢筋保护层厚度不应小于 25mm，钢管砂浆保护层厚度不应小于 35mm，混凝土灌注桩钢筋保护层厚度不应小于 50mm	1. 查阅质量检验记录 混凝土和砂浆抗压强度、钢构件防腐及钢筋保护层厚度等：符合规范规定 2. 查阅检验报告 混凝土和砂浆抗压强度、钢构件防腐及钢筋保护层厚度检测结果：合格
5.7.9	微型桩变形检测报告结论满足设计要求	**1.《建筑地基处理技术规范》JGJ 79—2012** 9.1.54 在成孔、注浆或压桩施工过程中，应监测相邻建筑和边坡的变形。 10.2.1 地基处理工程应进行施工全过程的监测。施工中，应有专人或专门机构负责监测工作，随时检查施工记录和计量记录，并按照规定的施工工艺对工序进行质量评定	查阅微型桩相邻建筑和边坡的变形监测报告 结论：变形满足设计要求

条款号	大纲条款	检查依据	检查要点
5.7.10	地基承载力检测报告结论满足设计要求	**1.《建筑地基处理技术规范》JGJ 79—2012** 9.5.4 微型桩的竖向承载力检验应采用静载试验，检验桩数不得少于总桩数的1%，且不得少于3根。 10.1.4 工程验收承载力检验时，静载荷试验最大加载量不应小于设计要求的承载力特征值的2倍	查阅地基承载力检测报告 结论：符合设计要求 检验数量：符合规范要求 盖章：有CMA章和试验报告检测专用章 签字：授权人已签字
5.7.11	质量控制参数符合技术方案，施工记录齐全	**1.《建筑工程施工质量验收统一标准》GB 50300—2013** 3.0.3 建筑工程的施工质量控制应符合下列规定： 1 建筑工程采用的主要材料、半成品、建筑构配件、器具和设备应进行进场检验。凡涉及安全、节能、环境保护和主要使用功能的重要材料、产品，应按各专业工程施工规范、验收规范和设计文件等规定进行复验，并应经监理工程师检查认可。 2 各施工工序应按技术标准进行质量控制，每道工序完成后经单位自检符合规定后，才能进行下道工序施。各专业工种之间的相关工序应进行交接检验，并应记录。 3 对于监理单位 提出检查要求的重要工序，应经监理工程师检查认可，才能进行下道工序施工。 **2.《建筑地基处理技术规范》JGJ 79—2012** 3.0.12 地基处理施工中应有专人负责质量控制和监测，并做好施工记录；当出现异常情况时，必须及时会同有关部门妥善解决。施工结束后应按国家有关规定进行工程质量检验和验收。 9.5.2 微型桩的桩位施工允许偏差，对独立基础、条形基础的边桩沿垂直轴线方向应为±1/6桩径，沿轴线方向应为±1/4桩径，其他位置的桩应为±1/2桩径；桩身的垂直允许偏差应为±1%。 9.5.3 桩身完整性检验宜采用低应变动力试验进行检测。检测桩数不得少于总桩数的10%，且不得少于10根。每个柱下承台的抽检桩数不应少于1根。 **3.《电力工程地基处理技术规程》DL/T 5024—2005** 14.4.16 在预制混凝土小桩的沉桩过程中，采用锤击法时应做好锤击贯入度原始记录，采用压入法时应做好压桩阻力原始记录，并随时检查记录进行质量评定	1. 查阅施工方案 质量控制参数：符合技术方案要求 2. 查阅施工记录 内容：包括桩位、浆液配合比、贯入度、桩压力、注浆压力等 记录数量：与验收记录相符

条款号	大纲条款	检查依据	检查要点
5.7.12	施工质量的检验项目、方法、数量符合规范规定,质量验收记录齐全	**1.《建筑地基处理技术规范》JGJ 79—2012** 9.5.1　微型桩的施工验收,应提供施工过程有关参数,原材料的力学性能检测报告,试件留置数量及制作养护方法、混凝土和砂浆等抗压强度试验报告,型钢、钢管和钢筋笼制作质量检查报告。施工完成后尚应进行桩顶标高和桩位偏差等检验	1. 查阅质量检验记录 检验项目:包括桩顶标高、桩位、桩体质量、地基承载力、注浆质量等,符合设计要求和规范规定 检验方法:包括量测、静载荷试验等,符合规范规定 检验数量:符合规范规定 2. 查阅质量验收记录 内容:包括检验批、分项工程验收记录及隐蔽工程验收文件等 数量:与项目质量验收范围划分表相符
5.8　灌注桩工程的监督检查			
5.8.1	当需要提供设计参数和施工工艺参数时,应按试桩方案进行试桩确定	**1.《电力工程地基处理技术规程》DL/T 5024—2005** 5.0.10　地基处理正式施工前,宜进行试验性施工,在确认施工技术条件满足设计要求后,才能进行地基处理的正式施工。 5.0.12　地基处理的施工应有详细的施工组织设计、施工质量管理和质量保证措施。应有专人负责施工检验与质量监督,做好各项施工记录,当发现异常情况时,应及时会同有关部门研究解决。 14.1.7　对于一、二级建筑物的单桩抗压、抗拔、水平极限承载力标准值,宜按综合试桩结果确定,并应符合下列要求: 　1　试验地段的选取,应能充分代表拟建建筑物场地的岩土工程条件。 　2　在同一条件下,试桩数量不应少于3根。当总桩数在50根以内时,不应少于2根。 **2.《建筑桩基技术规范》JGJ 94—2008** 6.2.8　桩在施工前,宜进行试成孔	查阅试桩报告 设计参数与施工工艺参数:已确定

续表

条款号	大纲条款	检查依据	检查要点
5.8.2	灌注桩技术方案、施工方案齐全，已审批	**1.《电力工程地基处理技术规程》DL/T 5024—2005** 5.0.12 地基处理的施工应有详细的施工组织设计、施工质量管理和质量保证措施。应有专人负责施工检验与质量监督，做好各项施工记录，当发现异常情况时，应及时会同有关部门研究解决。 **2.《建筑桩基技术规范》JGJ 94—2008** 1.0.3 桩基的设计与施工，应综合考虑工程地质与水文地质条件、上部结构类型、使用功能、荷载特征、施工技术条件与环境；并应重视地方经验，因地制宜，注重概念设计，合理选择桩型、成桩工艺和承台形式，优化布桩，节约资源；强化施工质量控制与管理。 6.1.3 施工组织设计应结合工程特点，有针对性地制定相应质量管理措施，主要应包括下列内容： 1 施工平面图：标明桩位、编号、施工顺序、水电线路和临时设施的位置；采用泥浆护壁成孔时，应标明泥浆制备设施及其循环系统。 2 确定成孔机械、配套设备以及合理施工工艺的有关资料，泥浆护壁灌注桩必须有泥浆处理措施。 3 施工作业计划和劳动力组织计划。 4 机械设备、备件、工具、材料供应计划。 5 桩基施工时，对安全、劳动保护、防火、防雨、防台风、爆破作业、文物和环境保护等方面应按有关规定执行。 6 保证工程质量、安全生产和季节性施工的技术措施。 6.1.4 成桩机械必须经鉴定合格，不得使用不合格机械。 6.1.5 施工前应组织图纸会审，会审纪要连同施工图等应作为施工依据，并应列入工程档案。 **3.《电力建设施工技术规范 第1部分：土建结构工程》DL 5190.1—2012** 3.0.1 工程施工前，应按设计图纸，结合具体情况和施工组织设计的要求编制施工方案，并经批准后方可施工。	1. 查阅灌注桩技术方案 审批：审批人已签字 2. 查阅施工方案报审表 审核：监理单位相关责任人已签字 批准：建设单位相关责任人已签字

续表

条款号	大纲条款	检查依据	检查要点
5.8.2	灌注桩技术方案、施工方案齐全，已审批	**4.《建筑地基基础工程施工质量验收标准》GB 50202—2018** 5.6.1 施工前应监查灌注桩的原材料及桩位处的地下障碍物处理资料。 5.6.2 施工中对成孔、钢筋笼制作与安装、水下混凝土灌注等各项质量指标进行检查验收；嵌岩桩应对桩端的岩性和入岩深度进行检验。 5.6.3 施工后对桩身完整性、混凝土强度及承载力进行检验。 5.7.1 施工前应对原材料、施工组织设计中制定的施工顺序、主要成孔设备性能指标、监测仪器、监测方法、保证人员安全的措施或安全施工专项方案等进行检查验收。 5.7.2 施工中应检验钢筋笼质量、混凝土坍落度、桩位、孔深、桩顶标高等。 5.7.3 施工结束后应检验桩的承载力、桩身完整性及混凝土的强度。 5.7.4 人工挖孔桩应复验孔底持力层土岩性，嵌岩桩应有桩端持力层的岩性报告	3. 查阅施工方案 编、审、批：施工单位相关责任人已签字 施工步骤和工艺参数：与技术方案相符
5.8.3	钢筋、水泥、砂、石、掺和料及钢筋焊接材料等性能证明文件、现场见证取样检验报告齐全	**1.《建筑地基基础设计规范》GB 50007—2011** 10.2.12 对混凝土灌注桩，应提供施工过程有关参数，包括原材料的力学性能检验报告，试件留置数量及制作养护方法、混凝土抗压强度试验报告、钢筋笼制作质量检查报告。施工完成后尚应进行桩顶标高、桩位偏差等检验。 **2.《钢筋混凝土用钢 第1部分：热轧光圆钢筋》GB/T 1499.1—2017** 9.3.2.1 钢筋应按批进行检查和验收，每批由同一牌号、同一炉罐号、同一尺寸的钢筋组成。每批重量通常不大于60t。超过60t的部分，每增加40t（或不足40t的余数），增加一个拉伸试验试样和一个弯曲试验试样。 9.3.2.2 允许由同一牌号、同一冶炼方法、同一浇注方法的不同炉罐号组成混合批。各炉罐号含碳量之差不大于0.02%，含锰量之差不大于0.15%。混合批的质量不大于60t。	1. 查阅水泥、外加剂、钢筋等材料进场验收记录 内容：包括出厂合格证（出厂试验报告）、复试报告，材料进场时间、批次、数量、规格、相应性能指标 2. 查阅施工单位材料跟踪管理台账 内容：包括水泥、钢筋等材料的合格证、复试报告、使用情况、检验数量，可追溯

条款号	大纲条款	检查依据	检查要点
5.8.3	钢筋、水泥、砂、石、掺和料及钢筋焊接材料等性能证明文件、现场见证取样检验报告齐全	**3.《用于水泥和混凝土中的粉煤灰》GB 1596—2005** 8　检验规则 8.1　编号与取样 8.1.1　编号 　　以连续供应的 ZDQ t 相同等级、相同种类的粉煤灰为一编号，不足 200t 按一个编号论，粉煤灰质量按干灰（含水量小于 1%）的质量计算。 8.1.2　取样 8.1.2.1　每一编号为一取样单位，当散装粉煤灰运输工具的容量超过该厂规定出厂编号吨数时，允许该编号的数量超过取样规定吨数。 **4.《混凝土结构工程施工质量验收规范》GB 50204—2015** 5.2.1　钢筋进场时，应按国家现行相关标准的规定抽取试件作屈服强度、抗拉强度、伸长率、弯曲性能和重量偏差，检验结果应符合相应标准的规定。 　　检查数量：按进场的批次和产品的抽样检验方案确定。 　　检验方法：检查质量证明文件和抽样检验结果。 7.2.1　水泥进场时应对其品种、级别、包装或散装仓号、出厂日期等进行检查，并应对其强度、安定性及其他必要的性能指标进行复验，其质量必须符合《硅酸盐水泥、普通硅酸盐水泥》GB 175 等的规定。 　　检查数量：按同一生产厂家、同一等级、同一品种、同一批号且连续进场的水泥，袋装不超过 200t 为一批，散装不超过 500t 为一批，每批抽样不少于一次。 　　检验方法：检查质量证明文件和抽样检验报告。 7.2.2　混凝土外加剂进场时，应对其品种、性能、出厂日期等进行检查，并应对外加剂的相关性能指标进行检验，检验结果应符合《混凝土外加剂》GB 8076 和《混凝土外加剂应用技术规范》GB 50119 的规定。 7.3.3　混凝土中氯离子含量和碱总含量应符合《混凝土结构设计规范》GB 50010 的规定和设计要求。	3. 查阅水泥、外掺剂等材料试验检测报告和试验委托单 报告检测结果：合格 报告签章：有 CMA 章和试验报告检测专用章、授权人已签字 委托单签字：见证取样人员已签字且已附资质证书编号 代表数量：与进场数量相符

条款号	大纲条款	检查依据	检查要点
5.8.3	钢筋、水泥、砂、石、掺和料及钢筋焊接材料等性能证明文件、现场见证取样检验报告齐全	检查数量：同一配合比的混凝土检查不应少于一次。 检验方法：检查原材料试验报告和氯离子、碱的总含量计算书。 **5.《电力工程地基处理技术规程》DL/T 5024—2005** 10 钻孔灌注桩所用混凝土应符合下列规定： 1. 水泥等水上不宜低于 32.5 级，水下不宜低于 42.5 级。 3. 粗骨料宜选用 5mm～35mm 粒径的卵石或碎石，最大粒径不超过 40mm，并要求粒组由小到大有一定的级配；卵石或碎石要质量好，强度高，针片状、棒状的含量应小于 3%，微风化的应小于 10%，中风化、强风化的严禁使用，含泥量应小于 1%。 4. 细骨料以含长石和石英颗粒为主的中、粗砂为宜，并且有机质含量应小于 0.5%，云母含量应小于 2%，含泥量应小于 3%。 5. 钻孔灌注桩用的混凝土可加入掺合料，如粉煤灰、沸石粉、火山灰等，掺入量宜根据配比试验确定。 6. 可根据工程需要选用外加剂，通常有减水剂和缓凝剂（如木质素磺酸钙，掺入量 0.2%～0.3%；糖蜜，掺入量 0.1%～0.2%）、早强剂（如三乙醇胺等）。 **4.《建筑桩基技术规范》JGJ 94—2008** 6.2.5 钢筋笼制作、安装的质量应符合下列要求： 2. 分段制作的钢筋笼，其接头宜采用焊接或机械式接头（钢筋直径大于 20mm），并应遵守国家现行标准的规定。 **6.《普通混凝土用砂、石质量及检验方法标准》JGJ 52—2006** 4.0.1 供货单位应提供砂或石的产品合格证及质量检验报告。 　　使用单位应按砂或石的同产地同规格分批验收。采用大型工具（如火车、货船或汽车）运输的，应以 400m³ 或 600t 为一验收批；采用小型工具（如拖拉机等）运输的，应以 200m³ 或 300t 为一验收批。不足上述量者，应按一验收批进行验收。 4.0.2 当砂或石的质量比较稳定、进料量又较大时，可以 1000t 为一验收批。	

条款号	大纲条款	检查依据	检查要点
5.8.3	钢筋、水泥、砂、石、掺和料及钢筋焊接材料等性能证明文件、现场见证取样检验报告齐全	**7.《混凝土结构工程施工规范》GB 50666—2011** 3.3.6　材料、半成品和成品进场时，应对其规格、型号、外观和质量证明文件进行检查，并应按《混凝土结构工程施工质量验收规范》GB 50204 等的有关规定进行检验。 5.1.3　当需要进行钢筋代换时，应办理设计变更文件。 5.2.2　对有抗震设防要求的结构，其纵向受力钢筋的性能应满足设计要求；当设计无具体要求时，对按一、二、三级抗震等级设计的框架和斜撑构件(含梯段)中的纵向受力钢筋应采用 HRB335E、HRB400E、HRB500E、HRBf335E、HRBf400E 或 HRBf500E 钢筋，其强度和最大力下总伸长率的实测值应符合下列规定： 　1　钢筋的抗拉强度实测值与屈服强度实测值的比值不应小于 1.25。 　2　钢筋的屈服强度实测值与屈服强度标准值的比值不应大于 1.30。 　3　钢筋的最大力下总伸长率不应小于 9%。 5.2.3　钢筋调直后，应检查力学性能和单位长度重量偏差。但采用无延伸功能机械设备调直的钢筋，可不进行本条规定的检查。 5.5.1　钢筋进场检查应符合下列规定： 　1　应检查钢筋的质量证明文件。 　2　应按国家现行有关标准的规定抽样检验屈服强度、抗拉强度、伸长率、弯曲性能及单位长度重量偏差。 　3　经产品认证符合要求的钢筋，其检验批量可扩大一倍。在同一工程中，同一厂家、同一牌号、同一规格的钢筋连续三次进场检验均一次合格时，其后的检验批量可扩大一倍。 　4　钢筋的外观质量。 　5　当无法准确判断钢筋品种、牌号时，应增加化学成分、晶粒度等检验项目。 5.5.2　成型钢筋进场时，应检查成型钢筋的质量证明文件，成型钢筋所用材料质量证明文件及检验报告并应抽样检验成型钢筋的屈服强度、抗拉强度、伸长率和重量偏差。检验批量可由合同约定，同一工程、同一原材料来源、同一组生产设备生产的成型钢筋，检验批量不宜大于 30t。	

条款号	大纲条款	检查依据	检查要点
5.8.3	钢筋、水泥、砂、石、掺和料及钢筋焊接材料等性能证明文件、现场见证取样检验报告齐全	6.6.1　预应力工程材料进场检查应符合下列规定： 　　1　应检查规格、外观、尺寸及其质量证明文件。 　　2　应按现行国家有关标准的规定进行力学性能的抽样检验。 　　3　经产品认证符合要求的产品，其检验批量可扩大一倍。在同一工程、同一厂家、同一品种、同一规格的产品连续三次进场检验均一次检验合格时，其后的检验批量可扩大一倍。 　　7.6.2　原材料进场时，应对材料外观、规格、等级、生产日期等进行检查，并应对其主要技术指标按本规范 7.6.3 的规定划分检验批进行抽样检验，每个检验批检验不得少于 1 次。 　　经产品认证符合要求的水泥、外加剂，其检验批量可扩大一倍。在同一工程中，同一厂家、同一品种、同一规格的水泥、外加剂，连续三次进场检验均一次合格时，其后的检验批量可扩大一倍。 　　7.6.3　原材料进场质量检查应符合下列规定： 　　1　应对水泥的强度、安定性及凝结时间进行检验。同一生产厂家、同一等级、同一品种、同一批号连续进场的水泥，袋装水泥不超过 200t 应为一批，散装水泥不超过 500t 为一批。 　　2　应对粗骨料的颗粒级配、含泥量、泥块含量、针片状含量指标进行检验，压碎指标可根据工程需要进行检验，应对细骨料颗粒级配、含泥量、泥块含量指标进行检验。当设计文件在要求或结构处于易发生碱骨料反应环境中，应对骨料进行碱活性检验。抗冻等级 F100 及以上的混凝土用骨料，应进行坚固性检验，骨料不超过 400m³ 或 600t 为一检验批。 　　3　应对矿物掺合料细度（比表面积）、需水量比（流动度比）、活性指数（抗压强度比）、烧失量指标进行检验。粉煤灰、矿渣粉、沸石粉不超过 200t 应为一检验批，硅灰不超过 30t 应为检验批。 　　4　应按外加剂产品标准规定对其主要匀质性指标和掺外加剂混凝土性能指标进行检验。同一品种外加剂不超过 50t 应为一检验批。 　　5　当采用饮用水作为混凝土用水时，可没检验。当采用中水、搅拌站清洗水或施工现场循环水等其他水源时，应对其成分进行检验。 　　7.6.4　当使用中水泥质量受不利环境影响或水泥出厂超过三个月（快硬硅酸盐水泥超过一个月）时，应进行复验，并应按复验结果使用。	

条款号	大纲条款	检查依据	检查要点
5.8.3	钢筋、水泥、砂、石、掺和料及钢筋焊接材料等性能证明文件、现场见证取样检验报告齐全	**8.《建筑地基基础工程施工质量验收标准》GB 50202—2018** 3.0.8 原材料的质量检验应符合下列规定： 1 钢筋、混凝土等原材料的质量检验应符合设计要求和《混凝土结构工程施工质量验收规范》GB 50204 的规定。 2 钢材、焊接材料和连接件等原材料及成品的进场、焊接或连接检测应符合设计要求和《钢结构工程施工质量验收规范》GB 50205 的规定。 3 砂、石子、水泥、石灰、粉煤灰、矿（钢）渣粉等掺合料、外加剂等原材料的质量、检验项目、批量和检验方法，应符合国家现行有关标准的规定	
5.8.4	混凝土强度等级满足设计要求，试验报告齐全	**1.《电力建设施工质量验收及评价规程 第 1 部分：土建工程》DL/T 5210.1—2012** 5.4.27 混凝土灌注桩工程 1. 检查数量 3）混凝土强度试件：每浇筑 50m³ 都必须有一组试件；小于 50m³ 的桩，每根桩必须有一组试件。 **2.《电力工程地基处理技术规程》DL/T 5024—2005** 10 钻孔灌注桩所用混凝土应符合下列规定： 1. 混凝土的配合比和强度等级，应按桩身设计强度等级经配比试验确定，并留有一定强度储备（一般以 20% 为宜）；混凝土坍落度宜取 160mm～220mm，并保持混凝土的和易性。 **3.《混凝土结构工程施工质量验收规范》GB 50204—2015** 7.4.1 混凝土的强度等级必须符合设计要求。用于检验混凝土强度的试件，应在浇筑地点随机抽取。 检查数量：对同一配合比混凝土，取样与试件留置应符合下列规定： 1 每拌制 100 盘且不超过 100m³ 时，取样不得少于一次。 2 每工作班拌制不足 100 盘时，取样不得少于一次。 3 连续浇筑超过 1000m³ 时，每 200m³ 取样不得少于一次。 4 每一楼层取样不得少于一次。	1. 查阅施工单位混凝土跟踪管理台账 内容：合格证、复试报告、使用情况、检验数量，可追溯

条款号	大纲条款	检查依据	检查要点
5.8.4	混凝土强度等级满足设计要求,试验报告齐全	5 每次取样应至少留置一组试件。 检验方法:检查施工记录及混凝土强度试验报告。 **4.《建筑地基基础工程施工质量验收标准》GB 50202—2018** 5.6.3 施工后对桩身完整性、混凝土强度及承载力进行检验。 5.7.3 施工结束后应检验桩的承载力、桩身完整性及混凝土的强度	2. 查阅混凝土抗压强度试验检测报告和试验委托单 报告检测结果:合格 报告签章:有 CMA 章和试验报告检测专用章、授权人已签字 委托单签字:见证取样人员已签字且已附资质证书编号
5.8.5	钢筋焊接接头试验合格,报告齐全	**1.《电力建设施工质量验收及评价规程 第 1 部分:土建工程》DL/T 5210.1—2012** 3. 施工试验: 2)钢筋连接接头质量的试验报告。 3.0.1 涉及结构安全的试块、试件以及有关材料,应按规定进行见证取样检测。 **2.《建筑桩基技术规范》JGJ 94—2008** 9.2.3 灌注桩施工前应进行下列检验: 　　2 钢筋笼制作应对钢筋规格、焊条规格、品种、焊口规格、焊缝长度、焊缝外观和质量、主筋和箍筋的制作偏差等进行检查,钢筋笼制作允许偏差应符合本规范要求。 **3.《钢筋焊接及验收规程》JGJ 18—2012** 5.3.1 闪光对焊接头的质量检验,应分批进行外观质量检查和力学性能检验。并应符合下列规定: 　　1 在同一台班内,由同一个焊工完成的 300 个同牌号、同直径钢筋焊接接头应作为一批。当同一台班内焊接的接头数量较少,可在一周之内累计计算;累计仍不足 300 个接头时,应按一批计算。 5.5.1 电弧焊接头的质量检验,应分批进行外观质量检查和力学性能检验,并应符合下列规定: 　　1 在现浇混凝土结构中,应以 300 个同牌号钢筋、同形式接头作为一批;在房屋结构中,应在不超过连续两楼层中 300 个同牌号钢筋、同形式接头作为一批;每批随机切取 3 个接头,做拉伸试验。	1. 查阅施工单位材料跟踪管理台账 内容:包括钢筋焊接接头检测报告、使用部位和检验数量,可追溯

续表

条款号	大纲条款	检查依据	检查要点
5.8.5	钢筋焊接接头试验合格,报告齐全	5.6.1 电渣压力焊接头的质量检验,应分批进行外观质量检查和力学性能检验,并应符合下列规定: 　1 在现浇钢筋混凝土结构中,应以300个同牌号钢筋接头作为一批。 5.7.1 气压焊接头的质量检验,应分批进行外观质量检查和力学性能检验,并应符合下列规定: 　1 在现浇钢筋混凝土结构中,应以300个同牌号钢筋接头作为一批;在房屋结构中,应在不超过连续两楼层中300个同牌号钢筋接头作为一批;当不足300个接头时,仍应作为一批。 5.8.4 力学性能检验时,应以300件同类型预埋件作为一批。一周内连续焊接时。可累计计算。当不足300件时,亦应按一批计算,应从每批预埋件中随机切取3个接头做拉伸试验。 **4.《建筑地基基础工程施工质量验收标准》GB 50202—2018** 3.0.8 原材料的质量检验应符合下列规定: 　2 钢材、焊接材料和连接件等原材料及成品的进场、焊接或连接检测应符合设计要求和《钢结构工程施工质量验收规范》GB 50205 的规定	2. 查阅钢筋焊接接头试验检测报告和试验委托单 　报告检测结果:合格 　报告签章:有CMA章和试验报告检测专用章、授权人已签字 　委托单签字:见证取样人员已签字且已附资质证书编号
5.8.6	桩基础施工工艺与设计(施工)方案一致	**1.《建筑地基处理技术规范》JGJ 79—2012** 1.2.1 地基处理工程应进行施工全过程的监测。施工中,应有专人或专门机构负责监测工作,随时检查施工记录和计量记录,并按照规定的施工工艺对工序进行质量评定。 **2.《建筑地基基础工程施工质量验收标准》GB 50202—2018** 5.6.1 施工前应监检灌注桩的原材料及桩位处的地下障碍物处理资料。	查阅施工方案 施工工艺:与设计方案一致

条款号	大纲条款	检查依据	检查要点
5.8.6	桩基础施工工艺与设计（施工）方案一致	5.6.2 施工中对成孔、钢筋笼制作与安装、水下混凝土灌注等各项质量指标进行检查验收；嵌岩桩应对桩端的岩性和入岩深度进行检验。 5.6.3 施工后对桩身完整性、混凝土强度及承载力进行检验。 5.7.1 施工前应对原材料、施工组织设计中制定的施工顺序、主要成孔设备性能指标、监测仪器、监测方法、保证人员安全的措施或安全施工专项方案等进行检查验收。 5.7.2 施工中应检验钢筋笼质量、混凝土坍落度、桩位、孔深、桩顶标高等。 5.7.3 施工结束后应检验桩的承载力、桩身完整性及混凝土的强度。 5.7.4 人工挖孔桩应复验孔底持力层土岩性，嵌岩桩应有桩端持力层的岩性报告	
5.8.7	人工挖孔桩终孔时，持力层检验记录齐全	**1.《建筑地基基础工程施工质量验收标准》GB 50202—2018** 5.7.4 人工挖孔桩应复验孔底持力层土岩性，嵌岩桩应有桩端持力层的岩性报告。 **2.《电力工程地基处理技术规程》DL/T 5024—2005** 14.2.4 人工挖孔桩 （15）桩孔挖至设计高程，应将孔底残渣、杂物、积水等清理干净，并采用轻型动力触探等方法检验孔底土质的均匀性和土的性质。经监理工程师验收后立即灌注混凝土封底。 **3.《建筑桩基技术规范》JGJ 94—2008** 9.3.2 灌注桩施工过程中应进行下列检验： 　1 灌注混凝土前，应按照本规范第6章有关施工质量要求，对已成孔的中心位置、孔深、孔径垂直度、孔底沉渣厚度进行检验； 　2 应对钢筋笼安放的实际位置等进行检查，并填写相应质量检测、检查记录； 　3 干作业条件下成孔后应对大直径桩桩端持力层进行检验	查阅人工挖孔终孔时持力层检测报告 嵌岩桩桩端持力层的抗压强度：符合设计要求 签章：有CMA章和试验报告检测专用章、授权人已签字

续表

条款号	大纲条款	检查依据	检查要点
5.8.8	人工挖孔灌注桩、干成孔灌注桩、套管成孔灌注桩、泥浆护壁钻孔灌注桩成孔的桩径、垂直度、孔底沉渣厚度及桩位的偏差符合规范规定	**1.《建筑桩基技术规范》JGJ 94—2008** 6.2.4 灌注桩成孔施工的允许偏差应满足表6.2.4的要求。 6.3.9 钻孔达到设计深度，灌注混凝土之前，孔底沉渣厚度指标应符合下列规定： 　1 对端承型桩，不应大于50mm； 　2 对摩擦型桩，不应大于100mm； 　3 对抗拔、抗水平力桩，不应大于200mm。 9.1.1 桩基工程应进行桩位、桩长、桩径、桩身质量和单桩承载力的检验。 9.3.2 灌注桩施工过程中应进行下列检验： 　1 灌注混凝土前，应按照本规范第6章有关施工质量要求，对已成孔的中心位置、孔深、孔径、垂直度、孔底沉渣厚度进行检验； 　2 应对钢筋笼安放的实际位置等进行检查，并填写相应质量检测、检查记录； 　3 干作业条件下成孔后应对大直径桩桩端持力层进行检验。 **2.《电力建设施工质量验收及评价规程　第1部分：土建规程》DL/T 5210.1—2012** 5.4.23 螺旋钻、潜水钻、回旋钻和冲击成孔： 　1 检查数量：全数检查； 　2 质量标准和检验方法：见表5.4.23。 5.4.25 人工挖大直径扩底墩成孔： 　1 检查数量：全数检查； 　2 质量标准和检验方法：见表5.4.25。 **3.《电力工程地基处理技术规程》DL/T 5024—2005** 14.1.15 灌注桩成桩过程中，应进行成孔质量检测，包括孔径、孔斜、孔深、沉渣厚度等，成孔质量检测不得少于总桩数的10%	查阅灌注桩成孔质量验收记录 灌注桩成孔桩径、垂直度、孔底沉渣厚度及桩位偏差：满足设计和规范要求

续表

条款号	大纲条款	检查依据	检查要点
5.8.9	工程桩承载力试验符合设计要求,桩身质量检验符合规程规定,报告齐全	**1.《建筑地基基础工程施工质量验收标准》GB 50202—2018** 5.6.3 施工后对桩身完整性、混凝土强度及承载力进行检验。 5.7.3 施工结束后应检验桩的承载力、桩身完整性及混凝土的强度。 **2.《建筑桩基技术规范》JGJ 94—2008** 9.4.3 有下列情况之一的桩基工程,应采用静荷载试验对工程桩单桩竖向承载力进行检测,检测数量应根据桩基设计等级、本工程施工前取得试验数据的可靠性因素,可按《建筑基桩检测技术规范》JGJ 106 确定: 　1 工程施工前已进行单桩静载试验,但施工过程变更了工艺参数或施工质量出现异常时; 　2 施工前工程未按本规范 5.3.1 规定进行单桩静载试验的工程; 　3 地质条件复杂、桩的施工质量可靠性低; 　4 采用新桩型或新工艺。 **3.《电力工程地基处理技术规程》DL/T 5024—2005** 14.1.15 灌注桩成桩过程中,应进行成孔质量检测,包括孔径、孔斜、孔深、沉渣厚度等,成孔质量检测不得少于总桩数的 10%。桩身强度满足养护要求后应采用高应变法、低应变法动力测试或钻孔抽芯法检测桩身质量,高应变检测数量不宜少于总桩数的 5%,且不少于 5 根。采用低应变法测桩宜为总桩数的 20%~30%。当单桩竖向抗压极限承载力较大、地质条件复杂、单桩承台时,应提高检测比例。 14.1.17 为确保实际单桩竖向极限承载力标准值达到设计要求,应根据工程重要性、岩土工程条件、设计要求及工程施工情况采用单桩静载荷试验或可靠的动力测试方法进行工程桩单桩承载力检测。对于工程桩施工前未进行综合试桩的一级建筑桩基和岩土工程条件复杂、桩的施工质量可靠性低、确定单桩承载力的可靠性低、桩数多的二级建筑桩基,应采用单桩静载荷试验对工程桩单桩竖向承载力进行检测,在同一条件下的检测数量不宜小于总桩数的 1%,且不应小于 3 根;对于工程桩施工前已进行过综合试桩的一级建筑桩基及其他所有工程桩基,应采用可靠的高应变动力测试法对工程桩单桩竖向承载力进行检测。	查阅工程桩检测报告 内容:包括灌注桩单桩静载荷试验报告或灌注桩高应变检测工程桩承载力检测报告、灌注桩桩身完整性检测报告 结果:承载力符合设计要求、桩身质量检验符合规程规定 报告签章:有 CMA 章和试验报告检测专用章、授权人已签字 报告数量:与验收记录相符

续表

条款号	大纲条款	检查依据	检查要点
5.8.9	工程桩承载力试验符合设计要求，桩身质量检验符合规程规定，报告齐全	**4.《电力工程基桩检测技术规程》DL/T 5493—2014** 3.1.3 工程桩应进行单桩承载力和桩身完整性检测。 **5.《建筑基桩检测技术规范》JGJ 106—2014** 3.1.3 施工完成后的工程桩应进行单桩承载力和桩身完整性检测	
5.8.10	质量控制参数符合技术方案，施工记录齐全	**1.《建筑工程施工质量验收统一标准》GB 50300—2013** 3.0.3 建筑工程的施工质量控制应符合下列规定： 1 建筑工程采用的主要材料、半成品、建筑构配件、器具和设备应进行进场检验。凡涉及安全、节能、环境保护和主要使用功能的重要材料、产品，应按各专业工程施工规范、验收规范和设计文件等规定进行复验，并应经监理工程师检查认可。 2 各施工工序应按技术标准进行质量控制，每道工序完成后经单位自检符合规定后，才能进行下道工序施。各专业工种之间的相关工序应进行交接检验，并应记录。 3 对于监理单位 提出检查要求的重要工序 ，应经监理工程师检查认可，才能进行下道工序施工。 **2.《建筑地基基础工程施工质量验收标准》GB 50202—2018** 5.1.1 桩基工程施工前应对放好的轴线和桩位进行复测。群桩桩位的放样允许偏差应为20mm，单排桩桩位的放样允许偏差应为10mm。 5.1.3 灌注桩混凝土强度检验的试件应在施工现场随机抽取。来自同一搅拌站的混凝土，每浇筑 50m³ 必须至少留置一组试件；当混凝土浇筑量不足 50m³ 时，每连续浇筑 12h 必须至少留置 1 组试件。对单柱单桩，每根桩应至少留置 1 组试件。	1. 查阅施工方案 质量控制参数：符合技术方案要求

续表

条款号	大纲条款	检查依据	检查要点
5.8.10	质量控制参数符合技术方案,施工记录齐全	**3.《电力工程地基处理技术规程》DL/T 5024—2005** 14.1.15 灌注桩成桩过程中,应进行成孔质量检测,包括孔径、孔斜、孔深、沉渣厚等,成孔质量检测不得少于总桩数的 10%。桩身强度满足养护要求后应采用高应变法、低应变法动力测试或钻孔抽芯法检测桩身质量,高应变检测数量不宜少于总桩数的 5%,且不少于 5 根。采用低应变法测桩宜为总桩数的 20%~30%。当单桩竖向抗压极限承载力较大、地质条件复杂、单桩承台时,应提高检测比例。 **4.《建筑桩基技术规范》JGJ 94—2008** 6.3.30 灌注水下混凝土的质量控制应满足下列要求: 1. 开始灌注混凝土时,导管底部至孔底的距离宜为 300mm~500mm。 2. 应有足够的混凝土储备量,导管一次埋入混凝土灌注面以下不应少于 0.8m。 3. 导管埋入混凝土深度宜为 2m~6m。严禁将导管提出混凝土灌注面,并应控制提拔导管速度,应有专人测量导管埋深及管内外混凝土灌注面的高差,填写水下混凝土灌注记录。 4. 灌注水下混凝土必须连续施工,每根桩的灌注时间应按初盘混凝土的初凝时间控制,对灌注过程中的故障应记录备案。 5. 应控制最后一次灌注量,超灌高度宜为 0.8m~1.0m,凿除泛浆高度后必须保证暴露的桩顶混凝土强度达到设计等级	2. 查阅施工记录 内容:包括桩顶标高、孔径、垂直度、孔深、沉渣厚度、泥浆稠度和充盈系数等 记录数量:与验收记录相符
5.8.11	施工质量的检验项目、方法、数量符合规范规定,质量验收记录齐全	**1.《建筑地基基础工程施工质量验收标准》GB 50202—2018** 5.1.1 桩基工程施工前应对放好的轴线和桩位进行复测。群桩桩位的放样允许偏差应为20mm,单排桩桩位的放样允许偏差应为10mm。 5.1.3 灌注桩混凝土强度检验的试件应在施工现场随机抽取。来自同一搅拌站的混凝土,每浇筑 50m³ 必须至少留置一组试件;当混凝土浇筑量不足 50m³ 时,每连续浇筑 12h 必须至少留置 1 组试件。对单柱单桩,每根桩应至少留置 1 组试件。	1. 查阅质量检验记录 检验项目:包括桩顶标高、孔径、垂直度、孔深、沉渣厚度、泥浆稠度和充盈系数等,符合设计要求和规范规定 检验方法:包括量测、高应变、低应变、静载荷试验等,符合规范规定 检验数量:符合规范规定

条款号	大纲条款	检查依据	检查要点
5.8.11	施工质量的检验项目、方法、数量符合规范规定,质量验收记录齐全	**2.《电力建设施工质量验收及评价规程　第1部分：土建工程》DL/T 5210.1—2012** 5.4.27　混凝土灌注桩工程： 　1　检查数量： 　　主控项目 　　1）承载力检验：应按现行有关标准或按经专项论证的检验方案抽样检测。 　　2）桩体质量检验：对设计等级为甲级或地质条件复杂、成桩质量可靠性低的灌注桩，抽检数量不应少于总数的30%，且不应少于20根；其他桩基工程的抽检数量不应少于总桩数的10%。且不得少于10根。每个柱子承台下不得少于1根。 　　3）混凝土强度试件：每浇筑50m³都必须有1组试件；小于50m³的桩，每根桩必须有1组试件。 　　4）桩位偏差：应全数检查。 　　　一般项目 　　5）全数检查。 　2　质量标准和检验方法：见表5.4.27。 **3.《电力工程地基处理技术规程》DL/T 5024—2005** 14.1.13　一级、二级建筑物桩基工程在施工过程及建成后使用期间，应进行系统的沉降观测直至沉降稳定。 14.1.15　灌注桩成桩过程中，应进行成孔质量检测，包括孔径、孔斜、孔深、沉渣厚度等，成孔质量检测不得少于总桩数的10%。桩身强度满足养护要求后应采用高应变法、低应变动力测试或钻孔抽芯法检测桩身质量，高应变检测数量不宜少于总桩数的5%，且不少于5根。采用低应变法测桩宜为总桩数的20%～30%。当单桩竖向抗压极限承载力较大、地质条件复杂、单桩承台时，应提高检测比例。	2.查阅质量验收记录 　内容：包括检验批、分项工程验收记录及隐蔽工程验收文件等 　数量：与项目质量验收范围划分表相符

条款号	大纲条款	检查依据	检查要点
5.8.11	施工质量的检验项目、方法、数量符合规范规定，质量验收记录齐全	14.2.1　钻孔灌注桩 11　钻孔灌注桩混凝土的浇注应符合下列规定： 7）桩身浇筑过程中，每根桩留取不少于1组（3块）试块，按标准养护后进行抗压试验。 8）当混凝土试块强度达不到设计要求时，可从桩体中进行抽芯检验或采取其他非破损检验方法。 9.5.2　基桩验收应包括下列资料： 1　岩土工程勘察报告、桩基施工图、图纸会审纪要、设计变更单及材料代用通知单等； 2　经审定的施工组织设计、施工方案及执行中的变更单； 3　桩位测量放线图，包括工程桩位线复核签证单； 4　原材料的质量合格和质量鉴定书； 5　半成品如预制桩、钢桩等产品的合格证； 6　施工记录及隐蔽工程验收文件； 7　成桩质量检查报告； 8　单桩承载力检测报告； 9　基坑挖至设计标高的基桩竣工平面图及桩顶标高图； 10　其他必须提供的文件和记录	

5.9　预制桩工程的监督检查

条款号	大纲条款	检查依据	检查要点
5.9.1	当需要提供设计参数和施工工艺参数时，应按试桩方案进行试桩确定	**《电力工程地基处理技术规程》DL/T 5024—2005** 5.0.8　大中型电力工程一、二级建（构）筑物的地基处理应进行原体试验。对于扩建工程，当工程条件有较大变化时，宜进行地基处理原体试验。 5.0.10　地基处理正式施工前，宜进行试验性施工，在确认施工技术条件满足设计要求后，才能进行地基处理的正式施工。	查阅试桩检测报告 设计参数和施工工艺参数：已确定 盖章：有CMA章和试验报告检测专用章 签字：授权人已签字

条款号	大纲条款	检查依据	检查要点

5.9.1	当需要提供设计参数和施工工艺参数时,应按试桩方案进行试桩确定	14.1.7 对于一、二级建筑物的单桩抗压、抗拔、水平极限承载力标准值,宜按综合试桩结果确定,并应符合下列要求:
		
		  1 试验地段的选取,应能充分代表拟建建筑物场地的岩土工程条件。
		
		  2 在同一条件下,试桩数量不应少于 3 根。当总桩数在 50 根以内时,不应少于 2 根	

5.9.2	预制桩工程施工组织设计、施工方案齐全,已审批	**1.《建筑施工组织设计规范》GB/T 50502—2009**
		
		3.0.5 施工组织设计的编制和审批应符合下列规定:
		
		  1 施工组织设计应由项目负责人主持编制,可根据需要分阶段编制和审批。
		
		  2 施工组织总设计应由总承包单位技术负责人审批;单位工程施工组织设计应由施工单位技术负责人或技术负责人授权的技术人员审批,施工方案应由项目技术负责人审批;重点、难点分部(分项)工程和专项工程施工方案应由施工单位技术部门组织相关专家评审,施工单位技术负责人批准。
		
		  3 由专业承包单位施工的分部(分项)工程或专项工程的施工方案,应由专业承包单位技术负责人或技术负责人授权的技术人员审批;有总承包单位时,应由总承包单位项目技术负责人核准备案。
		
		  4 规模较大的分部(分项)工程和专项工程的施工方案应接单位工程施工组织、设计进行编制和审批。
		
		2.《电力工程地基处理技术规程》DL/T 5024—2005
		
		5.0.12 地基处理的施工应有详细的施工组织设计、施工质量管理和质量保证措施。应有专人负责施工检验与质量监督,做好各项施工记录,当发现异常情况时,应及时会同有关部门研究解决。
			1. 查阅预制桩技术方案
			审批:审批人已签字
			
			2. 查阅施工方案报审表
			审核:监理单位相关责任人已签字
			批准:建设单位相关责任人已签字

条款号	大纲条款	检查依据	检查要点
5.9.2	预制桩工程施工组织设计、施工方案齐全,已审批	**3.《建筑桩基技术规范》JGJ 94—2008** 1.0.3 桩基的设计与施工,应综合考虑工程地质与水文地质条件、上部结构类型、使用功能、荷载特征、施工技术条件与环境;并应重视地方经验,因地制宜,注重概念设计,合理选择桩型、成桩工艺和承台形式,优化布桩,节约资源;强化施工质量控制与管理。 **4.《电力建设施工技术规范 第1部分:土建结构工程》DL 5190.1—2012** 3.0.1 工程施工前,应按设计图纸,结合具体情况和施工组织设计的要求编制施工方案,并经批准后方可施工	3. 查阅施工方案 编、审、批:施工单位相关责任人已签字 施工步骤和工艺参数:与技术方案相符
5.9.3	静压桩、锤击桩施工工艺与设计(施工)方案一致	**1.《建筑地基基础工程施工质量验收标准》GB 50202—2018** 5.5.1 施工前应检验成品桩构造尺寸及外观质量。 5.5.2 施工中应检验接桩质量及锤击及静压的技术指标、垂直度及桩顶标高等。 5.5.3 施工结束后应对承载力及桩身完整性进行检验。 **2.《建筑桩基技术规范》JGJ 94—2008** 7.4.5 打入桩(预制混凝土方桩、预应力混凝土空心桩、钢桩)的桩位偏差,应符合表7.4.5的规定。斜桩倾斜度的偏差不得大于倾斜角正切值的15%(倾斜角系桩的纵向中心线与铅垂线间夹角)。 7.4.6 桩终止锤击的控制应符合下列规定: 1 当桩端位于一般土层时,应以控制桩端设计标高为主,贯入度为辅。 2 桩端达到坚硬、硬塑的黏性土、中密以上粉土、砂土、碎石类土及风化岩时,应以贯入度控制为主,桩端标高为辅。 3 贯入度已达到设计要求而桩端标高未达到时,应继续锤击3阵,并按每阵10击的贯入度不应大于设计规定的数值确认,必要时,施工控制贯入度应通过试验确定。 7.5.7 最大压桩力不得小于设计的单桩竖向极限承载力标准值,必要时可由现场试验确定。 7.5.8 静力压桩施工的质量控制应符合下列规定: 1 第一节桩下压时垂直度偏差不应大于0.5%。	查阅施工方案 施工工艺:与设计方案一致

条款号	大纲条款	检查依据	检查要点
5.9.3	静压桩、锤击桩施工工艺与设计（施工）方案一致	2 宜将每根桩一次性连续压到底，且最后一节有效桩长不宜小于 5m。 3 抱压力不应大于桩身允许侧向压力的 1.1 倍。 7.5.9 终压条件应符合下列规定： 1 应根据现场试压桩的试验结果确定终压力标准。 2 终压连续复压次数应根据桩长及地质条件等因素确定。对于入土深度大于或等于 8m 的桩，复压次数可为 2 次~3 次；对于入土深度小于 8m 的桩，复压次数可为 3 次~5 次。 3 稳压压桩力不得小于终压力，稳定压桩的时间宜为 5s~10s	
5.9.4	桩体材料和连接材料的性能证明文件齐全	**1.《电力建设施工质量验收及评价规程 第 1 部分：土建工程》DL/T 5210.1—2012** 18.3.1 地基及桩基工程质量记录应评价的内容包括： 3. 施工试验： 1）各种地基材料的配合比试验报告。 2）钢筋连接接头质量的试验报告。 3）混凝土强度试验报告。 **2.《建筑桩基技术规范》JGJ 94—2008** 7.3.2 接桩材料应符合下列规定： 1. 焊接接桩：钢饭宜采用低碳钢，焊条宜采用 E43；并应符合现行行业标准要求。接头宜采用探伤检测，同一工程检测量不得少于 3 个接头。 2. 法兰接桩：钢饭和螺栓宜采用低碳钢。 9.1.3 对砂、石、水泥、钢材等桩体原材料质量的检测项目和方法应符合国家现行有关标准的规定。 **3.《建筑地基处理技术规范》JGJ 79—2012** 9.3.2 预制桩桩体可采用边长为 150mm~300mm 的预制混凝土方桩，直径 300mm 的预应力混凝土管桩，断面尺寸为 100mm~300mm 的钢管桩和型钢等，施工除应满足《建筑桩基技术规范》JGJ 94 的规定外，尚应符合下列规定：	1. 查阅焊条、现场预制桩钢筋、水泥等原材料进场验收记录 内容：包括出厂合格证（出厂试验报告）、复试报告，材料进场时间、批次、数量、规格、相应性能指标

条款号	大纲条款	检查依据	检查要点
5.9.4	桩体材料和连接材料的性能证明文件齐全	3 除用于减小桩身阻力的涂层外，桩身材料以及连接件的耐久性应符合《工业建筑防腐蚀设计规范》GB 50046 的有关规定。 **4.《先张法预应力混凝土管桩》GB 13476—2009** 4.1.1 水泥 宜采用强度等级不低于 42.5 级的硅酸盐水泥、普通硅酸盐水泥、矿渣硅酸盐水泥，其质量应符合《通用硅酸盐水泥》GB 175 的规定。 4.1.2 骨料 4.1.2.1 细骨料宜采用洁净的天然硬质中粗砂或人工砂，细度模数宜为 2.5～3.2，采用人工砂时，细度模数可为 2.5～3.5，质量应符合《建设用砂》GB/T 14684 的有关规定，且砂的含泥量不大于 1%，氯离子含量不大于 0.01%，硫化物及硫酸盐含量不大于 0.5%。 4.1.2.2 粗骨料宜采用碎石或破碎的卵石，其最大粒径不应大于 25mm，且不得超过钢筋净距的 3/4，质量应符合《建设用砂》GB/T 14685 的有关规定，且石的含泥量不大于 0.5%，硫化物及硫酸盐含量不大于 0.5%。 4.1.2.3 对于有抗冻、抗渗或其他特殊要求的管桩，其所使用的骨料应符合相关标准的有关规定。 4.1.3 钢材 4.1.3.2 螺旋筋宜采用低碳钢热轧圆盘条、混凝土制品用冷拔低碳钢丝，其质量应分别符合《低碳钢热轧圆盘条》GB/T 701、《混凝土制品用冷拔低碳钢丝》JC/T 540 的有关规定。 4.1.3.3 管桩一般可不设端部锚固钢筋，当需要设置端部锚固钢筋时，锚固钢筋宜采用地毯热轧圆盘条或钢筋混凝土用热轧带肋钢筋，其质量应分别符合《低碳钢热轧圆盘条》GB/T 701、《钢筋混凝土用钢 第 2 部分：热轧带肋钢筋》GB/T 1499.2 的规定。 4.1.3.4 端板性能应符合《先张法预应力混凝土管桩用端板》JC/T 947 的规定，材质应采用 Q235B，其都不得小于表 2 的规定。装套箍的材质应符合《碳素结构钢》GB/T 700 中 Q235 的规定。	2. 查阅施工单位材料跟踪管理台账 内容：包括焊条和桩体材料合格证明资料、复试报告、使用情况、检验数量

条款号	大纲条款	检查依据	检查要点
5.9.4	桩体材料和连接材料的性能证明文件齐全	4.1.4 水 混凝土拌合用水的质量应符合《混凝土用水标准（附条文说明）》JGJ 63 的规定。 4.1.5 外加剂 外加剂的质量应符合《混凝土外加剂》GB 8076 的规定。 4.1.6 掺合料 4.1.6.2 当采用其他品种的掺合料时，应通过试验鉴定，确认符合管桩混凝土质量要求时，方可使用。 10 产品合格证 产品合格证应包括下列内容： a）合格证编号； b）采用标准编号； c）管桩品种、规格、型号、长度及壁厚； d）产品数量； e）混凝土强度等级； f）制造日期或管桩编号； g）制造厂厂名、出厂日期； h）检验员签名或盖章（可用检验员代号表式）。 **5.《预应力混凝土管桩技术标准》JGJ/T 406—2017** 4.1.1 预应力钢筋采用预应力混凝土用钢棒，其质量应符合《预应力混凝土用钢棒》GB/T 5223.3 中低松弛螺旋槽钢棒的规定。 4.1.2 端板材质应采用 Q235B，并符合下列规定： 1 端板制造不得采用铸造工艺； 2 端板厚度不得有负偏差，用于抗拔桩工程的端板厚度宜增加且应满足设计要求；	3. 查阅焊条和桩体材料试验检测报告和试验委托单 报告检测结果：合格 报告签章：有 CMA 章和试验报告检测专用章、授权人已签字 委托单签字：见证取样人员已签字且已附资质证书编号 代表数量：与进场数量相符

条款号	大纲条款	检查依据	检查要点
5.9.4	桩体材料和连接材料的性能证明文件齐全	3 除焊接坡口、桩套箍连接槽、预应力钢棒锚固孔、消除焊接应力槽、机械连接孔外,端板表面应平整,不得开槽和打孔。 4.1.3 管桩采用免蒸压养护工艺时,掺合料应采用矿渣微粉、硅灰等,并应符合下列规定: 1 矿渣微粉的质量不应低于《用于水泥和混凝土中的粒化高炉矿渣粉》GB/T 18046 表 1 中 S95级的有关规定; 2 硅灰的质量应符合《砂浆和混凝土用硅灰》GB/T 27690 的有关规定; 3 掺合料进场必须有供方提供的该批材料的检验报告和质保书,存放对应挂牌标明品种、生产厂家、数量及进厂日期,掺合料不得混合堆放; 4 当采用其他品种的掺合料时,应通过试验确定,确认符合管桩混凝土质量要求后,方可使用。 4.1.4 管桩用其他材料要求尚应符合《先张法混凝土预应力管桩》GB 13476 的规定	
5.9.5	桩身检测、接桩接头检测合格,报告齐全	**1.《建筑地基基础工程施工质量验收标准》GB 50202—2018** 5.5.1 施工前应检验成品桩构造尺寸及外观质量。 5.5.2 施工中应检验接桩质量及锤击及静压的技术指标、垂直度及桩顶标高等。 5.5.3 施工结束后应对承载力及桩身完整性进行检验。 **2.《电力工程地基处理技术规程》DL/T 5024—2005** 14.1.14 打入桩在施打过程中,应采用高应变动测法对基桩进行质量检测,测桩数量宜为总桩数的 3%~7%,且不少于 5 根。如发现桩基工程有质量问题,按照发现 1 根桩有问题时增加 2 根桩检测的原则对桩基施工质量做总体评价。低应变法测桩,对于钢筋混凝土预制桩或 PHC桩不应少于总桩数的 20%~30%,对于钢桩可由设计根据工程重要性和桩基施工情况确定检测比例。 15.4.16 低应变动测报告应包括下列内容: 　1 工程名称、地点,建设、设计、监理和施工单位、委托方名称,设计要求,监测目的、监测依据,检测数量和日期。 　2 地质条件概况;	1. 查阅成品桩桩身检测检查记录 内容:包括外观及桩身完整性检验

条款号	大纲条款	检查依据	检查要点
5.9.5	桩身检测、接桩接头检测合格,报告齐全	3 受检桩的桩号、桩位示意图和施工简况; 4 检测方法、检测仪器设备和检测过程; 5 检测桩的实测与计算分析曲线,检测成果汇总表; 6 结论和建议。 **3.《建筑桩基技术规范》JGJ 94—2008** 7.3.3 采用焊接接桩除应符合《建筑钢结构焊接技术规程》JGJ 81 的有关规定外,尚应符合下列规定: (7)焊接接头的质量检查,对于同一工程探伤抽样检验不得少于 3 个接头。 **4.《电力工程基桩检测技术规程》DL/T 5493—2014** 3.1.3 工程桩应进行单桩承载力和桩身完整性检测。 **5.《建筑基桩检测技术规范》JGJ 106—2014** 3.1.3 施工完成后的工程桩应进行单桩承载力和桩身完整性检测。 **6.《预应力混凝土管桩技术标准》JGJ/T 406—2017** 9.1.2 监理人员和施工单位应对运到现场的管桩成品质量进行下列内容的检查和检测: 1 应按照设计图纸要求,根据产品合格证、运货单及管桩外壁的标志,对管桩的规格和型号进行逐条检查。当施工工艺对龄期有要求时,应核查龄期,管桩的龄期应满足施工工艺要求。 2 应对管桩的尺寸偏差和外观质量进行抽检。抽查数量不应少于管桩桩节总数的 2%,管桩的尺寸偏差和外观质量应符合现行国家标准《先张法预应力混凝土管桩》GB 13476 的有关规定。同一检验批中,当抽检结果出现一节管桩不符合质量要求时,应加倍检查,再发现有不合格的管桩时,该检验批的管桩不准使用。 3 应对管端板几何尺寸进行抽检。抽查数量不应少于管桩桩节总数的 2%,检测结果应符合《先张法预应力混凝土管桩用端板》JC/T 947 的有关规定,凡端板厚度或电焊坡口尺寸不合格的桩,不得使用。	2. 查阅接桩接头的焊缝探伤检验报告 结论:合格 代表数量:与进场数量相符

条款号	大纲条款	检查依据	检查要点
5.9.5	桩身检测、接桩接头检测合格,报告齐全	4 应对管桩的预应力钢棒数量和直径、螺旋筋直径和间距、螺旋筋加密区的长度以及钢筋混凝土保护层厚度进行抽检。每个检验批抽检桩节数不应少于两根,检测结果应符合设计要求或《先张法预应力混凝土管桩》GB 13476 的有关规定。同一检验批中,仍有不合格的管桩时,该检验批的管桩不准使用。 9.1.3 应对桩身垂直度进行检查。检查应符合下列规定: 1 应检查第一节桩定位时的垂直度:当垂直度偏差不大于 0.5%时,方可进行施工; 2 在施工过程中,应及时抽检桩身垂直度; 3 送桩前,应对桩身垂直度进行检查; 4 管桩基础承台施工前,应对工程桩身垂直度进行检查,垂直度偏差应为 ±1%。 9.1.6 当对桩身混凝土强度存在异议时,可对管桩桩身混凝土强度进行抽检,检测方法宜采用钻芯法或管桩全截面抗压试验方法。钻芯法检测及结果评价宜符合《钻芯检测离心高强混凝土抗压强度试验方法》GB/T 19496 的有关规定,且芯样直径宜为 70mm～100mm,最小不得小于 70mm。管桩全截面抗压试验应符合本标准附录 K 的规定,当对钻芯法的检测结果评价有争议时,可采用管桩全截面抗压试验进行评价。 9.1.9 工程桩施工完毕后,工程桩单桩承载力和身完整性应进行抽样检测,检测数量和检测方法应符合《建筑基桩检测技术规范》JGJ 106 的有关规定。对水泥土桩中植入管桩的管桩基础,单桩承载力试验应采用静载试验	
5.9.6	地基承载力检测报告结论满足设计要求	**1.《建筑地基基础工程施工质量验收标准》GB 50202—2018** 5.1.5 工程桩应进行承载力和桩身完整性检验。 5.1.6 设计等级为甲级或地质条件复杂时,应采用静载试验的方法对桩基承载力进行检验,检验桩数不应小于总桩数的 1%,且不应少于 3 根,当总桩数少于 50 根时,不应少于 2 根。在有经验和对比资料的地区,设计等级为乙级、丙级的桩基可采用高应变法对桩基进行竖向抗压承载力检测,检测数量不应少于总桩数的 5%,且不应少于 10 根。	查阅单桩承载力检测（高应变检测）报告 结论:承载力符合设计要求和规范规定 报告签章:有 CMA 章和试验报告检测专用章、授权人已签字

条款号	大纲条款	检查依据	检查要点
5.9.6	地基承载力检测报告结论满足设计要求	**2.《电力工程地基处理技术规程》DL/T 5024—2005** 14.1.14　打入桩在施打过程中，应采用高应变动测法对基桩进行质量检测，测桩数量宜为总桩数的3%～7%，且不少于5根。如发现桩基工程有质量问题，按照发现1根桩有问题时增加2根桩检测的原则对桩基施工质量作总体评价。低应变法测桩，对于钢筋混凝土预制桩或PHC桩不应少于总桩数的20%～30%，对于钢桩，可由设计根据工程重要性和桩基施工情况确定检测比例。 14.1.17　为确保实际单桩竖向极限承载力标准值达到设计要求，应根据工程重要性、岩土工程条件、设计要求及工程施工情况采用单桩静载荷试验或可靠的动力测试方法进行工程桩单桩承载力检测。对于工程桩施工前未进行综合试桩的一级建筑桩基和岩土工程条件复杂、桩的施工质量可靠性低、确定单桩承载力的可靠性低、桩数多的二级建筑桩基，应采用单桩静载荷试验对工程桩单桩竖向承载力进行检测，在同一条件下的检测数量不宜小于总桩数的1%，且不应小于3根；对于工程桩施工前已进行过综合试桩的一级建筑桩基及其他所有工程桩基，应采用可靠的高应变动力测试法对工程桩单桩竖向承载力进行检测。 15.4.9　高应变动测宜提供下列成果： 　1　实测波形曲线及凯斯法（CASE法）计算结果； 　2　曲线拟合法（CAPWAP-C法）拟合曲线及计算结果； 　3　模拟静载荷试验的Q-s曲线图； 　4　桩周土阻力分布； 　5　桩身质量情况； 　6　成果分析报告。 **3.《建筑桩基检测技术规范》JGJ 106—2014** 3.3.4　当符合下列条件之一时，应采用单桩竖向抗压静载试验进行承载力试验检测。检测数量不应少于同一条件下桩基分项工程总桩数的1%，且不应少于3根；当总桩数小于50根时，检测数量不应少于2根。 　1　设计等级为甲级的桩基；	

条款号	大纲条款	检查依据	检查要点
5.9.6	地基承载力检测报告结论满足设计要求	2 施工前未按本规范 3.3.1 进行单桩静载试验的工程； 3 施工前进行了单桩静载试验，但施工过程中变更了工艺参数或施工质量出现了异常； 4 地基条件复杂、桩施工质量可靠性低； 5 本地区采用的新桩型或新工艺； 6 施工过程中产生挤土上浮或偏位的群桩。 **4.《预应力混凝土管桩技术标准》JGJ/T 406—2017** 9.1.9 工程桩施工完毕后，工程桩单桩承载力和身完整性应进行抽样检测，检测数量和检测方法应符合《建筑基桩检测技术规范》JGJ 106 的有关规定。对水泥土桩中植入管桩的管桩基础，单桩承载力试验应采用静载试验。 9.1.10 对于管桩复合地基。除应按本标准 9.1.9 对管桩进行检测外，还应进行复合地基平板载荷试验，复合地基平板载荷试验的检测数量和检测方法应符合《建筑地基检测技术规范》JGJ 340 的有关规定。对设计要求消除地基液化、湿陷性的，应进行桩间土的液化、湿陷性检验	
5.9.7	质量控制参数符合技术方案，施工记录齐全	**1.《建筑地基基础工程施工质量验收标准》GB 50202—2018** 5.5.1 施工前应检验成品桩构造尺寸及外观质量。 5.5.2 施工中应检验接桩质量及锤击及静压的技术指标、垂直度及桩顶标高等。 5.5.3 施工结束后应对承载力及桩身完整性进行检验。 **2.《电力工程地基处理技术规程》DL/T 5024—2005** 14.1.16 打入桩坐标控制点、高程控制点以及建筑物场地内的轴线控制点，均应设置在打桩施工影响区域之外，距离桩群的边缘一般不少于 30m。施工过程中，应对测量控制点定核对。 14.3.2 预应力高强混凝土管桩和预应力混凝土管桩 （4）PHC、PC 桩交付使用时，生产厂商应提交产品合格证、原材料（包括钢筋、水泥、砂、碎石等）的试验检验合格证明、离心混凝土试块强度报告、钢筋墩头强度报告、桩体外观质量和尺寸偏差等检验报告。	1. 查阅施工方案 质量控制参数：符合技术方案要求

续表

条款号	大纲条款	检查依据	检查要点
5.9.7	质量控制参数符合技术方案，施工记录齐全	**3.《建筑桩基技术规范》JGJ 94—2008** 7.5.8 静力压桩施工的质量控制应符合下列规定： 　1 第一节桩下压时垂直度偏差不应大于 0.5%； 　2 宜将每根桩一次性连续压到底，且最后一节有效桩长不宜小于 5m； 　3 抱压力不应大于桩身允许侧向压力的 1.1 倍	2. 查阅施工记录 内容：包括桩身垂直度、桩顶标高、接桩、贯入度或桩压力等 记录数量：与验收记录相符
5.9.8	施工质量的检验项目、方法、数量符合规范规定，质量验收记录齐全	**1.《建筑地基基础工程施工质量验收标准》GB 50202—2018** 5.5.1 施工前应检验成品桩构造尺寸及外观质量。 5.5.2 施工中应检验接桩质量及锤击及静压的技术指标、垂直度及桩顶标高等。 5.5.3 施工结束后应对承载力及桩身完整性进行检验。 **2.《电力工程地基处理技术规程》DL/T 5024—2005** 14.1.14 打入桩在施打过程中，应采用高应变动测法对基桩进行质量检测，测桩数量宜为总桩数的 3%～7%，且不少于 5 根。如发现桩基工程有质量问题，按照发现 1 根桩有问题时增加 2 根桩检测的原则对桩基施工质量做总体评价。低应变法测桩，对于钢筋混凝土预制桩或 PHC 桩不应少于总桩数的 20%～30%，对于钢桩，可由设计根据工程重要性和桩基施工情况确定检测比例。 **3.《建筑桩基技术规范》JGJ 94—2008** 7.4.13 施工现场应配备桩身垂直度观测仪器（长条水准尺或经纬仪）和观测人员，随时量测桩身的垂直度。 9.1.1 桩基工程应进行桩位、桩长、桩径、桩身质量和单桩承载力的检验。 9.2.1 施工前应严格对桩位进行检验。 **4.《预应力混凝土管桩技术标准》JGJ/T 406—2017** 9.1.2 监理人员和施工单位应对运到现场的管桩成品质量进行下列内容的检查和检测： 　1 应按照设计图纸要求，根据产品合格证、运货单及管桩外壁的标志，对管桩的规格和型号进行逐条检查。当施工工艺对龄期有要求时，应核查龄期，管桩的龄期应满足施工工艺要求。	1. 查阅质量检验记录 检验项目：包括桩身垂直度、桩顶标高、接桩、贯入度或桩压力等，符合设计要求和规范规定 检验方法：采用量测、高应变、低应变、静载荷试验等，符合规范规定 检验数量：符合规范规定

续表

条款号	大纲条款	检查依据	检查要点
5.9.8	施工质量的检验项目、方法、数量符合规范规定，质量验收记录齐全	2 应对管桩的尺寸偏差和外观质量进行抽检。抽查数量不应少于管桩桩节总数的2%，管桩的尺寸偏差和外观质量应符合《先张法预应力混凝土管桩》GB 13476 的有关规定。同一检验批中，当抽检结果出现一节管桩不符合质量要求时，应加倍检查，再发现有不合格的管桩时，该检验批的管桩不准使用。 3 应对管端板几何尺寸进行抽检。抽查数量不应少于管桩桩节总数的2%，检测结果应符合《先张法预应力混凝土管桩用端板》JC/T 947 的有关规定，凡端板厚度或电焊坡口尺寸不合格的桩，不得使用。 4 应对管桩的预应力钢棒数量和直径、螺旋筋直径和间距、螺旋筋加密区的长度以及钢筋混凝土保护层厚度进行抽检。每个检验批抽检桩节数不应少于两根，检测结果应符合设计要求或《先张法预应力混凝土管桩》GB 13476 的有关规定。同一检验批中，仍有不合格的管桩时，该检验批的管桩不准使用。 9.1.3 应对桩身垂直度进行检查。检查应符合下列规定： 1 应检查第一节桩定位时的垂直度：当垂直度偏差不大于0.5%时，方可进行施工； 2 在施工过程中，应及时抽检桩身垂直度； 3 送桩前，应对桩身垂直度进行检查； 4 管桩基础承台施工前，应对工程桩身垂直度进行检查，垂直度偏差应为±1%。 9.1.6 当对桩身混凝土强度存在异议时，可对管桩桩身混凝土强度进行抽检，检测方法宜采用钻芯法或管桩全截面抗压试验方法。钻芯法检测及结果评价宜符合《钻芯检测离心高强混凝土抗压强度试验方法》GB/T 19496 的有关规定，且芯样直径宜为70mm～100mm，最小不得小于70mm。管桩全截面抗压试验应符合本标准附录 K 的规定，当对钻芯法的检测结果评价有争议时，可采用管桩全截面抗压试验进行评价。 9.1.7 当对管桩所用预应力钢棒、螺旋筋、桩端板材料的材质有争议或怀疑时，应对钢材（钢筋）材质进行抽查。	2. 查阅质量验收记录 内容：包括检验批、分项工程验收记录及隐蔽工程验收文件等 数量：与项目质量验收范围划分表相符

条款号	大纲条款	检查依据	检查要点
5.9.8	施工质量的检验项目、方法、数量符合规范规定，质量验收记录齐全	9.1.8　应对桩顶标高和桩位偏差进行检测，检测结果应符合《建筑地基基程施工质量验收规范》GB 50202 的有关规定。 9.1.9　工程桩施工完毕后，工程桩单桩承载力和身完整性应进行抽样检测，检测数量和检测方法应符合《建筑基桩检测技术规范》JGJ 106 的有关规定。对水泥土桩中植入管桩的管桩基础，单桩承载力试验应采用静载试验。 9.1.10　对于管桩复合地基。除应按本标准 9.1.9 对管桩进行检测外，还应进行复合地基平板载荷试验，复合地基平板载荷试验的检测数量和检测方法应符合《建筑地基检测技术规范》JGJ 340 的有关规定。对设计要求消除地基液化、湿陷性的，应进行桩间土的液化、湿陷性检验。 9.1.11　锤击沉桩过程中出现贯入度突变时，应停止锤击沉桩施工，按《建筑基桩检测技术规范》JGJ 106 规定的方法，对出现贯入度突变的基桩进行检测，并在相同施工工艺和相近地基条件下，与未出现贯入度突变的基桩进行对比检测或监测，查明贯入度突变的原因	

5.10　基坑工程的监督检查

条款号	大纲条款	检查依据	检查要点
5.10.1	设计前已通过现场试验或试验性施工，确定了设计参数和施工工艺参数	**1.《电力工程地基处理技术规程》DL/T 5024—2005** 5.0.5.3　结合电力工程初步设计阶段岩土工程勘测，实施必要的地基处理原体试验，以获得必要的设计参数和合理的施工方案。 5.0.10　地基处理正式施工前，宜进行试验性施工，在确认施工技术条件满足设计要求后，才能进行地基处理的正式施工。 **2.《土方与爆破工程施工及验收规范》GB 50201—2012** 4.3.2　三级及以上安全等边坡及基坑工程施工前，应由具有相应资质的单位进行边坡及基坑支护设计，由支护施工单位根据设计方案编制施工组织设计，并报送相关单位审核批准	查阅设计前现场试验或试验性施工文件 内容：施工工艺参数与设计参数相符

条款号	大纲条款	检查依据	检查要点
5.10.2	基坑施工方案、基坑监测技术方案齐全，已审批；深基坑施工方案经专家评审，评审资料齐全	**1.《建筑基坑工程监测技术规范》GB 50497—2009** 3.0.1 开挖深度超过 5m 或开挖深度未超过 5m 但现场地质情况和周围环境较复杂的基坑工程均应实施基坑工程监测。 3.0.3 基坑工程施工前，应由建设方委托具备相应资质的第三方对基坑工程实施现场监测。监测单位应编制监测方案。监测方案应经建设、设计、监理等单位认可，必要时还需与市政道路、地下管线、人防等有关部门协商一致后方可实施。 **2.《电力建设施工技术规范 第 1 部分：土建结构工程》DL 5190.1—2012** 8.1.4 地下结构基坑开挖及下部结构的施工方案，应根据施工区域的水文地质、工程地质、自然条件及工程的具体情况，通过分析核算与技术经济比较后确定，经批准后方可施工。 **3.《关于印发〈危险性较大的分部分项工程安全管理办法〉的通知》中华人民共和国住房和城乡建设部建质〔2009〕87 号** 附件一　危险性较大的分部分项工程范围 一　基坑支护、降水工程： 　　开挖深度超过 3m（含 3m）或虽未超过 3m 但地质条件和周边环境复杂的基坑（槽）支护、降水工程。 **4.《建筑地基基础工程施工质量验收标准》GB 50202—2018** 7.1.1 基坑支护结构施工前应对放线尺寸进行校核，施工过程中应根据施工组织设计复核各项施工参数，施工完成后宜在一定养护期后进行质量验收	1. 查阅基坑施工方案 施工方案编、审、批：施工单位相关责任人已签字 报审表审核：监理单位相关责任人已签字 报审表批准：建设单位相关责任人已签字 施工步骤和工艺参数：与技术方案相符 深基坑施工方案专家评审意见：已落实 2. 查阅基坑监测方案 审批：建设、设计、监理等相关单位责任人已签字
5.10.3	钢筋、混凝土、锚杆、桩体、土钉、钢材等性能证明文件齐全	**1.《建筑地基基础工程施工质量验收标准》GB 50202—2018** 3.0.8 原材料的质量检验应符合下列规定： 1 钢筋、混凝土等原材料的质量检验应符合设计要求和《混凝土结构工程施工质量验收规范》GB 50204 的规定。 2 钢材、焊接材料和连接件等原材料及成品的进场、焊接或连接检测应符合设计要求和《钢结构工程施工质量验收规范》GB 50205 的规定。	1. 查阅钢筋、混凝土等材料进场验收记录 内容：包括出厂合格证（出厂试验报告）、复试报告、材料进场时间、批次、数量、规格、相应性能指标

条款号	大纲条款	检查依据	检查要点
5.10.3	钢筋、混凝土、锚杆、桩体、土钉、钢材等性能证明文件齐全	3 砂、石子、水泥、石灰、粉煤灰、矿（钢）渣粉等掺合料、外加剂等原材料的质量、检验项目、批量和检验方法，应符合国家现行有关标准的规定。 7.2.1 灌注桩排桩和截水帷幕施工前，应对原材料进行检验。 7.2.3 灌注桩排桩施工中应加强过程控制，对成孔、钢筋笼制作与安装、混凝土灌注等各项技术指标进行检查验收。 7.5.1 型钢水泥土搅拌墙施工前，应对进场的 H 型钢进行检验。 7.5.2 焊接 H 型钢焊缝质量应符合设计要求和《钢结构焊接规范》GB 50661 和《焊接 H 型钢》YB 3301 的规定 7.6.1 土钉墙支护工程施工前应对钢筋、水泥、砂石、机械设备性能进行检验。 7.6.2 土钉墙支护工程施工过程中应对放坡系数、土钉位置、土钉孔直径、深度及角度、土钉杆体长度、注浆配比、注浆压力及注浆量、喷射混凝土面层厚度、强度等进行检验。 7.11.1 锚杆施工前应对钢绞线、锚具、水泥、机械设备等进行检验。 7.11.2 锚杆施工中应对锚杆位置、钻孔直径、长度及角度、锚杆杆体长度、注浆配比、注浆压力及注浆量等进行检验。 **2.《电力建设施工质量验收及评价规程　第 1 部分：土建工程》DL/T 5210.1—2012** 5.3.7 锚杆及土钉墙支护工程： 1. 检查数量： 主控项目　1）锚杆锁定力：每一典型土层中至少应有 3 个专门用于测试的非工作钉。 　　　　　2）锚杆土钉长度检查:至少应抽查 20%。 一般项目　3）砂浆强度：每批至少留置 3 组试件，试验 3 天和 28 天强度。 　　　　　4）混凝土强度：每喷射 50m³～100m³ 混合料或混合料小于 50m³ 的独立工程，不得少于 1 组，每组试块不得少于 3 个；材料或配合比变更时，应另做 1 组	2. 查阅施工单位材料跟踪管理台账 内容：包括钢筋、水泥等材料的合格证、复试报告、使用情况、检验数量 3. 查阅钢筋、混凝土、锚杆等试验检测报告和试验委托单 报告检测结果：合格 报告签章：有 CMA 章和试验报告检测专用章、授权人已签字 委托单签字：见证取样人员已签字且已附资质证书编号 代表数量：与进场数量相符

续表

条款号	大纲条款	检查依据	检查要点
5.10.4	钻芯、抗拔、声波等试验合格，报告齐全	**1.《建筑桩基技术规范》JGJ 94—2008** 5.4.6 群桩基础及其基桩的抗拔极限承载力的确定应符合下列规定： 　　1 对于设计等级为甲级和乙级建筑桩基，基桩的抗拔极限承载力应通过现场单桩上拔静载荷试验确定。 **2.《复合土钉墙基坑支护技术规范》GB 50739—2011** 5.1.6 预应力锚杆抗拔承载力和杆体抗拉承载力验算应按《建筑基坑支护技术规程》JGJ 120 的有关规定执行。 **3.《混凝土结构工程施工质量验收规范》GB 50204—2015** D.0.7 对同一强度等级的构件，当符合下列规定时，结构实体混凝土强度可判为合格： 1 三个芯样的抗压强度算术平均值不小于设计要求的混凝土强度等级值的88%； 2 三个芯样的抗压强度最小值不小于设计要求的混凝土强度等级值的80%	查阅钻芯、抗拔、声波等检测报告 内容：包括试验检测报告和竣工验收检测报告 结论：合格 盖章：有CMA章和试验报告检测专用章 签字：授权人已签字
5.10.5	施工工艺与设计（施工）方案一致；基坑监测实施与方案一致	**1.《建筑基坑支护技术规程》JGJ 120—2012** 3.1.10 基坑支护设计应满足下列主体地下结构的施工要求： 　　1 基坑侧壁与主体地下结构的净空间和地下水控制应满足主体地下结构及防水的施工要求； 　　2 采用锚杆时，锚杆的锚头及腰梁不应妨碍地下结构外墙的施工； 　　3 采用内支撑时，内支撑及腰梁的设置应便于地下结构及防水的施工。 **2.《建筑基坑工程监测技术规范》GB 50497—2009** 3.0.8 监测单位应严格实施监测方案，及时分析、处理监测数据，并将监测结果和评价及时向委托方及相关单位做信息反馈。当监测数据达到监测报警值时必须立即通报委托方及相关单位。 3.0.9 当基坑工程设计或施工有重大变更时，监测单位应及时调整监测方案。 **3.《建筑地基处理技术规程》JGJ 79—2012** 3.0.2 在选择地基处理方案时，应考虑上部结构、基础和地基的共同作用，进行多种方案的技术经济比较，选用地基处理或加强上部结构与地基处理相结合的方案。	1. 查阅施工方案 施工工艺：与设计方案一致

条款号	大纲条款	检查依据	检查要点
5.10.5	施工工艺与设计（施工）方案一致；基坑监测实施与方案一致	**4.《建筑地基基础工程施工质量验收标准》GB 50202—2018** 9.1.1 在土石方工程开挖前，应完成支护结构、地面排水、地下水控制、基坑及周边环境监测、施工条件验收和应急预案准备等工作的验收，合格后方可进行土方开挖	2. 查阅基坑监测方案 内容：监测实施记录与方案一致
5.10.6	质量控制参数符合技术方案，施工记录齐全	**1.《电力工程地基处理技术规程》DL/T 5024—2005** 5.0.12 地基处理的施工应有详细的施工组织设计、施工质量管理和质量保证措施。应有专人负责施工检验与质量监督，做好各项施工记录，当发现异常情况时，应及时会同有关部门研究解决。 **2.《建筑地基基础工程施工质量验收标准》GB 50202—2018** 9.1.1 在土石方工程开挖前，应完成支护结构、地面排水、地下水控制、基坑及周边环境监测、施工条件验收和应急预案准备等工作的验收，合格后方可进行土方开挖。 **3.《建筑地基处理技术规范》JGJ 79—2012** 3.0.12 地基处理施工中应有专人负责质量控制和监测，并做好各项施工记录。 **4.《土方与爆破工程施工及验收规范》GB 50201—2012** 4.3.4 边坡及基坑支护施工应符合下列规定： 1 做好边坡及基坑四周的防、排水处理； 2 严格按设计要求分层分段进行土方开挖； 3 坡肩荷载应满足设计要求，不得随意堆载； 4 施工过程中，应进行边坡及基坑的变形监测	1.查阅施工方案 质量控制参数：符合技术方案要求 2. 查阅施工记录文件 内容：包括测量定位放线记录、基坑支护施工记录、深基坑变形监测记录等 记录数量：与验收记录相符

条款号	大纲条款	检查依据	检查要点
5.10.7	施工质量的检验项目、方法、数量符合规范规定，质量验收记录齐全	**1.《建筑地基基础工程施工质量验收标准》GB 50202—2018** 3.0.8 原材料的质量检验应符合下列规定： 1 钢筋、混凝土等原材料的质量检验应符合设计要求和《混凝土结构工程施工质量验收规范》GB 50204 的规定。 2 钢材、焊接材料和连接件等原材料及成品的进场、焊接或连接检测应符合设计要求和《钢结构工程施工质量验收规范》GB 50205 的规定。 3 砂、石子、水泥、石灰、粉煤灰、矿（钢）渣粉等掺合料、外加剂等原材料的质量、检验项目、批量和检验方法，应符合国家现行有关标准的规定。 7.2.1 灌注桩排桩和截水帷幕施工前，应对原材料进行检验。 7.2.3 灌注桩排桩施工中应加强过程控制，对成孔、钢筋笼制作与安装、混凝土灌注等各项技术指标进行检查验收。 7.5.1 型钢水泥土搅拌墙施工前，应对进场的 H 型钢进行检验。 7.5.2 焊接 H 型钢焊缝质量应符合设计要求和《钢结构焊接规范》GB 50661 和《焊接 H 型钢》YB 3301 的规定。 7.6.1 土钉墙支护工程施工前应对钢筋、水泥、砂石、机械设备性能进行检验。 7.6.2 土钉墙支护工程施工过程中应对放坡系数、土钉位置、土钉孔直径、深度及角度、土钉杆体长度、注浆配比、注浆压力及注浆量、喷射混凝土面层厚度、强度等进行检验。 7.11.1 锚杆施工前应对钢绞线、锚具、水泥、机械设备等进行检验。 7.11.2 锚杆施工中应对锚杆位置、钻孔直径、长度及角度、锚杆杆体长度、注浆配比、注浆压力及注浆量等进行检验	1. 查阅质量检验记录 检验项目：包括桩孔直径、桩孔深度等偏差等，符合设计要求 检验方法：量测，符合规范规定 检验数量：符合规范规定 2. 查阅质量验收记录 内容：包括检验批、分项工程验收记录及隐蔽工程验收文件等 数量：与项目质量验收范围划分表相符

条款号	大纲条款	检查依据	检查要点
5.11　边坡工程的监督检查			
5.11.1	设计有要求时，通过现场试验和试验性施工，确定设计参数和施工工艺参数	**1.《电力工程地基处理技术规程》DL/T 5024—2005** 5.0.5.3　电力工程初步设计阶段岩土工程勘测，实施必要的地基处理原体试验，已获得必要的设计参数和合理的施工方案	查阅设计有要求时的现场试验或试验性施工文件 内容：施工工艺参数与设计参数相符
5.11.2	边坡处理技术方案、施工方案齐全，已审批	**1.《建筑边坡工程技术规范》GB 50330—2013** 18.1.1　边坡工程应根据安全等级、边坡环境、工程地质和水文地质、支护结构类型和变形控制要求等条件编制施工方案，采取合理、可行、有效的措施保证施工安全。 18.1.2　对土石方开挖后不稳定或欠稳定的边坡，应根据边坡的地质特征和可能发生的破坏方式等情况，采取自上而下、分段跳槽、及时支护的逆作法或部分逆作法施工。未经设计许可严禁大开挖、爆破作业	1. 查阅设计单位的边坡处理技术方案 审批：审批人已签字 2. 查阅施工方案报审表 审核：监理单位相关责任人已签字 批准：建设单位相关责任人已签字 3. 查阅施工方案 编、审、批：施工单位相关责任人已签字 施工步骤和工艺参数：与技术方案相符

条款号	大纲条款	检查依据	检查要点
5.11.3	施工工艺与设计（施工）方案一致	**1.《建筑地基基础工程施工质量验收标准》GB 50202—2018** 9.1.1 在土石方工程开挖前，应完成支护结构、地面排水、地下水控制、基坑及周边环境监测、施工条件验收和应急预案准备等工作的验收，合格后方可进行土方开挖	查阅施工方案 施工工艺：与设计方案一致
5.11.4	钢筋、水泥、砂、石、外加剂等原材料性能证明文件齐全	**1.《建筑地基基础工程施工质量验收标准》GB 50202—2018** 3.0.8 原材料的质量检验应符合下列规定： 1 钢筋、混凝土等原材料的质量检验应符合设计要求和《混凝土结构工程施工质量验收规范》GB 50204 的规定。 2 钢材、焊接材料和连接件等原材料及成品的进场、焊接或连接检测应符合设计要求和《钢结构工程施工质量验收规范》GB 50205 的规定。 3 砂、石子、水泥、石灰、粉煤灰、矿（钢）渣粉等掺合料、外加剂等原材料的质量、检验项目、批量和检验方法，应符合国家现行有关标准的规定。 **2.《建筑地基基础设计规范》GB 50007—2011** 6.8.5 岩石锚杆的构造应符合下列规定： 1 岩石锚杆由锚固段和非锚固段组成。锚固段应嵌入稳定的基岩中，嵌入基岩深度应大于 40 倍锚杆筋体直径，且不得小于 3 倍锚杆的孔径。非锚固段的主筋必须进行防护处理。 2 作支护用的岩石锚杆，锚杆孔径不宜小于 100mm；作防护用的锚杆，其孔径可小于 100mm，但不应小于 60mm。 3 岩石锚杆的间距，不应小于锚杆孔径的 6 倍。 4 岩石锚杆与水平面的夹角宜为 15°～25°。	1. 查阅钢筋、水泥、外加剂等材料进场验收记录 内容：包括出厂合格证（出厂试验报告）、复试报告、材料进场时间、批次、数量、规格、相应性能指标 2. 查阅施工单位材料跟踪管理台账 内容：包括 钢筋、水泥、外加剂等材料的合格证、复试报告、使用情况、检验数量，可追溯

条款号	大纲条款	检查依据	检查要点
5.11.4	钢筋、水泥、砂、石、外加剂等原材料性能证明文件齐全	5 锚杆筋体宜采用热轧带肋钢筋，水泥砂浆强度不宜低于 25MPa，细石混凝土强度不宜低于 C25。 **3.《混凝土结构工程施工质量验收规范》GB 50204—2015** 5.2.1 钢筋进场时，应按国家现行相关标准的规定抽取试件作屈服强度、抗拉强度、伸长率、弯曲性能和重量偏差，检验结果应符合相应标准的规定。 检查数量：按进场的批次和产品的抽样检验方案确定。 检验方法：检查质量证明文件和抽样检验结果。 7.2.1 水泥进场时应对其品种、级别、包装或散装仓号、出厂日期等进行检查，并应对其强度、安定性及其他必要的性能指标进行复验，其质量必须符合《硅酸盐水泥、普通硅酸盐水泥》GB 175 等的规定。 检查数量：按同一生产厂家、同一等级、同一品种、同一批号且连续进场的水泥，袋装不超过 200t 为一批，散装不超过 500t 为一批，每批抽样不少于一次。 检验方法：检查质量证明文件和抽样检验报告。 7.2.2 混凝土外加剂进场时，应对其品种、性能、出厂日期等进行检查，并应对外加剂的相关性能指标进行检验，检验结果应符合《混凝土外加剂》GB 8076 和《混凝土外加剂应用技术规范》GB 50119 的规定。 **4.《普通混凝土用砂、石质量及检验方法标准》JGJ 52—2006** 4.0.1 供货单位应提供砂或石的产品合格证及质量检验报告。 　　使用单位应按砂或石的同产地同规格分批验收。采用大型工具（如火车、货船或汽车）运输的，应以 400m³ 或 600t 为一验收批；采用小型工具（如拖拉机等）运输的，应以 200m³ 或 300t 为一验收批。不足上述量者，应按一验收批进行验收。 4.0.2 当砂或石的质量比较稳定、进料量又较大时，可以 1000t 为一验收批	3. 查阅钢筋、混凝土、锚杆等试验检测报告和试验委托单 报告检测结果：合格 报告签章：有 CMA 章和试验报告检测专用章、授权人已签字 委托单签字：见证取样人员已签字且已附资质证书编号 代表数量：与进场数量相符

续表

条款号	大纲条款	检查依据	检查要点
5.11.5	灌注排桩数量符合设计要求；喷射混凝土护壁厚度和强度的检验符合设计要求；锚孔施工、锚杆灌浆和张拉符合设计要求，资料齐全	**1.《建筑边坡工程技术规范》GB 50330—2013** 8.5.2　锚孔施工应符合下列规定： 　1　锚孔定位偏差不宜大于 20mm。 　2　锚孔偏斜度不应大于 2%。 　3　钻孔深度超过锚杆设计长度不应小于 0.5m。 8.5.5　锚杆的灌浆应符合下列要求： 　1　灌浆前应清孔，排放孔内积水。 　2　注浆管宜与锚杆同时放入孔内；向水平孔或下倾孔内注浆时，注浆管出浆口应插入距孔底 100mm～300mm 处，浆液自下而上连续灌注；向上倾斜的钻孔内注浆时，应在孔口设置密封装置。 　3　孔口溢出浆液或排气管停止排气并满足注浆要求时，可停止注浆。 　4　根据工程条件和设计要求确定灌浆方法和压力，确保钻孔灌浆饱满和浆体密实。 　5　浆体强度检验用试块的数量每 30 根锚杆不应少于一组，每组试块不应少于 6 个。 8.5.6　预应力锚杆的张拉与锁定应符合下列规定： 　1　锚杆张拉宜在锚固体强度大于 20MPa 并达到设计强度的 80% 后进行。 　2　锚杆张拉顺序应避免相近锚杆相互影响。 　3　锚杆张拉控制应力不宜超过 0.65 倍钢筋或钢绞线的强度标准值。 　4　锚杆进行正式张拉之前，应取 0.10 倍～0.20 倍锚杆轴向拉力值，对锚杆预张拉 1 次～2 次，使其各部位的接触紧密和杆体完全平直。 　5　预应力保留值应满足设计要求；对地层及被锚固结构位移控制要求较高的工程，预应力锚杆的锁定值宜为锚杆轴向拉力特征值；对容许地层及被锚固结构产生一定变形的工程，预应力锚杆的锁定值宜为锚杆设计预应力值的 0.75 倍～0.90 倍。 **2.《电力工程基桩检测技术规程》DL/T 5493—2014** 3.1.3　工程桩应进行单桩承载力和桩身完整性检测。 **3.《建筑基桩检测技术规范》JGJ 106—2014** 3.1.3　施工完成后的工程桩应进行单桩承载力和桩身完整性检测	1. 查看灌注排桩 数量：符合设计要求 2. 查阅检测报告 喷射混凝土护壁厚度和强度及灌浆浆体强度、锚杆灌浆和张拉力：符合设计要求 盖章：有 CMA 章和试验报告检测专用章 签字：授权人已签字 数量：与验收记录相符

条款号	大纲条款	检查依据	检查要点
5.11.6	泄水孔位置、边坡坡度、反滤层、回填土、挡土墙伸缩缝（沉降缝）位置和填塞物、边坡排水系统符合设计要求；边坡位移监测正常	**1.《建筑边坡工程技术规范》GB 50330—2013** 3.5.4 边坡工程应设泄水孔。 3.5.1 边坡工程应根据实际情况设置地表及内部排水系统。 10.3.5 重力式挡墙的伸缩缝间距对条石块石挡墙应采用 20m～25m 对素混凝土挡墙应采用 10m～15m，在地基性状和挡墙高度变化处应设沉降缝，缝宽应采用 20mm～30mm，缝中应填塞沥青麻筋或其他有弹性的防水材料填塞深度不应小于 150mm。在挡墙拐角处应适当加强构造措施。 10.3.6 挡墙后面的填土应优先选择透水性较强的填料当采用黏性土作填料时宜掺入适量的碎石。 **2.《电力建设工程变形缝施工技术规范》DL/T 5738—2016** 3.1.1 变形缝的设置应符合国家现行设计标准的有关规定和设计要求，并有设计详图。当设计无要求时，应按本规范规定执行	1. 查看泄水孔 位置：符合设计要求 2. 查看边坡 坡度：符合设计要求 3. 查看挡土墙伸缩缝（沉降缝） 位置和填塞物：符合设计要求 4. 查看边坡排水系统 地表及内部排水：符合设计要求 5. 查看边坡位移监测点 位置和数量：符合设计要求 6. 查阅边坡位移监测记录 变形值及速率：符合设计要求和规范规定
5.11.7	质量控制参数符合技术方案，施工记录齐全	**1.《建筑边坡工程技术规范》GB 50330—2013** 19.3.1 边坡工程验收应取得下列资料： 1 施工记录、隐蔽工程检查验收记录和竣工图； 2 边坡工程与周围建构筑物位置关系图； 3 原材料出厂合格证、场地材料复检报告或委托试验报告； 4 混凝土强度试验报告、砂浆试块抗压强度等级试验报告； 5 锚杆抗拔试验等现场实体检测报告； 6 边坡和周围建构筑物监测报告； 7 勘察报告、设计施工图和设计变更通知、重大问题处理文件及技术洽商记录。 8 各分项、分部工程验收记录	1. 查阅施工方案 质量控制参数：符合技术方案要求 2. 查阅施工记录 内容：包括原材料、反滤层、回填土、填塞物、施工方法等 记录数量：与验收记录相符

续表

条款号	大纲条款	检查依据	检查要点
5.11.7	质量控制参数符合技术方案，施工记录齐全	**2.《建筑地基处理技术规范》JGJ 79—2012** 3.0.12 地基处理施工中应有专人负责质量控制和监测，并做好各项施工记录	
5.11.8	施工质量的检验项目、方法、数量符合规范规定，质量验收记录齐全	**1.《建筑地基基础工程施工质量验收标准》GB 50202—2018** 10.1.2 对边坡工程的质量验收，应在钢筋、混凝土、预应力锚杆、挡土墙等验收合格的基础上，进行质量控制资料的检查及感官质量验收，并对涉及结构安全的材料、试件、施工工艺和结构的重要部位进行见证检测或结构实体检测	1. 查阅质量检验记录 检验项目：包括锚杆抗拔强度、喷浆厚度和强度、混凝土和砂浆强度等，符合设计要求和规范规定 检验方法：包括实测和取样试验，符合规范规定 检验数量：符合规范规定 2. 查阅质量验收记录 内容：包括检验批、分项工程验收记录及隐蔽工程验收文件等 数量：与项目质量验收范围划分表相符
5.12 湿陷性黄土地基的监督检查			
5.12.1	经处理的湿陷性黄土地基，检测其湿陷量消除指标符合设计要求	**1.《湿陷性黄土地区建筑规程》GB 50025—2004** 6.1.1 当地基的湿陷变形、压缩变形或承载力不能满足设计要求时，应针对不同土质条件和建筑物的类别，在地基压缩层内或湿陷性黄土层内采取处理措施，各类建筑的地基处理应符合下列要求： 1 甲类建筑应消除地基的全部湿陷量或采用桩基础穿透全部湿陷性黄土层，或将基础设置在非湿陷性黄土层上； 2 乙、丙类建筑应消除地基的部分湿陷量	查阅地基检测报告 结论：湿性变形量（湿陷系数）符合设计要求 盖章：有CMA章和试验报告检测专用章 签字：授权人已签字

条款号	大纲条款	检查依据	检查要点
5.12.2	桩基础在非自重湿陷性黄土场地，桩端支承在压缩性较低的非湿陷性黄土层中；在自重湿陷性黄土场地，桩端支承在可靠的岩（土）层中	**1.《湿陷性黄土地区建筑规程》GB 50025—2004** 3.0.2.1 防止或减小建筑物地基浸水湿陷的设计措施地基处理措施：消除地基全部或部分湿陷量，或采用桩基础穿透全部湿陷性黄土层，或将基础设置在非湿陷性黄土层上。 **5.7.2 在湿陷性黄土场地采用桩基础，桩端必须穿透湿陷性黄土层，并应符合下列要求：** 1 在非自重湿陷性黄土场地，桩端应支承在压缩性较低的非湿陷性黄土层中； 2 在自重湿陷性黄土场地，桩端应支承在可靠的岩（或土）层中。 **2.《建筑桩基基础规范》JGJ 94—2008** 3.4.1.1 软土中的桩基宜选择中、低压缩性土层作为桩端持力层； 3.4.2.1 基桩应穿透湿陷性黄土层，桩端应支撑在压缩性低的黏性土、粉土、中密或密实砂土以及碎石类土层中	查阅设计图纸与施工记录 内容：桩端支撑在设计要求的持力层上
5.12.3	单桩竖向承载力通过现场静载荷浸水试验，结果满足设计要求	**1.《湿陷性黄土地区建筑规程》GB 50025—2004** 5.7.4 在湿陷性黄土层厚度等于或大于10m的场地，对于采用桩基础的建筑，其单位桩竖向承载力特征值，应按本规范附录H的试验要点，在现场通过单桩竖向承载力静载荷浸水试验测定的结构确定。 **2.《建筑桩基基础规范》JGJ 94—2008** 3.4.2.2 湿陷性黄土地基中，设计等级为甲、乙级建筑桩基单桩极限承载力，宜以浸水载荷试验为主要试验依据	查阅单桩竖向承载力现场静载荷浸水试验报告 结论：承载力满足设计要求 盖章：有CMA章和试验报告检测专用章 签字：授权人已签字
5.12.4	灰土、土挤密桩进行了现场静载荷浸水试验，结果满足设计要求	**1.《建筑地基处理技术规范》JGJ 79—2012** 7.5.4 灰土挤密桩、土挤密桩复合地基质量检验应符合下列规定： 4 对消除湿陷性工程……尚应进行现场浸水静载荷试验，试验方法应符合《建筑地基处理技术规范》GB 50025—2004的规定。	查阅灰土、土挤密桩现场静载荷浸水试验报告 试验方法：符合《建筑地基处理技术规范》GB 50025—2004的规定

条款号	大纲条款	检查依据	检查要点
5.12.4	灰土、土挤密桩进行了现场静载荷浸水试验,结果满足设计要求	**2.《湿陷性黄土地区建筑规范》GB 50025—2004** 4.3.8 在现场采用试坑浸水试验确定自重湿陷量的实测值。 6.4.11 对重要或大型工程,……还应进行下列测试工作综合判定: 　　1 在处理深度内,分层取样测定挤密土及孔内填料的湿陷性及压缩性; 　　2 在现场进行静载荷试验或其他原位测试	结论:已按设计要求进行了现场静载荷浸水试验,承载力满足设计要求 盖章:有 CMA 章和试验报告检测专用章 签字:授权人已签字
5.12.5	填料不得选用盐渍土、膨胀土、冻土、含有机质的不良土料和粗颗粒的透水性(如砂、石)材料	**1.《建筑地基基础工程施工质量验收标准》GB 50202—2018** 6.2.1 湿陷性黄土场地上的素土、灰土地基质量检验和验收除应符合本标准第 4.2 节的规定(4.2.1 施工前应检查素土、灰土土料、石灰或水泥等配合比及灰土的拌合均匀性)外,尚应对外放尺寸和垫层总厚度进行检验	查阅施工记录 填料:未采用冻土,膨胀土和盐渍土等活动性很强的土料

5.13　液化地基的监督检查

条款号	大纲条款	检查依据	检查要点
5.13.1	采用振冲或挤密碎石桩加固的地基,处理后液化等级与液化指数符合设计要求	**1.《建筑抗震设计规范》GB 50011—2010** 4.3.2 地面下存在饱和砂土和饱和粉土时,除 6 度外,应进行液化判别;存在液化土层的地基,应根据建筑的抗震设防类别、地基的液化等级,结合具体情况采取相应的措施。 注:本条饱和土液化判别要求不含黄土、粉质黏土。 **2.《建筑桩基技术规范》JGJ 94—2008** 3.4.6 对于存在液化扩展的地段,应验算桩基在土流动的侧向作用力下的稳定性	查阅地基检测报告 结论:处理后地基的液化指数符合设计要求 盖章:有 CMA 章和试验报告检测专用章 签字:授权人已签字

条款号	大纲条款	检查依据	检查要点
5.13.2	桩进入液化土层以下稳定土层的长度符合规范规定	**1.《建筑桩基技术规范》JGJ 94—2008** 3.4.6　抗震设防区桩基的设计原则应符合下列规定： 　　1　桩进入液化土层以下稳定土层的长度（不包括桩尖部分）应按计算确定；对于碎石土，砾、粗、中砂，密实粉土，坚硬黏性土尚不应小于 2 倍～3 倍桩身直径，对其他非岩石土尚不宜小于 4 倍～5 倍桩身直径	查阅设计图纸与施工记录 　桩进入液化土层以下稳定土层的长度：符合规范规定,符合设计要求

5.14　冻土地基的监督检查

条款号	大纲条款	检查依据	检查要点
5.14.1	所用热棒、通风管管材、保温隔热材料,产品质量证明文件齐全,复试合格	**1.《电力建设施工质量验收及评价规程　第 1 部分土建工程》DL/T 5210.1—2012** 18.3.1　地基及桩基工程质量记录应评价的内容包括： 　　1　材料、预制桩合格证（出厂试验报告）、进场验收记录及水泥、钢筋复验报告。 **2.《冻土地区建筑地基基础设计规范》JGJ 118—2011** 5.1.4.1　在基础外侧面，可用非冻胀性土层或隔热材料保温，其厚度与宽度宜通过热工计算确定。 7.2.4　通风空间地面应坡向外墙或排水沟，其坡度不应小于 2%，并宜采用隔热材料覆盖。 7.2.6　填土通风管圈梁基础应符合下列规定： 　　3　通风管宜采用内径为 300mm～500mm，壁厚不小于 50mm 的预制钢筋混凝土管，其长径比不宜大于 40。 　　6　通风管数量和填土高度应根据室内采暖温度、地面保温层热阻等参数由热工计算确定。 　　7　外墙外侧的通风管数量不得少于 2 根。 7.5.10　热棒的产冷量与建筑地点的气温冻结指数，热棒直径、热棒埋深和间距等有关，通过热工计算确定。 7.5.11　热桩、热棒基础应与地坪隔热层配合使用。	1. 查阅热棒、通风管管材、保温隔热材料等材料进场验收记录 　内容：包括出厂合格证（出厂试验报告）、复试报告，材料进场时间、批次、数量、规格等相应性能指标 　2. 查阅施工单位材料跟踪管理台账 　内容：包括热棒、通风管管材、保温隔热等材料合格证、复试报告、使用情况、检验数量

续表

条款号	大纲条款	检查依据	检查要点
5.14.1	所用热棒、通风管管材、保温隔热材料,产品质量证明文件齐全,复试合格	**3.《建筑地基基础工程施工质量验收标准》GB 50202—2018** 6.3.1 冻土地区保温隔热地基的验收应符合下列规定: 1 施工前应对保温隔热材料单位面积的质量、厚度、密度、强度、压缩性等做检验	3. 查阅热棒、通风管管材、保温隔热等材料试验检测报告和试验委托单 报告检测结果:合格 报告签章:有 CMA 章和试验报告检测专用章、授权人已签字 委托单签字:见证取样人员已签字且已附资质证书编号 代表数量:与进场数量相符
5.14.2	热棒地下安装部分周围用细沙土分层填实,用水浇透,固定可靠、排列整齐	**1.《冻土地区建筑地基基础设计规范》JGJ 118—2011** 7.5.8 采用填土热棒圈梁基础时,应根据房屋平面尺寸、室内平均温度、地坪热阻和地基允许流入热量选择热棒的直径和长度,设计热棒的形状,并按本规范附录 J 的规定,确定热棒的合理间距	查阅质量检验记录 内容:包括热棒地下安装部分周围用细沙土分层填实、用水浇透,固定可靠、排列整齐
5.14.3	热棒、通风管、保温隔热材料施工记录齐全,数据真实	**1.《冻土地区建筑地基基础设计规范》JGJ 118—2011** 7.5.4 采用空心桩—热棒架空通风基础时,单根桩基础所需热棒的规格和数量,应根据建筑地段的气温冻结指数、地基多年冻土的热稳定性以及桩基的承载能力。通过热工计算确定。 7.5.5 空心桩可采用钢筋混凝土桩或钢管桩。桩的直径和桩长,应根据荷载以及热棒对地基多年冻土的降温效应,经热工计算和承载力计算确定。 7.5.8 采用填土热棒圈梁基础时,应根据房屋平面尺寸、室内平均温度、地坪热阻和地基允许流入热量选择热棒的直径和长度,设计热棒的形状,并按本规范附录 J 的规定,确定热棒的合理间距	查阅施工记录 热棒和通风管数量及间距,保温隔热材料:符合规范规定

续表

条款号	大纲条款	检查依据	检查要点
5.14.4	地温观测孔及变形监测点设置符合规范规定	**1.《冻土地区建筑地基基础设计规范》JGJ 118—2011** 9.2.4 冻土地基主要监测项目和要求应符合规定： 1 地温场监测：包括年平均地温及持力层范围内的地温变化状态。年平均地温观测孔应布设在建筑物的中心部位，深度应大于 15m，其余温度场监测孔宜按东西向和南北向断面布置，每个断面不宜少于 2 个，当建筑物长度或宽度大于 20m 时，每 20m 应布设一个测点，深度应大于预计最大融化深度 2m～3m，或不小于 2 倍的上限深度，并不小于 8m；地温监测点沿深度布设时。从地面起算，在 10m 范围内，应按 0.5m 间隔布设，10m 以下应按 1.0m 间隔布没，地温监测精度应为0.1℃。 2 变形监测：基础的冻胀与融沉变形，包括施工和使用期间冻土地基基础的变形监测、基坑形监测，监测点应设置在外墙上，并应在建筑物 20m 外空旷场地设置基准点；四个墙角（和曲面）各设一个监测点，其余每间隔 20m（或间墙）布设一个监测点	查看现场地温观测孔及变形监测点设置 地温观测孔及变形监测点设置：符合规范规定
5.14.5	季节性冻土、多年冻土地基融沉和承载力满足设计要求	**1.《冻土地区建筑地基基础设计规范》JGJ 118—2011** 4.2.1 保持冻结状态的设计宜用于下列场地或地基： 3 地基最大融化深度范围内，存在融沉、强融沉、融陷性土及其夹层的地基。 6.3.6 地基承载力计算应符合《建筑地基基础设计规范》GB 50007 的规定，其中地基承载力特征值应采用按实测资料确定的融化土地基承载力特征值；当无实测资料时，可按该规范的相应规定确定。 9.1.4 施工完成后的工程桩应进行单桩竖向承载力检验，并应符合下列规定：多年冻土地区单桩竖向承载力检验，如按地基土逐渐融化状态或预先融化状态设计时，应在地基土处于融化状态时进行检验，检验方法应符合《建筑基桩检测技术规范》JGJ 106—2014 的规定。 F.0.9 同一土层参加统计的试验点不应少于 3 点，当试验实测值的极差不超过其平均值的 30%时，取此平均值作为该土层冻土地基承载力的特征值。 **2.《建筑地基基础工程施工质量验收标准》GB 50202—2018** 6.3.1 冻土地区保温隔热地基的验收应符合下列规定：	查阅融沉和承载力检测报告 结论：地基融沉和承载力满足设计要求 盖章：有 CMA 章和试验报告检测专用章 签字：授权人已签字

条款号	大纲条款	检查依据	检查要点
5.14.5	季节性冻土、多年冻土地基融沉和承载力满足设计要求	1 施工前应对保温隔热材料单位面积的质量、厚度、密度、强度、压缩性等做检验。 2 施工中应检查地基土质量，回填料铺设厚度及平整度，保温隔热材料的铺设厚度、方向、接缝、防水、保护层与结构连接状况。 3 施工结束后应进行承载力或压缩变形检验	
5.15 膨胀土地基的监督检查			
5.15.1	设计前已通过现场试验或试验性施工，确定了设计参数和施工工艺参数	**1.《电力工程地基处理技术规程》DL/T 5024—2005** 5.0.5.3 结合电力工程初步设计阶段的岩土工程勘测，实施必要的地基处理原体试验，以获得必要的设计参数和合理的施工方案	查阅设计前现场试验或试验性施工文件 内容：已确定施工工艺参数与设计参数
5.15.2	膨胀土地基处理技术方案、施工方案齐全，已审批	**1.《膨胀土地区建筑技术规程》GB 50112—2013** 6.1.1 膨胀土地区的建筑施工，应根据设计要求、场地条件和施工季节，针对膨胀土的特性编制施工组织设计	1. 查阅设计单位的技术方案 审批：审批人已签字 2. 查阅施工方案报审表 审核：监理单位相关责任人已签字 批准：建设单位相关责任人已签字

条款号	大纲条款	检查依据	检查要点
5.15.2	膨胀土地基处理技术方案、施工方案齐全,已审批	**1.《膨胀土地区建筑技术规程》GB 50112—2013** 6.1.1 膨胀土地区的建筑施工,应根据设计要求、场地条件和施工季节,针对膨胀土的特性编制施工组织设计	3. 查阅施工方案 编、审、批:施工单位相关责任人已签字 施工步骤和工艺参数:与技术方案相符
5.15.3	施工工艺与设计、施工方案一致	**1.《建筑地基处理技术规程》JGJ 79—2012** 3.0.2 在选择地基处理方案时,应考虑上部结构、基础和地基的共同作用,进行多种方案的技术经济比较,选用地基处理或加强上部结构与地基处理相结合的方案。 **2.《膨胀土地区建筑技术规程》GB 50112—2013** 6.1.4 堆放材料和设备的施工现场,应采取保持场地排水畅通的措施。排水流向应背离基坑(槽)。需大量浇水的材料,堆放在距基坑(槽)边缘的距离不应小于10m。 6.1.5 回填土应分层回填芳实,不得采用灌(注)水作业。 6.2.5 灌注桩施工时,成孔过程中严禁向孔内注水。孔底虚土经清理后,应及时灌注混凝土成桩。 6.2.6 基础施工出地面后,基坑(槽)应及时分层回填,填料宜选用非膨胀土或经改良后的膨胀土,回填压实系数不应小于0.94	查阅施工方案 施工工艺:与设计方案一致
5.15.4	钢筋、水泥、砂石骨料、外加剂等主要原材料性能证明文件齐全	**1.《建筑地基基础工程施工质量验收标准》GB 50202—2018** 3.0.8 原材料的质量检验应符合下列规定: 1 钢筋、混凝土等原材料的质量检验应符合设计要求和《混凝土结构工程施工质量验收规范》GB 50204 的规定。 2 钢材、焊接材料和连接件等原材料及成品的进场、焊接或连接检测应符合设计要求和《钢结构工程施工质量验收规范》GB 50205 的规定。 3 砂、石子、水泥、石灰、粉煤灰、矿(钢)渣粉等掺合料、外加剂等原材料的质量、检验项目、批量和检验方法,应符合国家现行有关标准的规定。	1. 查阅钢筋、水泥、外加剂等材料进场验收记录 内容:包括出厂合格证(出厂试验报告)、复试报告,材料进场时间、批次、数量、规格、相应性能指标

条款号	大纲条款	检查依据	检查要点
5.15.4	钢筋、水泥、砂石骨料、外加剂等主要原材料性能证明文件齐全	**2.《混凝土结构工程施工质量验收规范》GB 50204—2015** 5.2.1　钢筋进场时，应按国家现行相关标准的规定抽取试件作屈服强度、抗拉强度、伸长率、弯曲性能和重量偏差，检验结果应符合相应标准的规定。 　　检查数量：按进场的批次和产品的抽样检验方案确定。 　　检验方法：检查质量证明文件和抽样检验结果。 7.2.1　水泥进场时应对其品种、级别、包装或散装仓号、出厂日期等进行检查，并应对其强度、安定性及其他必要的性能指标进行复验，其质量必须符合《硅酸盐水泥、普通硅酸盐水泥》GB 175等的规定。 　　检查数量：按同一生产厂家、同一等级、同一品种、同一批号且连续进场的水泥，袋装不超过200t为一批，散装不超过500t为一批，每批抽样不少于一次。 　　检验方法：检查质量证明文件和抽样检验报告。 7.2.2　混凝土外加剂进场时，应对其品种、性能、出厂日期等进行检查，并应对外加剂的相关性能指标进行检验，检验结果应符合《混凝土外加剂》GB 8076和《混凝土外加剂应用技术规范》GB 50119的规定。 **3.《普通混凝土用砂、石质量及检验方法标准》JGJ 52—2006** 4.0.1　供货单位应提供砂或石的产品合格证及质量检验报告。 　　使用单位应按砂或石的同产地同规格分批验收。采用大型工具（如火车、货船或汽车）运输的，应以400m³或600t为一验收批；采用小型工具（如拖拉机等）运输的，应以200m³或300t为一验收批。不足上述量者，应按一验收批进行验收。 4.0.2　当砂或石的质量比较稳定、进料量又较大时，可以1000t为一验收批。 **4.《混凝土结构工程施工规范》GB 50666—2011** 3.3.6　材料、半成品和成品进场时，应对其规格、型号、外观和质量证明文件进行检查，并应按《混凝土结构工程施工质量验收规范》GB 50204等的有关规定进行检验。 5.1.3　当需要进行钢筋代换时，应办理设计变更文件。	2. 查阅施工单位材料跟踪管理台账 内容：包括钢筋、水泥、外加剂等材料的合格证明、复试报告、使用情况、检验数量

条款号	大纲条款	检查依据	检查要点
5.15.4	钢筋、水泥、砂石骨料、外加剂等主要原材料性能证明文件齐全	5.2.2　对有抗震设防要求的结构，其纵向受力钢筋的性能应满足设计要求；当设计无具体要求时，对按一、二、三级抗震等级设计的框架和斜撑构件（含梯段）中的纵向受力钢筋应采用HRB335E、HRB400E、HRB500E、HRBf335E、HRBf400E 或 HRBf500E 钢筋，其强度和最大力下总伸长率的实测值应符合下列规定： 　　1　钢筋的抗拉强度实测值与屈服强度实测值的比值不应小于 1.25； 　　2　钢筋的屈服强度实测值与屈服强度标准值的比值不应大于 1.30； 　　3　钢筋的最大力下总伸长率不应小于 9%。 5.5.1　钢筋进场检查应符合下列规定： 　　1　应检查钢筋的质量证明文件。 　　2　应按国家现行有关标准的规定抽样检验屈服强度、抗拉强度、伸长率、弯曲性能及单位长度重量偏差。 　　3　经产品认证符合要求的钢筋，其检验批量可扩大一倍。在同一工程中，同一厂家、同一牌号、同一规格的钢筋连续三次进场检验均一次合格时，其后的检验批量可扩大一倍。 　　4　钢筋的外观质量。 　　5　当无法准确判断钢筋品种、牌号时，应增加化学成分、晶粒度等检验项目。 5.5.2　成型钢筋进场时，应检查成型钢筋的质量证明文件，成型钢筋所用材料质量证明文件及检验报告并应抽样检验成型钢筋的屈服强度、抗拉强度、伸长率和重量偏差。检验批量可由合同约定，同一工程、同一原材料来源、同一组生产设备生产的成型钢筋，检验批量不宜大于 30t。 5.2.3　钢筋调直后，应检查力学性能和单位长度重量偏差。但采用无延伸功能机械设备调直的钢筋，可不进行本条规定的检查。 6.6.1　预应力工程材料进场检查应符合下列规定： 　　1　应检查规格、外观、尺寸及其质量证明文件； 　　2　应按现行国家有关标准的规定进行力学性能的抽样检验；	3. 查阅钢筋、水泥、外加剂等材料试验检测报告和试验委托单 　报告检测结果：合格 　报告签章：有 CMA 章和试验报告检测专用章、授权人已签字 　委托单签字：见证取样人员已签字且已附资质证书编号 　代表数量：与进场数量相符

条款号	大纲条款	检查依据	检查要点
5.15.4	钢筋、水泥、砂石骨料、外加剂等主要原材料性能证明文件齐全	3 经产品认证符合要求的产品，其检验批量可扩大一倍。在同一工程、同一厂家、同一品种、同一规格的产品连续三次进场检验均一次检验合格时，其后的检验批量可扩大一倍。 7.6.2 原材料进场时，应对材料外观、规格、等级、生产日期等进行检查，并应对其主要技术指标按本规范 7.6.3 的规定划分检验批进行抽样检验，每个检验批检验不得少于 1 次。 经产品认证符合要求的水泥、外加剂，其检验批量可扩大一倍。在同一工程中，同一厂家、同一品种、同一规格的水泥、外加剂，连续三次进场检验均一次合格时，其后的检验批量可扩大一倍。 7.6.3 原材料进场质量检查应符合下列规定： 1 应对水泥的强度、安定性及凝结时间进行检验。同一生产厂家、同一等级、同一品种、同一批号连续进场的水泥，袋装水泥不超过 200t 应为一批，散装水泥不超过 500t 为一批。 2 应对粗骨料的颗粒级配、含泥量、泥块含量、针片状含量指标进行检验，压碎指标可根据工程需要进行检验，应对细骨料颗粒级配、含泥量、泥块含量指标进行检验。当设计文件在要求或结构处于易发生碱骨料反应环境中，应对骨料进行碱活性检验。抗冻等级 F100 及以上的混凝土用骨料，应进行坚固性检验，骨料不超过 400m³ 或 600t 为一检验批。 3 应对矿物掺合料细度（比表面积）、需水量比（流动度比）、活性指数（抗压强度比）、烧失量指标进行检验。粉煤灰、矿渣粉、沸石粉不超过 200t 应为一检验批，硅灰不超过 30t 应为检验批。 4 应按外加剂产品标准规定对其主要匀质性指标和掺外加剂混凝土性能指标进行检验。同一品种外加剂不超过 50t 应为一检验批。 5 当采用饮用水作为混凝土用水时，可没检验。当采用中水、搅拌站清洗水或施工现场循环水等其他水源时，应对其成分进行检验。 7.6.4 当使用中水泥质量受不利环境影响或水泥出厂超过三个月（快硬硅酸盐水泥超过一个月）时，应进行复验，并应按复验结果使用	

续表

条款号	大纲条款	检查依据	检查要点
5.15.5	地基承载力检测报告结论满足设计要求	**1.《膨胀土地区建筑技术规程》GB 50112—2013** 6 5.7.7 桩顶标高位于大气影响急剧层深度内的三层及三层以下的轻型建筑物，桩基础设计应符合： 1 按承载力计算时，单桩承载力特征值可根据当地经验确定。无资料时，应通过现场载荷试验确定	查阅地基承载力检测报告 结论：符合设计要求 检验数量：符合规范要求 盖章：有 CMA 章和试验报告检测专用章 签字：授权人已签字
5.15.6	质量控制参数符合技术方案，施工记录齐全	**1.《膨胀土地区建筑技术规程》GB 50112—2013** 5.2.2 膨胀土地基上建筑物的基础埋置深度不应小于 1m。 5.2.16 膨胀土地基上建筑物的地基变形计算值，不应大于地基变形允许值。 5.7.2 膨胀土地基换土可采用非膨胀性土、灰土或改良土，换土厚度应通过变形计算确定。膨胀土土性改良可采用掺和水泥、石灰等材料，掺和比和施工工艺应通过试验确定。 6.2.6 基础施工出地面后，基坑（槽）应及时分层回填，填料宜选用非膨胀土或经改良后的膨胀土，回填压实系数不应小于 0.94。 6.3.2 散水应在室内地面做好后立即施工。伸缩缝内的防水材料应充填密实，并应略高于散水，或做成脊背形状。 6.3.4 水池、水沟等水工构筑物应符合防漏、防渗要求，混凝土浇筑时不宜留施工缝，必须留缝时应加止水带，也可在池壁及底板增设柔性防水层。 **2.《建筑地基处理技术规范》JGJ 79—2012** 3.0.12 地基处理施工中应有专人负责质量控制和监测，并做好各项施工记录	1. 查阅施工方案 质量控制参数：符合技术方案要求 2. 查阅施工记录 内容：包括埋置深度、换土厚度等质量控制参数等 记录数量：与验收记录相符

条款号	大纲条款	检查依据	检查要点
5.15.7	施工质量的检验项目、方法、数量符合规范规定，质量验收记录齐全	**1.《膨胀土地区建筑技术规范》GB 50112—2013** 3.0.1 膨胀土应根据土的自由膨胀率、场地的工程地质特征和建筑物破坏形态综合判定。必要时，尚应根据土的矿物成分、阳离子交换量等试验验证。进行矿物分析和化学分析时，应注重测定蒙脱石含量和阳离子交换量，蒙脱石含量和阳离子交换量与土的自由膨胀率的相关性可按本规范表A采用。 4.1.3 初步勘察应确定膨胀土的胀缩等级，应对场地的稳定性和地质条件作出评价，并应为确定建筑总平面布置、主要建筑物地基基础方案和预防措施，以及不良地质作用的防治提供资料和建议，同时应包括下列内容： 2 查明场地内滑坡、地裂等不良地质作用，并评价其危害程度； 3 预估地下水位季节性变化幅度和对地基土胀缩性、强度等性能的影响； 4 采取原状土样进行室内基本物理力学性质试验、收缩试验、膨胀力试验和50kPa压力下的膨胀率试验，判定有无膨胀土及其膨胀潜势，查明场地膨胀土的物理力学性质及地基胀缩等级。 4.3.8 膨胀土的水平膨胀力可根据试验资料或当地经验确定。 5.7.1 膨胀土地基处理可采用换土、土性改良、砂石或灰土垫层等方法。 5.7.2 膨胀土地基换土可采用非膨胀性土、灰土或改良土，换土厚度应通过变形计算确定。膨胀土土性改良可采用掺和水泥石灰等材料，掺和比和施工工艺应通过试验确定。 5.7.3 平坦场地上胀缩等级为Ⅰ级、Ⅱ级的膨胀土地基宜采用砂、碎石垫层。垫层厚度不应小于300mm。垫层宽度应大于基底宽度，两侧宜采用与垫层相同的材料回填，并做好防、隔水处理。 5.7.4 对较均匀且胀缩等级为Ⅰ级的膨胀土地基，可采用条形基础，基础埋深较大或基底压力较小时，宜采用墩基础；对胀缩等级为Ⅲ级或设计等级为甲级的膨胀土地基，宜采用桩基础。 **2.《建筑地基基础工程施工质量验收标准》GB 50202—2018** 6.4.1 当膨胀土地基采用素土、灰土垫层或砂、砂石垫层时，其质量验收应符合本标准4.2或4.3的规定。 6.4.2 当膨胀土地基采用桩基础时，其质量验收应符合本标准5.7、5.8的规定	1. 查阅质量检验记录 检验项目：包括蒙脱石含量、阳离子交换量、自由膨胀率、胀缩等级等，符合设计要求和规范规定 检验方法：实测和取样，符合规范规定 检验数量：符合规范规定 2. 查阅质量验收记录 内容：包括检验批、分项工程验收记录及隐蔽工程验收文件等 数量：与项目质量验收范围划分表相符

续表

条款号	大纲条款	检查依据	检查要点
6 质量监督检测			
6.0.1	开展现场质量监督检查时，应重点对下列项目的检测试验报告和检验指标进行查验，必要时可进行验证性抽样检测。对检验指标或结论有怀疑时，必须进行检测		
（1）	砂、石、水泥、钢材等原材料的主要技术性能	**1.《混凝土结构工程施工质量验收规范》GB 50204—2015** 5.2.2 对有抗震要求的结构，其纵向受力钢筋的性能应满足设计要求；当设计无具体要求时，对按一、二、三级抗震等级设计的框架和斜撑构件（含梯段）中纵向受力钢筋应采用 HRB335B、HRB400E、HRB500E、HRB500E、HRBF335E、HRB400E 或 HRBF500E 钢筋，其强度和最大力下总伸长率的实测值应符合下列规定： 1 钢筋的抗拉强度实测值与屈服强度实测值的比值不应小于 1.25； 2 钢筋的屈服强度实测值与屈服强度标准值的比值不应大于 1.3； 3 钢筋的最大力下总伸长率不应小于 9%。	1. 查验抽测砂试样 含泥量：符合 JGJ 52—2006 中表 3.1.3 的规定 泥块含量：符合 JGJ 52—2006 中表 3.1.4 的规定 石粉含量：符合 JGJ 52—2006 中表 3.1.5 的规定

条款号	大纲条款	检查依据	检查要点
（1）	砂、石、水泥、钢材等原材料的主要技术性能	**2.《大体积混凝土施工规范》GB 50496—2018** 4.2.1　水泥的选择及其质量，应符合下列规定： 　　2　选用水化热低的通用硅酸盐水泥，3d 水化热不宜大于 250kJ/kg，7d 水化热不宜大于 280kJ/kg；当选用 52.5 强度等级水泥时，7d 水化热宜小于 300kJ/kg。 4.2.2　用于大体积混凝土的水泥进场时应检查水泥品种、代号、强度等级、包装或散装编号、出厂日期等，并应对水泥的强度、安定性、凝结时间、水化热等进行检验，检验结果应符合《通用硅酸盐水泥》GB 175 的相关规定。 **3.《钢筋混凝土用钢　第 1 部分：热轧光圆钢筋》GB/T 1499.1—2017** 6.6.2　直条钢筋实际重量与理论重量的允许偏差应符合表4规定。 7.3.1　钢筋力学性能及弯曲性能特征值应符合表6规定。 8.1　每批钢筋的检验项目、取样数量、取样方法和试验方法应符合表7规定。 8.4.1　测量重量偏差时，试样应随机从不同根钢筋上截取，数量不少于 5 支，每支试样长度不小于 500mm。 **4.《通用硅酸盐水泥》GB 175—2007** 7.3.1　硅酸盐水泥初凝结时间不小于 45min，终凝时间不大于 390min。普通硅酸盐水泥、矿渣硅酸盐水泥、火山灰质硅酸盐水泥、粉煤灰硅酸盐水泥和复合硅酸盐水泥初凝结时间不小于 45min，终凝时间不大于 600min。 7.3.2　安定性沸煮法合格。 7.3.3　强度符合表 3 的规定。 **5.《钢筋混凝土用钢　第 2 部分：热轧带肋钢筋》GB 1499.2—2018** 6.6.2　钢筋实际重量与理论重量的允许偏差应符合表4规定。 7.4.1　钢筋力学性能特征值应符合表6规定。 7.5.1　钢筋弯曲性能按表7规定。	氯离子含量：符合 JGJ 52—2006 中表 3.1.10 的规定 碱活性：符合 JGJ 52—2006 的要求 2. 查验抽测碎石或卵石试样 含泥量：符合 JGJ 52—2006 中表 3.2.3 的规定 泥块含量：符合 JGJ 52—2006 中表 3.2.4 的规定 针、片状颗粒：符合 JGJ 52—2006 中表 3.2.2 的规定 碱活性：符合 JGJ 52—2006 中的要求 压碎指标（高强混凝土）：符合 JGJ 52—2006 的规定 3. 查验抽测水泥试样 凝结时间：符合 GB 175—2007 中 7.3.1 的要求 安定性：符合 GB 175—2007 中 7.3.2 的要求 强度：符合 GB 175—2007 中表 3 的要求 水化热（大体积混凝土）：符合 GB 50496 的规定

条款号	大纲条款	检查依据	检查要点
（1）	砂、石、水泥、钢材等原材料的主要技术性能	8.1.1　每批钢筋的检验项目、取样方法和试验方法应符合表 8 规定。 8.4.1　测量钢筋重量偏差时，试样应从不同根钢筋上截取，数量不少于 5 支，每支试样长度不小于 500mm。 **6.《钢筋焊接及验收规程》JGJ 18—2012** 5.1.8　钢筋焊接接头力学性能试验时，应在外观检查合格后随机抽取。试验方法按《钢筋焊接接头试验方法》JGJ 27 执行。 5.3.1　闪光对焊接头力学性能试验时，应从每批中随机切取 6 个接头，其中 3 个做拉伸试验，3 个做弯曲试验。 5.5.1　电弧焊接头的质量检验，……，在现浇混凝土结构中，应以 300 个同牌号钢筋、同形式接头作为一批；……，每批随机切取 3 个接头做拉伸试验。 5.6.1　电渣压力焊接头的质量检验，……，在现浇混凝土结构中，应以 300 个同牌号钢筋接头作为一批；……，每批随机切取 3 个接头试件做拉伸试验。 5.8.2　预埋件钢筋 T 形接头进行力学性能检验时，应以 300 件同类型预埋件作为一批；……，每批预埋件中随机切取 3 个接头做拉伸试验。 **7.《普通混凝土用砂、石质量及检验方法标准》JGJ 52—2006** 1.0.3　对于长期处于潮湿环境的重要混凝土结构所用砂、石应进行碱活性检验。 3.1.3　天然砂中含泥量应符合表 3.1.3 的规定。 3.1.4　砂中泥块含量应符合表 3.1.4 的规定。 3.1.5　人工砂或混合砂中石粉含量应符合表 3.1.5 的规定。 3.1.10　钢筋混凝土和预应力混凝土用砂的氯离子含量分别不得大于 0.06% 和 0.02%。 3.2.2　碎石或卵石中针、片状颗粒应符合表 3.2.2 的规定。 3.2.3　碎石或卵石中含泥量应符合表 3.2.3 的规定。 3.2.4　碎石或卵石中泥块含量应符合表 3.2.4 的规定。	4. 查验抽测热轧光圆钢筋试件 重量偏差：符合 GB/T 1499.1—2017 中表 4 的要求 屈服强度：符合 GB/T 1499.1—2017 中表 6 的要求 抗拉强度：符合 GB/T 1499.1—2017 中表 6 的要求 断后伸长率：符合 GB/T 1499.1—2017 中表 6 的要求 最大力总伸长率：符合 GB/T 1499.1—2017 中表 6 的要求 弯曲性能：符合 GB/T 1499.1—2007 中表 6 的要求 5. 查验抽测热轧带肋钢筋试件 重量偏差：符合 GB/T 1499.2 表 4 要求 屈服强度：符合 GB/T 1499.2—2018 中表 6 的要求 抗拉强度：符合 GB/T 1499.2 中表 6 的要求 断后伸长率：符合 GB/T 1499.2—2018 中表 6 的要求 最大力总伸长率：符合 GB/T 1499.2—2018 中表 6 的要求

条款号	大纲条款	检查依据	检查要点
（1）	砂、石、水泥、钢材等原材料的主要技术性能	3.2.5 碎石的强度可用岩石抗压强度和压碎指标表示。岩石的抗压等级应比所配制的混凝土强度至少高20%。当混凝土强度大于或等于C60时，应进行岩石抗压强度检验。岩石强度首先由生产单位提供，工程中可采用能够压碎指标进行质量控制，岩石压碎值指标宜符合表 3.5.5-1。卵石的强度可用压碎值表示。其压碎指标宜符合表 3.2.5-2 的规定。 5.1.3 对于每一单项检验项目，砂、石的每组样品取样数量应符合下列规定： 砂的含泥量、泥块含量、石粉含量及氯离子含量试验时，其最小取样质量分别为4400g、20000g、1600g 及 2000g；对最大公称粒径为31.5mm 的碎石或乱石，含泥量和泥块含量试验时，其最小取样质量为 40kg。 6.8 砂中含泥量试验 6.10 砂中泥块含量试验 6.11 人工砂及混合砂中石粉含量试验 6.18 氯离子含量试验 6.20 砂中的碱活性试验（快速法） 7.7 碎石或卵石中含泥量试验 7.8 碎石或卵石中泥块含量试验 7.16 碎石或卵石的碱活性试验（快速法）	弯曲性能：符合 GB/T 1499.2—2018 中表 7 的要求 6. 查验抽测钢筋焊接接头试件 抗拉强度：符合 JGJ 18 的要求 7. 纵向受力钢筋（有抗震要求的结构）试件 抗拉强度查验抽测值与屈服强度查验抽测值的比值：符合 GB 50204—2015 中 5.2.3 的要求 屈服强度查验抽测值与强度标准值的比值：符合 GB 50204 中 5.2.3 的要求 最大力下总伸长率：符合 GB 50204 中 5.2.3 的要求
（2）	垫层地基的压实系数	**1.《建筑地基基础工程施工质量验收标准》GB 50202—2018** 4.1.4 素土和灰土地基、砂和砂石地基、土工合成材料地基、粉煤灰地基、强夯地基、注浆地基、预压地基的承载力必须达到设计要求。地基承载力的检测数量每 300m² 不应少于 1 点，超过 3000m² 部分每 500m² 不应少于 1 点。每单位工程不应少于 3 点。 4.2.1 施工前应检查素土、灰土土料、石灰或水泥等配合比及灰土的拌合均匀性。 4.3.1 施工前应检查砂、石等原材料质量和配合比及砂、石拌合的均匀性。	查验抽测垫层土样 压实系数：符合设计要求

条款号	大纲条款	检查依据	检查要点
（2）	垫层地基的压实系数	4.4.1 施工前应检查土工合成材料的单位面积质量、厚度、比重、强度、延伸率以及土、砂石料质量等。土工合成材料以 100m² 为一批，每批应抽查 5%。 4.5.1 施工前应检查粉煤灰材料质量	
（3）	桩基础工程桩的桩身偏差和完整性	**1.《建筑地基基础工程施工质量验收标准》GB 50202—2018** 5.1.1 桩基工程施工前应对放好的轴线和桩位进行复核。群桩桩位的放样允许偏差应为20mm，单排桩桩位的放样允许偏差应为 10mm。 5.1.2 预制桩（钢桩）的桩位偏差应符合表 5.1.2 的规定。斜桩倾斜度的偏差应为倾斜角正切值的 15%。 5.1.4 灌注桩的桩径、垂直度及桩位允许偏差应符合表 5.1.4 的规定	1. 查验抽测桩身偏差 桩径：符合表 GB 50202—2018 中表 5.1.4 的规定 垂直度：符合表 GB 50202—2018 中表 5.1.4 的规定 2. 查验抽测桩体质量 桩身完整性：符合设计要求
（4）	桩身混凝土强度	**1.《建筑地基基础工程施工质量验收标准》GB 50202—2018** 5.1.3 灌注桩混凝土强度检验的试件应在施工现场随机抽取。来自同一搅拌站的混凝土，每浇筑 50m³ 必须至少留置一组试件；当混凝土浇筑量不足 50m³ 时，每连续浇筑 12h 必须至少留置 1 组试件。对单柱单桩，每根桩应至少留置 1 组试件。 5.6.3 施工后对桩身完整性、混凝土强度及承载力进行检验	查验抽测混凝土试块或钻芯取样 抗压强度：符合设计要求

第**3**部分

主厂房主体结构施工前监督检查

条款号	大纲条款	检查依据	检查要点
4 责任主体质量行为的监督检查			
4.1 建设单位质量行为的监督检查			
4.1.1	工程采用的专业标准清单已审批	**1.《关于实施电力建设项目法人责任制的规定（试行）》电力工业部电建〔1997〕79号** 第十八条　公司应遵守国家有关电力建设和生产的法律和法规，自觉执行电力行业颁布的法规和标准、定额等，…… **2.《火电工程项目质量管理规程》DL/T 1144—2012** 5.3.3　建设单位在工程开工前应组织相关单位编制下列质量文件： 　　c）工程执行法律法规和标准清单	查阅法律法规和标准规范清单目录 签字：责任人已签字 盖章：单位已盖章
4.1.2	组织完成设计交底和施工图会检	**1.《建设工程质量管理条例》中华人民共和国国务院令第279号** 第二十三条　设计单位应当就审查合格的施工图设计文件向施工单位作出详细说明。 **2.《建筑工程勘察设计管理条例》中华人民共和国国务院令〔2000〕第293号** 第三十条　建设工程勘察、设计单位应当在建设工程施工前，向施工单位和监理单位说明建设工程勘察、设计意图，解释建设工程勘察、设计文件。建设工程勘察、设计单位应当及时解决施工中出现的勘察、设计问题。 **3.《建设工程监理规范》GB/T 50319—2013** 5.1.2　监理人员应熟悉工程设计文件，并应参加建设单位主持的图纸会审和设计交底会议，会议纪要应由总监理工程师签认。 **4.《建设工程项目管理规范》GB/T 50326—2017** 8.3.4　技术管理规划应是承包人根据招标文件要求和自身能力编制的、拟采用的各种技术和管理措施，以满足发包人的招标要求。项目技术管理规划应明确下列内容： 　　4 技术交底要求，图纸自审、会审…… **5.《火电工程项目质量管理规程》DL/T 1144—2012** 9.3.1　工程具备开工条件后，由建设单位按照国家规定办理开工手续。工程开工应满足下列条件： 　　h）……，图纸已会检；……	1. 查阅设计交底记录 主持人：建设单位责任人 交底人：设计单位责任人 签字：交底人及被交底人已签字 时间：开工前 2. 查阅施工图会检纪要 签字：施工、设计、监理、建设单位责任人已签字 时间：开工前

续表

条款号	大纲条款	检查依据	检查要点
4.1.2	组织完成设计交底和施工图会检	9.3.2 单位工程开工应满足下列条件，并应由建设单位和监理单位进行核查。 d）开工所需施工图已齐全，并已会检和交底，……	
4.1.3	组织工程建设标准强制性条文实施情况的检查	**1.《中华人民共和国标准化法实施条例》中华人民共和国国务院令〔1990〕第 53 号** 第二十三条 从事科研、生产、经营的单位和个人，必须严格执行强制性标准。 **2.《实施工程建设强制性标准监督规定》中华人民共和国建设部令〔2000〕第 81 号** 第二条 在中华人民共和国境内从事新建、扩建、改建等工程建设活动，必须执行工程建设强制性标准。 第六条 ……工程质量监督机构应当对工程建设施工、监理、验收等阶段执行强制性标准的情况实施监督。 **3.《火电工程项目质量管理规程》DL/T 1144—2012** 4.5 火电工程项目应认真执行国家和行业相关技术标准，严格执行工程建设标准中的强制性条文。 5.3.3 建设单位在工程开工前应组织相关单位编制下列质量管理文件： d）工程建设强制性条文实施规划。 9.2.2 施工单位在工程开工前，应编制质量管理文件，经监理、建设单位会审、批准后实施，质量管理文件应包括： d）工程建设强制性条文实施细则	查阅强制性条文实施情况检查记录 内容：与强制性条文实施计划相符 签字：检查人员已签字
4.1.4	无任意压缩合同约定工期的行为	**1.《建设工程质量管理条例》中华人民共和国国务院令第 279 号** 第十条 建设工程发包单位……，不得任意压缩合理工期。 **2.《电力建设工程施工安全监督管理办法》中华人民共和国国家发展和改革委员会令〔2015〕第 28 号** 第十一条 建设单位应当执行定额工期，不得压缩合同约定的工期。如工期确需调整，应当对安全影响进行论证和评估。论证和评估应当提出相应的施工组织措施和安全保障措施。	查阅施工进度计划、合同工期和调整工期的相关文件 内容：有压缩工期的行为时，应有设计、监理、施工和建设单位认可的书面文件

条款号	大纲条款	检查依据	检查要点
4.1.4	无任意压缩合同约定工期的行为	**3.《建设工程项目管理规范》GB/T 50326—2017** 9.1.2 项目进度管理应遵循下列程序： 1. 编制进度计划； 2. 进度计划交底，落实管理责任； 3. 实施进度计划； 4. 进行进度控制和变更管理。 **4.《火电工程项目质量管理规程》DL/T 1144—2012** 5.3.5 建设单位应合理地控制工程项目建设周期。典型新建、扩建机组推荐的合理工期可参照附录A。 5.3.6 火电工程项目的工期应按合同约定执行。当需要调整时，建设单位应组织设计、监理、施工单位对影响工期的资源、环境、安全等确认其可行性。任何单位和个人不得违反客观规律，任意压缩合同约定工期，并接受建设行政主管部门的监督	
4.1.5	采用的新技术、新工艺、新流程、新装备、新材料已审批	**1.《中华人民共和国建筑法》中华人民共和国主席令〔2011〕第46号** 第四条 国家扶持建筑业的发展，支持建筑科学技术研究，提高房屋建筑设计水平，鼓励节约能源和保护环境，提倡采用先进技术、先进设备、先进工艺、新型建筑材料和现代管理方式。 **2.《建设工程质量管理条例》中华人民共和国国务院令第279号** 第六条 国家鼓励采用先进的科学技术和管理方法，提高建设工程质量。 **3.《实施工程建设强制性标准监督规定》中华人民共和国建设部令〔2000〕第81号** 第五条 建设工程勘察、设计文件中规定采用的新技术、新材料，可能影响建设工程质量和安全，又没有国家技术标准的，应当由国家认可的检测机构进行试验、论证，出具检测报告，并经国务院有关主管部门或者省、自治区、直辖市人民政府有关主管部门组织的建设工程技术专家委员会审定后，方可使用。 **4.《火电工程项目质量管理规程》DL/T 1144—2012** 4.7 火电工程项目应采用新设备、新技术、新工艺、新材料（以下简称"四新"技术），……	查阅新技术、新工艺、新流程、新装备、新材料论证文件 意见：同意采用等肯定性意见 盖章：相关单位已盖章

条款号	大纲条款	检查依据	检查要点
4.1.5	采用的新技术、新工艺、新流程、新装备、新材料已审批	9.2.2 施工单位在工程开工前，应编制质量管理文件，经监理、建设单位会审、批准后实施，质量管理文件应包括： e）"四新"技术实施计划和工法编制计划。 9.3.7 施工过程质量控制应符合下列规定： f）采用新材料、新工艺、新技术、新设备，并进行相应的策划和控制。 9.3.9 当首次应用"四新"技术，且技术要求高、作业程度复杂、设计单位和施工单位未有同类型设计和施工经验时，建设单位应组织设计、监理、施工单位进行专题研究确认，必要时，可组织专家评审。 **5.《电力建设施工技术规范 第1部分：土建结构工程》DL 5190.1—2012** 3.0.4 采用新技术、新工艺、新材料、新设备时，应经过技术鉴定或具有允许使用的证明。施工前应编制单独的施工措施及操作规程。 **6.《电力工程地基处理技术规程》DL/T 5024—2005** 5.0.8 ……。当采用当地缺乏经验的地基处理方法或引进和应用新技术、新工艺、新方法时，须通过原体试验验证其适用性	
4.2 设计单位质量行为的监督检查			
4.2.1	设计图纸交付进度能保证连续施工	**1.《火电工程项目质量管理规程》DL/T 1144—2012** 6.1.6 勘察、设计单位应按火力发电厂施工流程，制订施工图供图计划…… 6.2.3 设计单位应依据合同和现场要求控制设计进度计划，满足由建设单位组织的在基础施工前、结构施工前、设备安装前三个阶段监督检查中对设计图纸及其设备资料的需求。 9.3.1 工程具备开工条件后，由建设单位按照国家规定办理开工手续。工程开工应满足下列条件： h）已确定施工图交付计划并签订交付协议，图纸已会检；主体工程的施工图至少可满足连续三个月施工的需要……	1. 查阅设计单位编制的施工图供图计划、交付协议及图纸交付记录 交图进度：与施工进度计划相协调，能满足连续三个月施工的需要 2. 查阅图纸会检记录 签字：设计、施工、监理、建设单位责任人已签字

条款号	大纲条款	检查依据	检查要点
4.2.2	设计更改、技术洽商等文件完整、手续齐全	**1.《火电工程项目质量管理规程》DL/T 1144—2012** 6.3.5 设计更改的管理应符合下列规定： 　　a）设计更改应符合可研或初设审核的要求。 　　b）因设计原因引起的设计更改，应经监理单位审核并经建设单位批准后实施。 　　c）非设计原因引起的设计更改，应得到设计单位的确认，并由设计单位出具设计更改。 　　d）所有的设计更改凡涉及已经审批确定的设计原则、方案重大设计变化，或增减投资超过50万元时，应由设计单位分管领导审批，报工程设计的原主审单位批准确认，并经建设单位认可后实施	查阅设计变更通知单、工程联系单和技术洽商记录 编制签字：设计单位各级责任人已签字 审核签字：建设单位、监理单位责任人已签字
4.2.3	工程建设标准强制性条文落实到位	**1.《建设工程质量管理条例》中华人民共和国国务院令第 279 号** 第十九条　勘察、设计单位必须按照工程建设强制性标准进行勘察、设计，并对其勘察、设计的质量负责。 　　注册建筑师、注册结构工程师等注册执业人员应当在设计文件上签字，对设计文件负责。 **2.《建设工程勘察设计管理条例》中华人民共和国国务院令第 293 号** 第五条　……建设工程勘察、设计单位必须依法进行建设工程勘察、设计，严格执行工程建设强制性标准，并对建设工程勘察、设计的质量负责。 **3.《实施工程建设强制性标准监督规定》中华人民共和国建设部令〔2000〕第 81 号** 第二条　在中华人民共和国境内从事新建、扩建、改建等工程建设活动，必须执行工程建设强制性标准。 **4.《火电工程项目质量管理规程》DL/T 1144—2012** 6.2.2 设计单位在工程开工前应编制下列管理文件，报设计监理、建设单位会审、批准： 　　b）设计强制性条文实施计划	查阅强制性条文实施计划（含强制性条文清单）和本阶段执行记录 计划审批：监理和建设单位审批人已签字 记录内容：与实施计划相符 记录审核：监理单位审核人已签字

条款号	大纲条款	检查依据	检查要点
4.2.4	设计代表工作到位、处理设计问题及时	**1.《火电工程项目质量管理规程》DL/T 1144—2012** 6.3.1 人员资格应符合下列规定： c）工地代表组长宜由本工程设计总工程师担任，若由其他同资格的人担任，应取得建设单位的同意；工地代表应能独立处理专业技术问题，宜由本工程主要设计人或主要卷册负责人担任。 6.3.6 工地服务。 在施工、调试阶段，勘察、设计单位应任命工地代表组长及各专业工地代表，将名单主送建设单位，抄送监理和各施工单位。工地代表应深入现场，了解施工是否与设计要求相符，协助施工单位解决出现的具体技术问题，做好技术服务工作。重点还应做好： a）施工图完成交付后，应及时进行技术交底并形成记录。 b）工地代表组长应参加施工或试运行重大技术方案的研究与讨论。 c）工地代表应按 DL/T 5210 及时参加建筑、安装工程中分部、单位（子单位）工程的验收。 **2.《电力勘测设计驻工地代表制度》DLGJ 159.8—2001** 2.0.1 工代的工地现场服务是电力工程设计的阶段之一，为了有效地贯彻勘测设计意图，实施设计单位通过工代为施工、安装、调试、投运提供及时周到的服务，促进工程顺利竣工投产，特制定本制度。 2.0.2 工代的任务是解释设计意图，解释施工图纸中的技术问题，收集包括设计本身在内的施工、设备材料等方面的质量信息，加强设计与施工、生产之间的配合，共同确保工程建设质量和工期，以及国家和行业标准的贯彻执行。 2.0.3 工代是设计单位派驻工地配合施工的全权代表，应能在现场积极地履行工代职责，使工程实现设计预期要求和投资效益	1. 查阅设计单位对工代的任命书 内容：包括设计修改、变更、材料代用等签发人资格 2. 查阅设计服务报告 内容：包括现场施工与设计要求相符情况和工代协助施工单位解决具体技术问题的情况 3. 查阅设计变更通知单和工程联系单 签发时间：在现场问题要求解决时间前

条款号	大纲条款	检查依据	检查要点
4.2.5	按规定参加施工主要控制网（桩）验收和地基验槽签证	**1.《建筑工程施工质量验收统一标准》GB 50300—2013** 6.0.3 分部工程应由总监理工程师组织施工单位项目负责人和项目技术负责人等进行验收。勘察、设计单位项目负责人和施工单位技术、质量部门负责人应参加地基与基础分部工程的验收。 **2.《电力建设施工质量验收及评价规程　第1部分：土建工程》DL/T 5210.1—2012** 3.0.12 工程质量验收的程序、组织和记录应符合下列规定： 　　…… 　　3 分部（子分部）工程质量验收应由总监理工程师（建设单位项目负责人）组织施工单位项目负责人和技术、质量负责人等进行验收；地基与基础、主体结构分部工程的勘测、设计单位工程项目负责人和施工单位技术、质量部门负责人也应参加分部工程的质量验收。 **3.《火电工程项目质量管理规程》DL/T 1144—2012** 6.1.7 勘察、设计单位应按合同约定履行下列职责： 　　e）参加相关工程质量验收。 　　6.3.6 工地服务。 　　……工地代表应深入现场，了解施工是否与设计要求相符，协助施工单位解决出现的具体技术问题，做好技术服务工作。重点还应做好： 　　c）工地代表应按DL/T 5210及时参加建筑、安装工程中分部、单位（子单位）工程的验收	查阅主要控制网（桩）地基处理分部工程质量验收记录及地基验槽签证 审核签字：勘察、设计单位责任人已签字
4.2.6	进行了本阶段工程实体质量与设计的符合性确认	**1.《火电工程项目质量管理规程》DL/T 1144—2012** 6.3.6 工地服务。 　　……工地代表应深入现场，了解施工是否与设计要求相符，协助施工单位解决出现的具体技术问题，做好技术服务工作。重点还应做好： 　　c）工地代表应按DL/T 5210及时参加建筑、安装工程中分部、单位（子单位）工程的验收。	1. 查阅主厂房主体结构分部工程质量验收记录 审核签字：设计单位项目负责人已签字

条款号	大纲条款	检查依据	检查要点
4.2.6	进行了本阶段工程实体质量与设计的符合性确认	**2.《电力勘测设计驻工地代表制度》DLGJ 159.8—2001** 5.0.3 深入现场，调查研究 1 工代应坚持经常深入施工现场，调查了解施工是否与设计要求相符，并协助施工单位解决施工中出现的具体技术问题，做好服务工作，促进施工单位正确执行设计规定的要求。 2 对于发现施工单位擅自作主，不按设计规定要求进行施工的行为，应及时指出，要求改正，如指出无效，又涉及安全、质量等原则性、技术性问题，应将问题事实与处理过程用"备忘录"的形式书面报告建设单位和施工单件，同时向设总和处领导汇报	2. 查阅工代备忘录 记录：描述了施工单位不按设计规定要求进行施工的行为及处理过程
4.3 监理单位质量行为的监督检查			
4.3.1	项目监理部专业监理人员配备合理，资格证书与承担任务相符	**1.《中华人民共和国建筑法》中华人民共和国主席令〔2011〕第 46 号** 第十四条 从事建筑活动的专业技术人员，应当依法取得相应的职业资格证书，并在执业资格证书许可的范围内从事建筑活动。 **2.《建设工程质量管理条例》中华人民共和国国务院令第 279 号** 第三十七条 工程监理单位应当选派具备相应资格的总监理工程师和监理工程师进驻施工现场。 **3.《建设工程监理规范》GB/T 50319—2013** 3.1.2 项目监理机构的监理人员应由总监理工程师、专业监理工程师和监理员组成，且专业配套、数量应满足建设工程监理工作需要，必要时可设总监理工程师代表。 3.1.3 ……应及时将项目监理机构的组织形式、人员构成、及对总监理工程师的任命书面通知建设单位。 **4.《建设工程项目管理规范》GB/T 50326—2017** 2.0.4 项目管理机构：根据组织授权，直接实施项目管理的单位。可以是项目管理公司、项目部、工程监理部等。 4.1.7 项目管理机构负责人应按相关约定在岗履职，对项目实行全过程及全面管理。	1. 查阅工程监理规划 人员数量及专业：已明确 2. 查阅监理人员名单 专业与数量：与工程阶段和监理规划相符

条款号	大纲条款	检查依据	检查要点
4.3.1	项目监理部专业监理人员配备合理，资格证书与承担任务相符	**5.《电力建设工程监理规范》DL/T 5434—2009** 5.1.3 项目监理机构由总监理工程师、专业监理工程师和监理员组成，且专业配套、数量满足工程项目监理工作的需要，必要时可设总监理工程师代表和副总监理工程师	3. 查阅各级监理人员的岗位资格证书 发证单位：符合要求 有效期：当前有效
4.3.2	检测仪器和工具配置满足监理工作需要	**1.《中华人民共和国计量法》中华人民共和国主席令〔2014〕第二十六号** 第九条 ……。未按照规定申请检定或计量检定不合格的，不得使用。 **2.《建设工程监理规范》GB/T 50319—2013** 3.3.2 工程监理单位宜按建设工程监理合同约定，配备满足监理工作需要的检测设备和工器具。	1. 查阅监理项目部检测仪器和工具配置台账 仪器和工具配置：与监理设施配置计划相符
		3.《火电工程项目质量管理规程》DL/T 1144—2012 7.1.4 监理单位应配备与工程相适应的常规测量设备，并经检定合格且在有效期内。 **4.《电力建设工程监理规范》DL/T 5434—2009** 5.3.1 项目监理机构应根据工程项目类别、规模、技术复杂程度、工程项目所在地的环境条件，按委托监理合同的约定，配备满足监理工作需要的常规检测设备和工具。 **5.《建设工程监理合同（示范文本）》住房和城乡建设部 GF-2012-0202** 2.3.1 监理人应组建满足工作需要的项目监理机构，配备必要的检测设备……	2. 查看检测仪器 标识：贴有合格标签且在有效期内
4.3.3	已按规程规定,对施工现场质量管理进行检查	**1.《建设工程监理规范》GB/T 50319—2013** 5.1.8 总监理工程师应组织专业监理工程师审查施工单位报送的工程开工报审表及相关资料；……	1. 查阅施工现场质量管理检查记录 内容：符合规程规定

续表

条款号	大纲条款	检查依据	检查要点
4.3.3	已按规程规定,对施工现场质量管理进行检查	5.1.10　分包工程开工前,项目监理机构应审核施工单位报送的分包单位资格报审表,专业监理工程师提出审查意见后,应由总监理工程师审核签认。 5.2.1　工程开工前,项目监理机构应审查施工单位现场的质量管理组织机构、管理制度及专职管理人员和特种作业人员的资格。 **2.《火电工程项目质量管理规程》DL/T 1144—2012** 7.1.9　监理单位应监查各参建单位落实质量责任。 7.5.4　审查单位工程开工条件,报建设单位同意后,下达单位工程开工令。 7.5.5　工程项目施工中应实施下列质量管理工作: 　　b)通过审核文件、现场巡视、旁站、测量、见证取样、平行检验及验收等方式,监查施工过程,…… **3.《电力建设施工质量验收及评价规程　第1部分:土建工程》DL/T 5210.1—2012** 3.0.14　施工现场质量管理检查记录应由施工单位按表3.0.14填写,由总监理工程师(建设单位项目负责人)进行检查,并做出检查结论。 **4.《电力建设工程监理规范》DL/T 5434—2009** 8.0.3　工程项目开工前,总监理工程师应组织审核承包单位现场项目部的质量管理体系、职业健康安全与环境管理体系,满足要求时予以确认	结论:有肯定性结论 签字:监理总监、专业监理工程师已签字
4.3.4	组织补充完善施工质量验收项目划分表,对设定的工程质量控制点,进行了旁站监理	**1.《建设工程质量管理条例》中华人民共和国国务院令第279号** 第三十八条　监理工程师应当按照工程监理规范的要求,采取旁站、巡视和平行检验等形式,对建设工程实施监理。 **2.《建设工程监理规范》GB/T 50319—2013** 5.2.11　项目监理机构应……确定旁站的关键部位;关键工序,安排监理人员进行旁站,并应时记录旁站情况。	1.查阅施工质量验收范围划分表及报审表 划分表内容:符合规程规定且已明确了质量控制点 报审表签字:监理总监、监理工程师及建设单位技术负责人已签字

条款号	大纲条款	检查依据	检查要点
4.3.4	组织补充完善施工质量验收项目划分表，对设定的工程质量控制点，进行了旁站监理	**3.《火电工程项目质量管理规程》DL/T 1144—2012** 7.2.2 监理单位在工程开工前，应编制下列监理管理文件： 　g）关键工序、隐蔽工程和旁站监理的清单及措施。 7.5.3 审核确认下列主要质量管理文件： 　b）施工质量验收范围划分表。 **4.《电力建设施工质量验收及评价规程　第1部分：土建工程》DL/T 5210.1—2012** 4.0.1 ……主要包含四部分内容：工程编号、质量检验项目的划分、各单位（部门）检验权限、各分项工程检验批质量验收标准的套用。表4.0.1-1及表4.0.1-2为火力发电厂土建工程质量验收范围表的基本模式。 4.0.8 ……工程开工前，应由承建工程的施工单位按工程具体情况编制项目划分表……，划分表应报监理单位审核，建设单位批准。 **5.《电力建设工程监理规范》DL/T 5434—2009** 9.1.2 项目监理机构应审查承包单位编制的质量计划和工程质量验收及评定项目划分表，提出监理意见，报建设单位批准后监督实施。 　质量验收及评定项目划分报审表应符合表A.11的格式。 9.1.9 项目监理机构应安排监理人员对施工过程进行巡视和检查，对工程项目的关键部位、关键工序的施工过程进行旁站监理。 　表B.5 旁站监理记录表	2. 查阅旁站计划和旁站记录 旁站计划质量控制点：符合质量验收范围划分表要求 旁站记录：完整 签字：施工单位技术人员、监理旁站人员已签字
4.3.5	特殊施工技术措施已审批	**1.《建设工程安全生产管理条例》中华人民共和国国务院令〔2003〕第393号** 第二十六条 ……，对下列达到一定规模的危险性较大的分部分项工程编制专项施工方案，并附具安全验算结果，经施工单位技术负责人、总监理工程师签字后实施，由专职安全生产管理人员进行现场监督： 　（一）基坑支护与降水工程； 　（二）土方开挖工程	查阅特殊施工技术措施报审表 审核意见：专家意见已在技术措施中落实，同意实施 审核签字：监理总监、监理工程师及建设单位专工已签字

条款号	大纲条款	检查依据	检查要点
4.3.5	特殊施工技术措施已审批	（三）模板工程； （四）起重吊装工程； （五）脚手架工程； （六）拆除、爆破工程； （七）国务院建设行政主管部门或者其他有关部门规定的其他危险性较大的工程。 　　对前款所列工程中涉及深基坑、地下暗挖工程、高大模板工程的专项施工方案，施工单位还应当组织专家进行论证、审查。 　　**2.《建设工程监理规范》GB 50319—2013** 　　5.2.2　总监理工程师应组织专业监理工程师审查施工单位报审的施工方案，符合要求后应予以签认。 　　施工方案审查应包括下列基本内容： 　　1 编审程序符合相关规定。 　　2 工程质量保证措施应符合有关标准。 　　5.5.3　项目监理机构应审查施工单位报审的专项施工方案，符合要求的，应由总监理工程师签认后报建设单位。超过一定规模的危险性较大的分部分项工程的专项施工方案，应检查施工单位组织专家进行论证、审查的情况，以及是否附具安全验算结果。项目监理机构应要求施工单位按已批准的专项施工方案组织施工。专项施工方案需要调整时，施工单位应按程序重新提交项目监理机构审查。 　　专项施工方案审查应包括下列基本内容： 　　1 编审程序应符合相关规定。 　　2 安全技术措施应符合工程建设强制性标准。 　　**3.《电力建设工程监理规范》DL/T 5434—2009** 　　9.1.3　专业监理工程师应要求承包单位报送重点部位、关键工序的施工工艺方案和工程质量保证措施，审核同意后签认。	

条款号	大纲条款	检查依据	检查要点
4.3.5	特殊施工技术措施已审批	方案报审表应符合表 A.4 的格式。 9.4.3　项目监理机构应审查承包单位提交的施工组织设计中的安全技术方案或下列危险性较大的分部分项工程专项施工方案是否符合工程建设强制性标准	
4.3.6	对进场的工程材料、设备、构配件的质量进行检查验收及原材料复检的见证取样	**1.《建设工程质量管理条例》中华人民共和国国务院令第 279 号** 第三十七条　…… 　　未经监理工程师签字，建筑材料、建筑构配件和设备不得在工程上使用或者安装，施工单位不得进行下一道工序的施工。 **2.《建设工程监理规范》GB/T 50319—2013** 5.2.9　项目监理机构应审查施工单位报送的用于工程的材料、构配件、设备的质量证明文件，并应按有关规定、建设工程监理合同约定，对用于工程的材料进行见证取样，平行检验。 　　项目监理机构对已进场经检验不合格的工程材料、构配件、设备，应要求施工单位限期将其撤出施工现场。 **3.《建筑工程施工质量验收统一标准》GB 50300—2013** 3.0.2　建筑工程应按下列规定进行施工质量控制： 1 建筑工程采用的主要材料、半成品、成品、建筑构配件、器具和设备应进行现场验收。凡涉及安全、节能、环境保护和主要使用功能的重要材料、产品，应按各专业工程施工规范、验收规范和设计文件等规定进行复验，并应经监理工程师检查认可。 **4.《房屋建筑工程和市政基础设施工程实行见证取样和送检的规定》中华人民共和国 建设部建建〔2000〕211 号** 第五条　涉及结构安全的试块、试件和材料见证取样和送检的比例不得低于有关技术标准中规定应取样数量的 30%。 第六条　下列试块、试件和材料必须实施见证取样和送检： （一）用于承重结构的混凝土试块； （二）用于承重墙体的砌筑砂浆试块；	1. 查阅工程材料/设备/构配件报审表 审查意见：同意使用 质量证明文件：齐全完整 2. 查阅见证取样单 取样项目：符合规范规定 取样比例或数量：符合要求 签字：施工单位材料员、监理单位见证取样员已签字

续表

条款号	大纲条款	检查依据	检查要点
4.3.6	对进场的工程材料、设备、构配件的质量进行检查验收及原材料复检的见证取样	（三）用于承重结构的钢筋及连接接头试件； （四）用于承重墙的砖和混凝土小型砌块； （五）用于拌制混凝土和砌筑砂浆的水泥； （六）用于承重结构的混凝土中使用的掺加剂； （七）地下、屋面、厕浴间使用的防水材料； （八）国家规定必须实行见证取样和送检的其他试块、试件和材料。 **5.《火电工程项目质量管理规程》DL/T 1144—2012** 7.5.5 工程项目施工中应实施下列质量管理工作： a）参加设备开箱检验、工程主要材料的检验和见证取样，严格控制不合格的设备和材料在工程中使用。 **6.《电力建设工程监理规范》DL/T 5434—2009** 7.2.3 见证取样。对规定的需取样送试验室检验的原材料和样品，经监理人员对取样进行见证、封样、签认。 9.1.6 项目监理机构应审核承包单位报送的主要工程材料、半成品、构配件生产厂商的资质，符合后予以签认。 工程材料/构配件/设备报审表应符合表 A.12 的格式。 9.1.7 项目监理机构应对承包单位报送的拟进场工程材料、半成品和构配件的质量证明文件进行审核，并按有关规定进行抽样验收。对有复试要求的，经监理人员现场见证取样后送检，复试报告应报送项目监理机构查验。 9.1.8 项目监理机构应参与主要设备开箱验收，对开箱验收中发现的设备质量缺陷，督促相关单位处理	3. 开箱检验记录 结论：合格/不合格退场
4.3.7	施工质量问题及处理台账完整	**1.《建设工程监理规范》GB/T 50319—2013** 5.2.15 项目监理机构发现施工存在质量问题……，应及时签发监理通知单，要求施工单位整改。整改完毕后，项目监理机构应根据施工单位报送的监理通知回复对整改情况进行复查，提出复查意见。	查阅质量问题及处理记录台账

条款号	大纲条款	检查依据	检查要点
4.3.7	施工质量问题及处理台账完整	**2.《电力建设工程监理规范》DL/T 5434—2009** 9.1.12 对施工过程中出现的质量缺陷，专业监理工程师应及时下达书面通知，要求承包单位整改，并检查确认整改结果。 9.1.15 专业监理工程师应……，并根据承包单位报送的消缺报验申请表和自检记录进行检查验收	记录要素：包括质量问题、发现时间、责任单位、整改要求、闭环文件、完成时间 检查内容：记录完整
4.3.8	工程建设标准强制性条文检查到位	**1.《建设工程安全生产管理条例》中华人民共和国国务院令〔2004〕第 393 号** 第十四条 工程监理单位应当审查施工组织设计中的安全技术措施或者专项施工方案是否符合工程建设强制性标准。 **2.《实施工程建设强制性标准监督规定》中华人民共和国建设部令〔2000〕第 81 号** 第二条 在中华人民共和国境内从事新建、扩建、改建等工程建设活动，必须执行工程建设强制性标准。 **3.《火电工程项目质量管理规程》DL/T 1144—2012** 7.5 施工调试监理 7.5.3 审核确认下列主要质量管理文件： c）工程建设强制性条文实施计划。 **4.《电力建设施工质量验收及评价规程 第 1 部分：土建工程》DL/T 5210.1—2012** 14.0.13 每个工程部位（范围）应分别按施工现场质量保证条件……强制性条文管理和执行情况六项评价内容进行判定…… 17.0.6 强制性条文管理和执行情况评价方法应符合下列规定： …… 3 强制性条文管理和执行情况评价应符合表 17.0.6 的规定。 **5.《电力建设工程监理规范》DL/T 5434—2009** 9.4.3 项目监理机构应审查承包单位提交的施工组织设计中的安全技术方案或下列危险性较大的分部分项工程专项施工方案是否符合工程建设强制性标准	查阅分部工程强制性条文执行情况检查表 内容：符合强条计划要求 签字：施工单位技术人员、专业监理工程师已签字

条款号	大纲条款	检查依据	检查要点
4.3.9	完成主厂房基础工程施工质量验收	**1.《建设工程质量管理条例》中华人民共和国国务院令第 279 号** 第三十七条 …… 　　未经监理工程师签字，……，施工单位不得进行下一道工序的施工。未经总监理工程师签字，建设单位不拨付工程款，不进行竣工验收。 **2.《建设工程监理规范》GB/T 50319—2013** 5.2.14 项目监理机构应对施工单位报验的隐蔽工程、检验批；分项工程和分部工程进行验收，对验收合格的应给予签认，对验收不合格的应拒绝签认，同时应要求施工单位在指定的时间内整改并重新报验。 **3.《火电工程项目质量管理规程》DL/T 1144—2012** 7.5.6 监理单位应在施工验收阶段实施下列质量管理工作： 　　a）审核工程项目检验批、分项工程质量的符合性； 　　b）监查特殊过程施工质量，批准进行下一道施工工序； 　　c）组织分部、单位工程验收，…… 　　e）审核施工单位编制的单位工程竣工资料，…… **4.《电力建设工程监理规范》DL/T 5434—2009** 9.1.10 对承包单位报送的隐蔽工程报验申请表和自检记录，专业监理工程师应进行现场检查，符合要求予以签认后，承包单位方可隐蔽并进行下一道工序的施工。 　　对未经监理人员验收或验收不合格的工序，监理人员应拒绝签认，并严禁承包单位进行下一道工序的施工。 　　验收申请表应符合表 A.14 的格式。 9.1.11 专业监理工程师应对承包单位报送的分项工程质量报验资料进行审核，符合要求予以签认；总监理工程师应组织专业监理工程师对承包单位报送的分部工程和单位工程质量验评资料进行审核和现场检查，符合要求予以签认	查阅主厂房基础工程施工质量验收表 　项目：与验收范围划分表内容相符 　结论：合格 　签字：相关责任人已签字

条款号	大纲条款	检查依据	检查要点
4.3.10	对本阶段工程质量提出评价意见	**1.《火电工程项目质量管理规程》DL/T 1144—2012** 7.5.6 监理单位应在施工验收阶段实施以下质量管理工作： 　d）组织单项、单台及整体工程的质量评价自检工作	查阅本阶段工程质量评价文件 评价意见：明确
4.4 施工单位质量行为的监督检查			
4.4.1	项目部组织机构健全，专业人员配置合理	**1.《中华人民共和国建筑法》中华人民共和国主席令〔2011〕第 46 号** 第十四条　从事建筑活动的专业技术人员，应当依法取得相应的执业资格证书，并在执业资格证书许可的范围内从事建筑活动。 **2.《建设工程质量管理条例》中华人民共和国国务院令第 279 号** 第二十六条　施工单位对建设工程的施工质量负责。 　施工单位应当建立质量责任制，确定工程项目的项目经理、技术负责人和施工管理负责人。 **3.《建设工程项目管理规范》GB/T 50326—2017** 4.3.4　建立项目管理机构应遵循下列规定： 　1　结构应符合组织制度和项目实施要求； 　2　应有明确的管理目标、运行程序和责任制度； 　3　机构成员应满足项目管理要求及具备相应资格； 　4　组织分工应相对稳定并可根据项目实施变化进行调整； 　5　应确定机构人员的职责、权限、利益和需承担的风险。 **4.《火电工程项目质量管理规程》DL/T 1144—2012** 9.2.1　施工单位应设置独立的质量管理机构，并应符合下列规定： 　a）配备满足工程需要的专职质量管理人员。 9.3.2　单位工程开工应满足下列条件，并应由建设单位和监理单位进行核查。 　e）开工所需的施工人员及机械已到位。 　g）特种作业人员的资格证和上岗证已经监理确认。	查阅项目部成立文件，组织机构及管理体系。 　专业人员配置包括：项目经理、项目总工程师、施工管理负责人、专业技术负责人、专业技术员、施工员、质量员、安全员、资料员等

条款号	大纲条款	检查依据	检查要点
4.4.1	项目部组织机构健全，专业人员配置合理	9.3.4 施工单位的人员资格应符合下列规定： a）项目经理应担任过一项大型或两项及以上中型火电工程的项目副经理或总工程师，具有8年以上施工经验，并持有国家注册一级建造师证书。 b）项目总工程师应担任过两项及以上火电工程的项目副总工程师或专业技术负责人，具有中级及以上技术职称。 c）专业技术负责人应担任过两项及以上火电工程的专业技术工作，具有中级及以上技术职称。 d）专业质检人员应具有工程质量检验的相应能力，并持有相应的质量检验资格证书。 **5.《建筑与市政工程施工现场专业人员职业标准》JGJ/T 250—2011** 1.0.3 本标准所指建筑与市政工程施工现场专业人员包括施工员、质量员、安全员、标准员、材料员、机械员、劳务员、资料员。其中，施工员、质量员、标准员可分为土建施工、装饰装修、设备安装和市政工程四个子专业	
4.4.2	质量检查员及特殊工种人员持证上岗	**1.《特种作业人员安全技术培训考核管理办法》国家安全生产监督管理总局令〔2010〕第30号** 第三条 ……，特种作业的范围由特种作业目录规定。 本规定所称特种作业人员，是指直接从事特种作业的从业人员。 第五条 特种作业人员必须经专门的安全技术培训并考核合格，取得《中华人民共和国特种作业操作证》（以下简称特种作业操作证）后，方可上岗作业。 第十九条 特种作业操作证有效期为6年，在全国范围内有效。 第二十一条 特种作业操作证每3年复审1次。 附件 （特种作业）种类 1 电工作业 1.1 高压电工作业 1.2 低压电工作业 1.3 防爆电气作业	1. 查阅项目部各专业质检员资格证书 专业类别：包括土建、电气等 发证单位：政府主管部门或电力建设工程质量监督站 有效期：当前有效 2. 查阅特殊工种人员台账 内容：包括姓名、工种类别、证书编号、发证单位、有效期等 证书有效期：作业期间有效

条款号	大纲条款	检查依据	检查要点
4.4.2	质量检查员及特殊工种人员持证上岗	2　焊接与热切割作业 2.1　熔化焊接与热切割作业 2.2　压力焊作业 2.3　钎焊作业 3　高处作业 3.1　登高架设作业 3.2　高处安装、维护、拆除的作业 …… **2.《建筑施工特种作业人员管理规定》中华人民共和国建设部　建质〔2008〕75号** 第三条　建筑施工特种作业包括： 　　（一）建筑电工； 　　（二）建筑架子工； 　　（三）建筑起重信号司索工； 　　（四）建筑起重机械司机； 　　（五）建筑起重机械安装拆卸工； 　　（六）高处作业吊篮安装拆卸工； 　　（七）经省级以上人民政府建设主管部门认定的其他特种作业。 第四条　建筑施工特种作业人员必须经建设主管部门考核合格，取得建筑施工特种作业人员操作资格证书，方可上岗从事相应作业。 第十九条　用人单位应当履行下列职责： 　　（六）建立本单位特种作业人员管理档案 **3.《工程建设施工企业质量管理规范》GB/T 50430—2017** 5.2.2　施工企业应根据质量管理需求配备相应的管理、技术及作业人员	3. 查阅特殊工种人员资格证书 发证单位：政府主管部门 有效期：与台账一致

条款号	大纲条款	检查依据	检查要点
4.4.3	专业施工组织设计已审批	**1.《建筑施工组织设计规范》GB/T 50502—2009** 3.0.5 施工组织设计的编制和审批应符合下列规定： 　　1 施工组织设计应由项目负责人主持编制，可根据需要分阶段编制和审批。 　　2 施工组织总设计应由总承包单位技术负责人审批；单位工程施工组织设计应由施工单位技术负责人或技术负责人授权的技术人员审批，施工方案应由项目技术负责人审批；重点、难点分部（分项）工程和专项工程施工方案应由施工单位技术部门组织相关专家评审，施工单位技术负责人批准。 **2.《工程建设施工企业质量管理规范》GB/T 50430—2017** 10.3.3 施工企业应按设计策划安排对工程设计进行评审、验证和确认。评审、验证和确认记录应予以保存。 **3.《火电工程项目质量管理规程》DL/T 1144—2012** 9.3.2 单位工程开工应满足下列条件，并应由建设单位和监理单位进行核查。 　　c）专业施工组织设计、重大施工方案已经监理批准	1. 查阅工程项目专业施工组织设计 审批：责任人已签字 编审批时间：专业工程开工前 2. 查阅专业施工组织设计报审表 审批意见：同意实施等肯定性意见 签字：施工项目部、监理项目部、建设单位责任人已签字 盖章：施工项目部、监理项目部、建设单位职能部门已盖章
4.4.4	质量检验管理制度已落实	**1.《建设工程质量管理条例》中华人民共和国国务院令第279号** 第三十条 施工单位必须建立、健全施工质量的检验制度，严格工序管理，做好隐蔽工程的质量检查和记录。隐蔽工程在隐蔽前，施工单位应当通知建设单位和建设工程质量监督机构。 **2.《工程建设施工企业质量管理规范》GB/T 50430—2017** 11.1.1 施工企业应建立并实施质量检查与验收管理制度，明确各管理层次对工程质量检查与验收职责和程序，并对检查、验收、检测设备管理、质量问题与事故处理做出规定	查阅隐蔽工程验收记录、质量验收记录、施工记录、工序交接记录等 记录：内容完整，结论明确 签字：责任人已签字
4.4.5	施工方案和作业指导书已审批，技术交底记录齐全	**1.《危险性较大的分部分项工程安全管理规定》中华人民共和国住房和城乡建设部令〔2018〕第37号** 第十条 施工单位应当在危大工程施工前组织工程技术人员编制专项施工方案。 实行施工总承包的，专项施工方案应当由施工总承包单位组织编制。危大工程实行分包的，专项施工方案可以由相关专业分包单位组织编制。	1. 查阅施工方案和作业指导书 审批：责任人已签字 编审批时间：施工前 2. 查阅施工方案和作业指导书报审表

条款号	大纲条款	检查依据	检查要点
4.4.5	施工方案和作业指导书已审批,技术交底记录齐全	第十一条　专项施工方案应当由施工单位技术负责人审核签字、加盖单位公章,并由总监理工程师审查签字、加盖执业印章后方可实施。 危大工程实行分包并由分包单位编制专项施工方案的,专项施工方案应当由总承包单位技术负责人及分包单位技术负责人共同审核签字并加盖单位公章。 第十二条　对于超过一定规模的危大工程,施工单位应当组织召开专家论证会对专项施工方案进行论证。实行施工总承包的,由施工总承包单位组织召开专家论证会。专家论证前专项施工方案应当通过施工单位审核和总监理工程师审查。 专家应当从地方人民政府住房城乡建设主管部门建立的专家库中选取,符合专业要求且人数不得少于 5 名。与本工程有利害关系的人员不得以专家身份参加专家论证会。 第十三条　专家论证会后,应当形成论证报告,对专项施工方案提出通过、修改后通过或者不通过的一致意见。专家对论证报告负责并签字确认。 专项施工方案经论证需修改后通过的,施工单位应当根据论证报告修改完善后,重新履行本规定第十一条的程序。 专项施工方案经论证不通过的,施工单位修改后应当按照本规定的要求重新组织专家论证。 **2.《建筑施工组织设计规范》GB/T 50502—2009** 3.0.5　施工组织设计的编制和审批应符合下列规定: 2 ……施工方案应由项目技术负责人审批;重点、难点分部(分项)工程和专项工程施工方案应由施工单位技术部门组织相关专家评审,施工单位技术负责人批准。 3 由专业承包单位施工的分部(分项)工程或专项工程的施工方案,应由专业承包单位技术负责人或技术负责人授权的技术人员审批;有总承包单位时,应由总承包单位项目技术负责人核准备案。 4 规模较大的分部(分项)工程和专项工程的施工方案应按单位工程施工组织设计进行编制和审批。	审批意见:同意实施等肯定性意见 签字:施工项目部、监理项目部责任人已签字 盖章:施工项目部、监理项目部已盖章 3. 查阅技术交底记录 内容:与方案或作业指导书相符 时间:施工前 签字:交底人和被交底人已签字 4. 查阅重大方案或特殊专项措施(需专家论证的专项方案)的评审报告 内容:对论证的内容提出明确的意见 评审专家资格:符合住建部《危险性较大的分部分项工程安全管理办法》要求

条款号	大纲条款	检查依据	检查要点
4.4.5	施工方案和作业指导书已审批，技术交底记录齐全	6.4.1 施工准备应包括下列内容： 1 技术准备：包括施工所需技术资料的准备、图纸深化和技术交底的要求、试验检验和测试工作计划、样板制作计划以及与相关单位的技术交接计划等。 **3.《电力建设施工技术规范 第1部分：土建结构工程》DL 5190.1—2012** 3.0.1 工程施工前，应按设计图纸，结合具体情况和施工组织设计的要求编制施工方案，并经批准后方可施工。 3.0.6 施工单位应当在危险性较大的分部、分项工程施工前编制专项方案；对于超过一定规模和危险性较大的深基坑工程、模板工程及支撑体系、起重吊装及安装拆卸工程、脚手架工程和拆除、爆破工程等，施工单位应当组织专家对专项方案进行论证。 **4.《火电工程项目质量管理规程》DL/T 1144—2012** 9.2.2 施工单位在工程开工前，应编制质量管理文件，经监理、建设单位会审、批准后实施，质量管理文件应包括： f）重大施工方案、作业指导书清单，并规定审批级别。 9.3.2 单位工程开工应满足下列条件，并应由建设单位和监理单位进行核查。 c）专业施工组织设计、重大施工方案已经监理批准。 d）开工所需施工图已齐全，并已会检和交底，……	
4.4.6	计量工器具经检定合格，且在有效期内	**1.《中华人民共和国计量法》中华人民共和国主席令〔2014〕第8号** 第四十七条 ……。未按照规定申请计量检定、计量检定不合格或者超过计量检定周期的计量器具，不得使用。	1. 查阅计量工器具台账 内容：包括计量工器具名称、出厂合格证编号、检定日期、有效期、在用状态等

条款号	大纲条款	检查依据	检查要点
4.4.6	计量工器具经检定合格，且在有效期内	2.《中华人民共和国依法管理的计量器具目录（型式批准部分）》国家质检总局公告〔2005〕第145号 1. 测距仪：光电测距仪、超声波测距仪、手持式激光测距仪； 2. 经纬仪：光学经纬仪、电子经纬仪； 3. 全站仪：全站型电子速测仪； 4. 水准仪：水准仪； 5. 测地型 GPS 接收机：测地型 GPS 接收机。 3.《电力建设施工技术规范　第1部分：土建结构工程》DL 5190.1—2012 3.0.5　在质量检查、验收中使用的计量器具和检测设备，应经计量检定合格后方可使用；承担材料和设备检测的单位,应具备相应的资质。 4.《电力工程施工测量技术规范》DL/T 5445—2010 4.0.3　施工测量所使用的仪器和相关设备应定期检定，并在检定的有效期内使用。…… 5.《建筑工程检测试验技术管理规范》JGJ 190—2010 5.2.2　施工现场配置的仪器、设备应建立管理台账，按有关规定进行计量检定或校准，并保持状态完好	检定有效期：在用期间有效 2. 查阅计量工器具检定合格证或报告 检定单位资质范围：包含所检测工器具 工器具有效期：在用期间有效，且与台账一致
4.4.7	按照检测试验项目计划进行了见证的取样和送检，台账完整	1.《建设工程质量管理条例》中华人民共和国国务院令第279号 第三十一条　施工人员对涉及结构安全的试块、试件以及有关材料，应当在建设单位或者工程监理单位监督下现场取样，并送具有相应资质等级的质量检测单位进行检测。 2.《建设工程质量检测管理办法》中华人民共和国建设部令〔2005〕第141号 第十三条　质量检测试样的取样应当严格执行有关工程建设标准和国家有关规定，在建设单位或者工程监理单位监督下现场取样。…… 3. 关于印发《房屋建筑工程和市政基础设施工程实行见证取样和送检的规定》中华人民共和国建设部建建〔2000〕211号 第六条　下列试块、试件和材料必须实施见证取样和送检：	查阅见证取样台账 取样数量、取样项目：与检测试验计划相符

条款号	大纲条款	检查依据	检查要点
4.4.7	按照检测试验项目计划进行了见证的取样和送检，台账完整	（一）用于承重结构的混凝土试块； （二）用于承重墙体的砌筑砂浆试块； （三）用于承重结构的钢筋及连接接头试件； （四）用于承重墙的砖和混凝土小型砌块； （五）用于拌制混凝土和砌筑砂浆的水泥； （六）用于承重结构的混凝土中使用的掺加剂； （七）地下、屋面、厕浴间使用的防水材料； （八）国家规定必须实行见证取样和送检的其他试块、试件和材料。 　　第七条　见证人员应由建设单位或该工程的监理单位具备建筑施工试验知识的专业技术人员担任，并应由建设单位或该工程的监理单位书面通知施工单位、检测单位和负责该项工程的质量监督机构。 **4.《房屋建筑和市政基础设施工程质量检测技术管理规范》GB 50618—2011** 　　3.0.5　对实行见证取样和见证检测的项目，不符合见证要求的，检测机构不得进行检测。 **5.《建筑工程检测试验技术管理规范》JGJ 190—2010** 　　3.0.6　见证人员必须对见证取样和送检的过程进行见证，且必须确保见证取样和送检过程的真实性。 　　5.5.1　施工现场应按照单位工程分别建立下列试样台账： 　　1　钢筋试样台账； 　　2　钢筋连接接头试样台账； 　　3　混凝土试件台账； 　　4　砂浆试件台账； 　　5　需要建立的其他试样台账。 　　5.6.1　现场试验人员应根据施工需要及有关标准的规定，将标识后的试样送至检测单位进行检测试验；	

条款号	大纲条款	检查依据	检查要点
4.4.7	按照检测试验项目计划进行了见证的取样和送检，台账完整	5.8.5　见证人员应对见证取样和送检的全过程进行见证并填写见证记录。 5.8.6　检测机构接收试样时应核实见证人员及见证记录，见证人员与备案见证人员不符或见证记录无备案见证人员签字时不得接收试样	
4.4.8	原材料、成品、半成品、商品混凝土的跟踪管理台账清晰，记录完整	**1.《建设工程质量管理条例》中华人民共和国国务院令第 279 号** 第二十九条　施工单位必须按照工程设计要求、施工技术标准和合同约定，对建筑材料、建筑构配件、设备和商品混凝土进行检验，检验应当有书面记录和专人签字；未经检验或者检验不合格的，不得使用。 **2.《电力建设施工技术规范　第 1 部分：土建结构工程》DL 5190.1—2012** 3.0.2　……对工程所用的水泥、钢筋等主要材料应进行跟踪管理。 **3.《火电工程项目质量管理规程》DL/T 1144—2012** 9.3.6　材料控制应符合下列规定： 　　f)施工单位对重要原材料应进行质量追溯。火电施工常见有追溯性要求的产品清单见附录 D 表 D.1	查阅材料跟踪管理台账 内容：包括生产厂家、进场日期、品种规格、出厂合格证书编号、复试报告编号、使用部位、使用数量等
4.4.9	单位工程开工报告已审批	**1.《工程建设施工企业质量管理规范》GB/T 50430—2017** 10.4.2　项目部应确认施工现场已具备开工条件，进行报审、报验，提出开工申请，经批准后方可开工。 **2.《建设工程监理规范》GB/T 50319—2013** 5.1.8　总监理工程师应组织专业监理工程师审查施工单位报送的开工报审表及相关资料；同时具备下列条件时，应由总监理工程师签署审查意见，并应报建设单位批准后，总监理工程师签发工程开工令：	查阅单位工程开工报告 申请时间：开工前 审批意见：同意开工等肯定性意见 签字：施工项目部、监理项目部、建设单位责任人已签字 盖章：施工项目部、监理项目部、建设单位已盖章

续表

条款号	大纲条款	检查依据	检查要点
4.4.9	单位工程开工报告已审批	1 设计交底和图纸会审已完成。 2 施工组织设计已由总监理工程师签认。 3 施工单位现场质量、安全生产管理体系已建立，管理及施工人员已到位，施工机械具备使用条件，主要工程材料已落实。 4 进场道路及水、电、通信等已满足开工要求	
4.4.10	专业绿色施工措施已制订、实施	**1.《绿色施工导则》中华人民共和国建设部建质〔2007〕223号** 4.1.2　规划管理 　1 编制绿色施工方案。该方案应在施工组织设计中独立成章，并按有关规定进行审批。 **2.《建筑工程绿色施工规范》GB/T 50905—2014** 3.1.1　建设单位应履行下列职责 　1 在编制工程概算和招标文件时，应明确绿色施工的要求…… 　2 应向施工单位提供建设工程绿色施工的设计文件、产品要求等相关资料…… 4.0.2　施工单位应编制包含绿色施工管理和技术要求的工程绿色施工组织设计、绿色施工方案或绿色施工专项方案，并经审批通过后实施。 **3.《火电工程项目质量管理规程》DL/T 1144—2012** 5.3.3　建设单位在工程开工前应组织相关单位编制下列质量文件： 　n）绿色施工措施。 9.3.1　工程具备开工条件后，由建设单位按照国家规定办理开工手续。工程开工应满足下列条件： 　k）绿化施工措施编制并落实。 9.2.2　施工单位在工程开工前，应编制质量管理文件，经监理、建设单位会审、批准后实施，质量管理文件应包括： 　i）绿色施工措施。	1. 查阅绿色施工措施审批：责任人已签字 审批时间：施工前

条款号	大纲条款	检查依据	检查要点
4.4.10	专业绿色施工措施已制订、实施	9.3.12 绿色施工应符合下列规定: a）施工单位应按《绿色施工导则》的规定:在工程开工前编制节能、节水、节地、节材的控制措施，控制措施应重点包含能源合理配备、废水利用、节约用地、材料合理选配及循环使用等内容。 b）施工单位应编制控制噪声、防尘、废液排放、水土保持及环保设施投入等控制措施，各项措施应经监理、建设单位的审批。所有措施均应表示实测指标，施工过程应由监理工程师实时监查。 **4.《电力建设施工技术规范　第1部分：土建结构工程》DL 5190.1—2012** 3.0.12 施工单位应建立绿色施工管理体系和管理制度，实施目标管理，施工前应在施工组织设计和施工方案中明确绿色施工的内容和方法	2. 查阅专业绿色施工记录 内容：与绿色施工措施相符 签字：责任人已签字
4.4.11	工程建设标准强制性条文实施计划已执行	**1.《实施工程建设强制性标准监督规定》中华人民共和国建设部令〔2000〕第81号** 第二条　在中华人民共和国境内从事新建、扩建、改建等工程建设活动，必须执行工程建设强制性标准。 第三条　本规定所称工程建设强制性标准是指直接涉及工程质量、安全、卫生及环境保护等方面的工程建设标准强制性条文。 国家工程建设标准强制性条文由国务院建设行政主管部门会同国务院有关行政主管部门确定。 第六条　……工程质量监督机构应当对工程建设施工、监理、验收等阶段执行强制性标准的情况实施监督。 **2.《火电工程项目质量管理规程》DL/T 1144—2012** 4.5 火电工程项目应认真执行国家和行业相关技术标准，严格执行工程建设标准中的强制性条文…… 5.3.3 建设单位在工程开工前应组织相关单位编制下列质量管理文件: d）工程建设强制性条文实施规划。 9.2.2 施工单位在工程开工前，应编制质量管理文件，经监理、建设单位会审、批准后实施，质量管理文件应包括: d）工程建设强制性条文实施细则	查阅强制性条文执行记录 内容：与强制性条文执行计划相符 签字：责任人已签字 执行时间：与工程进度同步

续表

条款号	大纲条款	检查依据	检查要点
4.4.12	无违规转包或者违法分包工程的行为	**1.《中华人民共和国建筑法》中华人民共和国主席令〔2011〕第46号** 第二十八条　禁止承包单位将其承包的全部建筑工程转包给他人，禁止承包单位将其承包的全部建筑工程肢解以后以分包的名义转包给他人。 第二十九条　建筑工程总承包单位可以将承包工程中的部分工程发包给具有相应资质条件的分包单位，但是，除总承包合同约定的分包外，必须经建设单位认可。施工总承包的，建筑工程主体结构的施工必须由总承包单位自行完成。 禁止总承包单位将工程分包给不具备相应资质条件的单位。禁止分包单位将其承包的工程再分包。 **2.《建筑工程施工转包违法分包等违法行为认定查处管理办法（试行）》住房和城乡建设部〔2014〕建市118号** 第七条　存在下列情形之一的，属于转包： （一）施工单位将其承包的全部工程转给其他单位或个人施工的； （二）施工总承包单位或专业承包单位将其承包的全部工程肢解以后，以分包的名义分别转给其他单位或个人施工的； （三）施工总承包单位或专业承包单位未在施工现场设立项目管理机构或未派驻项目负责人、技术负责人、质量管理负责人、安全管理负责人等主要管理人员，不履行管理义务，未对该工程的施工活动进行组织管理的； （四）施工总承包单位或专业承包单位不履行管理义务，只向实际施工单位收取费用，主要建筑材料、构配件及工程设备的采购由其他单位或个人实施的； （五）劳务分包单位承包的范围是施工总承包单位或专业承包单位承包的全部工程，劳务分包单位计取的是除上缴给施工总承包单位或专业承包单位"管理费"之外的全部工程价款的； （六）施工总承包单位或专业承包单位通过采取合作、联营、个人承包等形式或名义，直接或变相的将其承包的全部工程转给其他单位或个人施工的； （七）法律法规规定的其他转包行为。	1. 查阅工程分包申请报审表 审批意见：同意分包等肯定性意见 签字：施工项目部、监理项目部、建设单位责任人已签字 盖章：施工项目部、监理项目部、建设单位已盖章

条款号	大纲条款	检查依据	检查要点
4.4.12	无违规转包或者违法分包工程的行为	第九条 存在下列情形之一的，属于违法分包： （一）施工单位将工程分包给个人的； （二）施工单位将工程分包给不具备相应资质或安全生产许可的单位的； （三）施工合同中没有约定，又未经建设单位认可，施工单位将其承包的部分工程交由其他单位施工的； （四）施工总承包单位将房屋建筑工程的主体结构的施工分包给其他单位的，钢结构工程除外； （五）专业分包单位将其承包的专业工程中非劳务作业部分再分包的； （六）劳务分包单位将其承包的劳务再分包的； （七）劳务分包单位除计取劳务作业费用外，还计取主要建筑材料款、周转材料款和大中型施工机械设备费用的； （八）法律法规规定的其他违法分包行为	2. 查阅工程分包商资质 业务范围：涵盖所分包的项目 发证单位：政府主管部门 有效期：当前有效

4.5 检测试验机构质量行为的监督检查

条款号	大纲条款	检查依据	检查要点
4.5.1	检测试验机构已经通过能力认定并取得相应证书，其现场派出机构（现场试验室）满足规定条件，并已报质量监督机构备案	**1.《建设工程质量检测管理办法》中华人民共和国建设部令〔2005〕第141号** 第四条 ……。检测机构未取得相应的资质证书，不得承担本办法规定的质量检测业务。 第八条 检测机构资质证书有效期为3年。资质证书有效期满需要延期的，检测机构应当在资质证书有效期满30个工作日前申请办理延期手续。 **2.《检验检测机构资质认定管理办法》中华人民共和国质量监督检验检疫总局令〔2015〕第163号** 第二条 …… 　　资质认定包括检验检测机构计量认证。 第三条 检验检测机构从事下列活动，应当取得资质认定： （四）为社会经济、公益活动出具具有证明作用的数据、结果的； （五）其他法律法规规定应当取得资质认定的。	1. 查阅检测机构资质证书 发证单位：国家认证认可监督管理委员会（国家级）或地方质量技术监督部门或各直属出入境检验检疫机构（省市级）及电力质监机构 有效期：当前有效 业务范围：涵盖检测项目

条款号	大纲条款	检查依据	检查要点
4.5.1	检测试验机构已经通过能力认定并取得相应证书，其现场派出机构（现场试验室）满足规定条件，并已报质量监督机构备案	第五条 …… 　各省、自治区、直辖市人民政府质量技术监督部门（以下简称省级资质认定部门）负责所辖区域内检验检测机构的资质认定工作；…… 第十一条 资质认定证书有效期为 6 年。需要延续资质认定证书有效期的，应当在其有效期届满 3 个月前提出申请。 **3.《建设工程监理规范》GB/T 50319—2013** 6.2.5 专业监理工程师应检查施工单位的试验室 **4.《房屋建筑和市政基础设施工程质量检测技术管理规范》GB 50618—2011** 3.0.2 建设工程质量检测机构（以下简称检测机构）应取得建设主管部门颁发的相应资质证书。 3.0.3 检测机构必须在技术能力和资质规定范围内开展检测工作。 **5.《电力工程检测试验机构能力认定管理办法（试行）》质监〔2015〕20 号** 第三条 电力工程检测试验机构是指依据国家规定取得相应资质，从事电力工程检测试验工作，为保障电力工程建设质量提供检测验证数据和结果的单位。 第七条 ……相应地将承担工程检测试验业务的检测机构划分为 A 级和 B 级两个等级。 第九条 承担建设建模 200MW 及以上发电工程和 330kV 及以上变电站（换流站）的检测机构，必须符合 B 级及以上等级标准要求。不同规模电力工程项目所要求的检测机构业务等级标准见附件 5。 第三十五条 检测机构的《业务等级确认证明》有效期为四年，有效期满后，需重新进行确认。重新确认的程序及要求详见第三章规定。 第三十条 根据工程建设需要和质量验收规范要求，检测机构应在所承担电力工程项目的检测试验任务时，应当设立现场试验室。检测机构对所设立现场试验室的一切行为负责。 第三十一条 现场试验室在开展工作前，须通过负责本项目质监机构组织的能力认定。对符合条件的质监机构应予以书面确认。……	2. 查看现场土建试验室场所：有固定场所且面积、环境、温、湿度满足规范要求

续表

条款号	大纲条款	检查依据	检查要点
4.5.1	检测试验机构已经通过能力认定并取得相应证书，其现场派出机构（现场试验室）满足规定条件，并已报质量监督机构备案	**6.《火电工程项目质量管理规程》DL/T 1144—2012** 9.3.1 工程具备开工条件后，由建设单位按照国家规定办理开工手续。工程开工应满足下列条件： 1）第三方检验、检测单位已确定。 9.4.3 工程建设应根据需要建立土建、金属、电气试验及热工校验室。试验室应具有相应资质，试验人员应持证上岗。 9.4.4 第三方专项检测和见证取样检测应符合下列规定： b）检测单位必须有相应的检测资质，…… c）工程规模较大、试验检测工作量较大时，检测单位宜在项目现场分设现场检测站，配备必要的试验人员、设备、仪器、设施及相关的试验检测标准。 **7.《电力建设施工质量验收及评价规程 第1部分：土建工程》DL/T 5210.1—2012** 3.0.2 ……；承担土建工程试验、检测的试验室及承担有关结构安全和功能试验、检测的单位或机构应具有相应资质。 **8.《建筑工程检测试验技术管理规范》JGJ 190—2010** 3.0.5 承担建筑工程施工检测试验任务的检测单位应符合下列规定： 1 当行政法规、国家现行标准或合同对检测单位的资质有要求时，应遵守其规定；当没有要求时，可由施工单位的企业试验室试验，也可委托具备相应资质的检测机构检测； 3 检测单位的检测试验能力应与其所承接检测试验项目相适应。 5.2.3 施工现场试验环境及设施应满足检测试验工作的要求。 5.2.4 单位工程建筑面积超过 10000m² 或造价超过 1000 万元人民币时，可设立现场试验站。现场试验站的基本要求应符合表 5.2.4 的规定	3. 查阅检测机构的申请报备文件 报备日期：土建工程开工前
4.5.2	检测人员资格符合规定，持证上岗	**1.《房屋建筑和市政基础设施工程质量检测技术管理规范》GB 50618—2011** 4.1.3 检测机构的技术负责人、质量负责人、检测项目负责人应具有工程类专业中级及其以上技术职称，掌握相关领域知识，具有规定的工作经历和检测工作经验。检测报告批准人、检测报告审核人应经检测机构技术负责人授权，掌握相关领域知识，并具有规定的工作经历和检测工作经验。	1. 查阅检测人员登记台账、资格证 人员专业类别和数量：满足检测项目需求

续表

条款号	大纲条款	检查依据	检查要点
4.5.2	检测人员资格符合规定，持证上岗	4.1.5 检测操作人员应经技术培训、通过建设主管部门或委托有关机构的考核，方可从事检测工作。 5.3.6 检测前应确认检测人员的岗位资格，检测操作人员应熟识相应的检测操作规程和检测设备使用、维护技术手册等。 **2.《电力工程检测试验管理办法（试行）》质监〔2015〕20号** 附件1-1 2.2检测试验人员，专业人员齐全，均持有效证书。 **3.《火电工程项目质量管理规程》DL/T 1144—2012** 9.4.3 ……，试验人员应持证上岗	资格证发证单位：各级政府和电力行业主管部门 资格证有效期：当前有效 2. 查阅检测报告 检测项目：在持证资格范围内 检测人：与台账相符
4.5.3	检测仪器、设备检定合格，且在有效期内	**1.《中华人民共和国计量法》中华人民共和国主席令〔2014〕第8号** 第四十七条 ……。未按照规定申请计量检定、计量检定不合格或者超过计量检定周期的计量器具，不得使用。 **2.《房屋建筑和市政基础设施工程质量检测技术管理规范》GB 50618—2011** 4.2.7 检测设备的校准或检测应送至具有校准或检测资格的实验室进行校准或检测。 4.2.14 检测机构的所有设备均应标有统一的标识，在用的检测设备均应标有校准或检测有效期的状态标识。 **3.《火电工程项目质量管理规程》DL/T 1144—2012** 9.3.2 单位工程开工应满足下列条件，并应由建设单位和监理单位进行核查。 h）主要监视测量设备、主要施工机械设备的检定证书，已经监理确认。 9.3.5 检测设备的控制应符合下列规定： a）施工单位应配备与工程相适应的测量设备，并保证其持续有效。 b）施工单位应对影响质量的检测设备进行控制，并在这些设备进场时报监理审查；…… c）建设单位和监理单位有权对施工单位使用的检测设备进行监督检查。	1. 查阅检测仪器、设备管理台账 内容：包括检定日期、有效期 证书有效期：当前有效 2. 查阅检定证书 有效期：当前有效 结论：合格

条款号	大纲条款	检查依据	检查要点
4.5.3	检测仪器、设备检定合格，且在有效期内	**4.《建筑工程检测试验技术管理规范》JGJ 190—2010** 5.2.2 施工现场配置的仪器、设备应建立管理台账，按有关规定进行计量检定或校准，并保持状态完好。 5.2.3 施工现场试验环境及设施应满足检测试验工作的要求。 5.2.4 单位工程建筑面积超过 10000m² 或造价超过 1000 万元人民币时，可设立现场试验站。现场试验站的基本要求应符合表 5.2.4 的规定。 **5.《建筑基桩检测技术规范》JGJ 106—2014** 3.2.4 基桩检测用仪器设备应在检定或校准的有效期内；基桩检测前应对仪器设备进行检查调试	3. 查看检测仪器、设备检定标识 检定有效期：与台账及检定证书一致

4.5.4	检测依据正确、有效，检测报告及时、规范	**1.《检验检测机构资质认定管理办法》国家质量监督检验检疫总局令〔2015〕第 163 号**
		
		第十三条 ……
		
		    检验检测机构资质认定标志，……。式样如下：CMA 标志。
		
		    第二十五条 检验检测机构应当在资质认定证书规定的检验检测能力范围内，依据相关标准或者技术规范规定的程序和要求，出具检验检测数据、结果。
		
		    检验检测机构出具检验检测数据、结果时，应当注明检验检测依据，……
		
		    第二十八条 检验检测机构向社会出具具有证明作用的检验检测数据、结果的，应当在其检验检测报告上加盖检验检测专用章，并标注资质认定标志。
		
		2.《建设工程质量检测管理办法》中华人民共和国建设部令〔2005〕第 141 号
		
		    第十四条 检测机构完成检测业务后，应当及时出具检测报告。检测报告经检测人员签字、检测机构法定代表人或者其授权的签字人签署，并加盖检测机构公章或者检测专用章后方可生效。检测报告经建设单位或者工程监理单位确认后，由施工单位归档。
		
		    见证取样检测的检测报告中应当注明见证人单位及姓名。
		
		3.《房屋建筑和市政基础设施工程质量检测技术管理规范》GB 50618—2011
		
		4.1.3 ……。检测报告批准人、检测报告审核人应经检测机构技术负责人授权，……
			查阅检测试验报告
			检测依据：有效的标准规范、合同及技术文件
			检测结论：明确
			签章：检测操作人、审核人、批准人已签字，已加盖检测机构公章或检测专用章（多页检测报告加盖骑缝章），并标注相应资质认定标志
			时间：在检测机构规定时间内出具

条款号	大纲条款	检查依据	检查要点
4.5.4	检测依据正确、有效，检测报告及时、规范	5.5.4　检测报告至少应由检测操作人签字、检测报告审核人签字、检测报告批准人签发，并加盖检测专用章，多页检测报告还应加盖骑缝章。 5.5.6　检测报告结论应符合下列规定： 　1　材料的试验报告结论应按相关材料、质量标准给出明确的判定。 　2　当仅有材料试验方法而无质量标准，材料的试验报告结论应按设计要求或委托方要求给出明确的判定。 　3　现场工程实体的检测报告结论应根据设计及鉴定委托要求给出明确的判定。 **4.《电力工程检测试验管理办法（试行）》质监〔2015〕20号** 第十三条　检测机构及由其派出的现场试验室必须按照认定的能力等级，专业类别和业务范围，承担检测试验任务，并按照标准规定出具相应的检测试验报告，未通过能力认定的检测机构或超出规定能力等级范围出具的检测数据、试验报告无效。 第三十二条　检测机构应当……，及时出具检测试验报告	

5　工程实体质量的监督检查

5.1　工程测量的监督检查

条款号	大纲条款	检查依据	检查要点
5.1.1	测量控制方案已经审核批准	**1.《建筑地基基础设计规范》GB 50007—2011** 5.3.4　建筑物的地基变形允许值应按表5.3.4规定采用，对表中未包括的建筑物，其地基变形允许值应根据上部结构对地基变形的适应能力和使用上的要求确定。 10.3.8　下列建筑物应在施工期间及使用期间进行沉降变形观测： 　1　地基基础设计等级为甲级建筑物； 　2　软弱地基上的地基基础设计等额为乙级建筑物； 　3　处理地基上的建筑物； 　4　加层、扩建建筑物； 　5　受邻近深基坑开挖施工影响或受场地地下水等环境因素变化影响的建筑物；	1.查阅测量控制方案报审表 签字：施工、监理单位责任人已签字 盖章：施工、监理单位已盖章 结论：同意执行

条款号	大纲条款	检查依据	检查要点
5.1.1	测量控制方案已经审核批准	6 采用新型基础或新型结构的建筑物。 **2.《双曲线冷却塔施工与质量验收规范》GB 50573—2010** 4.5.1 双曲线冷却塔沉降观测应符合《建筑变形测量规程》JGJ/T 8 的有关规定 4.5.2 双曲线冷却塔施工应按照设计要求设置沉降观测点，沉降观测点不应少于 4 个。 4.5.3 双曲线冷却塔沉降观测应按国家二等水准测量要求进行；观测精度（数值取位）应为 0.01mm。 4.5.4 沉降观测点标志的立尺部位应加工成半球形，材质宜为铜质或不锈钢，沉降观测点应标识，并妥善加以保护。 4.5.5 沉降观测点应及时埋设并做首次沉降观测；环梁混凝土浇筑前应加测一次，筒壁施工过程中每增高 15m～25m 做一次沉降观测，且不应少于 5 次。筒壁施工完后，仍应按《建筑变形测量规程》JGJ/T 8 的有关要求继续进行观测，至沉降稳定为止。 4.5.6 双曲线冷却塔基础的沉降量和倾斜值应符合设计要求。 4.5.7 沉降观测提交的资料和成果整理应符合《建筑变形测量规程》JGJ 8 的有关规定。 **3.《烟囱工程施工及验收规范》GB 50078—2008** 6.1.7 烟囱施工应设置沉降观测点，设置后应做首次沉降观测，施工过程中应每 50m 做一次沉降观测。筒壁施工完后，应按《建筑变形测量规程》JGJ 8 的要求继续进行观测 11.0.9 烟囱工程应按照设计要求设置沉降倾斜观测点、测温孔和烟气检测孔，并定期进行观测。 **4.《工程测量规范》GB 50026—2007** 10.1.2 重要的工程建（构）筑物，在工程设计时，应对变形监测的内容和范围做出统筹安排，并应由监测单位制定详细的监测方案。首次观测，宜获取监测体初始状态的观测数据。 10.1.4 变形监测基准网的网点，宜分为基准点、工作点和变形观测点。…… 1 基准点，应选在变形影响区域之上稳固可靠的位置。每个工程至少应有 3 个基准点。 2 工作基点，应选在比较稳定且方便使用的位置。 3 变形观测点，应设立在能反映监测体变形特征的位置或监测断面上。	2. 查阅测量控制方案 审批：测绘单位责任人已签字 编制依据：满足合同约定、设计要求和规范的规定 内容：达到合同约定、满足设计要求和规范的规定

条款号	大纲条款	检查依据	检查要点
5.1.1	测量控制方案已经审核批准	10.1.5　……监测基准网应每半年复测一次；当对变形监测成果发生怀疑时，应随时检核监测基准网。 10.1.8　变形监测作业前，应收集相关水文地质、岩土工程资料和设计图纸，并根据岩土工程地质条件、工程类型、工程规模、基础埋深、建筑结构和施工方法等因素，进行变形监测方案设计。 　　方案设计，应包括监测的目的、精度等级、监测方法、监测基准网的精度估算和布设、观测周期、项目预警值、使用的仪器设备等内容。 10.1.10　每期观测结束后，应及时处理观测数据。当数据处理结果出现下列情况之一时，必须即刻通知建设单位采取相应措施： 　　1　变形量达到预警值或接近允许值。 　　2　变形量出现异常变化。 　　3　建（构）筑物的裂缝工地表的裂缝快速扩大。 10.3.2　基准点的埋设，应符合下列规定： 　　1　应将标石埋设在变形区以外稳定的原状土层内，或将标志镶嵌在裸露基岩上。 　　2　利用稳固的建（构）筑物，设立墙上水准点。 　　3　当受条件限制时，在变形区内也可埋设深层钢管标或双金属标。 　　4　基准点的标石规格，可根据现场条件和工程需要，按规范进行选择。 10.5.8　工业与民用建（构）筑物的沉降观测，应符合下列规定： 　　1　沉降观测点，应布设在建（构）筑物的下列部位： 　　1）建（构）筑物的主要墙角及沿外墙每 10m～15m 处或每隔 2 根～3 根柱基上。 　　2）沉降缝、伸缩缝、新旧建（构）筑物或高低建（构）筑物接壤处的两侧。 　　3）人工地基和天然地基接壤处、建（构）筑物不同结构分界处的两侧。 　　4）烟囱、水塔和大型储藏罐等高耸构筑物基础轴线的对称部位，且每一构筑物不得少于 4 个点。 　　5）基础底板的四角和中部。	

条款号	大纲条款	检查依据	检查要点

5.1.1	测量控制方案已经审核批准	6）当建（构）筑物出现裂缝时，布设在裂缝两侧。
		2 沉降观测标志应稳固埋设，高度以高于室内地坪（±0 面）0.2m～0.5m 为宜。对于建筑立面后期有贴面装饰的建（构）筑物，宜预埋螺栓式活动标志。
		3 高层建筑施工期间的沉降观测周期，应每增加 1 层～2 层观测 1 次；建筑物封顶后，应每 3 个月观测一次，观测一年。如果最后两个观测周期的平均沉降速率小于 0.02mm/日，可以认为整体趋于稳定，如果各点的沉降速率均小于 0.02mm/日，即可终止观测。否则，应继续每 3 个月观测一次，直至建筑物稳定为止。
		  工业厂房或多层民用建筑的沉降观测总次数，不应少于 5 次。竣工后的观测周期，可根据建（构）筑物的稳定情况确定。
		10.10.6 变形监测项目，应根据工程需要，提交下列有关资料：
		  1 变形监测成果统计表。
		  2 监测点位置健分布图；建筑裂缝位置及观测点分布图。
		  3 水平位移量曲线图；等沉降量曲线图（或沉降曲线图）。
		  4 有关荷载、温度、水平位移量相关曲线图；荷载、时间、沉降量相关曲线图；位移（水平或垂直）速率、时间、位移量曲线图。
		  5 其他影响因素的相关曲线图。
		  6 变形监测报告。
		5.《建筑桩基技术规范》JGJ 94—2008
		5.5.4 建筑桩基沉降变形允许值，应按表 5.5.4 规定选用。
		6.《建筑地基处理技术规程》JGJ 79—2012
		10.2.7 处理地基上的建筑物应在施工期间及使用期间进行沉降观测，直到沉降达到稳定为止。
		7.《建筑变形测量规范》JGJ 8—2016
		3.1.1 下列建筑在施工期间和使用期间应进行变形测量：
		1 地基基础设计等级为甲级的建筑。	

续表

条款号	大纲条款	检查依据	检查要点
5.1.1	测量控制方案已经审核批准	2 软弱地基上的地基基础设计等级为乙级的建筑。 3 加层、扩建建筑或处理地基上的建筑。 4 受邻近施工影响或受场地地下水等环境因素变化影响的建筑。 5 采用新型基础或新型结构的建筑。 6 大型城市基础设施。 7 体型狭长且地基土变化明显的建筑。 3.1.2 建筑在施工期间的变形测量应符合下列规定： 1 对各类建筑，应进行沉降观测，宜进行场地沉降观测、地基土分层沉降观测和斜坡位移观测。 2 对基坑工程，应进行基坑及其支护结构变形观测和周边环境变形观测；对一级基坑，应进行基坑回弹观测。 3 对高层和超高层建筑，应进行倾斜观测。 4 当建筑出现裂缝时，应进行裂缝观测。 5 建筑施工需要时，应进行其他类型的变形观测。 3.1.3 建筑在使用期间的变形测量应符合下列规定： 1 对各类建筑，应进行沉降观测。 2 对高层、超高层建筑及高耸构筑物，应进行水平位移观测、倾斜观测。 3 对超高层建筑，应进行挠度观测、日照变形观测、风振变形观测。 …… 3.1.6 建筑变形测量过程中发生下列情况之一时，应立即实施安全预案，同时应提高观测频率或增加观测内容： 1 变形量或变形速出现异常变化。 2 变形量或变形速率达到或超出变形预警值。 3 开挖面或周边出现塌陷、滑坡。 4 建筑本身或其周边环境出现异常。	

条款号	大纲条款	检查依据	检查要点
5.1.1	测量控制方案已经审核批准	5 由于地震、暴雨、冻融等自然灾害引起的其他变形异常情况。 3.3.1 建筑变形测量的技术设计与实施，应能反映建筑场地、地基、基础、上部结构及周边环境在荷载和环境等因素影响下的变形程度或变形趋势，并应满足建筑设计、施工和管理对变形信息的使用要求。 3.3.2 对建筑变形测量项目，应根据项目委托方要求、建筑类型、岩土工程勘察报告、地基基础和建筑结构设计资料、施工计划以及测区条件等编写技术设计。技术设计应包括下列主要内容： 1 任务要求。 2 待测建筑概况，包括建筑及其结构类型、岩土工程条件建筑规模、所在位置、所处工程阶段等。 3 已有变形测量成果资料及其分析。 4 依据的技术标准名称及编号。 5 变形测量的类型和精度等级。 6 采用的平面坐标系统、高程基准。 7 基准点、工作基点和监测点布设方案，包括标石与标志形式、埋设方式、点位分布及数量等。 8 观测频率及观测周期。 9 变形预警值及预警方式。 10 仪器设备及其检校要求。 11 观测作业及数据处理方法要求。 12 提交成果的内容、形式和时间要求。 13 成果质量检验方式。 14 相关附图、附表等。 3.3.3 建筑变形测量基准点和工作基点的布设及观测应符合本规范第 5 章的规定。变形监测点的布设应根据建筑结构、形状和场地工程地质条件等确定，点位应便于观测、易于保护，标志应稳固。	

续表

条款号	大纲条款	检查依据	检查要点
5.1.1	测量控制方案已经审核批准	3.3.4 建筑变形测量的仪器设备应符合下列规规定： 1 水准仪及配套水准尺、全站仪、卫星导航定位测量系统等仪器设备，应经法定计量检定机构检定合格，并应在检定有效期内使用。 2 作业前和作业过程中，应根据现场作业条件的变化情况对所用仪器设备进行检查校正。 3 作业时，仪器设备应避免安置在有空气压缩机、搅拌机、卷扬机、起重机等振动影响的范围内。 4 仪器设备应在其说明书给出的作业条件下使用，有关安装、操作及设备维护等应符合其说明书的规定。 3.3.5 建筑变形测量应根据确定的观测频率和观测周期进行观测。变形观测频率和观测周期应根据建筑的工程安全等级、变形类型、变形特征、变形量、变形速率、施工进度计划以及外界因素影响等情况确定。 3.3.6 对建筑变形测量项目的基准点、工作基点和监测点，首期（即龄期）应连续进行两次独立测量。当相应两次观测数据的较差不大于极限误差时，应取其算术平均值作为该项目变形测量的初始值，否则应立即进行重测。 3.3.7 各期变形测量应在短时间内完成。对不同期测量，宜采用相同的观测网形、观测路线和观测方法，并宜使用相同的测量仪器设备。对于特等和一等变形观测，尚宜固定观测人员、选择最佳观测时段并在相近的环境条件下观测。 3.3.8 各期变形测量作业过程中，应进行观测数据的记录存储；同时应进行现场巡视，并应记录建筑状态、施工进度、气象和周边环境状况以及作业中出现的有关情况。 3.3.9 当某期变形测量作业中，出现监测点被破坏或不能被观测时，应在备注中说明，并应及时通报项目委托方。 3.3.10 当按任务要求或项目技术设计，变形测量作业将要终止时，若变形尚未达到稳定状态，应及时与项目委托方沟通，并应在项目技术报告中明确说明。 3.3.11 各期变形测量应进行数据整理和成果质量检查。最终项目综合成果应进行质量验收。	

续表

条款号	大纲条款	检查依据	检查要点
5.1.1	测量控制方案已经审核批准	7.1.7　沉降观测应提交下列成果资料： 　1　监测点分布图； 　2　观测成果表； 　3　时间-荷载-沉降量曲线图； 　4　等沉降曲线。 8.1.1　每次变形观测结束后，应及时进行成果整理。项目完成后，应对成果资料进行整理并分类装订。成果整理应符合下列规定： 　1　观测记录内容应真实完整，采用电子方式记录的数据，应完整存储在可靠的介质上。 　2　数据处理、成果图表及检验分析资料应完整、清晰。 　3　图式符号应规格统一、注记清楚。 　4　沉降观测、位移观测成果表宜符合本规范附录 A 的规定。 　5　观测记录、计算资料和技术成果均应有相关责任人签字，技术成果应加盖技术成果章。 　6　观测记录、计算资料和技术成果应进行归档。 …… **8.《火力发电厂土建结构设计技术规定》DL 5022—2012** 　5.1.3　主厂房地基的容许变形值，应符合表 5.1.3 的规定，其他一、二级建筑物的容许变形值可参照《建筑地基基础设计规范》或地区规范的有关规定。 **9.《电力工程施工测量技术规程》DL/T 5445—2010** 　11.1.2　变形测量的级别、精度要求，应符合表 11.1.2 规定。 　11.1.3　变形测量开始作业前，应根据水文地质、岩土工程资料和设计图纸，并根据岩土工程地质条件、工程规模、基础埋深、建筑结构和施工方法等因素，进行变形测量方案设计。 　11.1.4　变形测量应建立变形测量监测网。监测网点，可分为基准点、工作基点和变形观测点。其布设应符合下列要求：	

条款号	大纲条款	检查依据	检查要点

5.1.1	测量控制方案已经审核批准	1 基准点，应设置在变形影响区域之外稳定的原状土层内，易长期保存。每个工程至少应有3个基准点。
		
		    2 工作基点，应选在比较稳定且方便使用的位置。设立在大型电力工程施工区域内的垂直位移监测工作基点可采用深埋桩。
		
		    3 变形观测点，应设立在能反映监测体变形特征的位置。
		
		  11.1.5 变形测量观测周期的要求，监测基准网宜每 3 个月复测一次；根据电力工程施工进程特点、岩土性状，可适当加密至每15天（或每月）一次。当对变形监测成果发生怀疑时，应随时检核监测基准网。
		
		  11.1.11 每次变形测量外业观测结束后，应及时处理观测数据，分析观测成果。当出现下列情况时，必须立即报告委托方和有关部门采取相应的措施：
		
		    1 变形量或变形速率出现异常变化；
		
		    2 变形量达到预警值或接近极限；
		
		    3 建（构）筑物的裂缝快速扩大；
		
		    4 支护结构变形过大或出现明显的受力裂缝且不断发展。
		
		  11.3.8 垂直位移监测基准网观测结束后，应提交下列成果资料：
		
		    1 点位布置图；
		
		    2 测量成果表；
		
		    3 测量技术报告。
		
		  11.7.1 沉降观测点的布设应符合下列规定：
		
		    1 能够全面反映建（构）筑物及地基沉降特点。
		
		    2 标志应稳固、明显、结构合理，不影响建（构）筑物的美观和使用。
		
		    3 点位应避开障碍物，便于观测和长期保存。
		
		  11.7.2 建（构）筑物沉降观测点应按设计图纸布设，并宜符合下列规定：
		
		    1 重要建（构）筑物的四角、大转角及沿外墙每 10m～15m 处或每隔 2 根～3 根柱基上，框、排架结构主厂房的每个或部分柱基上或沿纵横轴线设点。当柱距大于 8m 时，每柱应设点。	

条款号	大纲条款	检查依据	检查要点
5.1.1	测量控制方案已经审核批准	2 高低层建（构）筑物、新旧建（构）筑物及纵横墙等的交接处的两侧。 3 沉降缝、伸缩缝两侧、基础埋深相差悬殊处、人工地基与天然地基接壤处、不同结构的分界处。 4 对于宽度大于或等于 15m，或小于 15m 而地质复杂以及膨胀土地区的建（构）筑物，应在承重墙内隔墙中部设内墙点，并在室内地面中心及四周设地面点。 5 临近堆置重物处、受震动有显著影响的部位及基础下的暗沟处。 6 汽轮机、锅炉基础各框架柱及平台上表面。 7 烟囱、水塔、煤（油）仓（罐）等圆形建（构）筑物，沿周边与基础轴线相交的对称位置上面点，点数不应少于 4 个。 8 变电容量 120MVA 及以上变压器的基础四周。 11.7.3 沉降观测的标志可根据不同的建（构）筑物结构类型和建筑材料，采用墙（柱）标志、基础标志和隐蔽式标志等形式，并应符合下列规定： 1 各类标志的立尺部位应突出、光滑、唯一，宜采用耐腐蚀的金属材料。 2 每个标志应安装保护罩，以防止撞击。 3 在观测过程中，若有基础附近地面荷载突然大量增减、基础四周大量积水、长时间连续降雨等情况，均应及时增加观测次数。当建（构）筑物突然发生大量沉降、不均匀沉降，以及沉降量、不均匀沉降差接近或超过允许变形值或严重裂缝等异常情况时，应立即进行逐日或几天一次的连续观测。 4 建筑沉降是否进入稳定阶段，应由沉降量与时间关系曲线判定。当最后两个观测周期的沉降速率小于 0.01mm/d～0.04mm/d，可认定为已进入稳定阶段，具体取值宜根据各地区地基土的压缩性能确定。 11.7.7 每次观测应记载观测时间、施工进度、荷载量变化等影响沉降变化的情况内容。物结构类型和建筑材料，采用墙（柱）标志、基础标志和隐蔽式标志等形式，并应符合下列规定： 1 各类标志的立尺部位应突出、光滑、唯一，宜采用耐腐蚀的金属材料。	

续表

条款号	大纲条款	检查依据	检查要点
5.1.1	测量控制方案已经审核批准	2 每个标志应安装保护罩，以防止撞击。 3 标志的埋设位置应避开雨水管、窗台线、散热器、暖水管、电器开关等有碍设标的障碍物，并应视立尺需要离开墙（柱）面和地面一定距离。 11.7.4 沉降观测的观测时间、频率及周期应按下列要求并结合实际情况确定： 1 施工期的沉降观测，应随着施工进度具体情况及时进行，具体应符合下列规定： 1）基础施工完毕、建筑标高出零米后、各建（构）筑物具备安装观测点标志后即可开始观测。 2）整个施工期观测测次数原则上不少于 6 次。但观测时间、次数应根据地基状况、建（构）筑物类别、结构及加荷情况区别对待，如：对于烟囱等高耸建（构）筑物，一般按施工高度每增加 20m 观测一次；对于主厂房（汽轮机、锅炉）、集中控制楼等框架结构建（构）筑物，一般按施工到不同高度平台或加荷载前后各观测一次；水塔、冷却塔等通水前后应各观测一次，变压器就位前后各观测一次等。 3）施工中遇较长时间停工，应在停工时和重开工时各观测一次，停工期间每隔 2 个月观测一次。 2 建（构）筑物施工完毕后及试运行期间宜每季度观测一次。对于软土地基或有特殊要求，可根据需要，适当增加观测次数。 3 在观测过程中，若有基础附近地面荷载突然大量增减、基础四周大量积水、长时间连续降雨等情况，均应及时增加观测次数。当建（构）筑物突然发生大量沉降、不均匀沉降，以及沉降量、不均匀沉降差接近或超过允许变形值或严重裂缝等异常情况时，应立即进行逐日或几天一次的连续观测。 4 建筑沉降是否进入稳定阶段，应由沉降量与时间关系曲线判定。当最后两个观测周期的沉降速率小于 0.01mm/d～0.04mm/d，可认定为已进入稳定阶段，具体取值宜根据各地区地基土的压缩性能确定。 11.7.7 每次观测应记载观测时间、施工进度、荷载量变化等影响沉降变化的情况内容。	

条款号	大纲条款	检查依据	检查要点
5.1.1	测量控制方案已经审核批准	**10.《测绘成果质量检查与验收》GB/T 24356—2009** 4.5 记录及报告 4.5.1 检查验收记录包括质量问题及其处理记录、质量统计记录等,记录填写应及时、完整、规范、清晰,检验人员和校核人员的签名后的记录禁止更改、增删记录。 4.5.2 最终检查完成后,应编写检查报告;验收工作完成后,应编写检验报告。检查报告和检验报告随测绘成果一并归档	
5.1.2	现场按测量控制方案布设的控制桩(点)设置规范,保护完好	**1.《工程测量规范》GB 50026—2007** 8.2.3 控制网的点位,应选在通视良好、土质坚实、便于施测、利于长期保存的地点,并应埋设相应的标石,……。标石的埋设深度,应根据地冻线和场地设计标高确定。 8.3.3 建筑物施工平面控制网的建立,应符合下列规定: 2 主要的控制网点和主要设备中心线端点,应埋设固定标桩 3 控制网轴线起始点的定位误差,不应大于2cm;两建筑物(厂房)间有联动关系时,不应大于1cm,定位点不得少于3个 8.3.5 建筑物高程控制,应符合下列规定: 2 ……水准点的个数,不应少于2个。 8.3.6 当施工中高程控制点标桩不能保存时,应将其高程引测至稳固的建筑物或构筑物上,引测的精度,不应低于四等水准。 8.3.8 放样前,应对建筑物施工平面控制网和高程控制点进行检核。 **2.《火力发电厂工程测量技术规程》DL/T 5001—2014** 5.1.3 厂区首级高程控制的精度等级不应低于四等,且应布设成环形网。 5.1.5 厂区应埋设不少于3个永久性高程控制点。 10.1.7 施工控制点应根据厂区总平面图图、厂区地下管网布置图和厂区竖向布置图布设,并满足控制测量和建(构)筑物施工测设的要求。应以本期工程为主,并兼顾扩建的可能性。施工平面控制点宜同时作为高程控制点。厂区外应布设一定数量的控制点。	1. 查阅方案及施工记录中现场控制桩的埋设 埋深:符合规范的规定 2. 查看现场控制桩的布设 点数、位置:符合设计要求和规范的规定

条款号	大纲条款	检查依据	检查要点
5.1.2	现场按测量控制方案布设的控制桩（点）设置规范，保护完好	10.1.8 控制桩应埋设在比较坚实的原状土或冻土层 0.5m 以下；当控制桩埋设在设计回填范围内时，宜埋设灌注桩，并根据地质资料确定其埋设深度和半径，场区内控制桩高度应高于建筑物 ±0 高程面。 10.3.3 高程控制点的布设与埋石应符合下列规定： 　　2 ……一个测区及周围应有不少于 3 个永久性的高程控制点。 **3.《电力建设施工技术规范　第 1 部分：土建结构工程》DL 5190.1—2012** 11.1.4 对厂区布置的施工测量控制点，应定期对其稳定性进行检测，同时要求对施工测量控制点进行有效的防护，防止进行或车辆碰撞。 11.5.1 厂区控制网或建筑方格网使用前应进行复查和测试，测试完毕应进行验收。验收时应提供以下资料： **4.《电力工程施工测量技术规程》DL/T 5445—2010** 6.1.7 施工平面控制点标石的埋设要求参见附录 C。 7.1.4 高程控制点的布设与埋石，应符合下列规定： 　　1 应将点先在基础坚硬、密实、稳固的地方或稳定的建筑物上，且便于寻找、保存和引测。 　　2 ……一个测区及周围应有不少于 3 个永久性的高程控制点。 　　3 采用水准标石或墙角水准点时，标志及标石埋设要求参见 E。 8.1.5 施工控制点……埋设深度……一般应至坚实的原状土中 1m 以下……，厂区施工控制网点应砌井并加护栏保护，……均应有醒目的保护装置…… 8.4.4 厂区水准点，可单独布置在场地相对稳定的区域，也可设置在平面控制点的标石上。水准点间距宜小于 1km，距离建（构）筑物不宜小于 25km，距离回填土边缘不宜小于 15km。 8.4.5 厂区高程控制点应采取保护措施，并在施工期间每隔 3 个月～6 个月复测一次，对于软土地基或有特殊要求，可以根据需要，适当增加复测次数。复测宜以厂区高程控制网施测时的起算点作为复测的起算点。复测技术要求与施工测技术要求一致	3. 查看现场控制桩的保护措施：符合设计要求和规范的规定

条款号	大纲条款	检查依据	检查要点
5.1.3	测量仪器检定有效	**1.《中华人民共和国计量法》中华人民共和国主席令〔2017〕第 26 号** 第九条 ……。未按照规定申请检定或计量检定不合格的，不得使用。…… **2.《测绘计量管理暂行办法》国家测绘局〔1996〕24 号** 第十三条 …… 测绘单位和个体测绘业者使用的测绘计量器具，必须经周期检定合格，才能用于测绘生产，检定周期见附表规定。未经检定、检定不合格或超过检定周期的测绘计量器具，不得使用。 **3.《工程测量规范》GB 50026—2007** 1.0.4 工程测量作业所使用的仪器和相关设备，应做到及时检查校正，加强维护保养、定期检修。 **4.《火力发电厂工程测量技术规程》DL/T 5001—2014** 1.0.4 测绘仪器应定期检定，并在检定有效期内使用。 **5.《电力工程施工测量技术规范》DL/T 5445—2010** 4.0.3 施工测量所使用的仪器和相关设备应定期检定，并在检定有效期内使用	1. 查阅计量仪器报审表 签字：施工、监理单位责任人已签字 盖章：施工、监理单位已盖章 结论：同意使用 2. 查阅测量仪器的计量检定证书 结果：合格 检定周期：在有效期内 3. 查看测量仪器上的计量检定标签 规格、型号、仪器编号：与计量检定证书一致 有效期：与计量检定证书一致
5.1.4	各建（构）筑物定位放线符合设计要求，测量数据齐全、完整	**1.《工程测量规范》GB 50026—2007** 8.3.10 在施工的建（构）筑物外围，应建立线板或轴线控制桩。线板应注记中心线编号，并测设标高。线板和轴线应注意保存。必要时，可将控制轴线标示在结构的外表面上。 8.3.11 建筑物施工放样，应符合下列要求： 1 建筑物施工放样、轴线投测和标高传递的偏差，不应超过表 8.3.11 的规定。 **2.《建设工程监理规范》GB/T 50319—2013** 5.2.4 项目监理机构应对承包单位报送的隐蔽工程、检验批、分项工程和分部工程进行验收，验收合格的给以签认。	1. 查阅建（构）筑物定位放线报审表 签字：施工、监理单位责任人已签字 盖章：施工、监理单位已盖章 结论：同意验收 2. 查阅建（构）筑物定位放线记录 坐标：符合设计要求

条款号	大纲条款	检查依据	检查要点
5.1.4	各建（构）筑物定位放线符合设计要求，测量数据齐全、完整	**3.《火力发电厂工程测量技术规程》DL/T 5001—2014** 10.5.5　大型动力设备基础放样检测应满足以下要求： 　　1　汽轮发电机基础、电动或汽轮机给水泵基础、磨煤机基础等大型动力设备基础竣工中心线必须进行检测，基础中心线与厂房轴线位移允许偏差10mm。 　　2　由基础中心线检测直埋式底脚螺栓中心位置，允许偏差为1mm。 　　3　直埋式底脚螺栓标高，允许偏差为+10mm。 **4.《电力工程施工测量技术规程》DL/T 5445—2010** 8.6.4　建（构）筑物基础施工放样的允许偏差，不应超过表8.6.4的规定。 **5.《电力建设工程监理规范》DL/T 5434—2009** 8.0.7　项目监理机构应督促承包单位对建设单位提出的基准点进行复测，并审批承包单位控制网或加密控制网的布设、保护、复测和原状地形图测绘的方案。监理工程师对承包单位实测过程机械能监督复核，并主持厂（站）区控制网的检测验收工作。工程控制网测量报审表应符合表A.8的格式。 9.1.11　专业监理工程师应对承包单位报送的分项工程质量报验资料进行审核，符合要求予以签认	测量数据：齐全、完整，误差在规范允许范围内 签字：施工、监理单位责任人已签字 结论：合格 3.查看建（构）筑物定位 实测数据：满足设计要求，误差符合规范规定
5.1.5	沉降观测点设置符合设计要求及规程规定，观测记录完整	**1.《建筑地基基础设计规范》GB 50007—2011** 5.3.4　建筑物的地基变形允许值应按表5.3.4规定采用，对表中未包括的建筑物，其地基变形允许值应根据上部结构对地基变形的适应能力和使用上的要求确定。 10.3.8　下列建筑物应在施工期间及使用期间进行沉降变形观测： 　　1　地基基础设计等级为甲级建筑物； 　　2　软弱地基上的地基基础设计等额为乙级建筑物； 　　3　处理地基上的建筑物； 　　4　加层、扩建建筑物；	1.查阅沉降观测方案报审表 签字：施工、监理单位责任人已签字 盖章：施工、监理单位已盖章 结论：同意执行

条款号	大纲条款	检查依据	检查要点
5.1.5	沉降观测点设置符合设计要求及规程规定，观测记录完整	5 受邻近深基坑开挖施工影响或受场地地下水等环境因素变化影响的建筑物； 6 采用新型基础或新型结构的建筑物。 **2.《双曲线冷却塔施工与质量验收规范》GB 50573—2010** 4.5.1 双曲线冷却塔沉降观测应符合《建筑变形测量规程》JGJ/T 8 的有关规定 4.5.2 双曲线冷却塔施工应按照设计要求设置沉降观测点，沉降观测点不应少于 4 个。 4.5.3 双曲线冷却塔沉降观测应按国家二等水准测量要求进行；观测精度（数值取位）应为 0.01mm。 4.5.4 沉降观测点标志的立尺部位应加工成半球形，材质宜为铜质或不锈钢，沉降观测点应标识，并妥善加以保护。 4.5.5 沉降观测点应及时埋设并做首次沉降观测；环梁混凝土浇筑前应加测一次，筒壁施工过程中每增高 15m～25m 做一次沉降观测，且不应少于 5 次。筒壁施工完后，仍应按《建筑变形测量规程》JGJ/T 8 的有关要求继续进行观测，至沉降稳定为止。 4.5.6 双曲线冷却塔基础的沉降量和倾斜值应符合设计要求。 4.5.7 沉降观测提交的资料和成果整理应符合《建筑变形测量规程》JGJ 8 的有关规定。 **3.《烟囱工程施工及验收规范》GB 50078—2008** 6.1.7 烟囱施工应设置沉降观测点，设置后应做首次沉降观测，施工过程中应每 50m 做一次沉降观测。筒壁施工完后，应按《建筑变形测量规程》JGJ 8 的要求继续进行观测 11.0.9 烟囱工程应按照设计要求设置沉降倾斜观测点、测温孔和烟气检测孔，并定期进行观测。 **4.《工程测量规范》GB 50026—2007** 10.1.2 重要的工程建（构）筑物，在工程设计时，应对变形监测的内容和范围做出统筹安排，并应由监测单位制定详细的监测方案。首次观测，宜获取监测体初始状态的观测数据。 10.1.4 变形监测基准网的网点，宜分为基准点、工作点和变形观测点。…… 1 基准点，应选在变形影响区域之上稳固可靠的位置。每个工程至少应有 3 个基准点。 2 工作基点，应选在比较稳定且方便使用的位置。	2. 查阅沉降观测方案 编制依据：符合合同约定、设计要求和规范的规定 内容：包括观测的目的、精度等级、观测的方法、观测基准网的精度估算和布设、观测周期、项目预警值、使用的仪器设备等

条款号	大纲条款	检查依据	检查要点
5.1.5	沉降观测点设置符合设计要求及规程规定，观测记录完整	3 变形观测点，应设立在能反映监测体变形特征的位置或监测断面上。 10.1.5 ……监测基准网应每半年复测一次；当对变形监测成果发生怀疑时，应随时检核监测基准网。 10.1.8 变形监测作业前，应收集相关水文地质、岩土工程资料和设计图纸，并根据岩土工程地质条件、工程类型、工程规模、基础埋深、建筑结构和施工方法等因素，进行变形监测方案设计。 方案设计，应包括监测的目的、精度等级、监测方法、监测基准网的精度估算和布设、观测周期、项目预警值、使用的仪器设备等内容。 10.1.10 每期观测结束后，应及时处理观测数据。当数据处理结果出现下列情况之一时，必须即刻通知建设单位采取相应措施： 1 变形量达到预警值或接近允许值。 2 变形量出现异常变化。 3 建（构）筑物的裂缝工地表的裂缝快速扩大。 10.3.2 基准点的埋设，应符合下列规定： 1 应将标石埋设在变形区以外稳定的原状土层内，或将标志镶嵌在裸露基岩上。 2 利用稳固的建（构）筑物，设立墙上水准点。 3 当受条件限制时，在变形区内也可埋设深层钢管标或双金属标。 4 基准点的标石规格，可根据现场条件和工程需要，按规范进行选择。 10.5.8 工业与民用建（构）筑物的沉降观测，应符合下列规定： 1 沉降观测点，应布设在建（构）筑物的下列部位： 1）建（构）筑物的主要墙角及沿外墙每10m～15m处或每隔2根～3根柱基上。 2）沉降缝、伸缩缝、新旧建（构）筑物或高低建（构）筑物接壤处的两侧。 3）人工地基和天然地基接壤处、建（构）筑物不同结构分界处的两侧。 4）烟囱、水塔和大型储藏罐等高耸构筑物基础轴线的对称部位，且每一构筑物不得少于4个点。	3. 查看现场沉降观测点的布设点数、位置：符合设计要求和规范的规定

条款号	大纲条款	检查依据	检查要点
5.1.5	沉降观测点设置符合设计要求及规程规定，观测记录完整	5）基础底板的四角和中部。 6）当建（构）筑物出现裂缝时，布设在裂缝两侧。 2 沉降观测标志应稳固埋设，高度以高于室内地坪（±0 面）0.2m～0.5m 为宜。对于建筑立面后期有贴面装饰的建（构）筑物，宜预埋螺栓式活动标志。 3 高层建筑施工期间的沉降观测周期，应每增加 1 层～2 层观测 1 次；建筑物封顶后，应每 3 个月观测一次，观测一年。如果最后两个观测周期的平均沉降速率小于 0.02mm/日，可以认为整体趋于稳定，如果各点的沉降速率均小于 0.02mm/日，即可终止观测。否则，应继续每 3 个月观测一次，直至建筑物稳定为止。 工业厂房或多层民用建筑的沉降观测总次数，不应少于 5 次。竣工后的观测周期，可根据建（构）筑物的稳定情况确定。 10.10.6 变形监测项目，应根据工程需要，提交下列有关资料： 1 变形监测成果统计表。 2 监测点位置见分布图；建筑裂缝位置及观测点分布图。 3 水平位移量曲线图；等沉降量曲线图（或沉降曲线图）。 4 有关荷载、温度、水平位移量相关曲线图；荷载、时间、沉降量相关曲线图；位移（水平或垂直）速率、时间、位移量曲线图。 5 其他影响因素的相关曲线图。 6 变形监测报告。 **5.《建筑桩基技术规范》JGJ 94—2008** 5.5.4 建筑桩基沉降变形允许值，应按表 5.5.4 规定选用。 **6.《建筑地基处理技术规程》JGJ 79—2012** 10.2.7 处理地基上的建筑物应在施工期间及使用期间进行沉降观测，直到沉降达到稳定为止。 **7.《建筑变形测量规范》JGJ 8—2016** 3.1.1 下列建筑在施工期间和使用期间应进行变形测量：	4. 查阅沉降观测记录 表式：符合规范规定 内容：包括工程状态、测量仪器型号和状态、引测点和观测点示意图等 签字：观测人员、计算者、审核者、监理人员已签字

条款号	大纲条款	检查依据	检查要点
5.1.5	沉降观测点设置符合设计要求及规程规定，观测记录完整	1 地基基础设计等级为甲级的建筑。 2 软弱地基上的地基基础设计等级为乙级的建筑。 3 加层、扩建建筑或处理地基上的建筑。 4 受邻近施工影响或受场地地下水等环境因素变化影响的建筑。 5 采用新型基础或新型结构的建筑。 6 大型城市基础设施。 7 体型狭长且地基土变化明显的建筑。 3.1.2 建筑在施工期间的变形测量应符合下列规定： 1 对各类建筑，应进行沉降观测，宜进行场地沉降观测、地基土分层沉降观测和斜坡位移观测。 2 对基坑工程，应进行基坑及其支护结构变形观测和周边环境变形观测；对一级基坑，应进行基坑回弹观测。 3 对高层和超高层建筑，应进行倾斜观测。 4 当建筑出现裂缝时，应进行裂缝观测。 5 建筑施工需要时，应进行其他类型的变形观测。 3.1.3 建筑在使用用期间的变形测量应符合下列规定： 1 对各类建筑，应进行沉降观测。 2 对高层、超高层建筑及高耸构筑物，应进行水平位移观测、倾斜观测。 3 对超高层建筑，应进行挠度观测、日照变形观测、风振变形观测。 3.1.6 建筑变形测量过程中发生下列情况之一时，应立即实施安全预案,同时应提高观测频率或增加观测内容： 1 变形量或变形速出现异常变化。 2 变形量或变形速率达到或超出变形预警值。 3 开挖面或周边出现塌陷、滑坡。 4 建筑本身或其周边环境出现异常。	

条款号	大纲条款	检查依据	检查要点
5.1.5	沉降观测点设置符合设计要求及规程规定，观测记录完整	5 由于地震、暴雨、冻融等自然灾害引起的其他变形异常情况。 3.3.1 建筑变形测量的技术设计与实施，应能反映建筑场地、地基、基础、上部结构及周边环境在荷载和环境等因素影响下的变形程度或变形趋势，并应满足建筑设计、施工和管理对变形信息的使用要求。 3.3.2 对建筑变形测量项目，应根据项目委托方要求、建筑类型、岩土工程勘察报告、地基基础和建筑结构设计资料、施工计划以及测区条件等编写技术设计。技术设计应包括下列主要内容： 1 任务要求。 2 待测建筑概况，包括建筑及其结构类型、岩土工程条件建筑规模、所在位置、所处工程阶段等。 3 已有变形测量成果资料及其分析。 4 依据的技术标准名称及编号。 5 变形测量的类型和精度等级。 6 采用的平面坐标系统、高程基准。 7 基准点、工作基点和监测点布设方案，包括标石与标志形式、埋设方式、点位分布及数量等。 8 观测频率及观测周期。 9 变形预警值及预警方式。 10 仪器设备及其检校要求。 11 观测作业及数据处理方法要求。 12 提交成果的内容、形式和时间要求。 13 成果质量检验方式。 14 相关附图、附表等。 3.3.3 建筑变形测量基准点和工作基点的布设及观测应符合本规范第 5 章的规定。变形监测点的布设应根据建筑结构、形状和场地工程地质条件等确定，点位应便于观测、易于保护，标志应稳固。	

条款号	大纲条款	检查依据	检查要点
5.1.5	沉降观测点设置符合设计要求及规程规定,观测记录完整	3.3.4 建筑变形测量的仪器设备应符合下列规定: 1 水准仪及配套水准尺、全站仪、卫星导航定位测量系统等仪器设备,应经法定计量检定机构检定合格,并应在检定有效期内使用。 2 作业前和作业过程中,应根据现场作业条件的变化情况对所用仪器设备进行检查校正。 3 作业时,仪器设备应避免安置在有空气压缩机、搅拌机、卷扬机、起重机等振动影响的范围内。 4 仪器设备应在其说明书给出的作业条件下使用,有关安装、操作及设备维护等应符合其说明书的规定。 3.3.5 建筑变形测量应根据确定的观测频率和观测周期进行观测。变形观测频率和观测周期应根据建筑的工程安全等级、变形类型、变形特征、变形量、变形速率、施工进度计划以及外界因素影响等情况确定。 3.3.6 对建筑变形测量项目的基准点、工作基点和监测点,首期(即龄期)应连续进行两次独立测量。当相应两次观测数据的较差不大于极限误差时,应取其算术平均值作为该项目变形测量的初始值,否则应立即进行重测。 3.3.7 各期变形测量应在短时间内完成。对不同期测量,宜采用相同的观测网形、观测路线和观测方法,并宜使用相同的测量仪器设备。对于特等和一等变形观测,尚宜固定观测人员、选择最佳观测时段并在相近的环境条件下观测。 3.3.8 各期变形测量作业过程中,应进行观测数据的记录存储;同时应进行现场巡视,并应记录建筑状态、施工进度、气象和周边环境状况以及作业中出现的有关情况。 3.3.9 当某期变形测量作业中,出现监测点被破坏或不能被观测时,应在备注中说明,并应及时通报项目委托方。 3.3.10 当按任务要求或项目技术设计,变形测量作业将要终止时,若变形尚未达到稳定状态,应及时与项目委托方沟通,并应在项目技术报告中明确说明。	

条款号	大纲条款	检查依据	检查要点
5.1.5	沉降观测点设置符合设计要求及规程规定，观测记录完整	3.3.11 各期变形测量应进行数据整理和成果质量检查。最终项目综合成果应进行质量验收。 7.1.7 沉降观测应提交下列成果资料： 　1 监测点分布图； 　2 观测成果表； 　3 时间-荷载-沉降量曲线图； 　4 等沉降曲线。 8.1.1 每次变形观测结束后，应及时进行成果整理。项目完成后，应对成果资料进行整理并分类装订。成果整理应符合下列规定： 1 观测记录内容应真实完整，采用电子方式记录的数据，应完整存储在可靠的介质上。 2 数据处理、成果图表及检验分析资料应完整、清晰。 3 图式符号应规格统一、注记清楚。 4 沉降观测、位移观测成果表宜符合本规范附录A的规定。 5 观测记录、计算资料和技术成果均应有相关责任人签字，技术成果应加盖技术成果章。 6 观测记录、计算资料和技术成果应进行归档。 **8.《火力发电厂土建结构设计技术规定》DL 5022—2012** 5.1.3 主厂房地基的容许变形值，应符合表5.1.3的规定，其他一、二级建筑物的容许变形值可参照《建筑地基基础设计规范》或地区规范的有关规定。 **9.《电力工程施工测量技术规程》DL/T 5445—2010** 11.1.3 变形测量开始作业前，应根据水文地质、岩土工程资料和设计图纸，并根据岩土工程地质条件、工程规模、基础埋深、建筑结构和施工方法等因素，进行变形测量方案设计。 11.1.4 变形测量应建立变形测量监测网。监测网点，可分为基准点、工作基点和变形观测点。其布设应符合下列要求：	

条款号	大纲条款	检查依据	检查要点
5.1.5	沉降观测点设置符合设计要求及规程规定，观测记录完整	1 基准点，应设置在变形影响区域之外稳定的原状土层内，易长期保存。每个工程至少应有3个基准点。 2 工作基点，应选在比较稳定且方便使用的位置。设立在大型电力工程施工区域内的垂直位移监测工作基点可采用深埋桩。 3 变形观测点，应设立在能反映监测体变形特征的位置。 11.1.5 变形测量观测周期的要求，监测基准网宜每3个月复测一次；根据电力工程施工进程特点、岩土性状，可适当加密至每15天（或每月）一次。当对变形监测成果发生怀疑时，应随时检核监测基准网。 11.1.11 每次变形测量外业观测结束后，应及时处理观测数据，分析观测成果。当出现下列情况时，必须立即报告委托方和有关部门采取相应的措施： 1 变形量或变形速率出现异常变化； 2 变形量达到预警值或接近极限； 3 建（构）筑物的裂缝快速扩大； 4 支护结构变形过大或出现明显的受力裂缝且不断发展。 11.3.8 垂直位移监测基准网观测结束后，应提交下列成果资料： 1 点位布置图； 2 测量成果表； 3 测量技术报告。 11.7.1 沉降观测点的布设应符合下列规定： 1 能够全面反映建（构）筑物及地基沉降特点。 2 标志应稳固、明显、结构合理，不影响建（构）筑物的美观和使用。 3 点位应避开障碍物，便于观测和长期保存。 11.7.2 建（构）筑物沉降观测点应按设计图纸布设，并宜符合下列规定：	

条款号	大纲条款	检查依据	检查要点
5.1.5	沉降观测点设置符合设计要求及规程规定，观测记录完整	1 重要建（构）筑物的四角、大转角及沿外墙每 10m～15m 处或每隔 2 根～3 根柱基上，框、排架结构主厂房的每个或部分柱基上或沿纵横轴线设点。当柱距大于 8m 时，每柱应设点。 2 高低层建（构）筑物、新旧建（构）筑物及纵横墙等的交接处的两侧。 3 沉降缝、伸缩缝两侧、基础埋深相差悬殊处、人工地基与天然地基接壤处、不同结构的分界处。 4 对于宽度大于或等于 15m，或小于 15m 而地质复杂以及膨胀土地区的建（构）筑物，应在承重墙内隔墙中部设内墙点，并在室内地面中心及四周设地面点。 5 临近堆置重物处、受振动有显著影响的部位及基础下的暗沟处。 6 汽轮机、锅炉基础各框架柱及平台上表面。 7 烟囱、水塔、煤（油）仓（罐）等圆形建（构）筑物，沿周边与基础轴线相交的对称位置上面点，点数不应少于 4 个。 8 变电容量 120MVA 及以上变压器的基础四周。 11.7.3 沉降观测的标志可根据不同的建（构）筑物结构类型和建筑材料，采用墙（柱）标志、基础标志和隐蔽式标志等形式，并应符合下列规定： 1 各类标志的立尺部位应突出、光滑、唯一，宜采用耐腐蚀的金属材料。 2 每个标志应安装保护罩，以防止撞击。 3 在观测过程中，若有基础附近地面荷载突然大量增减、基础四周大量积水、长时间连续降雨等情况，均应及时增加观测次数。当建（构）筑物突然发生大量沉降、不均匀沉降，以及沉降量、不均匀沉降差接近或超过允许变形值或严重裂缝等异常情况时，应立即进行逐日或几天一次的连续观测。 4 建筑沉降是否进入稳定阶段，应由沉降量与时间关系曲线判定。当最后两个观测周期的沉降速率小于 0.01mm/d～0.04mm/d，可认定为已进入稳定阶段，具体取值宜根据各地区地基土的压缩性能确定。	

条款号	大纲条款	检查依据	检查要点
5.1.5	沉降观测点设置符合设计要求及规程规定，观测记录完整	11.7.7　每次观测应记载观测时间、施工进度、荷载量变化等影响沉降变化的情况内容。物结构类型和建筑材料，采用墙（柱）标志、基础标志和隐蔽式标志等形式，并应符合下列规定： 　　1　各类标志的立尺部位应突出、光滑、唯一，宜采用耐腐蚀的金属材料。 　　2　每个标志应安装保护罩，以防止撞击。 　　3　标志的埋设位置应避开雨水管、窗台线、散热器、暖水管、电器开关等有碍设标的障碍物，并应视立尺需要离开墙（柱）面和地面一定距离。 　　11.7.4　沉降观测的观测时间、频率及周期应按下列要求并结合实际情况确定： 　　1　施工期的沉降观测，应随着施工进度具体情况及时进行，具体应符合下列规定： 　　1）基础施工完毕、建筑标高出零米后、各建（构）筑物具备安装观测点标志后即可开始观测。 　　2）整个施工期观测测次数原则上不少于6次。但观测时间、次数应根据地基状况、建（构）筑物类别、结构及加荷情况区别对待，如：对于烟囱等高耸建（构）筑物，一般按施工高度每增加20m观测一次；对于主厂房（汽轮机、锅炉）、集中控制楼等框架结构建（构）筑物，一般按施工到不同高度平台或加荷载前后各观测一次；水塔、冷却塔等通水前后应各观测一次，变压器就位前后各观测一次等。 　　3）施工中遇较长时间停工，应在停工时和重开工时各观测一次，停工期间每隔2个月观测一次。 　　2　建（构）筑物施工完毕后及试运行期间宜每季度观测一次。对于软土地基或有特殊要求，可根据需要，适当增加观测次数。 　　3　在观测过程中，若有基础附近地面荷载突然大量增减、基础四周大量积水、长时间连续降雨等情况，均应及时增加观测次数。当建（构）筑物突然发生大量沉降、不均匀沉降，以及沉降量、不均匀沉降差接近或超过允许变形值或严重裂缝等异常情况时，应立即进行逐日或几天一次的连续观测。	

条款号	大纲条款	检查依据	检查要点
5.1.5	沉降观测点设置符合设计要求及规程规定，观测记录完整	4 建筑沉降是否进入稳定阶段，应由沉降量与时间关系曲线判定。当最后两个观测周期的沉降速率小于 0.01mm/d～0.04mm/d，可认定为已进入稳定阶段，具体取值宜根据各地区地基土的压缩性能确定。 **10.《测绘资质管理规定和测绘资质分级标准》国测管发〔2014〕31 号** 第四条 测绘资质分为甲、乙、丙、丁四级。测绘资质的专业划分为：大地测量……工程测量……测绘资质各专业的等级划分及其考核条件由《测绘资质分级标准》规定。《测绘资质分级标准》（2018） 一、规范测绘资质受理、初审和发证 （一）受理。省级测绘行政主管部门决定受理甲级测绘资质申请的，申请材料应当清晰、完整、符合规定样式。受理前，如需补正材料的，应当在受理期限内一次性告知。出具受理通知后原则上不能再要求申请单位补正材料。 （二）初审。省级测绘行政主管部门上传甲级测绘资质申请材料前，应当依法严格履行甲级测绘资质初审职责，凡不符合甲级测绘资质条件的，应写明所有不符合的内容及理由。凡符合测绘资质条件的，应当提出拟同意甲级测绘资质的专业和专业范围。 （三）国家测绘局对各省上报的甲级测绘资质申请，经审查，对申请材料不齐全、不符合规定条件的，作出不批准的决定。对初审意见不完整、不准确的，退回省级测绘行政主管部门重新审查报送。 （四）甲级测绘资质单位的甲级测绘资质证书由国家测绘局颁发，乙级以下测绘资质证书由省级测绘行政主管部门颁发。 （五）测绘资质单位申请增加专业范围或申请专业范围升级的，应当在申请前取得该专业下一等级测绘资质 3 年以上	

条款号	大纲条款	检查依据	检查要点
5.2　混凝土基础的监督检查			
5.2.1	钢筋、水泥、砂、石、粉煤灰、外加剂、拌合用水及焊材、焊剂等原材料性能证明文件齐全；现场见证取样检验合格，报告齐全。商品混凝土检验合格，报告齐全	**1.《混凝土结构工程施工质量验收规范》GB 50204—2015** 3.0.8　满足下列条件之一时，材料进场验收时检验批的容量可按本规范的有关规定扩大： 　　1　获得认证的产品。 　　2　来源稳定且连续三次批次的抽验检验均一次性检验合格。 　　当上述两个条件都满足时，检验批容量只扩大一次。当扩大检验批后的检验出现一次不合格情况时，应按扩大前的检验批容量重新验收，并不得再次扩大检验批容量。 　　5.2.1　钢筋进场时，应按国家现行相关标准的规定抽取试件作屈服强度、抗拉强度、伸长率、弯曲性能和重量偏差检验，其检验结果应符合国家现行相关标准的规定。 　　检查数量：按进场批次和产品的抽样检验方案确定。 　　检验方法：检查质量证明文件和抽样检验报告。 　　5.2.2　成型钢筋进场时，应抽取试件制作屈服强度、抗拉强度、伸长率和重量偏差检验，检验结果应符合国家现行相关标准的规定。 　　对由热轧钢筋制成的成型钢筋，当有施工单位或监理单位的代表驻厂监督生产过程，并提供原材料钢筋力学性能第三方检验报告时，可仅进行重量偏差检验。 　　检查数量：同一厂家、同一类型、同一钢筋来源的成型钢筋，不超过30t为一批，每批中每种钢筋牌号、规格均应至少抽取1个钢筋试件，且总数不应少于3个。 　　检验方法：检查质量证明文件和抽样检验报告。 　　5.2.3　对按一、二、三级抗震等级设计的框架和斜撑构件（含梯段）中的纵向受力普通钢筋应采用HRB335E、HRB400E、HRB500E、HRBF335E、HRBF400E或HRBF500E钢筋，其强度和最大力下总伸长率的实测值应符合下列规定： 　　1　抗拉强度实测值与屈服强度实测值的比值不应小于1.25； 　　2　屈服强度实测值与强度标准值的比值不应大于1.30；	1. 查阅材料的进场报审表 签字：施工单位项目经理、专业监理工程师已签字 盖章：施工单位、监理单位已盖章 结论：同意使用

条款号	大纲条款	检查依据	检查要点
5.2.1	钢筋、水泥、砂、石、粉煤灰、外加剂、拌合用水及焊材、焊剂等原材料性能证明文件齐全；现场见证取样检验合格，报告齐全。商品混凝土检验合格，报告齐全	3 最大力下总伸长率不小于9%。 检查数量：按进场批次和产品的抽样检验方案确定。 检验方法：检查抽样检验报告。 5.3.4 盘圆钢筋调直后应进行力学性能和重量偏差检验。 检查数量：同一加工设备、同一牌号、同一规格的调直钢筋，质量不大于30t为一批，每批见证取样抽取3个试件。 检验方法：检查抽样检验报告。 5.5.1 钢筋安装时，受力钢筋的批、规格和数量必须符合设计要求。 检查数量：全数检查。 检验方法：观察，尺量。 6.1.2 预应力筋、锚具、夹具、连接器、成孔管道进场检验，当满足下列条件之一时，其检验批容量可扩大一倍： 1 获得认证的产品； 2 同一工程、同一厂家、同一牌号、同一规格的产品，连续三次进场检验均一次检验合格。 6.2.1 预应力筋进场时，应按国家现行相关标准的规定抽取试件做抗拉强度、伸长率检验，其检验结果应符合国家现行相关标准的规定。 检查数量：按进场批次和产品的抽样检验方案确定。 检验方法：检查质量证明文件和抽样检验报告。 6.3.1 预应力筋安装时，其品种、规格、级别和数量必须符合设计要求。 检查数量：全数检查。 检验方法：观察，尺量。 6.4.2 对后张法预应力结构构件，钢绞线出现断裂或滑脱的数量不应超过同一截面钢绞线总根数的3%，且每根断裂的钢绞线断丝不得超过一丝；对多跨双向连续板，其同一截面应按每跨计算； 检查数量：全数检查。	2. 查阅钢筋、水泥、砂、石、粉煤灰、外加剂、焊材、焊剂等的材质证明及复检报告 材质证明：应为原件，如为抄件，应加盖经销商公章及采购单位的公章，注明进货数量、原件存放处及抄件人 报告内容：包括试验方法、试验项目、代表部位和数量等，数据计算正确，报告数量符合规范要求。 报告签署：试验员、审核人、批准人已签字，日期无逻辑错误 报告盖章：盖有计量认证章、资质章及试验单位章，见证取样的试验报告有见证人员及见证取样章 报告结论：合格

条款号	大纲条款	检查依据	检查要点
5.2.1	钢筋、水泥、砂、石、粉煤灰、外加剂、拌合用水及焊材、焊剂等原材料性能证明文件齐全；现场见证取样检验合格，报告齐全。商品混凝土检验合格，报告齐全	检验方法：观察，检查张拉记录。 7.2.1 水泥进场时应对其品种、代号、强度等级、包装或散装仓号、出厂日期等进行检查，并应对水泥的强度、安定性和凝结时间进行检验，检验结果应符合《通用硅酸盐水泥》GB 175 等的相关规定。 检查数量：按同一厂家、同一品种、同一代号、同一强度等级、同一批号且连续进场的水泥，袋装不超过 200t 为一批，散装不超过 500t 为一批，每批抽样数量不应少于一次。 检查方法：检查质量证明文件和抽样检验报告。 7.2.2 混凝土外加剂进场时，应对其品种、性能、出厂日期等进行检查，并应对外加剂的相关性能指标进行检验，检验结果应符合《混凝土外加剂》GB 8076 和《混凝土外加剂应用技术规范》GB 50119 的规定。 检查数量：按同一生产厂家、同一品种、同一性能、同一批号且连续进场的混凝土外加剂，不超过 50t 为一批，每批抽样数量不应少于一次。 检验方法：检查质量证明文件和抽样检验报告。 7.2.3 混凝土用矿物掺合料进场时，应对其品种、性能、出厂日期等进行检查，并应对矿物掺合料的相关性能指标进行检验，检验结果应符合国家现行标准的规定。 检查数量：按同一生产厂家、同一品种、同一批号且连续进场的矿物掺合料，粉煤灰、矿渣粉、磷渣粉、钢铁渣粉和复合矿物掺合料不超过 200t 为一批，沸石粉不超过 120t 为一批，硅灰不超过 20t 为一批，每批抽样数量不应少于一次。 检验方法：检查质量证明文件和抽样检验报告。 7.2.4 混凝土原材料中的粗骨料、细骨料质量应符合《普通混凝土用砂、石质量及检验方法标准》JGJ 52 的规定，使用经净化处理的海砂应符合《海砂混凝土应用技术规范》JGJ 206 的规定，再生混凝土骨料应符合《混凝土用再生粗骨料》GB 25177 和《混凝土和砂浆用再生细骨料》GB/T 25176 的规定。 检查数量：按《普通混凝土用砂、石质量及检验方法标准》JGJ 52 的规定确定。	3. 查阅原材料跟踪管理台账 内容：包括钢筋、水泥等主要原材的产品名称、规格、型号、等级、代表数量与进场数量相吻合、复检报告编号、使用部位等 签字：责任人已签字

条款号	大纲条款	检查依据	检查要点
5.2.1	钢筋、水泥、砂、石、粉煤灰、外加剂、拌合用水及焊材、焊剂等原材料性能证明文件齐全；现场见证取样检验合格，报告齐全。商品混凝土检验合格，报告齐全	检查方法：检查抽样检验报告。 7.2.5　混凝土拌制及养护用水应符合现行行业标准《混凝土用水标准》JGJ 63 的规定。采用饮用水作为混凝土用水时，可不检验；采用中水、搅拌站清洗水、施工现场循环水等其他水源时，应对其成分进行检验。 检查数量：同一水源检查不应少于一次。 检验方法：检查水质检验报告。 **2.《混凝土结构工程施工规范》GB 50666—2011** 3.3.6　材料、半成品、和成品进场时，应对其规格、型号、外观和质量证明文件进行检查，并应按《混凝土结构工程施工质量验收规范》GB 50204 等的有关规定进行检验。 5.2.2　对有抗震设防要求的结构，其纵向受力钢筋的性能应满足设计要求；当设计无具体要求时，对按一、二、三级抗震等级设计的框架和斜撑构件（含梯段）中的纵向受力钢筋应采用 HRB335E、HRB400E、HRB500E、HRBF335E、HRBF400E 或 HRBF500E 钢筋，其强度和最大力下总伸长率的实测值应符合下列规定： 1　钢筋的抗拉强度实测值与屈服强度实测值的比值不应小于 1.25； 2　钢筋的屈服强度实测值与屈服强度标准值的比值不应大于 1.30； 3　钢筋的最大力下总伸长率不应小于 9%。 5.5.1　钢筋进场检查应符合下列规定： 1　应检查钢筋的质量证明文件。 2　应按国家现行有关标准的规定抽样检验屈服强度、抗拉强度、伸长率、弯曲性能及单位长度重量偏差。 3　经产品认证符合要求的钢筋，其检验批量可扩大一倍。在同一工程中，同一厂家、同一牌号、同一规格的钢筋连续三次进场检验均一次合格时，其后的检验批量可扩大一倍。 4　钢筋的外观质量。 5　当无法准确判断钢筋品种、牌号时，应增加化学成分、晶粒度等检验项目。	4. 查阅商品混凝土出厂发货单和合格证 发货单内容：符合规范规定 发货单数量：每车一份 发货单签字：供货商和施工单位已交接签字 合格证：强度符合设计要求

条款号	大纲条款	检查依据	检查要点
5.2.1	钢筋、水泥、砂、石、粉煤灰、外加剂、拌合用水及焊材、焊剂等原材料性能证明文件齐全；现场见证取样检验合格，报告齐全。商品混凝土检验合格，报告齐全	5.5.2 成型钢筋进场时，应检查成型钢筋的质量证明文件，成型钢筋所用材料质量证明文件及检验报告并应抽样检验成型钢筋的屈服强度、抗拉强度、伸长率和重量偏差。检验批量可由合同约定，同一工程、同一原材料来源、同一组生产设备生产的成型钢筋，检验批量不宜大于30t。 5.2.3 钢筋调直后，应检查力学性能和单位长度重量偏差。但采用无延伸功能机械设备调直的钢筋，可不进行本条规定的检查。 6.6.1 预应力工程材料进场检查应符合下列规定： 　1 应检查规格、外观、尺寸及其质量证明文件。 　2 应按现行国家有关标准的规定进行力学性能的抽样检验。 　3 经产品认证符合要求的产品，其检验批量可扩大一倍。在同一工程、同一厂家、同一品种、同一规格的产品连续三次进场检验均一次检验合格时，其后的检验批量可扩大一倍。 7.6.2 原材料进场时，应对材料外观、规格、等级、生产日期等进行检查，并应对其主要技术指标按本规范7.6.3的规定划分检验批进行抽样检验，每个检验批检验不得少于1次。 　经产品认证符合要求的水泥、外加剂，其检验批量可扩大一倍。在同一工程中，同一厂家、同一品种、同一规格的水泥、外加剂，连续三次进场检验均一次合格时，其后的检验批量可扩大一倍。 7.6.3 原材料进场质量检查应符合下列规定： 　1 应对水泥的强度、安定性及凝结时间进行检验。同一生产厂家、同一等级、同一品种、同一批号连续进场的水泥，袋装水泥不超过200t应为一批，散装水泥不超过500t为一批。 　2 应对粗骨料的颗粒级配、含泥量、泥块含量、针片状含量指标进行检验，压碎指标可根据工程需要进行检验，应对细骨料颗粒级配、含泥量、泥块含量指标进行检验。当设计文件在要求或结构处于易发生碱骨料反应环境中，应对骨料进行碱活性检验。抗冻等级F100及以上的混凝土用骨料，应进行坚固性检验，骨料不超过400m³或600t为一检验批。 　3 应对矿物掺合料细度（比表面积）、需水量比（流动度比）、活性指数（抗压强度比）、烧失量指标进行检验。粉煤灰、矿渣粉、沸石粉不超过200t应为一检验批，硅灰不超过30t应为检验批。	

续表

条款号	大纲条款	检查依据	检查要点
5.2.1	钢筋、水泥、砂、石、粉煤灰、外加剂、拌合用水及焊材、焊剂等原材料性能证明文件齐全；现场见证取样检验合格，报告齐全。商品混凝土检验合格，报告齐全	4 应按外加剂产品标准规定对其主要匀质性指标和掺外加剂混凝土性能指标进行检验。同一品种外加剂不超过 50t 应为一检验批。 5 当采用饮用水作为混凝土用水时，可没检验。当采用中水、搅拌站清洗水或施工现场循环水等其他水源时，应对其成分进行检验。 7.6.4 当使用中水泥质量受不利环境影响或水泥出厂超过三个月（快硬硅酸盐水泥超过一个月）时，应进行复验，并应按复验结果使用。 **3.《大体积混凝土施工规范》GB 50496—2018** 4.2.2 用于大体积混凝土的水泥进场时应检验品种、代号、强度等级、包装或散装编号、出厂日期等，并应对水泥的强度、安定性、凝结时间、水化热进行检验，检验结果应符合《普通硅酸盐水泥》GB 175 的相关规定。 **4.《建设工程监理规范》GB/T 50319—2013** 5.2.9 项目监理机构应审查施工单位报送的用于工程的材料、构配件、设备的质量证明文件，并应按有关规定、建设工程监理合同的约定，对用于建设工程的材料进行见证取样，平行检验。 项目监理机构对已进场经检验不合格的材料、构配件、设备，应要求施工单位限期将其撤出施工现场。 **5.《钢筋焊接验收规程》JGJ 18—2012** 3.0.6 凡施焊的各种钢筋、钢板均应有质量证明书；焊条、焊丝、氧气、溶解乙炔、液化石油气、二氧化碳气体、焊剂应有产品合格证。 钢筋进场（厂）时，应按《混凝土结构工程施工质量验收规范》GB 50204 中的规定，抽取试件作力学性能检验，其质量必须符合有关标准的规定。 **6.《电力建设工程监理规范》DL/T 5434—2009** 9.1.7 项目监理机构应对承包单位报送的拟进场工程材料、半成品和构配件的质量证明文件进行审核，并按有关规定进行抽样验收。对有复试要求的，经监理人员现场见证取样的送检，复试报告应报送项目监理机构查验。	

条款号	大纲条款	检查依据	检查要点
5.2.1	钢筋、水泥、砂、石、粉煤灰、外加剂、拌合用水及焊材、焊剂等原材料性能证明文件齐全；现场见证取样检验合格，报告齐全。商品混凝土检验合格，报告齐全	未经项目监理机构验收或验收不合格的工程材料、半成品和构配件，不得用于本工程，并书面通知承包单位限期撤出施工现场。 **7.《混凝土质量控制标准》GB 50164—2011** 7.1 混凝土原材料质量检验 7.1.1 原材料进场时，应按规定批次验收型式检验报告、出厂检验报告或合格证等质量证明文件，外加剂产品还应具有使用说明书。 7.1.2 混凝土原材料进场时应进行检验，检验样品应随机抽取。 7.1.3 混凝土原材料的检验批量应符合下列规定： 1 散装水泥应按每500t为一个检验批；袋装水泥应按每200t为一个检验批；粉煤灰或粒化高炉矿渣粉等矿物掺合料应按每200t为一个检验批；硅灰应按每30t为一个检验批；砂、石骨料应按每400m³或600t为一个检验批；外加剂应按每50t为一个检验批；水应按同一水源不少于一个检验批。 2 当符合下列条件之一时，可将检验批量扩大一倍： 1）对经产品认证机构认证符合要求的产品。 2）来源稳定且连续三次检验合格。 3）同一厂家的同批出厂材料，用于同时施工且属于同一工程项目的多个单位工程。 3 不同批次或非连续供应的不足一个检验批量的混凝土原材料应作为一个检验批。 **8.《电力建设施工质量验收及评价规程 第1部分：土建工程》DL/T 5210.1—2012** 3.0.1 工程所用主要原材料、半成品、构（配）件、设备等产品，应符合设计要求和国家有关标准的规定；进入施工现场时必须按规定进行现场检验或复检，合格后方可使用。不得使用国家明令禁止和淘汰的建筑材料和建筑设备。涉及结构安全的试块、试件以及有关材料，应按规定进行见证取样检测。 **9.《电力建设施工技术规范 第1部分：土建结构工程》DL 5190.1—2012** 4.3.1 钢筋进场应有产品合格证、出厂检验报告，并应分类堆放和标识。钢筋进场后应先进行检验，合格后再进行现场见证取样，并应按《钢筋混凝土用钢 第1部分：热轧光圆钢筋》GB/T 1499.1和《钢筋混凝土用钢 第2部分：热轧带肋钢筋》GB/T 1499.2的有关规定进行机械性能与工艺性能检验	

条款号	大纲条款	检查依据	检查要点
5.2.2	长期处于潮湿环境的重要混凝土结构用砂、石碱活性检验合格	**1.《混凝土结构设计规范》GB 50010—2010** 3.5.3 设计使用年限为 50 年的混凝土结构,其混凝土材料宜符合表 3.5.3 的规定。 3.5.5 一类环境中,设计使用年限为 100 年的结构应符合下列规定: 　　3 宜使用非碱活性骨料,当使用碱活性骨料时,混凝土中的最大碱含量为 3.0kg/m³。 **2.《大体积混凝土施工规范》GB 50496—2018** 4.2.3 骨料的选择除应符合《普通混凝土用砂、石质量及检验方法标准》JGJ 52 的有关规定外,还应符合下列规定: 　　3 应选用非碱活性的粗骨料…… **3.《清水混凝土应用技术规程》JGJ 169—2009** 3.0.4 处于潮湿环境和干湿交替环境的混凝土,应选用非碱活性骨料。 **4.《普通混凝土用砂、石质量及检验方法标准》JGJ 52—2006** 1.0.3 对于长期处于潮湿环境的重要混凝土结构所用的砂石,应进行碱活性检验。 3.1.9 对于长期处于潮湿环境的重要混凝土结构用砂,应采用砂浆棒(快速法)或砂浆长度法进行骨料的碱活性检验。经上述检验判断为有潜在危害时,应控制混凝土中的碱含量不超过 3kg/m³,或采用能抑制碱-骨料反应的有效措施。 3.2.8 对于长期处于潮湿环境的重要结构混凝土,其所使用的碎石或卵石,应进行碱活性检验。 　　进行碱活性检验时,首先应采用岩相法检验碱活性骨料的品种、类型和数量。当检验出骨料中含有活性二氧化硅叶。应采用快速砂浆棒法和砂浆长度法进行碱活性检验;当检验出骨料中含有活性碳酸盐时,应采用岩石柱法进行碱活性检验。 　　经上述检验,当判定骨料存在潜在碱-碳酸盐反应危害时,不宜用作混凝土骨料;否则,应通过专门的混凝土试验,做最后评定。	查阅砂、石碱含量检测报告 检测结果:非碱活性骨料,对混凝土中的碱含量不作限制;对于碱活性骨料,限制混凝土中的碱含量不超过 3kg/m³,或已采用能抑制碱-骨料反应的有效措施 大体积混凝土:已选用非碱活性的骨料 对于一类环境中设计年限为 100 年的结构混凝土:已选用非碱活性的骨料 清水混凝土:已选用非碱活性的骨料 签字:责任人已签字 盖章:已加盖计量认证章、资质章和试验专用章,见证取样的检验报告有见证人员及见证取样章 结论:合格

条款号	大纲条款	检查依据	检查要点
5.2.2	长期处于潮湿环境的重要混凝土结构用砂、石碱活性检验合格	当判定骨料存在潜在碱硅反应危害时，应控制混凝土中的碱含量不超过 3kg/m³，或采用能抑制碱-骨料反应的有效措施。 **5.《混凝土质量控制标准》GB 50164—2011** 2.2.3 粗骨料在应用方面应符合下列规定： 5. 对粗骨料或用于作粗滑料的若石，应进行碱活性检验，包括碱-硅酸反应活性检验和碱-碳酸盐反应活性检验；对于有预防混凝土碱—骨料反应要求的混凝土工程，不宜采用有碱活性的粗骨料。 2.3.3 细骨料的应用应符合下列规定： 9 河砂和海砂应进行碱-硅酸反应活性检验；人工砂应进行碱-硅酸反应活性检验和碱-碳酸盐反应活性检验；对于有预防混凝土碱-骨料反应要求的工程,不宜采用有碱活性的砂	
5.2.3	用于配制钢筋混凝土的海砂氯离子含量检验合格	**1.《海砂混凝土应用技术规范》JGJ 206—2010** 4.1.2 海砂的质量应符合表 4.2.1 的要求，即水溶性氯离子含量（%，按质量计）≤0.03	查阅海砂复检报告。 检验项目、试验方法、代表部位、数量、试验结果：符合规范规定 签字：试验员、审核人、批准人已签字 盖章：盖有计量认证章、资质章及试验单位章，见证取样的试验报告加盖见证取样章 结论：水溶性氯离子含量（%，按质量计）≤0.03，符合设计要求和规范规定

续表

条款号	大纲条款	检查依据	检查要点
5.2.4	焊接工艺、机械连接工艺试验合格；钢筋焊接接头、机械连接试件截取符合规范，试验合格，报告齐全	**1.《混凝土结构工程施工质量验收规范》GB 50204—2015** 5.4.2 钢筋采用机械连接或焊接时，钢筋机械连接接头、焊接接头的力学性能、弯曲性能应符合国家现行相关标准的规定。接头试件应从工程实体中截取。 检查数量：按《钢筋机械连接技术规程》JGJ 107 和《钢筋焊接及验收规程》JGJ 18 的规定确定。 检验方法：检查质量证明文件和抽样检验报告。 **2.《混凝土结构工程施工规范》GB 50666—2011** 5.4.3 钢筋焊接施工应符合下列规定： 2 在钢筋焊接施工前，参与该项工程施焊的焊工应进行现场条件下的焊接工艺试验，以试验合格后，方可进行焊接。焊接过程中，如果钢筋牌号、直径发生变更，应再次进行焊接工艺试验。工艺试验使用的材料、设备、辅料及作业条件均应与实际施工一致。 5.5.5 钢筋连接施工的质量检查应符合下列规定： 1 钢筋焊接和机械连接施工前均应进行工艺试验。机构连接应检查有效的型式检验报告。 6 应按《钢筋机械连接技术规程》JGJ 107、《钢筋焊接及验收规程》JGJ 18 的有关规定抽取钢筋机械连接接头、焊接接头试件作力学性能检验。 **3.《钢筋焊接验收规程》JGJ 18—2012** 4.1.4 在钢筋工程开工正式焊接之前，参与该项施焊的焊工应进行现场条件下的焊接工艺试验，并经试验合格后，方可正式生产。试验结果应符合质量检验与验收时的要求。 **4.《钢筋机械连接技术规程》JGJ 107—2016** 6.2.1 直螺纹钢筋丝头加工应符合下列规定： 1 钢筋端部应采用带锯、砂轮锯或带圆弧形刀片的专用钢筋切断机切平。 2 敏粗头不应有与钢筋轴线相垂直的横向裂纹。 3 钢筋丝头长度应满足产品设计要求，极限偏差为 $0 \sim 2.0p$（p 为螺距）。	1. 查阅焊接工艺试验及质量检验报告 检验项目、试验方法、代表部位、数量、抗拉强度、弯曲试验等 试验结果：符合规范规定 签字：试验员、审核人、批准人已签字 盖章：盖有计量认证章、资质章及试验单位章，见证取样的试验报告有见证人员及见证取样章 结论：合格 2. 查阅见证取样单 取样项目：符合规范规定 取样比例：符合要求 签字：施工单位材料员、监理单位见证取样员已签字 3. 查阅焊接工艺试验质量检验报告统计表 试验报告数量：与连接接头种类及代表数量相一致 取样比例：符合规范要求

条款号	大纲条款	检查依据	检查要点
5.2.4	焊接工艺、机械连接工艺试验合格；钢筋焊接接头、机械连接试件截取符合规范,试验合格,报告齐全	4 钢筋丝头宜满足 6f 级精度要求,应采用专用直螺纹量规检验,通规应能顺利旋入并达到要求的拧入长度,止规旋入不得超过 3p。各规格的自检数量不应少于 10%,检验合格率不应小于 95%。 6.2.2 锥螺纹钢筋丝头加工应符合下列规定: 1 钢筋端部不得有影响螺纹加工的局部弯曲。 2 钢筋丝头长度应满足产品设计要求,拧紧后的钢筋丝头不得相互接触,丝头加工长度极限偏差应为 −0.5p～−1.5p(p 为螺距)。 3 钢筋丝头的锥度和螺距应采用专用锥螺纹量规规检验;各规格丝头的自检检数量不应少于 10%,检验合格率不成小于 95%。 6.3.1 直螺纹接头的安装应符合下列规定: 1 安装接头时可用管钳扳手拧紧,钢筋丝头应在套筒中央位置相互顶紧,标准型、正反丝型、异径型接头安装后的单侧外露螺纹不宜超过 2p;对无法对顶的其他直螺纹接头,应附加锁紧螺母、顶紧凸台等措施紧固。 2 接头安装后应用扭力扳手校核拧紧扭矩,最小拧紧扭矩值应符合表 6.3.1 的规定。 3 校核用扭力扳手的准确度级别可选用 10 级。 6.3.2 锥螺纹接头的安装应符合下列规定: 1 接头安装时应严格保证钢筋与连接件的规格相一致。 2 接头安装时应用扭力扳手拧紧,拧紧扭矩值应满足表 6.3.2 的要求。 3 校核用扭力扳手与安装用扭力扳手应区分使用,校核用扭力扳手应每年校核 1 次,准确度级别不应低于 5 级。 6.3.3 套筒挤压接头的安装应符合下列规定: 1 钢筋端部不得有局部弯曲,不得有严重锈蚀和附着物。 2 钢筋端部应有挤压套筒后可检查钢筋插入深度的明显标记,钢筋端头离套筒长度中点不宜超过 10mm。	4. 查看焊接接头及试验报告 截取方式:在工程结构中随机截取 试件数量:符合规范要求 试验结果:合格 5. 查阅机械连接工艺报告及质量检验报告统计表 检验项目、试验方法、代表部位、数量、试验结果:符合规范规定 签字:试验员、审核人、批准人已签字 盖章:有计量认证章、资质章及试验单位章。见证取样时,加盖见证取样章 结论:合格 6. 查阅机械连接工艺试验及质量检验报告统计表 试验报告数量:与连接接头种类及代表数量相一致 试验报告数量:符合规范要求

条款号	大纲条款	检查依据	检查要点
5.2.4	焊接工艺、机械连接工艺试验合格；钢筋焊接接头、机械连接试件截取符合规范，试验合格，报告齐全	3　挤压应从套筒中央开始，依次向两端挤压，挤压后的压痕直径或套筒长度的波动范围应用专用量规检验；压痕处套筒外径应为原套筒外径 0.80 倍～0.90 倍，挤压后套筒长度应为原套筒长度的 1.10 倍～1.15 倍 4　挤压后的套筒不应有可见裂纹。 **5.《电力建设施工质量验收及评价规程　第 1 部分：土建工程》DL 5210.1—2012** 3.0.1　工程所用主要原材料、半成品、构（配）件、设备等产品，应符合设计要求和国家有关标准的规定；进入施工现场时必须按规定进行现场检验或复检，合格后方可使用。不得使用国家明令禁止和淘汰的建筑材料和建筑设备。涉及结构安全的试块、试件以及有关材料，应按规定进行见证取样检测。 **6.《电力建设施工技术规范　第 1 部分：土建结构工程》DL 5190.1—2012** 4.3.1　钢筋进场应有产品合格证、出厂检验报告，并应分类堆放和标识。钢筋进场后应先进行外观检验，合格后再进行现场见证取样，并应按《钢筋混凝土用钢　第 1 部分：热轧光圆钢筋》GB/T 1499.1 和《钢筋混凝土用钢　第 2 部分：热轧带肋钢筋》GB/T 1499.2 的有关规定进行机械性能与工艺性能检验。 当采用进口钢筋或加工过程中发生脆断、焊接性能不良或力学性能显著不正常等现象时，应对该批钢筋做化学分析检验或其他专项检验。 4.3.2　受力预埋件的铺筋应采用 HRB400 级或 HPB300 级钢筋，不应采用冷加工钢筋。 4.3.3　钢筋连接可采用绑扎搭接、焊接或机械连接，HRB400 级钢筋竖向连接宜用机械连接。钢筋连接应符合《钢筋机械连接技术规程》JGJ 107、《钢筋焊接及验收规程》JGJ 18、《滚轧直螺纹钢筋连接接头》JG 163 和《镦粗直螺纹钢筋接头》JG 171 的有关规定	7. 查看机械连接接头及试验报告 截取方式：在工程结构中随机截取 试件数量：符合规范要求 试验结果：合格 8. 查阅机械连接施工记录 最小拧紧力矩：符合规范规定 签字：施工单位班组长、质量员、技术负责人、专业监理工程师已签字
5.2.5	钢筋代换已办理设计变更，可追溯	**1.《混凝土结构工程施工规范》GB 50666—2011** 5.1.3　当需要进行钢筋代换时，应办理设计变更文件。	查阅钢筋代换设计变更和设计变更反馈单 设计变更：已履行设计变更手续

条款号	大纲条款	检查依据	检查要点
5.2.5	钢筋代换已办理设计变更,可追溯	6.2.2 当预应力筋需要代换时,应进行专门计算,并应经原设计单位确认	设计变更反馈单:已执行 签字:建设、设计、施工、监理单位已签署意见
5.2.6	混凝土强度等级满足设计要求,试验报告齐全	**1.《混凝土结构工程施工质量验收规范》GB 50204—2015** 7.3.3 结构混凝土的强度等级必须符合设计要求。用于检验结构构件的标准养护试件应在浇筑地点随机抽取。试件取样和留置应符合下列规定: 　　1 每拌制 100 盘且不超过 100m³ 的同一配合比混凝土,取样不得少于一次; 　　2 每工作班拌制的同一配合比的混凝土不足 100 盘时,取样不得少于一次; 　　3 每连续浇筑超过 1000m³ 时,同一配合比的混凝土每 200m³ 取样不得少于一次; 　　4 每一楼层同一配合比的混凝土,取样不得少于一次; 　　5 每次取样应至少留置一组试件。 　　检验方法:检查施工记录及混凝土标准养护试件试验记录。 7.3.4 首次使用的混凝土配合比应进行开盘鉴定,其原材料、强度、凝结时间、稠度应满足设计配合比的要求。工程有要求时,尚应检查混凝土耐久性等要求。 　　检查方法:检查开盘鉴定资料。 10.2.3 混凝土强度检验应采用同条件养护试块或钻取混凝土芯样的方法。采用同条件养护试块方法时应符合本规范附录 D 的规定,采用钻取混凝土芯样方法时应符合本规范附录 E 的规定。 **2.《混凝土强度检验评定标准》GB/T 50107—2010** 4.3.1 混凝土试件的立方体抗压强度试验应根据《普通混凝土力学性能试验方法标准》GB/T 50081 的规定执行。每组混凝土试件强度代表值的确定,应符合下列规定: 　　1 取 3 个试件强度的算术平均值作为每组试件的强度代表值; 　　2 当一组试件中强度的最大值或最小值与中间值之差超过中间值的 15% 时,取中间值作为该组试件的强度代表值;	1. 查阅混凝土(标准养护及同条件养护)试块强度试验报告 　代表数量:与实际浇筑的数量相符 　强度:符合设计要求 　签字:试验员、审核人、批准人已签字 　盖章:盖有计量认证章、资质章及试验单位章,见证取样的试验报告有见证人员及见证取样章 2. 查阅混凝土开盘鉴定表等资料 　时间:首次使用混凝土配合比之前 　内容:开盘鉴定记录表项目齐全 　签字:施工、监理人员已签字

条款号	大纲条款	检查依据	检查要点
5.2.6	混凝土强度等级满足设计要求，试验报告齐全	3 当一组试件中强度的最大值和最小值与中间值之差均超过中间值的15%时，该组试件的强度不应作为评定的依据。 5.3 混凝土强度的合格性评定 5.3.1 当检验结果满足 5.1.2、5.1.3 或 5.2.2 的规定时，则该批混凝土强度应评定为合格；当不能满足上述规定时，该批混凝土强度应评定为不合格。 5.3.2 对评定为不合格批的混凝土，可按国家现行的有关标准进行处理	3. 查阅混凝土强度检验评定记录 评定方法：选用正确 数据：统计、计算准确 签字：计算者、审核者已签字 结论：符合设计要求 4. 查看混凝土搅拌站 计量装置：在周检期内，使用正常 配合比调整：已根据气候条件和砂石含水率配合比； 材料堆放：粗细骨料无混仓现象 5. 查看混凝土浇筑现场 试块制作：留置地点、方法及数量符合规范要求 坍落度：监理人员按要求检测 养护：方法、时间符合规范要求
5.2.7	大体积混凝土施工方案已审批，温控措施符合方案，测温记录齐全	**1.《大体积混凝土施工规范》GB 50496—2018** 3.0.1 大体积混凝土施工应编制施工组织设计或施工技术方案，并应有环境保护和安全施工的技术措施。 3.0.3 大体积混凝土施工前，应对混凝土浇筑体的温度、温度应力及收缩应力进行试算，并确定混凝土浇筑体的温升峰值、里表温差及降温速率的控制指标，制定相应的温控技术措施。	1. 查阅大体积混凝土施工专项方案及报审表 方案内部审批：施工单位技术负责人已签字

续表

条款号	大纲条款	检查依据	检查要点
5.2.7	大体积混凝土施工方案已审批,温控措施符合方案,测温记录齐全	3.0.4 大体积混凝土施工温控指标应符合下列规定: 1 混凝土浇筑体在入模温度基础上的温升值不宜大于 50℃; 2 混凝土浇筑体的里表温差(不含混凝土收缩的当量温度)不宜大于 25℃; 3 混凝土浇筑体的降温速率不宜大于 2.0℃/d; 4 拆除保温覆盖时混凝土浇筑体表面与大气温差不宜大于 20℃。 5.5.1 大体积混凝土应进行保温保湿养护,在每次混凝土浇筑完毕后,除应按普通混凝土进行常规养护外,保温养护并应符合下列规定: 1 应有专人负责保温养护工作,并应进行测试记录; 2 保湿养护持续时间不宜少于 14d,应经常检查塑料薄膜或养护剂涂层的完整情况,并应保持混凝土表面湿润; 3 保温覆盖层拆除应分层逐步进行,当混凝土的表面温度与环境最大温差小于 20℃时,可全部拆除。 6.0.1 大体积混凝土浇筑体里表温差、降温速率及环境温度的测试,在混凝土浇筑后,每昼夜不应少于 4 次;入模温度的测量,每台班不应少于 2 次。 6.0.2 大体积混凝土浇筑体内监测点的布置,应反映混凝土浇筑体内最高温度、里表温差、降温速率及环境温度,可按下列布置方式: 1 测试区可选混凝土浇筑体平面对称轴线的半条轴线,试区内监测点应按平面分布置; 2 测试区内,监测点的位置与数量可根据混凝土浇筑体内温度场的分布情况及温控的规定确定; 3 在每条测试轴线上,监测点位不宜于 4 处,应根据结构的平面尺寸布置; 4 沿混凝土浇筑体厚度方向,应至少布置外层、底层和中心温度测点,测点间距不宜大于 500mm; 5 保温养护效果及环境温度监测点数量应根据具体需要确定; 6 混凝土浇筑体的表层温度,宜为混凝土表面以内 50mm 处的温度; 7 混凝土浇筑体底层温度,宜为混凝土浇筑体底面以上 50mm 处的温度。	方案内容:包括材料选用、热工计算、温控措施、保温层计算、温控监测设备和测试布置图及温度测试、温控指标等 报审表:总监理工程师已签字 2. 查看大体积混凝土施工现场温控监测设备和测试布置:与方案一致, 实体质量:温控措施有效,无温度裂缝、无严重缺陷

条款号	大纲条款	检查依据	检查要点
5.2.7	大体积混凝土施工方案已审批，温控措施符合方案，测温记录齐全	6.0.5　测试过程中宜及时描绘出各点的温度变化曲线和断面温度分布曲线温度测试元件的安装及保护，应符合下列规定： 　　1　测试元件安装前，应在水下 1m 处经过浸泡 24h 不损坏； 　　2　测试元件固定应牢固； 　　3　测试元件引出线，应集中布置，沿走线方向予以标识并加以保护； 　　4　测试元件周围应采取保护措施，下料及振捣时不得直接冲击和接触温度测试元件及其引出线。 6.0.6　测试过程中宜描绘各点温度变化曲线和断面温度分布曲线	3. 查阅大体积混凝土测温记录 温差、温度变化曲线：数据齐全，符合规范规定 测温结束时间：符合规范规定
5.2.8	混凝土浇筑记录齐全；试件抽取、留置符合规范规定	**1.《混凝土结构工程施工质量验收规范》GB 50204—2015** 7.3.3　结构混凝土的强度等级必须符合设计要求。用于检验结构构件的标准养护试件应在浇筑地点随机抽取。试件取样和留置应符合下列规定： 　　1　每拌制 100 盘且不超过 100m³ 的同一配合比混凝土，取样不得少于一次； 　　2　每工作班拌制的同一配合比的混凝土不足 100 盘时，取样不得少于一次； 　　3　每连续浇筑超过 1000m³ 时，同一配合比的混凝土每 200m³ 取样不得少于一次； 　　4　每一楼层同一配合比的混凝土，取样不得少于一次； 　　5　每次取样应至少留置一组试件。 　　检验方法：检查施工记录及混凝土标准养护试件试验记录。 **2.《混凝土质量控制标准》GB 50164—2011** 6.6.14　混凝土拌合物从搅拌机卸出后到浇筑完毕的延续时间不宜超过表 6.6.14 的规定。 6.6.15　在混凝土浇筑的同时，应制作供结构或构件出池、拆模、吊装、张拉、放张和强度合格评定用的同条件养护试件，并应按设计要求制作抗冻、抗渗或其他性能试验用的试件。 7.2.1　在生产施工过程中，应在搅拌地点和浇筑地点分别对混凝土拌合物进行抽样检验。 **3.《建筑工程冬期施工规程》JGJ/T 104—2011** 6.9.7　混凝土强度试件的留置除应按《混凝土结构工程施工质量验收规范》GB 50204 规定进行外，尚应增设不少于 2 组同条件养护试件。	1. 查阅混凝土浇筑记录 坍落度：符合配合比要求 浇筑间隔时间：符合规范的规定 标养试块留置：组数符合规范规定，编号齐全 同养试块留置（拆模、结构实体、设备安装、冬期施工、其他要求）：组数符合规范规定，编号齐全 2. 查阅商品混凝土跟踪台账 浇筑部位、浇筑量、配合比编号、出厂合格证编号：清晰准确 试块留置数量：与浇筑量相符

续表

条款号	大纲条款	检查依据	检查要点
5.2.8	混凝土浇筑记录齐全；试件抽取、留置符合规范规定	**4.《混凝土结构工程施工规范》GB 50666—2011** 8.5.9 同条件养护试件的养护条件应与实体结构部位养护条件相同，并应妥善保管。 8.5.10 施工现场应具备混凝土标准试件制作条件，并应设置标准试件养护室或养护箱。标准试件养护应符合国家现行有关标准的规定	3. 查看混凝土浇筑现场 试块制作：留置地点、方法及数量符合规范要求 坍落度：监理人员按要求检测 养护：方法、时间符合规范要求
5.2.9	混凝土结构外观质量及尺寸与预埋地脚螺栓位置尺寸偏差符合质量验收标准	**1.《混凝土结构工程施工质量验收规范》GB 50204—2015** 8.1.3 混凝土现浇结构外观质量、位置偏差、尺寸偏差不应有影响结构性能和使用功能的缺陷，质量验收应做出记录。 8.3.1 现浇结构不应有影响结构性能和使用功能的尺寸偏差；混凝土设备基础不应有影响结构性能和设备安装的尺寸偏差。 对超过尺寸允许偏差要求且影响结构性能、设备安装、使用功能的结构部位，应由施工单位提出技术处理方案，并经设计单位及监理（建设）单位认可后进行处理。对经处理后的部位，应重新验收。 检查数量：全数检查。 检验方法：量测，检查技术处理方案。 8.3.2 现浇结构混凝土设备基础拆模后的位置和尺寸偏差应符合表8.3.2-1、表8.3.2-2的规定。 **2.《电力建设施工技术规范 第1部分：土建结构工程》DL 5190.1—2012** 4.4.21 现浇钢筋混凝土结构尺寸允许偏差应符合表4.4.21的规定。 **3.《电力建设施工质量验收及评价规程 第1部分：土建工程》DL/T 5210.1—2012** 5.10.12 现浇凝土结构外观及尺寸偏差应符合表5.10.12的规定。 6.2.8 钢筋混凝土结构主厂房基础混凝土结构外观及尺寸偏差应符合表6.2.8的规定。 6.6.7 汽轮发电机基础工程混凝土结构外观尺寸偏差（基础底板）应符合表6.6.7的规定。 6.6.15 汽轮发电机基础工程混凝土结构外观尺寸偏差（基础上部结构）应符合表6.6.15的规定。	1. 查阅混凝土结构尺寸偏差验收记录 尺寸偏差：符合设计要求及规范的规定 签字：施工单位质量员、专业监理工程师已签字 结论：合格 2. 查看混凝土外观 表面质量：无严重缺陷 位置、尺寸偏差：符合设计要求和规范规定

条款号	大纲条款	检查依据	检查要点
5.2.9	混凝土结构外观质量及尺寸与预埋地脚螺栓位置尺寸偏差符合质量验收标准	6.7.7 其他设备基础混凝土结构外观尺寸偏差（设备基础）应符合**表 6.7.7** 的规定。 **4.《混凝土结构工程施工规范》GB 50666—2011** 8.9.5 混凝土结构尺寸偏差一般缺陷，可结合装饰工程进行。 8.9.6 混凝土结构尺寸偏差严重缺陷，应会同设计单位共同制定专项修整方案，结构修整后应重新检查验收	3. 查看基础预埋螺栓、预埋铁件的中心位置、顶标高、中心距、垂直度等参数 实测数据：符合设计要求和规范规定
5.2.10	贮水（油）池等构筑物满水试验合格，签证记录齐全	**1.《电力建设施工技术规范 第9部分：水工结构工程》DL 5190.9—2012** 10.2.3 水池施工完毕后应及时进行满水试验；满水试验应符合本部分附录 C 的要求，并符合下列规定： 　1 混凝土已达到设计强度等级。 　2 试验用水应采用清洁水，且试验用水温度与环境温度的差不宜大于 20℃。 　3 设计有防水层或防腐层的水池，应先进行满水试验，合格后施工防水层或防腐层。 　4 多格水池满水试验顺序应按设计文件规定进行。 10.2.4 水池满水试验应进行渗漏检查，渗漏水量按本部分附录 C 中式（C.0.5）计算，不得超过设计文件规定的防水等级渗漏标准。 10.2.5 水池满水试验时，对有沉降观测要求的应测定其沉降量，并应符合下列规定： 　1 水池缓慢充水，每 2m 高度或每次充水观测一次，发生不均匀沉降时应停止充水，并增加观测次数，直至稳定后再继续充水。 　2 水池满水达到设计高度后观测一次，24h 后观测一次，连续观测 3 天，以后每 15 天观测一次，直至沉降稳定。 　3 放水前后再各观测一次。 10.2.6 水池地基的不均匀沉降应符合设计文件的规定，有伸缩缝的水池，缝两侧沉降差不得大于 10mm。	1. 查阅水池满水试验及沉降观测记录 时间：3 次试验均在防腐工程施工以前 上水速度和观测次数：符合规范规定 渗漏水量：符合规范规定 沉降观测：符合规范规定 签字：施工单位班组长、质量员、技术负责人、专业监理工程师已签字 2. 查看水池实物 外观质量：无严重缺陷、无渗漏痕迹

续表

条款号	大纲条款	检查依据	检查要点
5.2.10	贮水（油）池等构筑物满水试验合格，签证记录齐全	**2.《给水排水构筑物工程施工及验收规范》GB 50141—2008** 9.2.1 满水试验的准备应符合下列规定： 　　1 选定清洁、充足的水源；注水和放水系统设施及安全措施准备完毕； 　　2 有盖池体顶部的通气孔、人孔盖已安装完毕，必要的防护设施和照明等标志已配备齐全； 　　3 安装水位观测标尺，标定水位测针； 　　4 现场测定蒸发量的设备应选用不透水材料制成，试验时固定在水池中； 　　5 对池体有观测沉降要求时，应选定观测点，并测量记录池体各观测点初始高程	
5.2.11	隐蔽验收、质量验收记录完整，记录齐全	**1.《混凝土结构工程施工质量验收规范》GB 50204—2015** 3.0.3 混凝土结构子分部工程的质量验收，应在钢筋、预应力、混凝土、现浇结构或装配式结构等相关分项工程验收合格的基础上，进行质量控制资料检查及观感质量验收，并应对涉及结构安全的、有代表性的部位进行结构实体检验。 3.0.4 分项工程质量验收合格应符合下列规定： 　　1 所含检验批的质量均应验收合格。 　　2 所含检验批的质量验收记录应完整。 3.0.5 检验批应在施工单位自检合格的基础上，由监理工程师组织施工单位项目专业质量检查员、专业工长等进行验收。 3.0.6 检验批的质量验收包括实物检查和资料检查，并应符合下列规定： 　　1 主控项目的质量应经抽样检验合格。 　　2 一般项目的质量应经抽样检验合格；一般项目当采用计数抽样检验时，除各章有专门要求外，其在检验批范围内及某一构件的计数点中的合格点率均应达到 80%及以上，且均不得有严重缺陷和偏差。 　　3 资料检查应包括材料、构配件和器具等的进场验收资料、重要工序施工记录、抽样检验报告、隐蔽工程验收记录、抽样检测报告等。	1. 查阅混凝土工程隐蔽验收报审表 签字：施工单位项目经理、专业监理工程师（建设单位专业技术负责人）已签字 盖章：施工单位、监理单位已盖章 结论：同意隐蔽

条款号	大纲条款	检查依据	检查要点
5.2.11	隐蔽验收、质量验收记录完整,记录齐全	4 应具有完整的施工操作及质量检验记录。 对验收合格的检验批,宜作出合格标志。 10.2.1 混凝土结构子分部工程施工质量验收合格应符合下列规定: 1 有关分项工程质量验收应合格。 2 应有完整的质量控制资料。 3 观感质量验收合格。 4 结构实体检验结果符合本规范第10.1节的要求。 10.2.2 当混凝土结构施工质量不符合要求时,应按下列规定进行处理: 1 经返工、返修或更换构件、部件的检验批,应重新进行验收。 2 经有资质的检测单位检测鉴定达到设计要求的检验批,应予以验收。 3 经有资质的检测单位检测鉴定达不到设计要求,但经原设计单位核算并确认仍可满足结构安全和使用功能的检验批,可予以验收。 4 经返修或加固处理能够满足结构安全使用要求的分项工程,可根据技术处理方案和协商文件进行验收。 **2.《建筑工程施工质量验收统一标准》GB 50300—2013** 3.0.6 建筑工程施工质量应按下列要求进行验收: 1 工程质量验收均应在施工单位自检合格的基础上进行。 2 参加工程施工质量验收的各方人员应具备相应的资格。 3 检验批的质量应按主控项目和一般项目验收。 4 对涉及结构安全、节能、环境保护和主要使用功能的试块、试件及材料,应在进场时或施工中按规定进行见证检验。 5 隐蔽工程在隐蔽前应由施工单位通知监理单位进行验收,并应形成验收文件,验收合格后方可继续施工。	2. 查阅混凝土工程隐蔽验收记录 内容:包括预应力筋、钢筋、预埋件的牌号、规格、数量、位置、间距、连接等 签字:施工单位项目质量员、项目专业技术负责人、专业监理工程师(建设单位专业技术负责人)已签字 结论:同意隐蔽

条款号	大纲条款	检查依据	检查要点
5.2.11	隐蔽验收、质量验收记录完整,记录齐全	6 对涉及结构安全、节能、环境保护和使用功能的重要分部工程应在验收前按规定进行抽样检验。 7 工程的观感质量应由验收人员现场检查,并应共同确认。 5.0.1 检验批质量验收合格应符合下列规定: 1 主控项目的质量经抽样检验均应合格。 2 一般项目的质量经抽样检验合格。当采用计数抽样时,合格点率应符合有关专业验收规范的规定,且不得存在严重缺陷。对于计数抽样的一般项目,正常检验一次、二次抽样可按本标准附录D判定。 3 具有完整的施工操作依据、质量验收记录。 5.0.2 分项工程质量验收合格应符合下列规定: 1 所含检验批的质量均应验收合格。 2 所含检验批的质量验收记录应完整。 5.0.3 分部工程质量验收合格应符合下列规定: 1 所含分项工程的质量均应验收合格。 2 质量控制资料应完整。 3 有关安全、节能、环境保护和主要使用功能的抽样检验结果应符合相应规定。 4 观感质量应符合要求。 5.0.4 单位工程质量验收合格应符合下列规定: 1 所含分部工程的质量均应验收合格。 2 质量控制资料应完整。 3 所含分部工程中有关安全、节能、环境保护和主要使用功能的检验资料应完整。 4 主要使用功能的抽查结果应符合相关专业验收规范的规定。 5 观感质量应符合要求。	3. 查阅混凝土工程检验批、分项工程、分部工程验收报审表 签字:施工单位项目经理、专业监理工程师(建设单位专业技术负责人)已签字 盖章:施工单位、监理单位(建设单位)已盖章 结论:同意验收

续表

条款号	大纲条款	检查依据	检查要点
5.2.11	隐蔽验收、质量验收记录完整,记录齐全	5.0.8 经返修或加固处理仍不能满足安全或使用要求的分部工程及单位工程,严禁验收。 6.0.1 检验批应由专业监理工程师组织施工单位项目专业质量检查员、专业工长等进行验收。 6.0.2 分项工程应由专业监理工程师组织施工单位项目专业技术负责人等进行验收。 6.0.3 分部工程应由总监理工程师组织施工单位项目负责人和项目技术负责人等进行验收。勘察、设计单位项目负责人和施工单位技术、质量部门负责人应参加地基与基础分部工程的验收。设计单位项目负责人和施工单位技术、质量部门负责人应参加主体结构、节能分部工程的验收。 6.0.4 单位工程中的分包工程完工后,分包单位应对所承包的工程项目进行自检,并应按本标准规定的程序进行验收。验收时,总包单位应派人参加。分包单位应将所分包工程的质量控制资料整理完整后,移交给总包单位。 6.0.5 单位工程完工后,施工单位应组织有关人员进行自检。总监理工程师应组织各专业监理工程师对工程质量进行竣工预验收。存在施工质量问题时,应由施工单位及时整改。整改完毕后,由施工单位向建设单位提交工程竣工报告,申请工程竣工验收。 6.0.6 建设单位收到工程竣工报告后,应由建设单位项目负责人组织监理、施工、设计、勘察等单位项目负责人进行单位工程验收。 **3.《地下防水工程质量验收规范》GB 50208—2011** 3.0.9 地下防水工程的施工,应建立各道工序的自检、交接检和专职人员检查制度,并应有完整的检查记录;工程隐蔽前,应由施工单位通知有关单位进行验收,并形成隐蔽工程验收记录;未经监理单位或建设单位代表对上道工序的检查确认,不得进行下道工序的施工。 9.0.2 检验批的合格判定应符合下列规定: 1 主控项目的质量经抽样检验全部合格。	4. 查阅混凝土检验批质量验收记录 主控项目、一般项目:与实际相符,质量经抽样检验合格,质量检查记录齐全 签字:施工单位项目质量员、项目专业技术负责人、专业监理工程师(建设单位专业技术负责人)已签字 结论:合格

续表

条款号	大纲条款	检查依据	检查要点
5.2.11	隐蔽验收、质量验收记录完整,记录齐全	2 一般项目的质量经抽样检验 80%以上检测点合格,其余不得有影响使用功能的缺陷;对有允许偏差的检验项目,其最大偏差不得超过本规范规定允许偏差的 1.5 倍。 3 施工具有明确的操作依据和完整的质量检查记录。 9.0.3 分项工程质量验收合格应符合下列规定: 1 分项工程所含检验批的质量均应验收合格。 2 分项工程所含检验批的质量验收记录应完整。 9.0.4 子分部工程质量验收合格应符合下列规定: 1 子分部工程所含分项工程的质量均应验收合格。 2 质量控制资料应完整。 3 地下工程渗漏水检测应符合设计的防水等级标准要求。 4 观感质量检查应符合要求。 **4.《建设工程监理规范》GB/T 50319—2013** 5.2.4 项目监理机构应对承包单位报送的隐蔽工程、检验批、分项工程和分部工程进行验收,验收合格的给予签认。 **5.《电力建设工程监理规范》DL/T 5434—2009** 9.1.10 对承包单位报送的隐蔽工程报验申请表和自检记录,专业监理工程师应进行现场检查,符合要求予以签认后,承包单位方可隐蔽并进行下一道工序施工。 对未经监理人员验收或验收不合格的工序,监理人员应拒绝签认,并严禁承包单位进行下一道工序的施工。 9.1.11 专业监理工程师应对承包单位报送的分项工程质量报验资料进行审核,符合要求予以签认;总监理工程师应组织专业监理工程师对承包单位报送的分部工程和单位工程质量验评资料进行审核和现场检查,符合要求予以签认。	5. 查阅混凝土工程分项工程质量验收记录 项目:所含检验批的质量验收记录完整 签字:施工单位项目质量员、项目专业技术负责人、专业监理工程师(建设单位专业技术负责人)已签字 结论:合格

续表

条款号	大纲条款	检查依据	检查要点
5.2.11	隐蔽验收、质量验收记录完整,记录齐全	**6.《电力建设施工质量验收及评价规程 第 1 部分:土建工程》DL/T 5210.1—2012** 5.1 一般规定 5.1.1 本章适用于建筑工程的施工测量,以及土石方与基坑、地基处理与桩基、防水、砌体、混凝土结构、钢结构、地面与楼面、屋面、建筑装饰装修、防腐蚀、给排水及采暖、通风与空调、建筑电气、电梯、厂区道路、智能建筑、建筑节能、水土保持、室外(厂区景观)、其他消防等工程的施工质量验收。 5.1.2 本章 5.3、5.4 适用于具备完整的地质勘察资料及工程附近管线、建筑物、构筑物和其他公共设施的构造情况资料的土石方与基坑工程、地基处理与桩基工程的施工质量验收。 5.1.3 本章 5.5~5.8 适用于地下建筑物及构筑物、防护工程及沟、隧道等地下工程防水的施工质量验收。 5.1.4 本章 5.9 适用于建筑工程的砖、石、混凝土小型空心块、蒸压加气混凝土砌块等砌体的施工质量验收。 5.1.5 本章 5.10 适用于建筑工程混凝土结构施工质量的验收,不适用于特种混凝土结构工程施工质量的验收。 5.1.6 本章 5.11 适用于建筑工程单层、多层、高层以及网架、压型金属板等钢结构工程施工质量的验收。 5.1.7 本章 5.12 适用于地面与楼面工程(含室外散水、明沟、步、台阶和坡道等附属工程)的施工质量验收,不适用于有保温、隔热、超净、屏、绝缘、防止放射线以及防腐蚀等特殊要求的建筑地面工程的施工质量验收。 5.1.8 本章 5.13~5.21 适用于抹灰、门窗、吊顶、轻质隔墙、饰面板(砖)、幕墙、涂饰、裱糊与软包、装饰装修细部等工程的施工质量验收。 5.1.9 本章 5.22 适用于防水等级为Ⅰ级~Ⅲ级的屋面工程的工质量验收。 5.1.10 本章 5.23 适用于新建、改建、扩建的建筑物和构筑物防腐蚀工程的施工质量验收。 5.1.11 本章 5.2.4 适用于厂区内、外的永久性沥青路面和水泥混凝土路面……	6. 查阅混凝土结构分部(子分部)工程质量验收记录 内容:包括所含分项工程的质量控制资料、安全和使用功能的检验资料、观感质量验收资料等 签字:建设单位项目负责人、设计单位项目负责人、勘察单位项目负责人、施工单位项目经理、总监理工程师已签字 盖章:建设单位、设计单位、勘察单位、监理单位、施工单位已盖章 综合结论:合格

条款号	大纲条款	检查依据	检查要点
5.2.12	裸露在外的基础短柱钢筋防锈蚀保护、柱水平施工缝凿毛符合要求	**1.《混凝土结构工程施工规范》GB 50666—2011** 8.6.6 施工缝、后浇带留设界面，应垂直于结构构件和纵向受力钢筋。结构构件厚度或高度较大时，施工缝或后浇带界面宜采用专用材料封挡。 8.6.7 混凝土浇筑过程中，因特殊原因需临时设置施工缝时，施工缝留设应规整，并宜垂直于构件表面，必要时可采取增加插筋、事后修凿等技术措施。 8.6.8 施工缝和后浇带采取钢筋防锈或阻锈等保护措施。 9.3.10 预制构件与现浇结构的结合面应进行拉毛或凿毛处理，也可采用露骨料粗糙面。露骨料粗糙面可采用下列方法制作： 　1 在需要露骨料部位的模板表面涂刷适量的缓凝剂； 　2 在混凝土初凝或脱模后，采取措施冲洗掉未凝结的水泥砂浆	查看基础短柱 钢筋防护：防护措施有效，无锈蚀 施工缝结合面：已凿毛，凿毛程度满足规范规定

5.3 基础防腐（防水）的监督检查

条款号	大纲条款	检查依据	检查要点
5.3.1	防腐（防水）材料符合设计要求，质量证明文件、复试报告齐全	**1.《建筑防腐蚀工程施工规范》GB 50212—2014** 1.0.3 进入现场的建筑防腐蚀材料应有产品合格证、质量技术指标及检验方法和质量检验报告或技术鉴定文件。 **2.《地下防水工程质量验收规程》GB 50208—2011** 3.0.5 地下工程所使用防水材料的品种、规格、性能等必须符合现行国家或行业产品标准和设计要求。 3.0.6 防水材料必须经具备相应资质的检测单位进行抽样检验，并出具产品性能检测报告。 3.0.7 防水材料的进场验收应符合下列规定：	1. 查阅防腐（防水）材料的进场报审表 签字：施工单位项目经理、专业监理工程师已签字 盖章：施工单位、监理单位已盖章 结论：同意使用

条款号	大纲条款	检查依据	检查要点
5.3.1	防腐（防水）材料符合设计要求，质量证明文件、复试报告齐全	1 对材料的外观、品种、规格、包装、尺寸和数量进行检验验收，并经监理单位或建设单位代表检查确认，形成相应验收记录； 2 对材料的质量证明文件进行检查，并经监理单位或建设单位代表检查确认，纳入工程技术档案； 3 材料进场后应按本规范附录 A 和附录 B 规定抽样检验、检验执行见证取样送检制度，并出具材料进场检验报告； 4 材料的物理性能检验项目全部指标达到标准规定时，即为合格；若有一项指标不符合标准规定，应在受检产品中重新取样进行该项指标复验，复验结果符合标准规定，则判定该批材料为合格。 4.1.4 防水混凝土的原材料、配合比及坍落度必须符合设计要求。 　　检验方法：检查产品合格证、产品性能检测报告、计量措施和材料进场检验报告。 4.1.5 防水混凝土的抗压强度和抗渗性能必须符合设计要求。 　　检验方法：检查混凝土抗压强度、抗渗性能检验报告。 4.2.7 防水砂浆的原材料及配合比必须符合设计规定。 　　检验方法：检查产品合格证、产品性能检测报告、计量措施和材料进场检验报告。 4.2.8 防水砂浆的黏结强度和抗渗性能必须符合设计规定。 　　检验方法：检查砂浆黏结强度、抗渗性能检验报告。 4.3.15 卷材防水层所用卷材及其配套材料必须符合设计要求。 　　检验方法：检查产品合格证、产品性能检验报告和材料进场检验报告。 4.4.7 涂料防水层所用的材料及配合比必须符合设计。 　　检验方法：检查产品合格证、产品性能检测报告、计量措施和材料进场检验报告。 4.5.8 塑料防水板及其配套材料必须符合设计要求。 　　检验方法：检查产品合格证、产品性能检测报告和材料进场检验报告。	2. 查阅防腐（防水）材质证明 　材质证明：应为原件，如为抄件，应加盖经销商公章及采购单位的公章，注明进货数量、原件存放处及抄件人

条款号	大纲条款	检查依据	检查要点
5.3.1	防腐（防水）材料符合设计要求，质量证明文件、复试报告齐全	4.6.6　金属板和焊接材料必须符合设计要求。 　　检验方法：检查产品合格证、产品性能检测报告和材料进场检验报告。 4.7.11　膨润土防水材料必须符合设计要求。 　　检验方法：检查产品合格证、产品性能检测报告和材料进场检验报告。 **3.《建筑防腐蚀工程施工质量验收规范》GB 50224—2010** 5.0.4　耐酸砖、耐酸耐温砖及天然石材的品种、规格和性能应符合设计要求或国家现行有关标准的规定。 　　检查方法：检查产品出厂合格证、材料检测报告或现场抽样的复验报告。 5.0.5　铺砌块材的各种胶泥或砂浆的原材料及制成品的质量要求、配合比及铺砌块材的要求等，应符合本规范有关章节的规定。 　　检查方法：检查产品合格证、质量检测报告和施工记录。 6.1.5　水玻璃类防腐蚀工程所用的钠水玻璃、钾水玻璃、氟硅酸钠、缩合磷酸铝、粉料和粗、细骨料等原材料的质量应符合设计要求或国家现行有关标准的规定。 　　检查方法：检查产品出厂合格证、材料检测报告或现场抽样的复验报告。 7.1.4　树脂类防腐蚀工程所用的环氧树脂、乙烯基酯树脂、不饱和聚酯树脂、呋喃树脂、酚醛树脂、玻璃纤维增强材料、粉料和细骨料等原材料的质量应符合设计要求或国家现行有关标准的规定。 　　检查方法：检查产品出厂合格证、材料检测报告或现场抽样的复验报告。 8.1.4　沥青类防腐蚀工程所用的沥青、防水卷材、高聚物改性沥青防水卷材、粉料和粗、细骨料等应符合设计要求或国家现行有关标准的规定。 　　检查方法：检查产品出厂合格证、材料检测报告或现场抽样的复验报告。 9.1.4　聚合物水泥砂浆防腐蚀工程所用的阳离子氯丁胶乳、聚丙烯酸酯乳液、环氧树脂乳液、硅酸盐水泥和细骨料等原材料质量应符合设计要求或国家现行有关标准的规定。 　　检查方法：检查产品出厂合格证、材料检测报告或现场抽样的复验报告。	3. 查阅防腐（防水）复检报告 内容：包括试验方法、试验项目、数据计算、代表部位和数量等 签字：试验员、审核人、批准人已签字 盖章：盖有计量认证章、资质章及试验单位的试验专业章，见证取样的试验报告有见证人员及见证取样章 结论：合格

条款号	大纲条款	检查依据	检查要点
5.3.1	防腐（防水）材料符合设计要求，质量证明文件、复试报告齐全	10.0.4　涂料类的品种、型号、规格和性能质量应符合设计要求或国家现行有关标准的规定。 　　检查方法：检查产品出厂合格证、材料检测报告或现场抽样的复验报告。 11.1.4　聚氯乙烯塑料防腐蚀工程所用的硬聚氯乙烯塑料板、软聚氯乙烯塑料板、聚氯乙烯焊条和胶粘剂等原材料的质量，应符合设计要求或国家现行有关标准的规定。 　　检查方法：检查产品出厂合格证、材料检测报告或现场抽样的复验报告。 **4.《水工建筑物止水带技术规范》DL/T 5215—2005** 6.3　质量检查和验收 6.3.1　橡胶或 PVC 止水带表面不许有开裂、缺胶、海绵状等影响使用的缺陷，中心孔偏心不允许超过管状断面厚度的 1/3。止水带表面允许有深度不大于 2mm，面积不大于 16mm^2 的凹痕、气泡、杂质等缺陷，每延米不超过 4 处。 6.3.2　止水带应有产品合格证和施工工艺文件。现场抽样检查每批不得少于一次。 6.3.3　应对止水管各工种施工人员进行培训。 6.3.4　应对止水带的安装位置、紧固密封情况、接头连接情况、止水带的完好情况进行检查	
5.3.2	防腐（防水）层的厚度符合设计要求，黏结牢固，无表面损伤	**1.《地下防水工程质量验收规程》GB 50208—2011** 4.1.19　防水混凝土结构厚度不应小于 250mm，其允许偏差应为+8mm，−5mm；主体结构迎水面钢筋保护层厚度不应小于 50mm，其允许偏差应为±5mm。 　　检验方法：尺量检查和检查隐蔽验收记录。 4.2.12　水泥砂浆防水层的平均厚度应符合设计要求，最小厚度不得小于设计厚度的 85%。 　　检验方法：用针测法检查。 4.4.8　涂料防水层的平均厚度应符合设计要求，最小厚度不得小于设计厚度的 90%。 　　检验方法：用针测法检查。 **2.《建筑防腐蚀工程施工质量验收规范》GB 50224—2018** 5.0.6　块材结合层和灰缝应饱满密实、黏结牢固；灰缝均匀整齐、平整一致，不得有空鼓、疏松；铺砌块材不得出现通缝、重叠缝等缺陷。	查看防腐（防水）涂层质量 厚度：符合设计要求和规范规定 外观：黏结牢固、无漏涂、皱皮、气泡和破膜现象

续表

条款号	大纲条款	检查依据	检查要点
5.3.2	防腐（防水）层的厚度符合设计要求，黏结牢固，无表面损伤	检查方法：仪器、尺量和敲击法检查，必要时可采用破坏法检查。 6.2.1 水玻璃胶泥、水玻璃砂浆铺砌块材结合层的水玻璃胶泥、水玻璃砂浆应饱满密实、黏结牢固。灰缝应挤严、饱满，表面应平滑，无裂缝和气孔。 检查方法：面层检查：敲击法检查；灰缝检查：尺量检查和检查施工记录；裂缝检查：用5倍～10倍放大镜检查。 6.2.2 水玻璃胶泥、水玻璃砂浆铺砌块材面层与转角处、踢脚线、地漏、门口和设备基础应黏结牢固、灰缝平整，应无起鼓、裂缝和渗流等缺陷。 检查方法：敲击法检查和用5倍～10倍放大镜检查。 6.3.1 密实性钾水玻璃砂浆整体面层与基层应黏结牢固，应无起壳、脱层、水玻璃沉积、贯通性气泡等缺陷。 检查方法：观察检查、敲击法检查或破坏性检查。 6.3.2 密实型钾水玻璃砂浆整体面层厚度应符合设计规定。小于设计规定厚度的测点数不得大于10%，其测点厚度不得小于设计规定厚度的90%。 检查方法：检查施工记录和测厚样板。对碳钢基层上的厚度，应用磁性测厚仪检测。对混凝土基层上的厚度，应用磁性测厚检测在碳钢基层上做的测厚样板。 6.4.3 水玻璃混凝土整体面层厚度应符合设计规定。小于设计规定厚度的测点数不得大于10%，其测点厚度不得小于设计规定厚度的90%。 检查方法：检查施工记录和测厚样板。对碳钢基层上的厚度，应用磁性测厚仪检测。对混凝土基层上的厚度，应用磁性测厚检测在碳钢基层上做的测厚样板。 7.3.1 树脂胶泥、树脂砂浆铺砌块材的结合层和灰缝内的树脂胶泥或树脂砂浆应饱满密实、固化完全、黏结牢固、平面块材砌体无滑移，立面块材砌体无变形，块材和基层间无脱层，结合层厚度和灰缝宽度应符合表7.3.1的规定。 检查方法：观察检查、尺量检查和敲击法检查。树脂固化度应用白棉花球蘸丙酮擦拭方法检查。	

续表

条款号	大纲条款	检查依据	检查要点
5.3.2	防腐（防水）层的厚度符合设计要求，黏结牢固，无表面损伤	7.3.2 树脂胶泥灌缝的深度应符合表 7.3.1 的规定。缝内树脂胶泥应饱满密实、固化完全，与块材应黏结牢固，表面无裂缝。 检查方法：检查施工记录，观察检查和尺量检查。 7.4.1 树脂稀胶泥、树脂砂浆、树脂玻璃鳞片胶泥整体面层的表面应固化完全，面层与基层黏结牢固，无起壳和脱层。 检查方法：树脂固化度应用白棉花球蘸丙酮擦拭方法检查。观察和敲击法检查。 7.4.2 树脂稀胶泥、树脂砂浆、树脂玻璃鳞片胶泥面层厚度应符合设计规定。小于设计规定厚度的测点数不得大于 10%，其测点厚度不得小于设计规定厚度的 90%。 检查方法：检查施工记录和测厚样板。对碳钢基层上的厚度，应用磁性测厚仪检测。对混凝土基层上的厚度，应用磁性测厚检测在碳钢基层上做的测厚样板。 8.2.2 涂覆隔离层的层数及厚度应符合设计规定。涂覆层应结合牢固，表面应平整、光亮，无起鼓等缺陷。 检查方法：观察检查和检查施工记录。 8.3.1 高聚物改性沥青卷材隔离层的施工层数应符合设计规定。 检查方法：观察检查和检查施工记录。 8.3.2 冷铺法铺贴隔离层时，卷材黏结剂的涂刷应均匀、无漏涂，卷材应平整、压实，与底层结合应牢固，接缝应整齐，无皱折、起鼓和脱层等缺陷。 检查方法：观察检查、敲击法检查和检查施工记录。 8.3.3 自黏法铺贴隔离层时，卷材应压实、平整，接缝应整齐、无皱折，与底层结合应牢固，无起鼓、脱层等缺陷。 检查方法：观察检查、敲击法检查和检查施工记录。 8.3.4 热熔法铺贴隔离层时，卷材应压实、平整，接缝应整齐、无皱折，与底层结合应牢固，无起鼓、脱层等缺陷。 检查方法：观察检查、敲击法检查和检查施工记录。	

条款号	大纲条款	检查依据	检查要点
5.3.2	防腐（防水）层的厚度符合设计要求，黏结牢固，无表面损伤	8.4.1 沥青胶泥铺砌块材结合层厚度和灰缝宽度应符合表 8.4.1 的规定。 　　检查方法：检查施工记录和尺量检查。 8.4.2 结合层和灰缝内的胶泥应饱满密实，表面应平整、无沥青胶泥痕迹，黏结应牢固，灰缝表面应均匀整洁。 　　检查方法：观察检查和敲击法检查。 8.5.1 沥青砂浆和沥青混凝土整体面层铺设的冷底子油涂刷应完整均匀，沥青砂浆和沥青混凝土面层与基层结合应牢固，表面应密实、平整、光洁，应无裂缝、空鼓、脱层等缺陷，并应无接槎痕迹。 　　检查方法：观察检查、敲击法检查和检查施工记录。 9.2.1 聚合物水泥砂浆整体面层与基层应黏结牢固，无脱层和起壳等缺陷。 　　检查方法：检查施工记录和尺量检查。 9.2.2 聚合物水泥砂浆整体面层的表面应平整，无明显裂缝、脱皮、起砂和麻面等缺陷。 　　检查方法：观察检查和用 5 倍～10 倍放大镜检查。 9.2.3 聚合物水泥砂浆面层的厚度应符合设计规定。 　　检查方法：采用测厚仪或 150mm 钢板尺检查。 9.3.1 聚合物水泥砂浆铺砌的块材结合层、灰缝应饱满密实，黏结牢固，不得有疏松、十字通缝和裂缝。结合层厚度和灰缝宽度应符合表 9.3.1 的规定。 　　检查方法：观察检查、尺量检查和敲击法检查。 10.0.6 涂层附着力应符合设计规定。涂层与钢铁基层的附着力：划格法不应大于 1 级，拉开法还应小于 5MPa。涂层与混凝土基层的附着力（拉开法）不应小于 1.5MPa。 　　检查方法：采用涂层附着力划格器法或附着力拉开法检查。 　　检查数量：涂层附着力测量数不应大于设计涂装构件件数的 1%，但不应少于 3 件，每件应抽查 3 点。 10.0.7 涂层的层数和厚度应符合设计规定。小于设计规定厚度的测点数不得大于 10%，其测点厚度不得小于设计规定厚度的 90%。	

条款号	大纲条款	检查依据	检查要点
5.3.2	防腐（防水）层的厚度符合设计要求，黏结牢固，无表面损伤	检查方法：检查施工记录和测厚样板。钢基层表面用磁性测厚仪检测。混凝土基层表面用超声波测厚仪检测，也可对同步样板进行检测。 **3.《电力建设施工技术规范　第 1 部分：土建结构工程》DL/T 5190.1—2012** 8.7.2　防水、防腐蚀涂层的基底表面应密实、平整、洁净，无污染、缺陷。 8.7.3　防水、防腐蚀层涂料施工时应符合以下规定： 　1 涂料种类应符合设计要求，进场时应有产品合格证、出厂检验报告。采用新型涂料时，应进行涂料的材料性能检验和施工工艺试验，达到有关质量要求后方可施工。 　2 基底应按设计要求处理。干基涂料的基底混凝土表面应干燥，湿固化涂料基底混凝土表面应无明显积水。 　3 涂料应按规定的配合比和配料顺序进行配制，配料时应有防晒、防雨、防风沙等设施。 　4 涂料施工时的环境温度应符合产品说明书的要求。涂刷环氧类涂料，环境温度不宜低于10℃；涂刷其他种类的防水、防腐蚀涂料，环境温度不宜低于 5℃。 　5 涂料施工现场应有防火、防毒、通风措施。 　6 涂料可采用机械喷涂或人工涂刷，应先试涂，质量符合设计要求后方可进行大面积涂刷。 　7 涂料施工应在涂膜表面干燥后，方可刷（喷）上一层涂料。 　8 涂料应搅拌均匀，涂层厚度应一致，不得有漏涂、镀皮、气泡和破膜等现象。 　9 涂层的总厚度应符合设计要求。 8.7.5　卷材防水、防腐蚀层施工应符合下列规定： 　1 各层卷材间应紧密粘贴，不得有气泡、裂缝和脱层等现象； 　2 所有转角部分应抹成圆角，并应采取保护卷材的措施； 　3 粘贴卷材时，短边的搭接宽度不应小于 150mm，长边的搭接宽度不小于 100mm，相邻两幅和上下层卷材的搭接均应相互错开，并不得相互垂直粘贴。 8.7.6　在防水、防腐蚀层上进行施工操作时，应有确保防水、防腐蚀层不被损坏的可靠措施，在防水、防腐蚀层施工完后应按照设计要求立即做好保护层	

条款号	大纲条款	检查依据	检查要点
5.4	**冬期施工的监督检查**		
5.4.1	冬期施工措施和越冬保温措施已审批	**1.《建筑工程冬期施工规程》JGJ 104—2011** 1.0.4　凡进行冬期施工的工程项目，应编制施工专项文宗；对有不能适应冬期施工要求的问题应及时与设计单位研究解决。 6.1.2　混凝土工程冬期施工应按照本规程附录 A 进行混凝土热工计算。 6.9.4　养护温度的测量方法应符合下列规定： 　　1　测温孔编号，并应绘制测温孔布置图，现场应设置明显标识； 　　3　采用非加热法养护时，测温孔应设置在易散热的部位；采用加热法养护时，应分别设置在离热源不同的位置。 11.1.1　对于有采暖要求，但却不能保证正常采暖的新建工程、跨年施工的在建工程以及停建、缓工程等，在入冬前均应编制越冬维护方案	1. 查阅冬期施工措施与越冬保温措施 热工计算：有针对性 受冻临界强度：依据可靠 方法：可操作性强 审批：施工单位的技术负责人已批准，监理单位总监理工程师已批准，有明确的意见 签字：施工单位技术员、项目技术负责人、公司技术负责人及监理单位专业监理工程师、总工程师已签字
			2. 查看冬期施工现场 措施：与方案一致，有效
5.4.2	原材料预热、选用的外加剂、混凝土拌合和浇筑条件、试块的留置符合规范规定	**1.《混凝土结构工程施工规范》GB 50666—2011** 10.2.5　冬期施工混凝土搅拌前，原材料预热应符合下列规定： 　　1　宜加热拌合水，当仅加热拌合水不能满足热工计算要求时，可加热骨料；拌合水与骨料加热温度可通过热工计算确定，加热温度不应超过表 10.2.5 的规定。 　　2　水泥、外加剂、矿物掺合料不得直接加热，应置于暖棚中预热。 10.2.6　冬期施工混凝土搅拌应符合下列规定： 　　1　液体防冻剂使用前应搅拌均匀，由防冻剂溶液带入水分应从混凝土拌合水中扣除。	1. 查看冬期施工原材料预热现场 水温：水泥未与 80℃ 以上的水直接接触； 骨料加热：符合规程规定

续表

条款号	大纲条款	检查依据	检查要点
5.4.2	原材料预热、选用的外加剂、混凝土拌合和浇筑条件、试块的留置符合规范规定	2 蒸气法加热骨料时，应加大对骨料含水率测试频率，并应将由骨料带入的水分从混凝土拌合水中扣除。 3 混凝土搅拌前应对搅拌机械进行保温或采用蒸气进行加温，搅拌时间应比常温搅拌时间延长 30s～60s。 4 混凝土搅拌时应先投入骨料与拌合水，预拌后投入胶凝材料与外加剂。胶凝材料、引气剂或含气组分外加剂不得与 60℃ 以上热水直接接触。 10.2.7 混凝土拌合物的出机温度不宜低于 10℃，入模温度不应低于 5℃；预拌混凝土或需远距离运输的混凝土，混凝土拌合物的出机温度可根据距离经热工计算确定，但不宜低于 15℃。大体积混凝土的入模温度可根据实际情况适当降低。 10.2.10 混凝土分层浇筑时，分层厚度不应小于 400mm。在被上一层混凝土覆盖前，已浇筑层的温度应满足热工计算要求，且不得低于 2℃。 10.2.11 采用加热方法养护现浇混凝土时，应根据加热产生的温度应力对结构的影响采取措施，并应合理安排混凝土浇筑顺序与施工缝留置位置。 10.2.12 冬期浇筑的混凝土，其受冻临界强度应符合下列规定： 1 当采用蓄热法、暖棚法、加热法施工时，采用硅酸盐水泥、普通硅酸盐水泥配制的混凝土，不应低于设计混凝土强度等级值的 30%；采用矿渣硅酸盐水泥、粉煤灰硅酸盐水泥、火山灰质硅酸盐水泥配制的混凝土时，不应低于设计混凝土强度等级值的 40%。 2 当室外最低气温不低于–15℃时，采用综合蓄热法、负温养护法施工的混凝土受冻临界强度不应低于 4.0MPa；当室外最低气温不低于–30℃时，采用负温养护法施工的混凝土受冻临界强度不应低于 5.0MPa。 3 强度等级等于或高于 C50 的混凝土，不宜低于设计混凝土强度等级值的 30%。 4 有抗渗要求的混凝土，不宜小于设计混凝土强度等级值的 50%。 5 有抗冻耐久性要求的混凝土，不宜低于设计混凝土强度等级值的 70%。 6 当采用暖棚法施工的混凝土中掺入早强剂时，可按综合蓄热法受冻临界强度取值。	2. 查阅冬期施工选用的外加剂试验报告 检验项目：齐全 代表部位和数量：与现场实际相符 签字：试验员、审核人、批准人已签字 盖章：有计量认证章、资质章及试验单位章。见证取样时，加盖见证取样章 结论：合格

续表

条款号	大纲条款	检查依据	检查要点
5.4.2	原材料预热、选用的外加剂、混凝土拌合和浇筑条件、试块的留置符合规范规定	7 当施工需要提高混凝土强度等级时，应按提高后的强度等级确定受冻临界强度。 10.2.17 混凝土工程冬期施工应加强骨料含水率、防冻剂掺量检查，以及原材料、入模温度、实体温度和强度监测；应依据气温的变化、检查防冻剂掺量是否符合配合比与防冻剂说明书的规定，并应根据需要调整配合比。 10.2.19 冬期施工混凝土强度试件的留置，除应符合《混凝土结构工程施工质量验收规定》GB 50204 的有关规定外，尚应增加不少于 2 组的同条件养护试件。同条件养护试件应在解冻后进行试验。 **2.《建筑冬期施工规程》JGJ/T 104—2011** 4.1.1 冬期施工所用的材料应符合下列规定： 1 砖、砌块在砌筑前，应清除块材表面污物和冰霜等，不得使用遭水浸和受冻后表面结冰、污染的砖或砌块； 2 砌筑砂浆宜采用普通硅酸盐水泥配制，不得使用无水泥拌制的砂浆； 3 现场拌制砂浆所用砂中不得含有直径大于 10mm 的冻结块和冰块； 4 石灰膏、电石渣膏等材料应有保温措施，遭冻结时应经融化后方可使用； 5 砂浆拌合水温不宜超过 80℃，砂加热温度不宜超过 40℃，且水泥不得与 80℃以上热水直接接触；砂浆稠度宜较常温适当增大且不得二次加水调整砂浆和易性。 4.1.3 砌体工程宜选用外加剂法进行施工，对绝缘、装饰等有特殊要求的工程，应采用其他方法。 4.1.5 砂浆试块的留置，除应按常温规定要求外，尚应增设一组与砌体同条件养护的试块，用于检验转入常温 28d 的强度。如有特殊需要，可另外增加相应龄期的同条件试块。 4.2.1 采用外加剂法配制砂浆时，可采用氯盐或亚硝酸盐等外加剂。氯盐应以氯化钠为主，当气温低于−15℃时，可与氯化钙复合使用。 4.2.2 砌筑施工，砂浆温度不应低于 5℃。 4.2.3 当设计无要求，且最低气温等于或低于−15℃时，砌体砂浆强度等级应较常温施工提高一级。	3. 查看混凝土拌和条件和浇筑条件 所用骨料：清洁、不含冰、雪、冻块及其他易冻裂物质 掺加含有钾、钠离子的防冻剂混凝土：未使用活性骨料或骨料未含有活性物质 混凝土搅拌时间：符合《建筑工程冬期施工规程》JGJ 104—2011 中表 6.2.5 的规定 浇筑前模板：冰雪与污垢已清除

条款号	大纲条款	检查依据	检查要点
5.4.2	原材料预热、选用的外加剂、混凝土拌合和浇筑条件、试块的留置符合规范规定	4.2.7 下列情况不得采用掺氯盐的砂浆砌筑砌体： 1 对装饰工程有特殊要求的建筑物； 2 使用环境温度大于 80% 的建筑物； 3 配筋、钢埋件无可靠防腐处理措施的砌体； 4 接近高压电线的建筑物（如变电所、发电站等）； 5 经常处于地下水位变化范围内，以及在地下未设防水层的结构。 6.1.1 冬期浇筑的混凝土，其受冻临界强度应符合下列规定： 1 当采用蓄热法、暖棚法、加热法施工时，采用硅酸盐水泥、普通硅酸盐水泥配制的混凝土，不应低于设计混凝土强度等级值的 30%；采用矿渣硅酸盐水泥、粉煤灰硅酸盐水泥、火山灰质硅酸盐水泥配制的混凝土时，不应低于设计混凝土强度等级值的 40%。 2 当室外最低气温不低于−15℃时，采用综合蓄热法、负温养护法施工的混凝土受冻临界强度不应低于 4.0MPa；当室外最低气温不低于−30℃时，采用负温养护法施工的混凝土受冻临界强度不应低于 5.0MPa。 3 强度等级等于或高于 C50 的混凝土，不宜低于设计混凝土强度等级值的 30%。 4 有抗渗要求的混凝土，不宜小于设计混凝土强度等级值的 50%。 5 有抗冻耐久性要求的混凝土，不宜低于设计混凝土强度等级值的 70%。 6 当采用暖棚法施工的混凝土中掺入早强剂时，可按综合蓄热法受冻临界强度取值。 7 当施工需要提高混凝土强度等级时，应按提高后的强度等级确定受冻临界强度。 6.1.5 冬期施工混凝土选用外加剂应符合《混凝土外加剂应用技术规范》GB 50119 的相关规定。非加热养护法混凝土施工，所选用的外加剂应含有引气组分或掺入引气剂，含气量宜控制在 3.0%～5.0%。 6.1.6 钢筋混凝土掺用氯盐类防冻剂时，氯盐掺量不得大于水泥质量的 1.0%。掺用氯盐的混凝土应振捣密实，且不宜采用蒸气养护。 6.1.7 在下列情况下，不得在钢筋混凝土结构中掺用氯盐：	4. 查看混凝土试块（含同条件试块）留置 数量：符合规范规定

条款号	大纲条款	检查依据	检查要点
5.4.2	原材料预热、选用的外加剂、混凝土拌合和浇筑条件、试块的留置符合规范规定	1　排出大量蒸气的车间、浴池、游泳馆、洗衣房和经常处于空气相对湿度大于 80% 的房间以及有顶盖的钢筋混凝土蓄水池等在高湿度空气环境中使用的结构； 2　处于水位升降部位的结构； 3　露天结构或经常受雨、水淋的结构； 4　有镀锌钢材或铝铁相接触的结构，和有外露钢筋、预埋件而无防护措施的结构； 5　与含有酸、碱或硫酸盐等侵蚀介质相接触的结构； 6　使用过程中经常处于环境温度为 60℃ 以上的结构； 7　使用冷拉钢筋或冷拔低碳钢丝的结构； 8　薄壁结构，中级和重级工作制吊车梁、屋架、落锤或锻锤基础结构； 9　电解车间和直接靠近直流电源的结构； 10　直接靠近高压电源（变电所、发电站）的结构； 11　预应力混凝土结构。 6.1.8　模板外和混凝土表面覆盖的保温层，不应采用潮湿状态的材料，也不应将保温材料直接铺盖在潮湿的混凝土表面，新浇混凝土表面应铺一层塑料薄膜。 6.1.10　型钢混凝土组合结构，浇筑混凝土前应对型钢进行预热，预热温度宜大于混凝土入模温度，预热方法可按本规程第 6.5 节相关规定。 6.2.1　混凝土原材料加热宜采用加热水的方法。当加热水不能满足要求时，可对骨料进行加热。水、骨料加热的最高温度应符合表 6.2.1 的规定。 当水和骨料的温度仍不能满足热工计算要求时，可提高水温到 100℃，但水泥不得与 80℃ 以上的水直接接触。 6.2.2　水加热宜采用蒸汽加热、电加热、汽水热交换罐或其他加热方法，水箱或水池容积及水温应能满足连续施工的要求。 6.2.3　砂加热应在开盘前进行，加热应均匀。当采用保温加热料斗时，宜配备两个，交替加热使用。每个料斗容积可根据机械可装高度和侧壁厚度等要求设计，每一个斗的容量不宜小于 3.5m³。	

条款号	大纲条款	检查依据	检查要点
5.4.2	原材料预热、选用的外加剂、混凝土拌合和浇筑条件、试块的留置符合规范规定	预拌混凝土用砂，应提前备足料，运至有加热设施的保温封闭料棚（室）或仓内备用。 6.2.4 水泥不得直接加热，袋装水泥使用前宜运入暖棚内存放。 6.2.5 混凝土搅拌的最短时间应符合表 6.2.5 的规定。 6.2.10 大体积混凝土分层浇筑时，已浇筑层的混凝土在未被上一层混凝土覆盖前，温度不应低于 2℃。采用加热法养护混凝土时，养护前的混凝土温度也不得低于 2℃。 6.9.7 混凝土抗压强度试件的留置除应按《混凝土结构工程施工质量验收规范》GB 50204 规定进行外，尚应增设不少于 2 组同条件养护试件	
5.4.3	冬期施工的混凝土工程，养护条件、测温次数符合规范规定，记录齐全	**1.《混凝土结构工程施工规范》GB 50666—2011** 10.2.13 混凝土结构工程冬期施工养护，应符合下列规定： 　1 当室外最低气温不低于–15℃时，对地面以下的工程或表面系数不大于 5m⁻¹ 的结构，宜采用蓄热法养护，并应对结构易受冻部位加强保温措施；对表面系数为 5m⁻¹～15m⁻¹ 的结构，宜采用综合蓄热法养护。采用综合蓄热法养护时，混凝土中应掺加具有减水、引气性能的早强剂或早强型外加剂。 　2 对不易保温养护且对强度增长无具体要求的一般混凝土结构，可采用掺防冻剂的负温养护法进行养护。 　3 当本条第 1、第 2 款不能满足施工要求时，可采用暖棚法、蒸汽加热法、电加热法等方法进行养护，但应采取降低能耗的措施。 10.2.14 混凝土浇筑后，对裸露表面应采取防风、保湿、保温措施，对边、棱角及易受冻部位应加强保温。在混凝土养护和越冬期间，不得直接对负温混凝土表面浇水养护。 10.2.15 模板和保温层的拆除除应符合本规范第 4 章及设计要求外，尚应符合下列规定： 　1 混凝土强度达到受冻临界强度，且混凝土表面温度不应高于 5℃。 　2 以墙、板等薄壁结构构件，宜推迟拆模。	1. 查阅冬期施工混凝土工程养护记录和测温记录 养护方法：与方案一致 测温点的布置：与方案一致 测温项目与测温频次：符合规程规定 签字：施工单位项目质量员、项目专业技术负责人、专业监理工程师（建设单位专业技术负责人）已签字 2. 查看现场养护条件和测温点的布置 布置：与方案一致 实测温度：符合规范的规定

条款号	大纲条款	检查依据	检查要点
5.4.3	冬期施工的混凝土工程，养护条件、测温次数符合规范规定，记录齐全	10.2.16　混凝土强度未达到受冻临界强度和设计时，应连续进行养护。当混凝土表面温度与环境温度之差大于20℃时，拆模后的混凝土表面应立即进行保温覆盖。 10.2.18　混凝土冬期施工期间，应按画家现行有关标准的规定对混凝土拌合水温度、外加剂溶液温度、骨料温度、混凝土出机温度、浇筑温度、入模温度，以及养护期间混凝土内部和大气温度进行测量。 **2.《建筑工程冬期施工规程》JGJ/T 104—2011** 4.1.4　施工日记中应记录大气温度、暖棚内温度、砌筑时砂浆温度、外加剂掺量等有关资料。 4.3.2　暖棚法施工时，暖棚内的最低温度不应低于5℃。 4.3.3　砌体在暖棚内的养护时间应根据暖棚内温度确定，并应符合表4.3.3的规定。 6.4.1　混凝土蒸汽养护法可采用棚罩法、蒸汽套法、热模法、内部通汽法等方式⋯⋯ 6.4.2　蒸汽养护法应采用低压饱和蒸汽，当工地有高压蒸汽时，应通过减压阀或过水装置后方可使用。 6.4.3　蒸汽养护的混凝土，采用普通硅酸盐水泥时最高温度不得超过80℃，采用矿渣硅酸盐水泥时可提高到85℃。但采用内部通汽法时，最高加热温度不应超过60℃。 6.4.4　整体浇筑的结构，采用蒸汽加热养护时，升温和降温速度不得超过表6.4.4规定。 6.5.3　混凝土采用电极加热法养护应符合下列规定： 1　电路接好应以检查合格后方可合闸送电。当结构工程量较大，需边浇筑边通电，应将钢筋接地线。电加热现场应设安全围栏。 2　棒形和弦开电极应固定，并不得与钢筋直接接触。电极与钢筋之间的距离应符合表6.5.3的规定；当因钢筋密度大而不能保证钢筋与电极之间的距离满足表6.5.3的规定时，应采取绝缘措施。 3　电极加热法应采用交流电。电极的形式、尺寸、数量及配置应能保证混凝土各部位加热均匀，且应加热到设计的混凝土强度标准值的50%。在电极附近的辐射半径方向每隔10mm距离的温度差不得超过1℃。	

条款号	大纲条款	检查依据	检查要点
5.4.3	冬期施工的混凝土工程，养护条件、测温次数符合规范规定，记录齐全	4 电极加热应在混凝土浇筑后立即送电，送电前混凝土表面应保温覆盖。混凝土在加热养护过程中，洒水应在断电后进行。 6.5.4 混凝土采用电热毯法养护应符合下列规定： 　1 电热毯宜由四层玻璃纤维布中间夹以电阻丝制成。其几何尺寸应根据混凝土表面或模板外侧与龙骨组成的区格大小确定。电热毯的电压宜为60V～80V，功率宜为75W～100W。 　2 布置电热毯时，在模板周边的各区格应连接布毯，中间区格可间隔布毯，并应与对面模板错开。电热毯外侧应设置岩棉板等性质的耐热保温材料。 　3 电热毯养护的通电持续时间应根据气温及养护温度确定，可采取分段、间段或连续通电养护工序。 6.6.2 暖棚法施工应符合下列规定： 　1 应设专人监测混凝土及暖棚内温度，暖棚内各测点温度不得低于5℃。测温点应选择具有代表性位置进行布置，在离地面500mm高度处应设点，每昼夜测温不应少于4次。 　2 养护期间应监测暖棚内的相对湿度，混凝土不得有失水现象，否则应及时采取增湿措施或在混凝土表面洒水养护。 　3 暖棚的出入口应设专人管理，并应采取防止棚内温度下降或引起风口处混凝土受冻的措施。 　4 在混凝土养护期间应将烟或燃烧气体排至棚外，并应采取防止烟气中毒和防火的措施。 6.9.1 混凝土冬期施工质量检查除应符合《混凝土结构工程施工质量验收规范》GB 50204以及国家现行有关标准规定外，尚应符合一步下列规定： 　1 应检查外加剂质量及掺量；外加剂进入施工现场后应进行抽样检验，合格后方准使用。 　2 应根据施工方案确定的参数检查水、骨料、外加剂溶液和混凝土出机、浇筑、起始养护时的温度。 　3 应检查混凝土从入模到拆除保温层或保温模板期间的温度。 　4 采用预拌混凝土质量检查应由预拌混凝土生产企业进行，并应将记录资料提供给施工单位。 6.9.2 施工期间的测温项目与频次应符合表6.9.2规定。	

条款号	大纲条款	检查依据	检查要点
5.4.3	冬期施工的混凝土工程，养护条件、测温次数符合规范规定，记录齐全	6.9.3 混凝土养护期间的温度测量应符合下列规定： 1 采用蓄热法或综合蓄热法时，在达到受冻临界强度之前应每隔4h～6h测量一次。 2 采用负温养护法时，在达到受冻临界强度之前应每隔2h测量一次。 3 采用加热时，升温和降温阶段应每隔1h测量一次，恒温阶段每隔2h测量一次。 4 混凝土在达到受冻临界强度后，可停止测温。 5 大体积混凝土养护期间的温度测量尚应符合《大体积混凝土施工规范》GB 50496 的相关规定。 6.9.4 养护温度的测量方法应符合下列规定： 1 测温孔应编号，并应绘制测温孔布置图，现场应设置明显标识。 2 测温时，测温单元采取措施与外界气温隔离；测温元件测量位置应处于结构表面下20mm处，留置在测温孔内的时间不应少于3min。 3 采用非加热法养护时，测温孔应设置在易于散热的部位，采用加热法养护时，应分别设置在离热源不同的位置。 6.9.5 混凝土质量检查应符合下列规定： 1 应检查混凝土表面是否受冻、粘连、收缩裂缝，边角是否脱落，施工缝处有无受冻痕迹。 2 应检查同条件养护试块的养护条件是否与结构实体相一致。 3 按本规程附录B成熟度法推定混凝土强度时，应检查测温记录与计算公式要求是否相符。 4 采用电加热养护时，应检查供电变压器二次电压和二次电流强度，每一工作班不应少于两次。 6.9.6 模板和保温层在混凝土达到要求强度并冷却到 5℃后方可拆除。拆模时混凝土表面与环境温差大于 20℃时，混凝土表面应及时覆盖，缓慢冷却。 2 养护期间应监测暖棚内的查对湿度，混凝土不得有失水现象，否则应及时采取增湿措施或在混凝土表面洒水养护。 3 暖棚的出入口应设专人管理，并应采取防止棚内温度下降或引起风口处混凝土受冻的措施。 4 在混凝土养护期间应将烟或燃烧气体排至棚外，并应采取防止烟气中毒和防火的措施	

条款号	大纲条款	检查依据	检查要点
5.4.4	冬期停、缓建工程，停止位置的混凝土强度符合设计或规范规定	**1.《建筑工程冬期施工规程》JGJ/T 104—2011** 6.9.7 混凝土抗压强度试件的留置除应按《混凝土结构工程施工质量验收规范》GB 50204 规定进行外，尚应增设不少于 2 组同条件养护试件。 11.3.1 冬期停、缓建工程越冬停工时的停留位置应符合下列规定： 　1 混合结构可停留在基础上部地梁位置，楼层间的圈梁或楼板上皮标高位置； 　2 现浇混凝土框架应停留在施工缝位置； 　3 烟囱、冷却塔或筒仓宜停留在基础上皮标高或筒身任何水平位置； 　4 混凝土水池底部应按施工缝要求确定，并应设有止水设施。 11.3.2 已开挖的基坑或基槽不宜挖至设计标高，应预留 200mm～300mm 土层；越冬时，应对基坑或基槽保温维护，保温层厚度可按本规程附录 C 计算确定。 11.3.3 混凝土结构工程停、缓建时，入冬前混凝土的强度应符合下列规定： 　1 越冬期间不承受外力的结构构件，除应符合设计要求外，尚应符合本规程第 6.1.1 条规定； 　2 装配式结构构件的整浇接头，不得低于设计强度等级值的 70%； 　3 预应力混凝土结构不应低于混凝土设计强度等级值的 75%； 　4 升板结构应将柱帽浇筑完毕，混凝土应达到设计要求的强度等级	1. 查阅冬期停、缓建工程入冬前混凝土强度评定及标高与轴线记录 　强度：符合设计要求和规范规定 　标高与轴线测量记录：内容完整准确 2. 查阅冬期停、缓建工程复工前工程标高、轴线复测记录 　数据：齐全、完整 　与原始记录偏差：在允许范围内或偏差超出允许偏差已提出处理方案，并取得建设、设计与监理部门的同意 3. 查看现场 　保护措施：采取的措施符合规范规定 　停留位置：与方案一致，符合设计要求和规范的规定

续表

条款号	大纲条款	检查依据	检查要点
6 质量监督检测			
6.0.1	开展现场质量监督检查时,应重点对下列项目的检测试验报告进行查验,必要时可进行验证性抽样检测。对检验指标或结论有怀疑时,必须进行检测		
(1)	钢筋、水泥、砂、碎石及卵石、拌合用水、掺和料、外加剂、混凝土试块、钢筋连接接头、预支混凝土构件的主要技术性能	**1.《混凝土结构工程施工质量验收规范》GB 50204—2015** 5.2.2　对有抗震要求的结构,其纵向受力钢筋的性能应满足设计要求;当设计无具体要求时,对按一、二、三级抗震等级设计的框架和斜撑构件(含梯段)中纵向受力钢筋应采用 HRB335B、HRB400E、HRB500E、HRB500E、HRBF335E、HRB400E 或 HRBF500E 钢筋,其强度和最大力下总伸长率的实测值应符合下列规定: 　　1　钢筋的抗拉强度实测值与屈服强度实测值的比值不应小于1.25; 　　2　钢筋的屈服强度实测值与屈服强度标准值的比值不应大于1.30; 　　3　钢筋的最大力下总伸长率不应小于9%。 **2.《大体积混凝土施工规范》GB 50496—2018** 4.2.1　水泥及其质量,应符合下列规定:	1. 查验抽测热轧光圆钢筋试件重量偏差:符合 GB/T 1499.1—2017 中表 4 的要求 屈服强度:符合 GB/T 1499.1 中表 6 的要求 抗拉强度:符合 GB/T 1499.1—2017 中表 6 的要求 断后伸长率:符合标准 GB/T 1499.1—2017 中表 6 的要求

条款号	大纲条款	检查依据	检查要点
（1）	钢筋、水泥、砂、碎石及卵石、拌合用水、掺和料、外加剂、混凝土试块、钢筋连接接头、预支混凝土构件的主要技术性能	1　水泥应符合《通用硅酸盐水泥》GB 175 的有关规定，当采用其他品种时，其性能指标应符合国家现行有关标准的规定； 2　应选用水化热低的通用硅酸盐水泥，3d 水化热不宜大于 250kJ/kg，7d 水化热不宜大于 280k/kg，当选用 52.5 强度等级水泥时，7d 水化热宜小 300kJ/kg； 3　水泥在搅拌站的入机温度不宜高于 60℃。 4.2.2　用于大体积混凝土的水泥进场时应检查水泥品种、代号、强度第级、包装或散装编号、出厂日期等，并应对水泥的强度、安定性、凝结时间、水化热进行检验，检验结果应符合《通用硅酸盐水泥》GB 175 的相关规定。 **3.《混凝土外加剂》GB 8076—2008** 5.1　掺外加剂混凝土的性能应符合表 1 的要求。 6.5　混凝土拌合物性能试验方法 6.6　硬化混凝土性能试验方法 7.1.3　取样数量 每一批号取样量不少于 0.2t 水泥所需用的外加剂量。 **4.《钢筋混凝土用钢　第 1 部分：热轧光圆钢筋》GB/T 1499.1—2017** 6.6.2　直条钢筋实际重量与理论重量的允许偏差应符合表 4 规定。 7.3.1　钢筋力学性能及弯曲性能特征值应符合表 6 规定。 8.1　每批钢筋的检验项目、取样数量、取样方法和试验方法应符合表 7 规定。 8.4.1　测量重量偏差时，试样应随机从不同根钢筋上截取，数量不少于 5 支，每支试样长度不小于 500mm。 **5.《钢筋混凝土用钢　第 2 部分：热轧带肋钢筋》GB/T 1499.2—2018** 6.6.2　钢筋实际重量与理论重量的允许偏差应符合表 4 规定。 7.4.1　钢筋力学性能特征值应符合表 6 规定。 7.5.1　钢筋弯曲性能按表 7 规定。	最大力总伸长率：符合 GB/T 1499.1—2017 中表 6 的要求 弯曲性能：符合 GB/T 1499.1—2017 中表 6 的要求 2.　查验抽测热轧带肋钢筋试件重量偏差：符合 GB/T 1499.2—2018 中表 4 的要求 屈服强度：符合 GB/T 1499.2—2018 中表 6 的要求 抗拉强度：符合 GB/T 1499.2—2018 中表 6 的要求 断后伸长率：符合 GB/T 1499.2—2018 中表 6 的要求 最大力总伸长率：符合 GB/T 1499.2—2018 中表 6 的要求 弯曲性能：符合 GB/T 1499.2—2018 中表 7 的要求

续表

条款号	大纲条款	检查依据	检查要点
（1）	钢筋、水泥、砂、碎石及卵石、拌合用水、掺和料、外加剂、混凝土试块、钢筋连接接头、预支混凝土构件的主要技术性能	8.1.1　每批钢筋的检验项目、取样方法和试验方法应符合表8规定。 8.4.1　测量钢筋重量偏差时，试样应从不同根钢筋上截取，数量不少于 5 支，每支试样长度不小于 500mm。 **6.《通用硅酸盐水泥》GB 175—2007** 7.3.1　硅酸盐水泥初凝结时间不小于 45min，终凝时间不大于 390min。普通硅酸盐水泥、矿渣硅酸盐水泥、火山灰质硅酸盐水泥、粉煤灰硅酸盐水泥和复合硅酸盐水泥初凝结时间不小于 45min，终凝时间不大于 600min。 7.3.2　安定性沸煮法合格。 7.3.3　强度符合表 3 的规定。 8.5　凝结时间和安定性按 GB/T 1346 进行试验。 8.6　强度按 GB/T 17671 进行试验。 9.1　取样方法按 GB 12573 进行。可连续取，亦可从 20 个以上不同部位取等量样品，总量至少 12kg。 **7.《混凝土结构工程施工质量验收规范》GB 50204—2015** 7.4.1　结构混凝土的强度等级必须符合设计要求。用于检查结构构件混凝土强度的试件，应在混凝土的浇筑地点随机抽取。取样与试件留置应符合下列规定： 1　每拌制 100 盘且不超过 100m³ 的同配合比的混凝土，取样不得少于一次； 2　每工作班拌制的同一配合比混凝土不足 100 盘时，取样不得少于一次； 3　当一次连续浇筑超过 1000m³ 时，同一配合比的混凝土每 200m³ 取样不得少于一次； 4　每一楼层、同一配合比的混凝土，取样不得少于一次； 5　每次取样应至少留置一组标准养护试件，同条件养护试件的留置组数应根据实际需要确定。 9.3.1　预制构件应按标准图或设计要求的试验参数及检验指标进行结构性能检验。 检验内容：钢筋混凝土构件和允许出现裂缝的预应力混凝土构件进行承载力、挠度和裂缝宽度检验；不允许出现裂缝的预应力混凝土构件进行承载力、挠度和抗裂度检验。	3. 纵向受力钢筋（有抗震要求的结构）试件 　　抗拉强度查验抽测值与屈服强度查验抽测值的比值：符合 GB 50204—2015 中 5.2.3 的要求 　　屈服强度查验抽测值与强度标准值的比值：符合 GB 50204—2015 中 5.2.3 的要求 　　最大力下总伸长率：符合 GB 50204—2015 中 5.2.3 的要求 4. 查验抽测水泥试样 　　凝结时间：符合 GB 175—2007 中 7.3.1 的要求 　　安定性：符合 GB 175—2007 中 7.3.2 的要求 　　强度：符合 GB 175—2007 中表 3 的要求 　　水化热（大体积混凝土）：符合 GB 50496—2018 中的规定

条款号	大纲条款	检查依据	检查要点
（1）	钢筋、水泥、砂、碎石及卵石、拌合用水、掺和料、外加剂、混凝土试块、钢筋连接接头、预支混凝土构件的主要技术性能	检验数量：对成批生产的构件，应按同一工艺正常生产的不超过 1000 件且不超过 3 个月的同类型产品为一批。当连续检验 10 批且每批的结构性能检验结果均符合标准规定的要求时，对同一工艺正常生产的构件，可改为不超过 2000 件且不超过 3 个月的同类型产品为一批。在每批中应随机抽取一个构件作为试件进行检验。 检验方法：按本标准附录 C 规定的方法采用短期静力加载检验。 **8.《用于水泥和混凝土中的粉煤灰》GB/T 1596—2017** 6.1 拌制混凝土和砂浆用粉煤灰应符合表 1 中技术要求。 7.1 细度按 GB/T 1345 中 45μm 负压筛析法进行，筛析时间为 3min。 7.2 需水量比按附录 A 进行。 7.3 烧失量、三氧化硫、游离氧化钙按 GB/T 176 进行。 7.4 含水量按附录 B 进行。 7.7 安定性的净浆试验样品按本标准 3.3 制备，试验按 GB/T 1346 进行。 8.1 粉煤灰出厂前按同种类、同等级编号和取样，散装粉煤灰和袋装粉煤灰应分别进行编号和取样，不超过 500t 为一编号，每一编号为一取样单位。取样方法按 GB 12573 进行。取样应有代表性，可连续取，也可从 10 个以上不同部位取等量样品，总量至少 3kg。 **9.《钢筋焊接及验收规程》JGJ 18—2012** 5.1.8 钢筋焊接接头力学性能试验时，应在外观检查合格后随机抽取。试验方法按《钢筋焊接接头试验方法》JGJ 27 执行。 5.3.1 闪光对焊接头力学性能试验时，应从每批中随机切取 6 个接头，其中 3 个做拉伸试验，3 个做弯曲试验。 5.5.1 电弧焊接头的质量检验，……，在现浇混凝土结构中，应以 300 个同牌号钢筋、同型式接头作为一批；……，每批随机切取 3 个接头做拉伸试验。 5.6.1 电渣压力焊接头的质量检验，……，在现浇混凝土结构中，应以 300 个同牌号钢筋接头作为一批；……，每批随机切取 3 个接头试件做拉伸试验。	5. 查验抽测砂试样 含泥量：符合 JGJ 52—2006 中表 3.1.3 的规定 泥块含量：符合 JGJ 52—2006 中表 3.1.4 的规定 石粉含量：符合 JGJ 52—2006 中表 3.1.5 的规定 氯离子含量：符合标准 JGJ 52—2006 中表 3.1.10 的规定 碱活性：符合标准要求 6. 查验抽测碎石或卵石试样 含泥量：符合 JGJ 52—2006 中表 3.2.3 的规定 泥块含量：符合 JGJ 52—2006 中表 3.2.4 的规定 针、片状颗粒：符合 JGJ 52—2006 中表 3.2.2 的规定 碱活性：符合 JGJ 52—2006 的要求 压碎指标（高强混凝土）：符合 JGJ 52—2006 的规定

续表

条款号	大纲条款	检查依据	检查要点
（1）	钢筋、水泥、砂、碎石及卵石、拌合用水、掺和料、外加剂、混凝土试块、钢筋连接接头、预支混凝土构件的主要技术性能	5.8.2 预埋件钢筋 T 形接头进行力学性能检验时，应以 300 件同类型预埋件作为一批；……，每批预埋件中随机切取 3 个接头做拉伸试验。 **10.《钢筋机械连接技术规程》JGJ 107—2016** 7.0.5 接头现场抽检应包括极限抗拉强度试验、加工和安装质量检验。抽检应按验收批进行，同钢筋生产厂、同强度等级、同规格、同类型和同形式接头应以 500 个为一个验收批进行检验和验收，不足 500 个也应作为一个验收批。 7.0.7 对接头的每一验收批，应在工程结构中随机截取 3 个接头试件做极限抗拉强度试验，按设计要求的接头等级进行评定。…… A.2.2 现场抽检接头试件的极限抗拉强度试验应采用零到破坏的一次加载制度。 A.2.2 施工现场随机抽取接头试件的抗拉强度试验应采用零到破坏的一次加载制度。 **11.《普通混凝土用砂、石质量及检验方法标准》JGJ 52—2006** 1.0.3 对于长期处于潮湿环境的重要混凝土结构所用砂、石应进行碱活性检验。 3.1.3 天然砂中含泥量应符合表 3.1.3 的规定。 3.1.4 砂中泥块含量应符合表 3.1.4 的规定。 3.1.5 人工砂或混合砂中石粉含量应符合表 3.1.5 的规定。 3.1.10. 钢筋混凝土和预应力混凝土用砂的氯离子含量分别不得大于 0.06% 和 0.02%。 3.2.2 碎石或卵石中针、片状颗粒应符合表 3.2.2 的规定。 3.2.3 碎石或卵石中含泥量应符合表 3.2.3 的规定。 3.2.4 碎石或卵石中泥块含量应符合表 3.2.4 的规定。 3.2.5 碎石的强度可用岩石抗压强度和压碎指标表示。岩石的抗压等级应比所配制的混凝土强度至少高 20%。当混凝土强度大于或等于 C60 时，应进行岩石抗压强度检验。岩石强度首先由生产单位提供，工程中可采用能够压碎指标进行质量控制，岩石压碎值指标宜符合表 3.5.5-1。卵石的强度可用压碎值表示。其压碎指标宜符合表 3.2.5-2 的规定。	**7. 查验抽测水样** pH 值：符合 JGJ 63—2006 中表 3.1.1 的规定 不溶物：符合 JGJ 63—2006 中表 3.1.1 的规定 可溶物：符合 JGJ 63—2006 中表 3.1.1 的规定 氯化物：符合 JGJ 63—2006 中表 3.1.1 的规定 硫酸盐：符合 JGJ 63—2006 中表 3.1.1 的规定 碱含量：符合 JGJ 63—2006 中表 3.1.1 的规定 **8. 查验抽测粉煤灰试样** 细度：符合 GB/T 1596—2017 中表 1 的技术要求 需水量比：符合 GB/T 1596—2017 中表 1 的技术要求 烧失量：符合 GB/T 1596—2017 中表 1 的技术要求 三氧化硫：符合 GB/T 1596—2017 中表 1 的技术要求

条款号	大纲条款	检查依据	检查要点
（1）	钢筋、水泥、砂、碎石及卵石、拌合用水、掺和料、外加剂、混凝土试块、钢筋连接接头、预支混凝土构件的主要技术性能	5.1.3 对于每一单项检验项目，砂、石的每组样品取样数量应符合下列规定： 砂的含泥量、泥块含量、石粉含量及氯离子含量试验时，其最小取样质量分别为4400g、20000g、1600g及2000g；对最大公称粒径为31.5mm的碎石或乱石，含泥量和泥块含量试验时，其最小取样质量为40kg。 6.8 砂中含泥量试验 6.10 砂中泥块含量试验 6.11 人工砂及混合砂中石粉含量试验 6.18 氯离子含量试验 6.20 砂中的碱活性试验（快速法） 7.7 碎石或卵石中含泥量试验 7.8 碎石或卵石中泥块含量试验 7.16 碎石或卵石的碱活性试验（快速法） **12.《混凝土用水标准》JGJ 63—2006** 3.1.1 混凝土拌合用水水质要求应符合表3.1.1的规定。对于设计使用年限为100年的结构混凝土，氯离子含量不得超过500mg/L；对使用钢丝或经热处理钢筋的预应力混凝土，氯离子含量不得超过350mg/L。 4.0.1 PH值的检验应符合《水质pH的测定玻璃电极法》GB/T 6920的要求。 4.0.2 不溶物的检验应符合《水质悬浮物的测定 重量法》GB/T 11901的要求。 4.0.3 可溶物的检验应符合《生活饮用水标准检验法》GB 5750中溶解性总固体检验法的要求。 4.0.4 氯化物的检验应符合《水质氯化物的测定 硝酸银滴定法》GB/T 11896的要求。	9. 查验抽测外加剂试样 减水率：符合GB 8076—2008中表1的规定 泌水率比：符合GB 8076—2008中表1的规定 含气量：符合GB 8076—2008中表1的规定 凝结时间差：符合GB 8076—2008中表1的规定 1h经时变化量：符合GB 8076—2008中表1的规定 抗压强度比：符合GB 8076—2008中表1的规定 收缩率比：符合GB 8076—2008中表1的规定 相对耐久性：符合GB 8076—2008中表1的规定 10. 查验抽测混凝土试块 抗压强度：符合设计要求 11. 查验抽测钢筋焊接接头试件 抗拉强度：符合JGJ 18—2012的要求

续表

条款号	大纲条款	检查依据	检查要点
（1）	钢筋、水泥、砂、碎石及卵石、拌合用水、掺和料、外加剂、混凝土试块、钢筋连接接头、预支混凝土构件的主要技术性能	4.0.5 硫酸盐的检验应符合《水质硫酸盐的测定 重量法》GB/T 11899 的要求。 4.0.6 碱含量的检验应符合《水泥化学分析方法》GB/T 176 中关于氧化钾、氧化钠测定的火焰光度法的要求。 5.1.1 水质检验水样不应少于 5L	12. 查验抽测钢筋机械连接接头试件 抗拉强度：符合 JGJ 107—2016 的要求 13. 查验抽测预制构件 承载力：符合标准图或设计要求 挠度：符合标准图或设计要求 抗裂度：符合标准图或设计要求
（2）	防腐（防水）材料性能、涂层厚度、附着力等	**1.《弹性体（SBS）改性沥青防水卷材》GB 18242—2008** 5.3 材料性能应符合表 2 要求。 6.7 可溶物含量按 GB/T 328.26 进行。 6.8 耐热度按 GB/T 328.11—2007 中 A 法进行。 6.9 低温柔性按 GB/T 328.14 进行。 6.10 不透水性按 GB/T 328.10—2007 中 B 进行。 6.11 拉力及延伸率按 GB/T 328.8 进行。 7.7.1.2 从单位面积质量、面积、厚度及外观合格的卷材中任取一卷进行材料性能试验。	1. 查验抽测卷材试样 可溶物含量：符合 GB 18242—2008 中表 2 的要求 耐热度：符合 GB 18242—2008 中表 2 的要求 低温柔性：符合 GB 18242—2008 中表 2 的要求 不透水性：符合 GB 18242—2008 中表 2 的要求 拉力及延伸率：符合 GB 18242—2008 中表 2 的要求

条款号	大纲条款	检查依据	检查要点
（2）	防腐（防水）材料性能、涂层厚度、附着力等	**2.《建筑防腐蚀工程施工及验收规范》GB 50212—2014** 8.2.1 块材的质量指标应符合设计要求：当设计无要求时，应符合下列规定： 1 耐酸砖、耐酸耐温砖质量指标应符合《耐酸转》GB/T 8488 和《耐酸耐温转》JC/T 424 的有关规定。 2 防腐蚀炭砖的质量指标应符合《工业设备及管道防腐蚀工程施工规范》GB 50726 的有关规定。 3 天然石材应组织均匀，结构致密，无风化、不得有裂纹或不耐腐蚀的夹层，不得有缺棱掉角等现象，并应符合表 8.2.1 的规定。 6.2.1 钠水玻璃的质量，应符合《工业硅酸钠》GB/T 4209 及表 6.2.1 的规定，其外观应为无色或略带色的透明或半透明黏稠液体。 6.2.2 钾水玻璃的质量应符合表 6.2.2 的规定，外观应为白色或灰白色黏稠液体。	2. 查验抽测耐酸砖、耐酸耐温砖试样，质量应符合 GB 50212—2014 中 8.2.1 的要求。氧化钠%：符合 GB 50212—2014 中表 6.2.1 的要求；二氧化硅%：符合 GB 50212—2014 中表 6.2.2 的要求 模数：符合 GB 50212—2014 中表 6.2.2 的要求 3. 查验抽测钠水玻璃试样 其质量，应符合《工业硅酸钠》GB/T 4209—1996 及 GB 50212—2014 中表 6.2.1 的规定 4. 查验抽测钾水玻璃试样 密度：符合 GB 50212—2014 中表 6.2.2 的要求 二氧化硅%：符合 GB 50212—2014 中表 6.2.2 的要求 模数：符合 GB 50212—2014 中表 6.2.2 的要求 5. 查验抽测环氧树脂试样，其质量应符合《双酚 A 型环氧树脂》GB/T 13657—2011 的有关规定

续表

条款号	大纲条款	检查依据	检查要点
（2）	防腐（防水）材料性能、涂层厚度、附着力等	5.2.1 液体树脂的质量应符合下列规定： 1 环氧树脂品种包括 EPO 1441-310 和 EPO 1451-310 双酚 A 型环氧树脂，其质量应符合《双酚 A 型环氧树脂》GB/T 13657 的有关规定。 2 乙烯基酯树脂的质量应符合《乙烯基酯树脂防腐蚀工程技术规范》GB/T 50590 的有关规定。 3 不饱和聚酯树脂品种包括双酚 A 型、二甲苯型、间苯型和邻苯型，其质量应符合《纤维增强塑料用液体不饱和聚酯树脂》GB/T 8237 的有关规定。 4 呋喃树脂的质量应符合表 5.2.1-1 的规定。 11.2.1 道路石油沥青、建筑石油沥青应符合《道路石油沥青》NB/SH/T 0522 及《建筑石油沥青》GB/T 494 及表 11.2.1 的规定	6. 查验抽测沥青试样 针入度：符合 GB 50212—2014 中表 11.2.1 的要求 延度：符合 GB 50212—2014 中表 11.2.1 的要求 软化点：符合 GB 50212—2014 中表 11.2.1 的要求

第 **4** 部分

主厂房交付安装前监督检查

条款号	大纲条款	检查依据	检查要点
4 责任主体质量行为的监督检查			
4.1 建设单位质量行为的监督检查			
4.1.1	工程采用的专业标准清单已审批	**1.《关于实施电力建设项目法人责任制的规定（试行）》电力工业部电建〔1997〕79号** 第十八条 公司应遵守国家有关电力建设和生产的法律和法规，自觉执行电力行业颁布的法规和标准、定额等，…… **2.《火电工程项目质量管理规程》DL/T 1144—2012** 5.3.3 建设单位在工程开工前应组织相关单位编制下列质量文件： 　　c）工程执行法律法规和标准清单。 **3.《火电工程达标投产验收规程》DL 5277—2012** 表4.7.1 工程综合管理与档案检查验收表	查阅法律法规和标准规范清单目录 签字：责任人已签字 盖章：单位已盖章
4.1.2	组织进行了设计交底和施工图会检	**1.《建设工程质量管理条例》中华人民共和国国务院令第279号** 第二十三条 设计单位应当就审查合格的施工图设计文件向施工单位做出详细说明。 **2.《建筑工程勘察设计管理条例》中华人民共和国国务院令〔2000〕第293号** 第三十条 建设工程勘察、设计单位应当在建设工程施工前，向施工单位和监理单位说明建设工程勘察、设计意图，解释建设工程勘察、设计文件。建设工程勘察、设计单位应当及时解决施工中出现的勘察、设计问题。 **3.《建设工程监理规范》GB/T 50319—2013** 5.1.2 监理人员应熟悉工程设计文件，并应参加建设单位主持的图纸会审和设计交底会议，会议纪要应由总监理工程师签认。 **4.《建设工程项目管理规范》GB/T 50326—2017** 8.3.4 技术管理规划应是承包人根据招标文件要求和自身能力编制的、拟采用的各种技术和管理措施，以满足发包人的招标要求。项目技术管理规划应明确下列内容： 　　4 技术交底要求，图纸自审、会审……	1. 查阅设计交底记录 主持人：建设单位责任人 交底人：设计单位责任人 签字：交底人及被交底人已签字 时间：开工前 2. 查阅施工图会检纪要 签字：施工、设计、监理、建设单位责任人已签字 时间：开工前

条款号	大纲条款	检查依据	检查要点
4.1.2	组织进行了设计交底和施工图会检	**5.《火电工程项目质量管理规程》DL/T 1144—2012** 9.3.1 工程具备开工条件后，由建设单位按照国家规定办理开工手续。工程开工应满足下列条件： h）……，图纸已会检；…… 9.3.2 单位工程开工应满足下列条件，并应由建设单位和监理单位进行核查。 d）开工所需施工图已齐全，并已会检和交底，……	
4.1.3	组织工程建设标准强制性条文实施情况的检查	**1.《中华人民共和国标准化法实施条例》中华人民共和国国务院令〔1990〕第 53 号** 第二十三条 从事科研、生产、经营的单位和个人，必须严格执行强制性标准。 **2.《实施工程建设强制性标准监督规定》中华人民共和国建设部令〔2000〕第 81 号** 第二条 在中华人民共和国境内从事新建、扩建、改建等工程建设活动，必须执行工程建设强制性标准。 第六条 ……工程质量监督机构应当对工程建设施工、监理、验收等阶段执行强制性标准的情况实施监督。 **3.《火电工程项目质量管理规程》DL/T 1144—2012** 4.5 火电工程项目应认真执行国家和行业相关技术标准，严格执行工程建设标准中的强制性条文…… 5.3.3 建设单位在工程开工前应组织相关单位编制下列质量管理文件： d）工程建设强制性条文实施规划。 9.2.2 施工单位在工程开工前，应编制质量管理文件，经监理、建设单位会审、批准后实施，质量管理文件应包括： d）工程建设强制性条文实施细则	查阅强制性条文实施情况检查记录 内容：与强制性条文实施计划相符 签字：检查人员已签字
4.1.4	无任意压缩合同约定工期的行为	**1.《建设工程质量管理条例》中华人民共和国国务院令第 279 号** 第十条 建设工程发包单位……，不得任意压缩合理工期。	查阅施工进度计划、合同工期和调整工期的相关文件

续表

条款号	大纲条款	检查依据	检查要点
4.1.4	无任意压缩合同约定工期的行为	**2.《电力建设工程施工安全监督管理办法》中华人民共和国国家发展和改革委员会令〔2015〕第28号** 第十一条　建设单位应当执行定额工期，不得压缩合同约定的工期。如工期确需调整，应当对安全影响进行论证和评估。论证和评估应当提出相应的施工组织措施和安全保障措施。 **3.《建设工程项目管理规范》GB/T 50326—2017** 9.1.2　项目进度管理应遵循下列程序： 1. 编制进度计划； 2. 进度计划交底，落实管理责任； 3. 实施进度计划； 4. 进行进度控制和变更管理。 **4.《火电工程项目质量管理规程》DL/T 1144—2012** 5.3.5　建设单位应合理地控制工程项目建设周期。典型新建、扩建机组推荐的合理工期可参照附录A中表A.1。 5.3.6　火电工程项目的工期应按合同约定执行。当需要调整时，建设单位应组织设计、监理、施工单位对影响工期的资源、环境、安全等确认其可行性。任何单位和个人不得违反客观规律，任意压缩合同约定工期，并接受建设行政主管部门的监督	内容：有压缩工期的行为时，应有设计、监理、施工和建设单位认可的书面文件
4.1.5	采用的新技术、新工艺、新流程、新装备、新材料已审批	**1.《中华人民共和国建筑法》中华人民共和国主席令〔2010〕第46号** 第四条　国家扶持建筑业的发展，支持建筑科学技术研究，提高房屋建筑设计水平，鼓励节约能源和保护环境，提倡采用先进技术、先进设备、先进工艺、新型建筑材料和现代管理方式。 **2.《建设工程质量管理条例》中华人民共和国国务院令第279号** 第六条　国家鼓励采用先进的科学技术和管理方法，提高建设工程质量。 **3.《实施工程建设强制性标准监督规定》中华人民共和国建设部令〔2000〕第81号** 第五条　工程建设中拟采用的新技术、新工艺、新材料，不符合现行强制性标准规定的，应当由拟采用单位提请建设单位组织专题技术论证，报批准标准的建设行政主管部门或者国务院有关主管部门审定。	查阅新技术、新工艺、新流程、新装备、新材料论证文件 意见：同意采用等肯定性意见 盖章：相关单位已盖章

条款号	大纲条款	检查依据	检查要点
4.1.5	采用的新技术、新工艺、新流程、新装备、新材料已审批	**4.《火电工程项目质量管理规程》DL/T 1144—2012** 4.7　火电工程项目应采用新设备、新技术、新工艺、新材料（以下简称"四新"技术），…… 9.2.2　施工单位在工程开工前，应编制质量管理文件，经监理、建设单位会审、批准后实施，质量管理文件应包括： e）"四新"技术实施计划和工法编制计划。 9.3.7　施工过程质量控制应符合下列规定： f）采用新材料、新工艺、新技术、新设备，并进行相应的策划和控制。 9.3.9　当首次应用"四新"技术，且技术要求高、作业程度复杂、设计单位和施工单位未有同类型设计和施工经验时，建设单位应组织设计、监理、施工单位进行专题研究确认，必要时，可组织专家评审。 **5.《电力建设施工技术规范　第1部分：土建结构工程》DL 5190.1—2012** 3.0.4　采用新技术、新工艺、新材料、新设备时，应经过技术鉴定或具有允许使用的证明。施工前应编制单独的施工措施及操作规程。 **6.《电力工程地基处理技术规程》DL/T 5024—2005** 5.0.8　……。当采用当地缺乏经验的地基处理方法或引进和应用新技术、新工艺、新方法时，须通过原体试验验证其适用性	
4.2　设计单位质量行为的监督检查			
4.2.1	设计图纸交付进度能保证连续施工	**1.《火电工程项目质量管理规程》DL/T 1144—2012** 6.1.6　勘察、设计单位应按火力发电厂施工流程，制订施工图供图计划…… 6.2.3　设计单位应依据合同和现场要求控制设计进度计划，满足由建设单位组织的在基础施工前、结构施工前、设备安装前三个阶段监督检查中对设计图纸及其设备资料的需求。 9.3.1　工程具备开工条件后，由建设单位按照国家规定办理开工手续。工程开工应满足下列条件：	1. 查阅设计单位编制的施工供图计划、交付协议及图纸交付记录 交图进度：与施工进度计划相协调，能满足连续三个月施工的需要

条款号	大纲条款	检查依据	检查要点
4.2.1	设计图纸交付进度能保证连续施工	h）已确定施工图交付计划并签订交付协议，图纸已会检；主体工程的施工图至少可满足连续三个月施工的需要……	2. 查阅图纸会检记录 签字：设计、施工、监理、建设单位责任人已签字
4.2.2	设计更改、技术洽商等文件完整、手续齐全	1.《火电工程项目质量管理规程》DL/T 1144—2012 6.3.5 设计更改的管理应符合下列规定： a）设计更改应符合可研或初设审核的要求。 b）因设计原因引起的设计更改，应经监理单位审核并经建设单位批准后实施。 c）非设计原因引起的设计更改，应得到设计单位的确认，并由设计单位出具设计更改。 d）所有的设计更改凡涉及已经审批确定的设计原则、方案重大设计变化，或增减投资超过50万元时，应由设计单位分管领导审批，报工程设计的原主审单位批准确认，并经建设单位认可后实施	查阅设计变更通知单、工程联系单和技术洽商记录 编制签字：设计单位各级责任人已签字 审核签字：建设单位、监理单位责任人已签字
4.2.3	工程建设标准强制性条文落实到位	1.《建设工程质量管理条例》中华人民共和国国务院令第279号 第十九条 勘察、设计单位必须按照工程建设强制性标准进行勘察、设计，并对其勘察、设计的质量负责。 2.《建设工程勘察设计管理条例》中华人民共和国国务院令第293号 第五条 ……建设工程勘察、设计单位必须依法进行建设工程勘察、设计，严格执行工程建设强制性标准，并对建设工程勘察、设计的质量负责。 3.《实施工程建设强制性标准监督规定》中华人民共和国建设部令〔2000〕第81号 第二条 在中华人民共和国境内从事新建、扩建、改建等工程建设活动，必须执行工程建设强制性标准。 4.《火电工程项目质量管理规程》DL/T 1144—2012 6.2.2 设计单位在工程开工前应编制下列管理文件，报设计监理、建设单位会审、批准： b）设计强制性条文实施计划	查阅强制性条文实施计划（含强制性条文清单）和本阶段执行记录 计划审批：监理和建设单位审批人已签字 记录内容：与实施计划相符 记录审核：监理单位审核人已签字

条款号	大纲条款	检查依据	检查要点
4.2.4	设计代表工作到位，处理设计问题及时	**1.《火电工程项目质量管理规程》DL/T 1144—2012** 6.3.1 人员资格应符合下列规定： c）工地代表组长宜由本工程设计总工程师担任，若由其他同资格的人担任，应取得建设单位的同意；工地代表应能独立处理专业技术问题，宜由本工程主要设计人或主要卷册负责人担任。 6.3.6 工地服务 在施工、调试阶段，勘察、设计单位应任命工地代表组长及各专业工地代表，将名单主送建设单位，抄送监理和各施工单位。工地代表应深入现场，了解施工是否与设计要求相符，协助施工单位解决出现的具体技术问题，做好技术服务工作。重点还应做好： a）施工图完成交付后，应及时进行技术交底并形成记录。 b）工地代表组长应参加施工或试运行重大技术方案的研究与讨论。 c）工地代表应按 DL/T 5210 及时参加建筑、安装工程中分部、单位（子单位）工程的验收。 **2.《电力勘测设计驻工地代表制度》DLGJ 159.8—2001** 2.0.1 工代的工地现场服务是电力工程设计的阶段之一，为了有效地贯彻勘测设计意图，实施设计单位通过工代为施工、安装、调试、投运提供及时周到的服务，促进工程顺利竣工投产，特制定本制度。 2.0.2 工代的任务是解释设计意图，解释施工图纸中的技术问题，收集包括设计本身在内的施工、设备材料等方面的质量信息，加强设计与施工、生产之间的配合，共同确保工程建设质量和工期，以及国家和行业标准的贯彻执行。 2.0.3 工代是设计单位派驻工地配合施工的全权代表，应能在现场积极地履行工代职责，使工程实现设计预期要求和投资效益	1. 查阅设计单位对工代的任命书 内容：包括设计修改、变更、材料代用等签发人资格 2. 查阅设计服务报告 内容：包括现场施工与设计要求相符情况和工代协助施工单位解决具体技术问题的情况 3. 查阅设计变更通知单和工程联系单 签发时间：在现场问题要求解决时间前
4.2.5	按规定参加主体结构质量验收	**1.《建筑工程施工质量验收统一标准》GB 50300—2013** 6.0.3 分部工程应由总监理工程师组织施工单位项目负责人和项目技术负责人等进行验收。……设计单位项目负责人和施工单位技术、质量部门负责人应参加主体结构、节能分部工程的验收。	查阅主体结构分部工程质量验收记录 审核签字：设计单位项目负责人已签字

条款号	大纲条款	检查依据	检查要点
4.2.5	按规定参加主体结构质量验收	**2.《电力建设施工质量验收及评价规程　第1部分：土建工程》DL/T 5210.1—2012** 3.0.12　工程质量验收的程序、组织和记录应符合下列规定： 　　3 分部（子分部）工程质量验收应由总监理工程师（建设单位项目负责人）组织施工单位项目负责人和技术、质量负责人等进行验收；地基与基础、主体结构分部工程的勘测、设计单位工程项目负责人和施工单位技术、质量部门负责人也应参加分部工程的质量验收。 **3.《火电工程项目质量管理规程》DL/T 1144—2012** 6.1.7　勘察、设计单位应按合同约定履行下列职责： 　　e）参加相关工程质量验收。 6.3.6　工地服务。 　　……工地代表应深入现场，了解施工是否与设计要求相符，协助施工单位解决出现的具体技术问题，做好技术服务工作。重点还应做好： 　　c）工地代表应按 DL/T 5210 及时参加建筑、安装工程中分部、单位（子单位）工程的验收	
4.2.6	进行了本阶段工程实体质量与设计的符合性确认	**1.《火电工程项目质量管理规程》DL/T 1144—2012** 6.3.6　工地服务。 　　……工地代表应深入现场，了解施工是否与设计要求相符，协助施工单位解决出现的具体技术问题，做好技术服务工作。重点还应做好： 　　c）工地代表应按 DL/T 5210 及时参加建筑、安装工程中分部、单位（子单位）工程的验收。 **2.《电力勘测设计驻工地代表制度》DLGJ 159.8—2001** 5.0.3　深入现场，调查研究 　　1 工代应坚持经常深入施工现场，调查了解施工是否与设计要求相符，并协助施工单位解决施工中出现的具体技术问题，做好服务工作，促进施工单位正确执行设计规定的要求。 　　2 对于发现施工单位擅自作主，不按设计规定要求进行施工的行为，应及时指出，要求改正，如指出无效，又涉及安全、质量等原则性、技术性问题，应将问题事实与处理过程用"备忘录"的形式书面报告建设单位和施工单件，同时向设总和处领导汇报	1. 查阅主厂房单位、分部、子分部工程质量验收记录 　　审核签字：设计单位项目负责人已签字 2. 查阅工代备忘录 　　记录：描述了施工单位不按设计规定要求进行施工的行为及处理过程

条款号	大纲条款	检查依据	检查要点
4.3 监理单位质量行为的监督检查			
4.3.1	项目监理部专业监理人员配备合理，资格证书与承担任务相符	**1.《中华人民共和国建筑法》中华人民共和国主席令〔2011〕第46号** 第十四条 从事建筑活动的专业技术人员，应当依法取得相应的职业资格证书，并在执业资格证书许可的范围内从事建筑活动。 **2.《建设工程质量管理条例》中华人民共和国国务院令第279号** 第三十七条 工程监理单位应当选派具备相应资格的总监理工程师和监理工程师进驻施工现场。…… **3.《建设工程监理规范》GB/T 50319—2013** 3.1.2 项目监理机构的监理人员应由总监理工程师、专业监理工程师和监理员组成，且专业配套、数量应满足建设工程监理工作需要，必要时可设总监理工程师代表。 3.1.3 ……应及时将项目监理机构的组织形式、人员构成及对总监理工程师的任命书面通知建设单位。 **4.《建设工程项目管理规范》GB/T 50326—2017** 2.0.4 项目管理机构：根据组织授权，直接实施项目管理的单位。可以是项目管理公司、项目部、工程监理部等。 4.1.7 项目管理机构负责人应按相关约定在岗履职，对项目实行全过程及全面管理。 **5.《电力建设工程监理规范》DL/T 5434—2009** 5.1.3 项目监理机构由总监理工程师、专业监理工程师和监理员组成，且专业配套、数量满足工程项目监理工作的需要，必要时可设总监理工程师代表和副总监理工程师	1. 查阅工程监理规划 人员数量及专业：已明确 2. 查阅监理人员名单 专业与数量：与工程阶段和监理规划相符 3. 查阅各级监理人员的岗位资格证书 发证单位：符合要求 有效期：当前有效
4.3.2	检测仪器和工具配置满足监理工作需要	**1.《中华人民共和国计量法》中华人民共和国主席令〔2014〕第二十六号** 第九条 ……。未按照规定申请检定或计量检定不合格的，不得使用。…… **2.《建设工程监理规范》GB/T 50319—2013** 3.3.2 工程监理单位宜按建设工程监理合同约定，配备满足监理工作需要的检测设备和工器具。	

条款号	大纲条款	检查依据	检查要点
4.3.2	检测仪器和工具配置满足监理工作需要	**3.《火电工程项目质量管理规程》DL/T 1144—2012** 7.1.4 监理单位应配备与工程相适应的常规测量设备，并经检定合格且在有效期内。 **4.《电力建设工程监理规范》DL/T 5434—2009** 5.3.1 项目监理机构应根据工程项目类别、规模、技术复杂程度、工程项目所在地的环境条件，按委托监理合同的约定，配备满足监理工作需要的常规检测设备和工具。 **5.《建设工程监理合同（示范文本）》住房和城乡建设部 GF-2012-0202** 2.3.1 监理人应组建满足工作需要的项目监理机构，配备必要的检测设备……	1. 查阅监理项目部检测仪器和工具配置台账 仪器和工具配置：与监理设施配置计划相符 2. 查看检测仪器 标识：贴有合格标签且在有效期内
4.3.3	组织补充完善施工质量验收项目划分表，对设定的工程质量控制点，进行了旁站监理	**1.《建设工程质量管理条例》中华人民共和国国务院令第 279 号** 第三十八条 监理工程师应当按照工程监理规范的要求，采取旁站、巡视和平行检验等形式，对建设工程实施监理。 **2.《建设工程监理规范》GB/T 50319—2013** 5.2.11 项目监理机构应……确定旁站的关键部位；关键工序，安排监理人员进行旁站，并应及时记录旁站情况。 **3.《火电工程项目质量管理规程》DL/T 1144—2012** 7.2.2 监理单位在工程开工前，应编制下列监理管理文件： 　　g）关键工序、隐蔽工程和旁站监理的清单及措施。 7.5.3 审核确认下列主要质量管理文件： 　　b）施工质量验收范围划分表。 **4.《电力建设施工质量验收及评价规程 第 1 部分：土建工程》DL/T 5210.1—2012** 4.0.1 ……主要包含四部分内容：工程编号、质量检验项目的划分、各单位（部门）检验权限、各分项工程检验批质量验收标准的套用。表 4.0.1-1 及表 4.0.1-2 为火力发电厂土建工程质量验收范围表的基本模式。	1. 查阅施工质量验收范围划分表及报审表 划分表内容：符合规程规定且已明确了质量控制点 报审表签字：监理总监、监理工程师及建设单位技术负责人已签字

条款号	大纲条款	检查依据	检查要点
4.3.3	组织补充完善施工质量验收项目划分表，对设定的工程质量控制点，进行了旁站监理	4.0.8 ……工程开工前，应由承建工程的施工单位按工程具体情况编制项目划分表……，划分表应报监理单位审核，建设单位批准。…… **5.《电力建设工程监理规范》DL/T 5434—2009** 9.1.2 项目监理机构应审查承包单位编制的质量计划和工程质量验收及评定项目划分表，提出监理意见，报建设单位批准后监督实施。 质量验收及评定项目划分报审表应符合表 A.11 的格式。 9.1.9 项目监理机构应安排监理人员对施工过程进行巡视和检查，对工程项目的关键部位、关键工序的施工过程进行旁站监理。 表 B.5 旁站监理记录表	2. 查阅旁站计划和旁站记录 旁站计划质量控制点：符合质量验收范围划分表要求 旁站记录：完整 签字：施工单位技术人员、监理旁站人员已签字
4.3.4	特殊施工技术措施已审批	**1.《建设工程安全生产管理条例》中华人民共和国国务院令〔2003〕第 393 号** 第二十六条 ……，对下列达到一定规模的危险性较大的分部分项工程编制专项施工方案，并附具安全验算结果，经施工单位技术负责人、总监理工程师签字后实施，由专职安全生产管理人员进行现场监督： （一）基坑支护与降水工程； （二）土方开挖工程 （三）模板工程； （四）起重吊装工程； （五）脚手架工程； （六）拆除、爆破工程； （七）国务院建设行政主管部门或者其他有关部门规定的其他危险性较大的工程。	查阅特殊施工技术措施报审表 审核意见：专家意见已在技术措施中落实，同意实施 审核签字：监理总监、监理工程师及建设单位专工已签字

条款号	大纲条款	检查依据	检查要点
4.3.4	特殊施工技术措施已审批	对前款所列工程中涉及深基坑、地下暗挖工程、高大模板工程的专项施工方案，施工单位还应当组织专家进行论证、审查。 **2.《建设工程监理规范》GB 50319—2013** 5.2.2 总监理工程师应组织专业监理工程师审查施工单位报审的施工方案，符合要求后应予以签认。 施工方案审查应包括下列基本内容： 1 编审程序符合相关规定。 2 工程质量保证措施应符合有关标准。 5.5.3 项目监理机构应审查施工单位报审的专项施工方案，符合要求的，应由总监理工程师签认后报建设单位。超过一定规模的危险性较大的分部分项工程的专项施工方案，应检查施工单位组织专家进行论证、审查的情况，以及是否附具安全验算结果。项目监理机构应要求施工单位按已批准的专项施工方案组织施工。专项施工方案需要调整时，施工单位应按程序重新提交项目监理机构审查。 专项施工方案审查应包括下列基本内容： 1 编审程序应符合相关规定。 2 安全技术措施应符合工程建设强制性标准。 **3.《电力建设工程监理规范》DL/T 5434—2009** 9.1.3 专业监理工程师应要求承包单位报送重点部位、关键工序的施工工艺方案和工程质量保证措施，审核同意后签认。 方案报审表应符合表 A.4 的格式。 9.4.3 项目监理机构应审查承包单位提交的施工组织设计中的安全技术方案或下列危险性较大的分部分项工程专项施工方案是否符合工程建设强制性标准	

条款号	大纲条款	检查依据	检查要点

4.3.5	对进场的工程材料、设备、构配件的质量进行检查验收及原材料复检的见证取样	**1.《建设工程质量管理条例》中华人民共和国国务院令第 279 号**
		第三十七条 ……
		    未经监理工程师签字，建筑材料、建筑构配件和设备不得在工程上使用或者安装，施工单位不得进行下一道工序的施工。……
		2.《建设工程监理规范》GB/T 50319—2013
		5.2.9 项目监理机构应审查施工单位报送的用于工程的材料、构配件、设备的质量证明文件，并应按有关规定、建设工程监理合同约定，对用于工程的材料进行见证取样，平行检验。
		    项目监理机构对已进场经检验不合格的工程材料、构配件、设备，应要求施工单位限期将其撤出施工现场。
		3.《建筑工程施工质量验收统一标准》GB 50300—2013
		3.0.2 建筑工程应按下列规定进行施工质量控制：
		    1 建筑工程采用的主要材料、半成品、成品、建筑构配件、器具和设备应进行现场验收。凡涉及安全、节能、环境保护和主要使用功能的重要材料、产品，应按各专业工程施工规范、验收规范和设计文件等规定进行复验，并应经监理工程师检查认可。
		4.《房屋建筑工程和市政基础设施工程实行见证取样和送检的规定》中华人民共和国住房和城乡建设部 建设部建建〔2000〕211 号
		第五条 涉及结构安全的试块、试件和材料见证取样和送检的比例不得低于有关技术标准中规定应取样数量的 30%。
		第六条 下列试块、试件和材料必须实施见证取样和送检：
		（一）用于承重结构的混凝土试块；
		（二）用于承重墙体的砌筑砂浆试块；
		（三）用于承重结构的钢筋及连接接头试件；
		（四）用于承重墙的砖和混凝土小型砌块；
		（五）用于拌制混凝土和砌筑砂浆的水泥；
			1. 查阅工程材料/设备/构配件报审表
			审查意见：同意使用
			质量证明文件：齐全完整
			
			2. 查阅见证取样单
			取样项目：符合规范规定
			取样比例或数量：符合要求
			签字：施工单位材料员、监理单位见证取样员已签字

条款号	大纲条款	检查依据	检查要点
4.3.5	对进场的工程材料、设备、构配件的质量进行检查验收及原材料复检的见证取样	（六）用于承重结构的混凝土中使用的掺加剂； （七）地下、屋面、厕浴间使用的防水材料； （八）国家规定必须实行见证取样和送检的其他试块、试件和材料。 **5.《火电工程项目质量管理规程》DL/T 1144—2012** 7.5.5　工程项目施工中应实施下列质量管理工作： 　a）参加设备开箱检验、工程主要材料的检验和见证取样，严格控制不合格的设备和材料在工程中使用。 **6.《电力建设工程监理规范》DL/T 5434—2009** 7.2.3　见证取样。对规定的需取样送试验室检验的原材料和样品，经监理人员对取样进行见证、封样、签认。 9.1.6　项目监理机构应审核承包单位报送的主要工程材料、半成品、构配件生产厂商的资质，符合后予以签认。 　工程材料/构配件/设备报审表应符合表 A.12 的格式。 9.1.7　项目监理机构应对承包单位报送的拟进场工程材料、半成品和构配件的质量证明文件进行审核，并按有关规定进行抽样验收。对有复试要求的，经监理人员现场见证取样后送检，复试报告应报送项目监理机构查验。 9.1.8　项目监理机构应参与主要设备开箱验收，对开箱验收中发现的设备质量缺陷，督促相关单位处理	3. 开箱检验记录 结论：合格/不合格退场
4.3.6	施工质量问题及处理台账完整	**1.《建设工程监理规范》GB/T 50319—2013** 5.2.15　项目监理机构发现施工存在质量问题……，应及时签发监理通知单，要求施工单位整改。整改完毕后，项目监理机构应根据施工单位报送的监理通知回复对整改情况进行复查，提出复查意见。	查阅质量问题及处理记录台账 记录要素：质量问题、发现时间、责任单位、整改要求、闭环文件、完成时间 检查内容：记录完整

条款号	大纲条款	检查依据	检查要点
4.3.6	施工质量问题及处理台账完整	**2.《电力建设工程监理规范》DL/T 5434—2009** 9.1.12 对施工过程中出现的质量缺陷，专业监理工程师应及时下达书面通知，要求承包单位整改，并检查确认整改结果。 9.1.15 专业监理工程师应……，并根据承包单位报送的消缺报验申请表和自检记录进行检查验收	
4.3.7	工程建设标准强制性条文检查到位	**1.《建设工程安全生产管理条例》中华人民共和国国务院令〔2004〕第393号** 第十四条 工程监理单位应当审查施工组织设计中的安全技术措施或者专项施工方案是否符合工程建设强制性标准。 **2.《实施工程建设强制性标准监督规定》中华人民共和国建设部令〔2000〕第81号** 第二条 在中华人民共和国境内从事新建、扩建、改建等工程建设活动，必须执行工程建设强制性标准。 **3.《火电工程项目质量管理规程》DL/T 1144—2012** 7.5 施工调试监理 7.5.3 审核确认下列主要质量管理文件： 　c）工程建设强制性条文实施计划。 **4.《电力建设施工质量验收及评价规程 第1部分：土建工程》DL/T 5210.1—2012** 前言 本部分中以黑体字标志的条文为强制性条文，必须严格执行。 14.0.13 每个工程部位（范围）应分别按施工现场质量保证条件……强制性条文管理和执行情况六项评价内容进行判定…… 17.0.6 强制性条文管理和执行情况评价方法应符合下列规定： 　3 强制性条文管理和执行情况评价应符合表17.0.6的规定。 **5.《电力建设工程监理规范》DL/T 5434—2009** 9.4.3 项目监理机构应审查承包单位提交的施工组织设计中的安全技术方案或下列危险性较大的分部分项工程专项施工方案是否符合工程建设强制性标准	查阅分部工程强制性条文执行情况检查表 内容：符合强条计划要求 签字：施工单位技术人员、专业监理工程师已签字

条款号	大纲条款	检查依据	检查要点
4.3.8	完成主体结构工程、汽轮机基座施工质量验收	**1.《建设工程质量管理条例》中华人民共和国国务院令第279号** 第三十七条 …… 　　未经监理工程师签字，……，施工单位不得进行下一道工序的施工。未经总监理工程师签字，建设单位不拨付工程款，不进行竣工验收。 **2.《建设工程监理规范》GB/T 50319—2013** 5.2.14　项目监理机构应对施工单位报验的隐蔽工程、检验批；分项工程和分部工程进行验收，对验收合格的应给予签认，对验收不合格的应拒绝签认，同时应要求施工单位在指定的时间内整改并重新报验。 **3.《火电工程项目质量管理规程》DL/T 1144—2012** 7.5.6　监理单位应在施工验收阶段实施下列质量管理工作： 　　a）审核工程项目检验批、分项工程质量的符合性。 　　b）监查特殊过程施工质量，批准进行下一道施工工序。 　　c）组织分部、单位工程验收，…… 　　e）审核施工单位编制的单位工程竣工资料，…… **4.《电力建设工程监理规范》DL/T 5434—2009** 9.1.10　对承包单位报送的隐蔽工程报验申请表和自检记录，专业监理工程师应进行现场检查，符合要求予以签认后，承包单位方可隐蔽并进行下一道工序的施工。 　　对未经监理人员验收或验收不合格的工序，监理人员应拒绝签认，并严禁承包单位进行下一道工序的施工。 　　验收申请表应符合表A.14的格式。 9.1.11　专业监理工程师应对承包单位报送的分项工程质量报验资料进行审核，符合要求予以签认；总监理工程师应组织专业监理工程师对承包单位报送的分部工程和单位工程质量验评资料进行审核和现场检查，符合要求予以签认	查阅主厂房结构工程、汽轮机基座施工质量验收表 项目：与验收范围划分表内容相符 结论：合格 签字：相关责任人已签字

条款号	大纲条款	检查依据	检查要点
4.3.9	对本阶段工程质量提出评价意见	**1.《火电工程项目质量管理规程》DL/T 1144—2012** 7.5.6 监理单位应在施工验收阶段实施以下质量管理工作： d 组织单项、单台及整体工程的质量评价自检工作	查阅本阶段工程质量评价文件 评价意见：明确
4.4 施工单位质量行为的监督检查			
4.4.1	项目部专业人员配置合理	**1.《中华人民共和国建筑法》中华人民共和国主席令〔2011〕第46号** 第十四条 从事建筑活动的专业技术人员，应当依法取得相应的执业资格证书，并在执业资格证书许可的范围内从事建筑活动。 **2.《建设工程质量管理条例》中华人民共和国国务院令第279号** 第二十六条 施工单位对建设工程的施工质量负责。 　施工单位应当建立质量责任制，确定工程项目的项目经理、技术负责人和施工管理负责人。…… **3.《建设工程项目管理规范》GB/T 50326—2017** 4.3.4 建立项目管理机构应遵循下列规定： 1 结构应符合组织制度和项目实施要求； 2 应有明确的管理目标、运行程序和责任制度； 3 机构成员应满足项目管理要求及具备相应资格； 4 组织分工应相对稳定并可根据项目实施变化进行调整； 5 应确定机构人员的职责、权限、利益和需承担的风险。 **4.《火电工程项目质量管理规程》DL/T 1144—2012** 9.2.1 施工单位应设置独立的质量管理机构，并应符合下列规定： a）配备满足工程需要的专职质量管理人员。 9.3.2 单位工程开工应满足下列条件，并应由建设单位和监理单位进行核查。 e）开工所需的施工人员及机械已到位。	查阅项目部成立文件，组织机构及管理体系。 专业人员配置包括：项目经理、项目总工程师、施工管理负责人、专业技术负责人、专业技术员、施工员、质量员、安全员、资料员等

条款号	大纲条款	检查依据	检查要点
4.4.1	项目部专业人员配置合理	g）特种作业人员的资格证和上岗证已经监理确认。 9.3.4　施工单位的人员资格应符合下列规定： 　　a）项目经理应担任过一项大型或两项及以上中型火电工程的项目副经理或总工程师，具有 8 年以上施工经验，并持有国家注册一级建造师证书。 　　b）项目总工程师应担任过两项及以上火电工程的项目副总工程师或专业技术负责人，具有中级及以上技术职称。 　　c）专业技术负责人应担任过两项及以上火电工程的专业技术工作，具有中级及以上技术职称。 　　d）专业质检人员应具有工程质量检验的相应能力，并持有相应的质量检验资格证书。 **5.《建筑与市政工程施工现场专业人员职业标准》JGJ/T 250—2011** 　　1.0.3　本标准所指建筑与市政工程施工现场专业人员包括施工员、质量员、安全员、标准员、材料员、机械员、劳务员、资料员。其中，施工员、质量员、标准员可分为土建施工、装饰装修、设备安装和市政工程四个子专业	
4.4.2	质量检查员及特殊工种人员持证上岗	**1.《特种作业人员安全技术培训考核管理办法》中华人民共和国国家安全生产监督管理总局令〔2010〕第 30 号** 　　第三条　……，特种作业的范围由特种作业目录规定。 　　本规定所称特种作业人员，是指直接从事特种作业的从业人员。 　　第五条　特种作业人员必须经专门的安全技术培训并考核合格，取得《中华人民共和国特种作业操作证》（以下简称特种作业操作证）后，方可上岗作业。 　　第十九条　特种作业操作证有效期为 6 年，在全国范围内有效。 　　第二十一条　特种作业操作证每 3 年复审 1 次。 附件 （特种作业）种类 1　电工作业 1.1　高压电工作业	1. 查阅项目部各专业质检员资格证书 专业类别：包括土建、锅炉、汽机、电气等 发证单位：政府主管部门或电力建设工程质量监督站 有效期：当前有效 2. 查阅特殊工种人员台账 内容：包括姓名、工种类别、证书编号、发证单位、有效期等 证书有效期：作业期间有效

条款号	大纲条款	检查依据	检查要点
4.4.2	质量检查员及特殊工种人员持证上岗	1.2　低压电工作业 1.3　防爆电气作业 2　焊接与热切割作业 2.1　熔化焊接与热切割作业 2.2　压力焊作业 2.3　钎焊作业 3　高处作业 3.1　登高架设作业 3.2　高处安装、维护、拆除的作业 **2.《建筑施工特种作业人员管理规定》中华人民共和国建设部建质〔2008〕75号** 第三条　建筑施工特种作业包括： （一）建筑电工； （二）建筑架子工； （三）建筑起重信号司索工； （四）建筑起重机械司机； （五）建筑起重机械安装拆卸工； （六）高处作业吊篮安装拆卸工； （七）经省级以上人民政府建设主管部门认定的其他特种作业。 第四条　建筑施工特种作业人员必须经建设主管部门考核合格，取得建筑施工特种作业人员操作资格证书，方可上岗从事相应作业。 第十九条　用人单位应当履行下列职责： （六）建立本单位特种作业人员管理档案。 **3.《工程建设施工企业质量管理规范》GB/T 50430—2017** 5.2.2　施工企业应根据质量管理需求配备相应的管理、技术及作业人员	3. 查阅特殊工种人员资格证书 发证单位：政府主管部门 有效期：与台账一致

条款号	大纲条款	检查依据	检查要点
4.4.3	施工方案和作业指导书已审批，技术交底记录齐全	**1.《危险性较大的分部分项工程安全管理规定》中华人民共和国住房和城乡建设部令〔2018〕第 37 号** 第十条　施工单位应当在危大工程施工前组织工程技术人员编制专项施工方案。 实行施工总承包的，专项施工方案应当由施工总承包单位组织编制。危大工程实行分包的，专项施工方案可以由相关专业分包单位组织编制。 第十一条　专项施工方案应当由施工单位技术负责人审核签字、加盖单位公章，并由总监理工程师审查签字、加盖执业印章后方可实施。 危大工程实行分包并由分包单位编制专项施工方案的，专项施工方案应当由总承包单位技术负责人及分包单位技术负责人共同审核签字并加盖单位公章。 第十二条　对于超过一定规模的危大工程，施工单位应当组织召开专家论证会对专项施工方案进行论证。实行施工总承包的，由施工总承包单位组织召开专家论证会。专家论证前专项施工方案应当通过施工单位审核和总监理工程师审查。 专家应当从地方人民政府住房城乡建设主管部门建立的专家库中选取，符合专业要求且人数不得少于 5 名。与本工程有利害关系的人员不得以专家身份参加专家论证会。 第十三条　专家论证会后，应当形成论证报告，对专项施工方案提出通过、修改后通过或者不通过的一致意见。专家对论证报告负责并签字确认。 专项施工方案经论证需修改后通过的，施工单位应当根据论证报告修改完善后，重新履行本规定第十一条的程序。 专项施工方案经论证不通过的，施工单位修改后应当按照本规定的要求重新组织专家论证。 **2.《建筑施工组织设计规范》GB/T 50502—2009** 3.0.5　施工组织设计的编制和审批应符合下列规定： 　　2 ……施工方案应由项目技术负责人审批；重点、难点分部（分项）工程和专项工程施工方案应由施工单位技术部门组织相关专家评审，施工单位技术负责人批准。	1. 查阅施工方案和作业指导书 审批：责任人已签字 编审批时间：施工前 2. 查阅施工方案和作业指导书报审表 审批意见：同意实施等肯定性意见 签字：施工项目部、监理项目部责任人已签字 盖章：施工项目部、监理项目部已盖章

续表

条款号	大纲条款	检查依据	检查要点
4.4.3	施工方案和作业指导书已审批,技术交底记录齐全	3 由专业承包单位施工的分部(分项)工程或专项工程的施工方案,应由专业承包单位技术负责人或技术负责人授权的技术人员审批;有总承包单位时,应由总承包单位项目技术负责人核准备案。 4 规模较大的分部(分项)工程和专项工程的施工方案应按单位工程施工组织设计进行编制和审批。 6.4.1 施工准备应包括下列内容: 1 技术准备:包括施工所需技术资料的准备、图纸深化和技术交底的要求、试验检验和测试工作计划、样板制作计划以及与相关单位的技术交接计划等。 **3.《电力建设施工技术规范 第 1 部分:土建结构工程》DL 5190.1—2012** 3.0.1 工程施工前,应按设计图纸,结合具体情况和施工组织设计的要求编制施工方案,并经批准后方可施工。 3.0.6 施工单位应当在危险性较大的分部、分项工程施工前编制专项方案;对于超过一定规模和危险性较大的深基坑工程、模板工程及支撑体系、起重吊装及安装拆卸工程、脚手架工程和拆除、爆破工程等,施工单位应当组织专家对专项方案进行论证。 **4.《火电工程项目质量管理规程》DL/T 1144—2012** 9.2.2 施工单位在工程开工前,应编制质量管理文件,经监理、建设单位会审、批准后实施,质量管理文件应包括: f)重大施工方案、作业指导书清单,并规定审批级别。 9.3.2 单位工程开工应满足下列条件,并应由建设单位和监理单位进行核查。 c)专业施工组织设计、重大施工方案已经监理批准。 d)开工所需施工图已齐全,并已会检和交底,……	3. 查阅技术交底记录 内容:与方案或作业指导书相符 时间:施工前 签字:交底人和被交底人已签字 4. 查阅重大方案或特殊专项措施(需专家论证的专项方案)的评审报告 内容:对论证的内容提出明确的意见 评审专家资格:符合住建部《危险性较大的分部分项工程安全管理办法》要求

续表

条款号	大纲条款	检查依据	检查要点
4.4.4	计量工器具经检定合格，且在有效期内	**1.《中华人民共和国计量法》中华人民共和国主席令〔2014〕第 8 号** 第四十七条 ……未按照规定申请计量检定、计量检定不合格或者超过计量检定周期的计量器具，不得使用。 **2.《中华人民共和国依法管理的计量器具目录（型式批准部分）》国家质检总局公告 2005 年第 145 号** 1. 测距仪：光电测距仪、超声波测距仪、手持式激光测距仪； 2. 经纬仪：光学经纬仪、电子经纬仪； 3. 全站仪：全站型电子速测仪； 4. 水准仪：水准仪； 5. 测地型 GPS 接收机：测地型 GPS 接收机。 **3.《电力建设施工技术规范 第 1 部分：土建结构工程》DL 5190.1—2012** 3.0.5 在质量检查、验收中使用的计量器具和检测设备，应经计量检定合格后方可使用；承担材料和设备检测的单位，应具备相应的资质。 **4.《电力工程施工测量技术规范》DL/T 5445—2010** 4.0.3 施工测量所使用的仪器和相关设备应定期检定，并在检定的有效期内使用。…… **5.《建筑工程检测试验技术管理规范》JGJ 190—2010** 5.2.2 施工现场配置的仪器、设备应建立管理台账，按有关规定进行计量检定或校准，并保持状态完好	1. 查阅计量工器具台账 内容：包括计量工器具名称、出厂合格证编号、检定日期、有效期、在用状态等 检定有效期：在用期间有效 2. 查阅计量工器具检定合格证或报告 检定单位资质范围：包含所检测工器具 工器具有效期：在用期间有效，且与台账一致
4.4.5	按照检测试验项目计划进行了见证的取样和送检，台账完整	**1.《建设工程质量管理条例》中华人民共和国国务院令第 279 号** 第三十一条 施工人员对涉及结构安全的试块、试件以及有关材料，应当在建设单位或者工程监理单位监督下现场取样，并送具有相应资质等级的质量检测单位进行检测。 **2.《建设工程质量检测管理办法》中华人民共和国建设部令〔2005〕第 141 号** 第十三条 质量检测试样的取样应当严格执行有关工程建设标准和国家有关规定，在建设单位或者工程监理单位监督下现场取样。……	查阅见证取样台账 取样数量、取样项目：与检测试验计划相符

条款号	大纲条款	检查依据	检查要点
4.4.5	按照检测试验项目计划进行了见证的取样和送检，台账完整	**3.《房屋建筑工程和市政基础设施工程实行见证取样和送检的规定》中华人民共和国住房和城乡建设部建建〔2000〕211号** 第六条 下列试块、试件和材料必须实施见证取样和送检： （一）用于承重结构的混凝土试块； （二）用于承重墙体的砌筑砂浆试块； （三）用于承重结构的钢筋及连接接头试件； （四）用于承重墙的砖和混凝土小型砌块； （五）用于拌制混凝土和砌筑砂浆的水泥； （六）用于承重结构的混凝土中使用的掺加剂； （七）地下、屋面、厕浴间使用的防水材料； （八）国家规定必须实行见证取样和送检的其他试块、试件和材料。 第七条 见证人员应由建设单位或该工程的监理单位具备建筑施工试验知识的专业技术人员担任，并应由建设单位或该工程的监理单位书面通知施工单位、检测单位和负责该项工程的质量监督机构。 **4.《房屋建筑和市政基础设施工程质量检测技术管理规范》GB 50618—2011** 3.0.5 对实行见证取样和见证检测的项目，不符合见证要求的，检测机构不得进行检测。 **5.《建筑工程检测试验技术管理规范》JGJ 190—2010** 3.0.6 见证人员必须对见证取样和送检的过程进行见证，且必须确保见证取样和送检过程的真实性。 5.5.1 施工现场应按照单位工程分别建立下列试样台账： 1 钢筋试样台账； 2 钢筋连接接头试样台账； 3 混凝土试件台账； 4 砂浆试件台账；	

续表

条款号	大纲条款	检查依据	检查要点
4.4.5	按照检测试验项目计划进行了见证的取样和送检，台账完整	5 需要建立的其他试样台账。 5.6.1 现场试验人员应根据施工需要及有关标准的规定，将标识后的试样送至检测单位进行检测试验。 5.8.5 见证人员应对见证取样和送检的全过程进行见证并填写见证记录。 5.8.6 检测机构接收试样时应核实见证人员及见证记录，见证人员与备案见证人员不符或见证记录无备案见证人员签字时不得接收试样	
4.4.6	原材料、成品、半成品、商品混凝土的跟踪管理台账清晰，记录完整	**1.《建设工程质量管理条例》中华人民共和国国务院令第 279 号** 第二十九条 施工单位必须按照工程设计要求、施工技术标准和合同约定，对建筑材料、建筑构配件、设备和商品混凝土进行检验，检验应当有书面记录和专人签字；未经检验或者检验不合格的，不得使用。 **2.《电力建设施工技术规范 第 1 部分：土建结构工程》DL 5190.1—2012** 3.0.2 ……对工程所用的水泥、钢筋等主要材料应进行跟踪管理。 **3.《火电工程项目质量管理规程》DL/T 1144—2012** 9.3.6 材料控制应符合下列规定： f) 施工单位对重要原材料应进行质量追溯。火电施工常见有追溯性要求的产品清单见附录 D 中表 D.1	查阅材料跟踪管理台账 内容：包括生产厂家、进场日期、品种规格、出厂合格证书编号、复试报告编号、使用部位、使用数量等
4.4.7	专业绿色施工措施已实施	**1.《绿色施工导则》中华人民共和国建设部建质〔2007〕223 号** 4.1.2 规划管理 1 编制绿色施工方案。该方案应在施工组织设计中独立成章，并按有关规定进行审批。 **2.《建筑工程绿色施工规范》GB/T 50905—2014** 3.1.1 建设单位应履行下列职责 1 在编制工程概算和招标文件时，应明确绿色施工的要求…… 2 应向施工单位提供建设工程绿色施工的设计文件、产品要求等相关资料……	查阅专业绿色施工记录 内容：与绿色施工措施相符 签字：责任人已签字

条款号	大纲条款	检查依据	检查要点
4.4.7	专业绿色施工措施已实施	4.0.2 施工单位应编制包含绿色施工管理和技术要求的工程绿色施工组织设计、绿色施工方案或绿色施工专项方案，并经审批通过后实施。 **3.《火电工程项目质量管理规程》DL/T 1144—2012** 5.3.3 建设单位在工程开工前应组织相关单位编制下列质量文件： n）绿色施工措施。 9.3.1 工程具备开工条件后，由建设单位按照国家规定办理开工手续。工程开工应满足下列条件： k）绿化施工措施编制并落实。 9.2.2 施工单位在工程开工前，应编制质量管理文件，经监理、建设单位会审、批准后实施，质量管理文件应包括： i）绿色施工措施。 9.3.12 绿色施工应符合下列规定： a）施工单位应按《绿色施工导则》的规定：在工程开工前编制节能、节水、节地、节材的控制措施，控制措施应重点包含能源合理配备、废水利用、节约用地、材料合理选配及循环使用等内容。 b）施工单位应编制控制噪声、防尘、废液排放、水土保持及环保设施投入等控制措施，各项措施应经监理、建设单位的审批。所有措施均应表示实测指标，施工过程应由监理工程师实时监查。 **4.《电力建设施工技术规范 第1部分：土建结构工程》DL 5190.1—2012** 3.0.12 施工单位应建立绿色施工管理体系和管理制度，实施目标管理，施工前应在施工组织设计和施工方案中明确绿色施工的内容和方法	
4.4.8	工程建设标准强制性条文实施计划已执行	**1.《实施工程建设强制性标准监督规定》中华人民共和国建设部令〔2000〕第81号** 第二条 在中华人民共和国境内从事新建、扩建、改建等工程建设活动，必须执行工程建设强制性标准。	查阅强制性条文执行记录 内容：与强制性条文执行计划相符 签字：责任人已签字

条款号	大纲条款	检查依据	检查要点
4.4.8	工程建设标准强制性条文实施计划已执行	第三条　本规定所称工程建设强制性标准是指直接涉及工程质量、安全、卫生及环境保护等方面的工程建设标准强制性条文。 　　国家工程建设标准强制性条文由国务院建设行政主管部门会同国务院有关行政主管部门确定。 第六条　……工程质量监督机构应当对工程建设施工、监理、验收等阶段执行强制性标准的情况实施监督 **2.《火电工程项目质量管理规程》DL/T 1144—2012** 4.5　火电工程项目应认真执行国家和行业相关技术标准，严格执行工程建设标准中的强制性条文…… 5.3.3　建设单位在工程开工前应组织相关单位编制下列质量管理文件： 　　d）工程建设强制性条文实施规划。 9.2.2　施工单位在工程开工前，应编制质量管理文件，经监理、建设单位会审、批准后实施，质量管理文件应包括： 　　d）工程建设强制性条文实施细则	执行时间：与工程进度同步
4.4.9	无违规转包或者违法分包工程的行为	**1.《中华人民共和国建筑法》中华人民共和国主席令〔2011〕第46号** 第二十八条　禁止承包单位将其承包的全部建筑工程转包给他人，禁止承包单位将其承包的全部建筑工程肢解以后以分包的名义转包给他人。 第二十九条　建筑工程总承包单位可以将承包工程中的部分工程发包给具有相应资质条件的分包单位，但是，除总承包合同约定的分包外，必须经建设单位认可。施工总承包的，建筑工程主体结构的施工必须由总承包单位自行完成。 　　禁止总承包单位将工程分包给不具备相应资质条件的单位。禁止分包单位将其承包的工程再分包。 **2.《建筑工程施工转包违法分包等违法行为认定查处管理办法（试行）》中华人民共和国住房和城乡建设部建市〔2014〕118号** 第七条　存在下列情形之一的，属于转包：	1. 查阅工程分包申请报审表 审批意见：同意分包等肯定性意见 签字：施工项目部、监理项目部、建设单位责任人已签字 盖章：施工项目部、监理项目部、建设单位已盖章

条款号	大纲条款	检查依据	检查要点
4.4.9	无违规转包或者违法分包工程的行为	（一）施工单位将其承包的全部工程转给其他单位或个人施工的； （二）施工总承包单位或专业承包单位将其承包的全部工程肢解以后，以分包的名义分别转给其他单位或个人施工的； （三）施工总承包单位或专业承包单位未在施工现场设立项目管理机构或未派驻项目负责人、技术负责人、质量管理负责人、安全管理负责人等主要管理人员，不履行管理义务，未对该工程的施工活动进行组织管理的； （四）施工总承包单位或专业承包单位不履行管理义务，只向实际施工单位收取费用，主要建筑材料、构配件及工程设备的采购由其他单位或个人实施的； （五）劳务分包单位承包的范围是施工总承包单位或专业承包单位承包的全部工程，劳务分包单位计取的是除上缴给施工总承包单位或专业承包单位"管理费"之外的全部工程价款的； （六）施工总承包单位或专业承包单位通过采取合作、联营、个人承包等形式或名义，直接或变相的将其承包的全部工程转给其他单位或个人施工的； （七）法律法规规定的其他转包行为。 　　第九条　存在下列情形之一的，属于违法分包： （一）施工单位将工程分包给个人的； （二）施工单位将工程分包给不具备相应资质或安全生产许可的单位的； （三）施工合同中没有约定，又未经建设单位认可，施工单位将其承包的部分工程交由其他单位施工的； （四）施工总承包单位将房屋建筑工程的主体结构的施工分给其他单位的，钢结构工程除外； （五）专业分包单位将其承包的专业工程中非劳务作业部分再分包的； （六）劳务分包单位将其承包的劳务再分包的； （七）劳务分包单位除计取劳务作业费用外，还计取主要建筑材料款、周转材料款和大中型施工机械设备费用的； （八）法律法规规定的其他违法分包行为	2. 查阅工程分包商资质 业务范围：涵盖所分包的项目 发证单位：政府主管部门 有效期：当前有效

条款号	大纲条款	检查依据	检查要点
4.5 检测试验机构质量行为的监督检查			
4.5.1	检测试验机构已经通过能力认定并取得相应证书，其现场派出机构（现场试验室）满足规定条件，并已报质量监督机构备案	**1.《建设工程质量检测管理办法》中华人民共和国建设部令〔2005〕第141号** 第四条 ……检测机构未取得相应的资质证书，不得承担本办法规定的质量检测业务。 第八条 检测机构资质证书有效期为3年。资质证书有效期满需要延期的，检测机构应当在资质证书有效期满30个工作日前申请办理延期手续。 **2.《检验检测机构资质认定管理办法》国家质量监督检验检疫总局令〔2015〕第163号** 第二条 …… 资质认定包括检验检测机构计量认证。 第三条 检验检测机构从事下列活动，应当取得资质认定： （四）为社会经济、公益活动出具具有证明作用的数据、结果的； （五）其他法律法规规定应当取得资质认定的。 第五条 …… 各省、自治区、直辖市人民政府质量技术监督部门（以下简称省级资质认定部门）负责所辖区域内检验检测机构的资质认定工作；…… 第十一条 资质认定证书有效期为6年。需要延续资质认定证书有效期的，应当在其有效期届满3个月前提出申请。 **3.《建设工程监理规范》GB/T 50319—2013** 6.2.5 专业监理工程师应检查施工单位的试验室。 **4.《房屋建筑和市政基础设施工程质量检测技术管理规范》GB 50618—2011** 3.0.2 建设工程质量检测机构（以下简称检测机构）应取得建设主管部门颁发的相应资质证书。 3.0.3 检测机构必须在技术能力和资质规定范围内开展检测工作。 **5.《电力工程检测试验管理办法（试行）》电力工程质量监督总站质监〔2015〕20号** 第三条 电力工程检测试验机构是指依据国家规定取得相应资质，从事电力工程检测试验工作，为保障电力工程建设质量提供检测验证数据和结果的单位。	1. 查阅检测机构资质证书 发证单位：国家认证认可监督管理委员会（国家级）或地方质量技术监督部门或各直属出入境检验检疫机构（省市级）及电力质监机构 有效期：当前有效 业务范围：涵盖检测项目

条款号	大纲条款	检查依据	检查要点
4.5.1	检测试验机构已经通过能力认定并取得相应证书，其现场派出机构（现场试验室）满足规定条件，并已报质量监督机构备案	第七条 ……相应地将承担工程检测试验业务的检测机构划分为 A 级和 B 级两个等级。 第九条 承担建设建模 200MW 及以上发电工程和 330kV 及以上变电站（换流站）的检测机构，必须符合 B 级及以上等级标准要求。不同规模电力工程项目所要求的检测机构业务等级标准见附件 5。 第三十五条 检测机构的《业务等级确认证明》有效期为四年，有效期满后，需重新进行确认。重新确认的程序及要求详见第三章规定。 第三十条 根据工程建设需要和质量验收规范要求，检测机构应在所承担电力工程项目的检测试验任务时，应当设立现场试验室。检测机构对所设立现场试验室的一切行为负责。 第三十一条 现场试验室在开展工作前，须通过负责本项目质监机构组织的能力认定。对符合条件的质监机构应予以书面确认。…… **6.《火电工程项目质量管理规程》DL/T 1144—2012** 9.3.1 工程具备开工条件后，由建设单位按照国家规定办理开工手续。工程开工应满足下列条件： 1）第三方检验、检测单位已确定。 9.4.3 工程建设应根据需要建立土建、金属、电气试验及热工校验室。试验室应具有相应资质，试验人员应持证上岗。 9.4.4 第三方专项检测和见证取样检测应符合下列规定： b）检测单位必须有相应的检测资质，…… c）工程规模较大、试验检测工作量较大时，检测单位宜在项目现场分设现场检测站，配备必要的试验人员、设备、仪器、设施及相关的试验检测标准。 **7.《电力建设施工质量验收及评价规程 第 1 部分：土建工程》DL/T 5210.1—2012** 3.0.2 ……；承担土建工程试验、检测的试验室及承担有关结构安全和功能试验、检测的单位或机构应具有相应资质。	2. 查看现场土建试验室 场所：有固定场所且面积、环境、温、湿度满足规范要求

条款号	大纲条款	检查依据	检查要点
4.5.1	检测试验机构已经通过能力认定并取得相应证书，其现场派出机构（现场试验室）满足规定条件，并已报质量监督机构备案	**8.《建筑工程检测试验技术管理规范》JGJ 190—2010** 3.0.5　承担建筑工程施工检测试验任务的检测单位应符合下列规定： 　　1　当行政法规、国家现行标准或合同对检测单位的资质有要求时，应遵守其规定；当没有要求时，可由施工单位的企业试验室试验，也可委托具备相应资质的检测机构检测。 　　3　检测单位的检测试验能力应与其所承接检测试验项目相适应。 5.2.3　施工现场试验环境及设施应满足检测试验工作的要求。 5.2.4　单位工程建筑面积超过 10000m² 或造价超过 1000 万元人民币时，可设立现场试验站。现场试验站的基本要求应符合表 5.2.4 的规定	3. 查阅检测机构的申请报备文件 报备日期：土建工程开工前
4.5.2	检测人员资格符合规定，持证上岗	**1.《房屋建筑和市政基础设施工程质量检测技术管理规范》GB 50618—2011** 4.1.3　检测机构的技术负责人、质量负责人、检测项目负责人应具有工程类专业中级及其以上技术职称，掌握相关领域知识，具有规定的工作经历和检测工作经验。检测报告批准人、检测报告审核人应经检测机构技术负责人授权，掌握相关领域知识，并具有规定的工作经历和检测工作经验。 4.1.5　检测操作人员应经技术培训、通过建设主管部门或委托有关机构的考核，方可从事检测工作。 5.3.6　检测前应确认检测人员的岗位资格，检测操作人员应熟识相应的检测操作规程和检测设备使用、维护技术手册等。 **2.《电力工程检测试验机管理办法（试行）》电力工程质量监督总站质监〔2015〕20 号** 第三条　电力工程检测试验人员（以下简称检测人员）是指具备检测试验专业知识，经考试合格，取得相应的检测专业资格证书，并承担电力工程检测试验工作的专业技术人员。 **3.《火电工程项目质量管理规程》DL/T 1144—2012** 9.4.3　……，试验人员应持证上岗	1. 查阅检测人员登记台账、资格证 人员专业类别和数量：满足检测项目需求 资格证发证单位：各级政府和电力行业主管部门 资格证有效期：当前有效 2. 查阅检测报告 检测项目：在持证资格范围内 检测人：与台账相符

条款号	大纲条款	检查依据	检查要点
4.5.3	检测仪器、设备检定合格，且在有效期内	**1.《中华人民共和国计量法》中华人民共和国主席令〔2014〕第8号** 第四十七条 ……未按照规定申请计量检定、计量检定不合格或者超过计量检定周期的计量器具，不得使用。 **2.《房屋建筑和市政基础设施工程质量检测技术管理规范》GB 50618—2011** 4.2.7 检测设备的校准或检测应送至具有校准或检测资格的实验室进行校准或检测。 4.2.14 检测机构的所有设备均应标有统一的标识，在用的检测设备均应标有校准或检测有效期的状态标识。 **3.《火电工程项目质量管理规程》DL/T 1144—2012** 9.3.2 单位工程开工应满足下列条件，并应由建设单位和监理单位进行核查。 h）主要监视测量设备、主要施工机械设备的检定证书，已经监理确认。 9.3.5 检测设备的控制应符合下列规定： a）施工单位应配备与工程相适应的测量设备，并保证其持续有效。 b）施工单位应对影响质量的检测设备进行控制，并在这些设备进场时报监理审查；…… c）建设单位和监理单位有权对施工单位使用的检测设备进行监督检查。 **4.《建筑工程检测试验技术管理规范》JGJ 190—2010** 5.2.2 施工现场配置的仪器、设备应建立管理台账，按有关规定进行计量检定或校准，并保持状态完好。 5.2.3 施工现场试验环境及设施应满足检测试验工作的要求。 5.2.4 单位工程建筑面积超过10000m² 或造价超过1000万元人民币时，可设立现场试验站。现场试验站的基本要求应符合表5.2.4 的规定。 **5.《建筑基桩检测技术规范》JGJ 106—2014** 3.2.4 基桩检测用仪器设备应在检定或校准的有效期内；基桩检测前应对仪器设备进行检查调试	1. 查阅检测仪器、设备管理台账 内容：包括检定日期、有效期 证书有效期：当前有效 2. 查阅检定证书 有效期：当前有效 结论：合格 3. 查看检测仪器、设备检定标识 检定有效期：与台账及检定证书一致

条款号	大纲条款	检查依据	检查要点
4.5.4	检测依据正确、有效，检测报告及时、规范	**1.《检验检测机构资质认定管理办法》国家质量监督检验检疫总局令〔2015〕第163号** 第十三条　······ 　　　　检验检测机构资质认定标志，······式样如下：CMA标志。 第二十五条　检验检测机构应当在资质认定证书规定的检验检测能力范围内，依据相关标准或者技术规范规定的程序和要求，出具检验检测数据、结果。 　　　　检验检测机构出具检验检测数据、结果时，应当注明检验检测依据，······ 第二十八条　检验检测机构向社会出具具有证明作用的检验检测数据、结果的，应当在其检验检测报告上加盖检验检测专用章，并标注资质认定标志。 **2.《建设工程质量检测管理办法》中华人民共和国建设部令〔2005〕第141号** 第十四条　检测机构完成检测业务后，应当及时出具检测报告。检测报告经检测人员签字、检测机构法定代表人或者其授权的签字人签署，并加盖检测机构公章或者检测专用章后方可生效。检测报告经建设单位或者工程监理单位确认后，由施工单位归档。 　　　　见证取样检测的检测报告中应当注明见证人单位及姓名。 **3.《房屋建筑和市政基础设施工程质量检测技术管理规范》GB 50618—2011** 4.1.3　······检测报告批准人、检测报告审核人应经检测机构技术负责人授权，······ 5.5.4　检测报告至少应由检测操作人签字、检测报告审核人签字、检测报告批准人签发，并加盖检测专用章，多页检测报告还应加盖骑缝章。 5.5.6　检测报告结论应符合下列规定： 　　1　材料的试验报告结论应按相关材料、质量标准给出明确的判定； 　　2　当仅有材料试验方法而无质量标准，材料的试验报告结论应按设计要求或委托方要求给出明确的判定； 　　3　现场工程实体的检测报告结论应根据设计及鉴定委托要求给出明确的判定。	查阅检测试验报告 检测依据：有效的标准规范、合同及技术文件 检测结论：明确 签章：检测操作人、审核人、批准人已签字，已加盖检测机构公章或检测专用章（多页检测报告加盖骑缝章），并标注相应的资质认定标志 时间：在检测机构规定时间内出具

条款号	大纲条款	检查依据	检查要点
4.5.4	检测依据正确、有效，检测报告及时、规范	**4.《电力工程检测试验机构能力认定管理办法（试行）》质监〔2015〕20号** 第十三条 检测机构及由其派出的现场试验室必须按照认定的能力等级专业类别和业务范围，承担检测试验任务，并按照标准规定出具相应的检测试验报告，未通过能力认定的检测机构或超出规定能力等级范围出具的检测数据、试验报告无效。 第三十二条 检测机构应当……，及时出具检测试验报告	
5 工程实体质量的监督检查			
5.1 混凝土结构工程的监督检查			
5.1.1	钢筋、水泥、砂、石、粉煤灰、外加剂、拌合用水及焊材、焊剂等原材料性能证明文件齐全；现场见证取样检验合格，报告齐全	**1.《混凝土结构工程施工质量验收规范》GB 50204—2015** 3.0.9 获得产品认证或来源稳定且连续三次检验均一次合格的材料、构配件，进场验收时其检验批的容量可按本规范的有关规定扩大。当扩大检验批后的检验出现一次不合格情况时，应按扩大前的检验批容量重新验收。 5.2.1 钢筋进场时，应按国家现行相关标准的规定抽取试件做屈服强度、抗拉强度、伸长率、弯曲性能和重量偏差检验，检验结果必须符合相关标准的规定。 　　**检查数量：**按进场批次和产品的抽样检验方案确定。 　　**检验方法：**检查质量证明文件和抽样复验报告。 5.2.2 成型钢筋进场时，应抽取试件做屈服强度、抗拉强度、伸长率和重量偏差检验，检验结果必须符合相关标准的规定。 　　**检查数量：**同一工程、同一类型、同一原材料来源、同一组生产设备生产的成型钢筋，检验批量不应大于30t。 　　**检验方法：**检查质量证明文件和抽样复验报告。	1. 查阅材料的进场报审表 　签字：施工单位项目经理、专业监理工程师已签字 　盖章：施工单位、监理单位已盖章 　结论：同意使用

条款号	大纲条款	检查依据	检查要点
5.1.1	钢筋、水泥、砂、石、粉煤灰、外加剂、拌合用水及焊材、焊剂等原材料性能证明文件齐全；现场见证取样检验合格，报告齐全	5.2.3 对按一、二、三级抗震等级设计的框架和斜撑构件（含梯段）中的纵向受力普通钢筋应采用 HRB335E、HRB400E、HRB500E、HRBF335E、HRBF400E 或 HRBF500E 钢筋，其强度和最大力下总伸长率的实测值应符合下列规定： 1 钢筋的抗拉强度实测值与屈服强度实测值的比值不应小于 1.25； 2 钢筋的屈服强度实测值与屈服强度标准值的比值不应大于 1.30； 3 钢筋的最大力下总伸长率不应小于 9%。 检查数量：按进场的批次和产品的抽样检验方案确定。 检查方法：检查抽样复验报告。 5.3.3 盘卷钢筋调直后应进行力学性能和重量偏差的检验，其强度应符合现行国家有关标准的规定，其断后伸长率、重量负偏差应符合表 5.3.3 的规定。重量负偏差不符合要求时，调直钢筋不得复检。 5.5.1 受力钢筋的牌号、规格、数量必须符合设计要求。 检查数量：全数检查。 检验方法：观察，尺量检查。 6.1.2 预应力筋、锚具、夹具、连接器、成孔管道进场检验，当满足下列条件之一时，其检验批容量可扩大一倍： 1 经产品认证符合要求的产品； 2 同一工程、同一厂家、同一牌号、同一规格的产品，连续三次进场检验均一次检验合格。 6.2.1 预应力筋进场时，应按国家现行相关标准的规定抽取试件做抗拉强度、伸长率检验，其检验结果应符合国家现行相关标准的规定。 检查数量：按进场批次和产品的抽样检验方案确定。 检验方法：检查质量证明文件和抽样检验报告。 6.3.1 预应力筋的品种、规格、数量必须符合设计要求。 检查数量：全数检查。	2. 查阅钢筋、水泥、砂、石、粉煤灰、外加剂、焊材、焊剂等的材质证明及复检报告 材质证明：应为原件，如为抄件，应加盖经销商公章及采购单位的公章，注明进货数量、原件存放处及抄件人 报告内容：包括试验方法、试验项目、代表部位和数量等，数据计算正确 报告签署：试验员、审核人、批准人已签字，日期无逻辑错误 报告盖章：有计量认证章、资质章及试验单位章。见证取样时，加盖见证取样章。见证取样数量，符合规范规定。 报告结论：合格

续表

条款号	大纲条款	检查依据	检查要点
5.1.1	钢筋、水泥、砂、石、粉煤灰、外加剂、拌合用水及焊材、焊剂等原材料性能证明文件齐全；现场见证取样检验合格，报告齐全	检验方法：观察，尺量检查。 6.4.3 对后张法预应力结构构件，钢绞线出现断裂或滑脱的数量不应超过同一截面钢绞线总根数的 3%，且每根断裂的钢绞线断丝不得超过一丝；对多跨双向连续板，其同一截面应按每跨计算。 检查数量：全数检查。 检验方法：观察，检查张拉记录。 7.2.1 水泥进场（厂）时应对其品种、级别、包装或散装仓号、出厂日期等进行检查，并应对水泥的强度、安定性和凝结时间进行复验，其结果应符合《通用硅酸盐水泥》GB 175 等的规定。当对水泥质量有怀疑或水泥出厂超过三个月时，或快硬硅酸盐水泥超过一个月时，应进行复验并按复验结果 40 使用。 检查数量：按同一生产厂家、同一等级、同一品种、同一批号且连续进场（厂）的水泥，袋装不超过 200t 为一批，散装不超过 500t 为一批，每批抽样数量不应少于一次。 检验方法：检查质量证明文件和抽样复验报告。 7.2.2 混凝土外加剂进场（厂）时应对其品种、性能、出厂日期等进行检查，并对外加剂的相关性能指标进行复验，其结果应符合《混凝土外加剂》GB 8076 和《混凝土外加剂应用技术规范》GB 50119 的规定。 检查数量：按同一生产厂家、同一等级、同一品种、同一批号且连续进场（厂）的混凝土外加剂，不超过 5t 为一批，每批抽样数量不应少于一次。 检验方法：检查质量证明文件和抽样复验报告。 7.2.3 混凝土用矿物掺合料进场时，应对其品种、性能、出厂日期等进行检查，并对矿物掺合料的相关性能指标进行复验，其结果应符合国家现行有关标准的规定。 检查数量：按同一生产厂家、同一品种、同一批号且连续进场的矿物掺合料，袋装不超过 200t 为一批，散装不超过 500t 为一批，硅灰不超过 50t 为一批，每批抽样数量不应少于一次。 检验方法：检查质量证明文件和抽样复验报告。	3. 查阅原材料跟踪管理台账 内容：包括钢筋、水泥等主要原材的产品名称、规格、型号、等级、代表数量与进场数量相吻合、复检报告编号、使用部位等 签字：责任人已签字

条款号	大纲条款	检查依据	检查要点
5.1.1	钢筋、水泥、砂、石、粉煤灰、外加剂、拌合用水及焊材、焊剂等原材料性能证明文件齐全；现场见证取样检验合格，报告齐全	7.2.4 混凝土原材料中的粗骨料、细骨料质量应符合《普通混凝土用砂、石质量及检验方法标准》JGJ 52 的规定，使用经过净化处理的海沙应符合《海沙混凝土应用技术规范》JGJ 206 的规定，再生混凝土骨料应符合《混凝土用再生粗骨料》GB/T 25177 和《混凝土和砂浆用再生细骨料》GB/T 25176 的规定。 检查数量：执行《普通混凝土用砂、石质量及检验方法标准》JGJ 52 的规定。 检验方法：检查抽样复验报告。 7.2.5 混凝土拌制及养护用水应符合《混凝土用水标准》JGJ 63 的规定；采用饮用水作为混凝土用水时，可不检验；采用中水、搅拌站清洗水、施工现场循环水等其他水源时，应对其成分进行检验。 检查数量：同一水源检查不应少于一次。 检验方法：检查水质检验报告。 **2.《混凝土结构工程施工规范》GB 50666—2011** 3.3.6 材料、半成品、和成品进场时，应对其规格、型号、外观和质量证明文件进行检查，并应按《混凝土结构工程施工质量验收规范》GB 50204 等的有关规定进行检验。 5.2.2 对有抗震设防要求的结构，其纵向受力钢筋的性能应满足设计要求；当设计无具体要求时，对按一、二、三级抗震等级设计的框架和斜撑构件（含梯段）中的纵向受力钢筋应采用 HRB335E、HRB400E、HRB500E、HRBf335E、HRBf400E 或 HRBf500E 钢筋，其强度和最大力下总伸长率的实测值应符合下列规定： 1 钢筋的抗拉强度实测值与屈服强度实测值的比值不应小于 1.25； 2 钢筋的屈服强度实测值与屈服强度标准值的比值不应大于 1.30； 3 钢筋的最大力下总伸长率不应小于 9%。 5.5.1 钢筋进场检查应符合下列规定： 1 应检查钢筋的质量证明文件。 2 应按国家现行有关标准的规定抽样检验屈服强度、抗拉强度、伸长率、弯曲性能及单位长度重量偏差。	4. 查阅商品混凝土出厂检验文件 发货单数量：符合规范规定 发货单签字：有供货商和施工单位的交接签字 合格证：强度符合要求

条款号	大纲条款	检查依据	检查要点
5.1.1	钢筋、水泥、砂、石、粉煤灰、外加剂、拌合用水及焊材、焊剂等原材料性能证明文件齐全；现场见证取样检验合格，报告齐全	3 经产品认证符合要求的钢筋，其检验批量可扩大一倍。在同一工程中，同一厂家、同一牌号、同一规格的钢筋连续三次进场检验均一次合格时，其后的检验批量可扩大一倍。 4 钢筋的外观质量。 5 当无法准确判断钢筋品种、牌号时，应增加化学成分、晶粒度等检验项目。 5.5.2 成型钢筋进场时，应检查成型钢筋的质量证明文件，成型钢筋所用材料质量证明文件及检验报告并应抽样检验成型钢筋的屈服强度、抗拉强度、伸长率和重量偏差。检验批量可由合同约定，同一工程、同一原材料来源、同一组生产设备生产的成型钢筋，检验批量不宜大于30t。 5.2.3 钢筋调直后，应检查力学性能和单位长度重量偏差。但采用无延伸功能机械设备调直的钢筋，可不进行本条规定的检查。 6.6.1 预应力工程材料进场检查应符合下列规定： 1 应检查规格、外观、尺寸及其质量证明文件。 2 应按现行国家有关标准的规定进行力学性能的抽样检验。 3 经产品认证符合要求的产品，其检验批量可扩大一倍。在同一工程、同一厂家、同一品种、同一规格的产品连续三次进场检验均一次检验合格时，其后的检验批量可扩大一倍。 7.6.2 原材料进场时，应对材料外观、规格、等级、生产日期等进行检查，并应对其主要技术指标按本规范7.6.3的规定划分检验批进行抽样检验，每个检验批检验不得少于1次。 经产品认证符合要求的水泥、外加剂，其检验批量可扩大一倍。在同一工程中，同一厂家、同一品种、同一规格的水泥、外加剂，连续三次进场检验均一次合格时，其后的检验批量可扩大一倍。 7.6.3 原材料进场质量检查应符合下列规定： 1 应对水泥的强度、安定性及凝结时间进行检验。同一生产厂家、同一等级、同一品种、同一批号连续进场的水泥，袋装水泥不超过200t应为一批，散装水泥不超过500t为一批。	

条款号	大纲条款	检查依据	检查要点
5.1.1	钢筋、水泥、砂、石、粉煤灰、外加剂、拌合用水及焊材、焊剂等原材料性能证明文件齐全；现场见证取样检验合格，报告齐全	2 应对粗骨料的颗粒级配、含泥量、泥块含量、针片状含量指标进行检验，压碎指标可根据工程需要进行检验，应对细骨料颗粒级配、含泥量、泥块含量指标进行检验。当设计文件在要求或结构处于易发生碱骨料反应环境中，应对骨料进行碱活性检验。抗冻等级 F100 及以上的混凝土用骨料，应进行坚固性检验，骨料不超过 400m³ 或 600t 为一检验批。 3 应对矿物掺合料细度（比表面积）、需水量比（流动度比）、活性指数（抗压强度比）、烧失量指标进行检验。粉煤灰、矿渣粉、沸石粉不超过 200t 应为一检验批，硅灰不超过 30t 应为检验批。 4 应按外加剂产品标准规定对其主要匀质性指标和掺外加剂混凝土性能指标进行检验。同一品种外加剂不超过 50t 应为一检验批。 5 当采用饮用水作为混凝土用水时，可没检验。当采用中水、搅拌站清洗水或施工现场循环水等其他水源时，应对其成分进行检验。 7.6.4 当使用中水泥质量受不利环境影响或水泥出厂超过三个月（快硬硅酸盐水泥超过一个月）时，应进行复验，并应按复验结果使用。 **3.《大体积混凝土施工规范》GB 50496—2009** 4.2.2 水泥进场时应对水泥品种、强度等级、包装或散装仓号、出厂日期等进行检查，并对其强度、安定性、凝结时间、水化热等性能指标及其他必要的性能指标进行复检。 **4.《建设工程监理规范》 GB/T 50319—2013** 5.2.9 项目监理机构应审查施工单位报送的用于工程的材料、构配件、设备的质量证明文件，并应按有关规定、建设工程监理合同的约定，对用于建设工程的材料进行见证取样，平等检验。 项目监理机构对已进场经检验不合格的材料、构配件、设备，应要求施工单位限期将其撤出施工现场。 **5.《钢筋焊接验收规程》JGJ 18—2012** 3.0.8 凡施焊的各种钢筋、钢板均应有质量证明书；焊条、焊丝、氧气、溶解乙炔、液化石油气、二氧化碳气体、焊剂应有产品合格证。	

续表

条款号	大纲条款	检查依据	检查要点
5.1.1	钢筋、水泥、砂、石、粉煤灰、外加剂、拌合用水及焊材、焊剂等原材料性能证明文件齐全；现场见证取样检验合格，报告齐全	钢筋进场（厂）时，应按《混凝土结构工程施工质量验收规范》GB 50204 中的规定，抽取试件作力学性能检验，其质量必须符合有关标准的规定。 **6.《电力建设工程监理规范》DL/T 5434—2009** 9.1.7 项目监理机构应对承包单位报送的拟进场工程材料、半成品和构配件的质量证明文件进行审核，并按有关规定进行抽样验收。对有复试要求的，经监理人员现场见证取样的送检，复试报告应报送项目监理机构查验。 未经项目监理机构验收或验收不合格的工程材料、半成品和构配件，不得用于本工程，并书面通知承包单位限期撤出施工现场	
5.1.2	长期处于潮湿环境的重要混凝土结构用砂、石碱活性检验合格	**1.《混凝土结构设计规范》GB 50010—2010** 3.5.3 设计使用年限为 50 年的混凝土结构，其混凝土材料宜符合表 3.5.3 的规定。 3.5.5 一类环境中，设计使用年限为 100 年的结构应符合下列规定： 3 宜使用非碱活性骨料，当使用碱活性骨料时，混凝土中的最大碱含量为 3.0kg/m³。 **2.《大体积混凝土施工规范》GB 50496—2009** 4.2.3 骨料的选择除应满足《普通混凝土用砂、石质量检验方法标准》JGJ 52 的有关规定外，还应符合下列规定： 3 应选用非碱活性的粗骨料…… **3.《清水混凝土应用技术规程》JGJ 169—2009** 3.0.4 处于潮湿环境和干湿交替环境的混凝土，应选用非碱活性骨料。 **4.《普通混凝土用砂、石质量检验方法标准》JGJ 52—2006** 1.0.3 对于长期处于潮湿环境的重要混凝土结构所用的砂石，应进行碱活性检验。	查阅砂、石碱含量检测报告 检测结果：非碱活性骨料，对混凝土中的碱含量不作限制；对于碱活性骨料，限制混凝土中的碱含量不超过 3kg/m³，或已采用能抑制碱-骨料反应的有效措施 大体积混凝土：已选用非碱活性的骨料 对于一类环境中设计年限为100年的结构混凝土：已选用非碱活性的骨料

条款号	大纲条款	检查依据	检查要点
5.1.2	长期处于潮湿环境的重要混凝土结构用砂、石碱活性检验合格	3.1.9　对于长期处于潮湿环境的重要混凝土结构用砂，应采用砂浆棒（快速法）或砂浆长度法进行骨料的碱活性检验。经上述检验判断为有潜在危害时，应控制混凝土中的碱含量不超过 3kg/m³，或采用能抑制碱-骨料反应的有效措施。 3.2.8　对于长期处于潮湿环境的重要结构混凝土，其所使用的碎石或卵石，应进行碱活性检验。 　进行碱活性检验时，首先应采用岩相法检验碱活性骨料的品种、类型和数量。当检验出骨料中含有活性二氧化硅叶。应采用快速砂浆棒法和砂浆长度法进行碱活性检验；当检验出骨料中含有活性碳酸盐时，应采用岩石柱法进行碱活性检验。 　经上述检验，当判定骨料存在潜在碱-碳酸盐反应危害时，不宜用作混凝土骨料；否则，应通过专门的混凝土试验，做最后评定。 　当判定骨料存在潜在碱硅反应危害时，应控制混凝土中的碱含量不超过 3kg/m³，或采用能抑制碱-骨料反应的有效措施	清水混凝土：已选用非碱活性的骨料 签字：责任人已签字 盖章：已加盖计量认证章、资质章和试验专用章。见证取样时，有见证人员及见证取样章 结论：合格
5.1.3	用于配制钢筋混凝土的海砂氯离子含量检验合格	**1.《海砂混凝土应用技术规范》JGJ 206—2010** 4.1.2　海砂的质量应符合表 4.2.1 的要求，即水溶性氯离子含量（%，按质量计）≤0.03	查阅海砂复检报告。 检验项目、试验方法、代表部位、数量、试验结果：符合规范规定 签字：试验员、审核人、批准人已签字 盖章：盖有计量认证章、资质章及试验单位章，见证取样时，加盖见证取样章 结论：水溶性氯离子含量（%，按质量计）≤0.03，符合设计要求和规范规定

条款号	大纲条款	检查依据	检查要点
5.1.4	焊接工艺试验、机械连接工艺试验合格，其连接接头试件截取符合规范，试验合格，报告齐全	**1.《混凝土结构工程施工质量验收规范》GB 50204—2015** 5.4.2 钢筋采用机械连接或焊接时，钢筋机械连接接头、焊接接头的力学性能、弯曲性能应符合国家现行相关标准的规定。接头试件应从工程实体中截取。 　检查数量：按《钢筋机械连接技术规程》JGJ 107 和《钢筋焊接及验收规程》JGJ 18 的规定确定。 　检验方法：检查质量证明文件和抽样检验报告。 **2.《混凝土结构工程施工规范》GB 50666—2011** 5.4.3 钢筋焊接施工应符合下列规定： 　2 在钢筋焊接施工前，参与该项工程施焊的焊工应进行现场条件下的焊接工艺试验，以试验合格后，方可进行焊接。焊接过程中，如果钢筋牌号、直径发生变更，应再次进行焊接工艺试验。工艺试验使用的材料、设备、辅料及作业条件均应与实际施工一致。 5.5.5 钢筋连接施工的质量检查应符合下列规定： 　1 钢筋焊接和机械连接施工前均应进行工艺试验。机构连接应检查有效的型式检验报告。 　6 应按《钢筋机械连接技术规程》JGJ 107、《钢筋焊接及验收规程》JGJ 18 的有关规定抽取钢筋机械连接接头、焊接接头试件作力学性能检验。 **3.《钢筋焊接验收规程》JGJ 18—2012** 4.1.4 在钢筋工程开工正式焊接之前，参与该项施焊的焊工应进行现场条件下的焊接工艺试验，并经试验合格后，方可正式生产。试验结果应符合质量检验与验收时的要求。 **4.《钢筋机械连接技术规程》JGJ 107—2016** 6.2.1 直螺纹钢筋丝头加工应符合下列规定： 1 钢筋端部应采用带锯、砂轮锯或带圆弧形刀片的专用钢筋切断机切平； 2 镦粗头不应有与钢筋轴线相垂直的横向裂纹； 3 钢筋丝头长度应满足产品设计要求，极限偏差应为 $0\sim2.0p$（p 为螺距）；	1. 查阅焊接工艺试验及质量检验报告 检验项目、试验方法、代表部位、数量、抗拉强度、弯曲试验等试验结果：符合规范规定 签字：试验员、审核人、批准人已签字 盖章：有计量认证章、资质章及试验单位章。见证取样时，加盖见证取样章 结论：合格

条款号	大纲条款	检查依据	检查要点
5.1.4	焊接工艺试验、机械连接工艺试验合格，其连接接头试件截取符合规范，试验合格，报告齐全	4 钢筋丝头宜满足 6f 级精度要求，应采用专用直螺纹量规检验，通规应能顺利旋入并达到要求的拧入长度，止规旋入不得超过 $3p$（p 为螺距）。各规格的自检数量不应少于 10%，检验合格率不应小于 95%。 6.2.2 锥螺纹钢筋丝头加工应符合下列规定： 1 钢筋端部不得有影响螺纹加工的局部弯曲； 2 钢筋丝头长度应满足产品设计要求，拧紧后的钢筋丝头不得相互接触，丝头加工长度极限偏差应为 $-0.5p$～$-1.5p$； 3 钢筋丝头的锥度和螺距应采用专用锥螺纹量规规检验；各规格丝头的自检检数量不应少 10%，检验合格率不成小于 95%。 6.3.1 直螺纹接头的安装应符合下列规定： 1 安装接头时可用管钳扳手拧紧，钢筋丝头应在套筒中央位置相互顶紧，标准型、正反丝型、异径型接头安装后的单侧外露螺纹不宜超过 $2p$（p 为螺距）；对无法对顶的其他直螺纹接头，应附加锁紧螺母、顶紧凸台等措施紧固。 2 接头安装后应用扭力扳手校核拧紧扭矩，最小拧紧扭矩值应符合表 6.3.1 的规定。 3 校核用扭力扳手的准确度级别可选用 10 级。 6.3.2 锥螺纹接头的安装应符合下列规定： 1 接头安装时应严格保证钢筋与连件的规格相一致； 2 接头安装时应用扭力扳手拧紧，拧紧扭矩值应满足表 6.3.2 的要求； 3 校核用扭力扳手与安装用扭力扳手应区分使用，校核用扭力扳手应每年校核 1 次，准确度级别不应低于 5 级。 6.3.3 套筒挤压接头的安装应符合下列规定： 1 钢筋端部不得有局部弯曲，不得有严重锈蚀和附着物； 2 钢筋端部应有挤压套筒后可检查钢筋插入深度的明显标记，钢筋端头离套筒长度中点不宜超过 10mm；	2. 查阅焊接工艺试验质量检验报告统计表 数量：试验报告与连接接头种类及代表数量相一致 3. 查看焊接接头及试验报告 截取方式：在工程结构中随机截取 试件数量：符合规范要求 试验结果：合格 4. 查阅机械连接工艺报告及质量检验报告统计表 检验项目、试验方法、代表部位、数量、试验结果：符合规范规定 签字：试验员、审核人、批准人已签字 盖章：盖有计量认证章、资质章及试验单位章，见证取样时，加盖见证取样章 结论：合格

续表

条款号	大纲条款	检查依据	检查要点
5.1.4	焊接工艺试验、机械连接工艺试验合格，其连接接头试件截取符合规范，试验合格，报告齐全	3 挤压应从套筒中央开始，依次向两端挤压，挤压后的压痕直径或套筒长度的波动范围应用专用量规检验；压痕处套筒外径应为原套筒外径的 0.80 倍～0.90 倍，挤压后套筒长度应为原套筒长度的 1.10 倍～1.15 倍； 4 挤压后的套筒不应有可见裂纹。 **5.《钢筋机械连接用套筒》JG/T 163—2013** 6.1.2 外观、尺寸 套筒原材料的外观应用目测方法进行检验，尺寸应用游标卡尺或专用量具进行检验。 6.1.3 力学性能 套筒原材料力学性能试验应符合以下要求： a）套筒原材料力学性能试验应按 GB/T 228.1 的规定进行。 b）挤压套筒原材料硬度试验应按 GB/T 230.1 的规定进行。试验压痕中心应选在管壁的中心线上	5. 查阅机械连接工艺试验及质量检验报告统计表 试验报告数量：与连接接头种类及代表数量相一致 6. 查看机械连接接头及试验报告 截取方式：在工程结构中随机截取 试件数量：符合规范要求 试验结果：合格 7. 查阅机械连接施工记录 最小拧紧力矩值：符合规范规定 签字：施工单位班组长、质量员、技术负责人、专业监理工程师已签字
5.1.5	钢筋代换已办理设计变更，可追溯	**1.《混凝土结构工程施工规范》GB 50666—2011** 5.1.3 当需要进行钢筋代换时，应办理设计变更文件。 6.2.2 当预应力筋需要代换时，应进行专门计算，并应经原设计单位确认	查阅钢筋代换设计变更和设计变更反馈单 设计变更：已履行设计变更手续 设计变更反馈单：已执行 签字：建设、设计、施工、监理单位已签署意见

条款号	大纲条款	检查依据	检查要点
5.1.6	混凝土强度等级应满足设计要求，实验报告齐全	**1.《混凝土结构工程施工质量验收规范》GB 50204—2015** 7.3.3 结构混凝土的强度等级必须符合设计要求。用于检验结构构件的标准养护试件应在浇筑地点随机抽取。试件取样和留置应符合下列规定： 1 每拌制 100 盘且不超过 100m³ 的同一配合比混凝土，取样不得少于一次； 2 每工作班拌制的同一配合比的混凝土不足 100 盘时，取样不得少于一次； 3 每连续浇筑超过 1000m³ 时，同一配合比的混凝土每 200m³ 取样不得少于一次； 4 每一楼层同一配合比的混凝土，取样不得少于一次； 5 每次取样应至少留置一组试件。 检验方法：检查施工记录及混凝土标准养护试件试验记录。	1. 查阅混凝土（标准养护及同条件养护）试块强度试验报告 　代表数量：与实际浇筑的数量相符 　强度：符合设计要求 　签字：试验员、审核人、批准人已签字 　盖章：盖有计量认证章、资质章及试验单位章，见证取样时，加盖见证取样章 2. 查阅混凝土开盘鉴定资料 　时间：首次使用混凝土配合比之前 　内容：开盘鉴定记录表项目齐全 　签字：施工、监理人员已签字 3. 查阅混凝土强度检验评定记录 　评定方法：选用正确 　数据：统计、计算准确 　签字：计算者、审核者已签字 　结论：符合设计要求

条款号	大纲条款	检查依据	检查要点
5.1.6	混凝土强度等级应满足设计要求，实验报告齐全	7.3.4 首次使用的混凝土配合比应进行开盘鉴定，其原材料、强度、凝结时间、稠度应满足设计配合比的要求。工程有要求时，尚应检查混凝土耐久性等要求。 检查方法：检查开盘鉴定资料。 10.2.3 混凝土强度检验应采用同条件养护试块或钻取混凝土芯样的方法。采用同条件养护试块方法时应符合本规范附录 D 的规定，采用钻取混凝土芯样方法时应符合本规范附录 E 的规定	4. 查看混凝土搅拌站 计量装置：在周检期内，使用正常； 配合比调整：已根据气候条件和砂石含水率配合比 材料堆放：粗细骨料无混仓现象 5. 查看混凝土浇筑现场 试块制作：留置地点、方法及数量符合规范要求 坍落度：监理人员按要求检测 养护：方法、时间符合规范要求
5.1.7	混凝土浇筑记录齐全；试件抽取、留置符合规范	**1.《混凝土结构工程施工质量验收规范》GB 50204—2015** 7.3.3 结构混凝土的强度等级必须符合设计要求。用于检验结构构件的标准养护试件应在浇筑地点随机抽取。试件取样和留置应符合下列规定： 1 每拌制 100 盘且不超过 100m³ 的同一配合比混凝土，取样不得少于一次； 2 每工作班拌制的同一配合比的混凝土不足 100 盘时，取样不得少于一次； 3 每连续浇筑超过 1000m³ 时，同一配合比的混凝土每 200m³ 取样不得少于一次； 4 每一楼层同一配合比的混凝土，取样不得少于一次； 5 每次取样应至少留置一组试件。 检验方法：检查施工记录及混凝土标准养护试件试验记录。	1. 查阅混凝土浇筑记录 坍落度：符合配合比要求 浇筑间隔时间：符合规范的规定 标养试块留置：组数符合规范规定，编号齐全 同养试块留置（拆模、结构实体、设备安装、冬期施工、其他要求）：组数符合规范规定，编号齐全

续表

条款号	大纲条款	检查依据	检查要点
5.1.7	混凝土浇筑记录齐全；试件抽取、留置符合规范	**2.《混凝土质量控制标准》GB 50164—2011** 6.6.14 混凝土拌合物从搅拌机卸出后到浇筑完毕的延续时间不宜超过表6.6.14的规定。 6.6.15 在混凝土浇筑的同时，应制作供结构或构件出池、拆模、吊装、张拉、放张和强度合格评定用的同条件养护试件，并应按设计要求制作抗冻、抗渗或其他性能试验用的试件。 7.2.1 在生产施工过程中，应在搅拌地点和浇筑地点分别对混凝土拌合物进行抽样检验。 **3.《建筑工程冬期施工规程》JGJ/T 104—2011** 6.9.7 混凝土强度试件的留置除应按《混凝土结构工程施工质量验收规范》GB 50204规定进行外，尚应增设不少于2组同条件养护试件	2. 查阅商品混凝土跟踪台账 浇筑部位、浇筑量、配合比编号、出厂合格证编号：清晰准确 试块留置数量：符合规范规定 3. 查看混凝土浇筑现场 试块制作：留置地点、方法及数量符合规范要求 坍落度：监理人员按要求检测 养护：方法、时间符合规范要求
5.1.8	基础预埋螺栓、预留孔洞、预埋铁件符合设计及安装要求	**1.《电力建设施工技术规范 第1部分：土建结构工程》DL 5190.1—2012** 4.2.15 ……预埋件和预留孔的允许偏差，应符合表4.2.15-2的规定。 4.4.21 现浇钢筋混凝土结构尺寸允许偏差应符合表4.4.21的规定。 **2.《电力建设施工质量验收及评价规程 第1部分：土建工程》DL/T 5210.1—2012** 5.10.12 现浇混凝土结构外观尺寸偏差应符合表5.10.12的规定。 6.4.9 钢筋混凝土结构主厂房及炉架上部结构混凝土结构外观及尺寸偏差应符合表6.4.9的规定。 6.6.7 汽轮发电机基础工程混凝土结构外观尺寸偏差（基础底板）应符合表6.6.7的规定。	1. 查阅基础预埋螺栓的验收记录 中心位置、顶标高、中心距、垂直度：符合设计要求和规范规定 签字：施工单位项目质量员、项目专业技术负责人、专业监理工程师（建设单位专业技术负责人）已签字 结论：合格

条款号	大纲条款	检查依据	检查要点
5.1.8	基础预埋螺栓、预留孔洞、预埋铁件符合设计及安装要求	6.7.7 其他设备基础混凝土设备基础外观尺寸偏差（设备基础）应符合表6.7.7的规定。 6.6.15 汽轮发电机基础工程混凝土结构外观尺寸偏差（基础上部结构）应符合表6.6.15的规定。 **3.《混凝土结构工程施工质量验收规范》GB 50204—2015** 9.2.4 预制构件上的预埋件、预留插筋、预埋管线等的规格和数量以及预留孔、预留洞的数量应符合设计要求	2. 查阅预留孔洞的验收记录 中心位置、截面尺寸、深度、垂直度：符合设计要求和规范规定 签字：施工单位项目质量员、项目专业技术负责人、专业监理工程师（建设单位专业技术负责人）已签字 结论：合格 3. 查阅预埋铁件的验收记录 中心位置的偏差：符合设计要求和规范规定 签字：施工单位项目质量员、项目专业技术负责人、专业监理工程师（建设单位专业技术负责人）已签字 结论：合格 4. 查看基础预埋螺栓、预留孔洞、预埋铁件的中心位置、顶标高、中心距、垂直度 实测数据：与验收记录一致，符合设计要求和规范的规定

续表

条款号	大纲条款	检查依据	检查要点
5.1.9	混凝土结构外观质量和尺寸偏差符合质量验收标准	**1.《混凝土结构工程施工质量验收规范》GB 50204—2015** 8.1.3 混凝土现浇结构外观质量、位置偏差、尺寸偏差不应有影响结构性能和使用功能的缺陷，质量验收应做出记录。 8.3.1 现浇结构不应有影响结构性能和使用功能的尺寸偏差；混凝土设备基础不应有影响结构性能和设备安装的尺寸偏差。 对超过尺寸允许偏差要求且影响结构性能、设备安装、使用功能的结构部位，应由施工单位提出技术处理方案，并经设计单位及监理（建设）单位认可后进行处理。对经处理后的部位，应重新验收。 检查数量：全数检查。 检验方法：量测，检查技术处理方案。 8.3.2 现浇结构混凝土设备基础拆模后的位置和尺寸偏差应符合表8.3.2-1、表8.3.2-2的规定。 **2.《电力建设施工技术规范 第1部分：土建结构工程》DL 5190.1—2012** 4.4.21 现浇钢筋混凝土结构尺寸允许偏差应符合表4.4.21的规定。 **3.《电力建设施工质量验收及评价规程 第1部分：土建工程》DL/T 5210.1—2012** 5.10.12 现浇凝土结构外观及尺寸偏差应符合表5.10.12的规定。 6.2.8 钢筋混凝土结构主厂房基础混凝土结构外观及尺寸偏差应符合表6.2.8的规定。 6.6.7 汽轮发电机基础工程混凝土结构外观尺寸偏差（基础底板）应符合表6.6.7的规定。 6.6.15 汽轮发电机基础工程混凝土结构外观尺寸偏差（基础上部结构）应符合表6.6.15的规定。 6.7.7 其他设备基础混凝土结构外观尺寸偏差（设备基础）应符合表6.7.7的规定	1. 查阅混凝土结构尺寸偏差验收记录 尺寸偏差：符合设计要求及规范的规定 签字：施工单位质量员、专业监理工程师已签字 结论：合格 2. 查看混凝土外观 表面质量：无严重缺陷 位置、尺寸偏差：符合设计要求和规范规定 3. 查看基础预埋螺栓、预埋铁件的中心位置、顶标高、中心距、垂直度等参数 实测数据：符合设计要求和规范规定
5.1.10	隐蔽验收、质量验收记录齐全	**1.《混凝土结构工程施工质量验收规范》GB 50204—2015** 3.0.3 混凝土结构子分部工程的质量验收，应在钢筋、预应力、混凝土、现浇结构或装配式结构等相关分项工程验收合格的基础上，进行质量控制资料检查及观感质量验收，并应对涉及结构安全的、有代表性的部位进行结构实体检验。	1. 查阅混凝土工程隐蔽验收报审表 签字：施工单位项目经理、专业监理工程师（建设单位专业技术负责人）已签字

续表

条款号	大纲条款	检查依据	检查要点
5.1.10	隐蔽验收、质量验收记录齐全	3.0.4 分项工程质量验收合格应符合下列规定： 1 所含检验批的质量均应验收合格。 2 所含检验批的质量验收记录应完整。 3.0.5 检验批应在施工单位自检合格的基础上，由监理工程师组织施工单位项目专业质量检查员、专业工长等进行验收。 3.0.6 检验批的质量验收包括实物检查和资料检查，并应符合下列规定： 1 主控项目的质量应经抽样检验合格。 2 一般项目的质量应经抽样检验合格；一般项目当采用计数抽样检验时，除各章有专门要求外，其在检验批范围内及某一构件的计数点中的合格点率均应达到 80%及以上，且均不得有严重缺陷和偏差。 3 资料检查应包括材料、构配件和器具等的进场验收资料、重要工序施工记录、抽样检验报告、隐蔽工程验收记录、抽样检测报告等。 4 应具有完整的施工操作及质量检验记录。 对验收合格的检验批，宜作出合格标志。 10.2.1 混凝土结构子分部工程施工质量验收合格应符合下列规定： 1 有关分项工程质量验收应合格。 2 应有完整的质量控制资料。 3 观感质量验收合格。 4 结构实体检验结果符合本规范第 10.1 节的要求。 10.2.2 当混凝土结构施工质量不符合要求时，应按下列规定进行处理： 1 经返工、返修或更换构件、部件的检验批，应重新进行验收。 2 经有资质的检测单位检测鉴定达到设计要求的检验批，应予以验收。 3 经有资质的检测单位检测鉴定达不到设计要求，但经原设计单位核算并确认仍可满足结构安全和使用功能的检验批，可予以验收。	盖章：施工单位、监理单位已盖章 结论：同意隐蔽

条款号	大纲条款	检查依据	检查要点
5.1.10	隐蔽验收、质量验收记录齐全	4 经返修或加固处理能够满足结构安全使用要求的分项工程，可根据技术处理方案和协商文件进行验收。 **2.《建筑工程施工质量验收统一标准》GB 50300—2013** 3.0.6 建筑工程施工质量应按下列要求进行验收： 1 工程质量验收均应在施工单位自检合格的基础上进行。 2 参加工程施工质量验收的各方人员应具备相应的资格。 3 检验批的质量应按主控项目和一般项目验收。 4 对涉及结构安全、节能、环境保护和主要使用功能的试块、试件及材料，应在进场时或施工中按规定进行见证检验。 5 隐蔽工程在隐蔽前应由施工单位通知监理单位进行验收，并应形成验收文件，验收合格后方可继续施工。 6 对涉及结构安全、节能、环境保护和使用功能的重要分部工程应在验收前按规定进行抽样检验。 7 工程的观感质量应由验收人员现场检查，并应共同确认。 5.0.1 检验批质量验收合格应符合下列规定： 1 主控项目的质量经抽样检验均应合格。 2 一般项目的质量经抽样检验合格。当采用计数抽样时，合格点率应符合有关专业验收规范的规定，且不得存在严重缺陷。对于计数抽样的一般项目，正常检验一次、二次抽样可按本标准附录 D 判定。 3 具有完整的施工操作依据、质量验收记录。 5.0.2 分项工程质量验收合格应符合下列规定： 1 所含检验批的质量均应验收合格。 2 所含检验批的质量验收记录应完整。 5.0.3 分部工程质量验收合格应符合下列规定：	2. 查阅混凝土工程隐蔽验收记录 内容：包括预应力筋、钢筋、预埋件的牌号、规格、数量、位置、间距、连接等 签字：施工单位项目质量员、项目专业技术负责人、专业监理工程师（建设单位专业技术负责人）已签字 结论：同意隐蔽

续表

条款号	大纲条款	检查依据	检查要点
5.1.10	隐蔽验收、质量验收记录齐全	1　所含分项工程的质量均应验收合格。 2　质量控制资料应完整。 3　有关安全、节能、环境保护和主要使用功能的抽样检验结果应符合相应规定。 4　观感质量应符合要求。 　5.0.4　单位工程质量验收合格应符合下列规定： 1　所含分部工程的质量均应验收合格。 2　质量控制资料应完整。 3　所含分部工程中有关安全、节能、环境保护和主要使用功能的检验资料应完整。 4　主要使用功能的抽查结果应符合相关专业验收规范的规定。 5　观感质量应符合要求。 5.0.8　经返修或加固处理仍不能满足安全或使用要求的分部工程及单位工程，严禁验收。 6.0.1　检验批应由专业监理工程师组织施工单位项目专业质量检查员、专业工长等进行验收。 6.0.2　分项工程应由专业监理工程师组织施工单位项目专业技术负责人等进行验收。 6.0.3　分部工程应由总监理工程师组织施工单位项目负责人和项目技术负责人等进行验收。勘察、设计单位项目负责人和施工单位技术、质量部门负责人应参加地基与基础分部工程的验收。设计单位项目负责人和施工单位技术、质量部门负责人应参加主体结构、节能分部工程的验收。 6.0.4　单位工程中的分包工程完工后，分包单位应对所承包的工程项目进行自检，并应按本标准规定的程序进行验收。验收时，总包单位应派人参加。分包单位应将所分包工程的质量控制资料整理完整后，移交给总包单位。 6.0.5　单位工程完工后，施工单位应组织有关人员进行自检。总监理工程师应组织各专业监理工程师对工程质量进行竣工预验收。存在施工质量问题时，应由施工单位及时整改。整改完毕后，由施工单位向建设单位提交工程竣工报告，申请工程竣工验收。	3. 查阅混凝土工程检验批、分项工程、分部工程验收报审表 　签字：施工单位项目经理、专业监理工程师（建设单位专业技术负责人）已签字 　盖章：施工单位、监理单位（建设单位）已盖章 　结论：同意验收

条款号	大纲条款	检查依据	检查要点
5.1.10	隐蔽验收、质量验收记录齐全	6.0.6　建设单位收到工程竣工报告后，应由建设单位项目负责人组织监理、施工、设计、勘察等单位项目负责人进行单位工程验收。 **3.《地下防水工程质量验收规范》GB 50208—2011** 　3.0.9　地下防水工程的施工，应建立各道工序的自检、交接检和专职人员检查制度，并应有完整的检查记录；工程隐蔽前，应由施工单位通知有关单位进行验收，并形成隐蔽工程验收记录；未经监理单位或建设单位代表对上道工序的检查确认，不得进行下道工序的施工。 　9.0.2　检验批的合格判定应符合下列规定： 　　1　主控项目的质量经抽样检验全部合格。 　　2　一般项目的质量经抽样检验80%以上检测点合格，其余不得有影响使用功能的缺陷；对有允许偏差的检验项目，其最大偏差不得超过本规范规定允许偏差的1.5倍。 　　3　施工具有明确的操作依据和完整的质量检查记录。 　9.0.3　分项工程质量验收合格应符合下列规定： 　　1　分项工程所含检验批的质量均应验收合格。 　　2　分项工程所含检验批的质量验收记录应完整。 　9.0.4　子分部工程质量验收合格应符合下列规定： 　　1　子分部工程所含分项工程的质量均应验收合格。 　　2　质量控制资料应完整。 　　3　地下工程渗漏水检测应符合设计的防水等级标准要求。 　　4　观感质量检查应符合要求。 **4.《建设工程监理规范》GB/T 50319—2013** 　5.2.4　项目监理机构应对承包单位报送的隐蔽工程、检验批、分项工程和分部工程进行验收，验收合格的给以签认。	4. 查阅混凝土检验批质量验收记录 主控项目、一般项目：与实际相符，质量经抽样检验合格，质量检查记录齐全 签字：施工单位项目质量员、项目专业技术负责人、专业监理工程师（建设单位专业技术负责人）已签字 结论：合格

条款号	大纲条款	检查依据	检查要点
5.1.10	隐蔽验收、质量验收记录齐全	**5.《电力建设工程监理规范》DL/T 5434—2009** 9.1.10　对承包单位报送的隐蔽工程报验申请表和自检记录，专业监理工程师应进行现场检查，符合要求予以签认后，承包单位方可隐蔽并进行下一道工序施工。 对未经监理人员验收或验收不合格的工序，监理人员应拒绝签认，并严禁承包单位进行下一道工序的施工。 9.1.11　专业监理工程师应对承包单位报送的分项工程质量报验资料进行审核，符合要求予以签认；总监理工程师应组织专业监理工程师对承包单位报送的分部工程和单位工程质量验评资料进行审核和现场检查，符合要求予以签认。 **6.《电力建设施工质量验收及评价规程　第1部分：土建工程》DL/T 5210.1—2012** 5.1　一般规定 5.1.1　本章适用于建筑工程的施工测量，以及土石方与基坑、地基处理与桩基、防水、砌体、混凝土结构、钢结构、地面与楼面、屋面、建筑装饰装修、防腐蚀、给排水及采暖、通风与空调、建筑电气、电梯、厂区道路、智能建筑、建筑节能、水土保持、室外（厂区景观）、其他消防等工程的施工质量验收。 5.1.2　本章5.3、5.4适用于具备完整的地质勘察资料及工程附近管线、建筑物、构筑物和其他公共设施的构造情况资料的土石方与基坑工程、地基处理与桩基工程的施工质量验收。 5.1.3　本章5.5～5.8适用于地下建筑物及构筑物、防护工程及沟、隧道等地下工程防水的施工质量验收。 5.1.4　本章5.9适用于建筑工程的砖、石、混凝土小型空心块、蒸压加气混凝土砌块等砌体的施工质量验收。 5.1.5　本章5.10适用于建筑工程混凝土结构施工质量的验收，不适用于特种混凝土结构施工质量的验收。 5.1.6　本章5.11适用于建筑工程单层、多层、高层以及网架、压型金属板等钢结构工程施工质量的验收。	5. 查阅混凝土工程分项工程质量验收记录 项目：所含检验批的质量验收记录完整 签字：施工单位项目质量员、项目专业技术负责人、专业监理工程师（建设单位专业技术负责人）已签字 结论：合格

条款号	大纲条款	检查依据	检查要点
5.1.10	隐蔽验收、质量验收记录齐全	5.1.7　本章5.12适用于地面与楼面工程（含室外散水、明沟、步、台阶和坡道等附属工程）的施工质量验收，不适用于有保温、隔热、超净、屏、绝缘、防止放射线以及防腐蚀等特殊要求的建筑地面工程的施工质量验收。 5.1.8　本章5.13～5.21适用于抹灰、门窗、吊顶、轻质隔墙、饰面板（砖）、幕墙、涂饰、裱糊与软包、装饰装修细部等工程的施工质量验收。 5.1.9　本章5.22适用于防水等级为Ⅰ级～Ⅲ级的屋面工程的工质量验收。 5.1.10　本章5.23适用于新建、改建、扩建的建筑物和构筑物防腐蚀工程的施工质量验收。 5.1.11　本章5.2.4适用于厂区内、外的永久性沥青路面和水泥混凝土路面……	6. 查阅混凝土结构分部（子分部）工程质量验收记录 内容：包括所含分项工程的质量控制资料、安全和使用功能的检验资料、观感质量验收资料等 签字：建设单位项目负责人、设计单位项目负责人、勘察单位项目负责人、施工单位项目经理、总监理工程师已签字 盖章：建设单位、设计单位、勘察单位、监理单位、施工单位已盖章 综合结论：合格
5.2　钢结构工程的监督检查			
5.2.1	钢材、高强度螺栓连接副、地脚螺栓、涂料、焊材等材料性能证明文件齐全	**1.《钢结构施工验收规范》GB 50755—2012** 5.1.2　钢结构工程所用的材料应符合设计和国家现行有关标准的规定，应具有质量证明合格文件，并应经进场检验合格后使用。 5.3.1　焊接材料的品种、规格、性能应符合国家现行有关产品标准和设计要求。 5.3.2　用于重要焊缝的焊接材料，或对质量证明文件有疑义的焊接材料，应进行抽样复验。 5.4.1　钢结构连接用的普通螺栓、高强度大六角头螺栓连接副和扭剪型螺栓连接副，应符合表5.4.1所列标准的规定。 5.4.2　高强度大六角头螺栓连接副和扭剪型高强度螺栓连接副，应分别有扭矩系数和紧固轴力（预应力）出厂合格检验报告并随箱带。当高强度螺栓连接副保管时间超过6个月后使用时，应按相关要求重新对扭矩系数或紧固轴力进行试验，并应在合格后使用。	1. 查阅钢材、高强度螺栓连接副地脚螺栓、涂料、焊材的进场报审表 签字：施工单位项目经理、专业监理工程师已签字

条款号	大纲条款	检查依据	检查要点
5.2.1	钢材、高强度螺栓连接副、地脚螺栓、涂料、焊材等材料性能证明文件齐全	5.6.1 钢结构防腐涂料、稀释剂和固化剂，应按设计文件和国家现行有关产品标准选用，其品种、规格和性能等应符合设计文件及国家现行有关产品标准的要求。 5.6.3 钢结构防火涂料的品种和技术性能，应符合设计文件和《钢结构防火涂料》GB 14907 等的有关规定。 **2.《钢结构焊接规范》GB 50661—2011** 4.0.1 钢结构焊接工程用钢材及焊接材料应符合设计文件的要求，并应具有钢厂和焊接材料厂出具的产品质量证明书或检验报告，其化学成分、力学性能和其他质量要求应符合国家现行有关标准的规定。 **3.《钢结构工程施工质量验收规范》GB 50205—2001** 4.2.1 钢材、钢铸件的品种、规格、性能等应符合现行国家产品标准和设计要求。进口钢材产品的质量应符合设计和合同规定标准的要求。 4.3.1 焊接材料的品种、规格、性能等应符合现行国家产品标准和设计要求。 4.4.1 钢结构连接用高强度大六角头螺栓连接副、扭剪型高强度螺栓连接副、钢网架用高强度螺栓、普通螺栓、铆钉、自攻钉、拉铆钉、射钉、锚栓（机械型和化学试剂型）、地脚锚栓等紧固标准件及螺母、垫圈等标准配件，其品种、规格、性能等应符合现行国家产品标准和设计要求。高强度大六角头螺栓连接副和扭剪型高强度螺栓连接副出厂时应分别随箱带有扭矩系数和紧固轴力（预拉力）的检验报告。 14.2.2 涂料、涂装遍数、涂层厚度均应符合设计要求。当设计对涂层厚度无要求时，涂层干漆膜总厚度：室外应为 150μm，室内应为 125μm，其允许偏差为 -25μm。每遍涂层干漆膜厚度的允许偏差为 -5μm。 14.3.3 薄涂型防火涂料的涂层厚度应符合有关耐火极限的设计要求。厚涂型防火涂料涂层的厚度，80%及以上面积应符合有关耐火极限的设计要求，且最薄处厚度不应低于设计要求的85%。	盖章：施工单位、监理单位已盖章 结论：同意使用

条款号	大纲条款	检查依据	检查要点
5.2.1	钢材、高强度螺栓连接副、地脚螺栓、涂料、焊材等材料性能证明文件齐全	**4.《建设工程监理规范》GB/T 50319—2013** 5.2.9　项目监理机构应审查施工单位报送的用于工程的材料、构配件、设备的质量证明文件，并应按有关规定、建设工程监理合同的约定，对用于建设工程的材料进行见证取样，平等检验。 项目监理机构对已进场经检验不合格的材料、构配件、设备，应要求施工单位限期将其撤出施工现场。 工程材料、构配件、设备报审表庆按本规范表 B.0.6 的要求填写。 **5.《钢结构高强度螺栓连接技术规程》JGJ 82—2011** 3.1.7　在同一连接接头中，高强度螺栓连接不应与普通螺栓连接混用。承压型高强度螺栓连接不应与焊接连接并用。 6.1.2　高强度螺栓连接副应按批配套进场，并各附有出厂质量保证书。高强度螺栓连接副应在同批内配套使用。 7.2.1　高强度螺栓连接副进场验收检验批划分宜遵循下列原则： 　1　与高强度螺栓连接分项工程检验批划分一致。 　2　按高强度螺栓连接副生产出厂检验批批号，宜以不超过 2 批为 1 个进场验收检验批，且不超过 6000 套。 　3　同一材料（性能等级）、炉号、螺纹（直径）规格、长度（当螺栓长度≤100mm 时，长度相差≤15mm；当螺栓长度＞100mm 时，长度相差≤20mm，可视为同一长度）、机械加工、热处理工艺及表面处理工艺的螺栓、螺母、垫圈为同批，分别由同批螺栓、螺母及垫圈组成的连接副为同批连接副。 7.2.3　摩擦面抗滑移系数验收检验批划分宜遵循下列原则： 　1　与高强度螺栓连接分项工程检验批划分一致； 　2　以分部工程每 2000t 为一检验批；不足 2000t 者视为一批进行检验； 　3　同一检验批中，选用两种及两种以上表面处理工艺时，每种表面处理工艺需进行检验。	2. 查阅钢材、高强度螺栓连接副地脚螺栓、涂料、焊材的证明文件 原材证明：应为原件，如为抄件，应加盖经销商公章及采购单位的公章，注明进货数量、原件存放处及抄件人 抽检报告：包括试验方法、试验项目、数据计算、代表部位和数量等 报告签字：试验员、审核人、批准人已签字 报告盖章：盖有计量认证章、资质章及试验单位章，见证取样时，加盖见证取样章 报告结论：符合设计要求及规范规定

条款号	大纲条款	检查依据	检查要点
5.2.1	钢材、高强度螺栓连接副、地脚螺栓、涂料、焊材等材料性能证明文件齐全	7.3.1 高强度螺栓连接分项工程验收资料应包含下列内容： 1 检验批质量验收记录； 2 高强度大六角头螺栓连接副或扭剪型高强度螺栓连接副见证复验报告； 3 高强度螺栓连接摩擦面抗滑移系数见证试验报告（承压型连接除外）； 4 初拧扭矩、终拧扭矩（终拧转角）、扭矩扳手检查记录和施工记录等； 5 高强度螺栓连接副质量合格证明文件； 6 不合格质量处理记录； 7 其他相关资料。 **6.《电力建设工程监理规范》DL/T 5434—2009** 9.1.7 项目监理机构应对承包单位报送的拟进场工程材料、半成品和构配件的质量证明文件进行审核，并按有关规定进行抽样验收。对有复试要求的，经监理人员现场见证取样的送检，复试报告应报送项目监理机构查验。 　　未经项目监理机构验收或验收不合格的工程材料、半成品和构配件，不得用于本工程，并书面通知承包单位限期撤出施工现场	
5.2.2	高强度螺栓连接副扭矩系数、摩擦面抗滑移系数抽样检验合格	**1.《钢结构施工验收规范》GB 50755—2012** 5.4.3 高强度大六角头螺栓连接副和扭剪型高强度螺栓连接副，应分别进行扭矩系数和紧固轴力（预拉力）复验，试验螺栓应从施工现场待安装的螺栓批中随机抽取，每批应抽取 8 套连接副进行复验。 **2.《钢结构工程施工质量验收规范》GB 50205—2001** 6.3.1 钢结构制作和安装单位应分别进行高强度螺栓连接摩擦面的抗滑移系数试验和复验，现场处理的构件摩擦面应单独进行摩擦面抗滑移系数试验，其结果应符合设计要求。	1. 查阅高强度螺栓连接副的进场报审表 签字：施工单位项目经理、专业监理工程师已签字 盖章：施工单位、监理单位已盖章 结论：同意使用

条款号	大纲条款	检查依据	检查要点
5.2.2	高强度螺栓连接副扭矩系数、摩擦面抗滑移系数抽样检验合格	**3.《建设工程监理规范》GB/T 50319—2013** 5.2.9 项目监理机构应审查施工单位报送的用于工程的材料、构配件、设备的质量证明文件，并应按有关规定、建设工程监理合同的约定，对用于建设工程的材料进行见证取样，平等检验。 项目监理机构对已进场经检验不合格的材料、构配件、设备，应要求施工单位限期将其撤出施工现场。 **4.《钢结构高强度螺栓连接技术规程》JGJ 82—2011** 6.1.2 高强度螺栓连接副应按批配套进场，并各附有出厂质量保证书。高强度螺栓连接副应在同批内配套使用。 7.2.1 高强度螺栓连接副进场验收检验批划分宜遵循下列原则： 1 与高强度螺栓连接分项工程检验批划分一致； 2 按高强度螺栓连接副生产出厂检验批批号，宜以不超过 2 批为 1 个进场验收检验批，且不超过 6000 套； 3 同一材料（性能等级）、炉号、螺纹（直径）规格、长度（当螺栓长度≤100mm 时，长度相差≤15mm；当螺栓长度＞100mm 时，长度相差≤20mm，可视为同一长度）、机械加工、热处理工艺及表面处理工艺的螺栓、螺母、垫圈为同批，分别由同批螺栓、螺母及垫圈组成的连接副为同批连接副。 7.2.3 摩擦面抗滑移系数验收检验批划分宜遵循下列原则： 1 与高强度螺栓连接分项工程检验批划分一致。 2 以分部工程每 2000t 为一检验批；不足 2000t 者视为一批进行检验。 3 同一检验批中，选用两种及两种以上表面处理工艺时，每种表面处理工艺需进行检验。 7.3.1 高强度螺栓连接分项工程验收资料应包含下列内容： 1 检验批质量验收记录。 2 高强度大六角头螺栓连接副或扭剪型高强度螺栓连接副见证复验报告。 3 高强度螺栓连接摩擦面抗滑移系数见证试验报告（承压型连接除外）。	2. 查阅高强度螺栓连接副抽检报告 扭矩系数、摩擦面抗滑移系数：符合设计要求和标准规定 签字：试验员、审核人、批准人已签字 盖章：盖有计量认证章、资质章及试验单位章，见证取样时，加盖见证取样章 结论：符合设计要求和规范规定

条款号	大纲条款	检查依据	检查要点
5.2.2	高强度螺栓连接副扭矩系数、摩擦面抗滑移系数抽样检验合格	4 初拧扭矩、终拧扭矩（终拧转角）、扭矩扳手检查记录和施工记录等。 5 高强度螺栓连接副质量合格证明文件。 6 不合格质量处理记录。 7 其他相关资料。 **5.《电力建设工程监理规范》DL/T 5434—2009** 9.1.7 项目监理机构应对承包单位报送的拟进场工程材料、半成品和构配件的质量证明文件进行审核，并按有关规定进行抽样验收。对有复试要求的，经监理人员现场见证取样的送检，复试报告应报送项目监理机构查验。 未经项目监理机构验收或验收不合格的工程材料、半成品和构配件，不得用于本工程，并书面通知承包单位限期撤出施工现场	
5.2.3	高强度螺栓连接副扭矩抽测合格	**1.《钢结构工程施工规范》GB 50775—2012** 7.4.4 高强度螺栓应在构件安装精度调整后进行拧紧。 7.4.6 高强度大六角头螺栓连接副施拧可采用扭矩法或转角法，施工时应符合下列规定： 1 施工用的扭矩扳手应进行校正，其扭矩相对误差不得大于 5%；校正用的扭矩扳手，其扭矩相对误差不得大于 3%。 2 施拧时，应在螺母上施回扭矩。 3 施拧应分为初拧和终拧，大型节点应在初拧和终拧间增加复拧。初拧扭矩可取施工终拧扭矩的 50%；复拧扭矩可等于初拧扭矩。终拧扭矩应按下式计算：$T_c=kP_{cd}$。 5 初拧和复拧后应对螺母涂画颜色标记。 7.4.7 扭剪型高强螺栓连接副应采用专用电动扳手施拧，施工时应符合下列规定： 1 施拧应分为初拧和终拧，大型节点应在初拧和终拧间增加复拧。 2 初拧扭矩值应取本规范公式（7.4.6）中 T_c 计算值的 50%；复拧扭矩可等于初拧扭矩。其中 k 应取 0.13，也可按表 7.4.7 选用；复拧扭矩可等于初拧扭矩。	1. 查阅扭矩扳手的检定报告和校正记录 有效期：校正扭矩扳手的在检定有效期内 精度：施工用扭矩扳手与检验用扭矩扳手精度满足要求，对比值误差不大于 3%

条款号	大纲条款	检查依据	检查要点
5.2.3	高强度螺栓连接副扭矩抽测合格	3 终拧应以拧掉螺栓尾部梅花头为准，少数不能用专用扳手进行终拧的螺栓，可按本规范7.4.6 规定的方法进行终拧，扭矩系数 k 取 0.13。 4 初拧和复拧后应对螺母涂画颜色标记。 7.4.8 高强度螺栓连接节点螺栓群初拧、复拧、终拧，应采用合理的施拧顺序。 7.4.10 高强度螺栓连接副的初拧、复拧、终拧，宜在 24h 内完成。 7.4.11 高强度大六角头螺栓连接副用扭矩法施工坚固时，应进行下列质量检查： 1 应检查终拧颜色标记，并应用 0.3kg 小锤敲击螺母对高强度螺栓逐个进行检查。 2 终拧扭矩应按节点总数 10% 抽查，且不少于 10 个节点；对每个被抽查节点应按螺栓数的 10% 抽查，且不应少于 2 个螺栓。 4 发现有不符合规定时，应再扩大 1 倍检查；仍有不合格时，则整个节点的螺栓应重新施拧。 5 扭矩检查宜在螺栓终拧 1h 后，24h 之前完成，检查用的扭矩扳手，其相对误差不得大于 ±3%。 7.4.12 高强度大六角头螺栓连接副用转角法施工坚固时，应进行下列质量检查： 1 应检查终拧颜色标记，并应用 0.3kg 小锤敲击螺母对高强度螺栓逐个进行检查。 2 终拧扭矩应按节点总数 10% 抽查，且不少于 10 个节点；对每个被抽查节点应按螺栓数的 10%抽查，且不应少于 2 个螺栓。 4 发现有不符合规定时，应再扩大 1 倍检查；仍有不合格时，则整个节点的螺栓应重新施拧。 5 转角检查宜在螺栓终拧 1h 后，24h 之前完成。 7.4.13 扭剪型高强螺栓终拧检查，应以目测尾部梅花头扭断为合格。不能用专用扳手拧紧的扭剪型高强螺栓，应按本规范 7.4.11 的规定进行质量检查。 **2.《钢结构工程施工质量验收规范》GB 50205—2001** 6.3.2 高强度大六角头螺栓连接副终拧完成 1h 后，48h 内应进行终拧扭矩检查，检查结果应符合本规范附录 B 的规定。	2. 查阅高强度螺栓连接副紧固施工记录 初拧、终拧时间：符合设计要求及规范规定 初拧、复拧、终拧的扭矩值：符合设计要求或规范规定

条款号	大纲条款	检查依据	检查要点
5.2.3	高强度螺栓连接副扭矩抽测合格	检查数量：按节点数抽查10%，且不应少于10个；每个被抽查节点按螺栓数抽查10%，且不少于2个。 6.3.3 扭剪型高强度螺栓连接终拧后，除因构造原因无法使用专用扳手终拧掉梅花头者外，未在终拧中拧掉梅花头的螺栓数量不应大于该节点螺栓数的5%。对所有梅花头未拧掉的扭剪型高强度螺栓连接副应采用扭矩法或转角法进行终拧并做标记，且按本规范6.3.2的规定进行终拧扭矩检查。 检查数量：按节点数抽查10%，且不应少于10个；每个被抽查节点按螺栓数抽查10%，且不少于2个。 B.0.3 高度螺栓连接副施工扭矩检验 高强度螺栓连接副检验含初拧、复拧、终拧扭矩的现场无损检验。检验所用的扭矩扳手其扭矩精度误差不应大于3%。 高强度螺栓连接副扭矩检验分扭矩法检验和转角法检验两种，原则上检验法与施工法应相同。扭矩检验应在施拧1h后，48h内完成。 1 扭矩法检验。 检验方法：在螺尾端头和螺母相对位置划线，将螺母退回60°左右，用扭矩扳手测定拧回至原来位置时的扭矩值。该扭矩值与施工扭矩值的偏差在10%以内为合格。 2 转角法检验。 检验方法： 1）检查初拧后在螺母与相对位置所画的终拧起始线和终止线所夹的角度是否达到规定值。 2）在螺尾端头和螺母相对位置画线，然后全部卸检螺母，在按规定的初拧扭矩和终拧角度重新拧紧螺栓，观察与原画线是否重合。终拧转角偏差在10°以内为合格。 3 扭剪型高强度螺栓施工扭矩检验。 检验方法：观察尾部梅花头拧掉情况。尾部梅花头被拧掉者视同其终拧扭矩达到合格质量标准；尾部梅花头未被拧掉着应按上述扭矩法或转角法检验。	3. 查看螺栓初拧、复拧、终拧的标记 颜色：明显不同的颜色，且与方案一致

条款号	大纲条款	检查依据	检查要点

5.2.3	高强度螺栓连接副扭矩抽测合格	**3.《钢结构高强度螺栓连接技术规程》JGJ 82—2011**
		
		6.4.11 大六角头高强度螺栓施工所用的扭矩扳手，班前必须校正，其扭矩相对误差应为±5%，合格后方准使用。校正用的扭矩扳手，其扭矩相对误差应为±3%。
		
		6.4.14 高强度大六角头螺栓连接副的拧紧应分为初拧、终拧。对于大型节点应分为初拧、复拧、终拧。初拧扭矩和复拧扭矩为终拧扭矩的50%左右。初拧或复拧后的螺栓应用颜色在螺母上标记，按本规程6.4.13规定的终拧扭矩值进行终拧。终拧后的高强度螺栓应用另一种颜色在螺母上标记。高强度大六角头螺栓连接副的初拧、复拧、终拧宜在一天内完成。
		
		6.4.15 扭剪型高强度螺栓连接副的拧紧应分为初拧、终拧。对于大型节点应分为初拧、复拧、终拧。初拧扭矩和复拧扭矩值为 $0.65 \times P_c \times d$，或按表6.4.15选择用。初拧或复拧后的高强度螺栓应用颜色在螺母上标记，用专用扳手进行终拧，直至拧掉螺栓尾部梅花头。对于个别不能用专用扳手进行终拧的扭剪型高强度螺栓，应按本规程6.4.13规定的方法进行终拧（扭矩系数可取0.13）。扭剪型高强度螺栓连接副的初拧、复拧、终拧宜在一天内完成。
		
		6.4.16 当采用转角法施工时，大六角头高强度螺栓连接副应按本堆积6.4.14规定进行初拧、复拧、终拧。
		
		6.4.17 高强度查检在初拧、复拧和终拧时，连接处的螺栓应按一定顺序施拧，确定施拧顺序的原则为由螺栓群中央顺序向外拧紧，和从接头刚度大的部位各约束小的方向拧紧。
		
		6.5.1 大六角头高强度螺栓连接施工坚固质量检查应符合下列规定：
		
		 1 扭矩法施工的检查方法应符合下列规定：
		
		  1）用小锤（0.3kg）敲击螺母对高强度螺栓进行普查，不得漏拧。
		
		  2）终拧扭矩应按节点总数10%抽查，且不少于10个节点；对每个被抽查节点应按螺栓数的10%抽查，且不应少于2个螺栓。
		
		  4）如发现有不符合规定时，应再扩大1倍检查；仍有不合格时，则整个节点的高强度螺栓应重新施拧。
			4. 查看扭剪型高强度螺栓的梅花头拧掉情况
			
			未拧掉梅花头的螺栓数量：不大于该节点螺栓数的5%

条款号	大纲条款	检查依据	检查要点
5.2.3	高强度螺栓连接副扭矩抽测合格	5）扭矩检查宜在螺栓终拧 1h 后、24h 之前完成，检查用的扭矩扳手，其相对误差不得大于±3%。 2 转角法施工的检查方法应符合下列规定： 1）普查初拧后在螺母与相对位置所画的终拧起始线和终止线所夹的角度应达到规定值。 2）终拧转角应按节点数 10%抽查，且不少于 10 个节点；对每个被抽查节点应按螺栓数的 10%抽查，且不应少于 2 个螺栓。 3）如发现有不符合规定时，应再扩大 1 倍检查；仍有不合格时，则整个节点的高强度螺栓应重新施拧。 5）转角检查宜在螺栓终拧 1h 后、24h 之前完成。 6.5.2 扭剪型高强螺栓终拧检查，应以目测尾部梅花头扭断为合格。不能用专用扳手拧紧的扭剪型高强螺栓，应按本规程 6.5.1 的规定进行终拧坚固质量检查。 7.2.2 高强度螺栓连接副进场验收检验批划分宜遵循下列原则： 1 与高强度螺栓连接分项工程检验批划分一致。 2 按高强度螺栓连接副生产出厂检验批号，宜以不超过 2 批为一个进场验收检验批，且不超过 6000 套。 3 同一材料（性能等级）、炉号、螺纹（直径）规格、长度（当螺栓长度≤100mm 时，长度相差≤15mm；当螺栓长度>100mm 时，长度相差≤20mm，可视为同一长度）、机械加工、热处理工艺及表面处理工艺的螺栓、螺母、垫圈为同批，分别由同批螺栓、螺母及垫圈组成的连接副为同批连接副。 7.2.3 摩擦面抗滑移系数验收检验批划分宜遵循下列原则： 1 与高强度螺栓连接分项工程检验批划分一致。 2 以分部工程每 2000t 为一检验批，不足 2000t 的视为一批进行验收。 3 同一检验批中，选用两种及以上表面处理工艺时，每种表面处理工艺均需进行检验。 7.3.1 高强度螺栓连接分项医嘱验收资料应包含下列内容：	

条款号	大纲条款	检查依据	检查要点
5.2.3	高强度螺栓连接副扭矩抽测合格	1 检验批质量验收记录。 2 高强度大六角头螺栓连接副或扭剪型高强度螺栓连接副见证复验报告。 3 高强度螺栓连接摩擦面抗滑移系数见证试验报告（承压型连接除外）。 4 初拧扭矩、终拧扭矩（终拧转角）、扭矩扳手检查记录和施工记录等。 5 高强度大六角头螺栓连接副质量合格证明文件。 6 不合格质量处理记录。 7 其他相关资料	
5.2.4	钢结构现场焊缝检验合格	**1.《钢结构工程施工规范》GB 50755—2012** 6.2.4 焊工应经考试合格并取得合格证书，应在认可范围内焊接作业，严禁无证上岗。 6.3.1 施工单位首次使用的钢材、焊接材料、焊接方法、接着形式、焊接位置、焊后热处理等各种参数和各种参数的组合，应在钢结构焊接制作和安装前进行焊接工艺评定。 6.3.2 焊接施工前，施工单位应以合格的焊接工艺评定结果或采用符合工艺评定条件为依据，编制焊接工艺文件。 6.5.1 焊缝的尺寸偏差、外观质量和内部质量，应按《钢结构工程施工质量验收规范》GB 50205 和《钢结构焊接规范》GB 50661 的有关规定进行检验。 **2.《钢结构焊接规范》GB 50661—2011** 5.7.1 承受动载需经疲劳验算时，严禁使用塞焊、槽焊、电渣焊和气电立焊接头。 6.1.1 除符合本规范6.6规定的免予评定条件外，施工单位首次采用的钢材、焊接材料、焊接方法、接头形式、焊接位置、焊后热处理制度以及焊接工艺参数、预热和后热措施等各种参数的组合条件，应在钢结构构件制作及安装施工之前进行焊接工艺评定。 8.1.4 焊缝抽样检查方法应符合下列规定： 　1 焊缝处数的计数方法：工厂制作焊缝长度小于或等于1000mm时，每条焊缝作为一处；长度大于1000mm时，将其划分为每300mm为一处；现场安装焊缝，每条焊缝为一处。	1. 查阅焊工的资格证书 有效期：当前有效 范围：涵盖焊工作范围 2. 查阅焊接工艺评定及焊接工艺文件 工艺评定：达到设计要求与规范的规定 工艺文件：内容齐全，有针对性，可指导焊接工作 3. 查阅超声波记录或射线记录 检验比例：符合设计要求或规范的规定 签字：检测人、审核人已签字 结论：合格

条款号	大纲条款	检查依据	检查要点
5.2.4	钢结构现场焊缝检验合格	2 可按下列方法确定检验批： 1）制作焊缝可以同一工区（车间）300～600 处的焊缝数量组成检验批；多层框架结构可以每节柱的所有构件组成检验批。 2）现场安装焊缝可以区段组成检验批；多层框架结构可以每层（节）的所有焊缝组成检验批。 3 抽检检查除设计指定焊缝外应采用随机抽样方式取样，且取样中应覆盖到该批焊缝中所包含中所有钢材类别、焊接位置和焊接方法。 8.1.8 抽样检验应按下列规定进行结果判定： 1 抽样检验的焊缝数不合格率小于 2% 时，该批验收合格。 2 抽样检验的焊缝数不合格率大于 5% 时，该批验收不合格。 3 除本条第 5 款情况外抽样检验的焊缝数不合格率为 2%～5% 时，应加倍抽检，且必须在原不合格部位两侧的焊缝延长线各增加一处，在所有抽检焊缝中不合格率不大于 3% 时，该批验收合格，大于 3% 时，该批验收不合格。 4 批量验收不合格时，应对该批余下的全部焊缝进行检验。 5 检验发现 1 处裂纹缺陷时，应加倍抽查，在加倍抽检焊缝中未再检查出裂纹缺陷时，该批验收合格；检验发现多于 1 处裂纹缺陷或加倍抽查又发现裂纹缺陷时，该批验收不合格，应对该批余下焊缝的全数进行检查。 **3.《钢结构工程施工质量验收规范》GB 50205—2001** 5.2.2 焊工必须经考试合格并取得合格证书。持证焊工必须在其考试合格项目及其认可范围内施焊。 检查数量：全数检查。 检验方法：检查焊工合格证及其认可范围、有效期。	4. 查阅焊接检验批的报审表 签字：施工单位项目经理、专业监理工程（建设单位专业技术负责人）已签字 盖章：施工单位、监理单位（建设单位）已盖章 结论：通过验收

条款号	大纲条款	检查依据	检查要点
5.2.4	钢结构现场焊缝检验合格	5.2.4 设计要求全焊透的一、二级焊缝应采用超声波探伤进行内部缺陷的检验，超声波探伤不能对缺陷做出判断时，应采用射线探伤，其内部缺陷分级及探伤方法应符合《钢焊缝手工超声波探伤方法和探伤结果分级法》GB 11345 或《钢熔化焊对接接头射线照相和质量分级》GB 3323 的规定。 焊接球节点网架焊缝、螺栓球节点网架焊缝及圆管 T、K、Y 形节点相关线焊缝，其内部缺陷分级及探伤方法应分别符合国家现行标准的规定。 一级、二级焊缝的质量等级及缺陷分级应符合表 5.2.4 的规定。 　　检查数量：全数检查。 　　检验方法：检查超声波或射线探伤记录。 5.2.6 焊缝表面不得有裂纹、焊瘤等缺陷，一、二级焊缝不得有表面气孔、夹渣、弧坑裂纹、电弧擦伤等缺陷，且一级焊缝不得有咬边、未焊满、根部收缩等缺陷。 　　检查数量：每批同类构件抽查 10%，且不应少于 3 件；被抽查构件中，每一类型焊缝按条数抽查 5%，且不应少于 1 条，总抽查数不应少于 10 处。 　　检验方法：观察检查或使用放大镜、焊缝量规和钢尺检查，当存在疑义时，采用渗透或磁粉探伤检查。	5. 查阅焊接检验批的验收记录 主控项目、一般项目：与实际相符，质量经抽样检验合格，质量检查记录齐全 签字：施工单位项目质量员、项目专业技术负责人、专业监理工程师（建设单位专业技术负责人）已签字 结论：合格 6. 查看焊缝外观质量 焊缝表面：无裂纹、焊瘤等缺陷，一、二级焊缝无有表面气孔、夹渣、弧坑裂纹、电弧擦伤等缺陷，且一级焊缝无有咬边、未焊满、根部收缩等缺陷，外观质量与评定结论相符
5.2.5	钢结构、钢网架变形测量记录齐全，偏差符合设计或规范规定	**1.《钢结构工程施工规范》GB 50755—2012** 15.1.3 钢结构施工期间，可对结构变形、结构内力、环境量等内容进行过程监测。 15.2.8 监测数据应及时进行定性和定量分析。 **2.《钢结构工程施工质量验收规范》GB 50205—2001** 8.3.1 吊车梁和吊车桁架不应下挠。 10.3.1 钢构件应符合设计要求和本规范的规定。运输、吊装、堆放和吊装等造成的构件变形及涂层脱落应进行矫正和修补。	1. 查阅钢结构施工过程的变形监测记录 垂直度和弯曲矢高变形量、最大变形量：在设计允许及规范规定范围内 签字：监测人、计算人、审核人、专业监理工程师已签字

条款号	大纲条款	检查依据	检查要点
5.2.5	钢结构、钢网架变形测量记录齐全，偏差符合设计或规范规定	检查数量：按构件数抽查10%，且不应少于3个。 检验方法：用拉线、钢尺现场实测或观察。 10.3.3 钢屋（托）架、桁架、梁及受压杆件的垂直度和侧向弯曲矢高的允许偏差应符合表10.3.3的规定。 检查数量：按构件数抽查10%，且不应少于3个。 检验方法：用吊线、拉线、经纬仪和钢尺现场实测。 10.3.4 单层钢结构主体结构的整体垂直度和整体平面弯曲的允许偏差应符合表10.3.4的规定。 检查数量：对主要立面全部检查，对每个所检查的立面，除两列角柱外，尚应至少选取一列中间柱。 检查方法：采用经纬仪、全站仪等测量。 11.3.1 钢构件应符合设计要求和本规范的规定。运输、吊装、堆放和吊装等造成的构件变形及涂层脱落应进行矫正和修补。 检查数量：按构件数抽查10%，且不应少于3个。 检验方法：用拉线、钢尺现场实测或观察。 11.3.4 钢主梁、次梁及受压杆件的垂直度和弯曲矢高的允许偏差应符合表10.3.3的规定。 检查数量：按构件数抽查10%，且不应少于3个。 检验方法：用吊线、拉线、经纬仪和钢尺现场实测。 11.3.5 多层及高层钢结构主体结构的整体垂直度和整体平面弯曲的允许偏差应符合表11.3.5的规定。 检查数量：对主要立面全部检查，对每个所检查的立面，除两列角柱外，尚应至少选取一列中间柱。 检查方法：采用经纬仪、全站仪等测量。 12.3.4 钢网架结构总拼完成后及屋面工程完成后应分别测量其挠度值，且所测的挠度值不应超过相应设计值的1.15倍。	2. 查阅钢网架施工过程的变形监测记录 挠度值、最大变形量：在设计允许及规范的规定范围内 签字：监测人、计算人、审核人、专业监理工程师已签字

条款号	大纲条款	检查依据	检查要点
5.2.5	钢结构、钢网架变形测量记录齐全，偏差符合设计或规范规定	检查数量：跨度 24m 及以下钢网架结构测量下弦中央一点；跨度 24m 以上钢网架结构测量下弦中央点及各向下弦跨度的四等分点。 检查方法：用钢尺和水准仪实测。 **3.《电力建设施工技术规范　第 1 部分　土建结构工程》DL 5190.1—2012** 6.5.4　钢网架结构总拼装及屋面工程完成后应分别测量其挠度值，且所测的挠度值不应超过相应设计值的 1.15 倍	
5.2.6	涂料（防火涂料）涂装遍数、涂层厚度符合设计要求，记录齐全	**1.《钢结构工程施工规范》GB 50755—2012** 13.1.3　钢结构防火涂料涂装施工应在钢结构安装工程和防腐涂料工程检验批施工质量验收合格后进行。当设计文件规定可不进行防腐涂装时，安装验收合格后可直接进行防火涂料涂装工程施工。 13.1.4　钢结构防腐涂装工程和防火涂装工程的施工工艺和技术应符合本规范、设计文件、涂装产品说明书和国家现行有关产品标准的规定。 13.6.1　防火涂料涂装前，钢材表面除锈及防腐涂装应符合设计文件和国家现行有关标准的规定。 13.6.3　选用的防火涂料应符合设计文件和现行国家标准的规定，具有抗冲击能力和黏结强度，不应腐蚀钢材。 13.6.5　厚涂型防火涂料，属于下列情况之一，宜在涂层内设置与构件相连的钢丝网或其他相应措施： 1　承受冲击、振动荷载的钢梁。 2　涂层厚度大于或等于 40mm 钢梁和桁架。 3　涂料黏结强度小于或等于 0.05MPa 的构件。 4　钢板墙和腹肋高度超过 1.5m 的钢梁。 13.6.7　防火涂料涂装施工应分层施工，应在上层涂层干燥或固化后，再进行下道涂层施工。 13.6.8　厚涂型防火涂料有下列情况之一时，应重新喷涂或补涂。 1　涂层干燥固化不良，黏结不牢或粉化、脱落。	1. 查阅防火涂料复检报告 检验项目：齐全，符合设计要求和规范规定 签字：试验员、审核人、批准人已签字 盖章：盖有计量认证章、资质章及试验单位章，见证取样时，加盖见证取样章 结论：符合设计要求和规范规定

条款号	大纲条款	检查依据	检查要点
5.2.6	涂料（防火涂料）涂装遍数、涂层厚度符合设计要求，记录齐全	2 钢结构接头或转角处的涂层有明显凹陷。 3 涂层厚度小于设计规定厚度的 85%。 4 涂层厚度小于设计规定，且涂层连续长度超过 1m。 13.6.9 薄涂型防火涂料面层涂装施工应符合下列规定： 1 面层应在底层涂装干燥后开始涂装。 2 面层涂装颜色应均匀、一致，接槎应平整。 **2.《钢结构工程施工质量验收规范》GB 50205—2001** 14.2.2 涂料、涂装遍数、涂层厚度均应符合设计要求。当设计对涂层厚度无要求时，涂层干漆膜总厚度：室外应为 150μm，室内应为 125μm，其允许偏差为−25μm。每遍涂层干漆膜厚度的允许偏差为−5μm。 以上各值为涂层干漆膜厚度的平均值。 检查数量：按构件数抽查 10%，且同类构件不应少于 3 件。 检查方法：用干漆膜测厚仪检查。每个构件检测 5 处，每处的数值为 3 个相距 50mm 测点涂层干漆膜厚度的平均值。 14.2.3 构件表面不应误涂、漏涂，涂层不应脱皮和返锈等，涂层应均匀、无明显皱皮、流坠、针眼和气泡等。 检查数量：全数检查。 检查方法：观察检查。 14.3.2 防火涂料的黏结强度、抗压强度应符合《钢结构防火涂料应用技术规程》CECS 24:90 的规定。检验方法应符合《建筑构件防火喷涂材料性能试验方法》GB 9978 的规定。 检查数量：每使用 100t 或不足 100t 薄涂型防火涂料应抽检一次黏结强度；每使用 500t 或不足 500t 厚涂型防火涂料应抽检一次黏结强度和抗压强度。 检查方法：检查复检报告。	2. 查阅防火涂料施工的隐蔽验收报审表 签字：施工单位项目经理、专业监理工程师（建设单位专业技术负责人）已签字 盖章：施工单位、监理单位已盖章 结论：同意隐蔽

条款号	大纲条款	检查依据	检查要点
5.2.6	涂料（防火涂料）涂装遍数、涂层厚度符合设计要求，记录齐全	14.3.3 薄涂型防火涂料的涂层厚度应符合有关耐火极限的设计要求。厚漆型防火涂料涂层的厚度，80%及以上面积应符合有关耐火极限的设计要求，且最薄处厚度不应低于设计要求的85%。 　　检查数量：按同类构件数抽查10%，且均不应少于3件。 　　检验方法：用涂层厚度仪、测针和钢尺检查。 14.3.4 薄涂型防火涂料涂层表面裂纹宽度不应大于0.5mm；厚涂型防火涂料涂层表面裂纹宽度不应大于1mm。 　　检查数量：按同类构件数抽查10%，且均不应少于3件。 　　检验方法：观察和用尺量检查。 14.3.5 防火涂料涂装层不应有油污、灰尘和泥砂等污垢。 　　检查数量：全数检查。 　　检验方法：观察检查。 14.3.6 防火涂料不应有误涂、漏涂、涂层应闭合无脱层、空鼓、明显凹陷、粉化松散和浮浆等外观缺陷，乳突已剔除。 　　检查数量：全数检查。 　　检验方法：观察检查。 **3.《建设工程监理规范》GB/T 50319—2013** 5.2.9 项目监理机构应审查施工单位报送的用于工程的材料、构配件、设备的质量证明文件，并应按有关规定、建设工程监理合同的约定，对用于建设工程的材料进行见证取样，平等检验。 　　项目监理机构对已进场经检验不合格的材料、构配件、设备，应要求施工单位限期将其撤出施工现场。 **4.《电力建设工程监理规范》DL/T 5434—2009** 9.1.7 项目监理机构应对承包单位报送的拟进场工程材料、半成品和构配件的质量证明文件进行审核，并按有关规定进行抽样验收。对有复试要求的，经监理人员现场见证取样的送检，复试报告应报送项目监理机构查验。	3. 查阅防火涂料施工的隐蔽验收记录 　　涂装遍数：符合设计要求及规范规定 　　涂层厚度：符合设计要求及规范规定 　　签字：施工单位项目质量员、项目专业技术负责人、专业监理工程师（建设单位专业技术负责人）已签字 　　结论：同意隐蔽 4. 查看防火涂料的质量 　　厚度：符合设计要求或规范的规定 　　外观：无误涂、漏涂、涂层不闭合、脱层、空鼓、明显凹陷、粉化松散和浮浆等外观缺陷

条款号	大纲条款	检查依据	检查要点
5.2.6	涂料（防火涂料）涂装遍数、涂层厚度符合设计要求，记录齐全	未经项目监理机构验收或验收不合格的工程材料、半成品和构配件，不得用于本工程，并书面通知承包单位限期撤出施工现场	
5.2.7	质量验收记录齐全	**1.《建筑工程施工质量验收统一标准》GB 50300—2013** 3.0.6 建筑工程施工质量应按下列要求进行验收： 1 工程质量验收均应在施工单位自检合格的基础上进行。 2 参加工程施工质量验收的各方人员应具备相应的资格。 3 检验批的质量应按主控项目和一般项目验收。 4 对涉及结构安全、节能、环境保护和主要使用功能的试块、试件及材料，应在进场时或施工中按规定进行见证检验。 5 隐蔽工程在隐蔽前应由施工单位通知监理单位进行验收，并应形成验收文件，验收合格后方可继续施工。 6 对涉及结构安全、节能、环境保护和使用功能的重要分部工程应在验收前按规定进行抽样检验。 7 工程的观感质量应由验收人员现场检查，并应共同确认。 5.0.1 检验批质量验收合格应符合下列规定： 1 主控项目的质量经抽样检验均应合格。 2 一般项目的质量经抽样检验合格。当采用计数抽样时，合格点率应符合有关专业验收规范的规定，且不得存在严重缺陷。对于计数抽样的一般项目，正常检验一次，二次抽样可按本标准附录 D 判定。	1. 查阅钢结构工程隐蔽验收报审表 签字：施工单位项目经理、专业监理工程师（建设单位专业技术负责人）已签字 盖章：施工单位、监理单位已盖章 结论：同意隐蔽

条款号	大纲条款	检查依据	检查要点
5.2.7	质量验收记录齐全	3 具有完整的施工操作依据、质量验收记录。 5.0.2 分项工程质量验收合格应符合下列规定： 1 所含检验批的质量均应验收合格。 2 所含检验批的质量验收记录应完整。 5.0.3 分部工程质量验收合格应符合下列规定： 1 所含分项工程的质量均应验收合格。 2 质量控制资料应完整。 3 有关安全、节能、环境保护和主要使用功能的抽样检验结果应符合相应规定。 4 观感质量应符合要求。 5.0.4 单位工程质量验收合格应符合下列规定： 1 所含分部工程的质量均应验收合格。 2 质量控制资料应完整。 3 所含分部工程中有关安全、节能、环境保护和主要使用功能的检验资料应完整。 4 主要使用功能的抽查结果应符合相关专业验收规范的规定。 5 观感质量应符合要求。 5.0.8 经返修或加固处理仍不能满足安全或使用要求的分部工程及单位工程，严禁验收。 6.0.1 检验批应由专业监理工程师组织施工单位项目专业质量检查员、专业工长等进行验收。 6.0.2 分项工程应由专业监理工程师组织施工单位项目专业技术负责人等进行验收。 6.0.3 分部工程应由总监理工程师组织施工单位项目负责人和项目技术负责人等进行验收。勘察、设计单位项目负责人和施工单位技术、质量部门负责人应参加地基与基础分部工程的验收。设计单位项目负责人和施工单位技术、质量部门负责人应参加主体结构、节能分部工程的验收。	2. 查阅钢结构工程隐蔽验收记录 内容：包括焊缝质量、连接位置、连接方法，防腐、防火涂层等 签字：施工单位项目质量员、项目专业技术负责人、专业监理工程师（建设单位专业技术负责人）已签字 结论：同意隐蔽

续表

条款号	大纲条款	检查依据	检查要点
5.2.7	质量验收记录齐全	6.0.4　单位工程中的分包工程完工后，分包单位应对所承包的工程项目进行自检，并应按本标准规定的程序进行验收。验收时，总包单位应派人参加。分包单位应将所分包工程的质量控制资料整理完整后，移交给总包单位。 6.0.5　单位工程完工后，施工单位应组织有关人员进行自检。总监理工程师应组织各专业监理工程师对工程质量进行竣工预验收。存在施工质量问题时，应由施工单位及时整改。整改完毕后，由施工单位向建设单位提交工程竣工报告，申请工程竣工验收。 6.0.6　建设单位收到工程竣工报告后，应由建设单位项目负责人组织监理、施工、设计、勘察等单位项目负责人进行单位工程验收。 **2.《钢结构工程施工质量验收规范》GB 50205—2001** 15.0.4　钢结构分部工程质量合格标准应符合下列规定： 　1　各分项工程质量均应符合合格质量标准； 　2　质量控制资料和文件应完整； 　3　有关安全及功能的检验和见证检测结果应符合本规范相应合格标准的要求； 　4　有关观感质量应符合本规范相应合格质量标准的要求。 15.0.5　钢结构分部工程竣工验收时，应提供下列文件： 　1　钢结构工程竣工图纸及相关设计文件； 　2　施工现场质量管理检查记录； 　3　有关安全及功能的检验和见证检测项目检查记录； 　4　有关观感质量检验项目检查记录； 　5　分部工程所含各分项工程质量验收记录； 　6　分项工程所含各检验批质量验收记录； 　7　强制性条文检验项目检查记录及证明文件；	3. 查阅钢结构工程检验批、分项工程、分部工程验收报审表 签字：施工单位项目经理、专业监理工程师（建设单位专业技术负责人）已签字 盖章：施工单位、监理单位（建设单位）已盖章 结论：通过验收 4. 查阅钢结构检验批质量验收记录 主控项目、一般项目：与实际相符，质量经抽样检验合格，质量检查记录齐全 签字：施工单位项目质量员、项目专业技术负责人、专业监理工程师（建设单位专业技术负责人）已签字 结论：合格

条款号	大纲条款	检查依据	检查要点
5.2.7	质量验收记录齐全	8 隐蔽工程检验项目检查验收记录； 9 原材料、成品质量合格证明文件、中文标志及性能检测报告； 10 不合格项的处理记录及验收记录； 11 重大质量、技术问题实施方案及验收记录； 12 其他有关文件和记录。 **3.《建设工程监理规范》GB/T 50319—2013** 5.2.4 项目监理机构应对承包单位报送的隐蔽工程、检验批、分项工程和分部工程进行验收，验收合格的给以签认。 **4.《电力建设工程监理规范》DL/T 5434—2009** 9.1.10 对承包单位报送的隐蔽工程报验申请表和自检记录，专业监理工程师应进行现场检查，符合要求予以签认后，承包单位方可隐蔽并进行下一道工序施工。对未经监理人员验收或验收不合格的工序，监理人员应拒绝签认，并严禁承包单位进行下一道工序的施工。 9.1.11 专业监理工程师应对承包单位报送的分项工程质量报验资料进行审核，符合要求予以签认；总监理工程师应组织专业监理工程师对承包单位报送的分部工程和单位工程质量验评资料进行审核和现场检查，符合要求予以签认	5. 查阅钢结构工程分项工程质量验收记录 项目：包括所含检验批的质量验收记录 签字：施工单位项目质量员、项目专业技术负责人、专业监理工程师（建设单位专业技术负责人）已签字 结论：合格 6. 查阅钢结构分部（子分部）工程质量验收记录 内容：包括所含分项工程的质量控制资料、安全和使用功能的检验资料、观感质量验收资料 签字：建设单位项目负责人、设计单位项目负责人、勘察单位项目负责人、施工单位项目经理、总监理工程师已签字 验收结论：合格

续表

条款号	大纲条款	检查依据	检查要点
		5.3 砌体工程的监督检查	
5.3.1	砌体结构所用砖、石材、砌块、水泥等原材料性能证明文件齐全；抽查检测合格，报告齐全	**1.《砌体结构工程施工规范》GB 50924—2014** 3.1.4 砌体结构施工前，应完成下列工作： 1 进场原材料的见证取样。 4.1.1 对工程中所使用的原材料、成品及半成品应进行进场验收，检查其合格证、产品检验报告，并应符合设计及国家现行有关标准要求。对涉及结构安全、使用功能的原材料、成品及半成品应按有关规定进行见证取样、送样复验；其中水泥的强度和安定性应按其批号分别进行见证取样、复验。 4.2.2 当在使用中对水泥质量受不利环境影响或水泥出厂超过 3 个月、快硬硅酸盐水泥超过 1 个月时，应进行复验，并应按复验结果使用。 6.3.1 砖、水泥、钢筋、预拌砂浆、专用砌筑砂浆、复合夹心墙的保温砂浆、外加剂等原材料进场时，应检查其质量合格证明；对有复检要求的原料应送检，检验结果应满足设计及相应国家现行标准要求。 7.4.1 小砌块、水泥、钢筋、预拌砂浆、专用砌筑砂浆、复合夹心墙的保温材料、外加剂等原材料进场时，应检查其质量合格证书；对复检要求的原材料应及时送检，检验结果应满足设计及国家现行相关标准要求。 8.4.1 料石进场时应检查其品种、规格、颜色以及强度等级的检验报告，并应符合设计要求，石材材质应质地坚实，无风化剥落和裂缝。 9.1.2 配筋砖砌体构件、组合砌体构件和配砌块砌体剪力墙构件的混凝土、砂浆的强度等级及钢筋的牌号、规格、数量应符合设计要求。 **2.《砌体工程施工质量验收规范》GB 50203—2011** 3.0.1 砌体结构工程所用的材料应有产品合格证，产品性能型式检验报告，质量应符合国家现行有关标准的要求。砌块、水泥、钢筋、外加剂尚应有材料主要性能的进场复验报告。并应符合设计要求。严禁使用国家明淘汰的材料。	1. 查阅材料的进场报审表 签字：施工单位项目经理、专业监理工程师已签字 盖章：施工单位、监理单位已盖章 结论：同意使用

条款号	大纲条款	检查依据	检查要点
5.3.1	砌体结构所用砖、石材、砌块、水泥等原材料性能证明文件齐全；抽查检测合格，报告齐全	4.0.1　水泥使用应符合下列规定： 　　1　水泥进场时应对其品种、等级、包装或散装仓号、出厂日期等进行检查，并应对其强度、安定性进行复验，其质量必须符合《通用硅酸盐水泥》GB 175 的有关规定。 　　2　当在使用中对水泥质量有怀疑或水泥出厂超过三个月（快硬硅酸盐水泥超过一个月）时，应复查试验，并按复验结果使用。 　　3　不同品种的水泥，不得混合使用。 　　抽检数量：按同一厂家、同品种、同等级、同批号连续进场的水泥，袋装水泥不超过 200t 为一批，散装水泥不超过 500t 为一批，每批抽样不少于一次。 　　检验方法：检查产品合格证、出厂检验报告和进场复验报告。 5.2.1　砖和砂浆的强度等级必须符合设计要求。 　　抽检数量：每一生产厂家，烧结果普通砖、混凝土实心砖每 15 万块，烧结多孔砖、混凝土多孔砖、蒸压灰砂砖蒸压粉煤灰砖每 10 万块各为一验收批，不足上述数量时按 1 批计，抽检数量为 1 组。 6.2.1　小砌块和芯柱混凝土、砌筑砂浆的强度等级必须符合设计要求。 　　抽检数量：每一生产厂家，每 1 万块小砌块为一验收批，不足 1 万块按一批计，抽检数量为 1 组；用于多层以建筑的基础和底层的小砌块，抽检数量不应少于 2 组。 　　检验方法：检查小砌块和芯柱混凝土、砌筑砂浆试块试验报告。 7.2.1　石材及砂浆强度等级必须符合设计要求。 　　抽检数量：同一产地的同类石材抽检不应少于 1 组。 　　检验方法：料石检查产品质量证明书，石材、砂浆检查试块试验报告。 8.2.1　钢筋的品种、规格、数量和设置部位应符合设计要求。 　　检验方法：检查钢筋的合格证书、钢筋性能复试试验报告、隐蔽工程记录。 9.2.1　烧结空心砖、小砌块和砌筑砂浆的强度等级应符合设计要求。	2. 查阅砖、石材、砌块、水泥、钢筋等的材质证明文件 　　原材证明：应为原件，如为抄件，应加盖经销商公章及采购单位的公章，注明进货数量、原件存放处及抄件人 　　试验（或复检）报告：包括试验方法、试验项目、数据计算、代表部位和数量等 　　报告签字：试验人、审核人、批准人已签字 　　报告盖章：盖有计量认证章、资质章及试验单位章，见证取样时，加盖见证取样章 　　报告结论：合格

条款号	大纲条款	检查依据	检查要点
5.3.1	砌体结构所用砖、石材、砌块、水泥等原材料性能证明文件齐全；抽查检测合格，报告齐全	抽检数量：烧结空心砖每 10 万一验收批，小砌块每 1 万块为一验收批，不足上述数量时按一批计，抽检数量为 1 组。 　　**3.《建设工程监理规范》GB/T 50319—2013** 　　5.2.9　项目监理机构应审查施工单位报送的用于工程的材料、构配件、设备的质量证明文件，并应按有关规定、建设工程监理合同的约定，对用于建设工程的材料进行见证取样，平等检验。 　　项目监理机构对已进场经检验不合格的材料、构配件、设备，应要求施工单位限期将其撤出施工现场。 　　**4.《电力建设工程监理规范》DL/T 5434—2009** 　　9.1.7　项目监理机构应对承包单位报送的拟进场工程材料、半成品和构配件的质量证明文件进行审核，并按有关规定进行抽样验收。对有复试要求的，经监理人员现场见证取样的送检，复试报告应报送项目监理机构查验。 　　未经项目监理机构验收或验收不合格的工程材料、半成品和构配件，不得用于本工程，并书面通知承包单位限期撤出施工现场	
5.3.2	砂浆强度符合设计要求，检测试验报告齐全	**1.《砌体结构工程施工规范》GB 50924—2014** 　　5.1.1　工程中所用砌筑砂浆，应按设计要求对砌筑砂浆的种类、强度等级、性能及使用部位核对后使用，其中对设计有抗冻要求的砌筑砂浆，应进行冻融循环试验，其结果应符合《砌筑砂浆配合比设计规程》JGJ/T 98 的要求。 　　5.1.2　砌体结构工程施工中，所用砌筑砂浆宜选用预拌砂浆，当采用现场拌制时，应按砌筑砂浆设计配合比配制。对非烧结类块材，宜采用配套专用砂浆。 　　5.5.1　砂浆试块应在现场取样制作。 　　5.5.2　砌筑砂浆的验收批，同一类型、强度等级的砂浆试块应少于 3 组。 　　5.5.3　砂浆试块制作应符合下列规定： 　　1 制作试块的稠度与实际使用的稠度一致；	1. 查阅砂浆配合比及砂浆试块的抗压强度试验报告 强度：符合设计要求 签字：试验员、审核人、批准人已签字 盖章：盖有计量认证章、资质章及试验单位章，见证取样时，加盖见证取样章

条款号	大纲条款	检查依据	检查要点
5.3.2	砂浆强度符合设计要求，检测试验报告齐全	2 湿拌砂浆应在卸料过程中的中间部位随机取样； 3 现场拌制的砂浆，制作每组试块时应在同一搅拌盘内取样。同一搅拌盘内砂浆不得制作一组以上的砂浆试块。 　6.3.1　砖、水泥、钢筋、预拌砂浆、专用砌筑砂浆、复合夹心墙的保温砂浆、外加剂等原材料进场时，应检查其质量合格证明；对有复检要求的原料应送检，检验结果应满足设计及相应国家现行标准要求。 　7.4.1　小砌块、水泥、钢筋、预拌砂浆、专用砌筑砂浆、复合夹心墙的保温材料、外加剂等原材料进场时，应检查其质量合格证书；对复检要求的原材料应及时送检，检验结果应满足设计及国家现行相关标准要求。 　9.1.2　配筋砖砌体构件、组合砌体构件和配砌块砌体剪力墙构件的混凝土、砂浆的强度等级及钢筋的牌号、规格、数量应符合设计要求。 **2.《砌体工程施工质量验收规范》GB 50203—2011** 　4.0.12　砌筑砂浆试块强度验收时其合格标准应符合下列规定： 　　1 同一验收批砂浆试块平均值应大于或等于设计强度等级值的1.10倍。 　　2 同一验收批砂浆试块抗压强度的最小一组平均值应大于或等于设计强度等级值的85%。 　　注：1 砌筑砂浆的验收批，同一类型、强度等级的砂浆试块不应少于3组；同一验收批砂浆只有1组或2组试块时，每组试块抗压强度平均值应大于或等于设计强度值的1.10倍；对于建筑结构的安全等级为一级或设计使用年限为50年及以上的房屋，同一验收批砂浆试块的数量不得少于3组。 　　2 砂浆强度应以标准养护，28d龄期的试块强度为准； 　　3 制作砂浆试块的砂浆稠度应与配合比设计一致。 　抽检数量：每一检验批且不超过250m³砌体的各类、各强度等级的普通砂浆，每台搅拌机应至少抽检一次。验收批的预拌砂浆，蒸压加气混凝土砌块专用砂浆，抽检可为3组。	2. 查阅砂浆的强度评定记录 评定方法：选用正确 数据：统计、计算准确 签字：计算者、审核者已签字 结论：合格

条款号	大纲条款	检查依据	检查要点
5.3.2	砂浆强度符合设计要求，检测试验报告齐全	检验方法：在砂浆搅拌机出料口或在湿拌砂浆的储存容器出料口随机取样制作砂浆试块（现场拌制的砂浆，同盘砂浆只应作 1 组试块），试块在标养 28d 后做强度试验。预拌砂浆中的湿拌砂浆稠度应在进场时取样检验。 5.2.1 砖和砂浆的强度等级必须符合设计要求。 抽检数量：砂浆试块的抽检数量执行本规范 4.0.12 的有关规定。 检验方法：检查砂浆试块的试验报告。 6.2.1 小砌块和芯柱混凝土、砌筑砂浆的强度等级必须符合设计要求。 抽检数量：砂浆试块的抽检数量执行本规范 4.0.12 的有关规定。 检验方法：检查砌筑砂浆试块试验报告。 检验方法：检查小砌块和芯柱混凝土、砌筑砂浆试块试验报告。 7.2.1 石材及砂浆强度等级必须符合设计要求。 抽检数量：砂浆试块的抽检数量执行本规范 4.0.12 的有关规定。 检验方法：砂浆检查试块试验报告。 8.2.2 构造柱、芯柱、组合砌体构件、配筋砌体剪力墙构件的混凝土及砂浆的强度等级应符合设计要求。 抽检数量：砂浆试块的抽检数量执行本规范 4.0.12 的有关规定。 检验方法：砂浆检查试块试验报告。 9.2.1 烧结空心砖、小砌块和砌筑砂浆的强度等级应符合设计要求。 抽检数量：砂浆试块的抽检数量执行本规范 4.0.12 的有关规定。 检验方法：砂浆检查试块试验报告。 10.0.5 冬期施工砂浆试块的留置，除应按常温规定要求外，尚应增加 1 组与砌体同条件的试块，用于检验转入常温 28d 的强度。如有特殊需要，可另外增加相应龄期的同条件养护的试块。 **3.《墙体材料应用统一技术规范》GB 50574—2010** 3.4.1 设计有抗冻性要求的墙体时，砂浆应进行冻融试验，其抗冻性能应与墙体块材相同	3. 查阅抗冻砂浆的冻融试验报告 方法：冻融循环试验符合设计要求及规程规定 签字：试验员、审核人、批准人已签字 盖章：盖有计量认证章、资质章及试验单位章，见证取样时，加盖见证取样章 结论：合格

条款号	大纲条款	检查依据	检查要点
5.3.3	砌体组砌方式、钢筋的放置位置、挡土墙泄水孔留置符合规范规定	**1.《砌体结构工程施工规范》GB 50924—2014** 6.1.2　与构造柱相邻部位砌体应砌成马牙槎，马牙槎应先进后退，每个马牙槎沿高度方向的尺寸不宜超过 300mm，凹凸尺寸宜为 60mm。砌筑时，砌体与构造柱间应沿墙高度每 500mm 设拉结钢筋，钢筋数量及伸入墙内长度应满足设计要求。 6.2.4　砖砌体的转角处和交接处应同时砌筑。在抗震设防烈度 8 度及以上地区，对不能同时砌筑的临时间断处应砌成斜槎，其中普通砖砌体的斜槎水平投影长度不应小于高度（h）的 2/3（图 6.2.4），多孔砖砌体的斜槎长高比不应小于 1/2 斜槎高度不得超过一步脚手架高度。 6.2.5　砖砌体的转角和交接处对非抗震设防及抗震设防烈度为 6 度、7 度地区的临时间断处，当不能留斜槎时，除转角处外，可留直槎，但直槎必须做成凸槎，留直槎处应加设拉结钢筋，拉结钢筋应符合下列规定： 　1　每 120mm 墙厚放置 1ϕ6 拉结钢筋；当墙后为 120mm 时，应放置 2ϕ6 拉结钢筋； 　2　间距沿墙高不应超过 500mm，且竖向间距偏差不应超过 100mm； 　3　埋入长度从留槎处算起每边均不应小于 500mm，对抗设防烈度 6 度、7 度的地区，不应小于 1000mm； 　4　末端应有 90° 弯钩。 6.2.6　砌体组砌应上下错缝，内外搭砌；组砌方式宜采用一顺一丁、梅花丁、三顺一丁。 6.2.15　拉结钢筋应预制加工成型，钢筋规格、数量及长度符合设计要求且末端应设 90° 弯钩。埋入砌体中的拉结钢筋，应位置正确、平直，其外露部分在施工中不得任意弯折。 6.3.4　砖砌体工程施工过程中，应对拉筋钢筋及复合夹心墙拉结件进行隐蔽验收。 7.2.7　小砌块砌体应对孔错缝搭砌。搭砌应符合下列规定： 　1　单排孔小砌块的搭接长度为块体长的 1/2，多排孔小砌块的搭接长度不宜小于砌块长度的 1/3。 　2　当个别部位不能满足搭砌要求时，应在此部位的水平灰缝中设 ϕ4 钢筋网片，且网片两端与该位置的竖缝距离不得小于 400mm，可采用配块。	1. 查看砌体的组砌现场 组砌方式、钢筋放置位置、挡土墙泄水孔留置位置、沉降缝位置：符合设计要求和规范的规定

条款号	大纲条款	检查依据	检查要点
5.3.3	砌体组砌方式、钢筋的放置位置、挡土墙泄水孔留置符合规范规定	3 墙体竖向通缝不得超过 2 皮小砌块，独立柱不得有竖向通缝。 7.2.8 墙体转角处和纵横交接处应同时砌筑。临时间断处应砌成斜槎，斜槎水平投影长度不应小于斜槎的高度。临时施工洞口可留直槎，但在补砌洞口时，应在直槎上下搭砌的小砌块孔洞内用强度不低于 Cb20 或 C20 的混凝土灌实。 7.2.14 砌入墙内的构造钢筋和拉结筋应放置在水平灰缝的砂浆层中，不得有露筋现象。 7.4.4 小砌块砌体工程施工过程中，应对拉结钢筋或钢筋网片进行隐蔽验收。 8.2.7 毛石砌体应设置拉结石，拉结石应符合下列规定： 　1 拉结石应均匀分布，相互错开，毛石基础同皮内宜每隔 2m 设置一块；毛石墙应每 0.7m² 墙面至少设置一块，且同皮内的中距不应大于 2m。 　2 当基础宽度或墙厚不大于 400mm 时，拉结石的长度应与基础宽度或墙厚相符；当基础宽度或墙厚大于 400mm 时，可用两块拉结石内外搭接，搭接长度不应小于 150mm，且其中一块的长度不应小于基础宽度或墙厚的 2/3。 8.2.8 毛石、料石和实心砖的组合墙中，毛石、料石砌体与砖砌体应同时砌筑，并应每隔（4～6）皮砖用（2～3）皮丁砖与毛石砌体拉结砌合，毛石与实心砖的咬合尺寸应大于 120mm，两种砌体间的空隙应采用砂浆填满。 8.3.4 砌筑挡土墙，应按设计要求架立坡度样板收坡或收台，并应设置伸缩缝和泄水孔；泄水孔宜采取抽管或埋管方法留置。 8.3.5 挡土墙必须按设计规定留设泄水孔；当设计无具体规定时，其施工应符合下列规定： 　1 泄水孔应在挡土墙的竖向和水平方向均匀设置，在挡土墙每米高度范围内设置的泄水孔水平间距不应大于 2m； 　2 泄水孔直径不应小于 50mm； 　3 泄水孔与土体间应设置长宽不小于 300mm、厚不小于 200mm 的卵石或碎石疏水层。	2. 查阅砌体工程隐蔽验收报审表 签字：施工单位项目经理、专业监理工程师（建设单位专业技术负责人）已签字 盖章：施工单位、监理单位已盖章 结论：同意隐蔽

条款号	大纲条款	检查依据	检查要点
5.3.3	砌体组砌方式、钢筋的放置位置、挡土墙泄水孔留置符合规范规定	9.2.1 钢筋砖过梁内的钢筋应均匀、对称放置，过梁底面应铺 1∶2.5 水泥砂浆层，其厚度不宜小于 30mm；钢筋应埋入砂浆层中，两端伸入支座砌体内的长度不应小于 240mm，并应有 90°弯钩埋入墙的竖缝内。 9.2.3 由砌体和钢筋混凝土或配筋砂浆面层构成的组合砌体构件，基连接受力钢筋的拉结筋应在两端做成弯钩，并在砌筑砌体时正确埋入。 9.2.5 墙体与构造柱的连接处应砌成马牙槎，基砌筑应符合本规范 6.1.2 规定。 9.3.5 配筋砌块砌体剪力墙两平行钢筋间的净距不应小于 50mm。水平钢筋搭接时应上下搭接，并应加设短筋固定。水平钢筋两端宜锚入端部灌孔混凝土中。 **2.《砌体工程施工质量验收规范》GB 50203—2011** 5.2.3 砖砌体的转角处和交接处应同时砌筑，严禁无可靠措施的内外墙分砌施工。在抗震设防烈度为 8 度及 8 度以上地区，对不能同时砌筑而又必须留置的临时间断处应砌成斜槎，普通砖砌体斜槎水平投影长度不应小于高度的 2/3，多孔砖砌体的斜槎长高比不应小于 1/2。斜槎高度不得超过一步脚手架的高度。 抽检数量：每检验批抽查不应少于 5 处。 检验方法：观察检查。 5.2.4 非抗震设防及抗震设防烈度为 6 度、7 度地区的临时间断处，当不能留斜槎时，除转角处外，可留直槎，但直槎必须做成凸槎，且应加设拉结钢筋，拉结钢筋应符合下列规定： 　1 每 120mm 墙厚放置 1φ6 拉结钢筋（120mm 厚墙应放置 2φ6 拉结钢筋）； 　2 间距沿墙高不应超过 500mm，且竖向间距偏差不应超过 100mm； 　3 埋入长度从留槎处算起每边均不应小于 500mm，对抗设防烈度 6 度、7 度的地区，不应小于 1000mm； 　4 末端应有 90°弯钩。 6.1.8 承重墙体使用的小砌块应完整、无破损、无裂缝。 6.1.10 小砌块应将生产时的底面朝上反砌于墙上。	3. 查阅砌体工程施工的隐蔽验收记录 内容：包括拉结钢筋的牌号、品种、规格、数量、长度、放置位置、挡土墙泄水孔反滤层、沉降缝位置等 签字：施工单位项目质量员、项目专业技术负责人、专业监理工程师（建设单位专业技术负责人）已签字 结论：同意隐蔽

条款号	大纲条款	检查依据	检查要点
5.3.3	砌体组砌方式、钢筋的放置位置、挡土墙泄水孔留置符合规范规定	6.2.3 墙体转角处和纵横交接处应同时砌筑。临时间断处应砌成斜槎，斜槎水平投影长度不应小于斜槎高度。施工洞口可预留直槎，但在洞口砌筑和补砌时，应在直槎上下搭砌的小砌块孔洞内用强度等级不低于 C20（或 Cb20）的混凝土灌实。 7.1.10 挡土墙的泄水孔当设计无规定时，施工应符合下列规定： 　1 泄水孔应均匀设置，在每米高度上间隔 2m 左右设置一个泄水孔； 　2 泄水孔与土体间铺设长宽各为 300mm、厚 200mm 的卵石或碎石作疏水层。 7.1.12 在毛石和实心砖的组合墙中，毛石砌体与砖砌体应同时砌筑，并每隔 4 皮~6 皮砖用 2 皮~3 皮砖丁与毛石砌体拉结砌合；两种砌体间的空隙应填实砂浆。 7.1.13 毛石墙和砖墙相接的转角处和交接处应同时砌筑。转角处、交接处应自纵墙（或横墙）每隔 4 皮~6 皮砖高度引出不小于 120mm 与横墙（或纵墙）相接。 7.3.2 石砌体的组砌形式应符合下列规定： 　1 内外搭砌，上下错缝，拉结石、丁砌石交错设置； 　2 毛石墙拉结石每 0.7m² 墙面不应少于 1 块。 　检查数量：每检验批抽查 不应少于 5 处。 　检验方法：观察检查。 8.2.1 钢筋的品种、规格、数量和设置部位应符合设计要求。 　检验方法：检查钢筋的合格证书、钢筋性能复试试验报告、隐蔽工程记录。 8.2.3 构造柱与墙体的连接应符合下列规定： 　1 墙体应砌成马牙槎，马牙槎凹凸尺寸不宜小于 60mm，高度不应超过 300mm，马牙槎应先退后进，对称砌筑；马牙槎尺寸偏差每一构造柱不应超过 2 处。 　2 预留拉拉结钢筋的规格、尺寸、数量及位置应正确，拉结钢筋应沿墙高每隔 500mm 设 2ϕ6，伸入墙内不宜小于 600mm，钢筋的竖向移位不应超过 100mm，且竖向移位每一构造柱不得超过 2 处。 　3 施工中不得任意弯折拉结钢筋。	4. 查阅后置拉结筋的试验报告 强度：符合设计要求和规范规定 签字：试验员、审核人、批准人已签字 盖章：盖有计量认证章、资质章及试验单位章，见证取样时，加盖见证取样章 结论：合格

条款号	大纲条款	检查依据	检查要点
5.3.3	砌体组砌方式、钢筋的放置位置、挡土墙泄水孔留置符合规范规定	检验数量：每检验批抽查不应少于 5 处。 检验方法：观察检查和尺量检查。 8.2.4　配筋砌体中受力钢筋的连接方式及锚固长度、搭接长度应符合设计要求。 1　每检验批抽查不应少于 5 处。 2　观察检查。 8.3.3　网状配筋砖砌体中，钢筋网规格及放置间距应符合设计规定。每一构件钢筋网砌体高度位置超过设计规定一皮砖厚得多于一处。 抽检数量：每检验批抽查不应少于 5 处。 检验方法：通过钢筋网成品检查钢筋规格，钢筋网放置间距采用局部剔缝观察，或用探针刺入灰缝内检查，或用钢筋位置测定仪测定。 9.2.2　填充墙体应与主体结构可靠连接，其连接构造应符合设计要求。未经设计同意，不得随意改变连接构造方法。每一填充墙与柱的拉结筋的位置超过一皮块体高度的数量不得多于一处。 抽检数量：每检验批抽查不应少于 5 处。 检验方法：观察检查。 9.2.3　填充墙与承重墙、柱、梁的连接钢筋，当采用化学植筋的连接方式时，应进行实体检测。锚固钢筋拉拔试验的轴向受拉非破坏承载力检验值应为 6.0kN。抽检钢筋在检验值作用下应基材无裂缝、钢筋无滑移宏观裂损现象；持荷 2min 期间荷载值降低不大于 5%。检验批验收可按本规范表 B.0.1 通过正常检验一次、二次抽样判定。填充墙砌体植筋锚固力检测记录可按本规范表 C.0.1 填写。 抽检数量：按表 9.2.3 确定。 检验方法：原位试验检查。 9.3.3　填充墙留置的拉结钢筋或网片的位置应与块体皮数相符合。拉结钢筋或网片应置于灰缝中，埋置长度应符合设计要求，竖向位置偏差不应超过一皮高度。 抽检数量：每检验批抽查不就少于 5 处。	

条款号	大纲条款	检查依据	检查要点
5.3.3	砌体组砌方式、钢筋的放置位置、挡土墙泄水孔留置符合规范规定	检验方法：观察和用尺量检查。 9.3.4 砌筑填充墙应错缝搭砌，蒸压加气混凝土砌块搭砌长度不应小于砌块长度的1/3；轻骨料混凝土小型空心砌块搭砌长度不应小于90mm；竖向通缝不应大于2皮。 抽检数量：每检验批抽查不应少于5处。 检验方法：观察检查	
5.3.4	质量验收记录齐全	**1.《建筑工程施工质量验收统一标准》GB 50300—2013** 3.0.6 建筑工程施工质量应按下列要求进行验收： 1 工程质量验收均应在施工单位自检合格的基础上进行。 2 参加工程施工质量验收的各方人员应具备相应的资格。 3 检验批的质量应按主控项目和一般项目验收。 4 对涉及结构安全、节能、环境保护和主要使用功能的试块、试件及材料，应在进场时或施工中按规定进行见证检验。 5 隐蔽工程在隐蔽前应由施工单位通知监理单位进行验收，并应形成验收文件，验收合格后方可继续施工。 6 对涉及结构安全、节能、环境保护和使用功能的重要分部工程应在验收前按规定进行抽样检验。 7 工程的观感质量应由验收人员现场检查，并应共同确认。 5.0.1 检验批质量验收合格应符合下列规定： 1 主控项目的质量经抽样检验均应合格。 2 一般项目的质量经抽样检验合格。当采用计数抽样时，合格点率应符合有关专业验收规范的规定，且不得存在严重缺陷。对于计数抽样的一般项目，正常检验一次、二次抽样可按本标准附录D判定。	1. 查阅砌体工程检验批、分项工程、分部工程验收报审表 签字：施工单位项目经理、专业监理工程师（建设单位专业技术负责人）已签字 盖章：施工单位、监理单位（建设单位）已盖章 结论：通过验收

条款号	大纲条款	检查依据	检查要点
5.3.4	质量验收记录齐全	3 具有完整的施工操作依据、质量验收记录。 5.0.2 分项工程质量验收合格应符合下列规定： 1 所含检验批的质量均应验收合格。 2 所含检验批的质量验收记录应完整。 5.0.3 分部工程质量验收合格应符合下列规定： 1 所含分项工程的质量均应验收合格。 2 质量控制资料应完整。 3 有关安全、节能、环境保护和主要使用功能的抽样检验结果应符合相应规定。 4 观感质量应符合要求。 5.0.4 单位工程质量验收合格应符合下列规定： 1 所含分部工程的质量均应验收合格。 2 质量控制资料应完整。 3 所含分部工程中有关安全、节能、环境保护和主要使用功能的检验资料应完整。 4 主要使用功能的抽查结果应符合相关专业验收规范的规定。 5 观感质量应符合要求。 5.0.8 经返修或加固处理仍不能满足安全或使用要求的分部工程及单位工程，严禁验收。 6.0.1 检验批应由专业监理工程师组织施工单位项目专业质量检查员、专业工长等进行验收。 6.0.2 分项工程应由专业监理工程师组织施工单位项目专业技术负责人等进行验收。 6.0.3 分部工程应由总监理工程师组织施工单位项目负责人和项目技术负责人等进行验收。勘察、设计单位项目负责人和施工单位技术、质量部门负责人应参加地基与基础分部工程的验收。设计单位项目负责人和施工单位技术、质量部门负责人应参加主体结构、节能分部工程的验收。 6.0.4 单位工程中的分包工程完工后，分包单位应对所承包的工程项目进行自检，并应按本标准规定的程序进行验收。验收时，总包单位应派人参加。分包单位应将所分包工程的质量控制资料整理完整后，移交给总包单位。	2. 查阅砌体检验批质量验收记录 主控项目、一般项目：与实际相符，质量经抽样检验合格，质量检查记录齐全 签字：施工单位项目质量员、项目专业技术负责人、专业监理工程师（建设单位专业技术负责人）已签字 结论：合格

续表

条款号	大纲条款	检查依据	检查要点
5.3.4	质量验收记录齐全	6.0.5 单位工程完工后，施工单位应组织有关人员进行自检。总监理工程师应组织各专业监理工程师对工程质量进行竣工预验收。存在施工质量问题时，应由施工单位及时整改。整改完毕后，由施工单位向建设单位提交工程竣工报告，申请工程竣工验收。 6.0.6 建设单位收到工程竣工报告后，应由建设单位项目负责人组织监理、施工、设计、勘察等单位项目负责人进行单位工程验收。 **2.《砌体结构工程施工质量验收规范》GB 50203—2011** 11.0.1 砌体工程验收前，应提供下列文件和记录： 　1 设计变更文件； 　2 施工执行的技术标准； 　3 原材料出厂合格证书、产品性能检测报告和进场复验报告； 　4 混凝土及砂浆配合比通知； 　5 混凝土及砂浆试件抗压强度试验报告单； 　6 砌体工程施工记录； 　7 隐蔽工程验收记录； 　8 分项工程检验批的主控项目、一般项目验收记录； 　9 填充墙砌体植筋锚固力检测记录； 　10 重大技术问题的处理方案和验收记录； 　11 其他必要的文件和记录。 11.0.2 砌体子分部工程验收时，应对砌体工程的观感质量做出总体评价。 **3《建设工程监理规范》GB/T 50319—2013** 5.2.4 项目监理机构应对承包单位报送的隐蔽工程、检验批、分项工程和分部工程进行验收，验收合格的给以签认。	3. 查阅砌体工程分项工程质量验收记录 　项目：所含检验批的质量验收记录完整 　签字：施工单位项目质量员、项目专业技术负责人、专业监理工程师（建设单位专业技术负责人）已签字 　结论：合格

续表

条款号	大纲条款	检查依据	检查要点
5.3.4	质量验收记录齐全	**4.《电力建设工程监理规范》DL/T 5434—2009** 9.1.10　对承包单位报送的隐蔽工程报验申请表和自检记录，专业监理工程师应进行现场检查，符合要求予以签认后，承包单位方可隐蔽并进行下一道工序施工。 对未经监理人员验收或验收不合格的工序，监理人员应拒绝签认，并严禁承包单位进行下一道工序的施工。 9.1.11　专业监理工程师应对承包单位报送的分项工程质量报验资料进行审核，符合要求予以签认；总监理工程师应组织专业监理工程师对承包单位报送的分部工程和单位工程质量验评资料进行审核和现场检查，符合要求予以签认。 **5.《电力建设施工质量验收及评价规程　第1部分：土建工程》DL 5210.1—2012** 5.1　一般规定 5.1.1　本章适用于建筑工程的施工测量，以及土石方与基坑、地基处理与桩基、防水、砌体、混凝土结构、钢结构、地面与楼面、屋面、建筑装饰装修、防腐蚀、给排水及采暖、通风与空调、建筑电气、电梯、厂区道路、智能建筑、建筑节能、水土保持、室外（厂区景观）、其他消防等工程的施工质量验收。 5.1.2　本章5.3、5.4适用于具备完整的地质勘察资料及工程附近管线、建筑物、构筑物和其他公共设施的构造情况资料的土石方与基坑工程、地基处理与桩基工程的施工质量验收。 5.1.3　本章5.5～5.8适用于地下建筑物及构筑物、防护工程及沟、隧道等地下工程防水的施工质量验收。 5.1.4　本章5.9适用于建筑工程的砖、石、混凝土小型空心块、蒸压加气混凝土砌块等砌体的施工质量验收。 5.1.5　本章5.10适用于建筑工程混凝土结构施工质量的验收，不适用于特种混凝土结构施工质量的验收。 5.1.6　本章5.11适用于建筑工程单层、多层、高层以及网架、压型金属板等钢结构工程施工质量的验收。	4.查阅砌体工程分部（子分部）工程质量验收记录 内容：包括分项工程的质量控制资料、安全和使用功能的检验资料、观感质量验收资料等 签字：建设单位项目负责人、设计单位项目负责人、施工单位项目经理、总监理工程师已签字 验收结论：合格

续表

条款号	大纲条款	检查依据	检查要点
5.3.4	质量验收记录齐全	5.1.7　本章 5.12 适用于地面与楼面工程（含室外散水、明沟、步、台阶和坡道等附属工程）的施工质量验收，不适用于有保温、隔热、超净、屏、绝缘、防止放射线以及防腐蚀等特殊要求的建筑地面工程的施工质量验收。 5.1.8　本章 5.13～5.21 适用于抹灰、门窗、吊顶、轻质隔墙、饰面板（砖）、幕墙、涂饰、裱糊与软包、装饰装修细部等工程的施工质量验收。 5.1.9　本章 5.22 适用于防水等级为Ⅰ级～Ⅲ级的屋面工程的工质量验收。 5.1.10　本章 5.23 适用于新建、改建、扩建的建筑物和构筑物防腐蚀工程的施工质量验收。 5.1.11　本章 5.2.4 适用于厂区内、外的永久性沥青路面和水泥混凝土路面……	
5.4　冬期施工的监督检查			
5.4.1	冬期施工措施和越冬保温措施已审批	**1.《建筑工程冬期施工规程》JGJ 104—2011** 1.0.4　凡进行冬期施工的工程项目，应编制施工专项文宗；对有不能适应冬期施工要求的问题应及时与设计单位研究解决。 6.1.2　混凝土工程冬期施工应按照本规程附录 A 进行混凝土热工计算。 6.9.4　养护温度的测量方法应符合下列规定： 　　1 测温孔编号，并应绘制测温孔布置图，现场应设置明显标识。 　　3 采用非加热法养护时，测温孔应设置在易散热的部位；采用加热法养护时，应分别设置在离热源不同的位置。 11.1.1　对于有采暖要求，但却不能保证正常采暖的新建工程、跨年施工的在建工程以及停建、缓建工程等，在入冬前均应编制越冬维护方案	1. 查阅冬期施工措施与越冬保温措施 热工计算：有针对性 受冻临界强度：依据可靠 方法：可操作性强 审批：施工单位的技术负责人已批准；监理单位总监理工程师已批准 签字：施工单位技术员、项目技术负责人、公司技术负责人及监理单位专业监理工程师、总工程师已签字 2. 查看冬期施工现场 采取措施：与方案一致，有效

续表

条款号	大纲条款	检查依据	检查要点
5.4.2	原材料预热、选用的外加剂、混凝土拌合和浇筑条件、试块的留置符合规范规定	**1.《砌体结构工程施工规范》GB 20924—2014** 11.1.1 冬期施工所用的材料应符合下列规定： 　1 砌筑前，应清除块材表面污物和冰霜，遇水浸冻后的砖或砌块不得使用； 　2 石灰膏应防止受冻，当遇冻结，应经融化后方可使用； 　3 拌制砂浆所用砂，不得含有冰块和直径大于10mm的冻结块； 　4 砂浆宜采用普通硅酸盐水泥拌制，冬期砌筑不得使用无水泥拌制的砂浆； 　5 拌合砂浆采宜两步投料法，水的温度不得超过80℃，砂的温度不得超过40℃，砂浆稠度宜较常温适当增大； 　6 砌筑砂浆温度不应低于5℃； 　7 砌筑砂浆试块的留置，除应按常温规定要求外，尚应增设一组与砌体同条件养护记录。 11.1.5 冬期施工搅拌砂浆的时间应比常温期增加（0.5～1.0）倍，并应采用有效措施减少砂浆在搅拌、运输、存放过程中的热量损失。 11.1.6 砌筑工程冬期施工用砂浆应选用外加剂法。 11.1.8 冬期施工过程中，对块材的浇水湿润应符合下列规定： 　1 烧结普通砖、烧结多孔砖、蒸压灰砂砖、蒸压粉煤灰砖、烧结空心砖、吸水率较大的轻骨料混凝土小型空心砌块在气温高于0℃条件下砌筑时，应浇水湿润，且应即时砌筑；在气温不高于0℃条件下砌筑时，不应浇水湿润，但应增大砂浆稠度。 　2 普通混凝土小型空心砌块、混凝土多孔砖、混凝土实心砖及采用薄灰砌筑法的加气混凝土砌块施工时，不应对其浇水湿润。 　3 抗震设防烈度为9度的建筑物，当烧结普通砖、烧结多孔砖、蒸压粉煤灰砖、烧结空心砖无法浇水湿润时，当无特殊措施，不得砌筑。 11.1.11 当最低气温不高于-15℃，采用外加剂法砌筑承重砌体，其砂浆强度等级应按常温施工时的规定提高一级。	1. 查看冬期施工原材料预热现场 水温：水泥未与80℃以上的水直接接触； 骨料加热：符合规程规定

条款号	大纲条款	检查依据	检查要点
5.4.2	原材料预热、选用的外加剂、混凝土拌合和浇筑条件、试块的留置符合规范规定	11.1.14 下列砌体工程，不得采用掺氯盐的砂浆： 1 对可能影响装饰效果的建筑物； 2 使用湿度大于80%的建筑物； 3 热工要求高的工程； 4 配筋、铁埋件无可靠的防腐处理措施的砌体； 5 接近高压电线的建筑物； 6 经常处于地下水位变化范围内，而又无防水措施的砌体； 7 经常受40℃以上高温影响的建筑物。 11.1.15 砖与砂浆的温度差值砌筑时宜控制在20℃以内，且不应超过30℃。 **2.《混凝土结构工程施工规范》GB 50755—2012** 10.2.5 冬期施工混凝土搅拌前，原材料预热应符合下列规定： 1 宜加热拌合水，当仅加热拌合水不能满足热工计算要求时，可加热骨料；拌合水与骨料加热温度可通过热工计算确定，加热温度不应超过表10.2.5的规定。 2 水泥、外加剂、矿物掺合料不得直接加热，应置于暖棚中预热。 10.2.6 冬期施工混凝土搅拌应符合下列规定： 1 液体防冻剂使用前应搅拌均匀，由防冻剂溶液带入分应从混凝土拌合水中扣除。 2 蒸气法加热骨料时，应加大对骨料含水率测试频率，并应将由骨料带入的水分从混凝土拌合水中扣除。 3 混凝土搅拌前应对搅拌机械进行保温或采用蒸气进行加温，搅拌时间应比常温搅拌时间延长30s～60s。 4 混凝土搅拌时应先投入骨料与拌合水，预拌后投入胶凝材料与外加剂。胶凝材料、引气剂或含气组分外加剂不得与60℃以上热水直接接触。	2. 查阅冬期施工选用的外加剂试验报告 检验项目：符合规范规定 代表部位和数量：与现场实际相符 签字：试验员、审核人、批准人已签字 盖章：盖有计量认证章、资质章及试验单位章，见证取样时，加盖见证取样章 结论：合格

条款号	大纲条款	检查依据	检查要点
5.4.2	原材料预热、选用的外加剂、混凝土拌合和浇筑条件、试块的留置符合规范规定	10.2.7　混凝土拌合物的出机温度不宜低于10℃，入模温度不应低于5℃；预拌混凝土或需远距离运输的混凝土，混凝土拌合物的出机温度可根据距离经热工计算确定，但不宜低于15℃。大体积混凝土的入模温度可根据实际情况适当降低。 10.2.10　混凝土分层浇筑时，分层厚度不应小于400mm。在被上一层混凝土覆盖前，已浇筑层的温度应满足热工计算要求，且不得低于2℃。 10.2.11　采用加热方法养护现浇混凝土时，应根据加热产生的温度应力对结构的影响采取措施，并应合理安排混凝土浇筑顺序与施工缝留置位置。 10.2.12　冬期浇筑的混凝土，其受冻临界强度应符合下列规定： 　1　当采用蓄热法、暖棚法、加热法施工时，采用硅酸盐水泥、普通硅酸盐水泥配制的混凝土，不应低于设计混凝土强度等级值的30%；采用矿渣硅酸盐水泥、粉煤灰硅酸盐水泥、火山灰质硅酸盐水泥配制的混凝土时，不应低于设计混凝土强度等级值的40%。 　2　当室外最低气温不低于−15℃时，采用综合蓄热法、负温养护法施工的混凝土受冻临界强度不应低于4.0MPa；当室外最低气温不低于−30℃时，采用负温养护法施工的混凝土受冻临界强度不应低于5.0MPa。 　3　强度等级等于或高于C50的混凝土，不宜低于设计混凝土强度等级值的30%。 　4　有抗渗要求的混凝土，不宜小于设计混凝土强度等级值的50%。 　5　有抗冻耐久性要求的混凝土，不宜低于设计混凝土强度等级值的70%。 　6　当采用暖棚法施工的混凝土中掺入早强剂时，可按综合蓄热法受冻临界强度取值。 　7　当施工需要提高混凝土强度等级时，应按提高后的强度等级确定受冻临界强度。 10.2.17　混凝土工程冬期施工应加强骨料含水率、防冻剂掺量检查，以及原材料、入模温度、实体温度和强度监测；应依据气温的变化、检查防冻剂掺量是否符合配合比与防冻剂说明书的规定，并应根据需要调整配合比。	3. 查看混凝土拌合条件和浇筑条件 拌制混凝土所用骨料：清洁、不含冰、雪、冻块及其他易冻裂物质 掺加含有钾、钠离子防冻剂的混凝土：未使用活性骨料或未含有活性物质的骨料 混凝土搅拌时间：符合《建筑工程冬期施工规程》的规定 浇筑前模板与钢筋：模板与钢筋上的冰雪与污垢已清除

条款号	大纲条款	检查依据	检查要点
5.4.2	原材料预热、选用的外加剂、混凝土拌合和浇筑条件、试块的留置符合规范规定	10.2.19 冬期施工混凝土强度试件的留置,除应符合《混凝土结构工程施工质量验收规定》GB 50204 的有关规定外,尚应增加不少于 2 组的同条件养护试件。同条件养护试件应在解冻后进行试验。 **3.《建筑冬期施工规程》JGJ/T 104—2011** 4.1.1 冬期施工所用的材料应符合下列规定: 1 砖、砌块在砌筑前,应清除块材表面污物和冰霜等,不得使用遭水浸和受冻后表面结冰、污染的砖或砌块。 2 砌筑砂浆宜采用普通硅酸盐水泥配制,不得使用无水泥拌制的砂浆。 3 现场拌制砂浆所用砂中不得含有直径大于 10mm 的冻结块和冰块。 4 石灰膏、电石渣膏等材料应有保温措施,遭冻结时应经融化后方可使用。 5 砂浆拌合水温不宜超过 80℃,砂加热温度不宜超过 40℃,且水泥不得与 80℃ 以上热水直接接触;砂浆稠度宜较常温适当增大且不得二次加水调整砂浆和易性。 4.1.3 砌体工程宜选用外加剂法进行施工,对绝缘、装饰等有特殊要求的工程,应采用其他方法。 4.1.5 砂浆试块的留置,除应按常温规定要求外,尚应增设一组与砌体同条件养护的试块,用于检验转入常温 28d 的强度。如有特殊需要,可另外增加相应龄期的同条件试块。 4.2.1 采用外加剂法配制砂浆时,可采用氯盐或亚硝酸盐等外加剂。氯盐应以氯化钠为主,当气温低于–15℃时,可与氯化钙复合使用。 4.2.2 砌筑施工,砂浆温度不应低于 5℃。 4.2.3 当设计无要求,且最低气温等于或低于–15℃时,砌体砂浆强度等级应较常温施工提高一级。 4.2.7 下列情况不得采用掺氯盐的砂浆砌筑砌体: 1 对装饰工程有特殊要求的建筑物; 2 使用环境温度大于 80% 的建筑物;	4. 查看混凝土试块(含同条件试块)留置 数量:符合规范规定

条款号	大纲条款	检查依据	检查要点
5.4.2	原材料预热、选用的外加剂、混凝土拌合和浇筑条件、试块的留置符合规范规定	3 配筋、钢埋件无可靠防腐处理措施的砌体； 4 接近高压电线的建筑物（如变电所、发电站等）； 5 经常处于地下水位变化范围内，以及在地下未设防水层的结构。 6.1.1 冬期浇筑的混凝土，其受冻临界强度应符合下列规定： 1 当采用蓄热法、暖棚法、加热法施工时，采用硅酸盐水泥、普通硅酸盐水泥配制的混凝土，不应低于设计混凝土强度等级值的 30%；采用矿渣硅酸盐水泥、粉煤灰硅酸盐水泥、火山灰质硅酸盐水泥配制的混凝土时，不就低于设计混凝土强度等级值的 40%。 2 当室外最低气温不低于−15℃时，采用综合蓄热法、负温养护法施工的混凝土受冻临界强度不应低于 4.0MPa；当室外最低气温不低于−30℃时，采用负温养护法施工的混凝土受冻临界强度不应低于 5.0MPa。 3 强度等级等于或高于 C50 的混凝土，不宜低于设计混凝土强度等级值的 30%。 4 有抗渗要求的混凝土，不宜小于设计混凝土强度等级值的 50%。 5 有抗冻耐久性要求的混凝土，不宜低于设计混凝土强度等级值的 70%。 6 当采用暖棚法施工的混凝土中掺入早强剂时，可按综合蓄热法受冻临界强度取值。 7 当施工需要提高混凝土强度等级时，应按提高后的强度等级确定受冻临界强度。 6.1.5 冬期施工混凝土选用外加剂应符合《混凝土外加剂应用技术规范》GB 50119 的相关规定。非加热养护法混凝土施工,所选用的外加剂应含有引气组分或掺入引气剂,含气量宜控制在 3.0%～5.0%。 6.1.6 钢筋混凝土掺用氯盐类防冻剂时，氯盐掺量不得大于水泥质量的 1.0%。掺用氯盐的混凝土应振捣密实，且不宜采用蒸气养护。 6.1.7 在下列情况下，不得在钢筋混凝土结构中掺用氯盐： 1 排出大量蒸气的车间、浴池、游泳馆、洗衣房和经常处于空气相对湿度大于80%的房间以及有顶盖的钢筋混凝土蓄水池等在高湿度空气环境中使用的结构；	

条款号	大纲条款	检查依据	检查要点
5.4.2	原材料预热、选用的外加剂、混凝土拌合和浇筑条件、试块的留置符合规范规定	2 处于水位升降部位的结构； 3 露天结构或经常受雨、水淋的结构； 4 有镀锌钢材或铝铁相接触的结构，和有外露钢筋、预埋件而无防护措施的结构； 5 与含有酸、碱或硫酸盐等侵蚀介质相接触的结构； 6 使用过程中经常处于环境温度为60℃以上的结构； 7 使用冷拉钢筋或冷拔低碳钢丝的结构； 8 薄壁结构，中级和重级工作制吊车梁、屋架、落锤或锻锤基础结构； 9 电解车间和直接靠近直流电源的结构； 10 直接靠近高压电源（发电站、变电所）的结构； 11 预应力混凝土结构。 6.1.8 模板外和混凝土表面覆盖的保温层，不应采用潮湿状态的材料，也不应将保温材料直接铺盖在潮湿的混凝土表面，新浇混凝土表面应铺一层塑料薄膜。 6.1.10 型钢混凝土组合结构，浇筑混凝土前应对型钢进行预热，预热温度宜大于混凝土入模温度，预热方法可按本规程第6.5节相关规定。 6.2.1 混凝土原材料加热宜采用加热水的方法。当加热水不能满足要求时，可对骨料进行加热。水、骨料加热的最高温度应符合表6.2.1的规定。 当水和骨料的温度仍不能满足热工计算要求时，可提高水温到100℃，但水泥不得与80℃以上的水直接接触。 6.2.2 水加热宜采用蒸汽加热、电加热、汽水热交换罐或其他加热方法，水箱或水池容积及水温应能满足连续施工的要求。 6.2.3 砂加热应在开盘前进行，加热应均匀。当采用保温加热料斗时，宜配备两个，交替加热使用。每个料斗容积可根据机械可装高度和侧壁厚度等要求设计，每一个斗的容量不宜小于3.5m³。 预拌混凝土用砂，应提前备足料，运至有加热设施的保温封闭料棚（室）或仓内备用。 6.2.4 水泥不得直接加热，袋装水泥使用前宜运入暖棚内存放。	

条款号	大纲条款	检查依据	检查要点
5.4.2	原材料预热、选用的外加剂、混凝土拌合和浇筑条件、试块的留置符合规范规定	6.2.5 混凝土搅拌的最短时间应符合表 6.2.5 的规定。 6.2.10 大体积混凝土分层浇筑时，已浇筑层的混凝土在未被上一层混凝土覆盖前，温度不应低于 2℃。采用加热法养护混凝土时，养护前的混凝土温度也不得低于 2℃。 6.9.7 混凝土抗压强度试件的留置除应按《混凝土结构工程施工质量验收规范》GB 50204 规定进行外，尚应增设不少于 2 组同条件养护试件	
5.4.3	冬期施工的混凝土工程，养护条件、测温次数符合规范规定，记录齐全	**1.《砌体结构工程施工规范》GB 50924—2014** 11.1.2 冬期施工过程中，施工记录除应按常规要求外，沿应包括室外温度、暖棚温度、砌筑砂浆温度及外加剂掺量。 **2.《混凝土结构工程施工规范》GB 50666—2012** 10.2.13 混凝土结构工程冬期施工养护，应符合下列规定： 1 当室外最低气温不低于 −15℃ 时，对地面以下的工程或表面系数不大于 $5m^{-1}$ 的结构，宜采用蓄热法养护，并应对结构易受冻部位加强保温措施；对表面系数为 $5m^{-1}\sim15m^{-1}$ 的结构，宜采用综合蓄热法养护。采用综合蓄热法养护时，混凝土中应掺加具有减水、引气性能的早强剂或早强型外加剂。 2 对不易保温养护且对强度增长无具体要求的一般混凝土结构，可采用掺防冻剂的负温养护法进行养护。 3 当本条第 1、第 2 款不能满足施工要求时，可采用暖棚法、蒸汽加热法、电加热法等方法进行养护，但应采取降低能耗的措施。 10.2.14 混凝土浇筑后，对裸露表面应采取防风、保湿、保温措施，对边、棱角及易受冻部位应加强保温。在混凝土养护和越冬期间，不得直接对负温混凝土表面浇水养护。 10.2.15 模板和保温层的拆除除应符合本规范第 4 章及设计要求外，尚应符合下列规定： 1 混凝土强度达到受冻临界强度，且混凝土表面温度不应高于 5℃；	1. 查阅冬期施工混凝土工程养护记录和测温记录 养护方法：与方案一致 测温点的布置：与方案一致 测温项目与测温频次：符合《建筑工程冬期施工规程》JGJ/T 104—2011 的规定 签字：责任人签字齐全 2. 查看现场养护条件和测温点的布置 布置：与方案一致 实测温度：符合规范的规定

条款号	大纲条款	检查依据	检查要点
5.4.3	冬期施工的混凝土工程，养护条件、测温次数符合规范规定，记录齐全	2 以墙、板等薄壁结构构件，宜推迟拆模。 10.2.16 混凝土强度未达到受冻临界强度和设计时，应连续进行养护。当混凝土表面温度与环境温度之差大于20℃时，拆模后的混凝土表面应立即进行保温覆盖。 10.2.18 混凝土冬期施工期间，应按国家现行有关标准的规定对混凝土拌合水温度、外加剂溶液温度、骨料温度、混凝土出机温度、浇筑温度、入模温度，以及养护期间混凝土内部和大气温度进行测量。 **3.《建筑工程冬期施工规程》JGJ/T 104—2011** 4.1.4 施工日记中应记录大气温度、暖棚内温度、砌筑时砂浆温度、外加剂掺量等有关资料。 4.3.2 暖棚法施工时，暖棚内的最低温度不应低于5℃。 4.3.3 砌体在暖棚内的养护时间应根据暖棚内温度确定，并应符合表4.3.3的规定。 6.4.1 混凝土蒸汽养护法可采用棚罩法、蒸汽套法、热模法、内部通汽法等方式…… 6.4.2 蒸汽养护法应采低压饱和蒸汽，当工地有高压蒸汽时，应通过减压阀或过水装置后方可使用。 6.4.3 蒸汽养护的混凝土，采用普通硅酸盐水泥时最高温度不得超过80℃，采用矿渣硅酸盐水泥时可提高到85℃。但采用内部通汽法时，最高加热温度不应超过60℃。 6.4.4 整体浇筑的结构，采用蒸汽加热养护时，升温和降温速度不得超过表6.4.4规定。 6.5.3 混凝土采用电极加热法养护应符合下列规定： 1 电路接好应以检查合格后方可合闸送电。当结构工程量较大，需边浇筑边通电，应将钢筋接地线。电加热现场应设安全围栏。 2 棒形和弦形电极应固定牢固，并不得与钢筋直接接触。电极与钢筋之间的距离应符合表6.5.3的规定；当因钢筋密度大而不能保证钢筋与电极之间的距离满足表6.5.3的规定时，应采取绝缘措施。 3 电极加热法应采用交流电。电极的形式、尺寸、数量及配置应能保证混凝土各部位加热均匀、且应加热到设计的混凝土强度标准值的50%。在电极附近的辐射半径方向每隔10mm距离的温度差不得超过1℃。	

条款号	大纲条款	检查依据	检查要点
5.4.3	冬期施工的混凝土工程，养护条件、测温次数符合规范规定，记录齐全	4 电极加热应在混凝土浇筑后立即送电，送电前混凝土表面应保温覆盖。混凝土在加热养护过程中，洒水应在断电后进行。 6.5.4 混凝土采用电热毯法养护应符合下列规定： 1 电热毯宜由四层玻璃纤维布中间夹以电阻丝制成。其几何尺寸应根据混凝土表面或模板外侧与龙骨组成的区格大小确定。电热毯的电压宜为 60V～80V，功率宜为 75W～100W。 2 布置电热毯时，在模板周边的各区格应连接布毯，中间区格可间隔布毯，并应与对面模板错开。电热毯外侧应设置岩棉板等性质的耐热保温材料。 3 电热毯养护的通电持续时间应根据气温及养护温度确定，可采取分段、间段或连续通电养护工序。 6.6.2 暖棚法施工应符合下列规定： 1 应设专人监测混凝土及暖棚内温度，暖棚内各测点温度不得低于 5℃。测温点应选择具有代表性位置进行布置，在离地面 500mm 高度处应设点，每昼夜测温不应少于 4 次。 2 养护期间应监测暖棚内的相对湿度，混凝土不得有失水现象，否则应及时采取增湿措施或在混凝土表面洒水养护。 3 暖棚的出入口应设专人管理，并应采取防止棚内温度下降或引起风口处混凝土受冻的措施。 4 在混凝土养护期间应将烟或燃烧气体排至棚外，并应采取防止烟气中毒和防火的措施。 6.9.1 混凝土冬期施工质量检查除应符合《混凝土结构工程施工质量验收规范》GB 50204 以及国家现行有关标准规定外，尚应符合一步下列规定： 1 应检查外加剂质量及掺量，外加剂进入施工现场后应进行抽样检验，合格后方准使用； 2 应根据施工方案确定检查水、骨料、外加剂溶液和混凝土出机、浇筑、起始养护时的温度； 3 应检查混凝土从入模到拆除保温层或保温模板期间的温度； 4 采用预拌混凝土质量检查应由预拌混凝土生产企业进行，并应将记录资料提供给施工单位。 6.9.2 施工期间的测温项目与频次应符合表 6.9.2 规定。	

条款号	大纲条款	检查依据	检查要点
5.4.3	冬期施工的混凝土工程，养护条件、测温次数符合规范规定，记录齐全	6.9.3　混凝土养护期间的温度测量应符合下列规定： 　1　采用蓄热法或综合蓄热法时，在达到受冻临界强度之前应每隔 4h～6h 测量一次； 　2　采用负温养护法时，在达到受冻临界强度之前应每隔 2h 测量一次； 　3　采用加热时，升温和降温阶段应每隔 1h 测量一次，恒温阶段每隔 2h 测量一次。 　4　混凝土在达到受冻临界强度后，可停止测温。 　5　大体积混凝土养护期间的温度测量尚应符合《大体积混凝土施工规范》GB 50496 的相关规定。 6.9.4　养护温度的测量方法应符合下列规定： 　1　测温孔应编号，并应绘制测温孔布置图，现场应设置明显标识。 　2　测温时，测温单元应采取措施与外界气温隔离；测温元件测量位置应处于结构表面下 20mm 处，留置在测温孔内的时间不应少于 3min。 　3　采用非加热法养护时，测温孔应设置在易于散热的部位，采用加热法养护时，应分别设置在离热源不同的位置。 6.9.5　混凝土质量检查应符合下列规定： 　1　应检查混凝土表面是否受冻、粘连、收缩裂缝，边角是否脱落，施工缝处有无受冻痕迹； 　2　应检查同条件养护试块的养护条件是否与结构实体相一致； 　3　按本规程附录 B 成熟度法推定混凝土强度时，应检查测温记录与计算公式要求是否相符； 　4　采用电加热养护时，应检查供电变压器二次电压和二次电流强度，每一工作班不应少于两次。 6.9.6　模板和保温层在混凝土达到要求强度并冷却到 5℃后方可拆除。拆模时混凝土表面与环境温差大于 20℃时，混凝土表面应及时覆盖，缓慢冷却。 　2　养护期间应监测暖棚内的查对湿度，混凝土不得有失水现象，否则应及时采取增湿措施或在混凝土表面洒水养护。 　3　暖棚的出入口应设专人管理，并应采取防止棚内温度下降或引风口处混凝土受冻的措施。 　4　在混凝土养护期间应将烟或燃烧气体排至棚外，并应采取防止烟气中毒和防火的措施	

续表

条款号	大纲条款	检查依据	检查要点
5.4.4	冬期停、缓建工程,停止位置的混凝土强度符合设计或规范规定	**1.《建筑工程冬期施工规程》JGJ/T 104—2011** 11.3.1 冬期停、缓建工程越冬停工时的停留位置应符合下列规定: 　　1 混合结构可停留在基础上部地梁位置,楼层间的圈梁或楼板上皮标高位置; 　　2 现浇混凝土框架应停留在施工缝位置; 　　3 烟囱、冷却塔或筒仓宜停留在基础上皮标高或筒身任何水平位置; 　　4 混凝土水池底部应按施工缝要求确定,并应设有止水设施。 11.3.2 已开挖的基坑或基槽不宜挖至设计标高,应预留 200mm～300mm 土层;越冬时,应对基坑或基槽保温维护,保温层厚度可按本规程附录 C 计算确定。 11.3.3 混凝土结构工程停、缓建时,入冬前混凝土的强度应符合下列规定: 　　1 越冬期间不承受外力的结构构件,除应符合设计要求外,尚应符合本规程 6.1.1 规定; 　　2 装配式结构构件的整浇接头,不得低于设计强度等级值的 70%; 　　3 预应力混凝土结构不应低于混凝土设计强度等级值的 75%; 　　4 升板结构应将柱帽浇筑完毕,混凝土应达到设计要求的强度等级	1. 查阅冬期停、缓建工程入冬前混凝土强度评定及标高与轴线记录 　强度:符合设计要求和规范规定 　标高与轴线测量记录:内容完整准确 2. 查阅冬期停、缓建工程复工前工程标高、轴线复测记录 　数据:齐全、完整 　与原始记录偏差:在允许范围内或偏差超出允许偏差已提出处理方案,并取得建设、设计与监理部门的同意 3. 查看现场 　保护措施:采取的措施符合规范规定 　停留位置:与方案一致,符合设计要求和规范的规定

条款号	大纲条款	检查依据	检查要点
6　质量监督检测			
6.0.1	开展现场质量监督检查时,应重点对下列项目的检测试验报告进行查验,必要时可进行验证性抽样检测。对检验指标或结论有怀疑时,必须进行检测		
（1）	砂、石、砖、砌块、水泥、钢筋及其连接接头等技术性能	**1.《混凝土结构工程施工质量验收规范》GB 50204—2015** 5.2.2　对有抗震要求的结构,其纵向受力钢筋的性能应满足设计要求;当设计无具体要求时,对按一、二、三级抗震等级设计的框架和斜撑构件（含梯段）中纵向受力钢筋应采用 HRB335B、HRB400E、HRB500E、HRB500E、HRBF335E、HRB400E 或 HRBF500E 钢筋,其强度和最大力下总伸长率的实测值应符合下列规定: 　　1　钢筋的抗拉强度实测值与屈服强度实测值的比值不应小于 1.25; 　　2　钢筋的屈服强度实测值与屈服强度标准值的比值不应大于 1.3; 　　3　钢筋的最大力下总伸长率不应小于 9%。 **2.《大体积混凝土施工规范》GB 50496—2018** 4.2.1　配制大体积混凝土所用水泥的选择及其质量,应符合下列规定:	1. 查验抽测砂试样 含泥量:符合 JGJ 52—2006 中表 3.1.3 的规定 泥块含量:符合 JGJ 52—2006 中表 3.1.4 的规定 石粉含量:符合 JGJ 52—2006 中表 3.1.5 的规定 氯离子含量:符合 JGJ 52—2006 中 3.1.10 的规定

条款号	大纲条款	检查依据	检查要点
（1）	砂、石、砖、砌块、水泥、钢筋及其连接接头等技术性能	2 应选用中低热硅酸盐水泥或低热矿渣硅酸盐水泥,大体积混凝土施工所用水泥其 3d 的水化热不宜大于 240kJ/kg, 7d 的水化热不宜大于 270kJ/kg。 4.2.2 水泥进场时应对水泥品种、强度等级、包装或散装仓号、出厂日期等进行检查,并对其强度、安定性、凝结时间、水化热等性能指标及其他必要的性能指标进行复验。 **3.《钢筋混凝土用钢 第 1 部分:热轧光圆钢筋》GB/T 1499.1—2017** 6.6.2 钢筋实际重量与理论重量的允许偏差应符合表 4 规定。 7.3.1 钢筋的下屈服强度 R_{el}、抗拉强度 R_m、断后伸长率 A、最大力总伸长率 A_{gt} 等力学性能特征值应符合表 6 规定。 8.1 每批钢筋的检验项目、取样数量、取样方法和试验方法应符合表 7 规定。 8.4.1 测量钢筋重量偏差时,试样应随机从不同根钢筋上截取,数量不少于 5 支,每支试样长度不小于 500mm。 **4.《钢筋混凝土用钢 第 2 部分:热轧带肋钢筋》GB/T 1499.2—2018** 6.6.2 钢筋实际重量与理论重量的允许偏差应符合表 4 规定。 7.4.1 钢筋的下屈服强度 R_{el}、抗拉强度 R_m、断后伸长率 A、最大力总伸长率 A_{gt} 等力学性能特征值应符合表 6 规定。 7.5.1 钢筋应进行弯曲试验,按表 7 规定的弯曲压头直径弯曲 180°后,钢筋受弯部位表面不得产生裂纹。 8.1 每批钢筋的检验项目、取样方法和试验方法应符合表 8 规定。 8.4.1 测量重量偏差时,试样应从不同根钢筋上截取,数量不少于 5 支,每支试样长度不小于 500mm。 **5.《通用硅酸盐水泥》GB 175—2007** 7.3.1 硅酸盐水泥初凝结时间不小于 45min,终凝时间不大于 390min。普通硅酸盐水泥、矿渣硅酸盐水泥、火山灰质硅酸盐水泥、粉煤灰硅酸盐水泥和复合硅酸盐水泥初凝结时间不小于 45min,终凝时间不大于 600min。 7.3.2 安定性沸煮法合格。	碱活性:符合 JGJ 52—2006 的要求 2. 查验抽测碎石或卵石试样 含泥量:符合 JGJ 52—2006 中表 3.2.3 的规定 泥块含量:符合 JGJ 52—2006 中表 3.2.4 的规定 针、片状颗粒:符合 JGJ 52—2006 中表 3.2.2 的规定 碱活性:符合 JGJ 52 的要求 压碎指标（高强混凝土）:符合 JGJ 52—2006 的规定 3. 查验抽测烧结普通砖试样 抗压强度:符合 GB 5101—2003 中表 3 的规定 4. 查验抽测粉煤灰砖试样 抗压强度:符合 JC 239—2001 中表 2 的规定 抗折强度:符合 JC 239—2001 中表 2 的规定

条款号	大纲条款	检查依据	检查要点
（1）	砂、石、砖、砌块、水泥、钢筋及其连接接头等技术性能	7.3.3 强度符合表 3 的规定。 8.5 凝结时间和安定性按 GB/T 1346 进行试验。 8.6 强度按 GB/T 17671 进行试验。 9.1 取样方法按 GB 12573 进行。可连续取，亦可从 20 个以上不同部位取等量样品，总量至少 12kg。 **6.《蒸压加气混凝土砌块》GB 11968—2006** 6.2 砌块抗压强度应符合表 3 规定。 6.3 砌块干密度应符合表 4 规定。 7.2.1 立方体抗压强度试验按 GB/T 11971—1997 规定进行。 7.2.2 干密度试验按 GB/T 11970—1997 规定进行。 8.2.2.1 同品种、同规格、同等级的砌块，以 10000 块为一批，不足 10000 块亦为一批。 8.2.2.2 从外观与尺寸偏差检验合格的砌块中，随机抽取 6 块砌块制作试件，进行如下项目检验：干密度取 3 组 9 块；强度级别取 3 组 9 块。 **7.《烧结普通砖》GB 5101—2017** 6.3 强度等级应符合表 3 规定。 7.3.1 强度等级试验按 GB/T 2542 规定的方法进行。试样数量为 10 块。 8.2 检验批的构成原则和批量大小按 JC/T 466 规定。3.5 万～15 万块为一批，不足 3.5 万块按一批计。 **8.《钢筋焊接及验收规程》JGJ 18—2012** 5.1.8 钢筋焊接接头力学性能试验时，应在外观检查合格后随机抽取。试验方法按《钢筋焊接接头试验方法》JGJ 27 执行。 5.3.1 闪光对焊接头力学性能试验时，应从每批中随机切取 6 个接头，其中 3 个做拉伸试验，3 个做弯曲试验。 5.5.1 电弧焊接头的质量检验，……，在现浇混凝土结构中，应以 300 个同牌号钢筋、同形式接头作为一批；……每批随机切取 3 个接头做拉伸试验。	5. 查验抽测蒸压加气混凝土砌块试样 强度：符合 GB 11968—2006 中表 3 的规定 干密度：符合 GB 11968—2006 中表 4 的规定 6. 查验抽测水泥试样 凝结时间：符合 GB 175—2007 中 7.3.1 的要求 安定性：符合 GB 175—2007 中 7.3.2 的要求 强度：符合 GB 175—2007 中表 3 的要求 水化热（大体积混凝土）：符合 GB 50496 的规定 7. 查验抽测热轧光圆钢筋试件 重量偏差：符合 GB/T 1499.1—2017 中表 4 的要求 屈服强度：符合 GB/T 1499.1—2017 中表 6 的要求 抗拉强度：符合 GB/T 1499.1—2017 中表 6 的要求

续表

条款号	大纲条款	检查依据	检查要点
（1）	砂、石、砖、砌块、水泥、钢筋及其连接接头等技术性能	5.6.1 电渣压力焊接头的质量检验，……，在现浇混凝土结构中，应以 300 个同牌号钢筋接头作为一批；……，每批随机切取 3 个接头试件做拉伸试验。 5.8.2 预埋件钢筋 T 形接头进行力学性能检验时，应以 300 件同类型预埋件作为一批；……，每批预埋件中随机切取 3 个接头做拉伸试验。 **9.《钢筋机械连接技术规程》JGJ 107—2016** 7.0.5 接头现场抽检项目应包括极限抗拉强度试验、加工和安装质量检验。抽检应按验收批进行，同钢筋生产厂、同强度等级、同规格、同类型和同形式接头应以 500 个为一检验批进行检验和验收，不足 500 个也应作为一个检验批。 7.0.7 对接头的每一验收批，应在工程结构中随机截取 3 个接头试件做极限抗拉强度试验，按设计要求的接头等级评定。 A.2.2 现场抽检接头试件的抗极限拉强度试验应采用零到破坏的一次加载制度。 **10.《普通混凝土用砂、石质量及检验方法标准》JGJ 52—2006** 1.0.3 对于长期处于潮湿环境的重要混凝土结构所用砂、石应进行碱活性检验。 3.1.3 天然砂中含泥量应符合表 3.1.3 的规定。 3.1.4 砂中泥块含量应符合表 3.1.4 的规定。 3.1.5 人工砂或混合砂中石粉含量应符合表 3.1.5 的规定。 3.1.10 钢筋混凝土和预应力混凝土用砂的氯离子含量分别不得大于 0.06% 和 0.02%。 3.2.2 碎石或卵石中针、片状颗粒应符合表 3.2.2 的规定。 3.2.3 碎石或卵石中含泥量应符合表 3.2.3 的规定。 3.2.4 碎石或卵石中泥块含量应符合表 3.2.4 的规定。 3.2.5 碎石的强度可用岩石抗压强度和压碎指标表示。岩石的抗压等级应比所配制的混凝土强度至少高 20%。当混凝土强度大于或等于 C60 时，应进行岩石抗压强度检验。岩石强度首先由生产单位提供，工程中可采用能够压碎指标进行质量控制，岩石压碎值指标宜符合表 3.5.5-1。卵石的强度可用压碎值表示。其压碎指标宜符合表 3.2.5-2 的规定。	断后伸长率：符合 GB/T 1499.1—2017 中表 6 的要求 最大力总伸长率：符合 GB/T 1499.1—2017 中表 6 的要求 弯曲性能：符合 GB/T 1499.1—2017 中表 6 的要求 8. 查验抽测热轧带肋钢筋试件 重量偏差：符合 GB/T 1499.2—2018 中表 4 的要求 屈服强度：符合 GB/T 1499.2—2018 中表 6 的要求 抗拉强度：符合 GB/T 1499.2—2018 中表 6 的要求 断后伸长率：符合 GB/T 1499.2—2018 中表 6 的要求 最大力总伸长率：符合 GB/T 1499.2—2018 中表 6 的要求 弯曲性能：符合 GB/T 1499.2—2018 中表 7 的要求

续表

条款号	大纲条款	检查依据	检查要点
（1）	砂、石、砖、砌块、水泥、钢筋及其连接接头等技术性能	5.1.3 对于每一单项检验项目，砂、石的每组样品取样数量应符合下列规定： 砂的含泥量、泥块含量、石粉含量及氯离子含量试验时，其最小取样质量分别为4400g、20000g、1600g及2000g；对最大公称粒径为31.5mm的碎石或乱石，含泥量和泥块含量试验时，其最小取样质量为40kg。 6.8 砂中含泥量试验 6.10 砂中泥块含量试验 6.11 人工砂及混合砂中石粉含量试验 6.18 氯离子含量试验 6.20 砂中的碱活性试验（快速法） 7.7 碎石或卵石中含泥量试验 7.8 碎石或卵石中泥块含量试验 7.16 碎石或卵石的碱活性试验（快速法） **11.《粉煤灰砖》JC 239—2001** 5.3 强度等级应符合表2规定。 6 试验方法按按GB/T 2542规定的方法进行。试样数量为10块。 7.2 批量按每10万块为一批，不足10万块按一批计	9. 纵向受力钢筋（有抗震要求的结构）试件 抗拉强度查验抽测值与屈服强度查验抽测值的比值：符合GB/T 50204—2015中5.2.3的要求 屈服强度查验抽测值与强度标准值的比值：符合GB 50204—2015中5.2.3的要求 最大力下总伸长率：符合GB/T 50204—2015中5.2.3的要求 10. 查验抽测钢筋焊接接头试件 抗拉强度：符合JGJ 18的要求 11. 查验抽测钢筋机械连接接头试件 抗拉强度：符合JGJ 107的要求
（2）	混凝土、砂浆试块强度	**1.《砌体结构工程施工质量验收规范》GB 50203—2011** 4.0.12 砌筑砂浆试块抗压强度的抽检数量：每一检验批且不超过250m³砌体的各类、各强度等级的普通砌筑砂浆，每台搅拌机应至少抽检一次。验收批的预拌砂浆、蒸压加气混凝土砌块专用砂浆，抽检可为3组。 检验方法：在砂浆搅拌机出料口或在湿拌砂浆的储存器出料口随机取样制作砂浆试块（现场拌制的砂浆，同盘砂浆只应做1组试块），试块标养28d后做强度试验。预拌砂浆中的湿拌砂浆稠度应在进场时取样检验。	1. 查验抽测混凝土试块或混凝土拌合物试样 立方体抗压强度：符合设计要求 2. 查验抽测砂浆试块或砂浆拌合物试样 立方体抗压强度：符合设计要求

条款号	大纲条款	检查依据	检查要点
（2）	混凝土、砂浆试块强度	**2.《混凝土结构工程施工质量验收规范》 GB 50204—2015** 7.4.1 结构混凝土的强度等级必须符合设计要求。用于检查结构构件混凝土强度的试件，应在混凝土的浇筑地点随机抽取。取样与试件留置应符合下列规定： 　　1 每拌制 100 盘且不超过 $100m^3$ 的同配合比的混凝土，取样不得少于一次； 　　2 每工作班拌制的同一配合比混凝土不足 100 盘时，取样不得少于一次； 　　3 当一次连续浇筑超过 $1000m^3$ 时，同一配合比的混凝土每 $200m^3$ 取样不得少于一次； 　　4 每一楼层、同一配合比的混凝土，取样不得少于一次； 　　5 每次取样应至少留置一组标准养护试件，同条件养护试件的留置组数应根据实际需要确定。 9.3.1 预制构件应按标准图或设计要求的试验参数及检验指标进行结构性能检验。 检验内容：钢筋混凝土构件和允许出现裂缝的预应力混凝土构件进行承载力、挠度和裂缝宽度检验；不允许出现裂缝的预应力混凝土构件进行承载力、挠度和抗裂度检验； 检验数量：对成批生产的构件，应按同一工艺正常生产的不超过 1000 件且不超过 3 个月的同类型产品为一批。当连续检验 10 批且每批的结构性能检验结果均符合标准规定的要求时，对同一工艺正常生产的构件，可改为不超过 2000 件且不超过 3 个月的同类型产品为一批。在每批中应随机抽取一个构件作为试件进行检验	
（3）	高强度螺栓连接副紧固力矩	**1.《钢结构用扭剪型高强度螺栓连接副》GB/T 3632—2008** 5.3 连接副紧固轴力应符合表 12 的规定。 7.2 连接副紧固轴力的检验按批抽取 8 套。 **2.《钢结构用高强度大六角头螺栓、大六角螺母、垫圈技术条件》GB/T 1231—2006** 3.3.1 同批连接副的扭矩系数平均值为 0.110～0.150，扭矩系数标准偏差应小于或等于 0.0100。 5.2 连接副扭矩系数的检验批按批抽取 8 套	1.查验抽测扭剪型高强度螺栓连接副试件 紧固轴力：符合 GB/T 3632—2008 中表 12 的规定 2. 查验抽测高强度大六角头螺栓连接副试件 扭矩系数：符合 GB/T 1231—2006 中 3.3.1 的规定

第 **5** 部分

锅炉水压试验前监督检查

条款号	大纲条款	检查依据	检查要点
4 责任主体质量行为的监督检查			
4.1 建设单位质量行为的监督检查			

4.1.1	组织完成具备锅炉整体水压试验条件的签证	**1.《电力建设施工技术规范 第2部分：锅炉机组》DL 5190.2—2012**
		
		5.7.1 锅炉受热面系统安装完成后，应进行整体水压试验，……
		
		5.8.1 受热面安装应分阶段由施工单位、监理单位、建设单位进行质量验收。
		
		5.8.2 （锅炉受热面）施工质量验收应具备下列签证和记录：
		
		  2 受热面管通球试验签证；
		
		  3 联箱、汽包、汽水分离器内部清洁度检查签证；
		
		  4 锅炉隐蔽工程签证；
		
		  14 汽包内部装置安装检查签证；
		
		  15 受热面密封装置签证（指正压和微正压锅炉）；
		
		  16 受热面吊挂装置受力情况检查签证。
		
		2.《电站锅炉压力容器检验规程》DL 647—2004
		
		5.7 锅炉整体超压水压试验前监检对现场条件和技术资料的要求。
		
		  a）锅炉钢结构施工结束，并经验收签证；
		
		  d）应具备锅炉安装单位提供的以下技术资料，内容应符合国家、行业现行标准：
		
		    1）锅炉钢结构……，安装记录及三级验收签证书；……
		
		    2）锅炉受热面组合、安装和找正记录及验收签证；受热面及联箱的清理、安装通球记录及验收签证；……
			查阅锅炉整体水压试验条件签证表
			
			结论：合格
			
			签字：相关单位责任人已签字

4.1.2	工程采用的专业标准清单已审批	**1.《关于实施电力建设项目法人责任制的规定（试行）》电力工业部电建〔1997〕79号** 第十八条 公司应遵守国家有关电力建设和生产的法律和法规，自觉执行电力行业颁布的法规和标准、定额等，…… **2.《火电工程项目质量管理规程》DL/T 1144—2012** 5.3.3 建设单位在工程开工前应组织相关单位编制下列质量文件：	查阅法律法规和标准规范清单目录 签字：责任人已签字 盖章：单位已盖章

续表

条款号	大纲条款	检查依据	检查要点
4.1.2	工程采用的专业标准清单已审批	c）工程执行法律法规和标准清单。 **3.《火电工程达标投产验收规程》DL 5277—2012** 表 4.7.1 工程综合管理与档案检查验收表 **4.《电力建设施工质量验收规程 第2部分：锅炉机组》DL/T 5210.2—2018** 表 6.7.2 锅炉水压试验签证	
4.1.3	按规定组织施工图会检，按合同约定组织设备制造商进行技术交底并指导安装、处理设备缺陷	**1.《关于实施电力建设项目法人责任制的规定》电力工业部电建〔1997〕79号** （五）……；组织施工图及施工组织设计会审。 **2.《火电工程项目质量管理规程》DL/T 1144—2012** 8.7.1 在安装、调试、设备代保管期间发现的设备缺陷，建设单位应组织监理、安装、调试、运行及设备供应商确认设备缺陷性质、分析缺陷原因、明确责任单位。 8.7.2 设备缺陷应由设备采购单位组织供应商编制处理方案，组织监理、建设单位会审、批准后处理。 8.7.3 设备缺陷处理完成后，由设备供应商报监理、建设单位验收。 9.3.1 工程具备开工条件后，由建设单位按照国家规定办理开工手续。工程开工应满足下列条件： 　h）……，图纸已会检；…… 9.3.2 单位工程开工应满足下列条件，并应由建设单位和监理单位进行核查。 　d）开工所需施工图已齐全，并已会检和交底，…… **3.《电力建设施工技术规范 第2部分：锅炉机组》DL 5190.2—2012** 3.1.2 锅炉机组安装前施工图纸应通过相关单位会检。 **4.《火力发电建设工程启动试运及验收规程》DL/T 5437—2009** 3.2.3.7 设备供货商的主要职责 　1 按供货合同提供现场技术服务和指导，保证设备性能。 　5 负责处理设备供货商应负责解决的问题，消除设备缺陷，协助处理非责任性的设备问题及零部件的订货。	1. 查阅施工图会检纪要 签字：施工、设计、监理、建设单位责任人已签字 日期：锅炉钢结构安装前 2. 查阅锅炉设备安装技术交底记录 交底单位：设备制造厂 签字：交底人及被交底人已签字 日期：锅炉机组安装前

条款号	大纲条款	检查依据	检查要点
4.1.3	按规定组织施工图会检,按合同约定组织设备制造商进行技术交底并指导安装、处理设备缺陷	条文说明 3.2.1.1 …… 　5 主要设备供货商一般是指锅炉、汽轮机（燃机）、发电机设备供货商	3. 查阅设备缺陷台账 内容:设备缺陷已消缺闭环
4.1.4	对锅炉设备组织了设备监造并提供了设备监造报告	1.《火电工程项目质量管理规程》DL/T 1144—2012 8.3.2 设备采购单位应加强对设备制造过程的监管,并应委托有资质的监理单位实施设备制造过程中的质量验证工作,对设备质量进行监理,…… 2.《火电工程达标投产验收规程》DL 5277—2012 表 4.7.1 工程综合管理与档案检查验收表 3.《电力设备监造技术导则》DL/T 586—2008 5.1.1 委托人自主选择具有良好业绩和相应资质、能力的监理单位实施监造工作。 6.1.1 委托人应与监理单位签订设备监造服务合同。…… 6.2.1 设备监造服务合同签订后,委托人应及时向制造单位发出书面监造通知,制造单位应该按照通知要求接受监造。 6.3.1 委托人、监理单位及制造单位应共同签署设备监造协议。 6.4 监造资料整理 　设备监造工作结束后……,负责该设备的监理工程师应及时汇总整理监造工作的有关资料、记录等文件,并编写设备监造工作总结（一般 30 天以内）报设备监理单位,设备监理单位提交给委托人	查阅锅炉设备监造报告 签字:责任人已签字 盖章:已盖章

续表

条款号	大纲条款	检查依据	检查要点
4.1.5	以下主要技术文件、资料已收集齐全		
（1）	锅炉产品出厂质量证明文件	**1.《中华人民共和国特种设备安全法》中华人民共和国国务院令〔2009〕第 549 号** 第二条　本条例所称特种设备是指涉及生命安全、危险性较大的锅炉、压力容器、…… 第十五条　特种设备出厂时，应当附有安全技术规范要求的设计文件、产品质量合格证明、安装及使用维修说明、监督检验证明等文件。 **2.《电力建设施工技术规范　第 2 部分：锅炉机组》DL 5190.2—2012** 3.1.5　凡《中华人民共和国特种设备安全法》涉及的设备，出厂时应附有安全技术规范要求的设计文件、产品质量合格证明、安装及使用维修说明、监督检验证明等文件。 3.1.8　设备和材料均应有产品合格证书，本部分规定应进行检验鉴定的，经检验鉴定合格后方可使用 **3.《电站锅炉压力容器检验规程》DL 647—2004** 5.7　锅炉整体超压水压试验前监检对现场条件和技术资料的要求。 b）应具备制造厂提供的如下技术资料和文件，内容符合国家、行业现行标准： 3）锅炉质量证明书。 **4.《电力行业锅炉压力容器安全监督规程》DL/T 612—2017** 7.15　压力容器出厂或竣工时，制造单位应向使用单位至少提供以下技术文件和资料： b）压力容器产品合格证、产品质量证明文件和产品铭牌的拓印件或复印件	查阅锅炉出厂质量证明文件 内容：包括产品合格证、材质证明书、检验报告等
（2）	锅炉安装和使用说明书	**1.《中华人民共和国特种设备安全法》中华人民共和国国务院令〔2009〕第 549 号** 第二条　本条例所称特种设备是指涉及生命安全、危险性较大的锅炉、压力容器、……	查阅锅炉制造厂提供的文件 锅炉安装和使用说明书：已收集

条款号	大纲条款	检查依据	检查要点
（2）	锅炉安装和使用说明书	第十五条　特种设备出厂时，应当附有安全技术规范要求的设计文件、产品质量合格证明、安装及使用维修说明、监督检验证明等文件。 **2.《电力建设施工技术规范　第 2 部分：锅炉机组》DL 5190.2—2012** 3.1.5　凡《中华人民共和国特种设备安全法》涉及的设备，出厂时应附有安全技术规范要求的设计文件、产品质量合格证明、安装及使用维修说明、监督检验证明等文件。 3.1.8　设备和材料均应有产品合格证书，本部分规定应进行检验鉴定的，经检验鉴定合格后方可使用。 **3.《电站锅炉压力容器检验规程》DL 647—2004** 5.7　锅炉整体超压水压试验前监检对现场条件和技术资料的要求。 b）应具备制造厂提供的如下技术资料和文件，内容符合国家、行业现行标准： 4）锅炉设计说明书和使用说明书	
（3）	锅炉热力计算书、承压部件强度计算书	**1.《中华人民共和国特种设备安全法》中华人民共和国国务院令〔2009〕第 549 号** 第二条　本条例所称特种设备是指涉及生命安全、危险性较大的锅炉、压力容器、…… 第十五条　特种设备出厂时，应当附有安全技术规范要求的设计文件、产品质量合格证明、安装及使用维修说明、监督检验证明等文件。 **2.《电力建设施工技术规范　第 2 部分：锅炉机组》DL 5190.2—2012** 3.1.5　凡《中华人民共和国特种设备安全法》涉及的设备，出厂时应附有安全技术规范要求的设计文件、产品质量合格证明、安装及使用维修说明、监督检验证明等文件。 **3.《电站锅炉压力容器检验规程》DL 647—2004** 5.7　锅炉整体超压水压试验前监检对现场条件和技术资料的要求。 b）应具备制造厂提供的如下技术资料和文件，内容符合国家、行业现行标准： 2）承压部件强度计算书； 5）热力计算书和汇总表	查阅锅炉热力计算书、承压部件强度计算书 文本：已收集

条款号	大纲条款	检查依据	检查要点
（4）	承压部件设计修改技术资料	**1.《中华人民共和国特种设备安全法》中华人民共和国国务院令〔2009〕第549号** 第二条　本条例所称特种设备是指涉及生命安全、危险性较大的锅炉、压力容器、…… 第十五条　特种设备出厂时，应当附有安全技术规范要求的设计文件、产品质量合格证明、安装及使用维修说明、监督检验证明等文件。 **2.《电力建设施工技术规范　第2部分：锅炉机组》DL 5190.2—2012** 3.1.5　凡《中华人民共和国特种设备安全法》涉及的设备，出厂时应附有安全技术规范要求的设计文件、产品质量合格证明、安装及使用维修说明、监督检验证明等文件。 **3.《电站锅炉压力容器检验规程》DL 647—2004** 5.7　锅炉整体超压水压试验前监检对现场条件和技术资料的要求。 　b）应具备制造厂提供的如下技术资料和文件，内容符合国家、行业现行标准： 　9）设计修改技术资料、制造缺陷返修处理记录。 **4.《火电工程达标投产验收规程》DL 5277—2012** 表4.7.1　工程综合管理与档案检查验收表	查阅锅炉制造厂提供的文件 承压部件设计修改技术资料：已收集
（5）	锅炉压力容器安全性能检验报告	**1.《电力建设施工技术规范　第2部分：锅炉机组》DL 5190.2—2012** 3.1.5　凡《中华人民共和国特种设备安全法》涉及的设备，出厂时应附有安全技术规范要求的设计文件、产品质量合格证明、安装及使用维修说明、监督检验证明等文件。 3.1.8　设备和材料均应有产品合格证书，本部分规定应进行检验鉴定的，经检验鉴定合格后方可使用 **2.《电站锅炉压力容器检验规程》DL 647—2004** 5.7　锅炉整体超压水压试验前监检对现场条件和技术资料的要求。 　c）锅炉设备制造监检、监造报告和锅炉产品制造质量安全性能监检报告。 **3.《电力行业锅炉压力容器安全监督规程》DL/T 612—2017** 4.5　检验 锅炉、压力容器及汽水管道安装前应进行安全性能检验；安装过程中应进行安装质量检验；……	1. 检查是否安排锅炉压力容器安全性能检验：已安排检验 2. 查阅锅炉压力容器安全性能检验报告 锅炉压力容器安全性能检验报告：已收集

条款号	大纲条款	检查依据	检查要点
（5）	锅炉压力容器安全性能检验报告	7.15 压力容器出厂或竣工时，制造单位应向使用单位至少提供以下技术文件和资料： b）压力容器产品合格证、产品质量证明文件和产品铭牌的拓印件或复印件。 **4.《电力锅炉压力容器安全监督管理工作规定》国电总〔2000〕465 号** 第七条 电力锅炉压力容器安装前必须由有资格的检验单位进行安全性能检验	
（6）	锅炉钢架沉降观测资料	**1.《中华人民共和国测绘法》中华人民共和国主席令〔2017〕第 75 号** 第二十七条 国家对从事测绘活动的单位实行测绘资质管理制度。……从事测绘活动的单位应当……依法取得相应等级的测绘资质证书后，方可从事测绘活动。 第三十条 从事测绘活动的专业技术人员应当具备相应的执业资格条件，…… 第三十一条 测绘人员进行测绘活动时，应当持有测绘作业证件。 **2.《电力工程施工测量技术规范》DL/T 5445—2010** 5.3.4 施工测量方案应经审核批准，并报业主或建设单位、监理单位认可备案。 7.1.5 高程成果的取值，二等应精确至 0.1mm，…… 11.1.2 变形测量的级别、精度要求，应符合表 11.1.2 规定。 11.1.3 变形测量开始作业前，应……，进行变形测量方案设计。 11.1.4 变形测量应建立变形监测网。监测网点，可分为基准点、工作基点和变形观测点。其布设应满足下列要求： 　1 基准点，……每个工程至少应有 3 个基准点…… 11.1.8 每期观测前，应对使用的仪器和设备进行检校，并做记录。 11.7.2 建（构）筑物沉降观测点，应按设计图纸布设，并宜符合下列规定： 　6 汽机、锅炉基础各框架柱及平台上表面…… 11.7.4 沉降观测的观测时间、频率及周期应按下列要求并结合实际情况确定： 　1 施工期间的沉降观测，应随施工进度具体情况及时进行，具体应符合下列规定： 　2）整个施工期观测次数原则上不少于 6 次。……对于主厂房（汽机、锅炉）……，一般按施工到不同高度平台或架荷载前后各观测一次；……	查阅锅炉钢架沉降观测资料内容：包括测量单位资质、测量人员资格证书、测量仪器台账、测量仪器检定证书、沉降观测测量方案及报审、基准点分布图、沉降观测点位分布图、沉降观测成果表、沉降观测过程曲线、沉降观测技术报告

条款号	大纲条款	检查依据	检查要点
（6）	锅炉钢架沉降观测资料	4　建筑沉降是否进入稳定阶段，应由沉降量与时间关系曲线判定。当最后 100 天的沉降速率小于 0.01mm/天～0.04mm/天时可认为已进入稳定阶段。…… 　　11.7.7　每次观测应记载观测时间、施工进度、荷载量变化等影响沉降变化的情况内容。 　　11.7.8　沉降观测结束后，应根据工程需要提交有关成果资料： 　　1　工程平面位置图及基准点分布图。 　　2　沉降观测点位分布图。 　　3　沉降观测成果表。 　　4　沉降观测过程曲线。 　　5　沉降观测技术报告。 **3.《电站锅炉压力容器检验规程》DL 647—2004** 　　5.7　锅炉整体超压水压试验前监检对现场条件和技术资料的要求。 　　d）应具备锅炉安装单位提供的以下技术资料，内容应符合国家、行业现行标准： 　　1）……钢结构的定期沉降观测记录。 **4.《电力行业锅炉压力容器安全监督规程》DL/T 612—2017** 　　12.2.1　锅炉安装前应完成建筑工程交付安装验收，基础沉降满足设计和规程的有关规定，锅炉构架及零部件复验合格、主要部件质量符合设计或规范规定。 　　12.2.2　锅炉构架底部沉降观测的设置、测量、时机、结果满足设计及验收要求，符合 DL/T 5445 及有关规范规定	
4.1.6	组织工程建设标准强制性条文实施情况的检查	**1.《中华人民共和国标准化法实施条例》中华人民共和国国务院令〔1990〕第 53 号** 　　第二十三条　从事科研、生产、经营的单位和个人，必须严格执行强制性标准。 **2.《实施工程建设强制性标准监督规定》中华人民共和国建设部令〔2000〕第 81 号** 　　第二条　在中华人民共和国境内从事新建、扩建、改建等工程建设活动，必须执行工程建设强制性标准。	查阅强制性条文实施情况检查记录 　　内容：与强制性条文实施计划相符 　　签字：检查人员已签字

条款号	大纲条款	检查依据	检查要点
4.1.6	组织工程建设标准强制性条文实施情况的检查	第六条 ……工程质量监督机构应当对工程建设施工、监理、验收等阶段执行强制性标准的情况实施监督。 **3.《火电工程项目质量管理规程》DL/T 1144—2012** 4.5 火电工程项目应认真执行国家和行业相关技术标准,严格执行工程建设标准中的强制性条文…… 5.3.3 建设单位在工程开工前应组织相关单位编制下列质量管理文件: d)工程建设强制性条文实施规划。 9.2.2 施工单位在工程开工前,应编制质量管理文件,经监理、建设单位会审、批准后实施,质量管理文件应包括: d)工程建设强制性条文实施细则	
4.1.7	无任意压缩合同约定工期的行为	**1.《建设工程质量管理条例》中华人民共和国国务院令第 279 号** 第十条 建设工程发包单位……,不得任意压缩合理工期。 **2.《电力建设安全生产监督管理办法》电监会电监安全〔2007〕38 号** 第十三条 …… 电力建设单位应当执行定额工期,不得压缩合同约定的工期,…… **3.《建设工程项目管理规范》GB/T 50326—2017** 9.2.1 组织应依据合同文件、项目管理规划文件、资源条件与外部约束条件编制项目进度计划。 **4.《火电工程项目质量管理规程》DL/T 1144—2012** 5.3.5 建设单位应合理地控制工程项目建设周期。典型新建、扩建机组推荐的合理工期可参照附录 A 中表 A.1。 5.3.6 火电工程项目的工期应按合同约定执行。当需要调整时,建设单位应组织设计、监理、施工单位对影响工期的资源、环境、安全等确认其可行性。任何单位和个人不得违反客观规律,任意压缩合同约定工期,并接受建设行政主管部门的监督	查阅施工进度计划、合同工期和调整工期的相关文件 内容:有压缩工期的行为时,应有设计、监理、施工和建设单位认可的书面文件

条款号	大纲条款	检查依据	检查要点
4.1.8	采用的新技术、新工艺、新流程、新装备、新材料已审批	**1.《中华人民共和国建筑法》中华人民共和国主席令〔2011〕第46号** 第四条 国家扶持建筑业的发展，支持建筑科学技术研究，提高房屋建筑设计水平，鼓励节约能源和保护环境，提倡采用先进技术、先进设备、先进工艺、新型建筑材料和现代管理方式。 **2.《建设工程质量管理条例》中华人民共和国国务院令第279号** 第六条 国家鼓励采用先进的科学技术和管理方法，提高建设工程质量。 **3.《实施工程建设强制性标准监督规定》中华人民共和国建设部令〔2000〕第81号** 第五条 工程建设中拟采用的新技术、新工艺、新材料，不符合现行强制性标准规定的，应当由拟采用单位提请建设单位组织专题技术论证，报批准标准的建设行政主管部门或者国务院有关主管部门审定。 **4.《火电工程项目质量管理规程》DL/T 1144—2012** 4.7 火电工程项目应采用新设备、新技术、新工艺、新材料（简称"四新"技术），…… 9.2.2 施工单位在工程开工前，应编制质量管理文件，经监理、建设单位会审、批准后实施，质量管理文件应包括： e）"四新"技术实施计划和工法编制计划。 9.3.7 施工过程质量控制应符合下列规定： f）采用新材料、新工艺、新技术、新设备，并进行相应的策划和控制。 9.3.9 当首次应用"四新"技术，且技术要求高、作业程度复杂、设计单位和施工单位未有同类型设计和施工经验时，建设单位应组织设计、监理、施工单位进行专题研究确认，必要时，可组织专家评审	查阅新技术、新工艺、新流程、新装备、新材料论证文件 意见：同意采用等肯定性意见 盖章：相关单位已盖章
4.2	**设计单位质量行为的监督检查**		
4.2.1	设计图纸交付进度能保证连续施工	**1.《火电工程项目质量管理规程》DL/T 1144—2012** 6.1.6 勘察、设计单位应按火力发电厂施工流程，制订施工图供图计划……	1. 查阅设计单位编制的施工供图计划、交付协议及图纸交付记录

条款号	大纲条款	检查依据	检查要点
4.2.1	设计图纸交付进度能保证连续施工	6.2.3　设计单位应依据合同和现场要求控制设计进度计划，满足由建设单位组织的在基础施工前、结构施工前、设备安装前三个阶段监督检查中对设计图纸及其设备资料的需求。 9.3.1　工程具备开工条件后，由建设单位按照国家规定办理开工手续。工程开工应满足下列条件： h）已确定施工图交付计划并签订交付协议，图纸已会检；主体工程的施工图至少可满足连续三个月施工的需要……	交图进度：与施工进度计划相协调，能满足连续三个月施工的需要 2. 查阅锅炉设备制造厂编制的安装图供图计划及图纸交付记录 交图进度：与施工进度计划相协调，能满足连续三个月施工的需要
4.2.2	按规定进行设计交底及图纸会检	**1.《建设工程质量管理条例》中华人民共和国国务院令第 279 号** 第二十三条　设计单位应当就审查合格的施工图设计文件向施工单位做出详细说明。 **2.《建设工程监理规范》GB/T 50319—2013** 5.1.2　监理人员应熟悉工程设计文件，并应参加建设单位主持的图纸会审和设计交底会议，会议纪要应由总监理工程师签认。 **3.《火电工程项目质量管理规程》DL/T 1144—2012** 6.1.7　勘察、设计单位应按合同约定履行下列职责： 　d）施工图交底，参加施工图审查、会检。 6.3.6　工地服务。 　a）施工图完成交付后，应及时进行技术交底并形成记录	1. 查阅施工图交底会议纪要 审核签字：建设单位、监理单位、施工单位及设计单位责任人已签字 2. 查阅图纸会检记录 签字：设计、施工、监理、建设单位责任人已签字
4.2.3	设计更改、技术洽商等文件完整、手续齐全	**1.《火电工程项目质量管理规程》DL/T 1144—2012** 6.3.5　设计更改的管理应符合下列规定： 　a）设计更改应符合可研或初设审核的要求。 　b）因设计原因引起的设计更改，应经监理单位审核并经建设单位批准后实施。 　c）非设计原因引起的设计更改，应得到设计单位的确认，并由设计单位出具设计更改。	查阅设计变更通知单、工程联系单和技术洽商记录 编制签字：设计单位各级责任人已签字

条款号	大纲条款	检查依据	检查要点
4.2.3	设计更改、技术洽商等文件完整、手续齐全	d）所有的设计更改凡涉及已经审批确定的设计原则、方案重大设计变化，或增减投资超过50万元时，应由设计单位分管领导审批，报工程设计的原主审单位批准确认，并经建设单位认可后实施	审核签字：建设单位、监理单位责任人已签字
4.2.4	工程建设标准强制性条文落实到位	**1.《建设工程质量管理条例》中华人民共和国国务院令第 279 号** 第十九条　勘察、设计单位必须按照工程建设强制性标准进行勘察、设计，并对其勘察、设计的质量负责。 注册建筑师、注册结构工程师等注册执业人员应当在设计文件上签字，对设计文件负责。 **2.《建设工程勘察设计管理条例》中华人民共和国国务院令第 293 号** 第五条　……建设工程勘察、设计单位必须依法进行建设工程勘察、设计，严格执行工程建设强制性标准，并对建设工程勘察、设计的质量负责。 **3.《实施工程建设强制性标准监督规定》中华人民共和国建设部令〔2000〕第 81 号** 第二条　在中华人民共和国境内从事新建、扩建、改建等工程建设活动，必须执行工程建设强制性标准。 **4.《火电工程项目质量管理规程》DL/T 1144—2012** 6.2.2　设计单位在工程开工前应编制下列管理文件，报设计监理、建设单位会审、批准： b）设计强制性条文实施计划	查阅强制性条文实施计划（含强制性条文清单）和本阶段执行记录 计划审批：监理和建设单位审批人已签字 记录内容：与实施计划相符 记录审核：监理单位审核人已签字
4.2.5	设计代表工作到位、处理设计问题及时	**1.《火电工程项目质量管理规程》DL/T 1144—2012** 6.3.1　人员资格应符合下列规定： c）工地代表组长宜由本工程设计总工程师担任，若由其他同资格的人担任，应取得建设单位的同意；工地代表应能独立处理专业技术问题，宜由本工程主要设计人或主要卷册负责人担任。	1. 查阅设计单位对工代的任命书 内容：包括设计修改、变更、材料代用等签发人资格

条款号	大纲条款	检查依据	检查要点
4.2.5	设计代表工作到位、处理设计问题及时	6.3.6 工地服务 在施工、调试阶段，勘察、设计单位应任命工地代表组长及各专业工地代表，将名单主送建设单位，抄送监理和各施工单位。工地代表应深入现场，了解施工是否与设计要求相符，协助施工单位解决出现的具体技术问题，做好技术服务工作。重点还应做好： a）施工图完成交付后，应及时进行技术交底并形成记录。 b）工地代表组长应参加施工或试运行重大技术方案的研究与讨论。 c）工地代表应按 DL/T 5210 及时参加建筑、安装工程中分部、单位（子单位）工程的验收。 **2.《电力勘测设计驻工地代表制度》DLGJ 159.8—2001** 2.0.1 工代的工地现场服务是电力工程设计的阶段之一，为了有效地贯彻勘测设计意图，实施设计单位通过工代为施工、安装、调试、投运提供及时周到的服务，促进工程顺利竣工投产，特制定本制度。 2.0.2 工代的任务是解释设计意图，解释施工图纸中的技术问题，收集包括设计本身在内的施工、设备材料等方面的质量信息，加强设计与施工、生产之间的配合，共同确保工程建设质量和工期，以及国家和行业标准的贯彻执行。 2.0.3 工代是设计单位派驻工地配合施工的全权代表，应能在现场积极地履行工代职责，使工程实现设计预期要求和投资效益。 **3.《火电工程达标投产验收规程》DL 5277—2012** 4.7 工程管理与档案 表 4.7 工程综合管理和档案检查验收表 10）明确设计修改、变更、材料代用等签发人资格，向建设单位、监理单位备案，并书面告知施工、调试单位 11）现场设计代表服务到位，定期向建设单位提供设计服务报告	2. 查阅设计服务报告 内容：包括现场施工与设计要求相符情况和工代协助施工单位解决具体技术问题的情况 3. 查阅设计变更通知单和工程联系单 签发时间：在现场问题要求解决时间前

条款号	大纲条款	检查依据	检查要点
4.3 监理单位质量行为的监督检查			
4.3.1	企业资质与合同约定的业务范围相符	**1.《中华人民共和国建筑法》中华人民共和国主席令〔2011〕第 46 号** 第十三条 从事建筑活动的……和工程监理单位，按照其拥有的注册资本、专业技术人员、技术装备和已完成的建筑工程业绩等资质条件，划分为不同的资质等级，经资质审查合格，取得相应等级的资质证书后，方可在其资质等级许可的范围内从事建筑活动。 第三十四条 工程监理单位应当在其资质等级许可范围内，承担工程监理业务。 工程监理单位不得转让工程监理业务。 **2.《建设工程质量管理条例》中华人民共和国国务院令第 279 号** 第三十四条 工程监理单位应当依法取得相应等级的资质证书，并在其资质等级许可的范围内承担工程监理业务。禁止工程监理单位超越本单位资质等级许可的范围或者以其他工程监理单位的名义承担工程监理业务；禁止工程监理单位允许其他单位或者个人以本单位的名义承担工程监理业务。 **3.《工程监理企业资质管理规定》中华人民共和国建设部令〔2007〕158 号** 第三条 从事建设工程监理活动的企业，应当按照本规定取得工程监理企业资质，并在工程监理企业资质证书（以下简称资质证书）许可的范围内从事工程监理活动。 第八条 工程监理企业资质相应许可的业务范围如下： （一）综合资质 可以承担所有专业工程类别建设工程项目的工程监理业务。 （二）专业资质 1. 专业甲级资质： 可承担相应专业工程类别建设工程项目的工程监理业务（见附表 2）。 2. 专业乙级资质： 可承担相应专业工程类别二级以下（含二级）建设工程项目的工程监理业务（见附表 2）。	1. 查阅企业资质证书 发证单位：政府主管部门 有效期：当前有效 2. 查阅工程监理合同 监理范围和工作内容：与企业资质证书资质等级及业务许可范围相符 3. 查阅各级监理人员的岗位资格证书 颁发单位：住建部、中电建协 有效期：有效期内

条款号	大纲条款	检查依据	检查要点
4.3.1	企业资质与合同约定的业务范围相符	3. 专业丙级资质： 可承担相应专业工程类别三级建设工程项目的工程监理业务（见附表2）。 工程监理企业可以开展相应类别建设工程的项目管理、技术咨询等业务。 **4.《火电工程项目质量管理规程》DL/T 1144—2012** 7.1.1 监理单位应当依法取得相应等级的资质，并在其资质等级许可的范围内承担工程监理业务	
4.3.2	项目监理部专业监理人员配备合理，资格证书与承担任务相符	**1.《中华人民共和国建筑法》中华人民共和国主席令〔2011〕第 46 号** 第十四条　从事建筑活动的专业技术人员，应当依法取得相应的职业资格证书，并在执业资格证书许可的范围内从事建筑活动。 **2.《建设工程质量管理条例》中华人民共和国国务院令第 279 号** 第三十七条　工程监理单位应当选派具备相应资格的总监理工程师和监理工程师进驻施工现场。 **3.《建设工程监理规范》GB/T 50319—2013** 3.1.2　项目监理机构的监理人员应由总监理工程师、专业监理工程师和监理员组成，且专业配套、数量应满足建设工程监理工作需要，必要时可设总监理工程师代表。 3.1.3　……应及时将项目监理机构的组织形式、人员构成、及对总监理工程师的任命书面通知建设单位。 **4.《建设工程项目管理规范》GB/T 50326—2017** 2.0.4　项目管理机构：根据组织授权，直接实施项目管理的单位。可以是项目管理公司、项目部、工程监理部等。 4.1.7　项目管理机构负责人应按相关约定在岗履职，对项目实行全过程及全面管理。 **5.《电力建设工程监理规范》DL/T 5434—2009** 5.1.3　项目监理机构由总监理工程师、专业监理工程师和监理员组成，且专业配套、数量满足工程项目监理工作的需要，必要时可设总监理工程师代表和副总监理工程师	1. 查阅工程监理规划 人员数量及专业：已明确 2. 查阅监理人员名单 专业与数量：与工程阶段和监理规划相符 3. 查阅各级监理人员的岗位资格证书 发证单位：符合要求 有效期：当前有效

续表

条款号	大纲条款	检查依据	检查要点
4.3.3	完成相关施工的质量验收、隐蔽工程签证	**1.《建设工程质量管理条例》中华人民共和国国务院令第 279 号** 第三十七条 …… 　　未经监理工程师签字，……，施工单位不得进行下一道工序的施工。未经总监理工程师签字，建设单位不拨付工程款，不进行竣工验收。 **2.《建设工程监理规范》GB/T 50319—2013** 5.2.14　项目监理机构应对施工单位报验的隐蔽工程、检验批；分项工程和分部工程进行验收，对验收合格的应给予签认，对验收不合格的应拒绝签认，同时应要求施工单位在指定的时间内整改并重新报验。 **3.《火电工程项目质量管理规程》DL/T 1144—2012** 7.5.6　监理单位应在施工验收阶段实施下列质量管理工作 　　a）审核工程项目检验批、分项工程质量的符合性。 　　b）监查特殊过程施工质量，批准进行下一道施工工序。 　　c）组织分部、单位工程验收，…… 　　d）审核施工单位编制的单位工程竣工资料，…… **4.《电力建设工程监理规范》DL/T 5434—2009** 9.1.10　对承包单位报送的隐蔽工程报验申请表和自检记录，专业监理工程师应进行现场检查，符合要求予以签认后，承包单位方可隐蔽并进行下一道工序的施工。 　　对未经监理人员验收或验收不合格的工序，监理人员应拒绝签认，并严禁承包单位进行下一道工序的施工。 　　验收申请表应符合表 A.14 的格式。 9.1.11　专业监理工程师应对承包单位报送的分项工程质量报验资料进行审核，符合要求予以签认；总监理工程师应组织专业监理工程师对承包单位报送的分部工程和单位工程质量验评资料进行审核和现场检查，符合要求予以签认。	1. 查阅锅炉专业、管道专业及焊接专业施工的分项、分部、单位工程质量验收表 项目：与验收范围划分表内容相符 结论：合格 签字：施工单位、监理单位责任人已签字 2. 查阅锅炉隐蔽工程签证 项目：与验收范围划分表内容相符 结论：合格 签字：相关责任人已签字

条款号	大纲条款	检查依据	检查要点
4.3.3	完成相关施工的质量验收、隐蔽工程签证	**5.《电力建设施工质量验收规程　第 5 部分：焊接》DL/T 5210.5—2018** 3.0.2　火电工程焊接施工验收职责规定如下： 　　1　监理单位（或建设单位）负责审批焊接工程施工质量验收范围划分表，接受验收申请，确认申请内容所具备的验收条件，组织焊接工程检验批及焊接分项工程验收工作。 　　2　施工单位负责编制焊接工程施工质量验收范围划分表，完成相应的焊接施工任务和各类检测试验任务，并按标准的规定完成焊接工程检验批及分项工程验收的自检工作，提出质量验收的申请，参加监理单位（或建设单位）组织的验收。工程总承包或采用其他项目管理模式的工程项目，总包单位或项目管理单位应按照规定的程序参加焊接工程施工质量验收。 　　3　焊接专业监理工程师（建设单位焊接专业主管）负责组织焊接工程检验批和分项工程验收。 　　4　施工单位焊接质量负责人应组织焊接施工人员进行工程质量验收前自检。 　　5　施工单位二级质检员参加分批验收和分项工程验收，按本规程的规定对焊接接头表面质量进行外观检查，填写记录；三级质检员参加分批验收和分项工程验收，对焊接接头表面质量复查和对检测、试验结果及记录进行抽查，并填写"外观质量测量检查"和"检测、试验结果及记录检查"记录。 　　6　施工单位的焊接班组长应组织焊工进行班组级焊接质量自检工作。 3.0.5　隐蔽工程应在隐蔽前由施工单位报监理单位组织检验批实施质量验收，并完成验收记录及签证	
4.3.4	已按规程规定，对施工现场质量管理进行检查	**1.《建设工程监理规范》GB/T 50319—2013** 5.1.8　总监理工程师应组织专业监理工程师审查施工单位报送的开工报审表及相关资料；…… 5.1.10　分包工程开工前，项目监理机构应审核施工单位报送的分包单位资格报审表，专业监理工程师提出审查意见后，应由总监理工程师审核签认。 　　…… 5.2.1　工程开工前，项目监理机构应审查施工单位现场的质量管理组织机构、管理制度及专职管理人员和特种作业人员的资格。	查阅施工现场质量管理检查记录 内容：符合规程规定 结论：有肯定性结论 签字：监理总监、专业监理工程师已签字

条款号	大纲条款	检查依据	检查要点
4.3.4	已按规程规定,对施工现场质量管理进行检查	**2.《火电工程项目质量管理规程》DL/T 1144—2012** 7.1.9 监理单位应监查各参建单位落实质量责任。 7.5.4 审查单位工程开工条件,报建设单位同意后,下达单位工程开工令。 7.5.5 工程项目施工中应实施下列质量管理工作: 　　b)通过审核文件、现场巡视、旁站、测量、见证取样、平行检验及验收等方式,监查施工过程,…… **3.《电力建设工程监理规范》DL/T 5434—2009** 8.0.3 工程项目开工前,总监理工程师应组织审核承包单位现场项目部的质量管理体系、职业健康安全与环境管理体系,满足要求时予以确认	
4.3.5	组织编制施工质量验收项目划分表,对设定的工程质量控制点,进行了旁站监理	**1.《建设工程质量管理条例》中华人民共和国国务院令第 279 号** 第三十八条　监理工程师应当按照工程监理规范的要求,采取旁站、巡视和平行检验等形式,对建设工程实施监理。 **2.《建设工程监理规范》GB/T 50319—2013** 5.2.11 项目监理机构应……确定旁站的关键部位;关键工序,安排监理人员进行旁站,并应及时记录旁站情况。 **3.《火电工程项目质量管理规程》DL/T 1144—2012** 7.2.2 监理单位在工程开工前,应编制下列监理管理文件: 　　g)关键工序、隐蔽工程和旁站监理的清单及措施。 7.5.3 审核确认下列主要质量管理文件: 　　b)施工质量验收范围划分表。 **4.《电力建设施工质量验收规程　第 2 部分:锅炉机组》DL/T 5210.2—2018** 3.0.2 火电工程锅炉机组施工质量验收范围划分应按下列规定执行:	1. 查阅施工质量验收范围划分表及报审表 划分表内容:符合规程规定且已明确了质量控制点 报审表签字:监理总监、监理工程师及建设单位技术负责人已签字

条款号	大纲条款	检查依据	检查要点
4.3.5	组织编制施工质量验收项目划分表,对设定的工程质量控制点,进行了旁站监理	1　工程施工质量的检查、验收应由施工单位(总承包单位)根据所承担的工程范围,按本规程第 4 章的规定编制施工质量验收范围划分表,监理单位进行审核,经建设单位签证、盖章批准执行。采用其他项目管理模式的工程项目,施工质量验收范围划分表中"验收单位"栏可根据实际情况调整验收单位,设计单位与制造单位参加质量验收的项目可由建设单位依据实际情况进行调整。 **5.《电力建设施工质量验收规程　第 5 部分:焊接》DL/T 5210.5—2018** 3.0.2　火电工程焊接施工验收职责规定如下: 1　监理单位(或建设单位)负责审批焊接工程施工质量验收范围划分表,接受验收申请,确认申请内容所具备的验收条件,组织焊接工程检验批及焊接分项工程验收工作。 2　施工单位负责编制焊接工程施工质量验收范围划分表,完成相应的焊接施工任务和各类检测试验任务,并按标准的规定完成焊接工程检验批及分项工程验收的自检工作,提出质量验收的申请,参加监理单位(或建设单位)组织的验收。工程总承包或采用其他项目管理模式的工程项目,总包单位或项目管理单位应按照规定的程序参加焊接工程施工质量验收。 **6.《电力建设工程监理规范》DL/T 5434—2009** 9.1.2　项目监理机构应审查承包单位编制的质量计划和工程质量验收及评定项目划分表,提出监理意见,报建设单位批准后监督实施。 质量验收及评定项目划分报审表应符合表 A.11 的格式 9.1.9　项目监理机构应安排监理人员对施工过程进行巡视和检查,对工程项目的关键部位、关键工序的施工过程进行旁站监理。 表 B.5 旁站监理记录表	2. 查阅旁站计划和旁站记录: 旁站计划质量控制点:符合质量验收范围划分表要求 旁站记录:完整 签字:施工单位技术人员、监理旁站人员已签字
4.3.6	专业施工组织设计已审查,特殊施工技术措施已审批	**1.《建设工程监理规范》GB/T 50319—2013** 5.1.6　项目监理机构应审查施工单位报审的施工组织设计,符合要求时,应由总监理工程师签认后报建设单位。项目监理机构应要求施工单位按已批准的施工组织设计组织施工。施工组织设计需要调整时,项目监理机构应按程序重新审查。	1. 查阅施工组织设计和报审表 施工组织设计编审批:参建单位相关人员已签字 报审表审核意见:同意实施

条款号	大纲条款	检查依据	检查要点
4.3.6	专业施工组织设计已审查，特殊施工技术措施已审批	5.2.2 总监理工程师应组织专业监理工程师审查施工单位报审的施工方案，符合要求后应予以签认。 5.5.3 项目监理机构应审查施工单位报审的专项施工方案，符合要求的，应由总监理工程师签认后报建设单位。…… **2.《电力建设工程监理规范》DL/T 5434—2009** 8.0.4 工程开工前，总监理工程师应组织专业监理工程师审查承包单位报送的施工组织设计，提出审查意见，并经总监理工程师审核、签认后报建设单位。 施工组织设计报审表应符合表 A.3 的格式。 9.1.3 专业监理工程师应要求承包单位报送重点部位、关键工序的施工工艺方案和工程质量保证措施，审核同意后签认。 方案报审表应符合表 A.4 的格式	报审表签字：监理副总监以上、监理工程师及建设单位专工已签字 2. 查阅特殊施工技术措施报审表 审核意见：专家意见已在技术措施中落实，同意实施 审核签字：监理总监、监理工程师及建设单位专工已签字
4.3.7	已组织或参加设备、材料的到货检查验收	**1.《建设工程质量管理条例》中华人民共和国国务院令第 279 号** 第三十七条 …… 未经监理工程师签字，建筑材料、建筑构配件和设备不得在工程上使用或者安装，施工单位不得进行下一道工序的施工。…… **2.《建设工程监理规范》GB/T 50319—2013** 5.2.9 项目监理机构应审查施工单位报送的用于工程的材料、构配件、设备的质量证明文件，并应按有关规定、建设工程监理合同约定，对用于工程的材料进行见证取样，平行检验。 项目监理机构对已进场经检验不合格的工程材料、构配件、设备，应要求施工单位限期将其撤出施工现场。 **3.《火电工程项目质量管理规程》DL/T 1144—2012** 7.5.5 工程项目施工中应实施下列质量管理工作： a）参加设备开箱检验、工程主要材料的检验和见证取样，严格控制不合格的设备和材料在工程中使用。	1. 查阅工程材料/设备/构配件报审表 审查意见：同意使用 质量证明文件：齐全完整 2. 查阅见证取样单 取样项目：符合规范规定 取样比例或数量：符合要求 签字：施工单位材料员、监理单位见证取样员已签字 3. 开箱检验记录 结论：合格/不合格退场

条款号	大纲条款	检查依据	检查要点
4.3.7	已组织或参加设备、材料的到货检查验收	**4.《电力建设工程监理规范》DL/T 5434—2009** 9.1.6 项目监理机构应审核承包单位报送的主要工程材料、半成品、构配件生产厂商的资质，符合后予以签认。 工程材料/构配件/设备报审表应符合表 A.12 的格式。 9.1.7 项目监理机构应对承包单位报送的拟进场工程材料、半成品和构配件的质量证明文件进行审核，并按有关规定进行抽样验收。对有复试要求的，经监理人员现场见证取样后送检，复试报告应报送项目监理机构查验。 9.1.8 项目监理机构应参与主要设备开箱验收，对开箱验收中发现的设备质量缺陷，督促相关单位处理	
4.3.8	设备、施工质量问题及处理台账完整，记录齐全	**1.《建设工程监理规范》GB/T 50319—2013** 5.2.15 项目监理机构发现施工存在质量问题……，应及时签发监理通知单，要求施工单位整改。整改完毕后，项目监理机构应根据施工单位报送的监理通知回复对整改情况进行复查，提出复查意见。 **2.《火力发电建设工程机组调试质量验收及评价规程》DL/T 5295—2013** 2.0.12 对设计或设备制造原因造成的质量问题的处理，…… 2 ……建设单位应会同设计单位（或制造单位）、监理单位、调试单位（或施工单位）共同书面签字确认。 **3.《电力建设工程监理规范》DL/T 5434—2009** 9.1.8 项目监理机构应参与主要设备开箱验收，对开箱验收中发现的设备质量缺陷，督促相关单位处理。 9.1.12 对施工过程中出现的质量缺陷，专业监理工程师应及时下达书面通知，要求承包单位整改，并检查确认整改结果。 9.1.15 专业监理工程师应……，并根据承包单位报送的消缺报验申请表和自检记录进行检查验收	查阅质量问题及处理记录台账 记录要素：质量问题、发现时间、责任单位、整改要求、闭环文件、完成时间 记录：完整

续表

条款号	大纲条款	检查依据	检查要点
4.3.9	工程建设标准强制性条文执行检查到位	**1.《建设工程安全生产管理条例》中华人民共和国国务院令〔2004〕第393号** 第十四条　工程监理单位应当审查施工组织设计中的安全技术措施或者专项施工方案是否符合工程建设强制性标准 **2.《实施工程建设强制性标准监督规定》中华人民共和国建设部令〔2000〕第81号** 第二条　在中华人民共和国境内从事新建、扩建、改建等工程建设活动，必须执行工程建设强制性标准。 **3.《火电工程项目质量管理规程》DL/T 1144—2012** 7.5　施工调试监理 7.5.3　审核确认下列主要质量管理文件： 　　c）工程建设强制性条文实施计划。 **4.《电力建设工程监理规范》DL/T 5434—2009** 9.4.3　项目监理机构应审查承包单位提交的施工组织设计中的安全技术方案或下列危险性较大的分部分项工程专项施工方案是否符合工程建设强制性标准	查阅分部工程强制性条文执行情况检查表 内容：符合强条计划要求 签字：施工单位技术人员、监理工程师已签字
4.4　施工单位质量行为的监督检查			
4.4.1	企业资质与合同约定的业务相符	**1.《中华人民共和国建筑法》中华人民共和国主席令〔2011〕第46号** 第十三条　从事建筑活动的建筑施工企业、勘察单位、设计单位……经资质审查合格，取得相应等级的资质证书后，方可在其资质等级许可的范围内从事建筑活动。 **2.《建设工程质量管理条例》中华人民共和国国务院令第279号** 第二十五条　施工单位应当依法取得相应等级的资质证书，并在其资质等级许可的范围内承揽工程。 **3.《建筑业企业资质管理规定》中华人民共和国住房和城乡建设部令〔2015〕第22号** 第三条　企业应当按照其拥有的资产、主要人员、已完成的工程业绩和技术装备等条件申请建筑业企业资质，经审查合格，取得建筑业企业资质证书后，方可在资质许可的范围内从事建筑施工活动。	1. 查阅企业资质证书 发证单位：政府主管部门 有效期：当前有效 业务范围：涵盖合同约定的业务 2. 查阅承装（修、试）电力设施许可证

续表

条款号	大纲条款	检查依据	检查要点
4.4.1	企业资质与合同约定的业务相符	**4.《火电工程项目质量管理规程》DL/T 1144—2012** 9.1.1 施工单位应依法取得相应等级的资质，并在其资质等级许可的范围内承揽工程。施工单位不得超越本单位资质等级许可的业务范围承揽工程	发证单位：国家能源局派出机构（原国家电力监管委员会派出机构） 有效期：当前有效 业务范围：涵盖合同约定的业务
4.4.2	项目部组织机构健全，专业人员配置合理	**1.《中华人民共和国建筑法》中华人民共和国主席令〔2011〕第46号** 第十四条 从事建筑活动的专业技术人员，应当依法取得相应的执业资格证书，并在执业资格证书许可的范围内从事建筑活动。 **2.《建设工程质量管理条例》中华人民共和国国务院令第279号** 第二十六条 施工单位对建设工程的施工质量负责。 施工单位应当建立质量责任制，确定工程项目的项目经理、技术负责人和施工管理负责人。…… **3.《建设工程项目管理规范》GB/T 50326—2017** 4.3.4 建立项目管理机构应遵循下列规定： 1 结构应符合组织制度和项目实施要求； 2 应有明确的管理目标、运行程序和责任制度； 3 机构成员应满足项目管理要求及具备相应资格； 4 组织分工应相对稳定并可根据项目实施变化进行调整； 5 应确定机构人员的职责、权限、利益和需承担的风险。 **4.《火电工程项目质量管理规程》DL/T 1144—2012** 9.2.1 施工单位应设置独立的质量管理机构，并应符合下列规定： a）配备满足工程需要的专职质量管理人员。 9.3.2 单位工程开工应满足下列条件，并应由建设单位和监理单位进行核查。 e）开工所需的施工人员及机械已到位。	查阅项目部成立文件，组织机构及管理体系。 专业人员配置包括：项目经理、项目总工程师、施工管理负责人、专业技术负责人、专业技术员、施工员、质量员、安全员、资料员等

续表

条款号	大纲条款	检查依据	检查要点
4.4.2	项目部组织机构健全，专业人员配置合理	g）特种作业人员的资格证和上岗证已经监理确认。 9.3.4 施工单位的人员资格应符合下列规定： a）项目经理应担任过一项大型或两项及以上中型火电工程的项目副经理或总工程师，具有8年以上施工经验，并持有国家注册一级建造师证书。 b）项目总工程师应担任过两项及以上火电工程的项目副总工程师或专业技术负责人，具有中级及以上技术职称。 c）专业技术负责人应担任过两项及以上火电工程的专业技术工作，具有中级及以上技术职称。 d）专业质检人员应具有工程质量检验的相应能力，并持有相应的质量检验资格证书。 **5.《建筑与市政工程施工现场专业人员职业标准》JGJ/T 250—2011** 1.0.3 本标准所指建筑与市政工程施工现场专业人员包括施工员、质量员、安全员、标准员、材料员、机械员、劳务员、资料员。其中，施工员、质量员、标准员可分为土建施工、装饰装修、设备安装和市政工程四个子专业	
4.4.3	项目经理资格符合要求并经本企业法定代表人授权	**1.《中华人民共和国建筑法》中华人民共和国主席令〔2011〕第 46 号** 第十四条 从事建筑活动的专业技术人员，应当依法取得相应的执业资格证书，并在执业资格证书许可的范围内从事建筑活动。 **2.《注册建造师管理规定》中华人民共和国建设部令〔2006〕第 153 号** 第三条 本规定所称注册建造师，是指通过考核认定或考试合格取得中华人民共和国建造师资格证书（以下简称资格证书），并按照本规定注册，取得中华人民共和国建造师注册证书（以下简称注册证书）和执业印章，担任施工单位项目负责人及从事相关活动的专业技术人员。 　　未取得注册证书和执业印章的，不得担任大中型建设工程项目的施工单位项目负责人，不得以注册建造师的名义从事相关活动。 第十条 …… 　　注册证书与执业印章有效期为 3 年。	1. 查阅项目经理资格证书 发证单位：政府主管部门 有效期：当前有效 等级：满足项目要求 注册单位：与承包单位一致

条款号	大纲条款	检查依据	检查要点
4.4.3	项目经理资格符合要求并经本企业法定代表人授权	**3.《建筑施工项目经理质量安全责任十项规定》中华人民共和国住房和城乡建设部建质〔2014〕123 号** 第一条 合同约定的项目经理必须在岗履职，不得违反规定同时在两个及两个以上工程项目担任项目经理。 **4.《建筑施工企业主要负责人、项目负责人和专职安全生产管理人员安全生产管理规定》中华人民共和国住房和城乡建设部令〔2014〕第 17 号** 第二条 在中华人民共和国境内从事房屋建筑和市政基础设施工程施工活动的建筑施工企业的"安管人员"，参加安全生产考核，履行安全生产责任，以及对其实施安全生产监督管理，应当符合本规定。 第三条 ……项目负责人，是指取得相应注册执业资格，由企业法定代表人授权，负责具体工程项目管理的人员。…… **5.《建设工程项目管理规范》GB/T 50326—2017** 4.1.4 建设工程项目各实施主体和参与方法定代表人应书面授权委托项目管理机构负责人，并实行项目负责人责任制。 4.1.5 项目管理机构负责人应根据法定代表人授权范围、期限和内容，履行管理职责。 4.1.6 项目管理机构负责人应取得相应资格，并按规定取得安全生产考核合格证书。 4.1.7 项目管理机构负责人应按相关约定在岗履职，对项目实行全过程及全面管理。 4.2.3 项目管理机构负责人应在工程开工前签署质量承诺书报相关工程管理机构备案。 **6.《注册建造师执业工程规模标准（试行）》中华人民共和国建设部建市〔2007〕第 171 号** 附件：《注册建造师执业工程规模标准》（试行） 表：注册建造师执业工程规模标准（电力工程） **7.《火电工程项目质量管理规程》DL/T 1144—2012** 9.3.4 施工单位的人员资格应符合下列规定：	2. 查阅项目经理安全生产考核合格证书 发证单位：政府主管部门 有效期：当前有效 3. 查阅施工单位法定代表人对项目经理的授权文件 被授权人：与当前工程项目经理一致

条款号	大纲条款	检查依据	检查要点
4.4.3	项目经理资格符合要求并经本企业法定代表人授权	a）项目经理应担任过一项大型或两项及以上中型火电工程的项目副经理或总工程师，具有8年以上施工经验，并持有国家注册一级建造师证书	4. 查阅项目经理质量终身责任承诺书 承诺人：与当前工程项目经理一致
4.4.4	质量检查员及特殊工种人员持证上岗	**1.《特种作业人员安全技术培训考核管理办法》中华人民共和国国家安全生产监督管理总局令〔2010〕第30号** 第三条 ……，特种作业的范围由特种作业目录规定。 　　本规定所称特种作业人员，是指直接从事特种作业的从业人员。 第五条 特种作业人员必须经专门的安全技术培训并考核合格，取得《中华人民共和国特种作业操作证》（以下简称特种作业操作证）后，方可上岗作业。 第十九条 特种作业操作证有效期为6年，在全国范围内有效。 第二十一条 特种作业操作证每3年复审1次。 附件 （特种作业）种类 1 电工作业 1.1 高压电工作业 1.2 低压电工作业 1.3 防爆电气作业 2 焊接与热切割作业 2.1 熔化焊接与热切割作业 2.2 压力焊作业 2.3 钎焊作业	1. 查阅项目部各专业质检员资格证书 专业类别：包括土建、锅炉、电气、热控、焊接等 发证单位：政府主管部门或电力建设工程质量监督站 有效期：当前有效 2. 查阅特殊工种人员台账 内容：包括姓名、工种类别、证书编号、发证单位、有效期等 证书有效期：作业期间有效

条款号	大纲条款	检查依据	检查要点
4.4.4	质量检查员及特殊工种人员持证上岗	3　高处作业 3.1　登高架设作业 3.2　高处安装、维护、拆除的作业 …… **2.《建筑施工特种作业人员管理规定》中华人民共和国建设部建质〔2008〕75号** 第三条　建筑施工特种作业包括： （一）建筑电工； （二）建筑架子工； （三）建筑起重信号司索工； （四）建筑起重机械司机； （五）建筑起重机械安装拆卸工； （六）高处作业吊篮安装拆卸工； （七）经省级以上人民政府建设主管部门认定的其他特种作业。 第四条　建筑施工特种作业人员必须经建设主管部门考核合格，取得建筑施工特种作业人员操作资格证书，方可上岗从事相应作业。 第十九条　用人单位应当履行下列职责： （六）建立本单位特种作业人员管理档案 **3.《工程建设施工企业质量管理规范》GB/T 50430—2017** 5.2.2　施工企业应根据质量管理需求配备相应的管理、技术及作业人员	3. 查阅特殊工种人员资格证书 发证单位：政府主管部门 有效期：与台账一致
4.4.5	施工方案和作业指导书已审批,技术交底记录齐全	**1.《建筑施工组织设计规范》GB/T 50502—2009** 3.0.5　施工组织设计的编制和审批应符合下列规定： 　　2　……施工方案应由项目技术负责人审批；重点、难点分部（分项）工程和专项工程施工方案应由施工单位技术部门组织相关专家评审，施工单位技术负责人批准。	1. 查阅施工方案和作业指导书 审批：责任人已签字 编审批时间：施工前

条款号	大纲条款	检查依据	检查要点
4.4.5	施工方案和作业指导书已审批,技术交底记录齐全	3 由专业承包单位施工的分部（分项）工程或专项工程的施工方案，应由专业承包单位技术负责人或技术负责人授权的技术人员审批；有总承包单位时，应由总承包单位项目技术负责人核准备案。 4 规模较大的分部(分项)工程和专项工程的施工方案应按单位工程施工组织设计进行编制和审批。 6.4.1 施工准备应包括下列内容： 1 技术准备：包括施工所需技术资料的准备、图纸深化和技术交底的要求、试验检验和测试工作计划、样板制作计划以及与相关单位的技术交接计划等。 **2.《电力建设安全工作规程 第1部分：火力发电》DL 5009.1—2014** 4.1.8. 安全技术应符合下列规定： ...... 4 施工作业项目应有施工方案或作业指导书，经审批后实施。 5 达到或超过一定规模的危险性较大的分部分项工程（详见本部分附录C），应符合以下规定： 1）对达到一定规模的危险性较大的分部分项应编制专项施工方案。 2）对超过一定规模的危险性较大的分部分项应编制专项施工方案，应组织论证。 7 施工作业前必须进行安全技术交底，交底人和被交底人应签字并保存记录。 **3.《火电工程项目质量管理规程》DL/T 1144—2012** 9.2.2 施工单位在工程开工前，应编制质量管理文件，经监理、建设单位会审、批准后实施，质量管理文件应包括： f）重大施工方案、作业指导书清单，并规定审批级别。 9.3.2 单位工程开工应满足下列条件，并应由建设单位和监理单位进行核查。 c）专业施工组织设计、重大施工方案已经监理批准。 d）开工所需施工图已齐全，并已会检和交底，......	2. 查阅施工方案和作业指导书报审表 审批意见：同意实施等肯定性意见 签字：施工项目部、监理项目部责任人已签字 盖章：施工项目部、监理项目部已盖章 3. 查阅技术交底记录 内容：与方案或作业指导书相符 时间：施工前 签字：交底人和被交底人已签字

条款号	大纲条款	检查依据	检查要点
4.4.6	编制检测试验项目计划，实施记录齐全	**1.《房屋建筑和市政基础设施工程质量检测技术管理规范》GB 50618—2011** 3.0.12　施工单位应根据工程施工质量验收规范和检测标准的要求编制检测计划，并应做好检测取样、试件制作、养护和送检等工作。 **2.《火电工程项目质量管理规程》DL/T 1144—2012** 5.3.3　建设单位在工程开工前应组织相关单位编制下列质量文件： 　　k）各专业试验检验项目清单。 **3.《建筑工程检测试验技术管理规范》JGJ 190—2010** 3.0.1　建筑工程施工现场检测试验技术管理应按以下程序进行： 　1　制订检测试验计划。 4.2.2　施工过程质量检测试验的主要内容应包括：土方回填、地基与基础、基坑支护、结构工程、装饰装修等5类。施工过程质量检测试验项目、主要检测试验参数和取样依据可按表4.2.2的规定确定。 4.3.2　工程实体质量与使用功能检测的主要内容应包括实体质量及使用功能等2类。工程实体质量与使用功能检测项目、主要检测参数和取样依据可按表4.3.2的规定确定。 5.3.1　施工检测试验计划应在工程施工前由施工项目技术负责人组织有关人员编制，并应报送监理单位进行审查和监督实施。 5.3.2　根据施工检测试验计划，应制订相应的见证取样和送检计划。 5.3.3　施工检测试验计划应按检测试验项目分别编制，并应包括以下内容： 　1　检测试验项目名称； 　2　检测试验参数； 　3　试样规格； 　4　代表批量； 　5　施工部位； 　6　计划检测试验时间	1. 查阅工程检测试验项目计划 签字：责任人已签字 编审批时间：施工前 2. 查阅检测试验记录 检测项目：与检测试验项目计划相符

条款号	大纲条款	检查依据	检查要点
4.4.7	焊接检验制度健全,焊材保管、复检、发放制度健全,台账完整	**1.《火电工程项目质量管理规程》DL/T 1144—2012** 9.3.6 材料控制应符合下列规定: f)施工单位对重要原材料应进行质量追溯。火电施工常见有追溯性要求的产品清单见附录D表D.1 **2.《焊接材料质量管理规定》JB/T 3223—2017** **3. 总则** 焊接材料的使用方应具备必要的存放、烘干设施及清理手段,建立可靠的管理规程并严格执行。 5.1 验收依据 使用方可依据焊接材料的产品标准及订货技术条件等制定适用的焊接材料验收细则,包括抽样原则、验收项目、检验方法、复验规则、合格要求。 5.3 检验结果的认可 焊接材料经检验后应出具验收报告,注明各项检验结果的规定值和依据的标准、规范。 5.4 验收标记 验收合格的焊接材料可用适宜的方式在包装上进行标识。 5.5 入库 验收合格的焊接材料应办理入库手续,可包括但不限于以下内容: ——焊接材料的名称、执行标准编号、型号/牌号及可能使用的内部编号; ——规格; ——批号或炉号; ——入库数量(或净质量); ——生产日期; ——入库日期; ——库存有效期(自验收报告签发之日起至有效期的截止日,见6.8.4); ——供应商名称。	1. 查阅焊接检验制度、焊材保管制度、焊材复检制度、焊材发放制度 签字:编制人、审核人、审批人已签字 盖单:施工项目部已盖章 2. 查阅焊材跟踪管理台账 内容:包括名称、生产厂家、型号(或牌号)、规格、批号、合格证编号、进货数量(或重量)、生产日期、入库日期、有效期、使用部位及数量等

条款号	大纲条款	检查依据	检查要点
4.4.7	焊接检验制度健全,焊材保管、复检、发放制度健全,台账完整	**6.6　库存建档** 焊接材料入库后即应建立相应的库存档案,诸如质量证明、验收报告、检查及发放记录等。 **6.8　出库** 6.8.2　……焊接材料以出库单或报废材料的签批单为出库凭据,经仓储管理人员核准之后方可发放。 7.1.1　使用方应设置焊接材料管理员,负责焊接材料的领用、保管、烘干、发放及回收,并做详细记录,以保证焊接材料使用的可追溯性	
4.4.8	计量工器具经检定合格,且在有效期内	**1.《中华人民共和国计量法》中华人民共和国主席令〔2014〕第 8 号** 第四十七条　……未按照规定申请计量检定、计量检定不合格或者超过计量检定周期的计量器具,不得使用。 **2.《中华人民共和国依法管理的计量器具目录(型式批准部分)》国家质检总局公告〔2005〕第 145 号** 1. 测距仪:光电测距仪、超声波测距仪、手持式激光测距仪; 2. 经纬仪:光学经纬仪、电子经纬仪; 3. 全站仪:全站型电子速测仪; 4. 水准仪:水准仪; 5. 测地型 GPS 接收机:测地型 GPS 接收机。 **3.《电力建设施工技术规范　第 1 部分:土建结构工程》DL 5190.1—2012** 3.0.5　在质量检查、验收中使用的计量器具和检测设备,应经计量检定合格后方可使用;承担材料和设备检测的单位,应具备相应的资质。 **4.《电力工程施工测量技术规范》DL/T 5445—2010** 4.0.3　施工测量所使用的仪器和相关设备应定期检定,并在检定的有效期内使用。…… **5.《建筑工程检测试验技术管理规范》JGJ 190—2010** 5.2.2　施工现场配置的仪器、设备应建立管理台账,按有关规定进行计量检定或校准,并保持状态完好	1. 查阅计量工器具台账 内容:包括计量工器具名称、出厂合格证编号、检定日期、有效期、在用状态等 检定有效期:在用期间有效 2. 查阅计量工器具检定合格证或报告 检定单位资质范围:包含所检测工器具 工器具有效期:在用期间有效,且与台账一致

条款号	大纲条款	检查依据	检查要点
4.4.9	单位工程开工报告已审批	**1.《工程建设施工企业质量管理规范》GB/T 50430—2017** 10.4.2 项目部应确认施工现场已具备开工条件，进行报审、报验，提出开工申请，经批准后方可开工。 **2.《建设工程监理规范》GB/T 50319—2013** 5.1.8 总监理工程师应组织专业监理工程师审查施工单位报送的开工报审表及相关资料；同时具备下列条件时，应由总监理工程师签署审查意见，并应报建设单位批准后，总监理工程师签发工程开工令： 1 设计交底和图纸会审已完成。 2 施工组织设计已由总监理工程师签认。 3 施工单位现场质量、安全生产管理体系已建立，管理及施工人员已到位，施工机械具备使用条件，主要工程材料已落实。 4 进场道路及水、电、通信等已满足开工要求	查阅单位工程开工报告 申请时间：开工前 审批意见：同意开工等肯定性意见 签字：施工项目部、监理项目部、建设单位责任人已签字 盖章：施工项目部、监理项目部、建设单位已盖章
4.4.10	水压试验方案已经批准	**1.《建筑施工组织设计规范》GB/T 50502—2009** 3.0.5 施工组织设计的编制和审批应符合下列规定： 2 ……施工方案应由项目技术负责人审批；重点、难点分部（分项）工程和专项工程施工方案应由施工单位技术部门组织相关专家评审，施工单位技术负责人批准。 3 由专业承包单位施工的分部（分项）工程或专项工程的施工方案，应由专业承包单位技术负责人或技术负责人授权的技术人员审批；有总承包单位时，应由总承包单位项目技术负责人核准备案。 4 规模较大的分部（分项）工程和专项工程的施工方案应按单位工程施工组织设计进行编制和审批。 **2.《火电工程项目质量管理规程》DL/T 1144—2012** 9.2.2 施工单位在工程开工前，应编制质量管理文件，经监理、建设单位会审、批准后实施，质量管理文件应包括： f）重大施工方案、作业指导书清单，并规定审批级别。	查阅水压试验方案及报审表 审批意见：同意实施等肯定性意见 签字：施工项目部、监理项目部、建设单位责任人已签字 盖章：施工项目部、监理项目部、建设单位已盖章

条款号	大纲条款	检查依据	检查要点
4.4.10	水压试验方案已经批准	9.3.2 单位工程开工应满足下列条件，并应由建设单位和监理单位进行核查。 　　c）……、重大施工方案已经监理批准。 **3.《电力建设施工技术规范 第2部分：锅炉机组》DL 5190.2—2012** 3.1.1 ……；施工现场应有经审批的施工组织设计、施工方案等技术文件；…… **4.《电力建设施工质量验收规程 第2部分：锅炉机组》DL/T 5210.2—2018** 表 6.7.1 锅炉整体水压试验质量标准及检验方法应符合表 6.7.1 规定（锅炉整体水压试验：试验条件、范围、程序应符合……已审批的水压试验作业指导书的要求）	
4.4.11	水压试验组织机构健全，责任分工明确，人员到位	**1.《电站锅炉压力容器检验规程》DL 647—2004** 5.7 锅炉整体超压水压试验前监检对现场条件和技术资料的要求。 　　d）应具备锅炉安装单位提供的以下技术资料，内容应符合国家，行业现行标准： 　　9）水压试验作业指导书，应有……、组织体系、……等内容	查阅水压试验组织成立文件 内容：包括水压试验机构图、水压试验管理职责
4.4.12	水压试验现场的安全、保卫等项工作已落实	**1.《电力建设施工技术规范 第2部分：锅炉机组》DL 5190.2—2012** 3.2.3 基建和生产区域之间应有可靠的硬隔离设施，建筑和安装交叉施工区域应做好安全防护措施。 **2.《火力发电建设工程启动试运及验收规程》DL/T 5437—2009** 3.2.3.3 施工单位的主要职责 　　9 机组移交生产前，负责试运现场的安全、保卫、文明试运工作，做好试运设备与施工设备的安全隔离措施。 **3.《电力建设安全工作规程 第1部分：火力发电》DL 5009.1—2014** 6.2.5 水压试验应符合下列规定： 　　2 试压泵周围应设置围栏，非工作人员严禁入内	1. 查阅水压试验现场安全、保卫措施 签字：责任人已签字 2. 查看水压试验现场与施工区域 水压试验现场：与施工区域已有效隔离

条款号	大纲条款	检查依据	检查要点
4.4.13	专业绿色施工措施已制订	**1.《绿色施工导则》中华人民共和国建设部建质〔2007〕223 号** 4.1.2　规划管理 　1 编制绿色施工方案。该方案应在施工组织设计中独立成章，并按有关规定进行审批。 **2.《建筑工程绿色施工规范》GB/T 50905—2014** 3.1.1　建设单位应履行下列职责 　1 在编制工程概算和招标文件时，应明确绿色施工的要求…… 　2 应向施工单位提供建设工程绿色施工的设计文件、产品要求等相关资料…… 4.0.2　施工单位应编制包含绿色施工管理和技术要求的工程绿色施工组织设计、绿色施工方案或绿色施工专项方案，并经审批通过后实施。 **3.《火电工程项目质量管理规程》DL/T 1144—2012** 5.3.3　建设单位在工程开工前应组织相关单位编制下列质量文件： 　n）绿色施工措施。 9.3.1　工程具备开工条件后，由建设单位按照国家规定办理开工手续。工程开工应满足下列条件： 　k）绿化施工措施编制并落实。 9.2.2　施工单位在工程开工前，应编制质量管理文件，经监理、建设单位会审、批准后实施，质量管理文件应包括： 　i）绿色施工措施。 9.3.12　绿色施工应符合下列规定： 　a）施工单位应按《绿色施工导则》的规定：在工程开工前编制节能、节水、节地、节材的控制措施，控制措施应重点包含能源合理配备、废水利用、节约用地、材料合理选配及循环使用等内容。 　b）施工单位应编制控制噪声、防尘、废液排放、水土保持及环保设施投入等控制措施，各项措施应经监理、建设单位的审批。所有措施均应表示实测指标，施工过程应由监理工程师实时监查。	查阅绿色施工措施 审批：责任人已签字 审批时间：施工前

条款号	大纲条款	检查依据	检查要点
4.4.13	专业绿色施工措施已制订	**4.《电力建设施工技术规范　第1部分：土建结构工程》DL 5190.1—2012** 3.0.12　施工单位应建立绿色施工管理体系和管理制度，实施目标管理，施工前应在施工组织设计和施工方案中明确绿色施工的内容和方法	
4.4.14	工程建设标准强制性条文实施计划已执行	**1.《实施工程建设强制性标准监督规定》中华人民共和国建设部令〔2000〕第81号** 第二条　在中华人民共和国境内从事新建、扩建、改建等工程建设活动，必须执行工程建设强制性标准。 第三条　本规定所称工程建设强制性标准是指直接涉及工程质量、安全、卫生及环境保护等方面的工程建设标准强制性条文。 国家工程建设标准强制性条文由国务院建设行政主管部门会同国务院有关行政主管部门确定。 第六条　……工程质量监督机构应当对工程建设施工、监理、验收等阶段执行强制性标准的情况实施监督 **2.《火电工程项目质量管理规程》DL/T 1144—2012** 4.5　火电工程项目应认真执行国家和行业相关技术标准，严格执行工程建设标准中的强制性条文…… 5.3.3　建设单位在工程开工前应组织相关单位编制下列质量管理文件： d）工程建设强制性条文实施规划。 9.2.2　施工单位在工程开工前，应编制质量管理文件，经监理、建设单位会审、批准后实施，质量管理文件应包括： d）工程建设强制性条文实施细则	查阅强制性条文执行记录 内容：与强制性条文执行计划相符 签字：责任人已签字 执行时间：与工程进度同步
4.4.15	无违规转包或者违法分包工程的行为	**1.《中华人民共和国建筑法》中华人民共和国主席令〔2011〕第46号** 第二十八条　禁止承包单位将其承包的全部建筑工程转包给他人，禁止承包单位将其承包的全部建筑工程肢解以后以分包的名义转包给他人。	1. 查阅工程分包申请报审表 审批意见：同意分包等肯定性意见

条款号	大纲条款	检查依据	检查要点
4.4.15	无违规转包或者违法分包工程的行为	第二十九条　建筑工程总承包单位可以将承包工程中的部分工程发包给具有相应资质条件的分包单位，但是，除总承包合同约定的分包外，必须经建设单位认可。施工总承包的，建筑工程主体结构的施工必须由总承包单位自行完成。 禁止总承包单位将工程分包给不具备相应资质条件的单位。禁止分包单位将其承包的工程再分包。 **2.《建筑工程施工转包违法分包等违法行为认定查处管理办法（试行）》国家住建部建市〔2014〕118号** 第七条　存在下列情形之一的，属于转包： （一）施工单位将其承包的全部工程转给其他单位或个人施工的； （二）施工总承包单位或专业承包单位将其承包的全部工程肢解以后，以分包的名义分别转给其他单位或个人施工的； （三）施工总承包单位或专业承包单位未在施工现场设立项目管理机构或未派驻项目负责人、技术负责人、质量管理负责人、安全管理负责人等主要管理人员，不履行管理义务，未对该工程的施工活动进行组织管理的； （四）施工总承包单位或专业承包单位不履行管理义务，只向实际施工单位收取费用，主要建筑材料、构配件及工程设备的采购由其他单位或个人实施的； （五）劳务分包单位承包的范围是施工总承包单位或专业承包单位承包的全部工程，劳务分包单位计取的是除上缴给施工总承包单位或专业承包单位"管理费"之外的全部工程价款的； （六）施工总承包单位或专业承包单位通过采取合作、联营、个人承包等形式或名义，直接或变相的将其承包的全部工程转给其他单位或个人施工的； （七）法律法规规定的其他转包行为。 第九条　存在下列情形之一的，属于违法分包： （一）施工单位将工程分包给个人的； （二）施工单位将工程分包给不具备相应资质或安全生产许可的单位的；	签字：施工项目部、监理项目部、建设单位责任人已签字 盖章：施工项目部、监理项目部、建设单位已盖章 2. 查阅工程分包商资质 业务范围：涵盖所分包的项目 发证单位：政府主管部门 有效期：当前有效

条款号	大纲条款	检查依据	检查要点
4.4.15	无违规转包或者违法分包工程的行为	（三）施工合同中没有约定，又未经建设单位认可，施工单位将其承包的部分工程交由其他单位施工的； （四）施工总承包单位将房屋建筑工程的主体结构的施工分包给其他单位的，钢结构工程除外； （五）专业分包单位将其承包的专业工程中非劳务作业部分再分包的； （六）劳务分包单位将其承包的劳务再分包的； （七）劳务分包单位除计取劳务作业费用外，还计取主要建筑材料款、周转材料款和大中型施工机械设备费用的； （八）法律法规规定的其他违法分包行为	

4.5 检测试验机构质量行为的监督检查

条款号	大纲条款	检查依据	检查要点
4.5.1	检测试验机构已经通过能力认定并取得相应证书，其现场派出机构（现场试验室）满足规定条件，并已报质量监督机构备案	**1.《建设工程质量检测管理办法》中华人民共和国建设部令〔2005〕第141号** 第四条 ……检测机构未取得相应的资质证书，不得承担本办法规定的质量检测业务。 第八条 检测机构资质证书有效期为3年。资质证书有效期满需要延期的，检测机构应当在资质证书有效期满30个工作日前申请办理延期手续。 **2.《检验检测机构资质认定管理办法》中华人民共和国国家质量监督检验检疫总局令〔2015〕第163号** 第二条 …… 资质认定包括检验检测机构计量认证。 第三条 检验检测机构从事下列活动，应当取得资质认定： （四）为社会经济、公益活动出具具有证明作用的数据、结果的； （五）其他法律法规规定应当取得资质认定的。 第五条 …… 各省、自治区、直辖市人民政府质量技术监督部门（以下简称省级资质认定部门）负责所辖区域内检验检测机构的资质认定工作；…… 第十一条 资质认定证书有效期为6年。需要延续资质认定证书有效期的，应当在其有效期届满3个月前提出申请。 **3.《建设工程监理规范》GB/T 50319—2013** 6.2.5 专业监理工程师应检查施工单位的试验室。	1. 查阅检测机构资质证书 发证单位：国家认证认可监督管理委员会（国家级）或地方质量技术监督部门或各直属出入境检验检疫机构（省市级）及电力质监机构 有效期：当前有效 业务范围：涵盖检测项目 2. 查看现场金属试验室 场所：已配备固定场所（含暗室、射线实验室）且面积、环境满足规范要求

续表

条款号	大纲条款	检查依据	检查要点
4.5.1	检测试验机构已经通过能力认定并取得相应证书，其现场派出机构（现场试验室）满足规定条件，并已报质量监督机构备案	**4.《电力工程检测试验管理办法（试行）》电力工程质量监督总站质监〔2015〕20 号** 第三条 电力工程检测试验机构是指依据国家规定取得相应资质，从事电力工程检测试验工作，为保障电力工程建设质量提供检测验证数据和结果的单位。 第七条 ……相应地将承担工程检测试验业务的检测机构划分为 A 级和 B 级两个等级。 第九条 承担建设建模 200MW 及以上发电工程和 330kV 及以上变电站（换流站）的检测机构，必须符合 B 级及以上等级标准要求。不同规模电力工程项目所要求的检测机构业务等级标准见附件 5。 第三十条 根据工程建设需要和质量验收规范要求，检测机构应在所承担电力工程项目的检测试验任务时，应当设立现场试验室。检测机构对所设立现场试验室的一切行为负责。 第三十一条 现场试验室在开展工作前，须通过负责本项目质监机构组织的能力认定。对符合条件的质监机构应予以书面确认。…… 附件 2-3 金属检测试验机构现场试验室评审要求 附件 4-3 热控检测试验机构现场试验室评审要求 第三十五条 检测机构的《业务等级确认证明》有效期为四年，有效期满后，需重新进行确认。重新确认的程序及要求详见第三章规定 **5.《火电工程项目质量管理规程》DL/T 1144—2012** 9.3.1 工程具备开工条件后，由建设单位按照国家规定办理开工手续。工程开工应满足下列条件： 1）第三方检验、检测单位已确定。 9.4.3 工程建设应根据需要建立土建、金属、电气试验及热工校验室。试验室应具有相应资质，试验人员应持证上岗。 9.4.4 第三方专项检测和见证取样检测应符合下列规定： b）检测单位必须有相应的检测资质，…… c）工程规模较大、试验检测工作量较大时，检测单位宜在项目现场分设现场检测站，配备必要的试验人员、设备、仪器、设施及相关的试验检测标准 **6.《电站锅炉压力容器检验规程》DL 647—2004** 3.4 从事电站锅炉压力容器检验的机构……，应按国家和电力行业的相应规定取得国家和电力行业的检验资质	3. 查阅检测机构的申请报备文件 报备日期：开工前

条款号	大纲条款	检查依据	检查要点
4.5.2	检测人员资格符合规定,持证上岗	**1.《特种设备无损检测人员考核规则》TSG Z8001—2019** 第二条 …… 无损检测人员应当按照本规则的要求,取得相应的《特种设备检验检测人员证(无损检测人员)》(以下简称《检测人员证》),方可从事相应的无损检测工作。 第五条 《检测人员证》有效期为 5 年。有效期满需……,应当按照本规则的规定办理换证。 **2.《锅炉安全技术监察规程》TSG 0001—2012** 4.5.4.1 无损检测人员资格 无损检测人员应当按照相关技术规范进行考核,取得资格证书后方可从事相应方法和技术等级的无损检测工作。 **3.《火电工程项目质量管理规程》DL/T 1144—2012** 9.4.3 ……,试验人员应持证上岗。 **4.《电站锅炉压力容器检验规程》DL 647—2004** 3.5 从事电站锅炉压力容器检验的人员,应按国家和电力行业的相应规定取得国家和电力行业的检验资格证书。 **5.《电力行业无损检测人员资格考核规则》DL/T 675—2014** 5.1 电力行业无损检测人员资格分为Ⅰ级(初级)、Ⅱ级(中级)、Ⅲ级(高级),有效期四年。无损检测人员经考试合格并取得相应级别的资格证书后,方可在有效期内从事该级别的无损检测工作。 **6.《电力行业理化检验人员考核规程》DL/T 931—2017** 1 范围 本标准适用于从事发电设备安装、机组检修、设备修造及电力设备制造质量检验过程金属材料理化性能检验的金相检验、力学性能检验和光谱检验人员的培训考核	1. 查阅检测人员登记台账、资格证 人员专业类别和数量:满足检测项目需求 资格证发证单位:各级政府和电力行业主管部门 资格证有效期:当前有效 2. 查阅检测报告 检测项目:在持证资格范围内 检测人:与台账相符

条款号	大纲条款	检查依据	检查要点
4.5.3	检测仪器、设备检定合格，且在有效期内	**1.《中华人民共和国计量法》中华人民共和国主席令〔2014〕第8号** 　第四十七条　……未按照规定申请计量检定、计量检定不合格或者超过计量检定周期的计量器具，不得使用。 **2.《火电工程项目质量管理规程》DL/T 1144—2012** 　9.3.5　检测设备的控制应符合下列规定： 　a）施工单位应配备与工程相适应的测量设备，并保证其持续有效。 　b）施工单位应对影响质量的检测设备进行控制，并在这些设备进场时报监理审查；当施工过程中发现检测设备失效或超过有效期时，应对其测量的数据是否有效进行追溯。 　c）建设单位和监理单位有权对施工单位使用的检测设备进行监督检查	1. 查阅检测仪器、设备管理台账 内容：包括检定日期、有效期 证书有效期：当前有效 2. 查阅检定证书 有效期：当前有效 结论：合格 3. 查看检测仪器、设备检定标识 检定有效期：与台账及检定证书一致
4.5.4	现场射线源管理符合环保、公安部门有关规定	**1.《中华人民共和国安全生产法》中华人民共和国主席令〔2002〕第70号** 　第三十二条　生产、经营、运输、储存、使用危险物品或者处置废弃危险物品的，由有关主管部门依照有关法律、法规的规定和国家标准或者行业标准审批并实施监督管理。…… 　第三十三条　生产经营单位对重大危险源应当登记建档，进行定期检测、评估、监控，并制定应急预案，告知从业人员和相关人员在紧急情况下应当采取的应急措施。…… **2.《放射性同位素与射线装置安全和防护条例》中华人民共和国国务院令〔2005〕第449号** 　第二条　在中华人民共和国境内生产、销售、使用放射性同位素和射线装置，以及转让、进出口放射性同位素的，应当遵守本条例。 　本条例所称放射性同位素包括放射源和非密封放射性物质。 　第五条　生产、销售、使用放射性同位素和射线装置的单位，应当依照本章规定取得许可证。 　第六条　生产放射性同位素、销售和使用Ⅰ类放射源、销售和使用Ⅰ类射线装置的单位的许可证，由国务院环境保护主管部门审批颁发。 　前款规定之外的单位的许可证，由省、自治区、直辖市人民政府环境保护主管部门审批颁发。	1. 查阅辐射安全许可证 发证单位：环境保护主管部门 有效期：当前有效 2. 查阅现场射线源安全使用和防护措施、现场射线源作业应急预案 签章：责任人已签字，编制单位已盖章

条款号	大纲条款	检查依据	检查要点
4.5.4	现场射线源管理符合环保、公安部门有关规定	国务院环境保护主管部门向生产放射性同位素的单位颁发许可证前，应当将申请材料印送其行业主管部门征求意见。 环境保护主管部门应当将审批颁发许可证的情况通报同级公安部门、卫生主管部门。 第十三条　许可证有效期为 5 年。有效期届满，需要延续的，持证单位应当于许可证有效期届满 30 日前，向原发证机关提出延续申请。 第二十三条　持有放射源的单位将废旧放射源交回生产单位、返回原出口方或者送交放射性废物集中贮存单位贮存的，应当在该活动完成之日起 20 日内向其所在地省、自治区、直辖市人民政府环境保护主管部门备案。 **3.《电力建设施工技术规范　第 2 部分：锅炉机组》DL 5190.2—2012** 3.1.14　锅炉机组安装绿色施工应符合下列规定： 9　现场放射源的保管使用应按国务院第 449 号令制订安全使用和防护措施	3. 查阅重大危险源登记档案 报备和批准文件：环保或公安部门已签发 射线源使用记录：有
4.5.5	检测依据正确、有效，检测报告及时、规范	**1.《检验检测机构资质认定管理办法》国家质量监督检验检疫总局令〔2015〕第 163 号** 第十三条　…… 检验检测机构资质认定标志，……式样如下：CMA 标志。 第二十五条　检验检测机构应当在资质认定证书规定的检验检测能力范围内，依据相关标准或者技术规范规定的程序和要求，出具检验检测数据、结果。 检验检测机构出具检验检测数据、结果时，应当注明检验检测依据，…… 第二十八条　检验检测机构向社会出具有证明作用的检验检测数据、结果的，应当在其检验检测报告上加盖检验检测专用章，并标注资质认定标志。 **2.《建设工程质量检测管理办法》中华人民共和国建设部令〔2005〕第 141 号** 第十四条　检测机构完成检测业务后，应当及时出具检测报告。检测报告经检测人员签字、检测机构法定代表人或者其授权的签字人签署，并加盖检测机构公章或者检测专用章后方可生效。 检测报告经建设单位或者工程监理单位确认后，由施工单位归档。	查阅检测试验报告 检测依据：有效的标准规范、合同及技术文件 检测结论：明确 签章：检测操作人、审核人、批准人已签字，已加盖检测机构公章或检测专用章（多页检测报告加盖骑缝章），并标注相应的资质认定标志 时间：在检测机构规定时间内出具

条款号	大纲条款	检查依据	检查要点
4.5.5	检测依据正确、有效,检测报告及时、规范	**3.《锅炉安全技术监察规程》TSG 0001—2012** 4.5.4.3　无损检测标准 　　锅炉受压部件无损检测方法应当符合 JB/T 4730《承压设备无损检测》的要求。管子对接接头 X 射线实时成像,应当符合相关技术规定。 **4.《电力工程检测试验管理办法（试行）》质监〔2015〕20 号** 第二十五条　检测机构应按照《业务等级确认证明》核定的业务范围开展工作,并对检测试验数据和检测试验报告的真实性、准确性、及时性和完整性负责。 第二十六条　检测机构应该加强内部管理,确保检测试验质量管理体系有效运转,严格按照国家和行业现行有关管理规定和技术标准的要求进行检测试验	
5　工程实体质量的监督检查			
5.1　锅炉基础的监督检查			
5.1.1	建筑交付安装验收记录齐全	**1.《电力建设施工技术规范　第 2 部分:锅炉机组》DL 5190.2—2012** 3.2.1　锅炉机组开始安装前安装现场应具备下列条件: 　　1　完成设备基础、地下沟道和地下设施以及厂房内各层混凝土平台,地面要回填夯实,宜做好混凝土毛地面,完成进入厂房的通道,并应满足施工组织设计的要求。 　　2　设备基础按 GB 50204《混凝土结构工程施工质量验收规范》检查、验收合格并办理交接手续;基础强度未达到设计值 70% 时不得承重。 　　3　基础的定位轴线和标高已在基础上做好标识及保护措施。 　　4　建筑物上孔洞和敞口部分应有可靠的盖板或栏杆。 　　5　安装现场应有可靠的消防设施、照明和排水设施。 　　6　建筑施工机具设备、剩余的材料和杂物应清除干净	查阅建筑交付安装检查验收签证确认表 签证:施工(土建、安装)、监理、建设单位责任人已签字 结论:符合设计要求和规范规定,具备交付安装的条件

条款号	大纲条款	检查依据	检查要点
5.1.2	基础沉降均匀,沉降观测记录完整	**1.《建筑变形测量规范》JGJ 8—2016** 7.1.7　沉降观测应提交下列成果资料: 　　1　监测点布置图; 　　2　观测成果表; 　　3　时间-荷载-沉降量曲线; 　　4　等沉降曲线。 **2.《电力工程施工测量技术规程》DL/T 5445—2010** 11.7.4　沉降观测的观测时间、频率及周期应按下列要求并结合实际情况确定: 　　1　施工期的沉降观测,应随施工进度具体情况及时进行,具体应符合下列规定: 　　　　1)基础施工完毕、建筑标高出零米后、各建(构)筑物具备安装观测点标志后即可开始观测。 　　　　2)整个施工期观测次数原则上不少于6次。但观测时间、次数应根据地基状况、建(构)筑物类别、结构及加荷载情况区别对待,如:对于烟囱等高耸建(构)筑物,一般施工高度每增加20m观测一次;对于主厂房(汽机、锅炉)、集中控制楼等框架结构建(构)筑物,一般施工到不同高度平台或加荷载前后各观测一次;水塔、冷却塔等通水前后各观测一次,变压器就位前后各观测一次等。 　　　　3)施工中遇较长时间停工,应在停工时和重开工时各观测一次,停工期间每隔2个月观测一次。 　　2　除有特殊要求外,建(构)筑物施工完毕后及试运期间每季度观测一次,运行后可半年观测一次,直至稳定为止。 　　3　观测过程中,若有基础附近地面荷载突然大量增加、基础四周大量积水、长时间连续降雨等情况,均应及时增加观测次数。当建(构)筑物突然发生大量沉降、不均匀沉降,沉降量、不均匀沉降差接近或超过允许变形值或严重裂缝等异常情况时,应立即进行逐日或几天一次的连续观测。	查阅沉降观测成果资料 　观测记录:观测次数、观测点数符合有关规定,观测数据完整 　观测过程曲线:时间-荷载-沉降量曲线图规范,完整清晰 　报告结论:符合规范规定,沉降均匀

续表

条款号	大纲条款	检查依据	检查要点
5.1.2	基础沉降均匀，沉降观测记录完整	4 建筑沉降是否进入稳定阶段，应有沉降量与时间关系曲线判定。当最后 100 天的沉降速率小于 0.01mm/天～0.04mm/天时可认为已进入稳定阶段。具体取值宜根据各地区地基土的压缩性能确定。 11.7.8 沉降观测结束后，应根据工程需要提交有关成果资料： 　　1 工程平面位置图及基准点分布图； 　　2 沉降观测点位分布图； 　　3 沉降观测成果表； 　　4 沉降观测过程曲线； 　　5 沉降观测技术报告	
5.2 锅炉构架的监督检查			
5.2.1	高强度螺栓按规定复检合格，报告齐全，钢结构节点螺栓终紧扭矩抽检合格	**1.《电力建设施工技术规范　第 2 部分：锅炉机组》DL 5190.2—2012** 4.3.9 采用高强度螺栓时，高强度螺栓的储运、保管、安装、检验和验收除应按《钢结构工程施工质量验收规范》GB 50205 及《钢结构高强度螺栓连接的设计、施工及验收》JGJ 82 的有关规定进行外，尚应符合下列规定： 　　1 高强度大六角头螺栓连接副的扭矩系数和扭剪型高强度螺栓连接副的紧固轴力(预拉力)除应有生产厂家在出厂前出具的质量证明和检验报告外，还应在使用前及时抽样复验，复验应为见证取样检验项目。 　　6 高强度大六角头螺栓连接副终拧完成 1h～48h 内应进行终拧扭矩检查，检查结果应符合本部分附录 G 的规定，检查数量、方法应符合下列规定： 　　　　1）检查数量：按节点数抽查 10%，且不应少于 10 个；每个被抽查节点按螺栓数抽查 10%，且不应少于 2 个。叠型大板梁上下梁接合面如采用高强度大六角头螺栓连接副紧固时应视为一组节点，每根板梁螺栓抽查数不应少于 20 个。 　　　　2）检验方法符合本部分附录 G。	1. 查看锅炉钢架 高强螺栓：无漏装 高强螺栓头；梅花头已拧断或梅花头留有力矩检查标识 2. 查阅高强螺栓产品合格证 批次、炉号、数量、结论：内容齐全 签字：签章齐全

条款号	大纲条款	检查依据	检查要点
5.2.1	高强度螺栓按规定复检合格，报告齐全，钢结构节点螺栓终紧扭矩抽检合格	7 扭剪型高强度螺栓连接副终拧后……对所有梅花头未拧掉的扭剪型高强度螺栓连接副应采用扭矩法或转角法进行终拧并做标记，且按本部分附录 G 规定进行终拧扭矩检查。检查数量、方法应符合下列规定： 1）检查数量。按节点数的 10%，但不应少于 10 个节点，被抽查节点中梅花头未拧掉的扭剪型高强度螺栓连接副全数进行终拧扭矩检查。 2）检验方法符合本部分附录 D。 **2.《电力建设施工质量验收规程 第 2 部分：锅炉机组》DL/T 5210.2—2018** 6.1.8 锅炉钢架高强度螺栓紧固记录 记录应符合表 6.1.8。 6.1.9 锅炉钢架高强度螺栓紧固后复检记录 记录应符合表 6.1.9。 6.1.10 锅炉钢结构高强度螺栓复检见证抽样记录 记录应符合表 6.1.10。 **3.《钢结构现场检测技术标准》GB/T 50621—2010** 8.2.1 扭矩扳手示值相对误差的绝对值不得大于测试扭矩值的 3%。扭力扳手宜具有峰值保持功能	3. 查阅高强螺栓复检见证抽样记录和复检报告 复检见证抽样记录：按批号、炉号、规格型号和抽样比例进行抽样，有监理的见证签字 复检报告：复检数据符合标准要求 4. 查阅高强螺栓紧固和紧固后复检记录表 高强螺栓紧固记录表中的初紧、终紧力矩：符合厂家或标准要求 高强螺栓紧固后复检记录表中的时间、数量比例、力矩：符合厂家或规范要求 签字：施工单位、监理签字齐全
5.2.2	节点的连接和封闭符合规范规定	**1.《电力建设施工技术规范 第 2 部分：锅炉机组》DL 5190.2—2012** 4.3.9 采用高强度螺栓时，高强度螺栓的储运、保管、安装、检验和验收除应按《钢结构工程施工质量验收规范》GB 50205 及《钢结构高强度螺栓连接的设计、施工及验收》JGJ 82 的有关规定进行外，尚应符合下列规定： 4 安装高强度螺栓时。不得强行穿装螺栓（如用锤敲打），如不能自由穿入时应用铰刀进行修整，不得采用气体火焰修割。	1. 查阅节点连接安装记录表 数据：符合厂家设计或规范规定 签字：施工、监理单位签字齐全 2. 查看节点高强度螺栓安装：符合厂家设计或规范规定

续表

条款号	大纲条款	检查依据	检查要点
5.2.2	节点的连接和封闭符合规范规定	5 一层（段）钢架高强度螺栓的终拧宜在同一天内完成。完成终拧后对接头部位应及时防腐，接头部位的局部缝隙应填补腻子封堵。 **2.《电力建设施工质量验收规程 第 2 部分：锅炉机组》DL/T 5210.2—2018** 4.4.9 锅炉钢架高强度螺栓紧固记录 　2 记录应符合表 4.4.9。 4.4.10 锅炉钢架高强度螺栓紧固后复检记录 　2 记录应符合表 4.4.10。 **3.《钢结构高强度螺栓连接技术规程》JGJ 82—2011** 3.1.7 在同一连接接头中，高强度螺栓连接不应与普通螺栓连接混用。承压型高强度螺栓连接不应与焊接连接并用。 **4.《钢结构工程施工质量验收规范》GB 50205—2001** 11.3.3 有设计要求的顶紧的节点，接触面不应少于 70% 紧贴，且边缘最大间隙不应大于 0.8mm	3. 查看节点连接安装及封闭 节点连接：无强穿、火焰切割痕迹 安装间隙：符合规范规定 节点连接终拧后：节点及时防腐，间隙封堵密实 4. 查看锅炉钢结构主柱顶紧间隙 钢柱节点：端面平整、无毛刺 顶紧间隙：符合规范规定
5.2.3	大板梁挠度测量符合厂家设计或规范规定	**1.《电力建设施工技术规范 第 2 部分：锅炉机组》DL 5190.2—2012** 4.3.12 锅炉大板梁在设备安装前、承重前、锅炉水压试验前、锅炉水压试验上水后、水压试验完成放水后、锅炉点火启动前应测量其垂直挠度，测量数据应符合厂家设计要求。 **2.《电力建设施工质量验收规程 第 2 部分：锅炉机组》DL/T 5210.2—2018** 6.1.11 锅炉钢架大板梁挠度测量记录应按表 6.1.11 填写相关内容。 6.1.6 顶板梁安装：质量标准应符合表 6.1.6。 **3.《电站锅炉压力容器检验规程》DL 647—2004** 5.11 锅炉整体超压水压试验前监检对锅炉钢架、吊杆检查内容及质量要求： 　a）炉顶大板梁支座连接情况应符合设计要求，在锅炉本体进满水后应测量大板梁挠度，不大于长度的 1/850。	1. 查阅锅炉钢架大板梁检查记录表 测量记录：齐全完整 挠度值：符合厂家设计或规范规定 计量器具：检定合格且在有效期内 签字：有施工单位签字

条款号	大纲条款	检查依据	检查要点
5.2.3	大板梁挠度测量符合厂家设计或规范规定	b）安装用临时固定铁件已割除干净，未损伤梁和柱。 c）钢材应无裂纹、腐蚀、重皮、变形及损伤。 d）框架牢固、正直、无晃动，梁柱连接无松动，主柱与基础连接牢固可靠；抽查 1 根～2 根主要立柱的垂直度，应符合有关电力建设规程规定。 e）梁、柱紧固螺母无裂纹、变形和松动	2. 实测顶板梁安装尺寸 安装尺寸：符合厂家设计或规范规定 签字：有施工、监理单位签字 3. 锅炉大板梁挠度值 垂直挠度值满足电站锅炉压力容器检验规程或厂家技术协议要求
5.2.4	楼梯、平台、栏杆安装牢固，符合安全技术要求	1.《电力建设施工技术规范　第 2 部分：锅炉机组》DL 5190.2—2012 　　4.3.16　平台、梯子应与锅炉构架同步安装，采用焊接连接的应及时焊牢，采用吊杆和卡具连接的应及时紧固。 　　4.3.17　栏杆的立柱应垂直，间距应均匀，转弯附近应装一根立柱。同侧各层平台的栏杆立柱应尽量在同一垂直线上。平台、梯子、栏杆和围板等安装后应平直牢固，接头处应光滑，围板安装间隙符合图纸要求。 　　4.3.18　不应随意改变梯子的斜度或改动上下踏板的高度和连接平台的间距。 2.《电力建设施工质量验收规程　第 2 部分：锅炉机组》DL/T 5210.2—2018 　　6.1.13　平台、梯子组合安装 　　　　记录应符合表 6.1.13。 3.《电力建设安全工作规程　第 1 部分：火力发电》DL 5009.1—2014 　　6.2.3　锅炉安装应符合下列规定： 　　1　锅炉钢结构平台与土建结构平台之间的伸缩缝应用盖板盖严。 　　5　锅炉平台、梯子、栏杆安装。 　　1）应与锅炉钢架同步安装，并形成通道。	1. 查阅平台、梯子安装验收记录 焊接、横杆平直度：符合标准或厂家要求 签字：施工、监理单位签字齐全 结论：合格 2. 查看平台、梯子、栏杆和围板 连接：牢固可靠；围板安装间隙符合图纸要求。 安装进度：与锅炉构架保持同步。 临时栏杆、梯子：符合安全技术要求

条款号	大纲条款	检查依据	检查要点
5.2.4	楼梯、平台、栏杆安装牢固，符合安全技术要求	2）梯子、平台、栏杆应焊接牢固。 3）正式平台通道未安装完成时，应搭设临时施工通道，并满足本部分 4.10.1 高处作业的安全要求。 4）平台上的孔洞防护应按本部分 4.2.2 的相关规定执行。 **4.《锅炉安全技术监察规程》TSG G0001—2012** 3.24.2 操作人员立足地点距离地面（或者运转层）高度超过 2000mm 的锅炉，应当装设平台、扶梯和防护栏等设施。锅炉的平台、扶梯应当符合以下规定： 1. 扶梯和平台的布置能够保证操作人员顺利通向需要经常操作和检查的地方。 2. 扶梯、平台和需要操作及检查的炉顶周围设置的栏杆、扶手以为挡脚板的高度满足相关规定	3. 查看锅炉大罩壳上部栏杆设计图纸、安装完整设计图纸：设计规范，符合规定栏杆平直度：符合标准或设计要求 签字：施工、监理单位签字齐全 4. 查看通道情况 实际状况：满足水压试验检查要求
5.3 锅炉承压部件及受热面的监督检查			
5.3.1	水压范围内的承压部件安装结束，验收合格	**1.《电力建设施工技术规范 第 2 部分：锅炉机组》DL 5190.2—2012** 4.5.5 焊接在受热面上的密封件应在受热面水压试验前安装和焊接完毕，焊缝应密封无渗漏。 5.1.10 焊件对口应内壁齐平，对接单面焊的局部错口值不应超过壁厚的 10%，且不大于 1mm。 5.1.11 受热面管子对口偏折度应用直尺检查，距焊缝中心 100mm 处离缝不大于 1mm。 5.1.12 受热面管子的对接焊口，不得布置在管子弯曲部位，焊口距离管子弯曲起点不小于管子直径，且不小于 100mm；距支吊架边缘 50mm。 5.1.13 受热面管子直管部分相邻两焊缝间的距离不得小于管子直径，且不应小于 150mm。 5.1.15 在承压管道上开孔时，应采取机械加工，不得用火焰切割，不得掉入金属屑粒等杂物。 5.1.17 受热面管子在安装中应保持内部洁净，不得掉入任何杂物。 5.2.1 设备组合安装前，必须将所有联箱内部清扫干净，锅炉联箱设置有节流装置的应使用内窥镜检查。各接管座应无堵塞，并彻底清除"钻孔底片"（俗称眼镜片）。 5.2.3 汽包、汽水分离器、联箱等主要设备的安装允许偏差为：	1. 查看水压范围内的承压部件安装外观质量 密封件安装：安装、焊接完毕，焊缝密封无渗漏 受热面管对接错口：符合规范规定 受热面管对接偏折度：符合规范规定 焊口位置及相邻焊缝距离：符合规范规定 汽包、集箱表面：无施焊、引弧痕迹

条款号	大纲条款	检查依据	检查要点
5.3.1	水压范围内的承压部件安装结束，验收合格	1 标高±5mm； 2 水平度，汽包2mm、联箱3mm； 3 相互距离±5mm； 4 垂直度，长度的1/1000，且不大于10mm。 5.2.7 不得在汽包、汽水分离器及联箱上引弧和施焊，如需施焊，必须经制造厂同意，焊接前应进行严格的焊接工艺评定试验。 5.2.8 各联箱封闭前应检查联箱内清洁度，确认无异物方可封闭，并办理隐蔽工程签证。 5.8.2 施工质量验收应具备下列签证和记录： 3 联箱、汽包、汽水分离器内部清洁度检查签证； 4 锅炉隐蔽工程签证； 8 汽包、汽水分离器安装记录； 9 水冷壁组合、安装记录； 10 过热器、再热器及省煤器组合、安装记录； 13 循环泵安装记录； 14 汽包内部装置安装检查签证； 15 受热面密封装置签证（指正压和微正压锅炉）。 **2.《电力建设施工质量验收规程 第2部分：锅炉机组》DL/T 5210.2—2018** 5.2.1 锅炉本体单位工程需要产生的施工记录、签证单	2. 抽查汽包、集箱及受热面安装尺寸偏差 汽包（汽水分离器）、集箱及受热面等设备安装允许偏差：符合规范规定 3. 查阅水压范围内水冷壁、过热器、再热器、省煤器、汽包（汽水分离器）和联络管道承压部件安装记录表 数据：符合厂家设计或标准规定 签字：有施工、监理单位签字 4. 检查生物质锅炉水冷振动炉排间隙偏差：符合设计要求 5. 查阅水冷振动炉排间隙安装记录表 数据：符合厂家设计或标准规定 签字：有施工、监理单位签字 6. 查阅汽包和集箱内部清理记录表及隐蔽工程签证表 内容：确认内部杂物已清理，无遗留物 签字：有施工、监理单位签字

条款号	大纲条款	检查依据	检查要点
5.3.2	受热面通球试验合格、签证记录齐全	**1.《水管锅炉 第8部分：安装与运行》GB/T 16507.8—2013** 7.2.3 受热面管未进行通球试验，不得组合、安装。试验用球应采用带有编号的钢球，通球结束后要将球逐个回收，做好记录，并应做好可靠的管端口封闭措施。 **2.《电力建设施工技术规范 第2部分：锅炉机组》DL 5190.2—2012** 5.1.6 受热面管通球试验应符合下列规定： 　1 受热面管在组合和安装前必须分别进行通球试验，试验应采用钢球，且必须编号和严格管理，不得将球遗留在管内；通球后应及时做好可靠的封闭措施，并做好记录。 　2 通球压缩空气压力不宜小于0.4MPa，通球前应对管子进行吹扫，不含联箱的组件需进行二次通球。通球球径应符合本部分表5.1.6的规定。 　3 外径大于76mm的受热面可采用木球进行通球，直管可采用光照检查；集箱管接座可采用钢球等径的钢丝绳进行检验；三叉管必须保证每根管子都进行通球。 5.8.2 施工质量验收应具备下列签证和记录： 　2 受热面管通球试验签证。 **3.《电力建设施工质量验收规程 第2部分：锅炉机组》DL/T 5210.2—2018** 6.3.11 通球试验签证 　签字应符合表6.3.11要求	1. 查阅通球管理记录 通球规格、数量和编号：符合规范要求 签字：有发放人、领用人、回收人签字 2. 查阅通球签证表 组合、安装前分别进行通球试验 通球试验：合格 通球后封闭：合格 签字：有监理单位见证人验收签字
5.3.3	膨胀间隙符合图纸要求，膨胀指示器安装、调整完毕	**1.《电力建设施工技术规范 第2部分：锅炉机组》DL 5190.2—2012** 4.8.2 施工质量验收应具备下列签证和记录 　16 主要热膨胀位移部件安装记录（如水封槽的膨胀间隙和伸缩节的冷拉值或压缩值等）。 5.1.18 膨胀指示器安装必须符合厂家图纸要求，应安装牢固，布置合理，指示正确。 5.4.2 过热器、再热器组件的组合安装允许偏差应符合表5.4.2的规定。 5.4.3 省煤器组件的组合安装允许偏差应符合表5.4.3的规定。 5.4.4 折焰角、水平烟道与上部蛇型管底部距离不得小于设计值。 5.4.5 受热面的防磨装置应按图纸留出接头处的膨胀间隙，且不得妨碍烟气流通。	1. 查阅膨胀间隙安装和质量验收记录 查阅水冷壁、省煤器、过热器、再热器膨胀间隙安装记录：数据符合厂家设计或规范规定 签字：施工、监理单位签字齐全

条款号	大纲条款	检查依据	检查要点
5.3.3	膨胀间隙符合图纸要求，膨胀指示器安装、调整完毕	5.4.9 锅炉连通管及附件安装应符合下列规定： 2 锅炉连通管应能够自由膨胀且不得阻碍受热面设备的膨胀。 5.5.2 循环泵安装应符合下列要求： 4 电动机下部应有足够的膨胀间隙。 5.6.4 炉膛密封应符合下列规定： 3 二次密封的安装符合下列要求： 1）密封槽的膨胀间隙应符合设计要求，槽内干净无杂物。 2）管屏密封槽体应……。槽插板应有足够的膨胀间隙。 **2.《电力建设施工质量验收规程 第 2 部分：锅炉机组》DL/T 5210.2—2018** 6.6.5 膨胀指示器安装 质量标准及检验方法见表 6.6.5。 **3.《火力发电厂锅炉受热面管监督技术导则》DL/T 939—2016** 5.4 监督检验时，受热面管应符合以下要求： a）管子应无锈蚀及明显变形，无裂纹、重皮及引弧坑等缺陷；施工临时铁件等附着物应全部割除并打磨圆滑，未伤及母材；机械损伤深度应不超过管子壁厚负偏差值且无尖锐棱角。 b）过热器、再热器管排应安装平整，节距均匀，偏差不大于 5mm，管排平整度偏差不大于20mm，管卡安装牢固，安装位置符合图纸要求。 c）悬吊式受热面与烟道底部管间膨胀间距应符合图纸要求。 d）各受热面与包覆管（或炉墙）间距应符合图纸要求，无"烟气走廊"。 e）水冷壁和包覆管安装平整，水平偏差在±5mm 以内，垂直偏差在±10mm 以内；与刚性梁的固定连接点和活动连接点的施工符合图纸要求，与水冷壁、包覆管连接的内绑带安装正确，无漏焊、错焊，膨胀预留间隙符合要求。 f）防磨板与管子应接触良好，无漏焊，固定牢靠，阻流板安装正确，符合设计要求。防磨板与管子抱箍直接焊接，不宜焊在管子上。	2. 查阅膨胀间隙安装和质量验收记录 查阅水冷壁、省煤器、过热器、再热器膨胀间隙安装记录：数据符合厂家设计或规范规定 签字：施工、监理单位签字齐全 3. 查看水冷壁、包墙过热器等处膨胀指示器 安装：符合厂家设计或标准要求

条款号	大纲条款	检查依据	检查要点
5.3.3	膨胀间隙符合图纸要求，膨胀指示器安装、调整完毕	g）水冷壁、包覆管鳍片的安装焊缝应符合本标准 4.8 的要求。 h）抽查安装焊缝外观质量，比例为 1%～2%，应无裂纹或咬边，错口及角变形量符合 DL/T 869 的要求；安装焊缝内部质量用射线检测抽查并符合 DL/T 869 的要求，抽查比例为 1%。 i）炉顶管间距应均匀，平整度偏差不大于 5mm；边排管与水冷壁、包覆管的间距应符合图纸要求；顶棚管吊攀、炉顶密封铁件应按图纸要求安装齐全，无漏焊。 j）使用无烟煤的锅炉及液态排渣炉卫燃带的销钉数量及焊接质量符合设计要求。 k）炉底水冷壁与灰渣斗或捞渣机连接的水封板与联箱或管子的焊接应符合图纸要求，膨胀间隙应足够。 l）安装前受热面管合金部件应 100% 光谱试验，无错用或不符合规定的代用材料。 m）安装前受热面管应 100% 通球试验，通球签证记录齐全，管内无异物，通径符合要求；蛇形管组合焊接后应再次进行通球试验。 n）合金受热面焊缝应 100% 光谱复检，无错用焊材。 o）锅炉吹管后，宜对各级受热面管入口联箱管口进行异物抽查；超（超）临界锅炉吹管后，应对布置在管子上的节流孔进行 100% 射线检查异物。 **4.《火力发电厂焊接技术规程》DL/T 869—2012** 5.4.2 对容易产生延迟裂纹的钢材，焊后应立即进行焊后热处理，否则应立即进行后热。 5.4.3 下列部件的焊接接头应进行焊后热处理： a）壁厚大于 30mm 的碳素钢管道、管件。 b）壁厚大于 32mm 的碳素钢容器。 c）壁厚大于 28mm 的普通低合金钢容器（A-Ⅱ类钢）。 d）壁厚大于 20mm 的普通低合金钢容器（A-Ⅲ类钢）。 e）耐热钢管子及管件和壁厚大于 20mm 的普通低合金钢管道（5.4.4 和 5.4.5 规定内容除外）。 f）采用热处理强化的材料。 g）其他经焊接工艺评定需进行焊后热处理的焊件	4. 查看膨胀指示器安装焊接部位（不宜直接焊在受热面管子、联箱手孔、汽包端头等处）

续表

条款号	大纲条款	检查依据	检查要点
5.3.4	支座、吊挂系统调整结束,受力均匀	**1.《电力建设施工技术规范 第 2 部分:锅炉机组》DL 5190.2—2012** 5.8 工程验收 16 受热面吊挂装置受力情况检查签证。 5.1.21 受热面吊挂装置弹簧的锁紧销在锅炉水压期间应保持在锁定位置,锅炉点火前方可拆除。 5.2.4 汽包吊环在安装前应检查接触部位,接触角在 90°内,接触应良好,圆弧应吻合,符合制造设备技术文件的要求。 5.2.5 汽包、汽水分离器、联箱吊挂装置应符合下列规定: 1 吊挂装置的吊耳、吊杆、吊板和销轴等的连接应牢固,焊接应符合设计要求; 2 球形面垫铁间应涂粉状润滑剂; 3 吊杆紧固时应负荷分配均匀,水压前应进行吊杆受力复查。 5.4.9 锅炉连通管及附件安装应符合下列规定: 3 锅炉连通管道支吊架安装应符合下列要求: 1)安装前进行全面检查,应核对尺寸正确、零部件完好,无变形等缺陷。 2)设计为常温下工作的吊架吊杆不得从管道保温层内穿过。 3)管道支吊架的安装活动零件与其支撑件应接触良好,支吊架应能满足管道自由膨胀。 4)设计要求偏装的支吊架,应严格按照设计图纸的偏装量进行安装;设计未做明确要求的,应根据管系整体膨胀量进行偏装。 5)吊杆的调整应在水压前进行,最终调整后应按图纸要求锁定螺母;吊杆不允许施焊或引弧。 **2.《电力建设施工质量验收规程 第 2 部分:锅炉机组》DL/T 5210.2—2018** 6.3.15 吊挂装置安装 质量标准及检验方法见表 6.3.15。 **3.《电站锅炉压力容器检验规程》DL 647—2004** 5.10 锅炉整体超压水压试验前监检对受热面检查内容及质量要求: i)顶棚管吊攀……已按图纸要求安装齐全,无漏焊。	1. 查阅支吊架安装和质量验收记录 炉顶吊杆、管道支吊架安装和质量验收记录:符合厂家设计或标准要求 签字:施工、监理单位签字齐全

条款号	大纲条款	检查依据	检查要点
5.3.4	支座、吊挂系统调整结束，受力均匀	5.11 锅炉钢架、吊杆 a）炉顶大板梁支座连接情况应符合设计要求； h）炉顶吊杆、恒力吊架和弹簧吊架安装齐全正确，受力均匀，吊杆冷态预偏位置已调整好，符合设计要求；有蝶形弹簧的吊杆，弹簧压缩量应符合设计值，支座、垫板、销轴、开口销及螺帽制动措施等零件应齐全，螺栓至少应露出螺帽1牙~2牙螺纹。 5.12 锅炉范围内管道 h）支吊架安装数量和位置符合设计要求；吊架安装牢固、准确、受力均匀，弹簧无卡涩现象；滑动支座无杂物堵塞，不影响管道膨胀。 **4.《火力发电厂管道支吊架验收规程》DL/T 1113—2009** 9.1.9 支吊架的螺纹连接应符合 5.2.7 的要求。吊杆与花篮螺母连接时应留有余量，吊杆螺栓端头一般应至少高出花篮螺母孔内端面 15mm。支吊架的生根螺栓、吊杆连接螺栓和花篮螺母等连接件应在支吊架调整后锁紧螺母锁紧，不应采用点焊或破坏螺纹的方法锁定连接件	2. 查看支吊架安装调整 查看炉顶吊杆、管道支吊架安装和调整：符合厂家设计和标准规定 3. 查看吊杆螺栓和花篮螺母连接情况：符合规范规定
5.3.5	受热面密封焊接完毕，渗透试验合格，验收签证齐全	**1.《电力建设施工技术规范 第2部分：锅炉机组》DL 5190.2—2012** 4.5.5 焊接在受热面上的密封件应在受热面水压试验前安装和焊接完毕，焊缝应密封无渗漏。 5.3.8 水冷壁应按厂家图纸要求进行密封焊，并应检查焊缝是否有漏焊、错焊。循环流化床锅炉密相区或厂家技术文件有明确要求的部位密封焊应进行渗透检查。 5.6.4 CFB 锅炉炉膛密封应符合下列规定： 1 所有炉膛内侧的密封焊缝应按图纸要求全部打磨光滑； 2 炉膛密封焊接完毕后，正压燃烧区域应进行渗透检查。 5.8.2 施工质量验收应具备下列签证和记录： 15 受热面密封装置签证（指正压和微正压锅炉）。 **2.《电力建设施工质量验收规程 第2部分：锅炉机组》DL/T 5210.2—2018** 5.1.11 管式空预器焊缝渗油试验签证 质量标准及检验方法见表5.1.11。	1. 查阅水冷壁密封检查或循环流化床锅炉密相区渗油试验签证 签证：符合规范规定 签字：施工、监理单位签字齐全 2. 查看水冷壁、包覆管鳍片密封焊接 密封焊接：符合厂家设计或规范要求，无漏焊

条款号	大纲条款	检查依据	检查要点
5.3.5	受热面密封焊接完毕,渗透试验合格,验收签证齐全	6.3.8 炉墙密封焊接检查签证 质量标准及检验方法见表6.3.8。 **3.《电站锅炉压力容器检验规程》DL 647—2004** 5.10 锅炉整体超压水压试验前监检对受热面检查内容及质量要求: g)水冷壁、包覆管鳍片的安装焊缝应无裂纹、漏焊、气孔、未熔合和深度大于0.5mm的咬边; i)……炉顶密封铁件已按图纸要求安装齐全,无漏焊	
5.3.6	温度、压力测点在受热面上的安装完成,验收合格	**1.《循环流化床锅炉施工及质量验收规范》GB 50972—2014** 9.4.2 压力管道和设备上开孔应采用机械的方法,应防止金属屑粒掉入管内,开孔和焊接应在防腐和压力试验前进行。 **2.《电站锅炉压力容器检验规程》DL 647—2004** 5.7 锅炉整体超压水压试验前监检对现场条件和技术资料的要求: a)现场必须具备的条件; 5)受热面管子或承压部件上的所有焊接部件……热工测量元件均施焊结束,焊渣清除,外观检查合格	1. 查阅温度、压力测点安装记录 记录:符合厂家设计或标准要求 签字:施工、监理单位签字齐全 2. 查阅受热面温度测点、管道压力测点焊接和热处理 焊接和热处理记录:符合厂家设计或规范要求 3. 查看受热面及管道压力、温度测点 安装、焊接工作:已全部完成,符合厂家设计和规范要求

5.4 锅炉附属管道及附件的监督检查

条款号	大纲条款	检查依据	检查要点
5.4.1	附属管路布置合理,安装结束,验收合格	**1.《循环流化床锅炉施工及质量验收规范》GB 50972—2014** 9.1.1 锅炉排污、疏放水管道安装应符合下列规定: 1 管道在运行状态下应有不小于0.2%的坡度,并应能自由补偿及不阻碍汽包、启动分离器、联箱和管系的热膨胀;	1. 查阅附属管道和支吊架安装记录 安装记录:符合设计图纸及规范要求

续表

条款号	大纲条款	检查依据	检查要点
5.4.1	附属管路布置合理,安装结束,验收合格	2 不同压力等级的排污、疏放水管不应接入同一母管。 9.1.3 运行中可能形成闭路的疏放水管压力等级的选取应与所连接的管道相同。 **2.《电力建设施工技术规范 第 2 部分：锅炉机组》DL 5190.2—2012** 6.1.3 现场自行布置的管道和支吊架应符合下列要求： 1 管道布置宜有二次设计，走向合理短捷，疏水坡度规范，膨胀补偿满足管系膨胀要求； 2 支吊架应布置合理，安装牢固，应能保证管系膨胀自由、整齐美观； 3 阀门安装应注意介质流向； 4 阀门和传动装置的安装位置应便于操作和检修。 6.2.1 锅炉排污、疏放水等管道安装应符合下列要求： 1 管道在运行状态下应有不小于 0.2% 的坡度，能自由补偿且不妨碍汽包、联箱和管系的膨胀； 2 不同压力的排污、疏放水管不应接入同一母管。 6.2.2 锅炉定期排污管应在水冷壁联箱内部清理后进行连接。 6.2.3 运行中可能形成闭路的疏放水管压力等级的选取应与所连接的管道相同。 6.2.4 汽水取样管安装应有足够的热补偿，保持管束走向整齐。 6.2.5 排汽管安装时应留有膨胀间隙，支吊架应牢固稳定，排汽管的荷载不得作用在阀体或管道上。 6.2.6 减温水管道及阀门应布置合理、膨胀顺畅，喷嘴方向安装正确。 6.7.1 锅炉附属管道及附件安装应分阶段由施工单位、监理单位、建设单位进行质量验收。 6.7.2 施工质量验收应具备下列签证和记录： 3 附属管道安装记录，管道支吊架调整检查签证。 **3.《电力建设施工质量验收规程 第 2 部分：锅炉机组》DL/T 5210.2—2018** 6.6.1 锅炉附属管道安装质量标准及检验方法应符合表 6.6.1 规定。 6.14.1 锅炉吊挂装置受力检查标准及检验方法应符合表 6.14.1 规定。	签字：施工、监理单位签字齐全 2. 查看附属管道安装 管道走向、压力等级、膨胀补偿、疏水坡度等：符合厂家设计或标准要求

续表

条款号	大纲条款	检查依据	检查要点
5.4.1	附属管路布置合理,安装结束,验收合格	**4.《电站锅炉压力容器检验规程》DL 647—2004** 5.7 锅炉整体超压水压试验前监检的对现场条件和技术资料的要求。 　a)现场必须具备的条件: 　3)参加水压试验的管道和支吊架施工完毕,各空气、疏放水、取样、仪表、控制、加药、排污和减温水等管道已接到一次门	3.查看附属管道支吊架安装 支吊架布置、受力、膨胀:符合厂家设计或标准要求
5.4.2	参加水压试验的附件安装结束,校验合格	**1.《水管锅炉　第7部分:安全附件和仪表》GB/T 16507.7—2013** 5.5.2 安全阀应铅直安装在锅筒或集箱的最高位置,或者装在被保护设备液面以上气相空间的最高处。在安全阀和锅筒之间或者安全阀和集箱之间,不应装设有取用蒸汽或热水的管路和阀门。 **2.《电站锅炉安全阀技术规程》DL/T 959—2014** 7.1.2 安全阀应铅直安装,宜靠近被保护的系统应使其进口支管短而直。 **3.《电力建设施工技术规范　第2部分:锅炉机组》DL 5190.2—2012** 6.7.1 锅炉附属管道及附件安装应分阶段由施工单位、监理单位、建设单位进行质量验收。 6.7.2 施工质量验收应具备下列签证和记录: 　4 汽包水位计安装记录; 　5 安全阀安装记录。 **4.《电力建设施工质量验收规程　第2部分:锅炉机组》DL/T 5210.2—2018** 6.6.2 汽包就地水位计安装质量标准及检验方法应符合表6.6.2规定。 6.6.3 弹簧式安全装置安装质量标准及检验方法应符合表6.6.3规定。 6.6.4 压力表安装质量标准及检验方法应符合表6.6.4规定。 **5.《电站锅炉压力容器检验规程》DL 647—2004** 5.7 锅炉整体超压水压试验前监检的对现场条件和技术资料的要求。 　3)参加水压试验的管道和支吊架施工完毕,各空气、疏放水、取样、仪表、控制、加药、排污和减温水等管道已接到一次门; 　4)四大管道截止点阀门、附件或临时封堵装置安装完毕	1.查阅水压试验范围一次、二次阀门、安全阀和汽包水位计安装校验记录 安装校验记录:符合厂家设计或标准要求 签字:施工、监理单位签字齐全 2.查看水压试验附件安装 一次、二次阀门、安全阀、汽包水位计安装:符合厂家设计或规范规定

续表

条款号	大纲条款	检查依据	检查要点
5.4.3	水压试验系统隔离的封堵施工完成,验收合格	**1.《电力建设施工技术规范 第2部分:锅炉机组》DL 5190.2—2012** 5.7.2 超临界、超超临界锅炉主汽、再热蒸汽管道水压试验宜采用制造厂提供的水压堵阀或专用临时封堵装置。水压试验临时管路与堵头的强度须经计算校核,参照本部分附录K。 **2.《电站锅炉压力容器检验规程》DL 647—2004** 5.7 锅炉整体超压水压试验前监检对现场条件和技术资料的要求: a)现场必须具备的条件: 4)四大管道截止点阀门、附件或临时封堵装置安装; 6)水压试验用临时堵头和其他受压临时管道的强度计算书	1. 查阅水压试验方案 专项措施(作业指导书):相关内容符合厂家设计和规范要求 2. 查阅水压试验临时封堵装置强度计算书 水压试验临时管路与堵头的强度计算书:符合厂家设计和标准要求 编制、审核、批准签字:齐全 3. 查看水压试验临时封堵装置安装及焊接 临时封堵装置焊接和安装:符合厂家设计和标准要求
5.4.4	水压试验的临时系统和设备安装、调试完毕	**1.《电力建设施工技术规范 第2部分:锅炉机组》DL 5190.2—2012** 5.7.4 锅炉水压试验时的环境温度应在5℃以上,环境温度低于5℃时应有可靠的防冻措施。 5.7.5 水压试验的水质和进水温度应符合设备技术文件规定,无规定时,应按DL/T 889《电力基本建设热力设备化学监督导则》、DL 647《电站锅炉压力容器检验规程》和DL/T 612—2017《电力行业锅炉压力容器安全监督规程》有关规定执行。 5.7.6 水压试验时,锅炉上应安装不少于两块经过校验合格、精度不低于1.0级的弹簧管压力表,压力表的刻度极限值宜为试验压力的1.5倍~2.0倍。试验压力以汽包或过热器出口联箱处的压力表读数为准。再热器试验压力以再热器出口联箱处的压力表读数为准。	1. 查阅水压用水和药品检验报告 内容:符合厂家或标准要求 签章:齐全

条款号	大纲条款	检查依据	检查要点
5.4.4	水压试验的临时系统和设备安装、调试完毕	**2.《电站锅炉压力容器检验规程》DL 647—2004** 5.7　锅炉整体超压水压试验前监检对现场条件和技术资料的要求： a）现场必须具备的条件： 8）水压试验所需临时管道和临时支吊架安装结束。 9）水压试验用临时表计，化学除盐水、废水处理排放系统准备结束	2. 查看保证水压试验进水温度或环境温度低于 5℃时的加热防冻措施 保证条件：符合设备技术文件要求及规范规定
			3. 查看临时系统设备、表计、管道、支吊架和废水处理系统安装 设备、表计、管道、支吊架和废水处理排放系统安装：符合标准和环保要求
			4. 查阅锅炉水压试验方案和查看水压试验压力表安装位置：符合厂家设计要求或规范规定
			5. 查看水压系统图和升降压曲线图表牌 内容：符合厂家和规范要求 标识：醒目、清晰

条款号	大纲条款	检查依据	检查要点
5.5	**焊接及金属监督的监督检查**		
5.5.1	焊接工程项目一览表的项目内容齐全，焊接分项工程综合质量验收资料齐全	**1.《火力发电厂焊接技术规程》DL/T 869—2012** 3.3.2.2 同种钢焊接材料的选用应符合以下基本条件： 　　a）熔敷金属的化学成分、力学性能应与母材相当。 　　b）焊接工艺性能良好。 3.3.2.3 异种钢焊接材料的选用原则应符合 DL/T 752—2010，…… 5.4.7 推荐的常见耐热钢的焊后热处理的恒温温度及恒温时间见表4。 6.1.3 焊接接头质量分类检查的方法、范围及比例，按表5。 6.3.3 对下列部件的焊接接头的无损检测应执行如下具体规定： 　　a）厚度不大于 20mm 的汽、水管道采用超声波检测时，还应进行射线检测，其检测数量为超声波检测数量的 20%。 　　b）厚度大于 20mm 的管道和焊件，射线检测或超声波检测可任选其中一种。 　　c）需进行无损检测的角焊缝可采用磁粉检测或渗透检测。 **2.《焊接工艺评定规程》DL/T 868—2014** 4.1 施焊单位应具有与焊接工程相符的焊接工艺评定报告或焊接工艺可靠性评定报告 **3.《火力发电厂焊接热处理技术规程》DL/T 819—2010** 5.2.2 柔性陶瓷电阻加热、远红外辐射加热、电磁感应加热适用于对焊件进行预热、后热和焊后热处理。 6.2.2 预热方法及加热范围要求 　　a）当管子外径大于 219mm 或壁厚不小于 20mm 时，宜采用柔性陶瓷电阻加热、远红外辐射加热、电磁感应加热进行预热。 **4.《电力建设施工质量验收规程 第5部分：焊接》DL/T 5210.5—2018** 3.0.4 焊接工程质量验收范围划分应按下列规定执行：	1. 查阅焊接工程项目一览表 内容：项目、数量、方法符合规程要求 审批：编审批及报审手续齐全 2. 查阅部件焊接工艺指导书 内容：满足焊接工程需要，符合标准要求 审批：编审批及报审手续齐全 3. 查阅焊材保管、使用记录 保管：符合规程要求 领用：记录齐全，焊材牌号、规格、使用部位明确，有领用人、发放人签字 4. 查阅焊材光谱复查记录 结论：元素成分相符 审批：有试验人员、审核人员签字 签章：有金属试验单位盖章

续表

条款号	大纲条款	检查依据	检查要点
5.5.1	焊接工程项目一览表的项目内容齐全，焊接分项工程综合质量验收资料齐全	1 焊接工程质量验收应事先由施工单位根据所承担的工程范围，按本部分第 4 章的规定编制"焊接工程质量验收范围划分表"，经监理单位（或建设单位）审批执行。工程总承包或采用其他项目管理模式的工程项目，施工质量验收范围划分由施工单位编制、工程总包单位和监理单位审核，建设单位批准后执行。 3.0.8 焊接分项工程质量验收应符合下列规定： 　　1 参与质量验收的组织落实，各方人员到位； 　　2 该焊接分项工程焊接工序的全过程已经进行完毕，各类检测工作已完成，返修工作已完成，相关记录及报告完整、规范； 　　3 该分项工程的各检验批均已完成验收，相关质量争议已处理完毕，验收资料齐全； 　　4 对表面质量测量检查数据和内部质量检验结果有争议的，可对各项检查、检验项目进行抽查。抽查应委托具有相应资质的第三方机构进行，并应形成记录。 　　5 分项工程验收结束后，填写表 5.1.3"焊接分项工程质量验收表"，并由参与验收的各方签证	5. 查阅焊缝热处理温度曲线记录 　内容：工艺参数在控制范围内，温度曲线与工艺卡吻合，符合规范要求 　审批：有操作人员、审核人员签字 6. 查阅焊接分项工程综合质量验收记录 　项目：与验评项目划分表相符 　内容：符合验收及评价要求 　签字：有施工、监理单位签字
5.5.2	锅炉承重、承压焊口的外观质量与外观检查记录相符	**1.《现场设备、工业管道焊接工程施工质量验收》GB 50683—2011** 8.1.4 焊缝外观应成型良好，不应有电弧擦伤；焊道与焊道、焊道与母材之间应平滑过渡；焊渣和飞溅物应清除干净。 **2.《电力建设施工质量验收规程　第 5 部分：焊接》DL/T 5210.5—2018** 6 各类焊接工程质量验收 6.1.1 管子与管道焊接工程分类和质量检查、检验项目及抽查样本数量见表 6.1.1。 6.1.2 管子与管道焊接工程质量验收标准见表 6.1.2。 6.2.1 受压元件上焊接非受压元件焊接工程的分类和质量检查、检验项目及抽查样本数量见表 6.2.1。 6.2.2 受压元件上焊接非受压元件焊接工程质量验收标准见表 6.2.2。 6.3.1 钢结构焊接工程分类和质量检查、检验项目及抽查样本数量见表 6.3.1。	1. 现场实测焊缝外观质量 　实测：结果与质量验收评定表数据比较，应满足规范要求

条款号	大纲条款	检查依据	检查要点
5.5.2	锅炉承重、承压焊口的外观质量与外观检查记录相符	6.3.2　钢结构焊接工程质量验收标准及结构焊接焊脚尺寸检查标准见表 6.3.2 和表 6.3.3。 6.5.1　凝汽器管板焊接工程质量检查、检验项目及抽查样本数量见表 6.5.1。 6.5.2　凝汽器管板焊接质量验收标准表 6.5.2。 **3.《火力发电厂金属技术监督规程》DL/T 438—2016** 9.1.7　受热面安装前，应进行以下检验： 　　a）对受热面管屏、管排的平整度和部件外形尺寸进行 100%的检查，管排平整度和部件外形尺寸应符合图纸要求；吊卡结构、防磨装置、密封部件质量良好；螺旋管圈水冷壁悬吊装置与水冷壁管的连接焊缝应无漏焊、裂纹及咬边等超标缺陷；液态排渣炉水冷壁的销钉高度和密度应符合图纸要求，销钉焊缝无裂纹和咬边等超标缺陷。 　　c）对管屏表面质量检查。管子的表面质量应符合 GB 5310，对一些可疑缺陷，必要时进行表面探伤；焊缝与母材应平滑过渡，焊缝应无表面裂纹、夹渣、弧坑等超标缺陷。焊缝咬边深度不超过 0.5mm，两侧咬边总长度不超过管子周长的 20%，且不超过 40mm。 　　f）膜式水冷壁的鳍片焊缝质量控制按 JB/T 5255 和 GB/T 16507 执行，重点检查人孔门、喷燃器、三叉管等附近的手工焊缝，同时要检查鳍片管的扁钢熔深。 9.2.3　安装焊缝的外观质量、无损探伤、光谱检验、硬度和金相组织检验以及不合格焊缝的处理按 DL/T 869、DL/T 5210.2、DL/T 5210.7 中相关条款执行。 9.2.5　对 T23 钢制水冷壁定位块焊缝应进行 100% 宏观检查和 50%表面探伤。 **4.《火力发电厂焊接技术规程》DL/T 869—2012** 7.1　焊缝外观检查质量标准 7.1.1　焊缝边缘应圆滑过渡到母材，焊缝外形尺寸应符合设计要求，其允许尺寸见表 6。 7.1.2　焊接角变形应符合表 7 规定。 7.1.3　焊缝表露缺陷应符合表 8 的要求。 7.1.4　管子、管道的外壁错口值不应超过以下规定： a）锅炉受热面管子：外壁错口值不大于 10%δ，且不大于 1mm。 b）其他管道：外壁错口值不大于 10%δ，且不大于 4mm	2. 查看管口对接焊缝 外观：成型良好 　管子与鳍片的连接：焊缝咬边符合规范要求

条款号	大纲条款	检查依据	检查要点
5.5.3	焊接工程检验一览表的项目内容齐全,无损检测、理化检验报告齐全	**1.《火力发电厂焊接技术规程》DL/T 869—2012** 6.1.3　焊接接头质量分类检查的方法、范围及比例,按表5(焊接接头分类检验的范围、方法及比例)的规定执行。 6.3.3　对下列部件的焊接接头的无损检测应执行如下具体规定: 　　a)厚度不大于20mm的汽、水管道采用超声波检测时,还应进行射线检测,其检测数量为超声波检测数量的20%。 　　b)厚度大于20mm的管道和焊件,射线检测或超声波检测可任选其中一种。 　　c)需进行无损检测的角焊缝可采用磁粉检测或渗透检测。 7.2.5　各类焊接接头的质量级别规定见表9。 7.3.1　同种钢焊接接头热处理后焊缝的硬度,不超过母材布氏硬度值加100HBW,且不超过下列规定:合金总含量小于或等于3%,布氏硬度值不大于270HBW;合金总含量小于10%,且不小于3%,布氏硬度值不大于300HBW。 7.3.2　异种钢焊接接头焊缝硬度检验应根据DL/T 752的规定。 7.3.3　焊缝硬度不应低于母材硬度的90%。 7.4　焊缝金相组织标准 焊缝金相组织应满足DL/T 438的要求,并符合以下规定: 　　a)没有裂纹。 　　b)没有过热组织。 　　c)没有淬硬的马氏体组织。 **2.《火力发电厂异种钢焊接技术规程》DL/T 752—2010** 8.5　焊后热处理自动记录曲线出现异常或对焊后热处理质量有怀疑时,应进行硬度和金相检验,并符合下列规定:	1. 查阅焊接工程检验一览表 内容:检验项目、数量、比例、方法符合标准要求 审批:编审批及报审手续齐全 2. 查阅无损检测报告 数量:符合焊接工程检验一览表要求 结论:合格 审批:有试验、审核人员签字 3. 查阅金相检测报告 数量:满足规程要求 结论:金相组织符合标准要求 审批:有试验、审核人员签字 4. 查阅光谱检测报告 数量:满足标准和图纸要求 结论:元素成分符合设计要求 审批:有试验、审核人员签字

条款号	大纲条款	检查依据	检查要点
5.5.3	焊接工程检验一览表的项目内容齐全,无损检测、理化检验报告齐全	a）可采用里氏硬度计,按照 GB/T 17394 的规定检测硬度,换算的焊缝布氏硬度值不应超出接头两侧母材的实际布氏硬度平均值的 30% 或低于较低侧硬度值的 90%。对于不进行焊后热处理和采用奥式体型或镍基焊材的焊接接头,可不进行焊接硬度检验。 **3.《火力发电厂金属技术监督规程》DL/T 438—2016** 7 主蒸汽管道和再热蒸汽管道及导汽管的金属监督 7.3 9%～12%Cr 系列钢制管道、管件的检验监督 7.3.4 对于公称直径大于 150mm 或壁厚大于 20mm 的管道,100% 进行焊接接头硬度检验;其余规格管道的焊接接头按 5% 抽检;焊后热处理记录显示异常的焊接接头应进行硬度检验;焊缝硬度应控制在 185HB～270HB,热影响区的硬度应高于或等于 175HB。 7.3.5 硬度检验……表面粗糙度 R_a＜1.6μm;硬度检验部位包括焊缝和近缝区的母材,同一部位至少测量 5 点。 7.3.7 对于公称直径大于 150mm 或壁厚大于 20mm 的管道,按 20% 进行焊接接头的金相组织检验。焊缝组织中的δ-铁素体含量不超过 3%,最严重的视场不超过 10%;熔合区金相组织中的δ-铁素体含量不超过 10%,最严重的视场不超过 20%。 8 高温联箱的金属监督 8.1.4 ……对 9%～12%Cr 类钢制联箱安装焊缝的母材、焊缝的硬度和金相组织按照本标准 8.1.2 i）执行。 9 受热面管的金属监督 9.2.4 …… 9%～12%Cr 类钢焊缝的硬度控制在 185HB～290HB	5. 查阅硬度检测报告 数量:满足图纸要求 结论:硬度值符合标准要求 审批:有试验、审核人员签字

条款号	大纲条款	检查依据	检查要点
5.5.4	合金钢零部件材质复检符合制造厂图纸要求	**1.《火力发电厂金属技术监督规程》DL/T 438—2016** 5.6　电厂备用的锅炉合金钢管，按 100% 进行光谱、硬度检验，特别注意奥氏体耐热钢管的硬度检验。若发现硬度明显高或低，应检查金相组织是否正常，锅炉管和汽水管道材料的金相组织按 GB 5310 执行。 7.1.18　安装前，安装单位应对合金钢管、合金钢制管件（弯头/弯管、三通、异径管）100% 进行光谱检验，管段、管件分别按数量的 20% 和 10% 进行硬度和金相组织检验；每种规格至少抽查 1 个，硬度异常的管件应扩大检查比例且进行金相组织检验。 7.1.19　应对主蒸汽管道、再热热段蒸汽管道上的堵阀/堵板阀体、焊缝按 10% 进行无损探伤抽查。 8.1.2　集箱安装前，电力安装单位应按 DL 5190.2 进行相关检验，同时应由有资质的检测单位进行如下检验： b）对合金钢制高温集箱每个筒节、封头和每道焊缝进行光谱检验，每种规格的管接头按 20% 进行光谱抽查，但不应少于 1 个。 c）对高温集箱筒体、封头进行壁厚测量，每个筒体、封头至少测 2 个部位，特别注意环焊缝邻近区段的壁厚。对不同规格的管接头按 20% 测量壁厚，但不应少于 1 个。壁厚应满足设计要求，不应小于壁厚偏差所允许的最小值且不应小于制造商提供的最小需要厚度。 d）对集箱制造环焊缝按 10% 进行表面探伤和超声波检测；筒体壁厚小于 80mm 的管座角焊缝和手孔管座角焊缝按 30% 进行表面探伤复查，筒体壁厚大于或等于 80mm 的管座角焊缝和手孔管座角焊缝按 50% 进行表面探伤复查。一旦发现裂纹，应扩大检查比例，必要时对管座角焊缝进行超声波、涡流和磁记忆检测。环焊缝超声波探伤按 DL/T 820 执行，表面探伤按 NB/T 47013 执行，管座角焊缝超声波、涡流和磁记忆检测按 DL/T 1105.1～4 执行。	1. 查阅金属检测一览表，部件、检测项目、数量、比例是否齐全 2. 查阅检测工艺卡（作业指导书）是否有效 3. 查阅合金钢零部件材质光谱检测、硬度检测报告 数量：满足标准和图纸要求 结论：符合设计要求 审批：有试验、审核人员签字 4. 查看设备合金钢部件光谱、硬度复查标识：完整、清晰，符合设备技术文件及规范要求

条款号	大纲条款	检查依据	检查要点
5.5.4	合金钢零部件材质复检符合制造厂图纸要求	h）对合金钢制集箱，按筒体段数和制造焊缝的 20% 进行硬度检验，所查集箱的母材及焊缝至少各选 1 处；对集箱过渡段 100% 进行硬度检验。硬度检测方法按本标准 7.1.5 执行，若硬度低于或高于规定值，按本标准 7.1.6 执行。 i）用于制作集箱的 9%～12%Cr 钢管硬度应控制在 185HB～250HB，集箱的母材硬度应控制在 180HB～250HB，焊缝的硬度应控制在 185HB～270HB，热影响区的硬度应高于或等于 175HB，母材和焊缝的金相组织按照本标准的 7.3.2 b）和 7.3.7 执行。 9.1.7　受热面安装前，应进行以下检验： g）随机抽查受热面管子的外径和壁厚，不同材料牌号和不同规格的直段各抽查 10 根，每根测两点，管子壁厚不应小于制造商强度计算书中提供的最小需要厚度。 i）对合金钢管及焊缝按数量的 10% 进行光谱抽查。 j）抽查合金钢管及其焊缝硬度。不同规格、材料的管子各抽查 10 根，每根管子的焊缝母材各抽查 1 组。9%～12%Cr 钢制受热面管屏硬度控制在 180HB～250HB，焊缝的硬度控制在 185HB～290HB；硬度检验方法按本标准 7.1.5 执行。若母材、焊缝硬度高于或低于本标准规定，应扩大检查，必要时割管进行相关检验。其他钢制受热面管屏焊缝硬度按 DL/T 869 执行。 l）对管子（管屏）按不同受热面焊缝数量的 5/1000 进行无损探伤抽查。 10.1.3　锅筒、汽水分离器安装前，电力安装单位应按 DL 5190.2 进行相关检验。同时应由有资质的检测单位进行以下检验： b）对合金钢制锅筒、汽水分离器的每块钢板、每个管接头、锻件和每道焊缝进行光谱检验。 c）对锅筒、汽水分离器筒体、封头进行壁厚测量，每节筒体、封头至少测 2 个部位。对不同规格的管接头按 30% 测量壁厚，每种规格不少于 1 个，每个至少测 2 个部位。筒体、封头和管接头壁厚应满足设计要求，不应小于壁厚偏差所允许的最小值且不应小于制造商提供的最小需要厚度。	

条款号	大纲条款	检查依据	检查要点
5.5.4	合金钢零部件材质复检符合制造厂图纸要求	d）锅筒纵、环焊缝和集中下降管管座角焊缝分别按 25%、10% 和 50% 进行表面探伤和超声波探伤，检验中应包括纵、环焊缝的"T"形接头；分散下降管、给水管、饱和蒸汽引出管等管座角焊缝按 10% 进行表面探伤；安全阀及向空排汽阀管座角焊缝进行 100% 表面探伤。抽检焊缝的选取应参考制造商的焊缝探伤结果。焊缝无损探伤按照 NB/T 47013 执行。 e）汽水分离器封头环焊缝按 10% 进行表面探伤和超声波探伤，接管座角焊缝按 20% 进行表面探伤。焊缝无损探伤按照 NB/T 47013 执行。 f）对锅筒、汽水分离器纵向、环向焊接接头 100% 进行硬度检查，每条焊缝至少测 2 个部位；焊接接头硬度检查按本标准 7.1.5 执行，若焊接接头硬度低于或高于规定值，按 DL/T 869 的规定处理，同时进行金相组织检验。 **2.《电力建设施工技术规范 第 2 部分：锅炉机组》DL 5190.2—2012** 4.1.3 锅炉钢构架和有关金属结构在安装前，应根据供货清单、装箱单和图纸清点数量，对主要部件还需做下列检查： 4）用光谱逐件分析复查合金钢（不包括 Q345 等低合金钢）零部件。 5.1.4 合金钢材质的部件应符合设备技术文件的要求；组合安装前必须进行材质复查，并在明显部位做出标识；安装结束后应核对标识，标识不清时应重新复查。 6.1.2 合金钢管子、管件、管道附件及阀门在使用前应逐件进行光谱复查，并做出材质标记	
5.6 验收及缺陷处理的监督检查			
5.6.1	水压前相关检验批和分项工程验收资料齐全	**1.《电站锅炉压力容器检验规程》DL 647—2004** 5.7 锅炉整体超压水压试验前监检对现场条件和技术资料的要求： d）应具备锅炉安装单位提供的以下技术资料，内容应符合国家、行业现行标准： 1）锅炉钢结构制造质量证明文件，安装记录及三级验收签证书；钢结构高强度螺栓质保书及抽检报告；钢结构焊接质量技术记录及钢结构的定期沉降观测记录。	1. 查阅锅炉钢结构安装记录及质量验收文件 内容：符合设备技术文件和规范要求 签章：施工、监理、建设单位签章齐全

条款号	大纲条款	检查依据	检查要点
5.6.1	水压前相关检验批和分项工程验收资料齐全	2）锅炉受热面组合、安装和找正记录及验收签证；受热面及联箱的清理、通球记录及验收签证；缺陷处理记录；受压部件的设计变更通知单；材质证明书及复验报告。 3）有关锅炉安装的设计变更通知单、设备修改通知单、材料代用通知单及设计单位证明。 4）安装焊接工艺评定报告，热处理报告，焊接和热处理作业指导书。 5）现场组合、安装焊缝的检验资料。 6）水压试验用临时堵头和其他受压临时管道的强度计算书。	2. 查阅钢结构的定期沉降观测记录 　内容：观测记录符合设备技术文件和规范要求 　签章：观测单位签章齐全 3. 查阅锅炉受热面安装记录及质量验收文件 　内容：符合设备技术文件和规范要求 　签章：施工、监理、建设单位签章齐全 4. 查阅参加水压试验的主要管道及支吊架安装调整记录 　内容：符合设备技术文件和规范要求 　签章：施工、监理、建设单位签章齐全 5. 查阅参加水压试验的受压部件的设计变更通知单 　内容：材质证明书及复验报告 　变更：符合设备技术文件和技术要求

条款号	大纲条款	检查依据	检查要点
5.6.1	水压前相关检验批和分项工程验收资料齐全	7）所有参加水压试验的主要管道及支吊架安装记录。 8）安装部门配制承压元件的设计、施工、检验资料。 9）水压试验作业指导书，应有试验范围、试验压力、升降压过程控制曲线、组织体系、冲洗要求、水质标准、水温控制、临时加固、安全措施、压力表校验、防腐措施及排废处理措施等内容	签章：施工、监理、设计、厂家和建设单位签章齐全 材质证明文件和复检报告：完整、有效
5.6.2	设备缺陷记录及处理验收记录齐全	**1.《电力建设施工技术规范　第 2 部分：锅炉机组》DL 5190.2—2012** 3.1.7　锅炉机组在安装前应按本部分对设备进行复查，如发现制造缺陷应提交建设单位、监理单位与制造单位研究处理并签证。 **2.《电力建设施工质量验收规程　第 2 部分：锅炉机组》DL/T 5210.2—2018** 3.0.11　因设计或设备制造原因造成的质量问题，应由设计或设备制造单位负责。当委托施工单位现场处理，也无法使个别非主控项目完全满足标准要求时，经建设单位会同设计单位、制造厂、监理单位和施工单位共同书面确认签字后，可不影响质量验收。经让步处理的项目不再进行二次验收，但应在"质量检验结果"栏内注明，书面报告应附在该验收表后。 5.1.6　设备缺陷通知单应按表 5.1.6 填写相关内容。 5.1.7　设备缺陷处理验收单应按表 5.1.7 填写相关内容。 **3.《电站锅炉压力容器检验规程》DL 647—2004** 5.7　锅炉整体超压水压试验前监检对现场条件和技术资料的要求： d）应具备锅炉安装单位提供的以下技术资料，内容应符合国家、行业现行标准： 2）……缺陷处理记录:受压部件的设计变更通知单；材质证明书及复验报告	1. 查阅设备缺陷处理通知单 内容：设备缺陷名称、位置、数量、缺陷程度描述清晰 签字：有施工、监理、厂家、建设单位单位确认签字 2. 查阅设备缺陷处理意见记录 内容：厂家或设计单位有明确处理意见 设备缺陷处理：按照厂家或设计单位处理意见处理并验收合格 签字：经监理单位确认，各方签字验收 3. 查阅让步处理记录 内容：经建设单位会同设计单位、制造厂、监理单位和施工单位共同书面确认签字形成书面报告 处理结果：在"质量检验结果"栏内注明

条款号	大纲条款	检查依据	检查要点
6 质量监督检测			
6.0.1	开展现场质量监督检查时，应重点对下列项目的检测试验报告进行查验，必要时可进行验证性抽样检测。对检验指标或结论有怀疑时，必须进行检测	在开展质量监督检查过程中，首先根据工程建设标准强制性条文涉及的内容，进行抽查核验；其次将按照国家、行业标准、规程、规范的规定内容抽查验证本阶段的检测试验项目要求；最后结合专业技术、质量内容要求实施监督检测	1. 查验有关检测试验项目中报告依据、检测试验参数、数据结果等内容的符合性
			2. 对于重点项目、主要工序、关键部位的检测试验项目要进行验证性抽样检测试验活动
			3. 查验过程中，对于检测试验报告中的指标、数据结果、结论有怀疑，需要对该报告的检测试验项目进行检测试验活动
（1）	焊口无损检测	**1.《火力发电厂焊接技术规程》DL/T 869—2012** 6.1.3 焊接接头质量分类检查的方法、范围及比例按表5规定执行。 6.3 焊接接头无损检测 6.3.3 对下列部件的焊接接头的无损检测应执行如下具体规定： 　　a）厚度不大于20mm的汽、水管道采用超声波检测时，还应进行射线检测，其检测数量为超声波检测数量的20%。 　　b）厚度大于20mm的管道和焊件，射线检测或超声波检测可任选其中一种。 　　c）需进行无损检测的角焊缝可采用磁粉检测或渗透检测。	1. 查验抽测机组金属检测试验统计一览表 焊接无损检测项目：符合 DL/T 869 要求 焊接无损检测方法：符合 DL/T 869 要求 焊接无损检测比例：符合 DL/T 869 要求

条款号	大纲条款	检查依据	检查要点
（1）	焊口无损检测	7.2.1　钢制承压管子或管道检测标准为：DL/T 821 和 DL/T 820 B 级。 7.2.2　钢结构检测标准为：GB/T 3323 和 GB/T 11345 B 级。 7.2.3　压力容器检测标准为：JB/T 4730。 7.2.4　采用磁粉检测和渗透检测方法时，执行 JB/T 4730 标准。 F.3　质量控制的特殊要求 F.3.1　对焊接接头进行超声波检测时，应按照 DL/T 820 制作同种材质的对比试块。 **2.《金属熔化焊对接接头射线检测技术和质量分级》DL/T 821—2017** 4.5.1　底片黑度 4.5.1.1　底片评定范围内的黑度 D 应满足下列规定： 　　a）A 级：$1.5 \leqslant D \leqslant 4.5$。 　　b）AB 级：$2.0 \leqslant D \leqslant 4.5$。 　　c）B 级：$2.3 \leqslant D \leqslant 4.5$。 4.5.2　影像灰度 4.5.2.1　A 级、AB 级影像的灰度值应控制在满量程的 20%～80%；B 级影像的灰度值应控制在满量程的 40%～80%。 4.5.3　灵敏度 4.5.3.1　底片或影像上显示的像质计指数应满足 5.2.1.5 的要求。 4.5.3.2　在黑度均匀的有效评定范围内 Ⅰ 型像质计应至少能识别 2 根金属丝，Ⅱ 型像质计金属丝清晰可见。 4.5.3.3　双线型像质计可识别率测量应按附录 A 的规定进行。 4.5.4　其他要求 4.5.4.1　底片有效评定范围内不应存在干扰缺陷影像识别的水迹、划痕、显影条纹、折痕、指纹、压痕等伪缺陷影像。	2. 查验抽测金属专业施工组织设计 　检测项目：符合 DL/T 869 要求 　合格级别：符合验收规范要求 3. 查验抽测射线检测报告 　检测数量：符合金属检测统计一览表，与委托单的对应 　检测比例：符合 DL/T 869 的要求 　评定结果：符合 Ⅱ 级质量的要求 4. 查验抽测焊口射线底片成像质量及评定 　底片质量：符合 DL/T 821 的要求 　评定质量：符合 DL/T 821 的要求 　返修焊口：符合 DL/T 869 的要求 5. 查验抽测（拍摄）受热面焊口焊接内部质量 　水冷壁焊口：符合 Ⅱ 级质量的要求 　过热器焊口：符合 Ⅱ 级质量的要求 　再热器焊口：符合 Ⅱ 级质量的要求

续表

条款号	大纲条款	检查依据	检查要点
（1）	焊口无损检测	4.5.4.2 底片上不应出现验证背散射屏蔽效果标记"B"黑度低于周围背景黑度的影像。 4.5.4.3 数字影像评定区域内不应有系统感应产生的干扰或掩盖缺陷的影像。 4.5.4.4 数字影像信噪比应满足表5和表6归一化信噪比的最低要求。数字影像归一化信噪比的计算方法参见附录C。 **3.《管道焊接接头超声波检测技术规程》DL/T 820—2002** 5.3.5.2 不同检验等级、管壁厚度的距离-波幅曲线各线灵敏度见表4。 5.4.4 反射回波的分析 　对波幅超过评定线（EL线）的反射回波[或波幅虽然未超过评定线（EL线），但有一定长度范围的来自焊接接头被检区域的反射回波]，应根据探头位置、方向、反射波的位置及焊接接头的具体情况，参照附录F进行分析，判断其是否为缺陷。判断为缺陷的部位均应在焊接接头表面做出标记。 5.5.4 返修焊接接头 　不合格的焊接接头应予以返修，返修部位及返修时受影响的区域，均应按原检验条件进行复验，复检部位的缺陷也应按5.5.3进行评定	省煤器焊口：符合Ⅱ级质量的要求 6. 查验抽测超声检测报告 检测比例：符合DL/T 869的要求 检测条件：符合DL/T 820的要求 评定结果：符合Ⅰ级质量的要求 7. 查验抽测焊口超声检测内部质量及缺陷评定 大径管焊口：符合DL/T 820中表4的要求 小径管焊口：符合DL/T 820的要求 缺陷评定：符合DL/T 820的要求 返修焊口：符合DL/T 869的质量要求 8. 查验抽测焊口超声检测质量 小径管焊口：符合DL/T 820的要求 大径管焊口：符合Ⅰ级质量的要求

续表

条款号	大纲条款	检查依据	检查要点
（2）	合金钢材料及焊口的光谱、硬度检测（合金材料的光谱分析部分）	**1.《电力建设施工技术规范 第 2 部分：锅炉机组》DL 5190.2—2012** 5.1.4 合金钢材质的部件应符合设备技术文件的要求；组合安装前必须进行材质复查，并在明显部位做出标识；安装结束后应核对标识，标识不清时应重新复查。 6.1.2 合金钢管子、管件、管道附件及阀门在使用前应逐件进行光谱复查，并做出材质标记。 **2.《电力建设施工技术规范 第 5 部分：管道及系统》DL 5190.5—2012** 4.1.4 合金管道、管件、管道附件及阀门在使用前，应逐件进行光谱复查，并做材质标记。 **3.《火力发电厂金属技术监督规程》DL/T 438—2016** 5.4 凡是受监范围的合金钢材料及部件，在制造、安装或检修中更换时，应验证其材料牌号，防止错用。安装前应进行光谱检验，确认材料无误，方可使用。 7 主蒸汽管道和再热蒸汽管道及导汽管的金属监督 7.1.18 安装前，安装单位应对合金钢管、合金钢制管件（弯头/弯管、三通、异径管）100% 进行光谱检验，……	1. 查验抽测金属检测专业施工组织设计 光谱检测项目：符合 DL 5190.2 的要求 光谱检测方法：符合 DL/T 991 的要求 光谱检测比例：符合 DL 5190.2 的要求 2. 查验抽测光谱检验作业指导书 光谱检测方法：符合 DL/T 991 的要求 光谱检测时机：符合 DL/T 438 的要求 光谱检测项目：符合 DL 5190.2 的要求 3. 查验抽测光谱分析委托单 委托项目：符合 DL 5190.2 的要求 委托数量：符合 DL 5190.5 的要求

条款号	大纲条款	检查依据	检查要点
（2）	合金钢材料及焊口的光谱、硬度检测（合金材料的光谱分析部分）	8 高温联箱的金属监督 8.1.2 …… b）对合金钢制高温集箱每个筒节、封头和每道焊缝进行光谱检验，每种规格的管接头按20%进行光谱抽查，但不应少于1个。	4. 查验抽测光谱检测报告 检测数量：符合 DL 5190.2 的要求 检测结论：符合设计要求
		9 受热面管的金属监督 9.1.7 …… i）对合金钢管及焊缝按数量的10%进行光谱抽查	5. 查验抽测合金部件光谱分析质量 合金元素成分：符合设计要求
（2）	合金钢材料及焊口的光谱、硬度检测（焊口的光谱分析部分）	**1.《火力发电厂焊接技术规程》DL/T 869—2012** 6.4 焊缝金属光谱分析 6.4.1 耐热钢部件焊后应对焊缝金属按照 DL/T991 进行光谱分析复检，复检比例如下： a）受热面管子的焊缝不少于 10%，若发现材质不符，则应对该批焊缝进行 100%复查。 b）其他管子及管道的 I 类焊缝 100%。	1. 查验抽测金属检测专业施工组织设计 光谱检测项目：符合 DL/T 869 的要求 光谱检测方法：符合 DL/T 991 的要求 光谱检测比例：符合 DL/T 869 的要求 2. 查验抽测光谱检验作业指导书 光谱检测方法：符合 DL/T 991 的要求 光谱检测时机：符合 DL/T 438 的要求 光谱检测项目：符合 DL/T 869 的要求

条款号	大纲条款	检查依据	检查要点
（2）	合金钢材料及焊口的光谱、硬度检测（焊口的光谱分析部分）	6.4.2 高合金部件焊缝金属进行光谱分析后应磨去弧光灼烧点。 6.4.3 经光谱分析确认材质不符的焊缝应判定为不合格焊缝	3. 查验抽测光谱分析委托单 委托项目：符合 DL/T 869 的要求 委托数量：符合 DL/T 869 的要求 4. 查验抽测光谱检测报告 检测数量：符合 DL 5190.2 的要求 检测结论：符合焊接材料要求 5. 查验抽测合金焊缝光谱分析质量 合金元素成分：符合焊接材料要求
（2）	合金钢材料及焊口的光谱、硬度检测（焊接接头硬度部分）	1.《火力发电厂焊接技术规程》DL/T 869—2012 7.3.1 同种钢焊接接头热处理后焊缝的硬度，不超过母材布氏硬度值加 100HBW，且不超过下列规定：合金总含量小于或等于 3%，布氏硬度值不大于 270HBW；合金总含量小于 10%，且不小于 3%，布氏硬度值不大于 300HBW。 7.3.2 异种钢焊接接头焊缝硬度检验应根据 DL/T 752 的规定。 7.3.3 焊缝硬度不应低于母材硬度的 90%。 2.《火力发电厂异种钢焊接技术规程》DL/T 752—2010 8.5 焊后热处理自动记录曲线出现异常或对焊后热处理质量有怀疑时，应进行硬度和金相检验，并符合下列规定： 　　a）可采用里氏硬度计，按照 GB/T 17394 的规定检测硬度，换算的焊缝布氏硬度值不应超出接头两侧母材的实际布氏硬度平均值的 30% 或低于较低侧硬度值的 90%。对于不进行焊后热处理和采用奥式体型或镍基焊材的焊接接头，可不进行焊接硬度检验。	1. 查验抽测金属检测专业施工组织设计 硬度检测项目：符合 DL/T 869 的要求 硬度检测方法：符合 GB/T 17394 的要求 硬度检测比例：符合 DL/T 869 的要求 2. 查验抽测硬度作业指导书 硬度检测方法：符合 GB/T 17394 的要求

续表

条款号	大纲条款	检查依据	检查要点
（2）	合金钢材料及焊口的光谱、硬度检测（焊接接头硬度部分）	**3.《火力发电厂金属技术监督规程》DL/T 438—2016** 7 主蒸汽管道和再热蒸汽管道及导汽管的金属监督 7.3 9%～12%Cr 系列钢制管道、管件的检验监督 7.3.4 对于公称直径大于 150mm 或壁厚大于 20mm 的管道，100%进行焊接接头硬度检验；其余规格管道的焊接接头按 5%抽检；焊后热处理记录显示异常的焊接接头应进行硬度检验；焊缝硬度应控制在 185HB～270HB，热影响区的硬度应高于或等于 175HB。 8 高温联箱的金属监督 8.1.4 安装焊缝的外观、光谱、硬度、金相和无损探伤的比例、质量要求由安装单位按 DL/T 5210.2、DL/T 5210.5 和 DL/T 869 中的规定执行。对 9%～12%Cr 类钢制联箱安装焊缝的母材、焊缝的硬度和金相组织按照本标准 8.1.2 i）执行。 9 受热面管的金属监督 9.2.4 ……9%～12%Cr 类钢焊缝的硬度控制在 185HB～290HB	硬度检测时机：符合 DL/T 869 的要求 硬度检测项目：符合 DL/T 869 的要求 3. 查验抽测委托单 委托项目：符合 DL/T 869 的要求 委托数量：符合 DL/T 869 的要求 抽查比例：符合 DL/T 869 的要求 4. 查验抽测焊接接头硬度检测报告 检测数量：符合 DL/T 869 的要求 硬度值：符合 DL/T 869 的要求 5. 查验抽测合金焊缝硬度检测质量 焊缝硬度：符合 DL/T 869 的要求
（2）	合金钢材料及焊口的光谱、硬度检测（焊接接头金相部分）	**1.《火力发电厂焊接技术规程》DL/T 869—2012** 6.5 焊接接头硬度检验和金相检验 6.5.3 当合同或设计文件规定或验证需要时，应按照 DL/T 884 的规定进行焊接接头的现场微观金相检验。金相照片应显示比例标尺，放大倍数宜选用 200 倍～400 倍。 7.4 焊缝金相组织标准 焊缝金相组织应满足 DL/T 438 的要求，并符合以下规定：	1. 查验抽测金属检测专业施工组织设计 金相检测项目：符合 DL/T 869 的要求 金相检测方法：符合 DL/T 884 的要求

条款号	大纲条款	检查依据	检查要点
（2）	合金钢材料及焊口的光谱、硬度检测（焊接接头金相部分）	a）没有裂纹。 b）没有过热组织。 c）没有淬硬的马氏体组织。 F.3 质量控制的特殊要求 　F.3.2 焊缝金相微观组织应为回火马氏体/回火索氏体。 　F.3.4 焊缝金相组织中δ-铁素体的含量允许范围参照 DL/T 438 规定。 **2.《火力发电厂异种钢焊接技术规程》DL/T 752—2010** 8.5 焊后热处理自动记录曲线出现异常或对焊后热处理质量有怀疑时，应进行硬度和金相检验。 **3.《火力发电厂金属技术监督规程》DL/T 438—2016** 7 主蒸汽管道和再热蒸汽管道及导汽管的金属监督 　7.1.18 安装前，安装单位应对合金钢管、合金钢制管件（弯头/弯管、三通、异径管）100%进行光谱检验，……硬度异常的管件应扩大检查比例且进行金相组织检验。 　7.3.7 ……焊缝组织中的δ-铁素体含量不超过 10%，最严重视场中不超过 10%；熔合区金相组织中的δ-铁素体含量不超过 10%，最严重视场中不超过 20%。	金相检测比例：符合 DL/T 869 的要求 2. 查验抽测金相检验作业指导书 金相检测方法：符合 DL/T 884 的要求 金相检测项目：符合 DL/T 869 的要求 金相检测范围：符合 DL/T 438 的要求 3. 查阅委托单 委托项目：符合 DL/T 869 的要求 委托数量：符合 DL/T 869 的要求 抽查范围：符合 DL/T 438 的要求 4. 查验抽测金相检验报告 检测数量：符合 DL/T 869 的要求

条款号	大纲条款	检查依据	检查要点
（2）	合金钢材料及焊口的光谱、硬度检测（焊接接头金相部分）	8 高温联箱的金属监督 8.1.4 安装焊缝的外观……金相和无损探伤的比例、质量要求由安装单位按 DL/T 5210.2、DL/T 5210.5 和 DL/T 869 中的规定执行。对 9%～12%Cr 类钢制联箱安装焊缝的母材、焊缝的硬度和金相组织按照本标准 8.1.2 i）执行	检测结论：符合 DL/T 869 的要求 照片放大倍数：符合 DL/T 884 的要求 5. 查验抽测金相检测质量 金相组织：符合 DL/T 869 的要求

第 6 部分

汽轮机扣盖前监督检查

条款号	大纲条款	检查依据	检查要点
4　责任主体质量行为的监督检查			
4.1　建设单位质量行为的监督检查			
4.1.1	完成扣盖前的检查签证	**1.《电力建设施工技术规范　第3部分：汽轮发电机组》DL 5190.3—2012** 4.9.3　汽轮机扣大盖前应完成下列各项工作并符合要求，且安装记录、签证应齐全： 　1　垫铁调整结束，地脚螺栓坚固； 　2　台板纵横滑销、汽缸立销和猫爪横销调整结束并记录； 　3　内缸猫爪、纵横滑销和轴向定位销间隙调整结束并记录； 　4　汽缸水平结合面间隙符合要求； 　5　各汽轮机转子轴颈椭圆度和不柱度、对轮晃度及瓢偏、推力盘瓢偏、转子弯曲度符合要求并记录； 　6　汽缸水平扬度、凝汽器与汽缸连接前、后的转子扬度记录； 　7　汽缸已经按照制造厂要求进行负荷分配并记录； 　8　汽轮机转子在汽封及油挡洼窝处的中心位置、转子轴系中心符合制造厂要求； 　9　隔板中心调整结束并记录； 　10　转子与汽缸已经相对定位，定位位置已做标记，数值已做记录； 　11　汽封及通流部分间隙符合制造厂要求并做记录； 　12　汽轮机转子在合实缸的情况下，已进行轴向间隙推拉检查、测量及定位，且应符合制造厂设计要求并做记录； 　13　法兰加热装置渗漏试验符合要求并做记录； 　14　汽缸内全部合金钢部件已做光谱复查并符合要求； 　15　高温坚固件已做硬度及光谱复查符合制造厂要求并做记录； 　16　对汽缸几何尺寸、轴系中心、通流间隙、轴封间隙有影响的热力管道已完成连接； 　17　汽缸、管段、蒸汽室内部已彻底清理，管口、仪表插座和堵头已封闭； 　18　汽缸内部的疏水口畅通，热工元件安装结束。	查阅汽轮机扣盖前检查签证表 结论：合格 签字：相关单位责任人已签字

续表

条款号	大纲条款	检查依据	检查要点
4.1.1	完成扣盖前的检查签证	**2.《电力建设施工质量验收规程 第3部分：汽轮发电机组》DL/T 5210.3—2018** 表6.3.7 汽轮机扣盖前检查签证单	
4.1.2	工程采用的专业标准清单已审批	**1.《关于实施电力建设项目法人责任制的规定（试行）》电力工业部电建〔1997〕79号** 第十八条 公司应遵守国家有关电力建设和生产的法律和法规，自觉执行电力行业颁布的法规和标准、定额等，…… **2.《火电工程项目质量管理规程》DL/T 1144—2012** 5.3.3 建设单位在工程开工前应组织相关单位编制下列质量文件： c）工程执行法律法规和标准清单。 **3.《火电工程达标投产验收规程》DL 5277—2012** 表4.7.1 工程综合管理与档案检查验收表	查阅法律法规和标准规范清单目录 签字：责任人已签字 盖章：单位已盖章
4.1.3	按规定组织施工图会检，按合同约定组织设备制造厂进行技术交底并指导安装、处理设备缺陷	**1.《火电工程项目质量管理规程》DL/T 1144—2012** 8.7.1 在安装、调试、设备代保管期间发现的设备缺陷，建设单位应组织监理、安装、调试、运行及设备供应商确认设备缺陷性质、分析缺陷原因、明确责任单位。 8.7.2 设备缺陷应由设备采购单位组织供应商编制处理方案，组织监理、建设单位会审、批准后处理。 8.7.3 设备缺陷处理完成后，由设备供应商报监理、建设单位验收。 9.3.1 工程具备开工条件后，由建设单位按照国家规定办理开工手续。工程开工应满足下列条件： h）……，图纸已会检；…… 9.3.2 单位工程开工应满足下列条件，并应由建设单位和监理单位进行核查。 d）开工所需施工图已齐全，并已会检和交底，……	1. 查阅施工图会检记录 签字：施工、设计、监理、建设单位责任人已签字 日期：汽轮机设备安装前 2. 查阅汽轮机设备安装技术交底记录 交底单位：设备制造厂 签字：交底人及被交底人已签字 日期：汽轮机设备安装前

条款号	大纲条款	检查依据	检查要点
4.1.3	按规定组织施工图会检，按合同约定组织设备制造厂进行技术交底并指导安装、处理设备缺陷	**2.《电力建设施工技术规范 第3部分：汽轮发电机组》DL 5190.3—2012** 3.2.1 汽轮发电机组安装前期，由监理组织土建专业、安装专业进行图纸会检，明确施工界面及质量责任。 3.3.2 工程技术人员和施工人员应理解并熟悉制造厂图纸、施工图纸及有关技术文件，施工前应进行技术交底。 3.2.8 设备在安装前，如发现有损坏或质量缺陷，应及时通知有关单位共同检查确认，并进行处理。 **3.《火力发电建设工程启动试运及验收规程》DL/T 5437—2009** 3.2.3.7 设备供货商的主要职责 1 按供货合同提供现场技术服务和指导，保证设备性能。 5 负责处理设备供货商应负责解决的问题，消除设备缺陷，协助处理非责任性的设备问题及零部件的订货。 条文说明 3.2.1.1 …… 5 主要设备供货商一般是指锅炉、汽轮机（燃机）、发电机设备供货商。 **4.《发电厂汽轮机、水轮机技术监督导则》DL/T 1055—2007** 8.11 制造商应根据设备情况和签订的合同，提出必要的现场设备安装指导和服务计划，并按计划在安装中负责安装指导工作	3. 查阅设备缺陷台账 内容：设备缺陷已消缺闭环
4.1.4	对汽轮机设备组织了设备监造，并提供了设备监造报告	**1.《火电工程项目质量管理规程》DL/T 1144—2012** 8:3.2 设备采购单位应加强对设备制造过程的监管，并应委托有资质的监理单位实施设备制造过程中的质量验证工作，对设备质量进行监理，…… **2.《火电工程达标投产验收规程》DL 5277—2012** 表4.7.1 工程综合管理与档案检查验收表	查阅汽轮机设备监造报告 签字：责任人已签字 盖章：已盖章

条款号	大纲条款	检查依据	检查要点
4.1.4	对汽轮机设备组织了设备监造，并提供了设备监造报告	**3.《电力设备监造技术导则》DL/T 586—2008** 5.1.1 委托人自主选择具有良好业绩和相应资质、能力的监理单位实施监造工作。 6.1.1 委托人应与监理单位签订设备监造服务合同。…… 6.2.1 设备监造服务合同签订后，委托人应及时向制造单位发出书面监造通知，制造单位应该按照通知要求接受监造。 6.3.1 委托人、监理单位及制造单位应共同签署设备监造协议。 6.4 监造资料整理 　　设备监造工作结束后……，负责该设备的监理工程师应及时汇总整理监造工作的有关资料、记录等文件，并编写设备监造工作总结（一般30天以内）报设备监理单位，设备监理单位提交给委托人。 **4.《发电厂汽轮机、水轮机技术监督导则》DL/T 1055—2007** 7.5 监造过程中，监造单位应定期出具书面报告，结束后，及时提供出厂验收报告和监造总结。在监造总结中，应对设备质量和性能做出评价	
4.1.5	以下主要技术文件、资料已收集齐全		
（1）	汽轮机总装报告	**1.《电力建设施工技术规范　第3部分：汽轮发电机组》DL 5190.3—2012** 3.3.1 设备安装应根据下列技术文件进行： 1 本部分3.2.1所列的制造厂图纸和技术文件： 备注：3.2.1 设备开箱时检查下列技术文件： 　　2 设备的安装、运行、维护说明书和相关技术文件； 　　3 设备出厂质量证明文件、检验试验记录及缺陷处理记录	查阅汽轮机设备制造厂提供的文件 汽轮机总装报告：已收集

条款号	大纲条款	检查依据	检查要点
（2）	设备出厂质检报告及质保书	**1.《火电工程项目质量管理规程》DL/T 1144—2012** 3.1.2 设备开箱时应检查下列技术文件： 　　3 设备出厂质量证明文件、检验试验记录及缺陷处理记录； 　　5 主要零部件材料的材质性能证明文件	查阅汽轮机设备制造厂提供的文件 设备出厂质检报告及质保书：已收集
（3）	重要部件出厂材质检验及探伤报告	**1.《火电工程项目质量管理规程》DL/T 1144—2012** 3.1.2 设备开箱时应检查下列技术文件： 　　5 主要零部件材料的材质性能证明文件。 **2.《火力发电厂金属技术监督规程》DL/T 438—2016** 12.1.1 对汽轮机转子大轴、叶轮、叶片、喷嘴、隔板和隔板套等部件，出厂前应进行以下资料审查： 　　a）制造商提供的部件质量证明书，质量证明书中有关技术指标应符合现行国家标准、国内外行业技术标准（若无国家标准、国内外行业技术标准，可按企业标准）和合同规定的技术条件；对进口锻件，除应符合有关国家的技术标准和合同规定的技术条件外，还应有商检合格证明单。 　　b）转子大轴、轮盘及叶轮见证的技术内容包括： 　　1）部件图纸。 　　2）材料牌号。 　　3）部件制造商。 　　4）大轴、轮盘及叶轮、叶片坯料的冶炼、锻造及热处理工艺。 　　5）化学成分。 　　6）力学性能：拉伸、硬度、冲击、脆性形貌转变温度FATT50（若标准中规定）或FATT20。 　　7）金相组织、晶粒度。 　　8）残余应力。 　　9）无损探伤结果。 　　10）几何尺寸。	查阅重要部件出厂材质检验及探伤报告 文本：已收集

续表

条款号	大纲条款	检查依据	检查要点
（3）	重要部件出厂材质检验及探伤报告	11）转子热稳定性试验结果。 c）叶轮、喷嘴、隔板和隔板套等部件的技术指标部件质量证明书可增减	
（4）	转子出厂超速试验及高速动平衡报告	**1.《电站汽轮机技术条件》DL/T 892—2004** 7.4.1 完工后的转子应在制造厂内做动平衡。 7.4.3 每台汽轮机转子都应进行一次超速试验，试验最好在制造厂进行	查阅汽轮机设备制造厂提供的文件 转子出厂超速试验和高速动平衡报告：已收集
（5）	汽轮机基础沉降观测资料	**1.《中华人民共和国测绘法》中华人民共和国主席令〔2002〕第 75 号** 第二十二条 …… 从事测绘活动的单位应当……依法取得相应等级的测绘资质证书后，方可从事测绘活动。 第二十五条 从事测绘活动的专业技术人员应当具备相应的执业资格条件，…… 第二十六条 测绘人员进行测绘活动时，应当持有测绘作业证件。 **2.《电力建设施工技术规范 第 3 部分：汽轮发电机组》DL 5190.3—2012** 3.2.3 汽轮发电机组设备基础交付安装应具备下列技术文件： 4 沉降观测记录； 4.2.2 本体基础沉降观测应在以下阶段进行： 1 基础养护期满后，应首次测定并作为原始数据； 2 汽轮机汽缸、发电机定子就位前、后； 3 汽轮机和发电机二次灌浆前； 4 整套试运前、后。 4.2.3 湿陷性黄土地质结构可增加沉降量次数。	查阅汽轮机基础沉降观测资料 内容：包括测量单位资质、测量人员资格证书、测量仪器台账、测量仪器检定证书、沉降观测测量方案及报审、基准点分布图、沉降观测点位分布图、沉降观测成果表、沉降观测过程曲线、沉降观测技术报告

条款号	大纲条款	检查依据	检查要点
（5）	汽轮机基础沉降观测资料	4.11.1　汽轮机本体安装完毕质量验收时，应提交下列施工技术记录： 　　2　基础沉降观测记录。 4.11.3　汽轮机组本体安装完毕，质量验收时，应提交下列检验检测报告： 　　1　机组本体基础沉降报告。 **3.《电力工程施工测量技术规范》DL/T 5445—2010** 5.3.4　施工测量方案应经审核批准，并报业主或建设单位、监理单位认可备案。 7.1.5　高程成果的取值，二等应精确至 0.1mm，…… 11.1.2　变形测量的级别、精度要求，应符合表 11.1.2 规定。 11.1.3　变形测量开始作业前，应……，进行变形测量方案设计。 11.1.4　变形测量应建立变形监测网。监测网点，可分为基准点、工作基点和变形观测点。其布设应满足下列要求： 　　1　基准点，……每个工程至少应有 3 个基准点。…… 11.1.8　每期观测前，应对使用的仪器和设备进行检校，并做记录。 11.7.2　建（构）筑物沉降观测点，应按设计图纸布设，并家符合下列规定： 　　6　汽轮机、锅炉基础各框架柱及平台上表面 11.7.4　沉降观测的观测时间、频率及周期应按下列要求并结合实际情况确定： 　　1　施工期间的沉降观测，应随施工进度具体情况及时进行，具体应符合下列规定： 　　2）整个施工期观测次数原则上不少于 6 次。……；对于主厂房（汽轮机、锅炉）……，一般按施工到不同高度平台或架荷载前后各观测一次；…… 　　4　建筑沉降是否进入稳定阶段，应由沉降量与时间关系曲线判定。当最后 100 天的沉降速率小于 0.01mm/天～0.04mm/天时可认为已进入稳定阶段。…… 11.7.7　每次观测应记载观测时间、施工进度、荷载量变化等影响沉降变化的情况内容。 11.7.8　沉降观测结束后，应根据工程需要提交有关成果资料： 　　1　工程平面位置图及基准点分布图	

条款号	大纲条款	检查依据	检查要点
（5）	汽轮机基础沉降观测资料	2 沉降观测点位分布图 3 沉降观测成果表 4 沉降观测过程曲线 5 沉降观测技术报告	
4.1.6	组织工程建设标准强制性条文实施情况的检查	**1.《中华人民共和国标准化法实施条例》中华人民共和国国务院令〔1990〕第 53 号** 第二十三条 从事科研、生产、经营的单位和个人，必须严格执行强制性标准。 **2.《实施工程建设强制性标准监督规定》中华人民共和国建设部令〔2000〕第 81 号** 第二条 在中华人民共和国境内从事新建、扩建、改建等工程建设活动，必须执行工程建设强制性标准。 第六条 ……工程质量监督机构应当对工程建设施工、监理、验收等阶段执行强制性标准的情况实施监督 **3.《火电工程项目质量管理规程》DL/T 1144—2012** 4.5 火电工程项目应认真执行国家和行业相关技术标准，严格执行工程建设标准中的强制性条文…… 5.3.3 建设单位在工程开工前应组织相关单位编制下列质量管理文件： d）工程建设强制性条文实施规划。 9.2.2 施工单位在工程开工前，应编制质量管理文件，经监理、建设单位会审、批准后实施，质量管理文件应包括： d）工程建设强制性条文实施细则	查阅强制性条文实施情况检查记录 内容：与强制性条文实施计划相符 签字：检查人员已签字
4.1.7	无任意压缩合同约定工期的行为	**1.《建设工程质量管理条例》中华人民共和国国务院令第 279 号** 第十条 建设工程发包单位……，不得任意压缩合理工期。	查阅施工进度计划、合同工期和调整工期的相关文件 内容：有压缩工期的行为时，应有设计、监理、施工和建设单位认可的书面文件

续表

条款号	大纲条款	检查依据	检查要点
4.1.7	无任意压缩合同约定工期的行为	**2.《电力建设工程施工安全监督管理办法》中华人民共和国国家发展和改革委员会令〔2015〕第28号** 第十一条　建设单位应当执行定额工期，不得压缩合同约定的工期。如工期确需调整，应当对安全影响进行论证和评估。论证和评估应当提出相应的施工组织措施和安全保障措施。 **3.《建设工程项目管理规范》GB/T 50326—2017** 9.1.2　项目进度管理应遵循下列程序： 1. 编制进度计划； 2. 进度计划交底，落实管理责任 3. 实施进度计划； 4. 进行进度控制和变更管理。 **4.《火电工程项目质量管理规程》DL/T 1144—2012** 5.3.5　建设单位应合理地控制工程项目建设周期。典型新建、扩建机组推荐的合理工期可参照附录 A 中表 A.1。 5.3.6　火电工程项目的工期应按合同约定执行。当需要调整时，建设单位应组织设计、监理、施工单位对影响工期的资源、环境、安全等确认其可行性。任何单位和个人不得违反客观规律，任意压缩合同约定工期，并接受建设行政主管部门的监督	
4.1.8	采用的新技术、新工艺、新流程、新装备、新材料已审批	**1.《中华人民共和国建筑法》中华人民共和国主席令〔2011〕第46号** 第四条　国家扶持建筑业的发展，支持建筑科学技术研究，提高房屋建筑设计水平，鼓励节约能源和保护环境，提倡采用先进技术、先进设备、先进工艺、新型建筑材料和现代管理方式。 **2.《建设工程质量管理条例》中华人民共和国国务院令第279号** 第六条　国家鼓励采用先进的科学技术和管理方法，提高建设工程质量。	查阅新技术、新工艺、新流程、新装备、新材料论证文件 意见：同意采用等肯定性意见 盖章：相关单位已盖章

续表

条款号	大纲条款	检查依据	检查要点
4.1.8	采用的新技术、新工艺、新流程、新装备、新材料已审批	**3.《实施工程建设强制性标准监督规定》中华人民共和国建设部令〔2000〕第 81 号** 　　第五条　建设工程勘察、设计文件中规定采用的新技术、新材料，可能影响建设工程质量和安全，又没有国家技术标准的，应当由国家认可的检测机构进行试验、论证，出具检测报告，并经国务院有关主管部门或省、自治区、直辖市人民政府有关主管部门组织的建设工程技术专家委员会审定后，方可使用。 **4.《火电工程项目质量管理规程》DL/T 1144—2012** 　　4.7　火电工程项目应采用新设备、新技术、新工艺、新材料（以下简称"四新"技术)，…… 　　9.2.2　施工单位在工程开工前，应编制质量管理文件，经监理、建设单位会审、批准后实施，质量管理文件应包括： 　　e）"四新"技术实施计划和工法编制计划。 　　9.3.7　施工过程质量控制应符合下列规定： 　　f）采用新材料、新工艺、新技术、新设备，并进行相应的策划和控制。 　　9.3.9　当首次应用"四新"技术，且技术要求高、作业程度复杂、设计单位和施工单位未有同类型设计和施工经验时，建设单位应组织设计、监理、施工单位进行专题研究确认，必要时，可组织专家评审。 **5.《电力建设施工技术规范　第 1 部分：土建结构工程》DL 5190.1—2012** 　　3.0.4　采用新技术、新工艺、新材料、新设备时，应经过技术鉴定或具有允许使用的证明。施工前应编制单独的施工措施及操作规程	
4.2　设计单位质量行为的监督检查			
4.2.1	设计图纸交付进度能保证连续施工	**1.《火电工程项目质量管理规程》DL/T 1144—2012** 　　6.1.6　勘察、设计单位应按火力发电厂施工流程，制订施工图供图计划…… 　　6.2.3　设计单位应依据合同和现场要求控制设计进度计划，满足由建设单位组织的在基础施工前、结构施工前、设备安装前三个阶段监督检查中对设计图纸及其设备资料的需求。	1.查阅设计单位编制的施工图供图计划、交付协议及图纸交付记录 　交图进度：与施工进度计划相协调，能满足连续三个月施工的需要

续表

条款号	大纲条款	检查依据	检查要点
4.2.1	设计图纸交付进度能保证连续施工	9.3.1　工程具备开工条件后，由建设单位按照国家规定办理开工手续。工程开工应满足下列条件： h）已确定施工图交付计划并签订交付协议，图纸已会检；主体工程的施工图至少可满足连续三个月施工的需要……	2. 查阅汽轮机、发电机设备制造厂编制的安装图供图计划及图纸交付记录 交图进度：与施工进度计划相协调，能满足连续三个月施工的需要
4.2.2	按规定进行设计交底及图纸会检	**1.《建设工程质量管理条例》中华人民共和国国务院令第 279 号** 第二十三条　设计单位应当就审查合格的施工图设计文件向施工单位做出详细说明。 **2.《火电工程项目质量管理规程》DL/T 1144—2012** 6.1.7　勘察、设计单位应按合同约定履行下列职责： d）施工图交底，参加施工图审查、会检。 6.3.6　工地服务。 a）施工图完成交付后，应及时进行技术交底并形成记录	1. 查阅施工图交底会议纪要 审核签字：建设单位、监理单位、施工单位及设计单位责任人已签字 2. 查阅图纸会检记录 签字：设计、施工、监理、建设单位责任人已签字
4.2.3	设计更改、技术洽商等文件完整、手续齐全	**1.《火电工程项目质量管理规程》DL/T 1144—2012** 6.3.5　设计更改的管理应符合下列规定： a）设计更改应符合可研或初设审核的要求。 b）因设计原因引起的设计更改，应经监理单位审核并经建设单位批准后实施。 c）非设计原因引起的设计更改，应得到设计单位的确认，并由设计单位出具设计更改。 d）所有的设计更改凡涉及已经审批确定的设计原则、方案重大设计变化，或增减投资超过50 万元时，应由设计单位分管领导审批，报工程设计的原主审单位批准确认，并经建设单位认可后实施	查阅设计变更通知单、工程联系单和技术洽商记录 编制签字：设计单位各级责任人已签字 审核签字：建设单位、监理单位责任人已签字

续表

条款号	大纲条款	检查依据	检查要点
4.2.4	工程建设标准强制性条文落实到位	**1.《建设工程质量管理条例》中华人民共和国国务院令第 279 号** 第十九条 勘察、设计单位必须按照工程建设强制性标准进行勘察、设计，并对其勘察、设计的质量负责。 **2.《建设工程勘察设计管理条例》中华人民共和国国务院令第 293 号** 第五条 ……建设工程勘察、设计单位必须依法进行建设工程勘察、设计，严格执行工程建设强制性标准，并对建设工程勘察、设计的质量负责。 **3.《实施工程建设强制性标准监督规定》中华人民共和国建设部令〔2000〕第 81 号** 第二条 在中华人民共和国境内从事新建、扩建、改建等工程建设活动，必须执行工程建设强制性标准。 **4.《火电工程项目质量管理规程》DL/T 1144—2012** 6.2.2 设计单位在工程开工前应编制下列管理文件，报设计监理、建设单位会审、批准： 　　b）设计强制性条文实施计划	查阅强制性条文实施计划（含强制性条文清单）和本阶段执行记录 计划审批：监理和建设单位审批人已签字 记录内容：与实施计划相符 记录审核：监理单位审核人已签字
4.2.5	设计代表工作到位、处理设计问题及时	**1.《火电工程项目质量管理规程》DL/T 1144—2012** 6.3.1 人员资格应符合下列规定： 　　c）工地代表组长宜由本工程设计总工程师担任，若由其他同资格的人担任，应取得建设单位的同意；工地代表应能独立处理专业技术问题，宜由本工程主要设计人或主要卷册负责人担任。 6.3.6 工地服务。 在施工、调试阶段，勘察、设计单位应任命工地代表组长及各专业工地代表，将名单主送建设单位，抄送监理和各施工单位。工地代表应深入现场，了解施工是否与设计要求相符，协助施工单位解决出现的具体技术问题，做好技术服务工作。重点还应做好： 　　a）施工图完成交付后，应及时进行技术交底并形成记录。 　　b）工地代表组长应参加施工或试运行重大技术方案的研究与讨论。 　　c）工地代表应按 DL/T 5210 及时参加建筑、安装工程中分部、单位（子单位）工程的验收。	1. 查阅设计单位对工代的任命书 内容：包括设计修改、变更、材料代用等签发人资格 2. 查阅设计服务报告 内容：包括现场施工与设计要求相符情况和工代协助施工单位解决具体技术问题的情况

续表

条款号	大纲条款	检查依据	检查要点
4.2.5	设计代表工作到位、处理设计问题及时	**2.《电力勘测设计驻工地代表制度》DLGJ 159.8—2001** 2.0.1 工代的工地现场服务是电力工程设计的阶段之一，为了有效地贯彻勘测设计意图，实施设计单位通过工代为施工、安装、调试、投运提供及时周到的服务，促进工程顺利竣工投产，特制定本制度。 2.0.2 工代的任务是解释设计意图，解释施工图纸中的技术问题，收集包括设计本身在内的施工、设备材料等方面的质量信息，加强设计与施工、生产之间的配合，共同确保工程建设质量和工期，以及国家和行业标准的贯彻执行。 2.0.3 工代是设计单位派驻工地配合施工的全权代表，应能在现场积极地履行工代职责，使工程实现设计预期要求和投资效益。 **3.《火电工程达标投产验收规程》DL 5277—2012** 表 4.7 工程综合管理和档案检查验收表 10）明确设计修改、变更、材料代用等签发人资格，向建设单位、监理单位备案，并书面告知施工、调试单位。 11）现场设计代表服务到位，定期向建设单位提供设计服务报告	3. 查阅设计变更通知单和工程联系单 签发时间：在现场问题要求解决时间前
4.3 监理单位质量行为的监督检查			
4.3.1	项目监理部专业监理人员配备合理，资格证书与承担任务相符	**1.《中华人民共和国建筑法》中华人民共和国主席令〔2011〕第 46 号** 第十四条 从事建筑活动的专业技术人员，应当依法取得相应的职业资格证书，并在执业资格证书许可的范围内从事建筑活动。 **2.《建设工程质量管理条例》中华人民共和国国务院令第 279 号** 第三十七条 工程监理单位应当选派具备相应资格的总监理工程师和监理工程师进驻施工现场。……	1. 查阅工程监理规划 人员数量及专业：已明确 2. 查阅监理人员名单 专业与数量：与工程阶段和监理规划相符

条款号	大纲条款	检查依据	检查要点
4.3.1	项目监理部专业监理人员配备合理，资格证书与承担任务相符	**3.《建设工程监理规范》GB/T 50319—2013** 3.1.2 项目监理机构的监理人员应由总监理工程师、专业监理工程师和监理员组成，且专业配套、数量应满足建设工程监理工作需要，必要时可设总监理工程师代表。 3.1.3 ……应及时将项目监理机构的组织形式、人员构成及对总监理工程师的任命书面通知建设单位。 **4.《建设工程项目管理规范》GB/T 50326—2017** 2.0.4 项目管理机构：根据组织授权，直接实施项目管理的单位。可以是项目管理公司、项目部、工程监理部等。 4.1.7 项目管理机构负责人应按相关约定在岗履职，对项目实行全过程及全面管理。 **5.《电力建设工程监理规范》DL/T 5434—2009** 5.1.3 项目监理机构由总监理工程师、专业监理工程师和监理员组成，且专业配套、数量满足工程项目监理工作的需要，必要时可设总监理工程师代表和副总监理工程师	3. 查阅各级监理人员的岗位资格证书 发证单位：符合要求 有效期：当前有效
4.3.2	完成相关施工的质量验收及隐蔽工程签证	**1.《建设工程质量管理条例》中华人民共和国国务院令第279号** 第三十七条 …… 未经监理工程师签字，……，施工单位不得进行下一道工序的施工。未经总监理工程师签字，建设单位不拨付工程款，不进行竣工验收。 **2.《建设工程监理规范》GB/T 50319—2013** 5.2.14 项目监理机构应对施工单位报验的隐蔽工程、检验批、分项工程和分部工程进行验收，对验收合格的应给予签认，对验收不合格的应拒绝签认，同时应要求施工单位在指定的时间内整改并重新报验。 **3.《火电工程项目质量管理规程》DL/T 1144—2012** 7.5.6 监理单位应在施工验收阶段实施下列质量管理工作：	1. 查阅汽轮机施工分项、分部、单位工程质量验收表 项目：与质量验收范围划分表内容相符

条款号	大纲条款	检查依据	检查要点
4.3.2	完成相关施工的质量验收及隐蔽工程签证	a）审核工程项目检验批、分项工程质量的符合性。 b）监查特殊过程施工质量，批准进行下一道施工工序。 c）组织分部、单位工程验收，…… d）审核施工单位编制的单位工程竣工资料，…… **4.《电力建设工程监理规范》DL/T 5434—2009** 9.1.10　对承包单位报送的隐蔽工程报验申请表和自检记录，专业监理工程师应进行现场检查，符合要求予以签认后，承包单位方可隐蔽并进行下一道工序的施工。 　　对未经监理人员验收或验收不合格的工序，监理人员应拒绝签认，并严禁承包单位进行下一道工序的施工。 　　验收申请表应符合表 A.14 的格式。 9.1.11　专业监理工程师应对承包单位报送的分项工程质量报验资料进行审核，符合要求予以签认；总监理工程师应组织专业监理工程师对承包单位报送的分部工程和单位工程质量验评资料进行审核和现场检查，符合要求予以签认。 **5.《电力建设施工质量验收规程　第 3 部分：汽轮发电机组》DL/T 5210.3—2018** 3.0.3　汽轮发电机组安装施工验收应符合下列规定： 6　隐蔽工程应在隐蔽前由施工单位自检合格后通知监理及有关单位进行见证验收，并完成验收记录及签证	结论：合格 签字：施工单位、监理单位责任人已签字 2. 查阅汽轮机隐蔽工程签证 项目：与质量验收范围划分表内容相符 结论：合格 签字：相关责任人已签字
4.3.3	已按规程规定，对施工现场质量管理进行检查	**1.《建设工程监理规范》GB/T 50319—2013** 5.1.8　总监理工程师应组织专业监理工程师审查施工单位报送的开工报审表及相关资料；…… 5.1.10　分包工程开工前，项目监理机构应审核施工单位报送的分包单位资格报审表，专业监理工程师提出审查意见后，应由总监理工程师审核签认。 5.2.1　工程开工前，项目监理机构应审查施工单位现场的质量管理组织机构、管理制度及专职管理人员和特种作业人员的资格。	查阅施工现场质量管理检查记录 内容：符合规程规定 结论：有肯定性结论 签字：监理总监、专业监理工程师已签字

条款号	大纲条款	检查依据	检查要点
4.3.3	已按规程规定,对施工现场质量管理进行检查	**2.《火电工程项目质量管理规程》DL/T 1144—2012** 7.1.9 监理单位应监查各参建单位落实质量责任。 7.5.4 审查单位工程开工条件,报建设单位同意后,下达单位工程开工令。 7.5.5 工程项目施工中应实施下列质量管理工作: 　b)通过审核文件、现场巡视、旁站、测量、见证取样、平行检验及验收等方式,监查施工过程,…… **3.《电力建设施工质量验收规程　第3部分:汽轮发电机组》DL/T 5210.3—2018** 5.0.1 单位工程施工质量验收应对单位工程施工质量管理情况进行检查,检查记录应符合表5.0.1的规定。 **4.《电力建设工程监理规范》DL/T 5434—2009** 8.0.3 工程项目开工前,总监理工程师应组织审核承包单位现场项目部的质量管理体系、职业健康安全与环境管理体系,满足要求时予以确认	
4.3.4	组织编制施工质量验收项目划分表,对设定的工程质量控制点,进行了旁站监理	**1.《建设工程质量管理条例》中华人民共和国国务院令第279号** 第三十八条 监理工程师应当按照工程监理规范的要求,采取旁站、巡视和平行检验等形式,对建设工程实施监理。 **2.《建设工程监理规范》GB/T 50319—2013** 5.2.11 项目监理机构应……确定旁站的关键部位;关键工序,安排监理人员进行旁站,并应及时记录旁站情况。 **3.《火电工程项目质量管理规程》DL/T 1144—2012** 7.2.2 监理单位在工程开工前,应编制下列监理管理文件: 　g)关键工序、隐蔽工程和旁站监理的清单及措施。 7.5.3 审核确认下列主要质量管理文件: 　b)施工质量验收范围划分表	1. 查阅施工质量验收范围划分表及报审表 划分表内容:符合规程规定且已明确了质量控制点 报审表签字:监理总监、监理工程师及建设单位技术负责人已签字

条款号	大纲条款	检查依据	检查要点
4.3.4	组织编制施工质量验收项目划分表,对设定的工程质量控制点,进行了旁站监理	**4.《电力建设施工质量验收规程 第3部分:汽轮发电机组》DL/T 5210.3—2018** 3.0.2 汽轮发电机组施工质量验收范围划分应符合下列规定: 1 施工质量的检查、验收应由施工单位(总承包单位)根据所承担的工程范围,按本规程第 4 章的规定编制施工质量验收范围划分表,报监理单位进行审核,经建设单位签字、盖章批准后执行。采取其他项目管理模式的工程项目,施工质量验收范围中验收单位栏可根据实际情况调整验收单位,设计单位与设备制造单位参加质量验收的项目可由建设单位根据实际情况进行调整。 **5.《电力建设工程监理规范》DL/T 5434—2009** 9.1.2 项目监理机构应审查承包单位编制的质量计划和工程质量验收及评定项目划分表,提出监理意见,报建设单位批准后监督实施。 质量验收及评定项目划分报审表应符合表 A.11 的格式。 9.1.9 项目监理机构应安排监理人员对施工过程进行巡视和检查,对工程项目的关键部位、关键工序的施工过程进行旁站监理。 表 B.5 旁站监理记录表	2. 查阅旁站计划和旁站记录 旁站计划质量控制点:符合质量验收范围划分表要求 旁站记录:完整 签字:施工单位技术人员、监理旁站人员已签字
4.3.5	专业施工组织设计已审查,特殊施工技术措施已审批	**1.《建设工程监理规范》GB/T 50319—2013** 5.1.6 项目监理机构应审查施工单位报审的施工组织设计,符合要求时,应由总监理工程师签认后报建设单位。项目监理机构应要求施工单位按已批准的施工组织设计组织施工。施工组织设计需要调整时,项目监理机构应按程序重新审查。 5.2.2 总监理工程师应组织专业监理工程师审查施工单位报审的施工方案,符合要求应后予以签认。 5.5.3 项目监理机构应审查施工单位报审的专项施工方案,符合要求的,应由总监理工程师签认后报建设单位。……	1. 施工组织设计编审批:参建单位相关人员已签字 报审表审核意见:同意实施 报审表签字:监理副总监以上、监理工程师及建设单位专工已签字

条款号	大纲条款	检查依据	检查要点
4.3.5	专业施工组织设计已审查，特殊施工技术措施已审批	**2.《电力建设工程监理规范》DL/T 5434—2009** 8.0.4 工程开工前，总监理工程师应组织专业监理工程师审查承包单位报送的施工组织设计，提出审查意见，并经总监理工程师审核、签认后报建设单位。 　施工组织设计报审表应符合表 A.3 的格式。 9.1.3 专业监理工程师应要求承包单位报送重点部位、关键工序的施工工艺方案和工程质量保证措施，审核同意后签认。 　方案报审表应符合表 A.4 的格式	2. 查阅特殊施工技术措施报审表 审核意见：专家意见已在技术措施中落实，同意实施 审核签字：监理总监、监理工程师及建设单位专工已签字
4.3.6	组织或参加设备、材料的到货检查验收	**1.《建设工程质量管理条例》中华人民共和国国务院令第 279 号** 第三十七条 …… 　未经监理工程师签字，建筑材料、建筑构配件和设备不得在工程上使用或者安装，施工单位不得进行下一道工序的施工。…… **2.《建设工程监理规范》GB/T 50319—2013** 5.2.9 项目监理机构应审查施工单位报送的用于工程的材料、构配件、设备的质量证明文件，并应按有关规定、建设工程监理合同约定，对用于工程的材料进行见证取样，平行检验。 　项目监理机构对已进场经检验不合格的工程材料、构配件、设备，应要求施工单位限期将其撤出施工现场。 **3.《火电工程项目质量管理规程》DL/T 1144—2012** 7.5.5 工程项目施工中应实施下列质量管理工作： 　a）参加设备开箱检验、工程主要材料的检验和见证取样，严格控制不合格的设备和材料在工程中使用。 **4.《电力建设工程监理规范》DL/T 5434—2009** 9.1.6 项目监理机构应审核承包单位报送的主要工程材料、半成品、构配件生产厂商的资质，符合后予以签认。 　工程材料/构配件/设备报审表应符合表 A.12 的格式。	1. 查阅工程材料/设备/构配件报审表 审查意见：同意使用 质量证明文件：齐全完整 2. 查阅见证取样单 取样项目：符合规范规定 取样比例或数量：符合要求 签字：施工单位材料员、监理单位见证取样员已签字 3. 开箱检验记录 结论：合格/不合格退场

条款号	大纲条款	检查依据	检查要点
4.3.6	组织或参加设备、材料的到货检查验收	9.1.7 项目监理机构应对承包单位报送的拟进场工程材料、半成品和构配件的质量证明文件进行审核，并按有关规定进行抽样验收。对有复试要求的，经监理人员现场见证取样后送检，复试报告应报送项目监理机构查验。 9.1.8 项目监理机构应参与主要设备开箱验收，对开箱验收中发现的设备质量缺陷，督促相关单位处理	
4.3.7	设备、施工质量问题及处理台账完整，记录齐全	**1.《建设工程监理规范》GB/T 50319—2013** 5.2.15 项目监理机构发现施工存在质量问题……，应及时签发监理通知单，要求施工单位整改。整改完毕后，项目监理机构应根据施工单位报送的监理通知回复对整改情况进行复查，提出复查意见。 **2.《火力发电建设工程机组调试质量验收及评价规程》DL/T 5295—2013** 2.0.12 对设计或设备制造原因造成的质量问题的处理，……，建设单位应会同设计单位（或制造单位）、监理单位、调试单位（或施工单位）共同书面签字确认。 **3.《电力建设工程监理规范》DL/T 5434—2009** 9.1.8 项目监理机构应参与主要设备开箱验收，对开箱验收中发现的设备质量缺陷，督促相关单位处理。 9.1.12 对施工过程中出现的质量缺陷，专业监理工程师应及时下达书面通知，要求承包单位整改，并检查确认整改结果。 9.1.15 专业监理工程师应……，并根据承包单位报送的消缺报验申请表和自检记录进行检查验收	查阅质量问题及处理记录台账 记录要素：质量问题、发现时间、责任单位、整改要求、闭环文件、完成时间 检查内容：完整
4.3.8	工程建设标准强制性条文检查到位	**1.《建设工程安全生产管理条例》中华人民共和国国务院令〔2004〕第 393 号** 第十四条 工程监理单位应当审查施工组织设计中的安全技术措施或者专项施工方案是否符合工程建设强制性标准。	查阅分部工程强制性条文执行情况检查表 内容：符合强条计划要求 签字：施工单位技术人员、监理工程师已签字

条款号	大纲条款	检查依据	检查要点
4.3.8	工程建设标准强制性条文检查到位	**2.《实施工程建设强制性标准监督规定》中华人民共和国建设部令〔2000〕第 81 号** 第二条　在中华人民共和国境内从事新建、扩建、改建等工程建设活动，必须执行工程建设强制性标准。 **3.《火电工程项目质量管理规程》DL/T 1144—2012** 7.5　施工调试监理 7.5.3　审核确认下列主要质量管理文件： 　c）工程建设强制性条文实施计划。 **4.《电力建设工程监理规范》DL/T 5434—2009** 9.4.3　项目监理机构应审查承包单位提交的施工组织设计中的安全技术方案或下列危险性较大的分部分项工程施工方案是否符合工程建设强制性标准	
4.4　施工单位质量行为的监督检查			
4.4.1	项目部组织机构健全，专业人员配置合理	**1.《中华人民共和国建筑法》中华人民共和国主席令〔2011〕第 46 号** 第十四条　从事建筑活动的专业技术人员，应当依法取得相应的执业资格证书，并在执业资格证书许可的范围内从事建筑活动。 **2.《建设工程质量管理条例》中华人民共和国国务院令第 279 号** 第二十六条　施工单位对建设工程的施工质量负责。 　施工单位应当建立质量责任制，确定工程项目的项目经理、技术负责人和施工管理负责人。…… **3.《建设工程项目管理规范》GB/T 50326—2017** 4.3.4　建立项目管理机构应遵循下列规定： 　1 结构应符合组织制度和项目实施要求；	查阅项目部成立文件，组织机构及管理体系。 专业人员配置包括：项目经理、项目总工程师、施工管理负责人、专业技术负责人、专业技术员、施工员、质量员、安全员、资料员等

条款号	大纲条款	检查依据	检查要点
4.4.1	项目部组织机构健全，专业人员配置合理	2 应有明确的管理目标、运行程序和责任制度； 3 机构成员应满足项目管理要求及具备相应资格； 4 组织分工应相对稳定并可根据项目实施变化进行调整； 5 应确定机构人员的职责、权限、利益和需承担的风险。 **4.《火电工程项目质量管理规程》DL/T 1144—2012** 9.2.1 施工单位应设置独立的质量管理机构，并应符合下列规定： a）配备满足工程需要的专职质量管理人员。 9.3.2 单位工程开工应满足下列条件，并应由建设单位和监理单位进行核查。 e）开工所需的施工人员及机械已到位。 g）特种作业人员的资格证和上岗证已经监理确认。 9.3.4 施工单位的人员资格应符合下列规定： a）项目经理应担任过一项大型或两项及以上中型火电工程的项目副经理或总工程师，具有8年以上施工经验，并持有国家注册一级建造师证书。 b）项目总工程师应担任过两项及以上火电工程的项目副总工程师或专业技术负责人，具有中级及以上技术职称。 c）专业技术负责人应担任过两项及以上火电工程的专业技术工作，具有中级及以上技术职称。 d）专业质检人员应具有工程质量检验的相应能力，并持有相应的质量检验资格证书。 **5.《建筑与市政工程施工现场专业人员职业标准》JGJ/T 250—2011** 1.0.3 本标准所指建筑与市政工程施工现场专业人员包括施工员、质量员、安全员、标准员、材料员、机械员、劳务员、资料员。其中，施工员、质量员、标准员可分为土建施工、装饰装修、设备安装和市政工程四个子专业	

条款号	大纲条款	检查依据	检查要点
4.4.2	质量检查员及特殊工种人员持证上岗	**1.《特种作业人员安全技术培训考核管理办法》中华人民共和国国家安全生产监督管理总局令〔2010〕第30号** 第三条 ……，特种作业的范围由特种作业目录规定。 本规定所称特种作业人员，是指直接从事特种作业的从业人员。 第五条 特种作业人员必须经专门的安全技术培训并考核合格，取得"中华人民共和国特种作业操作证"（以下简称特种作业操作证）后，方可上岗作业。 第十九条 特种作业操作证有效期为6年，在全国范围内有效。 第二十一条 特种作业操作证每3年复审1次。 附件 （特种作业）种类 1 电工作业 1.1 高压电工作业 1.2 低压电工作业 1.3 防爆电气作业 2 焊接与热切割作业 2.1 熔化焊接与热切割作业 2.2 压力焊作业 2.3 钎焊作业 3 高处作业 3.1 登高架设作业 3.2 高处安装、维护、拆除的作业 **2.《建筑施工特种作业人员管理规定》中华人民共和国建设部 建质〔2008〕75号** 第三条 建筑施工特种作业包括： （一）建筑电工；	1. 查阅项目部各专业质检员资格证书 专业类别：包括土建、汽轮机等 发证单位：建设行政主管部门或电力建设工程质量监督站 有效期：当前有效 2. 查阅特殊工种人员台账 内容：包括姓名、工种类别、证书编号、发证单位、有效期等 证书有效期：作业期间有效 3. 查阅特殊工种人员资格证书 发证单位：政府主管部门 有效期：与台账一致

条款号	大纲条款	检查依据	检查要点
4.4.2	质量检查员及特殊工种人员持证上岗	（二）建筑架子工； （三）建筑起重信号司索工； （四）建筑起重机械司机； （五）建筑起重机械安装拆卸工； （六）高处作业吊篮安装拆卸工； （七）经省级以上人民政府建设主管部门认定的其他特种作业。 第四条　建筑施工特种作业人员必须经建设主管部门考核合格，取得建筑施工特种作业人员操作资格证书，方可上岗从事相应作业。 第十九条　用人单位应当履行下列职责： （六）建立本单位特种作业人员管理档案。 **3.《工程建设施工企业质量管理规范》GB/T 50430—2017** 5.2.2　施工企业应根据质量管理需求配备相应的管理、技术及作业人员	
4.4.3	施工方案和作业指导书已审批，技术交底记录齐全	**1.《建筑施工组织设计规范》GB/T 50502—2009** 3.0.5　施工组织设计的编制和审批应符合下列规定： 　　2 ……施工方案应由项目技术负责人审批；重点、难点分部（分项）工程和专项工程施工方案应由施工单位技术部门组织相关专家评审，施工单位技术负责人批准； 　　3 由专业承包单位施工的分部（分项）工程或专项工程的施工方案，应由专业承包单位技术负责人或技术负责人授权的技术人员审批；有总承包单位时，应由总承包单位项目技术负责人核准备案； 　　4 规模较大的分部（分项）工程和专项工程的施工方案应按单位工程施工组织设计进行编制和审批。	1. 查阅施工方案和作业指导书 审批：责任人已签字 编审批时间：施工前 2. 查阅施工方案和作业指导书报审表 审批意见：同意实施等肯定性意见 签字：施工项目部、监理项目部责任人已签字 盖章：施工项目部、监理项目部已盖章

条款号	大纲条款	检查依据	检查要点
4.4.3	施工方案和作业指导书已审批，技术交底记录齐全	6.4.1 施工准备应包括下列内容： 　1 技术准备：包括施工所需技术资料的准备、图纸深化和技术交底的要求、试验检验和测试工作计划、样板制作计划以及与相关单位的技术交接计划等； **2.《电力建设安全工作规程 第 1 部分：火力发电》DL 5009.1—2014** 4.1.8 安全技术应符合下列规定： 　4 施工作业项目应有施工方案或作业指导书，经审批后实施。 　5 达到或超过一定规模的危险性较大的分部分项工程（详见本部分附录 C），应符合以下规定： 　1）对达到一定规模的危险性较大的分部分项应编制专项施工方案。 　2）对超过一定规模的危险性较大的分部分项应编制专项施工方案，应组织论证。 　7 施工作业前必须进行安全技术交底，交底人和被交底人应签字并保存记录。 **3.《火电工程项目质量管理规程》DL/T 1144—2012** 9.2.2 施工单位在工程开工前，应编制质量管理文件，经监理、建设单位会审、批准后实施，质量管理文件应包括： 　f）重大施工方案、作业指导书清单，并规定审批级别。 9.3.2 单位工程开工应满足下列条件，并应由建设单位和监理单位进行核查。 　c）专业施工组织设计、重大施工方案已经监理批准。 　d）开工所需施工图已齐全，并已会检和交底，……	3. 查阅技术交底记录 内容：与方案或作业指导书相符 时间：施工前 签字：交底人和被交底人已签字
4.4.4	检测试验项目已按计划实施，记录齐全	**1.《火电工程项目质量管理规程》DL/T 1144—2012** 5.3.3 建设单位在工程开工前应组织相关单位编制下列质量文件： 　k）各专业试验检验项目清单。 **2.《火力发电厂焊接技术规程》DL/T 869—2012** 3.2.3.2 焊接质量检查人员 　a）编制焊接质量验收项目和实施计划，…… 　c）确定受检焊缝或检验部位，检验外观质量，负责工程质量统计，……	查阅检测试验记录 检测项目：与检测试验项目计划相符

条款号	大纲条款	检查依据	检查要点
4.4.4	检测试验项目已按计划实施，记录齐全	**3.《建筑工程检测试验技术管理规范》JGJ 190—2010** 3.0.1　建筑工程施工现场检测试验技术管理应按以下程序进行： 　　1　制订检测试验计划； 5.3.1　施工检测试验计划应在工程施工前由施工项目技术负责人组织有关人员编制，并应报送监理单位进行审查和监督实施。 5.3.3　施工检测试验计划应按检测试验项目分别编制，并应包括以下内容： 　　1　检测试验项目名称； 　　2　检测试验参数； 　　3　试样规格； 　　4　代表批量； 　　5　施工部位； 　　6　计划检测试验时间。 **4.《锅炉产品安全质量监督检验规则》国质检〔2001〕37号** 第二十二条　受检单位应当向监检单位提供必要的工作条件和下列文件、资料： （四）从事无损检测人员名单（列出持证项目、级别、有效期等）一览表	
4.4.5	计量工器具经检定合格，且在有效期内	**1.《中华人民共和国计量法》中华人民共和国主席令〔2014〕第8号** 第四十七条　……未按照规定申请计量检定、计量检定不合格或者超过计量检定周期的计量器具，不得使用。 **2.《中华人民共和国依法管理的计量器具目录（型式批准部分）》国家质检总局公告〔2005〕第145号** 1. 测距仪：光电测距仪、超声波测距仪、手持式激光测距仪； 2. 经纬仪：光学经纬仪、电子经纬仪； 3. 全站仪：全站型电子速测仪；	1. 查阅计量工器具台账 内容：包括计量工器具名称、出厂合格证编号、检定日期、有效期、在用状态等 检定有效期：在用期间有效

条款号	大纲条款	检查依据	检查要点
4.4.5	计量工器具经检定合格，且在有效期内	4. 水准仪：水准仪； 5. 测地型 GPS 接收机：测地型 GPS 接收机。 **3.《电力建设施工技术规范　第 1 部分：土建结构工程》DL 5190.1—2012** 3.0.5　在质量检查、验收中使用的计量器具和检测设备，应经计量检定合格后方可使用；承担材料和设备检测的单位，应具备相应的资质。 **4.《电力工程施工测量技术规范》DL/T 5445—2010** 4.0.3　施工测量所使用的仪器和相关设备应定期检定，并在检定的有效期内使用。…… **5.《建筑工程检测试验技术管理规范》JGJ 190—2010** 5.2.2　施工现场配置的仪器、设备应建立管理台账，按有关规定进行计量检定或校准，并保持状态完好	2. 查阅计量工器具检定合格证或报告 检定单位资质范围：包含所检测工器具 工器具有效期：在用期间有效，且与台账一致
4.4.6	单位工程开工报告已审批	**1.《工程建设施工企业质量管理规范》GB/T 50430—2017** 10.4.2　项目部应确认施工现场已具备开工条件，进行报审、报验，提出开工申请，经批准后方可开工。 **2.《建设工程监理规范》GB/T 50319—2013** 5.1.8　总监理工程师应组织专业监理工程师审查施工单位报送的开工报审表及相关资料；同时具备下列条件时，应由总监理工程师签署审查意见，并应报建设单位批准后，总监理工程师签发工程开工令： 1 设计交底和图纸会审已完成。 2 施工组织设计已由总监理工程师签认。 3 施工单位现场质量、安全生产管理体系已建立，管理及施工人员已到位，施工机械具备使用条件，主要工程材料已落实。 4 进场道路及水、电、通信等已满足开工要求	查阅单位工程开工报告 申请时间：开工前 审批意见：同意开工等肯定性意见 签字：施工项目部、监理项目部、建设单位责任人已签字 盖章：施工项目部、监理项目部、建设单位已盖章

条款号	大纲条款	检查依据	检查要点
4.4.7	扣盖方案已经批准	**1.《建筑施工组织设计规范》GB/T 50502—2009** 3.0.5 施工组织设计的编制和审批应符合下列规定： 2 ……施工方案应由项目技术负责人审批；重点、难点分部（分项）工程和专项工程施工方案应由施工单位技术部门组织相关专家评审，施工单位技术负责人批准。 3 由专业承包单位施工的分部（分项）工程或专项工程的施工方案，应由专业承包单位技术负责人或技术负责人授权的技术人员审批；有总承包单位时，应由总承包单位项目技术负责人核准备案。 4 规模较大的分部（分项）工程和专项工程的施工方案应按单位工程施工组织设计进行编制和审批。 **2.《火电工程项目质量管理规程》DL/T 1144—2012** 9.2.2 施工单位在工程开工前，应编制质量管理文件，经监理、建设单位会审、批准后实施，质量管理文件应包括： f）重大施工方案、作业指导书清单，并规定审批级别。 9.3.2 单位工程开工应满足下列条件，并应由建设单位和监理单位进行核查。 c）……重大施工方案已经监理批准	查阅扣盖试验方案及报审表 审批意见：同意实施等肯定性意见 签字：施工项目部、监理项目部、建设单位责任人已签字 盖章：施工项目部、监理项目部、建设单位已盖章
4.4.8	专业绿色施工措施已制订	**1.《绿色施工导则》中华人民共和国 建设部建质〔2007〕223 号** 4.1.2 规划管理 1 编制绿色施工方案。该方案应在施工组织设计中独立成章，并按有关规定进行审批。 **2.《建筑工程绿色施工规范》GB/T 50905—2014** 3.1.1 建设单位应履行下列职责 1 在编制工程概算和招标文件时，应明确绿色施工的要求…… 2 应向施工单位提供建设工程绿色施工的设计文件、产品要求等相关资料…… 4.0.2 施工单位应编制包含绿色施工管理和技术要求的工程绿色施工组织设计、绿色施工方案或绿色施工专项方案，并经审批通过后实施。	查阅绿色施工措施或施工组织设计中绿色施工方案章节 审批：责任人已签字 审批时间：施工前

条款号	大纲条款	检查依据	检查要点
4.4.8	专业绿色施工措施已制订	**3.《火电工程项目质量管理规程》DL/T 1144—2012** 5.3.3　建设单位在工程开工前应组织相关单位编制下列质量文件： 　n）绿色施工措施。 9.3.1　工程具备开工条件后，由建设单位按照国家规定办理开工手续。工程开工应满足下列条件： 　k）绿化施工措施编制并落实。 9.2.2　施工单位在工程开工前，应编制质量管理文件，经监理、建设单位会审、批准后实施，质量管理文件应包括： 　i）绿色施工措施 9.3.12　绿色施工应符合下列规定： 　a）施工单位应按《绿色施工导则》的规定：在工程开工前编制节能、节水、节地、节材的控制措施，控制措施应重点包含能源合理配备、废水利用、节约用地、材料合理选配及循环使用等内容。 　b）施工单位应编制控制噪声、防尘、废液排放、水土保持及环保设施投入等控制措施，各项措施应经监理、建设单位的审批。所有措施均应表示实测指标，施工过程应由监理工程师实时监查。 **4.《电力建设施工技术规范　第1部分：土建结构工程》DL 5190.1—2012** 3.0.12　施工单位应建立绿色施工管理体系和管理制度，实施目标管理，施工前应在施工组织设计和施工方案中明确绿色施工的内容和方法	
4.4.9	工程建设标准强制性条文实施计划已执行	**1.《实施工程建设强制性标准监督规定》中华人民共和国建设部令〔2000〕第81号** 第二条　在中华人民共和国境内从事新建、扩建、改建等工程建设活动，必须执行工程建设强制性标准。 第三条　本规定所称工程建设强制性标准是指直接涉及工程质量、安全、卫生及环境保护等方面的工程建设标准强制性条文。 国家工程建设标准强制性条文由国务院建设行政主管部门会同国务院有关行政主管部门确定。	查阅强制性条文执行记录 内容：与强制性条文执行计划相符 签字：责任人已签字 执行时间：与工程进度同步

条款号	大纲条款	检查依据	检查要点
4.4.9	工程建设标准强制性条文实施计划已执行	第六条 ……工程质量监督机构应当对工程建设施工、监理、验收等阶段执行强制性标准的情况实施监督 **2.《火电工程项目质量管理规程》DL/T 1144—2012** 4.5 火电工程项目应认真执行国家和行业相关技术标准，严格执行工程建设标准中的强制性条文…… 5.3.3 建设单位在工程开工前应组织相关单位编制下列质量管理文件： d）工程建设强制性条文实施规划。 9.2.2 施工单位在工程开工前，应编制质量管理文件，经监理、建设单位会审、批准后实施，质量管理文件应包括： d）工程建设强制性条文实施细则	
4.4.10	无违规转包或者违法分包工程的行为	**1.《中华人民共和国建筑法》中华人民共和国主席令〔2011〕第 46 号** 第二十八条 禁止承包单位将其承包的全部建筑工程转包给他人，禁止承包单位将其承包的全部建筑工程肢解以后以分包的名义转包给他人。 第二十九条 建筑工程总承包单位可以将承包工程中的部分工程发包给具有相应资质条件的分包单位，但是，除总承包合同约定的分包外，必须经建设单位认可。施工总承包的，建筑工程主体结构的施工必须由总承包单位自行完成。 禁止总承包单位将工程分包给不具备相应资质条件的单位。禁止分包单位将其承包的工程再分包。 **2.《建筑工程施工转包违法分包等违法行为认定查处管理办法（试行）》国家住建部建市〔2014〕118 号** 第七条 存在下列情形之一的，属于转包： （一）施工单位将其承包的全部工程转给其他单位或个人施工的；	1. 查阅工程分包申请报审表 审批意见：同意分包等肯定性意见 签字：施工项目部、监理项目部、建设单位责任人已签字 盖章：施工项目部、监理项目部、建设单位已盖章 2. 查阅工程分包商资质 业务范围：涵盖所分包的项目 发证单位：政府主管部门 有效期：当前有效

条款号	大纲条款	检查依据	检查要点
4.4.10	无违规转包或者违法分包工程的行为	（二）施工总承包单位或专业承包单位将其承包的全部工程肢解以后，以分包的名义分别转给其他单位或个人施工的； （三）施工总承包单位或专业承包单位未在施工现场设立项目管理机构或未派驻项目负责人、技术负责人、质量管理负责人、安全管理负责人等主要管理人员，不履行管理义务，未对该工程的施工活动进行组织管理的； （四）施工总承包单位或专业承包单位不履行管理义务，只向实际施工单位收取费用，主要建筑材料、构配件及工程设备的采购由其他单位或个人实施的； （五）劳务分包单位承包的范围是施工总承包单位或专业承包单位承包的全部工程，劳务分包单位计取的是除上缴给施工总承包单位或专业承包单位"管理费"之外的全部工程价款的； （六）施工总承包单位或专业承包单位通过采取合作、联营、个人承包等形式或名义，直接或变相的将其承包的全部工程转给其他单位或个人施工的； （七）法律法规规定的其他转包行为。 第九条 存在下列情形之一的，属于违法分包： （一）施工单位将工程分包给个人的； （二）施工单位将工程分包给不具备相应资质或安全生产许可的单位的； （三）施工合同中没有约定，又未经建设单位认可，施工单位将其承包的部分工程交由其他单位施工的； （四）施工总承包单位将房屋建筑工程的主体结构的施工分包给其他单位的，钢结构工程除外； （五）专业分包单位将其承包的专业工程中非劳务作业部分再分包的； （六）劳务分包单位将其承包的劳务再分包的； （七）劳务分包单位除计取劳务作业费用外，还计取主要建筑材料款、周转材料款和大中型施工机械设备费用的； （八）法律法规规定的其他违法分包行为	

条款号	大纲条款	检查依据	检查要点
4.5	**检测试验机构质量行为的监督检查**		
4.5.1	检测试验机构已经通过能力认定并取得相应证书，其现场派出机构（现场试验室）满足规定条件，并已报质量监督机构备案	**1.《建设工程质量检测管理办法》中华人民共和国建设部令〔2005〕第 141 号** 第四条 ……检测机构未取得相应的资质证书，不得承担本办法规定的质量检测业务。 第八条 检测机构资质证书有效期为 3 年。资质证书有效期满需要延期的，检测机构应当在资质证书有效期满 30 个工作日前申请办理延期手续。 **2.《检验检测机构资质认定管理办法》国家质量监督检验检疫总局令〔2015〕第 163 号** 第二条 …… 资质认定包括检验检测机构计量认证。 第三条 检验检测机构从事下列活动，应当取得资质认定： （四）为社会经济、公益活动出具具有证明作用的数据、结果的； （五）其他法律法规规定应当取得资质认定的。 第五条 …… 各省、自治区、直辖市人民政府质量技术监督部门（以下简称省级资质认定部门）负责所辖区域内检验检测机构的资质认定工作；…… 第十一条 资质认定证书有效期为 6 年。需要延续资质认定证书有效期的，应当在其有效期届满 3 个月前提出申请。 **3.《电力工程检测试验管理办法（试行）》质监〔2015〕20 号** 第三条 电力工程检测试验机构是指依据国家规定取得相应资质，从事电力工程检测试验工作，为保障电力工程建设质量提供检测验证数据和结果的单位。 第七条 根据电力工程专业划分……相应地将承担工程检测试验业务的检测机构划分为 A 级和 B 级两个等级。	1. 查阅检测机构资质证书 发证单位：国家认证认可监督管理委员会（国家级）或地方质量技术监督部门或各直属出入境检验检疫机构（省市级）及电力质监机构 有效期：当前有效 业务范围：涵盖检测项目 2. 查看现场金属试验室 场所：已配备固定场所（含暗室、射线实验室）且面积、环境满足规范要求 3. 查阅检测机构的申请报备文件 报备日期：开工前

条款号	大纲条款	检查依据	检查要点
4.5.1	检测试验机构已经通过能力认定并取得相应证书，其现场派出机构（现场试验室）满足规定条件，并已报质量监督机构备案	第九条 承担建设规模 200MW 及以上发电工程和 330kV 及以上变电站（换流站）工程检测试验任务的检测机构，必须符合 B 级及以上等级标准要求。不同规模电力工程项目所要求的检测机构能力等级标准见附件 5。 第三十条 根据工程建设需要和质量验收规程要求，检测机构在承担电力工程项目的检测试验任务时，应当设立现场试验室。检测机构对所设立现场试验室的一切行为负责。 第三十一条 现场试验室在开展工作前，须通过负责本项目质监机构组织的能力认定。…… 附件 2-3 金属检测试验机构现场试验室评审要求 附件 4-3 热控检测试验机构现场试验室评审要求 第三十五条 检测机构的《业务等级确认证明》有效期为四年，有效期满后，需重新确认。重新确认的程序及要求详见第三章规定。 **4.《火电工程项目质量管理规程》DL/T 1144—2012** 9.3.1 工程具备开工条件后，由建设单位按照国家规定办理开工手续。工程开工应满足下列条件： 　1）第三方检验、检测单位已确定。 9.4.3 工程建设应根据需要建立土建、金属、电气试验及热工校验室。试验室应具有相应资质，试验人员应持证上岗。 9.4.4 第三方专项检测和见证取样检测应符合下列规定： 　b）检测单位必须有相应的检测资质，…… 　c）工程规模较大、试验检测工作量较大时，检测单位宜在项目现场分设现场检测站，配备必要的试验人员、设备、仪器、设施及相关的试验检测标准。 **5.《电站锅炉压力容器检验规程》DL 647—2004** 3.4 从事电站锅炉压力容器检验的机构……，应按国家和电力行业的相应规定取得国家和电力行业的检验资质	

条款号	大纲条款	检查依据	检查要点
4.5.2	检测人员资格符合规定,持证上岗	**1.《特种设备无损检测人员考核规则》TSG Z8001—2019** 第二条　…… 无损检测人员应当按照本规则的要求,取得相应的《特种设备检验检测人员证(无损检测人员)》(以下简称《检测人员证》),方可从事相应的无损检测工作。 第五条　《检测人员证》有效期为5年。有效期满需……,应当按照本规则的规定办理换证。 **2.《锅炉安全技术监察规程》TSG G0001—2012** 4.5.4.1　无损检测人员资格 　　无损检测人员应当按照相关技术规范进行考核,取得资格证书后方可从事相应方法和技术等级的无损检测工作。 **3.《火电工程项目质量管理规程》DL/T 1144—2012** 9.4.3　……,试验人员应持证上岗。 **4.《电力行业无损检测人员资格考核规则》DL/T 675—2014** 5.1　电力行业无损检测人员资格分为Ⅰ级(初级)、Ⅱ级(中级)、Ⅲ级(高级),有效期四年。无损检测人员经考试合格并取得相应级别的资格证书后,方可在有效期内从事该级别的无损检测工作。 **5.《电力行业理化检验人员考核规程》DL/T 931—2017** 1　范围　本标准适用于从事发电设备安装、机组检修、设备修造及电力设备制造质量检验过程金属材料理化性能检验的金相检验、力学性能检验和光谱检验人员的培训考核。	1. 查阅检测人员登记台账、资格证 人员专业类别和数量:满足检测项目需求 资格证发证单位:各级政府和电力行业主管部门 资格证有效期:当前有效 2. 查阅检测报告 检测项目:在持证资格范围内 检测人:与台账相符
4.5.3	检测仪器、设备检定合格,且在有效期内	**1.《中华人民共和国计量法》中华人民共和国主席令〔2014〕第8号** 第四十七条　……未按照规定申请计量检定、计量检定不合格或者超过计量检定周期的计量器具,不得使用。	1. 查阅检测仪器、设备管理台账 内容:包括检定日期、有效期 证书有效期:当前有效

条款号	大纲条款	检查依据	检查要点
4.5.3	检测仪器、设备检定合格，且在有效期内	**2.《火电工程项目质量管理规程》DL/T 1144—2012** 9.3.5 检测设备的控制应符合下列规定： 　　a）施工单位应配备与工程相适应的测量设备，并保证其持续有效。 　　b）施工单位应对影响质量的检测设备进行控制，并在这些设备进场时报监理审查；当施工过程中发现检测设备失效或超过有效期时，应对其测量的数据是否有效进行追溯。 　　c）建设单位和监理单位有权对施工单位使用的检测设备进行监督检查	2. 查阅检定证书 有效期：当前有效 结论：合格 3. 查看检测仪器、设备检定标识 检定有效期：与台账及检定证书一致
4.5.4	检测依据正确、有效，检测报告及时、规范	**1.《检验检测机构资质认定管理办法》国家质量监督检验检疫总局令〔2015〕第 163 号** 第十三条 …… 　　检验检测机构资质认定标志，……式样如下：CMA 标志。 　　第二十五条 检验检测机构应当在资质认定证书规定的检验检测能力范围内，依据相关标准或者技术规范规定的程序和要求，出具检验检测数据、结果。 　　检验检测机构出具检验检测数据、结果时，应当注明检验检测依据，…… 　　第二十八条 检验检测机构向社会出具具有证明作用的检验检测数据、结果的，应当在其检验检测报告上加盖检验检测专用章，并标注资质认定标志。 **2.《建设工程质量检测管理办法》中华人民共和国建设部令〔2005〕第 141 号** 　　第十四条 检测机构完成检测业务后，应当及时出具检测报告。检测报告经检测人员签字、检测机构法定代表人或者其授权的签字人签署，并加盖检测机构公章或者检测专用章后方可生效。检测报告经建设单位或者工程监理单位确认后，由施工单位归档。 **3.《电力工程检测试验管理办法（试行）》质监〔2015〕20 号** 　　第二十五条 检测机构应按照《业务等级确认证明》核定的业务范围开展工作，并对检测试验数据和检测试验报告的真实性、准确性、及时性和完整性负责。 　　第二十六条 检测机构应该加强内部管理，确保检测试验质量管理体系有效运转，严格按照国家和行业现行有关管理规定和技术标准的要求进行检测试验	查阅检测试验报告 检测依据：有效的标准规范、合同及技术文件 检测结论：明确 签章：检测操作人、审核人、批准人已签字，已加盖检测机构公章或检测专用章（多页检测报告加盖骑缝章），并标注相应的资质认定标志 时间：在检测机构规定时间内出具

条款号	大纲条款	检查依据	检查要点
5 工程实体质量的监督检查			
5.1 汽轮机基座的监督检查			
5.1.1	建筑交付安装验收记录齐全	**1.《火力发电建设工程启动试运及验收规程》DL/T 5437—2009** 3.4.2.5 试运现场的防冻、采暖、通风、照明、降温设施已能投运，厂房和设备间封闭完整，所有控制室和电子间温度可控，满足试运需求。 3.4.2.6 试运现场安全、文明。主要检查项目有： 1 消防和生产电梯已验收合格，临时消防器材准备充足且摆放到位。 2 电缆和盘柜防火封堵合格。 3 现场脚手架已拆除，道路畅通，沟道和孔洞盖板齐全，楼梯和步道扶手、栏杆齐全且符合安全要求。 4 保温和油漆完整，现场整洁。 5 试运区域与运行或施工区域已安全隔离。 6 安全和治安保卫人员已上岗到位。 7 现场通信设备通信正常	查阅汽轮发电机组基础的建筑与施工单位工序交接签证单和基础验收记录 签证单结论：合格 签证单签字：相关方已签字 验收记录内容：符合设计图 验收记录数据偏差：符合规范要求
5.1.2	基础沉降均匀，沉降观测记录完整	**1.《建筑变形测量规范》JGJ 8—2016** 7.1.5 沉降观测的周期和观测时间应符合下列规定： 4 建筑沉降达到稳定状态可由沉降量与时间关系曲线判定。当最后 100d 的沉降速率小于 0.01mm/d～0.04mm/d 时可认为已进入稳定阶段。对具体沉降观测项目，最大沉降速率的取值宜结合当地地基土的压缩性能来确定。 7.1.7 沉降观测应提交下列成果资料： 1 监测点布置图； 2 观测成果表； 3 时间-荷载-沉降量曲线图； 4 等沉降曲线图。	1. 查阅沉降观测点位图、观测记录表、曲线图和沉降观测分析 沉降观测点位布设图：与设计相符。 沉降观测记录表、曲线图：各点有测量数据，有曲线图，有观测时间、所用仪器、基础状态及测量人员签字。 沉降观测分析结果：有阶段性结论意见

条款号	大纲条款	检查依据	检查要点
5.1.2	基础沉降均匀，沉降观测记录完整	**2.《电力工程施工测量技术规程》DL/T 5445—2010** 11.7.4 沉降观测的观测时间、频率及周期应按下列要求并结合实际情况确定： 1 施工期的沉降观测，应随施工进度具体情况及时进行，具体应符合下列规定： 1）基础施工完毕、建筑标高出零米后、各建（构）筑物具备安装观测点标志后即可开始观测。 2）整个施工期观测次数原则上不少于 6 次。但观测时间、次数应根据地基状况、建（构）筑物类别、结构及加荷载情况区别对待，如：对于烟囱等高耸建（构）筑物，一般施工高度每增加 20m 观测一次；对于主厂房（汽轮机、锅炉）、集中控制楼等框架结构建（构）筑物，一般施工到不同高度平台或加荷载前后各观测一次；水塔、冷却塔等通水前后各观测一次，变压器就位前后各观测一次等。 3）施工中遇较长时间停工，应在停工时和重开工时各观测一次，停工期间每隔 2 个月观测一次。 2 除有特殊要求外，建（构）筑物施工完毕后及试运期间每季度观测一次，运行后可半年观测一次，直至稳定为止。 3 观测过程中，若有基础附近地面荷载突然大量增加、基础四周大量积水、长时间连续降雨等情况，均应及时增加观测次数。当建（构）筑物突然发生大量沉降、不均匀沉降，沉降量、不均匀沉降差接近或超过允许变形值或严重裂缝等异常情况时，应立即进行逐日或几天一次的连续观测。 4 建筑沉降是否进入稳定阶段，应有沉降量与时间关系曲线判定。当最后 100d 的沉降速率小于 0.01mm/d～0.04mm/d 时可认为已进入稳定阶段。具体取值宜根据各地区地基土的压缩性能确定。 11.7.8 沉降观测结束后，应根据工程需要提交有关成果资料： 1 工程平面位置图及基准点分布图； 2 沉降观测点位分布图； 3 沉降观测成果表； 4 沉降观测过程曲线； 5 沉降观测技术报告。	2. 查看沉降观测点布设：符合设计要求 保护：有保护设施

条款号	大纲条款	检查依据	检查要点
5.1.2	基础沉降均匀，沉降观测记录完整	**3.《电力建设施工技术规范　第 3 部分：汽轮发电机组》DL 5190.3—2012** 4.2.2　本体基础沉降观测应在以下阶段进行： 　　1　基础养护期满后，应首次测定并作为原始数据； 　　2　汽轮机汽缸、发电机定子就位前、后； 　　3　汽轮机和发电机二次灌浆前； 　　4　整套试运行前、后。 4.2.3　湿陷性黄土地质结构可增加沉降测量次数。 4.2.4　因基础沉降导致汽轮机找平、找正、找中心的隔日测量数据有不规则的明显变化时，不得继续进行设备安装。 **4.《火力发电厂土建结构设计规程》DL 5022—2012** 5.1.3　主厂房地基与变形允许值应符合表 5.1.3 的规定，其他…… 　　　表 5.1.3　主厂房地基的变形允许量见表 5.1.3。 **5.《火力发电厂岩土工程勘测技术规程》DL/T 5074—2006** 16.2.8　沉降观测资料应及时整理、计算、分析，验证观测计算依据，确定建（构）筑物沉降的程度及沉降速率和规律，同时应提交以下成果资料： 　　1　实际测量观测和计算成果图（表）； 　　2　沉降观测点平面布置图（表）； 　　3　沉降速度-时间-沉降量、荷载-时间-沉降量关系曲线图（表）； 　　4　建（构）筑物等沉降量图（表）； 　　5　沉降量计算公式选用及说明； 　　6　沉降观测分析结果文字报告	

条款号	大纲条款	检查依据	检查要点
5.2 台板与垫铁的监督检查			
5.2.1	垫铁的布设符合图纸要求，台板与垫铁及每叠垫铁间接触及间隙符合规范，检查验收记录完整	**1.《电力建设施工技术规范 第3部分：汽轮发电机组》DL 5190.3—2012** 4.3.1 垫铁的布置位置和荷载除应符合制造厂技术文件的要求外，尚应符合下列规定： 　1 应布置在负荷集中的部位； 　2 应布置在台板地脚螺栓的两侧； 　3 应布置在台板四角； 　4 相邻垫铁间的水平距离宜为300mm～700mm； 　5 台板加强筋的部位应适当增设垫铁； 　6 垫铁的静荷载不应超过4MPa； 　7 垫铁安装完毕，应按实际情况绘制垫铁布置图。 4.3.4 垫铁安装应符合下列规定： 　1 每叠垫铁不宜超过3块，特殊情况下不得超过5块，其中只允许有一对斜垫铁； 　2 两块斜垫铁错开的面积不应超过该垫铁面积的25%； 　3 台板与垫铁及各层垫铁之间应接触密实，用0.05mm塞尺检查，可塞入长度不得大于边长的1/4，塞入深度不得超过侧边长的1/4。 　6 采用调整螺栓和支撑垫板安装的机组，支撑垫板位置应正确	1. 实测台板与垫铁及各层垫铁之间接触间隙 　间隙值：符合规范要求 2. 查阅垫铁施工质量验收表 　验收结论：合格 　签字：相关方已签字 3. 查阅垫铁施工技术记录 　数据：齐全，符合规范要求 　垫铁布置图：与制造厂图纸相符
5.2.2	台板或轴承座底部混凝土垫块布设符合图纸，混凝土强度试验报告齐全	**1.《电力建设施工技术规范 第3部分：汽轮发电机组》DL 5190.3—2012** 4.3.3 基础与台板间垫铁的形式、材质应符合下列规定： 　1 垫铁应采用钢板、钢锻件、铸钢件、铸铁件加工，如按制造厂要求使用特制的他砂浆垫块，砂浆垫块的施工要求参见附录A； 　7 垫铁安装完毕，应按实际情况绘制垫铁布置图。	1. 实测混凝土垫块与台板接触间隙 　间隙值：符合规范要求 2. 查阅混凝土垫块施工质量验收表 　验收结论：合格 　签字：相关人员已签字

条款号	大纲条款	检查依据	检查要点
5.2.2	台板或轴承座底部混凝土垫块布设符合图纸，混凝土强度试验报告齐全	4.3.4 垫铁安装应符合下列规定： 　4 埋置垫铁的安装，应符合下列规定： 　1）沿纵轴线埋置垫铁的标高应符合制造厂技术文件的要求，标高允许偏差为2mm； 　2）垫铁的厚度宜大于20mm，每块垫铁的纵向扬度应与轴系扬度一致； 　3）垫铁底部距基础凿毛面的灌浆层厚度应为20mm～50mm，灌浆材料应采用无收缩灌浆料，并应制作同等条件下的试块	3. 查阅混凝土强度检测试验报告 　　强度：符合设计或规范要求 　　签字及盖章：检测人员已签字，检测单位已盖章
5.3　汽缸、轴承座及滑销系统的监督检查			
5.3.1	抽查汽缸、轴承座与台板间隙符合规范，并与记录相符	**1.《电力建设施工技术规范　第3部分：汽轮发电机组》DL 5190.3—2012** 4.3.7　台板检查与安装应符合下列规定： 　2 台板与轴承座、滑块、汽缸等部位接触面应严密，用0.05mm塞尺检查接触面四周，应无间隙。铸铁台板与轴承座或汽缸进行接触面检查时，每平方厘米有接触点的面积及应占全面积的75%以上且均匀分布	1. 实测汽缸、轴承座与台板间隙 　　间隙值：符合规范要求，并与施工技术记录吻合 　2. 查阅汽缸、轴承座与台板间隙施工质量验收表 　　验收结论：合格 　　签字：相关方已签字 　3. 查阅汽缸、轴承座与台板间隙施工技术记录 　　数据：齐全，符合规范要求
5.3.2	汽缸喷嘴室、调门汽室隐蔽签证记录完整	**1.《电力建设施工技术规范　第3部分：汽轮发电机组》DL 5190.3—2012** 4.7.1　喷嘴的检查与安装应符合下列规定： 　1 外观检查应无裂纹、无铸砂、无焊瘤、无油污；	1. 查阅喷嘴室、调门施工质量验收表 　　验收结论：合格 　　签字：相关方已签字

续表

条款号	大纲条款	检查依据	检查要点
5.3.2	汽缸喷嘴室、调门汽室隐蔽签证记录完整	2 喷嘴组与喷嘴槽或蒸气室的结合面……其接触面应达75%以上……定位键与定位销的间隙不大于0.04mm，组装好的喷嘴或喷嘴组应无松动，喷嘴组出汽口应平齐	2. 查阅喷嘴室、调门施工技术记录 数据：符合规范要求 3. 查阅高、中压喷嘴室检查封闭签证表 验收结果：合格 签字：相关方已签字
5.3.3	各轴承座进行的检漏试验，签证记录齐全	1.《电力建设施工技术规范 第3部分：汽轮发电机组》DL 5190.3—2012 4.4.10 汽轮机轴承座的检查应符合下列规定： 5 轴承室油室应做灌油试验……，灌油高度应不低于回油管的外口上沿，灌油24h后检查应无渗漏	查阅各轴承座灌油试验签证表 验收结果：合格 签字：相关方已签字 试验条件：符合规范要求
5.3.4	抽查汽缸、轴承座水平、扬度与记录相符，并符合规范要求	1.《电力建设施工技术规范 第3部分：汽轮发电机组》DL 5190.3—2012 4.4.11 汽缸和轴承座的安装应符合下列规定： 6 汽缸和轴承座横向水平应用精密度不低于0.02mm/m的水平仪测量，测量位置应在前后轴封洼窝或轴瓦洼窝处，必要时用平尺和垫尺配合测量。 7 汽缸与轴承座的横向水平允许偏差为0.20mm/m；纵向水平以接近该位置的转子设计扬度为宜。当汽缸水平与汽缸负荷分配不能兼顾时，以保证负荷分配为主并经制造厂确认	1. 实测汽缸、轴承座纵、横向水平： 实测结果：符合规范要求，并与施工技术记录吻合 2. 查阅汽缸、轴承座施工质量验收表 验收结论：合格 签字：相关方已签字 3. 查阅汽缸、轴承座施工技术记录 数据：齐全，符合规范要求

条款号	大纲条款	检查依据	检查要点
5.3.5	抽查滑销、猫爪、联系螺栓间隙符合厂家要求，与记录相符	**1.《电力建设施工技术规范　第 3 部分：汽轮发电机组》DL 5190.3—2012** 4.4.4 滑销系统检查应符合下列规定： 　1 滑销、销槽、锚固板的滑动配合面应无损伤和毛刺，与设备的配合应符合制造厂要求。 　2 用内、外径千分尺沿滑动方向取三点分别测量滑销与销槽的对应尺寸，三点测得的尺寸差值均不得超过 0.03mm，间隙应符合制造厂要求。滑销与销槽配合后宜再用塞尺复查无疑义。 　3 滑销应固定牢固，直接镶嵌时应有紧力，螺栓固定时应有防松措施，螺栓端部应低于滑销表面。内外缸水平结合面上的横销应在轴向位置确定后定位。 　4 滑销试装后应滑动自如。在一块台板上有两个滑销位于同一条直线上时，应取横向相对位移实测值作为间隙值。 　5 滑销的承力面、滑动面用涂色法检查，应接触良好。滑销的定位钉应光滑无毛刺，与销孔紧配，销孔内无错口。 　6 汽缸、轴承座与台板的联系螺栓拧紧后，垫片应有 0.04mm～0.08mm 的间隙。 　7 轴承座滑动面上的油脂孔道应清洁、畅通，轴承座周围及底部管道不得影响膨胀，滑动面采用滑块结构时应按制造厂要求在研刮后取下滑块螺钉。 4.4.5 汽缸推拉装置垫片厚度在汽缸定位后，按推拉装置与汽缸间的四角实测间隙值预留 0.02mm～0.03mm 装配间隙配制，垫片装入时应无卡涩	1. 实测低压外缸锚固板间隙 间隙值：符合制造厂设计要求，并与施工技术记录吻合 2. 实测联系螺栓间隙 间隙值：符合制造厂设计要求，并与施工技术记录吻合 3. 实测猫爪销间隙 间隙值：符合制造厂设计要求，并与施工技术记录吻合 4. 查阅滑销、猫爪、联系螺栓间隙、推拉杆、定中心梁施工质量验收表 验收结论：合格 签字：相关方已签字 5. 查阅滑销、猫爪、联系螺栓间隙、推拉杆、定中心梁施工技术记录 数据：齐全，符合制造厂或规范要求

续表

条款号	大纲条款	检查依据	检查要点
5.3.6	抽查汽缸法兰结合面间隙符合规范规定，与记录相符	**1.《电力建设施工技术规范 第3部分：汽轮发电机组》DL 5190.3—2012** 4.4.2 汽缸安装前的检查和记录应符合下列规定： 3 汽缸结合面的检查符合表4.4.2的规定，不合格时应修刮或由制造厂处理，并做出最终记录	1. 实测汽缸水平结合面间隙 间隙值：在规范规定状态下检查，间隙值符合要求 2. 查阅汽缸法兰结合面间隙施工质量验收表 验收结论：合格 签字：相关方已签字 3. 查阅汽缸法兰结合面间隙施工技术记录 数据：齐全，符合规范要求
5.3.7	检查汽缸负荷分配记录符合厂家要求	**1.《电力建设施工技术规范 第3部分：汽轮发电机组》DL 5190.3—2012** 4.4.12 汽缸负荷分配应按制造厂要求进行，并符合下列规定： 2 进行负荷分配时，应检查猫爪横销的承力面、滑动面、台板的滑动面等接触良好，用0.05mm塞尺检查应与试装时相符。特殊情况下，允许在猫爪横销不滑动的接触面间加一层整张的钢质调整垫片，其厚度不应小于0.10mm。 3 用前猫爪和两侧台板支持的汽缸，其负荷分配一般可根据汽缸水平及猫爪垂弧调整，多缸机组的低压缸安装可结合汽缸中分面水平值调整。 4 采用猫爪垂弧法进行汽缸负荷分配时，应合缸进行，左右垂弧允许偏差值为0.10mm。 5 采用猫爪抬差法进行负荷分配的机组，应根据制造厂的要求，在合缸的状态下前后猫爪分别进行	1. 查阅查阅汽缸负荷分配施工质量验收表 验收结论：合格 签字：相关方已签字 2. 查阅汽缸负荷分配施工技术记录 负荷偏差：符合制造厂或者规范要求，数据齐全

条款号	大纲条款	检查依据	检查要点
5.3.8	汽缸内部热工测量元件校验合格，报告齐全并经过试装	**1.《电力建设施工技术规范 第4部分：热工仪表及控制装置》DL 5190.4—2012** 3.2.17 汽轮机内缸的测温元件应安装牢固，紧固件应锁紧，且测温元件应便于拆卸，引出处不得渗漏。 3.2.18 测量金属温度的测温元件，其测量端应紧贴被测表面且接触良好，被测表面有保温设施的应一起加以保温。 3.2.23 测量汽轮机轴瓦温度的备用测温元件，应将其引线引至接线盒。 3.3.1 压力测点位置的选择应符合下列规定： 1 测量管道压力的测点，应设置在流速稳定的直管段上，不应设置在有涡流的部位。 2 压力取源部件与管道上调节阀的距离：上游侧应大于2倍工艺管道内径；下游侧应大于5倍工艺管道内径。 3 测量低于0.1MPa的压力时，应减少液柱引起的附加偏差。 4 测量较大容器微压、负压时，宜采用多点取样取平均值的方式。 5 炉膛压力取源部件的位置应符合锅炉厂要求，宜设置在燃烧室火焰中心的上部。 6 锅炉一次风管的压力测点，应选择在燃烧器之前，能正确反映一次风压力的位置；二次风管的压力测点，应选择在空气预热器后至燃烧器之间，并应尽可能保持距离相等。 7 中储仓式制粉系统磨煤机前的风压取源部件，应装设在磨煤机入口颈部；磨煤机后的取源部件，应装设在靠近粗粉分离器的气粉混合物管道上。 8 汽轮发电机润滑油压测点，应选择在油管路末端压力较低处。 9.1.2 热工测量和控制设备在安装前应进行检查和校验，并应符合现场使用条件	查阅汽缸内部热工测量元件校验报告、试装记录 检验报告：结论合格，已签字或盖章 试装记录：汽缸内部热工测量元件数量已确认，且进行了试装
5.3.9	组装供货的汽轮机和燃气轮机，模块组装符合厂家的技术要求	**1.《电力建设施工技术规范 第3部分：汽轮发电机组》DL 5190.3—2012** 4.1.6 制造厂整套供货，现场不再组装的设备，制造厂应确保内部组件的结构和性能与其供应的技术文件相符	查阅制造厂模块组装技术文件 模块组装：符合制造厂技术标准要求

续表

条款号	大纲条款	检查依据	检查要点
5.4 轴承和油挡的监督检查			
5.4.1	抽查轴瓦接触（重点检查轴瓦钨金接触、垫块接触）符合规范规定，并与记录相符	**1.《电力建设施工技术规范 第3部分：汽轮发电机组》DL 5190.3—2012** 4.5.1 支持轴承安装前应进行检查并符合以下规定： 　4 轴承水平结合面接触应良好，用0.05mm塞尺检查无间隙。瓦座与轴承体接触应紧密。垫块进油孔四周与洼窝应有整圈接触。 　5 轴瓦球面与球面座的结合面应光滑，其接触面在每平方厘米上有接触点的面积应占整个球面的75%以上且均匀分布，接口处用0.03mm塞尺检查应无间隙，球面与球面座接触不良时，应由制造厂处理，球面与球面座水平结合面不应错口。 4.5.2 带垫块的轴瓦或瓦套的安装应符合下列规定： 　4 用涂色法检查下瓦垫块接触情况时，应将转子稍压在下瓦上，在每平方厘米上垫块与洼窝接触点的面积应占垫块面积的75%以上且均匀分布。 4.5.4 转子放入支持轴承后，椭圆或圆筒瓦轴承，转子与轴颈巴氏合金的接触角宜为30°~45°，沿下瓦全长的接触面应达到75%以上并均匀分布无偏斜，当接触不良或轴瓦间隙不符合图纸要求时应由制造厂处理	1. 实测轴承垫块与洼窝接触 接触面积：符合规范或厂家要求。 接触间隙：符合规范或厂家要求 2. 查看轴瓦乌金与轴颈接触 接触：符合规范要求 3. 查阅轴瓦接触施工质量验收表 验收结论：合格 签字：相关方已签字 4. 查阅轴瓦接触施工技术记录 数据：符合制造厂或规范要求
5.4.2	检查推力瓦间隙符合厂家要求，并与记录相符	**1.《电力建设施工技术规范 第3部分：汽轮发电机组》DL 5190.3—2012** 4.5.8 推力轴承安装前检查应符合下列规定： 　3 推力轴承定位环承力面应光滑，沿周长各点厚度允许偏差为0.02mm，并做记录。 4.5.9 推力瓦轴向间隙和接触面的检测应符合下列规定： 　1 推力瓦间隙调整应符合图纸要求，如图纸未标注时，宜为0.25mm~0.50mm。	1. 实测推力间隙 间隙值：符合制造厂要求 2. 查看推力瓦块 接触面积：符合制造厂或规范要求

条款号	大纲条款	检查依据	检查要点
5.4.2	检查推力瓦间隙符合厂家要求,并与记录相符	5 检查推力瓦块的接触面时,应按第 1 款的要求装好上下推力瓦,盘动转子检查。每个推力瓦块上每平方米有接触点的面积应占瓦块总面积(不含油楔面积)的 75%以上且均匀分布,否则应进行处理	3. 查阅推力瓦间隙施工质量验收表 验收结论:合格 签字:相关方已签字
			4. 查阅推力瓦间隙施工技术记录 数据:符合制造厂或规范要求
5.4.3	抽查轴承座及轴瓦油挡间隙符合厂家要求,并与记录相符	**1.《电力建设施工技术规范 第 3 部分:汽轮发电机组》DL 5190.3—2012** 4.5.11 油挡板安装应符合下列规定: 　3 用塞尺检查轴瓦和轴承座上的油挡间隙,应符合制造厂要求。 4.5.13 轴瓦紧力应符合制造厂要求,制造厂无要求时,应符合下列规定: 　1 圆柱形轴瓦紧力值宜为 0.05mm～0.15mm;球形轴瓦为 0.00mm～0.03mm,高中压缸两侧轴承座紧力值可适当放大,但冷态紧力最大值不得超过 0.25mm	查阅轴承座及轴瓦油挡间隙施工技术记录 组装数据:齐全,符合制造厂或规范要求

5.5 汽轮机转子的监督检查

5.5.1	检查转子轴颈椭圆度和不柱度记录符合规范规定	**1.《电力建设施工技术规范 第 3 部分:汽轮发电机组》DL 5190.3—2012** 4.6.2 转子安装前外观检查应符合下列规定: 　4 轴颈椭圆度、不柱度应小于 0.02mm	1. 查阅转子轴颈椭圆度和不柱度施工质量验收表 验收结论:合格 签字:相关方已签字
			2. 查阅转子轴颈椭圆度和不柱度施工技术记录 数据:齐全,符合制造厂或规范要求

续表

条款号	大纲条款	检查依据	检查要点
5.5.2	检查转子弯曲度记录符合厂家检验记录	**1.《电力建设施工技术规范 第3部分：汽轮发电机组》DL 5190.3—2012** 4.6.2 转子安装前外观检查应符合下列规定： 5 测量轴的弯曲度并做记录，其数据、相位应与制造厂总装记录相符。六级以上的套装叶轮转子中部的最大弯曲度差值应小于 0.06mm	1. 查阅转子弯曲度施工质量验收表 验收结论：合格 签字：相关方已签字 2. 查阅转子弯曲度施工技术记录 数据：齐全，符合制造厂或规范要求
5.5.3	全实缸状态下测量转子轴颈扬度符合厂家要求，并与记录相符	**1.《电力建设施工技术规范 第3部分：汽轮发电机组》DL 5190.3—2012** 4.6.4 汽轮机转子的轴颈扬度应按制造厂的要求确定，如制造厂未提供扬度要求，前（多缸）低压缸后轴颈处宜作为扬度零位基准点，其他轴颈的扬度应服从轴系找中心调整，数值仅做记录	1. 实测转子全实缸状态下轴颈扬度 轴颈扬度：符合制造厂要求，并与施工技术记录吻合 2. 查阅转子轴颈扬度施工质量验收表 验收结论：合格 签字：相关方已签字 3. 查阅转子轴颈扬度施工技术记录 数据：齐全，符合制造厂或规范要求

续表

条款号	大纲条款	检查依据	检查要点
5.5.4	检查转子推力盘端面飘偏记录符合规范规定	**1.《电力建设施工技术规范 第 3 部分：汽轮发电机组》DL 5190.3—2012** 4.6.2 转子安装前外观检查应符合下列规定： 　6 推力盘端面飘偏应小于 0.02mm，晃动应小于 0.03mm，不合格时应由制造厂处理	1. 查阅转子推力盘端面飘偏施工质量验收表 验收结论：合格 签字：相关方已签字 2. 查阅转子推力盘端面飘偏施工技术记录 数据：齐全，符合制造厂或规范要求
5.5.5	检查转子联轴器晃度及端面飘偏记录符合规范规定	**1.《电力建设施工技术规范 第 3 部分：汽轮发电机组》DL 5190.3—2012** 4.6.3 联轴器的检查应符合下列规定： 　3 联轴器端面应光洁无毛刺。刚性联轴器端面飘偏应小于 0.02mm，半刚性及接长轴上的联轴器端面飘偏应小于 0.03mm。联轴器外圆径向跳动的高、低点的数值和方位应分别做出记录。 　4 带有接长轴的转子，应测量接长轴的径向晃度，其晃度值应符合制造厂要求。 　5 联轴器端面止口外圆或内圆的径向晃度应小于 0.02mm，且两转子联轴器止口配合应符合制造厂要求	1. 查阅转子联轴器晃度及端面飘偏施工质量验收表 验收结论：合格 签字：相关方已签字 2. 查阅转子联轴器晃度及端面飘偏施工技术记录 数据：齐全，符合制造厂或规范要求
5.5.6	抽查转子对汽封（或油挡）洼窝中心记录符合厂家要求或规范规定	**1.《电力建设施工技术规范 第 3 部分：汽轮发电机组》DL 5190.3—2012** 4.6.5 单缸机组转子在汽缸内找中心应符合下列规定： 　1 转子缸内找中心应在制造厂指定的洼窝位置测量，以汽缸前、后汽封或油挡洼窝为准，测量部位应光洁，各次测量应在同一位置。	1. 查阅转子对汽封（或油挡）洼窝中心施工质量验收表 验收结论：合格 签字：相关方已签字

续表

条款号	大纲条款	检查依据	检查要点
5.5.6	抽查转子对汽封（或油挡）洼窝中心记录符合厂家要求或规范规定	4.9.3 汽轮机扣大盖前应完成下列各项工作并符合要求，且安装记录、签证应齐全： 8 汽轮机转子在汽封及油挡洼窝处的中心位置、转子轴系中心符合制造厂要求	2. 查阅转子对汽封（或油挡）洼窝中心施工技术记录 数据：齐全，符合制造厂或规范要求 3. 查阅转子对汽封（或油挡）洼窝中心强制性条文执行情况检查表 验收结果：已执行 验收签字：相关方已签字
5.5.7	全实缸状态下测量转子联轴器找中心数值符合厂家要求，与记录相符	**1.《电力建设施工技术规范　第3部分：汽轮发电机组》DL 5190.3—2012** 4.6.7 汽轮机轴系中心允许偏差应符合制造厂的要求，如制造厂没有要求时，应符合表4.6.7的规定	1. 实测全实缸状态下转子联轴器找中心 联轴器端面差：符合制造厂要求，与施工技术记录吻合。 联轴器圆周差：符合制造厂要求，与施工技术记录吻合 2. 查阅全实缸状态下测量转子联轴器找中心施工质量验收表 验收结论：合格 签字：相关方已签字 3.查阅全实缸状态下测量转子联轴器找中心施工技术记录 数据：齐全，符合制造厂或规范要求

条款号	大纲条款	检查依据	检查要点
5.5.8	转子定位后复测转子缸外轴向定位值，与记录相符	**1.《电力建设施工技术规范　第 3 部分：汽轮发电机组》DL 5190.3—2012** 4.7.11　通流部分间隙的测量应符合下列规定： 　　4　转子最终定位后应测取汽缸外部上汽封端面与该转子上外露的精密加工面的距离尺寸作为汽缸轴向位置定位的数据，测量部位应做出标记。 4.9.3　汽轮机扣大盖前应完成下列各项工作并符合要求，且安装记录、签证应齐全： 　　10　转子与汽缸已经相对定位，定位位置已做标记，数值已做记录	1. 实测转子定位后缸外轴向定位尺寸 转子缸内轴向定位：位置及数据与制造厂图纸相符 缸外轴向定位值测量部位及数据：标记清晰，测量位置和数据与记录吻合 2. 查阅转子定位后缸外轴向定位尺寸施工质量验收表 验收结论：合格 签字：相关方已签字 3. 查阅转子定位后缸外轴向定位尺寸施工技术记录 数据：记录与实测数据吻合
5.6　通流部分的监督检查			
5.6.1	静叶持环或隔板（包括回转隔板）安装符合厂家要求，并与记录相符	**1.《电力建设施工技术规范　第 3 部分：汽轮发电机组》DL 5190.3—2012** 4.7.2　隔板和隔板套安装前检查应符合下列规定： 　　4　隔板和隔板套的水平结合面间隙检查应符合下列规定。 　　1）高、中压隔板，隔板套自由状态时应小于 0.05mm； 　　2）低压隔板、隔板套自由状态时应小于 0.10mm，螺栓紧固后间隙应小于 0.05mm； 　　3）铸钢隔板自由状态时应小于 0.05mm； 　　4）铸铁隔板自由状态时应小于 0.10mm，斜切面应小于 0.05mm。	1. 查阅静叶持环或隔板（包括回转隔板）施工质量验收表 验收结论：合格 签字：相关方已签字

续表

条款号	大纲条款	检查依据	检查要点
5.6.1	静叶持环或隔板（包括回转隔板）安装符合厂家要求，并与记录相符	5 定位上下两半隔板、隔板套的销键和相对应槽孔的配合间隙宜为 0.05mm～0.08mm。 6 隔板、隔板套、汽缸间的膨胀间隙应符合图纸要求。隔板挂耳垫片应接触密实，不得超过三片，垫片材质应满足工作温度的要求。 9 静叶持环、平衡活塞的汽封套、轴封套的轴向窜量应符合制造厂要求，制造厂无要求时，高压缸宜为 0.15mm～0.25mm，低压缸宜为 0.40mm～0.50mm。 4.7.3 隔板找中心应符合下列规定： 10 隔板洼窝中心的左右允许偏差，高、中压缸为 0.05mm，低压缸为 0.08mm；隔板洼窝中心的上下允许偏差为 0.05mm，中心允许偏下。 4.7.4 回转隔板的检查和安装除执行本部分 4.7.2 和 4.7.3 的规定外，尚应符合下列规定： 1 动静部分的结合面用 0.05mm 塞尺检查无间隙； 2 回转隔板组装完毕应锁紧紧固螺栓； 3 汽轮机扣大盖前回转隔板应进行动作试验，隔板转动应灵活，全开和全关位置应与油动机对应，符合图纸要求，指示正确	2. 查阅静叶持环或隔板（包括回转隔板）施工技术记录 记录：项目、数据齐全，符合制造厂要求
5.6.2	全实缸状态下抽测轴封及通流间隙符合厂家要求，与记录相符	**1.《电力建设施工技术规范 第 3 部分：汽轮发电机组》DL 5190.3—2012** 4.7.8 汽封间隙的测定应符合下列规定： 1 汽封间隙，复环的阻汽片，应逐个进行测量并记录； 2 测量汽封间隙轴向间隙时……转子的推力盘应靠近推力瓦工作面； 3 汽封的轴向间隙，可用楔形塞尺在汽封两侧进行测量； 4 汽封径向的左右侧间隙应用塞尺测量，上下间隙可用贴橡皮膏法或压熔丝法间隙测量，采用压熔丝法进行测量时，应临时固定轴封块； 5 汽封径向及轴向间隙应符合制造厂要求……如汽封间隙数据不符合制造厂的要求，则制造厂应做出明确说明并认可。	1. 实测全实缸状态下轴封、隔板及围带汽封间隙 间隙值：贴橡皮膏检查的数据符合制造厂要求，并与施工技术记录吻合 2. 实测半实缸状态下轴封及通流间隙 测量结果：抽测到的数据符合制造厂要求，并与施工技术记录吻合

续表

条款号	大纲条款	检查依据	检查要点
5.6.2	全实缸状态下抽测轴封及通流间隙符合厂家要求，与记录相符	4.7.9 汽封的径向间隙不合格时，应按下列规定进行调整： 1 径向汽封间隙过大时，可以修刮汽封块在洼窝中承力的接触部位； 2 间隙过小时修刮或加工汽封片边缘使其尖薄平滑； 4 汽封块的退让间隙应符合图纸要求； 5 汽封间隙调整结束后，应测量整圈汽封块的膨胀间隙，宜为 0.20mm～0.25mm，相邻两个弧段端部的接触面应密实。 4.7.10 可调式汽封安装……并应符合下列规定： 2 安装汽封前需调整好洼窝中心，保证左右两侧差值小于 0.10mm；左右间隙和的平均值与下部间隙差值小于 0.05mm。 4.7.11 通流部分间隙的测量应符合下列规定： 1 通流部分间隙应符合图纸要求，测量后的记录应比对制造厂的出厂记录。 2 测量通流间隙前应先按制造厂提供的第一级喷嘴与转子叶轮间的间隙值对转子进行定位。定位时，转子推力盘应紧贴工作面。 3 第一次测定时应使车头侧危急遮断器的飞锤向上；第二次测量时顺转子运行方向旋转 90°，每次应测量左右两侧间隙。 4.7.14 通流部分间隙及汽封轴向间隙不合格时，应由制造厂确定处理方案	3. 查阅轴封及通流间隙施工质量验收表 验收结论：合格 签字：相关方已签字 4. 查阅轴封及通流间隙施工技术记录 测量数据：0°、90°方位数据齐全；超标数值有制造厂认可的文件
5.6.3	全实缸状态下做转子推拉试验，推拉值满足要求，与记录相符	**1.《电力建设施工技术规范 第 3 部分：汽轮发电机组》DL 5190.3—2012** 4.7.12 调速级与转向导叶环上半部的最小轴向间隙，可采用前后顶动汽轮机转子的方法进行。测量时应拆除可能阻挡转子前后位移的部件，并防止顶坏设备。 4.7.13 转子轴向窜动的最终记录，在完成汽轮机扣盖工作后，以热工整定轴向位移指示时测量的数据为准。	1. 实测全实缸状态下，转子推拉试验 测量结果：基本符合制造厂要求，并与施工技术记录吻合 2. 查阅全实缸状态下，转子推拉试验施工质量验收表 验收结论：合格 签字：相关方已签字

条款号	大纲条款	检查依据	检查要点
5.6.3	全实缸状态下做转子推拉试验，推拉值满足要求，与记录相符	4.9.3 汽轮机扣大盖前应完成下列各项工作并符合要求，且安装记录、签证应齐全： 12 汽轮机转子在合实缸的情况下，已进行轴向间隙推拉检查、测量及定位，且应符合制造厂设计要求并做记录	3. 查阅全实缸状态下，转子推拉试验施工技术记录 数据：齐全，符合制造厂要求 4. 查阅全实缸状态下，转子推拉试验强制性条文执行情况检查表 验收结果：已执行 验收签字：相关方已签字

5.7　焊接与金属监督的监督检查

条款号	大纲条款	检查依据	检查要点
5.7.1	汽缸及缸内合金钢零部件及与汽缸连接的合金钢管材质光谱复查报告齐全，符合厂家图纸要求	**1.《电力建设施工技术规范　第3部分：汽轮发电机组》DL 5190.3—2012** 3.1.9　设备中的零部件和紧固件安装前应按 DL/T438《火力发电厂金属技术监督规程》和 DL/T 439《火力发电厂高温紧固件技术导则》规定的范围和比例进行光谱、无损探伤、金相、硬度等检验，并与制造厂图纸和相关标准相符。 4.1.4　合金钢部件的检查安装除应按 3.1.9 的规定执行外，尚应符合下列规定： 1 制造厂厂内装配、现场不再拆卸的组件，制造厂应出具有效的质量证明文件； 2 汽缸内部件材质的检查确认应在汽轮机扣盖前全部完成。 4.9.3　汽轮机扣大盖前应完成下列各项工作并符合要求，且安装记录、签证应齐全： 14 汽缸内全部合金钢部件已做光谱复查并符合要求； 15 高温紧固件已做硬度及光谱复查符合制造厂要求并做记录。 **2.《火力发电厂金属技术监督规程》DL/T 438—2016** 12.1.3　汽轮机安装前，应由有资质的检测单位进行如下检验： a）对汽轮机转子、叶轮、叶片、喷嘴、隔板和隔板套等部件进行外观检验，对易出现缺陷的部位重点检查，应无裂纹、严重划痕、碰撞痕印，依据检验结果做出处理措施。对一些可疑缺陷，必要时进行表面探伤。	1. 查阅金属监督检测一览表：项目、比例是否符合规程 2. 查阅汽缸及缸内合金钢零部件及与汽缸连接的合金钢管材质光谱检测（无损检测）报告 检验项目和数量：符合规范要求，并有统计清单； 材质分析结果：符合厂家图纸要求 签字及盖章：齐全

续表

条款号	大纲条款	检查依据	检查要点
5.7.1	汽缸及缸内合金钢零部件及与汽缸连接的合金钢管材质光谱复查报告齐全，符合厂家图纸要求	b）对汽轮机转子进行硬度检验，圆周不少于 4 个截面，且应包括转子两个端面，高中压转子有一个截面应选在调速级轮盘侧面；每一截面周向间隔 90°进行硬度检验，同一圆周线上的硬度值偏差不应超过Δ30HB，同一母线的硬度值偏差不应超过Δ40HB。硬度检查按本标准 7.1.5 执行，若硬度偏离正常值幅度较多，应分析原因，同时进行金相组织检验。 c）若质量证明书中未提供转子探伤报告或对其提供的报告有疑问时，应进行无损探伤。转子中心孔无损探伤按 DL/T 717 执行，焊接转子无损探伤按 DL/T 505 执行，实心转子探伤按 DL/T 930 执行。 d）各级推力瓦和轴瓦应按 DL/T 297 进行超声波探伤，检查是否有脱胎或其他缺陷。 e）镶焊有司太立金的叶片，应对焊缝进行无损探伤。叶片无损探伤按 DL/T 714、DL/T 925 执行。 f）对隔板进行外观质量检验和表面探伤。 15.1.3 部件安装前，应由有资质的检测单位进行以下检验： a）……对一些可疑缺陷，必要时进行表面探伤；若存在超标缺陷，则应完全清除，清理处的实际壁厚不应小于壁厚偏差所允许的最小值且应圆滑过渡；若清除处的实际壁厚小于壁厚的最小值，则应进行补焊。对挖补部位应进行无损探伤和金相、硬度检验。汽缸补焊参照 DL/T 753 执行。 b）若汽缸坯料补焊区硬度偏高，补焊区出现淬硬马氏体组织，应重新挖补并进行硬度、无损检测。 c）若汽缸坯料补焊区发现裂纹，应打磨消除并进行无损检测；若打磨后的壁厚小于壁厚的最小值，应重新补焊。 d）对汽缸的螺栓孔进行无损探伤。 e）若制造厂未提供部件探伤报告或对其提供的报告有疑问时，应进行无损探伤；若含有超标缺陷，应加倍复查。铸钢件的超声波检测、渗透检测、磁粉检测和射线检测分别按 GB/T 7233、GB/T 9443、GB/T 9444 和 GB/T 5677 执行。 f）对铸件进行硬度检验，特别要注意部件的高温区段。硬度检查按本标准 7.1.5 执行，若硬度偏离正常值幅度较多，应分析原因，同时进行金相组织检验	

续表

条款号	大纲条款	检查依据	检查要点
5.7.2	抽查与汽缸相连的主要管道焊接检验报告、热处理资料,内容完整,报告(含底片)齐全	**1.《电力建设施工技术规范 第3部分:汽轮发电机组》DL 5190.3—2012** 4.9.3 汽轮机扣大盖前应完成下列各项工作并符合要求,且安装记录、签证应齐全: 16 对汽缸几何尺寸、轴系中心、通流间隙、轴封间隙有影响的热力管道已完成连接。 **2.《火力发电厂焊接热处理技术规程》DL/T 819—2010** 10 技术文件 10.1 焊接热处理施工应具有与焊接工艺评定参数相适应的现场热处理作业指导书或工艺卡,应具有现场焊接热处理操作记录、焊接热处理工作统计表……、焊后热处理质量评价表。 10.2 工程竣工后移交的焊接技术资料中焊接热处理技术资料包括: a)焊接热处理自动记录曲线。 b)焊接热处理工作统计表。 c)焊后热处理质量评价表。 d)相应的试验、检测报告。 **3.《火力发电厂焊接技术规程》DL/T 869—2012** 6.3 焊接接头无损检测 6.3.2 经射线检测怀疑为面积型缺陷时,应该采用超声波检测方法进行确认。 6.3.3 对下列部件的焊接接头的无损检测应执行如下具体规定: a)厚度不大于20mm的汽、水管道采用超声波检测时,还应进行射线检测,其检测数量为超声波检测数量的20%。 b)厚度大于20mm的管道和焊件,射线检测或超声波检测可任选其中一种。 c)需进行无损检测的角焊缝可采用磁粉检测或渗透检测。 6.3.4 对同一焊接接头同时采用射线和超声波两种方法进行检测时,均应合格。 **4.《金属熔化焊对接接头射线检测技术和质量分级》DL/T 821—2017** 8.1 检测报告主要内容应包括:产品名称、检测标准、检测部位、使用设备、成像条件、缺陷情况、验收标准和质量等级、返修情况、检验人员及其资格等级和照相日期等……	查阅与汽缸相连的主要管道焊接检验报告、热处理资料 焊接检验报告:项目齐全,有结论,相关方已签字或盖章 热处理资料:项目齐全,有热处理曲线记录

条款号	大纲条款	检查依据	检查要点
5.7.2	抽查与汽缸相连的主要管道焊接检验报告、热处理资料，内容完整，报告（含底片）齐全	**5.《管道焊接接头超声波检测技术规程》DL/T 820—2002** 4.12 报告 检验报告至少应包括以下内容： a）委托单位、报告编号； b）工件名称、编号、材料种类、热处理状态、检测表面的粗糙度； c）探伤仪、探头、试块和检测灵敏度； d）超声检测区域应在草图上予以标明，如有因几何形状限制而检测不到的部位，也应加以说明； e）缺陷的类型、尺寸、位置和分布； f）检验结果、缺陷等级评定及检验标准名称； g）检验人员和责任人员签字及其技术资格； h）检验日期 **6.《火力发电厂焊接接头相控阵超声检测技术规程》DL/T 1718—2017** 13.1 检测报告 13.1.1 检测报告至少包括以下内容： a）委托单位或指令。 b）检测标准。 c）被检工件：名称、编号、规格、材质、坡口形式、焊接方法及热处理状态。 d）检测设备及器材：相控阵仪器、相控阵探头、扫查装置、试块、耦合剂。 e）检测工艺参数：扫描类型、显示方式、扫描方式、探头配置及扫查灵敏度。 f）检测工艺确认：理论模拟软件演示的检测区域覆盖图及参数。 g）检测示意图：检测部位以及所发现的缺陷位置和分布图。 h）检测数据：检测数据以电子版形式保存。 i）检测结论：评定出缺陷位置、尺寸及质量级别。 j）检测人员和审核人员的资质及签字。 k）检测日期	

条款号	大纲条款	检查依据	检查要点
5.7.3	轴瓦及推力瓦脱胎检测报告齐全	**1.《火力发电厂金属技术监督规程》DL/T 438—2016** 12.1.3 汽轮机安装前，应由有资质的检测单位进行如下检验： 　d）各级推力瓦和轴瓦应按 DL/T 297 进行超声波探伤，检查是否有脱胎或其他缺陷	1. 金属监督检测一览表 2. 检测作业指导书（工艺卡）：编制依据有效、检测参数符合标准规范 3. 查阅轴瓦及推力瓦脱胎检测报告 结论：无脱胎现象
5.7.4	高温紧固件的硬度复测、光谱检测及金相抽查符合厂家要求或规范规定，检测报告齐全	**1.《电力建设施工技术规范　第3部分：汽轮发电机组》DL 5190.3—2012** 3.1.9 设备中的零部件和紧固件安装前应按 DL/T 438《火力发电厂金属技术监督规程》和 DL/T 439《火力发电厂高温紧固件技术导则》规定的范围和比例进行光谱、无损探伤、金相、硬度等检验，并与制造厂图纸和相关标准相符。 4.1.4 合金钢部件的检查安装除应按 3.1.9 的规定执行外，尚应符合下列规定： 　1 制造厂厂内装配、现场不再拆卸的组件，制造厂应出具有效的质量证明文件； 　2 汽缸内部件材质的检查确认应在汽轮机扣盖前全部完成。 4.9.3 汽轮机扣大盖前应完成下列各项工作并符合要求，且安装记录、签证应齐全： 　15 高温紧固件已做硬度及光谱复查符合制造厂要求并做记录。 **2.《火力发电厂高温紧固件技术导则》DL/T 439—2018** 4.1.3 对大于或等于 M32 的螺栓均应依据 DL/T 694 进行 100%超声检测，…… 4.1.4 合金钢、高温合金紧固件应进行 100%光谱检验，…… 4.1.5 大于或等于 M32 的螺栓应按 GB/T 231.1 或 DL/T 1719 进行 100%布氏硬度检测，…… 4.1.6 对大于或等于 M32 的螺栓应按 DL/T 884 进行金相组织抽检，…… 4.1.7 20Cr1Mo1VNbTiB、20Cr1Mo1VNbB 钢制螺栓应在螺栓端面进行晶粒级别检验，……	查阅高温紧固件的超声波检测、硬度复测、光谱检测及金相抽查报告 报告：项目齐全，相关方已签字或盖章

条款号	大纲条款	检查依据	检查要点
5.7.4	高温紧固件的硬度复测、光谱检测及金相抽查符合厂家要求或规范规定，检测报告齐全	**3.《火力发电厂金属技术监督规程》DL/T 438—2016** 14.1 大于或等于 M32 的高温紧固件的质量检验按 DL/T 439、GB/T 20410 相关条款执行。 14.2 高温紧固件的选材原则、安装前和运行期间的检验、更换及报废按 DL/T 439 中的相关条款执行。紧固件的超声波检测按 DL/T 694 执行。 14.3 高温紧固件材料的非金属夹杂物、低倍组织和 δ-铁素体含量按 GB/T 20410 相关条款执行。 14.6 汽轮机/发电机大轴联轴器螺栓安装前应进行外观质量、光谱、硬度检验和表面探伤，机组每次检修应进行外观质量检验，按数量的 20% 进行无损探伤抽查。 14.8 IN 783、GH 4169 合金制螺栓，安装前应按数量的 10% 进行无损检测，光杆部位进行超声波检测，螺纹部位渗透检测；安装前应按 100% 进行硬度检测，若硬度超过 370HB，应对光杆部位进行超声波检测，螺纹部位渗透检测；安装前对螺栓表面进行宏观检验，特别注意检查中心孔表面的加工粗糙度。 14.9 对国外引进材料制造的螺栓，若无国家或行业标准，应见证制造厂企业标准，明确螺栓强度等级	
5.8　验收及缺陷处理的监督检查			
5.8.1	扣盖前相关检验批、分项、分部工程验收和隐蔽验收签证资料完整	**1.《电力建设施工技术规范　第3部分：汽轮发电机组》DL 5190.3—2012** 4.9　汽轮机扣大盖 4.9.3　汽轮机扣大盖前应完成下列各项工作并符合要求，且安装记录、签证应齐全： 1　垫铁调整结束，地脚螺栓紧固； 2　台板纵横滑销、汽缸立销和猫爪横销调整结束并记录； 3　内缸猫爪、纵横滑销和轴向定位销间隙调整结束并记录； 4　汽缸水平结合面间隙符合要求； 5　各汽轮机转子轴颈椭圆度和不柱度、对轮晃度及瓢偏、推力盘瓢偏、转子弯曲度符合要求并记录；	查阅扣盖前相关检验批、分项、分部工程验收和隐蔽验收签证 签证内容：与隐蔽工程要求一致 验收结论：合格 验收签字：相关方已签字

条款号	大纲条款	检查依据	检查要点
5.8.1	扣盖前相关检验批、分项、分部工程验收和隐蔽验收签证资料完整	6 汽缸水平扬度、凝汽器与汽缸连接前、后的转子扬度记录； 7 汽缸已经按照制造厂要求进行负荷分配并记录； 8 汽轮机转子在汽封及油挡洼窝处的中心位置、转子轴系中心符合制造厂要求； 9 隔板中心调整结束并记录； 10 转子与汽缸已经相对定位，定位位置已做标记，数值已记录； 11 汽封及通流部分间隙符合制造厂要求并做记录； 12 汽轮机转子在合实缸状态下，已进行轴向间隙推拉检查、测量和定位，且应符合制造厂设计要求并做记录； 13 法兰加热装置渗漏试验符合要求并做记录； 14 汽缸内全部合金钢部件已做光谱复查并符合要求； 15 高温紧固件已做硬度及光谱复查符合制造厂要求并做记录； 16 对汽缸几何尺寸、轴系中心、通流间隙、轴封间隙有影响的热力管道已完成连接； 17 汽缸、管段、蒸汽室内部已彻底清理，管口、仪表插座和堵头已封闭； 18 汽缸内部的疏水口畅通，热工元件安装结束	强制性条文执行情况检查表 验收结果：已执行 验收签字：相关方已签字
5.8.2	设备缺陷记录及处理验收记录齐全	**1.《电力建设施工质量验收规程　第3部分：汽轮发电机组》DL/T 5210.3—2018** 3.0.6 施工质量存在不符合项时，应进行登记备案并按下列规定进行处理： 　1　经返工或更换器具、设备的检验项目，应重新进行验收。 　2　经返修处理能满足安全使用功能的检验项目，可按技术处理方案和协商文件进行验收。 　3　因设计、设备、施工原因造成的不符合项，经返工或返修处理后，仍未完全满足标准规定，但经鉴定机构或相关单位鉴定，不影响内在质量、使用寿命、使用功能、安全运行的项目，经建设单位会同设计单位、制造单位、监理单位、总承包单位和施工单位共同书面确认签字后，可做让步处理。经让步处理的项目不再进行二次验收，但应在验收结果栏内注明，书面报告应附在该验收表后	查阅设备缺陷记录及处理验收记录 设备缺陷通知单：缺陷情况描述准确，处理意见明确，已签字 设备缺陷处理报验单：验收结论合格，签字齐全；当处理结果无法满足质量要求时，已办理让步处理手续

条款号	大纲条款	检查依据	检查要点
6　质量监督检测			
6.0.1	开展现场质量监督检查时,应重点对下列项目的检测试验报告进行查验,必要时可进行验证性抽样检测。对检验指标或结论有怀疑时,必须进行检测	在开展质量监督检查过程中,首先根据工程建设标准强制性条文涉及的内容,进行抽查核验;其次将按照国家、行业标准、规程、规范的规定内容抽查验证本阶段的检测试验项目要求;最后结合专业技术、质量内容要求实施监督检测	1. 查验有关检测试验项目中报告依据、检测试验参数、数据结果等内容的符合性
			2. 对于重点项目、主要工序、关键部位的检测试验项目要进行验证性抽样检测试验活动
			3. 查验过程中,对于检测试验报告中的指标、数据结果、结论有怀疑,需要对该报告的检测试验项目进行检测试验活动
(1)	汽缸及缸内合金钢零部件的材质检测（光谱分析部分）	**1.《电力建设施工技术规范　第 3 部分：汽轮发电机组》DL 5190.3—2012** 3.1.9　设备中的零部件和紧固件安装前应按《火力发电厂金属技术监督规程》DL/T 438 和《火力发电厂高温紧固件技术导则》DL/T 439 规定的范围和比例进行光谱、无损探伤、金相、硬度等检验,并与制造厂图纸和相关标准相符。 4.9.3　汽轮机扣大盖前应完成下列各项工作并符合要求,且安装记录、签证应齐全： 14　汽缸内全部合金钢部件已做光谱复查并符合要求; 15　高温紧固件已做硬度及光谱复查符合制造厂要求并做记录。	1. 查验抽测金属检测专业施工组织设计 光谱检测项目：符合 DL 5190.3 的要求 光谱检测方法：符合 DL/T 991 的要求 光谱检测比例：符合 DL/T439 的要求

条款号	大纲条款	检查依据	检查要点
（1）	汽缸及缸内合金钢零部件的材质检测（光谱分析部分）	**2.《火力发电厂金属技术监督规程》DL/T 438—2016** 5.4　凡是受监范围的合金钢材料及部件，在制造、安装或检修中更换时，应验证其材料牌号，防止错用。安装前应进行光谱检验，确认材料无误，方可投入运行。 **3.《火力发电厂高温紧固件技术导则》DL/T 439—2018** 4.1.4　合金钢、高温合金紧固件应进行100%光谱检验，……	2. 查验抽测光谱检验作业指导书 　光谱检测方法：符合 DL/T 991 的要求 　光谱检测时机：符合 DL/T 438 的要求 　光谱检测项目：符合 DL 5190.3 的要求 3. 查验抽测光谱分析委托单 　委托项目：符合 DL 5190.3 的要求 　委托数量：符合 DL/T 439 的要求 4. 查验抽测光谱检测报告 　检测数量：符合 DL 5190.3 的要求 　检测结论：符合设计要求 5. 查验抽测合金部件光谱分析质量 　合金元素成分：符合设计要求

续表

条款号	大纲条款	检查依据	检查要点
（1）	汽缸及缸内合金钢零部件的材质检测（硬度检测部分）	**1.《电力建设施工技术规范　第3部分：汽轮发电机组》DL 5190.3—2012** 3.1.9　设备中的零部件和紧固件安装前应按《火力发电厂金属技术监督规程》DL/T 438 和《火力发电厂高温紧固件技术导则》DL/T 439 规定的范围和比例进行光谱、无损探伤、金相、硬度等检验，并与制造厂图纸和相关标准相符。 4.9.3　汽轮机扣大盖前应完成下列各项工作并符合要求，且安装记录、签证应齐全： 15　高温紧固件已做硬度及光谱复查符合制造厂要求并做记录。	1. 查验抽测金属检测专业施工组织设计 硬度检测项目：符合 DL 5190.3 的要求 硬度检测方法：符合 GB/T 17394 的要求 硬度检测比例：符合 DL/T 439 的要求 2. 查验抽测硬度作业指导书 硬度检测方法：符合 GB/T 17394 的要求 硬度检测范围：符合 DL 5190.3 的要求 硬度检测项目：符合 DL 5190.3 的要求 3. 查验抽测委托单 委托项目：符合 DL 5190.3 的要求 委托范围：符合 DL 5190.3 的要求 抽查比例：符合 DL/T 439 的要求

条款号	大纲条款	检查依据	检查要点
（1）	汽缸及缸内合金钢零部件的材质检测（硬度检测部分）	**2.《火力发电厂高温紧固件技术导则》DL/T 439—2018** 4.1.5 大于或等于 M32 的螺栓应按 GB/T 231.1 或 DL/T 1719 进行 100%布氏硬度检测，……	4. 查验抽测硬度检测报告 检测数量：符合规程要求 检测结论：高温紧固件硬度值符合设计或规程要求，报告中硬度值的表述准确性
			5. 查验抽测高温紧固件硬度检测质量 高温紧固件硬度：符合设计要求
（2）	与汽缸连接的合金钢管的材质及其焊口的光谱、硬度、无损检测（无损检测部分）	**1.《火力发电厂焊接技术规程》DL/T 869—2012** 6.1.3 焊接接头质量分类检查的方法、范围及比例按表 5 规定执行 6.3 焊接接头无损检测 6.3.3 对下列部件的焊接接头的无损检测应执行如下具体规定： 　　a）厚度不大于 20mm 的汽、水管道采用超声波检测时，还应进行射线检测，其检测数量为超声波检测数量的 20%。 　　b）厚度大于 20mm 的管道和焊件，射线检测或超声波检测可任选其中一种。 　　c）需进行无损检测的角焊缝可采用磁粉检测或渗透检测。	1. 查验抽测机组金属检测试验统计一览表 焊接无损检测项目：符合 DL/T 869 的要求 焊接无损检测方法：符合 DL/T 869 的要求 焊接无损检测比例：符合 DL/T 869 的要求 冷却管无损检测范围：符合 DL/T 5190.3 的要求 螺栓无损检测范围：符合 DL/T 439 的要求

条款号	大纲条款	检查依据	检查要点
（2）	与汽缸连接的合金钢管的材质及其焊口的光谱、硬度、无损检测（无损检测部分）	**2.《电力建设施工技术规范 第3部分：汽轮发电机组》DL 5190.3—2012** 7.3.4 与汽缸或其他设备相连接的管道安装应符合下列规定： 　10 汽缸与一次门间的管道焊缝应进行100%无损检验。 8.2.4 冷却管穿胀前应进行检查并符合下列规定： 　2. 冷却管应具备出厂合格证、物理性能及热处理证件，并应抽查冷却管总数的5%进行涡流探伤。抽样方法按批量或存放环境确定。不合格管数量达安装总数的1%时，应逐根进行试验。	2. 查验抽测金属专业施工组织设计 　焊口检测项目：符合DL/T 869的要求 　冷却管检测比例：符合DL 5190.3的要求 　合格级别：符合验收规范要求 3. 查验抽测作业指导书 　RT/UT检测：符合DL/T 869的要求 　ECT检测：符合DL 5190.3的要求 　螺栓检测：符合DL/T 439的要求 4. 查验抽测凝汽器无损检测资料 　ECT检测：符合DL 5190.3的要求 　PT检测：符合DL 1097的要求 5. 查验抽测焊口超声检测报告 　检测比例：符合DL/T 869的要求 　检测条件：符合DL/T 820的要求 　评定结果：符合Ⅰ级质量的要求

续表

条款号	大纲条款	检查依据	检查要点
（2）	与汽缸连接的合金钢管的材质及其焊口的光谱、硬度、无损检测（无损检测部分）	**3.《火电厂凝汽器管板焊接技术规程》DL/T 1097—2008** 6.2　焊接接头的检测方式分为外观检查和渗透检测，其方法及范围见表2。 表2中规定渗透检测范围100%。 6.7　焊缝渗透检测的合格标准：无任何缺陷显示	6. 查验抽测焊口超声检测内部质量及缺陷评定 　大径管焊口：符合 DL/T 820、DL/T 1718 的要求 　小径管焊口：符合 DL/T 820、DL/T 1718 的要求 　缺陷评定：符合 DL/T 820、DL/T 1718 的要求 　返修焊口：符合 DL/T 869 的质量要求 7. 查验抽测射线检测报告 　检测数量：符合金属检测统计一览表，与委托单的对应 　检测比例：符合 DL/T 869 的要求 　评定结果：符合 II 级质量的要求 8. 查验抽测焊口超声检测报告 　检测比例：符合 DL/T 439 的要求 　检测条件：符合 DL/T 694 的要求 　评定结果：符合 DL/T 694 的要求

续表

条款号	大纲条款	检查依据	检查要点
（2）	与汽缸连接的合金钢管的材质及其焊口的光谱、硬度、无损检测（光谱分析部分）	**1.《电力建设施工技术规范　第3部分：汽轮发电机组》DL 5190.3—2012** 3.1.9　设备中的零部件和紧固件安装前应按《火力发电厂金属技术监督规程》DL/T 438—2016规定进行光谱、硬度、金相、无损检测等检验。 7.1.3　汽轮机本体范围内管道的合金钢管材及附件在组装前应进行光谱检验，复查材质并做好记录。易产生裂纹的高合金钢材料，如 T91/P91，T92/P92，P911，P122 等检验后应及时用砂轮或砂布除去燃弧斑点。 **2.《火力发电厂金属技术监督规程》DL/T 438—2016** 5.4　凡是受监范围的合金钢材料及部件，在制造、安装或检修中更换时，应验证其材料牌号，防止错用。安装前应进行光谱检验，确认材料无误，方可使用。	1. 查验抽测金属检测专业施工组织设计 　光谱检测项目：符合 DL 5190.3 的要求 　光谱检测方法：符合 DL/T 991 的要求 　光谱检测比例：符合 DL 5190.3 的要求 2. 查验抽测光谱检验作业指导书 　光谱检测方法：符合 DL/T 991 的要求 　光谱检测时机：符合 DL/T 438 的要求 　光谱检测项目：符合 DL 5190.3 的要求 3. 查验抽测光谱分析委托单 　委托项目：符合 DL 5190.3 的要求 　委托数量：符合 DL 5190.5 的要求

条款号	大纲条款	检查依据	检查要点
（2）	与汽缸连接的合金钢管的材质及其焊口的光谱、硬度、无损检测（光谱分析部分）	**3.《火力发电厂焊接技术规程》DL/T 869—2012** 6.4　焊缝金属光谱分析 6.4.1　耐热钢部件焊后应对焊缝金属按照 DL/T 991 进行光谱分析复检，复检比例如下： 　　　　b）其他管子及管道的Ⅰ类焊缝 100%。 6.4.2　高合金部件焊缝金属进行光谱分析后应磨去弧光灼烧点。 6.4.3　经光谱分析确认材质不符的焊缝应判定为不合格焊缝	4. 查验抽测光谱检测报告 　检测数量：符合 DL 5190.3 的要求 　检测结论：符合设计要求 5. 查验抽测合金部件光谱分析质量 　合金元素成分：符合设计要求
（2）	与汽缸连接的合金钢管的材质及其焊口的光谱、硬度、无损检测（硬度及金相检测部分）	**1.《火力发电厂焊接技术规程　第 3 部分：汽轮发电机组》DL/T 869—2012** 7.3.1　同种钢焊接接头热处理后焊缝的硬度，不超过母材布氏硬度值加 100HBW，且不超过下列规定：合金总含量小于或等于 3%，布氏硬度值不大于 270HBW；合金总含量小于 10%，且不小于 3%，布氏硬度值不大于 300HBW。 7.3.2　异种钢焊接接头焊缝硬度检验应根据 DL/T 752 的规定。 7.3.3　焊缝硬度不应低于母材硬度的 90%。	1. 查验抽测金属检测专业施工组织设计 　硬度检测项目：符合 DL/T 869 的要求 　硬度检测方法：符合 GB/T 17394 的要求 　硬度检测比例：符合 DL/T 869 的要求 　金相检测项目：符合 DL/T 869 的要求 　金相检测方法：符合 DL/T 884 的要求 　金相检测比例：符合 DL/T 869 的要求

条款号	大纲条款	检查依据	检查要点
（2）	与汽缸连接的合金钢管的材质及其焊口的光谱、硬度、无损检测（硬度及金相检测部分）	**2.《火力发电厂异种钢焊接技术规程》DL/T 752—2010** 8.5　焊后热处理自动记录曲线出现异常或对焊后热处理质量有怀疑时，应进行硬度和金相检验，并符合下列规定： 　a）可采用里氏硬度计，按照 GB/T 17394 的规定检测硬度，换算的焊缝布氏硬度值不应超出接头两侧母材的实际布氏硬度平均值的 90%。对于不进行焊后热处理和采用奥式体型或镍基焊材的焊接接头，可不进行焊接硬度检验。 **3.《火力发电厂金属技术监督规程》DL/T 438—2016** 7　主蒸汽管道和再热蒸汽管道及导汽管的金属监督 7.1.18　安装前，安装单位应对合金钢管、合金钢制管件（弯头/弯管、三通、异径管）100% 进行光谱检验，…… 7.1.21　安装焊缝的外观、光谱、硬度、金相组织检验和无损探伤比例、质量要求按 DL/T 869 中的规定执行……	**2. 查验抽测作业指导书** 　硬度检测方法：符合 GB/T 17394 的要求 　硬度检测时机：符合 DL/T 869 的要求 　硬度检测项目：符合 DL/T 869 的要求 　金相检测方法：符合 DL/T 884 的要求 　金相检测项目：符合 DL/T 869 的要求 　金相检测范围：符合 DL/T 438 的要求 **3. 查阅委托单** 　委托项目：符合 DL/T 869 的要求 　委托数量：符合 DL/T 869 的要求 　抽查范围：符合 DL/T 438 的要求 **4. 查验抽测检测报告** 　硬度检测数量：符合 DL/T 869 的要求 　硬度值：符合 DL/T 869 的要求 　金相检测数量：符合 DL/T 869 的要求

续表

条款号	大纲条款	检查依据	检查要点
（2）	与汽缸连接的合金钢管的材质及其焊口的光谱、硬度、无损检测（硬度及金相检测部分）	7.3.4 对于公称直径大于150mm或壁厚大于20mm的管道，100%进行焊缝的硬度检验，其余规格管道的焊接接头按5%抽检；焊后热处理记录显示异常的焊缝应进行硬度检验；焊缝硬度应控制在185HB～270HB，热影响区的硬度应高于或等于175HB。 7.3.7 对于公称直径大于150mm或壁厚大于20mm的管道，按20%进行焊接接头的金相组织检验。焊缝组织中的δ-铁素体含量不超过3%，最严重的视场不超过10%；熔合区金相组织中的δ-铁素体含量不超过10%，最严重的视场不超过20%	金相检测结论：符合 DL/T 869 的要求 照片放大倍数：符合 DL/T884 的要求 5. 查验抽测检测质量 金相组织：符合 DL/T 869 的要求 焊缝硬度：符合 DL/T 869 的要求

第 **7** 部分

厂用电系统受电前监督检查

条款号	大纲条款	检查依据	检查要点
4 责任主体质量行为的监督检查			
4.1 建设单位质量行为的监督检查			
4.1.1	组织完成厂用电系统受电范围内建筑工程验收	**1.《火力发电建设工程启动试运及验收规程》DL/T 5437—2009** 3.3.3.3 （分部试运应具备下列条件）相应的建筑和安装工程已完工，并已按电力行业有关电力建设施工质量验收规程验收签证，技术资料齐全。 3.4.2.2 （整套启动试运应具备下列条件）建筑安装工程已验收合格,满足试运要求;…… 5 "附录"部分 ……单机试运和系统试运条件中一般应包含下列检查内容: 1 建筑、安装工作完成和验收情况	查阅厂用电系统受电范围内建筑工程检查签证表 结论：合格 签字：相关单位责任人已签字
4.1.2	工程采用的专业标准清单已审批	**1.《关于实施电力建设项目法人责任制的规定（试行）》电力工业部电建〔1997〕79号** 第十八条　公司应遵守国家有关电力建设和生产的法律和法规，自觉执行电力行业颁布的法规和标准、定额等，…… **2.《火电工程项目质量管理规程》DL/T 1144—2012** 5.3.3　建设单位在工程开工前应组织相关单位编制下列质量文件: 　c）工程执行法律法规和标准清单。 **3.《火电工程达标投产验收规程》 DL 5277—2012** 表 4.7.1　工程综合管理与档案检查验收表	查阅法律法规和标准规范清单目录 签字：编制人、审核人、审批人已签字 盖章：单位已盖章 日期：工程开工前
4.1.3	按规定组织进行设计交底和施工图会检	**1.《建设工程质量管理条例》中华人民共和国国务院令第279号** 第二十三条　设计单位应当就审查合格的施工图设计文件向施工单位作出详细说明。 **2.《建筑工程勘察设计管理条例》中华人民共和国国务院令第293号** 第三十条　建设工程勘察、设计单位应当在建设工程施工前，向施工单位和监理单位说明建设工程勘察、设计意图，解释建设工程勘察、设计文件。建设工程勘察、设计单位应当及时解决施工中出现的勘察、设计问题。	1. 查阅设计交底记录 交底人：设计单位责任人 签字：交底人和被交底人已签字

条款号	大纲条款	检查依据	检查要点
4.1.3	按规定组织进行设计交底和施工图会检	**3.《建设工程监理规范》GB/T 50319—2013** 5.1.2 监理人员应熟悉工程设计文件，并应参加建设单位主持的图纸会审和设计交底会议，会议纪要应由总监理工程师签认。 **4.《建设工程项目管理规范》GB/T 50326—2017** 8.3.4 技术管理规划应是承包人根据招标文件要求和自身能力编制的、拟采用的各种技术和管理措施，以满足发包人的招标要求。项目技术管理规划应明确下列内容： 4 技术交底要求，图纸自审、会审…… **5.《火电工程项目质量管理规程》DL/T 1144—2012** 9.3.1 工程具备开工条件后，由建设单位按照国家规定办理开工手续。工程开工应满足下列条件： h）……，图纸已会检；…… 9.3.2 单位工程开工应满足下列条件，并应由建设单位和监理单位进行核查。 d）开工所需施工图已齐全，并已会检和交底，……	时间：开工前 2. 查阅施工图会检纪要 签字：施工、设计、监理、建设单位责任人已签字 时间：开工前
4.1.4	按合同约定组织设备制造厂进行技术交底	**1.《火电工程项目质量管理规程》DL/T 1144—2012** 9.3.2 单位工程开工应满足下列条件，并应由建设单位和监理单位进行核查。 d）开工所需施工图已齐全，并已会检和交底，…… **2.《火力发电建设工程启动试运及验收规程》DL/T 5437—2009** 3.2.3.7 设备供货商的主要职责 1 按供货合同提供现场技术服务和指导，保证设备性能。 条文说明 3.2.1.1 …… 5 主要设备供货商一般是指锅炉、汽轮机（燃气轮机）、发电机设备供货商	查阅电气设备安装技术交底记录 交底单位：设备制造厂 签字：交底人及被交底人已签字 日期：电气设备安装前

条款号	大纲条款	检查依据	检查要点
4.1.5	组织完成厂用电系统受电范围内电气一、二次系统及保护调试的验收	**1.《火力发电建设工程机组调试技术规范》DL/T 5094—2013** 4.2.2 ……分系统试运结束后，调试单位负责填写分系统调试质量验收表，监理单位组织调试、施工、监理、建设、生产单位完成验收签证。…… **2.《火力发电建设工程启动试运及验收规程》DL/T 5437—2009** 3.2.3 机组试运各单位职责 3.2.3.1 建设单位的主要职责 7 负责组织相关单位对机组联锁保护定值和逻辑的讨论和确定，组织完善机组性能试验或特殊试验测点的设计和安装。 10 参加试运日常工作的检查和协调，参加试运后的质量验收签证	查阅电气一、二次系统及保护调试的验收签证 结论：合格 签字：相关单位责任人已签字
4.1.6	设备制造厂负责调试的项目已调试完成，验收合格	**1.《火力发电建设工程启动试运及验收规程》DL/T 5437—2009** 3.2.3 机组试运各单位的职责 3.2.3.1 建设单位的主要职责 8 负责组织由设备供货商或其他承包商承担的调试项目的实施及验收。 3.2.3.7 设备供货商的主要职责 4 按时完成合同中规定的调试工作。 3.3.8 供货合同中规定由设备供货商负责的调试项目或其他承包商承担的调试项目，必须由建设单位组织监理、施工、生产、设计等有关单位进行检查验收。验收不合格的项目，不能进入分系统试运或整套启动试运。 条文说明 3.2.1.1 …… 5 主要设备供货商一般是指锅炉、汽轮机(燃气轮机)、发电机设备供货商	查阅设备制造厂负责调试的项目调试报告 结论：合格 盖章：设备制造厂已盖章

条款号	大纲条款	检查依据	检查要点
4.1.7	厂用电系统受电方案经试运指挥部批准，现场的安全、保卫、消防等项工作落实，受电后的管理方式已确定	**1.《火力发电建设工程启动试运及验收规程》DL/T 5437—2009** 3.2.2.3 试运指挥部的职责 　　3 审批重要项目的调试方案或措施（如 ……、升压站及厂用电受电措施、 ……） 3.2.3 机组试运各单位的职责 3.2.3.1 建设单位的主要职责 　　9 负责试运现场的消防和安全保卫管理工作，做好建设区域与生产区域的隔离措施。 3.2.3.3 施工单位的主要职责 　　9 机组移交生产前，负责试运现场的安全、保卫、文明试运工作，做好试运设备与施工设备的安全隔离措施。 3.3.9 与电网调度管辖有关的设备和区域，……，在受电完成后，必须立即由生产单位进行管理	1. 查阅厂用电受电方案 　审批：已经试运总指挥审批并已上报电网调度部门 　时间：厂用电系统受电前 2. 查阅上网协议、购电（或用电）合同 内容：已签订完毕 签字：责任人已签字 编审批时间：厂用电系统受电前 3. 查阅厂用电系统受电现场安全、保卫、消防措施 签字：责任人已签字 盖章：单位已盖章
4.1.8	组织工程建设标准强制性条文实施情况的检查	**1.《中华人民共和国标准化法实施条例》中华人民共和国国务院令〔1990〕第 53 号** 第二十三条 从事科研、生产、经营的单位和个人，必须严格执行强制性标准。 **2.《实施工程建设强制性标准监督规定》中华人民共和国建设部令〔2000〕第 81 号** 第二条 在中华人民共和国境内从事新建、扩建、改建等工程建设活动，必须执行工程建设强制性标准。 第六条 ……工程质量监督机构应当对工程建设施工、监理、验收等阶段执行强制性标准的情况实施监督。	查阅强制性条文实施情况检查记录 内容：与强制性条文实施计划相符 签字：检查人员已签字

条款号	大纲条款	检查依据	检查要点
4.1.8	组织工程建设标准强制性条文实施情况的检查	**3.《火电工程项目质量管理规程》DL/T 1144—2012** 4.5 火电工程项目应认真执行国家和行业相关技术标准，严格执行工程建设标准中的强制性条文…… 5.3.3 建设单位在工程开工前应组织相关单位编制下列质量管理文件： d）工程建设强制性条文实施规划。 9.2.2 施工单位在工程开工前，应编制质量管理文件，经监理、建设单位会审、批准后实施，质量管理文件应包括： d）工程建设强制性条文实施细则	
4.1.9	无任意压缩合同约定工期的行为	**1.《建设工程质量管理条例》中华人民共和国国务院令第 279 号** 第十条 建设工程发包单位……，不得任意压缩合理工期。 **2.《电力建设工程施工安全监督管理办法》中华人民共和国国家发展和改革委员会令〔2015〕第 28 号** 第十一条 建设单位应当执行定额工期，不得压缩合同约定的工期。如工期确需调整，应当对安全影响进行论证和评估。论证和评估应当提出相应的施工组织措施和安全保障措施。 **3.《建设工程项目管理规范》GB/T 50326—2017** 9.1.2 项目进度管理应遵循下列程序： 1. 编制进度计划； 2. 进度计划交底，落实管理责任 3. 实施进度计划； 4. 进行进度控制和变更管理。 **4.《火电工程项目质量管理规程》DL/T 1144—2012** 5.3.5 建设单位应合理地控制工程项目建设周期。典型新建、扩建机组推荐的合理工期可参照附录 A 中表 A.1。 5.3.6 火电工程项目的工期应按合同约定执行。当需要调整时，建设单位应组织设计、监理、施工单位对影响工期的资源、环境、安全等确认其可行性。任何单位和个人不得违反客观规律，任意压缩合同约定工期，并接受建设行政主管部门的监督	查阅施工进度计划、合同工期和调整工期的相关文件 内容：有压缩工期的行为时，应有设计、监理、施工和建设单位认可的书面文件

条款号	大纲条款	检查依据	检查要点
4.1.10	采用的新技术、新工艺、新流程、新装备、新材料已审批	**1.《中华人民共和国建筑法》中华人民共和国主席令〔2011〕第 46 号** 第四条 国家扶持建筑业的发展，支持建筑科学技术研究，提高房屋建筑设计水平，鼓励节约能源和保护环境，提倡采用先进技术、先进设备、先进工艺、新型建筑材料和现代管理方式。 **2.《建设工程质量管理条例》中华人民共和国国务院令第 279 号** 第六条 国家鼓励采用先进的科学技术和管理方法，提高建设工程质量。 **3.《实施工程建设强制性标准监督规定》中华人民共和国建设部令〔2000〕第 81 号** 第五条 工程建设中拟采用的新技术、新工艺、新材料，不符合现行强制性标准规定的，应当由拟采用单位提请建设单位组织专题技术论证，报批准标准的建设行政主管部门或者国务院有关主管部门审定。 **4.《火电工程项目质量管理规程》DL/T 1144—2012** 4.7 火电工程项目应采用新设备、新技术、新工艺、新材料（以下简称"四新"技术），…… 9.2.2 施工单位在工程开工前，应编制质量管理文件，经监理、建设单位会审、批准后实施，质量管理文件应包括： e）"四新"技术实施计划和工法编制计划。 9.3.7 施工过程质量控制应符合下列规定： f）采用新材料、新工艺、新技术、新设备，并进行相应的策划和控制。 9.3.9 当首次应用"四新"技术，且技术要求高、作业程度复杂、设计单位和施工单位未有同类型设计和施工经验时，建设单位应组织设计、监理、施工单位进行专题研究确认，必要时，可组织专家评审。 **5.《电力建设施工技术规范 第 1 部分：土建结构工程》DL 5190.1—2012** 3.0.4 采用新技术、新工艺、新材料、新设备时，应经过技术鉴定或具有允许使用的证明。施工前应编制单独的施工措施及操作规程。 **6.《电力工程地基处理技术规程》DL/T 5024—2005** 5.0.8 ……当采用当地缺乏经验的地基处理方法或引进和应用新技术、新工艺、新方法时，须通过原体试验验证其适用性	查阅新技术、新工艺、新流程、新装备、新材料论证文件 意见：同意采用等肯定性意见 盖章：相关单位已盖章

条款号	大纲条款	检查依据	检查要点
4.2　设计单位质量行为的监督检查			
4.2.1	设计图纸交付进度能保证连续施工	**1.《火电工程项目质量管理规程》DL/T 1144—2012** 6.1.6　勘察、设计单位应按火力发电厂施工流程，制订施工图供图计划…… 6.2.3　设计单位应依据合同和现场要求控制设计进度计划，满足由建设单位组织的在基础施工前、结构施工前、设备安装前三个阶段监督检查中对设计图纸及其设备资料的需求。 9.3.1　工程具备开工条件后，由建设单位按照国家规定办理开工手续。工程开工应满足下列条件： 　　h）已确定施工图交付计划并签订交付协议，图纸已会检；主体工程的施工图至少可满足连续三个月施工的需要……	1. 查阅设计单位编制的施工图供图计划、交付协议及图纸交付记录 交图进度：与施工进度计划相协调，能满足连续三个月施工的需要 2. 查阅图纸会检记录 签字：设计、施工、监理、建设单位责任人已签字
4.2.2	设计更改、技术洽商等文件完整、手续齐全	**1.《火电工程项目质量管理规程》DL/T 1144—2012** 6.3.5　设计更改的管理应符合下列规定： 　　a）设计更改应符合可研或初设审核的要求。 　　b）因设计原因引起的设计更改，应经监理单位审核并经建设单位批准后实施。 　　c）非设计原因引起的设计更改，应得到设计单位的确认，并由设计单位出具设计更改。 　　d）所有的设计更改凡涉及已经审批确定的设计原则、方案重大设计变化，或增减投资超过 50 万元时，应由设计单位分管领导审批，报工程设计的原主审单位批准确认，并经建设单位认可后实施	查阅设计变更通知单、工程联系单和技术洽商记录 编制签字：设计单位各级责任人已签字 审核签字：建设单位、监理单位责任人已签字
4.2.3	设计代表工作到位、处理设计问题及时	**1.《火电工程项目质量管理规程》DL/T 1144—2012** 6.3.1　人员资格应符合下列规定： 　　c）工地代表组长宜由本工程设计总工程师担任，若由其他同资格的人担任，应取得建设单位的同意；工地代表应能独立处理专业技术问题，宜由本工程主要设计人或主要卷册负责人担任。 6.3.6　工地服务。	1. 查阅设计单位对工代的任命书 内容：包括设计修改、变更、材料代用等签发人资格

条款号	大纲条款	检查依据	检查要点
4.2.3	设计代表工作到位、处理设计问题及时	在施工、调试阶段，勘察、设计单位应任命工地代表组长及各专业工地代表，将名单主送建设单位，抄送监理和各施工单位。工地代表应深入现场，了解施工是否与设计要求相符，协助施工单位解决出现的具体技术问题，做好技术服务工作。重点还应做好： 　　a）施工图完成交付后，应及时进行技术交底并形成记录。 　　b）工地代表组长应参加施工或试运行重大技术方案的研究与讨论。 　　c）工地代表应按 DL/T5210 及时参加建筑、安装工程中分部、单位（子单位）工程的验收。 **2.《电力勘测设计驻工地代表制度》DLGJ 159.8—2001** 　　2.0.1　工代的工地现场服务是电力工程设计的阶段之一，为了有效地贯彻勘测设计意图，实施设计单位通过工代为施工、安装、调试、投运提供及时周到的服务，促进工程顺利竣工投产，特制定本制度。 　　2.0.2　工代的任务是解释设计意图，解释施工图纸中的技术问题，收集包括设计本身在内的施工、设备材料等方面的质量信息，加强设计与施工、生产之间的配合，共同确保工程建设质量和工期，以及国家和行业标准的贯彻执行。 　　2.0.3　工代是设计单位派驻工地配合施工的全权代表，应能在现场积极地履行工代职责，使工程实现设计预期要求和投资效益。 **3.《火电工程达标投产验收规程》DL 5277—2012** 　　表 4.7　工程综合管理和档案检查验收表 　　10）明确设计修改、变更、材料代用等签发人资格，向建设单位、监理单位备案，并书面告知施工、调试单位。 　　11）现场设计代表服务到位，定期向建设单位提供设计服务报告	2. 查阅设计服务报告内容：包括现场施工与设计要求相符情况和工代协助施工单位解决具体技术问题的情况 3. 查阅设计变更通知单和工程联系单 　签发时间：在现场问题要求解决时间前
4.2.4	工程建设标准强制性条文落实到位	**1.《建设工程质量管理条例》中华人民共和国国务院令第 279 号** 　　第十九条　勘察、设计单位必须按照工程建设强制性标准进行勘察、设计，并对其勘察、设计的质量负责。	查阅强制性条文实施计划（含强制性条文清单）和本阶段执行记录

条款号	大纲条款	检查依据	检查要点
4.2.4	工程建设标准强制性条文落实到位	**2.《建设工程勘察设计管理条例》中华人民共和国国务院令第 293 号** 第五条　……建设工程勘察、设计单位必须依法进行建设工程勘察、设计，严格执行工程建设强制性标准，并对建设工程勘察、设计的质量负责。 **3.《实施工程建设强制性标准监督规定》中华人民共和国建设部令〔2000〕第 81 号** 第二条在中华人民共和国境内从事新建、扩建、改建等工程建设活动，必须执行工程建设强制性标准。 **4.《火电工程项目质量管理规程》DL/T 1144—2012** 6.2.2　设计单位在工程开工前应编制下列管理文件，报设计监理、建设单位会审、批准： 　　b）设计强制性条文实施计划	计划审批：监理和建设单位审批人已签字 记录内容：与实施计划相符 记录审核：监理单位审核人已签字
4.3　监理单位质量行为的监督检查			
4.3.1	项目监理部专业监理人员配备合理，资格证书与承担任务相符	**1.《中华人民共和国建筑法》中华人民共和国主席令〔2011〕第 46 号** 第十四条　从事建筑活动的专业技术人员，应当依法取得相应的职业资格证书，并在执业资格证书许可的范围内从事建筑活动。 **2.《建设工程质量管理条例》中华人民共和国国务院令第 279 号** 第三十七条　工程监理单位应当选派具备相应资格的总监理工程师和监理工程师进驻施工现场。…… **3.《建设工程监理规范》GB/T 50319—2013** 3.1.2　项目监理机构的监理人员应由总监理工程师、专业监理工程师和监理员组成，且专业配套、数量应满足建设工程监理工作需要，必要时可设总监理工程师代表。 3.1.3　……应及时将项目监理机构的组织形式、人员构成及对总监理工程师的任命书面通知建设单位。 **4.《建设工程项目管理规范》GB/T 50326—2017** 2.0.4　项目管理机构：根据组织授权，直接实施项目管理的单位。可以是项目管理公司、项目部、工程监理部等。	1. 查阅工程监理规划人员数量及专业：已明确 2. 查阅监理人员名单专业与数量：与工程阶段和监理规划相符 3. 查阅各级监理人员的岗位资格证书 发证单位：符合要求 有效期：当前有效

条款号	大纲条款	检查依据	检查要点
4.3.1	项目监理部专业监理人员配备合理，资格证书与承担任务相符	4.1.7 项目管理机构负责人应按相关约定在岗履职，对项目实行全过程及全面管理。 **5.《电力建设工程监理规范》DL/T 5434—2009** 5.1.3 项目监理机构由总监理工程师、专业监理工程师和监理员组成，且专业配套、数量满足工程项目监理工作的需要，必要时可设总监理工程师代表和副总监理工程师	
4.3.2	完成相关施工和调试项目的质量验收并汇总	**1.《建设工程质量管理条例》中华人民共和国国务院令第 279 号** 第三十七条 …… 　　未经监理工程师签字，……，施工单位不得进行下一道工序的施工。未经总监理工程师签字，建设单位不拨付工程款，不进行竣工验收。 **2.《建设工程监理规范》GB/T 50319—2013** 5.2.14 项目监理机构应对施工单位报验的隐蔽工程、检验批；分项工程和分部工程进行验收，对验收合格的应给予签认，对验收不合格的应拒绝签认，同时应要求施工单位在指定的时间内整改并重新报验。 **3.《火力发电建设工程机组调试质量验收及评价规程》DL/T 5295—2013** 2.0.5 机组调试验收应由监理单位组织，施工、调试、生产和建设等单位参加。 **4.《火电工程项目质量管理规程》 DL/T 1144—2012** 7.5.6 监理单位应在施工验收阶段实施下列质量管理工作： 　　a）审核工程项目检验批、分项工程质量的符合性。 　　b）监查特殊过程施工质量，批准进行下一道施工工序。 　　c）组织分部、单位工程验收，…… 　　e）审核施工单位编制的单位工程竣工资料，……	1. 查阅电气、热控等相关专业施工的分项、分部、单位工程质量验收表 　项目：与质量验收范围划分表内容相符 　结论：合格 　签字：施工单位、监理单位相关人员已签字 2. 查阅电气、热控单项工程调试质量验收表和分系统调试单位工程质量验收表

条款号	大纲条款	检查依据	检查要点
4.3.2	完成相关施工和调试项目的质量验收并汇总	7.5.9 监理单位应在调试阶段实施下列质量管理工作： b）确认试运条件和试运结果，…… c）组织相关责任单位消除缺陷。 d）组织审核调试报告。 **5.《电力建设工程监理规范》DL/T 5434—2009** 9.1.10 对承包单位报送的隐蔽工程报验申请表和自检记录，专业监理工程师应进行现场检查，符合要求予以签认后，承包单位方可隐蔽并进行下一道工序的施工。 对未经监理人员验收或验收不合格的工序，监理人员应拒绝签认，并严禁承包单位进行下一道工序的施工。 验收申请表应符合表 A.14 的格式。 9.1.11 专业监理工程师应对承包单位报送的分项工程质量报验资料进行审核，符合要求予以签认；总监理工程师应组织专业监理工程师对承包单位报送的分部工程和单位工程质量验评资料进行审核和现场检查，符合要求予以签认	项目：与质量验收范围划分表内容相符 结论：合格 签字：相关责任人已签字 3. 查阅质量验收汇总表 内容：与质量验收范围划分表内容对应相符 签字：监理单位相关责任人已签字
4.3.3	已按规程规定，对施工现场质量管理进行检查	**1.《建设工程监理规范》GB/T 50319—2013** 5.1.8 总监理工程师应组织专业监理工程师审查施工单位报送的开工报审表及相关资料；…… 5.1.10 分包工程开工前，项目监理机构应审核施工单位报送的分包单位资格报审表，专业监理工程师提出审查意见后，应由总监理工程师审核签认。 5.2.1 工程开工前，项目监理机构应审查施工单位现场的质量管理组织机构、管理制度及专职管理人员和特种作业人员的资格。 **2.《火电工程项目质量管理规程》DL/T 1144—2012** 7.1.9 监理单位应监查各参建单位落实质量责任。 7.5.4 审查单位工程开工条件，报建设单位同意后，下达单位工程开工令。 7.5.5 工程项目施工中应实施下列质量管理工作： b）通过审核文件、现场巡视、旁站、测量、见证取样、平行检验及验收等方式，监查施工过程，……	查阅施工现场质量管理检查记录 内容：符合规程规定 结论：有肯定性结论 签字：监理总监、专业监理工程师已签字，监理单位已盖章

续表

条款号	大纲条款	检查依据	检查要点
4.3.3	已按规程规定，对施工现场质量管理进行检查	**3.《电力建设工程监理规范》DL/T 5434—2009** 8.0.3 工程项目开工前，总监理工程师应组织审核承包单位现场项目部的质量管理体系、职业健康安全与环境管理体系，满足要求时予以确认	
4.3.4	组织补充完善施工质量验收项目划分表，对设定的工程质量控制点，进行了旁站监理	**1.《建设工程质量管理条例》中华人民共和国国务院令第 279 号** 第三十八条 监理工程师应当按照工程监理规范的要求，采取旁站、巡视和平行检验等形式，对建设工程实施监理。 **2.《建设工程监理规范》GB/T 50319—2013** 5.2.11 项目监理机构应确定旁站的关键部位；关键工序，安排监理人员进行旁站，并应及时记录旁站情况。 **3.《火力发电建设工程机组调试质量验收及评价规程》DL/T 5295—2013** 2.0.2 调试质量的检查、验收应由调试单位，按照本规程表 3.2.1 编制质量验收范围划分表，经监理单位审核，建设单位批准后实施。 **4.《火电工程项目质量管理规程》DL/T 1144—2012** 7.2.2 监理单位在工程开工前，应编制下列监理管理文件： g）关键工序、隐蔽工程和旁站监理的清单及措施。 7.5.3 审核确认下列主要质量管理文件： b）施工质量验收范围划分表。 **5.《电力建设工程监理规范》DL/T 5434—2009** 9.1.2 项目监理机构应审查承包单位编制的质量计划和工程质量验收及评定项目划分表，提出监理意见，报建设单位批准后监督实施。	1. 查阅施工质量验收范围划分表及报审表 划分表内容：符合规程规定且已明确了质量控制点 报审表签字：监理总监、监理工程师及建设单位技术负责人已签字 2. 查阅旁站计划和旁站记录 旁站计划质量控制点：符合质量验收范围划分表要求 旁站记录：完整 签字：施工单位技术人员、监理旁站人员已签字

条款号	大纲条款	检查依据	检查要点
4.3.4	组织补充完善施工质量验收项目划分表，对设定的工程质量控制点，进行了旁站监理	质量验收及评定项目划分报审表应符合表 A.11 的格式。 9.1.9　项目监理机构应安排监理人员对施工过程进行巡视和检查，对工程项目的关键部位、关键工序的施工过程进行旁站监理。 表 B.5　旁站监理记录表。 **6.《电气装置安装工程质量检验及评定规程》DL/T 5161.1—2002** 1.0.3　监理单位应对各施工单位编制的工程质量检验评定范围进行核查、汇总，经建设单位确认后执行。 2.0.2　发电工程电气装置安装，应按表 2.0.2 划分单位工程、分部工程及分项工程项目。各级质检机构应按表列验评范围，对施工质量进行检验评定	
4.3.5	施工方案和调试方案已审查	**1.《建设工程监理规范》GB/T 50319—2013** 5.2.2　总监理工程师应组织专业监理工程师审查施工单位报审的施工方案，符合要求后予以签认。 　　施工方案审查应包括下列基本内容： 　　1　编审程序应符合相关规定。 　　2　工程质量保证措施应符合有关标准。 5.5.3　项目监理机构应审查施工单位报审的专项施工方案，符合要求的，应由总监理工程师签认后报建设单位。 **2.《火力发电建设工程机组调试技术规范》DL/T 5294—2013** 4.2.1　调试大纲及调试措施应按下列程序审批： 　　2　施工单位编制的单机试运技术方案或措施，报监理单位审查，施工单位项目部总工程师批准后执行。 　　3　调试单位编制的分系统和整套启动调试措施，重要的调试、试验措施：如升压变压站受电，厂用电源系统受电，……等报监理单位组织审查，并形成会议纪要，由调试单位调试总工程师审核，报试运指挥部总指挥批准后执行；涉及电网的试验措施由生产单位报送电网公司批准后执行；一般的调试、试验措施报监理单位审查，调试单位调试总工程师批准后执行。	1. 查阅工程施工、安装方案报审表 审核意见：同意实施 审核签字：相关责任人已签字 2. 查阅调试方案报审表 审核意见：同意实施 审核签字：责任人已签字

条款号	大纲条款	检查依据	检查要点
4.3.5	施工方案和调试方案已审查	**3.《电力建设工程监理规范》DL/T 5434—2009** 9.1.3 专业监理工程师应要求承包单位报送重点部位、关键工序的施工工艺方案和工程质量保证措施，审核同意后签认。 　　方案报审表应符合表 A.4 的格式	
4.3.6	组织或参加设备、材料的到货检查验收	**1.《建设工程质量管理条例》中华人民共和国国务院令第 279 号** 第三十七条　…… 未经监理工程师签字，建筑材料、建筑构配件和设备不得在工程上使用或者安装，施工单位不得进行下一道工序的施工。…… **2.《建设工程监理规范》GB/T 50319—2013** 5.2.9 项目监理机构应审查施工单位报送的用于工程的材料、构配件、设备的质量证明文件，并应按有关规定、建设工程监理合同约定，对用于工程的材料进行见证取样，平行检验。 　　项目监理机构对已进场经检验不合格的工程材料、构配件、设备，应要求施工单位限期将其撤出施工现场。 **3.《火电工程项目质量管理规程》DL/T 1144—2012** 7.5.5 工程项目施工中应实施下列质量管理工作： 　　a）参加设备开箱检验、工程主要材料的检验和见证取样，严格控制不合格的设备和材料在工程中使用。 **4.《电力建设工程监理规范》DL/T 5434—2009** 9.1.6 项目监理机构应审核承包单位报送的主要工程材料、半成品、构配件生产厂商的资质，符合后予以签认。 　　工程材料/构配件/设备报审表应符合表 A.12 的格式。 9.1.7 项目监理机构应对承包单位报送的拟进场工程材料、半成品和构配件的质量证明文件进行审核，并按有关规定进行抽样验收。对有复试要求的，经监理人员现场见证取样后送检，复试报告应报送项目监理机构查验。 9.1.8 项目监理机构应参与主要设备开箱验收，对开箱验收中发现的设备质量缺陷，督促相关单位处理	1. 查阅工程材料/设备/构配件报审表 　审查意见：同意使用 　质量证明文件：齐全完整 2. 查阅见证取样单 　取样项目：符合规范规定 　取样比例或数量：符合要求 　签字：施工单位材料员、监理单位见证取样员已签字 3. 开箱检验记录 　结论：合格/不合格退场

续表

条款号	大纲条款	检查依据	检查要点
4.3.7	设备、施工质量问题及处理台账完整，记录齐全	**1.《建设工程监理规范》GB/T 50319—2013** 5.2.15 项目监理机构发现施工存在质量问题……，应及时签发监理通知单，要求施工单位整改。整改完毕后，项目监理机构应根据施工单位报送的监理通知回复对整改情况进行复查，提出复查意见。 **2.《火力发电建设工程机组调试质量验收及评价规程》DL/T 5295—2013** 2.0.11 当调试质量出现不符合项时，应进行登记备案，…… 2.0.12 对设计或设备制造原因造成的质量问题的处理，……，建设单位应会同设计单位（或制造单位）、监理单位、调试单位（或施工单位）共同书面签字确认。 **3.《火力发电建设工程启动试运及验收规程》DL/T 5437—2009** 3.2.3.2 监理单位的主要职责 　　5 负责试运过程中的缺陷管理，建立台账……，实行闭环管理。 **4.《电力建设工程监理规范》DL/T 5434—2009** 9.1.8 项目监理机构应参与主要设备开箱验收，对开箱验收中发现的设备质量缺陷，督促相关单位处理。 9.1.12 对施工过程中出现的质量缺陷，专业监理工程师应及时下达书面通知，要求承包单位整改，并检查确认整改结果。 9.1.15 专业监理工程师应……，并根据承包单位报送的消缺报验申请表和自检记录进行检查验收	查阅质量问题及处理记录台账 记录要素：质量问题、发现时间、责任单位、整改要求、闭环文件、完成时间 检查内容：完整
4.3.8	工程建设标准强制性条文检查到位	**1.《建设工程安全生产管理条例》中华人民共和国国务院令〔2004〕第393号** 第十四条 工程监理单位应当审查施工组织设计中的安全技术措施或者专项施工方案是否符合工程建设强制性标准。 **2.《实施工程建设强制性标准监督规定》中华人民共和国建设部令〔2000〕第81号** 第二条 在中华人民共和国境内从事新建、扩建、改建等工程建设活动，必须执行工程建设强制性标准。 **3.《火电工程项目质量管理规程》DL/T 1144—2012** 7.5 施工调试监理	查阅分部工程强制性条文执行情况检查 内容：符合强条计划要求 签字：施工单位技术人员、监理工程师已签字

条款号	大纲条款	检查依据	检查要点
4.3.8	工程建设标准强制性条文检查到位	7.5.3 审核确认下列主要质量管理文件： 　　c）工程建设强制性条文实施计划。 **4.《电力建设工程监理规范》DL/T 5434—2009** 9.4.3 项目监理机构应审查承包单位提交的施工组织设计中的安全技术方案或下列危险性较大的分部分项工程专项施工方案是否符合工程建设强制性标准	
4.3.9	提出受电范围内的工程项目质量监理评价意见	**1.《火电工程项目质量管理规程》DL/T 1144—2012** 7.5.6 监理单位应在施工验收阶段实施以下质量管理工作： 　d 组织单项、单台及整体工程的质量评价自检工作	查阅本阶段工程质量评价文件 评价意见：明确
4.4 施工单位质量行为的监督检查			
4.4.1	项目部组织机构健全，专业人员配置合理	**1.《中华人民共和国建筑法》中华人民共和国主席令〔2011〕第46号** 第十四条 从事建筑活动的专业技术人员，应当依法取得相应的执业资格证书，并在执业资格证书许可的范围内从事建筑活动。 **2.《建设工程质量管理条例》中华人民共和国国务院令第279号** 第二十六条 施工单位对建设工程的施工质量负责。 施工单位应当建立质量责任制，确定工程项目的项目经理、技术负责人和施工管理负责人。…… **3.《建设工程项目管理规范》GB/T 50326—2017** 4.3.4 建立项目管理机构应遵循下列规定： 　1 结构应符合组织制度和项目实施要求； 　2 应有明确的管理目标、运行程序和责任制度； 　3 机构成员应满足项目管理要求及具备相应资格； 　4 组织分工应相对稳定并可根据项目实施变化进行调整； 　5 应确定机构人员的职责、权限、利益和需承担的风险。	查阅项目部成立文件，组织机构及管理体系。 专业人员配置包括：项目经理、项目总工程师、施工管理负责人、专业技术负责人、专业技术员、施工员、质量员、安全员、资料员等

条款号	大纲条款	检查依据	检查要点
4.4.1	项目部组织机构健全，专业人员配置合理	**4.《火电工程项目质量管理规程》DL/T 1144—2012** 9.2.1 施工单位应设置独立的质量管理机构，并应符合下列规定： a）配备满足工程需要的专职质量管理人员。 9.3.2 单位工程开工应满足下列条件，并应由建设单位和监理单位进行核查。 e）开工所需的施工人员及机械已到位。 g）特种作业人员的资格证和上岗证已经监理确认。 9.3.4 施工单位的人员资格应符合下列规定： a）项目经理应担任过一项大型或两项及以上中型火电工程的项目副经理或总工程师，具有 8 年以上施工经验，并持有国家注册一级建造师证书。 b）项目总工程师应担任过两项及以上火电工程的项目副总工程师或专业技术负责人，具有中级及以上技术职称。 c）专业技术负责人应担任过两项及以上火电工程的专业技术工作，具有中级及以上技术职称。 d）专业质检人员应具有工程质量检验的相应能力，并持有相应的质量检验资格证书。 **5.《建筑与市政工程施工现场专业人员职业标准》JGJ/T 250—2011** 1.0.3 本标准所指建筑与市政工程施工现场专业人员包括施工员、质量员、安全员、标准员、材料员、机械员、劳务员、资料员。其中，施工员、质量员、标准员可分为土建施工、装饰装修、设备安装和市政工程四个子专业	
4.4.2	质量检查员及特殊工种人员持证上岗	**1.《特种作业人员安全技术培训考核管理办法》国家安全生产监督管理总局令〔2010〕第 30 号** 第三条 ……，特种作业的范围由特种作业目录规定。 本规定所称特种作业人员，是指直接从事特种作业的从业人员。 第五条 特种作业人员必须经专门的安全技术培训并考核合格，取得《中华人民共和国特种作业操作证》（以下简称特种作业操作证）后，方可上岗作业。 第十九条 特种作业操作证有效期为 6 年，在全国范围内有效。 第二十一条 特种作业操作证每 3 年复审 1 次。	1. 查阅项目部各专业质检员资格证书 专业类别：包括土建、电气、热控等 发证单位：建设行政主管部门或电力建设工程质量监督站

续表

条款号	大纲条款	检查依据	检查要点
4.4.2	质量检查员及特殊工种人员持证上岗	附件 （特种作业）种类 1 电工作业 1.1 高压电工作业 1.2 低压电工作业 1.3 防爆电气作业 2 焊接与热切割作业 2.1 熔化焊接与热切割作业 2.2 压力焊作业 2.3 钎焊作业 3 高处作业 3.1 登高架设作业 3.2 高处安装、维护、拆除的作业 **2.《建筑施工特种作业人员管理规定》建设部建质〔2008〕75号** 第三条 建筑施工特种作业包括： （一）建筑电工； （二）建筑架子工； （三）建筑起重信号司索工； （四）建筑起重机械司机； （五）建筑起重机械安装拆卸工； （六）高处作业吊篮安装拆卸工； （七）经省级以上人民政府建设主管部门认定的其他特种作业。 第四条 建筑施工特种作业人员必须经建设主管部门考核合格，取得建筑施工特种作业人员操作资格证书，方可上岗从事相应作业。	有效期：当前有效 2.查阅特殊工种人员台账 内容：包括姓名、工种类别、证书编号、发证单位、有效期等 证书有效期：作业期间有效 3. 查阅特殊工种人员资格证书 发证单位：政府主管部门 有效期：与台账一致

条款号	大纲条款	检查依据	检查要点
4.4.2	质量检查员及特殊工种人员持证上岗	第十九条　用人单位应当履行下列职责： （六）建立本单位特种作业人员管理档案 **3.《工程建设施工企业质量管理规范》GB/T 50430—2017** 5.2.2　施工企业应根据质量管理需求配备相应的管理、技术及作业人员	
4.4.3	专业施工组织设计已审批	**1.《建筑施工组织设计规范》GB/T 50502—2009** 3.0.5　施工组织设计的编制和审批应符合下列规定： 　1　施工组织设计应由项目负责人主持编制，可根据需要分阶段编制和审批； 　2　施工组织总设计应由总承包单位技术负责人审批；单位工程施工组织设计应由施工单位技术负责人或技术负责人授权的技术人员审批，施工方案应由项目技术负责人审批；重点、难点分部（分项）工程和专项工程施工方案应由施工单位技术部门组织相关专家评审，施工单位技术负责人批准。 **2.《工程建设施工企业质量管理规范》GB/T 50430—2017** 10.3.3　施工企业应按设计策划安排对工程设计进行评审、验证和确认。评审、验证和确认记录应予以保存。 **3.《火电工程项目质量管理规程》DL/T 1144—2012** 9.3.2　单位工程开工应满足下列条件，并应由建设单位和监理单位进行核查。 　　c）专业施工组织设计、重大施工方案已经监理批准	1. 查阅工程项目专业施工组织设计 审批：责任人已签字 编审批时间：专业工程开工前 2. 查阅专业施工组织设计报审表 审批意见：同意实施等肯定性意见 签字：施工项目部、监理项目部、建设单位责任人已签字 盖章：施工项目部、监理项目部、建设单位已盖章
4.4.4	施工方案和作业指导书已审批，技术交底记录齐全	**1.《建筑施工组织设计规范》GB/T 50502—2009** 3.0.5　施工组织设计的编制和审批应符合下列规定： 　2　……施工方案应由项目技术负责人审批；重点、难点分部（分项）工程和专项工程施工方案应由施工单位技术部门组织相关专家评审，施工单位技术负责人批准。	1. 查阅施工方案和作业指导书 审批：责任人已签字 编审批时间：施工前

条款号	大纲条款	检查依据	检查要点
4.4.4	施工方案和作业指导书已审批，技术交底记录齐全	3 由专业承包单位施工的分部（分项）工程或专项工程的施工方案，应由专业承包单位技术负责人或技术负责人授权的技术人员审批；有总承包单位时，应由总承包单位项目技术负责人核准备案。 4 规模较大的分部（分项）工程和专项工程的施工方案应按单位工程施工组织设计进行编制和审批。 6.4.1 施工准备应包括下列内容： 1 技术准备：包括施工所需技术资料的准备、图纸深化和技术交底的要求、试验检验和测试工作计划、样板制作计划以及与相关单位的技术交接计划等。 **2.《电力建设安全工作规程 第1部分：火力发电》DL 5009.1—2014** 4.1.8. 安全技术应符合下列规定： 4 施工作业项目应有施工方案或作业指导书，经审批后实施。 5 达到或超过一定规模的危险性较大的分部分项工程（详见本部分附录C），应符合以下规定： 1）对达到一定规模的危险性较大的分部分项应编制专项施工方案。 2）对超过一定规模的危险性较大的分部分项应编制专项施工方案，应组织论证。 7 施工作业前必须进行安全技术交底，交底人和被交底人应签字并保存记录。 **3.《火电工程项目质量管理规程》DL/T 1144—2012** 9.2.2 施工单位在工程开工前，应编制质量管理文件，经监理、建设单位会审、批准后实施，质量管理文件应包括： f）重大施工方案、作业指导书清单，并规定审批级别。 9.3.2 单位工程开工应满足下列条件，并应由建设单位和监理单位进行核查。 c）专业施工组织设计、重大施工方案已经监理批准。 d）开工所需施工图已齐全，并已会检和交底，……	2. 查阅施工方案和作业指导书报审表 审批意见：同意实施等肯定性意见 签字：施工项目部、监理项目部责任人已签字 盖章：施工项目部、监理项目部已盖章 3. 查阅技术交底记录 内容：与方案或作业指导书相符 时间：施工前 签字：交底人和被交底人已签字
4.4.5	计量工器具经检定合格，且在有效期内	**1.《中华人民共和国计量法》中华人民共和国主席令〔2014〕第8号** 第四十七条 ……未按照规定申请计量检定、计量检定不合格或者超过计量检定周期的计量器具，不得使用。	1. 查阅计量工器具台账

条款号	大纲条款	检查依据	检查要点
4.4.5	计量工器具经检定合格,且在有效期内	**2.《中华人民共和国依法管理的计量器具目录（型式批准部分）》国家质检总局公告〔2005〕第 145 号** 1. 测距仪：光电测距仪、超声波测距仪、手持式激光测距仪； 2. 经纬仪：光学经纬仪、电子经纬仪； 3. 全站仪：全站型电子速测仪； 4. 水准仪：水准仪； 5. 测地型 GPS 接收机：测地型 GPS 接收机。 **3.《电力建设施工技术规范　第 1 部分：土建结构工程》DL 5190.1—2012** 3.0.5　在质量检查、验收中使用的计量器具和检测设备,应经计量检定合格后方可使用；承担材料和设备检测的单位,应具备相应的资质。 **4.《电力工程施工测量技术规范》DL/T 5445—2010** 4.0.3　施工测量所使用的仪器和相关设备应定期检定,并在检定的有效期内使用。…… **5.《建筑工程检测试验技术管理规范》JGJ 190—2010** 5.2.2　施工现场配置的仪器、设备应建立管理台账,按有关规定进行计量检定或校准,并保持状态完好	内容：包括计量工器具名称、出厂合格证编号、检定日期、有效期、在用状态等 检定有效期：在用期间有效 2. 查阅计量工器具检定合格证或报告 检定单位资质范围：包含所检测工器具 工器具有效期：在用期间有效,且与台账一致
4.4.6	检测试验项目的检测报告齐全	**1.《检测机构资质认定管理办法》国家质量监督检验检疫总局令〔2015〕第 163 号** 第二十五条　检验检测机构应当在资质认定证书规定的检验检测能力范围内,依据相关标准或者技术规范规定的程序和要求,出具检验检测数据、结果。 检验检测机构出具检验检测数据、结果时,应当注明检验检测依据,…… 第二十八条　检验检测机构向社会出具具有证明作用的检验检测数据、结果的,应当在其检验检测报告上加盖检验检测专用章,并标注资质认定标志。 **2.《建设工程质量检测管理办法》中华人民共和国建设部令〔2005〕第 141 号** 第十四条　检测机构完成检测业务后,应当及时出具检测报告。检测报告经检测人员签字、检测机构法定代表人或者其授权的签字人签署,并加盖检测机构公章或者检测专用章后方可生效。检测报告经建设单位或者工程监理单位确认后,由施工单位归档	查阅检测试验报告 检测项目：与检测试验项目计划相符

条款号	大纲条款	检查依据	检查要点
4.4.7	单位工程开工报告已审批	**1.《工程建设施工企业质量管理规范》GB/T 50430—2017** 10.4.2 项目部应确认施工现场已具备开工条件，进行报审、报验，提出开工申请，经批准后方可开工。 **2.《建设工程监理规范》GB/T 50319—2013** 5.1.8 总监理工程师应组织专业监理工程师审查施工单位报送的开工报审表及相关资料；同时具备下列条件时，应由总监理工程师签署审查意见，并应报建设单位批准后，总监理工程师签发工程开工令： 　1 设计交底和图纸会审已完成。 　2 施工组织设计已由总监理工程师签认。 　3 施工单位现场质量、安全生产管理体系已建立，管理及施工人员已到位，施工机械具备使用条件，主要工程材料已落实。 　4 进场道路及水、电、通信等已满足开工要求	查阅单位工程开工报告 申请时间：开工前 审批意见：同意开工等肯定性意见 签字：施工项目部、监理项目部、建设单位责任人已签字 盖章：施工项目部、监理项目部、建设单位已盖章
4.4.8	专业绿色施工措施已制订	**1.《绿色施工导则》中华人民共和国建设部建质〔2007〕223 号** 4.1.2 规划管理 　1 编制绿色施工方案。该方案应在施工组织设计中独立成章，并按有关规定进行审批。 **2.《建筑工程绿色施工规范》GB/T 50905—2014** 3.1.1 建设单位应履行下列职责 　1 在编制工程概算和招标文件时，应明确绿色施工的要求 …… 　2 应向施工单位提供建设工程绿色施工的设计文件、产品要求等相关资料…… 4.0.2 施工单位应编制包含绿色施工管理和技术要求的工程绿色施工组织设计、绿色施工方案或绿色施工专项方案，并经审批通过后实施。 **3.《火电工程项目质量管理规程》DL/T 1144—2012** 5.3.3 建设单位在工程开工前应组织相关单位编制下列质量文件： 　n）绿色施工措施。	查阅绿色施工措施 审批：责任人已签字 审批时间：施工前

条款号	大纲条款	检查依据	检查要点
4.4.8	专业绿色施工措施已制订	9.3.1 工程具备开工条件后，由建设单位按照国家规定办理开工手续。工程开工应满足下列条件： k）绿化施工措施编制并落实。 9.2.2 施工单位在工程开工前，应编制质量管理文件，经监理、建设单位会审、批准后实施，质量管理文件应包括： i）绿色施工措施。 9.3.12 绿色施工应符合下列规定： a）施工单位应按《绿色施工导则》的规定:在工程开工前编制节能、节水、节地、节材的控制措施，控制措施应重点包含能源合理配备、废水利用、节约用地、材料合理选配及循环使用等内容。 b）施工单位应编制控制噪声、防尘、废液排放、水土保持及环保设施投入等控制措施，各项措施应经监理、建设单位的审批。所有措施均应表示实测指标，施工过程应由监理工程师实时监查。 **4.《电力建设施工技术规范 第1部分：土建结构工程》DL 5190.1—2012** 3.0.12 施工单位应建立绿色施工管理体系和管理制度，实施目标管理，施工前应在施工组织设计和施工方案中明确绿色施工的内容和方法	
4.4.9	工程建设标准强制性条文实施计划已执行	**1.《实施工程建设强制性标准监督规定》中华人民共和国建设部令〔2000〕第81号** 第二条 在中华人民共和国境内从事新建、扩建、改建等工程建设活动，必须执行工程建设强制性标准。 第三条 本规定所称工程建设强制性标准是指直接涉及工程质量、安全、卫生及环境保护等方面的工程建设标准强制性条文。 国家工程建设标准强制性条文由国务院建设行政主管部门会同国务院有关行政主管部门确定。 第六条 ……工程质量监督机构应当对工程建设施工、监理、验收等阶段执行强制性标准的情况实施监督 **2.《火电工程项目质量管理规程》DL/T 1144—2012** 4.5 火电工程项目应认真执行国家和行业相关技术标准，严格执行工程建设标准中的强制性条文……	查阅强制性条文执行记录 内容：与强制性条文执行计划相符 签字：责任人已签字 执行时间：与工程进度同步

条款号	大纲条款	检查依据	检查要点
4.4.9	工程建设标准强制性条文实施计划已执行	5.3.3　建设单位在工程开工前应组织相关单位编制下列质量管理文件： d）工程建设强制性条文实施规划。 9.2.2　施工单位在工程开工前，应编制质量管理文件，经监理、建设单位会审、批准后实施，质量管理文件应包括： d）工程建设强制性条文实施细则	
4.4.10	无违规转包或者违法分包工程的行为	**1.《中华人民共和国建筑法》中华人民共和国主席令〔2011〕第46号** 第二十八条　禁止承包单位将其承包的全部建筑工程转包给他人，禁止承包单位将其承包的全部建筑工程肢解以后以分包的名义转包给他人。 第二十九条　建筑工程总承包单位可以将承包工程中的部分工程发包给具有相应资质条件的分包单位，但是，除总承包合同约定的分包外，必须经建设单位认可。施工总承包的，建筑工程主体结构的施工必须由总承包单位自行完成。 禁止总承包单位将工程分包给不具备相应资质条件的单位。禁止分包单位将其承包的工程再分包。 **2.《建筑工程施工转包违法分包等违法行为认定查处管理办法（试行）》国家住建部建市〔2014〕118号** 第七条　存在下列情形之一的，属于转包： （一）施工单位将其承包的全部工程转给其他单位或个人施工的； （二）施工总承包单位或专业承包单位将其承包的全部工程肢解以后，以分包的名义分别转给其他单位或个人施工的； （三）施工总承包单位或专业承包单位未在施工现场设立项目管理机构或未派驻项目负责人、技术负责人、质量管理负责人、安全管理负责人等主要管理人员，不履行管理义务，未对该工程的施工活动进行组织管理的； （四）施工总承包单位或专业承包单位不履行管理义务，只向实际施工单位收取费用，主要建筑材料、构配件及工程设备的采购由其他单位或个人实施的；	1. 查阅工程分包申请报审表 审批意见：同意分包等肯定性意见 签字：施工项目部、监理项目部、建设单位责任人已签字 盖章：施工项目部、监理项目部、建设单位已盖章 2. 查阅工程分包商资质 业务范围：涵盖所分包的项目 发证单位：政府主管部门 有效期：当前有效

条款号	大纲条款	检查依据	检查要点
4.4.10	无违规转包或者违法分包工程的行为	（五）劳务分包单位承包的范围是施工总承包单位或专业承包单位承包的全部工程，劳务分包单位计取的是除上缴给施工总承包单位或专业承包单位"管理费"之外的全部工程价款的； （六）施工总承包单位或专业承包单位通过采取合作、联营、个人承包等形式或名义，直接或变相的将其承包的全部工程转给其他单位或个人施工的； （七）法律法规规定的其他转包行为。 第九条 存在下列情形之一的，属于违法分包： （一）施工单位将工程分包给个人的； （二）施工单位将工程分包给不具备相应资质或安全生产许可的单位的； （三）施工合同中没有约定，又未经建设单位认可，施工单位将其承包的部分工程交由其他单位施工的； （四）施工总承包单位将房屋建筑工程的主体结构的施工分包给其他单位的，钢结构工程除外； （五）专业分包单位将其承包的专业工程中非劳务作业部分再分包的； （六）劳务分包单位将其承包的劳务再分包的； （七）劳务分包单位除计取劳务作业费用外，还计取主要建筑材料款、周转材料款和大中型施工机械设备费用的； （八）法律法规规定的其他违法分包行为	

4.5 调试单位质量行为的监督检查

| 4.5.1 | 企业资质与合同约定的业务范围相符 | **1.《电力工程调试能力资格管理办法》中国电力建设企业协会中电建协〔2010〕51号**
第五条 取得电力工程调试能力资格的电力工程调试单位，必须按照本办法规定的调试范围进行经营活动，不得越级。
第十三条 发电工程类（含各类火电、水电、燃气轮机、核电常规岛及其他新能源等发电工程的机组及升压站调试）执业范围 | 查阅企业调试单位能力资格等级证书
发证单位：中国电力建设企业协会
证书有效期：当前有效 |

条款号	大纲条款	检查依据	检查要点
4.5.1	企业资质与合同约定的业务范围相符	一、特级调试单位可承担各种规模的发电机组的调试业务。 二、甲级调试单位可承担600MW及以下发电机组的调试业务。 三、乙级调试单位可承担200MW级及以下发电机组的调试业务。 四、丙级调试单位可承担100MW级及以下发电机组的调试业务。 **2.《火力发电建设工程机组调试技术规范》DL/T 5294—2013** 2.0.1 火力发电建设工程机组调试工作应由具有相应调试能力资格的单位承担。 **3.《火电工程项目质量管理规程》DL/T 1144—2012** 10.1.2 调试单位承揽调试工程，应具有相应等级的资质……	能力资格等级：业务范围涵盖合同约定的业务
4.5.2	项目部专业人员配置合理	**1.《火力发电建设工程机组调试质量验收及评价规程》DL/T 5295—2013** 6.2.2 调试质量保证条件的评价标准，应符合下列规定： 1 项目部及本专业组织机构 1）项目部及专业组织机构健全，设有资质的调试总工程师、调试工程师、调试技术员、安全员、质量员，明确了各专业负责人和配备足够符合要求的调试人员，并发文下达，…… **2.《火电工程项目质量管理规程》DL/T 1144—2012** 10.2.2 调试单位应建立项目调试质量管理体系，在参加调试项目投标时，应明确项目部的专业配置及人员，并制定相应的质量管理制度	查阅项目部组织机构成立文件 岗位设置：包括调试总工程师、各专业调试负责人及调试人员 各岗位职责：明确
4.5.3	项目经理资格符合要求并经本企业法定代表人授权	**1.《建设工程项目管理规范》GB/T 50326—2017** 2.0.9 项目负责人（项目经理） 组织法定代表人在建设工程项目上的授权委托代理人。	1. 查阅项目经理授权文件 盖章：调试单位已盖章 签字：企业法人代表已签字

条款号	大纲条款	检查依据	检查要点
4.5.3	项目经理资格符合要求并经本企业法定代表人授权	**2.《火电工程项目质量管理规程》DL/T 1144—2012** 10.3.1 项目部调试人员资格应符合下列规定： 　　a）调试总工程师应具有中级及以上职称，从事调试工作10年及以上，担任过两项工程及以上的调试副总工程师	2. 查阅项目经理资格证书 　发证单位：中国电力建设企业协会 　资格：调试总工程师 　有效期：当前有效 　类别：许可执业范围涵盖目前从事的调试工作
4.5.4	调试人员持证上岗	**1.《电力工程调试从业人员岗位资格管理办法》中国电力建设企业协会中电建协调〔2011〕13号** 第五条　从事电力工程调试的从业人员须持证上岗。 第八条　执业范围： 　　一级调总可负责各类电力工程调试工作； 　　二级调总可负责单机容量600MW以下等级火电工程……的调试工作； 　　调试工程师可负责各类电力工程中相应专业的调试工作； 　　调试技术员可从事各类电力工程中相应专业的调试工作。 **2.《火电工程项目质量管理规程》DL/T 1144—2012** 10.3.1 项目部调试人员资格应符合下列规定： 　　a）调试总工程师应具有中级及以上职称，从事调试工作10年及以上，担任过两项工程及以上的调试副总工程师。 　　b）专业调试负责人应具有中级及以上职称，从事专业调试工作5年及以上，担任过两项工程及以上的调试专业调试负责人	查阅现场调试人员岗位资格报审表及调试人员资格证书 　报审表内容：已经明确上岗人员 　资格证发证单位：中国电力建设企业协会 　资格证有效期：当前有效 　资格证类别：许可执业范围涵盖目前从事的调试工作

条款号	大纲条款	检查依据	检查要点
4.5.5	调试措施审批手续齐全；厂用电系统受电方案已经试运总指挥批准	**1.《火力发电建设工程机组调试技术规范》DL/T 5294—2013** 4.2.1 调试大纲及调试措施应按下列程序审批： 3 调试单位编制的分系统和整套启动调试措施，重要的调试、试验措施：如升压站变电站受电，厂用电源系统受电，机组化学清洗……报监理单位组织审查，并形成会议纪要，由调试单位调试总工程师审核，报试运指挥部总指挥批准后执行；涉及电网的试验措施由生产单位报送电网公司批准后执行；一般的调试、试验措施报监理单位审查，调试单位调试总工程师批准后执行。 **2.《火力发电建设工程启动试运及验收规程》DL/T 5437—2009** 3.2.2.3 试运指挥部的职责 3 审批重要项目的调试方案或措施（如调试大纲、升压站及厂用电受电措施、化学清洗措施、蒸汽管道吹管措施、锅炉整套启动措施、汽轮机整套启动措施、电气整套启动措施、甩负荷试验措施等）和单机试运计划、分系统试运计划及整套启动试运计划。 3.4.2.4 整套启动试运计划、重要调试方案及措施已经总指挥批准，并已组织相关人员学习，完成安全和技术交底	1. 查阅调试措施审批资料 审批：符合规范规定 2. 查阅升压站及厂用电受电措施或方案 审核：调试单位负责人已签字 批准：试运指挥部总指挥已签字
4.5.6	调试使用的仪器、仪表检定合格并在有效期内	**1.《火力发电建设工程机组调试质量验收及评价规程》DL/T 5295—2013** 6.2.2 调试质量保证条件的评价标准，应符合下列规定： 9 仪器设备 1）调试仪器设备能满足现场全部调试工作需要，并检验合格在有效期内，且有仪器的检验证书，现场保管符合有关要求……	1. 查看主要测量计量器具/试验设备检验报审表和检定报告 有效期：当前有效 2. 查看仪器仪表 标识：贴有合格标签，且在有效期内

条款号	大纲条款	检查依据	检查要点
4.5.7	厂用受电相关的控制系统功能已调试合格	**1.《火力发电建设工程机组调试质量验收及评价规程》DL/T 5295—2013** 3.3.9 热控单位工程调试质量验收，应符合下列要求： 1 分散控制系统通电及复原试验单位工程验收，应符合表 3.3.9-1 的规定。 2 计算机监视系统调试单位工程验收，应符合表 3.3.9-2 的规定。 3 顺序控制系统调试单位工程验收，应符合表 3.3.9-3 的规定	查阅计算机监视、控制系统调试单位工程验收表 调试项目：与调试方案、大纲、调试验收划分表一致 签字：责任人已签字 结论：合格
4.5.8	受电范围内的设备和系统已按规定全部调试完毕并签证	**1.《火力发电建设工程机组调试质量验收及评价规程》DL/T 5295—2013** 3.1.2 分系统调试质量的检查、验收，应按本标准表 A 的格式编制锅炉、汽轮机、电气、热控、化学五个单项工程的单位工程质量验收表，并填写、验收签证。 3.1.3 单位工程（包含单体或单机调试）的施工质量验收合格后，方可进行对应的单位工程的分系统调试。 3.3.7 电气单位工程调试质量验收，应符合下列要求： 1 升压站系统调试单位工程验收，应符合表 3.3.7-1 的规定。 2 启动变压器系统调试单位工程验收，应符合表 3.3.7-2 的规定。 3 厂用电快切系统调试单位工程验收，应符合表 3.3.7-3 的规定。 **2.《火力发电建设工程启动试运及验收规程》DL/T 5437—2009** 3.3.3 分部试运应具备下列条件： 3.3.3.6 分部试运涉及的单体调试已完成，并经验收合格，满足试运要求。 3.3.5 单机试运完成、经组织验收合格、办理签证后，才能进入分系统试运。 3.3.7 分部试运项目试运合格后，一般应由施工、调试、监理、建设、生产等单位办理质量验收签证	1. 查阅升压站、启动变压器、厂用电快切系统调试单位工程验收表 调试项目：与调试大纲、方案、调试验收划分表一致 签字：调试、施工、监理、建设、生产单位专业工程师已签字 结论：合格 2. 查阅调试记录、试验报告 盖章：调试单位已盖章 审批：试验人员、技术负责人已签字 试验项目：与调试方案、措施一致 试验结论：合格

续表

条款号	大纲条款	检查依据	检查要点
4.5.9	工程建设标准强制性条文实施计划已执行	**1.《实施工程建设强制性标准监督规定》中华人民共和国建设部令〔2000〕第81号** 第二条　在中华人民共和国境内从事新建、扩建、改建等工程建设活动，必须执行工程建设强制性标准。 第六条　工程质量监督机构应当对工程建设施工、监理、验收等阶段执行强制性标准的情况实施监督。 **2.《火电工程项目质量管理规程》DL/T 1144—2012** 10.1.2　调试单位应严格执行国家有关法律、法规和强制性条文的规定，按相关国家标准、行业标准和合同约定，完成全部调整试验及性能试验项目，并按有关规定编制试验报告	查阅强制性条文执行计划和执行记录 内容：执行记录与执行计划相符 执行计划：监理和建设单位审批人已签字 执行记录：责任人已签字
4.5.10	无违规转包或者违法分包工程的行为	**1.《火电工程项目质量管理规程》DL/T 1144—2012** 10.1.2　调试单位承揽调试工程，应具有相应等级的资质，并对调试质量负责，未经建设单位同意，不得分包所承揽的调试项目	1. 查阅分包商调试资质证书 发证单位：中国电力建设企业协会 有效期：当前有效 资格等级：涵盖合同约定的业务 2. 查阅分包合同 内容：无工程主体调试项目 签字：法人或授权人已签字 3. 查阅工程分包报备批复文件 批复：建设单位

续表

条款号	大纲条款	检查依据	检查要点
4.6　生产运行单位质量行为的监督检查			
4.6.1	运行人员经培训上岗	**1.《火电工程项目质量管理规程》DL/T 1144—2012** 11.1.3　生产准备阶段应完成下列工作： 　　c）组织人员培训。 11.3.1　生产运行机构宜与工程管理机构同时组建。 11.3.2　人员配备数量应满足生产运行需要，人员能力要求如下： 　　a）专业技术人员，应具备 3 年以上专业技术工作经历。 　　b）运行人员中，初次涉足电厂实际运行值班工作的人员所占比例不宜大于 2/5。 **2.《火力发电建设工程启动试运及验收规程》DL/T 5437—2009** 3.2.3.5　生产单位的主要职责 　　1　运行及维护人员的配备、上岗培训和考核、运行人员正式上岗操作	查阅运行人员培训台账 培训：全体运行人员 考试：成绩合格 台账：负责人已签字
4.6.2	相关的运行规程、系统图、运行日志、记录表格、操作票、工作票、设备问题台账等已准备	**1.《中华人民共和国安全生产法》中华人民共和国主席令〔2014〕第 70 号** 第十八条　生产经营单位的主要负责人对本单位安全生产工作负有下列职责： 　　（二）组织制定本单位安全生产规章制度和操作规程； 　　（五）督促、检查本单位的安全生产工作，及时消除生产安全事故隐患。 **2.《火电工程项目质量管理规程》DL/T 1144—2012** 11.1.3　生产准备阶段应完成下列工作： 　　e）编制运行规程、系统图册、生产记录报表、台账、工作票、操作票。 **3.《火力发电建设工程启动试运及验收规程》DL/T 5437—2009** 3.2.3.5　生产单位的主要职责 　　1　生产运行规程、系统图册、各项规章制度和各种工作票、操作票、运行和生产报表、台账的编制、审批和试行	1.查阅运行操作规程 审批：编、审、批已签字 2.查阅运行系统图 审批：编、审、批已签字 3.查阅设备管理台账、两票表单 运行日志、报表、设备问题台账、操作票、工作票：印制完成，可以使用

条款号	大纲条款	检查依据	检查要点
4.6.3	取得调度下达的保护定值，完成保护装置定值的审批	**1.《火力发电建设工程机组调试技术规范》DL/T 5294—2013** 4.2.3　热工和电气保护定值修改审批应符合下列程序： 　　1　机组分部试运前，生产单位负责提供机组热工和电气保护定值，建设单位负责组织设计、生产、调试、施工、监理等单位相关人员，进行一次全面审查，形成正式定值清单。 　　2　生产单位将此清单以正式文件形式发给施工和调试等单位。 　　3　机组试运期间，如需修改热工和电气保护定值，应履行报批手续。由提出修改单位申请，说明修改原因，经生产单位批准后许可实施。 **2.《火力发电建设工程启动试运及验收规程》DL/T 5437—2009** 3.2.3.5　生产单位的主要职责 　　2　根据调试进度，在设备、系统试运前一个月以正式文件的形式将设备的电气和热控保护整定值提供给安装和调试单位。 **3.《火电工程项目质量管理规程》DL/T 1144—2012** 11.1.6　提供电气、热控保护定值	1. 查阅调度下达的保护定值通知文件 内容：保护定值 审批：有计算、审核、批准已签字 2. 查阅生产单位下达的保护定值通知文件 保护定值：有 审批：负责人已签字，单位已盖章
4.6.4	完成受电设备、系统与施工区域的隔离	**1.《电力建设安全工作规程　第1部分：火力发电》DL 5009.1—2014** 7.1.1　工作场所应符合下列规定： 　　1　调整试验及试运行区域应设警戒区，悬挂警示标识。 　　2　试运系统、设备应与正在施工、运行的系统、设备可靠隔离。 　　3　试运行区域的通道应保持畅通。 **2.《火力发电建设工程启动试运及验收规程》DL/T 5437—2009** 3.4.2.6　试运现场安全、文明。主要检查项目有： 　　5　试运区域与运行或施工区域已安全隔离。 **3.《电力建设安全工作规程　第1部分：火力发电》DL 5009.1—2014** 7.1.1　工作场所应符合下列规定： 　　2　试运系统、设备应与正在施工、运行的系统、设备可靠隔离	1. 查阅厂用电系统受电方案的批准文件 内容：有受电设备、系统与施工区域的隔离措施 审批：负责人已签字 2. 查阅受电设备、系统与施工区域隔离措施的实施记录 内容：有完成区域隔离措施实施的记录 签字：相关人员已签字

条款号	大纲条款	检查依据	检查要点
4.6.5	完成受电区域和设备的标识	**1.《发电机组并网安全条件及评价》GB/T 28566—2012** 5.1.5 防止电气装置误操作技术措施 高压电气设备应装设调度编号和设备、线路名称的双重编号牌，且字迹清楚，标色正确。 **2.《火力发电建设工程启动试运及验收规程》DL/T 5437—2009** 3.2.3.5 生产单位的主要职责 1 设备和阀门、开关和保护压板、管道介质流向和色标等各种正式标识牌的定制和安置，生产标准化配置等。 3.3.9 与电网调试管辖有关的设备和区域，如启动/备用变压器、升压站内设备和主变压器等，在受电完成后，必须立即由生产单位进行管理。 **3.《电网运行准则》GB/T 31464—2015** C.1.2 电网调度机构调度管辖的一次设备按照所在电网的调度规程统一编号命名，电网使用者其他一次设备参照所在电网的调度规程自行命名； C.1.4 电网内的所有一次设备的编号和命名不得与电网调度机构下达的一次设备的编号和命名相抵触	1. 查阅设备标识验收记录表 内容：设备标识内容及验收人员已签字 2. 查阅系统、区域标识验收记录表 内容：系统、区域标识内容及验收人员已签字
4.6.6	反事故措施和应急预案已审批	**1.《电力建设安全生产监督管理办法》电监会电监安全〔2007〕38 号** 第十五条 电力建设单位应当组织制定电力建设工程项目的各类安全应急预案，定期组织演练。发生电力建设安全生产事故后，电力建设单位应当及时启动相关应急预案，采取有效措施，最大程度减少人员伤亡、财产损失，防止事故扩大。 **2.《火电工程项目质量管理规程》DL/T 1144—2012** 11.1.10 按事故及安全风险应急预案、反事故措施实施演练，并编写演练效果评价报告	1. 查阅反事故措施审批记录 审批：编、审、批已签字 2. 查阅应急预案审批记录 审批：编、审、批已签字

条款号	大纲条款	检查依据	检查要点
4.7　检测试验机构质量行为的监督检查			
4.7.1	检测试验机构已经通过能力认定并取得相应证书，其现场派出机构（现场试验室）满足规定条件，并已报质量监督机构备案	**1.《建设工程质量检测管理办法》中华人民共和国住房和城乡建设部令〔2015〕第 141 号** 第四条　……。检测机构未取得相应的资质证书，不得承担本办法规定的质量检测业务。 第八条　检测机构资质证书有效期为 3 年。资质证书有效期满需要延期的，检测机构应当在资质证书有效期满 30 个工作日前申请办理延期手续。 **2.《检验检测机构资质认定管理办法》中华人民共和国国家市场监督管理总局令〔2015〕第 163 号** 第二条　…… 　　资质认定包括检验检测机构计量认证。 第三条　检验检测机构从事下列活动，应当取得资质认定： （四）为社会经济、公益活动出具有证明作用的数据、结果的； （五）其他法律法规规定应当取得资质认定的。 第五条　…… 　　各省、自治区、直辖市人民政府质量技术监督部门（以下简称省级资质认定部门）负责所辖区域内检验检测机构的资质认定工作；…… 第十一条　资质认定证书有效期为 6 年。需要延续资质认定证书有效期的，应当在其有效期届满 3 个月前提出申请。 **3.《电力工程检测试验机构能力认定管理办法（试行）》质监〔2015〕20 号** 第四条　电力工程检测试验机构（以下简称检测机构）是指取得相应资质，并在其资质范围内从事电力工程土建、金属、电气和热控等专业检测试验的企业或单位。 第八条　检测机构能力认定分为 A 级和 B 级，…… 第十二条　承担建设建模 200MW 及以上发电工程和 330kV 及以上变电工程检测试验任务的检测机构，必须具有 B 级及以上能力等级，独立承担以上工程范围内单项检测试验任务的检测机构，必须具有单项能力认定证书。不同规模电力工程项目所对应要求的检测机构能力等级详见附件 5。	1. 查阅检测机构资质证书 　发证单位：国家认证认可监督管理委员会（国家级）或地方质量技术监督部门或各直属出入境检验检疫机构（省市级）及电力质监机构 　有效期：当前有效 　证书业务范围：涵盖检测项目 2. 查看现场电气试验室 　场所：有固定场所且面积、环境满足规范要求，办公、试验分区，挂警示牌；有控温、除湿装置；配备安全防护用品 3. 查阅检测机构的申请报备文件 　报备日期：开工前

条款号	大纲条款	检查依据	检查要点
4.7.1	检测试验机构已经通过能力认定并取得相应证书，其现场派出机构（现场试验室）满足规定条件，并已报质量监督机构备案	第二十七条　认定证书的有效期为四年。持证单位应在有效期满前三个月向总站提出复证申请…… 第三十七条　根据工程建设需要或电力工程标准要求，检测机构应在所承担检测试验任务的工程现场设立现场试验室，现场试验室的设立应满足本办法有关要求。 第四十二条　检测机构设立的现场试验室，在开展工作前，须通过负责本项目质监机构组织的检测试验能力确认。…… 附件 2-3　金属检测试验机构现场试验室要求 附件 4-3　热控检测试验机构现场试验室要求 **4.《火电工程项目质量管理规程》DL/T 1144—2012** 9.3.1　工程具备开工条件后，由建设单位按照国家规定办理开工手续。工程开工应满足下列条件： 　　1）第三方检验、检测单位已确定。 9.4.3　工程建设应根据需要建立土建、金属、电气试验及热工校验室。试验室应具有相应资质，试验人员应持证上岗。 9.4.4　第三方专项检测和见证取样检测应符合下列规定： 　　b）检测单位必须有相应的检测资质，…… 　　c）工程规模较大、试验检测工作量较大时，检测单位宜在项目现场分设现场检测站，配备必要的试验人员、设备、仪器、设施及相关的试验检测标准	
4.7.2	检测人员资格符合规定，持证上岗	**1.《电力工程检测试验机构能力认定管理办法（试行）》质监〔2015〕20 号** 第三条　电力工程检测试验人员（以下简称检测人员）是指具备检测试验专业知识，经考试合格，取得相应的检测专业资格证书，并承担电力工程检测试验工作的专业技术人员。	1. 查阅检测人员登记台账、资格证 　人员专业类别和数量：满足检测项目需求 　资格证发证单位：各级政府和电力行业主管部门

条款号	大纲条款	检查依据	检查要点
4.7.2	检测人员资格符合规定，持证上岗	**2.《火电工程项目质量管理规程》DL/T 1144—2012** 9.4.3 ……，试验人员应持证上岗	资格证有效期：当前有效 2. 查阅检测报告 检测项目：在持证资格范围内 检测人：与台账相符
4.7.3	检测仪器、设备检定合格，且在有效期内	**1.《中华人民共和国计量法》中华人民共和国主席令〔2014〕第8号** 第四十七条 ……。未按照规定申请计量检定、计量检定不合格或者超过计量检定周期的计量器具，不得使用。 **2.《火电工程项目质量管理规程》DL/T 1144—2012** 9.3.5 检测设备的控制应符合下列规定： a）施工单位应配备与工程相适应的测量设备，并保证其持续有效。 b）施工单位应对影响质量的检测设备进行控制，并在这些设备进场时报监理审查；当施工过程中发现检测设备失效或超过有效期时，应对其测量的数据是否有效进行追溯。 c）建设单位和监理单位有权对施工单位使用的检测设备进行监督检查	1. 查阅检测仪器、设备管理台账 内容：包括检定日期、有效期 证书有效期：当前有效 2. 查阅检定证书 有效期：当前有效 结论：合格 3. 查看检测仪器、设备检定标识 检定有效期：与台账及检定证书一致
4.7.4	检测依据正确、有效，检测报告及时、规范	**1.《检验检测机构资质认定管理办法》中华人民共和国国家市场监督管理总局令〔2015〕第163号** 第十三条 …… 检验检测机构资质认定标志，……。式样如下：CMA标志。	查阅检测试验报告 检测依据：有效的标准规范、合同及技术文件

条款号	大纲条款	检查依据	检查要点
4.7.4	检测依据正确、有效，检测报告及时、规范	第二十五条　检验检测机构应当在资质认定证书规定的检验检测能力范围内，依据相关标准或者技术规范规定的程序和要求，出具检验检测数据、结果。 　　检验检测机构出具检验检测数据、结果时，应当注明检验检测依据，…… 　　第二十八条　检验检测机构向社会出具具有证明作用的检验检测数据、结果的，应当在其检验检测报告上加盖检验检测专用章，并标注资质认定标志。 **2.《建设工程质量检测管理办法》中华人民共和国住房和城乡建设部令〔2015〕第141号** 　　第十四条　检测机构完成检测业务后，应当及时出具检测报告。检测报告经检测人员签字、检测机构法定代表人或者其授权的签字人签署，并加盖检测机构公章或者检测专用章后方可生效。检测报告经建设单位或者工程监理单位确认后，由施工单位归档。 **3.《电力工程检测试验机构能力认定管理办法（试行）》质监〔2015〕20号** 　　第十三条　检测机构及由其派出的现场试验室必须按照认定的能力等级，专业类别和业务范围，承担检测试验任务，并按照标准规定出具相应的检测试验报告，未通过能力认定的检测机构或超出规定能力等级范围出具的检测数据、试验报告无效。 　　第三十二条　检测机构应当……，及时出具检测试验报告	检测结论：明确 签章：检测操作人、审核人、批准人已签字，已加盖检测机构公章或检测专用章（多页检测报告加盖骑缝章），并标注相应的资质认定标志 时间：在检测机构规定时间内出具

5　工程实体质量的监督检查

5.1　土建专业的监督检查

条款号	大纲条款	检查依据	检查要点
5.1.1	受电范围内环境整洁、照明齐全，消防器材配备完善，消防通道畅通	**1.《火力发电建设工程启动试运及验收规程》　DL/T 5437—2009** 　　3.4.2.5　试运现场的防冻、采暖、通风、照明、降温设施已能投运，厂房和设备间封闭完整，所有控制室和电子间温度可控，满足试运需求。 　　3.4.2.6　试运现场安全、文明。主要检查项目有： 　　1　消防和生产电梯已验收合格，临时消防器材准备充足且摆放到位。 　　2　电缆和盘柜防火封堵合格。	查看受电条件 环境：受电范围内的建筑工程已按设计文件施工完毕，验收合格，带电区域隔离措施满足试运要求

续表

条款号	大纲条款	检查依据	检查要点
5.1.1	受电范围内环境整洁、照明齐全，消防器材配备完善，消防通道畅通	3 现场脚手架已拆除，道路畅通，沟道和孔洞盖板齐全，楼梯和步道扶手、栏杆齐全且符合安全要求。 4 保温和油漆完整，现场整洁。 5 试运区域与运行或施工区域已安全隔离。 6 安全和治安保卫人员已上岗到位。 7 现场通信设备通信正常	照明：灯具齐全，应急照明切换正常，满足试运要求 消防：消防器材配置满足设计要求，消防通道畅通，消防设施具备投运条件
5.1.2	建（构）筑物和重要设备基础沉降均匀	**1.《建筑变形测量规范》 JGJ 8—2016** 7.1.7 沉降观测应提交下列成果资料： 1 监测点布置图； 2 观测成果表； 3 时间-荷载-沉降量曲线； 4 等沉降曲线； 5 等沉降曲线图（本规范附录 E）。 **2.《电力工程施工测量技术规程》 DL/T 5445—2010** 11.7.4 沉降观测的观测时间、频率及周期应按下列要求并结合实际情况确定： 1 施工期的沉降观测，应随施工进度具体情况及时进行，具体应符合下列规定： 1）基础施工完毕、建筑标高出零米后、各建（构）筑物具备安装观测点标志后即可开始观测。 2）整个施工期观测次数原则上不少于 6 次。但观测时间、次数应根据地基状况、建（构）筑物类别、结构及加荷载情况区别对待，如：对于烟囱等高耸建（构）筑物，一般施工高度每增加20m 观测一次；对于主厂房（汽轮机、锅炉）、集中控制楼等框架结构建（构）筑物，一般施工到不同高度平台或加荷载前后各观测一次；水塔、冷却塔等通水前后各观测一次，变压器就位前后各观测一次等。	查阅沉降观测成果资料 观测记录：观测次数、观测点数符合有关规定，观测数据完整 观测过程曲线：时间-荷载-沉降量曲线图规范，完整清晰 报告结论：符合规范规定，沉降均匀

条款号	大纲条款	检查依据	检查要点
5.1.2	建（构）筑物和重要设备基础沉降均匀	3）施工中遇较长时间停工，应在停工时和重开工时各观测一次，停工期间每隔 2 个月观测一次。 2 除有特殊要求外，建（构）筑物施工完毕后及试运期间每季度观测一次，运行后可半年观测一次，直至稳定为止。 3 观测过程中，若有基础附近地面荷载突然大量增加、基础四周大量积水、长时间连续降雨等情况，均应及时增加观测次数。当建（构）筑物突然发生大量沉降、不均匀沉降，沉降量、不均匀沉降差接近或超过允许变形值或严重裂缝等异常情况时，应立即进行逐日或几天一次的连续观测。 4 建筑沉降是否进入稳定阶段，应有沉降量与时间关系曲线判定。当最后 100d 的沉降速率小于 $0.01mm/d\sim0.04mm/d$ 时可认为已进入稳定阶段。具体取值宜根据各地区地基土的压缩性能确定。 11.7.8 沉降观测结束后，应根据工程需要提交有关成果资料： 1 工程平面位置图及基准点分布图； 2 沉降观测点位分布图； 3 沉降观测成果表； 4 沉降观测过程曲线； 5 沉降观测技术报告	
5.1.3	受电范围内建筑工程的监督检查按照本大纲第 8 部分"建筑工程交付使用前监督检查"进行		

条款号	大纲条款	检查依据	检查要点
5.2 **电气专业的监督检查**			
5.2.1	带电设备的安全净距符合规范规定，电气连接可靠	**1.《电力安全工作规程 发电厂和变电站电气部分》GB 26860—2011** 5.1.3 无论高压设备是否带电，工作人员不得单独移开或越过遮拦进行工作；若有必要移开遮拦，应由监护人在场，并符合表1的安全距离。 **2.《电气装置安装工程 高压电器施工及验收规范》GB 50147—2010** 3.0.9 设备安装用的紧固件应采用镀锌或不锈钢制品，户外用的紧固件采用镀锌产品时应采用热镀锌工艺；外露地脚螺栓应采用热镀锌制品；电气接线端子用的紧固件应符合《变压器、高压电器和套管的接线端子》GB 5273 的有关规定。 **3.《电气装置安装工程 母线装置施工及验收规范》GB 50149—2010** 3.1.8 母线与母线、母线与分支线、母线与电器接线端子搭接，其搭接面的处理应符合下列规定： 1 经镀银处理的搭接面可直接连接； 2 铜与铜的搭接面，室外、高温且潮湿或对母线有腐蚀性气体的室内应搪锡；在干燥的室内可直接连接； 3 铝与铝的搭接面可直接连接； 4 钢与钢的搭接面不得直接连接，应搪锡或镀锌后连接； 5 铜与铝的搭接面，在干燥的室内，铜导体应搪锡；室外或空气相对湿度接近100%的室内，应采用铜铝过渡板，铜端应搪锡； 6 铜搭接面应搪锡，钢搭接面应采用热镀锌； 7 钢搭接面应采用热镀锌； 8 金属封闭母线螺栓固定面应镀银。 3.1.14 母线安装，室内配电装置的安全净距离应符合表 3.1.14-1 的规定，室外配电装置的安全净距离应符合表 3.1.14-2 的规定；当实际电压值超过表 3.1.14-1、表 3.1.14-2 中本级额定电压时，室内、室外配电装置安全净距离应采用高一级额定电压对应的安全净距离值。	1. 查看带电部位安全距离 引流线对地及线间：符合设计要求 母线对地距离：符合设计要求 母线相间间距：符合设计要求 2. 查看设备电气连接 紧固螺栓表面处理：符合规范规定 螺栓紧固力矩值：符合产品技术要求或规范规定 搭接面处理：符合规范规定 焊接处防腐处理：符合规范规定 3. 查阅六氟化硫封闭式组合电器的交接试验报告 试验项目：测量主回路的导电电阻

条款号	大纲条款	检查依据	检查要点
5.2.1	带电设备的安全净距符合规范规定，电气连接可靠	3.3.3 母线与母线或母线与设备接线端子的连接应符合下列要求： 4 母线接触面应连接紧密，连接螺栓应用力矩扳手紧固，钢制螺栓紧固力矩值应符合表 3.3.3 的规定，非钢制螺栓紧固力矩值应符合产品技术文件要求。 **4.《电气装置安装工程　电气设备交接试验标准》GB 50150—2016** 13.0.2 测量主回路的导电电阻值，应符合下列规定： 1. 测量主回路的导电电阻值，宜采用电流不小于 100A 的直流压降法； 2. 测试结果不应超过产品技术条件规定值的 1.2 倍	试验结果：不应超过产品技术条件规定值的 1.2 倍
5.2.2	带电设备的一次试验项目完成，试验合格，记录齐全	**1.《电气装置安装工程　电气设备交接试验标准》GB 50150—2016** 1.0.2 本标准适用于 750kV 及以下电压等级新安装的、按照国家相关出厂试验标准试验合格的电气设备交接试验： 8 电力变压器； 9 电抗器及消弧线圈； 10 互感器； 11 真空断路器； 12 六氟化硫断路器； 13 六氟化硫封闭式组合电器； 14 隔离开关、负荷开关及高压熔断器； 15 套管； 16 悬式绝缘子和支柱绝缘子； 17 电力电缆线路； 18 电容器； 19 绝缘油和 SF_6 气体； 20 避雷器；	查阅各电气设备一次试验报告 试验项目：符合规范规定 试验标准：符合规范规定 试验结论：合格 签字：齐全

续表

条款号	大纲条款	检查依据	检查要点
5.2.2	带电设备的一次试验项目完成，试验合格，记录齐全	23 1kV 及以下电压等级配电装置和馈电线路； 25 接地装置； 26 低压电器	
5.2.3	启动备用变压器密封良好；绝缘油（或 SF_6 气体）试验合格、报告齐全，油位（或气压）正常；本体及中性点接地符合规范规定、连接可靠；冷却装置启、停正常；气体继电器、温度计检定合格；调压装置操动灵活，指示正确	**1.《电气装置安装工程　电力变压器、油浸电抗器、互感器施工及验收规范》GB 50148—2010** 4.3.1 绝缘油的验收与保管应符合下列规定： 　　2 每批到达现场的绝缘油均应有试验记录，并应按照下列规定取样进行简化分析，必要时进行全分析。 　　1）大罐油应每罐取样，小桶油应按表 4.3.1 的规定进行取样。 4.8.3 有载调压切换装置的安装应符合下列规定： 　　1 传动机构中的操作机构、电动机、传动齿轮和杠杆应固定牢靠，连接位置准确，且操作灵活，无卡阻现象；传动机构的摩擦部位应涂以适合当地气候条件的润滑脂，并应符合产品技术文件的规定。 　　4 位置指示器应动作正常，指示正确。 4.8.9 气体继电器的安装应符合下列规定： 　　1 气体继电器安装前应经检验合格，动作整定值符合定值要求，并解除运输用的固定措施。	1. 查阅密封试验记录 试验压力：0.03MPa 或符合产品技术要求 试验时间：24h 或符合产品技术要求 试验结果：合格 签字：齐全 2. 查看变压器法兰及冷却器 连接处：无渗油 3. 查看储油柜及充油套管 油位指示：正常 4. 查阅绝缘油试验报告 出厂试验报告结论：合格

续表

条款号	大纲条款	检查依据	检查要点
5.2.3	启动备用变压器密封良好；绝缘油（或 SF$_6$气体）试验合格、报告齐全，油位（或气压）正常；本体及中性点接地符合规范规定、连接可靠；冷却装置启、停正常；气体继电器、温度计检定合格；调压装置操动灵活，指示正确	4.8.12 测温装置的安装应符合下列规定： 1 温度计安装前应进行校验，信号接点动作应准确，导通应良好；当制造厂已提供有温度计出厂检验报告时可不进行现场送检，但应进行温度现场比对检查。 4.9.1 绝缘油必须按《电气装置安装工程 电气设备交接试验标准》GB 501050 的规定试验合格后，方可注入变压器、电抗器中。 4.12.1 变压器、电抗器在试运行前，应进行全面检查，确认其符合运行条件时，方可投入试运行。检查项目应包含以下内容和要求： 1 本体、冷却装置及所有附件应无缺陷，且不渗油。 5 变压器本体应两点接地。中性点接地引出后，应有两根接地引线与主接地网的不同干线连接，其规格应满足设计要求。 7 储油柜和充油套管的油位应正常。 11 冷却装置应试运正常，联动正确。 13 局部放电测量前、后本体绝缘油色谱试验比对结果应合格。	现场取样试验结果：符合规程规定 色谱分析：局放前后各阶段色谱无明显变化 试验结论：合格 签字：齐全 5. 查看变压器接地 铁芯及夹件接地：分别直接与主接地网连接 中性点接地：有两根接地线与主接地网不同方向干线连接 接地连接：可靠,螺帽朝向符合规范规定 6. 查看冷却装置 启停操作：启停正常 7. 查阅气体继电器安装前校验报告 动作值：符合产品技术要求 结论：合格 签字：齐全

条款号	大纲条款	检查依据	检查要点
5.2.3	启动备用变压器密封良好；绝缘油（或 SF_6 气体）试验合格、报告齐全，油位（或气压）正常；本体及中性点接地符合规范规定、连接可靠；冷却装置启、停正常；气体继电器、温度计检定合格；调压装置操动灵活，指示正确	**2.《电气装置安装工程　电气设备交接试验标准》GB 50150—2016** 8.0.3　油浸式变压器中绝缘油及 SF_6 气体绝缘变压器中 SF_6 气体的试验，应符合下列规定： 　　1　绝缘油的试验类别应符合本标准中表 19.0.2 的规定；试验项目及标准应符合本标准中表 19.0.1 的规定。 　　2　油中溶解气体的色谱分析，应符合下列规定：电压等级在 66kV 及以上的变压器，应在注油静置后、耐压和局部放电试验 24h 后、冲击合闸及额定电压下运行 24h 后，各进行一次变压器器身内绝缘油的油中溶解气体的色谱分析。试验应符合《变压器油中溶解气体分析和判断导则》GB/T 7252 的有关规定。各次测得的氢、乙炔、总烃含量，应无明显差别。新装变压器油中总烃含量不应超过 $20\mu L/L$，H_2 含量不应超过 $10\mu L/L$，C_2H_2 含量不应超过 $0.1\mu L/L$	8. 查阅温度计出厂及现场校验报告 　检定有效期：在有效期内 　结论：合格 　签字：齐全 9. 查看调压装置 　装置动作：机构转动无卡阻现象 　位置指示：就地与主控显示一致
5.2.4	充气设备气体压力、密度继电器报警和闭锁值符合产品技术要求	**1.《电气装置安装工程　高压电器施工及验收规范》GB 50147—2010** 4.4.1　在验收时，应进行下列检查 　　5　密度继电器的报警、闭锁值应符合产品技术文件的要求，电气回路传动应正确。	1. 查看 SF_6 气体压力 　压力值：符合产品技术要求

续表

条款号	大纲条款	检查依据	检查要点
5.2.4	充气设备气体压力、密度继电器报警和闭锁值符合产品技术要求	6 六氟化硫气体压力、泄漏率和含水量应符合《电气装置安装工程 电气设备交接试验标准》GB 50150 及产品技术文件的规定。 5.2.3 GIS 元件装配前，应进行下列检查： 密度继电器和压力表应经检验，并有产品合格证和检验报告。密度继电器与设备本体六氟化硫气体管道的连接，应满足可与设备本体管路系统隔离，以便于对密度继电器进行现场校验。 5.5.1 六氟化硫气体的技术条件应符合表 5.5.1 的规定。 5.5.2 新六氟化硫气体应有出厂检验报告及合格证明文件。运到现场后，每瓶均应做含水量检验，现场应进行抽样做全分析，抽样比例按表 5.5.2 的规定执行。检验结果有一项不符合本规范表 5.5.1 要求时，应以两倍量气瓶数重新抽样进行复验。复验结果即使有一项不符合，整批产品不应验收。 5.6.1 在验收时，应进行下列检查： 5 密度继电器的报警、闭锁值应符合规定，电气回路传动应正确。 6 六氟化硫气体泄漏率和含水量应符合《电气装置安装工程 电气设备交接试验标准》GB 50150 及产品技术文件的规定。 **2.《电气装置安装工程 电气设备交接试验标准》GB 50150—2016** 19.0.4 SF_6 新气到货后，充入设备前应对每批次的气瓶进行抽检，并应按《工业六氟化硫》GB 12022 验收，SF_6 新到气瓶抽检比例宜符合表 19.0.4 的规定，其他每瓶可只测定含水量	2. 查阅压力表、密度继电器校验报告、现场核对性检验报告 报警值：符合产品技术要求 闭锁值：符合产品技术要求 报告结论：合格 报告签字：齐全 3. 查阅 SF_6 气体检验报告 抽检比例：符合规范规定 SF_6 气体纯度：不小于 99.9% 或符合规范规定 含水量：每瓶不超过 0.0005% 或符合规范规定 其他检验指标：符合规范规定 结论：合格 签字：齐全

续表

条款号	大纲条款	检查依据	检查要点
5.2.5	GIS、断路器、隔离开关、接地开关及操动机构动作可靠，分、合闸指示正确；油（气）操动机构无渗漏现象；隔离开关接触电阻及三相同期值符合产品技术要求	**1.《电气装置安装工程　高压电器施工及验收规范》GB 50147—2010** 4.4.1　在验收时，应进行下列检查： 　　4 断路器及其操动机构的联动应正常，无卡阻现象；分、合闸指示应正确；辅助开关动作应正确可靠。 5.6.1　在验收时，应进行下列检查： 　　4 GIS 中的断路器、隔离开关、接地开关及其操动机构的联动应正常，无卡阻现象；分、合闸指示应正确；辅助开关及电气闭锁应动作正确、可靠。 7.3.10　全部空气管道系统应以额定气压进行漏气量的检查，在 24h 内压降不得超过 10%，或符合产品技术文件要求。 7.4.1　液压机构的安装与调整，除应符合本章第 7.2 节的规定外，尚应符合下列规定： 　　3 液压回路在额定油压时，外观检查应无渗漏。 7.7.1　在验收时，应进行下列检查： 　　3 液压系统应无渗漏、油位正常；空气系统应无漏气；安全阀、减压阀等应动作可靠；压力表应指示正确。 8.2.10　三相联动的隔离开关，触头接触时，不同期数值应符合产品技术文件要求。当无规定时，最大值不得超过 20mm。 8.2.11　隔离开关、负荷开关的导电部分，应符合下列规定： 　　4 合闸直流电阻测试应符合产品技术文件要求	1. 查看断路器、开关操动机构 操作：开、关动作正常 分合闸指示：远方、就地指示一致 油压/气压系统：无渗漏 接地连接：可靠 2. 查阅断路器、开关试验报告 接触电阻值：符合产品技术要求 三相同期值：符合产品技术要求或规范规定 结论：合格 签字：齐全
5.2.6	高压开关柜防误闭锁装置齐全、可靠	**1.《电气装置安装工程　高压电器施工及验收规范》GB 50147—2010** 6.3.5　开关柜的安装应符合产品技术文件要求，并应符合下列规定： 　　2 机械闭锁、电气闭锁应动作准确、可靠和灵活，具备防止电气误操作的"五防功能"[即防止误分合断路器，防止带负荷分、合隔离开关，防止接地开关合上时（或带接地线）送电，防止带电合接地开关（挂接地线），防止误入带电间隔等功能]。 　　3 安全隔板开启应灵活，并应随手车或抽屉的进出而相应动作	查看开关柜闭锁装置 装置：有五防闭锁装置 动作：可靠

续表

条款号	大纲条款	检查依据	检查要点
5.2.7	互感器外观完好，密封良好，油位或气压正常，接地可靠；电流互感器备用线圈短接并可靠接地	**1.《电气装置安装工程　电力变压器、油浸电抗器、互感器施工及验收规范》GB 50148—2010** 5.3.6　互感器的下列各部位应可靠接地： 　　4 电流互感器的备用二次绕组应先短路后接地。 5.4.1　在验收时，应进行下列检查： 　　1 设备外观应完整无缺损。 　　2 互感器应无渗漏，油位、气压、密度应符合产品技术文件的要求。 　　5 接地应可靠	查看互感器 外观：完好、无损伤、无渗漏 油位/气压：符合产品技术要求 接地：牢固、标识清晰 电流互感器备用线圈：短接并接地可靠
5.2.8	避雷器外观及安全装置完好，排气口朝向合理；在线监测装置接地可靠，安装方向便于观察	**1.《电气装置安装工程　高压电器施工及验收规范》GB 50147—2010** 9.2.1　避雷器安装前，应进行下列检查： 　　4 避雷器的安全装置应完整、无损。 9.2.8　避雷器的排气通道应畅通，排气通道口不得朝向巡检通道，排出的气体不致引起相间或对地闪络，并不得喷及其他电气设备。 9.2.10　监测仪应密封良好、动作可靠，并应按产品技术文件要求连接；接地应可靠；监测仪计数器应调至同一值。 9.2.12　避雷器的接地应符合设计要求，接地引下线应连接、固定牢固	查看避雷器 外观：完好、无损伤 安全装置：完整、无损 排气口朝向：未朝向巡检通道 监测仪接地：符合设计要求 监测仪朝向：便于观察 接地连接：可靠、标识清晰
5.2.9	软母线压接或螺栓连接质量检查合格；硬母线的焊接检验合格，报告齐全	**1.《电气装置安装工程　母线装置施工及验收规范》GB 50149—2010** 3.3.3　母线与母线或母线与设备接线端子的连接应符合下列要求： 　　1 母线连接接触面间应保持清洁，并应涂以电力复合脂； 　　2 母线平置时，螺栓应由下往上穿，螺母应在上方，其余情况下，螺母应置于维护侧，螺栓长度宜露出 2 扣～3 扣；	1. 查看母线螺栓连接 螺栓穿向：平置时螺母在上，其他情况下螺母在维护侧 防松措施：螺母侧有弹簧垫圈或锁紧螺母

续表

条款号	大纲条款	检查依据	检查要点
5.2.9	软母线压接或螺栓连接质量检查合格；硬母线的焊接检验合格，报告齐全	3 螺栓与母线紧固面间均应有平垫圈，母线多颗螺栓连接时，相邻螺栓垫圈间应由 3mm 以上的净距，螺母侧应装有弹簧垫圈或缩紧螺母； 　　4 母线接触面应连接紧密，连接螺栓应用力矩扳手紧固，钢制螺栓紧固力矩应符合表 3.3.3 的规定，非钢制螺栓紧固力矩之应符合产品技术文件要求。 　　3.4.1 母线焊接应由经培训考试合格取得相应资质证书的焊工进行，焊接质量应符合《母线焊接技术规程》DL/T 754 的有关规定。 　　3.5.7 耐张线夹压接前应对每种规格的导线取试件两件进行试压，并应在试压合格后再施工。 **2.《母线焊接技术规程》DL/T 754—2013** 　　A.10 焊接接头直流电阻值不应大于规格尺寸均相同的原材料直流电阻值的 1.05 倍，电阻及电阻率测试分别按 GB/T 3048.2、GB/T 3048.4 的要求进行。 　　A.11 焊接接头抗拉强度不应低于原材料抗拉强度标准值的下限。经热处理强化的铝合金，其焊接接头的抗拉强度不得低于原材料标准值下限的 75%	2.抽查螺栓紧固力矩力矩值：符合规范规定 3. 查阅软母线压接试验报告 取样数量：符合耐张线夹现场取样数量规定 检验结论：合格 签字：齐全 4. 查阅硬母线焊接试验报告 接头直流电阻值：符合规范规定 接头抗拉强度：符合规范规定 结论：合格 签字：齐全
5.2.10	盘柜安装牢固、接地可靠；手车式、抽屉式配电柜开关推拉灵活	**1.《电气装置安装工程 盘、柜及二次回路接线施工及验收规范》GB 50171—2012** 　　4.0.3 盘、柜间及盘、柜上的设备及各构件连接应牢固。控制、保护盘、柜和自动装置盘等与基础型钢不宜焊接固定。 　　4.0.6 成套柜的安装应符合下列规定： 　　1 机械闭锁、电气闭锁应动作准确、可靠。 　　2 动触头与静触头的中心线应一致，触头接触应紧密。 　　4.0.7 抽屉式配电柜的安装应符合下列规定： 　　1 抽屉推拉应轻便灵活，并应无卡阻、碰撞现象，同型号、规格的抽屉应能互换。	1. 查看盘柜安装柜体及构件：连接牢固，不宜焊接固定 成套柜接地母线：与主接地网可靠连接 装有电器可开启的门接地：符合规范规定

条款号	大纲条款	检查依据	检查要点
5.2.10	盘柜安装牢固、接地可靠；手车式、抽屉式配电柜开关推拉灵活	2 抽屉的机械闭锁或电气闭锁装置应动作可靠。 3 抽屉与柜体间的二次回路连接插件应接触良好。 4.0.8 手车式柜的安装应符合下列规定： 1 机械闭锁、电气闭锁应动作准确、可靠。 2 车推拉应轻便灵活，并应无卡阻、碰撞现象，同型号、规格的手车应能互换。 3 车和柜体间的二次回路连接插件应接触良好。 4 安全隔离板随手车的进、出而相应动作开启灵活。 5 柜内控制电缆不应妨碍手车的进、出，并应开启灵活。 7.0.1 盘、柜基础型钢应有明显且不少于两点的可靠接地。 7.0.2 成套柜的接地母线应与主接地网连接可靠。 7.0.3 抽屉式配电柜抽屉与柜体间的接触应良好，柜体、框架的接地应良好。 7.0.5 装有电器的可开启的门应采用截面不小于 4mm^2 且端部压接有终端附件的多股软铜导线与接地的金属框架可靠连接。 7.0.6 盘柜柜体接地应牢固可靠，标识应明显	2. 查看手车、抽屉柜推拉操作：轻便灵活、可互换、无卡阻现象
5.2.11	电缆孔洞防火封堵严密、阻燃措施齐全；金属电缆支架接地良好	**1.《电气装置安装工程　盘、柜及二次回路接线施工及验收规范》GB 50171—2012** 3.0.12 安装调试完毕后，在电缆进出盘、柜的底部或顶部以及电缆管口处应进行防火封堵，封堵应严密。 **2.《电气装置安装工程　电缆线路施工及验收规范》GB 50168—2018** 5.2.10 金属电缆支架、桥架及竖井全长均必须有可靠的接地。 8.0.2 应在下列孔洞处采用防火封堵材料密实封堵： 1 在电缆贯穿墙壁、楼板的孔洞处； 2 在电缆进入盘、柜、箱、盒的孔洞处； 3 在电缆进出电缆竖井的出入口； 4 在电缆桥架穿过墙壁、楼板的孔洞处； 5 在电缆导管进入电缆桥架、电缆竖井、电缆沟和电缆隧道的端口处。	1. 查看电缆孔洞防火封堵 严密性：密实、无缝隙 2. 查看防火阻燃措施 阻火墙设置：符合设计要求 防火涂料涂刷/包带包绕长度：符合规范规定

续表

条款号	大纲条款	检查依据	检查要点
5.2.11	电缆孔洞防火封堵严密、阻燃措施齐全；金属电缆支架接地良好	9.0.1 工程验收时应进行下列检查： 10 防火措施应符合设计要求，且施工质量应合格。 8.0.1 在工程验收时，应按下列要求进行检查： 9 防火措施应符合设计，且施工质量合格	3. 查看金属电缆支架接地：全长有可靠接地
5.2.12	电缆施工符合设计及规范规定，验收签证齐全；二次回路接线正确，可靠	**1.《电气装置安装工程 盘、柜及二次回路接线施工及验收规范》GB 50171—2012** 3.0.9 二次回路接线施工完毕后，应检查二次回路接线是否正确、牢靠。 6.0.1 二次回路接线应符合下列规定： 1 应按有效图纸施工，接线应正确。 2 导线与电气元件间应采用螺栓连接、插接、焊接或压接等，且均应牢固可靠。 3 盘、柜内的导线不应有接头，芯线应无损伤。 4 多股导线与端子、设备连接应压接终端附件。 8.0.1 在验收时，应按下列要求进行检查： 3 所有二次回路接线应正确，连接应可靠，标识应齐全清晰，二次回路的电源回路绝缘应符合本规范 3.0.11 的规定。 **2.《电气装置安装工程 电缆线路施工及验收规范》GB 50168—2018** 9.0.1 工程验收时应进行下列检查： 1 电缆及附件额定电压、型号规格应符合设计要求。 2 电缆排列应整齐，无机械损伤，标识牌应装设齐全、正确、清晰。 3 电缆的固定、弯曲半径、相关间距和单芯电力电缆的金属护层的接线等应符合要求和本标准的规定，相位、极性排列应与设备连接相位、极性一致，并符合设计要求。 4 电缆终端、电缆接头及充油电缆的供油系统应固定牢靠，电缆接线端子与所接设备端子应接触良好，接地箱和交叉互联箱的连接点应接触良好可靠，充油绝缘介质的电缆终端、电缆接头及充油电缆的供油系统不应有渗漏现象，充油电缆的油压及表计整定值应符合设计和产品技术文件的要求。	1. 查看二次回路接线：连接可靠、标识清晰 2. 查阅电缆施工验收签证 签证内容：符合设计及规范规定 结论：合格 签字：齐全

条款号	大纲条款	检查依据	检查要点
5.2.12	电缆施工符合设计及规范规定，验收签证齐全；二次回路接线正确，可靠	5 电缆线路接地点应与接地网接触良好，接地电阻值应符合设计要求。 6 电缆终端的相色或极性标识应正确，电缆支架等的金属部件防腐层应完好。电缆管口封堵应密实。 7 电缆沟内应无杂物，盖板齐全；隧道内应无杂物，照明、通风、排水等设施应符合设计要求。 8 直埋电缆路径标志，应与实际路径相符。路径标志应清晰、牢固。 9 水底电缆线路两岸，禁锚区内的标志和夜间照明装置应符合设计要求。 10 防火措施应符合设计，且施工质量合格	
5.2.13	蓄电池组标识正确、清晰，充放电试验合格，记录齐全；UPS 电源工作正常	1.《电气装置安装工程 蓄电池施工及验收规范》GB 50172—2012 4.1.4 蓄电池组的引出电缆的敷设应符合《电气装置安装工程 电缆线路施工及验收规范》GB 50168 的有关规定。电缆引出线正、负极的极性及标识应正确，且正极应为赭色，负极应为蓝色。 4.2.2 蓄电池组安装完毕投运前，应进行完全充电，并应进行开路电压测试和容量测试。 4.2.6 蓄电池组的开路电压和 10h 率容量测试有一项数据不符合本规范的规定时，此组蓄电池应为不合格。 4.2.7 在整个充、放电期间，应按规定时间记录每个蓄电池的电压、表面温度和环境温度及整组蓄电池的电压、电流，并应绘制整组充、放电特性曲线。 6.0.1 在验收时，应按规定进行检查： 3 蓄电池间连接条应排列整齐，螺栓应紧固、齐全，极性标识应正确、清晰。 4 蓄电池组每个蓄电池的顺序编号应正确，外壳应清洁，液面应正常	1. 查看蓄电池 编号、标识：符合规范规定 2. 查阅蓄电池充放电记录 10h 放电容量：符合产品技术要求 充放电曲线：真实、符合产品技术要求 结论：合格 签字：齐全 3. 查阅UPS调试报告 切换时间、曲线：符合规程规定 结论：合格 签字：齐全

续表

条款号	大纲条款	检查依据	检查要点
5.2.14	防雷接地、设备接地和主接地网连接可靠，验收签证齐全	**1.《电气装置安装工程　接地装置施工及验收规范》GB 50169—2016** 3.0.3　接地装置的安装应配合建筑工程的施工，隐蔽部分必须在覆盖前会同有关单位做好中间检查及验收记录。 3.0.6　各种电气装置与接地网的连接应可靠，扩建工程接地网与原接地网应符合设计要求，且不少于两点连接。 4.2.9　电气装置的接地必须单独与接地母线或接地网相连接，严禁在一条接地线中串接两个及两个以上需要接地的电气装置。 4.2.10.5　110kV 及以上电压等级的重要电气设备及设备构架宜设两根接地线，且每一根均应满足设计要求，连接引线的架设应便于定期进行检查测试。 4.3.1　接地极的连接应采用焊接，接地线与接地极的连接应采用焊接。异种金属接地极之间连接时接头处应采取防止电化学腐蚀的措施。 4.3.2　电气设备上的接地线，应采用热镀锌螺栓连接；有色金属接地线不能采用焊接时，可用螺栓连接。螺栓连接处的接触面应按《电气装置安装工程　母线装置施工及验收规范》GB 50149 的规定执行。 4.3.4　接地线、接地极采用电弧焊连接时应采用搭接焊缝，其搭接长度应符合下列规定： 1　扁钢应为其宽度的 2 倍且不得少于 3 个棱边焊接。 2　圆钢应为其直径的 6 倍。 3　圆钢与扁钢连接时，其长度应为圆钢直径的 6 倍。 4　扁钢与钢管、扁钢与角钢焊接时，除应在其接触部位两侧进行焊接外，还应由钢带或钢带弯成的卡子与钢管或角钢焊接。 4.3.5　接地极（线）的连接工艺采用放热焊接时，其焊接接头应符合下列规定： 1　被连接的导体截面应完全包裹在接头内。 2　接头的表面应平滑。 3　被连接的导体接头表面应完全熔合。 4　接头应无贯穿性的气孔。	1. 查看避雷设施、电气设备接地及明敷接地网连接 螺栓连接：可靠、螺帽朝向符合规范规定 焊接：焊接质量符合规范规定 扩建网与主网连接点数量：符合设计要求 标识：清晰，符合规范规定 验收：合格 签字：齐全 2. 查阅接地装置隐蔽验收记录 搭接长度：符合规范规定 接地极、接地干线焊接及防腐：符合规范规定 埋深：符合设计要求 回填：符合规范规定 隐蔽验收：合格 签字：齐全

续表

条款号	大纲条款	检查依据	检查要点
5.2.14	防雷接地、设备接地和主接地网连接可靠，验收签证齐全	4.3.6　采用金属绞线作接地线引下时，宜采用压接端子与接地极连接。 4.6.1　避雷针、避雷线、避雷带、避雷网的接地除应符合本规范4.1～4.5的相关规定外，还应符合下列规定： 　　1　避雷针和避雷带与接地线之间的连接应可靠。 　　2　避雷针和避雷带的接地线及接地装置使用的紧固件均应使用镀锌制品。当采用没有镀锌的地脚螺栓时应采取防腐措施。 　　3　构筑物上的防雷设施接地线，应设置断接卡。 　　4　装有避雷针的金属简体，当其厚度不小于4mm时，可作避雷针的接地线。简体底部应至少有2处与接地极对称连接。 　　5　独立避雷针及其接地装置与道路或建筑物的出入口等的距离应大于3m；当小于3m时，应采取均压措施或铺设卵石或沥青地面。 　　6　独立避雷针和避雷线应设置独立的集中接地装置，其与接地网的地中距离不应小于3m。当小于3m时，在满足避雷针与主接地网的地下连接点至35kV及以下设备与主接地网的地下连接点间沿接地极的长度不小于15m的情况下，该接地装置可与接地网连接。 　　7　发电厂、变电站配电装置的架构或屋顶上的避雷针及悬挂避雷线的构架应在其接地线处装设集中接地装置，并应与接地网连接	
5.2.15	升压站、网控室、集控室等电位网安装完，质量验收合格，记录齐全	**1.《电气装置安装工程　接地装置施工及验收规范》GB 50169—2016** 4.9.1　装有微机型继电保护及安全自动装置的110kV及以上电压等级的变电站或发电厂，应敷设等电位接地网。等电位接地网应符合下列规定： 　　1　装设保护和控制装置的屏柜地面下设置的等电位接地网宜用截面积不小于100mm²的接地铜排连接成首末可靠连接的环网，并应用截面积不小于50mm²、不少于4根钢缆与厂、站的接地网一点直接连接。	1.查看升压站、网控室、集控室等电位接地盘柜内等电位接地母线：与盘框架绝缘 等电位接地：自成系统，只在室外远离高压设备与主接地网一点可靠连接

条款号	大纲条款	检查依据	检查要点
5.2.15	升压站、网控室、集控室等电位网安装完，质量验收合格，记录齐全	2 保护和控制装置的屏柜内下部应设有截面积不小于 100mm² 的接地铜排，屏柜内装置的接地端子应用截面积不小于 4mm² 的多股铜线和接地铜排相连，接地铜排应用截面积 50m² 的铜排或铜缆与地面下的等电位接地母线相连。 4.12.2 电气装置的系统接地、保护接地及建筑物的防雷接地等采用同一接地装置，接地装置的接地电阻值应符合其中最小值的要求。 4.12.10 总等电位的保护联结线截面积应符合设计要求，其最小值应符合下列规定： 　1 铜保护联结线截面积不应小于 6mm²。 　2 铜覆钢保护联结线截面积不应小于 25mm²。 　3 铝保护联结线截面积不应小于 16mm²。 　4 钢保护联结线截面积不应小于 50mm²	微机保护与自动装置电缆屏蔽接地：与等电位接地母线一点连接 2. 查阅等电位网接地测试报告 测试电阻值：符合设计要求 测试结论：合格 签字：齐全
5.2.16	电气设备及防雷设施的接地阻抗测试符合设计要求，报告齐全	**1.《电气装置安装工程 电气设备交接试验标准》GB 50150—2016** 25.0.1 电气设备和防雷设施的接地装置的试验项目，应包括下列内容： 　1 接地网电气完整性测试； 　2 接地阻抗； 　3 场区地表电位梯度、接触电位差、跨步电压和转移电位测量。 25.0.2 接地网电气完整性测试，应符合下列规定： 　1 应测量同一接地网的各相邻设备接地线之间的电气导通情况，以直流电阻值表示； 　2 直流电阻值不宜大于 0.05Ω。 25.0.3 接地阻抗测量，应符合下列规定： 　1 接地阻抗值应符合设计文件规定，当设计文件没有规定时应符合表 25.0.3 的要求； 　2 试验方法可按《接地装置特性参数测量导则》DL475 的有关规定执行，试验时应排除与接地网连接的架空地线、电缆的影响； 　3 应在扩建接地网与原接地网连接后进行全场全面测试	查阅接地网接地阻抗试验报告 测试方法：符合规范规定 电阻值：符合设计要求 签字：齐全

条款号	大纲条款	检查依据	检查要点
		5.3 热控专业的监督检查	
5.3.1	DCS系统盘柜、操作台、操作员站、工程师站安装完毕，记录齐全	**1《电力建设施工技术规范 第4部分：热工仪表及控制装置》DL 5190.4—2012** 2.1.5 热工仪表及控制装置的安装应保证测量与控制系统能准确、灵敏、安全、可靠工作，避免受震动、高温、低温、灰尘、潮湿、腐蚀等的影响。 2.1.6 热工仪表及控制装置应安装整齐，安装地点应采光良好，便于操作、维护，不影响运行检修通道。 2.1.7 控制室和电子设备室内的温度、湿度及粉尘浓度应符合设计要求，电子设备室应有防止小动物进入的措施。 2.1.8 热工仪表及控制装置的标识牌应正确、清晰。 5.1.7 盘柜间应连接紧密、牢固，安装应使用防腐蚀的螺栓、螺母、垫圈等。 5.1.8 控制盘单独或成列安装时，其垂直度、水平偏差及盘面偏差和盘间接缝的允许偏差应符合表5.1.8的规定。 5.1.9 盘内不得进行电焊和气焊作业，以免烧坏油漆及损伤导线绝缘，必要时应采取防护措施。 5.1.10 控制盘柜应按本部分8.4的有关规定进行接地。 5.1.11 盘、柜内防火封堵应严密，所采用的防火封堵及阻燃材料应符合设计要求。 5.2.1 控制室仪表及设备安装应符合下列规定： 　1 机柜、显示器安装应在室内建筑装饰工程结束后进行； 　2 电子设备室内机柜上的模件安装应在空调投入后进行，并应采取防静电措施； 　4 模件的编址与对应接插件位置正确，插头接触良好。 5.2.6 盘内电缆、导线、表管应固定牢固，排列整齐、美观。 5.2.7 盘内部连接导线，除了插件的连接采用单芯多股软线外，其他直采用单芯单股绝缘线。 5.2.8 导线、仪表管与仪表连接时，不得使仪表承受机械力，并应使仪表便于拆装。 5.2.10 盘上仪表及设备的标牌、铭牌、端子，应完整、正确、清晰并置于明显的位置。	1. 查阅电子设备间、操作台、操作员站、工程师站的土建交安工序验收交接签证单 结论：符合规范要求 签字：相关方已签字 2. 查阅DCS系统盘柜、操作台、操作员站、工程师站安装记录，安装质量验收表 内容：符合规范要求 结论：合格 签字：相关方已签字 3. 查看DCS系统盘柜、操作台、操作员站、工程师站的设备、接线、接地、防火封堵 设备：安全警示、标识清楚 接线：正确、牢固、美观、标识清楚

条款号	大纲条款	检查依据	检查要点
5.3.1	DCS 系统盘柜、操作台、操作员站、工程师站安装完毕，记录齐全	5.2.14 大屏幕显示器的安装应符合产品技术文件的要求，支架固定应牢靠。 5.3.1 计算机及其设备应在控制室门窗、地面、墙壁、吊顶、暖通系统等施工完毕后进行安装。 5.3.2 计算机及其设备型号规格应符合设计，外观应完整，无损伤，附件应齐全、完好。 5.3.3 计算机的预制电缆应敷设在带盖板的电缆槽盒中，金属电缆槽盒与盖板应接地良好。 5.3.4 下列信号电缆不应通过计算机电缆槽内敷设： 　1 电压不小于 60V 或电流大于 0.2A 的仪表信号电缆； 　2 没有抗干扰措施的开关量输入、开关量输出信号电缆。 5.3.5 计算机预制电缆与其他电缆敷设在同一电缆通道时，计算机预制电缆槽宜布置在最下层；计算机预制电缆与一般控制电缆，允许在带有中间隔板的同一槽中敷设。 8.4.2 保护接地应牢固可靠，应接到电气的保护接地网上，但不得串联接地。保护接地的电阻值应符合设计要求。 8.4.8 计算机及监控系统的接地方法应符合设计要求和《工业计算机监控系统抗干扰技术规范》CECS 81 及产品技术文件的要求。	接地：有明显接地，柜门和柜体之间有跨接地 防火封堵：外观表面平整、牢固严实 4. 查看控制室、工程师站和电子设备间的装修、照明、暖通、消防、防小动物进入措施 装修：门窗、地面、墙壁、吊顶、暖通系统等施工完毕 照明：已经投用、采光良好 暖通：已经投用，温湿度达到要求；有温、湿度计，且经检验合格。 消防：有消防设施，且在有效期内 防小动物进入措施：在控制室和电子设备间、工程师站、电缆夹层门口装有防小动物隔板

续表

条款号	大纲条款	检查依据	检查要点
5.3.1	DCS 系统盘柜、操作台、操作员站、工程师站安装完毕，记录齐全	8.4.9 计算机及监控系统的接地系统按设计直接接在全厂电气接地网上或接在独立接地网上，其连接方式及接地电阻均应符合设计要求。采用独立接地网时，接地电阻不应大于 2Ω，接地电阻应包括接地引线电阻。 8.4.10 计算机系统地线汇集板宜采用 600mm×200mm×20mm 的铜板制作，该汇集板即为计算机系统参考零电位。该系统除接地点外，其余部分应与其他接地体隔离，保证计算机接地系统一点接地。 8.4.11 地线汇集板和地网接地极之间连接的接地线截面积不应小于 50mm²，系统内机柜中心接地点至接地母线排的接地线截面积不应小于 25mm²，机柜间链式接地线的截面积不应小于 6mm²；接地线应采用多芯软铜线；接地电缆线应采用压接接线鼻子后与接地母线排可靠连接	5. 查看电缆敷设环境、操作员站、工程师站、电子设备间的通讯电缆和预制电缆敷设 电缆敷设环境：符合强条要求 通讯电缆：在专用电缆线槽内 预制电缆：在带盖板的电缆槽盒中 6. 查看控制室大屏幕显示器的电缆敷设及接线 敷设、接线：符合规范要求
5.3.2	DCS 系统已受电，电源可靠	**1《电力建设施工技术规范 第 4 部分：热工仪表及控制装置》DL 5190.4—2012** 9.4.3 电源的熔断器或开关的容量应符合使用设备的要求，并应有标识。备用电源应完好，具备投入条件。 9.4.4 电气回路应接线正确、紧固，布线整齐、美观，端子固定牢固，性能良好，标识清楚。 **2《火力发电厂分散控制系统技术条件》DL/T 1083—2008** 6.3.1 电源系统总体要求 6.3.1.1 接受外部电源：机组、脱硫、全厂辅助系统等重要系统配置的 DCS 应能够接受电厂提供的两路交流（220V±10%，50Hz±2.5Hz）单相电源。局部辅助系统的 DCS 或 PLC 控制系统可只接受一路外部交流（220V±10%，50Hz±2.5Hz）单相电源。	1. 查阅 DCS 系统受电记录 结论：符合规范要求 签字：相关方已签字

条款号	大纲条款	检查依据	检查要点
5.3.2	DCS 系统已受电，电源可靠	6.3.1.2 接受两路外部交流电源的控制系统应具有可靠的电源冗余功能，任何一路外部电源失去或故障不应引起控制系统任何部分的故障、数据丢失或异常动作。任何一路外部电源失去应在控制系统获得报警。 6.3.1.3 接受一路外部交流电源的控制系统在外部电源失去或故障时，应具有保证系统安全的措施，不应出现影响工艺过程安全的异常动作。 **3《大中型火力发电厂设计规范》GB 50660—2011** 15.11.1 控制柜（盘）进线电源的电压等级不应超过 250V。进入控制装置柜（盘）的交、直流电源除停电一段时间不影响安全外，应各有两路，并应互为备用。工作电源故障需及时切换至另一路电源时，宜在控制柜（盘）设自动切投装置，切换时间应满足用电设备安全运行的需要。 15.11.2 每组交流动力电源配电箱应有两路输入电源，并应分别引自厂用低压母线的不同段。在有事故保安电源的火力发电厂中，影响机组安全运行的设备，其电源配电箱的一路输入电源应引自厂用事故保安电源段。两路电源应互为备用，可设置自动切投装置	2. 查看 DCS 电气回路接线 接线：正确、牢固、美观、标识清楚
5.3.3	DCS 系统接地可靠、标识清晰	**1《电力建设施工技术规范　第 4 部分：热工仪表及控制装置》DL 5190.4—2012** 5.1.10 控制盘柜应按本部分 8.4 的有关规定进行接地。 6.4.18 电缆敷设后应及时挂装标识牌，并符合下列要求： 　1 电缆终端头处应挂装标识牌； 　2 标识牌应有编号、电缆型号、规格及起止地点，字迹应清晰不易脱落； 　3 标识牌规格宜统一，应能防腐，挂装牢固。 8.4.1 仪表盘、接线盒、电缆保护管、电缆桥架及有可能接触到危险电压的裸露金属部件应做保护接地。 8.4.2 保护接地应牢固可靠，应接到电气的保护接地网上，但不得串联接地。 保护接地的电阻值应符合设计要求。 8.4.6 接地线应防止发生机械损伤和化学腐蚀。在可能使接地线遭受损伤处，均应用管子或角钢等加以保护。接地线在穿过墙壁、楼板和地坪处应加装铜管保护套，有化学腐蚀的部分应采取防腐措施。	1. 查阅 DCS 系统接地装置隐蔽工程验收签证单 结论：符合规范要求 签字：相关方已签字 2. 查阅 DCS 系统接地测试报告 数据：符合规范要求或制造厂技术要求 盖章：有测试单位的专用章 签字：相关方已签字

条款号	大纲条款	检查依据	检查要点
5.3.3	DCS 系统接地可靠、标识清晰	8.4.7 若产品技术文件要求控制装置及电子设备机柜外壳不与接地网连接时，其外壳应与柜基础底座绝缘。 8.4.9 计算机及监控系统的接地系统按设计直接接在全厂电气接地网上或接在独立接地网上，其连接方式及接地电阻均应符合设计要求。采用独立接地网时，接地电阻不应大于 2Ω，接地电阻应包括接地引线电阻。 8.4.10 计算机系统地线汇集板宜采用 600mm×200mm×20mm 的铜板制作，该汇集板即为计算机系统参考零电位。该系统除接地点外，其余部分应与其他接地体隔离，保证计算机接地系统一点接地。 8.4.11 地线汇集板和地网接地极之间连接的接地线截面积不应小于 50mm²，系统内机柜中心接地点至接地母线排的接地线截面积不应小于 25mm²，机柜间链式接地线的截面积不应小于 6mm²；接地线应采用多芯软铜线:接地电缆线应采用压接接线鼻子后与接地母线排可靠连接。	3. 查看 DCS 系统接地装置 汇集板的尺寸：符合规范要求 地线汇集板和地网接地极之间连接的接地线截面积：符合规范要求 系统内机柜中心接地点至接地母线排的接地线截面积：符合规范要求 机柜间链式接地线的截面积：符合规范要求 接地线：多芯软铜线 4. 查看屏蔽电缆、屏蔽补偿导线的屏蔽层接地 总电缆层及对绞屏蔽层的接地：符合规范要求 信号源浮空时：符合规范要求 信号源接地时：符合规范要求 放大器浮空时：符合规范要求

条款号	大纲条款	检查依据	检查要点
5.3.3	DCS系统接地可靠、标识清晰	8.4.12 屏蔽电缆、屏蔽补偿导线的屏蔽层均应接地，并符合下列规定： 1 总电缆层及对绞屏蔽层均应接地。 3 屏蔽层接地的位置应符合设计要求，当信号源浮空时，应在计算机侧接地；当信号源接地时，屏蔽层的接地点应靠近信号源的接地点；当放大器浮空时，屏蔽层的一端宜与屏蔽罩相连，另一端宜接共模地，其中，当信号源接地时接现场地，当信号源浮空时接信号地。 4 多根电缆屏蔽层的接地汇总到同一接地母线排时，应用截面积不小于 1mm² 的黄绿接地软线，压接时每个接线鼻子内屏蔽接地线不应超过 6 根	每个接线鼻子内屏蔽接地线数量：符合规范要求
			5. 查看 DCS 系统接地点 DCS 系统接地点：接地点有明显接地标识
5.3.4	DCS盘柜内防火封堵严密	**1《电力建设施工技术规范　第4部分：热工仪表及控制装置》DL 5190.4—2012** 5.1.11 盘、柜内防火封堵应严密，所采用的防火封堵及阻燃材料应符合设计要求。 8.1.8 防火封堵材料应有产品合格证及同批次材料出厂质量检验报告，现场应进行复检。 8.1.9 电缆防火阻燃应采取下列措施： 3 在盘、柜、箱底部的电缆应各刷长度为 1m～1.5m 的阻燃涂料，涂料厚度不少于 1mm。	1. 查阅防火封堵材料产品合格证及同批次出厂质量检验报告、现场抽样复检报告 结论：符合规范要求 盖章：有测试单位的专用章 签字：相关方已签字
			2. 查阅电子设备间、就地盘柜的电缆防火封堵验收表、安装记录、临时封堵签证 结论：符合规范要求 签字：相关方已签字

条款号	大纲条款	检查依据	检查要点
5.3.4	DCS 盘柜内防火封堵严密	8.1.10 防火封堵材料的使用应符合制造厂的要求。防火堵料封堵应表面平整、牢固严实，无脱落或开裂。阻燃涂料的涂刷应厚薄均匀，不应漏刷和污染相邻物体。防火包不应板结，堆砌应密实牢固、外观整齐	3. 查看 DCS 盘柜、操作台、操作员站、工程师站 已受电的盘、台、柜封堵、防火涂料：符合规范要求 未受电区域的盘、台、柜、电缆通道临时封堵：完成
5.3.5	ECS 系统已投运，受电范围内设备及系统可在 ECS 系统操作	**1.《火力发电厂分散控制系统验收测试规程》DL/T 659—2016** 4.2 DCS 的硬件和软件应按照制造厂的说明书和有关标准完成安装和调试，并投入连续运行。 **2.《火力发电建设工程机组调试技术规范》DL/T 5294—2013** 8.3.2 分系统调试应符合下列技术要求： 1 分散控制系统受电和复原调试应符合下列要求： 1）检查 DCS 系统受电条件：DCS 系统机柜安装就位正确、各机柜内设备完整，机柜间预置电缆和网络通信电缆安装完成，DCS 系统电源接线完成、机柜接地符合要求，测量绝缘电阻合格，工程师站、电子间装修完成，室内环境整洁、照明充足、环境温度、湿度符合要求。 2）DCS 控制系统受电：机柜、工程师站、历史站、操作员站、打印机等设备受电。 3）配合厂家对各控制器进行软件恢复，检查工程师站、历史站、操作员站、各控制器及模件功能，确认系统处于正常工作状态。 4）根据 DCS 系统 I/O 清册核查 I/O 模块类型和数量，进行通道测试。 5）系统电源、通信网络和控制器冗余切换试验。 6）检查报警、打印功能正常。	1. 查阅分散控制系统通电及复原试验单位工程验收表和计算机监视系统调试单位工程验收表 结论：合格 签字：相关单位验收人员已签字 2. 查看操作员站液晶显示屏 相关电气系统画面：已完成，与实际相符 画面测点：与实际相符

条款号	大纲条款	检查依据	检查要点
5.3.5	ECS系统已投运，受电范围内设备及系统可在ECS系统操作	7）检查事件顺序记录（SOE）功能满足要求。 8）检查历史追忆功能和趋势功能满足要求。 2 计算机监视及控制系统组态检查，参数、定值核查应符合下列要求： 1）根据计算机监视与控制系统组态I/O清单核对计算机监视及控制系统接线图。 2）按照热工检测及控制系统图，对各系统操作画面进行检查和完善。 3）根据逻辑图和自动调节系统原理图，逐项进行逻辑控制组态检查。 4）根据正式版定值和量程清单对计算机监视与控制系统组态定值和量程进行核查。 **3.《火力发电建设工程机组调试质量验收及评价规程》DL/T 5295—2013** 3.3.9 热控单位工程调试质量验收，应符合下列规定： 1 分散控制系统通电及复原试验单位工程验收，应符合表3.3.9-1的规定。 2 计算机监视系统调试单位工程验收，应符合表3.3.9-2的规定	3. 查阅ECS传动试验记录 内容：完整 结论：正常 签字：责任人已签字
5.3.6	继电器室空调已投入运行，温度、湿度满足DCS系统运行要求	**1.《电力建设施工技术规范 第4部分：热工仪表及控制装置》DL 5190.4—2012** 2.1.5 热工仪表及控制装置的安装应保证测量与控制系统能准确、灵敏、安全、可靠工作，避免受震动、高温、低温、灰尘、潮湿、腐蚀等的影响。 5.1.1 控制室和电子设备室的盘柜安装应在建筑装饰装修基本完成后进行。当设备或设计有特殊要求时，尚应满足其要求。 5.2.1 控制室仪表及设备安装应符合下列规定： 2 电子设备室内机柜上的模件安装应在空调投入后进行，并应采取防静电措施。 5.3.1 计算机及其设备应在控制室门窗、地面、墙壁、吊顶、暖通系统等施工完毕后进行安装。	1. 查阅控制室和电子设备间的空调验收记录、温度湿度记录 空调验收结论：合格 温、湿度值：符合设计或制造厂要求 2. 查看控制室和电子设备间的温度、湿度 温、湿度值：符合设计或制造厂要求

条款号	大纲条款	检查依据	检查要点
5.3.6	继电器室空调已投入运行，温度、湿度满足 DCS 系统运行要求	**2.《火力发电厂分散控制系统技术条件》DL/T 1083—2008** 6.1.1　环境条件影响的要求 6.1.1.2　环境温度：安装在控制室内（有空调）温度范围为＋5℃～＋40℃（GB/T 17214.1 中 B2 级，适用于户内或掩蔽场所）；安装在现场（无空调）温度范围为–25℃～＋55℃（GB/T 17214.1—998 中 C2 级，适用于户外场所）。储存环境温度：–40℃～＋85℃。应通过 GB/T 2423.1 和 GB/T 2423.2 规定的低温（试验 A）和高温试验（试验 B）。 6.1.1.3　允许的环境相对湿度：90%～96%，不结露，严酷等级应达到 40℃±2℃	
5.3.7	事故顺序记录系统（SOE）投运正常	**1.《火力发电厂分散控制系统技术条件》DL/T 1083—2008** 5.1.3.1　顺序事件记录（SOE）：高速 SOE 的时间分辨率不应大于 1ms，当任何一点状态变化至特定状态时，应立即自动启动高速 SOE 数据收集，并形成专门的高速 SOE 记录，存储在数据库中，该记录应至少记录第 1 个 SOE 信号触发后 10s 内所有 SOE 信号的动作。数据库中应至少保存最近发生的 SOE 记录 32 个。重要设备的启、停、跳闸、手动/自动切换等顺序事件的时间分辨率可根据 DCS 的性能确定，但不宜大于 1s，记录的数据量宜满足 24h 系统运行的要求。 **2.《火力发电厂分散控制系统验收测试规程》DL/T 659—2016** 6.8.4　事件顺序记录分辨力的测试。利用一台开关量信号发生器进行测试，信号发生器应能送出间隔时间可在 0.1ms～3ms 之间调节的不少于 4 个开关量信号。信号间隔时间为 1ms 时，其绝对误差不应大于 0.01ms。将信号发生器的信号接入事件顺序记录的同一输入模件的不同通道、同一控制器的不同输入模件及不同控制器的不同输入模件的输入端，分别测试。改变信号发生器的间隔时间，直至事件顺序记录无法分辨时为止，即为事件顺序记录的分辨力。分辨力不应超过 1ms	1. 查阅 SOE 测试报告（记录） SOE 分辨率测试方法：正确 SOE 分辨率测试结果：满足规范要求 结论：符合规范要求 签字：相关方已签字 2. 查看 SOE 报表（工程师站或操作员站）： SOE 记录顺序：与已接入的设备或系统实际动作相符 事件记录的时间显示：分辨率满足规范要求（或按合同规定）

条款号	大纲条款	检查依据	检查要点
5.3.8	DCS系统冗余切换正常	**1.《火力发电厂分散控制系统验收测试规程》DL/T 659—2016** 6.2.2 各种冗余模件的冗余测试。人为退出（退出方法可以是拔出模件、断电、设置模件故障、停止模件运行等各种方法）冗余模件中正在运行的模件，这时备用的模件应自动投入工作，在冗余模件的切换过程中，系统不应出错或出现死机情况。 6.3.1 对于一对一冗余的供电系统，人为切除工作电源，备用电源应自动投入工作。在电源切换过程中，控制系统应正常工作，中间数据及累计数据不应丢失	1. 查看DCS冗余模件工作状态： 状态指示灯：主模件在工作，从模件在备用 2. 查阅DCS冗余切换试验记录： 切换时间：切换过程中，系统不得出错或出现死机 结论：符合规程要求 签字：相关方已签字

5.4 调整试验的监督检查

条款号	大纲条款	检查依据	检查要点
5.4.1	高压带电设备的特殊试验项目完成，试验合格，记录齐全	**1.《电气装置安装工程 电气设备交接试验标准》GB 50150—2016** 附录A 特殊试验项目 表A 特殊试验项目	查阅高压带电设备的特殊试验报告 盖章：调试单位已盖章 签字：试验人员、负责人已签字 试验项目：与调整试验方案、措施一致 试验记录：数据完整、真实 结论：合格

条款号	大纲条款	检查依据	检查要点
5.4.1	高压带电设备的特殊试验项目完成，试验合格，记录齐全	**2.《火力发电建设工程机组调试质量验收及评价规程》DL/T 5295—2013** 3.3.7 电气单位工程调试质量验收，应符合下列规定： 　1 升压站系统调试单位工程验收，应符合表 3.3.7-1 的规定。 　2 启动变系统调试单位工程验收，应符合表 3.3.7-2 的规定	2. 查阅升压站系统、启备变系统等电气设备系统调试单位工程验收表 　调试项目：与调试方案、大纲、调试质量验收范围划分表一致 　签字：调试、施工、监理、建设、生产单位专业工程师已签字 　结论：合格
5.4.2	启动/备用变压器绕组连同套管的直流电阻、绝缘电阻，吸收比或极化指数，变压器分接头变比，三相连接组别（或单相变压器引出线的极性）等试验项目试验合格	**1.《电气装置安装工程 电气设备交接试验标准》GB 50150—2016** 8.0.1 电力变压器的试验项目，应包括下列内容： 　1 绝缘油试验或 SF_6 气体试验； 　2 测量绕组连同套管的直流电阻； 　3 检查所有分接的电压比； 　4 检查变压器的三相接线组别和单相变压器引出线的极性； 　5 测量与铁芯及夹件的绝缘电阻； 　8 测量绕组连同套管的绝缘电阻、吸收比或极化指数。	1. 查阅启动/备用变压器试验报告 　盖章：调试单位已盖章 　签字：试验人员、负责人已签字 　试验项目：与调整试验方案、措施一致 　结论：合格

条款号	大纲条款	检查依据	检查要点
5.4.2	启动／备用变压器绕组连同套管的直流电阻、绝缘电阻，吸收比或极化指数，变压器分接头变比，三相连接组别（或单相变压器引出线的极性）等试验项目试验合格	**2.《火力发电建设工程机组调试质量验收及评价规程》DL/T 5295—2013** 3.3.7 电气单位工程调试质量验收，应符合下列规定： 　1 启动变系统调试单位工程验收，应符合表 3.3.7-2 的规定	2. 查阅启备变系统电气设备系统调试单位工程验收表 调试项目：与调试大纲、方案、调试质量验收范围划分表一致 签字：调试、施工、监理、建设、生产单位专业工程师已签字 结论：合格
5.4.3	断路器、组合电器主回路导电电阻符合产品技术要求，SF_6 气体含水量以及泄漏率检测合格，主回路交流耐压试验通过	**1.《电气装置安装工程 电气设备交接试验标准》GB 50150—2016** 　12 六氟化硫断路器 12.0.1 六氟化硫（SF_6）断路器试验项目，应包括下列内容： 　1 测量绝缘电阻； 　2 测量每相导电回路的电阻； 　3 交流耐压试验； 　4 断路器均压电容试验； 　5 测量断路器的分、合闸时间； 　6 测量断路器的分、合闸速度； 　7 测量断路器的分、合闸同期性及配合时间； 　8 测量断路器合闸电阻的投入时间及电阻值； 　9 测量断路器分、合闸线圈绝缘电阻及直流电阻；	1. 查阅组合电器和断路器试验报告 盖章：调试单位已盖章 签字：试验人员、负责人已签字 试验项目：与调整试验方案、措施一致 结论：合格

条款号	大纲条款	检查依据	检查要点
5.4.3	断路器、组合电器主回路导电电阻符合产品技术要求，SF₆气体含水量以及泄漏率检测合格，主回路交流耐压试验通过	10 断路器操动机构的试验； 11 套管式电流互感器的试验； 12 测量断路器内 SF_6 气体的含水量； 13 密封性试验； 14 气体密度继电器、压力表和压力动作阀的检查。 **13 六氟化硫封闭式组合电器** 13.0.1 六氟化硫封闭式组合电器的试验项目，应包括下列内容： 1 测量主回路的导电电阻； 2 封闭式组合电器内各元件的试验； 3 密封性试验； 4 测量六氟化硫气体含水量； 5 主回路交流耐压试验； 6 组合电器的操动试验； 7 气体密度继电器、压力表和压力动作阀的检查。 **2.《火力发电建设工程机组调试质量验收及评价规程》DL/T 5295—2013** 3.3.7 电气单位工程调试质量验收，应符合下列规定： 1 升压站系统调试单位工程验收，应符合表 3.3.7-1 的规定	2. 查阅升压站系统电气设备系统调试单位工程验收表 调试项目：与调试方案、大纲、调试质量验收范围划分表一致 签字：调试、施工、监理、建设、生产单位专业工程师已签字 结论：合格
5.4.4	互感器的接线组别和极性正确，绕组的绝缘电阻合格，互感器参数测量偏差在允许范围内	**1.《电气装置安装工程 电气设备交接试验标准》GB 50150—2016** 10.0.1 互感器的试验项目，应包括下列内容： 1 绝缘电阻测量； 2 测量 35kV 及以上电压等级的互感器的介质损耗因数（$\tan\delta$）及电容量； 3 局部放电试验； 4 交流耐压试验； 5 绝缘介质性能试验；	1. 查阅互感器试验报告 盖章：调试单位已盖章 签字：试验人员、负责人已签字 试验项目：与调整试验方案、措施一致

续表

条款号	大纲条款	检查依据	检查要点
5.4.4	互感器的接线组别和极性正确，绕组的绝缘电阻合格，互感器参数测量偏差在允许范围内	6 测量绕组的直流电阻； 7 检查接线组组别和极性； 8 误差及变比测量； 9 测量电流互感器的励磁特性曲线； 10 测量电磁式电压互感器的励磁特性； 11 电容式电压互感器（CVT）的检测； 12 密封性能检查。 **2.《火力发电建设工程机组调试质量验收及评价规程》DL/T 5295—2013** 3.3.7 电气单位工程调试质量验收，应符合下列规定： 1 升压站系统调试单位工程验收，应符合表 3.3.7-1 的规定	结论：合格 2. 查阅升压站系统电气设备系统调试单位工程验收表 调试项目：与调试大纲、方案、调试质量验收范围划分表一致 签字：调试、施工、监理、建设、生产单位专业工程师已签字 结论：合格
5.4.5	金属氧化物避雷器及基座的绝缘电阻符合规范规定	**1.《电气装置安装工程电气设备交接试验标准》GB 50150—2016** 20.0.1 金属氧化物避雷器的试验项目，应包括下列内容： 1 测量金属氧化物避雷器及基座绝缘电阻； 2 测量金属氧化物避雷器的工频参考电压和持续电流； 3 测量金属氧化物避雷器直流参考电压和 0.75 倍直流参考电压下的泄漏电流； 4 检查放电计数器动作情况及监视电流表指示； 5 工频放电电压试验。	1. 查阅避雷器试验报告 绝缘电阻值：符合标准要求 直流参考电压值：符合标准或产品技术条件的规定 0.75 倍直流参考电压下的泄漏电流值：符合标准或产品技术条件的规定

续表

条款号	大纲条款	检查依据	检查要点
5.4.5	金属氧化物避雷器及基座的绝缘电阻符合规范规定	**2.《火力发电建设工程机组调试质量验收及评价规程》DL/T 5295—2013** 3.3.7 电气单位工程调试质量验收，应符合下列规定： 　1 升压站系统调试单位工程验收，应符合表 3.3.7-1 的规定	签字：试验人员、负责人已签字 盖章：调试单位已盖章 结论：合格 2. 查阅升压站系统电气设备系统调试单位工程验收表 调试项目：与调试大纲、方案、调试质量验收范围划分表一致 签字：调试、施工、监理、建设、生产单位专业工程师已签字 结论：合格
5.4.6	全厂接地电阻测试合格，符合设计要求	**1.《电气装置安装工程 电气设备交接试验标准》GB 50150—2016** 25.0.1 电气设备和防雷设施的接地装置的试验项目应包括下列内容： 　1 接地网电气完整性测试； 　2 接地阻抗	查阅接地电阻测试报告 盖章：试验单位已盖章 签字：试验人员、负责人已签字 接地电阻值：符合设计或标准要求 结论：合格

条款号	大纲条款	检查依据	检查要点
5.4.7	电流、电压、控制、信号等二次回路绝缘符合规范规定；断路器、隔离开关、有载分接开关传动试验动作可靠，信号正确；保护和自动装置动作准确、可靠，信号正确	**1.《火力发电建设工程机组调试质量验收及评价规程》DL/T 5295—2013** 3.3.7 电气单位工程调试质量验收，应符合下列规定： 　　1 升压站系统调试单位工程验收，应符合表 3.3.7-1 的规定。 　　2 启动变压器系统调试单位工程验收，应符合表 3.3.7-2 的规定。 　　3 厂用电快切系统调试单位工程验收，应符合表 3.3.7-3 的规定。 **2.《火力发电建设工程机组调试技术规范》DL/T 5294—2013** 7.3.2 分系统调试应符合下列技术要求： 　　1 升压变电站系统调试应符合下列要求： 　　1）确认升压变电站系统单体调试已完成验收签证。 　　2）确认保护装置定值设置与定值单一致，版本满足调度要求。 　　3）保护、监控及安全自动装置静态试验，确认动作值在整定值允许范围、逻辑功能正确。 　　5）核查 TV、TA 二次回路，确认极性正确，接地符合设计要求。测量 TA 二次回路负载，核查 TA 容量满足设计要求。 　　6）核查断路器、隔离刀闸二次回路、五防闭锁；就地、远方操作试验；断路器防跳、非全相、重合闸功能传动试验。 　　7）整套传动试验，确认断路器、保护动作正常，报警信号正确。 　　2 启动备用变压器系统调试应符合下列要求： 　　1）确认保护装置定值设置与定值单一致。 　　2）保护装置静态试验，确认动作值在整定值允许范围、逻辑功能正确。 　　5）核查 TV、TA 二次回路，确认极性正确，接地符合设计要求。测量 TA 二次回路负载，确认 TA 容量满足设计要求。 　　6）核查断路器、隔离刀闸二次回路、五防闭锁；就地、远方操作试验；断路器防跳、非全相功能传动试验。	1. 查阅变压器、母线保护调试报告 　盖章：调试单位已盖章 　签字：试验人员、负责人已签字 　二次回路绝缘：阻值大于 10MΩ 　屏柜及装置绝缘：阻值大于 20MΩ 　整组试验：保护装置、断路器动作行为正确，保护起动故障录波、调度自动化系统、监控信息等正确无误 　断路器、隔离开关或有载分接开关等的传动试验：有明确结论 　结论：合格 2. 查阅升压站系统、启动备用变压器系统、高压厂用电源快切系统调试单位工程验收表

续表

条款号	大纲条款	检查依据	检查要点
5.4.7	电流、电压、控制、信号等二次回路绝缘符合规范规定；断路器、隔离开关、有载分接开关传动试验动作可靠，信号正确；保护和自动装置动作准确、可靠，信号正确	7）核查变压器本体重瓦斯保护、调压瓦斯保护、轻瓦斯保护、压力释放保护、油面温度保护、绕组温度保护、冷却系统全停保护二次回路，确认非电量保护动作与就地一致，报警信号正确。 8）有载调压系统远方、就地升降分接头传动试验，确认远方、就地分接头显示一致，急停功能正常，…… 10）手动、自动启动冷却系统试验：电源切换，各组冷却器工作、备用，冷却器全停保护功能正常，报警信号正确。 13）整套传动试验，确认断路器、保护动作正常、报警信号正确。 3 高压厂用电源快切系统调试应符合下列要求： 1）确认保护装置定值设置与定值单一致。 2）切换装置静态试验，确认动作值在整定值允许范围、逻辑功能正确。 4）核查 TV、TA 二次回路，确认极性正确，接地符合设计要求。测量 TA 二次回路负载，核查 TA 容量满足设计要求。 5）核查断路器二次回路，手动切换、事故切换正常。 6）整套传动试验，确认断路器、保护动作正常，报警信号正确。 **3.《继电保护和电网安全自动装置检验规程》DL/T 995—2006** 6.2　二次回路检验 6.2.4　二次回路绝缘检查。 用 1000V 绝缘电阻表测量绝缘电阻，其阻值均应大于 10MΩ 的回路如下： a）各回路对地； b）各回路相互间。 6.2.4.3　对使用触点输出的信号回路，用 1000V 绝缘电阻表测量电缆每芯对地及其他各芯间的绝缘电阻，其绝缘电阻不应小于 1MΩ。 6.3　屏柜及装置检验	调试项目：与调试大纲、方案、调试质量验收范围划分表一致 签字：调试、施工、监理、建设、生产单位专业工程师已签字 结论：合格 3. 查看电压、电流互感器绕组及二次回路接地点：公用电压互感器的二次回路只允许在控制室内有一点接地（拆开接地点，用万用表测量中性线对地绝缘电阻应大于 10MΩ） 电流互感器接地点：必须且只能有一个接地点（拆开接地点，用万用表测量绝缘电阻应大于 10MΩ）

条款号	大纲条款	检查依据	检查要点
5.4.7	电流、电压、控制、信号等二次回路绝缘符合规范规定；断路器、隔离开关、有载分接开关传动试验动作可靠，信号正确；保护和自动装置动作准确、可靠，信号正确	6.3.3 绝缘试验： g）用 500V 绝缘电阻表测量绝缘电阻值，要求阻值均大于 20MΩ。 6.7 整组试验 6.7.6 整组试验包括如下内容： a）整组试验时应检查各保护之间的配合、装置动作行为、断路器动作行为、保护启动故障录波信号、调度自动化系统信号、中央信号、监控信息等正确无误。 7 与厂站自动化系统、继电保护及故障信息管理系统的配合检验 7.2 重点检查项目 7.2.1 对于厂站自动化系统：各种继电保护的动作信息和告警信息的回路正确性及名称的正确性。 7.2.2 对于继电保护及故障信息管理系统：各种继电保护的动作信息、告警信息、保护状态信息、录波信息及定值信息的传输正确性	
5.4.8	保护定值已整定，线路双侧保护联调合格，通信正常	**1.《电网运行准则》GB/T 31464—2015** 5.3 通用并（联）网技术条件 5.3.2.1 并（联）网前，除满足工程验收和安全性评价的要求外，继电保护还应满足下列要求： d）与双方运行有关的全部继电保护装置已经整定完毕，完成了必要的联调试验，所有继电保护装置、故障录波、保护及故障信息管理系统可以与相关一次设备同步投入运行。 **2.《微机继电保护装置运行管理规程》DL/T 587—2016** 10.6 对新安装的保护装置进行验收时，……按有关规程和规定进行调试，并按定值通知单进行整定。检验整定完毕，并经验收合格后方允许投入运行。	1. 查阅线路保护调试报告 盖章：调试单位已盖章 签字：试验人员、负责人已签字 保护联调：纵联保护、远方跳闸试验合格，应与传输通道的检验一同进行 结论：合格

条款号	大纲条款	检查依据	检查要点
5.4.8	保护定值已整定，线路双侧保护联调合格，通信正常	10.11　在新安装的保护装置验收时，应按相关规程要求，检验线路和主设备的所有保护之间的相互配合关系，对线路纵联保护还应与线路对侧保护进行一一对应的联动试验，并有针对性的检查各套保护与跳闸连接片的唯一对应关系。 **3.《继电保护和电网安全自动装置检验规程》DL/T 995—2006** 6.7.6　整组试验包括如下内容： 　　b）借助于传输通道实现的纵联保护、远方跳闸等的整组试验，应与传输通道的检验一同进行。必要时，可与线路对侧的相应保护配合一起进行模拟区内、区外故障时保护动作行为的试验	2. 查阅保护定值单 定值单：应由调度部门（或主管部门）盖章下发 3. 查看保护装置定值 定值：已整定且与保护定值单相符 4. 查看线路保护装置及通道 传输通道：通道通讯正常，无通道异常告警
5.4.9	DCS接地系统接地电阻测试报告齐全，接地电阻值符合要求	**1.《电力建设施工技术规范　第4部分：热工仪表及控制装置》DL/T 5190.4—2012** 8.4.9　计算机及监控系统的接地系统按设计直接接在全厂电气接地网上或接在独立接地网上，其连接方式及接地电阻均应符合设计要求。采用独立接地网时，接地电阻不应大于 2Ω。接地电阻应包括接地引线电阻。	1. 查阅 DCS 系统接地线与电气接地网接地电阻测试报告 盖章：调试单位已盖章 签字：试验人员、负责人已签字 连接点：只有一个连接点，连接良好，有明显标识。 结论：接地电阻符合设计要求 2. 查阅 DCS 独立接地网接地电阻测试报告（采用 DCS 独立接地网时）

续表

条款号	大纲条款	检查依据	检查要点
5.4.9	DCS 接地系统接地电阻测试报告齐全，接地电阻值符合要求	**2.《火力发电厂分散控制系统验收测试规程》DL/T 659—2016** 4.9　DCS 的接地应符合制造厂的技术条件和 DL/T 774 的规定。DCS 采用独立接地网时，若制造厂无特殊要求，则其接地极与电厂电气接地网之间应保持 10m 以上的距离，且接地电阻不应大于 2Ω。当 DCS 与电厂电力系统共用一个接地网时，控制系统接地线与电气接地网只允许有一个连接点，且接地电阻应小于 0.5Ω	盖章：调试单位已盖章 签字：试验人员、负责人已签字 结论：符合设计要求
5.4.10	DCS 系统操作可靠、信号正确，监控及保护联锁功能试验完成且符合设计要求	**1.《火力发电建设工程机组调试技术规范》DL/T 5294—2013** 8　热控专业调试项目及技术要求 8.3　分系统调试项目及技术要求 1　分散控制系统受电和复原调试 3）配合厂家对各控制器进行软件恢复，检查工程师站、历史站、操作员站、各控制器及模件功能，确认系统处于正常工作状态。 4）DCS 系统输入/输出（I/O）模件检查和通道测试：根据 DCS 系统 I/O 清册核查 I/O 模件类型和数量，进行通道测试。 5）控制系统冗余检查：系统电源、通信网络和控制器冗余切换试验。 6）检查报警、打印功能正常。 7）检查事件顺序记录（SOE）功能满足要求。	1. 查阅 DCS 系统受电和系统复原报告 盖章：调试单位已盖章 签字：试验人员、负责人已签字 DCS 功能：满足设计要求 DCS 性能：符合设计和产品技术条件的规定 结论：合格 2. 查阅 DCS 中厂用电监控及保护系统的逻辑说明、调试记录、保护连锁试验记录 逻辑说明：符合设计要求 保护连锁试验记录：符合设计要求

条款号	大纲条款	检查依据	检查要点
5.4.10	DCS 系统操作可靠、信号正确，监控及保护联锁功能试验完成且符合设计要求	8）检查历史追忆功能和趋势功能满足要求。 3　顺序控制系统调试 1）检查调试应具备的条件：信号回路接线正确，开关和执行机构、变送器单体调试已完成，电源和气源具备调试条件。 2）执行机构就地、远方传动试验。 3）联锁、保护逻辑传动试验	3. 查看厂用电系统监控画面 测量信号：符合设计要求 操作画面：与实际系统相符，设备编号正确
5.5　生产运行准备的监督检查			
5.5.1	控制室与电网调度操作人员之间的通信联络通畅	**1.《电力建设安全工作规程　第 1 部分：火力发电》 DL 5009.1—2014** 6.3.1　通用规定： 　1　远控设备的调整应有可靠的通信联络。 **2.《发电厂并网运行管理规定》国家电监委电监市场〔2006〕42 号** 第二十八条　电力调度机构应按照电力监管机构的要求和有关规定，开展技术指导和管理工作。 第三十一条　调度通信技术指导和管理内容包括： 　（一）设备和参数是否满足调度通信要求。 第三十二条　调度自动化技术指导和管理内容包括： 　（一）并网发电厂调度自动化设备的功能、性能参数和运行是否满足国家和行业有关标准、规定的要求	1. 查验控制室与电网调度操作人员之间的通信联络 拨打电话：通话正常且声音清晰 2. 查看远控数据传输试验记录 试验记录：有数据传输试验确认记录
5.5.2	受电区域与非受电区域及运行区域隔离可靠，警示标识齐全、醒目	**1.《电力建设安全工作规程　第 1 部分：火力发电》DL 5009.1—2014** 6.3.2　盘、柜的安装应符合下列规定： 　13　高压开关柜、低压配电屏、保护盘、控制盘、热控盘及各式操作箱等需要部分带电时： 　3）需要带电的系统应安装、调试、检查完毕，设置明显的盘柜已带电警告标志。 　4）带电系统与非带电系统应有明显可靠的隔离措施，确保非带电系统无串电的可能，并应设警告标识 7.4.4　受电及带电试运行应符合下列规定： 　9　悬挂警示牌	1. 查看受电区域与非受电区域的隔离围栏 围栏：四周设置，牢固封闭 2. 查看受电区域设备与非受电区域设备

条款号	大纲条款	检查依据	检查要点
5.5.2	受电区域与非受电区域及运行区域隔离可靠，警示标识齐全、醒目	1）在室内高压设备上或配电装置中的某一间隔内作业时，在作业地点两旁及对面的间隔上均应设遮栏并挂"止步，高压危险！"的警示牌。 2）在室外高压设备上工作时，应在工作地点的四周设围栏或拉绳，并挂"止步，高压危险！"的警示牌，警示牌应朝向围栏外侧。 3）在室外构架上作业时，应在作业地点邻近带电部分的横梁上悬挂"止步，高压危险！"的警示牌。在邻近可能误登的构架上应悬挂"禁止攀登，高压危险！"的警示牌。 4）在作业地点悬挂"在此工作！"的警示牌。 5）在一经合闸即可送电到停电设备的开关和刀闸的操作把手上均应悬挂"禁止合闸，有人工作"的警示牌。 **2.《火力发电建设工程启动试运及验收规程》DL/T 5437—2009** 3.2.3.1 建设单位的主要职责 　9 负责试运现场的消防和安全保卫管理工作，做好建设区域与生产区域的隔离措施。 3.2.3.3 施工单位的主要职责 　9 机组移交生产前，负责试运现场的安全、保卫、文明试运工作，做好试运设备与施工设备的安全隔离措施。 3.2.3.5 生产单位的主要职责 　7 负责试运机组与运行机组联络系统的安全隔离	状态：有明显断开点 3. 查看受电区域及运行区域警示标识 位置：人员接近时，容易看到 内容：与危险源对应
5.5.3	设备命名编号及盘、柜双面标识准确、齐全；设备运行安全警示标识醒目	**1.《发电机组并网安全条件及评价》GB/T 28566—2012** 5.1.5 防止电气装置误操作技术措施 　高压电气设备应装设调度编号和设备、线路名称的双重编号牌，且字迹清楚，标色正确。 **2.《火电工程达标投产验收规程》DL 5277—2012** 4.5.1 电气、热工仪表及控制装置质量检查验收应按表 4.5.1 的规定进行。	1. 查看设备标识 内容：调度命名和编号与设备对应 2. 查看盘、柜标识 内容：正背面名称及编号与盘、柜对应

条款号	大纲条款	检查依据	检查要点
5.5.3	设备命名编号及盘、柜双面标识准确、齐全；设备运行安全警示标识醒目	**3.《火力发电建设工程启动试运及验收规程》DL/T 5437—2009** 3.2.3.5　生产单位的主要职责 　1　设备和阀门、开关和保护压板、管道介质流向和色标等各种正式标识牌的定制和安置，生产标准化配置等。 3.3.9　与电网调试管辖有关的设备和区域，如启动/备用变压器、升压站内设备和主变压器等，在受电完成后，必须立即由生产单位进行管理。 **4.《电网运行准则》GB/T 31464—2015** C.1.2　电网调度机构调度管辖的一次设备按照所在电网的调度规程统一编号命名，电网使用者其他一次设备参照所在电网的调度规程自行命名； C.1.4　电网内的所有一次设备的编号和命名不得与电网调度机构下达的一次设备的编号和命名相抵触	3.查看设备运行安全警示标识 位置：人员接近时，容易看到

6　质量监督检测

条款号	大纲条款	检查依据	检查要点
6.0.1	开展现场质量监督检查时，应重点对下列项目的检测试验报告进行查验，必要时可进行验证性抽样检测。对检验指标或结论有怀疑时，必须进行检测		

条款号	大纲条款	检查依据	检查要点
（1）	电力电缆两端相位一致性检测	**1.《电气装置安装工程 电缆线路施工及验收规范》GB 50168—2018** 7.2.15 电缆终端上应有明显的相位（极性标识），且应与系统的相位（极性）一致。 **2.《电气装置安装工程电气设备交接试验标准》GB 50150—2016** 17.0.6 检查电缆线路的两端相位，应与电网的相位一致	查验抽测电力电缆 相色：符合 GB 50168—2006 中 6.2.13 的规定 相位：符合 GB 50168—2006 中 6.2.13 的规定
（2）	六氟化硫气体的含水量检测	**1.《电气装置安装工程 高压电器施工及验收规范》GB 50147—2010** 4.4.11 在验收时，应进行下列检查 　6 六氟化硫气体压力、泄漏率和含水量应符合《电气装置安装工程　电气设备交接试验标准》GB 50150 及产品技术文件的规定。 5.5.1 六氟化硫气体的技术条件应符合表 5.5.1 的规定： 5.5.2 新六氟化硫气体应有出厂检验报告及合格证明文件。运到现场后，每瓶均应做含水量检验，现场应进行抽样做全分析，抽样比例按表 5.5.2 的规定执行。检验结果有一项不符合本规范表 5.5.1 要求时，应以两倍量气瓶数重新抽样进行复验。复验结果即使有一项不符合，整批产品不应验收。 5.6.1 在验收时，应进行下列检查 　6 六氟化硫气体泄漏率和含水量应符合《电气装置安装工程　电气设备交接试验标准》GB 50150 及产品技术文件的规定。 **2.《电气装置安装工程　电气设备交接试验标准》GB 50150—2016** 19.0.4 SF_6 新气到货后，充入设备前应对每批次的气瓶进行抽检，并应按《工业六氟化硫》GB 12022 验收，SF_6 新到气瓶抽检比例宜符合表 19.0.4 的规定，其他每瓶可只测定含水量	查验抽测六氟化硫气体 抽样比例：符合 GB 50147—2010 中表 5.5.2 的要求 泄漏率、含水量：符合 GB 50147—2010 中表 5.5.1 的要求
（3）	接地装置接地阻抗测量（含设备接地）	**1.《电气装置安装工程　电气设备交接试验标准》GB 50150—2016** 25.0.2 接地网电气完整性测试，应符合下列规定： 　1 应测量同一接地网的各相邻设备接地线之间的电气导通情况，以直流电阻值表示； 　2 直流电阻值不宜大于 0.05Ω。	1. 查验抽测设备接地导通直流电阻 直流电阻：符合 GB 50150—2016 中 25.0.2 的要求

条款号	大纲条款	检查依据	检查要点
（3）	接地装置接地阻抗测量（含设备接地）	25.0.3　接地阻抗值测量，应符合下列规定： 　1　接地阻抗值应符合设计文件规定，当设计没有规定时应符合表 25.0.3 的要求； 　2　试验方法可按《接地装置工频特性参数测试导则》DL 475 的有关规定执行，试验时应排除与接地网连接的架空地线、电缆的影响。 　3　应在扩建接地网与原接地网连接后进行全场全面测试	2. 查验抽测查验接地阻抗 　接地阻抗 符合 GB 50150—2016 中 25.0.3 和 DL 475 的相关要求
（4）	二次回路绝缘电阻测量	**1.《电气装置安装工程 电气设备交接试验标准》GB 50150—2016** 22.0.2　测量绝缘电阻，应符合下列规定： 　1　应本标准 3.0.9 的规定，根据电压等级选择绝缘电阻表； 　2　小母线在断开所有其他并联支路时，不应小于 10MΩ； 　3　二次回路的每一支路和断路器、隔离开关的操动机构自源回路等，均不应小于 1MΩ。在比较潮湿的地方，不可小于 0.5MΩ。 **2.《电气装置安装工程 盘、柜及二次回路接线施工及验收规范》GB 50171—2012** 3.0.10　二次回路接线施工完毕在测试绝缘时，应采取防止弱电设备损坏的安全技术措施。 3.0.11　二次回路的电源回路送电前，应检查绝缘，其绝缘电阻值不应小于 1MΩ，潮湿地区不应小于 0.5MΩ。 8.0.1　在验收时，应按下列规定进行检查： 　3　所有二次回路接线应正确，连接应可靠，标识应齐全清晰，二次回路的电源回路绝缘应符合本规范 3.0.11 的规定	查验抽测二次回路绝缘电阻 　小母线：应符合 GB 50150—2016 中 22.0.2 第 2 款的规定； 　二次回路：应符合 GB 50150—2016 中 22.0.2 第 3 款的规定
（5）	启动/备用变压器绕组、互感器绕组绝缘电阻测试	**1.《电气装置安装工程电气设备交接试验标准》GB 50150—2016** 8.0.10　测量绕组连同套管的绝缘电阻、吸收比或极化指数，应符合下列规定： 　1　绝缘电阻值不低于产品出厂试验值的 70% 或不低于 10000MΩ（20℃）。 　2　当测量温度与产品出厂试验时的温度不符合时，油浸式电力变压器绝缘电阻的温度换算系数可按表 8.0.10 换算到同一温度时的数值进行比较。当测量绝缘电阻的温度差不是表 8.0.10 中所列数值时，其换算系数 A 可用线性插入法确定，也可按……	1.查验抽测启动/备用变压器绕组绝缘 　绝缘电阻、吸收比或极化指数：符合 GB 50150—2016 中 8.0.10 的规定

续表

条款号	大纲条款	检查依据	检查要点
（5）	启动／备用变压器绕组、互感器绕组绝缘电阻测试	3 变压器电压等级为 35kV 及以上且容量在 4000kVA 及以上时，应测量吸收比。吸收比与产品出厂值相比应无明显差别，在常温下不应小于 1.3；当 R60 大于 3000MΩ（20℃）时，吸收比可不作考核要求。 　　4 变压器电压等级为 220kV 及以上或容量为 120MVA 及以上时，宜用 5000V 兆欧表测量极化指数。测得值与产品出厂值相比应无明显差别，在常温下不应小于 1.5。当 R60 大于 10000MΩ（20℃）时，极化指数可不作考核要求。 　　10.0.3　测量绕组的绝缘电阻，应符合下列规定： 　　1 应测量一次绕组对二次绕组及外壳、各二次绕组间及其对外壳的绝缘电阻；绝缘电阻值不宜低于 1000MΩ。 　　2 测量电流互感器一次绕组段间的绝缘电阻，绝缘电阻值不宜低于 1000MΩ，由于结构原因而无法测量时可不进行。 　　3 测量电容型电流互感器的末屏及电压互感器接地端（N）对外壳（地）的绝缘电阻，绝缘电阻值不宜小于 1000MΩ。当末屏对地绝缘电阻小于 1000MΩ时，应测量其 tanδ，其值不应大于 2%。 　　4 绝缘电阻测量应使用 2500V 绝缘电阻表	2. 互感器绕组绝缘电阻：符合 GB 50150—2016 中 10.0.3 的规定
（6）	启动／备用变压器接线组别和互感器极性测试	**1.《电气装置安装工程电气设备交接试验标准》GB 50150—2016** 　　8.0.6　检查变压器的三相接线组别和单相变压器引出线的极性，应符合下列规定： 　　1 变压器的三相接线组别和单相变压器引出线的极性应符合设计要求； 　　2 变压器的三相接线组别和单相变压器引出线的极性应与铭牌上的标记和外壳上的符号相符。 　　10.0.9　检查互感器的接线组别和极性，应符合设计要求，并应与铭牌和标志相符	查验抽测启动/备用变压器和互感器接线组别和互感器极性 　变压器接线组别及极性：符合 GB 50150—2016 中 8.0.6 的规定 　互感器接线组别和极性：符合 GB 50150—2016 中 10.0.9 的规定

条款号	大纲条款	检查依据	检查要点
（7）	共箱母线导电回路电阻测试	**2.《电气装置安装工程　母线装置施工及验收规范》GB 50149—2010** 3.4　硬母线焊接 3.4.2　正式焊接前，应首先进行焊接工艺试验，焊接接头性能应符合下列规定： 　　4　焊接接头直流电阻值不应大于规格尺寸均相同的原材料直流电阻值的 1.05 倍	查验抽测硬母线焊接导电回路电阻：应符合 GB 50149—2016 中 3.4.2.4 的规定

Standardized List of Quality Supervision and Inspection of Power Project

火力发电工程
质量监督检查标准化清单

电力工程质量监督总站　主编

2018 年版　**下册**

中国电力出版社
CHINA ELECTRIC POWER PRESS

内 容 提 要

本书为《火力发电工程质量监督检查标准化清单》，共有 10 部分，分别是首次监督检查、地基处理监督检查、主厂房主体结构施工前监督检查、主厂房交付安装前监督检查、锅炉水压试验前监督检查、汽轮机扣盖前监督检查、厂用电系统受电前监督检查、建筑工程交付使用前监督检查、机组整套启动试运前监督检查、机组商业运行前监督检查。附录列出了检查依据文件中的相关表格。

本书供火力发电工程质量监督检查相关专业技术人员使用。

图书在版编目（CIP）数据

火力发电工程质量监督检查标准化清单：2018 年版：全 2 册/电力工程质量监督总站主编. —北京：中国电力出版社，2019.9
ISBN 978-7-5198-3671-9

Ⅰ.①火…　Ⅱ.①电…　Ⅲ.①火力发电—电力工程—工程质量监督
Ⅳ.①TM621

中国版本图书馆 CIP 数据核字（2019）第 202452 号

出版发行：中国电力出版社		印　刷：北京天宇星印刷厂	
地　址：北京市东城区北京站西街 19 号		版　次：2019 年 9 月第一版	
邮政编码：100005		印　次：2019 年 9 月北京第一次印刷	
网　址：http://www.cepp.sgcc.com.cn		开　本：787 毫米×1092 毫米　横 16 开本	
责任编辑：姜　萍（010-63412368）　马雪倩		印　张：79.5	
责任校对：黄　蓓　李　楠　郝军燕　王海南　马　宁		字　数：1967 千字	
装帧设计：赵姗姗		印　数：0001—1500 册	
责任印制：吴　迪		定　价：318.00 元（上、下册）	

编 委 会

主 任 委 员 张天文

副主任委员 王振伟　李　晛

委　　　员 张学平　孙向东　朱品德　李传玉　江　明　朱　滨　李德林　陈长才

　　　　　　　王郁田　杜　增

审　　　核 刘志伟　李仲秋　薛建峰　吴　松　刘凤梅　张盛勇　张　宁　王力争

　　　　　　　李　磊　刘福海　李　真　罗　凌　杜　洋　黄勇德　陆彦章　蒋　雁

编 审 人 员 名 单

编 制 人 员

质量行为部分

建 设 单 位：孙向东　杜 增　胡俊琛　崔 影

勘 察 设 计 单 位：刘美丽　姜越訏　胡俊琛　崔 影

监 理 单 位：孙向东　杜 增　刘美丽　胡俊琛

施 工 单 位：乔建潮　曹月平　赵 瑞

调 试 单 位：曹月平　毕正大　汤 兴

生 产 运 行 单 位：王郁田　曹月平　赵 瑞　李 明

检 测 单 位：杨庆斌　崔 影　王亦民　樊传琦

　　　　　　　　毕正大

实体质量部分

地基处理专业：廖光农　张宗武　胡俊琛

建 筑 专 业：杨庆斌　陈尚文　陈三林　张宗武

锅 炉 专 业：孙仁学　秦淮伍　田壮齐

汽 机 专 业：赵 瑞　李 明　杨建清

电 气 专 业：曹月平　汪建生　姜越訏　毕正大

热 控 专 业：崔 影　张国强

化 环 专 业：郑玉敏　汤 兴

调 试 专 业：曹月平　张小光　汤　兴　　　　　电 气 专 业：曹月平　乔建潮　毕正大

生产准备专业：曹月平　李　明　　　　　　　　金 属 专 业：王亦民　樊传琦　何　玲

监督检测部分

建 筑 专 业：杨庆斌　陈三林

审 核 人 员

质量行为部分

建 设 单 位：陈长才　杜　增

勘察设计单位：王郁田　杜　增．

监 理 单 位：刘凤梅　姜越訏　乔建潮

施 工 单 位：刘凤梅　乔建潮　杜　增

调 试 单 位：王郁田　汪健生

生产运行单位：刘凤梅　赵　瑞

检 测 单 位：刘凤梅　陈三林　何　玲

实体质量部分

地基处理专业：吴　松　陈尚文　胡俊琛　张宗武

建 筑 专 业：吴　松　杨庆斌　陈尚文　陈三林　胡俊琛

锅 炉 专 业：孟德峰　李传玉　江　明　胡发祥　秦淮伍

汽 机 专 业：刘志伟　李德林　杨建清　李　明

电 气 专 业：王郁田　朱　滨　乔建潮　汪建生　姜越訏

热 控 专 业：朱品德　张国强

化 环 专 业：周仲康　邢　畅

调 试 专 业：李德林　王郁田　曹月平　　　　　电 气 专 业：王郁田　曹月平　汪健生

生产准备专业：朱　滨　乔建潮　赵　瑞　　　　　金 属 专 业：肖　俊　刘志伟　王亦民

监督检测部分

建 筑 专 业：吴　松　张宗武　陈尚文

为有效落实《火力发电工程质量监督检查大纲》（以下简称《大纲》）的要求，实现监督检查工作电子化和数据集成化，根据标准、管理文件的更新变化情况，电力工程质量监督站组织安徽省电力工程质量监督中心站等单位，集合电力行业优秀专家，对 2015 年版《火力发电工程质量监督检查标准化清单》（以下简称《标准化清单》）进行了修编。

本次《标准化清单》修编工作以"依据可靠全面、检查要点统一、问题描述规范、记录格式一致"为指导思想，以当前最新版本国家法律、法规、标准或管理文件和行业规程、规范等为依据，在总结分析 2015 年版《标准化清单》的基础上，针对使用过程中发现的问题，梳理全篇内容，采用统一组织、分工负责、专业编制、集中审核修编而成。

本版《标准化清单》的适用范围与《大纲》的适用范围相同。

一、《标准化清单》的主要内容

本版《标准化清单》保留了 2015 年版《标准化清单》的组成部分、结构布局、行文规则以及阶段划分。

本版《标准化清单》由正文和附录两部分组成，正文按照《大纲》的内容结构划分为首次监督检查、地基处理监督检查、主厂房主体结构施工前监督检查、主厂房交付安装前监督检查、锅炉水压试验前监督检查、汽轮机扣盖前监督检查、厂用电系统受电前监督检查、建筑工程交付使用前监督检查、机组整套启动试运前监督检查和机组商业运行前监督检查共十个部分，每部分均包括质量行为、实体质量和监督检测三项内容。附录中根据标准或文件名称分类，并按实际表号排序汇总了依据文件中的各相关表格。每项表格内容均由依据文件名、表号表名和表格正文三部分组成。

本版《标准化清单》对应《大纲》中的各条款，分别编制了"检查依据"和"检查要点"，并规范了"问题描述"的叙述格式，具体如下：

"检查依据"原文摘录了与《大纲》条款对应的国家标准或文件，其中包括了相关要求和执行标准两方面的内容，便于监检人员在现场检查时能够快速、有针对性地查询。每个依据文件名均用加重字体表示，以便于识别。

"检查要点"中明确了《大纲》各条款检查的最基本检查对象、检查要素及相应的检查标准，细化了《大纲》各条款的执行点，增强了《大纲》的可操作性。检查要点的表达逻辑一般是：查看检查对象中的（另起一行）一个或若干检查点应达到的标准。

二、《标准化清单》的修编原则

本版《标准化清单》重点对 2015 年版《标准化清单》中引用标准已过期作废的、重点不突出的以及与《大纲》条款不对应的"检查依据"进行了修订，对表述不准确的、内容不完整的"检查要点"进行了补充完善。

（一）依据可靠全面

按照依法依规的原则，《大纲》所有检查条款都以国家有关法律、法规、标准或管理文件的要求为依据。相关标准或文件的取定原则如下：

依据有效：依据标准或文件是国家或行业发布的最新有效版本。

排序规范：一个《大纲》条款对应有多个标准或文件依据时，按照"国家法律法规→政府部门规章→国家标准→电力行业标准→其他行业标准"的等级顺序列出，同等级的不同标准或文件按时间最近优先的顺序排列。

简明完整：一段文字中不必要的文字用省略号（……）代替，只保留与《大纲》条款及应达到的有关标准相关的文字内容。

重叠不省：各依据标准或文件内容有重叠的部分不省略，保证内容查阅时的独立完整性。

相同不略：多个《大纲》条款依据相同的标准或文件，即使内容相同，也同时列出。

表格另建：依据标准或文件中的表格另建附表。

（二）检查要点统一

监督检查的深度保持在一个基本水平之上，不因检查人员专业技术水平、实际工作经验等差异影响检查的效果。采取的具体原则如下：

要点明确：检查要点是证明《大纲》条款得到落实的最基本点和工程施工中经常出现问题或危及安全、质量的最重要点。

对象规范：检查对象名称与国家规定名称相符。国家无规定时，与行业惯用名称一致。无行业惯用名称时，按照合理原则确定检查对象的名称。

标准具体：检查执行的合格标准直接可衡量、操作性强。

三、使用说明

本版《标准化清单》是在明确《大纲》各条款的依据标准或文件、细化《大纲》各条款基本执行要点的基础上形成的表格式标准化文件，既是电力工程现场监督检查的执行基准，又是相关应用软件的运行基础，是应用软件的数据库支持文件，其内容会根据使用过程中发现的问题定期在应用软件中完善更新。

本版《标准化清单》"检查依据"中的标准或文件为 2019 年 3 月底前的有效版本，如依据标准或文件即时发生更新时，检查人员可按照更新的标准或文件执行，并将更新内容反馈给中电联电力工程质量监督站，收集后将对《标准化清单》持续进行集中定期更新。

本版《标准化清单》的"检查要点"是《大纲》各条款落实的基本要点，在监督检查时全部执行，但"检查要点"并不意味着涵盖了所有的检查点。检查人员在现场检查时可根据实际情况和相关的标准或文件相应增加检查要点。

目录

前言

上　册

第 1 部分　首次监督检查 …………………………… 1

第 2 部分　地基处理监督检查 …………………… 67

第 3 部分　主厂房主体结构施工前监督检查 …… 251

第 4 部分　主厂房交付安装前监督检查 ………… 363

第 5 部分　锅炉水压试验前监督检查 ………………… 469

第 6 部分　汽轮机扣盖前监督检查 ………………… 549

第 7 部分　厂用电系统受电前监督检查 …………… 619

下　册

第 8 部分　建筑工程交付使用前监督检查 ……… 701

第 9 部分　机组整套启动试运前监督检查 ……… 791

第 10 部分　机组商业运行前监督检查 ………… 897

附录 ………………………………………………… 963

《通用硅酸盐水泥》GB 175—2007 …………… 964

《碳素结构钢》GB/T 700—2006 ………………… 965

《钢筋混凝土用钢　第 1 部分：热轧光圆钢筋》GB 1499.1—2017
………………………………………………………… 967

《钢筋混凝土用钢　第 2 部分：热轧带肋钢筋》GB 1499.2—2018
………………………………………………………… 968

《低合金高强度结构钢》GB/T 1591—2018 ……………971

《用于水泥和混凝土中的粉煤灰》GB/T 1596—2017 ………972

《钢结构用扭剪型高强度螺栓连接副》GB/T 3632—2008 …… 974

《烧结普通砖》GB 5101—2017 ……………………974

《建筑外门窗气密、水密、抗风压性能分级及检测方法》

　　GB/T 7106—2008 ……………………975

《电厂运行中矿物涡轮机油质量》GB/T 7596—2017 ………975

《混凝土外加剂》GB 8076—2008 ……………………977

《污水综合排放标准》GB 8978—1996 ……………………979

《旋转电机噪声测定方法及限值　第3部分：噪声限值》

　　GB 10069.3—2006 ……………………983

《绝热用模塑聚苯乙烯泡沫塑料》GB/T 10801.1—2002 …986

《蒸压加气混凝土砌块》GB 11968—2006 ……………986

《火力发电机组及蒸汽动力设备水汽质量》GB/T 12145—2016

　　……………………987

《火电厂大气污染控制标准》GB 13223—2011 ……………993

《预拌混凝土》GB/T 14902—2012 ……………………996

《建筑用硅酮结构密封胶》GB 16776—2005 ……………997

《弹性体改性沥青防水卷材》GB 18242—2008 ……………998

《室内空气质量标准》GB/T 18883—2002 ……………999

《透平型发电机定子绕组端部动态特性和振动试验方法及评定》

　　GB/T 20140—2006 ……………………1000

《电力安全工作规程　发电厂和变电站电气部分》GB 26860—2011

　　……………………1001

《建筑地基基础设计规范》GB 50007—2011 ……………1002

《混凝土结构设计规范》GB 50010—2010 ……………1004

《工程测量规范》GB 50026—2007 ……………………1004

《电气装置安装工程　高压电器施工及验收规范》

　　GB 50147—2010 ……………………1006

《电气装置安装工程　电力变压器、油浸电抗器、互感器施工及

　　验收规范》GB 50148—2010 ……………………1007

《电气装置安装工程　母线装置施工及验收规范》

　　GB 50149—2010 ……………………1007

《电气装置安装工程　电气设备交接试验标准》GB 50150—2016

　　……………………1010

《混凝土质量控制标准》GB 50164—2011 ……………1017

《电气装置安装工程　旋转电机施工及验收规范》

　　GB 50170—2006 ……………………1018

《建筑地基基础工程施工质量验收规范》GB 50202—2018····1018

《砌体结构工程施工质量验收规范》GB 50203—2011·········1027

《混凝土结构工程施工质量验收规范》GB 50204—2015·······1030

《钢结构工程施工质量验收规范》GB 50205—2001·········1031

《建筑防腐蚀工程施工质量验收规范》GB/T 50224—2018····1032

《建筑工程施工质量验收统一标准》GB 50300—2013·········1033

《屋面工程技术规范》GB 50345—2012·················1034

《建筑节能工程施工质量验收规范》GB 50411—2007·········1036

《混凝土结构工程施工规范》GB 50666—2011·············1038

《钢结构工程施工规范》GB 50755—2012···············1038

《火电厂凝汽器管防腐防垢导则》DL/T 300—2011 ··········1039

《电厂用磷酸酯抗燃油运行与维护导则》DL/T 571—2014 ····1039

《火力发电厂锅炉化学清洗导则》DL/T 794—2012 ··········1041

《管道焊接接头超声波检验技术规程》DL/T 820—2002 ·······1041

《火力发电厂焊接技术规程》DL/T 869—2012 ·············1042

《电力基本建设热力设备化学监督导则》DL/T 889—2004 ····1043

《火电工程项目质量管理规程》DL/T 1144—2012·············1044

《汽轮发电机运行导则》DL/T 1164—2012·················1046

《火力发电厂土建结构设计规程》DL 5022—2012 ············1046

《发电厂化学设计规范》DL 5068—2014 ·················1047

《火力发电厂保温油漆设计规程》DL/T 5072—2007 ·········1048

《电气装置安装工程　质量检验及评定规程》

　　DL/T 5161—2002 ·································1050

《电力建设施工技术规范　第 1 部分：土建结构工程》

　　DL 5190.1—2012 ·······························1051

《电力建设施工技术规范　第 2 部分：锅炉机组》DL 5190.2—2012

　　···1054

《电力建设施工技术规范　第 3 部分：汽轮发电机组》

　　DL 5190.3—2012 ·······························1056

《电力建设施工技术规范　第 4 部分：热工仪表及控制装置》

　　DL 5190.4—2012 ·······························1059

《电力建设施工技术规范　第 9 部分：水工结构工程》

　　DL 5190.9—2012 ·······························1060

《电力建设施工质量验收及评价规程　第 1 部分：土建工程》

　　DL/T 5210.1—2012 ·····························1061

《电力建设施工质量验收规程　第 2 部分：锅炉机组》

　　DL/T 5210.2—2018 ·····························1082

《电力建设施工质量验收规程　第 3 部分：汽轮发电机组》

DL/T 5210.3—2018 ·· 1121

《火电工程达标投产验收规程》DL 5277—2012 ··············· 1126

《火力发电厂调试质量验收及评价规程》DL/T 5295—2013

··· 1129

《电力建设工程监理规范》DL/T 5434—2009 ·················· 1190

《火力发电建设工程启动试运及验收规程》DL/T 5437—2009

··· 1198

《电力工程施工测量技术规范》DL/T 5445—2010 ············· 1202

《固定污染源烟气（SO_2、NO_x、颗粒物）排放连续监测技术规范》

HJ 75—2017 ·· 1204

《氢冷电机气密封性检验方法及评定》JB/T 6227—2005 ····· 1207

《粉煤灰砖》JC 239—2001 ······································· 1207

《普通混凝土用砂、石质量及检验方法标准》JGJ 52—2006

··· 1208

《混凝土用水标准》JGJ 63—2006 ································ 1209

《建筑地基处理技术规范》JGJ 79—2012 ······················ 1209

《钢结构高强度螺栓连接技术规程》JGJ 82—2011 ············ 1211

《建筑桩基技术规范》JGJ 94—2008 ··························· 1211

《建筑工程冬期施工规程》JGJ/T 104—2011 ·················· 1214

《钢筋机械连接技术规程》JGJ 107—2016 ···················· 1216

《冻土地区建筑地基基础设计规范》JGJ 118—2011 ··········· 1216

《混凝土结构后锚固技术规程》JGJ 145—2013 ················ 1217

《建筑工程检测试验技术管理规范》JGJ 190—2010 ··········· 1217

《测量用电流互感器》JJG 313—2010 ·························· 1221

《测量用电压互感器》JJG 314—2010 ·························· 1224

《电力工程检测试验管理办法（试行）》电力工程质量监督总站质监〔2015〕20 号 ·· 1224

《电力工程质量监督实施管理程序（试行）》中电联质监〔2012〕437 号 ·· 1229

《工程监理企业资质管理规定》中华人民共和国建设部令〔2007〕158 号 ·· 1231

《工程设计资质标准》中华人民共和国建设部建市〔2007〕86 号 ·· 1239

《注册建造师执业工程规模标准（试行）》中华人民共和国建设部建市〔2007〕171 号 ·· 1239

第 **8** 部分
建筑工程交付使用前监督检查

条款号	大纲条款	检查依据	检查要点
4 责任主体质量行为的监督检查			
4.1 建设单位质量行为的监督检查			
4.1.1	消防系统、生产用电梯取得地方政府主管部门同意使用的书面材料	**1.《建设工程消防监督管理规定》中华人民共和国公安部令〔2012〕第119号** 第三条 …… 　公安机关消防机构依法实施建设工程消防设计审核、消防验收和备案、抽查，对建设工程进行消防监督。 第四条 除省、自治区人民政府公安机关消防机构外，县级以上地方人民政府公安机关消防机构承担辖区建设工程的消防设计审核、消防验收和备案抽查工作。具体分工由省级公安机关消防机构确定，并报公安部消防局备案。 　跨行政区域的建设工程消防设计审核、消防验收和备案抽查工作，由其共同的上一级公安机关消防机构指定管辖。 第八条 建设单位……承担下列消防设计、施工的质量责任： （一）依法申请建设工程消防设计审核、消防验收，依法办理消防设计和竣工验收消防备案手续并接受抽查；…… （五）依法应当经消防设计审核、消防验收的建设工程，未经审核或者审核不合格的，不得组织施工；未经验收或者验收不合格的，不得交付使用。 第十四条 对具有下列情形之一的特殊建设工程，建设单位应当向公安机关消防机构申请消防设计审核，并在建设工程竣工后向出具消防设计审核意见的公安机关消防机构申请消防验收： （五）……大型发电、变配电工程。 第二十三条 公安机关消防机构对申报消防验收的建设工程，应当依照建设工程消防验收评定标准对已经消防设计审核合格的内容组织消防验收。 　对综合评定结论为合格的建设工程，公安机关消防机构应当出具消防验收合格意见；对综合评定结论为不合格的，应当出具消防验收不合格意见，并说明理由。	1. 查阅消防验收报告或备案受理文件 　验收结论：验收合格或同意备案 　盖章：公安机关消防机构已盖章 2. 查阅电梯使用证 　发证单位：质量技术监督部门 　有效期：当前在有效期内

条款号	大纲条款	检查依据	检查要点
4.1.1	消防系统、生产用电梯取得地方政府主管部门同意使用的书面材料	**2.《火力发电建设工程启动试运及验收规程》DL/T 5437—2009** 3.4.2.6 （整套启动试运阶段）试运现场安全、文明。主要检查项目有： 　1 消防和生产电梯已验收合格，临时消防器材准备充足且摆放到位。 **3.《火电工程项目质量管理规程》DL/T 1144—2012** 9.3.3 特种设备安装、使用应符合下列规定： 　a）特种设备安装、改造、使用前，应在省(自治区、直辖市）质量技术监督局特种设备安全监督管理部门登记。 　b）特种设备的安装、改造、使用，必须由质量技术监督局特种设备安全监督管理部门监督检验、发证。 　c）特种设备使用许可证及操作规程应在工作场所明示。 **4.《特种设备使用管理规则》TSG 08—2017** 1.2 适用范围 本规则适用于《特种设备目录》范围内特种设备的安全与节能管理。 3.1 一般要求 （1）特种设备在投入使用前或者投入使用后 30 日内，使用单位应当向特种设备所在地的直辖市或者设区的市的特种设备安全监管部门申请办理使用登记，办理使用登记的直辖市或者设区的市的特种设备安全监管部门，可以委托其下一级特种设备安全监管部门（以下简称登记机关）办理使用登记；对于整机出厂的特种设备，一般应当在投入使用前办理使用登记	
4.1.2	组织工程建设标准强制性条文实施情况的检查	**1.《中华人民共和国标准化法实施条例》中华人民共和国国务院令〔1990〕第 53 号** 第二十三条 从事科研、生产、经营的单位和个人，必须严格执行强制性标准。 **2.《实施工程建设强制性标准监督规定》中华人民共和国建设部令〔2000〕第 81 号** 第二条 在中华人民共和国境内从事新建、扩建、改建等工程建设活动，必须执行工程建设强制性标准。	查阅强制性条文实施情况检查记录 内容：与强制性条文实施计划相符 签字：检查人员已签字

条款号	大纲条款	检查依据	检查要点
4.1.2	组织工程建设标准强制性条文实施情况的检查	第六条 ……工程质量监督机构应当对工程建设施工、监理、验收等阶段执行强制性标准的情况实施监督。 **3.《火电工程项目质量管理规程》DL/T 1144—2012** 4.5 火电工程项目应认真执行国家和行业相关技术标准，严格执行工程建设标准中的强制性条文…… 5.3.3 建设单位在工程开工前应组织相关单位编制下列质量管理文件： d）工程建设强制性条文实施规划。 9.2.2 施工单位在工程开工前，应编制质量管理文件，经监理、建设单位会审、批准后实施，质量管理文件应包括： d）工程建设强制性条文实施细则	
4.1.3	无任意压缩合同约定工期的行为	**1.《建设工程质量管理条例》中华人民共和国国务院令第 279 号** 第十条 建设工程发包单位……，不得任意压缩合理工期。 **2.《电力建设工程施工安全监督管理办法》中华人民共和国国家发展和改革委员会令〔2015〕第 28 号** 第十一条 建设单位应当执行定额工期，不得压缩合同约定的工期。如工期确需调整，应当对安全影响进行论证和评估。论证和评估应当提出相应的施工组织措施和安全保障措施。 **3.《建设工程项目管理规范》GB/T 50326—2017** 9.1.2 项目进度管理应遵循下列程序： 1 编制进度计划； 2 进度计划交底，落实管理责任； 3 实施进度计划； 4 进行进度控制和变更管理。	查阅施工进度计划、合同工期和调整工期的相关文件 内容：有压缩工期的行为时，应有设计、监理、施工和建设单位认可的书面文件

条款号	大纲条款	检查依据	检查要点
4.1.3	无任意压缩合同约定工期的行为	**4.《火电工程项目质量管理规程》DL/T 1144—2012** 5.3.5 建设单位应合理地控制工程项目建设周期。典型新建、扩建机组推荐的合理工期可参照附录 A 中表 A.1。 5.3.6 火电工程项目的工期应按合同约定执行。当需要调整时，建设单位应组织设计、监理、施工单位对影响工期的资源、环境、安全等确认其可行性。任何单位和个人不得违反客观规律，任意压缩合同约定工期，并接受建设行政主管部门的监督	
4.1.4	采用的新技术、新工艺、新流程、新装备、新材料已审批	**1.《中华人民共和国建筑法》中华人民共和国主席令〔2011〕第 46 号** 第四条 国家扶持建筑业的发展，支持建筑科学技术研究，提高房屋建筑设计水平，鼓励节约能源和保护环境，提倡采用先进技术、先进设备、先进工艺、新型建筑材料和现代管理方式。 **2.《建设工程质量管理条例》中华人民共和国国务院令第 279 号** 第六条 国家鼓励采用先进的科学技术和管理方法，提高建设工程质量。 **3.《实施工程建设强制性标准监督规定》中华人民共和国建设部令〔2000〕第 81 号** 第五条 工程建设中拟采用的新技术、新工艺、新材料，不符合现行强制性标准规定的，应当由拟采用单位提请建设单位组织专题技术论证，报批准标准的建设行政主管部门或者国务院有关主管部门审定。 **4.《火电工程项目质量管理规程》DL/T 1144—2012** 4.7 火电工程项目应采用新设备、新技术、新工艺、新材料（以下简称"四新"技术），…… 9.2.2 施工单位在工程开工前，应编制质量管理文件，经监理、建设单位会审、批准后实施，质量管理文件应包括： e）"四新"技术实施计划和工法编制计划。 9.3.7 施工过程质量控制应符合下列规定： f）采用新材料、新工艺、新技术、新设备，并进行相应的策划和控制。	查阅新技术、新工艺、新流程、新装备、新材料论证文件 意见：同意采用等肯定性意见 盖章：相关单位已盖章

条款号	大纲条款	检查依据	检查要点
4.1.4	采用的新技术、新工艺、新流程、新装备、新材料已审批	9.3.9 当首次应用"四新"技术，且技术要求高、作业程度复杂、设计单位和施工单位未有同类型设计和施工经验时，建设单位应组织设计、监理、施工单位进行专题研究确认，必要时，可组织专家评审。 **5.《电力建设施工技术规范 第 1 部分：土建结构工程》DL 5190.1—2012** 3.0.4 采用新技术、新工艺、新材料、新设备时，应经过技术鉴定或具有允许使用的证明。施工前应编制单独的施工措施及操作规程	
4.2 设计单位质量行为的监督检查			
4.2.1	设计更改、技术洽商等文件完整、手续齐全	**1.《火电工程项目质量管理规程》DL/T 1144—2012** 6.3.5 设计更改的管理应符合下列规定： 　a）设计更改应符合可研或初设审核的要求。 　b）因设计原因引起的设计更改，应经监理单位审核并经建设单位批准后实施。 　c）非设计原因引起的设计更改，应得到设计单位的确认，并由设计单位出具设计更改。 　d）所有的设计更改凡涉及已经审批确定的设计原则、方案重大设计变化，或增减投资超过 50 万元时，应由设计单位分管领导审批，报工程设计的原主审单位批准确认，并经建设单位认可后实施	查阅设计变更通知单、工程联系单和技术洽商记录 编制签字：设计单位各级责任人已签字 审核签字：建设单位、监理单位责任人已签字
4.2.2	工程建设标准强制性条文落实到位	**1.《建设工程质量管理条例》中华人民共和国国务院令第 279 号** 第十九条 勘察、设计单位必须按照工程建设强制性标准进行勘察、设计，并对其勘察、设计的质量负责。 　注册建筑师、注册结构工程师等注册执业人员应当在设计文件上签字，对设计文件负责。 **2.《建设工程勘察设计管理条例》中华人民共和国国务院令第 293 号** 第五条 ……建设工程勘察、设计单位必须依法进行建设工程勘察、设计，严格执行工程建设强制性标准，并对建设工程勘察、设计的质量负责。	查阅强制性条文实施计划（含强制性条文清单）和本阶段执行记录 计划审批：监理和建设单位审批人已签字 记录内容：与实施计划相符

条款号	大纲条款	检查依据	检查要点
4.2.2	工程建设标准强制性条文落实到位	**3.《实施工程建设强制性标准监督规定》中华人民共和国建设部令〔2000〕第 81 号** 第二条 在中华人民共和国境内从事新建、扩建、改建等工程建设活动，必须执行工程建设强制性标准。 **4.《火电工程项目质量管理规程》DL/T 1144—2012** 6.2.2 设计单位在工程开工前应编制下列管理文件，报设计监理、建设单位会审、批准： b）设计强制性条文实施计划	记录审核：监理单位审核人已签字
4.2.3	设计代表工作到位、处理设计问题及时	**1.《火电工程项目质量管理规程》DL/T 1144—2012** 6.3.1 人员资格应符合下列规定： c）工地代表组长宜由本工程设计总工程师担任，若由其他同资格的人担任，应取得建设单位的同意；工地代表应能独立处理专业技术问题，宜由本工程主要设计人或主要卷册负责人担任。 6.3.6 工地服务。 在施工、调试阶段，勘察、设计单位应任命工地代表组长及各专业工地代表，将名单主送建设单位，抄送监理和各施工单位。工地代表应深入现场，了解施工是否与设计要求相符，协助施工单位解决出现的具体技术问题，做好技术服务工作。重点还应做好： a）施工图完成交付后，应及时进行技术交底并形成记录。 b）工地代表组长应参加施工或试运行重大技术方案的研究与讨论。 c）工地代表应按 DL/T 5210 及时参加建筑、安装工程中分部、单位(子单位）工程的验收。 **2.《电力勘测设计驻工地代表制度》DLGJ 159.8—2001** 2.0.1 工代的工地现场服务是电力工程设计的阶段之一，为了有效地贯彻勘测设计意图，实施设计单位通过工代为施工、安装、调试、投运提供及时周到的服务，促进工程顺利竣工投产，特制定本制度。 2.0.2 工代的任务是解释设计意图，解释施工图纸中的技术问题，收集包括设计本身在内的施工、设备材料等方面的质量信息，加强设计与施工、生产之间的配合，共同确保工程建设质量和工期，以及国家和行业标准的贯彻执行。	1. 查阅设计单位对工代的任命书 内容：包括设计修改、变更、材料代用等签发人资格 2. 查阅设计服务报告 内容：包括现场施工与设计要求相符情况和工代协助施工单位解决具体技术问题的情况 3. 查阅设计变更通知单和工程联系单 签发时间：在现场问题要求解决时间前

条款号	大纲条款	检查依据	检查要点
4.2.3	设计代表工作到位、处理设计问题及时	2.0.3 工代是设计单位派驻工地配合施工的全权代表，应能在现场积极地履行工代职责，使工程实现设计预期要求和投资效益。 **3.《火电工程达标投产验收规程》DL 5277—2012** 表 4.7 工程综合管理和档案检查验收表 10）明确设计修改、变更、材料代用等签发人资格，向建设单位、监理单位备案，并书面告知施工、调试单位。 11）现场设计代表服务到位，定期向建设单位提供设计服务报告	
4.2.4	按规定参加质量验收	**1.《建筑工程施工质量验收统一标准》GB 50300—2013** 6.0.6 建设单位收到工程竣工报告后，应由建设单位项目负责人组织监理、施工、设计、勘察等单位项目负责人进行单位工程验收。 **2.《电力建设施工质量验收及评价规程 第 1 部分：土建工程》DL/T 5210.1—2012** 3.0.12 工程质量验收的程序、组织和记录应符合下列规定： 4 ……建设单位收到工程竣工报告后，应由建设单位（项目）负责人组织施工（含分包单位）、设计、监理等单位（项目）负责人进行单位（子单位）工程验收…… **3.《火电工程项目质量管理规程》DL/T 1144—2012** 6.1.7 勘察、设计单位应按合同约定履行下列职责： e）参加相关工程质量验收。 6.3.6 工地服务。 ……工地代表应深入现场，了解施工是否与设计要求相符，协助施工单位解决出现的具体技术问题，做好技术服务工作。重点还应做好： c）工地代表应按 DL/T 5210 及时参加建筑、安装工程中分部、单位（子单位）工程的验收	查阅单位工程质量及竣工验收记录 审核签字：设计单位项目负责人已签字

续表

条款号	大纲条款	检查依据	检查要点
4.2.5	进行了本阶段工程实体质量与设计的符合性确认	**1.《火电工程项目质量管理规程》DL/T 1144—2012** 6.3.6 工地服务。 ……工地代表应深入现场，了解施工是否与设计要求相符，协助施工单位解决出现的具体技术问题，做好技术服务工作。重点还应做好： c）工地代表应按 DL/T 5210 及时参加建筑、安装工程中分部、单位(子单位)工程的验收。 **2.《电力勘测设计驻工地代表制度》DLGJ 159.8—2001** 5.0.3 深入现场，调查研究 1 工代应坚持经常深入施工现场，调查了解施工是否与设计要求相符，并协助施工单位解决施工中出现的具体技术问题，做好服务工作，促进施工单位正确执行设计规定的要求。 2 对于发现施工单位擅自作主，不按设计规定要求进行施工的行为，应及时指出，要求改正，如指出无效，又涉及安全、质量等原则性、技术性问题，应将问题事实与处理过程用"备忘录"的形式书面报告建设单位和施工单件，同时向设总和处领导汇报	1. 查阅建筑单位工程质量验收记录 审核签字：设计单位项目负责人已签字 2. 查阅工代备忘录 记录：描述了施工单位不按设计规定要求进行施工的行为及处理过程

4.3 监理单位质量行为的监督检查

条款号	大纲条款	检查依据	检查要点
4.3.1	项目监理部监理人员专业满足工程需求	**1.《中华人民共和国建筑法》中华人民共和国主席令〔2011〕第 46 号** 第十四条 从事建筑活动的专业技术人员，应当依法取得相应的职业资格证书，并在执业资格证书许可的范围内从事建筑活动。 **2.《建设工程质量管理条例》中华人民共和国国务院令第 279 号** 第三十七条 工程监理单位应当选派具备相应资格的总监理工程师和监理工程师进驻施工现场。…… **3.《建设工程监理规范》GB/T 50319—2013** 3.1.2 项目监理机构的监理人员应由总监理工程师、专业监理工程师和监理员组成，且专业配套、数量应满足建设工程监理工作需要，必要时可设总监理工程师代表。 3.1.3 ……应及时将项目监理机构的组织形式、人员构成及对总监理工程师的任命书面通知建设单位。	1. 查阅工程监理规划人员数量及专业：已明确 2. 查阅监理人员名单专业与数量：与工程阶段和监理规划相符 3. 查阅各级监理人员的岗位资格证书 发证单位：符合要求 有效期：当前有效

条款号	大纲条款	检查依据	检查要点
4.3.1	项目监理部监理人员专业满足工程需求	**4.《建设工程项目管理规范》GB/T 50326—2017** 2.0.4 项目管理机构：根据组织授权，直接实施项目管理的单位。可以是项目管理公司、项目部、工程监理部等。 4.1.7 项目管理机构负责人应按相关约定在岗履职，对项目实行全过程及全面管理。 **5.《电力建设工程监理规范》DL/T 5434—2009** 5.1.3 项目监理机构由总监理工程师、专业监理工程师和监理员组成，且专业配套、数量满足工程项目监理工作的需要，必要时可设总监理工程师代表和副总监理工程师	
4.3.2	检测仪器和工具配置满足监理工作需要	**1.《中华人民共和国计量法》中华人民共和国主席令〔2014〕第二十六号** 第九条 ……未按照规定申请检定或计量检定不合格的，不得使用。…… **2.《建设工程监理规范》GB/T 50319—2013** 3.3.2 工程监理单位宜按建设工程监理合同约定，配备满足监理工作需要的检测设备和工器具。 **3.《火电工程项目质量管理规程》DL/T 1144—2012** 7.1.4 监理单位应配备与工程相适应的常规测量设备,并经检定合格且在有效期内。 **4.《电力建设工程监理规范》DL/T 5434—2009** 5.3.1 项目监理机构应根据工程项目类别、规模、技术复杂程度、工程项目所在地的环境条件，按委托监理合同的约定，配备满足监理工作需要的常规检测设备和工具。 **5.《建设工程监理合同（示范文本）》住房和城乡建设部 GF-2012-0202** 2.3.1 监理人应组建满足工作需要的项目监理机构，配备必要的检测设备……	1. 查阅监理项目部检测仪器和工具配置台账 仪器和工具配置：与监理设施配置计划相符 2. 查看检测仪器 标识：贴有合格标签且在有效期内
4.3.3	组织补充完善施工质量验收项目划分表，对设定的工程质量控制点，进行了旁站监理	**1.《建设工程质量管理条例》中华人民共和国国务院令第 279 号** 第三十八条 监理工程师应当按照工程监理规范的要求，采取旁站、巡视和平行检验等形式，对建设工程实施监理。 **2.《建设工程监理规范》GB/T 50319—2013** 5.2.11 项目监理机构应……确定旁站的关键部位；关键工序,安排监理人员进行旁站，并应及时记录旁站情况。	1. 查阅施工质量验收范围划分表及报审表 划分表内容：符合规程规定且已明确了质量控制点

条款号	大纲条款	检查依据	检查要点
4.3.3	组织补充完善施工质量验收项目划分表，对设定的工程质量控制点，进行了旁站监理	**3.《火电工程项目质量管理规程》DL/T 1144—2012** 7.2.2 监理单位在工程开工前，应编制下列监理管理文件： g）关键工序、隐蔽工程和旁站监理的清单及措施。 7.5.3 审核确认下列主要质量管理文件： b）施工质量验收范围划分表。 **4.《电力建设施工质量验收及评价规程 第1部分：土建工程》DL/T 5210.1—2012** 4.0.1 ……主要包含四部分内容：工程编号、质量检验项目的划分、各单位（部门）检验权限、各分项工程检验批质量验收标准的套用。表 4.0.1-1 及表 4.0.1-2 为火力发电厂土建工程质量验收范围表的基本模式。 4.0.8 ……工程开工前，应由承建工程的施工单位按工程具体情况编制项目划分表……，划分表应报监理单位审核，建设单位批准。…… **5.《电力建设工程监理规范》DL/T 5434—2009** 9.1.2 项目监理机构应审查承包单位编制的质量计划和工程质量验收及评定项目划分表，提出监理意见，报建设单位批准后监督实施。 质量验收及评定项目划分报审表应符合表 A.11 的格式。 9.1.9 项目监理机构应安排监理人员对施工过程进行巡视和检查，对工程项目的关键部位、关键工序的施工过程进行旁站监理。 表 B.5 旁站监理记录表	报审表签字：监理总监、监理工程师及建设单位技术 负责人已签字 2. 查阅旁站计划和旁站记录 旁站计划质量控制点：符合质量验收范围划分表要求 旁站记录：完整 签字：施工单位技术人员、监理旁站人员已签字
4.3.4	已按规程规定，对施工现场质量管理进行检查	**1.《建设工程监理规范》GB/T 50319—2013** 5.1.8 总监理工程师应组织专业监理工程师审查施工单位报送的开工报审表及相关资料；…… 5.1.10 分包工程开工前，项目监理机构应审核施工单位报送的分包单位资格报审表，专业监理工程师提出审查意见后，应由总监理工程师审核签认。 5.2.1 工程开工前，项目监理机构应审查施工单位现场的质量管理组织机构、管理制度及专职管理人员和特种作业人员的资格。	查阅施工现场质量管理检查记录 内容：符合规程规定 结论：有肯定性结论 签字：监理总监、专业监理工程师已签字

条款号	大纲条款	检查依据	检查要点
4.3.4	已按规程规定，对施工现场质量管理进行检查	**2.《火电工程项目质量管理规程》DL/T 1144—2012** 7.1.9　监理单位应监查各参建单位落实质量责任。 7.5.4　审查单位工程开工条件，报建设单位同意后，下达单位工程开工令。 7.5.5　工程项目施工中应实施下列质量管理工作： 　　b）通过审核文件、现场巡视、旁站、测量、见证取样、平行检验及验收等方式，监查施工过程，…… **3.《电力建设施工质量验收及评价规程　第1部分：土建工程》DL/T 5210.1—2012** 3.0.14　施工现场质量管理检查记录应由施工单位按表3.0.14填写，由总监理工程师（建设单位项目负责人）进行检查，并做出检查结论。 **4.《电力建设工程监理规范》DL/T 5434—2009** 8.0.3　条规定：工程项目开工前，总监理工程师应组织审核承包单位现场项目部的质量管理体系、职业健康安全与环境管理体系，满足要求时予以确认	
4.3.5	特殊施工技术措施已审批	**1.《建设工程安全生产管理条例》中华人民共和国国务院令〔2003〕第393号** 第二十六条　……，对下列达到一定规模的危险性较大的分部分项工程编制专项施工方案，并附具安全验算结果，经施工单位技术负责人、总监理工程师签字后实施，由专职安全生产管理人员进行现场监督： （一）基坑支护与降水工程； （二）土方开挖工程 （三）模板工程； （四）起重吊装工程； （五）脚手架工程； （六）拆除、爆破工程； （七）国务院建设行政主管部门或者其他有关部门规定的其他危险性较大的工程。 对前款所列工程中涉及深基坑、地下暗挖工程、高大模板工程的专项施工方案，施工单位还应当组织专家进行论证、审查。	查阅特殊施工技术措施报审表 审核意见：专家意见已在技术措施中落实，同意实施 审核签字：监理总监、监理工程师及建设单位专工已签字

续表

条款号	大纲条款	检查依据	检查要点

4.3.5	特殊施工技术措施已审批	**2.《建设工程监理规范》GB 50319—2013**
		
		5.2.2 总监理工程师应组织专业监理工程师审查施工单位报审的施工方案,符合要求后应予以签认。
		
		    施工方案审查应包括下列基本内容:
		
		    1 编审程序符合相关规定。
		
		    2 工程质量保证措施应符合有关标准。
		
		5.5.3 项目监理机构应审查施工单位报审的专项施工方案,符合要求的,应由总监理工程师签认后报建设单位。超过一定规模的危险性较大的分部分项工程的专项施工方案,应检查施工单位组织专家进行论证、审查的情况,以及是否附具安全验算结果。项目监理机构应要求施工单位按已批准的专项施工方案组织施工。专项施工方案需要调整时,施工单位应按程序重新提交项目监理机构审查。
		
		    专项施工方案审查应包括下列基本内容:
		
		    1 编审程序应符合相关规定。
		
		    2 安全技术措施应符合工程建设强制性标准。
		
		3.《电力建设工程监理规范》DL/T 5434—2009
		
		9.1.3 专业监理工程师应要求承包单位报送重点部位、关键工序的施工工艺方案和工程质量保证措施,审核同意后签认。
		
		    方案报审表应符合表 A.4 的格式。
		
		9.4.3 项目监理机构应审查承包单位提交的施工组织设计中的安全技术方案或下列危险性较大的分部分项工程专项施工方案是否符合工程建设强制性标准	

4.3.6	对进场的工程材料、设备、构配件的质量进行检查验收及原材料复检的见证取样	**1.《建设工程质量管理条例》中华人民共和国国务院令第 279 号** 第三十七条 …… 未经监理工程师签字,建筑材料、建筑构配件和设备不得在工程上使用或者安装,施工单位不得进行下一道工序的施工。……	1. 查阅工程材料/设备/构配件报审表 审查意见:同意使用 2. 查阅监理人员名单 专业人员:满足现场专业需要

续表

条款号	大纲条款	检查依据	检查要点
4.3.6	对进场的工程材料、设备、构配件的质量进行检查验收及原材料复检的见证取样	**2.《建设工程监理规范》GB/T 50319—2013** 5.2.9　项目监理机构应审查施工单位报送的用于工程的材料、构配件、设备的质量证明文件，并应按有关规定、建设工程监理合同约定，对用于工程的材料进行见证取样，平行检验。 　　项目监理机构对已进场经检验不合格的工程材料、构配件、设备，应要求施工单位限期将其撤出施工现场。 **3.《建筑工程施工质量验收统一标准》GB 50300—2013** 3.0.2　建筑工程应按下列规定进行施工质量控制： 　　1　建筑工程采用的主要材料、半成品、成品、建筑构配件、器具和设备应进行现场验收。凡涉及安全、节能、环境保护和主要使用功能的重要材料、产品，应按各专业工程施工规范、验收规范和设计文件等规定进行复验，并应经监理工程师检查认可。 **4.《房屋建筑工程和市政基础设施工程实行见证取样和送检的规定》中华人民共和国建设部建建〔2000〕211号** 第五条　涉及结构安全的试块、试件和材料见证取样和送检的比例不得低于有关技术标准中规定应取样数量的30%。 第六条　下列试块、试件和材料必须实施见证取样和送检： 　　（一）用于承重结构的混凝土试块； 　　（二）用于承重墙体的砌筑砂浆试块； 　　（三）用于承重结构的钢筋及连接接头试件； 　　（四）用于承重墙的砖和混凝土小型砌块； 　　（五）用于拌制混凝土和砌筑砂浆的水泥； 　　（六）用于承重结构的混凝土中使用的掺加剂； 　　（七）地下、屋面、厕浴间使用的防水材料； 　　（八）国家规定必须实行见证取样和送检的其他试块、试件和材料。	3. 查阅见证取样单 取样项目：符合规范要求 签字：施工单位材料员、监理单位见证取样员已签字 4. 查阅主要设备开箱/材料到货验收记录 签字：监理工程师已签字

条款号	大纲条款	检查依据	检查要点
4.3.6	对进场的工程材料、设备、构配件的质量进行检查验收及原材料复检的见证取样	**5.《火电工程项目质量管理规程》DL/T 1144—2012** 7.5.5 工程项目施工中应实施下列质量管理工作： a）参加设备开箱检验、工程主要材料的检验和见证取样，严格控制不合格的设备和材料在工程中使用。 **6.《电力建设工程监理规范》DL/T 5434—2009** 7.2.3 见证取样。对规定的需取样送试验室检验的原材料和样品，经监理人员对取样进行见证、封样、签认。 9.1.6 项目监理机构应审核承包单位报送的主要工程材料、半成品、构配件生产厂商的资质，符合后予以签认。 工程材料/构配件/设备报审表应符合表 A.12 的格式。 9.1.7 项目监理机构应对承包单位报送的拟进场工程材料、半成品和构配件的质量证明文件进行审核，并按有关规定进行抽样验收。对有复试要求的，经监理人员现场见证取样后送检，复试报告应报送项目监理机构查验。 9.1.8 项目监理机构应参与主要设备开箱验收，对开箱验收中发现的设备质量缺陷，督促相关单位处理	
4.3.7	施工质量问题及处理台账完整	**1.《建设工程监理规范》GB/T 50319—2013** 5.2.15 项目监理机构发现施工存在质量问题……，应及时签发监理通知单，要求施工单位整改。整改完毕后，项目监理机构应根据施工单位报送的监理通知回复对整改情况进行复查，提出复查意见。 **2.《电力建设工程监理规范》DL/T 5434—2009** 9.1.12 对施工过程中出现的质量缺陷，专业监理工程师应及时下达书面通知，要求承包单位整改，并检查确认整改结果。 9.1.15 专业监理工程师应……并根据承包单位报送的消缺报验申请表和自检记录进行检查验收	查阅质量问题及处理记录台账 记录要素：质量问题、发现时间、责任单位、整改要求、闭环文件、完成时间 检查内容：完整

条款号	大纲条款	检查依据	检查要点
4.3.8	工程建设标准强制性条文检查到位	**1.《建设工程安全生产管理条例》中华人民共和国国务院令〔2004〕第 393 号** 第十四条　工程监理单位应当审查施工组织设计中的安全技术措施或者专项施工方案是否符合工程建设强制性标准。 **2.《实施工程建设强制性标准监督规定》中华人民共和国建设部令〔2000〕第 81 号** 第二条　在中华人民共和国境内从事新建、扩建、改建等工程建设活动，必须执行工程建设强制性标准。 **3.《火电工程项目质量管理规程》DL/T 1144—2012** 7.5　施工调试监理 7.5.3　审核确认下列主要质量管理文件： c）工程建设强制性条文实施计划。 **4.《电力建设施工质量验收及评价规程　第 1 部分：土建工程》DL/T 5210.1—2012** 14.0.13　每个工程部位（范围）应分别按施工现场质量保证条件……强制性条文管理和执行情况六项评价内容进行判定…… 17.0.6　强制性条文管理和执行情况评价方法应符合下列规定： 　3　强制性条文管理和执行情况评价应符合表 17.0.6 的规定。 **5.《电力建设工程监理规范》DL/T 5434—2009** 9.4.3　项目监理机构应审查承包单位提交的施工组织设计中的安全技术方案或下列危险性较大的分部分项工程专项施工方案是否符合工程建设强制性标准	查阅分部工程强制性条文执行情况检查表 内容：符合强条计划要求 签字：施工单位技术人员、监理工程师已签字
4.3.9	对本阶段工程质量提出评价意见	**1.《火电工程项目质量管理规程》DL/T 1144—2012** 7.5.6　监理单位应在施工验收阶段实施以下质量管理工作： 　d　组织单项、单台及整体工程的质量评价自检工作	查阅本阶段工程质量评价文件 评价意见：明确

条款号	大纲条款	检查依据	检查要点
4.4 施工单位质量行为的监督检查			
4.4.1	企业资质与合同约定的业务相符	**1.《中华人民共和国建筑法》中华人民共和国主席令〔2011〕第46号** 第十三条 从事建筑活动的建筑施工企业、勘察单位、设计单位……经资质审查合格，取得相应等级的资质证书后，方可在其资质等级许可的范围内从事建筑活动。 **2.《建设工程质量管理条例》中华人民共和国国务院令第279号** 第二十五条 施工单位应当依法取得相应等级的资质证书，并在其资质等级许可的范围内承揽工程。 **3.《建筑业企业资质管理规定》中华人民共和国住房和城乡建设部令〔2015〕第22号** 第三条 企业应当按照其拥有的资产、主要人员、已完成的工程业绩和技术装备等条件申请建筑业企业资质，经审查合格，取得建筑业企业资质证书后，方可在资质许可的范围内从事建筑施工活动。 **4.《火电工程项目质量管理规程》DL/T 1144—2012** 9.1.1 施工单位应依法取得相应等级的资质，并在其资质等级许可的范围内承揽工程。施工单位不得超越本单位资质等级许可的业务范围承揽工程	1. 查阅企业资质证书 发证单位：政府主管部门 有效期：当前有效 业务范围：涵盖合同约定的业务 2. 查阅承装(修、试)电力设施许可证 发证单位：国家能源局派出机构（原国家电力监管委员会派出机构） 有效期：当前有效 业务范围：涵盖合同约定的业务
4.4.2	项目部专业技术人员满足工程需求	**1.《中华人民共和国建筑法》中华人民共和国主席令〔2011〕第46号** 第十四条 从事建筑活动的专业技术人员，应当依法取得相应的执业资格证书，并在执业资格证书许可的范围内从事建筑活动。 **2.《建设工程质量管理条例》中华人民共和国国务院令第279号** 第二十六条 施工单位对建设工程的施工质量负责。 施工单位应当建立质量责任制，确定工程项目的项目经理、技术负责人和施工管理负责人。…… **3.《建设工程项目管理规范》GB/T 50326—2017** 4.3.4 建立项目管理机构应遵循下列规定：	查阅项目部成立文件，组织机构及管理体系。 专业人员配置包括：项目经理、项目总工程师、施工管理负责人、专业技术负责人、专业技术员 、施工员、质量员、安全员、资料员等

条款号	大纲条款	检查依据	检查要点
4.4.2	项目部专业技术人员满足工程需求	1 结构应符合组织制度和项目实施要求； 2 应有明确的管理目标、运行程序和责任制度； 3 机构成员应满足项目管理要求及具备相应资格； 4 组织分工应相对稳定并可根据项目实施变化进行调整； 5 应确定机构人员的职责、权限、利益和需承担的风险。 **4.《火电工程项目质量管理规程》DL/T 1144—2012** 9.2.1 施工单位应设置独立的质量管理机构，并应符合下列规定： 　　a）配备满足工程需要的专职质量管理人员。 9.3.2 单位工程开工应满足下列条件，并应由建设单位和监理单位进行核查。 　　e）开工所需的施工人员及机械已到位。 　　g）特种作业人员的资格证和上岗证已经监理确认。 9.3.4 施工单位的人员资格应符合下列规定： 　　a）项目经理应担任过一项大型或两项及以上中型火电工程的项目副经理或总工程师，具有8 年以上施工经验，并持有国家注册一级建造师证书。 　　b）项目总工程师应担任过两项及以上火电工程的项目副总工程师或专业技术负责人，具有中级及以上技术职称。 　　c）专业技术负责人应担任过两项及以上火电工程的专业技术工作，具有中级及以上技术职称。 　　d）专业质检人员应具有工程质量检验的相应能力，并持有相应的质量检验资格证书。 **5.《建筑与市政工程施工现场专业人员职业标准》JGJ/T 250—2011** 1.0.3 本标准所指建筑与市政工程施工现场专业人员包括施工员、质量员、安全员、标准员、材料员、机械员、劳务员、资料员。其中，施工员、质量员、标准员可分为土建施工、装饰装修、设备安装和市政工程四个子专业	

续表

条款号	大纲条款	检查依据	检查要点
4.4.3	质量检查员及特殊工种人员持证上岗	**1.《特种作业人员安全技术培训考核管理办法》中华人民共和国国家市场监督管理总局令〔2010〕第 30 号** 第三条 ……特种作业的范围由特种作业目录规定。 本规定所称特种作业人员,是指直接从事特种作业的从业人员。 第五条 特种作业人员必须经专门的安全技术培训并考核合格,取得《中华人民共和国特种作业操作证》(以下简称特种作业操作证)后,方可上岗作业。 第十九条 特种作业操作证有效期为 6 年,在全国范围内有效。 第二十一条 特种作业操作证每 3 年复审 1 次。 附件 (特种作业)种类 1 电工作业 1.1 高压电工作业 1.2 低压电工作业 1.3 防爆电气作业 2 焊接与热切割作业 2.1 熔化焊接与热切割作业 2.2 压力焊作业 2.3 钎焊作业 3 高处作业 3.1 登高架设作业 3.2 高处安装、维护、拆除的作业 **2.《建筑施工特种作业人员管理规定》中华人民共和国建设部建质〔2008〕75 号** 第三条 建筑施工特种作业包括: (一)建筑电工;	1. 查阅项目部各专业质检员资格证书 专业类别:土建 发证单位:政府主管部门或电力建设工程质量监督站 有效期:当前有效 2. 查阅特殊工种人员台账 内容:包括姓名、工种类别、证书编号、发证单位、有效期等 证书有效期:作业期间有效 3. 查阅特殊工种人员资格证书 发证单位:政府主管部门 有效期:与台账一致

条款号	大纲条款	检查依据	检查要点
4.4.3	质量检查员及特殊工种人员持证上岗	（二）建筑架子工； （三）建筑起重信号司索工； （四）建筑起重机械司机； （五）建筑起重机械安装拆卸工； （六）高处作业吊篮安装拆卸工； （七）经省级以上人民政府建设主管部门认定的其他特种作业。 第四条　建筑施工特种作业人员必须经建设主管部门考核合格，取得建筑施工特种作业人员操作资格证书，方可上岗从事相应作业。 第十九条　用人单位应当履行下列职责： （六）建立本单位特种作业人员管理档案。 **3.《工程建设施工企业质量管理规范》GB/T 50430—2017** 5.2.2　施工企业应根据质量管理需求配备相应的管理、技术及作业人员	
4.4.4	施工方案和作业指导书已审批，技术交底记录齐全	**1.《建筑施工组织设计规范》GB/T 50502—2009** 3.0.5　施工组织设计的编制和审批应符合下列规定： 　　2 ……施工方案应由项目技术负责人审批；重点、难点分部（分项）工程和专项工程施工方案应由施工单位技术部门组织相关专家评审，施工单位技术负责人批准。 　　3 由专业承包单位施工的分部（分项）工程或专项工程的施工方案，应由专业承包单位技术负责人或技术负责人授权的技术人员审批；有总承包单位时，应由总承包单位项目技术负责人核准备案。 　　4 规模较大的分部（分项）工程和专项工程的施工方案应按单位工程施工组织设计进行编制和审批。 6.4.1　施工准备应包括下列内容： 　　1 技术准备：包括施工所需技术资料的准备、图纸深化和技术交底的要求、试验检验和测试工作计划、样板制作计划以及与相关单位的技术交接计划等。	1. 查阅施工方案和作业指导书 审批：责任人已签字 编审批时间：施工前 2. 查阅施工方案和作业指导书报审表 审批意见：同意实施等肯定性意见 签字：施工项目部、监理项目部责任人已签字 盖章：施工项目部、监理项目部已盖章

续表

条款号	大纲条款	检查依据	检查要点
4.4.4	施工方案和作业指导书已审批，技术交底记录齐全	**2.《电力建设施工技术规范 第1部分：土建结构工程》DL 5190.1—2012** 3.0.1 工程施工前，应按设计图纸，结合具体情况和施工组织设计的要求编制施工方案，并经批准后方可施工。 3.0.6 施工单位应当在危险性较大的分部、分项工程施工前编制专项方案；对于超过一定规模和危险性较大的深基坑工程、模板工程及支撑体系、起重吊装及安装拆卸工程、脚手架工程和拆除、爆破工程等，施工单位应当组织专家对专项方案进行论证。 **3.《火电工程项目质量管理规程》DL/T 1144—2012** 9.2.2 施工单位在工程开工前，应编制质量管理文件，经监理、建设单位会审、批准后实施，质量管理文件应包括： f）重大施工方案、作业指导书清单，并规定审批级别。 9.3.2 单位工程开工应满足下列条件，并应由建设单位和监理单位进行核查。 c）专业施工组织设计、重大施工方案已经监理批准。 d）开工所需施工图已齐全，并已会检和交底，……	3. 查阅技术交底记录 内容：与方案或作业指导书相符 时间：施工前 签字：交底人和被交底人已签字 4. 查阅重大方案或特殊专项措施（需专家论证的专项方案）的评审报告 内容：对论证的内容提出明确的意见 评审专家资格：符合住建部《危险性较大的分部分项工程安全管理办法》要求
4.4.5	计量工器具经检定合格，且在有效期内	**1.《中华人民共和国计量法》中华人民共和国主席令〔2014〕第8号** 第四十七条 ……。未按照规定申请计量检定、计量检定不合格或者超过计量检定周期的计量器具，不得使用。 **2.《中华人民共和国依法管理的计量器具目录（型式批准部分）》中华人民共和国国家质检总局公告〔2005〕第145号** 1 测距仪：光电测距仪、超声波测距仪、手持式激光测距仪； 2 经纬仪：光学经纬仪、电子经纬仪； 3 全站仪：全站型电子速测仪；	1. 查阅计量工器具台账 内容：包括计量工器具名称、出厂合格证编号、检定日期、有效期、在用状态等 检定有效期：在用期间有效

续表

条款号	大纲条款	检查依据	检查要点
4.4.5	计量工器具经检定合格，且在有效期内	4 水准仪：水准仪； 5 测地型 GPS 接收机：测地型 GPS 接收机。 **3.《电力建设施工技术规范 第 1 部分：土建结构工程》DL 5190.1—2012** 3.0.5 在质量检查、验收中使用的计量器具和检测设备，应经计量检定合格后方可使用；承担材料和设备检测的单位，应具备相应的资质。 **4.《电力工程施工测量技术规范》DL/T 5445—2010** 4.0.3 施工测量所使用的仪器和相关设备应定期检定，并在检定的有效期内使用。…… **5.《建筑工程检测试验技术管理规范》JGJ 190—2010** 5.2.2 施工现场配置的仪器、设备应建立管理台账，按有关规定进行计量检定或校准，并保持状态完好	2. 查阅计量工器具检定合格证或报告 检定单位资质范围：包含所检测工器具 工器具有效期：在用期间有效，且与台账一致
4.4.6	依据检测试验项目计划进行见证取样和送检，台账完整	**1.《建设工程质量管理条例》中华人民共和国国务院令第 279 号** 第三十一条 施工人员对涉及结构安全的试块、试件以及有关材料，应当在建设单位或者工程监理单位监督下现场取样，并送具有相应资质等级的质量检测单位进行检测。 **2.《建设工程质量检测管理办法》中华人民共和国建设部令〔2005〕第 141 号** 第十三条 质量检测试样的取样应当严格执行有关工程建设标准和国家有关规定，在建设单位或者工程监理单位监督下现场取样。…… **3.《房屋建筑工程和市政基础设施工程实行见证取样和送检的规定》中华人民共和国建设部建〔2000〕211 号** 第六条 下列试块、试件和材料必须实施见证取样和送检： （一）用于承重结构的混凝土试块； （二）用于承重墙体的砌筑砂浆试块； （三）用于承重结构的钢筋及连接接头试件； （四）用于承重墙的砖和混凝土小型砌块；	查阅见证取样台账 取样数量、取样项目：与检测试验计划相符

条款号	大纲条款	检查依据	检查要点
4.4.6	依据检测试验项目计划进行见证取样和送检，台账完整	（五）用于拌制混凝土和砌筑砂浆的水泥； （六）用于承重结构的混凝土中使用的掺加剂； （七）地下、屋面、厕浴间使用的防水材料； （八）国家规定必须实行见证取样和送检的其他试块、试件和材料。 　　第七条　见证人员应由建设单位或该工程的监理单位具备建筑施工试验知识的专业技术人员担任，并应由建设单位或该工程的监理单位书面通知施工单位、检测单位和负责该项工程的质量监督机构。 **4.《房屋建筑和市政基础设施工程质量检测技术管理规范》GB 50618—2011** 3.0.5　对实行见证取样和见证检测的项目，不符合见证要求的，检测机构不得进行检测。 **5.《建筑工程检测试验技术管理规范》JGJ 190—2010** 3.0.6　见证人员必须对见证取样和送检的过程进行见证，且必须确保见证取样和送检过程的真实性。 5.5.1　施工现场应按照单位工程分别建立下列试样台账： 　　1　钢筋试样台账； 　　2　钢筋连接接头试样台账； 　　3　混凝土试件台账； 　　4　砂浆试件台账； 　　5　需要建立的其他试样台账。 5.6.1　现场试验人员应根据施工需要及有关标准的规定，将标识后的试样送至检测单位进行检测试验。 5.8.5　见证人员应对见证取样和送检的全过程进行见证并填写见证记录。 5.8.6　检测机构接收试样时应核实见证人员及见证记录，见证人员与备案见证人员不符或见证记录无备案见证人员签字时不得接收试样	

续表

条款号	大纲条款	检查依据	检查要点
4.4.7	原材料、成品、半成品的跟踪管理台账清晰，记录完整	**1.《建设工程质量管理条例》中华人民共和国国务院令第 279 号** 第二十九条　施工单位必须按照工程设计要求、施工技术标准和合同约定，对建筑材料、建筑构配件、设备和商品混凝土进行检验，检验应当有书面记录和专人签字；未经检验或者检验不合格的，不得使用。 **2.《电力建设施工技术规范　第 1 部分：土建结构工程》DL 5190.1—2012** 3.0.2　……对工程所用的水泥、钢筋等主要材料应进行跟踪管理。 **3.《火电工程项目质量管理规程》DL/T 1144—2012** 9.3.6　材料控制应符合下列规定： 　f）施工单位对重要原材料应进行质量追溯。火电施工常见有追溯性要求的产品清单见附录 D 中表 D.1	查阅材料跟踪管理台账 内容：包括生产厂家、进场日期、品种规格、出厂合格证书编号、复试报告编号、使用部位、使用数量等
4.4.8	专业绿色施工措施已实施	**1.《绿色施工导则》中华人民共和国建设部建质〔2007〕223 号** 4.1.2　规划管理 　1　编制绿色施工方案。该方案应在施工组织设计中独立成章，并按有关规定进行审批。 **2.《建筑工程绿色施工规范》GB/T 50905—2014** 3.1.1　建设单位应履行下列职责 　1　在编制工程概算和招标文件时，应明确绿色施工的要求 …… 　2　应向施工单位提供建设工程绿色施工的设计文件、产品要求等相关资料 …… 4.0.2　施工单位应编制包含绿色施工管理和技术要求的工程绿色施工组织设计、绿色施工方案或绿色施工专项方案，并经审批通过后实施。 **3.《火电工程项目质量管理规程》DL/T 1144—2012** 5.3.3　建设单位在工程开工前应组织相关单位编制下列质量文件： 　n）绿色施工措施。 9.3.1　工程具备开工条件后，由建设单位按照国家规定办理开工手续。工程开工应满足下列条件：	查阅专业绿色施工记录 内容：与绿色施工措施相符 签字：责任人签字

续表

条款号	大纲条款	检查依据	检查要点
4.4.8	专业绿色施工措施已实施	k）绿化施工措施编制并落实。 9.2.2 施工单位在工程开工前，应编制质量管理文件，经监理、建设单位会审、批准后实施，质量管理文件应包括： i）绿色施工措施。 9.3.12 绿色施工应符合下列规定： a）施工单位应按《绿色施工导则》的规定:在工程开工前编制节能、节水、节地、节材的控制措施，控制措施应重点包含能源合理配备、废水利用、节约用地、材料合理选配及循环使用等内容。 b）施工单位应编制控制噪声、防尘、废液排放、水土保持及环保设施投入等控制措施，各项措施应经监理、建设单位的审批。所有措施均应表示实测指标，施工过程应由监理工程师实时监查。 **4.《电力建设施工技术规范　第1部分：土建结构工程》DL 5190.1—2012** 3.0.12 施工单位应建立绿色施工管理体系和管理制度，实施目标管理，施工前应在施工组织设计和施工方案中明确绿色施工的内容和方法	
4.4.9	工程建设标准强制性条文实施计划已执行	**1.《实施工程建设强制性标准监督规定》中华人民共和国建设部令〔2000〕第81号** 第二条 在中华人民共和国境内从事新建、扩建、改建等工程建设活动，必须执行工程建设强制性标准。 第三条 本规定所称工程建设强制性标准是指直接涉及工程质量、安全、卫生及环境保护等方面的工程建设标准强制性条文。 　国家工程建设标准强制性条文由国务院建设行政主管部门会同国务院有关行政主管部门确定。 第六条 ……工程质量监督机构应当对工程建设施工、监理、验收等阶段执行强制性标准的情况实施监督。 **2.《火电工程项目质量管理规程》DL/T 1144—2012** 4.5 火电工程项目应认真执行国家和行业相关技术标准，严格执行工程建设标准中的强制性条文……	查阅强制性条文执行记录 内容：与强制性条文执行计划相符 签字：责任人已签字 执行时间：与工程进度同步

条款号	大纲条款	检查依据	检查要点
4.4.9	工程建设标准强制性条文实施计划已执行	5.3.3 建设单位在工程开工前应组织相关单位编制下列质量管理文件： d）工程建设强制性条文实施规划。 9.2.2 施工单位在工程开工前，应编制质量管理文件，经监理、建设单位会审、批准后实施，质量管理文件应包括： d）工程建设强制性条文实施细则	
4.4.10	无违规转包或者违法分包工程的行为	**1.《中华人民共和国建筑法》中华人民共和国主席令〔2011〕第 46 号** 第二十八条 禁止承包单位将其承包的全部建筑工程转包给他人，禁止承包单位将其承包的全部建筑工程肢解以后以分包的名义转包给他人。 第二十九条 建筑工程总承包单位可以将承包工程中的部分工程发包给具有相应资质条件的分包单位，但是，除总承包合同约定的分包外，必须经建设单位认可。施工总承包的，建筑工程主体结构的施工必须由总承包单位自行完成。 禁止总承包单位将工程分包给不具备相应资质条件的单位。禁止分包单位将其承包的工程再分包。 **2.《建筑工程施工转包违法分包等违法行为认定查处管理办法（试行）》中华人民共和国国家住建部建市〔2014〕118 号** 第七条 存在下列情形之一的，属于转包： （一）施工单位将其承包的全部工程转给其他单位或个人施工的； （二）施工总承包单位或专业承包单位将其承包的全部工程肢解以后，以分包的名义分别转给其他单位或个人施工的； （三）施工总承包单位或专业承包单位未在施工现场设立项目管理机构或未派驻项目负责人、技术负责人、质量管理负责人、安全管理负责人等主要管理人员，不履行管理义务，未对该工程的施工活动进行组织管理的； （四）施工总承包单位或专业承包单位不履行管理义务，只向实际施工单位收取费用，主要建筑材料、构配件及工程设备的采购由其他单位或个人实施的；	1. 查阅工程分包申请报审表 审批意见：同意分包等肯定性意见 签字：施工项目部、监理项目部、建设单位责任人已签字 盖章：施工项目部、监理项目部、建设单位已盖章 2. 查阅工程分包商资质 业务范围：涵盖所分包的项目 发证单位：政府主管部门 有效期：当前有效

续表

条款号	大纲条款	检查依据	检查要点
4.4.10	无违规转包或者违法分包工程的行为	（五）劳务分包单位承包的范围是施工总承包单位或专业承包单位承包的全部工程，劳务分包单位计取的是除上缴给施工总承包单位或专业承包单位"管理费"之外的全部工程价款的； （六）施工总承包单位或专业承包单位通过采取合作、联营、个人承包等形式或名义，直接或变相的将其承包的全部工程转给其他单位或个人施工的； （七）法律法规规定的其他转包行为。 第九条 存在下列情形之一的，属于违法分包： （一）施工单位将工程分包给个人的； （二）施工单位将工程分包给不具备相应资质或安全生产许可的单位的； （三）施工合同中没有约定，又未经建设单位认可，施工单位将其承包的部分工程交由其他单位施工的； （四）施工总承包单位将房屋建筑工程的主体结构的施工分包给其他单位的，钢结构工程除外； （五）专业分包单位将其承包的专业工程中非劳务作业部分再分包的； （六）劳务分包单位将其承包的劳务再分包的； （七）劳务分包单位除计取劳务作业费用外，还计取主要建筑材料款、周转材料款和大中型施工机械设备费用的； （八）法律法规规定的其他违法分包行为	
4.5 检测试验机构质量行为的监督检查			
4.5.1	检测试验机构已经通过能力认定并取得相应证书，其现场派出机构（现场试验室）满足规定条件，并已报质量监督机构备案	**1.《建设工程质量检测管理办法》中华人民共和国建设部令〔2005〕第141号** 第四条 ……。检测机构未取得相应的资质证书，不得承担本办法规定的质量检测业务。 第八条 检测机构资质证书有效期为3年。资质证书有效期满需要延期的，检测机构应当在资质证书有效期满30个工作日前申请办理延期手续。 **2.《检验检测机构资质认定管理办法》中华人民共和国国家质量监督检验检疫总局令〔2015〕第163号** 第二条 …… 资质认定包括检验检测机构计量认证。 第三条 检验检测机构从事下列活动，应当取得资质认定：	1. 查阅检测机构资质证书 颁发单位：国家认证认可监督管理委员会（国家级）或地方质量技术监督部门或各直属出入境验检疫机构（省市级）及电力质监机构

条款号	大纲条款	检查依据	检查要点
4.5.1	检测试验机构已经通过能力认定并取得相应证书，其现场派出机构（现场试验室）满足规定条件，并已报质量监督机构备案	（四）为社会经济、公益活动出具具有证明作用的数据、结果的； （五）其他法律法规规定应当取得资质认定的。 第五条 …… 各省、自治区、直辖市人民政府质量技术监督部门（以下简称省级资质认定部门）负责所辖区域内检验检测机构的资质认定工作；…… 第十一条 资质认定证书有效期为6年。需要延续资质认定证书有效期的，应当在其有效期届满3个月前提出申请。 **3.《建设工程监理规范》GB/T 50319—2013** 6.2.5 专业监理工程师应检查施工单位的试验室 **4.《房屋建筑和市政基础设施工程质量检测技术管理规范》GB 50618—2011** 3.0.2 建设工程质量检测机构(以下简称检测机构)应取得建设主管部门颁发的相应资质证书。 3.0.3 检测机构必须在技术能力和资质规定范围内开展检测工作。 **5.《电力工程检测试验管理办法（试行）》电力工程质量监督总站质监〔2015〕20号** 第三条 电力工程检测试验机构是指依据国家规定取得相应资质，从事电力工程检测试验工作，为保障电力工程建设质量提供检测验证数据和结果的单位。 第七条 ……相应地将承担工程检测试验业务的检测机构划分为A级和B级两个等级。 第九条 承担建设建模200MW及以上发电工程和330kV及以上变电站（换流站）的检测机构，必须符合B级及以上等级标准要求。不同规模电力工程项目所要求的检测机构业务等级标准见附件5。 第三十五条 检测机构的《业务等级确认证明》有效期为四年，有效期满后，需重新进行确认。重新确认的程序及要求详见第三章规定。 第三十条 根据工程建设需要和质量验收规范要求，检测机构应在所承担电力工程项目的检测试验任务时，应当设立现场试验室。检测机构对所设立现场试验室的一切行为负责。 第三十一条 现场试验室在开展工作前，须通过负责本项目质监机构组织的能力认定。对符合条件的质监机构应予以书面确认。……	有效期：当前有效 证书业务范围：涵盖检测项目 2. 查看现场土建试验室 场所：有固定场所且面积、环境、温、湿度满足规范要求 3. 查阅检测机构的申请报备文件 报备日期：土建工程开工前

条款号	大纲条款	检查依据	检查要点
4.5.1	检测试验机构已经通过能力认定并取得相应证书,其现场派出机构(现场试验室)满足规定条件,并已报质量监督机构备案	**6.《火电工程项目质量管理规程》DL/T 1144—2012** 9.3.1 工程具备开工条件后,由建设单位按照国家规定办理开工手续。工程开工应满足下列条件: 1)第三方检验、检测单位已确定。 9.4.3 工程建设应根据需要建立土建、金属、电气试验及热工校验室。试验室应具有相应资质,试验人员应持证上岗。 9.4.4 第三方专项检测和见证取样检测应符合下列规定: b)检测单位必须有相应的检测资质,⋯⋯ c)工程规模较大、试验检测工作量较大时,检测单位宜在项目现场分设现场检测站,配备必要的试验人员、设备、仪器、设施及相关的试验检测标准。 **7.《电力建设施工质量验收及评价规程 第1部分:土建工程》DL/T 5210.1—2012** 3.0.2 ⋯⋯;承担土建工程试验、检测的试验室及承担有关结构安全和功能试验、检测的单位或机构应具有相应资质。 **8.《建筑工程检测试验技术管理规范》JGJ 190—2010** 3.0.5 承担建筑工程施工检测试验任务的检测单位应符合下列规定: 1 当行政法规、国家现行标准或合同对检测单位的资质有要求时,应遵守其规定;当没有要求时,可由施工单位的企业试验室试验,也可委托具备相应资质的检测机构检测。 3 检测单位的检测试验能力应与其所承接检测试验项目相适应。 5.2.3 施工现场试验环境及设施应满足检测试验工作的要求。 5.2.4 单位工程建筑面积超过10000m² 或造价超过1000万元人民币时,可设立现场试验站。现场试验站的基本要求应符合表5.2.4的规定	
4.5.2	检测人员资格符合规定,持证上岗	**1.《房屋建筑和市政基础设施工程质量检测技术管理规范》GB 50618—2011** 4.1.3 检测机构的技术负责人、质量负责人、检测项目负责人应具有工程类专业中级及其以上技术职称,掌握相关领域知识,具有规定的工作经历和检测工作经验。检测报告批准人、检测报告审核人应经检测机构技术负责人授权,掌握相关领域知识,并具有规定的工作经历和检测工作经验。	1. 查阅检测人员登记台账、资格证 人员专业类别和数量:满足检测项目需求

条款号	大纲条款	检查依据	检查要点
4.5.2	检测人员资格符合规定，持证上岗	4.1.5 检测操作人员应经技术培训、通过建设主管部门或委托有关机构的考核，方可从事检测工作。 5.3.6 检测前应确认检测人员的岗位资格，检测操作人员应熟识相应的检测操作规程和检测设备使用、维护技术手册等。 **2.《电力工程检测试验机构能力认定管理办法（试行）》质监〔2015〕20 号** 第三条 电力工程检测试验人员（以下简称检测人员）是指具备检测试验专业知识，经考试合格，取得相应的检测专业资格证书，并承担电力工程检测试验工作的专业技术人员。 **3.《火电工程项目质量管理规程》DL/T 1144—2012** 9.4.3 ……，试验人员应持证上岗	资格证发证单位：各级政府和电力行业主管部门 资格证有效期：当前有效 2. 查阅检测报告 检测项目：在持证资格范围内 检测人：与台账相符
4.5.3	检测仪器、设备检定合格，且在有效期内	**1.《中华人民共和国计量法》中华人民共和国主席令〔2014〕第 8 号** 第四十七条 ……。未按照规定申请计量检定、计量检定不合格或者超过计量检定周期的计量器具，不得使用。 **2.《房屋建筑和市政基础设施工程质量检测技术管理规范》GB 50618—2011** 4.2.7 检测设备的校准或检测应送至具有校准或检测资格的实验室进行校准或检测。 4.2.14 检测机构的所有设备均应标有统一的标识，在用的检测设备均应标有校准或检测有效期的状态标识。 **3.《火电工程项目质量管理规程》DL/T 1144—2012** 9.3.2 单位工程开工应满足下列条件，并应由建设单位和监理单位进行核查。 h）主要监视测量设备、主要施工机械设备的检定证书，已经监理确认。 9.3.5 检测设备的控制应符合下列规定： a）施工单位应配备与工程相适应的测量设备，并保证其持续有效。 b）施工单位应对影响质量的检测设备进行控制，并在这些设备进场时报监理审查；…… c）建设单位和监理单位有权对施工单位使用的检测设备进行监督检查。	1. 查阅检测仪器、设备管理台账 内容：包括检定日期、有效期 证书有效期：当前有效 2. 查阅检定证书 有效期：当前有效 结论：合格 3. 查看检测仪器、设备检验标识 检定有效期：与台账及检定证书一致

续表

条款号	大纲条款	检查依据	检查要点
4.5.3	检测仪器、设备检定合格，且在有效期内	**4.《建筑工程检测试验技术管理规范》JGJ 190—2010** 5.2.2 施工现场配置的仪器、设备应建立管理台账，按有关规定进行计量检定或校准，并保持状态完好。 5.2.3 施工现场试验环境及设施应满足检测试验工作的要求。 5.2.4 单位工程建筑面积超过 10000m² 或造价超过 1000 万元人民币时，可设立现场试验站。现场试验站的基本要求应符合表 5.2.4 的规定。 **5.《建筑基桩检测技术规范》JGJ 106—2003** 3.2.4 检测前应对仪器设备检查调试。 3.2.5 检测用计量器具必须在计量检定周期的有效期内	
4.5.4	检测依据正确、有效，检测报告及时、规范	**1.《检验检测机构资质认定管理办法》中华人民共和国国家质量监督检验检疫总局令〔2015〕第163号** 第十三条 …… 检验检测机构资质认定标志，……。式样如下：CMA 标志。 第二十五条 检验检测机构应当在资质认定证书规定的检验检测能力范围内，依据相关标准或者技术规范规定的程序和要求，出具检验检测数据、结果。 检验检测机构出具检验检测数据、结果时，应当注明检验检测依据，…… 第二十八条 检验检测机构向社会出具具有证明作用的检验检测数据、结果的，应当在其检验检测报告上加盖检验检测专用章，并标注资质认定标志。 **2.《建设工程质量检测管理办法》中华人民共和国建设部令〔2005〕第141号** 第十四条 检测机构完成检测业务后，应当及时出具检测报告。检测报告经检测人员签字、检测机构法定代表人或者其授权的签字人签署，并加盖检测机构公章或者检测专用章后方可生效。检测报告经建设单位或者工程监理单位确认后，由施工单位归档。 见证取样检测的检测报告中应当注明见证人单位及姓名。	查阅检测试验报告 检测依据：有效的标准规范、合同及技术文件 检测结论：明确 签章：检测操作人、审核人、批准人已签字，已加盖检测机构公章或检测专用章（多页检测报告加盖骑缝章），并标注相应的资质认定标志 时间：在检测机构规定时间内出具

条款号	大纲条款	检查依据	检查要点
4.5.4	检测依据正确、有效，检测报告及时、规范	**3.《房屋建筑和市政基础设施工程质量检测技术管理规范》GB 50618—2011** 4.1.3 ……。检测报告批准人、检测报告审核人应经检测机构技术负责人授权，…… 5.5.4 检测报告至少应由检测操作人签字、检测报告审核人签字、检测报告批准人签发，并加盖检测专用章，多页检测报告还应加盖骑缝章。 5.5.6 检测报告结论应符合下列规定： 1 材料的试验报告结论应按相关材料、质量标准给出明确的判定； 2 当仅有材料试验方法而无质量标准，材料的试验报告结论应按设计要求或委托方要求给出明确的判定； 3 现场工程实体的检测报告结论应根据设计及鉴定委托要求给出明确的判定。 **4.《电力工程检测试验机构能力认定管理办法（试行）》质监〔2015〕20号** 第十三条 检测机构及由其派出的现场试验室必须按照认定的能力等级，专业类别和业务范围，承担检测试验任务，并按照标准规定出具相应的检测试验报告，未通过能力认定的检测机构或超出规定能力等级范围出具的检测数据、试验报告无效。 第三十二条 检测机构应当……，及时出具检测试验报告	查阅检测试验报告 检测依据：有效的标准规范、合同及技术文件 检测结论：明确 签章：检测操作人、审核人、批准人已签字，已加盖检测机构公章或检测专用章（多页检测报告加盖骑缝章），并标注相应的资质认定标志 时间：在检测机构规定时间内出具
5 工程实体质量的监督检查			
5.1 楼地面、屋面工程的监督检查			
5.1.1	楼地面、屋面工程施工完毕，隐蔽验收、质量验收签证记录齐全	**1.《建筑工程施工质量验收统一标准》GB 50300—2013** 3.0.6 建筑工程施工质量应按下列要求进行验收： 1 工程质量验收均应在施工单位自检合格的基础上进行。 2 参加工程施工质量验收的各方人员应具备相应的资格。 3 检验批的质量应按主控项目和一般项目验收。 4 对涉及结构安全、节能、环境保护和主要使用功能的试块、试件及材料，应在进场时或施工中按规定进行见证检验。	1. 查阅隐蔽工程验收记录 项目：包括楼地面基层、屋面保温层、卫生间防水层等

条款号	大纲条款	检查依据	检查要点
5.1.1	楼地面、屋面工程施工完毕，隐蔽验收、质量验收签证记录齐全	5 隐蔽工程在隐蔽前应由施工单位通知监理单位进行验收，并应形成验收文件，验收合格后方可继续施工。 6 对涉及结构安全、节能、环境保护和使用功能的重要分部工程应在验收前按规定进行抽样检验。 7 工程的观感质量应由验收人员现场检查，并应共同确认。 5.0.1 检验批质量验收合格应符合下列规定： 1 主控项目的质量经抽样检验均应合格。 2 一般项目的质量经抽样检验合格。当采用计数抽样时，合格点率应符合有关专业验收规范的规定，且不得存在严重缺陷。对于计数抽样的一般项目，正常检验一次、二次抽样可按本标准附录D判定。 5.0.4 单位工程质量验收合格应符合下列规定： 1 所含分部工程的质量均应验收合格。 2 质量控制资料应完整。 3 所含分部工程中有关安全、节能、环境保护和主要使用功能的检验资料应完整。 4 主要使用功能的抽查结果应符合相关专业验收规范的规定。 5 观感质量应符合要求。 **2.《屋面工程质量验收规范》GB 50207—2012** 3.0.10 屋面工程施工时，应建立各道工序的自检、交接检和专职人员检查的"三检"制度，并应有完整的检查记录。每道工序施工完成后，应经监理单位或建设单位检查验收，并应在合格后再进行下道工序的施工。 9.0.6 屋面工程应对下列部位进行隐蔽工程验收： 1 卷材、涂膜防水层的基层； 2 保温层的隔汽和排汽措施； 3 保温层的铺设方式、厚度、板材缝隙填充质量及热桥部位的保温措施；	内容：包括所隐蔽的基层、垫层、找平（坡）层、隔离层、绝热（保温）层、填充层、细部做法、接缝处理等主要原材料及复检报告单和主要施工方法等 签字：施工单位项目技术负责人、专业监理工程师等已签字 结论：同意隐蔽 2. 查阅质量验收记录 内容：包括楼地面基层、中间层、面层，屋面基层、中间层、防水层、保护层、卫生间基层、防水层、面层等 签字：施工单位项目技术负责人、专业监理工程师已签字 结论：合格

条款号	大纲条款	检查依据	检查要点
5.1.1	楼地面、屋面工程施工完毕，隐蔽验收、质量验收签证记录齐全	4 接缝的密封处理； 5 瓦材与基层的固定措施； 6 檐沟、天沟、泛水、水落口和变形缝等细部做法； 7 在屋面易开裂和渗水部位的附加层； 8 保护层与卷材、涂膜防水层之间的隔离层； 9 金属板材与基层的固定和板缝间的密封处理； 10 坡度较大时，防水卷材和保温层下滑的措施。 **3.《建筑地面工程施工质量验收规范》GB 50209—2010** 3.0.9 建筑地面下的沟槽、暗管、保温、隔热、隔声等工程完工后，应经检验合格并做隐蔽记录，方可进行建筑地面工程的施工。 3.0.10 建筑地面工程基层（各构造层）和面层的铺设，均应待其下一层检验合格后方可施工上一层。建筑地面工程各层铺设前与相关专业的分部（子分部）工程、分项工程以及设备管道安装工程之间，应进行交接检验	
5.1.2	楼地面、屋面工程使用的原材料和产品质量证明文件齐全，重要材料复检合格；不发火（防爆）面层中使用的碎石检验合格	**1.《屋面工程质量验收规范》GB 50207—2012** 3.0.6 屋面工程所采用的防水、保温隔热材料应有产品合格证书和性能检测报告，材料的品种、规格、性能等应符合现行国家产品标准和设计要求。产品质量应由经过省级以上建设行政主管部门对其资质认可和质量技术监督部门对其计量认证的质量检测单位进行检测。 5.1.7 保温材料的导热系数、表观密度或干密度、抗压强度或压缩强度，燃烧性能，必须符合设计要求。	1. 查阅地面、楼面、屋面材料的进场报审表 签字：施工单位项目经理、专业监理工程师（建设单位专业技术负责人）已签字 盖章：施工单位、监理单位（建设单位）已盖章 结论：同意使用

续表

条款号	大纲条款	检查依据	检查要点
5.1.2	楼地面、屋面工程使用的原材料和产品质量证明文件齐全，重要材料复检合格；不发火（防爆）面层中使用的碎石检验合格	**2.《建筑地面工程施工质量验收规范》GB 50209—2010** 3.0.3 建筑地面工程采用的材料或产品应符合设计要求和国家现行有关标准的规定。无国家现行标准的，应具有省级住房和城乡建设行政主管部门的技术认可文件。材料或产品进场时还应符合下列规定： 　　1 应有质量合格证明文件； 　　2 应对型号、规格、外观等进行验收，对重要的材料或产品应抽样进行复检。 5.7.4 不发火（防爆的）面层中碎石的不发火性必须合格；砂应质地坚硬、表面粗糙，其粒径宜为 0.15mm～5mm，含泥量不应大于 3%，有机物含量不应大于 0.5%；水泥应采用硅酸盐水泥、普通硅酸盐水泥；面层分格的嵌条应采用不发生火花的材料配制。配制时应随时检查，不得混入金属或其他易发生火花的杂质。	2. 查阅地面、楼面、屋面材料材质证明及复检报告 原材证明：应为原件，如为抄件，应加盖经销商公章及采购单位的公章，注明进货数量、原件存放处及抄件人 复检报告：包括防水材料的防水性、保温材料的导热系数、表观密度或干密度、抗压强度或压缩强度，燃烧性能试验、代表部位和数量等 报告签字：试验员、审核人、批准人已签字 报告盖章：盖有计量认证章、资质章及试验单位章，见证取样时，加盖见证取样章 报告结论：符合设计要求和规范规定 3. 查阅不发火面层碎石的复检报告

条款号	大纲条款	检查依据	检查要点
5.1.2	楼地面、屋面工程使用的原材料和产品质量证明文件齐全,重要材料复检合格;不发火(防爆)面层中使用的碎石检验合格	**3.《种植屋面工程技术规程》JGJ 155—2007** 6.1.10　进场的防水材料和保温隔热材料,应按规定抽样复验,提供检验报告。严禁使用不合格材料	不发火性:合格 盖章:盖有计量认证章、资质章及试验单位章,见证取样时,加盖见证取样章 结论:合格
5.1.3	防水地面无渗漏,排水坡向正确、无积水,隐蔽验收记录齐全;防滑地面防滑	**1.《建筑地面工程施工质量验收规范》GB 50209—2010** 3.0.5　厕浴间和有防滑要求的建筑地面应符合设计防滑要求。 3.0.18　厕浴间、厨房和有排水(或其他液体)要求的建筑地面面层与相连接各类面层的标高差应符合设计要求。 4.9.3　有防水要求的建筑地面工程,铺设前必须对立管、套管和地漏与楼板节点之间进行密封处理并进行隐蔽验收;排水坡度应符合设计要求。	1. 查看有防水要求地面楼面的渗漏,排水坡向、积水情况 渗漏:有防水要求地面楼面无渗漏 排水坡向:符合设计要求,无积水 标高差:厕浴间、厨房和有排水(或其他液体)要求的建筑地面面层与相连接各类面层的标高差符合设计要求 2. 查看厕浴间和有防滑要求的建筑地面 防滑功能:满足设计防滑要求

条款号	大纲条款	检查依据	检查要点
5.1.3	防水地面无渗漏,排水坡向正确、无积水,隐蔽验收记录齐全;防滑地面防滑	4.10.11 厕浴间和有防水要求的建筑地面必须设置防水隔离层。楼层结构必须采用现浇混凝土或整块预制混凝土板,混凝土强度等级不应小于C20;房间的楼板四周除门洞外应做混凝土翻边,其高度不应小于200mm,宽同墙厚,混凝土强度等级不应小于C20。施工时结构层标高和预留孔洞位置应准确,严禁乱凿洞。 4.10.13 防水隔离层严禁渗漏,排水的坡向应正确、排水通畅	3. 查阅有防水要求楼地面隐蔽验收记录 项目:包括基层混凝土强度、基层处理情况以及立管、套管和地漏与楼板节点之间的密封处理;有排水(或其他液体)要求的建筑地面面层与相连接各类面层的标高差、防水隔离层,房间的楼板四周混凝土翻边等 签字:施工单位项目技术负责人、专业监理工程师等已签字 结论:同意隐蔽 4. 查阅防滑地面质量验收资料 内容:检验批、分项工程质量验收记录齐全 签字:施工单位项目技术负责人、专业监理工程师已签字 结论:合格

续表

条款号	大纲条款	检查依据	检查要点
5.1.4	屋面淋水、蓄水试验合格，记录齐全	**1.《屋面工程质量验收规范》GB 50207—2012** 3.0.12 屋面防水完工后，应进行观感质量检查和雨后观察或排水，蓄水试验不得有渗湿和积水现象。 **2.《屋面工程技术规范》GB 50345—2012** 3.0.5 屋面防水工程应根据建筑物的类别、重要程度、使用功能要求确定防水等级，并应按相应等级进行防水设防；对防水有特殊要求的建筑屋面，应进行专业防水设计。屋面防水等级和设防要求应符合表 3.0.5 的规定。 4.5.1 卷材、涂膜屋面防水等级和防水做法应符合表 4.5.1 的规定。 4.5.5 每道卷材防水层厚度应符合表 4.5.5 的规定。 4.5.6 每道涂膜防水层最小厚度应符合表 4.5.6 的规定。 4.5.7 复合防水层最小厚度应符合表 4.5.7 的规定。 4.8.1 瓦屋面防水等级和防水做法应符合表 4.8.1 的规定。 4.9.1 金属板屋面防水等级和防水做法应符合表 4.9.1 的规定。 **3.《坡屋面工程技术规范》GB 50693—2011** 10.2.1 单层防水卷材的厚度和搭接宽度应符合表 10.2.1-1 和表 10.2.1-2 的规定	查阅屋面淋水、蓄水试验记录 试验方法：符合规范规定 时间：经过雨后或持续淋水 2h，或蓄水不少于 24h 签字：试验记录人、技术负责人签字齐全 结果：无渗漏
5.1.5	种植屋面载荷符合设计要求	**1.《种植屋面工程技术规程》JGJ 155—2013** 3.1.3 普通防水材料和找坡材料的选用应符合《屋面工程技术规范》GB 50345、《坡屋面工程技术规范》GB 50693 和《地下工程防水技术规范》GB 50108 的有关规定。 3.1.4 耐根穿刺防水材料的选用应通过耐根穿刺性能试验，试验方法应符合《种植屋面用耐根穿刺防水卷材》JC/T 1075 的规定，并由具有资质的检测机构出具合格检验报告。 3.1.5 种植屋面使用的材料应符合有关建筑防火规范的规定。 3.2.3 种植屋面工程结构设计时应计算种植荷载。既有建筑屋面改造为种植屋面前，应对原结构进行鉴定。	查看现场荷载分布 乔木类植物和亭台、水池、假山等荷载较大的设施位置：设在承重墙或柱的位置且符合设计要求

条款号	大纲条款	检查依据	检查要点
5.1.5	种植屋面载荷符合设计要求	3.2.4 种植屋面荷载取值应符合《建筑结构荷载规范》GB 50009 的规定。屋顶花园有特殊要求时，应单独计算结构荷载。 5.1.7 种植屋面防水层应满足一级防水等级设防要求，且必须至少设置一道具有耐根穿刺性能的防水材料。 5.1.8 种植屋面防水层应采用不少于两道防水设防，上道应为耐根穿刺防水材料；两道防水层应相邻铺设且防水层的材料应相容	
5.1.6	严寒地区的坡屋面檐口有防冰雪融坠设施	**1.《坡屋面工程技术规范》 GB 50693—2011** 3.2.17 严寒和寒冷地区的坡屋面檐口部位应采取防冰雪融坠的安全措施	查看严寒地区坡屋面檐口 防冰雪融坠设施：符合设计要求

5.2 门窗工程的监督检查

条款号	大纲条款	检查依据	检查要点
5.2.1	门窗工程施工完毕，质量验收记录齐全	**1.《建筑工程施工质量验收统一标准》GB 50300—2013** 3.0.6 建筑工程施工质量应按下列要求进行验收： 1 工程质量验收均应在施工单位自检合格的基础上进行。 2 参加工程施工质量验收的各方人员应具备相应的资格。 3 检验批的质量应按主控项目和一般项目验收。 4 对涉及结构安全、节能、环境保护和主要使用功能的试块、试件及材料，应在进场时或施工中按规定进行见证检验。 5 隐蔽工程在隐蔽前应由施工单位通知监理单位进行验收，并应形成验收文件，验收合格后方可继续施工。 6 对涉及结构安全、节能、环境保护和使用功能的重要分部工程应在验收前按规定进行抽样检验。	1. 查看门窗工程实物 施工：已完毕并符合设计要求 2. 查阅门窗工程质量证明文件 内容：包括材料产品合格证、性能检测报告、特种门的生产许可文件等 3. 查阅工程隐蔽记录 内容：包括预埋件和锚固件、隐蔽部位的防腐、填嵌处理等

条款号	大纲条款	检查依据	检查要点
5.2.1	门窗工程施工完毕，质量验收记录齐全	7 工程的观感质量应由验收人员现场检查，并应共同确认。 5.0.1 检验批质量验收合格应符合下列规定： 1 主控项目的质量经抽样检验均应合格。 2 一般项目的质量经抽样检验合格。当采用计数抽样时，合格点率应符合有关专业验收规范的规定，且不得存在严重缺陷。对于计数抽样的一般项目，正常检验一次、二次抽样可按本标准附录 D 判定。 5.0.4 单位工程质量验收合格应符合下列规定： 1 所含分部工程的质量均应验收合格。 2 质量控制资料应完整。 3 所含分部工程中有关安全、节能、环境保护和主要使用功能的检验资料应完整。 4 主要使用功能的抽查结果应符合相关专业验收规范的规定。 5 观感质量应符合要求。 **2.《建筑装饰装修工程质量验收规范》GB 50210—2001** 5.1.2 门窗工程验收时应检查下列文件和记录： 1 门窗工程的施工图、设计说明及其他设计文件。 2 材料的产品合格证、性能检测报、进场验收记录和复验报告。 3 特种门及其附件的生产许可文件。 4 隐蔽工程验收记录。 5 施工记录。 5.1.3 门窗工程应对下列材料及其性能指标进行复验： 1 人造木板的甲醛含量。 2 建筑外墙金属、塑料窗的抗风压性、空气渗透性能和雨水渗漏性能。 5.1.4 门窗工程应对下列隐蔽工程项目进行验收：	签字：施工单位项目技术负责人、专业监理工程师已签字 结论：同意隐蔽 4. 查阅性能检测、复检报告 建筑外门窗产品的物理性能包括气密性能、水密性能、抗风压性能、保温性能等：符合设计要求和规程规定 甲醛含量：人造木板未超标 盖章：盖有计量认证章、资质章及试验单位章。见证取样时，应加盖见证取样章 结论：合格 5. 查阅质量验收记录 内容：包括检验批、分项工程、分部工程质量验收记录

续表

条款号	大纲条款	检查依据	检查要点
5.2.1	门窗工程施工完毕，质量验收记录齐全	1 预埋件和锚固件 2 隐蔽部位的防腐、填嵌处理。 **3.《建筑门窗工程检测技术规程》JGJ/T 205—2010** 4.6.1 建筑外门窗产品的物理性能包括气密性能、水密性能、抗风压性能、保温性能、采光性能、空气声隔声性能、遮阳性能等	签字：建设、监理、施工单位技术负责人已签字 结论：合格
5.2.2	门窗材料及配件质量证明文件齐全	**1.《铝合金门窗工程技术规范》JGJ 214—2010** 3.1.2 铝合金门窗主型材的壁厚应经计算或试验确定，除压条、扣板等需要弹性装配的型材外，门用主型材主要受力部位基材截面最小实测壁厚不应小于 2.0mm，窗用主型材主要受力部位基材截面最小实测壁厚不应小于 1.4mm。 3.4.2 铝合金门窗受力构件之间的连接使用螺钉、螺栓宜使用不锈钢紧固件，未使用铝合金抽芯铆钉。 **2.《塑料门窗工程技术规程》JGJ 103—2008** 6.2.23 安装滑撑时，紧固螺钉必须使用不锈钢材质，并应与框扇增强型钢或内衬局部加强钢板可靠连接。螺钉与框扇连接处应进行防水密封处理	查阅门窗材料及配件质量证明文件 门窗、配件所用材料：符合设计及规范规定 门窗主型材受力截面：符合规范规定
5.2.3	建筑外窗安装牢固，窗扇有防脱落、防室外侧拆卸装置	**1.《建筑装饰装修工程质量验收规范》GB 50210—2001** 5.1.11 建筑外门窗的安装必须牢固。在砌体上安装门窗严禁用射钉固定。 **2.《铝合金门窗工程技术规范》JGJ 214—2010** 4.12.4 铝合金推拉门、推拉窗的扇应有防止从室外侧拆卸的装置。推拉窗用于外墙时，应设置防止窗扇向室外脱落的装置。 **3.《塑料门窗工程技术规程》JGJ 103—2008** 6.2.8 建筑外窗的安装必须牢固可靠，在砖砌体上安装时，严禁用射钉固定。 6.2.19 推拉门窗扇必须有防脱落装置	查看建筑外窗 安装：牢固可靠，未使用射钉固定，窗扇、推拉门、推拉窗有防脱落装置，有防室外拆卸装置

条款号	大纲条款	检查依据	检查要点
5.2.4	玻璃性能符合设计要求	**1.《铝合金门窗工程技术规范》JGJ 214—2010** 4.12.1 人员流动性大的公共场所，易于受到人员和物体碰撞的铝合金门窗应采用安全玻璃。 4.12.2 建筑物中下列部位的铝合金门窗应使用安全玻璃： 　　1 七层及七层以上的建筑物外开窗。 　　2 面积大于 1.5m² 的窗玻璃或玻璃底边最终装修面小于 500mm 的落地窗。 　　3 倾斜安装的铝合金窗。 **2.《塑料门窗工程技术规程》JGJ 103—2008** 3.1.2 门窗工程有下列情况之一时，必须使用安全玻璃： 　　1 面积大于 1.5m² 的窗玻璃； 　　2 距离可踏面高度 900mm 以下的窗玻璃； 　　3 与水平面夹角不大于 75° 的倾斜窗，包括天窗、采光顶等在内的顶棚； 　　4 7层及7层以上建筑外开窗	1. 查看玻璃安装 普通玻璃：符合设计要求和规范规定 安全玻璃：在人员流动性大的场所，易于受到人员和物体碰撞的门窗以及面积大于 1.5m²、倾角达到一定程度的门窗等情况按规范使用安全玻璃 2. 查阅安全玻璃质量证明文件 安全玻璃：包括强制性产品认证证书,产品的生产许可证、合格证书和型式检验报告，性能复检报告 资质：具备相应资质 签字：试验员、审核人、批准人已签字 盖章：盖有计量认证章、资质章及试验单位章，见证取样时，加盖见证取样章 结论：合格

条款号	大纲条款	检查依据	检查要点
5.3 装饰装修工程的监督检查			
5.3.1	装饰装修工程施工完毕,隐蔽验收、质量验收记录齐全	**1.《建筑工程施工质量验收统一标准》GB 50300—2013** 3.0.6 建筑工程施工质量应按下列要求进行验收: 1 工程质量验收均应在施工单位自检合格的基础上进行。 2 参加工程施工质量验收的各方人员应具备相应的资格。 3 检验批的质量应按主控项目和一般项目验收。 4 对涉及结构安全、节能、环境保护和主要使用功能的试块、试件及材料,应在进场时或施工中按规定进行见证检验。 5 隐蔽工程在隐蔽前应由施工单位通知监理单位进行验收,并应形成验收文件,验收合格后方可继续施工。 6 对涉及结构安全、节能、环境保护和使用功能的重要分部工程应在验收前按规定进行抽样检验。 7 工程的观感质量应由验收人员现场检查,并应共同确认。 5.0.1 检验批质量验收合格应符合下列规定: 1 主控项目的质量经抽样检验均应合格。 2 一般项目的质量经抽样检验合格。当采用计数抽样时,合格点率应符合有关专业验收规范的规定,且不得存在严重缺陷。对于计数抽样的一般项目,正常检验一次、二次抽样可按本标准附录D判定。 5.0.4 单位工程质量验收合格应符合下列规定: 1 所含分部工程的质量均应验收合格。 2 质量控制资料应完整。 3 所含分部工程中有关安全、节能、环境保护和主要使用功能的检验资料应完整。 4 主要使用功能的抽查结果应符合相关专业验收规范的规定。 5 观感质量应符合要求。 **2.《建筑装饰装修工程质量验收规范》GB 50210—2001** 5.1.2 门窗工程验收时应检查下列文件和记录:	1. 查看装饰装修工程 施工:已完毕并符合设计要求 2. 查阅隐蔽工程验收记录 项目:包括预埋件、锚固件、吊顶内的管道、设备的安装及水管试压、木龙骨防火、防腐处理、吊杆安装、龙骨安装、填充材料等 签字:施工单位项目技术负责人、专业监理工程师已签字 盖章:施工单位、监理单位已盖章 结论:同意隐蔽 3. 查阅质量验收记录 内容:包括检验批、分项工程、分部工程质量验收记录

条款号	大纲条款	检查依据	检查要点
5.3.1	装饰装修工程施工完毕，隐蔽验收、质量验收记录齐全	1 门窗工程的施工图、设计说明及其他设计文件。 2 材料的产品合格证、性能检测报、进场验收记录和复验报告。 3 特种门及其附件的生产许可文件。 4 隐蔽工程验收记录。 5 施工记录。 5.1.3 门窗工程应对下列材料及其性能指标进行复验： 1 人造木板的甲醛含量。 2 建筑外墙金属、塑料窗的抗风压性、空气渗透性能和雨水渗漏性能。 5.1.4 门窗工程应对下列隐蔽工程项目进行验收： 1. 预埋件和锚固件。 2. 隐蔽部位的防腐、填嵌处理。 6.1.4 吊顶工程应对下列隐蔽工程项目进行验收： 1 吊顶内管道、设备的安装及水管试压。 2 木龙骨防火、防腐处理。 3 预埋件或拉结筋。 4 吊杆安装。 5 龙骨安装。 6 填充材料的设置	签字：建设、监理、施工单位技术负责人已签字 结论：合格
5.3.2	装饰装修工程施工符合设计，变更设计手续齐全，装修材料性能证明文件齐全	**1.《建筑装饰装修工程质量验收规范》GB 50210—2001** 3.1.1 建筑装饰装修工程必须进行设计，并出具完整的施工图设计文件。 3.1.5 建筑装饰装修工程设计必须做主建筑物的结构安全和主要使用功能。当涉及主体和承重结构改动或增加荷载时，必须由原结构设计单位或具备相应资质的设计单位核查有关原始资料，对既有建筑结构的安全性进行核验、确认。	1. 查阅设计文件 内容：建筑装饰装修工程有完整的施工图设计文件

续表

条款号	大纲条款	检查依据	检查要点
5.3.2	装饰装修工程施工符合设计，变更设计手续齐全，装修材料性能证明文件齐全	3.2.3 建筑装饰装修工程所用材料应符合国家有关建筑装饰装修材料有害物质限量标准的规定。 3.2.9 建筑装饰装修工程所使用的材料应按设计要求进行防火、防腐和防虫处理。 3.3.4 建筑装饰装修工程施工中，严禁违反设计文件擅自改动建筑主体、承重结构或主要使用功能；严禁未经设计确认和有关部门批准擅自拆改水、暖、电、燃气、通信等配套设施。 **2.《金属与石材幕墙工程技术规范》JGJ 133—2001** 3.2.2 花岗石板材的弯曲强度应经法定检测机构检测确定，其弯曲强度不应小于8.0MPa	2. 查阅设计变更文件 程序：设计变更程序符合有关规定，涉及主体和承重结构改动或增加荷载时，由原结构设计单位或具备相应资质的设计单位核查有关原始资料，并对既有建筑结构的安全性进行核验、确认 签字：施工单位项目技术负责人、专业监理工程师、主设人、审核人等更各方责任人已签字 盖章：设计单位、监理单位、施工单位已盖章 执行：设计变更已执行 3. 查阅质量证明文件 原材证明：符合设计要求和规范规定 有害物质含量：符合限量标准的规定

续表

条款号	大纲条款	检查依据	检查要点
5.3.3	外墙和顶棚抹灰层与基层、饰面砖与基层黏结牢固，粘贴强度检验合格，报告齐全	**1.《建筑装饰装修工程质量验收规范》GB 50210—2001** 4.1.12 外墙和顶棚的抹灰层与基层之间及各抹灰层之间必须黏结牢固。 8.3.4 饰面砖粘贴必须牢固。 **2.《建筑工程饰面砖粘接强度检验标准》JGJ 110—2008** 3.0.2 带饰面砖的预制墙板进入施工现场后，应对饰面砖黏结强度进行复验。 3.0.5 现场粘贴的外墙饰面砖工程完工后，应对饰面砖黏结强度进行检验	1. 查看抹灰层与基层，饰面砖与基层黏结 现场情况：黏结牢固 2. 查阅现场拉拔检测报告 内容：代表部位、数量，黏结强度符合规范规定 盖章：盖有资质章及试验单位章，见证取样时，加盖见证取样章 结论：合格
5.3.4	大型灯具、电扇及其他设备安装牢固	**1.《建筑电气照明装置施工与验收规范》GB 50617—2010** 4.1.15 质量大于 10kg 的灯具，其固定装置按 5 倍灯具重量的恒定均布载荷全数做强度试验，历时 15min，固定装置的部件应无明显变形。 4.2.2 …… 　3 质量大于 3kg 的悬吊灯具，应固定在吊钩上，吊钩的圆钢直径不应小于灯具挂销直径，且不应小于 6mm。 **2.《建筑装饰装修工程质量验收规范》GB 50210—2001** 6.1.12 重型灯具、电扇及其他重型设备严禁安装在吊顶工程的龙骨上	1. 查看大型灯具、电扇安装 吊点：均置于埋件或专用吊杆、拉杆上，未在吊顶龙骨上安装 吊钩直径：符合规范规定 2. 查阅灯具固定装置试验记录 时间：15min 试验载荷：5 倍灯具重量 变形情况：固定装置的部件应无明显变形

条款号	大纲条款	检查依据	检查要点
5.3.5	装饰装修预埋件、连接件数量、规格、位置和防腐处理符合要求，安装牢固	**1.《建筑装饰装修工程质量验收规范》GB 50210—2001** 8.2.4 饰面板安装工程的预埋件（或后置埋件）、连接件的数量、规格、位置、连接方法和防腐处理必须符合设计要求。后置埋件的现场拉拔强度必须符合设计要求。饰面板安装必须牢固。 9.1.13 主体结构与幕墙连接的各种预埋件，其数量、规格、位置和防腐处理必须符合设计要求。 9.1.14 幕墙的金属框架与主体结构预埋件的连接、立柱与横梁的连接及幕墙面板的安装必须符合设计要求，安装必须牢固。 **2.《金属与石材幕墙工程技术规范》JGJ 133—2001** 7.2.4 为了保证幕墙与主体结构连接牢固的可靠性，幕墙与主体结构连接的预埋件应在主体结构施工时，按设计要求的位置和方法进行埋设；若幕墙承包商对幕墙的固定和连接件，有特殊要求或与本规定的偏差要求不同时，承包商应提出书面要求或提供埋件图、样品等，反馈给建筑师，并在主体结构施工图中注明要求。一定要保证三位调整，以确保幕墙的质量	1. 查看预埋件、连接件安装 数量、规格、位置：符合设计要求 防腐处理：符合规范要求 2. 查阅后置埋件拉拔试验检测报告 拉拔强度：符合规范规定 盖章：盖有计量认证章、资质章及试验单位章，见证取样时，加盖见证取样章 结论：合格
5.3.6	护栏安装牢固，护栏高度、栏杆间距、安装位置符合设计要求	**1.《民用建筑设计通则》GB 50352—2005** 6.6.3 阳台、外廊、室内回廊、内天井、上人屋面及室外楼梯等临空处应设置防护栏杆，并应符合下列规定： 　1 栏杆应以坚固、耐久的材料制作，并能承受荷载规范规定的水平荷载； 　2 临空高度在 24m 以下时，栏杆高度不应低于 1.05m，临空高度在 24m 及 24m 以上（包括中高层住宅）时，栏杆高度不应低于 1.10m。 6.7.2 墙面至扶手中心线或扶手中心线之间的水平距离即楼梯梯段宽度除应符合防火规范的规定外，供日常主要交通用的楼梯的梯段宽度应根据建筑物使用特征，按每股人流为 0.55+(0～0.15)m 的人流股数确定，并不应少于两股人流。0m～0.15m 为人流在行进中人体的摆幅，公共建筑人流众多的场所应取上限值。	查看护栏、栏杆 安装：牢固 安装高度、间距、位置：符合设计要求，扶手直线度和高度允许偏差均合格

条款号	大纲条款	检查依据	检查要点
5.3.6	护栏安装牢固，护栏高度、栏杆间距、安装位置符合设计要求	**2.《建筑装饰装修工程质量验收规范》GB 50210—2001** 12.5.6 护栏高度、栏杆间距、安装位置必须符合设计要求。护栏安装必须牢固	
5.3.7	幕墙材料、受力构件等符合设计要求；密封材料性能检验合格	**1.《建筑装饰装修工程质量验收规范》GB 50210—2001** 9.1.8 隐框、半隐框幕墙所采用的结构黏结材料必须是中性硅酮结构密封胶，其性能必须符合《建筑用硅酮结构密封胶》GB 16776 的规定；硅酮结构密封胶必须在有效期内使用。 **2.《玻璃幕墙工程技术规范》JGJ 102—2003** 3.1.4 隐框和半隐框玻璃幕墙，其玻璃与铝型材的黏结必须采用中性硅酮结构密封胶；全玻幕墙和点支承幕墙采用镀膜玻璃时，不应采用酸性硅酮结构密封胶黏结。 3.1.5 硅酮结构密封胶和硅酮建筑密封胶必须在有效期内使用。 3.6.2 硅酮结构密封胶使用前，应经国家认可的检测机构进行与其相接触材料的相容性和剥离黏结性试验，并应对邵氏硬度、标准状态拉伸黏结性能进行复验。检验不合格的产品不得使用。进口硅酮结构密封胶应具有商检报告。 4.2.2 玻璃幕墙的抗风压、气密、水密、保温、隔声等性能分级应符合《建筑幕墙物理分级》GB/T 15225 的规定。 4.2.10 玻璃幕墙性能检测项目，应包括抗风压性能、气密性能和水密性能，必要时可增加平面内变形性能及其他性能检测。 4.4.4 人员流动密度大、青少年或幼儿活动的公共场所以及使用中容易受到撞击的部位，其玻璃幕墙应采用安全玻璃；对使用中容易受到撞击的部位，尚应设置明显的警示标志。 5.1.6 幕墙结构件应按下列规定验算承载力和挠度： 1 无地震作用效应组合时，承载力应符合下式要求：$\gamma_0 S \leq R$ （5.1.6-1） 2 有地震作用效应组合时，承载力应符合下式要求：$S_E \leq R/\gamma_{RE}$ （5.1.6-2） 式中 S——荷载效应按基本组合的设计值； S_E——地震作用效应和其他荷载效应按基本组合的设计值；	1. 查看幕墙材料使用情况 幕墙构件材料：符合设计要求及规范规定 玻璃：厚度、品种、规格、颜色光学性能及安装方向符合设计要求 结构胶和密封胶：打注饱满、连续、均匀、无气泡宽度和厚度满足设计要求 2. 查看受力构件 幕墙受力构件截面主要受力部位的厚度：符合设计要求及规范规定 全玻幕墙玻璃肋的截面厚度、截面高度：符合设计要求及规范规定 3. 查阅密封材料性能检验报告

条款号	大纲条款	检查依据	检查要点
5.3.7	幕墙材料、受力构件等符合设计要求；密封材料性能检验合格	R——构件抗力设计值； γ_0——结构构件重要性系数，应取不小于 1.0。 γ_{RE}——结构构件承载力抗震调整系数，应取 1.0。 3 挠度应符合下式要求：$d_f \leqslant d_{f,lim}$ (5.1.6-3) 式中 d_f——构件在风荷载标准值或永久荷载标准值作用下产生的挠度值； $d_{f,lim}$——构件挠度限值。 4 双向受弯的杆件，两个方向的挠度应分别符合本条第 3 款的规定。 5.5.1 主体结构或结构构件，应能够承受幕墙传递的荷载和作用。连接件与主体结构的锚固承载力设计值应大于连接件本身的承载力设计值。 5.6.2 硅酮结构密封胶应根据不同的受力情况进行承载力极限状态验算。在风荷载、水平地震作用下，硅酮结构密封胶的拉应力或剪应力设计值不应大于其强度设计值 f_1，f_1 应取 $0.2N/mm^2$；在永久荷载作用下，硅酮结构密封胶的拉应力或剪应力设计值不应大于其强度设计值 f_2，f_2 应取 $0.01N/mm^2$。 6.2.1 横梁截面主要受力部位的厚度，应符合下列要求： 1 截面自由挑出部位 [图 6.2.1 a）] 和双侧加劲部位 [图 6.2.1 b）] 的宽厚比 b_0/t 应符合表 6.2.1 的要求。 2 当横梁跨度不大于 1.2m 时，铝合金型材截面主要受力部位的厚度不应小于 2.0mm；当横梁跨度大于 1.2m 时，其截面主要受力部位的厚度不应小于 2.5mm。型材孔壁与螺钉之间直接采用螺纹受力连接时，其局部截面厚度不应小于螺钉的公称直径； 3 型材截面主要受力部位的厚度不应小于 2.5mm。 6.3.1 立柱截面主要受力部位的厚度，应符合下列要求： 1 铝型材截面开口部位的厚度不应小于 3.0mm，闭口部位的厚度不应小于 2.5mm；型材孔壁与螺钉之间直接采用螺纹受力连接时，其局部厚度尚不应小于螺钉的公称直径； 2 钢型材截面主要受力部位的厚度不应小于 3.0mm。 3 对偏心受压立柱，其截面宽厚比应符合本规范 6.2.1 的相应规定。 7.1.6 全玻幕墙的板面不得与其他刚性材料直接接触。板面与装修面或结构面之间的空隙不应小于 8mm，且应采用密封胶密封。	检验项目：包括相容性和剥离黏结性、邵氏硬度、标准状态拉伸黏结性能等 盖章：盖有计量认证章、资质章及试验单位章，见证取样时，加盖见证取样章 结论：合格 4. 查阅玻璃幕墙性能检验报告 检验项目：包括抗风压性能、气密性能和水密性能等 盖章：盖有计量认证章、资质章及试验单位章，见证取样时，加盖见证取样章 结论：合格

续表

条款号	大纲条款	检查依据	检查要点
5.3.7	幕墙材料、受力构件等符合设计要求；密封材料性能检验合格	7.3.1 全玻幕墙玻璃肋的截面厚度不应小于 12mm，截面高度不应小于 100mm。 7.4.1 采用胶缝传力的全玻幕墙，其胶缝必须采用硅酮结构密封胶。 8.1.2 采用浮头式连接件的幕墙玻璃厚度不应小于 6mm；采用沉头式连接件的幕墙玻璃厚度不应小于 8mm。 安装连接件的夹层玻璃和中空玻璃，其单片厚度也应符合上述要求。 8.1.3 玻璃之间的空隙宽度不应小于 10mm，且应采用硅酮建筑密封胶嵌缝。 9.1.4 除全玻幕墙外，不应在现场打注硅酮结构密封胶。 **3.《金属与石材幕墙工程技术规范》JGJ 133—2001** 3.5.2 同一幕墙工程应采用同一品牌的单组分或双组分的硅酮结构密封胶，并应有保质年限的质量证书。用于石材幕墙的硅酮结构密封胶还应有证明无污染的试验报告。 3.5.3 同一幕墙工程应采用同一品牌的硅酮结构密封胶和硅酮耐候密封胶配套使用。 4.2.3 幕墙构架的立柱与横梁在风荷载标准值作用下，钢型材的相对挠度不应大于 $l/300$（l 为立柱或横梁两支点间的跨度），绝对挠度不应大于 15mm；铝合金型材的相对挠度不应大于 $l/180$，绝对挠度不应大于 20mm。 4.2.4 幕墙在风荷载标准值除以阵风系数后的风荷载值作用下，不应发生雨水渗漏。其雨水渗漏性能应符合设计要求。 5.5.2 钢销式石材幕墙可在非抗震设计或 6 度、7 度抗震设计幕墙中应用，幕墙高度不宜大于 20m，石板面积不宜大于 1.0m²。钢销和连接板应采用不锈钢。连接板截面尺寸不宜小于 40mm。钢销与孔的要求应符合本规范 6.3.2 的规定。 6.1.3 用硅酮结构密封胶黏结固定构件时，注胶应在温度 15℃以上 30℃以下、相对湿度 50%以上、且洁净、通风的室内进行，胶的宽度、厚度应符合设计要求 6.5.1 金属与石材幕墙构件应按同一种类构件的 5%进行抽样检查，且每种构件不得少于 5 件。当有一个构件抽检不符合上述规定时，应加倍抽样复验，全部合格后方可出厂	

续表

条款号	大纲条款	检查依据	检查要点
5.4 给排水及采暖工程的监督检查			
5.4.1	给排水及采暖工程施工完毕，隐蔽验收、质量验收记录齐全	**1.《建筑工程施工质量验收统一标准》GB 50300—2013** 3.0.6 建筑工程施工质量应按下列要求进行验收： 1 工程质量验收均应在施工单位自检合格的基础上进行。 2 参加工程施工质量验收的各方人员应具备相应的资格。 3 检验批的质量应按主控项目和一般项目验收。 4 对涉及结构安全、节能、环境保护和主要使用功能的试块、试件及材料，应在进场时或施工中按规定进行见证检验。 5 隐蔽工程在隐蔽前应由施工单位通知监理单位进行验收，并应形成验收文件，验收合格后方可继续施工。 6 对涉及结构安全、节能、环境保护和使用功能的重要分部工程应在验收前按规定进行抽样检验。 7 工程的观感质量应由验收人员现场检查，并应共同确认。 5.0.1 检验批质量验收合格应符合下列规定： 1 主控项目的质量经抽样检验均应合格。 2 一般项目的质量经抽样检验合格。当采用计数抽样时，合格点率应符合有关专业验收规范的规定，且不得存在严重缺陷。对于计数抽样的一般项目，正常检验一次、二次抽样可按本标准附录D判定。 3 具有完整的施工操作依据、质量验收记录。 5.0.2 分项工程质量验收合格应符合下列规定： 1 所含检验批的质量均应验收合格。 2 所含检验批的质量验收记录应完整。 5.0.3 分部工程质量验收合格应符合下列规定：	1. 查看给排水及采暖工程 施工：已完毕并符合设计要求 2. 查阅建筑给排水及采暖工程检验批、分项工程、分部工程验收报审表 签字：施工单位、监理单位相关负责人已签字 盖章：施工单位、监理单位已盖章 结论：通过验收 3. 查阅建筑给排水及采暖工程检验批、分项工程、分部工程质量验收记录 内容：包括检验批、分项工程、分部工程质量验收记录 签字：施工单位项目技术负责人、专业监理工程师已签字 结论：合格

条款号	大纲条款	检查依据	检查要点
5.4.1	给排水及采暖工程施工完毕,隐蔽验收、质量验收记录齐全	1 所含分项工程的质量均应验收合格。 2 质量控制资料应完整。 3 有关安全、节能、环境保护和主要使用功能的抽样检验结果应符合相应规定。 4 观感质量应符合要求。 5.0.4 单位工程质量验收合格应符合下列规定: 1 所含分部工程的质量均应验收合格。 2 质量控制资料应完整。 3 所含分部工程中有关安全、节能、环境保护和主要使用功能的检验资料应完整。 4 主要使用功能的抽查结果应符合相关专业验收规范的规定。 5 观感质量应符合要求。 5.0.8 经返修或加固处理仍不能满足安全或使用要求的分部工程及单位工程,严禁验收。 6.0.1 检验批应由专业监理工程师组织施工单位项目专业质量检查员、专业工长等进行验收。 6.0.2 分项工程应由专业监理工程师组织施工单位项目专业技术负责人等进行验收。 6.0.3 分部工程应由总监理工程师组织施工单位项目负责人和项目技术负责人等进行验收。勘察、设计单位项目负责人和施工单位技术、质量部门负责人应参加地基与基础分部工程的验收。设计单位项目负责人和施工单位技术、质量部门负责人应参加主体结构、节能分部工程的验收。 6.0.4 单位工程中的分包工程完工后,分包单位应对所承包的工程项目进行自检,并应按本标准规定的程序进行验收。验收时,总包单位应派人参加。分包单位应将所分包工程的质量控制资料整理完整后,移交给总包单位。 6.0.5 单位工程完工后,施工单位应组织有关人员进行自检。总监理工程师应组织各专业监理工程师对工程质量进行竣工预验收。存在施工质量问题时,应由施工单位及时整改。整改完毕后,由施工单位向建设单位提交工程竣工报告,申请工程竣工验收。 6.0.6 建设单位收到工程竣工报告后,应由建设单位项目负责人组织监理、施工、设计、勘察等单位项目负责人进行单位工程验收。	4. 隐蔽工程验收记录 内容:包括埋地或隐蔽的给水管道、排水管道、地下敷设的盘管的品种、规格、位置、防腐、坡度、灌水试验(水压试验)等 签字:施工单位技术负责人、专业监理工程师已签字 结论:同意隐蔽

条款号	大纲条款	检查依据	检查要点
5.4.1	给排水及采暖工程施工完毕，隐蔽验收、质量验收记录齐全	**2.《建筑给水排水及采暖工程施工质量验收规范》GB 50242—2002** 5.2.1 隐蔽或埋地的排水管道在隐蔽前必须做灌水试验，其灌水高度应不低于底层卫生器具的上边缘或底层地面高度。 14.0.1 检验批、分项工程、分部（或子分部）工程质量的验收，均应在施工单位自检合格的基础上进行。并应按检验批、分项、分部（或子分部）、单位（或子单位）工程的程序进行验收，同时做好记录。 14.0.3 工程质量验收文件和记录中应包括下列主要内容： 　5 隐蔽工程验收及中间试验记录…… 　8 检验批、分项、子分部、分部工程质量验收记录	
5.4.2	管材和阀门等材料选用符合设计；管路系统和设备水压试验无渗漏，灌水、通水、通球试验签证记录齐全	**1.《建筑给水排水及采暖工程施工质量验收规范》GB 50242—2002** 3.2.1 建筑给排水、排水及采暖工程所使用的主要材料、成品、半成品、配件、器具和设备必须具有中文质量合格证明文件，规格、型号及性能检测报告应符合国家技术标准或设计要求。进场应做检查验收，并经监理工程师核查确认。 3.2.2 所有材料进场时应对品种、规格、外观等进行验收。包装应完好，表面无划痕及外力冲击破损。 3.2.3 主要器具和设备必须有完整的安装使用说明书。在运输、保管和施工过程中，应采取有效措施防止损坏或腐蚀。 3.2.4 阀门安装前，应做强度和严密性试验。试验应在每批（同牌号、同型号、同规格）数量中抽查10%，且不少于一个。对于安装在主干管上起切断作用的闭路阀门，应逐个做强度和严密性试验。 3.3.16 各种承压管道系统和设备应做水压试验，非承压管道系统和设备应做灌水试验。 4.1.2 给水管道必须采用与管材相适应的管件。生活给水系统所涉及的材料必须达到饮用水卫生标准。 5.2.1 隐蔽或埋地的排水管道在隐蔽前必须做灌水试验，其灌水高度不应低于底层卫生器具的上边缘或底层地面高度。	1. 查阅材料的报审表 签字：施工单位、监理单位相关负责人已签字 盖章：施工单位、监理单位已盖章 结论：同意使用 2. 查阅管道、阀门等材料和设备的材质证明及试验记录 质量证明文件：为原件。如为抄件，应加盖经销商公章、采购单位的公章并注明抄件人 阀门强度试验和严密性试验：试验压力和持续时间符合规范规定

条款号	大纲条款	检查依据	检查要点
5.4.2	管材和阀门等材料选用符合设计；管路系统和设备水压试验无渗漏，灌水、通水、通球试验签证记录齐全	8.3.1 散热器组对后，以及整组出厂的散热器在安装之前应做水压试验。试验压力如设计无要求时应为工作压力的 1.5 倍，但不小于 0.6MPa。 8.5.2 盘管隐蔽前必须进行水压试验，试验压力为工作压力的 1.5 倍，且不小于 0.6MPa。 8.6.1 采暖系统安装完毕，管道保温之前应进行水压试验。试验压力应符合设计要求。当设计未注明时，应符合下列规定： 1 蒸汽、热水采暖系统，应以系统顶点工作压力加 0.1MPa 做水压试验，同时在系统顶点的试验压力不小于 0.3MPa。 2 高温热水采暖系统，试验压力应为系统顶点工作压力加 0.4MPa。 3 使用塑料管及复合管的热水采暖系统，应以系统顶点工作压力加 0.2MPa 做水压试验，同时在系统顶点的试验压力不小于 0.4MPa。 13.6.1 热交换器应以最大工作压力的 1.5 倍做水压试验，蒸汽部分不应低于蒸汽供汽压力加 0.3MPa；热水部分不应低于 0.4MPa。 13.2.6 锅炉的汽、水系统安装完毕后，必须进行水压试验	3. 查阅水压试验记录 试验压力、稳压时间段内的压力降：符合设计要求及规范规定 签字：施工单位、监理单位相关责任人已签字 4. 查阅灌水试验记录 灌水高度、试验持续时间：符合设计要求及规范规定 签字：施工单位、监理单位相关责任人已签字 5. 查阅通水试验记录 结果：给、排水管路畅通 签字：施工单位、监理单位相关责任人已签字 6. 查阅通球试验记录 试验管道、管径、塑料球直径、投入部位、排除部位：符合规范规定 签字：施工单位、监理单位相关责任人已签字

条款号	大纲条款	检查依据	检查要点
5.4.3	管道排列整齐、连接牢固，坡度、坡向正确；支吊架、伸缩补偿节、穿墙套管等安装位置符合设计	**1.《建筑给水排水及采暖工程施工质量验收规范》GB 50242—2002** 3.3.3 地下室或地下构筑物外墙有管道穿过的，应采取防水措施。对有严格防水要求的建筑物，必须采用柔性防水套管。 3.3.4 管道穿过结构伸缩缝、抗震缝及沉降缝敷设时，应根据情况采取下列保护措施： 　1 在墙体两侧采取柔性连接。 　2 在管道或保温层外皮上、下部留有不小于150mm的净空。 　3 在穿墙外做成方形补偿器，水平安装。 3.3.7 管道支、吊、托架的安装，应符合下列规定： 　1 位置正确，埋设应平整牢固。 　2 固定支架与管道接触应紧密，固定应牢靠。 5.3.2 雨水管道如采用塑料管，其伸缩节安装应符合设计要求。 8.2.1 管道安装坡度，当设计未注明时，应符合下列规定： 　1 气、水同向流动的热水采暖管道和汽、水同向流动的蒸汽管道及凝结水管道，坡度应为3‰，不得小于2‰； 　2 气、水逆向流动的热水采暖管道和汽、水逆向流动的蒸汽管道，坡度不应小于5‰； 　3 散热器支管的坡度应为1%，坡向应利用排气和泄水。 8.5.1 地面下敷设的盘管埋地部分不应有接头。 10.2.1 排水管道的坡度必须符合设计要求,严禁无坡或倒坡	1. 查看管道的安装 材质：符合设计及规范要求 管道排列、连接、坡度坡向：符合设计要求及规范规定 2. 查看穿墙套管、支吊架、伸缩节等 安装位置：符合设计要求及规范规定
5.4.4	消防报警、消防泵联动试验合格，报告齐全	**1.《气体灭火系统施工及验收规范》GB 50263—2007** 6.1.4 进行调试试验时，应采取可靠措施，确保人员和财产安全。 6.1.5 调试项目应包括模拟启动试验、模拟喷气试验和模拟切换操作试验，并应按本规范表C-4填写施工过程检查记录。 6.1.6 调试完成后应将系统各部件及联动设备恢复正常状态。	1. 查阅室内消火栓系统试射试验记录： 消火栓型号、试验位置、设计流量、设计充实水柱、试验结果：符合设计要求及规范规定

条款号	大纲条款	检查依据	检查要点
5.4.4	消防报警、消防泵联动试验合格，报告齐全	6.2.1 调试时，应对所有防护区或保护对象按本规范的规定进行系统手动、自动模拟启动试验，并应合格。 6.2.2 调试时，应对所有防护区或保护对象按本规范的规定进行模拟喷气试验，并应合格。柜式气体灭火装置、热气溶胶灭火装置等预制灭火系统的模拟喷气试验，宜各取 1 套分别按产品标准中有关联动试验的规定进行试验。 6.2.3 设有灭火剂备用量且储存容器连接在同一集流管上的系统应按本规范的规定进行模拟切换操作试验，并应合格。 **2.《泡沫灭火系统施工及验收规范》GB 50281—2006** 6.2 系统调试 6.2.1 泡沫灭火系统的动力源和备用动力应进行切换试验,动力源和备用动力及电气设备运行应正常。 6.2.2 消防泵应进行试验，并应符合下列规定： 1 消防泵应进行运行试验，其性能应符合设计和产品标准的要求。 2 消防泵与备用泵应在设计负荷下进行转换运行试验，其主要性能应符合设计要求。 6.2.3 泡沫比例混合器（装置）调试时，应与系统喷泡沫试验同时进行，其混合比应符合设计要求。 6.2.4 泡沫产生装置的调试应符合下列规定： 1 低倍数（含高背压）泡沫产生器、中倍数泡沫产生器应进行喷水试验，其进口压力应符合设计要求。 2 泡沫喷头应进行喷水试验，其防护区内任意四个相邻喷头组成的四边形保护面积内的平均供给强度不应小于设计值。 3 固定式泡沫炮应进行喷水试验，其进口压力、射程、射高、仰俯角度、水平回转角度等指标应符合设计要求。 4 泡沫枪应进行喷水试验，其进口压力和射程应符合设计要求。 5 高倍数泡沫产生器应进行喷水试验，其进口压力的平均值不应小于设计值，每台高倍数泡沫产生器发泡 网的喷水状态应正常。	签字：施工单位、监理单位相关责任人已签字 2. 查阅安全阀、报警装置联动系统调试记录 调试项目：湿式系统、预作用系统、雨淋系统、水幕系统、干式系统的联动试验项目齐全 签字：施工单位、监理单位相关人员已签字 结论：合格

条款号	大纲条款	检查依据	检查要点
5.4.4	消防报警、消防泵联动试验合格，报告齐全	6.2.5 泡沫消火栓应进行喷水试验，其出口压力应符合设计要求。 6.2.6 泡沫灭火系统的调试应符合下列规定： 　1 当为手动灭火系统时，应以手动控制的方式进行一次喷水试验；当为自动灭火系统时，应以手动和自动控制的方式各进行一次喷水试验，其各项性能指标均应达到设计要求。 　2 低、中倍数泡沫灭火系统按本条第1款的规定喷水试验完毕，将水放空后，进行喷泡沫试验；当为自动灭火系统时，应以自动控制的方式进行；喷射泡沫的时间不应小于1min；实测泡沫混合液的混合比和泡沫混合液的发泡倍数及到达最不利点防护区或储罐的时间和湿式联用系统自喷水至喷泡沫的转换时间应符合设计要求。 　3 高倍数泡沫灭火系统按本条第1款的规定喷水试验完毕，将水放空后，应以手动或自动控制的方式对防护区进行喷泡沫试验，喷射泡沫的时间不应小于30s，实测泡沫混合液的混合比和泡沫供给速率及自接到火灾模拟信号至开始喷泡沫的时间应符合设计要求。 **3.《自动喷水灭火系统施工及验收规范》GB 50261—2017** 7.2.2 水源测试应符合下列要求： 　1 按设计要求核实消防水箱、消防水池的容积，高位消防水箱设置高度、消防水池（箱）水位显示应符合设计要求；合用消防水池、水箱的消防储水应有不作他用的技术措施。 　2 按设计要求核实消防水泵接合器的数量和供水能力，并通过移动式消防水泵做供水试验进行验证。 7.2.3 消防水泵调试应符合下列要求： 　1 以自动或手动方式启动消防水泵时，消防水泵应在55s内投入正常运行。 　2 以备用电源切换方式或备用泵切换启动消防水泵时，消防水泵应在1min或2min内投入正常运行。 7.2.4 稳压泵应按设计要求进行调试。当达到设计启动条件时，稳压泵应立即启动；当达到系统设计压力时，稳压泵应自动停止运行；当消防主泵启动时，稳压泵应停止运行。 7.2.5 报警阀调试应符合下列要求：	

条款号	大纲条款	检查依据	检查要点
5.4.4	消防报警、消防泵联动试验合格，报告齐全	1 湿式报警阀调试时，在末端装置处放水，当湿式报警阀进口水压大于0.14MPa、放水流量大于1L/s时，报警阀应及时启动；带延迟器的水力警铃应在5s～90s内发出报警铃声，不带延迟器的水力警铃应在15s内发出报警铃声；压力开关应及时动作，启动消防泵并反馈信号。 2 干式报警阀调试时，开启系统试验阀，报警阀的启动时间、启动点压力、水流到试验装置出口所需时间，均应符合设计要求。 3 雨淋阀调试宜利用检测、试验管道进行。自动和手动方式启动的雨淋阀，应在15s之内启动；公称直径大于200mm的雨淋阀调试时，应在60s之内启动。雨淋阀调试时，当报警水压为0.05MPa，水力警铃应发出报警铃声。 7.2.6 调试过程中，系统排出的水应通过排水设施全部排走。 7.2.7 联动试验应符合下列要求，并按本规范附录C表C.0.4的要求进行记录。 1 湿式系统的联动试验，启动1只喷头或以0.94L/s～1.5L/s的流量从末端试水装置处放水时，水流指示器、报警阀、压力开关、水力警铃和消防水泵等应及时动作，并发出相应的信号。 2 预作用系统、雨淋系统、水幕系统的联动试验，可采用专用测试仪表或其他方式，对火灾自动报警系统的各种探测器输入模拟火灾信号，火灾自动报警控制器应发出声光报警信号并启动自动喷水灭火系统；采用传动管启动的雨淋系统、水幕系统联动试验时，启动1只喷头，雨淋阀打开，压力开关动作，水泵启动。 3 干湿系统的联动试验，启动1只喷头或模拟1只喷头的排气量排气，报警阀应及时启动，压力开关、水力警铃动作并发出相应信号	
5.4.5	管路系统冲洗合格	**1.《生活饮用水卫生标准》GB 5749—2006** 4 生活饮用水水质卫生要求 4.1 生活饮用水水质应符合下列基本要求，保证用户饮用安全。 4.1.1 生活饮用水中不得含有病原微生物。 4.1.2 生活饮用水中化学物质不得危害人体健康。	1. 查阅管道系统冲洗、消毒记录 步骤、水压、消毒液：符合规范规定

续表

条款号	大纲条款	检查依据	检查要点
5.4.5	管路系统冲洗合格	4.1.3 生活饮用水中放射性物质不得危害人体健康。 4.1.4 生活饮用水的感官性状良好。 4.1.5 生活饮用水应经消毒处理。 4.1.6 生活饮用水水质应符合表 1 和表 3 卫生要求。集中式供水出厂水中消毒剂限值、出厂水和管网末梢水中消毒剂余量均应符合表 2 要求。 4.1.7 农村小型集中式供水和分散式供水的水质因条件限制，部分指标可暂按照表 4 执行，其余指标仍按表 1、表 2 和表 3 执行。 4.1.8 当发生影响水质的突发性公共事件时，经市级以上人民政府批准，感官性状和一般化学指标可适当放宽。 4.1.9 当饮用水中含有附录 A 表 A.1 所列指标时，可参考此表限值评价。 5 生活饮用水水源水质卫生要求 5.1 采用地表水为生活饮用水水源时应符合 GB 3838 要求。 5.2 采用地下水为生活饮用水水源时应符合 GB/T 14848 要求。 9 水质监测 9.1 供水单位的水质检测 供水单位的水质检测应符合以下要求。 9.1.1 供水单位的水质非常规指标选择由当地县级以上供水行政主管部门和卫生行政部门协商确定。 9.1.2 城市集中式供水单位水质检测的采样点选择、检验项目和频率、合格率计算按照 CJ/T 206 执行。 9.1.3 村镇集中式供水单位水质检测的采样点选择、检验项目和频率、合格率计算按照 SL 308 执行。 9.1.4 供水单位水质检测结果应定期报送当地卫生行政部门，报送水质检测结果的内容和办法由当地供水行政主管部门和卫生行政部门商定。	签字：施工单位、监理单位相关人员已签字 2. 查阅饮用水水质报告 水质：在管道冲洗末端取水，符合 GB 5749—2006 的规定 结论：合格

条款号	大纲条款	检查依据	检查要点
5.4.5	管路系统冲洗合格	9.1.5 当饮用水水质发生异常时应及时报告当地供水行政主管部门和卫生行政部门。 9.2 卫生监督的水质监测 卫生监督的水质监测应符合以下要求： 9.2.1 各级卫生行政部门应根据实际需要定期对各类供水单位的供水水质进行卫生监督、监测。 9.2.2 当发生影响水质的突发性公共事件时，由县级以上卫生行政部门根据需要确定饮用水监督、监测方案。 9.2.3 卫生监督的水质监测范围、项目、频率由当地市级以上卫生行政部门确定。 **2.《建筑给水排水及采暖工程施工质量验收规范》GB 50242—2002** 4.2.3 生活给水系统管道在交付使用前必须冲洗和消毒，并经有关部门取样检验，符合 GB 5749—2006《生活饮用水卫生标准》方可使用。 9.2.7 给水管道在竣工后，必须对管道进行冲洗，饮用水管道还要在冲洗后进行消毒，满足饮用水卫生要求	

5.5 建筑电气工程的监督检查

条款号	大纲条款	检查依据	检查要点
5.5.1	建筑电气工程施工完毕，隐蔽验收、质量验收记录齐全	**1.《建筑工程施工质量验收统一标准》GB 50300—2013** 3.0.6 建筑工程施工质量应按下列要求进行验收： 1 工程质量验收均应在施工单位自检合格的基础上进行。 2 参加工程施工质量验收的各方人员应具备相应的资格。 3 检验批的质量应按主控项目和一般项目验收。 4 对涉及结构安全、节能、环境保护和主要使用功能的试块、试件及材料，应在进场时或施工中按规定进行见证检验。 5 隐蔽工程在隐蔽前应由施工单位通知监理单位进行验收，并应形成验收文件，验收合格后方可继续施工。 6 对涉及结构安全、节能、环境保护和使用功能的重要分部工程应在验收前按规定进行抽样检验。	1. 查看建筑电气工程 施工：已完毕并符合设计要求 2. 查阅建筑电气工程检验批、分项工程、分部工程验收报审表 签字：施工单位、监理单位相关负责人已签字 盖章：施工单位、监理单位已盖章

条款号	大纲条款	检查依据	检查要点
5.5.1	建筑电气工程施工完毕，隐蔽验收、质量验收记录齐全	7 工程的观感质量应由验收人员现场检查，并应共同确认。 5.0.1 检验批质量验收合格应符合下列规定： 1 主控项目的质量经抽样检验均应合格。 2 一般项目的质量经抽样检验合格。当采用计数抽样时，合格点率应符合有关专业验收规范的规定，且不得存在严重缺陷。对于计数抽样的一般项目，正常检验一次、二次抽样可按本标准附录 D 判定。 3 具有完整的施工操作依据、质量验收记录。 5.0.2 分项工程质量验收合格应符合下列规定： 1 所含检验批的质量均应验收合格。 2 所含检验批的质量验收记录应完整。 5.0.3 分部工程质量验收合格应符合下列规定： 1 所含分项工程的质量均应验收合格。 2 质量控制资料应完整。 3 有关安全、节能、环境保护和主要使用功能的抽样检验结果应符合相应规定。 4 观感质量应符合要求。 5.0.4 单位工程质量验收合格应符合下列规定： 1 所含分部工程的质量均应验收合格。 2 质量控制资料应完整。 3 所含分部工程中有关安全、节能、环境保护和主要使用功能的检验资料应完整。 4 主要使用功能的抽查结果应符合相关专业验收规范的规定。 5 观感质量应符合要求。 5.0.8 经返修或加固处理仍不能满足安全或使用要求的分部工程及单位工程，严禁验收。 6.0.1 检验批应由专业监理工程师组织施工单位项目专业质量检查员、专业工长等进行验收。 6.0.2 分项工程应由专业监理工程师组织施工单位项目专业技术负责人等进行验收。	结论：通过验收 3. 查阅建筑电气工程检验批、分项工程、分部工程质量验收记录 内容：包括检验批、分项工程、分部工程质量验收记录 签字：施工单位项目技术负责人、专业监理工程师已签字 结论：合格 4. 隐蔽工程验收记录 埋于结构内的各种电线导管的品种、规格、位置、弯曲度、弯曲半径、连接、跨接地线、防腐、管盒固定、管口处理、敷设情况、保护层、需焊接部位的焊接质量：符合设计要求及规范规定

条款号	大纲条款	检查依据	检查要点
5.5.1	建筑电气工程施工完毕，隐蔽验收、质量验收记录齐全	6.0.3 分部工程应由总监理工程师组织施工单位项目负责人和项目技术负责人等进行验收。勘察、设计单位项目负责人和施工单位技术、质量部门负责人应参加地基与基础分部工程的验收。设计单位项目负责人和施工单位技术、质量部门负责人应参加主体结构、节能分部工程的验收。 6.0.4 单位工程中的分包工程完工后，分包单位应对所承包的工程项目进行自检，并应按本标准规定的程序进行验收。验收时，总包单位应派人参加。分包单位应将所分包工程的质量控制资料整理完整后，移交给总包单位。 6.0.5 单位工程完工后，施工单位应组织有关人员进行自检。总监理工程师应组织各专业监理工程师对工程质量进行竣工预验收。存在施工质量问题时，应由施工单位及时整改。整改完毕后，由施工单位向建设单位提交工程竣工报告，申请工程竣工验收。 6.0.6 建设单位收到工程竣工报告后，应由建设单位项目负责人组织监理、施工、设计、勘察等单位项目负责人进行单位工程验收。 **2.《建筑电气工程施工质量验收规范》GB 50303—2002** 28.0.2 当验收建筑电气工程时，应检查下列各项质量控制资料，且检查分项工程质量验收记录和分部（子分部）质量验收记录应正确，责任单位和责任人的签章齐全。 3 隐蔽工程记录；…… 28.0.3 根据单位工程实际情况，检查建筑电气分部（子分部）工程所含分项工程的质量验收记录应无遗漏缺项	利用结构钢筋做的避雷引下线轴线位置、钢筋数量、规格、搭接长度、焊接质量、与接地极、避雷网、均压环等连接点质量：符合设计要求及规范规定 等电位及均压环暗埋时使用材料的品种、规格、安装位置、连接方法、连接质量、保护层厚度：符合设计要求 接地极置埋设位置、间距、数量、材质、埋深、接地极的连接方法、连接质量、防腐情况：符合设计要求及规范规定 签字：施工单位技术负责人、专业监理工程师签字齐全 结论：同意隐蔽

条款号	大纲条款	检查依据	检查要点
5.5.2	电气设备安装符合设计要求，接地装置安装正确，电阻值测试符合规范规定	**1.《建筑电气工程施工质量验收规范》GB 50303—2002** 3.1.7 接地（PE）或接零（PEN）支线必须单独与接地（PE）或接零（PEN）干线相连接，不得串联连接。 3.1.8 高压的电气设备和布线系统及断电保护系统的交接试验，必须符合《电气装置安装工程电气设备交接试验标准》GB 50150 的规定。 6.1.1 柜、屏、台、箱、盘的金属框架及基础型钢必须接地(PB)或接零(PEN)可靠；装有电器的可开启门，门和框架的接地端子间应用裸编制铜线连接，且有标识。 6.1.2 低压成套配电柜、控制柜（屏、台）和动力、照明配电箱（盘）应有可靠的电击保护。 6.1.5 柜、屏、台、箱、盘间线路的线间和线对地间绝缘电阻值，馈电线路必须大于 0.5MΩ；二次回路必须大于 1MΩ。 6.1.9 照明配电箱（盘）安装应符合下列规定： 　1 箱（盘）内配线整齐，无绞接现象。导线连接紧密，不伤芯线，不断股。垫圈下螺丝两侧压的导线截面积相同，同一端子上导线连接不多于 2 根，防松垫圈等零件齐全。 　2 箱（盘）内开关动作灵活可靠，带有漏电保护的回路，漏电保护装置动作电流不大于 30mA，动作时间不大于 0.1s。 　3 照明箱（盘）内，分别设置零线（N）和保护地线（PE 线）汇流排，零线和保护地线经汇流排配出。 13.1.1 金属电缆支架、电缆导管必须接地（PB）或接零（PEN）可靠。 14.1.2 金属导管严禁对口熔焊连接；镀锌和壁厚小于或等于 2mm 的钢导管不得套管熔焊连接。 15.1.1 三相或单相的交流单芯电缆，不得单独穿于钢导管内。 24.1.1 人工接地装置或利用建筑物基础钢筋的接地装置必须在地面以上按设计要求位置设测试点。	1. 查阅接地装置接地电阻测试记录 测试仪器：在有效检定期内 测试方位示意图：与实际相符 电阻值实测值：符合设计要求 签字：施工单位、监理单位相关责任人签字齐全 结论：符合设计要求 2. 查阅接地装置的隐蔽验收记录 接地极置埋设位置、间距、数量、材质、埋深、接地极的连接方法、连接质量、防腐情况：符合设计要求及规范规定 签字：施工单位技术负责人、专业监理工程师已签字 结论：同意隐蔽

续表

条款号	大纲条款	检查依据	检查要点
5.5.2	电气设备安装符合设计要求，接地装置安装正确，电阻值测试符合规范规定	24.1.2　测试接地装置的接地电阻值必须符合设计要求。 24.1.3　防雷接地的人工接地装置的接地干线埋设，经人行通道处埋地深度不应小于 1m，且应采取均压措施或在其上方铺设卵石或沥青地面	3. 查看电气设备安装 　成套配电柜、控制柜（屏、台）和照明配电箱（盘）金属箱体的接地或接零：可靠 　电击保护和保护导体截面积：符合规范规定 　照明配电箱（盘）内配线：整齐、开关动作灵活可靠 4. 查看接地装置 　安装：正确
5.5.3	开关、插座、灯具安装规范，照明系统全负荷试验记录齐全	1.《建筑电气照明装置施工与验收规范》GB 50617—2010 3.0.6　在砌体和混凝土结构上严禁使用木楔、尼龙塞或塑料塞安装固定电气照明安装。 4.1.12　Ⅰ类灯具的不带电的外露可导电部分必须与保护接地线（PE）可靠连接，且应有标识。 4.1.15　质量大于 10kg 的灯具，其固定装置应按 5 倍灯具重量的恒定均布载荷全数做强度试验，历时 15min，固定装置的部件应无明显变形。 4.3.3　建筑物景观照明灯具安装应符合下列规定： 　1　在人行道人员来往密集场所安装的灯具，无围栏防护时灯具底部距地面高度应在 2.5m 以上； 　2　灯具及其金属构架和金属保护管与保护接地线（PE）应连接可靠，且由标识； 　3　灯具的节能分级应符合设计要求。 5.1.2　插座接线应符合下列规定：	1. 查阅大型花灯的固定及悬吊装置过载试验记录 　试验结果：符合规范规定，按灯具重量的 2 倍做过载试验 　签字：施工单位、监理单位相关责任人已签字 　结论：合格 2. 查看开关、插座 　开关安装高度：符合规范要求

续表

条款号	大纲条款	检查依据	检查要点
5.5.3	开关、插座、灯具安装规范，照明系统全负荷试验记录齐全	1　单相两孔插座，面对插座的右孔或上孔与相线连接，左孔或下孔与中性线连接；单相三孔插座，面对插座的右孔与相线连接，左孔与中性线连接。 　　2　单相三孔、三相四孔及三相五孔插座的接地（PE）或接零（PEN）线接在上孔。插座的接地端子不与中性线端子连接。同一场所的三相插座，接线的相序一致。 　　3　保护接地线（PE）在插座间不串联连接。 **2.《建筑电气工程施工质量验收规范》GB 50303—2002** 　　19.1.2　花灯吊钩圆钢直径不应小于灯具挂销直径，且不应小于 6mm。大型花灯的固定及悬吊装置，应按灯具重量的 2 倍做过载试验。 　　19.1.6　当灯具距地面高度小于 2.4m 时，灯具的可接近裸露导体必须接地（PE）或接零（PEN）可靠，并应有专用接地螺栓，且有标识。 　　21.1.3　建筑物景观照明灯具安装应符合下列规定： 　　1　每套灯具的导电部分对地绝缘电阻值大于 2Mn； 　　2　在人行道等人员来往密集场所安装的落地式灯具，无围栏防护，安装高度距地面 2.5m 以上； 　　3　金属构架和灯具的可接近裸露导体及金属软管的接地（PE）或接零（PEN）可靠，且有标识。 　　22.1.2　插座接线应符合下列规定： 　　1　单相两孔插座，面对插座的右孔或上孔与相线连接，左孔或下孔与中性线连接；单相三孔插座，面对插座的右孔与相线连接，左孔与中性线连接。 　　2　单相三孔、三相四孔及三相五孔插座的接地（PE）或接零（PEN）线接在上孔。插座的接地端子不与中性线端子连接。同一场所的三相插座，接线的相序一致。 　　3　接地（PE）或接零（PEN）线在插座间不串联连接。 　　22.1.3　特殊情况下插座安装应符合下列规定： 　　1　当接插有触电危险家用电器的电源时，采用能断开电源的带开关插座，开关断开相线。 　　2　潮湿场所采用密封型并带保护底线触头的保护型插座，安装高度不低于 1.5m。 　　22.1.4　照明开关安装应符合下列规定：	插座安装高度：符合规范要求 开关及插座相序：正确 3. 查阅质量大于 10kg 的灯具固定装置的强度试验记录 时间：15min 试验载荷：5 倍灯具重量 变形情况：固定装置的部件应无明显变形 签字：施工单位、监理单位相关责任人已签字 结论：符合规范规定 4. 查阅照明系统全负荷试验记录 运行时间：符合规范要求 签字：施工单位、监理单位相关责任人已签字 结论：合格 5. 查看灯具 安装高度、接地及标识、安装位置：符合规范规定

条款号	大纲条款	检查依据	检查要点
5.5.3	开关、插座、灯具安装规范，照明系统全负荷试验记录齐全	1 同一建筑物、构筑物的开关采用同一系列的产品，开关的通段位置一致，操作灵活、接触可靠。 2 相线经开关控制；民用住宅无软线引至床边的床头开关。 22.2.1 插座安装应符合下列规定： 2 暗装的插座面板紧贴墙面，四周无缝隙，安装牢固，表面光滑整洁、无碎裂、划伤，装饰帽齐全。 3 车间及试（实）验室的插座安装高度距地面不小于 0.3m；特殊场所所暗装的插座不小于 0.15m；同一室内插座安装高度一致。 4 地插座面板与地面齐平或紧贴地面，盖板固定牢固，密封良好。 22.2.2 照明开关安装应符合下列规定： 1 开关安装位置便于操作，开关边缘距门框边缘的距离 0.15m～0.2m，开关距地面高度 1.3m；…… 2 相同型号并列安装及同一室内开关安装高度一致，且控制有序不错位。…… 3 暗装的开关面板应紧贴墙面，四周无缝隙，安装牢固，表面光滑整洁、无碎裂、划伤，装饰帽齐全。 23.1.2 公用建筑照明系统通电连续试运行时间应为 24h，……所有照明灯具均应开启，且每 2h 记录运行状态 1 次，连续试运行时间无故障	
5.5.4	建（构）筑物和设备的防雷接地可靠、可测，接地电阻测试符合设计或规范规定，签证记录齐全	**1.《钢筋混凝土筒仓施工与质量验收规范》GB 50669—2011** 8.0.3 筒仓工程的避雷引下线应在筒体外敷设，严禁利用其竖向受力钢筋作为避雷线。 **2.《建筑物防雷工程施工与质量验收规范》GB 50601—2010** 3.2.3 除设计要求外，兼做引下线的承力钢结构构件、混凝土梁、柱内钢筋与钢筋的连接，应采用土建施工的绑扎法或螺丝扣的机械连接，严禁热加工连接。 5.1.1 引下线主控项目应符合下列规定：	1. 查阅接地装置接地电阻测试记录 测试仪器：在有效检定期内 测试方位示意图：与实际相符

条款号	大纲条款	检查依据	检查要点
5.5.4	建（构）筑物和设备的防雷接地可靠、可测，接地电阻测试符合设计或规范规定，签证记录齐全	3 建筑物外的引下线敷设在人员可停留或经过的区域时，应采用下列一种或多种方法，防止接触电压和旁侧闪络电压对人员造成伤害： 　1 外露引下线在高 2.7m 以下部分应穿不小于 3mm 厚的交联聚乙烯管，交联聚乙烯管应能耐受 100kV 冲击电压。 　2 应设立阻止人员进入的护栏或警示牌。护栏与引下线水平距离不应小于 3m。 　6 引下线安装与易燃材料的墙壁或墙体保温层间距应大于 0.1m。	电阻值实测值：符合设计要求 签字：施工单位、监理单位相关责任人已签字 结论：符合设计要求
		6.1.1　接闪器安装主控项目应符合下列规定： 　1 建筑物顶部和外墙上的接闪器必须与建筑物栏杆、旗杆、吊车梁、管道、设备、太阳能热水器、门窗、幕墙支架等外露的金属物进行等电位连接。 **3.《建筑电气工程施工质量验收规范》GB 50303—2002** 24.1.1　人工接地装置或利用建筑物基础钢筋的接地装置必须在地面以上按设计要求位置设测试点。 24.1.2　测试接地装置的接地电阻值必须符合设计要求。 24.1.3　防雷接地的人工接地装置的接地干线埋设，经人行通道处埋地深度不应小于 1m，且应采取均压措施或在其上方铺设卵石或沥青地面	2. 查看避雷引下线敷设：符合规范规定 断开卡：高度符合规范规定，便于检测

5.6　通风及空调工程的监督检查

条款号	大纲条款	检查依据	检查要点
5.6.1	通风与空调系统施工完毕，隐蔽验收、质量验收记录齐全	**1.《建筑工程施工质量验收统一标准》GB 50300—2013** 3.0.6　建筑工程施工质量应按下列要求进行验收： 　1 工程质量验收均应在施工单位自检合格的基础上进行。 　2 参加工程施工质量验收的各方人员应具备相应的资格。 　3 检验批的质量应按主控项目和一般项目验收。 　4 对涉及结构安全、节能、环境保护和主要使用功能的试块、试件及材料，应在进场时或施工中按规定进行见证检验。	1. 查看通风与空调工程 施工：已完毕并符合设计要求 2. 查阅通风与空调工程检验批、分项工程、分部工程验收报审表

续表

条款号	大纲条款	检查依据	检查要点
5.6.1	通风与空调系统施工完毕，隐蔽验收、质量验收记录齐全	5 隐蔽工程在隐蔽前应由施工单位通知监理单位进行验收，并应形成验收文件，验收合格后方可继续施工。 6 对涉及结构安全、节能、环境保护和使用功能的重要分部工程应在验收前按规定进行抽样检验。 7 工程的观感质量应由验收人员现场检查，并应共同确认。 5.0.1 检验批质量验收合格应符合下列规定： 1 主控项目的质量经抽样检验均应合格。 2 一般项目的质量经抽样检验合格。当采用计数抽样时，合格点率应符合有关专业验收规范的规定，且不得存在严重缺陷。对于计数抽样的一般项目，正常检验一次、二次抽样可按本标准附录 D 判定。 3 具有完整的施工操作依据、质量验收记录。 5.0.2 分项工程质量验收合格应符合下列规定： 1 所含检验批的质量均应验收合格。 2 所含检验批的质量验收记录应完整。 5.0.3 分部工程质量验收合格应符合下列规定： 1 所含分项工程的质量均应验收合格。 2 质量控制资料应完整。 3 有关安全、节能、环境保护和主要使用功能的抽样检验结果应符合相应规定。 4 观感质量应符合要求。 5.0.4 单位工程质量验收合格应符合下列规定： 1 所含分部工程的质量均应验收合格。 2 质量控制资料应完整。 3 所含分部工程中有关安全、节能、环境保护和主要使用功能的检验资料应完整。 4 主要使用功能的抽查结果应符合相关专业验收规范的规定。	签字：施工单位、监理单位相关负责人已签字 盖章：施工单位、监理单位已盖章 结论：通过验收 3. 查阅通风与空调工程检验批、分项工程、分部工程质量验收记录 内容：包括检验批、分项工程、分部工程质量验收记录 签字：施工单位项目技术负责人、专业监理工程师已签字 结论：合格 4. 查阅隐蔽验收记录 金属风管的材料品种、规格、性能与厚度：符合设计要求 风管法兰材料规格：符合设计要求及规范规定

条款号	大纲条款	检查依据	检查要点
5.6.1	通风与空调系统施工完毕，隐蔽验收、质量验收记录齐全	5 观感质量应符合要求。 5.0.8 经返修或加固处理仍不能满足安全或使用要求的分部工程及单位工程，严禁验收。 6.0.1 检验批应由专业监理工程师组织施工单位项目专业质量检查员、专业工长等进行验收。 6.0.2 分项工程应由专业监理工程师组织施工单位项目专业技术负责人等进行验收。 6.0.3 分部工程应由总监理工程师组织施工单位项目负责人和项目技术负责人等进行验收。勘察、设计单位项目负责人和施工单位技术、质量部门负责人应参加地基与基础分部工程的验收。设计单位项目负责人和施工单位技术、质量部门负责人应参加主体结构、节能分部工程的验收。 6.0.4 单位工程中的分包工程完工后，分包单位应对所承包的工程项目进行自检，并应按本标准规定的程序进行验收。验收时，总包单位应派人参加。分包单位应将所分包工程的质量控制资料整理完整后，移交给总包单位。 6.0.5 单位工程完工后，施工单位应组织有关人员进行自检。总监理工程师应组织各专业监理工程师对工程质量进行竣工预验收。存在施工质量问题时，应由施工单位及时整改。整改完毕后，由施工单位向建设单位提交工程竣工报告，申请工程竣工验收。 6.0.6 建设单位收到工程竣工报告后，应由建设单位项目负责人组织监理、施工、设计、勘察等单位项目负责人进行单位工程验收。 **2.《通风与空调工程施工规范》GB 50738—2011** 11.1.2 管道穿过地下室或地下构筑物外墙时，应采用防水措施，并应符合设计要求。对有严格防水要求的建筑物，必须采用柔性防水套管。 **3.《通风与空调工程施工质量验收规范》GB 50243—2002** 3.0.5 通风与空调工程所使用的主要原材料、成品、半成品和设备的进场，必须对其进行验收。验收应经监理工程师认可，并应形成相应的质量记录。 3.0.6 通风与空调工程的施工，应把每一个分项施工工序作为工序交接检验点，并形成相应的质量记录。 3.0.11 通风与空调工程中的隐蔽工程，在隐蔽前必须经监理人员验收及认可签证。	风管加固方法及加固材料：符合设计要求及规范规定 风管安装的位置、标高、走向：符合设计要求 风管严密性试验结论：符合规范规定 签字：施工单位、监理单位相关责任人已签字 结论：同意隐蔽

条款号	大纲条款	检查依据	检查要点
5.6.1	通风与空调系统施工完毕,隐蔽验收、质量验收记录齐全	4.2.3 防火风管的本体、框架与固定材料、密封垫料必须为不燃材料,其耐火等级应符合设计的规定。 4.2.4 复合材料风管的覆面材料必须为不燃材料,内部的绝热材料应为不燃或难燃 B1 级,且对人体无害的材料。 5.2.4 防爆风阀的制作材料必须符合设计规定,不得自行替换。 5.2.7 防、排烟系统柔性短管的制作材料必须为不燃材料。 6.2.1 在风管穿过需要封闭的防火、防爆的墙体或楼板时,应设预埋管或防护套管,其钢板厚度不应小于 1.6mm。风管与防护套管之间,应用不燃且对人体无危害的柔性材料封堵。 6.2.2 风管安装必须符合下列规定: 1 风管内严禁其他管线穿越; 2 输送含有易燃、易爆气体或安装在易燃、易爆环境的风管系统应有良好的接地,通过生活区或其他辅助生产房间时必须严密,并不得设置接口; 3 室外立管的固定拉索严禁拉在避雷针或避雷网上。 7.2.7 静电空气过滤器金属外壳接地必须良好。 7.2.8 电加热器的安装必须符合下列规定: 1 电加热器与钢构架的绝热层必须为不燃材料;接线柱外露的应加安全防护罩; 2 电加热器的金属外壳接地必须良好; 3 连接电加热器的风管的法兰垫片,应采用耐热不燃材料。 8.2.6 燃油管道系统必须设置可靠的防静电接地装置,其管道法兰应采用镀锌螺栓连接或在法兰处用铜导线进行跨接,且接合良好。 8.2.7 燃气系统管道与机组的连接不得使用非金属软管。燃气管道的吹扫和压力试验应为压缩空气或氮气,严禁用水。当燃气供气管道压力大 0.005MPa 时,焊缝的无损检测的执行标准应按设计规定。当设计无规定,且采用超声波探伤时,应全数检测,以质量不低于Ⅱ级为合格。 **4.《通风管道技术规程》JGJ 141—2004** 3.1.3 非金属风管材料应符合下列规定:	

续表

条款号	大纲条款	检查依据	检查要点
5.6.1	通风与空调系统施工完毕，隐蔽验收、质量验收记录齐全	1 非金属风管材料的燃烧性能应符合《建筑材料燃烧性能分级方法》GB 8624 中不然 A 级或难燃 B1 级的规定。 4.1.6 风管内不得敷设各种管道、电线或电缆，室外立管的固定拉索严禁拉在避雷针或避雷网上	
5.6.2	通风与空调系统调试合格，功能正常，记录齐全	**1.《通风与空调工程施工规范》GB 50738—2011** 16.1.1 通风与空调系统安装完毕投入使用前，必须进行系统的试运行与调试，包括设备单机试运转与调试、系统无生产负荷下的联合试运行与调试。 **2.《通风与空调工程施工质量验收规范》GB 50243—2002** 11.2.1 通风与空调工程安装完毕，必须进行系统的测定和调整（以下简称调试）。系统调试应包括下列项目： 1 设备单机试运转及调试； 2 系统无生产负荷下的联合试运转及调试。 11.2.4 防排烟系统联合试运行与调试的结果（风量及正压），必须符合设计与消防的规定	1. 查看通风与空调系统现场情况：功能正常 2. 查阅通风与空调工程试运转和调试记录 调试项目：包括设备单机试运转与调试、系统无生产负荷下的联合试运行与调试 结果：符合设计要求及规范规定 签字：施工单位技术负责人、专业监理工程师已签字
5.6.3	通风与空调设施传动装置的外露部位及进、排气口防护措施可靠	**1.《通风与空调工程施工质量验收规范》GB 50243—2002** 6.2.3 输送空气温度高于 80℃的风管。应按设计规定采取防护措施。 7.2.2 通风机传动装置的外露部位以及直通大气的进、出口，必须装设防护罩（网）或采取其他安全设施	1. 查看风管防护措施：符合设计要求 2. 查看通风机传动装置通风机传动装置的外露部位以及直通大气的进、出口的安全设施：符合规范规定

续表

条款号	大纲条款	检查依据	检查要点
5.7 智能建筑工程的监督检查			
5.7.1	智能建筑工程施工完毕，功能正常，质量验收记录齐全	**1.《建筑工程施工质量验收统一标准》GB 50300—2013** 3.0.6　建筑工程施工质量应按下列要求进行验收： 　　1 工程质量验收均应在施工单位自检合格的基础上进行。 　　2 参加工程施工质量验收的各方人员应具备相应的资格。 　　3 检验批的质量应按主控项目和一般项目验收。 　　4 对涉及结构安全、节能、环境保护和主要使用功能的试块、试件及材料，应在进场时或施工中按规定进行见证检验。 　　5 隐蔽工程在隐蔽前应由施工单位通知监理单位进行验收，并应形成验收文件，验收合格后方可继续施工。 　　6 对涉及结构安全、节能、环境保护和使用功能的重要分部工程应在验收前按规定进行抽样检验。 　　7 工程的观感质量应由验收人员现场检查，并应共同确认。 5.0.1　检验批质量验收合格应符合下列规定： 　　1 主控项目的质量经抽样检验均应合格。 　　2 一般项目的质量经抽样检验合格。当采用计数抽样时，合格点率应符合有关专业验收规范的规定，且不得存在严重缺陷。对于计数抽样的一般项目，正常检验一次、二次抽样可按本标准附录 D 判定。 　　3 具有完整的施工操作依据、质量验收记录。 5.0.2　分项工程质量验收合格应符合下列规定： 　　1 所含检验批的质量均应验收合格。 　　2 所含检验批的质量验收记录应完整。 5.0.3　分部工程质量验收合格应符合下列规定：	1. 查看智能建筑工程施工：已完毕 2. 查阅智能建筑工程检验批、分项工程、分部工程验收报审表 签字：施工单位、监理单位相关负责人已签字 盖章：施工单位、监理单位已盖章 结论：通过验收 3. 查阅建筑节能工程检验批、分项工程、分部工程质量验收记录 内容：包括检验批、分项工程、分部工程质量验收记录 签字：施工单位项目技术负责人、专业监理工程师已签字 结论：合格

条款号	大纲条款	检查依据	检查要点
5.7.1	智能建筑工程施工完毕，功能正常，质量验收记录齐全	1 所含分项工程的质量均应验收合格。 2 质量控制资料应完整。 3 有关安全、节能、环境保护和主要使用功能的抽样检验结果应符合相应规定。 4 观感质量应符合要求。 5.0.4 单位工程质量验收合格应符合下列规定： 1 所含分部工程的质量均应验收合格。 2 质量控制资料应完整。 3 所含分部工程中有关安全、节能、环境保护和主要使用功能的检验资料应完整。 4 主要使用功能的抽查结果应符合相关专业验收规范的规定。 5 观感质量应符合要求。 5.0.8 经返修或加固处理仍不能满足安全或使用要求的分部工程及单位工程，严禁验收。 6.0.1 检验批应由专业监理工程师组织施工单位项目专业质量检查员、专业工长等进行验收。 6.0.2 分项工程应由专业监理工程师组织施工单位项目专业技术负责人等进行验收。 6.0.3 分部工程应由总监理工程师组织施工单位项目负责人和项目技术负责人等进行验收。勘察、设计单位项目负责人和施工单位技术、质量部门负责人应参加地基与基础分部工程的验收。设计单位项目负责人和施工单位技术、质量部门负责人应参加主体结构、节能分部工程的验收。 6.0.4 单位工程中的分包工程完工后，分包单位应对所承包的工程项目进行自检，并应按本标准规定的程序进行验收。验收时，总包单位应派人参加。分包单位应将所分包工程的质量控制资料整理完整后，移交给总包单位。 6.0.5 单位工程完工后，施工单位应组织有关人员进行自检。总监理工程师应组织各专业监理工程师对工程质量进行竣工预验收。存在施工质量问题时，应由施工单位及时整改。整改完毕后，由施工单位向建设单位提交工程竣工报告，申请工程竣工验收。 6.0.6 建设单位收到工程竣工报告后，应由建设单位项目负责人组织监理、施工、设计、勘察等单位项目负责人进行单位工程验收	

续表

条款号	大纲条款	检查依据	检查要点
5.7.2	智能化系统运行正常，检测试验记录齐全	**1.《智能建筑工程质量验收规范》GB 50339—2013** 3.3.1　系统检测应在系统试运行合格后进行。 3.3.3　系统检测的组织应符合下列规定： 　1　建设单位应组织项目检测小组； 　2　项目检测小组应指定检测负责人； 　3　公共机构的项目检测小组应由有资质的检测单位组成。 3.3.4　系统检测应符合下列规定： 　1　应依据工程技术文件和本规范规定的检测项目、检测数量及检测方法编制系统检测方案，检测方案应经建设单位或项目监理机构批准后实施； 　2　应按系统检测方案所列检测项目进行检测，系统检测的主控项目和一般项目应符合本规范附录C的规定； 　3　系统检测应按照先分项工程，再子分部工程，最后分部工程的顺序进行，并填写"分项工程检测记录""子分部工程检测记录""分部工程检测汇总记录"； 　4　分项工程检测记录由检测小组填写，检测负责人做出检测结论，监理（建设）单位的监理工程师（项目专业技术负责人）签字确认，且记录的格式应符合本规范附录C的表C.0.1的规定； 　5　子分部工程检测记录由检测小组填写，检测负责人做出检测结论，监理（建设）单位的监理工程师（项目专业技术负责人）签字确认，且记录的格式应符合本规范附录C的表C.0.2～C.0.16的规定。 　6　分部工程检测汇总记录由检测小组填写，检测负责人做出检测结论，监理（建设）单位的监理工程师（项目专业技术负责人）签字确认，且记录的格式应符合本规范附录C的表C.0.17的规定。 3.3.5　检测结论与处理应符合下列规定： 　1　检测结论应分为合格和不合格。	1. 查看智能化系统运行：正常 2. 查阅检测试验记录 内容：符合规范规定 签字：监理工程师、检测负责人已签字 结论：合格

条款号	大纲条款	检查依据	检查要点
5.7.2	智能化系统运行正常,检测试验记录齐全	2 主控项目有一项及以上不合格的,系统检测结论应为不合格;一般项目有两项及以上不合格的,系统检测结论应为不合格。 3 被集成系统接口检测不合格的,被集成系统和集成系统的系统检测结论应为不合格。 4 系统检测不合格时,应限期对不合格项进行整改,并重新检测,直至检测合格。重新检测时抽检应扩大范围。 17.0.1 建筑设备监控系统可包括暖通空调监控系统、变频电监测系统、公共照明监控系统、给排水监控系统、电梯和自动扶梯监测系统及能耗监测系统等。检测和验收的范围应根据设计要求确定。 17.0.5 暖通空调监控系统的功能检测应符合下列规定: 1 检测内容应按设计要求确定。 2 冷热源的监测参数应全部检测;空调、新风机组的监测参数应按总数的20%抽检,且不应少于5台,不足5台时应全部检测;各种类型传感器、执行器应按10%抽检,且不应小于5只,不足5只时应全部检测。 3 抽检结果全部符合设计要求的应判定为合格。 17.0.7 公共照明监测系统的功能检测应符合下列规定: 1 检测内容应按设计要求确定。 2 应按照回路总数的10%进行抽检,数量不应少于10路,总数少于10路时应全部检测。 3 抽检结果全部符合设计要求的应判定为合格。 17.0.9 电梯和自动扶梯监测系统应检测启停、上下行、位置、故障等运行状态显示功能。检测结果符合设计要求的应判定为合格。 18.0.1 火灾报警系统提供的接口功能应符合设计要求。 18.0.2 火灾自动报警系统工程实施的质量控制、系统检测和工程验收应符合《火灾自动报警系统施工及验收规范》GB 50166 的规定	

条款号	大纲条款	检查依据	检查要点
5.8　建筑节能工程的监督检查			
5.8.1	建筑节能工程施工完毕，验收记录齐全	**1.《建筑工程施工质量验收统一标准》GB 50300—2013** 3.0.6　建筑工程施工质量应按下列要求进行验收： 　　1　工程质量验收均应在施工单位自检合格的基础上进行。 　　2　参加工程施工质量验收的各方人员应具备相应的资格。 　　3　检验批的质量应按主控项目和一般项目验收。 　　4　对涉及结构安全、节能、环境保护和主要使用功能的试块、试件及材料，应在进场时或施工中按规定进行见证检验。 　　5　隐蔽工程在隐蔽前应由施工单位通知监理单位进行验收，并应形成验收文件，验收合格后方可继续施工。 　　6　对涉及结构安全、节能、环境保护和使用功能的重要分部工程应在验收前按规定进行抽样检验。 　　7　工程的观感质量应由验收人员现场检查，并应共同确认。 5.0.1　检验批质量验收合格应符合下列规定： 　　1　主控项目的质量经抽样检验均应合格。 　　2　一般项目的质量经抽样检验合格。当采用计数抽样时，合格点率应符合有关专业验收规范的规定，且不得存在严重缺陷。对于计数抽样的一般项目，正常检验一次、二次抽样可按本标准附录D判定。 　　3　具有完整的施工操作依据、质量验收记录。 5.0.2　分项工程质量验收合格应符合下列规定： 　　1　所含检验批的质量均应验收合格。 　　2　所含检验批的质量验收记录应完整。 5.0.3　分部工程质量验收合格应符合下列规定：	1. 查看建筑节能工程施工：已完毕并符合设计要求 2. 查阅建筑节能工程检验批、分项工程、分部工程验收报审表 　签字：施工单位、监理单位相关负责人已签字 　盖章：施工单位、监理单位已盖章 　结论：通过验收 3. 查阅建筑节能工程检验批、分项工程、分部工程质量验收记录 　内容：包括检验批、分项工程、分部工程质量验收记录 　签字：施工单位项目技术负责人、专业监理工程师已签字 　结论：合格

条款号	大纲条款	检查依据	检查要点
5.8.1	建筑节能工程施工完毕，验收记录齐全	1 所含分项工程的质量均应验收合格。 2 质量控制资料应完整。 3 有关安全、节能、环境保护和主要使用功能的抽样检验结果应符合相应规定。 4 观感质量应符合要求。 5.0.4 单位工程质量验收合格应符合下列规定： 1 所含分部工程的质量均应验收合格。 2 质量控制资料应完整。 3 所含分部工程中有关安全、节能、环境保护和主要使用功能的检验资料应完整。 4 主要使用功能的抽查结果应符合相关专业验收规范的规定。 5 观感质量应符合要求。 5.0.8 经返修或加固处理仍不能满足安全或使用要求的分部工程及单位工程，严禁验收。 6.0.1 检验批应由专业监理工程师组织施工单位项目专业质量检查员、专业工长等进行验收。 6.0.2 分项工程应由专业监理工程师组织施工单位项目专业技术负责人等进行验收。 6.0.3 分部工程应由总监理工程师组织施工单位项目负责人和项目技术负责人等进行验收。勘察、设计单位项目负责人和施工单位技术、质量部门负责人应参加地基与基础分部工程的验收。设计单位项目负责人和施工单位技术、质量部门负责人应参加主体结构、节能分部工程的验收。 6.0.4 单位工程中的分包工程完工后，分包单位应对所承包的工程项目进行自检，并应按本标准规定的程序进行验收。验收时，总包单位应派人参加。分包单位应将所分包工程的质量控制资料整理完整后，移交给总包单位。 6.0.5 单位工程完工后，施工单位应组织有关人员进行自检。总监理工程师应组织各专业监理工程师对工程质量进行竣工预验收。存在施工质量问题时，应由施工单位及时整改。整改完毕后，由施工单位向建设单位提交工程竣工报告，申请工程竣工验收。	

条款号	大纲条款	检查依据	检查要点
5.8.1	建筑节能工程施工完毕，验收记录齐全	6.0.6　建设单位收到工程竣工报告后，应由建设单位项目负责人组织监理、施工、设计、勘察等单位项目负责人进行单位工程验收。 **2.《建筑节能工程施工质量验收规范》GB 50411—2007** 15.0.3　建筑节能工程的检验批质量验收合格，应符合下列规定： 　4 应具有完整的施工操作依据和质量验收记录。 15.0.4　建筑节能分项工程质量验收合格，应符合下列规定： 　2 分项工程所含检验批的质量验收记录应完整。 15.0.5　建筑节能分部工程质量验收合格，应符合下列规定： 　1 分项工程应全部合格； 　2 质量控制资料应完整； 　3 外墙节能构造现场实体检验结果应符合设计要求； 　4 严寒、寒冷和夏热冬冷地区的外窗气密性现场实体检测结果应合格； 　5 建筑设备工程系统节能性能检测结果应合格	
5.8.2	节能工程材料质量证明文件和复验报告齐全	**1.《建筑节能工程施工质量验收规范》GB 50411—2007** 3.2.2　材料和设备进场验收应遵守下列规定： 　1 对材料和设备的品种、规格、包装、外观和尺寸等进行检查验收，并应经监理工程师（建设单位代表）确认，形成相应的验收记录。 　2 对材料和设备的质量证明文件进行核查，并应经监理工程师（建设单位代表）确认，纳入工程技术档案。进入施工现场用于节能工程的材料和设备均应具有出厂合格证、中文说明书及相关性能检测报告；定型产品和成套技术应有型式检验报告，进口材料和设备应按规定进行出入境商品检验。 　3 对材料和设备应按照本规范附录 A 及各章的规定在施工现场抽样复验。复验应为见证取样送检。	1. 查阅建筑节能工程材料质量证明文件和复试报告 质量证明文件：为原件，如为抄件，应加盖经销商公章、采购单位的公章并注明抄件人。检测报告应由具备相应资质检测机构出具，盖章齐全

条款号	大纲条款	检查依据	检查要点
5.8.2	节能工程材料质量证明文件和复验报告齐全	4.2.2 墙体节能工程使用的保温隔热材料，其导热系数、密度、抗压强度或压缩强度、燃烧性能应符合设计要求。 5.2.2 幕墙节能工程使用的保温隔热材料，其导热系数、密度、燃烧性能应符合设计要求。幕墙玻璃的传热系数、遮阳系数、可见光透射比、中空玻璃露点应符合设计要求。 6.2.2 建筑外窗的气密性、保温性能、中空玻璃露点、玻璃遮阳系数和可见光透射比应符合设计要求。 7.2.2 屋面节能工程使用的保温隔热材料，其导热系数、密度、抗压强度或压缩强度、燃烧性能应符合设计要求。	复检报告盖章：盖有计量认证章、资质章及试验单位章，见证取样的试验报告应有见证人员及见证取样章 结论：合格
		8.2.2 地面节能工程使用的保温材料，其导热系数、密度、抗压强度或压缩强度、燃烧性能应符合设计要求。 12.2.2 低压配电系统选择的电缆、电线截面不得低于设计值，进场时应对其截面和每芯导体电阻值进行见证取样送检。每芯导体电阻值应符合表12.2.2 的规定。 **2.《建设工程监理规范》GB/T 50319—2013** 5.2.9 项目监理机构应审查施工单位报送的用于工程的材料、构配件、设备的质量证明文件，并应按有关规定、建设工程监理合同的约定，对用于建设工程的材料进行见证取样，平等检验。 项目监理机构对已进场经检验不合格的材料、构配件、设备，应要求施工单位限期将其撤出施工现场。 **3.《电力建设工程监理规范》DL/T 5434—2009** 9.1.7 项目监理机构应对承包单位报送的拟进场工程材料、半成品和构配件的质量证明文件进行审核，并按有关规定进行抽样验收。对有复试要求的，经监理人员现场见证取样的送检，复试报告应报送项目监理机构查验。 未经项目监理机构验收或验收不合格的工程材料、半成品和构配件，不得用于本工程，并书面通知承包单位限期撤出施工现场	2. 查阅材料的进场报审表 签字：施工单位、监理单位相关负责人已签字 盖章：施工单位、监理单位已盖章 结论：同意使用

条款号	大纲条款	检查依据	检查要点
5.8.3	后置锚固件现场拉拔试验合格，报告齐全	**1.《建筑节能工程施工质量验收规范》GB 50411—2007** 4.2.7 墙体节能工程的施工，应符合下列规定： 　4 当墙体节能工程的保温层采用预埋或后置锚固件固定时，锚固件数量、位置、锚固深度和拉拔力应符合设计要求。后置锚固件应进行锚固力现场拉拔试验	查阅后置锚固件现场拉拔试验报告 　抗拉强度：符合设计要求及规范规定 　盖章：复检报告应盖有计量认证章、资质章及试验单位章，见证取样时，加盖见证取样章并注明见证人 　结论：合格
5.8.4	墙体保温隔热材料安装厚度符合设计要求，保温层与基层及各构造层连接牢固	**1.《建筑节能工程施工质量验收规范》GB 50411—2007** 4.2.7 墙体节能工程的施工，应符合下列规定： 　1 保温隔热材料的厚度必须符合设计要求。 　2 保温板与基层及各构造层之间的黏结或连接必须牢固。黏结强度和连接方式应符合设计要求。保温板材与基层的黏结强度应做现场拉拔试验。	1. 查阅墙体保温隔热材料安装质量记录 　厚度：符合设计要求 　签字：施工单位、监理单位相关责任人已签字 　结论：合格 2. 查阅拉拔试验报告 　代表部位、数量、黏结强度：符合设计要求及规范规定 　盖章：复检报告应盖有计量认证章、资质章及试验单位章，见证取样时，加盖见证取样章

续表

条款号	大纲条款	检查依据	检查要点
5.8.4	墙体保温隔热材料安装厚度符合设计要求，保温层与基层及各构造层连接牢固	3 保温浆料应分层施工。当采用保温浆料做外保温时，保温层与基层之间及各层之间的黏结必须牢固，不应脱层、空鼓和开裂	结论：合格 3. 查看保温层与基层及各构造层黏结或连接 黏结：牢固，无脱层、空鼓和开裂
5.8.5	系统调试合格，功能满足设计要求	**1.《建筑节能工程施工质量验收规范》GB 50411—2007** 9.2.10 采暖系统安装完成后，应在采暖期内与热源联合试运转和调试。联合试运转和调试结果应符合设计要求，采暖房间温度相对于设计计算温度不得低于2℃，且不高于1℃。 10.2.14 通风与空调系统安装完毕，应进行通风机和空调机组等设备的单机试运转和调试，并应进行系统的风量平衡调试。单机试运转和调试结果应符合设计要求；系统的总风量与设计风量的允许偏差均不应大于10%，风口的风量与设计风量的允许偏差不应大于15%。 11.2.11 空调与采暖系统冷热源和辅助设备及其管道和管网系统安装完毕后，系统试运转及调试必须符合下列规定：	1. 查阅采暖系统试运转和调试记录 热力入口、房间温度：符合设计要求和规范规定 签字：施工单位、监理单位相关责任人已签字 2. 查阅通风与空调系统的试运转和调试记录 单机试运转和调试结论：符合设计要求 系统的总风量、风口的风量与设计风量允许偏差：符合规范规定 签字：施工单位、监理单位相关责任人已签字

条款号	大纲条款	检查依据	检查要点
5.8.5	系统调试合格,功能满足设计要求	1 冷热源和辅助设备必须进行单机试运转和调试。 2 冷热源和辅助设备必须同建筑室内空调或采暖系统进行联合试运转及调试。 3 联合试运转和调试结果应符合设计要求,且允许偏差或规定值应符合本规范表 11.2.11 的有关规定。当联合试运转及调试不在制冷期或采暖期时,应先对表 11.2.11 中序号 2、3、5、6 四个项目进行检测,并在第一个制冷期或采暖期内,带冷(热)源补做序号 1、4 两个项目的检测	3. 查阅空调与采暖系统冷热源和辅助设备及其管道和管网系统试运转及调试记录 单机试运转和调试:符合设计要求及规范规定 联合试运转和调试:符合设计要求及规范规定 签字:施工单位、监理单位相关责任人已签字
5.9 电梯工程的监督检查			
5.9.1	竖井验收合格,交付安装记录齐全	**1.《电梯工程施工质量验收规范》GB 50310—2002** 4.2.1 机房(如果有)内部、井道土建(钢架)结构及布置必须符合电梯土建布置图的要求。 4.2.2 主电源开关必须符合下列规定: 1 主电源开关应能够切断电梯正常使用情况下最大电流; 2 对有机房电梯该开关应能从机房入口处方便地接近; 3 对无机房电梯该开关应设置在井道外工作人员方便接近的地方,且应具有必要的安全防护。 4.2.3 井道必须符合下列规定: 1 当底坑底面下有人员能到达的空间存在,且对重(或平衡重)上未设有安全钳装置时,对重缓冲器必须能安装在(或平衡重运行区域的下边必须)一直延伸到坚固地面上的实心桩墩上; 2 电梯安装之前,所有层门预留孔必须设有高度不小于 1.2m 的安全保护围封,并应保证有足够的强度;	查阅土建交接检验记录 机房内部:符合电梯土建布置图的要求 井道土建(钢构)结构:符合设计要求 主电源开关、井道:符合规范规定

续表

条款号	大纲条款	检查依据	检查要点
5.9.1	竖井验收合格，交付安装记录齐全	3 当相邻两层门地坎间的距离大于 11m 时，其间必须设置井道安全门，井道安全门严禁向井道内开启，且必须装有安全门处于关闭时电梯才能运行的电气安全装置。当相邻轿厢间有相互救援用轿厢安全门时，可不执行本条款。 6.2.2 在安装之前，井道周围必须设有保证安全的栏杆或屏障，其高度严禁小于 1.2m	
5.9.2	电梯工程施工完毕，验收记录齐全	**1.《电梯工程施工质量验收规范》GB 50310—2002** 7.0.1 分项工程质量验收合格应符合下列规定： 1 各分项工程中的主控项目应进行全验,一般项目应进行抽验,且均应符合合格质量规定。 2 应具有完整的施工操作依据、质量检查记录。 7.0.2 分部（子分部）工程质量验收合格应符合下列规定： 1 子分部工程所含分项工程的质量均应验收合格且验收记录应完整。 2 分部工程所含子分部工程的质量均应验收合格。 3 质量控制资料应完整。 4 观感质量应符合本规范要求	1. 查阅电梯工程分项工程、分部工程验收报审表。 签字：施工单位、监理单位相关负责人已签字 盖章：施工单位、监理单位已盖章 结论：通过验收 2. 查阅电梯工程分项工程、分部工程质量验收记录 内容：包括检验批、分项工程、分部工程质量验收记录 签字：施工单位项目技术负责人、专业监理工程师已签字 结论：合格

条款号	大纲条款	检查依据	检查要点
5.9.3	层门强迫关门装置动作正常；层门锁钩动作灵活；层门与轿门试验合格，记录齐全	**1.《电梯工程施工质量验收规范》GB 50310—2002** 4.5　门系统 4.5.1　层门地坎至轿厢地坎之间的水平距离的偏差为 0mm～+3mm，且最大距离严禁超过35mm。 4.5.2　层门强迫关门装置必须动作正常。 4.5.4　层门锁钩必须动作灵活，在证实锁紧的电气安全装置动作之前，锁紧元件的最小啮合长度为 7mm。 4.11.3　层门与轿门的试验必须符合下列规定： 　1　每层层门必须能够用三角钥匙正常开启； 　2　当一个层门或轿门（在多扇门中任何一扇门）非正常打开时，电梯严禁启动或继续运行	1. 查看层门系统 强迫关门装置：动作正常 锁钩：动作灵活 2. 查阅层门与轿门试验记录 试验结果：符合规范规定 签字：施工单位、监理单位责任人已签字
5.9.4	安全部件整定封记完好；绳头组合安全可靠；电气接地可靠	**1.《电梯工程施工质量验收规范》GB 50310—2002** 4.8.1　限速器动作速度整定封记必须完好，且无拆动痕迹。 4.8.2　当安全钳可调节时，整定封记应完好，且无拆动痕迹。 4.9.1　绳头组合必须安全可靠，且每个绳头组合必须安装防螺母松动和脱落的装置。 4.10.1　电气设备接地必须符合下列规定： 　1　所有电气设备及导管、线槽的外露可导电部分均必须可靠接地（PE）； 　2　接地支线应分别直接接至接地干线接线柱上。不得互相连接后再接地	1. 查看安全部件 整定封记：完好，无拆动痕迹 2. 查看绳头组合 防螺母松动和脱落的装置：安装可靠 3. 查看电气设备 接地：符合规范规定
5.9.5	电梯工程已取得地方政府主管部门的安全准用证	**1.《中华人民共和国特种设备安全法》中华人民共和国主席令〔2013〕第 4 号** 第二十五条　锅炉、压力容器、压力管道元件等特种设备的制造过程和锅炉、压力容器、压力管道、电梯、起重机械、客运索道、大型游乐设施的安装、改造、重大修理过程，应当经特种设备检验机构按照安全技术规范的要求进行监督检验；未经监督检验或者监督检验不合格的，不得出厂或者交付使用。	查阅电梯安全准用证取证情况：已取得地方特种设备安全监督管理的部门颁发登记证书

续表

条款号	大纲条款	检查依据	检查要点
5.9.5	电梯工程已取得地方政府主管部门的安全准用证	第三十二条 特种设备使用单位应当使用取得许可生产并经检验合格的特种设备。禁止使用国家明令淘汰和已经报废的特种设备。 第三十三条 特种设备使用单位应当在特种设备投入使用前或者投入使用后三十日内，向负责特种设备安全监督管理的部门办理使用登记，取得使用登记证书。登记标志应当置于该特种设备的显著位置	登记标志：已置于电梯的显著位置
6 质量监督检测			
6.0.1	开展现场质量监督检查时，应重点对下列项目的检测试验报告进行查验，必要时可进行验证性抽样检测。对检验指标或结论有怀疑时，必须进行检测		
（1）	楼地面、屋面工程的防水材料、保温材料及回填基土的主要技术性能	**1.《建筑地面工程施工质量验收规范》GB 50209—2010** 4.2.7 回填基土应均匀密实，压实系数应符合设计要求，设计无要求时，不应小于0.9。 **2.《弹性体（SBS）改性沥青防水卷材》GB 18242—2008** 5.3 材料性能应符合表2要求。 6.7 可溶物含量按GB/T 328.26进行。 6.8 耐热度按GB/T 328.11—2007中A法进行。 6.9 低温柔性按GB/T 328.14进行。 6.10 不透水性按GB/T 328.10—2007中B进行。 6.11 拉力及延伸率按GB/T 328.8进行。	1. 查验抽测弹性体改性沥青防水卷材试样 可溶物含量：符合GB 18242—2008中表2的要求 耐热度检：符合GB 18242—2008中表2的要求

条款号	大纲条款	检查依据	检查要点
（1）	楼地面、屋面工程的防水材料、保温材料及回填基土的主要技术性能	7.7.1.2　从单位面积质量、面积、厚度及外观合格的卷材中任取一卷进行材料性能试验。 **3.《建筑地基基础工程施工质量验收规范》GB 50202—2018** 4.1.5　基土检验数量，每单位工程不应少于 3 点，1000m² 以上工程，每 100m² 至少应有 1 点，3000m² 以上工程，每 300m² 至少应有 1 点。 **4.《绝热用模塑聚苯乙烯泡沫塑料》GB/T 10801.1—2002** 4.3　物理机械性能应符合表 3 要求。 5.4　表观密度的测定按 GB/T 6343 规定测定。 5.5　压缩强度的测定按 GB/T 8813 规定进行。 5.6　导热系数的测定按 GB/T 10294 或 GB/T 10295 规定进行。 5.11.2　燃烧分级的测定按 GB 8624 规定进行。 6.1　组批：同一规格的产品数量不超过 2000m³ 为一批	低温柔性：符合 GB 18242—2008 中表 2 的要求 不透水性：符合 GB 18242—2008 中表 2 的要求 拉力及延伸率：符合 GB 18242—2008 中表 2 的要求 2. 查验抽测绝热用模塑聚苯乙烯泡沫塑料试样 表观密度：符合 GB/T10801.1 中表 3 的要求 压缩强度：符合 GB/T10801.1 中表 3 的要求 导热系数：符合 GB/T10801.1 中表 3 的要求 燃烧分级：符合 GB/T10801.1 中表 3 的要求 3. 查验抽测回填基土试样 压实系数：符合设计要求

续表

条款号	大纲条款	检查依据	检查要点
（2）	装饰装修工程的后置埋件、结构密封胶及饰面砖粘贴的主要技术性能	**1.《建筑用硅酮结构密封胶》GB 16776—2005** 5.2　产品物理力学性能应符合表 1 要求。 5.3　硅酮结构胶与结构装配系统用附件的相容性应符合附录表 A.3 规定，硅酮结构胶与实际工程用基材的黏结性应符合附录 B.7 规定。B.7 结果的判定：实际工程用基材与密封胶黏结：黏结破坏面积的算术平均值镇不大于 20%。 6.3　下垂度按 GB/T 13477.6—2003 中 7.1 试验。 6.6　表干时间按 GB/T 13477.5—2003 中 8.1 试验。 6.7　硬度按 GB/T 531—1999 采用邵尔 A 型硬度计试验。 6.8.3　拉伸黏结性按 GB/T 13477.8—2003 进行试验。 6.9　热老化试验方法 7.3　组批、抽样规则 　1　连续生产时每 3t 为一批，不足 3t 也为一批；间断生产时，每釜投料为一批。 　2　随机抽样。单组分产品抽样量为 5 支；双组分产品从原包装中抽样，抽样量为 3kg～5kg，抽取的样品应立即密封包装。 **2.《建筑装饰装修工程质量验收规范》GB 50210—2001** 8.2.4　后置埋件的现场拉拔强度必须符合设计要求。 检查方法：现场拉拔检测报告。 **3.《混凝土结构后锚固技术规程》JGJ 145—2013** C.2.3　后置埋件现场非破损检验的抽样数量，应符合下列规定： 　1　锚栓锚固质量的非破损检验： 　　1）对重要结构构件及生命线工程的非结构构件，应按表 C.2.3 规定的抽样数量对该检验批的锚栓进行检验； 　　2）对一般结构构件，应取重要结构构件抽样量的 50%且不少于 5 件进行检验；	1. 现场拉拔后置埋件 拉拔强度：符合设计要求 2. 查验抽测硅酮结构密封胶试件 下垂度：符合 GB 16776—2005 中表 1 的要求 表干时间：符合 GB 16776—2005 中表 1 的要求 硬度：符合 GB 16776—2005 中表 1 的要求 拉伸黏结性：符合 GB 16776—2005 中表 1 的要求 热老化：符合 GB 16776—2005 中表 1 的要求 结构装配系统用附件同密封胶相容性：符合附录表 A.3 规定。 实际工程用基材与密封胶黏结：符合 GB 16776—2005 中附录 B.7 的规定

条款号	大纲条款	检查依据	检查要点
（2）	装饰装修工程的后置埋件、结构密封胶及饰面砖粘贴的主要技术性能	3）对非生命线工程的非结构构件，应取每一检验批锚固件总数的 0.1%且不少于 5 件。 2 植筋锚固质量的非破损检验： 1）对重要结构构件及生命线工程的非结构构件，应取每一检验批植筋总数的 3%且不少于 5 件。 2）对一般结构构件，应取每一检验批植筋总数的 1%且不少于 3 件。 3）对非生命线工程的非结构构件，应取每一检验批植筋总数的 0.1%且不少于 3 件进行检验。 **4.《建筑工程饰面砖粘结强度检验标准》JGJ 110—2008** 3.0.5 现场粘贴的外墙饰面砖工程完工后，应对饰面砖黏结强度进行检验。 3.0.6 现场粘贴饰面砖粘贴强度检验应以每1000m² 同类墙体饰面砖为一个检验批，不足 1000m²应以 1000m² 计，每批应取一组 3 个试样，每相邻的三个楼层应至少取一组试样，试样应随机抽取，取样间距不得小于 500mm。 6 黏结强度检验评定：①每组试样平均黏结强度不应小于 0.4MPa；②每组可有一个试样的黏结强度小于 0.4MPa，但不应小于 0.3MPa	3. 现场抽检饰面砖黏结试样 黏结强度：符合 JGJ 110—2008 中 6 的要求
（3）	建筑节能工程的墙体保温隔热材料及与基层的黏结、幕墙玻璃及外窗的主要技术性能	**1.《建筑节能工程施工质量验收规范》GB 50411—2007** 4.2.7 保温板与基层的黏结强度应做现场拉拔试验。 检查数量：每个检验批抽查不少于 3 处。 5.2.2 幕墙玻璃的传热系数、遮阳系数、可见光透射比、中空玻璃露点应符合设计要求。 检查数量：同一厂家的同一种产品抽查不少于一组。 **2.《建筑外门窗气密、水密、抗风压性能分级及检测方法》GB/T 7106—2008** 4.1.2 气密性能分级指标值见表1。 4.2.2 水密性能分级指标值见表2。 4.3.2 抗风压性能分级指标值见表3。 6.2 试件数量：相同类型、结构及规格尺寸的试件，应至少检验三樘。 7 气密性能检测方法。	1. 查验抽测绝热用模塑聚苯乙烯泡沫塑料试样 表观密度：符合 GB/T 10801.1—2002 中表3 的要求 压缩强度：符合 GB/T 10801.1—2002 中表3 的要求 导热系数：符合 GB/T 10801.1—2002 中表3 的要求

条款号	大纲条款	检查依据	检查要点
（3）	建筑节能工程的墙体保温隔热材料及与基层的黏结、幕墙玻璃及外窗的主要技术性能	8 水密性能检测方法。 9 抗风压性能检测方法。 **3.《绝热用模塑聚苯乙烯泡沫塑料》GB/T 10801.1—2002** 4.3 物理机械性能应符合表3要求。 5.4 表观密度的测定按 GB/T 6343 规定测定。 5.5 压缩强度的测定按 GB/T 8813 规定进行。 5.6 导热系数的测定按 GB/T 10294 或 GB/T 10295 规定进行。 5.11.2 燃烧分级的测定按 GB 8624 规定进行。 6.1 组批：同一规格的产品数量不超过 2000m³ 为一批	燃烧分级：符合 GB/T 10801.1—2002 中表3的要求 2. 现场拉拔保温板与基层黏结 黏结强度：符合设计要求 3.查验抽测幕墙玻璃试样 传热系数：符合设计要求 遮阳系数：符合设计要求 可见光透射比：符合设计要求 中空玻璃露点：符合设计要求 4. 查验抽测建筑外窗试样 气密性能：符合设计要求分级 水密性能：符合设计要求分级 抗风压性能：符合设计要求分级

第 **9** 部分

机组整套启动试运前监督检查

条款号	大纲条款	检查依据	检查要点
4 责任主体质量行为的监督检查			
4.1 建设单位质量行为的监督检查			
4.1.1	启动验收委员会已成立，试运指挥部及各专业组职责明确，并正常开展工作	**1.《火力发电建设工程启动试运及验收规程》DL/T 5437—2009** 3.1.3 为了组织和协调好机组的试运和各阶段的验收工作，应成立机组试运指挥部和启动验收委员会（以下简称启委会）。机组的试运及其各阶段的交接验收，应在试运指挥部的领导下进行。机组整套启动试运准备情况、试运中的特殊事项和移交生产条件，必须由启委会进行审议和决策。 3.2.1.1 启委会的组成 一般应由投资方、政府有关部门、电力建设质量监督机构、项目公司、监理、电网调度、设计、施工、调试、主要设备供货商等单位的代表组成。设主任委员一名、副主任委员和委员若干名。主任委员和副主任委员宜由投资方任命，委员由建设单位与政府有关部门和各参建单位协商，提出组成人员名单，上报工程主管单位批准（工程主管单位一般是指本工程建设项目投资的独资公司或控股公司或董事会）。 3.2.2.1 试运指挥部的组成 一般应由一名总指挥和若干名副总指挥及成员组成。总指挥宜由建设工程项目公司的总经理担任，并由工程主管单位任命。副总指挥和成员若干名，具体人选由总指挥与工程各参建单位协商，提出任职人员名单，上报工程主管单位批准。 3.2.2.3 试运指挥部的职责 1 全面组织和协调机组的试运工作。 2 对试运中的安全、质量、进度和效益全面负责。 3 审批重要项目的调试方案或措施（如调试大纲、升压站及厂用电受电措施、化学清洗措施、蒸汽管道吹管措施、锅炉整套启动措施、汽轮机整套启动措施、电气整套启动措施、甩负荷试验措施等）和单机试运计划、分系统试运计划及整套启动试运计划。 4 启委会成立后，在主任委员的领导下，筹备启委会全体会议，启委会闭会期间，代表启委会主持整套启动试运的常务指挥工作。 5 协调解决试运中的重大问题。	1. 查阅启动验收委员会成立文件 组成：符合规程规定 批准：工程主管单位批准 2. 查阅试运指挥部成立文件 内容：已明确试运指挥部及各专业组职责 批准：工程建设单位已盖章

条款号	大纲条款	检查依据	检查要点
4.1.1	启动验收委员会已成立，试运指挥部及各专业组职责明确，并正常开展工作	6 组织和协调试运指挥部各组及各阶段的验收签证工作。 3.2.2.4 试运指挥部下设机构 试运指挥部下设分部试运组、整套试运组、验收检查组、生产运行组、综合管理组。根据工作需要，各组可下设若干个专业组，专业组的成员，一般由总指挥与工程各参建单位协商任命，并报工程主管单位备案。 3.4.2.1 （整套启动试运应具备下列条件）试运指挥部及各组人员已全部到位，职责分工明确，各参建单位参加试运值班的组织机构及联系方式已上报试运指挥部并公布，值班人员已上岗	
4.1.2	验收检查组完成机组整套启动试运前的施工和调试项目检查已验收	**1.《火力发电建设工程机组调试质量验收及评价规程》DL/T 5295—2013** 4.3.1 各单项工程的全部单位工程试运质量验收完毕后，应填写锅炉、汽轮机、电气、热控、化学单项工程试运质量验收汇总表，并签字验收。 **2.《火电工程项目质量管理规程》DL/T 1144—2012** 10.4.1 分部试运质量检验，应符合下列规定： c）整套启动前……应完成全部分系统试运项目，并办理验收、签证。 10.4.2 机组整套启动试运应符合下列规定： b）监理单位应在机组整套启动试运开始前，组织土建、安装、调试、生产、建设单位，对机组整套启动试运前应具备的条件进行检查，并应办理签证。 c）调试单位应按试运指挥部批准的调试技术文件，完成全部调试项目。 **3.《火力发电建设工程启动试运及验收规程》DL/T 5437—2009** 3.2.2.4 试运指挥部下设机构 3 验收检查组 其主要职责是： 5）负责组织建筑及安装工程施工质量验收评定及整套启动试运质量总评。 3.4.2.2 （整套启动试运应具备的条件）建筑、安装工程已验收合格，满足试运要求；……	1. 查阅土建专业单位工程质量验收汇总表 签字：验收检查组责任人已签字 2. 查阅安装各专业单位工程质量验收汇总表 签字：验收检查组责任人已签字 3. 查阅各专业分系统调试质量验收汇总表 签字：验收检查组责任人已签字

条款号	大纲条款	检查依据	检查要点
4.1.2	验收检查组完成机组整套启动试运前的施工和调试项目检查已验收	3.4.2.3 必须在整套启动试运前完成的分部试运项目已全部完成，并已办理质量验收签证，分部试运技术资料齐全。主要检查项目有： 1 锅炉、汽轮机(燃机)、电气、热控、化学五大专业的分部试运完成情况。 **4.《电力建设工程监理规范》DL/T 5434—2009** 11.1.1 项目监理机构在启动验收前应检查接入公用电网的发电工程是否满足下列条件： 1 机组整套启动试运行应投入的设备和工艺系统及相应的建筑工程，已按设计范围和规定标准施工，并经验收、签证完毕。 2 按竣工验收规程和启动调试工作规定,机组已完成分部试运行和整套启动试运行前的所有调试项目，并由建设单位组织设计、监理、施工、调试和生产运行单位验收、签证完毕	
4.1.3	各阶段质量监督检查提出的整改意见已落实	**1.《电力建设工程监理规范》DL/T 5434—2009** 10.2.18 项目监理机构应接受质量监督机构的质量监督，督促责任单位进行缺陷整改，并验收。 11.1.1 项目监理机构在启动验收前应检查接入公用电网的发电工程是否满足下列条件： 3 对工程质量监检提出的影响启动的问题已全部处理完毕，并经项目监理机构验收合格。 **2.《火力发电建设工程启动试运及验收规程》DL/T 5437—2009** 3.4.2.11 电力建设质量监督中心站已按有关规定对机组整套启动试运前进行了监检，提出的必须整改的项目已经整改完毕，确认同意进入整套启动试运阶段。 **3.《电力工程质量监督实施管理程序（试行)》中电联质监〔2012〕437 号** 第十二条 阶段性监督检查 （四）…… 项目法人单位（建设单位）接到"电力工程质量监督检查整改通知书"或"停工令"后，应在规定时间组织完成整改，经内部验收合格后，填写"电力工程质量监督检查整改回复单"（见附表7），报请质监机构复查核实。 第十六条 电力工程项目投运并网前，各阶段监督检查、专项检查和定期巡视检查提出的整改意见必须全部完成整改闭环，……	查阅各阶段监督检查整改台账 内容：整改项已闭环

条款号	大纲条款	检查依据	检查要点
4.1.4	对工程建设标准强制性条文执行情况进行了汇总	**1.《实施工程建设强制性标准监督规定》中华人民共和国建设部令〔2000〕第 81 号** 第二条 在中华人民共和国境内从事新建、扩建、改建等工程建设活动，必须执行工程建设强制性标准。 第六条 ……工程质量监督机构应当对工程建设施工、监理、验收等阶段执行强制性标准的情况实施监督。 **2.《火电工程项目质量管理规程》DL/T 1144—2012** 4.5 火电工程项目应认真执行国家和行业相关技术标准，严格执行工程建设标准中的强制性条文…… 5.3.3 建设单位在工程开工前应组织相关单位编制下列质量管理文件： 　　d）工程建设强制性条文实施规划。 9.2.2 施工单位在工程开工前，应编制质量管理文件，经监理、建设单位会审、批准后实施，质量管理文件应包括： 　　d）工程建设强制性条文实施细则。 **3.《电力建设工程监理规范》DL/T 5434—2009** 5.2.4 专业监理工程师应履行以下职责： 　　11 检查本专业……强制性标准执行等状况，……	查阅强制性条文执行汇总表 内容：与强制性条文核查表相符 签字：参建单位责任人已签字 盖章：参建单位已盖章
4.2　设计单位质量行为的监督检查			
4.2.1	参加并完成规定项目的质量验收工作	**1.《火电工程项目质量管理规程》DL/T 1144—2012** 6.1.7 勘察、设计单位应按合同约定履行下列职责： 　　c）派驻工地设计代表。 　　e）参加相关工程质量验收。	查阅单位工程、分部工程质量验收记录表 审核签字：设计单位责任人签字已签字

条款号	大纲条款	检查依据	检查要点
4.2.1	参加并完成规定项目的质量验收工作	f) 配合建设单位;进行全过程设计优化。 6.3.6 工地服务。 ……工地代表应深入现场,了解施工是否与设计要求相符,协助施工单位解决出现的具体技术问题,做好技术服务工作。重点还应做好: c) 工地代表应按 DL/T 5210 及时参加建筑、安装工程中分部、单位（子单位）工程的验收	
4.2.2	设计更改、技术洽商等文件完整、手续齐全	**1.《火电工程项目质量管理规程》DL/T 1144—2012** 6.3.5 设计更改的管理应符合下列规定: a) 设计更改应符合可研或初设审核的要求。 b) 因设计原因引起的设计更改,应经监理单位审核并经建设单位批准后实施。 c) 非设计原因引起的设计更改,应得到设计单位的确认,并由设计单位出具设计更改。 d) 所有的设计更改凡涉及已经审批确定的设计原则、方案重大设计变化,或增减投资超过 50 万元时,应由设计单位分管领导审批,报工程设计的原主审单位批准确认,并经建设单位认可后实施	查阅设计变更通知单、工程联系单和技术洽商记录 编制签字:设计单位各级责任人已签字 审核签字:建设单位、监理单位责任人已签字
4.2.3	工程建设标准强制性条文落实到位	**1.《建设工程质量管理条例》中华人民共和国国务院令第 279 号** 第十九条 勘察、设计单位必须按照工程建设强制性标准进行勘察、设计,并对其勘察、设计的质量负责。 注册建筑师、注册结构工程师等注册执业人员应当在设计文件上签字,对设计文件负责。 **2.《建设工程勘察设计管理条例》中华人民共和国国务院令第 293 号** 第五条 ……建设工程勘察、设计单位必须依法进行建设工程勘察、设计,严格执行工程建设强制性标准,并对建设工程勘察、设计的质量负责。 **3.《实施工程建设强制性标准监督规定》中华人民共和国建设部令〔2000〕第 81 号** 第二条 在中华人民共和国境内从事新建、扩建、改建等工程建设活动,必须执行工程建设强制性标准。	查阅强制性条文实施计划（含强制性条文清单）和本阶段执行记录 计划审批:监理和建设单位审批人已签字 记录内容:与实施计划相符 记录审核:监理单位审核人已签字

续表

条款号	大纲条款	检查依据	检查要点
4.2.3	工程建设标准强制性条文落实到位	**4.《火电工程项目质量管理规程》DL/T 1144—2012** 6.2.2 设计单位在工程开工前应编制下列管理文件，报设计监理、建设单位会审、批准： b）设计强制性条文实施计划	
4.2.4	对启动相关项目与设计的符合性进行确认	**1.《火电工程项目质量管理规程》DL/T 1144—2012** 6.3.6 工地服务。 ……工地代表应深入现场，了解施工是否与设计要求相符，协助施工单位解决出现的具体技术问题，做好技术服务工作。重点还应做好： c）工地代表应按 DL/T 5210 及时参加建筑、安装工程中分部、单位(子单位）工程的验收。 **2.《火力发电建设工程启动试运及验收规程》DL/T 5437—2009** 3.2.3.6 设计单位的主要职责 1 设备供货商实际供货的设备与设计图纸不符时，负责对设计接口进行确认，并对设备及系统的功能进行技术把关。 **3.《电力勘测设计驻工地代表制度》DLGJ 159.8—2001** 5.0.3 深入现场，调查研究 1 工代应坚持经常深入施工现场，调查了解施工是否与设计要求相符，并协助施工单位解决施工中出现的具体技术问题，做好服务工作，促进施工单位正确执行设计规定的要求。 2 对于发现施工单位擅自作主，不按设计规定要求进行施工的行为，应及时指出，要求改正，如指出无效，又涉及安全、质量等原则性、技术性问题，应将问题事实与处理过程用"备忘录"的形式书面报告建设单位和施工单件，同时向设总和处领导汇报	1. 查阅建筑、安装单位工程质量验收记录 审核签字：设计单位项目负责人已签字 2. 查阅设备台账清单 内容：与设计图纸相符 3. 查阅工代备忘录 记录：描述了施工单位不按设计规定要求进行施工的行为及处理过程
4.3 监理单位质量行为的监督检查			
4.3.1	完成相关施工项目和分部试运项目质量验收、资料汇总	**1.《建设工程质量管理条例》中华人民共和国国务院令第279号** 第三十七条 …… 未经监理工程师签字，……，施工单位不得进行下一道工序的施工。未经总监理工程师签字，建设单位不拨付工程款，不进行竣工验收。	1. 查阅施工单位工程质量验收表 项目：与验收范围划分表内容相符

条款号	大纲条款	检查依据	检查要点
4.3.1	完成相关施工项目和分部试运项目质量验收、资料汇总	**2.《建设工程监理规范》GB/T 50319—2013** 5.2.14 项目监理机构应对施工单位报验的隐蔽工程、检验批；分项工程和分部工程进行验收，对验收合格的应给予签认，对验收不合格的应拒绝签认，同时应要求施工单位在指定的时间内整改并重新报验。 **3.《火力发电建设工程机组调试质量验收及评价规程》DL/T 5295—2013** 2.0.5 机组调试验收应由监理单位组织，施工、调试、生产和建设等单位参加。 **4.《火电工程项目质量管理规程》DL/T 1144—2012** 7.5.6 监理单位应在施工验收阶段实施下列质量管理工作： 　a）审核工程项目检验批、分项工程质量的符合性。 　b）监查特殊过程施工质量，批准进行下一道施工工序。 　c）组织分部、单位工程验收，参加单台机组验收和整体工程验收。 　e）审核施工单位编制的单位工程竣工资料，…… 7.5.9 监理单位应在调试阶段实施下列质量管理工作： 　b）确认试运条件和试运结果，…… 　c）组织相关责任单位消除缺陷。 　d）组织审核调试报告。 **5.《电力建设工程监理规范》DL/T 5434—2009** 9.1.10 对承包单位报送的隐蔽工程报验申请表和自检记录，专业监理工程师应进行现场检查，符合要求予以签认后，承包单位方可隐蔽并进行下一道工序的施工。 　验收申请表应符合表 A.14 的格式。 9.1.11 专业监理工程师应对承包单位报送的分项工程质量报验资料进行审核，符合要求予以签认；总监理工程师应组织专业监理工程师对承包单位报送的分部工程和单位工程质量验评资料进行审核和现场检查，符合要求予以签认	结论：合格 签字：相关责任人已签字 2. 查阅分部试运签证、验收表 项目：与验收范围划分表内容相符 结论：合格 签字：相关责任人已签字 3. 查阅施工、调试质量验收汇总表 内容：与验收范围划分表内容对应相符 签字：监理单位相关责任人已签字

续表

条款号	大纲条款	检查依据	检查要点
4.3.2	完成施工和分部试运过程中不符合项的整改验收	**1.《建设工程监理规范》GB/T 50319—2013** 5.2.15 项目监理机构发现施工存在质量问题……，应及时签发监理通知单，要求施工单位整改。整改完毕后，项目监理机构应根据施工单位报送的监理通知回复对整改情况进行复查，提出复查意见。 **2.《火力发电建设工程机组调试质量验收及评价规程》DL/T 5295—2013** 2.0.11 当调试质量出现不符合项时，应进行登记备案，并按下列规定处理： 　1 经返工或更换设备的检验项目，应重新进行验收。 　2 返工后仍不合格或无法返工的检验项目，应经鉴定。…… 2.0.12 对设计或设备制造原因造成的质量问题的处理，应符合下列规定： 　2 当委托调试单位或施工单位现场处理后，仍无法使有关检验项目完全满足标准要求时，建设单位应会同设计单位（或制造单位）、监理单位和调试单位（或施工单位）共同书面签字确认。 　3 存在非主要设备或自动、保护装置不能投入运行时，应由建设单位组织有关单位分析原因、明确责任单位、提出专题处理报告附在验收表后，并报上级主管单位备案。 **3.《火电工程项目质量管理规程》DL/T 1144—2012** 9.4.5 当施工质量的检验项目不合格时，应按下列规定进行处理： 　a）当施工质量影响机组的功能、性能及存在安全隐患时，应返工处理，自检合格后可重新进行验收。 　b）不影响功能和安全使用的经返修处理，自检合格后可重新进行验收。 　c）经有资质的检测单位检测鉴定，能够达到设计要求的检验批，应予以验收。 　d）经有资质的检测单位检测鉴定达不到设计要求，但经原设计单位核算认可能够满足结构安全和使用功能的检验批，可予以验收。 　e）对于存在于检验批中发生的外形尺寸改变，但仍能满足安全使用要求的，可按技术处理方案和协商文件进行验收。	查阅施工和分部试运过程中不符合项台账 内容：记录完整 整改问题：已按要求闭环 确认人签字：监理工程师已签字

条款号	大纲条款	检查依据	检查要点
4.3.2	完成施工和分部试运过程中不符合项的整改验收	f）通过返修或加固处理仍不能满足安全使用要求的检验批、分项工程、分部工程、单位（子单位）工程，严禁验收。 10.3.4 对调试过程中发现质量不符合项的处理，应符合下列规定： c）质量不符合项处理完毕后，应经监理单位及建设单位检查、确认后，方可进入下一道工序。 **4.《电力建设工程监理规范》DL/T 5434—2009** 9.1.10 …… 对未经监理人员验收或验收不合格的工序，监理人员应拒绝签认，并严禁承包单位进行下一道工序的施工。 9.1.12 对施工过程中出现的质量缺陷，专业监理工程师应及时下达书面通知，要求承包单位整改，并检查确认整改结果。 9.1.15 专业监理工程师应……，并根据承包单位报送的消缺报验申请表和自检记录进行检查验收。 **5.《火力发电建设工程启动试运及验收规程》DL/T 5437—2009** 3.2.3.2 监理单位的主要职责 5 负责试运过程中的缺陷管理，建立台账，确定缺陷性质和消缺责任单位，组织消缺后的验收，实行闭环管理	
4.3.3	工程建设标准强制性条文检查到位	**1.《建设工程安全生产管理条例》中华人民共和国国务院令〔2004〕第 393 号** 第十四条 工程监理单位应当审查施工组织设计中的安全技术措施或者专项施工方案是否符合工程建设强制性标准。 **2.《实施工程建设强制性标准监督规定》中华人民共和国建设部令〔2000〕第 81 号** 第二条 在中华人民共和国境内从事新建、扩建、改建等工程建设活动，必须执行工程建设强制性标准。 **3.《火电工程项目质量管理规程》DL/T 1144—2012** 7.5 施工调试监理	查阅分部工程强制性条文执行情况检查表 内容：符合强条计划要求 签字：施工单位技术人员、监理工程师已签字

条款号	大纲条款	检查依据	检查要点
4.3.3	工程建设标准强制性条文检查到位	7.5.3 审核确认下列主要质量管理文件： c）工程建设强制性条文实施计划。 **4.《电力建设工程监理规范》DL/T 5434—2009** 9.4.3 项目监理机构应审查承包单位提交的施工组织设计中的安全技术方案或下列危险性较大的分部分项工程专项施工方案是否符合工程建设强制性标准	
4.3.4	设备、施工质量问题及处理台账完整	**1.《建设工程监理规范》GB/T 50319—2013** 5.2.15 项目监理机构发现施工存在质量问题……，应及时签发监理通知单，要求施工单位整改。整改完毕后，项目监理机构应根据施工单位报送的监理通知回复对整改情况进行复查，提出复查意见。 **2.《火力发电建设工程机组调试质量验收及评价规程》DL/T 5295—2013** 2.0.11 当调试质量出现不符合项时，应进行登记备案，…… 2.0.12 对设计或设备制造原因造成的质量问题的处理，……，建设单位应会同设计单位（或制造单位）、监理单位、调试单位（或施工单位）共同书面签字确认。 **3.《火力发电建设工程启动试运及验收规程》DL/T 5437—2009** 3.2.3.2 监理单位的主要职责 5 负责试运过程中的缺陷管理，建立台账……，实行闭环管理。 **4.《电力建设工程监理规范》DL/T 5434—2009** 9.1.8 项目监理机构应参与主要设备开箱验收，对开箱验收中发现的设备质量缺陷，督促相关单位处理。 9.1.12 对施工过程中出现的质量缺陷，专业监理工程师应及时下达书面通知，要求承包单位整改，并检查确认整改结果。 9.1.15 专业监理工程师应……，并根据承包单位报送的消缺报验申请表和自检记录进行检查验收	查阅质量问题及处理记录台账 记录要素：质量问题、发现时间、责任单位、整改要求、闭环文件、完成时间 检查内容：完整

条款号	大纲条款	检查依据	检查要点
4.3.5	对整套启动条件提出监理评价意见	**1.《火力发电建设工程机组调试质量验收及评价规程》DL/T 5295—2013** 4.1.3 机组整套启动试运前应具备条件的检查，应在五个单项的全部单位工程的分系统试运结束并验收合格后进行。 4.1.4 对尚不具备验收条件但不影响整套启动试运的单位工程，应由试运指挥部作出暂缓验收的决定。 4.1.5 机组整套启动试运前应具备的条件检查通过后，方可进行机组整套的启动试运。 **2.《火力发电建设工程启动试运及验收规程》DL/T 5437—2009** 3.4.2 整套启动试运应具备下列条件： 3.4.2.1 试运指挥部及各组人员已全部到位，职责分工明确，各参建单位参加试运值班的组织机构及联系方式已上报试运指挥部并公布，值班人员已上岗。 3.4.2.2 建筑、安装工程已验收合格，满足试运要求；厂区外与市政、公交、航运等有关的工程已验收交接，能满足试运要求。 3.4.2.3 必须在整套启动试运前完成的分部试运项目已全部完成，并已办理质量验收签证，分部试运技术资料齐全。…… 3.4.2.4 整套启动试运计划、重要调试方案及措施已经总指挥批准，并已组织相关人员学习，完成安全和技术交底，首次启动曲线已在主控室张挂。 3.4.2.5 试运现场的防冻、采暖、通风、照明、降温设施已能投运，厂房和设备间封闭完整，所有控制室和电子间温度可控，满足试运需求。 3.4.2.6 试运现场安全、文明。…… 3.4.2.7 生产单位已做好各项运行准备。…… 3.4.2.8 试运指挥部的办公器具已备齐，文秘和后勤服务等项工作已经到位，满足试运要求。 3.4.2.9 配套送出的输变电工程满足机组满发送出的要求。 3.4.2.10 已满足电网调度提出的各项并网要求。……	查阅本阶段工程质量评价文件 评价意见：明确

条款号	大纲条款	检查依据	检查要点
4.3.5	对整套启动条件提出监理评价意见	**3.《火电工程项目质量管理规程》DL/T 1144—2012** 7.5.6 监理单位应在施工验收阶段实施以下质量管理工作： 　　d 组织单项、单台及整体工程的质量评价自检工作	
4.4 施工单位质量行为的监督检查			
4.4.1	完成施工验收中不符合项的整改	**1.《建设工程质量管理条例》中华人民共和国国务院令第 279 号** 第三十二条　施工单位对施工中出现质量问题的建设工程或者竣工验收不合格的建设工程，应当负责返修。 **2.《建筑工程施工质量验收统一标准》GB 50300—2013** 5.0.6 当建筑工程施工质量不符合规定时，应按下列规定进行处理： 　　1 经返工或返修的检验批，应重新进行验收。 **3.《电力建设施工质量验收及评价规程　第 1 部分：土建工程》DL/T 5210.1—2012** 3.0.9 当工程质量不符合要求时，应按下列规定进行处理： 　　1 经返工重做或更换器具、设备的检验批，应重新进行验收。 　　2 经有资质的检测单位检测鉴定能够达到设计要求的检验批，应予以验收。 　　3 经有资质的检测单位检测鉴定达不到设计要求、但经原设计单位核算认可能够满足结构安全和使用功能的检验批，可予以验收。 　　4 经返修或加固处理的分项、分部工程，虽然改变外形尺寸但仍能满足安全使用要求，可按技术处理方案和协商文件进行验收。 　　3.0.10 通过返修或经过加固处理仍不能满足安全使用要求的分部工程、单位（子单位）工程，严禁验收。 **4.《火电工程项目质量管理规程》DL/T 1144—2012** 　　9.4.5 当施工质量的检验项目不合格时，应按下列规定进行处理：	查阅不符合项台账 内容：不符合项已闭环

条款号	大纲条款	检查依据	检查要点
4.4.1	完成施工验收中不符合项的整改	a）当施工质量影响机组的功能、性能及存在安全隐患时，应返工处理，自检合格后可重新进行验收。 b）不影响功能和安全使用的经返修处理，自检合格后可重新进行验收。 c）经有资质的检测单位检测鉴定,能够达到设计要求的检验批，应予以验收。 d）经有资质的检测单位检测鉴定达不到设计要求、但经原设计单位核算认可能够满足结构安全和使用功能的检验批，可予以验收。 e）对于存在于检验批中发生的外形尺寸改变，但仍能满足安全使用要求，可按技术处理方案和协商文件进行验收。 f）通过返修或经过加固处理仍不能满足安全使用要求的分部工程、单位（子单位）工程，严禁验收	
4.4.2	完成单体、单机试运	**1.《火力发电建设工程机组调试质量验收及评价规程》DL/T 5295—2013** 3.1.2 分系统调试质量的检查、验收，应按……编制锅炉、汽轮机、电气、热控、化学五个单项工程的单位工程质量验收表，并填写、验收签证。 3.1.3 单位工程（包括单体和单机调试）的施工质量验收合格后，方可进行对应的单位工程的分系统调试。 **2.《火力发电建设工程启动试运及验收规程》DL/T 5437—2009** 3.3.2 分部试运包括单机试运和分系统试运两部分。…… 3.3.3.6 分部试运涉及的单体调试已完成,并经验收合格,满足试运要求。 3.3.5 单机试运完成、经组织验收合格、办理签证后，才能进入分系统试运。 3.4.2.3 （整套启动试运应具备下列条件）必须在整套启动试运前完成的分部试运项目已全部完成,并已办理质量验收签证	1. 查阅单体调试质量验收记录和质量验收签证 结论：合格 签字：责任人已签字 2. 查阅单机调试质量验收记录和质量验收签证 结论：合格 签字：责任人已签字

条款号	大纲条款	检查依据	检查要点
4.4.3	完成分部试运中不符合项的整改	**1.《火力发电建设工程机组调试质量验收及评价规程》DL/T 5295—2013** 2.0.11　当调试质量出现不符合项时,应进行登记备案,并按下列规定处理: 　1　经返工或更换设备的检验项目,应重新进行验收。 　2　返工后仍不合格或无法返工的检验项目,应经鉴定。对不影响使用功能及安全运行的项目,可做让步处理。经让步处理的项目不再进行验收,但应提出书面报告,附在验收表后。 2.0.12　对设计或设备制造原因造成的质量问题的处理,应符合下列规定: 　1　应由设计或设备制造单位负责处理。 　2　当委托调试单位或施工单位现场处理后,仍无法使有关检验项目完成满足标准要求时,建设单位应会同设计单位（或制造单位）、监理单位和调试单位（或施工单位）共同书面签字确认。 　3　存在非主要设备或自动、保护装置不能投入运行时,应由建设单位组织有关单位分析原因、明确责任单位、提出专题处理报告附在验收表后,并报上级主管单位备案。 **2.《火力发电工程质量管理规程》DL/T 1144—2012** 10.3.4　对调试过程中发现质量不符合项的处理,应符合下列规定: 　a）试过程中发现质量不符合项,应由建设单位组织相关单位分析原因,及时采取防止事故扩大的措施。 　b）由责任单位填写质量不符合项分析、处理报告,经监理、建设单位审核,试运指挥部批准后实施。 　c）质量不符合项处理完毕后,应经监理单位及建设单位检查、确认后,方可进入下一道工序	查阅不符合项台账 内容：不符合项已闭环
4.4.4	工程建设标准强制性条文实施计划已执行	**1.《实施工程建设强制性标准监督规定》中华人民共和国建设部令〔2000〕第81号** 第二条　在中华人民共和国境内从事新建、扩建、改建等工程建设活动,必须执行工程建设强制性标准。 第三条　本规定所称工程建设强制性标准是指直接涉及工程质量、安全、卫生及环境保护等方面的工程建设标准强制性条文。	查阅工程建设标准强制性条文执行记录 内容：与强制性条文执行计划相符 签字：责任人已签字

续表

条款号	大纲条款	检查依据	检查要点
4.4.4	工程建设标准强制性条文实施计划已执行	国家工程建设标准强制性条文由国务院建设行政主管部门会同国务院有关行政主管部门确定。 第六条 ……工程质量监督机构应当对工程建设施工、监理、验收等阶段执行强制性标准的情况实施监督。 **2.《火电工程项目质量管理规程》DL/T 1144—2012** 4.5 火电工程项目应认真执行国家和行业相关技术标准，严格执行工程建设标准中的强制性条文…… 5.3.3 建设单位在工程开工前应组织相关单位编制下列质量管理文件： d）工程建设强制性条文实施规划。 9.2.2 施工单位在工程开工前，应编制质量管理文件，经监理、建设单位会审、批准后实施，质量管理文件应包括： d）工程建设强制性条文实施细则	执行时间：与工程进度同步
4.5 调试单位质量行为的监督检查			
4.5.1	企业资质与合同约定的业务范围相符	**1.《电力工程调试能力资格管理办法》中电建协〔2010〕51号** 第五条 取得电力工程调试能力资格的电力工程调试单位，必须按照本办法规定的调试范围进行经营活动，不得越级。 第十三条 发电工程类（含各类火电、水电、燃气轮机、核电常规岛及其他新能源等发电工程的机组及升压站调试）执业范围： 一、特级调试单位可承担各种规模的发电机组的调试业务。 二、甲级调试单位可承担600MW及以下发电机组的调试业务。 三、乙级调试单位可承担200MW级及以下发电机组的调试业务。 四、丙级调试单位可承担100MW级及以下发电机组的调试业务。 **2.《火力发电建设工程机组调试技术规范》DL/T 5294—2013** 2.0.1 火力发电建设工程机组调试工作应由具有相应调试能力资格的单位承担。	查阅企业调试单位能力资格等级证书 发证单位：中国电力建设企业协会 证书有效期：当前有效 能力资格等级：业务范围涵盖合同约定的业务

条款号	大纲条款	检查依据	检查要点
4.5.1	企业资质与合同约定的业务范围相符	**3.《火电工程项目质量管理规程》DL/T 1144—2012** 10.1.2 调试单位承揽调试工程，应具有相应等级的资质……	
4.5.2	调试人员配备满足调试工作需要，持证上岗	**1.《火力发电建设工程机组调试质量验收及评价规程》DL/T 5295—2013** 6.2.2 调试质量保证条件的评价标准，应符合下列规定： 　1 项目部及本专业组织机构 　1）项目部及专业组织机构健全，设有资质的调试总工程师、调试工程师、调试技术员、安全员、质量员，明确了各专业负责人和配备足够符合要求的调试人员，并发文下达，…… **2.《火电工程项目质量管理规程》DL/T 1144—2012** 10.2.2 调试单位应建立项目调试质量管理体系，在参加调试项目投标时，应明确项目部的专业配置及人员，并制定相应的质量管理制度。 10.3.1 项目部调试人员资格应符合下列规定： 　a）调试总工程师应具有中级及以上职称，从事调试工作10年及以上，担任过两项工程及以上的调试副总工程师。 　b）专业调试负责人应具有中级及以上职称，从事专业调试工作5年及以上，担任过两项工程及以上的调试专业调试负责人	1. 查阅项目部组织机构成立文件 岗位设置：包括调试总工程师、专业调试负责人及调试人员 各岗位职责：明确 2. 查阅现场调试人员资格证书 发证单位：中国电力建设企业协会 有效期：当前有效 类别：许可执业范围涵盖目前从事的调试工作
4.5.3	调试使用的仪器、仪表检定合格，并在使用有效期内	**1.《火力发电建设工程机组调试质量验收及评价规程》DL/T 5295—2013** 6.2.2 调试质量保证条件的评价标准，应符合下列规定： 　9 仪器设备 　1）调试仪器设备能满足现场全部调试工作需要，并检验合格在有效期内，且有仪器的检验证书，现场保管符合有关要求……	1. 查看主要测量计量器具/试验设备检验报审表和检定报告 有效期：当前有效 2. 查看仪器仪表 标识：贴有合格标签，且在有效期内

条款号	大纲条款	检查依据	检查要点
4.5.4	工程建设标准强制性条文已执行	**1.《实施工程建设强制性标准监督规定》中华人民共和国建设部令〔2000〕第 81 号** 第二条　在中华人民共和国境内从事新建、扩建、改建等工程建设活动，必须执行工程建设强制性标准。 第六条　工程质量监督机构应当对工程建设施工、监理、验收等阶段执行强制性标准的情况实施监督。 **2.《火电工程项目质量管理规程》DL/T 1144—2012** 10.1.2　调试单位应严格执行国家有关法律、法规和强制性条文的规定，按相关国家标准、行业标准和合同约定，完成全部调整试验及性能试验项目，并按有关规定编制试验报告	查阅强制性条文执行计划和执行记录 内容：执行记录与执行计划相符 执行计划：监理和建设单位审批人已签字 执行记录：责任人签字
4.5.5	分系统调试报告已完成	**1.《火力发电建设工程机组调试质量验收及评价规程》DL/T 5295—2013** 3.1.2　分系统调试质量的检查、验收，应按本标准表 A 的格式编制锅炉、汽轮机、电气、热控、化学五个单项工程的单位工程质量验收表，并填写、验收签证。 3.3.2　锅炉单项工程调试质量验收，应符合表 3.3.2 的规定。 3.3.4　汽轮机单项工程调试质量验收，应符合表 3.3.4 的规定。 3.3.6　电气单项工程调试质量验收，应符合表 3.3.6 的规定。 3.3.8　热控单项工程调试质量验收，应符合表 3.3.8 的规定。 3.3.10　化学单项工程调试质量验收，应符合表 3.3.10 的规定。 4.1.2　机组整套启动试运前应具备条件的检查，应在五个单位单项工程的全部单位工程的分系统试运结束并验收合格后进行。 **2.《火力发电建设工程机组调试技术规范》DL/T 5294—2013** 4.2.2　调试工作应按下列程序进行： 3　整套启动调试应符合下列程序： 3）调试单位应按整套启动试运条件检查确认表组织调试、施工、监理、建设、生产等单位进行检查确认签证，报请试运指挥部总指挥批准。	查阅各专业分系统调试单位工程质量验收表、单项工程质量验收汇总表 调试项目：与调试方案、大纲、调试验收划分表一致 签字：调试、施工、监理、建设、生产单位专业工程师已签字 结论：合格

条款号	大纲条款	检查依据	检查要点
4.5.5	分系统调试报告已完成	**3.《火力发电建设工程启动试运及验收规程》DL/T 5437—2009** 3.4.2 整套启动试运应具备下列条件： 3.4.2.3 必须在整套启动试运前完成的分部试运项目已全部完成，并已办理质量验收签证，分部试运技术资料齐全。主要检查项目有： 1 锅炉、汽轮机（燃气轮机）、电气、热控、化学五大专业的分部试运完成情况	
4.5.6	机组调试大纲、整套启动调试措施已审批，并完成交底	**1.《火力发电建设工程机组调试技术规范》DL/T 5294—2013** 4.2.1 调试大纲及调试措施应按下列程序审批： 1 调试单位编制的调试大纲，由监理单位负责组织建设、生产、设计、监理、施工、调试、主要设备供货商等单位现场主要负责人进行审查，并形成审查会议纪要。调试单位按照会议纪要完成修改，经调试单位负责人审核，报试运指挥部总指挥批准后执行。 3 调试单位编制的分系统和整套启动调试措施，……由调试单位调试总工程师审核，报试运指挥部总指挥批准后执行；涉及电网的试验措施由生产单位报送电网公司批准后执行；一般的调试、试验措施报监理单位审查，调试单位调试总工程师批准后执行。 **2.《火力发电建设工程启动试运及验收规程》DL/T 5437—2009** 3.2.2.3 试运指挥部的职责 3 审批重要项目的调试方案或措施（如调试大纲、升压站及厂用电受电措施、化学清洗措施、蒸汽管道吹管措施、锅炉整套启动措施、汽轮机整套启动措施、电气整套启动措施、甩负荷试验措施等）和单机试运计划、分系统试运计划及整套启动试运计划。 3.2.3.4 调试单位的主要职责 5 负责分系统试运和整套启动试运调试前的技术及安全交底，并做好交底记录。 3.4.2.4 整套启动试运计划、重要调试方案及措施已经总指挥批准，并已组织相关人员学习，完成安全和技术交底，首次启动曲线已在主控室张挂	1. 查阅调试大纲、整套启动调试措施 审核：调试单位负责人已签字 批准：试运指挥部总指挥已签字 2. 查阅整套启动调试措施交底记录 内容：包括技术和安全措施 签字：施工、调试、监理、建设、生产、主要设备供货商相关责任人已签字

条款号	大纲条款	检查依据	检查要点
4.6 生产运行单位质量行为的监督检查			
4.6.1	生产运行管理组织机构健全，满足生产运行管理工作的需要	**1.《火电工程项目质量管理规程》DL/T 1144—2012** 11.1.3 生产准备阶段应完成下列工作： C）组织人员培训。 11.3.1 生产运行机构宜与工程管理机构同时组建。 11.3.2 人员配备数量应满足生产运行需要，人员能力要求如下： a）专业技术人员，应具备 3 年以上专业技术工作经历。 b）运行人员中，初次涉足电厂实际运行值班工作的人员所占比例不宜大于 2/5。 c）检修维护人员中，初次涉足电厂实际检修维护工作的人员所占比例不宜大于 1/3。 d）配备特种作业人员，应按有关规定培训取证，并在生产部门备案。 e）专业技术人员宜在机组投产前 18 个月到位，其他生产人员宜在机组投产前 12 个月配齐	查阅生产运行管理组织机构设置文件 内容：包括运行值（班组）各岗位人员名单
4.6.2	运行人员经相关部门培训上岗	**1.《火电工程项目质量管理规程》DL/T 1144—2012** 11.1.3 生产准备阶段应完成下列工作： C）组织人员培训。 11.3.1 生产运行机构宜与工程管理机构同时组建。 11.3.2 人员配备数量应满足生产运行需要，人员能力要求如下： a）专业技术人员，应具备 3 年以上专业技术工作经历。 b）运行人员中，初次涉足电厂实际运行值班工作的人员所占比例不宜大于 2/5。 c）检修维护人员中，初次涉足电厂实际检修维护工作的人员所占比例不宜大于 1/3。 d）配备特种作业人员，应按有关规定培训取证，并在生产部门备案。 e）专业技术人员宜在机组投产前 18 个月到位，其他生产人员宜在机组投产前 12 个月配齐。 **2.《火电厂烟气脱硝（SCR）系统运行技术规范》DL/T 335—2010** 5.1.1 启动前应符合的基本要求	查阅运行人员培训台账 培训：全体运行人员 考试：成绩合格 台账：负责人已签字

续表

条款号	大纲条款	检查依据	检查要点
4.6.2	运行人员经相关部门培训上岗	h）上岗人员资质审查应合格，证件齐全。 **3.《火力发电建设工程启动试运及验收规程》DL/T 5437—2009** 3.2.3.5 生产单位的主要职责 　1 运行及维护人员的配备、上岗培训和考核、运行人员正式上岗操作。 **4.《防止电力生产事故的二十五项重点要求及编制释义》** 1.2.1 凡从事电气操作、电气检修和维护人员必须经专业技术培训及触电急救培训并合格方可上岗，其中属于特种工作的需取得"特种作业操作证"。带电作业人员还应取得"带电作业资格证"	
4.6.3	运行管理制度、操作规程、系统图册已发布实施	**1.《火电工程项目质量管理规程》DL/T 1144—2012** 11.1.3 生产准备阶段应完成下列工作： 　e）编制运行规程、系统图册、生产记录报表、台账、工作票、操作票。 11.4.1 生产准备阶段，组织设备清册汇总整理工作，根据设备合同约定，建立设备台账。 11.4.2 依据设备台账，进行统一编码，对订货、催货、储存、使用、维护及检修进行规范化管理。 11.4.3 依据设备台账，建立随机备品备件、专用工器具管理台账，制订设备备品备件、材料、工器具采购计划。 **2.《火电厂烟气脱硝（SCR）系统运行技术规范》DL/T 335—2010** 5.1.1 启动前应符合的基本要求 　i）操作票应通过审批。 **3.《火力发电建设工程启动试运及验收规程》DL/T 5437—2009** 3.2.3.5 生产单位的主要职责 　1 生产运行规程、系统图册、各项规章制度和各种工作票、操作票、运行和生产报表、台账的编制、审批和试行。	1. 查阅运行管理制度 审批：编、审、批已签字 2. 查阅运行操作规程 审批：编、审、批已签字 3. 查阅运行系统图册 审批：编、审、批已签字

条款号	大纲条款	检查依据	检查要点
4.6.3	运行管理制度、操作规程、系统图册已发布实施	**4.《火电厂烟气脱硫工程调整试运及质量验收评定规程》DL/T 5403—2007** 6.3.3.2 人员配备及技术文件准备 5 生产单位在试运现场应备齐运行规程、系统流程图、控制和保护逻辑图册、设备保护整定值清单，主要设备说明书、运行维护手册等。 **5.《防止电力生产事故的二十五项重点要求》** 3.1 严格执行操作票、工作票制度，并使"两票"制度标准化，管理规范化。 3.2 严格执行调度指令。当操作中产生疑问时，应立即停止操作，向值班调度员或值班负责人报告，并禁止单人滞留在操作现场，待值班调度员或值班负责人再行许可后，方可进行操作。不准擅自更改操作票，不准随意解除闭锁装置。 3.3 应制定和完善防误装置的运行规程及检修规程，加强防误闭锁装置的运行、维护管理，确保防误闭锁装置正常运行。 **6.《防止电力生产事故的二十五项重点要求》** 1.8.16 建立氨管理制度，加强相关人员的业务知识培训，使用和储存人员必须熟悉氨的性质；杜绝误操作和习惯性违章	
4.6.4	电气、热控装置的保护定值已经批准	**1.《火电工程项目质量管理规程》DL/T 1144—2012** 11.1 生产运行单位的质量职责 11.1.4 设备安装阶段应组织人员了解主机和主要辅机的安装情况，熟悉系统布置。 11.1.5 参加调试大纲、试运方案及措施的审查。 11.1.6 提供电气、热控保护定值。 **2.《火力发电建设工程启动试运及验收规程》DL/T 5437—2009** 3.2.3.5 生产单位的主要职责 2 根据调试进度，在设备、系统试运前一个月以正式文件的形式将设备的电气和热控保护整定值提供给安装和调试单位。	1. 查阅电气装置的保护定值清单 保护定值：有 审批：负责人已签字，并正式公布 2. 查阅热控装置的保护定值清单 保护定值：有 审批：负责人已签字，并正式公布

条款号	大纲条款	检查依据	检查要点
4.6.4	电气、热控装置的保护定值已经批准	**3.《火电厂烟气脱硫工程调整试运及质量验收评定规程》DL/T 5403—2007** 6.1.6.4 生产单位负责生产准备工作，负责提供电气保护定值，审查确认热工整定值，参加分部试运和分部试运后的技术签证，在启动试运中负责设备代保管和启动试运中的操作，对试运中出现的问题提出处理意见和建议，全面负责移交试生产后的生产运行和维护管理工作。 **4.《防止电力生产事故的二十五项重点要求》** 4.1.8 并网电厂发电机组配置的频率异常、低励限制、定子过电压、定子低电压、失磁、失步等涉网保护定值应满足电力系统安全稳定运行的要求。 4.1.9 加强并网发电机组涉及电网安全稳定运行的励磁系统及电力系统稳定器和调速系统的运行管理，其性能、参数设置、设备投停等应满足接入电网安全稳定运行要求	
4.6.5	设备、系统、区域标识已完成	**1.《火力发电建设工程启动试运及验收规程》DL/T 5437—2009** 3.2.3.5 生产单位的主要职责 　　1 设备和阀门、开关和保护压板、管道介质流向和色标等各种正式标识牌的定制和安置，生产标准化配置等。 3.3.9 与电网调试管辖有关的设备和区域，如启动/备用变压器、升压站内设备和主变压器等，在受电完成后，必须立即由生产单位进行管理。 **2.《电网运行准则》GB 31464—2015** C.1.2 电网调度机构调度管辖的一次设备按照所在电网的调度规程统一编号命名，电网使用的其他一次设备参照所在电网的调度规程自行命名； C.1.4 电网内的所有一次设备的编号和命名不得与电网调度机构下达的一次设备的编号和命名相抵触	1. 查阅设备标识验收记录表 内容：设备标识内容及验收人员已签字 2. 查阅系统、区域标识验收记录表 内容：系统、区域标识内容及验收人员已签字
4.6.6	反事故措施和应急预案已审批	**1.《中华人民共和国安全生产法》中华人民共和国主席令〔2014〕第十三号** 第十八条 生产经营单位的主要负责人对本单位安全生产工作负有下列职责：	1. 查阅反事故措施审批记录 审批：编、审、批已签字

条款号	大纲条款	检查依据	检查要点
4.6.6	反事故措施和应急预案已审批	（二）组织制定本单位安全生产规章制度和操作规程； （六）组织制定并实施本单位的生产安全事故应急救援预案。 　　第七十八条　生产经营单位应当制定本单位生产安全事故应急救援预案，与所在地县级以上地方人民政府组织制定的生产安全事故应急急救预案相衔接，并定期组织演练。 **2.《电力建设安全生产监督管理办法》电监会电监安全〔2007〕38 号** 　　第八条　电力企业应当履行下列电力安全生产管理基本职责： （五）按照有关规定建立健全电力安全生产隐患排查治理制度和风险预控体系，开展隐患排查及风险辨识、评估和监控工作，并对安全隐患和风险进行治理、管控。 　　第十七条　电力企业应当根据国家有关规定和标准，制订、完善和落实预防电网大面积停电的安全技术措施、反事故措施和应急预案，建立完善与国家能源局及其派出机构、地方人民政府及电力用户等的应急协调联动机制。 **3.《电力建设安全工作规程　第 1 部分：火力发电》DL 5009.1—2014** 　　7.1.1　工作场所应符合下列规定： 　　1　调整试验及试运行区域应设警戒区，悬挂警示标识； 　　6　调整试验及试运行区域应按消防法规配备充足的消防器材和设施并定期检查和试验，保持完好状态，严禁将消防设施移作他用； 　　7　试运前应划定易燃易爆等危险区域，设置警示标识，设专人值班管理。 **4.《火电工程项目质量管理规程》DL/T 1144—2012** 　　11.1.10　按事故及安全风险应急预案、反事故措施实施演练，并编写演练效果评价报告。 **5.《火电厂烟气脱硝（SCR）系统运行技术规范》DL/T 335—2010** 　　5.1.1　启动前应符合的基本要求 　　j）应急预案应通过审批，并经过演练	2. 查阅应急预案审批记录 审批：编、审、批已签字

条款号	大纲条款	检查依据	检查要点
5 工程实体质量的监督检查			
5.1 土建专业和试运环境的监督检查			
5.1.1	启动范围内建筑工程的监督检查按照本大纲第8部分"建筑工程交付使用前监督检查"进行		
5.1.2	主控室室内环境质量监测合格	**1.《室内空气质量标准》GB/T 18883—2002** 4 室内空气质量 4.1 室内空气应无毒、无害、无异常嗅味。 4.2 室内空气质量标准见表1。 **2.《室内环境空气质量监测技术规范》HJ/T 167—2004** 7.2.2 监测报告 监测报告应包括以下内容：被监测方或委托方、监测地点、监测项目、监测时间、监测仪器、监测依据、评价依据、监测结果、监测结论及检验人员、报告编写人员、审核人员、审批人员签名等。 监测报告应加盖监测机构监（检）测专用章，在报告封面左上角加盖计量认证章，并要加盖骑缝章	查阅监测报告 检测项目：符合规范规定 报告签字：有检验员、报告编写人、审核人、审批人已签字 报告盖章：监测资质证章、计量认证章、监测机构监（检）测专用章齐全 监测结论：符合规范规定
5.1.3	主、辅厂房区域内的沟道、孔洞盖板齐全、平整，围栏安全可靠	**1.《电力建设施工技术规范 第3部分：汽轮发电机组》DL 5190.3—2012** 11.1.4 汽轮发电机及其附属机械、附属设备试运时现场应具备下列条件： 　2 试运围内的脚手架已全部拆除，环境已清理干净，现场沟道、孔洞盖板齐全，临时孔洞装好护栏或盖板，平台正式的楼梯、通道、过桥、栏杆及底部护板已安装完毕。	查看主、辅厂房内试运条件 沟道、孔洞：盖板齐全、平整 围栏：安装可靠且符合安全要求

条款号	大纲条款	检查依据	检查要点
5.1.3	主、辅厂房区域内的沟道、孔洞盖板齐全、平整，围栏安全可靠	**2.《电力建设施工技术规范　第2部分：锅炉机组》DL 5190.2—2012** 13.1.5　锅炉机组试运前与试运机组有关的土建、安装工作应按设计基本结束，并应具备下列现场条件： 　6　妨碍运行和有着火危险的脚手架已拆除，沟道盖板、梯子、平台、栏杆齐全，地面平整清洁，运行人员能安全通行。 **3.《火力发电建设工程启动试运及验收规程》DL/T 5437—2009** 3.4.2.6　试运现场安全、文明。主要检查项目有： 　3　现场脚手架已拆除，道路畅通，沟道和孔洞盖板齐全，楼梯和步道扶手、栏杆齐全且符合安全要求	
5.1.4	试运区域的平台、梯子、栏杆已安装完毕，并验收合格	**1.《电力建设施工技术规范　第2部分：锅炉机组》DL 5190.2—2012** 13.1.5　锅炉机组试运前与试运机组有关的土建、安装工作应按设计基本结束，并应具备下列现场条件： 　6　妨碍运行和有着火危险的脚手架已拆除，沟道盖板、梯子、平台、栏杆齐全，地面平整清洁，运行人员能安全通行。 **2.《电力建设施工技术规范　第3部分：汽轮发电机组》DL 5190.3—2012** 3.2.4　交付安装的土建工程应具备下列条件： 　7　各层平台、通道、梯子、栏杆、踢脚板和扶手装设完毕并焊接牢固，主机周边孔洞有可靠的临时盖板和围栏。 11.1.4　汽轮发电机及其附属机械、附属设备试运时现场应具备下列条件： 　2　试运范围内的脚手架已全部拆除，环境已清理干净，现场沟道、孔洞盖板齐全，临时孔洞装好护栏或盖板，平台正式的楼梯、通道、过桥、栏杆及底部护板已安装完毕。 **3.《火力发电建设工程启动试运及验收规程》DL/T 5437—2009** 3.4.2.6　试运现场安全、文明。主要检查项目有： 　3　现场脚手架已拆除，道路畅通，沟道和孔洞盖板齐全，楼梯和步道扶手、栏杆齐全且符合安全要求	查看试运区域环境 平台、梯子、栏杆：安装完毕并已检查验收确认，符合规范规定

条款号	大纲条款	检查依据	检查要点
5.1.5	试运区域正式照明已投运正常	**1.《电力建设施工技术规范 第2部分：锅炉机组》DL 5190.2—2012** 13.1.5 锅炉机组试运前与试运机组有关的土建、安装工作应按设计基本结束，并应具备下列现场条件： 　8 具备可靠的照明、通信和消防设施，消防通道畅通。 **2.《电力建设施工技术规范 第3部分：汽轮发电机组》DL 5190.3—2012** 11.1.4 汽轮发电机及其附属机械、附属设备试运时现场应具备下列条件： 　7 现场有足够的正式照明，事故系统照明完整、可靠并处于备用状态。 **3.《火力发电建设工程启动试运及验收规程》DL/T 5437—2009** 3.4.2.5 试运现场的防冻、采暖、通风、照明、降温设施已能投运，厂房和设备间封闭完整，所有控制室和电子间温度可控，满足试运需求	查看试运区 照明：灯具齐全，应急照明切换正常，满足试运要求
5.1.6	试运区域的厂区道路通畅	**1.《电力建设施工技术规范 第2部分：锅炉机组》DL 5190.2—2012** 13.1.5 锅炉机组试运前与试运机组有关的土建、安装工作应按设计基本结束，并应具备下列现场条件： 　8 具备可靠的照明、通信和消防设施，消防通道畅通。 **2.《电力建设施工技术规范 第3部分：汽轮发电机组》DL 5190.3—2012** 11.1.4 汽轮发电机及其附属机械、附属设备试运时现场应具备下列条件： 　1 厂区场地平整，道路畅通。 **3.《火力发电建设工程启动试运及验收规程》DL/T 5437—2009** 3.4.2.6 试运现场安全、文明。主要检查项目有： 　3 现场脚手架已拆除，道路畅通，沟道和孔洞盖板齐全，楼梯和步道扶手、栏杆齐全且符合安全要求	查看试运区 道路：厂区道路已施工完毕，消防通道畅通
5.1.7	试运区域内的施工机械及临时设施已拆除，环境整洁	**1.《电力建设施工技术规范 第2部分：锅炉机组》DL 5190.2—2012** 13.1.5 锅炉机组试运前与试运机组有关的土建、安装工作应按设计基本结束，并应具备下列现场条件： 　6 妨碍运行和有着火危险的脚手架已拆除，沟道盖板、梯子、平台、栏杆齐全，地面平整清洁，运行人员能安全通行。	查看试运区域环境 施工机械、临时设施：已拆除，场地平整、环境整洁

条款号	大纲条款	检查依据	检查要点
5.1.7	试运区域内的施工机械及临时设施已拆除，环境整洁	**2.《电力建设施工技术规范　第3部分：汽轮发电机组》DL 5190.3—2012** 11.1.4　汽轮发电机及其附属机械、附属设备试运时现场应具备下列条件： 　2　试运范围内的脚手架已全部拆除，环境已清理干净，现场沟道、孔洞盖板齐全，临时孔洞装好护栏或盖板，平台正式的楼梯、通道、过桥、栏杆及底部护板已安装完毕。 **3.《火力发电建设工程启动试运及验收规程》DL/T 5437—2009** 3.4.2.6　试运现场安全、文明。主要检查项目有： 　3　现场脚手架已拆除，道路畅通，沟道和孔洞盖板齐全，楼梯和步道扶手、栏杆齐全且符合安全要求	
5.2　锅炉专业的监督检查			
5.2.1	锅炉本体、辅助机械验收合格	**1.《电力建设施工技术规范　第2部分：锅炉机组》DL 5190.2—2012** 13.1.3　锅炉机组在整套启动前，必须完成锅炉设备，包括：锅炉辅助机械和各附属系统的分部试运；锅炉的烘炉、化学清洗；锅炉及其主蒸汽、再热蒸汽管道系统的吹洗；锅炉的热工测量、控制和保护系统的调整试验工作。 13.2.2　锅炉点火升压前，除应按照运行规程和调试措施的要求进行全面检查外，还应重点检查下列各项： 　1　水位计清晰、准确。 　3　锅炉烟风及汽水管道支吊架经调整完毕，各处膨胀间隙正确，膨胀位移时不受阻碍；膨胀指示器安装正确牢固，在上水前应调整到零位。 　4　防爆门安装应符合技术要求，能可靠动作，动作时不会伤及工作人员和引起火灾。 　5　附属机械已全部进行分部试运，并做事故按钮、联锁及保护装置动作试验。 　6　燃烧器调节机构做操作试验，动作应灵活，实际位置应和开度指示一致；摆动式燃烧器四角摆动应同步；旋流式燃烧器的调风器应置于点火位上，应检查内、外旋流叶片旋转方向以及旋转角度的同步性。 　7　点火器操作试验应完成，执行机构应灵活可靠，位置适当，性能良好。	1.查阅锅炉送风机、引风机、一次风机、磨煤机、空预器等辅机分部试运验收记录及签证 试运参数：符合设计图纸或标准要求 签字：有施工、监理、建设单位签字 2.查阅分系统试运前记录及签证分系统调试记录：符合设计图纸或标准规定 签字：有施工、调试、监理、建设单位签字

续表

条款号	大纲条款	检查依据	检查要点
5.2.1	锅炉本体、辅助机械验收合格	8 燃油（气）速断阀、各电动阀门应灵活可靠，各热工远方操作装置操作试验，关闭应严密，行程应足够，位置指示应正确。 9 油点火装置或等离子点火装置已调试完毕。 10 燃油管道已完成通油试验；系统严密不漏，油温、油压应符合要求，燃气管道应进行气密性试验，并增设临时过滤装置。 12 事故照明、越限报警及锅炉各种联锁保护、控制系统动作检查试验结束。 13 锅炉应进行了冷态通风试验……流化床还应进行布风板阻力试验、料层阻力试验、最小流化风量及流化试验。 14 制粉系统、除渣系统应具备投运条件。 15 除灰系统调试完成；电气除尘器完成振打、升压试验、气流均布试验；袋式除尘器应做外观检查、通风、阻力测量及预喷涂试验。 16 脱硝、脱硫系统应同步调试。 17 输煤系统应进行联合试运，试验事故按钮及联锁（程控）装置应调试完毕，并做载煤试运，检查启停、筛分、破碎和除铁性能。 18 吹灰器及烟温探针应调试完毕。 19 空气预热器吹灰器及消防系统调试完毕，空气预热器火灾检测系统及水冲洗系统需调试完毕，可投入使用。 **2.《火力发电建设工程机组蒸汽吹管导则》DL/T 1269—2013** 7.2.9 吹管结束后应打开集箱手孔进行内部检查（至少打开集箱总数的1/3）；装有节流孔板的锅炉受热面，应进行内窥镜或射线检查。 **3.《锅炉启动调试导则》DL/T 852—2016** 6.1.4.2 锅炉点火启动前，设备系统应具备下列条件： a）锅炉及辅机系统电气、热控连锁保护校验验收合格，并已制定厂用电失去、DCS 失电或出现操作员站"死机"等状态下的反事故措施；	3. 查阅吹管后集箱内部清理记录 检查方法及数量：符合规范要求 签字：有施工、监理、建设单位签字 4. 查看锅炉辅机系统 系统安装：完整 润滑油、冷却水系统：运转正常，无泄漏 设备标识：清晰 5. 查看锅炉烟风系统 安装：系统完整，无泄漏点，人孔门封闭严密，介质流向正确

续表

条款号	大纲条款	检查依据	检查要点
5.2.1	锅炉本体、辅助机械验收合格	b）锅炉及辅机系统经过分部试运验收合格； c）设备挂牌、标识齐全； d）锅炉水压、化学清洗、冷态通风试验、蒸汽吹管等工作结束，验收合格； e）机组公用系统投入运行； f）锅炉支吊架牢固，膨胀裕度符合设计要求	
5.2.2	炉顶吊挂装置受力均匀，锁紧销已拆除	**1.《电力建设施工技术规范　第2部分：锅炉机组》DL 5190.2—2012** 4.3.12　锅炉大板梁在承重前、锅炉水压试验前、锅炉水压试验上水后、水压试验完成放水后、锅炉点火启动前应测量其垂直挠度，测量数据应符合厂家设计要求。 5.1.21　受热面吊挂装置弹簧的锁紧销在锅炉水压期间应保持在锁定位置，锅炉点火前方可拆除。 5.2.4　汽包吊环在安装前应检查接触部位，接触角在90°内，接触应良好，圆弧应吻合，符合制造设备技术文件的要求。 5.2.5　汽包、汽水分离器、联箱吊挂装置应符合下列规定： 　1　吊挂装置的吊耳、吊杆、吊板和销轴等的连接应牢固，焊接应符合设计要求； 　2　球形面垫铁间应涂粉状润滑剂； 　3　吊杆紧固时应负荷分配均匀，水压前应进行吊杆受力复查。 5.4.9　锅炉连通管及附件安装应符合下列规定： 　3　锅炉连通管道支吊架安装应符合下列要求： 　1）安装前进行全面检查，应核对尺寸正确、零部件完好，无变形等缺陷。 　2）设计为常温下工作的吊架吊杆不得从管道保温层内穿过。 　3）管道支吊架的安装活动零件与其支撑件应接触良好，支吊架应能满足管道自由膨胀。 　4）设计要求偏装的支吊架，应严格按照设计图纸的偏装量进行安装；设计未做明确要求的，应根据管系整体膨胀量进行偏装。 　5）吊杆的调整应在水压前进行，最终调整后应按图纸要求锁定螺母；吊杆不允许施焊或引弧。	1. 查阅锅炉水压试验上水后、水压试验完成放水后、锅炉点火启动前大板梁承重挠度测量记录 　数据：符合厂家设计要求 2. 查阅炉顶吊挂装置锁定销拆除记录 　内容：符合设计图纸或标准要求 　签字：有施工、监理、建设单位签字 3. 查看管道支吊架安装位置、数量和膨胀：符合设计或标准要求

续表

条款号	大纲条款	检查依据	检查要点
5.2.2	炉顶吊挂装置受力均匀，锁紧销已拆除	**2.《电站锅炉压力容器检验规程》DL 647—2004** 5.10 锅炉整体超压水压试验前监督检查对受热面检查内容及质量要求： i）顶棚管吊攀……已按图纸要求安装齐全，无漏焊。 5.11 锅炉钢架、吊杆 a）炉顶大板梁支座连接情况应符合设计要求； h）炉顶吊杆、恒力吊架和弹簧吊架安装齐全正确，受力均匀，吊杆冷态预偏位置已调整好，符合设计要求；有蝶形弹簧的吊杆，弹簧压缩量应符合设计值，支座、垫板、销轴、开口销及螺帽制动措施等零件应齐全，螺栓至少应露出螺帽1牙～2牙螺纹。 5.12 锅炉范围内管道 h）支吊架安装数量和位置符合设计要求；吊架安装牢固、企确、受力均匀，弹簧无卡涩现象；滑动支座无杂物堵塞，不影响管道膨胀	
5.2.3	受热面设备膨胀间隙验收合格	**1.《电力建设施工技术规范 第2部分：锅炉机组》DL 5190.2—2012** 4.8.2 施工质量验收应具备下列签证和记录 16 主要热膨胀位移部件安装记录（如水封槽的膨胀间隙和伸缩节的冷拉值或压缩值等）。 5.1.18 膨胀指示器安装必须符合厂家图纸要求，应安装牢固，布置合理，指示正确。 5.4.2 过热器、再热器组件的组合安装允许偏差应符合表5.4.2的规定。 5.4.3 省煤器组件的组合安装允许偏差应符合表5.4.3的规定。 5.4.4 折焰角、水平烟道与上部蛇型管底部距离不得小于设计值。 5.4.5 受热面的防磨装置应按图纸留出接头处的膨胀间隙，且不得妨碍烟气流通。 5.4.9 锅炉连通管及附件安装应符合下列规定： 2 锅炉连通管应能够自由膨胀且不得阻碍受热面设备的膨胀。 5.5.2 循环泵安装应符合下列要求： 4 电动机下部应有足够的膨胀间隙。	1. 查阅过热器、再热器、省煤器等受热面设备验收记录 膨胀间隙：符合设计图纸或标准要求 签字：有施工、监理、建设单位签字 2. 查阅锅炉点火期间受热面设备膨胀指示器记录 内容：符合设计图纸或标准要求 3. 查看受热面等设备膨胀情况

续表

条款号	大纲条款	检查依据	检查要点
5.2.3	受热面设备膨胀间隙验收合格	5.6.4 炉膛密封应符合下列规定： 　　3 二次密封的安装应符合下列要求： 　　　1）密封槽的膨胀间隙应符合设计要求，槽内干净无杂物。 　　　2）管屏密封槽体应……。槽插板应有足够的膨胀间隙。 13.2.3 锅炉首次升温升压应缓慢平稳，厚壁受压件升温升压速度应按设备技术文件的规定，应检查受热面各部分的膨胀情况，如有膨胀异常情况，必须查明原因并消除异常后可继续升压。并在以下情况记录膨胀值： 　　1 上水前； 　　2 上水后； 　　3 0.5MPa～1.5MPa； 　　4 锅炉工作压力的50%； 　　5 工作压力	受热面等设备：膨胀自如无卡涩， 膨胀间隙：符合厂家设计或标准要求
5.2.4	安全阀安装验收合格	**1.《电力建设施工技术规范　第2部分：锅炉机组》DL 5190.2—2012** 6.5.1 锅炉安全阀应有厂家的合格证及检验报告。 6.5.5 带负载压力控制的蝶（盘）形弹簧安全门安装应符合下列要求： 　　3 安全阀出口喷嘴处的疏水和排汽管道最低处的疏水应分别接至锅炉无压疏放水母管。 6.7.2 施工质量验收应具备下列签证和记录： 　　5 安全阀安装记录。 **2.《电站锅炉安全阀技术规程》DL/T 959—2014** 7.1.2 安全阀应铅直安装，宜靠近被保护的系统应使其进口支管短而直。 7.1.3 安全阀应装设通往室外的排汽管，排汽管及其附件（包括消声器）不应影响该安全阀的正确动作；安全阀的排汽管及其附件宜采用不锈钢的材质。	1. 查阅安全阀安装验收记录，整定记录 内容：符合设计图纸或标准要求 签字：有相关单位的签字 2. 安全阀、疏水盘的疏水管：安装齐全、通畅；安全阀排汽管道：安装预偏装值符合设计图纸要求和技术说明 3. 查看安全阀及排汽管

条款号	大纲条款	检查依据	检查要点
5.2.4	安全阀安装验收合格	7.1.4 排汽管的固定方式在任何情况下都应保持正确的位置，应避免由于热膨胀或排汽反作用力而影响安全阀正确动作。无论冷态或热态都不得有任何来自排汽管的外力施加到安全阀上，排汽管本身应有足够的强度。 **3.《电力建设施工质量验收规程 第2部分：锅炉机组》DL/T 5210.2—2018** 6.6.3 弹簧式安装装置、安装质量及检验方法应符合表 6.6.3 规定	安装和焊接：符合厂家设计或标准规定
5.2.5	平台、扶梯、栏杆验收合格，各层平台标高、载荷标识齐全	**1.《电力建设施工技术规范 第2部分：锅炉机组》DL 5190.2—2012** 4.3.16 ……采用焊接连接的应及时焊牢，采用吊杆和卡具连接的应及时紧固。 4.3.17 栏杆的立柱应垂直，间距应均匀，转弯附近应装一根立柱。同侧各层平台的栏杆立柱应尽量在同一垂直线上。平台、梯子、栏杆和围板等安装后应平直牢固，接头处应光滑，围板安装间隙符合图纸要求。 4.3.18 不应随意改变梯子的斜度或改动上下踏板的高度和连接平台的间距。 **2.《电力建设施工质量验收规程 第2部分：锅炉机组》DL/T 5210.2—2018** 6.1.13 平台、扶梯、栏杆安装质量及检验方法应符合表 6.1.13 规定。 **3.《锅炉安全技术监察规程》TSG G0001—2012** 3.24.2 操作人员立足点距离地面或者运转层高度超过 2000mm 的锅炉，应当装设平台、扶手和防护栏杆等设施	1. 查阅平台、扶梯、栏杆验收记录 内容：符合设计图纸及标准要求 签字：有施工、监理、建设单位签字 2. 查看锅炉大罩壳上部栏杆情况 设计图纸：设计规范，符合规定 栏杆平直度：符合标准或设计要求签字：施工、监理单位签字齐全 3. 查看平台、扶梯、栏杆 安装：符合厂家设计和标准要求， 标高、荷载标识：清晰

条款号	大纲条款	检查依据	检查要点
5.2.6	除尘设备安装验收合格，电除尘振打装置、气流分布试验合格，布袋除尘涂装工作完成	**1.《电力建设施工技术规范　第2部分：锅炉机组》DL 5190.2—2012** 7.6.1　烟风道、燃（物）料管道及附属设备安装应分阶段由施工单位、监理单位、建设单位进行质量验收。 7.6.2　施工质量验收应具备下列签证和记录： 　1　重要材料及附属设备的出厂证件和现场复检记录； 　2　炉膛及烟风系统密封性试验签证； 　3　烟风道、燃（物）料管道焊缝渗油试验签证； 　4　电除尘的带电升压试验签证； 　5　电除尘振打及传动装置分部试运签证； 　6　袋式除尘器旋转喷吹装置、振动驱动装置试运签证； 　7　隐蔽工程签证； 　8　烟风道、燃（物）料管道及附属设备组合、安装记录； 　9　电气除尘器安装记录； 　10　袋式除尘器安装记录。 **2.《电力建设施工质量验收规程　第2部分：锅炉机组》DL/T 5210.2—2018** 5.2.2　锅炉除尘装置安装单位工程施工质量验收记录、签证清单应符合表5.2.2的规定	1. 查阅炉膛及烟风系统、烟风道、燃（物）料管道、电除尘、袋式除尘器分部试运记录及签证 　内容：符合设计图纸或标准要求 　签字：有施工、监理、建设单位的签字 2. 查看除尘设备系统 　安装：完整，平台扶梯栏杆畅通牢固 　平台载荷和标高标识：正确 　系统：无渗漏点
5.2.7	输煤、灰、渣系统安装完毕，验收合格，分部试运完成	**1.《电力建设施工技术规范　第2部分：锅炉机组》DL 5190.2—2012** 11.8.1　输煤设备安装应分阶段由施工单位、监理单位、建设单位进行质量验收。 11.8.2　施工质量验收应具备下列签证和记录： 　1　设备开箱检查记录及设备技术文件、设备出厂合格证书及检测报告等； 　2　翻车机、斗轮机高强螺栓抽样复检；	1. 查阅输煤、灰、渣系统设备安装及验收记录 　内容：符合设计图纸或标准要求

条款号	大纲条款	检查依据	检查要点
5.2.7	输煤、灰、渣系统安装完毕，验收合格，分部试运完成	3 翻车机、斗轮机高强螺栓终拧扭矩检查； 4 润滑油（脂）牌号及化验报告； 5 隐蔽工程签证； 6 分部试运签证； 7 皮带输送机设备质量验收及安装记录； 8 胶带接头拉力试验合格报告及胶带胶接记录； 9 翻车机设备质量验收及安装记录； 10 斗轮机设备质量验收及安装记录； 11 碎煤机质量验收及安装记录； 12 斗轮机、翻车机高强螺栓抽样复检报告和紧固记录； 13 润滑油（脂）牌号及化验报告； 14 分部试运记录及签证。 10.14.1 锅炉辅助机械安装应分阶段由施工单位、监理单位、建设单位进行质量验收。 10.14.2 施工质量验收应具备下列签证和记录： 　1 油站冷却器、轴承冷却水室等水压试验签证； 　2 设备人孔门封闭签证； 　3 设备试运前检查签证； 　4 设备试运签证； 　5 施工质量验收及安装记录	签字：有施工、监理、建设单位的签字 2. 查阅输煤、灰、渣系统分部试运记录和签证 内容：符合设计图纸或标准要求 签字：有施工、监理、建设单位的签字 3. 查看煤、灰、渣系统设备安装：系统完整
5.2.8	脱硫、脱硝装置及其系统安装验收合格，冷态调试完成	**1.《烟气脱硫机械设备安装及验收规范》GB 50895—2013** 15.1.1 设备试运转前应编制试运转方案。试运转方案应经批准后实施。 15.1.2 烟气脱硫机械设备及其附属装置、管路均应在试运转前全部施工完毕，润滑、液压、水、气、电气、仪表控制设备均应按系统检验完毕。	1. 查阅箱罐与管道的隐蔽工程、安装、灌水试压、冲洗、吹扫、严密性试验签证

条款号	大纲条款	检查依据	检查要点
5.2.8	脱硫、脱硝装置及其系统安装验收合格，冷态调试完成	15.1.5 设备的安全保护装置必须符合设计文件的规定。在试运转中需要调试的安全装置，必须在试运转中完成调试，安全装置的功能必须符合设计文件的要求。 **2.《电力建设施工技术规范 第2部分：锅炉机组》DL 5190.2—2012** 8.4.1 脱硫脱硝设备安装应分阶段由施工单位、监理单位、建设单位进行质量验收。 8.4.2 施工质量验收应具备下列签证和记录： 1 设备开箱检查记录及设备技术文件、设备出厂合格证书、检测报告等； 2 隐蔽工程施工记录及验收报告； 3 箱罐与管道的安装、试压、冲洗、吹扫、严密性试验记录； 4 分部试运记录签证； 5 系统用各类材料的材质报告的证明文件； 6 基础复检记录及预留孔洞、预埋管件的复检记录； 7 设备安装和检修记录； 8 润滑剂牌号和化验报告； 9 金属结构安装记录。 **3.《电力建设施工质量验收规程 第2部分：锅炉机组》DL/T 5210.2—2018** 5.2.6 脱硫设备安装单位工程施工质量验收记录、签证清单应符合表5.2.6的规定。 5.2.7 脱硝设备安装单位工程施工质量验收记录、签证清单应符合表5.2.7的规定。 **4.《火电厂烟气脱硫工程施工质量验收及评定规程》DL/T 5417—2009** 6.3.7 防腐、保温： 2 设备内部玻璃鳞片衬里： 1）设备内部玻璃鳞片衬里进行如下实验：	内容：符合设计图纸及标准要求 签字：有施工、监理、建设单位的签字 2. 检查内容：防腐材料抽样复检报告 3. 查阅脱硫、脱硝系统分部试运验收记录及签证 内容：符合设计图纸及标准要求 签字：有施工、监理、建设单位签字 4. 查看脱硫、脱硝系统辅助机械 安装：系统完整，无泄漏，润滑油系统运转正常 标识标志：色标及介质流向正确、清晰、齐全 5. 查看氧化风系统、浆液循环 安装：管道伸缩节临时固定螺栓松开，不影响管道自由膨胀

条款号	大纲条款	检查依据	检查要点
5.2.8	脱硫、脱硝装置及其系统安装验收合格，冷态调试完成	原材料质量：全部检查。 树脂类材料制成品：全部检查。 基层和防腐蚀面层的黏结：全部检查。 防腐蚀面层厚度与针孔：全部检查。 玻璃管、树脂稀胶泥、树脂砂浆面层的平整度：全部检查。 防腐蚀工程养护：记录齐全。 3 设备内部橡胶衬里： 1）设备内部橡胶衬里进行如下实验： 底涂原材料质量：全部检查。 橡胶类材料制成品：全部检查。 基层和防腐蚀面层的黏接：全部检查。 防腐蚀面层厚度与针孔：全部检查。 防腐蚀面层的平整度：全部检查。 防腐蚀工程养护：记录。 **5.《工业金属管道工程施工规范》GB 50235—2010** 7.11.3 波形管膨胀节的安装，应符合下列规定： 2. 安装波形管膨胀节时，应设临时约束装置，并应待管道安装固定后再拆除临时约束装置	
5.2.9	循环流化床（CFB）锅炉炉墙砌筑、耐磨耐火炉衬浇注施工、低温及高温烘炉验收合格	**1.《循环流化床锅炉施工及质量验收规范》GB 50972—2014** 12.1.1 不定形耐磨耐火材料的品种、牌号及质量，应符合设计技术文件要求；严禁使用不符合现行国家或行业标准规定的材料。 12.2.1 定形耐磨耐火材料及砌筑用泥浆的品种、牌号及质量，应符合设计技术文件要求；严禁使用不符合现行国家或行业标准规定的材料。	1. 查阅循环流化床（CFB）锅炉炉墙砌筑、耐磨耐火炉衬浇注原材料出厂合格证书及进场复试报告 内容：符合设计或规范要求

条款号	大纲条款	检查依据	检查要点
5.2.9	循环流化床（CFB）锅炉炉墙砌筑、耐磨耐火炉衬浇注施工、低温及高温烘炉验收合格	14.2.1 循环流化床锅炉炉衬砌筑完成后应进行烘炉，烘炉应分中低温烘炉和高温烘炉两个阶段。 14.2.2 中低温烘炉应符合下列规定： 　　8 烘炉合格应符合下列规定： 　　1）耐磨耐火材料试块残余含水率不应大于 2.5%； 　　2）耐磨耐火内衬应无剥落现象；应无贯穿性裂纹和宽度大于 3mm 非贯穿裂纹。 **2.《电力建设施工技术规范　第 2 部分：锅炉机组》DL 5190.2—2012** 12.9.1 炉墙砌筑及热力设备和管道的保温、防腐应分阶段由施工单位、监理单位、建设单位进行质量验收。 12.9.2 施工质量验收应具备下列签证和记录： 　　1 原材料出厂合格证书及复检报告； 　　2 隐蔽工程签证； 　　3 低温烘炉记录； 　　4 锅炉本体及热力设备、管道保温外护层表面热态测温记录。 　　5 合金钢材质复核记录； 　　6 不定形耐火材料的配比、取样试块检验报告； 　　7 不定形耐火材料的冬期施工记录； 　　8 施工质量验收记录。 13.3.11 高温烘炉后应整理记录，办理签证。 **3.《电力建设施工质量验收规程　第 2 部分：锅炉机组》DL/T 5210.2—2018** 13.3.8 锅炉整体烘炉质量标准及检验方法符合表 13.3.8 规定。 13.3.12 锅炉整体烘炉检查签证应按表 13.3.12 填写相关内容	见证抽检：数量比例符合设计或标准要求 签章：有相关单位签章 2. 查阅中低温烘炉记录及高温烘炉签证 内容：符合设计图纸及标准要求 签字：有施工、监理、建设单位的签字

条款号	大纲条款	检查依据	检查要点
5.2.10	整套启动投入的热力设备及管道系统保温和罩壳施工验收合格	**1.《电力建设施工技术规范　第 2 部分：锅炉机组》DL 5190.2—2012** 12.9.1　炉墙砌筑及热力设备和管道的保温、防腐应分阶段由施工单位、监理单位、建设单位进行质量验收。 12.9.2　施工质量验收应具备下列签证和记录： 　　1　原材料出厂合格证书及复检报告； 　　2　隐蔽工程签证； 　　3　低温烘炉记录； 　　4　锅炉本体及热力设备、管道保温外护层表面热态测温记录； 　　5　合金钢材质复核记录； 　　6　不定形耐火材料的配比、取样试块检验报告； 　　7　不定形耐火材料的冬期施工记录； 　　8　施工质量验收记录。 **2.《火力发电厂热力设备及管道保温防腐施工质量验收规程》DL/T 5704—2014** 3.2.3　单位工程施工质量验收应对该单位工程施工质量过程控制文件进行核查，核查记录见表 3.2.3	1. 查阅热力设备及管道保温原材料出厂合格证书及进场复试报告 内容：符合设计或规范要求 见证抽检：数量比例符合设计或标准要求 签章：有相关单位签章 2. 查阅热力设备及管道系统保温和罩壳验收记录 内容：符合设计图纸和验收标准要求 签字：有设计、施工、监理、建设单位的签字 3. 查看热力设备及管道系统保温和罩壳施工工艺 安装：符合厂家设计或标准要求 4. 查看保温外护板 安装：满足热力系统设备、管道膨胀要求，不脱落

续表

条款号	大纲条款	检查依据	检查要点
5.2.11	燃油罐区和油泵房设备及其管道系统安装、冲洗验收合格，分部试运合格；防雷、防静电接地电阻测试合格，消防灭火器材配备符合规定	**1.《电力建设施工技术规范　第2部分：锅炉机组》DL 5190.2—2012** 9.8　燃油系统受油前应具备的条件 9.8.3　防雷和防静电设施按设计安装、检测试验完毕并经验收合格。 9.8.5　消防设施完善，消防道路畅通，消防系统经试验合格并处于备用状态。 9.9.1　燃油系统设备及管道安装应分阶段由施工单位、监理单位、建设单位进行质量验收。 9.9.2　施工质量验收应具备下列签证和记录： 　1　燃油系统直埋管道防腐签证； 　2　燃油系统设备及管道水压试验签证； 　3　燃油系统管道吹扫（洗）签证； 　4　燃油系统油循环试验签证。 　5　金属油罐的制作、安装和灌水试验记录； 　6　油泵的检修和安装记录； 　7　燃油系统设备和管道的安装记录。 13.2.2　锅炉点火升压前，除应按照运行规程和调试措施的要求进行全面检查外，还应重点检查下列各项： 　10　燃油管道已完成通油试验；系统严密不漏，油温、油压应符合要求。	1. 查阅防雷和防静电设施安装、防雷和防静电接地测试和验收记录 内容：符合设计图纸和标准要求 签字：有施工、监理、建设单位的签字 2. 查看设备管道阀门、法兰跨接线 安装：符合设计图纸和标准要求 3. 查阅燃油系统管道和储油罐体防腐、吹扫（洗）、水压和灌水试验、系统循环签证 内容：符合设计图纸或标准要求 签字：有施工、监理、建设单位的签字 4. 查看燃油系统（油泵房、油罐区、厂区管道、炉前燃油）系统安装投用 安装：系统完整，安装正确无泄漏，处于备用状态

条款号	大纲条款	检查依据	检查要点
5.2.11	燃油罐区和油泵房设备及其管道系统安装、冲洗验收合格，分部试运合格；防雷、防静电接地电阻测试合格，消防灭火器材配备符合规定	**2.《电力建设施工质量验收规程 第2部分：锅炉机组》DL/T 5210.2—2018** 5.2.3 锅炉燃油设备及管道单位工程施工记录、签证清单应符合表5.2.3规定。 **3.《工业金属管道工程施工规范》GB 50235—2010** 7.13.1 设计有静电接地要求的管道，当每对法兰或其他接头间电阻值超过0.03Ω时，应设导线跨接	5. 查看消防系统安装和投用 安装：系统完整，处于投用状态 标识：警示标志正确、清晰、齐全
5.2.12	液氨罐区和设备及其管道系统安装验收合格，分部试运合格；防雷接地电阻测试合格，消防灭火器材配备符合规定	**1.《工业金属管道工程施工规范》GB 50235—2010** 7.13.1 设计有静电接地要求的管道，当没对法兰或其他接头间电阻值超过0.03Ω时，应设导线跨接。 **2.《电力建设安全工作规程 第1部分：火力发电》DL 5009.1—2014** 7.2.7 脱硝系统试运应符合下列规定： 7 氨系统首次充氨时 1）氨区电气设备、防爆设施、跨接线完整、可靠。 2）系统气密性试验合格。液氨储存罐的喷淋冷却系统应试验合格具备投入使用条件。 3）系统氮气置换完成，检测氮气浓度符合要求后方可充氨。 4）氨系统氮气置换时，应告知施工区域内作业人员暂停作业。 8 氨系统设备运行时，不得敲击或带压检修，不得超压；严禁使用明火检漏。 9 脱硝系统在启动前和停运后，应对液氨卸料、储存、蒸发和输送等设备、容器和管道进行氮气吹扫。	1. 查阅防雷和防静电设施安装、防雷和防静电接地测试和验收记录 内容：符合设计图纸和标准要求 签字：有施工、监理、建设等单位签字 2. 检查管道系统阀门、法兰之间跨接导线： 安装：符合设计图纸和规范规定

条款号	大纲条款	检查依据	检查要点
5.2.12	液氨罐区和设备及其管道系统安装验收合格,分部试运合格;防雷接地电阻测试合格,消防灭火器材配备符合规定	**3.《电力建设施工技术规范 第 2 部分:锅炉机组》DL 5190.2—2012** 8.3.3 氨系统安装应符合下列规定: 2 储罐、槽安装除符合《电力建设施工技术规范 第 3 部分:汽轮机机组》DL/T 5190.3 的有关规定外,还应符合下列规定: 1)液氨储罐应按设计要求进行水压试验和设计压力下的严密性试验,严密性试验可以随液氨系统管道一起进行; 2)蒸发槽氨应进行水压试验、吹扫和严密性试验,要求同液氨系统管道;热媒侧和放热侧应进行水压试验检查和吹扫,并符合《电力建设施工技术规范 第 5 部分:管道及系统》DL/T 5190.5 的有关规定; 3)气氨缓冲罐应按设计要求进行水压试验和设计压力下的严密性试验,严密性试验可随气氨系统管道一起进行; 4)氮气储罐应按《电力建设施工技术规范 第 5 部分:管道及系统》DL/T 5190.5 的有关规定进行水压试验和严密性试验; 5)弃氨吸收罐应进行灌水试验。 4 氨系统管道的安装、试压、吹扫除符合《电力建设施工技术规范 第 5 部分:管道及系统》DL/T 5190.5 的有关规定外,还应符合下列规定: 1)氨系统管道的焊缝漏点修补次数不得超过两次,否则应割去换管重焊,管道连接法兰或焊缝不得设于墙内或不便检修之处; 2)气氨、液氨管道应按设计设置空气或氮气吹扫管道; 3)液氨管道焊口应进行 100%无损检测; 4)氨系统管道应采用氨专用阀门和配件,不得采用有铜质、镀锌、镀锡的零配件; 5)氨系统各种阀门(如截止阀、节流阀、止回阀、安全阀、浮球阀、电磁阀、电动阀及浮球式液面指示装置等),在安装前须单个试验其灵敏度及密封性;	3. 查阅罐区及其管道防腐、吹扫(洗)、水压、严密性试验签证 内容:符合设计图纸或标准要求 签字:有施工、监理、建设等单位的签字 4. 查看罐区和设备及其管道系统及安全防护设施安装投用 安装:系统完整,安装正确无泄漏,处于备用状态 标识:正确、清晰,隔离措施完备 5. 查看系统管道阀门、法兰、螺栓 安装:满足设计要求;检查不锈钢管道与铁质支架之间是否有隔离措施,符合规范规定

条款号	大纲条款	检查依据	检查要点
5.2.12	液氨罐区和设备及其管道系统安装验收合格,分部试运合格;防雷接地电阻测试合格,消防灭火器材配备符合规定	6)氨系统管道安装完毕、水压试验合格后应采用干燥、洁净的压缩空气进行吹扫,氨系统管道吹扫压缩空气流向应与介质流向一致,吹扫直至出口无黑点为止; 7)系统吹扫前应临时拆开连接设备的接口,吹扫干净后再恢复,对系统中完成吹扫的阀门应拆卸清洗,重新装复。 5 氨系统管道在吹扫结束后还应进行严密性试验,严密性试验应符合下列规定: 1)气密性试验应使用干燥洁净的压缩空气,试验压力应符合设计要求; 4)厂家技术文件规定不参与压力试验的设备、仪表及管道附件应在试压前先行隔离; 5)系统开始试压时须将液位指示器两端的阀门关闭,待压力稳定后再逐步打开两端的阀门; 6)系统充气至试验压力,稳压6h后开始记录压力参数,保压24h,压降不超过试验压力的1%为合格; 6 氨系统管道严密性试验结束后,应及时恢复系统与设备连接,连同压缩机一起进行充氮置换; 7 系统受氨应符合如下条件: 1)消防设施、防静电设施经验收合格,具备投用条件; 2)系统严密性试验和设备及管道绝热工程完成并经验收合格。 8 首次卸氨前要对液氨管路和存储罐进行氮置换,在以后的卸氨操作中,仍应对液氨管路的开式部分进行氮置换,应使系统中的氧量符合厂家技术文件要求; 9 在卸氨时,应监视液氨储罐液位符合厂家技术文件要求,上部保留足够的蒸发空间。 8.4.2 施工质量验收应具备下列签证和记录: 3 箱罐与管道的安装、试压、冲洗、吹扫、严密性试验记录; 7 系统受氨应符合如下条件: 1)消防设施、防静电设施经验收合格,具备投用条件; 2)系统严密性试验和设备及管道绝热工程完成并经验收合格。 **4.《火电厂烟气脱硝工程施工验收技术规程》DL/T 5257—2010** 6.3.17 现场储氨地点应安装易于观察的风向标。	6. 查看消防系统安装和投用 安装:系统完整,处于投用状态 标识:警示标志正确、清晰、齐全

条款号	大纲条款	检查依据	检查要点
5.2.12	液氨罐区和设备及其管道系统安装验收合格,分部试运合格;防雷接地电阻测试合格,消防灭火器材配备符合规定	6.3.18 现场储氨地点沐浴洗眼器安装位置、操作手柄（踏板）的高度、洗眼器的角度应能及时冲洗身体或眼部的有害气（液）体。 **5.《电力建设施工技术规范 第 5 部分：管道及系统》DL 5190.5—2012** 5.3.4 不锈钢管道及管件的储存、搬运、安装不应与铁素体材料直接接触,不锈钢管道与支架之间应垫入不锈钢垫片或氯离子含量不超过 50mg/kg 的非金属材料	
5.2.13	锅炉附属系统、脱硫、脱硝装置及其系统的焊接质量检验合格,记录齐全	**1.《火力发电厂焊接技术规程》DL/T 869—2012** 6.1.3 焊接接头质量分类检查的方法、范围及比例,按表 5（焊接接头分类检验的范围、方法及比例）的规定执行。 **2.《电力建设施工技术规范 第 2 部分：锅炉机组》DL 5190.2—2012** 8.3.3 氨系统安装应符合下列规定： 4 氨系统管道的安装、试压、吹扫除符合《电力建设施工技术规范 第 5 部分：管道及系统》DL/T 5190.5 的有关规定外,还应符合下列规定： 1）氨系统管道的焊缝漏点修补次数不得超过两次,否则应割去换管重焊,管道连接法兰或焊缝不得设于墙内或不便检修之处。 3）液氨管道焊口应进行 100%无损检测。 **3.《电力建设施工技术规范 第 5 部分：管道及系统》DL 5190.5—2012** 5.3.4 不锈钢管道及管件的储存、搬运、安装不应与铁素体材料直接接触,不锈钢管道与支架之间应垫入不锈钢垫片或氯离子含量不超过 50mg/kg 的非金属材料	1. 查阅锅炉附属系统、脱硫、脱硝装置及其系统的焊接质量验收 内容：符合设计图纸和验收标准要求 签字：有设计、施工、监理、建设单位的签字 2. 查看锅炉附属系统、脱硫、脱硝装置及其系统的焊接工艺质量（重点检查设备管道支吊架及金属结构） 安装：系统完整,符合设计或规范要求 3. 查看不锈钢管道与铁质支架安装：符合规范规定

条款号	大纲条款	检查依据	检查要点
5.3 汽机专业的监督检查			
5.3.1	汽轮发电机组及附属机械和辅助设备安装验收合格；附属机械和辅助设备及系统分部试运合格	**1.《火力发电建设工程机组调试技术规范》DL/T 5294—2013** 6.4.3 空负荷试运阶段调试应符合下列要求： 1 确认汽轮机专业各系统已完成分部试运，具备整套启动条件。 **2.《电力建设施工技术规范　第3部分：汽轮发电机组》DL 5190.3—2012** 11.1.5 汽轮发电机组及附属机械、辅助设备和系统，在试运前应具备下列条件： 1 设备及系统按规定安装完毕，并经检验合格，安装技术记录齐全；……具备调试条件。 11.1.7 汽轮发电机组整套启动前应完成的分部试运行工作如下： 4 真空系统严密性检查； 5 除氧器、热交换器、蒸发器、减压装置等的检查调整； 6 各附属机械分部试运调整； 7 润滑、调节和密封油系统及净化装置试运调整，油循环油质合格； 8 调节、保安系统静态整定和试验； 9 顶轴装置和盘车装置调整试验，校对大轴晃度指示表； 10 抽汽止回阀与传动装置的调整试验； 11 汽封系统调整试运行； 13 中间再热机组旁路系统的调整试验； 14 抽真空试验； 15 低压缸喷水试验； 16 发电机氢气冷却系统、绕组冷却水系统的冲洗与调整。 **3.《火力发电建设工程启动试运及验收规程》DL/T 5437—2009** 3.4.2.3 必须在整套启动试运前完成的分部试运项目已全部完成，并已办理质量验收签证，分部试运技术资料齐全。	1. 查阅汽轮发电机组及附属机械、辅助设备和系统施工质量验收资料 工程质量验收表：结论合格，相关方已签字 施工及调试记录：记录数据符合制造厂或规范要求 2. 查看汽轮发电机组及附属机械、辅助设备安装、分部试运 设备及系统安装完整性：符合设计和制造厂要求，系统完整，附件、就地表计齐全，设备、管道保温完整，系统介质流向、设备及阀门标识齐全。 设备分部试运：抽查主要附属机械运行时轴承振动、轴承温度、出力等，参数符合要求 3. 查阅系统调试措施、报审及交底资料

续表

条款号	大纲条款	检查依据	检查要点
5.3.1	汽轮发电机组及附属机械和辅助设备安装验收合格；附属机械和辅助设备及系统分部试运合格	**4.《汽轮机启动调试导则》DL/T 863—2016** 5.1.1 目的与任务： f) 在汽轮机整套启动前应确认分系统调试项目已结束，分系统调试记录与质量验收评定合格，汽轮机整套启动试运条件已满足。 5.1.2 条件与要求 5.1.2.4 与分部试运相关的土建、安装工作已结束并已按 DL/T 5210.1 和 DL/T 5210.3 规定验收签证技术资料齐全。 5.1.2.8 单机或分系统试运前试运设备和系统的单体调试已完成，验收合格。 5.1.2.9 试运设备和系统的联锁保护逻辑传动试验完成，具备投用条件	调试措施：已编制，且审批 报审资料：各方已签字或盖章 调试交底记录：交底内容与措施相符、交底人及被交底已签字 4. 查阅附属机械、辅助设备及系统分部试运验收资料 调试质量验收表：结论合格，相关方已签字 单体和分系统调试记录：记录数据符合要求 联锁保护试验记录：结论合格，相关方已签字
5.3.2	主（再热）蒸汽、高低压旁路、轴封送汽管道蒸汽吹扫和低压给水管道水冲洗合格，签证记录齐全	**1.《火力发电建设工程机组蒸汽吹管导则》DL/T 1269—2013** 8 吹管质量标准 8.4 选用铝质材料靶板，应连续两次更换靶板检查，无 0.8mm 以上的斑痕，且 0.2mm～0.8mm 范围内的斑痕不多于 8 点。 **2.《火力发电建设工程机组调试技术规范》DL/T 5294—2013** 6.3.2 分系统调试应符合下列技术要求 6 汽动给水泵组及其系统调试应符合下列要求： 5）确认汽轮机辅汽系统具备投运条件，给水泵汽轮机汽源管道、轴封管道吹扫合格，具备投运条件。 6）确认除氧器水箱及前置泵前管道冲洗合格。	1. 查阅吹扫及冲洗系统调试措施、报审及交底资料 调试措施：已编制，且审批 报审资料：各方已签字或盖章 调试交底记录：交底内容与措施相符、交底人及被交底已签字

条款号	大纲条款	检查依据	检查要点
5.3.2	主（再热）蒸汽、高低压旁路、轴封送汽管道蒸汽吹扫和低压给水管道水冲洗合格，签证记录齐全	16 汽轮机轴封系统调试应符合下列要求： 5）轴封系统管道吹扫：辅助蒸汽至轴封系统供汽管道用辅助蒸汽吹扫；冷段再热蒸汽及主汽至轴封系统供汽管道在锅炉蒸汽吹管阶段进行吹扫。 **3.《电力建设施工技术规范　第3部分：汽轮发电机组》DL 5190.3—2012** 11.1.7 汽轮发电机组整套启动前应完成的分部试运行工作如下： 1 汽水管道的吹扫和冲洗； 2 冷却水系统通水试验和冲洗； 3 化学水系统冲洗、充填药剂、调整试运行，并能供给足量合格的除盐水。 11.3 汽水管道的吹扫和冲洗 11.3.1 汽轮机的汽水管道试运前的清理应按下列规定进行： 1 主蒸汽、主汽隔离阀旁路管、各级旁路管、再热机组冷再热汽管、热再热汽管、辅助蒸汽管等管道应按本规范　第5部分"管道及系统"的规定，用蒸汽吹扫合格。 2 冲洗或吹扫应结合现场特点制定专项措施，经批准后执行。 3 凝汽器、除氧器及其水箱、高低压给水管、主凝结水管、减温水管、给水泵机械密封水管及其他有关的容器和中、低压水管等，应冲洗到水质透明、无杂质。 4 上述容器和水管，除用工业水进行大流量冲洗外，锅炉点火前还应用除盐水冲洗。 7 汽动油泵、汽动给水泵驱动汽轮机的进汽管吹扫规定与主蒸汽管道相同。 8 轴封蒸汽进汽管、轴封高温汽源管等，应采用主蒸汽或其他辅助汽源进行吹扫，吹扫蒸汽的压力、流量和过热度应符合规定，吹扫次数不应少于3次；吹扫时，每两次应间隔一段时间使管道冷却：每次吹扫5min～10min，直至排汽洁净为止。 9 蒸汽吹扫与汽轮机连接的管道，必须采取防止汽轮机大轴弯曲的措施。 10 冲洗或吹扫与附属机械或辅助设备连接的管道时，应卸开进口法兰或接临时管排大气，确保杂物不落入设备内。	2. 查阅主（再热）蒸汽、高低压旁路、轴封送汽管道蒸汽吹扫和低压给水管道水冲洗验收资料 吹扫及冲洗质量验收结论：合格 吹扫及冲洗质量验收签证：相关方已签字 吹扫及冲洗记录：数据符合措施要求 3. 查看主（再热）蒸汽、高低压旁路、轴封送汽管道和低压给水管道 系统完整性：系统完整，设备、管道保温完整，介质流向、设备及阀门标识齐全 蒸汽吹扫靶板尺寸：符合规范要求 蒸汽吹扫后靶板痕迹：符合规范要求

条款号	大纲条款	检查依据	检查要点
5.3.2	主（再热）蒸汽、高低压旁路、轴封送汽管道蒸汽吹扫和低压给水管道水冲洗合格，签证记录齐全	**4.《电力建设施工技术规范 第5部分：管道及系统》DL 5190.5—2012** 6.3.2 管道系统清洗应按下列规定执行 　　1 主蒸汽、再热蒸汽、轴封供汽和辅助蒸汽系统应进行蒸汽吹洗； 　　2 锅炉给水、凝结水和锅炉补给水应根据锅炉水质要求进行水冲洗或化学清洗。 6.3.13 蒸汽吹洗应符合下列规定： 　　1 吹洗参数的选定，应能保证吹洗时蒸汽对管壁的冲刷力大于额定工况下蒸汽对管壁的冲刷力。 　　2 吹洗效果用装于排气管内或排汽口处的靶板进行检查。靶板材料及检验应符合制造厂的规定。制造厂无规定时，靶板可用铝板制成，宽度为临时排气管内径的8%，长度纵贯管道内径。在保证上述冲刷力的前提下，连续两次更换靶板检查，靶板上冲击斑痕的粒度不大于0.8mm，且0.2mm～0.8mm的斑痕不多于8点，即为吹洗合格。 　　3 吹洗宜分段进行，相邻两阶段吹洗时间间隔宜大于12h	
5.3.3	汽轮机低压缸真空严密性试验合格	**1.《火力发电建设工程机组调试技术规范》DL/T 5294—2013** 6.3.2 分系统调试应符合下列技术要求： 　　7 汽轮机真空系统调试应符合下列要求： 　　　6）真空泵试运，试抽真空。轴封不供蒸汽时，真空度应大于40kPa。 　　　7）配合真空系统严密性检查。 **2.《电力建设施工技术规范 第3部分：汽轮发电机组》DL 5190.3—2012** 11.4.1 汽轮机本体启动前对凝汽器的汽侧、低压缸的排汽部分及空负荷时处于真空状态下的辅助设备与管道，应进行真空严密性检查。对水冷凝汽器机组宜采用灌水查漏的方法，直接空冷机组宜采用压缩空气气密试验和灌水查漏相结合的方法进行检查。 11.4.3 真空系统灌水试验的水位高度宜在汽封洼places以下100mm处。各抽汽管道及其他在主机启动时处于真空状态下的管道和设备均应灌水，灌水前要加装临时高位水位计。如汽缸与凝汽器柔性连接，灌水时凝汽器的加固应符合制造厂要求。直接空冷机组排汽管道及散热器采用风压进行严密性检查，排汽装置采用灌水法进行严密性检查。	1. 查阅真空系统报审资料、调试措施及交底记录 调试措施：已编制，且审批 报审资料：各方已签字或盖章 调试交底记录：交底内容与措施相符、交底人及被交底已签字 2. 查阅真空严密性检查验收资料 真空严密性检查质量验收结论：合格

条款号	大纲条款	检查依据	检查要点
5.3.3	汽轮机低压缸真空严密性试验合格	11.4.5 空冷凝汽器汽侧及其真空系统采用风压检查时的压力应符合制造厂要求，制造厂无明确要求时宜为 0.03MPa～0.05MPa，24h 内每隔 15min 记录一次精密压力表或 U 形差压计的计数，平均压力下降速度不得超过制造厂的要求。当制造厂无要求时，压降速度应小于 0.2kPa/h 或 24h 内总压降小于 5kPa	真空严密性检查质量验收签证：相关方已签字 真空严密性检查记录：数据齐全，符合要求
5.3.4	发电机整体严密性试验合格	**1.《火力发电建设工程机组调试技术规范》DL/T 5294—2013** 6.3.2 分系统调试应符合下列技术要求 13 发电机氢冷系统调试应符合下列要求 1）确认氢系统严密性试验合格。 **2.《电力建设施工技术规范 第 3 部分：汽轮发电机组》DL 5190.3—2012** 5.6.9 发电机及气体系统整套严密性试验的试验压力与允许漏气量，必须符合制造厂要求，制造厂无要求时，可参照附录 G 进行试验与计算，试验工作应符合下列规定： 6 漏气量正式记录应在充入发电机内的气体压力达到试验规定值稳定 2h 左右，系统内部气温均匀后开始。 9 漏气量试验应持续 24h 以上，并连续记录。发电机及气体系统的漏气量计算应在检漏试验完成后进行。 **3.《氢冷电机气密封性检验方法及评定》JB/T 6227—2005** 6.2 电机整套系统在转子静止（包括盘车）时，每昼夜最大允许漏氢气量见附表 2	1. 查阅氢冷系统调试措施、报审资料及交底记录 调试措施：已编制，且审批 报审资料：各方已签字或盖章 调试交底记录：交底内容与措施相符、交底人及被交底已签字 2. 查阅发电机整体严密性试验记录 试验时间：符合规范要求 试验结果：按规范公式计算结果符合制造厂或规范要求 3. 查阅发电机整体严密性试验验收资料 严密性检查质量验收结论：合格 严密性检查质量验收签证：相关方已签字 严密性检查记录：数据符合厂家或规范要求

条款号	大纲条款	检查依据	检查要点
5.3.5	发电机内冷水系统循环冲洗结束，水质检验合格	**1.《火力发电建设工程机组调试技术规范》DL/T 5294—2013** 6.3.2 分系统调试应符合下列技术要求 12 发电机内冷水系统调试应符合下列要求： 3）确认发电机内冷水系统循环正冲洗和反冲洗完成，水质化验合格。 **2.《汽轮发电机运行导则》DL/T 1164—2012** 7.2.3 进入发电机空心铜导线的内冷水水质应符合下列要求： a）水质透明纯净，无机械混杂物； b）25℃时水的电导率为 0.4μs/cm～2μs/cm； c）25℃时水的 pH 值为 8.0～9.0，……； d）含铜量不应大于 20μg/l。 **3.《电力建设施工技术规范 第 3 部分：汽轮发电机组》DL 5190.3—2012** 5.8.5 双水内冷或水氢氢冷发电机的冷却水系统安装完毕，完成下列工作并经检查合格后，方可投入运行： 1 发电机冷却水系统必须冲洗合格。 8 冲洗完毕水质应达到表 5.8.5-2 的规定	1. 查阅发电机内冷水系统调试措施、报审资料及交底记录 调试措施：已编制，且审批 报审资料：各方已签字或盖章 调试交底记录：交底内容与措施相符、交底人及被交底已签字 2. 查阅发电机内冷水系统水质检测报告 检查电导率、pH 值、含铜量检测结果符合规范要求 3. 查阅发电机内冷水系统循环冲洗验收资料 质量验收结论：合格 质量验收签证：相关方已签字 冲洗记录：数据符合规范要求
5.3.6	主、辅机油系统安装验收合格，冲洗完毕，油质检验合格	**1.《电力建设施工技术规范 第 3 部分：汽轮发电机组》DL 5190.3—2012** 6.1.4 油系统管道施工……应符合以下规定： 3 进油管向油泵侧应有 1/1000 的坡度，回油管向油箱侧的坡度不应小于 5/1000。 6.9.3 汽轮机调节保安装置和油系统安装完毕质量验收时，应提交下列检验检测报告：	1. 查看主、辅机润滑油和抗燃油油系统 油系统完整性：已按设计图纸施工完，已标识

续表

条款号	大纲条款	检查依据	检查要点
5.3.6	主、辅机油系统安装验收合格，冲洗完毕，油质检验合格	3 润滑油和密封油系统冲洗后油质化验报告。 11.6.11 汽轮机润滑油系统、顶轴油系统和密封油系统，油循环冲洗应达到下列标准： 2 油样颗粒度应不低于 NAS7 级，……	2. 查阅主、辅机润滑油及抗燃油系统冲洗验收资料 油系统冲洗记录：冲洗参数及程序符合措施要求 油质检验报告结论：颗粒度检测结果符合规范要求 油质检验报告规范性：检测人员已签字，检测单位已盖章
5.3.7	顶轴油泵及其系统安装验收合格；顶轴油泵出口油压和轴颈顶起高度调整完毕	**1.《火力发电建设工程机组调试技术规范》DL/T 5294—2013** 6.3.2 分系统调试应符合下列技术要求 9 汽轮机润滑油系统……顶轴油系统……调试应符合下列要求： 8）顶轴油系统试运：顶轴油泵启动及系统油压调整；各轴瓦顶轴油压分配调整及轴颈顶起高度测量。 **2.《电力建设施工技术规范 第 3 部分：汽轮发电机组》DL 5190.3—2012** 6.7.15 顶轴油管的安装……应符合下列规定： 6 每一轴承的顶轴油管应装设油压表，表前应装有节流阀和单向阀，油压表应经校验合格。 6.9.1 汽轮机调节保安装置和油系统安装完毕质量验收时，应提交下列施工技术记录： 10 各油泵检查、安装记录。 11.8.16 带有顶轴油和密封油的机组……首次试验应检查并记录各轴颈的顶起数值和油压。 **3.《汽轮机启动调试导则》DL/T 863—2016** 5.2.10 汽轮机润滑油、顶轴油系统及盘车装置 5.2.10.2 调试注意事项	1. 查看顶轴油系统 系统完整性：已按设计图纸施工完，已标识 2. 查阅顶轴油系统调试措施、报审资料及交底记录 调试措施：已编制，且审批 报审资料：各方已签字或盖章 调试交底记录：交底内容与措施相符、交底人及被交底已签字 3. 查阅顶轴油系统验收资料

条款号	大纲条款	检查依据	检查要点
5.3.7	顶轴油泵及其系统安装验收合格；顶轴油泵出口油压和轴颈顶起高度调整完毕	调试过程应注意的事项： a）轴颈顶起高度应符合设备供应商规定，未具体规定时，轴颈顶起高度宜为 0.05mm～0.08mm	冲洗记录：内容齐全，数据符合措施要求 质量验收签证：结论合格，相关方已签字 各轴颈顶起高度记录：数据齐全，高度符合制造厂或规范要求 联锁保护试验签证：结论合格，相关方已签字
5.3.8	盘车装置试运合格，啮合及脱开灵活可靠	**1.《火力发电建设工程机组调试技术规范》DL/T 5294—2013** 6.3.2　分系统调试应符合下列技术要求： 　9　汽轮机润滑油系统……盘车装置调试应符合下列要求： 　9）盘车装置试运：盘车装置启动试验、联锁试验；记录盘车电动机空载电流和盘车电流…… **2.《电力建设施工技术规范　第3部分：汽轮发电机组》DL 5190.3—2012** 11.8.15　盘车装置调整试验应符合下列规定： 　1　润滑油系统油质合格，盘车装置的润滑油路畅通，供油充足，低速盘车时，汽轮机润滑油系统的油温宜在 35℃～45℃； 　2　操作手柄机构终端开关接触应良好，离合器位置应正确； 　3　盘车装置在投入运行时应无漏油现象； 　4　离合器的啮合和脱开应平稳、灵活、无碰撞； 　5　盘车时转子转动应均匀，传动机构无明显撞击和振动，电动机电流应正常并无显著摆动；	1. 查阅盘车装置调试措施、报审资料及交底记录 调试措施：已编制，且审批 报审资料：各方已签字或盖章 调试交底记录：交底内容与措施相符、交底人及被交底已签字 2. 查阅盘车装置验收资料 质量签证验收表：结论合格，相关方已签字 盘车电机电流：电流未超过电机额定值

条款号	大纲条款	检查依据	检查要点
5.3.8	盘车装置试运合格，啮合及脱开灵活可靠	6 盘车装置连锁如低油压停盘车、顶轴油泵连锁、盘车闭锁等应动作正确； 7 盘车自动投入装置动作应正确、可靠	联锁保护试验结论及签字：合格，相关方已签字 盘车装置投运记录：有投运时间、投运时电流值，记录人已签字
5.3.9	管道支吊架安装、调整验收合格	**1.《电力建设施工技术规范 第3部分：汽轮发电机组》DL 5190.3—2012** 11.1.5 汽轮发电机组及附属机械、辅助设备和系统，在试运前应具备下列条件： 2 设备及管道的保温工作已完成，管道支吊架已调整结束。 **2.《电力建设施工技术规范 第5部分：管道及系统》DL 5190.5—2012** 5.7.9 在有热位移的管道上安装支吊架时，根部支吊点的偏移方向应与膨胀方向一致；偏移值应为冷位移值和1/2热位移值的矢量和。热态时，刚性吊杆倾斜值允许偏差为3°，弹性吊杆倾斜值允许偏差为4°。 5.7.10 支吊架应在管道系统安装、严密性试验、保温结束后进行调整，并将弹性支吊架固定销全部自然抽出。 7.0.2 施工记录包括下列内容： 4 主蒸汽、再热蒸汽和主给水管道中支吊架冷态安装记录	1. 查看主蒸汽、再热蒸汽等管道支吊架 支吊架安装:位置、型式及调整后状态符合设计图纸要求 弹性支吊架固定销：已取出 2. 查阅支吊架验收资料 施工质量验收表：检验项目已有验收合格结论，相关方已签字 支吊架调整记录：各支吊架调整数据与设计值相符 强制性条文执行情况检查表验收结果：已执行 验收签字：相关方已签字
5.3.10	辅助设备安全阀冷态校验合格	**1.《电力建设施工技术规范 第3部分：汽轮发电机组》DL 5190.3—2012** 11.5.1 除氧器试运前……应符合下列规定： 1 安全门及其附件安装正确并经过冷态整定，排汽管的截面积应符合设计要求。安全门动作压力宜为工作压力的1.1倍～1.25倍，回座压力应符合制造厂要求。	查阅安全门冷态检定报告 报告数据：已有动作压力、回座压力值，且符合设计或制造厂要求

条款号	大纲条款	检查依据	检查要点
5.3.10	辅助设备安全阀冷态校验合格	**2.《电力建设施工技术规范 第 5 部分：管道及系统》DL 5190.5—2012** 4.7.6 安全阀冷态检定报告由制造厂提供，并应由有资质的检定单位进行安全阀的热态整定，并提供有效的整定报告	
5.3.11	事故放油门安装位置符合强制性条文的规定	**1.《电力建设施工技术规范 第 3 部分：汽轮发电机组》DL 5190.3—2012** 6.1.5 油管道阀门的检查与安装应符合下列规定： 　1 阀门应为钢质明杆阀门，不得采用反向阀门且开关方向有明确标识； 　2 阀门门杆应水平或向下布置； 　3 事故放油管应设两道手动阀门。事故放油门与油箱的距离应大于 5m，并应有两个以上通道。事故放油门手轮应设设玻璃保护罩且有明显标识，不得上锁。 6.7.5 油箱的事故排油管应接至事故排油坑，系统注油前应安装完毕并确认畅通	1. 查看事故放油阀门安装 安装位置：与油箱的距离符合规范要求 数量：两只串联 型式：钢质明杆阀门 布置方式：门杆水平或向下布置 保护装置：有防护罩,且已醒目标识 2. 查阅强制性条文执行情况检查表 验收结果：已执行 验收签字：相关方已签字
5.3.12	燃气轮机燃料供应系统严密性试验合格，吹扫验收合格	**1.《联合循环机组燃气轮机施工及质量验收规范》GB 50973—2014** 7.1.7 燃气轮机组整套启动前应具备下列条件：燃料供给系管道的冲洗和吹扫，燃料供给系统的调整试验。 7.4.1 天然气管道安装完毕，系统试压前，应吹扫合格。 7.4.3 管道吹扫应按下列规定进行： 　5 吹扫压力不得大于管道设计压力，吹扫气体流速不宜小于 20m/s。	1. 查阅燃料供应系统调试措施、报审资料及交底记录 调试措施：已编制，且审批 报审资料：各方已签字或盖章

条款号	大纲条款	检查依据	检查要点
5.3.12	燃气轮机燃料供应系统严密性试验合格，吹扫验收合格	7.4.9.1 天然气系统吹扫、压力试验、干燥等工序应完成并经验收合格。 **2.《火力发电建设工程机组调试技术规范》DL/T 5294—2013** 6.5.2 调试项目及技术要求如下： 4 燃气轮机燃料系统调试应符合下列要求： 5）确认燃料系统管道、容器气密性试验合格	调试交底记录：交底内容与措施相符、交底人及被交底已签字
			2. 查阅系统吹扫、严密性试验验收资料 系统吹扫：合格，吹扫压力符合规范要求，验收签证已办理 严密性试验：合格，试验压力和时间符合要求，验收签证已办理
			3. 查阅燃气轮机燃料供应系统验收资料 质量签证验收表：检验项目已有验收合格结论，相关方已签字 安全阀：压力整定合格，报告已提供
5.3.13	燃气轮机辅助系统分部试运验收合格	**1.《联合循环机组燃气轮机施工及质量验收规范》GB 50973—2014** 7.1.7 燃气轮机组整套启动前应具备下列条件： 1 燃气轮机及附属系统应完成如下分部试运行工作： 1）燃料供给系统管道的冲洗和吹扫，燃料供给系统的调整试验； 2）燃料加热和调节系统调整试验；	1. 查阅各辅助系统调试措施、报审资料及交底记录 调试措施：已编制，且审批 报审资料：各方已签字或盖章

条款号	大纲条款	检查依据	检查要点
5.3.13	燃气轮机辅助系统分部试运验收合格	3）冷却水系统通水试验和冲洗； 4）进、排气系统清理与封闭； 5）燃气轮机本体清洁度检查与封闭； 6）进气可调导叶的调整试验； 7）燃气轮机罩壳的严密性检查； 8）二氧化碳灭火系统试喷试验； 9）油系统（包括润滑油、顶轴油、控制油系统及其净化装置）试运调整，油循环至油质合格； 10）盘车装置调整试验； 11）燃气轮机冷却和密封空气系统的调整试验； 12）通风和加热系统的调整试验； 13）在线与离线水洗的调整试运； 14）进气反吹系统的调整试验； 15）点火装置调整试验及假点火； 16）超速跳闸保护装置调整试验； 17）火焰探测装置调整试验； 18）可燃气体监测系统调整试运； 19）热工、电气有关保护、联锁装置，远方操作装置的调整试验； 20）完成电动、气动、液动阀的调整试验，开、闭、富余行程及开闭时间已做记录，并投运正常； 21）盘车及冷拖工况下的摩擦检查。 **2.《火力发电建设工程机组调试技术规范》DL/T 5294—2013** 6.5.3　燃气轮机组整套启动及空负荷调试应符合下列要求： 　　4　整套启动前应具备下列条件： 　　1）分系统调试已完成验收签证	调试交底记录：交底内容与措施相符、交底人及被交底已签字 2. 查阅燃气轮机辅助系统验收资料 调试项目：有清单 质量签证验收表：结论合格，相关方已签字 3. 查看燃气轮机辅助系统系统完整性：已按设计图纸施工完，设备及系统已标识

条款号	大纲条款	检查依据	检查要点
5.3.14	燃气轮机进风系统清洁度检查合格	**1.《联合循环机组燃气轮机施工及质量验收规范》GB 50973—2014** 7.1.7 燃气轮机组整套启动前应具备下列条件： 　　4）进、排气系统清理与封闭。 **2.《燃气轮机辅助设备通用技术要求》GBT 15736—1995** 13.1 进气系统应能给压气机提供清洁空气	查阅燃气轮机进风系统检查资料 质量签证验收表：清洁度符合厂家或规范要求，相关方已签字
5.3.15	燃气轮机罩壳严密性试验验收合格	**1.《联合循环机组燃气轮机施工及质量验收规范》GB 50973—2014** 7.1.7 燃气轮机组整套启动前应具备下列条件： 　　7）燃气轮机罩壳严密性检查。 7.2.2.1 燃气轮机罩壳通风机试运前应具备条件： 　　2）燃气轮机罩壳内应清理干净，且严密性检查合格	查阅燃气轮机罩壳严密性试验验收资料 质量签证验收表：符合制造厂要求，相关方已签字 试验记录：结果符合制造厂要求
5.3.16	燃气轮机灭火系统、防爆系统调试验收合格	**1.《联合循环机组燃气轮机施工及质量验收规范》GB 50973—2014** 7.1.7 燃气轮机组整套启动前应具备下列条件： 　　8）二氧化碳灭火系统试喷试验。 7.6.1 二氧化碳灭火系统设备及管路安装完成，管路压力试验和吹扫洁净后，应进行二氧化碳喷放试验。 7.6.3 系统灭火调试应满足下列规定： 　　1. 发生火警指令后相应的通风机停运，风机风门应及时关闭； 　　2. 初放和续放延时应满足设计要求； 　　3. 相关的火警声光设备应及时动作； 　　4. 检查各喷嘴均应喷放； 　　5. 喷放后罩壳内二氧化碳的浓度应符合设计要求； 　　6. 燃气轮机停机程序应激活。	1. 查阅灭火系统报审资料、调试措施及交底记录 调试措施：已审批 报审资料：各方已签字或盖章 调试交底记录：有 2. 查阅 CO_2 灭火系统管道的气密性试验记录 试验记录结果：符合制造厂要求

条款号	大纲条款	检查依据	检查要点
5.3.16	燃气轮机灭火系统、防爆系统调试验收合格	**2.《火力发电建设工程机组调试技术规范》DL/T 5294—2013** 6.5.2 调试项目及技术要求如下 9 燃气轮机 CO_2 灭火系统调试应符合下列要求： 5）CO_2 灭火系统管道冲洗。 6）CO_2 灭火系统管道气密性试验。 **3.《燃气轮机辅助设备通用技术要求》GB/T 15736—1995** 11.6 燃气轮机的燃料供给系统应和防火系统连锁，防火系统动作时，应能自动切断燃料供给； 11.7 采用二氧化碳作为灭火剂的防火系统，应能满足下列要求： 11.7.1 二氧化碳释放时，应使密封空间的含氧量从 21% 减少到低于 15%； 11.7.2 透平间在灭火时空间二氧化碳的浓度应达到 34%，辅机间应达到 50%； 11.7.2.1 透平间内燃烧室区段、轴承油路、管道区域，灭火剂喷射浓度应在喷射后的 1min 内达到 34%，为避免复燃，应有延续释放装置逐步补充灭火剂，使其在一段时间内能保持 30% 的浓度； 11.7.2.2 辅机间在灭火剂喷射后的 1min 内，其初始浓度应达到 50%，延续装置应使其在至少 10min 的时间内，保持 30% 的浓度	3. 查阅燃气轮机灭火系统、防爆系统验收资料 质量验收表：结论合格，相关方已签字 试验记录结果：符合规范要求 4. 查看燃气轮机灭火系统、防爆系统 系统正确性、完整性：已按设计图纸施工完
5.3.17	焊接及检验一览表的内容完整，压力管道焊接工程验收资料齐全	**1.《火力发电厂焊接技术规程》DL/T 869—2012** 9.1 焊接技术文件由焊接技术人员负责编制，其他各类焊接人员应积极配合。 9.2 施工单位应向有关单位移交的技术资料包括： a）焊接工程一览表。 9.3 施工单位应将下列资料在工程竣工后整理成册，归档备查： d）焊接工程质量验评资料。 **2.《电力建设施工质量验收规程 第 5 部分：焊接》DL/T 5210.5—2018** 3.0.4 焊接工程质量验收范围划分应按下列规定执行：	查阅施工单位的焊接及检验一览表 一览表：已编制且审批，检验项目、检验比例符合规范要求

条款号	大纲条款	检查依据	检查要点

5.3.17	焊接及检验一览表的内容完整，压力管道焊接工程验收资料齐全	1 焊接工程质量验收应事先由施工单位根据所承担的工程范围，按本部分第 4 章的规定编制"焊接工程质量验收范围划分表"，经监理单位（或建设单位）审批执行。工程总承包或采用其他项目管理模式的工程项目，施工质量验收范围划分表由施工单位编制、工程总包单位和监理单位审核，建设单位批准后执行。
		    3.0.8 焊接分项工程质量验收应符合下列规定：
		    1 参与质量验收的组织落实，各方人员到位。
		    2 该焊接分项工程焊接工序的全过程已经进行完毕，各类检测工作已完成，返修工作已完成，相关记录及报告完整、规范。
		    3 该分项工程的各检验批均已完成验收，相关质量争议已处理完毕，验收资料齐全。
		    4 对表面质量测量检查数据和内部质量检验结果有争议的，可对各项检查、检验项目进行抽查。抽查应委托具有相应资质的第三方机构进行，并应形成记录。
		    5 分项工程验收结束后，填写表 5.1.3 "焊接分项工程质量验收表"，并由参与验收的各方签证	

5.3.18	四大管道及焊口材质复核、金相检验与焊口无损检测完成，报告齐全	**1.《电力建设施工技术规范 第 5 部分：管道及系统》DL 5190.5—2012**
		    4.1.4 合金钢管道、管件、管道附件及阀门在使用前，应逐件进行光谱复查，并做材质标记。
		    4.2.1 工作压力不小于 5.88MPa 或工作温度不小于 400℃ 的管道在施工前，应对照厂家提供的质量证明文件确认下列项目符合现行国家或行业技术标准：
		    3 合金钢管的金相分析结果。
		    4.3.1 工作压力不小于 5.88MPa 或工作温度不小于 400℃ 的管道在施工前，应对照厂家提供的质量证明文件确认下列项目符合现行国家或行业技术标准：
		    1 合金钢管件的金相分析结果。
		    2 高压管件的无损探伤结果。
		    4.5.11 合金钢管弯制、热处理后应进行金相组织和硬度检验，并符合 DL/T 438《火力发电厂金属技术监督规程》的规定。
			1. 查阅四大管道及焊缝材质复核、金相检验与焊口无损检测报告
			  材质检测报告：管道及焊缝材质符合设计要求；
			  硬度检测报告：检测结果符合规范要求
			  金相检测报告：检测结果符合规范要求
			  无损检测项目：项目与《焊接及检验计划一览表》相符，检验结论符合规范要求

条款号	大纲条款	检查依据	检查要点
5.3.18	四大管道及焊口材质复核、金相检验与焊口无损检测完成，报告齐全	**2.《火力发电厂焊接技术规程》DL/T 869—2012** 6.3　焊接接头无损检测 6.3.3　对下列部件的焊接接头的无损检测应执行如下具体规定： 　　a）厚度不大于 20mm 的汽、水管道采用超声波检测时，还应进行射线检测，其检测数量为超声波检测数量的 20%。 　　b）厚度大于 20mm 的管道和焊件，射线检测或超声波检测可任选其中的一种。 6.3.4　对同一焊接接头同时采用射线和超声波两种方法进行检测时，均应合格。 6.4　缝金属光谱分析 6.4.1　耐热钢部件焊后应对焊缝金属按照 DL/T 991 进行光谱分析复检，…… 6.5　焊接接头硬度检验和金相检验 **3.《火力发电厂金属技术监督规程》DL/T 438—2016** 7.1.18　安装前，安装单位应对合金钢管、合金钢制管件（弯头/弯管、三通、异径管）100%进行光谱检验，按管段、管件数量的 20%和10%分别进行硬度和金相组织检验；每种规格至少抽查 1 个，硬度异常的管件应扩大检查比例且进行金相组织检验。 **4.《金属熔化焊对接接头射线检测技术和质量分级》DL/T 821—2017** 8　技术资料 8.1　检测报告主要内容应包括：产品名称、检测标准、检测部位、使用设备、成像条件、缺陷情况、验收标准和质量等级、返修情况、检测人员及其资格等级和照相日期等，射线检测报告格式参见附录 F。 8.2　底片、影像、原始记录和检测报告应存档或移交。 **5.《管道焊接接头超声波检测技术规程》DL/T 820—2002** 4.12　报告 检验报告至少应包括以下内容： 　　a）委托单位、报告编号；	2. 查阅强制性条文执行情况检查表 强制性条文执行情况检查表 验收结果：已执行 验收签字：相关方已签字

续表

条款号	大纲条款	检查依据	检查要点
5.3.18	四大管道及焊口材质复核、金相检验与焊口无损检测完成，报告齐全	b）工件名称、编号、材料种类、热处理状态、检测表面的粗糙度； c）探伤仪、探头、试块和检测灵敏度； d）超声检测区域应在草图上予以标明，如因几何形状限制而检测不到的部位，也应加以说明； e）缺陷的类型、尺寸、位置和分布； f）检验结果、缺陷等级评定及检验标准名称； g）检验人员和责任人员签字及其技术资格； h）检验日期	

5.4 电气专业的监督检查

| 5.4.1 | 主接地网、全厂防雷接地电阻测试符合设计要求；电气设备接地可靠，标识齐全醒目 | **1.《电气装置安装工程 接地装置施工及验收规范》GB 50169—2016**
4.2.6 明敷接地线的安装应符合下列要求：
1 接地线的安装位置应合理，便于检查，不应妨碍设备检修和运行巡视。
2 接地线的连接应可靠，不应因加工造成接地线截面减小、强度减弱或锈蚀等问题。
3 接地线支撑件间的距离，在水平直线部分宜为0.5m～1.5m，垂直部分宜为1.5m～3m，转弯部分宜为0.3m～0.5m。
4 接地线应水平或垂直敷设，或可与建筑物倾斜结构平行敷设；在直线段上，不应有高低起伏及弯曲等现象。
5 接地线沿建筑物墙壁水平敷设时，离地面距离宜为250mm～300mm；接地线与建筑物墙壁间的间隙宜为10mm～15mm。
6 在接地线跨越建筑物伸缩缝、沉降缝处时，应设置补偿器。补偿器可用接地线本身弯成弧状代替。
4.2.7 明敷接地线，在导体的全长度或区间段及每个连接部位附近的表面，应涂以15mm～100mm宽度相等的绿色和黄色相间的条纹标识。当使用胶带时，应使用双色胶带。中性线宜涂淡蓝色标识。
4.3.2 电气设备上的接地线，应采用热镀锌螺栓连接；有色金属接地线不能采用焊接时，可用螺栓连接。螺栓连接处的接触面应按《电气装置安装工程 母线装置施工及验收规范》GB 50149的规定执行。 | 1.查看避雷设施、电气设备与主接地网连接

连接件：连接可靠，室外紧固件应采用热镀锌制品

连接点：重要设备和设备构架应有两根与主接地网不同方向的引下线连接

连接：独立避雷针以及建筑物上的防雷设施引下线与接地网间采用螺栓连接

2.查看明敷接地网

螺栓连接：可靠，螺帽朝向符合规范规定

焊接及防腐：搭接焊长度符合规范规定，焊接质量合格，焊缝防腐完好

标识：清晰，符合规范规定 |

条款号	大纲条款	检查依据	检查要点
5.4.1	主接地网、全厂防雷接地电阻测试符合设计要求；电气设备接地可靠，标识齐全醒目	4.3.4　接地线、接地极采用电弧焊连接时应采用搭接焊缝，其搭接长度应符合下列规定： 　1　扁钢应为其宽度的 2 倍且不得少于 3 个棱边焊接。 　2　圆钢应为其直径的 6 倍。 　3　圆钢与扁钢连接时，其长度应为圆钢直径的 6 倍。 　4　扁钢与钢管、扁钢与角钢焊接时，除应在其接触部位两侧进行焊接外，还应由钢带或钢带弯成的卡子与钢管或角钢焊接。 25.0.2　接地网电气完整性测试，应符合下列规定： 　1　应测量同一接地网的各相邻设备接地线之间的电气导通情况，以直流电阻值表示； 　2　直流电阻值不宜大于 0.05Ω。 25.0.3　接地阻抗测量，应符合下列规定： 　1　接地阻抗值应符合设计文件规定，当设计文件没有规定时应符合表 25.0.3 的要求； 　2　试验方法可按《接地装置特性参数测量导则》DL 475 的有关规定执行，试验时应排除与接地网连接的架空地线、电缆的影响。 **2.《电气装置安装工程质量检验及评定规程　第 6 部分：接地装置施工质量检验》DL/T 5161.6—2002** 表 2.0.2　接地装置施工质量检验	3. 查阅主接地网测试报告 测试方法：符合规范规定 试验仪器：在检定有效期内 接地阻抗值：符合设计要求 试验结论：合格 签字：齐全 盖章：有
5.4.2	电气测量仪表检定合格，报告齐全	**1.《电流表、电压表、功率表及电阻表检定规程》JJG 124—2005** 1　范围 　本规程适用于直接作用模拟指示直流和交流（频率 40Hz～10kHz）电流表、电压表、功率表和电阻表（电阻 1Ω～1MΩ）以及测量电流、电压及电阻的万用表（以下均简称仪表）的首次检定、后续检定和使用中的检验。 6　计量器具控制 　计量器具控制包括：首次检定、后续检定和使用中的检验。 6.4.8　对全部检定项目都符合要求的仪表，判定为合格。 6.4.9　对准确度等级大于 0.5 的仪表，经检定合格的发给检定证书；检定不合格的发给检定结果通知书。在检定证书中，可不给出数据，但要说明仪表所检定项目是否合格。	查阅电气测量仪表检定报告 检定仪器：在检定有效期内 检定报告结论：合格 检定报告签字：齐全 盖章：有

条款号	大纲条款	检查依据	检查要点
5.4.2	电气测量仪表检定合格，报告齐全	6.5 检定周期 准确度等级小于或等于 0.5 的仪表检定周期一般为 1 年，其余仪表检定周期一般不超过 2 年。 **2.《电测量指示仪表检验规程》DL/T 1473—2016** 1 范围 本标准规定了直流和交流工频电测量指示仪表计量性能要求、通用技术要求、检定方法、检定周期等。 本标准适用于电力系统使用的各类直接作用模拟显示的电测量指示仪表(以下简称仪表)，包括各种电流表、电压表、功率表、无功功率表、相位表、功率因数表、整步表、万用表、频率表、钳形表、绝缘电阻表和接地电阻表的首次检定、后续检定。 本标准适用于具有上述一种或多种功能的仪表。 16.4 证书的出具原则 16.4.1 对于准确度等级小于或等于 0.5 级的仪表，经检定合格，出具检定证书，并给出仪表的最大基本误差、最大升降变差及各点的修正值（更正值）或实际值。 16.4.2 对于准确度等级大于 0.5 级的仪表，经检定合格出具证书；经检定不合格的出具结果通知书。在检定证书中，可不给出数据，但要说明仪表所检定项目是否合格。 16.4.3 对全部检定项目都符合要求的仪表，判定为合格。 16.4.4 检定原始记录见附录 E，鉴定证书内页格式见附录 F，鉴定结果通知书内页格式见附录 G	
5.4.3	变压器油质化验合格，气体继电器、温度计及压力释放阀校验合格	**1.《电气装置安装工程 高压电器施工及验收规范》GB 50147—2010** 4.4.1 在验收时，应进行下列检查 5 密度继电器的报警、闭锁值应符合产品技术文件的要求，电气回路传动应正确。 6 六氟化硫气体压力、泄漏率和含水量应符合《电气装置安装工程 电气设备交接试验标准》GB 50150 及产品技术文件的规定。 5.2.3 GIS 元件装配前，应进行下列检查： 密度继电器和压力表应经检验，并有产品合格证和检验报告。密度继电器与设备本体六氟化硫气体管道的连接，应满足可与设备本体管路系统隔离，以便于对密度继电器进行现场校验。	1. 查阅主变压器、高压厂用变压器温控器校验报告 出厂试验报告：齐全 现场核对性检验：与出厂试验结果基本一致 结论：合格 签字：齐全 盖章：有

条款号	大纲条款	检查依据	检查要点
5.4.3	变压器油质化验合格，气体继电器、温度计及压力释放阀校验合格	5.5.1　六氟化硫气体的技术条件应符合表 5.5.1 的规定： 5.5.2　新六氟化硫气体应有出厂检验报告及合格证明文件。运到现场后，每瓶均应作含水量检验，现场应进行抽样做全分析，抽样比例按表 5.5.2 的规定执行。检验结果有一项不符合本规范表 5.5.1 要求时，应以两倍量气瓶数重新抽样进行复验。复验结果即使有一项不符合，整批产品不应验收。 5.6.1　在验收时，应进行下列检查： 　5　密度继电器的报警、闭锁值应符合规定，电气回路传动应正确。 　6　六氟化硫气体泄漏率和含水量应符合国家现行标准《电气装置安装工程　电气设备交接试验标准》GB 50150 及产品技术文件的规定。 **2.《电气装置安装工程　电气设备交接试验标准》GB 50150—2016** 8.0.3　油浸式变压器中绝缘油及 SF_6 气体绝缘变压器中 SF_6 气体的试验，应符合下列规定： 19.0.1　绝缘油的试验项目及标准，应符合表 19.0.1 的规定。 **3.《电气装置安装工程　电气设备交接试验　报告统一格式》DL/T 5293—2013** 19.5.5　绝缘油试验报告	2. 查看 DCS 画面变压器温度显示 　温度显示：与就地温控器指示一致 3. 查阅主变压器、高压厂用变压器绝缘油试验报告 　出厂试验报告：合格 　现场取样检验：取样阶段、数量符合规范规定，检验结果符合规范规定 　局放前、后色谱分析结果：基本一致，符合规范规定 　结论：合格 　签字：齐全
5.4.4	直流系统投运正常，保安电源投切可靠	**1.《电气装置安装工程　电力变流设备施工及验收规范》GB 50255—2014** 6.2.1　电力交流设备的试验项目应包括下列内容： 　1　绝缘试验； 　2　辅助装置的校验； 　3　空载试验或轻载试验； 　4　控制性能的试验； 　5　保护系统的协调试验； 　6　低压大电流试验、负载试验； 　7　电流均衡度试验。	1. 查看直流系统 　运行信号指示：正常 　蓄电池：处于浮充状态 　蓄电池运行环境：清洁 2. 查阅保安电源验评记录 　内容：齐全 　验收结论：合格 　签字：齐全

续表

条款号	大纲条款	检查依据	检查要点
5.4.4	直流系统投运正常，保安电源投切可靠	**2.《火力发电建设工程启动试运及验收规程》DL/T 5437—2009** 3.4.2.3 必须在整套启动试运前完成的分部试运项目已全部完成，并已办理质量验收签证，分部试运技术资料齐全。主要检查项目有： 5 保安电源切换试验及必须运行设备保持情况	3. 查阅 UPS 调试报告 切换时间、曲线：符合规程规定 结论：合格 签字：齐全
5.4.5	柴油发电机组启动试运验收合格	**1.《电气装置安装工程 电力变流设备施工及验收规范》GB 50255—2014** 6.2.1 电力交流设备的试验项目应包括下列内容： 1 绝缘试验； 2 辅助装置的校验； 3 空载试验或轻载试验； 4 控制性能的试验； 5 保护系统的协调试验； 6 低压大电流试验、负载试验； 7 电流均衡度试验。 **2.《火力发电建设工程启动试运及验收规程》DL/T 5437—2009** 3.4.2.3 必须在整套启动试运前完成的分部试运项目已全部完成，并已办理质量验收签证，分部试运技术资料齐全。主要检查项目有： 5 保安电源切换试验及必须运行设备保持情况	1. 查看柴油发电机组 油箱油位：指示清晰 控制开关：处于自动位置 2. 查阅柴油发电机组验收记录 启动验收记录内容：齐全 验收结论：符合运行规程规定 签字：齐全
5.4.6	带电区域电缆防火封堵严密，防火阻燃施工完毕	**1.《电气装置安装工程 电缆线路施工及验收规范》GB 50168—2018** 8.0.1 对爆炸和火灾危险环境、电缆密集场所或可能着火蔓延而酿成严重事故的电缆线路，防火阻燃措施必须符合设计要求。 8.0.2 应在下列孔洞处采用防火封堵材料密实封堵： 1 在电缆贯穿墙壁、楼板的孔洞处； 2 在电缆进入盘、柜、箱、盒的孔洞处； 3 在电缆进出电缆竖井的出入口；	1. 查看带电区域防火封堵、防火封堵现场 封堵、封堵配置：符合设计要求及规范规定 防火封堵：严密、无脱落，无开裂，表面平整 防火包：码放整齐

条款号	大纲条款	检查依据	检查要点
5.4.6	带电区域电缆防火封堵严密，防火阻燃施工完毕	4 在电缆桥架穿过墙壁、楼板的孔洞处； 5 在电缆导管进入电缆桥架、电缆竖井、电缆沟和电缆隧道的端口处。 8.0.3 防火墙施工应符合下列规定： 1 防火墙设置应符合设计要求； 2 电缆沟内的防火墙底部应留有排水孔洞，防火墙上部的盖板表面宜做明显且不易褪色的标记； 3 防火墙上的防火门应严密，防火墙两侧长度不小于 2m 内的电缆应涂刷防火涂料或缠绕防火包带。 8.0.4 电缆线路防火阻燃应符合下列规定： 1 耐火或阻燃型电缆应符合设计要求； 2 报警和灭火装置设置应符合设计要求； 3 已投入运行的电缆孔洞、防火墙，临时拆除后应及时恢复封堵； 4 防火重点部位的出入口，防火门或防火卷帘设置应符合设计要求； 5 电力电缆中间接头宜采用电缆用阻燃包带或电缆中间接头保护盒封堵，接头两侧及相邻电缆长度不小于2m 内的电缆应涂刷防火涂料或缠绕防火包带； 6 防火封堵部位应便于增补或更换电缆，紧贴电缆部位宜采用柔性防火材料。 **2.《火力发电建设工程启动试运及验收规程》DL/T 5437—2009** 3.4.2.6 试运现场安全、文明。主要检查项目有： 2 电缆和盘柜防火封堵合格	防火涂料：涂刷均匀、涂刷长度及厚度符合规范规定 电缆桥架封堵：耐火隔板安装平整，防火包及穿墙封堵严密 2. 查阅电缆防火与阻燃验评资料 验收记录：齐全 验收结论：合格 签字：齐全
5.4.7	电除尘升压试验验收合格	**1.《电力建设施工技术规范 第 2 部分：锅炉机组》DL 5190.2—2012** 7.6.2 施工质量验收应具备下列签证和记录： 4 电除尘的带电升压试验签证。 **2.《电气装置安装工程 质量检验及评定规程 第 1 部分：通则》DL/T 5161.1—2002** 5.0.5 本条适用于电除尘器振打及空负荷升压试验，见表 5.0.5-5	查阅电除尘升压试验报告 内容：完整 结论：合格 签字：齐全

条款号	大纲条款	检查依据	检查要点
5.4.8	保护装置试验合格，保护定值整定完毕	**1.《火力发电建设工程机组调试验收与评价规程》DL/T 5295—2013** 3.3.7　电气单位工程调试质量验收，应符合下列规定： 　　18　厂用电源系统试运单位工程验收，应符合表 3.3.7-18 的规定。 **2.《火力发电建设工程启动试运及验收规程》DL/T 5437—2009** 3.4.2.3　必须在整套启动试运前完成的分部试运项目已全部完成，并已办理质量验收签证，分部试运技术资料齐全。主要检查项目有： 　　7　通信、保护、安全稳定装置、自动化和运行方式及并网条件	查阅保护试验及定值整定 定值通知单：签章有效 保护装置整定：报告齐全 保护传动试验：合格，记录齐全 签字：齐全
5.5　热控专业的监督检查			
5.5.1	合金钢取源部件光谱分析复查合格，报告齐全	**1.《电力建设施工技术规范　第 4 部分：热工仪表及控制装置》DL 5190.4—2012** 2.3.2　安装前各类管材、阀门、承压部件应进行检查和清理，其中合金钢部件应进行光谱分析并应做标识。 3.1.5　取源部件的材质应与热力设备或管道的材质相符，并应有质量合格证件。 3.1.6　合金钢部件、取源管安装前、后，必须经光谱分析复查合格，并应做记录。 **2.《电力建设施工技术规范　第 2 部分：锅炉机组》DL 5190.2—2012** 5.1.4　合金钢材质的部件应符合设备技术文件的要求；组合安装前必须进行材质复查，并在明显部位作出标识；安装结束后应核对标识，标识不清时应重新复查。 6.1.2　合金钢管子、管件、管道附件及阀门在使用前应逐件进行光谱复查，并做出材质标记	1. 查阅合金钢部件安装前、后的光谱分析委托单、报告 结论：符合规范要求 盖章：有测试单位的印章 签字：有相关方签字 2. 查看合金钢材质部件的材质标识 内容：正确、清楚
5.5.2	一次测量部件、变送器和开关量仪表校验合格，报告齐全	**1.《电力建设施工技术规范　第 4 部分：热工仪表及控制装置》DL 5190.4—2012** 2.1.3　施工单位的热工实验室应取得相应的资质。 2.1.4　仪表校验人员应取得有效的专业资格证书。 3.4.1　流量测量节流装置的安装应符合 GB/T 2624.1～4 的规定。 3.4.2　安装前应对节流件的外观及节流孔直径进行检查和测量，并做好记录。节流件外观、材质、尺寸应符合设计和 GB/T 2624.1～4 的规定。	1. 查阅校验报告 结论：符合规范要求 盖章：有试验室专用章 签字：有相关方签字 2. 查阅节流装置安装记录及隐蔽签证单

续表

条款号	大纲条款	检查依据	检查要点
5.5.2	一次测量部件、变送器和开关量仪表校验合格，报告齐全	4.1.4 仪表安装前应进行检查、检定。仪表应有标明测量对象、用途和编号的标识牌：就地仪表应在表壳右侧、盘表应在表背面粘贴计量检定合格标签。 9.1.2 热工测量和控制设备在安装前应进行检查和校验，并应符合现场使用条件。 9.1.3 校验用的标准仪表和仪器应具备有效的检定合格证，封印应完整。其基本偏差的绝对值不应超过被校仪表基本偏差绝对值的 1/3。 9.1.7 仪表和控制设备的校验方法和质量要求应符合国家标准、国家计量技术规程的规定及制造厂仪表使用说明书的要求。 9.1.8 热工测量仪表和控制设备校验后，应做校验记录，若对其内部电路、元器件、机构或刻度进行过修改，应在记录中说明。 9.1.9 就地安装的仪表经校验合格后，应加盖封印:有整定值的就地仪表，调校定值后，应将调定值机构漆封。	结论：符合规范要求 签字：有相关方签字
		9.5.1 热控设备安装验收时应提供下列技术文件: 2 计量器具台账。 3 热工仪表及控制装置检定人员资格证书复印件。 9 提供下列施工技术记录: 2）温度、压力、流量、物位、分析、机械量、称重等就地仪表安装前的校验记录。 9.5.2 提供下列热工仪表及控制装置检验技术文件: 1 热工仪表及控制装置设备单体校验及调试记录清单: 1）测温元件及设备校验记录: 2）压力元件及设备校验记录: 3）位移、转速、振动等传感器及其配套表计检定记录: 2 试验室检测仪表清单	3. 查看现场安装的仪表 弹簧压力表安装、投运：符合规程要求 炉膛负压取样管线路：符合规范要求 汽机主蒸汽取样管线路：符合规范要求 标识牌：完整、清晰 计量合格标签：在有效期内

续表

条款号	大纲条款	检查依据	检查要点
5.5.3	锅炉火焰、汽包水位监视装置安装调试完毕	**1.《电力建设施工技术规范 第4部分：热工仪表及控制装置》DL 5190.4—2012** 3.9.1 锅炉火焰检测装置的探头安装角度及使用温度应符合制造厂要求，并有防止污染的措施。 3.9.3 工业电视摄像头的安装角度及冷却方式，应符合制造厂技术文件的要求，摄像探头吹扫冷却用气应是干燥仪用气。 3.9.4 固定在锅炉炉壁上的炉膛火焰摄像探头部件，应能随水冷壁自由膨胀，不得与锅炉钢架、平台等有刚性连接。 9.2.15 监视用工业电视系统应进行检查，系统切换，调整功能均能满足运行的要求。工业电视系统的自保护功能也应进行检查以保证系统的安全运行。 **2.《火力发电厂燃煤锅炉的检测与控制技术条件》DL/T 589—2010** 5.8 炉膛火焰工业电视 5.8.2 火焰探头应为内窥式，开孔位置应能最佳监视全炉膛的火焰。探头应能在集控室遥控或就地控制伸进或退出炉膛，并可调整镜头的光圈、焦距等参数，使得在不同燃烧工况时均可清晰的图像。 5.9 汽包水位监视工业电视 汽泡水位影视工业电视宜为二头一尾形式，即采用一台工业电视，通过切换分别监视汽包两侧就地安装的2只双色水位计的水位。监视镜头应能在集控室遥控或就地调整光圈、焦距等参数。 **3.《防止电力生产事故的二十五项重点要求》国能安全〔2014〕161号** 6.4 防止锅炉满水和缺水事故 6.4.2.4 新安装的机组必须核实汽包水位取样孔的位置、结构及水位计平衡容器安装尺寸，均符合要求。 6.4.3.2 汽包水位测量系统,应采取正确的保温、伴热及防冻措施，以保证汽包水位测量系统的正常运行及正确性	1. 查阅锅炉火焰、汽包水位监视装置的安装、回路调试质量验收表 结论：符合规范要求 签字：有相关方签字 2. 查看炉膛火焰摄像探头部件 连接方式及要求：牢固，满足本体水冷壁热膨胀要求，不得与锅炉钢架、平台等有刚性连接 吹扫冷却用气：干燥的仪用气 3. 查看汽包水位监视系统 保温、防冻、伴热措施：措施正确 运行：正常、准确 4. 查看监视用工业电视系统 整体性能：画面清晰，调整功能满足运行要求

条款号	大纲条款	检查依据	检查要点
5.5.4	汽轮机轴向位移、转速、振动等测量装置安装调试完毕	**1.《电力建设施工技术规范 第4部分：热工仪表及控制装置》DL 5190.4—2012** 3.2.17 汽轮机内缸的测温元件应安装牢固，紧固件应锁紧，且测温元件应便于拆卸，引出处不得渗漏。 3.2.18 测量金属温度的测温元件，其测量端应紧贴被测表面且接触良好，被测表面有保温设施的应一起加以保温。 3.2.23 测量汽轮机轴瓦温度的备用测温元件，应将其引线引至接线盒。 3.7.1 电磁感应式传感器铁芯所对应的汽轮机转子凸轮边缘应平整，各部分间隙及安装调整应符合制造厂技术文件的要求。 3.7.2 电涡流式传感器与被检测金属间的安装间隙，应根据产品技术文件提供的输出特性曲线所确定的线性中心位置而定。传感器与前置器之间连接的高频电缆型号、长度不得任意改变，高频接头应用热缩套管密封并绝缘浮空。前置器安装地点环境温度和是否浮空应符合制造厂产品技术文件要求。 3.7.3 转速测量传感器安装应符合下列规定： 1 磁阻式传感器端面与测速齿轮顶之间的安装间隙应符合产品技术文件要求； 2 电涡流式传感器端面与被测轴之间的间隙，若轴标记为缺口时，应按轴的平滑面确定，若轴标记为凸台时，应按凸台面来确定； 3 传感器的安装支架应有足够的刚度防止变形，并应有防松动的措施。 3.7.4 轴向位移和胀差测量用的电磁感应式和电涡流式传感器或变送器的安装，应按产品技术文件的要求，推动转子使其推力盘紧靠工作或非工作推力瓦面，然后进行间隙调整。传感器中心轴线与测量表面应垂直。 3.7.5 主轴偏心测量用的电涡流式传感器安装位置，应符合产品技术文件的要求。安装传感器的支架应有足够的刚度，防止变形，传感器在支架上应固定牢固。 3.7.6 安装在精加工轴承座平面上，测量轴承绝对振动用的磁电式速度传感器和压电式速度传感器，应为刚性连接。当发电机、励磁机轴承座要求与地绝缘时，传感器外壳应对地浮空。 3.7.7 轴振动测量用的电涡流式或电涡流磁阻组合式传感器安装，应符合本部分3.7.5的规定。	1. 查看汽轮机轴向位移、转速、振动等测量装置 安装：正确牢固，标识清楚，引线已引至机外 指示：就地测量数据与控制室一致 2. 查阅汽轮机轴向位移、转速、振动、轴瓦温度等测量装置的安装记录、隐蔽签证单，安装、回路调试质量验收表： 结论：符合规范要求 签字：有相关方签字 3. 查阅汽轮机轴向位移、转速、振动、轴瓦温度等测量装置表的校验报告 资质：有相关资质认定，且在有效期内； 结论：符合规范要求 盖章：有单位专用章

续表

条款号	大纲条款	检查依据	检查要点
5.5.4	汽轮机轴向位移、转速、振动等测量装置安装调试完毕	3.7.8 热膨胀传感器应在汽轮机处于完全冷却状态下进行安装、调整零位，阀位行程传感器的安装位置，应使电气零位与机械零位一致。 9.2.9 汽轮机转速、位移、振动、膨胀、偏心等监控仪表，应进行仪表值偏差、回程偏差的校验和传感器的检查，并应在专用校验台上进行传感器与显示仪表的联调。 9.5.1 热控设备安装验收时应提供下列技术文件： 　8 提供下列隐蔽工程安装记录： 　1）汽轮机保护传感器安装记录； 　3）热机轴瓦及推力瓦测温元件安装记录。 9.5.2 提供下列热工仪表及控制装置校验技术文件： 　1 热工仪表及控制装置设备单体校验及调试记录清单： 　3）位移、转速、振动等传感器及其配套表计检定记录	
5.5.5	计算机及监控系统的信号电缆屏蔽接地验收合格，接地电阻测试值符合设计要求	**1.《电力建设施工技术规范 第4部分：热工仪表及控制装置》DL 5190.4—2012** 8.4.2 保护接地应牢固可靠，应接到电气的保护接地网上，但不得串联接地。保护接地的电阻值应符合设计要求。 8.4.7 若产品技术文件要求控制装置及电子设备机柜外壳不与接地网连接时，其外壳应与柜基础底座绝缘。 8.4.8 计算机及监控系统的接地方法应符合设计要求和CECS 81《工业计算机监控系统抗干扰技术规范》及产品技术文件的要求。 8.4.9 计算机及监控系统的接地系统按设计直接接在全厂电气接地网上或接在独立接地网上，其连接方式及接地电阻均应符合设计要求。采用独立接地网时，接地电阻不应大于 2Ω，接地电阻应包括接地引线电阻。	1. 查阅 DCS 系统接地装置隐蔽工程验收签证单 结论：符合规范要求 签字：有相关方签字 2. 查阅 DCS 系统接地测试报告 数据：符合规范要求或制造厂技术要求 盖章：有测试单位的印章 签字：有相关方签字

条款号	大纲条款	检查依据	检查要点
5.5.5	计算机及监控系统的信号电缆屏蔽接地验收合格，接地电阻测试值符合设计要求	8.4.10　计算机系统地线汇集板宜采用 600mm×200mm×20mm 的铜板制作，该汇集板即为计算机系统参考零电位。该系统除接地点外，其余部分应与其他接地体隔离，保证计算机接地系统一点接地。 8.4.11　地线汇集板和地网接地极之间连接的接地线截面积不应小于 50mm²，系统内机柜中心接地点至接地母线排的接地线截面积不应小于 25mm²，机柜间链式接地线的截面积不应小于 6mm²；接地线应采用多芯软铜线；接地电缆线应采用压接接线鼻子后与接地母线排可靠连接。 8.4.12　屏蔽电缆、屏蔽补偿导线的屏蔽层均应接地，并符合下列规定： 　1　总屏蔽层及对绞屏蔽层均应接地。 　2　全线路屏蔽层应有可靠的电气连续性，当屏蔽电缆经接线盒或中间端子柜分开或合并时，应在接线盒或中间端子柜内将其两端的屏蔽层通过端子连接，同一信号回路或同一线路屏蔽层只允许有一个接地点。 　3　屏蔽层接地的位置应符合设计要求，当信号源浮空时，应在计算机侧接地；当信号源接地时，屏蔽层的接地点应靠近信号源的接地点；当放大器浮空时，屏蔽层的一端宜与屏蔽罩相连，另一端宜接共模地，其中，当信号源接地时接现场地，当信号源浮空时接信号地。 　4　多根电缆屏蔽层的接地汇总到同一接地母线排时，应用截面积不小于 1mm² 的黄绿接地软线，压接时每个接线鼻子内屏蔽接地线不应超过 6 根。 9.5.1　热控设备安装验收时应提供下列技术文件： 　9　提供下列施工技术记录： 　　9）接地施工记录。 **2.《大中型火力发电厂设计规范》GB 50660—2011** 15.12.4　控制用电气设备外壳、不要求浮空的盘台、金属桥架、铠装电缆的铠装层、计算机信号电缆的屏蔽层等应设保护接地，保护接地应牢固可靠，保护接地的电阻值应符合国家现行有关电气保护接地的规定。	3. 查看 DCS 系统接地装置汇集板的尺寸：符合规范要求 地线汇集板和地网接地极之间连接的接地线截面积：符合规范要求 系统内机柜中心接地点至接地母线排的接地线截面积：符合规范要求 机柜间链式接地线的截面积：符合规范要求 接地线：多芯软铜线 4. 查看屏蔽电缆、屏蔽补偿导线的屏蔽层接地 总电缆层及对绞屏蔽层的接地：符合规范要求 信号源浮空时：符合规范要求 信号源接地时：符合规范要求 放大器浮空时：符合规范要求 每个接线鼻子内屏蔽接地线数量：符合规范要求

条款号	大纲条款	检查依据	检查要点
5.5.5	计算机及监控系统的信号电缆屏蔽接地验收合格，接地电阻测试值符合设计要求	15.12.5 各计算机系统内不同性质的接地应分别有稳定可靠的总接地板（箱），总接地板（箱）宜统一与全厂接地网相连，不宜再单设计算机专用独立接地网。当设备厂家对逻辑接地和计算机系统接地的阻值及接地方式有特殊要求时，应按其要求设计	5. 查看DCS系统接地点 DCS系统接地点：接地点有明显接地标识
5.5.6	带电区域电缆防火封堵严密，防火阻燃施工完毕	1.《电气装置安装工程 电缆线路施工及验收规范》GB 50168—2018 8.0.1 对爆炸和火灾危险环境、电缆密集场所或可能着火蔓延而酿成严重事故的电缆线路，防火阻燃措施必须符合设计要求。 8.0.5 防火阻燃材料应具备下列质量证明文件： 　1 具有资质的第三方检测机构出具的检测报告； 　2 出厂质量检验报告； 　3 产品合格证。 8.0.6 防火阻燃材料施工措施应按设计要求和材料使用工艺确定，材料质量与外观应符合下列规定： 　1 有机堵料不氧化、不冒油，软硬适度，应具备一定的柔韧性； 　2 无机堵料无结块、无杂质； 　3 防火隔板平整、厚薄均匀； 　4 防火包遇水或受潮后不板结； 　5 防火涂料无结块、能搅拌均匀； 　6 阻火网网孔尺寸应均匀，经纬线粗细应均匀，附着防火复合膨胀料厚度一致。网弯曲时不变形、不脱落，并易于曲面固定。 8.0.7 缠绕防火包带或涂刷防火涂料施工应符合产品技术文件要求。	1. 查阅防火封堵材料产品合格证及同批次出厂质量检验报告、现场抽样复检报告 　盖章：有测试单位的专用章 　结论：符合规范要求 　签字：有相关方签字 2. 查看现场电缆敷设、防火封堵、阻燃施工： 　电缆敷设：符合规范要求 　盘、台、柜、电缆管、电缆桥架、电缆竖井的防火封堵、防火涂料、阻燃：符合规范要求

条款号	大纲条款	检查依据	检查要点
5.5.6	带电区域电缆防火封堵严密，防火阻燃施工完毕	8.0.8 电缆孔洞封堵应严实可靠，不应有明显的裂缝和可见的孔隙，堵体表面平整，孔洞较大者应加耐火衬板后再进行封堵。有机防火堵料封堵不应有透光、漏风、龟裂、脱落、硬化现象；无机防火堵料封堵不应有粉化、开裂等缺陷。防火包的堆砌应密实牢固，外观应整齐，不应透光。 **2.《电力建设施工技术规范 第4部分：热工仪表及控制装置》DL 5190.4—2012** 5.1.11 盘、柜内防火封堵应严密，所采用的防火封堵及阻燃材料应符合设计要求。 6.4.6 计算机信号电缆与强电控制电缆不得敷设在一根保护管内。 6.4.7 电缆敷设路径应符合设计要求并满足下列规定： 1 电缆应避开人孔、设备起吊孔、窥视孔、防爆门及易受机械损伤的区域：敷设在热力设备和管路附近的电缆不应影响设备和管路的拆装。 2 电缆敷设区域环境温度对电缆的影响应满足正常使用时，电缆导体的温度不应高于其长期允许工作温度，明敷的电缆不宜平行敷设于热力管道上部，控制电缆与热力管道之间无隔板防护时，相互间距平行敷设时电缆与热力管道保温应大于500mm，交叉敷设应大于250mm，与其他管道平行敷设相互间距应大于100mm。 3 电缆不应在油管路及腐蚀性介质管路的正下方平行敷设，且不应在油管路及腐蚀性介质管路的阀门或接口的下方通过。 6.4.8 电缆敷设在锅炉本体顶部、汽轮机本体四周、易积粉尘、易燃的地方及对有抗干扰要求的弱电信号电缆，应采用封闭的电缆托盘、槽盒或电缆保护管。 8.1.1 爆炸和火灾危险环境电气装置施工应符合GB 50257《电气装置安装工程爆炸和火灾危险环境电气装置施工及验收技术规范》的有关规定。 8.1.3 当电缆桥架或电缆沟道通过不同等级的爆炸和火灾危险场所时，在隔墙处应做充填密封。 8.1.7 集中布置的电缆应按设计要求施工，使防火封堵严密、隔离措施有效。 8.1.8 防火封堵材料应有产品合格证及同批次材料出厂质量检验报告，现场应进行复检。 8.1.9 电缆防火阻燃应采取下列措施： 1 在电缆穿过竖井、墙壁、楼板或进入盘、箱、柜、台的孔洞处，用防火堵料封堵严密； 2 在电缆沟和隧道中，按设计要求设置防火墙，防火隔离应严密；	

条款号	大纲条款	检查依据	检查要点
5.5.6	带电区域电缆防火封堵严密，防火阻燃施工完毕	3 在盘、柜、箱底部的电缆应各刷长度为 1m～1.5m 的阻燃涂料，涂料厚度不少于 1mm； 　4 在电缆或电缆桥架穿过墙壁、楼板、防火墙两侧的电缆应各刷长度为 1m～1.5m 的阻燃涂料，涂料厚度不少于 1mm。 　8.1.10 防火封堵材料的使用应符合制造厂的要求。防火堵料封堵应表面平整、牢固严实，无脱落或开裂。阻燃涂料的涂刷应厚薄均匀，不应漏刷和污染相邻物体。防火包不应板结，堆砌应密实牢固、外观整齐。 　9.5.1 热控设备安装验收时应提供下列技术文件： 　6）防火封堵材料复检报告。 　9）提供下列施工技术记录。 　11）防火封堵施工记录	
5.6　化学专业的监督检查			
5.6.1	锅炉本体及炉前系统化学清洗合格，签证记录齐全；清洗废液处理合格	**1.《火力发电建设工程机组调试质量验收及评价规程》DL/T 5295—2013** 　3.3.11 化学单位工程调试质量验收应符合下列规定： 　10 化学清洗单位工程验收，应符合表 3.3.11-10 的规定。 **2.《电力建设施工技术规范 第2部分：锅炉机组》DL 5190.2—2012** 　13.4.4 化学清洗的系统应符合下列要求： 　3 化学清洗的废液排放应进行综合处理，处理后的废液中的有害物质的浓度和排放地点应符合国家现行排放标准的有关规定。 　13.4.6 化学清洗结束后，应对汽包、水冷壁下联箱和中间混合联箱进行割口检查，并彻底清除沉渣，检查监视管段和腐蚀指示片，应达到下列标准： 　1 内表面应清洁，基本无残留氧化物和焊渣； 　2 不出现二次浮锈，无点蚀、无明显金属粗晶析出的过洗现象，不应有镀铜现象，并形成完整的保护钝化膜； 　3 腐蚀指示片平均腐蚀速度应小于 $8g/(m^2 \cdot h)$，腐蚀总量应小于 $80g/m^2$。	1. 查阅锅炉化学清洗方案 化学清洗范围：符合导则规定 清洗工艺选择：符合导则规定

条款号	大纲条款	检查依据	检查要点
5.6.1	锅炉本体及炉前系统化学清洗合格，签证记录齐全；清洗废液处理合格	**3.《火力发电厂锅炉清洗导则》DL/T 794—2012** 3.2 承担火力发电厂锅炉化学清洗的单位应符合 DL/T977 的要求，应具备相应的资质，严禁无证清洗。 3.5.1 新建锅炉的清洗范围如下： a）直流炉和过热蒸汽出口压力为 9.8MPa 及以上的汽包炉，在投产前必须进行化学清洗；压力在 9.8MPa 以下的汽包炉，当垢量小于 150g/m² 时，可不进行酸洗，但必须进行碱洗或碱煮。 b）再热器一般不进行化学清洗。出口压力为 17.4MPa 及以上机组的锅炉，再热器可根据情况进行化学清洗，但必须有消除立式管内的气塞和防止腐蚀产物在管内沉积的措施，应保持管内清洗流速在 0.2m/s 以上。 c）过热器垢量或腐蚀产物量大于 100g/m² 时，可选用化学清洗，但必须有消除立式管内的气塞和防止腐蚀产物在管内沉积的措施，并应进行应力腐蚀试验，清洗液不应产生应力腐蚀。 d）机组容量为 200MW 及以上新建机组的凝结水及高压给水系统，垢量小于 150g/m² 时，可采用流速大于 0.5m/s 的水冲洗；垢量大于 150g/m² 时，应进行化学清洗。机组容量为 600MW 及以上新建机组的凝结水及高压给水系统至少应进行碱洗，凝汽器、低压加热器和高压加热器的汽侧及其疏水系统也应进行碱洗或水冲洗。 3.9 锅炉化学清洗的时间应安排在清洗完毕后 20 天内投入运行，否则应采取防腐保护措施。 5.9 清洗奥氏体钢时，选用的清洗介质、缓蚀剂和其他清洗助剂，其 Cl⁻、F⁻等杂质含量应小于 0.005%；同时还应进行应力腐蚀和晶间腐蚀试验，清洗液不应产生应力腐蚀和晶间腐蚀。 8.1 锅炉化学清洗废液的排放应符合 GB 8978 和地方环保标准的规定，GB 8978 的主要指标和最高允许排放浓度见表 7。 8.2 严禁排放未经处理的酸、碱液及其他有害废液，也不得采用渗坑、渗井和漫流的方式排放。 9 化学清洗质量指标 9.1 清洗后的金属表面应清洁，基本上无残留氧化物和焊渣，不应出现二次锈蚀和点蚀，不应有镀铜现象。	废水处理措施：符合导则规定 2. 查阅化学清洗验收签证表 清洗后的金属表面质量：表面清洁，无二次锈蚀和点蚀 平均腐蚀速度：符合导则规定 腐蚀总量：符合导则规定 验收结论：合格 3. 查阅清洗报告和废液处理排放记录 含奥氏体清洗：符合导则规定 清洗控制参数：符合清洗方案 废液排放指标：符合标准规定 4.查阅清洗后超 20 天启动的锅炉保养记录 内容：符合导则要求

条款号	大纲条款	检查依据	检查要点
5.6.1	锅炉本体及炉前系统化学清洗合格，签证记录齐全；清洗废液处理合格	9.2　用腐蚀指示片测量的金属平均腐蚀速度应小于 8g/(m²·h)，腐蚀总量应小于 80g/m²。 9.4　基建炉的残余垢量小于 30g/m² 为合格，残余垢量小于 15g/m² 为优良。 9.5　清洗后的设备内表面应形成良好的钝化膜。 9.6　固定设备上的阀门、仪表不应受到腐蚀损伤。 **4.《化学清洗废液处理技术规范》GB/T 31188—2014** 5.1.2　化学清洗现场产生的废液经现场预处理后，统一送至经环保部门颁发了危险废物经营许可证的环保企业或污水处理厂（应达到污水处理厂所能接纳废水的质量和水量要求）进行深度处理，处理达标后排放	
5.6.2	锅炉补给水水质合格，程控装置运行正常	**1.《火力发电建设工程机组调试质量验收及评价规程》DL/T 5295—2013** 3.3.11　化学单位工程调试质量验收应符合下列规定： 　　1　净水预处理系统调试单位工程验收，应符合表 3.3.11-1 的规定。 　　2　化学制水系统调试单位工程验收，应符合表 3.3.11-2 的规定。 　　3　超滤（微滤）、反渗透系统调试单位工程验收，应符合表 3.3.11-3 的规定。 **2.《电力建设施工技术规范　第 6 部分：水处理及制氢设备和系统》DL 5190.6—2012** 6.3.3　电除盐设备必须可靠接地。 14.1.2　水处理系统的电气、热控、在线化学仪表、程控及自动装置均应安装调试完毕，指示正确，操作灵敏，具备投入使用条件。 14.1.8　水处理系统调试人员应对所有设备、系统进行检查、确认；值班员、化验员经培训考试合格；运行检修规程及记录报表已编制、审批并印刷出版；分析、化验仪器、仪表等应齐备。 14.3.6　除盐设备经调整后，各设备出水水质和出力应符合设计要求。 **3.《火力发电建设工程启动试运及验收规程》DL/T 5437—2009** 3.4.2.2　建筑、安装工程已验收合格，能满足试运要求。	1. 查看锅炉补给水处理系统程控运行 在线仪表指示：正确 控制室程控运行显示：正常 2. 查阅锅炉补给水处理设备运行记录 水质指标：符合规程规定 系统出力：满足设计要求

条款号	大纲条款	检查依据	检查要点
5.6.2	锅炉补给水水质合格，程控装置运行正常	3.4.2.3　必须在整套启动试运前完成的分部试运项目已全部完成，并已办理质量验收鉴证，分部试运技术资料齐全。主要检查项目有： 　　1　锅炉、汽轮机（燃机）、电气、热控、化学五大专业的分部试运完成情况。 **4.《电厂用水处理设备验收导则》DL/T 543—2009** 10.2.3.1　橡胶衬里设备及管道、管件100%漏电检测，不得有漏电现象。 **5.《电力基本建设热力设备化学监督导则》DL/T 889—2015** 8　机组整套启动前的水冲洗 8.2　水冲洗应具备的条件： 　　除盐水设备应能连续正常的供水；……补给水质量应符合GB/T 12145的要求。 10.6　锅炉补给水质量 　　机组整套启动试运行期间补给水质量应符合GB/T 12145的要求	3. 查阅单位工程施工质量验收表 结论：合格 签证：相关方已签字 4. 查阅锅炉补给水系统调试质量验收表 结论：合格 签证：相关方已签字
5.6.3	发电机内冷水水质（pH值、导电度、含铜量）符合规程规定	**1.《火力发电机组及蒸汽动力设备水汽质量》GB/T 12145—2016** 13　水内冷发电机的冷却水质量标准 13.1　空心铜导线的水内冷发电机的冷却水质量可按表14和表15控制。 **2.《电气装置安装工程　旋转电机施工及验收规范》GB 50170—2018** 4.5.2　水内冷发电机冷却系统的安装应符合下列规定： 　　1. 安装前，定子或转子水回路应按产品技术文件要求进行密封性试验； 　　2. 冷却水水质应满足产品技术文件要求； 　　3. 冷却水系统应进行正、反向冲洗，分支水回路应畅通；入口水压和流量应满足产品技术文件要求； 　　4. 定子、转子安装后，应检查汽端、励端、出线套管的汇水管接地引出线绝缘及导通应良好、可靠，并应检查定子冷却水进出水管绝缘应良好、可靠； 　　5　水内定子绕组应进行热水流试验或超声波流量法测试定子冷却水系统流量，并应符合行业现行有效标准《汽轮发电机绕组内部水系统检验方法及评定》JB/T 6228的有关规定	1. 查看发电机内冷水系统在线仪表：按设计投入，校验合格标签齐全 2. 查阅发电机内冷水水质报告 pH值、导电度、含铜量：符合规程规定

条款号	大纲条款	检查依据	检查要点
5.6.3	发电机内冷水水质(pH值、导电度、含铜量)符合规程规定	**3.《火力发电建设工程机组调试质量验收及评价规程》DL/T 5295—2013** 3.3.11 化学单位工程调试质量验收,应符合下列规定。 　5 制氢及供氢系统调试单位工程验收,应符合表 3.3.11-5 的规定。 **4.《电力基本建设热力设备化学监督导则》DL/T 889—2015** 10.7 发电机内冷却水质量 10.7.1 发电机内冷却水系统投入运行前应用除盐水进行水冲洗,冲洗的流量、流速应大于正常运行下的流量、流速,冲洗至排水清澈无杂质颗粒,进、排水的 pH 值基本一致,电导率小于 $2\mu S/cm$。 10.7.2 机组试运行期间,运行中的发电机内冷却水质量应符合 DL/T 801 的要求	
5.6.4	制氢站安装、分部试运验收合格,氢气纯度、湿度符合标准	**1.《氢气使用安全技术规程》GB 4962—2008** 4.1.8 氢气罐(充)装站、供氢站、实瓶间、空瓶间周边至少 10m 内不得有明火。 **2.《电气装置安装工程　旋转电机施工及验收规范》GB 50170—2018** 氢气质量应满足产品技术文件要求。当无要求时,氢气纯度大于 95%,机内压力下,氢气湿度: $-25℃≤t_d$(露点)$≤0℃$。 **3.《氢气站设计规范》GB 50177—2005** 9.0.2 氢气站、供氢站的防雷分类不得低于第二类防雷建筑;氢气站建、构筑物等设施不得超出防雷设施保护范围。 9.0.4 氢气站、供氢站内的设备及设施均应防雷电感应接地;管道法兰、阀门等连接处,应采用金属线跨接。 9.0.7 露天钢质封闭容器应可靠接地;露天布置的氢气罐接地点不得少于 2 处,两接地点间距不应大于 30m;冲击接地电阻不得大于 10Ω。 12.0.9 放空管的设置,不得违反下列规定:	1. 查看制(供)氢系统 防雷接地:避雷针、接地网按设计施工完毕;强条条款已执行 消防:按设计施工完毕 安全:安全门、漏氢报警安装完毕、警示标识齐全 在线仪表:按设计投入,校验合格标签齐全 2. 查阅氢气质量分析报告 纯度:符合规范规定 湿度:符合规范规定 3. 查阅制(供)氢站施工质量验收表、防雷接地验收表 结论:合格

条款号	大纲条款	检查依据	检查要点
5.6.4	制氢站安装、分部试运验收合格，氢气纯度、湿度符合标准	1）放空管管口应高出屋脊 1m； 2）应有防雨雪侵入和杂物堵塞的措施； 3）压力大于 0.1MPa 时，阻火器后的管材，应采用不锈钢管。 **4.《发电厂化学设计规范》DL 5068—2014** 11.1.4 制氢和供氢系统应按照火灾危险性甲类可燃气体标准设计。 11.2.1 发电机用氢气纯度按容积计不应低于 99.7%，氢气常压露点不应高于−50℃。 **5.《火力发电建设工程机组调试质量验收及评价规程》DL/T 5295—2013** 3.3.11 化学单位工程调试质量验收应符合下列规定： 5 制氢及供氢系统调试单位工程验收，应符合表 3.3.11-5 的规定。 **6.《电力建设施工技术规范 第 6 部分：水处理及制氢设备和系统》DL 5190.6—2012** 3.2.5 氢气设备和系统调整试运前，建筑及电气施工应符合下列规定： 1 氢气站避雷针、接地网应按设计要求施工完毕，按规定验收合格； 4 安全、消防设施按规定验收合格，能满足投用条件； 5 安全警示标识齐全醒目。 15.1.4 氢气系统的各种阀门应选用气体专用阀门，确保严密不漏。用于电解液系统的阀门和垫圈，不得使用铜材和铝材。 15.1.6 凡与电解液接触的设备和管道，不得在其内部涂刷红丹和其他防腐漆。 15.3.2.2 氢气管路接地施工应符合下列要求： 1）室外架空敷设的氢气管道的防雷电波浸入建筑物的接地必须可靠。 2）室内外架空敷设氢气管道，每隔 20m～25m 处，设置防雷电感应接地。 3）法兰、阀门的连接处应做跨接接地。 4）接地设备、管道等均应设接地端头，接地端头与接地线间的连接应牢靠。 5）对有振动、位移的设备和管道，其连接处应加挠性连接线过渡。 6）氢气管道系统上的接地电阻应符合设计要求，设计无要求时，接地电阻不得大于 10Ω。	签证：相关方已签字 4. 查阅制（供）氢系统调试质量验收表 结论：合格 签证：相关方已签字

条款号	大纲条款	检查依据	检查要点
5.6.4	制氢站安装、分部试运验收合格，氢气纯度、湿度符合标准	15.4.1 制氢设备的启动与调试应符合下列条件： 1 电气设备、热工控制设备及表计、照明、通信、通风设施及消防设施等应完备并调试正常，经专业人员检查合格。 **7.《火力发电厂化学调试导则》DL/T 1076—2017** 5.1.4 应按 GB 4962 的规定，制订制氢站的安全管理措施，并严格执行，确保制氢站的安全运行	
5.6.5	机组汽水品质在线测量仪表校验合格	**1.《发电厂化学设计规范》DL 5068—2014** 8.0.6 水汽取样系统应有可靠、连续、稳定的冷却水源，冷却水宜来自辅机闭式循环冷却系统，如主厂房未设置辅机闭式循环冷却系统时，可单独设置独立的除盐水冷却装置。 **2.《火力发电建设工程机组调试质量验收及评价规程》DL/T 5295—2013** 3.3.11 化学单位工程调试质量验收，应符合下列规定： 7 取样分析分析系统调试单位工程验收，应符合表 3.3.11-7 的规定。 **3.《电力建设施工技术规范 第 6 部分：水处理及制氢设备和系统》DL 5190.6—2012** 3.1.7 液位测量、就地分析仪表应在系统冲洗干净后安装并标定合格。 14.1.2 水处理系统的电气、热控、在线化学仪表、程控及自动装置均应安装调试完毕，指示正确，操作灵敏，具备投入使用条件。 **4.《火力发电建设工程启动试运及验收规程》DL/T 5437—2009** 3.3.3.3 相应的建筑和安装工程已完工，并已按电力行业有关电力建设质量验收规程验收签证，技术资料齐全。 **5.《水汽集中取样分析装置验收导则》DL/T 665—2009** 3.3 技术性能指标检验测试应由具有电力行业化学仪表实验室计量确认评审合格资质的检验机构和具有电力行业化学仪表检验员计量确认资质的人员进行 5.9 取样分析装置中配备的电导率仪表、酸度计仪表、钠离子监视仪表、溶氧分析仪表与硅酸根分析仪表的质量检查验收应符合 DL/T 913 的规定。	1. 查看取样、仪表安装 取样冷却系统：按设计施工完成 在线监测仪表：按设计投入，校验合格标签齐全 2. 查阅在线仪表校验报告 结论：合格 校验单位及人员：符合导则要求 3. 查阅取样分析系统调试质量验收表 结论：合格 签证：相关方已签字

条款号	大纲条款	检查依据	检查要点
5.6.5	机组汽水品质在线测量仪表校验合格	**6.《火电厂水质分析仪器质量验收导则》DL/T 913—2005** 4.5.1 在进行形式试验、性能测试与实用性考核程序验收全部合格的分析仪器,可以进入质量验收结束操作程序。 4.5.2 质量验收结束程序是对质量验收全过程的书面总结,将质量验收报告上报有关部门并存档	
5.6.6	凝结水精处理设备具备投运条件	**1.《发电厂化学设计规范》DL 5068—2014** 14.4.7 酸碱贮存和计量区域必须设置安全通道、淋浴装置、围堰等安全防护设施;围堰内容积应大于最大一台贮存设备的容积,当围堰有排放措施时可适当减小其容积。 15.3.6 输送浓酸、碱液及浓氨等腐蚀性介质的管道不宜布置在人行通道的上方,也不宜布置在转动设备的上方,必须架空敷设时,应设保护罩或挡板遮护。 15.3.7 输送液体介质的管道不应布置在动力盘、控制柜的上方。 15.3.9 手动操作阀门的布置高度不宜超过1.6m,高于2m布置的阀门应有便于操作的措施。 **2.《火力发电建设工程机组调试质量验收及评价规程》DL/T 5295—2013** 3.3.11 化学单位工程调试质量验收,应符合下列规定: 　　4 凝结水精处理系统调试单位工程验收,应符合表3.3.11-4的规定。 **3.《火力发电建设工程机组调试技术规范》DL/T 5294—2013** 9.4.1 空负荷试运阶段调试应符合下列要求: 　　1 投入除氧器加热,给水和凝结水加药,锅炉上水。直流锅炉投入凝结水精处理装置。 9.4.2 带负荷试运阶段调试应符合下列要求: 　　2 凝结水和疏水回收后,汽包锅炉机组投入凝结水精处理装置; 　　3 直流锅炉机组精处理系统应正常投入运行。 **4.《电力建设施工技术规范　第6部分:水处理及制氢设备和系统》DL 5190.6—2012** 14.4.5 污染严重的凝结水不得回收;进入凝结水处理设备的凝结水含铁量不得大于1000μg/L。新机组试运初期,应将污染严重的凝结水完全排放。进入凝结水处理设备的凝结水含铁量应不大于1000μg/L。	1. 查看凝结水精处理系统安装 　凝结水精处理装置:按设计安装完毕 　再生及废液处理系统:按设计安装完毕 　取样及监测仪表:按设计投入,校验合格标签齐全 2. 查阅单位工程施工质量验收表 　结论:合格 　签证:相关方已签字 3. 查阅分系统调试质量验收记录表 　结论:除出水质量外应全部合格

续表

条款号	大纲条款	检查依据	检查要点
5.6.6	凝结水精处理设备具备投运条件	**5.《电厂用水处理设备验收导则》DL/T 543—2009** 10.2.3.1 橡胶衬里设备及管道、管件100%漏电检测，不得有漏电现象。 **6.《电力基本建设热力设备化学监督导则》DL/T 889—2015** 10.1.5 ……。设置有凝结水处理装置的机组，在机组整套启动试运行前，凝结水处理装置应具备投运条件	
5.6.7	循环水加氯、阻垢，缓蚀系统安装验收合格，调试完毕	**1.《发电厂化学设计规范》DL 5068—2014** 9.0.12 冷却水系统应进行杀菌处理。杀菌剂的选择应根据冷却方式、冷却水量及水质条件等因素确定，杀菌剂与水质稳定剂不应相互干扰。 14.4.7 酸碱贮存和计量区域必须设置安全通道、淋浴装置、围堰等安全防护设施；围堰内容积应大于最大一台贮存设备的容积，当围堰有排放措施时可适当减小其容积。 14.6.4 液氯加药系统的设计应符合以下要求 　　5 严禁使用蒸汽、明火直接加热液氯钢瓶； 　　8 氯瓶间应设置氯气泄漏检测报警装置及氯气吸收装置。 **2.《火力发电建设工程机组调试技术规范》DL/T 5294—2013** 9 循环水处理系统调试应符合下列要求： 　　1）确认单体调试、单机试运已完成验收签证； 　　2）检查工艺系统正确，确认水压试验合格； 　　8）程控启动、停运试验，确认设备和系统运行正常。 **3.《火力发电建设工程机组调试质量验收及评价规程》DL/T 5295—2013** 3.3.11 化学单位工程调试质量验收，应符合下列规定： 　　8 制氯、循环水处理系统调试单位工程验收，应符合表3.3.11-8的规定。 **4.《电力基本建设热力设备化学监督导则》DL/T 889—2015** 10 机组整套启动试运行	1. 查看循环水加药系统系统安装：按设计施工完成、无泄漏 强制性条文核查：加氯间系统满足强条要求 2. 查阅循环水加药系统施工质量验收表 结论：合格 签证：相关方已签字 3. 查阅循环水加药系统调试质量验收表 结论：合格 签证：相关方已签字

条款号	大纲条款	检查依据	检查要点
5.6.7	循环水加氯、阻垢，缓蚀系统安装验收合格，调试完毕	10.1.7 循环水加药系统应能投入运行，按设计要求或调整试验后的技术条件对循环水进行阻垢、缓蚀以及杀生灭藻处理	
5.6.8	烟气在线检测装置具备投运条件	**1.《中华人民共和国环境保护法》中华人民共和国主席令〔2014〕第9号** 第四十一条 建设项目中防治污染的设施，应当与主体工程同时设计、同时施工、同时投产使用。防治污染的设施应当符合经批准的环境影响评价文件的要求，不得擅自拆除或者闲置。 第四十二条 重点排污单位应当按照国家有关规定和监测规范安装使用监测设备，保证监测设备正常运行，保存原始监测记录。 **2.《污染源自动监控管理办法》中华人民共和国国家环境保护总局令〔2005〕第28号** 第十条 列入污染源自动监控计划的排污单位，应当按照规定的时限建设、安装自动监控设备及其配套设施，配合自动监控系统的联网。 第十一条 新建、改建、扩建和技术改造项目应当根据经批准的环境影响评价文件的要求建设、安装自动监控设备及其配套设施，作为环境保护设施的组成部分，与主体工程同时设计、同时施工、同时投入使用。 第十二条 建设自动监控系统必须符合下列要求： （四）按照国家有关环境监测技术规范，环境监测仪器的比对监测应当合格； （五）自动监控设备与监控中心能够稳定联网。 **3.《火电厂烟气排放连续监测技术规范》HJ 75—2017** 7.1 安装位置要求 7.2 安装施工要求 **4.《固定污染源烟气排放连续监测系统技术要求及检测方法》HJ 76—2017** 8.1.2 原则上要求一个固定污染源安装一套CEMS。……	1. 查看烟气在线监测装置安装 系统完整：烟气在线监测装置安装完毕 安装环境：符合设备技术条件的要求 2. 查阅烟气在线连续监测施工质量验收表 结论：合格 签证：有与当地环境保护部门联网的证明

续表

条款号	大纲条款	检查依据	检查要点
5.6.9	炉内加药和取样系统安装完毕，调试合格，具备投运条件	**1.《发电厂化学设计规范》DL 5068—2014** 7.1.3 当机组蒸汽用于食品加工或采用混合方式加热生活用水时，对于给水和凝结水，不得采用加联氨或投加其他对人体有害物质的处理方式。 7.4.2 加药间应有适当面积的药品贮存区域或设置单独的药品贮存房间。 7.4.3 加药设备周围应有围堰，并应设冲洗设施。 8.0.4 每台机组应设置水汽集中取样分析装置，对于压力无法满足送至集中取样分析装置上的样品水，应设置就地取样降压冷却及仪表等设施。 8.0.6 水汽取样系统应有可靠、连续、稳定的冷却水源，冷却水宜来自辅机闭式循环冷却系统，如主厂房未设置辅机闭式循环冷却系统时，可单独设置独立的除盐水冷却装置。 **2.《火力发电建设工程机组调试质量验收及评价规程》DL/T 5295—2013** 3.3.11 化学单位工程调试质量验收，应符合下列规定： 6 炉内加药系统调试单位工程验收，应符合表 3.3.11-6 的规定。 **3.《水汽集中取样分析装置验收导则》DL/T 665—2009** 5.5.6 水汽集中取样架恒温设备单路出口水样流量不小于 500ml/min，温度不应超出 25℃±2℃范围。 **4.《火力发电厂化学调试导则》DL/T 1076—2017** 8.1 一般要求 8.1.1 机组水、汽取样分析装置具备投运条件。…… 8.1.2 水、汽监督化验室可投入使用，检测分析仪器、仪表配备齐全，并检验完毕	1. 查看汽水取样和炉内加药系统 取样及冷却装置：可正常取样，水样温度、流量符合规范规定 加药和安全设施：加药系统就地显示正常投入，通风良好 2. 查阅汽水取样和炉内加药系统施工质量验收表 结论：合格 签证：相关方已签字 3. 查阅汽水取样和炉内加药系统调试质量验收表 结论：合格 签证：相关方已签字
5.6.10	废水处理系统安装验收合格，调试完毕	**1.《中华人民共和国环境保护法》中华人民共和国主席令〔2014〕第 9 号** 第 41 条 建设项目中防治污染的设施，应当与主体工程同时设计、同时施工、同时投产使用。防止污染的设施应当符合经批准的环境评价文件的要求，不得擅自拆除或闲置。 **2.《中华人民共和国水污染防治法》中华人民共和国主席令〔2008〕第八十七号** 第十七条 ……。建设项目的水污染防治设施，应当与主体工程同时设计、同时施工、同时投入使用。	1. 查看废水处理系统 系统安装：按设计施工完成 在线仪表：按设计投入，校验合格标签齐全

条款号	大纲条款	检查依据	检查要点
5.6.10	废水处理系统安装验收合格，调试完毕	第二十三条　重点排污单位应当安装水污染物排放自动监测设备，与环境保护主管部门的监控设备联网，并保证监测设备正常运行。排放工业废水的企业，应当对其所排放的工业废水进行监测，并保存原始监测记录。 **3.《发电厂化学设计规范》DL 5068—2014** 12.0.2　液氨的储存和输送应按照火灾危险性乙类标准设计。 14.4.7　酸碱贮存和计量区域必须设置安全通道、淋浴装置、围堰等安全防护设施；围堰内容积应大于最大一台贮存设备的容积，当围堰有排放措施时可适当减小其容积。 **4.《火力发电建设工程机组调试质量验收及评价规程》DL/T 5295—2013** 3.3.11.9　废水处理系统调试单位工程验收，应符合表 3.3.11-9 的规定。 **5.《电力建设施工技术规范　第 6 部分：水处理及制氢设备和系统》DL 5190.6—2012** 3.5.5　建设项目投入生产或使用时，其环境保护防治设施必须同时投入。 4.3.1　电厂废水处理系统应在分部试运期间正常投入运行。 **6.《火力发电厂废水治理设计规范》DL/T 5046—2018** 6.1.2　脱硫废水处理装置应单独设置，并按连续运行方式设计	安全设施：安全通道、淋雨装置、冲洗及排水设施齐全 2. 查阅废水处理系统施工质量验收表 结论：合格 签证：相关方已签字 3. 查阅废水处理系统调试质量验收表 结论：合格
5.7　调整试验的监督检查			
5.7.1	锅炉与汽轮发电机附属机械和辅助设备及系统保护与联锁试验合格	**1.《火力发电建设工程机组调试技术规范》DL/T 5294—2013** 5　锅炉专业调试项目及技术要求 5.2.5　应编制下列锅炉专业调试措施 　23　锅炉专业联锁、保护传动试验项目一览表 6　汽轮机专业调试项目及技术要求 6.2.5　应编制下列汽轮机专业调试措施 　19　汽轮机专业联锁、保护传动试验项目一览表。 8　热控专业调试项目及技术要求 8.3　分系统调试项目及技术要求	1. 查阅热工保护与联锁逻辑和定值 热工保护定值单：由生产单位总工程师批准，生产单位已盖章 保护与联锁逻辑单：经过签字，生产单位已盖章 DCS 组态：组态与批准的保护与联锁逻辑和定值一致

条款号	大纲条款	检查依据	检查要点
5.7.1	锅炉与汽轮发电机附属机械和辅助设备及系统保护与联锁试验合格	3 顺序控制系统调试 附录C 传动验收记录表 C.0.4 联锁保护逻辑传动验收记录表见表 C.0.4。 **2.《火力发电建设工程机组调试质量验收及评价规程》DL/T 5295—2013** 3.3.2 锅炉单项工程调试质量验收，应符合表 3.3.2 的规定。 3.3.4 汽轮机单项工程调试质量验收，应符合表 3.3.4 的规定。 3.3.8 热控单项工程调试质量验收，应符合表 3.3.8 的规定。 3 顺序控制系统调试单位工程验收，应符合表 3.3.9-3 的规定	2. 查阅锅炉单项工程、汽轮机单项工程、电气单项工程及热控顺序控制系统调试单位工程验收表 调试项目：与调试大纲、方案、调试质量验收范围划分表一致 签字：调试、施工、监理、建设、生产单位专业工程师已签字 结论：合格 3. 查阅调试单位联锁保护逻辑传动验收记录表 签字：生产单位、监理单位已签字 记录表：符合热工保护与连锁单 结论：合格
5.7.2	汽轮机旁路系统冷态调试完成，各项功能正常，具备投入条件	**1.《火力发电建设工程机组调试技术规范》DL/T 5294—2013** 6 汽轮机专业调试项目及技术要求 6.3 分系统调试项目及技术要求 6.3.2.14 汽轮机高、低旁路系统调试应符合下列要求： 1）确认汽轮机高、低旁路系统单体调试、单体试运已完成验收签证。	查阅主汽（再热汽）及高低压旁路系统调试单位工程验收表

条款号	大纲条款	检查依据	检查要点
5.7.2	汽轮机旁路系统冷态调试完成，各项功能正常，具备投入条件	2）汽轮机高、低旁路系统阀门、联锁、报警保护、启动等传动试验。 3）液压控制方式：确认旁路系统油站循环冲洗完成，油质化验合格；气动控制方式：确认压缩空气供气管路吹扫完成，气源压力满足要求；电动控制方式：确认供电电源可靠，满足要求。 4）确认高、低旁路减温水管道冲洗完成。 5）调试措施交底，组织系统试运条件检查和签证。 6）组织和指导运行人员进行启动前设备及系统状态检查与调整。 7）旁路系统油站试运，系统压力调整。 8）旁路控制系统操作和功能仿真试验。 9）旁路系统投运试验：压力、温度调节性能试验；自动调节性能试验。 **2.《火力发电建设工程机组调试质量验收及评价规程》DL/T 5295—2013** 3.3.5.14 主汽（再热汽）及高低压旁路系统调试单位工程验收，应符合表3.3.514的规定	调试项目：与调试大纲、方案、调试质量验收范围划分表一致 签字：调试、施工、监理、建设、生产单位专业工程师已签字 结论：合格
5.7.3	发电机、主变压器、高压厂用变压器等电气设备交接试验及特殊试验项目试验合格，报告齐全	**1.《电气装置安装工程 电气设备交接试验标准》GB 50150—2016** 4.0.1 容量6000kW及以上的同步发电机及调相机的试验项目，应包括下列内容： 1 测量定子绕组的绝缘电阻和吸收比或极化指数； 2 测量定子绕组的直流电阻； 3 定子绕组直流耐压试验和泄漏电流测量； 4 定子绕组交流耐压试验； 5 测量转子绕组的绝缘电阻； 6 测量转子绕组的直流电阻； 7 转子绕组交流耐压试验； 8 测量发电机或励磁机的励磁回路连同所连接设备的绝缘电阻； 9 发电机或励磁机的励磁回路连同所连接设备的交流耐压试验； 10 测量发电机、励磁机的绝缘轴承和转子进水支座的绝缘电阻；	1. 查阅主变压器、高压厂用变压器绕组变形试验报告 盖章：调试单位已盖章 签字：试验人员、技术负责人已签字 试验内容：内容具体，符合设计要求 结论：有"高、低压侧绕组无变形"等肯定性结论 2. 查阅主变压器、高压厂用变压器耐压试验报告 盖章：报告调试单位已盖章

条款号	大纲条款	检查依据	检查要点
5.7.3	发电机、主变压器、高压厂用变压器等电气设备交接试验及特殊试验项目试验合格，报告齐全	11 测量埋入式测温计的绝缘电阻并检查是否完好； 12 发电机励磁回路的自动灭磁装置试验； 13 测量转子绕组的交流阻抗和功率损耗； 14 测录三相短路特性曲线； 15 测录空载特性曲线； 16 测量发电机空载额定电压下的灭磁时间常数和转子过电压倍数； 17 测量发电机定子残压； 18 测量相序； 19 测量轴电压； 20 定子绕组端部动态特性测试； 21 定子绕组端部手包绝缘施加直流电压测量； 22 转子通风试验； 23 水流量试验。 8.0.1 电力变压器的试验项目，应包括下列内容： 1 绝缘油试验或 SF_6 气体试验； 2 测量绕组连同套管的直流电阻； 3 检查所有分接头的电压比； 4 检查变压器的三相接线组别和单相变压器引出线的极性； 5 测量铁心及夹件的绝缘电阻； 6 非纯瓷套管的试验； 7 有载调压切换装置的检查和试验； 8 测量绕组连同套管的绝缘电阻、吸收比或极化指数； 9 测量绕组连同套管的介质损耗因数（tanδ）与电容量；	签字：试验人员、技术负责人已签字 试验内容：内容具体，符合设计要求 结论：有"耐压通过"等结论 3. 查阅主变压器局放试验报告 盖章：调试单位已盖章 签字：试验人员、技术负责人已签字 试验内容：内容具体，符合设计要求 结论：有局放放电量测量值及相关结论 4. 查阅主变压器、高压厂用变压器常规交接试验报告 盖章：调试单位已盖章 签字：试验人员、技术负责人已签字 试验内容：内容具体，符合设计要求

条款号	大纲条款	检查依据	检查要点
5.7.3	发电机、主变压器、高压厂用变压器等电气设备交接试验及特殊试验项目试验合格，报告齐全	10 变压器绕组变形试验； 11 绕组连同套管的交流耐压试验； 12 绕组连同套管的长时感应耐压试验带局部放电测量； 13 额定电压下的冲击合闸试验； 14 检查相位； 15 测量噪声。 附录 A 特殊试验项目 表 A 特殊试验项目 **2.《火力发电建设工程机组调试质量验收及评价规程》DL/T 5295—2013** 3.3.1 各单项工程的全部单位工程验收完毕后，应填写锅炉、汽轮机、电气、热控、化学单项工程验收汇总表，并签字验收。 3.3.7 电气单位工程调试质量验收，应符合下列规定： 6 主变压器、高压厂用变压器本体系统调试单位工程验收，应符合表 3.3.7-6 的规定。 4.3.7 电气单位工程调试质量验收，应符合下列规定： 1 发电机空载励磁系统试验单位工程验收，应符合表 4.3.7-1 的规定； 2 发电机（发电机变压器）短路特性试验单位工程验收，应符合表 4.3.7-2 的规定； 3 发电机（发电机变压器）空载特性试验单位工程验收，应符合表 4.3.7-3 的规定； 8 变压器试运单位工程验收，应符合表 4.3.7-8 的规定。	结论：有测试结果及相关结论 5. 查阅发电机常规交接试验报告 盖章：调试单位已盖章 签字：试验人员、技术负责人已签字 结论：有测试结果及相关结论 6. 查阅发电机端部模态试验报告 盖章：调试单位已盖章 签字：试验人员、技术负责人已签字 试验内容：内容具体，符合设计要求 结论：有模态测量结果及相关结论 7. 查阅发电机端部绕组电位外移试验报告 盖章：调试单位已盖章 签字：试验人员、技术负责人已签字

条款号	大纲条款	检查依据	检查要点
5.7.3	发电机、主变压器、高压厂用变压器等电气设备交接试验及特殊试验项目试验合格，报告齐全	**3.《火力发电建设工程启动试运及验收规程》DL 5437—2009** 4.0.3.2 完成全部涉网特殊试验项目，提交报告、组织验收、办理相关手续，早日转入商业运行。涉网特殊试验一般包括下列项目： （3）发电机转子通风孔检查试验； （4）发电机进相试验	试验内容：内容具体，符合设计要求 结论：有端部电位外移测量结果及试验合格等结论
5.7.4	发电机出口断路器传动、联锁试验已完成	**1.《火力发电建设工程机组调试技术规范》DL/T 5294—2013** 7.4.1 整套启动前应完成下列工作： 11 发电机变压器组、高压厂用变压器控制、信号、保护传动试验。 **2.《火电工程达标投产验收规程》DL 5277—2012** 4.5.2 电气、热工仪表及控制装置质量检查验收尚应符合下列规定： 2 高压电器的联动应正常，无卡阻现象；分、合闸指示应正确；辅助开关动作应正确可靠。 4.6.2 调整试验、性能试验和主要技术指标质量检查验收尚应符合下列规定： 3 机组整套启动前，锅炉、汽轮机、发电机的主保护连锁静态试验动作正确，各辅机连锁静态试验动作正确，试验签证齐全	查阅发电机（或发电机变压器组）保护调试报告 盖章：调试单位已盖章 签字：试验人员、技术负责人已签字 发电机出口断路器的传动、连锁试验结论：有"正确"等明确结论 结论：合格
5.7.5	发电机励磁、同期、保护、报警等装置静态试验合格	**1.《火力发电建设工程机组调试质量验收及评价规程》DL/T 5295—2013** 3.3.7 电气单位工程调试质量验收，应符合下列规定： 4 发电机同期系统调试单位工程验收，应符合表 3.3.7-4 的规定。 5 发电机-变压器组保护系统调试单位工程验收，应符合表 3.3.7-5 的规定。 8 励磁系统试验单位工程验收，应符合表 3.3.7-8 的规定。 **2.《火力发电建设工程机组调试技术规范》DL/T 5294—2013** 7.3.2 分系统调试应符合下列技术要求：	1. 查阅发电机励磁、同期、保护、报警等装置静态试验报告 盖章：调试单位已盖章 签字：试验人员、技术负责人已签字

条款号	大纲条款	检查依据	检查要点
5.7.5	发电机励磁、同期、保护、报警等装置静态试验合格	4 发电机同期系统调试应符合下列要求： 1）确认保护装置定值设置与定值单一致。 2）同期装置静态试验，确认动作值在整定值允许范围、逻辑功能正确。 5）手动、自动准同期功能传动试验。 6）整套传动试验，确认断路器、保护动作正常、报警信号正确。与热控专业配合核查 DEH 允许回路及 DCS 启动回路，核查隔离刀闸连锁回路，确认报警信号正确。 5 发电机变压器组保护调试应符合下列要求： 1）确认保护装置定值设置与定值单一致。 2）保护装置静态试验，确认动作值在整定值允许范围、逻辑功能正确。 5）核查断路器、隔离刀闸二次回路、五防闭锁；就地、远方操作试验；断路器防跳、非全相功能传动试验。 6）整套传动试验，确认断路器、保护动作正常，报警信号正确。 8 励磁系统调试应符合下列要求： 1）确认励磁变压器本体试验合格。 2）检查励磁系统硬件设置符合要求。 3）检查励磁系统机端电压、电流、有功、无功、转子电流等模拟量测量准确。确认过励、欠励、过激磁限制器等功能和定值正确。 8）检查励磁系统输入与输出信号正确，二次回路传动试验。 9）励磁系统开环试验。 **3.《火力发电建设工程启动试运及验收规程》DL/T 5437—2009** 3.2.3.5 生产单位的主要职责 　2 根据调试进度，在设备、系统试运前一个月以正式文件的形式将设备的电气和热控保护整定值提供给安装和调试单位	试验项目：发电机励磁、同期、保护、报警等装置静态试验项目齐全、检验方法正确、动作值符合整定值允许范围，逻辑功能正确 　整组传动：符合设计要求 　结论：合格 2. 查阅发电机励磁、同期、保护、报警等调试单位工程验收表 　调试项目：与调试大纲、方案、调试质量验收范围划分表一致 　签字：调试、施工、监理、建设、生产单位专业工程师已签字 　结论：合格 3. 查阅发电机励磁、同期、保护、报警等装置定值单 　定值单：已经签字并正式下发 4. 查看发电机励磁、同期、保护、报警等装置定值 　定值：已整定且与保护定值单相符

续表

条款号	大纲条款	检查依据	检查要点
5.7.6	变压器保护、报警、冷却等系统调试合格	**1.《电气装置安装工程 电力变压器、油浸变压器、互感器施工及验收规范》GB 50148—2010** 4.12.1 变压器、……在试运行前，应进行全面检查，确认其符合运行条件时，方可投入试运行。检查项目包含以下内容和要求： 　　11 冷却装置应试运行正常，联动正确；…… 　　12 变压器、……的全部电气试验应合格；保护装置整定值应符合规定；操作及联动试验应正确。 **2.《火力发电建设工程机组调试技术规范》DL/T 5294—2013** 7 电气专业调试项目及技术要求 7.3.2 分系统调试应符合下列技术要求： 　　6 主变压器、高压厂用变压器本体系统调试应符合下列要求：	1. 查阅变压器保护调试报告 盖章：调试单位已盖章 签字：试验人员、技术负责人已签字 试验项目：变压器保护、报警、冷却等系统调试试验项目齐全、检验方法正确、动作值符合整定值允许范围，逻辑功能正确 整组传动：变压器电量保护、本体非电量保护、有载调压系统、变压器冷却系统传动试验正确，监控信息正确，符合设计要求 结论：合格 2. 查阅变压器保护调试单位工程验收表 调试项目：与调试大纲、方案、调试质量验收范围划分表一致 签字：调试、施工、监理、建设、生产单位专业工程师已签字

条款号	大纲条款	检查依据	检查要点
5.7.6	变压器保护、报警、冷却等系统调试合格	2）核查变压器本体重瓦斯保护、调压瓦斯保护、轻瓦斯保护、压力释放保护、油面温度保护、绕组温度保护、冷却系统全停保护二次回路，确认非电量保护动作与就地一致，报警信号正确。 3）核查变压器分接头位置符合调度要求，…… 5）手动、自动启动冷却系统试验：电源切换，各组冷却器工作、备用，冷却器全停保护功能正常，报警信号正确。 **3.《火力发电建设工程机组调试质量验收及评价规程》DL/T 5295—2013** 3.3.7 电气单位工程调试质量验收，应符合下列规定： 6 主变压器、高压厂用变压器本体系统调试单位工程验收，应符合表 3.3.7-6 的规定。 **4.《火力发电建设工程启动试运及验收规程》DL/T 5437—2009** 3.2.3.5 生产单位的主要职责 2 根据调试进度，在设备、系统试运前一个月以正式文件的形式将设备的电气和热控保护整定值提供给安装和调试单位	结论：合格 3. 查阅变压器保护装置定值单 定值单：定值单应由调度部门（或主管部门）审核、盖章下发 4. 查看变压器保护装置定值 定值：已整定且与保护定值单相符
5.7.7	直流电源、保安电源、应急照明、不停电电源（UPS）等系统调试合格	**1.《火力发电建设工程机组调试技术规范》DL/T 5294—2013** 7 电气专业调试项目及技术要求 7.3.2 分系统调试应符合下列技术要求： 11 直流电源系统调试应符合下列要求： 1）核查直流屏、直流电源回路及二次回路。 2）系统试运行。 13 保安电源系统调试应符合下列要求： 1）核查系统回路。 2）投运试验。 14 事故照明系统调试应符合下列要求： 1）切换装置验收。	1. 查阅直流电源、保安电源、应急照明、不停电电源（UPS）等系统调试报告 盖章：调试单位已盖章 签字：试验人员、技术负责人已签字 试验项目：直流电源、保安电源、应急照明、不停电电源（UPS）等系统试验项目齐全、检验方法正确 切换试验：符合设计要求

条款号	大纲条款	检查依据	检查要点
5.7.7	直流电源、保安电源、应急照明、不停电电源（UPS）等系统调试合格	2）核查系统回路，切换试验。 17 不停电电源（UPS）系统调试应符合下列要求： 1）核查二次回路。 2）切换试验。 3）系统试运行。 **2.《火力发电建设工程机组调试质量验收及评价规程》DL/T 5295—2013** 3.3.1 各单项工程的全部单位工程验收完毕后，应填写锅炉、汽轮机、电气、热控、化学单项工程验收汇总表，并签字验收。 3.3.7 电气单位工程调试质量验收，应符合下列规定： 11 直流电源系统调试单位工程验收，应符合表 3.3.7-11 的规定。 13 保安电源系统调试单位工程验收，应符合表 3.3.7-13 的规定。 14 事故照明系统调试单位工程验收，应符合表 3.3.7-14 的规定。 16 事故照明系统调试单位工程验收，应符合表 3.3.7-16 的规定。 **3.《火力发电建设工程启动试运及验收规程》DL/T 5437—2009** 3.4.2.3 必须在整套启动试运前完成的分部试运项目已全部完成，并已办理质量验收签证，分部试运技术资料齐全。主要检查项目有： 5 保安电源切换试验及必须运行设备保持情况。 7 通信、保护、安全稳定装置、自动化和运行方式及并网条件	结论：有明确结论 2. 查阅直流电源、保安电源、应急照明、不停电电源（UPS）等系统调试单位工程验收表 调试项目：与调试大纲、方案、调试质量验收范围划分表一致 签字：调试、施工、监理、建设、生产单位专业工程师已签字 结论：合格 3. 查阅蓄电池充、放电试验记录 盖章：调试单位已盖章 签字：试验人员、技术负责人已签字 结论：合格
5.7.8	启动/备用电源系统运行正常	**1.《火力发电建设工程机组调试技术规范》DL/T 5294—2013** 7.4.1 整套启动前应完成的工作 4 确认启备变、主变压器及高压厂用变压器受电试验，冲击合闸或零起升压试验，电压回路、保护及表计正确，定相试验已完成。	1. 查阅启动备用变压器、厂用电快切系统调试报告 盖章：有调试单位盖章 签字：有试验人员、负责人签字

条款号	大纲条款	检查依据	检查要点
5.7.8	启动/备用电源系统运行正常	**2.《火力发电建设工程启动试运及验收规程》DL/T 5437—2009** 3.3.9 与电网调度管辖有关的设备和区域，如：启动/备用变压器、升压站内设备和主变压器等，在受电完成后，必须立即由生产单位进行管理。 3.3.10 对于独立或封闭的一些区域，当建筑和安装施工及设备和系统试运已全部完成，并已办理验收签证的，在施工、调试、监理、建设、生产等单位办理完代保管手续之后(见表 B.1)，可由生产单位代管	调试项目：与调试大纲、方案、调试质量验收范围划分表一致 结论：合格 2. 查看设备或系统代保管交接签证卡 结论：合格 签字：相关单位责任人已签字
5.7.9	燃机发电机变频启动装置及系统冷态调试完毕，验收合格	**1.《火力发电建设工程机组调试质量验收及评价规程》DL/T 5295—2013** 3.3.7 电气单位工程调试质量验收，应符合下列规定： 19 燃机变频启动系统调试单位工程验收，应符合表 3.3.7-19 的规定。 **2.《火力发电建设工程机组调试技术规范》DL/T 5294—2013** 7.5.2 调试项目及技术要求如下： 3 变频启动系统调试应符合下列要求： 1）核查变频启动系统输出信号正确。 2）核查变频启动系统与 DCS 系统之间回路正确。 3）隔离变压器保护与 DCS 系统、发电机变压器组保护和励磁调节器之间回路传动试验。 4）各隔离刀闸与 DCS 系统、发电机变压器组保护和励磁调节器之间回路传动试验。 5）整流、逆变装置与 DCS 系统、发电机变压器组保护和励磁调节器之间回路传动试验。 6）变频启动系统其他设备与 DCS 系统、发电机变压器组保护和励磁调节器之间回路传动试验。 7）燃气轮机不点火工况下，变频启动系统逻辑流程检查及冷拖试验。	1. 查阅燃气轮机发电机变频启动系统调试报告 盖章：调试单位已盖章 签字：试验人员、技术负责人已签字 结论：合格 2. 查阅燃气轮机发电机变频启动系统调试单位工程验收表 调试项目：与调试大纲、方案、调试质量验收范围划分表一致 签字：调试、施工、监理、建设、生产单位专业工程师已签字

续表

条款号	大纲条款	检查依据	检查要点
5.7.9	燃机发电机变频启动装置及系统冷态调试完毕，验收合格	8）变频启动系统用于其他机组启动的切换试验。 4 填写调试记录表。 5 调试质量验收签证	结论：合格 3. 查阅启动变压器保护装置定值单 签字：调度部门（或主管部门）已审核盖章下发 4. 查看燃气轮机发电机变频启动系统定值 定值：已整定且与保护定值单相符
5.7.10	热工自动装置及保护系统静态调试合格，保护定值整定完成	**1.《火力发电建设工程机组调试技术规范》DL/T 5294—2013** 8 热控专业调试项目及技术要求 8.3 分系统调试项目及技术要求 2 计算机监视及控制系统组态检查，参数、定值核查。 3）根据逻辑图和自动调节系统原理图，逐项进行逻辑控制组态检查。 4）根据正式版本的定值和量程清单对计算机监视与控制系统组态的定值和量程进行核查。 4 锅炉炉膛安全监控系统调试。 5 模拟量控制系统调试。 6 给水泵汽轮机监视仪表及保护系统调试。 9 汽轮机监视仪表及保护系统调试。 附录C 传动验收记录表 C.0.4 联锁保护逻辑传动验收记录表见表C.0.4。	1. 查阅热工保护与联锁逻辑单和定值 热工保护定值单：由生产单位总工程师批准，生产单位已盖章 保护与联锁逻辑单：经过签字，生产单位已盖章 DCS组态：组态与批准的保护与联锁逻辑和定值一致 2. 查阅调试单位的联锁保护逻辑传动验收记录表 内容：与设计的联锁保护逻辑相符

条款号	大纲条款	检查依据	检查要点
5.7.10	热工自动装置及保护系统静态调试合格，保护定值整定完成	**2.《火力发电建设工程机组调试质量验收及评价规程》DL/T 5295—2013** 3.3.8 热控单项工程调试质量验收，应符合表 3.3.8 的规定。 2 计算机监视系统调试单位工程验收，应符合表 3.3.9-2 的规定。 4 锅炉炉膛安全监控系统调试单位工程验收，应符合表 3.3.9-4 的规定。 5 模拟量控制系统调试单位工程验收，应符合表 3.3.9-5 的规定。 6 给水泵汽轮机监视仪表及保护系统调试单位工程验收，应符合表 3.3.9-6 的规定。 9 汽轮机监视仪表及保护系统调试单位工程验收，应符合表 3.3.9-9 的规定	签字：生产单位、监理单位已签字 结论：合格 3. 查阅锅炉热控计算机监视系统、锅炉炉膛安全监控系统、模拟量控制系统、给水泵汽轮机监视仪表及保护系统、汽轮机监视仪表及保护系统调试单位工程验收表 调试项目：与调试大纲、方案、调试质量验收范围划分表一致 签字：调试、施工、监理、建设、生产单位专业工程师已签字 结论：合格
5.7.11	机、炉、电大联锁保护的逻辑功能试验合格	**1.《火力发电建设工程机组调试技术规范》DL/T 5294—2013** 8 热控专业调试项目及技术要求 8.2.6 编制调试措施： 12 机炉电大联锁试验措施。 **2.《火力发电厂汽轮机监视和保护系统验收测试规程》DL/T 656—2016** 7.5 机电炉大连锁模拟试验 机电炉大连锁调试完成后应对其进行连锁模拟试验，确认锅炉跳闸 MFT、汽轮机跳闸、发电机跳闸中任意一个动作，另外两个主保护应按设计要求动作，并应有显示信息及动作情况记录	查阅调试单位的机、炉、电大联锁保护的逻辑功能试验记录和报告。 盖章：报告调试单位已盖章 签字：试验人员、技术负责人已签字 试验项目：与调整试验方案、措施一致 结论：合格

续表

条款号	大纲条款	检查依据	检查要点
5.8 生产运行准备的监督检查			
5.8.1	设备和阀门命名和编号、管道介质名称和流向等标识齐全、醒目	**1.《火力发电建设工程机组调试质量验收及评价规程》DL/T 5295—2013** 4.2.2 机组整套启动试运前应具备的条件检查，应符合表 4.4.2 的规定。 **2.《火力发电建设工程启动试运及验收规程》 DL/T 5437—2009** 3.4.2.7 生产单位已做好各项运行准备。主要检查项目有： 4 试运设备、管道、阀门、开关、保护压板、安全标识牌等标识齐全。 **3.《火力发电厂保温油漆设计规程》DL/T 5072—2007** 9.1.3 设备管道附属钢结构可按表 9.1.3 的规定漆色。 9.1.7 为便于识别，管道的介质名称和介质流向箭头应符合下列规定： 1 管道弯头、穿墙处管道密集、难以辨别的部位必须涂刷介质名称及介质流向箭头。介质名称可用全称或化学符号标识。 **4.《电厂标识系统设计导则》DL/T 950—2005** 4.3 层次码结构 编码系统宜采用电厂代码、机组代码、系统代码、设备代码、部件代码等分层的层次化结构	1. 查看设备和阀门标识牌 内容：有命名和编号并与设备和阀门相符 位置：悬挂在显著位置 2. 查看管道标识 介质流向箭头:有 介子名称：有 面漆颜色：符合规程规定
5.8.2	试运区域及易燃易爆场所消防设施验收合格，警示标志齐全、醒目	**1.《中华人民共和国消防法》中华人民共和国主席令〔2008〕第六号** 第九条 建设工程的消防设计、施工必须符合国家工程建设消防技术标准。建设、设计、施工、工程监理等单位依法对建设工程的消防设计、施工质量负责。 第十三条 按照国家工程建设消防技术标准需要进行消防设计的建设工程…… 依法应当进行消防验收的建设工程，未经消防验收或者消防验收不合格的，禁止投入使用。	1. 查看消防设施验收签证单 结论：合格 签字：相关人员已签字 2. 查看易燃易爆场所警示标识 内容：与危险源相符 位置：悬挂在显著位置

条款号	大纲条款	检查依据	检查要点
5.8.2	试运区域及易燃易爆场所消防设施验收合格，警示标志齐全、醒目	**2.《建设工程消防监督管理规定》中华人民共和国公安部令〔2009〕第 106 号** 第三条　建设、设计、施工、工程监理等单位应当遵守消防法规、国家消防技术标准，对建设工程消防设计、施工质量和安全负责。 公安机关消防机构依法实施建设工程消防设计审核、消防验收和备案、抽查。 第四条　除省、自治区人民政府公安机关消防机构外，县级以上地方人民政府公安机关消防机构承担辖区建设工程的消防设计审核、消防验收和备案抽查工作。 **3.《电力建设安全工作规程　第 1 部分：火力发电》DL 5009.1—2014** 7.1.1　工作场所应符合下列规定： 　1　调整试验及试运行区域应设警戒区，悬挂警示标识。 　6　调整试验及试运行区域应按消防法规配备充足的消防器材和设施并定期检查和试验，保持完好状态，严禁将消防设施移作他用。 　7　试运前应划定易燃易爆等危险区域，设置警示标识，设专人值班管理。 **4.《火电厂烟气脱硝运行系统技术规范》DL/T 335—2010** 9.2.3　还原制备区必须配备足够数量的灭火器，液氨储存罐喷淋系统要定期进行检查试验，灭火器应定期进行检验，发现失效及时更换。 **5.《火力发电建设工程启动试运及验收规程》DL/T 5437—2009** 3.4.2.6　试运现场安全、文明。主要检查项目有： 　1　消防和生产电梯已验收合格，临时消防器材准备充足且摆放到位。 　2　电缆和盘柜防火封堵合格。 **6.《火电厂烟气脱硫工程调整试运及质量验收评定规程》DL/T 5403—2007** 6.3.3.1　整套启动试运现场条件 　5　脱硫试运区域内的工业、生活用水和卫生、安全设施投入正常使用，消防设施经主管部门验收合格、发证并投入使用。	

续表

条款号	大纲条款	检查依据	检查要点
5.8.2	试运区域及易燃易爆场所消防设施验收合格，警示标志齐全、醒目	**7.《电力建设安全工作规程 第1部分：火力发电》DL 5009.1—2014** 7.1.1 工作场所应符合下列规定： 6 调整试验及试运区域应按消防法规配备充足的消防器材和设施并定期检查和试验，保持完好状态。严禁将消防设施移作他用	
5.8.3	试运区域隔离设施安全可靠	**1.《电力建设安全工作规程 第1部分：火力发电》DL 5009.1—2014** 7.1.1 工作场所应符合下列规定： 1 调整试验及试运行区域应设警戒区，悬挂警示标识。 2 试运系统、设备应与正在施工、运行的系统、设备可靠隔离。 3 试运行区域的通道应保持畅通。 **2.《火力发电建设工程机组调试质量验收及评价规程》DL/T 5295—2013** 4.2.2 机组整套启动试运前应具备的条件检查，应符合表4.4.2的规定。 **3.《火电厂烟气脱硝运行系统技术规范》DL/T 335—2010** 9.2.1 还原制备区周围围墙完整，并挂有"严禁烟火"等明显警告标示牌。还原制备区内因要保持清洁、无杂草、不得储存其他易燃品和堆放杂物，不得搭临时建筑。还原制备区顶部安装风向标。 **4.《火力发电建设工程启动试运及验收规程》DL/T 5437—2009** 3.2.3.1 建设单位的主要职责 9 负责试运现场的消防和安全保卫管理工作，做好建设区域与生产区域的隔离措施。 3.2.3.3 施工单位的主要职责 9 机组移交生产前，负责试运现场的安全、保卫、文明试运工作，做好试运设备与施工设备的安全隔离措施。 3.2.3.5 生产单位的主要职责 7 负责试运机组与运行机组联络系统的安全隔离。	查看试运区域与施工区域隔离围栏：完整 警示标识：有

条款号	大纲条款	检查依据	检查要点
5.8.3	试运区域隔离设施安全可靠	3.4.2.6 试运现场安全、文明。主要检查项目有： 　　5 试运区域与运行或施工区域已安全隔离。 **5.《火电厂烟气脱硫工程调整试运及质量验收评定规程》DL/T 5403—2007** 6.3.3.1 整套启动试运现场条件 　　1 脱硫装置区域场地基本平整，消防、交通和人行道路畅通，试运现场的试运区与施工区设有明显的标志和分界，危险区设有围栏和醒目警示标志。 **6.《电力建设安全工作规程 第1部分：火力发电》DL 5009.1—2014** 7.1.1 工作场所应符合下列规定： 　　2 试运系统、设备应与正在施工、运行的系统、设备可靠隔离	
5.8.4	运行维护的安全工器具配备齐全	**1.《防止电力生产事故的二十五项重点要求》国能安全〔2014〕161号** 3.1 严格执行操作票、工作票制度，并使"两票"制度标准化，管理规范化。 3.2 严格执行调度指令。当操作中产生疑问时，应立即停止操作，向值班调度员或值班负责人报告，并禁止单人滞留在操作现场，待值班调度员或值班负责人再行许可后，方可进行操作。不准擅自更改操作票，不准随意解除闭锁装置。 3.3 应制定和完善防误装置的运行规程及检修规程，加强防误闭锁装置的运行、维护管理，确保防误闭锁装置正常运行。 **2.《火力发电建设工程机组调试质量验收及评价规程》DL/T 5295—2013** 4.2.2 机组整套试运前应具备的条件检查，应具备表4.2.2条件的规定。 **3.《火力发电建设工程启动试运及验收规程》DL/T 5437—2009** 3.4.2.7 生产单位已做好各项运行准备。主要检查项目有： 　　5 运行必需的操作票、工作票、专用工具、安全工器具、记录表格和值班用具、备品配件等已备齐	查看安全工器具 　种类：包括测温仪、绝缘手套、绝缘靴、安全帽、安全带、验电笔、验电器、接地线、绝缘杆、警示牌等

续表

条款号	大纲条款	检查依据	检查要点
6 质量监督检测			
6.0.1	开展现场质量监督检查时，应重点对下列项目的检测试验报告进行查验，必要时可进行验证性抽样检测。对检验指标或结论有怀疑时，必须进行检测		
（1）	控制油、润滑油、绝缘油油质	**1.《电气装置安装工程 电力变压器、油浸电抗器、互感器施工及验收规范》GB 50148—2010** 4.3.1 绝缘油的验收与保管应符合下列规定： 　2 每批到达现场的绝缘油均应有试验记录，并应按照下列规定取样进行简化分析，必要时进行全分析： 　　1）大罐油应每罐取样，小桶油应按表 4.3.1 的规定进行取样。 4.9.1 绝缘油必须按《电气装置安装工程 电气设备交接试验标准》GB 501050 的规定试验合格后，方可注入变压器、电抗器中。 4.12.1 变压器、电抗器在试运行前，应进行全面检查，确认其符合运行条件时，方可投入试运行。检查项目应包含以下内容和要求： 　　13 局部放电测量前、后本体绝缘油色谱试验比对结果应合格。	1. 查验抽测绝缘油油质 　每批到达现场：符合 GB 50148—2010 中 4.3.1 的要求 　注入变压器前：符合 GB 50148—2010 中 4.9.1 的要求 　试运行前：符合 GB 50148—2010 中 4.12.1 和 GB/T 7252 的要求 　气体测试：符合 GB 50150—2010 中 8.0.3 的要求

续表

条款号	大纲条款	检查依据	检查要点
（1）	控制油、润滑油、绝缘油油质	**2.《电气装置安装工程 电气设备交接试验标准》GB 50150—2016** 8.0.3 油浸式变压器中绝缘油及 SF_6 气体绝缘变压器中 SF_6 气体的试验，应符合下列规定： 1 绝缘油的试验类别应符合本标准表 19.0.2 的规定；试验项目及标准应符合本标准表 19.0.1 的规定。 2 油中溶解气体的色谱分析，应符合下列规定： 1）电压等级在 66kV 及以上的变压器，应在注油静置后、耐压和局部放电试验 24h 后、冲击合闸及额定电压下运行 24h 后，各进行一次变压器器身内绝缘油的油中溶解气体的色谱分析； 2）试验应符合《变压器油中溶解气体分析和判断导则》GB/T 7252 的有关规定。各次测得的氢、乙炔、总烃含量，应无明显差别； 3）新装变压器中总烃含量不应超过 $20\mu L/L$，H_2 含量不应超过 $10\mu L/L$，C_2H_2 含量不应超过 $0.1\mu L/L$。 **3.《电厂用运行中汽轮机油质量标准》GB/T 7596—2000** 3.2 运行中汽轮机油的质量标准一定要符合表 1 的规定。 **4.《火力发电建设工程启动试运及验收规程》DL/T 5437—2009** 3.4.2.3 必须在整套启动试运前完成的分部试运项目已全部完成，并已办理质量验收签证，分部试运技术资料齐全。主要检查项目有： 2 机组润滑油、控制油、变压器油的油质以及 SF_6 气体的化验结果	2. 查验抽测润滑油油质：符合 GB/T 7596—2000 表 1 的要求
（2）	防雷接地、设备安全接地电阻	**1.《电气装置安装工程电气设备交接试验标准》GB 50150—2016** 25.0.3 接地阻抗值测量，应符合下列规定： 1 接地阻抗值应符合设计文件规定，当设计没有规定时应符合表 25.0.3 的要求。 2 试验方法可按《接地装置工频特性参数测试导则》DL 475 的有关规定执行，试验时应排除与接地网连接的架空地线、电缆的影响。 3 应在扩建接地网与原接地网连接后进行全场全面测试。	查验抽测防雷接地、设备安全接地电阻 接地阻抗：符合 GB 50150—2016 中 26.0.3 表 26.0.3 的要求

条款号	大纲条款	检查依据	检查要点
（2）	防雷接地、设备安全接地电阻	**2.《电气装置安装工程 电气设备交接试验 报告统一格式》DL/T 5293—2013** 　　17 接地装置	试验方法：符合 DL 475 的要求 试验报告：符合 DL/T 5293 的要求
（3）	电气、热控保护传动试验及整定值	**1.《火力发电建设工程启动试运及验收规程》DL/T 5437—2009** 3.4.2.3　必须在整套启动试运前完成的分部试运项目已全部完成，并已办理质量验收签证，分部试运技术资料齐全。主要检查项目有： 　　7 通信、保护、安全稳定装置、自动化和运行方式及并网条件。 **2.《火力发电建设工程启动试运及验收规程》DL/T 5437—2009** 3.2.3　机组试运各单位的职责 3.2.3.5　生产单位的主要职责 　　2 根据调试进度，在设备、系统试运前一个月以正式文件的形式将设备的电气和热控保护整定值提供给安装和调试单位。 3.2.3.8　电网调度部门的主要职责 　　1 提供归其管辖的主设备和继电保护装置整定值。 **3.《火力发电厂调试技术规范》DL/T 5294—2013** 4.2.3　热工和电气保护定值修改审批应符合下列程序： 　　3 机组试运期间，如需修改热工或电气保护定值，应履行报批手续。由提出修改单位申请，说明修改原因，经生产单位批准后方可实施。 4.2.5　临时退出热工或电气保护审批应符合下列程序： 　　1 机组试运期间，如需临时退出热工或电气保护，应履行审批手续	1. 查验抽测保护传动 保护传动：符合 DL/T 5437—2009 中 3.4.2.3 的要求 2. 查验抽测保护定值通知单 通知单要求：符合 DL/T 5294—2013 中 4.2.3 和 4.2.5 的要求

第 10 部分

机组商业运行前监督检查

条款号	大纲条款	检查依据	检查要点
4	**责任主体质量行为的监督检查**		
4.1	**建设单位质量行为的监督检查**		
4.1.1	组织完成建筑、安装施工项目的验收	**1.《建设工程监理规范》GB/T 50319—2013** 5.2.18 项目监理机构应审查施工单位提交的单位工程竣工验收报审表及竣工资料,组织工程竣工预验收。存在问题的,应要求施工单位及时整改;合格的,总监理工程师应签认单位工程竣工验收报审表。 5.2.20 项目监理机构应参加由建设单位组织的竣工验收,对验收中提出的整改问题,应督促施工单位及时整改。工程质量符合要求的,总监理工程师应在工程竣工验收报告中签署意见。 **2.《火力发电建设工程启动试运及验收规程》DL/T 5437—2009** 3.2.2.4 试运指挥部下设机构 　　6 各专业组 　　一般可在分部试运组、整套试运组、验收检查组和生产运行组下,分别设置锅炉、汽轮机、电气、热控、化学、燃料、土建、消防、脱硫(硝)等专业组⋯⋯ 3.3.3.3 (分部试运应具备下列条件)相应的建筑和安装工程已完工,并已按电力行业有关电力建设施工质量验收规范验收签证,技术资料齐全。 3.4.2.2 (整套启动试运应具备下列条件)建筑安装工程已验收合格,满足试运要求;⋯⋯ 　　5 "附录"部分 　　⋯⋯。单机试运和系统试运条件中一般应包含下列检查内容: 　　1 建筑、安装工作完成和验收情况	1. 查阅土建专业单位工程质量验收统计表 内容:已完成所有单位工程验收 签字:责任人已签字 2. 查阅安装各专业单位工程验收统计表 内容:已完成所有单位工程验收 签字:责任人已签字
4.1.2	组织完成机组满负荷试运验收工作	**1.《火力发电建设工程启动试运及验收规程》DL/T 5437—2009** 2.0.1 机组移交生产前,必须完成单机试运、分系统试运和整套启动试运,并办理相应的质量验收手续;按本规程完成168h满负荷试运,机组即移交生产;机组移交生产后,必须办理移交生产签字手续;⋯⋯	查阅移交生产交接书 内容:符合规程规定 签字:责任人已签字 盖章:已盖章

条款号	大纲条款	检查依据	检查要点
4.1.2	组织完成机组满负荷试运验收工作	3.5.1 机组满负荷试运结束时，应进行各项试运指标的统计汇总和填表，办理机组整套启动试运阶段的调试质量验收签证。 **2.《电力建设工程监理规范》DL/T 5434—2009** 11.3.1 项目监理机构在接入公用电网的发电工程移交时应做的监理工作： 2 在启动验收委员会宣布机组满负荷试运工作结束后，总监理工程师应会同参加启动验收的各方共同签署机组移交生产交接书，移交生产	
4.1.3	整套启动试运过程中发现的不符合项处理完毕并验收签证	**1.《火电工程项目质量管理规程》DL/T 1144—2012** 10.4.3 机组整套启动试运的质量验收，应符合下列规定： a）对试运过程中发现的设计、设备及安装不能达到设计要求的不符合项，由调试单位报试运指挥部组织建设、监理、设计、制造、施工等单位研究，提出处理方案。 b）不符合项处理完毕后，应由监理单位组织相关单位进行验收签证	查阅不符合项台账 内容：不符合项已闭环
4.1.4	移交生产遗留的主要问题已制订实施计划并采取相应的措施	**1.《火力发电建设工程启动试运及验收规程》DL/T 5437—2009** 3.2.3.2 监理单位的主要职责 7 组织或参加重大技术问题解决方案的讨论。 3.5.2 机组满负荷试运结束后，应召开启委会会议，听取并审议整套启动试运和交接验收工作情况的汇报，以及施工尾工、调试未完成项目和遗留缺陷的工作安排，做出启委会决议，办理移交生产的签字手续（见表 C.1）…… 机组移交生产交接书内容二：遗留的主要问题及处理意见。 3.6.4 环保设施应随机组试运同时投入，如未能随机组试运投入，应由建设单位负责，组织相关责任单位在国家规定的时间内完成施工和试运。 4.0.2 在考核期内，机组的安全运行和正常维修管理由生产单位全面负责，工程各参建单位应按照启委会的决议和要求，在生产单位的统一组织和安排下，继续全面完成机组施工尾工，调试未完成项目和消缺，完善工作。	查阅移交生产遗留问题处理方案及实施计划 签字：责任人已签字 盖章：参建单位已盖章 编审批时间：移交生产前

条款号	大纲条款	检查依据	检查要点
4.1.4	移交生产遗留的主要问题已制订实施计划并采取相应的措施	4.0.3.1 全面考核设备、消除缺陷，完成施工及调试未完成的项目，完成电力建设质量监督机构检查提出的整改项目	
4.1.5	完成消防设施规定项目的验收	**1.《建设工程质量管理条例》中华人民共和国国务院令第 279 号** 第四十九条 建设单位应当自建设工程竣工验收合格之日起 15 日内，将建设工程竣工验收报告和规划、公安消防、环保等部门出具的认可文件或者准许使用文件报建设行政主管部门或其他有关部门备案。 **2.《建设工程消防监督管理规定》中华人民共和国公安部令〔2012〕第 119 号** 第三条 …… 公安机关消防机构依法实施建设工程消防设计审核、消防验收和备案、抽查，对建设工程进行消防监督。 第四条 除省、自治区人民政府公安机关消防机构外，县级以上地方人民政府公安机关消防机构承担辖区建设工程的消防设计审核、消防验收和备案抽查工作。…… 跨行政区域的建设工程消防设计审核、消防验收和备案抽查工作，由其共同的上一级公安机关消防机构指定管辖。 第八条 建设单位……，并承担下列消防设计、施工的质量责任： （一）依法申请建设工程消防设计审核、消防验收，依法办理消防设计和竣工验收消防备案手续并接受抽查；…… （五）依法应当经消防设计审核、消防验收的建设工程，未经审核或者审核不合格的，不得组织施工；未经验收或者验收不合格的，不得交付使用。 第十四条 对具有下列情形之一的特殊建设工程，建设单位应当向公安机关消防机构申请消防设计审核，并在建设工程竣工后向出具消防设计审核意见的公安机关消防机构申请消防验收： （五）城市轨道交通、隧道工程，大型发电、变配电工程。	查阅消防验收报告或备案受理文件 验收单位：公安机关消防机构 验收结论：验收合格或同意备案 盖章：公安机关消防机构已盖章

条款号	大纲条款	检查依据	检查要点
4.1.5	完成消防设施规定项目的验收	第十八条　公安机关消防机构应当依照消防法规和国家工程建设消防技术标准对申报的消防设计文件进行审核。对符合下列条件的，公安机关消防机构应当出具消防设计审核合格意见；对不符合条件的，应当出具消防设计审核不合格意见，并说明理由： （一）设计单位具备相应的资质； （二）消防设计文件的编制符合公安部规定的消防设计文件申报要求； （三）建筑的总平面布局和平面布置、耐火等级、建筑构造、安全疏散、消防给水、消防电源及配电、消防设施等的消防设计符合国家工程建设消防技术标准； （四）选用的消防产品和具有防火性能要求的建筑材料符合国家工程建设消防技术标准和有关管理规定。 第二十一条　建设单位申请消防验收应当提供下列材料： （一）建设工程消防验收申报表； （二）工程竣工验收报告和有关消防设施的工程竣工图纸； （三）消防产品质量合格证明文件； （四）具有防火性能要求的建筑构件、建筑材料、装修材料符合国家标准或者行业标准的证明文件、出厂合格证； （五）消防设施检测合格证明文件。 （六）施工、工程监理、检测单位的合法身份证明和资质等级证明文件； （七）建设单位的工商营业执照等合法身份证明文件； （八）法律、行政法规规定的其他材料。 第二十二条　公安机关消防机构应当自受理消防验收申请之日起二十日内组织消防验收，并出具消防验收意见。 第二十三条　公安机关消防机构对申报消防验收的建设工程，应当依照建设工程消防验收评定标准对已经消防设计审核合格的内容组织消防验收。 对综合评定结论为合格的建设工程，公安机关消防机构应当出具消防验收合格意见；对综合评定结论为不合格的，应当出具消防验收不合格意见，并说明理由	

条款号	大纲条款	检查依据	检查要点
4.1.6	完成安全设施规定项目的验收	**1.《中华人民共和国安全生产法》中华人民共和国主席令〔2002〕第 70 号** 第二十四条　生产经营单位新建、改建、扩建工程项目（以下统称建设项目）的安全设施，必须与主体工程同时设计、同时施工、同时投入生产和使用。…… **2.《火电工程项目质量管理规程》DL/T 1144—2012** 12.6　工程项目按行政主管部门核准文件、批准的设计内容全部建成投入商业运行后，完成行政主管部门组织的各项专项验收。 **3.《国家安全生产监督管理局关于做好机械、轻工、纺织、烟草、电力和贸易等行业建设项目安全设施竣工验收工作的通知》　安监总管二字〔2005〕34 号** 一　验收原则 建设项目安全设施竣工验收实行"分级、属地"的原则。 （一）下列建设项目安全设施的竣工验收由国家安全生产监督管理总局负责： 　　1　国务院或者国务院有关部门审批或核准的建设项目； 　　2　跨省、自治区、直辖市行政区域的建设项目； 　　3　投资总额在 5 亿元以上的建设项目； 　　4　国家安全生产监督管理总局明确要求的其他建设项目。 （二）其他建设项目的安全设施竣工验收工作，由各省、自治区、直辖市安全生产监督管理局做出规定，并报国家安全生产监督管理总局备案。 二　验收程序 （一）建设单位向验收组织单位提交建设项目安全设施竣工验收申请……，并附具有相应资质的安全评价机构出具的安全验收评价报告，以及验收组织单位认为需要提交的其他有关材料。 　　安全验收评价报告的内容和其他要求按国家有关规定执行。 （二）验收组织单位应当自接到建设单位的申请之日起 20 个工作日内，组织相关方面的专家组成专家组，完成下列工作： 　　1　对建设项目进行现场检查；	1. 查阅安全设施评估报告 盖章：安评机构已盖章 2. 查阅安全设施验收报告 验收单位：安全生产监督管理局 结论：通过验收 盖章：安全生产监督管理局已盖章

条款号	大纲条款	检查依据	检查要点
4.1.6	完成安全设施规定项目的验收	2 根据现场检查情况，对安全验收评价报告进行评审； 3 在现场检查和对安全验收评价报告评审的基础上，作出建设项目安全设施是否通过竣工验收的结论意见（要附专家签名名单），并由验收组织单位书面通知建设单位，同时抄送安全评价机构。……	
4.1.7	完成环保验收规定项目的检测	**1.《关于建设项目环境保护设施竣工验收监测管理有关问题的通知》环发〔2000〕38号** 一 建设项目环境保护设施竣工验收监测（以下简称验收监测）由负责验收的环境保护行政主管部门所属的环境监测站负责组织实施。 三 负责组织实施验收监测的环境监测站受建设单位委托提交验收监测报告（表），并对提供的验收监测数据和验收监测报告（表）结论负责。 附件：《建设项目环境保护设施竣工验收监测技术要求（试行）》 3.2 环境保护设施竣工验收监测：对建设项目环境保护设施建设、管理、运行及其效果和污染物排放情况全面的检查与测试。 4.3 填写建设项目环境影响登记表的建设项目，只对有一定污染物排放规模和按要求应设有废水、废气、噪声处理设施的污染源进行监测，以建设项目环境保护设施竣工验收监测表形式报告检查结果。 5.4 验收监测的内容：按废水、废气、噪声和固废等分类，…… **2.《建设项目环境保护管理条例》中华人民共和国国务院令〔2017〕第253号** 第十五条 建设项目需要配套建设的环境保护设施，必须与主体工程同时设计、同时施工、同时投产使用。 第十七条 编制环境影响报告书、环境影响报告表的建设项目竣工后，建设单位应当按照国务院环境保护行政主管部门规定的标准和程序，对配套建设的环境保护设施进行验收，编制验收报告。 建设单位在环境保护设施验收过程中，应当如实查验、监测、记载建设项目环境保护设施的建设和调试情况，不得弄虚作假。 除按照国家规定需要保密的情形外，建设单位应当依法向社会公开验收报告。	查阅环保验收规定项目的检测报告 检测单位：有资质的环境监测机构 结论：符合标准要求 签字：检测单位责任人已签字 盖章：检测单位已盖章

条款号	大纲条款	检查依据	检查要点
4.1.7	完成环保验收规定项目的检测	第十九条　编制环境影响报告书、环境影响报告表的建设项目，其配套建设的环境保护设施经验收合格，方可投入生产或者使用；未经验收或者验收不合格的，不得投入生产或者使用。 **3.《火电工程项目质量管理规程》DL/T 1144—2012** 12.6　工程项目按行政主管部门核准文件、批准的设计内容全部建成投入商业运行后，完成行政主管部门组织的各项专项验收。 **4.《火力发电建设工程启动试运及验收规程》DL/T 5437—2009** 3.6.4　应争取环保设施随机组试运同时投入，如未能随机组试运投入，由建设单位负责，组织相关责任单位完成施工和试运，最迟不应超过国家环保规定的期限	
4.1.8	锅炉、压力容器、压力管道、电梯、起重机械等取得使用登记证书	**1.《中华人民共和国特种设备安全法》中华人民共和国主席令〔2014〕第 4 号** 第三十三条　特种设备使用单位应当在特种设备投入使用前或者投入使用后三十日内，向负责特种设备安全监督管理的部门办理使用登记，取得使用登记证书。登记标志应当置于该特种设备的显著位置。 **2.《火电工程项目质量管理规程》DL/T 1144—2012** 5.2.7　锅炉投运前，应向省（自治区、直辖市）质量技术监督部门办理锅炉压力容器运营许可证。 9.3.3　特种设备安装、使用应符合下列规定： 　a）特种设备安装、改造、使用前，应在省(自治区、直辖市）质量技术监督局特种设备安全监督管理部门登记。 　b）特种设备的安装、改造、使用，必须由质量技术监督局特种设备安全监督管理部门监督检验、发证。 　c）特种设备使用许可证及操作规程应在工作场所明示。	查阅锅炉、压力容器、压力管道使用登记证书和电梯、起重机械准用证 发证单位：质量技术监督部门 有效期：当前有效

条款号	大纲条款	检查依据	检查要点
4.1.8	锅炉、压力容器、压力管道、电梯、起重机械等取得使用登记证书	**3.《特种设备使用管理规则》TSG 08—2017** 3.1 一般要求 （1）特种设备在投入使用前或者投入使用后 30 日内，使用单位应当向特种设备所在地的直辖市或者设区的市的特种设备安全监管部门申请办理使用登记，办理使用登记的直辖市或者设区的市的特种设备安全监管部门，可以委托其下一级特种设备安全监管部门（以下简称登记机关）办理使用登记；对于整机出厂的特种设备，一般应当在投入使用前办理使用登记。 （2）流动作业的特种设备，向产权单位所在地的登记机关申请办理使用登记	
4.1.9	完成项目文件的整理	**1.《建设工程质量管理条例》中华人民共和国国务院令第 279 号** 第十六条 ……。建设工程竣工验收应当具备下列条件。 （二）有完整的技术档案和施工管理资料； 第十七条 建设单位应当严格按照国家有关档案管理的规定，及时收集、整理建设项目各环节的文件资料，建立、健全建设项目档案，…… **2.《建设工程文件归档整理规范》GB/T 50328—2014** 3.0.4 建设单位应按下列流程开展工程文件的整理、归档、验收、移交等工作： 2 收集和整理工程准备阶段形成的文件，并进行立卷归档。 4 收集和汇总勘察、设计、施工、监理等单位立卷归档的工程档案。 5 收集和整理竣工验收文件，并进行立卷归档。 3.0.5 勘察、设计、施工、监理等单位应将本单位形成的工程文件立卷后向建设单位移交。 3.0.6 建设工程项目实行总承包的，总包单位负责收集、汇总各分包单位形成的工程档案，并应及时向建设单位移交；各分包单位应将本单位形成的工程文件整理、立卷后及时移交总包单位。建设工程项目由几个单位承包的，各承包单位负责收集、整理立卷其承包项目的工程文件，并应及时向建设单位移交。	查阅档案案卷目录 内容：符合规范规定

条款号	大纲条款	检查依据	检查要点
4.1.9	完成项目文件的整理	**3.《火电建设项目文件收集及档案整理规范》DL/T 241—2012** 5.2.5 应按归档范围（参照附录 A）负责收集、整理及归档自身在项目建设活动中形成的文件，应对监理、设计、施工、调试等参建单位移交的竣工档案汇总整理、系统编目、编制检索工具。 **4.《火电工程项目质量管理规程》DL/T 1144—2012** 5.2.5 （建设单位的质量职责）应按照国家、行业有关档案管理规定，建立项目档案管理制度，组织收集、整理项目文件，并及时归档。 **5.《建设项目档案管理规范》DA/T 28—2018** 7.4.1 项目文件应及时归档。前期文件在相关工作结束时归档；管理性文件宜按年度归档，同一事由产生的跨年度文件应在办结年度归档；施工文件应在项目完工验收后归档，建设周期长的项目可分阶段或按单位工程、分部工程归档；信息系统开发文件应在系统验收后归档；监理文件应在监理的项目完工验收后归档；科研项目文件应在结题验收后归档；生产准备、试运行文件应在试运行结束时归档；竣工验收文件在验收通过后归档。 7.4.3 施工文件组卷完毕经施工单位自查后（实行总承包的项目，分包单位应先提交总承包单位进行审查），依次由监理单位、建设单位工程管理部门、建设单位档案管理机构进行审查；信息系统文件组卷完毕后提交监理单位、建设单位信息化管理部门、档案管理机构进行审查；监理文件和第三方检测文件组卷完毕并自查后，依次由建设单位工程管理部门和档案管理机构进行审查。每个审查环节均应形成记录和整改闭环。 7.4.4 建设单位各部门形成的文件组卷完毕，经部门负责人审查合格后，向建设单位档案管理机构归档。 7.4.5 归档单位（部门）应按建设单位档案管理机构要求，编制交接清册（含交接手续、档案数量、案卷目录），双方清点无误后交接归档。 8.1.2 建设单位档案机构依据项目档案分类方案对全部项目档案进行统一汇总整理和排列上架。记录工程部位的音像档案，宜与该单位工程的纸质档案统一编号，与其他音像档案集中存放保管	

条款号	大纲条款	检查依据	检查要点
4.1.10	完成工程项目的工程建设强制性条文实施情况总结	**1.《实施工程建设强制性标准监督规定》中华人民共和国建设部令〔2000〕第81号** 第二条 在中华人民共和国境内从事新建、扩建、改建等工程建设活动，必须执行工程建设强制性标准。 第六条 ……工程质量监督机构应当对工程建设施工、监理、验收等阶段执行强制性标准的情况实施监督。 **2.《火电工程项目质量管理规程》DL/T 1144—2012** 4.5 火电工程项目应认真执行国家和行业相关技术标准，严格执行工程建设标准中的强制性条文…… 5.3.3 建设单位在工程开工前应组织相关单位编制下列质量管理文件： d）工程建设强制性条文实施规划。 9.2.2 施工单位在工程开工前，应编制质量管理文件，经监理、建设单位会审、批准后实施，质量管理文件应包括： d）工程建设强制性条文实施细则。 **3.《电力建设工程监理规范》DL/T 5434—2009** 5.2.4 专业监理工程师应履行以下职责： 11 检查本专业……强制性标准执行等状况，……	查阅工程项目总结 内容：包括强制性条文实施情况
4.2 设计单位质量行为的监督检查			
4.2.1	对机组试运过程中发现的设计问题提出修改或处理意见	**1.《火力发电建设工程启动试运及验收规程》DL/T 5437—2009** 3.2.3.6 设计单位的主要职责	1. 查阅机组试运过程缺陷通知单 内容：提出了设计问题

条款号	大纲条款	检查依据	检查要点
4.2.1	对机组试运过程中发现的设计问题提出修改或处理意见	2 为现场提供技术服务，负责处理机组试运过程中发生的设计问题，提出必要的设计修改或处理意见	2. 查阅设计变更通知单和工程联系单 内容：与机组试运过程缺陷通知单提出的问题相对应 编制签字：设计单位各级责任人已签字 审核签字：建设单位、监理单位责任人已签字
4.2.2	完成试运指挥部提出的设计完善项目	**1.《火力发电建设工程启动试运及验收规程》DL/T 5437—2009** 3.2.3.6 设计单位的主要职责 3 负责完成试运指挥部或启委会提出的完善设计工作，按期完成并提交完整的竣工图。 **2.《电力工程竣工图文件编制规定》DL 5229—2016** 3.0.1 新建、扩建、改建的电力工程项目，在项目竣工后应编制竣工图。 3.0.4 竣工图委托方应负责收集编制竣工图文件所需的原始资料，包括设计、施工、监理、调试和建设单位在项目建设过程中的有效记录文件和变更资料等，汇总后提交给竣工图编制单位。	1. 查阅试运指挥部会议纪要或移交生产交接书 内容：提出了需完善的设计工作 2. 查阅设计变更通知单和工程联系单 内容：与试运指挥部会议纪要或移交生产交接书提出的相关问题对应 编制签字：设计单位各级责任人已签字 审核签字：建设单位、监理单位责任人已签字

续表

条款号	大纲条款	检查依据	检查要点
4.2.2	完成试运指挥部提出的设计完善项目	3.0.5 竣工图编制单位应以设计单位的施工图最终版为基础，并依据由设计、施工、监理或建设单位审核签字的"变更通知单""工程联系单""澄清单"等与设计修改相关的文件，以及现场施工验收记录和调试记录等资料编制竣工图	3. 查阅竣工图编制总说明内容：包括竣工图总目录
			4. 查阅竣工图移交签证书交付时间：符合合同要求
4.2.3	完成工程设计质量检查报告，确认工程质量是否达到设计要求	**1.《火力发电建设工程启动试运及验收规程》DL/T 5437—2009** 3.5.3 机组移交生产后一个月内，应由建设单位负责，向参加交接签字的各单位报送一份机组移交生产交接书	查阅工程设计质量检查报告 结论：工程质量符合设计要求 签字：设计单位责任人已签字 盖章：设计单位已盖章
4.3 监理单位质量行为的监督检查			
4.3.1	施工、调试项目质量检查验收完毕	**1.《建设工程质量管理条例》中华人民共和国国务院令第 279 号** 第三十七条 …… 　未经监理工程师签字，……，施工单位不得进行下一道工序的施工。未经总监理工程师签字，建设单位不拨付工程款，不进行竣工验收。 **2.《火力发电建设工程机组调试质量验收及评价规程》DL/T 5295—2013** 4.1.1 机组整套启动调试的单位工程验收、机组整套启动试运前应具备的条件验收表中的分项验收应由各单位的专业工程师签字。凡有单位负责人或单位代表签字的验收表应由试运指挥部的相应副总指挥签字。 4.1.2 机组整套启动调试质量的检查、验收，应按本标准表 B 的格式编制锅炉、汽轮机、电气、热控、化学五个单项工程的单位工程质量验收表，并填写验收签证。	查阅施工、调试单位质量验收表 项目：与验收范围划分表内容相符 结论：合格 签字：相关责任人已签字

条款号	大纲条款	检查依据	检查要点
4.3.1	施工、调试项目质量检查验收完毕	4.1.6　在机组进入 168h 满负荷试运前，应进行各单项工程整套启动阶段的全部单位工程的质量检查和验收。 4.3.1　各单项工程的全部单位工程试运质量验收完毕后，应填写锅炉、汽轮机、电气、热控、化学单项工程试运质量验收汇总表，并签字验收。 **3.《火电工程项目质量管理规程》DL/T 1144—2012** 7.5.6　监理单位应在施工验收阶段实施下列质量管理工作： 　c）组织分部、单位工程验收，参加单台机组验收和整体工程验收。 　e）审核施工单位编制的单位工程竣工资料，…… 10.4.3　机组整套启动试运的质量验收，应符合下列规定： 　c）机组完成整套试运后，应由监理单位组织有关单位进行验收签证。 **4.《火力发电建设工程启动试运及验收规程》DL/T 5437—2009** 2.0.1　机组移交生产前，必须完成单机试运、分系统试运和整套启动试运，并办理相应的质量验收手续；…… 2.0.4　移交生产的机组，在完成全部涉网特殊试验项目验收、符合并网及商业运行相关规定并办理相关手续后，可转入商业运行。 3.2.3.2　监理单位的主要职责 　4　负责试运过程的监理，……和整套启动试运后的质量验收签证。 3.5.1　机组满负荷试运结束时，应进行各项试运指标的统计汇总和填表，办理机组整套启动试运阶段的调试质量验收签证。 **5.《电力建设工程监理规范》DL/T 5434—2009** 9.1.11　专业监理工程师应对承包单位报送的分项工程质量报验资料进行审核，符合要求予以签认；总监理工程师应组织专业监理工程师对承包单位报送的分部工程和单位工程质量验评资料进行审核和现场检查，符合要求予以签认。	

续表

条款号	大纲条款	检查依据	检查要点
4.3.1	施工、调试项目质量检查验收完毕	11.3.1　项目监理机构在接入公用电网的发电工程移交时应做的监理工作： 　　1　检查工程是否按照启动竣工验收规程的程序及项目，完成了全部调整试运工作并检查验收、签证完毕	
4.3.2	整套启动试运期间主要不符合项整改完毕，验收合格	**1.《火力发电建设工程机组调试质量验收及评价规程》DL/T 5295—2013** 2.0.11　当调试质量出现不符合项时，应进行登记备案，并按下列规定处理： 　　1　经返工或更换设备的检验项目，应重新进行验收。 2.0.12　对设计或设备制造原因造成的质量问题的处理，应符合下列规定： 　　2　当委托调试单位或施工单位现场处理后，仍无法使有关检验项目完全满足标准要求时，建设单位应会同设计单位（或制造单位）、监理单位和调试单位（或施工单位）共同书面签字确认。 　　3　存在非主要设备或自动、保护装置不能投入运行时，应由建设单位组织有关单位分析原因、明确责任单位、提出专题处理报告附在验收表后，并报上级主管单位备案。 **2.《火电工程项目质量管理规程》DL/T 1144—2012** 10.4.3　机组整套启动试运的质量验收，应符合下列规定： 　　b）不符合项处理完毕后，应由监理单位组织相关单位进行验收签证。 **3.《火力发电建设工程启动试运及验收规程》DL/T 5437—2009** 3.2.3.2　监理单位的主要职责 　　5　负责试运过程中的缺陷管理，建立台账，确定缺陷性质和消缺责任单位,组织消缺后的验收,实行闭环管	查阅整套启动试运期间质量问题台账 内容：记录完整 验收：整改、闭环文件齐全，监理工程师已签字确认 结论：合格（遗留问题由建设单位、生产运行单位签字确认）
4.3.3	完成工程质量评价报告，确认工程质量验收结论	**1.《建设工程监理规范》GB/T 50319—2013** 5.2.19　工程竣工预验收合格后，项目监理机构应编写工程质量评估报告，并应经总监理工程师和工程监理单位技术负责人审核签字后报建设单位	查阅工程质量评估报告 结论：明确 签字：总监理工程师、工程监理单位技术负责人已签字

条款号	大纲条款	检查依据	检查要点
4.4　施工单位质量行为的监督检查			
4.4.1	整套启动试运期间的不符合项处理完毕	**1.《火电工程项目质量管理规程》DL/T 1144—2012** 10.4.3　机组整套启动试运的质量验收，应符合下列规定 　　a）对试运过程中发现的设计、设备及安装不能达到设计要求的不符合项，由调试单位报试运指挥部组织建设、监理、设计、制造、施工等单位研究，提出处理方案。 　　b）不符合项处理完毕后，应由监理单位组织相关单位进行验收签证	查阅不符合项台账 内容：不符合项已闭环
4.4.2	编制完成主要遗留问题的处理方案及实施计划	**1.《火力发电建设工程启动试运及验收规程》DL/T 5437—2009** 3.5.2　机组满负荷试运结束后，应召开启委会会议，听取并审议整套启动试运和交接验收工作情况的汇报，以及施工尾工、调试未完成项目和遗留缺陷的工作安排，作出启委会决议，办理移交生产的签字手续（见表 C.1）…… 　　机组移交生产交接书内容二：遗留的主要问题及处理意见。 4.0.2　在考核期内，机组的安全运行和正常维修管理由生产单位全面负责，工程各参建单位应按照启委会的决议和要求，在生产单位的统一组织和安排下，继续全面完成机组施工尾工，调试未完成项目和消缺，完善工作。 4.0.3.1　全面考核设备、消除缺陷，完成施工及调试未完成的项目，完成电力建设质量监督机构检查提出的整改项目	查阅移交生产遗留问题处理方案及实施计划 签字：编制人、审核人、批准人已签字 编审批时间：移交生产前
4.4.3	项目文件整理完毕	**1.《建设工程质量管理条例》中华人民共和国国务院令第 279 号** 第十六条　……。建设工程竣工验收应当具备下列条件。 　　（二）有完整的技术档案和施工管理资料。 **2.《建设工程文件归档整理规范》GB/T 50328—2014** 3.0.2　工程文件应随工程建设进度同步形成，不得事后补编。	查阅档案案卷目录 内容：与项目归档范围相符

条款号	大纲条款	检查依据	检查要点
4.4.3	项目文件整理完毕	3.0.4 建设单位应按下列流程开展工程文件的整理、归档、验收、移交等工作: 2 收集和整理工程准备阶段形成的文件,并进行立卷归档。 4 收集和汇总勘察、设计、施工、监理等单位立卷归档的工程档案。 5 收集和整理竣工验收文件,并进行立卷归档。 3.0.5 勘察、设计、施工、监理等单位应将本单位形成的工程文件立卷后向建设单位移交。 3.0.6 建设工程项目实行总承包的,总包单位负责收集、汇总各分包单位形成的工程档案,并应及时向建设单位移交;各分包单位应将本单位形成的工程文件整理、立卷后及时移交总包单位。建设工程项目由几个单位承包的,各承包单位负责收集、整理立卷其承包项目的工程文件,并应及时向建设单位移交。 **3.《火电建设项目文件收集及档案整理规范》DL/T 241—2012** 5.2.5 应按归档范围(参照附录 A)负责收集、整理及归档自身在项目建设活动中形成的文件,应对监理、设计、施工、调试等参建单位移交的竣工档案汇总整理、系统编目、编制检索工具。 **4.《建设项目档案管理规范》DA/T 28—2018** 7.4.1 项目文件应及时归档。前期文件在相关工作结束时归档;管理性文件宜按年度归档,同一事由产生的跨年度文件应在办结年度归档;施工文件应在项目完工验收后归档,建设周期长的项目可分阶段或按单位工程、分部工程归档;信息系统开发文件应在系统验收后归档;监理文件应在监理的项目完工验收后归档;科研项目文件应在结题验收后归档;生产准备、试运行文件应在试运行结束时归档;竣工验收文件在验收通过后归档。 7.4.3 施工文件组卷完毕经施工单位自查后(实行总承包的项目,分包单位应先提交总承包单位进行审查),依次由监理单位、建设单位工程管理部门、建设单位档案管理机构进行审查;信息系统文件组卷完毕后提交监理单位、建设单位信息化管理部门、档案管理机构进行审查;监理文件和第三方检测文件组卷完毕并自查后,依次由建设单位工程管理部门和档案管理机构进行审查。每个审查环节均应形成记录和整改闭环。	

条款号	大纲条款	检查依据	检查要点
4.4.3	项目文件整理完毕	7.4.4 建设单位各部门形成的文件组卷完毕，经部门负责人审查合格后，向建设单位档案管理机构归档。 7.4.5 归档单位（部门）应按建设单位档案管理机构要求，编制交接清册（含交接手续、档案数量、案卷目录），双方清点无误后交接归档。 8.1.2 建设单位档案机构依据项目档案分类方案对全部项目档案进行统一汇总整理和排列上架。记录工程部位的音像档案，宜与该单位工程的纸质档案统一编号，与其他音像档案集中存放保管	
4.4.4	完成工程质量自查报告，确认施工质量符合设计和规程、规范规定	1.《火力发电建设工程机组调试质量验收及评价规程》DL/T 5295—2013 2.0.4 调试质量验收前，调试单位应自检合格，方可报监理单位进行质量验收。 2.《火力发电建设工程启动试运及验收规程》DL/T 5437—2009 12.1 火电建设工程应按《电力建设施工质量验收及评价规程》以及 GB/T 50375《建筑工程施工质量评价标准》进行单项工程、单台机组、整体工程质量评价。 3.《建设工程项目管理规范》GB/T 50326—2006 18.3.1 项目完工后，承包人应自行组织有关人员进行检查评定，合格后向发包人提交工程竣工报告	查阅质量自查报告 签字：施工单位编制人、审核人、批准人已签字 结论：自检合格、符合设计规程规范规定等的肯定性结论
4.5 调试单位质量行为的监督检查			
4.5.1	完成整套试运期间调试项目的验收签证	1.《火力发电建设工程机组调试质量验收及评价规程》DL/T 5295—2013 4.1.2 机组整套启动调试质量的检查、验收，应按本标准表 B 的格式编制锅炉、汽轮机、电气、热控、化学五个单项工程的单位工程质量验收表，并填写、验收签证。 4.3.1 各单项工程的全部单位工程试运质量验收完毕后，应填写锅炉、汽轮机、电气、热控、化学单项工程试运质量验收汇总表，并签字验收。 4.3.2 锅炉单项工程调试质量验收，应符合表 4.3.2 的规定。 4.3.4 汽轮机单项工程调试质量验收，应符合表 4.3.4 的规定。 4.3.6 电气单项工程调试质量验收，应符合表 4.3.6 的规定。 4.3.8 热控单项工程调试质量验收，应符合表 4.3.8 的规定。	查阅调试单位工程验收表和调试质量验收汇总表 调试项目：与调试大纲、方案、调试验收划分表一致 签字：责任人已签字 结论：合格

条款号	大纲条款	检查依据	检查要点
4.5.1	完成整套试运期间调试项目的验收签证	4.3.10 化学单项工程调试质量验收，应符合表4.3.10的规定。 **2.《火力发电建设工程启动试运及验收规程》DL/T 5437—2009** 3.5.1 机组满负荷试运结束时，应进行各项试运指标的统计汇总和填表，办理机组整套启动试运阶段的调试质量验收签证	
4.5.2	完成机组整套启动试运所有调整试验及涉网试验项目	**1.《火力发电建设工程启动试运及验收规程》DL/T 5437—2009** 2.0.4 移交生产的机组，在完成全部涉网试验项目验收、符合并网及商业运行相关规定并办理相关手续之后，可转入商业运行。 **2.《火电工程项目质量管理规程》DL/T 1144—2012** 10.1.2 调试单位应严格执行国家有关法律、法规和强制性条文的规定，按相关国家标准、行业标准和合同约定，完成全部调整试验及性能试验项目，并按有关规定编制试验报告	1. 查阅调整试验报告 盖章：调试单位已盖章 审批：责任人已签字 试验项目：与调整试验方案、措施一致 结论：合格 2. 查阅涉网试验报告 盖章：涉网试验单位盖章 审批：责任人签字 试验项目：与涉网试验合同、方案、措施一致 结论：合格
4.5.3	机组整套启动试运期间发现的主要不符合项处理完毕	**1.《火电工程项目质量管理规程》DL/T 1144—2012** 10.3.4 对调试过程中发现质量不符合项的处理，应符合下列规定： 　a）调试过程中发现质量不符合项，应有建设单位组织相关单位分析原因，及时采取防止事故扩发的措施。 　b）有责任单位填写质量不符合项分析、处理报告，经监理、建设单位审核，试运指挥部批准后实施。 10.4.3 机组整套启动试运的质量验收，应符合下列规定： 　b）不符合项处理完毕后，应由监理单位组织相关单位进行验收签证	查阅不符合项处理资料 不符合项台账：有 闭环资料：有 验收签证：相关单位已签字

条款号	大纲条款	检查依据	检查要点
4.5.4	工程建设标准强制性条文实施记录完整	1.《实施工程建设强制性标准监督规定》中华人民共和国建设部令〔2000〕第 81 号 第二条　在中华人民共和国境内从事新建、扩建、改建等工程建设活动，必须执行工程建设强制性标准。 第六条　工程质量监督机构应当对工程建设施工、监理、验收等阶段执行强制性标准的情况实施监督。 2.《火电工程项目质量管理规程》DL/T 1144—2012 10.1.2　调试单位应严格执行国家有关法律、法规和强制性条文的规定，按相关国家标准、行业标准和合同约定，完成全部调整试验及性能试验项目，并按有关规定编制试验报告	查阅强制性条文执行计划和执行记录 内容:执行记录与执行计划相符 记录签证:相关人员已签字
4.5.5	完成机组整套启动试运阶段保护及自动装置、程控系统和监测仪表投入率的统计	1.《火力发电建设工程机组调试质量验收及评价规程》DL/T 5295—2013 4.1.8　机组整套启动过程中，应填写有关综合指标验收表。 4.3.12　机组整套启动试运综合指标验收，应符合表 4.3.12 的规定。 2.《火力发电建设工程启动试运及验收规程》DL/T 5437—2009 3.5.1　机组满负荷试运结束时，应进行各项试运指标的统计汇总和填表，办理机组整套启动试运阶段的调试质量验收签证	查阅综合指标验收表和统计汇总表 统计数据:符合规程规定 签证验收:责任人已签字
4.5.6	完成分系统和机组整套启动试运调试报告	1.《火力发电建设工程机组调试技术规范》DL/T 5294—2013 3.0.5　机组移交生产后，调试单位应在规定的时间内完成各项调试报告（见附录 J）的编写、审核、批准及印刷出版，按时移交调试应移交的存档资料…… J.0.1　对应每个调试措施应有一个调试报告，另外，还应有一个机组总体调试报告（综合报告）。 J.0.2　调试报告应全面、真实反映调试过程和调试结果，结论明确	查阅分系统、整套启动和总体调试报告 内容:调试过程、调试项目与调试措施一致 盖章:调试单位已盖章 审批:编制、审核、批准人员已签字 结论:明确

条款号	大纲条款	检查依据	检查要点
4.6 生产运行单位质量行为的监督检查			
4.6.1	生产管理、运行、检修维护机构运行正常	**1.《防止电力生产事故的二十五项重点要求》** 3.1 严格执行操作票、工作票制度，并使"两票"制度标准化，管理规范化。 3.2 严格执行调度指令。当操作中产生疑问时，应立即停止操作，向值班调度员或值班负责人报告，并禁止单人滞留在操作现场，待值班调度员或值班负责人再行许可后，方可进行操作。不准擅自更改操作票，不准随意解除闭锁装置。 3.3 应制定和完善防误装置的运行规程及检修规程，加强防误闭锁装置的运行、维护管理，确保防误闭锁装置正常运行。 4.1.6 并网电厂机组投入运行时，相关继电保护、安全自动装置等稳定措施、一次调频、电力系统稳定器（PSS）、自动发电控制（AGC）、自动电压控制（AVC）等自动调整措施和电力专用通信配套设施等应同时投入运行。 4.1.8 并网电厂发电机组配置的频率异常、低励限制、定子过电压、定子低电压、失磁、失步等涉网保护定值应满足电力系统安全稳定运行的要求。 4.1.9 加强并网发电机组涉及电网安全稳定运行的励磁系统及电力系统稳定器和调速系统的运行管理，其性能、参数设置、设备投停等应满足接入电网安全稳定运行要求。 **2.《火电工程项目质量管理规程》DL/T 1144—2012** 11.9.2 机组性能试验应由建设单位组织，以合同约定的形式委托试验单位完成，建设、设计、监理、设备制造、安装及调试等单位配合。 11.9.3 机组性能试验项目及采用的标准应在性能试验委托合同中约定，并应执行《火电机组启动验收性能试验导则》的有关规定。 11.9.4 性能试验单位应按试验项目编制机组性能试验大纲，由试验、建设、设计、监理、设备制造、安装及调试等单位会审后，报试运总指挥部批准，批准后报电网调度部门备案。	1. 查阅生产管理、运行、检修维护机构的设置文件 发文号：有 2. 查阅生产管理制度 内容：包括运行管理、设备维护、备品配件等管理制度 审批：编、审、批已签字

条款号	大纲条款	检查依据	检查要点
4.6.1	生产管理、运行、检修维护机构运行正常	**3.《火电厂烟气脱硫工程调整试运及质量验收评定规程》DL/T 5403—2007** 6.4.2 试生产期间的脱硫装置，由生产单位全面负责安全运行和正常维修，期间暴露的缺陷和问题，由建设单位协调处理。 **4.《燃煤火力发电企业设备检修导则》DL/T 838—2017** 5.3 发电企业应按 GB/T 19001 质量管理标准的要求，建立质量管理体系和组织机构，编制质量管理手册，完善程序文件，推行工序管理。 5.4 发电企业应制定检修过程中的环境保护和劳动保护措施，合理处置各类废弃物，改善作业环境和劳动条件，文明施工，清洁生产。 5.5 设备检修人员应熟悉系统和设备的构造、性能和原理，熟悉设备的检修工艺、工序、调试方法和质量标准，熟悉安全工作规程；能掌握钳工、电工技能，能掌握与本专业密切相关的其他技能，能看懂图纸并绘制简单的零部件图和电气原理图	3. 查阅设备缺陷管理台账 内容：有缺陷记录、消缺记录
4.6.2	机组运行正常，运行记录齐全	**1.《火力发电建设工程启动试运及验收规程》DL/T 5437—2009** 4.0.5 考核期内，由于非施工和调试原因，个别设备或自动、保护装置仍不能投入运行，应由建设单位组织有关单位提出专题报告，报上级主管单位研究解决。 4.0.6 电网调度部门应在电网安全许可条件下，安排满足机组消缺、涉网试验和性能试验需要的启停和负荷变动。 4.0.7 各项性能试验完成后，建设单位应组织完成机组达标自检，工程主管单位应组织完成机组达标预检，复检单位应组织完成机组达标复检。工程主管单位也可根据机组实际情况，将预检和复检合并一次进行	1. 查阅商业运行前机组运行记录 运行参数：与运行规程规定相符 2. 查阅商业运行前试验记录 机组整套启动试运各项试验报告：有 涉网试验报告：有 性能试验报告：有

条款号	大纲条款	检查依据	检查要点
5 工程实体质量的监督检查			
5.1 土建专业和运行环境的监督检查			
5.1.1	建(构)筑物结构安全可靠，使用功能满足设计要求	**1.《建筑工程施工质量验收统一标准》GB 50300—2013** 3.0.6 建筑工程施工质量应按下列要求进行验收： 1 工程质量验收均应在施工单位自检合格的基础上进行。 2 参加工程施工质量验收的各方人员应具备相应的资格。 3 检验批的质量应按主控项目和一般项目验收。 4 对涉及结构安全、节能、环境保护和主要使用功能的试块、试件及材料，应在进场时或施工中按规定进行见证检验。 5 隐蔽工程在隐蔽前应由施工单位通知监理单位进行验收，并应形成验收文件，验收合格后方可继续施工。 6 对涉及结构安全、节能、环境保护和使用功能的重要分部工程应在验收前按规定进行抽样检验。 7 工程的观感质量应由验收人员现场检查，并应共同确认。 **2.《火力发电建设工程启动试运及验收规程》DL/T 5437—2009** 3.3.3.3 相应的建筑和安装工程已完工，并已按电力行业有关电力建设施工质量验收规程验收签证，技术资料齐全	查阅土建工程施工及验收资料 内容：包括单项、单位工程的质量控制资料、安全和使用功能的检验资料、观感质量验收资料 签字：建设单位项目负责人、设计单位项目负责人、勘察单位项目负责人、施工单位项目经理、总监理工程师已签字 盖章：建设单位、设计单位、勘察单位、监理单位、施工单位已盖章 综合结论：合格
5.1.2	建(构)筑物和重要设备基础沉降观测结果符合规范规定	**1.《建筑变形测量规范》JGJ 8—2016** 7.1.7 沉降观测应提交下列成果资料： 1 监测点分布图； 2 观测成果表；	查阅沉降观测成果资料 分布图：范围包括全厂建(构)筑物和重要设备基础 观测成果表：观测次数、观测点数符合有关规定，观测数据完整

条款号	大纲条款	检查依据	检查要点
5.1.2	建（构）筑物和重要设备基础沉降观测结果符合规范规定	3 时间-荷载-沉降量曲线图； 4 等沉降曲线	观测过程曲线图：包括荷载曲线和沉降量曲线 技术报告：结论明确
5.1.3	屋面、压力管道、沟道及涵洞无渗漏	**1.《屋面工程质量验收规范》GB 50207—2012** 3.0.12 屋面防水工程完工后，应进行观感质量检查和雨后观察或淋水试验、蓄水试验，不得有渗漏和积水现象。 **2.《建筑给水排水及采暖工程施工质量验收规范》GB 50242—2002** 3.3.16 各种承压管道系统和设备应做水压试验，非承压管道系统和设备应做灌水试验	1. 查阅屋面淋水试验、蓄水试验和管道水压试验、灌水试验的记录 结论：合格 签字：施工单位班组长、质量员、技术负责人、专业监理工程师已签字 2. 查看屋面、压力管道、沟道及涵洞 渗漏痕迹：无
5.1.4	运行环境符合规定	**1.《火力发电建设工程启动试运及验收规程》DL/T 5437—2009** 3.4.2.6 试运现场安全、文明。主要检查项目有： 　1 消防和生产电梯已验收合格，临时消防器材准备充足且摆放到位。 　2 电缆和盘柜防火封堵合格。 　3 现场脚手架已拆除，道路畅通，沟道和孔洞盖板齐全，楼梯和步道扶手、栏杆齐全且符合安全要求。 　4 保温和油漆完整，现场整洁。	查看运行环境 消防和生产电梯：已验收合格，临时消防器材准备充足且摆放到位 电缆和盘柜防火封堵：合格

续表

条款号	大纲条款	检查依据	检查要点
5.1.4	运行环境符合规定	5 试运区域与运行或施工区域已安全隔离。 6 安全和治安保卫人员已上岗到位。 7 现场通信设备通信正常	环境：现场脚手架已拆除，道路畅通，沟道和孔洞盖板齐全，楼梯和步道扶手、栏杆齐全且符合安全要求 保温和油漆：符合设计要求

5.2 锅炉专业的监督检查

条款号	大纲条款	检查依据	检查要点
5.2.1	锅炉承压部件、受热面管系无渗漏	**1.《水管锅炉 第8部分：安装与运行》GB/T 16507.8—2013** 18.2 锅炉使用单位应制定锅炉事故应急措施和救援预案，包括组织方案，责任制度，报警系统及紧急状态下抢险救援的实施方案。 18.5 当锅炉运行中发生受压元件泄漏……受热面金属严重超温、汽水质量严重恶化等情况时，应停止运行	1. 查阅考核期间锅炉机组运行记录 结果：无因承压部件及受热面管系爆管泄漏导致锅炉强停 2. 查看锅炉承压部件、受热面管系、水位计、安全阀、排汽阀等 结果：均严密无泄漏
5.2.2	锅炉本体膨胀无卡阻现象	**1.《水管锅炉 第8部分：安装与运行》GB/T 16507.8—2013** 9.2.5 安全阀排汽管不得阻碍锅筒、集箱和管道的自由膨胀。应设置独立的支吊架，其自身质量不应传递到安全阀上。 11.1.5 吹灰器管道布置不应阻碍系统和锅炉本体膨胀，且不应给吹灰器本体施加附加应力。 12.2 平台、扶梯、栏杆的安装不应影响锅炉本体以及附件的膨胀	查看受热面、各部管道、支吊架、弹簧支吊架膨胀 受热面、各部管道、支吊架、弹簧支吊架膨胀：符合厂家设计和标准要求，膨胀顺畅，无卡涩

续表

条款号	大纲条款	检查依据	检查要点
5.2.3	支吊架受力状态良好，偏斜不超标	**1.《火力发电厂管道支吊架验收规程》DL/T 1113—2009** 9.2.3 刚性支吊架吊杆在冷、热态条件下与垂线间夹角均不应超过3°，必要时可进行偏装。 9.5.3 变力弹簧支吊架的吊杆在冷、热态条件下与垂线之间夹角不应超过4°，必要时可进行偏装。 10.3.5 液压阻尼器的位移应基本在热态位置，不应有渗、漏油现象	1. 查看支吊架受力状态 炉本体、附属管道、烟、风、燃（物）料管道、防震装置支吊架：符合厂家设计和标准规定，受力均匀，无过载和偏斜超标 2. 查看液压阻尼器的位移情况，无渗漏油，符合规范规定 3. 阻尼器的调整应符合厂家设计要求
5.2.4	锅炉炉膛无严重结焦	**1.《水管锅炉 第8部分：安装与运行》GB/T 16507.8—2013** 18.5 当锅炉运行中发生受压元件泄漏、炉膛严重结焦……锅炉尾部烟道严重堵灰、汽水品质严重恶化等情况时，应停止运行	查阅查阅整套启动试运调试报告和生产运行记录 锅炉炉膛燃烧运行记录：符合厂家设计和标准要求，且无炉膛、无明显结焦记录
5.2.5	除尘、除灰、除渣系统运行正常	**1.《电力建设施工技术规范 第2部分：锅炉机组》DL 5190.2—2012** 13.7.3 在整套试运期间，所有辅助设备应投入运行；锅炉本体、辅助机械和附属系统均应工作正常，其膨胀、严密性、轴承温度及振动等均应符合技术要求；锅炉蒸汽参数、燃烧工况等均应达到设计要求	1. 查阅除尘、除灰、除渣系统试运记录和报告 整套启动试运期间，系统膨胀、严密性、轴承温度及振动：符合设计和质量验收标准要求；运行稳定 2. 查看除尘、除灰、除渣系统运行状态 系统膨胀、严密性、轴承温度及振动：达到设计要求

条款号	大纲条款	检查依据	检查要点
5.2.6	脱硫、脱硝系统运行正常	**1.《电力建设施工技术规范 第2部分：锅炉机组》DL 5190.2—2012** 13.7.3 在整套试运期间，所有辅助设备应投入运行；锅炉本体、辅助机械和附属系统均应工作正常，其膨胀、严密性、轴承温度及振动等均应符合技术要求；锅炉蒸汽参数、燃烧工况等均应达到设计要求。 **2.《火电厂烟气脱硫装置验收技术规范》DL/T 1150—2012** 5.3 脱硫装置运行应符合下列要求： 1）脱硫装置的运行应适应机组的运行方式。 2）脱硫装置的运行以及在紧急情况下的处理不应影响电厂的安全生产，尤其在脱硫装置启停、旁路挡板门动作时。 3）脱硫装置的运行不应对周围环境和生态造成二次污染。 **3.《火电厂烟气脱硫吸收塔施工及验收规程》DL/T 5418—2009** 7.2.8 吸收塔的基础宜设底板漏液显示机构	1. 查阅脱硫、脱硝系统整套启动试运记录和报告 系统膨胀、严密性、轴承温度、振动、烟道出口温度及脱硫、脱硝率：符合设计和标准要求；运行稳定 2. 查看脱硫、脱硝系统运行状态 系统膨胀、严密性、轴承温度、振动、烟道出口温度及脱硫、脱硝率和氨逃逸率：达到设计要求
5.2.7	输煤系统的除尘装置运行正常	**1.《大中型火力发电厂设计规范》GB 50660—2011** 7.6 运煤系统的建(构)筑物应设置清扫设施。 7.7 在地下缝式煤槽、翻车机室、转运站、碎煤机室和煤仓间带式输送机层的设计中应采取防止煤尘飞扬的措施	1. 查阅输煤系统的除尘装置试运记录 内容：符合设计和标准要求 2. 查看输煤系统的除尘装置 装置运行：正常 除尘效果：达到设计要求
5.2.8	热力设备和管道保温表面不超温	**1.《火力发电厂热力设备及管道保温防腐施工技术规范》DL 5714—2014** 7.0.4 热力设备及管道保温外表面温度热态测量结果判定应符合下列规定： 1 当环境温度不高于27℃时，设备与管道保温结构外表面温度不应超过50℃；当环境温度高于27℃时，保温结构外表面温度不应比环境温度高出25℃以上。	1. 查阅热力设备和管道保温表面温度测量记录 温度值：符合设计和标准要求

条款号	大纲条款	检查依据	检查要点
5.2.8	热力设备和管道保温表面不超温	2 热态测量的超温点数不应超过被测量总数的 1%、且超温点的最高温度不应超过本条第 1 款规定限值的 50%。 3 测量为超温的部位应进行原因分析并处理	2. 实测热力设备和管道保温表面温度 表面温度：符合设计和标准要求

5.3 汽机专业的监督检查

条款号	大纲条款	检查依据	检查要点
5.3.1	汽轮发电机组、附属机械及其系统运行正常，无渗漏	**1.《火力发电建设工程机组调试技术规范》DL/T 5294—2013** 6.4.4 带负荷试运阶段调试应符合下列要求 8 汽轮机真空系统严密性试验应符合下列要求： 1）机组负荷应稳定在 80% 额定负荷以上，真空度满足试验要求，停运真空泵并关闭抽空气门，0.5min 后开始，每 0.5min 记录一次机组真空值，共记录 8min，取其中后 5min 内的真空下降值计算每分钟的真空平均下降值。 **2.《电力建设施工技术规范 第 3 部分：汽轮发电机组》DL 5190.3—2012** 11.9.3 汽轮机从冲转至额定转速应按下列规定进行： 11 汽轮机稳定在额定转速时，机组的轴振值应符合制造厂的要求，制造厂无要求时参照附录 H 执行。 12 高压汽轮机各部分温差、差胀值，以及汽缸内壁升温率应符合制造厂的要求，制造厂无要求时，高压外缸上、下缸温差不应超过 50℃，高压内缸上、下缸温差不应超过 35℃。 14 各支持轴承、推力瓦和密封瓦的金属温度不得高于制造厂要求值。 11.9.4 汽轮机空负荷试运行时，调节保安系统应进行下列工作： 5 自动主汽门与调节汽门严密性试验； 6 危急遮断器动作试验； 7 超速试验。 11.9.5 自动主汽门与调节汽门的严密性试验应符合下列规定： 1 试验应在汽轮机空负荷运行和正常真空状态下进行。	1. 查看机组轴振、轴瓦温度 各轴振检测数值：不大于制造厂或规范要求 各轴瓦温度：不高于制造厂或规范要求 2. 查看汽轮发电机组、附属机械及其系统运行状态 系统运行参数：表计显示数据符合设计或规程要求 系统严密性：无渗漏现象 保温表面温度：检测最高温度不高于规范要求 3. 查阅整套启动试运调试报告 超速试验：超速值与厂家规定值或规范要求相吻合

条款号	大纲条款	检查依据	检查要点
5.3.1	汽轮发电机组、附属机械及其系统运行正常，无渗漏	2 主蒸汽压力宜接近额定压力，最低不应低于额定压力的 1/2。 3 自动主汽门全关而调节汽门全开，或调节汽门全关而自动主汽门全开情况下，最大漏汽量时，转子稳定转速应小于试验汽压/额定汽压×1000（r/min）。 4 两侧汽门应同时进行试验。 11.9.6 汽轮机超速试验应按下列规定进行： 8 主汽门及调节汽门应进行关闭试验，确认不卡涩，严密性符合规定。 11 超速试验前应投入连续记录和计算机连续打印装置，记录机组的转速、低压缸排汽温度等参数。 11.13.2 汽轮发电机组带负荷试运行……应符合下列规定： 4 满负荷时的主蒸汽参数、再热蒸汽参数的偏差范围、两条主汽管或再热汽管的温度偏差、真空度、排汽温度等与额定值的偏差应符合制造厂的要求。 11.13.3 汽轮机带负荷试运行中，应进行真空严密性试验，并符合下列规定： 1 负荷稳定在额定负荷的 80%以上，关闭抽空气阀，停真空泵，30s 后开始每半分钟记录机组真空值一次； 2 水冷凝汽器机组记录时间为 8min，取其中后 5min 的真空下降值，平均每分钟下降值应小于 300Pa； 3 直接空冷机组记录时间为 15min，取其中后 10min 的真空下降值，平均每分钟下降值应小于 200Pa。 11.13.6 甩负荷试验前应具备下列条件： 1 汽轮发电机组经整套试运行考验，符合制造厂各项要求； 2 调节系统经空负荷及满负荷运行，工作正常，调节系统静态特性符合规定； 3 自动主汽门、调节汽门关闭时间符合规定，严密性试验合格，抽汽止回阀连锁动作良好，关闭迅速严密； 4 经超速试验，危急遮断器动作正常，手动危急遮断器动作正常。 11.13.9 机组在正常减负荷、停机过程中，除应按制造厂的要求和为本机组制定的运行规程执行外，尚应符合下列规定：	甩负荷试验：转速升速最高值不超过规范要求 真空严密性试验：结果符合规范要求 自动主汽门和调节汽门关闭试验：关闭时间符合规范要求 自动主汽门和调节汽门严密试验：结果符合制造厂要求 汽轮机整套启动试运参数：如系统压力、真空度、升速率、机组出力、汽缸绝对膨胀、差胀、轴位移、轴承振动、汽缸金属温度、轴瓦温度等参数与制造厂设计或规范要求基本吻合 各试验报告签章：相关方已签字或盖章

条款号	大纲条款	检查依据	检查要点
5.3.1	汽轮发电机组、附属机械及其系统运行正常，无渗漏	1　严格控制蒸汽温降率、金属温降率和各部分温差，不得超过制造厂的要求； 2　严格控制差胀，不超过制造厂的要求值。 　　11.14.1　汽轮发电机组调整、启动、试运行完毕，应提交下列记录： 　　1　油系统运行记录； 　　2　附属机械运行记录； 　　3　真空严密性试验记录； 　　4　自动主汽门和调节汽门的严密性试验记录； 　　5　汽轮机调节系统的整定与试验记录； 　　6　汽门关闭时间测定记录； 　　7　汽轮机自动保护、连锁装置的整定与试验记录； 　　8　汽轮机整套启停试运记录，包括蒸汽参数、真空、升速、带负荷情况、汽缸热膨胀、差胀、轴位移、轴承振动、汽缸金属温度、轴瓦及推力轴承巴氏合金温度和其他有关运行参数记录； 　　9　汽轮机超速试验记录； 　　10　汽轮机惰走曲线； 　　11　停机后高压汽缸冷却过程中，时间与高压汽缸调节级金属温度曲线； 　　12　停机后大轴晃度随时间的变化曲线； 　　13　汽轮机冷态启动曲线，转速、负荷、主蒸汽压力、主蒸汽温度、真空、差胀及主要操作项目的时间记录； 　　14　机组甩负荷试验记录； 　　15　辅机故障减负荷试验记录； 　　16　试运行中的异常情况及处理记录； 　　17　设备系统改进记录。 　　11.14.2　汽轮发电机组调整、启动、试运行完毕，应提交下列签证： 　　1　管道的吹洗与吹扫签证； 　　2　空冷岛热态冲洗签证	

条款号	大纲条款	检查依据	检查要点
5.3.2	控制油及润滑油油质符合运行油质量标准	**1.《电厂运行中矿物涡轮机油质量》GB/T 7596—2017** 3.2 运行中涡轮机油的质量应符合表1的规定。 **2.《电厂用磷酸酯抗燃油运行维护导则》DL/T 571—2014** 5 运行中磷酸酯抗燃油的质量标准应符合表2的规定	查阅油质检验报告 润滑油、抗燃油颗粒度及水分：检测结果符合规范要求 油质检验报告：结论合格，检测人员已签字，检测单位已盖章
5.3.3	支吊架受力状态良好，偏斜不超标	**1.《电力建设施工技术规范 第5部分：管道及系统》DL 5190.5—2012** 5.7.9 在有热位移的管道上安装支吊架时，根部支吊点的偏移方向应与膨胀方向一致；偏移值应为冷位移值和1/2热位移值的矢量和。热态时，刚性吊杆倾斜值允许偏差为3°，弹性吊杆倾斜值允许偏差为4°。 5.7.11 有热位移的管道，在受热膨胀时，支吊架应进行下列检查与调整： 1 活动支架的位移方向、位移量及导向性能应符合设计要求； 2 管部应无脱落现象； 3 固定支架应牢固可靠； 4 弹性支吊架的指示应符合设计要求； 5 在额定工况下，对高压管道的支吊架的偏斜度、受力状况进行检查，并形成记录。 5.7.12 支吊架调整后，螺杆应露出连接件2个～3个螺距以上。锁紧螺母应锁紧。 5.7.14 支吊架冷态、热态状态下的弹簧位置宜分别作出标记。 7.0.2 施工记录包括下列内容： 7 主蒸汽、再热蒸汽和主给水管道弹性支吊架冷、热态调整记录	1. 查看支吊架 吊杆倾斜度：热态时倾斜度符合规范要求 螺杆：外露丝扣长度符合规范要求，锁紧螺母已安装 活动支架：位移方向、位移量符合设计要求，管部无脱落现象 固定支架：无异常 弹性支吊架：指示值符合设计要求 2. 查阅支吊架调整记录 记录数据：各支架调整数据符合设计要求

续表

条款号	大纲条款	检查依据	检查要点
5.3.4	燃气轮机各系统运行正常	**1.《联合循环机组燃气轮机施工及质量验收规范》GB 50973—2014** 7.1.3 调整与试运行工作应符合下列规定： 　3 检查、调整并考核各设备的性能，应符合制造厂的要求。 　5 应提供整套设备系统交接试验的技术文件，作为生产运行的原始资料	1. 查看燃机各系统运行状态 各系统运行参数：表计显示数据符合设计或规程要求 系统严密性：无渗漏现象 保温表面温度：最高温度不高于规范要求 2. 查阅整套设备系统交接试验的技术文件 技术文件：结论合格，相关方已签字
5.3.5	燃气轮机灭火保护系统投运正常	**1.《联合循环机组燃气轮机施工及质量验收规范》GB 50973—2014** 7.6.3 系统灭火调试应满足下列规定： 　1 发生火警指令后相应的通风机停运，风机风门应及时关闭； 　2 初放和续放延时应满足设计要求； 　3 相关的火警声光设备应及时动作； 　4 检查各喷嘴均应喷放； 　5 喷放后罩壳内二氧化碳浓度应符合设计要求； 　6 燃气轮机停机程序应激活。 7.6.4 燃气轮机在备用和运行期间，二氧化碳灭火系统应投入运行。 **2.《火力发电建设工程机组调试技术规范》DL/T 5294—2013** 6.5.2 调试项目及技术要求如下：	1. 查阅灭火保护系统调试资料 调试报告：结论合格，相关方已签字 联锁保护：灭火系统启用后能激活停机程序 2. 查看灭火保护系统 操作装置：已投入运行

续表

条款号	大纲条款	检查依据	检查要点
5.3.5	燃气轮机灭火保护系统投运正常	9　燃气轮机 CO₂灭火系统调试应符合下列要求： 5）CO₂灭火系统管道冲洗。 6）CO₂灭火系统管道气密性试验。 **3.《燃气轮机辅助设备通用技术要求》GB/T 15736—1995** 11.6　燃气轮机的燃料供给系统应和防火系统连锁，防火系统动作时，应能自动切断燃料供给。 11.7　采用二氧化碳作为灭火剂的防火系统，应能满足下列要求： 11.7.1　二氧化碳释放时，应使密封空间的含氧量从21%减少到低于15%； 11.7.2　透平间在灭火时空间二氧化碳的浓度应达到34%，辅机间应达到50%； 11.7.2.1　透平间内燃烧室区段、轴承油路、管道区域，灭火剂喷射浓度应在喷射后的1min内达到34%，为避免复燃，应有延续释放装置逐步补充灭火剂，使其在一段时间内能保持30%的浓度； 11.7.2.2　辅机间在灭火剂喷射后的1min内，其初始浓度应达到50%，延续装置应使其在至少10min的时间内，保持30%的浓度	
5.3.6	燃气轮机供气系统严密无泄漏	**1.《火力发电建设工程机组调试技术规范》DL/T 5294—2013** 6.5.2　调试项目及技术要求如下： 4　燃气轮机燃料系统调试应符合下列要求： 5）确认燃料系统管道、容器气密性试验合格	1. 查阅质量验收资料 严密性试验记录：试验压力与持续时间符合规范要求；压降在规范要求的范围内 质量签证验收表：结论合格，相关方已签字 2. 查看现场供气系统 供气系统：用检漏仪抽查未发现泄漏点

续表

条款号	大纲条款	检查依据	检查要点
5.4	**电气专业的监督检查**		
5.4.1	发电机运行正常，封闭母线密封良好，微正压装置运行正常	**1.《发电机组进入及退出商业运营管理办法》电监市场〔2011〕32号** 第七条　新建发电机组进入商业运营应具备下列条件： 　（二）完成并网运行必需的试验项目，电力调度机构已确认发电机组和接入系统设备（装置）满足电网安全稳定运行技术要求和调度管理要求。 **2.《电气装置安装工程母线装置施工及验收规范》GB 50149—2010** 3.6.7　微正压金属封闭母线安装完毕后，检查其密封性应良好。 **3.《火力发电建设工程启动试运及验收规程》DL/T 5437—2009** 4.0.3　考核期的主要任务： 4.0.3.2　完成全部涉网特殊试验项目，提交报告、组织验收、办理相关手续，早日转入商业运行。涉网特殊试验项目一般包括下列项目： 　1　发电机定子绕组端部振动特性分析。 　2　发电机定子绕组端部表面电位测量。 　3　发电机转子通风孔检查试验。 　4　发电机进相试验。 　5　接地电阻测试。 　6　变压器耐压试验。 　7　变压器变形试验。 　8　PSS功能整定试验。 　9　发电机励磁系统相频、幅频特性试验。 　10　励磁系统负载阶跃试验。 　11　励磁系统的静差率测试试验。 　12　发电机空载阶跃响应试验。	1. 查看控制室显示屏的发电机运行参数 　电压、频率、有功、无功出力：达到设计值 　铁芯、线圈、冷却介质温度：在正常范围内 2. 查看微正压装置 　自动启停：正常 3. 查阅整套试运期间调试报告 　内容：调试项目、试验数据、记录、曲线等技术文件齐全、各项指标符合设计要求 　调试仪器：在检定有效期内 　结论：合格 　签字：齐全 　盖章：有调试单位盖章 4. 查阅涉网试验报告 　涉网试验项目：齐全 　结论：定性定量结论明确 　签字：齐全

条款号	大纲条款	检查依据	检查要点
5.4.1	发电机运行正常，封闭母线密封良好，微正压装置运行正常	13 系统电抗 X_e 计算试验。 14 发电机调差系数整定试验。 15 发电机励磁系统灭磁试验。 16 机组 AGC 功能试验。 17 机组一次调频试验。 18 汽机调速系统动态参数测试。 **4.《火力发电建设工程机组调试验收与评价规程》DL/T 5295—2013** 4.3.7 电气单位工程调试质量验收，应符合下列规定： 　11 电气 168h 满负荷试运行单位工程验收，应符合表 4.3.7-11 的规定	盖章：有调试单位盖章
5.4.2	电气设备和控制系统运行正常	**1.《火力发电建设工程机组调试验收与评价规程》DL/T 5295—2013** 4.3.7 电气单位工程调试质量验收，应符合下列规定： 　10 电气控制系统调试单位工程验收，应符合表 4.3.7-10 的规定。 **2.《火力发电建设工程启动试运及验收规程》DL/T 5437—2009** 3.4.3.4 满负荷试运	1. 查阅机组整套启动试运调试质量验收签证 签证：齐全 内容：完整，数据翔实 结论：有定性定量结论 签字：齐全 2. 查阅电气控制系统调试验评资料 内容：完整，数据翔实 结论：有定性定量结论 签字：齐全 3. 查阅机组电气设备运行日志，定期试验记录、缺陷统计表、运行事件记录

条款号	大纲条款	检查依据	检查要点
5.4.2	电气设备和控制系统运行正常	2 同时满足下列要求后，既可以宣布和报告机组满负荷试运结束： 10）机组各系统均已全部试运，并能满足机组连续稳定运行的要求，机组整套启动试运调试质量验收签证已完成	内容：翔实 签字：齐全
5.4.3	电气保护及测量装置运行正常	**1.《火力发电建设工程机组调试验收与评价规程》DL/T 5295—2013** 4.3.7 电气单位工程调试质量验收，应符合下列规定： 11 电气168h满负荷试运行单位工程验收，应符合表4.3.7-11的规定。 7.0.4 机组168h满负荷试运质量评价应符合表7.0.4的规定。 **2.《火力发电建设工程启动试运及验收规程》DL/T 5437—2009** 3.4.3.4 满负荷试运 2 同时满足下列要求后，既可以宣布和报告机组满负荷试运结束： 6）电气保护投入率100%。 7）电气自动装置投入率100%。 8）电气测点/仪表投入率不小于99%，指示正确率分别不小于98%。 10）机组各系统均已全部试运，并能满足机组连续稳定运行的要求，机组整套启动试运调试质量验收签证已完成。 4.0.3 考核期的主要任务： 4.0.3.1 全面考验设备、消除缺陷，完成施工及调试未完成的项目，完成电力建设质量监督机构检查提出的整改项目	1. 查看测量装置运行情况 显示：正常 2. 查阅保护投、退情况 保护投入率：100% 保护动作：无拒动，无误动 3. 查阅满负荷试运曲线、保护及自动装置投入一览表 内容：翔实 结论：明确 签字：齐全 4. 机组运行可靠性统计及事件统计一览表 内容：翔实 签字：齐全
5.5	热控专业的监督检查		
5.5.1	不停电电源（UPS）供电可靠，运行正常	**1.《火力发电厂热工自动化系统检修运行维护规程》DL/T 774—2015** 4.2.3.1 自备UPS性能测试，方法与要求： a）交流调压器0V～250V调压器的输出端，接UPS供电电源输入端的非工作电源端，输入端连接到交流220V电源上，合上电源。将调压器调至交流190V、交流220V和交流250V（根据UPS手册确定），分别测量UPS电源的输出电压，应在交流220V×（1±10%)V范围内。	1. 查看UPS装置工作状态 UPS供电电源：由外部供电。 UPS状态指示灯：显示正常，无报警、故障显示

续表

条款号	大纲条款	检查依据	检查要点
5.5.1	不停电电源（UPS）供电可靠，运行正常	b）UPS 供电电源接到交流 220V 供电，启动由该 UPS 电源供电的计算机系统，进行电源切换及备用时间试验应符合下列要求： 1）试验电路接入示波器； 2）确认 UPS 电源电池充电灯灭，调节调压器的输出电压等于切换电压时（或切断 UPS 外部供电电源），UPS 电源应迅速切至电池供电，测量 UPS 输出电压应在交流 220V×(1 ± 5%)V； 3）切断 UPS 外部供电电源，UPS 切至电池供电，直至系统关机程序自动执行，最后应正确关机； 4）检查 UPS 电池供电备用时间，不应小于制造厂标称值，一般应保证连续供电 3min； 5）恢复 UPS 外部供电，UPS 应由电池供电切全外部电源供电； 6）通过示波器，记录 UPS 电源切换时间，应小于 5ms； 7）观察切换过程，相应的声光报警、故障诊断显示及打印信息应正确，计算机监控系统及设备的运行，应无任何异常，否则应进行检修或更换 UPS 电源。 **2.《大中型火力发电厂设计规范》GB 50660—2011** 15.11　3 分散控制系统、汽轮机数字电液控制系统、锅炉保护系统、汽轮机跳闸保护系统、火检装置等重要系统的供电电源应有两路，并应互为备用。一路应采用交流不间断电源，一路应采用交流不间断电源或厂用保安段电源	2. 查阅 UPS 试验记录 UPS 输出电压：符合规范要求 电源切换时间：符合规范要求 电池备用时间：符合规范要求 试验结论：符合规程要求 试验签字：有相关方签字
5.5.2	DCS 主、副控制器（DPU）切换正常	**1.《火力发电厂分散控制系统技术条件》DL/T 1083—2008** 6.4.4.1　DPU 在冗余工作方式时，应具有可靠的冗余切换性能。冗余 DPU 的数据同步和切换时间应满足工艺过程的实时性要求。冗余切换应是无扰的，应保证系统的控制和保护功能不会因冗余切换而丢失或延迟。发生切换应自动产生报警信息。 6.4.4.2　某一个 DPU 模件故障，不应影响其他 DPU 模件的运行。此外，数据通信总线故障时，DPU 模件应能继续运行，完成本身的控制运算和 I/O 处理功能。 6.4.4.3　电源故障应属系统的可恢复性故障，一旦重新受电，DPU 模件应能自动恢复正常工作而无须运行人员的任何干预	1. 查看 DCS 各控制器工作状态 状态指示灯：主模件在工作状态，从模件在备用状态 2. 查阅 DCS 控制器冗余切换试验记录 范围：所有控制器 结论：符合规范要求 签字：有相关方签字

条款号	大纲条款	检查依据	检查要点
5.5.3	炉膛安全监控系统（FSSS）功能完善，运行正常	**1.《火力发电厂锅炉炉膛安全监控系统技术规程》DL/T 1091—2008** 4.1.5 保护装置应投入闭环运行，未经批准不能撤出运行。保护动作或撤出应作好记录。 4.2.1 在控制盘（台）上应设置独立并可直接动作（可经确认或加避免误动的保护罩）的 MFT 紧急按钮，其回路应独立于分散控制系统的控制器及模件，并由硬接线实现。 4.2.2 应设置吹扫条件、点火条件、火焰检测、吹扫失败、点火失败、MFT、MFT 首出原因、燃烧器启动条件、磨煤机启动条件、磨煤机跳闸首出原因等专用显示画面。 4.4.2 炉膛安全保护功能： 4.4.2.1 锅炉炉膛安全保护应包括但不限于以下功能：MFT、炉膛吹扫、油泄漏试验、锅炉点火、全炉膛火焰监视和灭火保护功能、MFT 首出原因和 RB 等。 4.4.2.2 一旦检测到炉膛内部分火焰丧失达到危险程度或全部火焰丧失时，或者制造厂设计并经现场试验验证的跳闸原则满足时，应触发 MFT。 4.4.2.3 MFT 时，应切断一切进入炉膛的燃料供应和点火器电源，并解列制粉系统。如装有炉膛惰性化系统，应同时投入炉膛惰性化系统。 4.4.2.4 MFT 各跳闸动作值及延时时间应由锅炉厂提供设计依据，运行中在征得制造厂同意情况下可进行修正。 4.4.2.5 MFT 后，应指示跳闸首出原因。 **2.《大中型火力发电厂设计规范》GB 50660—2011** 15.6.1 机组保护系统的设计应符合下列规定： 1 保护系统的设计应采取防止误动和拒动的措施。 2 当机组保护系统采用分散控制系统或可编程控制器时，应符合下列规定： 1）机炉跳闸保护系统的逻辑控制器应单独冗余设置。 2）保护系统应有独立的 I/O 通道，并有电隔离措施。 3）冗余的 I/O 信号应通过不同的 I/O 模件引入。	1. 查阅 FSSS 系统保护传动验收记录 逻辑控制功能：满足规范要求 结论：符合规程要求 签字：有相关方签字 2. 查看 FSSS 系统逻辑及画面 控制逻辑：无联锁保护被切除，无热工信号、保护的中间点信号被强制 进入联锁保护的热工信号：测点全部投入，无坏点，显示的数值与当前工况相符

续表

条款号	大纲条款	检查依据	检查要点
5.5.3	炉膛安全监控系统（FSSS）功能完善，运行正常	4）触发机组跳闸保护信号的仪表应单独设置，当无法单独设置需与其他系统合用时，其信号应首先进入保护系统。 5）机组跳闸命令不应通过通信总线传送。 3　300WM 及以上容量机组跳闸保护回路在机组运行中，宜在不解除保护功能和不影响机组正常运行的情况下进行动作试验。 4　在控制台上必须设置总燃料跳闸、停止汽轮机和解列发电机的跳闸按钮，并应采用双重按钮或带盖的单按钮；跳闸按钮应直接接至停炉、停机的驱动回路。 5　机组保护动作原因应设事件顺序记录。单元机组还应有事故追忆功能。 6　保护系统输出的操作指令应优先于其他任何指令。 7　保护系统中不应设置供运行人员切、投保护的控制盘、台按钮和操作员站软操作等任何操作手段	
5.5.4	汽轮机电液控制系统（DEH、MEH）运行正常	**1.《火力发电建设工程机组调试技术规范》DL/T 5294—2013** 8.4.3　汽轮机电液控制系统调整试验应符合下列要求： 随汽轮机启动投入汽轮机电液控制系统； 调整动态参数，调节品质应满足要求； 配合汽轮机专业进行危急保安器喷油、阀门严密性、超速保护、阀门活动、甩负荷等试验； 配合协调控制系统投入及调整试验。 **2.《火力发电厂调试质量验收及评价规程》DL/T 5295—2013** 4.3.9　热控单位工程调试质量验收，应符合下列规定： 9　168h 满负荷试运行单位工程验收，应符合表 4.3.9-9 的规定。 **3.《火力发电厂凝汽式汽轮机的检测与控制技术条件》DL/T 590—2010** 4.5.1　DEH 应满足机组各种启动方式，并应冷态、温态、热态、极热态不同工况下的启动要求，并达到 DL/T 996 标准的性能和指标要求。	1. 查看 DEH/ MEH 系统逻辑及画面 系统各功能状态：当前工况下应投入的功能，应处于投入状态，无异常报警 各测量及控制参数：显示的数值与当前工况相符，所有控制设备（如主汽门、调门）动作正常，指令及反馈显示准确 2. 查阅 DEH/ MEH 各功能投入率统计记录

条款号	大纲条款	检查依据	检查要点
5.5.4	汽轮机电液控制系统（DEH、MEH）运行正常	4.5.2　转速控制范围应能从盘车转速直至 3000r/min。转速调节精度优于额定转速的 0.1%，转速调节的迟缓率（ε）应能满足 DL/T 996 的要求。 4.5.4　DEH 应根据自动同期系统的指令（自动同期装置外配时）完成汽轮发电机的转速匹配，保证发电机能自动同步并网。发电机并网后，汽轮机应迅速接带初负荷。初负荷值可根据汽轮机的热状态由 DEH 自动确定。 4.5.5　DEH 应在汽轮机同期并网后，根据要求的负荷变化率实现从初负荷直至最大负荷的功率控制，功率指令来自运行人员的手动给定或接受机组协调控制系统的给定。负荷变化率可由运行人员给定或由汽轮机控制系统的热应力监控系统给出。 4.5.6　汽轮机在正常运行中，DEH 应配合协调控制系统实现功率或机前压力控制功能，并具有一次调频功能。在重要运行参数超出允许值时，DEH 应有完善的负荷限制功能，包括汽轮机在功率调整方式时的压力限制功能。 4.5.10　DEH 应具有超速限制功能（OPC）。当汽轮机出现超速时，能自动关闭高压各中压调门，待汽轮机转速恢复后，再重新开启这些阀门。 4.5.12　DEH 应有汽轮机超速跳闸保护功能（OPT）。保护跳闸信号应取自三只独立的测速元件，以三取二逻辑直接启动跳闸回路。DEH 用于汽轮机跳闸保护控制器工作周期（包括信号采集时间）应满足保护跳闸的时间要求。 4.5.13　汽轮机高中压调节阀（或主汽阀）的位置反馈信号应是双重的。高中压主汽阀的位置开关，除满足汽轮机本体保护控制要求外，还应在高中压主汽门关闭后提供其终端位置开关作为连锁停止发电机和锅炉的触点信号。每个主汽门关方向行程开关至少配置 4NO/NC（4 个动合和 4 个动断）。 4.5.15　DEH 的可靠性设计准则应按照故障降级原则考虑，即根据故障的性质和范围退出部分控制功能，但最终只能降低到保留转速控制的水平。当转速控制功能因故障失效时，必须立即停机。不允许采用手动控制转速方式	DEH 功能投入率：满足规范要求 MEH 功能投入率：满足规范要求 签字：有相关方签字

续表

条款号	大纲条款	检查依据	检查要点
5.5.5	汽轮机轴系振动监测系统（TSI、MTSI）运行正常	**1.《汽轮机安全监视装置技术条件》GB/T 13399—2012** 3.1　汽轮机安全监视装置应能协同汽轮机控制系统等装置保护机组安全可靠地运行。在汽轮机启动、运行和停机过程中，该装置应能指示机组的主要运行参数值；运行中参数越限时应能发出报警、停机信号，并能提供巡测、计算机接口信号。 **2.《火力发电厂调试质量验收及评价规程》DL/T 5295—2013** 4.3.9　热控单位工程调试质量验收，应符合下列规定： 　　9　168h 满负荷试运行单位工程验收，应符合表 4.3.9-9 的规定。 **3.《火力发电厂凝汽式汽轮机的检测与控制技术条件》DL/T 590—2010** 4.4　汽轮机监视仪表（TSI） 4.4.1　应配套提供安装在汽轮机上的本体测量仪表发信器、变送器。至少包括汽缸热膨胀、汽缸与转子的相对膨胀、大轴偏心率、轴向位移、轴振动（相对振动）和轴承振动（绝对振动）、汽轮机转速（包括零转速）、键相、油动机行程（调节阀开度或关断阀开度）、推力轴承和支持轴承温度。用于汽轮机跳闸的测点，应设置独立的冗余通道。汽轮机转速的测量发信器，除满足远方和就地监视、零转速测量及键相要求的测量元件外，还应在不同位置分别装设三只转速发信器，以满足多点位测量和保护要求。还应提供汽轮机就地转速指示表。 4.4.3　TSI 装置用于汽轮机本体测量信号的转换，为 DCS、DEH 和 ETS 系统提供可靠的监控信号，应采用冗余的电源模块，电源切换时不应引起误发信号或短时拒发信号。 4.4.4　TSI 输出用于汽轮机保护和控制的冗余模拟量信号及其转换后的冗余开关量信号应采用不同的监视、控制模件（包括继电器模件）形成，并直接输出可靠的冗余信号至保护、控制系统。 4.4.5　振动信号用于汽轮机跳闸时，宜有防止单点振动信号故障误跳汽轮机的保护逻辑，但其逻辑不应造成汽轮机振动越限的保护拒动。振动跳闸的判断逻辑也可在 TSI 装置内构成后送入 ETS 保护装置，但送至 ETS 的信号应是可靠的冗余信号	1. 查看 TSI、MTSI 模件运行状态及 DCS 画面 　　模件状态指示灯：显示正确，无故障报警或旁路 　　各测量参数：数值显示正确，无异常报警 2. 查阅 TSI、MTSI 传感器安装记录及调试记录 　　传感器安装间隙：间隙尺寸及间隙电压符合制造厂要求 　　汽轮机主轴初始位置：定位符合制造厂规定 　　投入率：满足规范要求 　　签字：有相关方签字

条款号	大纲条款	检查依据	检查要点
5.5.6	炉膛火焰、汽包水位、烟气监视系统运行正常	**1.《火力发电厂燃煤锅炉的检测与控制技术条件》 DL/T 589—2010** 5.8 炉膛火焰工业电视 5.8.1 炉膛火焰工业电视监视装置（包括冷却设备）应有断电、断气保护。 5.8.2 火焰探头应为内窥式，开孔位置应能最佳监视全炉膛的火焰。探头应能在集控室遥控或就地控制伸进或退出炉膛，并可调整镜头的光圈、焦距等参数，使得在不同燃烧工况时均有清晰的图像。 5.8.3 火焰监视宜设置一套工业电视，通过切换可分别监视炉膛两侧的火焰。 5.9 汽包水位监视工业电视 汽包水位影视工业电视宜为两头一尾形式，即采用一台工业电视，通过切换分别监视汽包两侧就地安装的 2 只双色水位计的水位。监视镜头应能在集控室遥控或就地调整光圈、焦距等参数。 **2.《固定污染源烟气（SO₂、NOₓ、颗粒物）排放连续监测技术规范》HJ 75—2017** 9.1 CEMS 在完成安装、调试检测并和主管部门联网后，应进行技术验收，包括 CEMS 技术指标验收和联网验收。两部分验收技术指标见表 1～表 3	1. 查看炉膛火焰、汽包水位、烟气排放连续监测系统 工业电视画面：图像显示清晰，调整功能满足运行要求。 CEMS 工作状态：数据显示正确，通信及数据传输稳定可靠 2. 查阅 CEMS 校验及验收测试报告 内容：测试方法正确，数据翔实 结论：符合标准 盖章：有资质的检测单位盖章 签字：有相关方签字
5.5.7	事故顺序记录仪、联锁保护运行正常	**1.《火力发电建设工程启动试运及验收规程》DL/T 5437—2009** 3.4.3.4 满负荷试运 1 同时满足下列要求后，机组才能进入满负荷试运： 8）热控保护投入率 100%。 2 同时满足下列要求后，即可以宣布和报告机组满负荷试运结束： 3）热控保护投入率 100%。	1. 查阅 SOE 测试报告 SOE 分辨率：测试方法正确,满足规范要求 所有 SOE 测点：测点量与设计相符，并进行回路传动试验 结论：合格 签字：有相关方签字

条款号	大纲条款	检查依据	检查要点
5.5.7	事故顺序记录仪、联锁保护运行正常	**2.《火力发电厂分散控制系统技术条件》DL/T 1083—2008** 5.1.3.1 顺序事件记录（SOE）：高速 SOE 的时间分辨率不应大于 1ms，当任何一点状态变化至特定状态时，应立即自动启动高速 SOE 数据收集，并形成专门的高速 SOE 记录，存储在数据库中，该记录应至少记录第 1 个 SOE 信号触发后 10s 内所有 SOE 信号的动作。数据库中应至少保存最近发生的 SOE 记录 32 个。重要设备的启、停、跳闸、手动/自动切换等顺序事件的时间分辨率可根据 DCS 的性能确定，但不宜大于 1s，记录的数据量宜满足 24h 系统运行的要求。 5.3.1.8 运行人员应能够在显示器/键盘上操作每一个被控对象。手动操作应有许可条件，以防止运行人员误操作。逻辑中应设计相关的连锁保护，以防设备在非安全或潜在危险工况下运行。设备控制可设计三种模式：手动（操作员控制）、自动控制、后备。所有设备均应设计手动模式。自动和后备模式应根据设备运行要求按需设计。 5.3.1.10 保护和连锁功能应保持始终有效，运行人员不能人工切除。当由于运行工况需要进行切除时，应采用明显的特殊标志予以标识，以便运行人员了解实际保护和闭锁功能的投入状态。 5.3.1.11 应通过连锁、联跳和保护跳闸功能来保证被控对象的安全。机组的连锁及保护跳闸功能，包括紧急跳闸应采用硬接线连接。 5.3.1.12 OCS 用于保护的触点（过程驱动开关或其他开关触点）应是"动合型"的，以避免信号电源或回路断电时，发生误动作（采用"断电跳闸"的重要保护除外）。 5.3.1.13 应监视泵和风机电动机的事故跳闸状态。 5.3.1.14 为了便于运行人员迅速查找事故发生原因，应在 OCS 中设计重要设备跳闸的首出原因（firstout）。 5.3.1.15 对于所有重要辅机设备（如送、引风机）的保护功能应在 OCS 中设计。汽轮机防进水保护也属 OCS 范围。	2. 查看 SOE 报表 SOE 记录顺序：与运行记录上设备或系统实际动作相符 事件记录的时间显示：分辨率满足规范要求（或按合同规定） 3. 查阅联锁保护传动验收记录： 逻辑控制功能：满足规范要求 结论：合格 签字：有相关方签字 4. 查阅整套启动期间联锁保护投入情况统计表 联锁保护投入率、联锁保护动作正确率：满足规范要求 签字：有相关方签字

条款号	大纲条款	检查依据	检查要点
5.5.7	事故顺序记录仪、联锁保护运行正常	**3.《火力发电厂分散控制系统验收测试规程》DL/T 659—2016** 6.8.4 事件顺序记录分辨力的测试。利用一台开关量信号发生器进行测试，信号发生器应能送出间隔时间可在 0.1ms～3ms 之间调节的不少于 4 个开关量信号。信号间隔时间为 1ms 时，其绝对误差不应大于 0.01ms。将信号发生器的信号接入事件顺序记录的同一输入模件的不同通道、同一控制器的不同输入模件及不同控制器的不同输入模件的输入端，分别测试。改变信号发生器的间隔时间，直至事件顺序记录无法分辨时为止，即为事件顺序记录的分辨力。分辨力不应超过 1ms	
5.5.8	计算机及监控系统的信号抗干扰接地可靠	**1.《电力建设施工技术规范 第 4 部分：热工仪表及控制装置》DL/T 5190.4—2012** 8.4.1 计算机及监控系统的接地系统按设计直接接在全厂电气接地网上或接在独立接地网上，其连接方式及接地电阻均应符合设计要求。采用独立接地网时接地电阻不应大于 2Ω，接地电阻应包括接地引线电阻。 8.4.2 计算机系统地线汇集板宜采用 600mm×200mm×20mm 的铜板制作，该汇集板即为计算机系统参考零电位。该系统除接地点外，其余部分应与其他接地体隔离，保证计算机接地系统一点接地。 8.4.3 地线汇集板和地网接地极之间连接的接地线截面积不应小于 50mm²，系统内机柜中心接地点至接地母线排的接地线截面积不应小于 25 mm²、机柜间链式接地线的截面积不应小于 6mm²；接地线应采用多芯软铜线；接地电缆线应采用压接接线鼻子后与接地母线排可靠连接。 8.4.4 屏蔽电缆、屏蔽补偿导线的屏蔽层均应接地，并符合下列规定： 1 总屏蔽层及对绞屏蔽层均应接地。 2 全线路屏蔽层应有可靠的电气连续性，当屏蔽电缆经接线盒或中间端子柜分开或合并时，应在接线盒中间的端子柜内将其两端的屏蔽层通过端子连接，同一信号回路或同一线路屏蔽层只允许有一个接地点。	1. 查看计算机及监控系统的抗干扰接地 接地连接方式：保证单点接地 接地连接装置：接地导线、汇集板、连接端子等符合规范或制造厂要求 2. 查阅计算机及监控系统接地电阻测试报告 接地电阻阻值：符合规范或制造厂要求 签字：有相关方签字

续表

条款号	大纲条款	检查依据	检查要点
5.5.8	计算机及监控系统的信号抗干扰接地可靠	3 屏蔽层接地的位置应符合设计要求，当信号源浮空时，应在计算机侧接地；当信号源接地时，屏蔽层的接地点应靠近信号源的接地点；当放大器浮空时，屏蔽层的一端宜与屏蔽罩相连，另一端宜接共模地，其中当信号源接地时接现场地，当信号源浮空时接信号地。 4 多根电缆屏蔽层的接地汇总到同一接地母线排时，应用截面积不小于 1mm² 黄绿接地软线，压接时每个接线鼻子内屏蔽接地线不应超过 6 根	
5.5.9	热控自动投入率符合规范规定	**1.《火力发电建设工程机组调试质量验收及评价规程》DL/T 5295—2013** 4.3.9.9 自动调节系统投入的定义：在 168h 试运期间能连续投运 24h，累计投运 120h；对 168h 试运期间不需要投运的系统，应在此之前连续投运 6h，累计投运 14h。 **2.《火力发电建设工程启动试运及验收规程》DL/T 5437—2009** 3.4.3.4 满负荷试运 1 同时满足下列要求后，机组才能进入满负荷试运： 9）热控自动装置投入率不小于 95%、热控协调控制系统已投入，且调节品质基本达到设计要求。 2 同时满足下列要求后，即可以宣布和报告机组满负荷试运结束： 4）热控自动装置投入率不小于 95%、热控协调控制系统投入，且调节品质基本达到设计要求	1. 查看 DCS 系统中热控自动调节系统画面 协调控制系统：已投入，调节品质达到设计要求 各自动调节系统：已投入，调节品质达到设计要求 2. 查阅整套启动期间热控自动投入情况统计表 热控自动投入率：满足规程要求 签字：有相关方签字
5.6	**化学专业的监督检查**		
5.6.1	水处理、海水淡化及制氢系统运行正常	**1.《电业安全工作规程 第 1 部分：热力和机械》GB 26164.1—2010** 13.2.1 应在线检测制氢设备中的氢气纯度、湿度和含氧量，并定期进行校正分析化验。氢纯度、湿度和含氧量必须符合规定标准，其中氢气纯度不应低于 99.5%，含氧量不应超过 0.5%，氢气湿度（露点温度）不大于−25℃，如果达不到标准，应立即进行处理，直到合格为止。	1. 查看水处理、海水淡化及制氢系统运行 在线仪表：按设计投入，校验合格标签齐全 控制室程控运行显示：正常

续表

条款号	大纲条款	检查依据	检查要点
5.6.1	水处理、海水淡化及制氢系统运行正常	**2.《火力发电机组及蒸汽动力设备水汽质量》GB/T 12145—2016** 4 蒸汽质量标准 汽包炉和直流炉主蒸汽质量应符合表 1 的规定。 5 锅炉给水质量标准 5.1 给水的质量应符合表 2 的规定。 5.2 当给水采用全挥发处理时，给水的调节指标应符合表 3 的规定。 5.3 当采用加氧处理时，给水的调节指标应符合表 4 的规定。 6 凝结水质量标准 6.1 凝结水质量应符合表 5 的规定。 6.2 经精处理除盐后的凝结水质量应符合表 6 的规定。 7 锅炉炉水质量标准 汽包炉炉水的电导率、氢电导率、二氧化硅和氯离子含量，根据水汽品质专门试验确定，也可按表 7 控制，炉水磷酸根含量与 pH 可按表 8 控制。 8 锅炉补给水质量标准 锅炉补给水的质量应能保证给水质量符合标准可按表 9 控制。 13 水内冷发电机的冷却水质量标准 13.1 空心铜导线的水内冷发电机的冷却水质量可按表 14 和表 15 控制。 13.2 空心不锈钢导线的水内冷发电机的冷却水应控制电导率小于 1.5μS/cm。 **3.《发电厂化学设计规范》DL 5068—2014** 5.1.4 火力发电厂除盐系统的出水水质应符合《火力发电机组及蒸汽动力设备水汽质量标准》GB/T 12145 的有关规定。 5.1.5 除盐系统的正常出力应满足电厂全部机组正常运行所需补充的水量，各项正常水汽损失应符合表 5.1.5 的规定。	2. 查阅水处理运行记录 出水水质指标：符合标准规定 3. 查阅汽水品质记录表 汽水品质指标：符合标准规定 氢气品质指标：符合标准规定 4. 查阅调试报告、验收记录表 结论：符合标准规定 签证：相关方已签字

续表

条款号	大纲条款	检查依据	检查要点
5.6.1	水处理、海水淡化及制氢系统运行正常	**4.《火力发电建设工程启动试运及验收规程》DL/T 5437—2009** 3.4.3.4　满负荷试运 　1　同时满足下列要求后，机组才能进入满负荷试运： 　7）凝结水精处理系统已投运，汽水品质已合格。 　2　同时满足下列要求后，即可以宣布和报告机组满负荷试运结束： 　9）汽水品质合格。 　10）机组各系统均已全部试运，并能满足机组连续稳定运行的要求，机组整套启动试运调试质量验收签证已完成	
5.6.2	循环水加氯、阻垢，缓蚀装置及系统运行正常	**1.《火电厂凝汽器管防腐防垢导则》DL/T 300—2011** 3.5　应采取杀菌灭藻、旁流过滤、胶球清洗、连续排污等措施保证凝汽器管内表面和循环水系统的清洁。 　4.2.4　循环水水质控制指标见表2。 **2.《火力发电建设工程启动试运及验收规程》DL/T 5437—2009** 　2　同时满足下列要求后，即可以宣布和报告机组满负荷试运结束： 　10）机组各系统均已全部试运，并能满足机组连续稳定运行的要求，机组整套启动试运调试质量验收签证已完成	1. 查看循环水加药系统运行 在线仪表：按设计投入，校验合格标签齐全 加药装置运行：正常 2. 查阅加药及循环水系统运行记录表 水质：符合标准规定
5.6.3	工业废水和生活污水处理系统运行正常	**1.《中华人民共和国水污染防治法》中华人民共和国主席令〔2008〕第 87 号** 第十七条　……。建设项目的水污染防治设施，应当与主体工程同时设计、同时施工、同时投入使用。 第二十三条　重点排污单位应当安装水污染物排放自动监测设备，与环境保护主管部门的监控设备联网，并保证监测设备正常运行。排放工业废水的企业，应当对其所排放的工业废水进行监测，并保存原始监测记录。 第二十九条　禁止向水体排放油类、酸液、碱液或者剧毒废液。	1. 查看工业废水和生活污水系统运行 在线仪表指示：按设计投入，校验合格标签齐全 加药装置运行：正常 2. 查阅处理后水质的化验报表

续表

条款号	大纲条款	检查依据	检查要点
5.6.3	工业废水和生活污水处理系统运行正常	**2.《电力建设施工技术规范 第6部分：水处理及制氢设备和系统》DL 5190.6—2012** 3.5.5 建设项目投入生产或使用时，其环境保护防治设施必须同步投入。 **3.《火力发电建设工程启动试运及验收规程》DL/T 5437—2009** 2 同时满足下列要求后，即可以宣布和报告机组满负荷试运结束： 10）机组各系统均已全部试运，并能满足机组连续稳定运行的要求，机组整套启动试运调试质量验收签证已完成。 **4.《电力环境保护技术监督导则》DL/T 1050—2016** 5.1.3.2 废水、废气、噪声、固体废物的处理应选用技术先进、可靠且较经济实用的方案，处理过程中如有二次污染产生，应采取相应的治理措施。 **5.《建设项目竣工环境保护验收技术规范》HJ/T 255—2006** 5.6.1 验收监测数据在工况稳定、生产负荷达到设计的75%以上（含75%）、环境保护设施运行正常的情况下有效	废水排放指标：符合环评要求 3. 查阅调试报告、验收记录表 结论：符合标准规定 签证：相关方已签字
5.7 调整试验的监督检查			
5.7.1	完成制粉系统、锅炉燃烧调整试验，锅炉燃烧稳定	**1.《火力发电建设工程机组调试技术规范》DL/T 5294—2013** 5 锅炉专业调试项目及技术要求 5.4.2 带负荷试运阶段调试 3 制粉系统投运后，应做如下调整试验： 1）设定合理的制粉系统运行一次风量、给煤量曲线。 2）根据制粉系统煤粉取样分析结果，调整煤粉细度符合设计要求。 （1）中间储仓式制粉系统通过改变粗粉分离器折向挡板来调整煤粉细度。 （2）直吹式制粉系统通过改变分离器折向挡板位置或旋转分离器转速来调整煤粉细度。 4 磨煤机切换和锅炉燃烧初调整试验： 1）一次风母管压力定值设定及曲线优化。	1. 查阅制粉系统调试报告 盖章：调试单位已盖章 签字：试验人员、负责人已签字 试验项目：与调整试验方案、措施一致 结论：合格 2. 查阅燃烧（初）调整试验报告 盖章：调试单位已盖章

续表

条款号	大纲条款	检查依据	检查要点
5.7.1	完成制粉系统、锅炉燃烧调整试验，锅炉燃烧稳定	2）一次风量与给煤量配比曲线设定及调整。 3）总风量与锅炉蒸发量、给煤量曲线设定及调整。 4）氧量与锅炉负荷曲线设定及调整。 5）一次、二次风量配比调整试验。 6）锅炉配风调整试验。 7）燃烧器摆动调整试验。 8）烟气挡板调整试验。 9）旋流燃烧器旋流强度调整试验。 **2.《火力发电建设工程机组调试质量验收及评价规程》DL/T 5295—013** 5 锅炉本体带负荷调试和燃烧调整 （按 25%、50%、75%、100%MCR 负荷分列表）单位工程验收，应符合表 4.3.3-5 的规定	签字：试验人员、负责人已签字 试验内容：符合调试方案要求 结论：合格 3. 查阅锅炉本体带负荷调试和燃烧调整单位工程验收表 调试项目：与调试大纲、方案、调试质量验收范围划分表一致 签字：调试、施工、监理、建设、生产单位专业工程师已签字 结论：合格 4. 查看锅炉燃烧情况 观察在线仪表（火焰电视、火检强度、炉膛负压）：燃烧稳定
5.7.2	汽轮发电机组按规定启、停正常	**1.《火力发电建设工程机组调试质量验收及评价规程》DL/T 5295—2013** 4.3.5.5 主机带负荷运行重要指标单位工程验收，应符合表 4.3.5-5 的规定。	1. 查阅汽轮机整套启动、燃机整套启动调试报告 盖章：调试单位已盖章

续表

条款号	大纲条款	检查依据	检查要点
5.7.2	汽轮发电机组按规定启、停正常	4.3.5.9　主机附属机械调试单位工程验收，应符合表 4.3.5-9 的规定。 4.3.5.13　燃机带负荷运行单位工程验收，应符合表 4.3.5-13 的规定	签字：试验人员、负责人已签字 试验项目：与调整试验方案、措施一致 结论：合格 2. 查阅主机带负荷运行重要指标、主机附属机械调试、燃机带负荷运行等单位工程验收表 调试项目：与调试大纲、方案、调试质量验收范围划分表一致 签字：调试、施工、监理、建设、生产单位专业工程师已签字 结论：合格
5.7.3	汽轮机旁路及防进水系统投运正常	**1.《防止电力生产事故的二十五项重点要求》国能安全〔2014〕161 号** 8.3.3.7　疏水系统投入时，严格控制疏水系统各容器水位，注意保持凝汽器水位低于疏水联箱标高。供汽管道应充分暖管、疏水，严防水或冷汽进入汽轮机。 8.3.3.8　停机后应认真监视凝汽器（排汽装置）、高低压加热器、除氧器水位和主蒸汽及再热冷段管道集水罐处温度，防止汽轮机进水。 8.3.3.9　启动或低负荷运行时，不得投入再热蒸汽减温器喷水。在锅炉熄火或机组甩负荷时，应及时切断减温水。	1. 查看汽轮机防进水和冷蒸汽的各项措施 汽包炉的汽包水位高保护：满足设计等要求 直流炉的分离器水位高保护：满足设计等要求 主、再热蒸汽的温度保护：满足设计等要求

条款号	大纲条款	检查依据	检查要点
5.7.3	汽轮机旁路及防进水系统投运正常	8.3.6 疏水系统应保证疏水畅通。疏水联箱的标高应高于凝汽器热水井最高点标高。高、低压疏水联箱应分开，疏水管应按压力顺序接入联箱，并向低压侧倾斜 45°，疏水联箱或扩容器应保证在各疏水阀全开的情况下，其内部压力仍低于各疏水管内的最低压力。冷段再热蒸汽管的最低点应设有疏水点。防腐蚀汽管直径不应小于76mm。 8.3.7 减温水管路阀门应能关闭严密，自动装置可靠，并应设有截止阀。 8.3.8 门杆漏汽至除氧器管路，应设置止回阀和截止阀。 8.3.9 高、低压加热器应装设紧急疏水间，可远方操作和根据疏水/水位自动开启。 8.3.10 高、低压轴封应分别供汽。特别注意高压轴封段或合缸机组的高中压轴封段，其供汽管路应有良好的疏水措施。 8.3.12 凝汽器应有高水位报警并在停机后仍能正常投入。除氧器应有水位报警和高水位自动放水装置。 8.3.13 严格执行运行、检修操作规程，严防汽轮机进水、进冷汽。 **2.《火力发电建设工程机组调试质量验收及评价规程》DL/T 5295—2013** 4.3.8 热控单项工程调试质量验收汇总表，应符合表 4.3.8 的规定。 6 汽轮机旁路控制系统调试单位工程验收，应符合表 4.3.9-6 的规定。 8 汽轮机数字电液控制系统调试单位工程验收，应符合表 4.3.9-8 的规定	汽机本体防进水措施：满足设计等要求 高/低压加热器、除氧器、轴封系统的防进水措施：满足设计要求 2. 查阅热工保护与联锁逻辑和定值 热工保护定值单：由生产单位总工程师批准，生产单位已盖章 保护与联锁逻辑：经过审批，生产单位已盖章 DCS 组态：组态与批准的保护与联锁逻辑和定值一致 3. 查阅汽轮机旁路控制系统、汽轮机数字电液控制系统调试单位工程验收表 调试项目：与调试大纲、方案、调试质量验收范围划分表一致 签字：调试、施工、监理、建设、生产单位专业工程师已签字 结论：合格

条款号	大纲条款	检查依据	检查要点
5.7.4	汽（燃气）轮发电机组、驱动汽动给水泵的汽轮机超速保护装置投运正常	**1.《防止电力生产事故的二十五项重点要求》国能安全〔2014〕161号** 8.1.1 在额定蒸汽参数下，调节系统应能维持汽轮机在额定转速下稳定运行，甩负荷后能将机组转速控制在超速保护动作值转速以下。 8.1.2 各种超速保护均应正常投入运行，超速保护不能可靠动作时，禁止机组运行。 8.2.5 严格按超速试验规程的要求，机组冷态启动带10%～25%额定负荷，运行3～4h后（或按制造商要求）立即进行超速试验。 8.5.8 燃气轮机组电超速保护动作转速一般为额定转速的108%～110%。运行期间电超速保护必须正常投入。超速保护不能可靠动作时，禁止燃气轮机组运行。燃气轮机组电超速保护应进行实际升速动作试验，保证其动作转速符合有关技术要求。 **2.《火力发电厂汽轮机控制及保护系统验收测试规程》DL/T 656—2016** 7.7 电超速跳闸保护试验 7.7.1 汽轮机电超速跳闸保护试验按照制造厂规定的方式进行。冷态机组宜在机组带初负荷一段时间后进行；热态机组可以在主汽压力达到规定值时直接升速进行试验。 7.7.2 试验前应先做阀门严密性试验和阀门快关试验，然后汽轮机挂闸开启高中压主汽门，进行手动打闸试验，确认手动危急遮断装置动作可靠。 7.7.3 试验前应确认电超速跳闸保护及汽轮机振动、轴向位移、差胀等保护均已投入，同时应退出DEH系统OPC和110%超速防护。 7.7.4 汽轮机升速过程应平稳，在3000r/min向上升速过程中不应在中间停留。 7.7.5 严密监视汽轮机转速及轴承振动，一旦发现振动异常而振动保护未动作或者汽轮机转速高于电超速跳闸设定值5r/min，应立即手动打闸停机。 7.7.6 记录电超速保护动作值。若电超速保护实际动作值与110%规定值的偏差超过±2r/min，则需重新检查设定值，再进行试验。试验完成后，应立即打印出转速趋势图及相关参数。	1. 查看运行机组的超速保护装置 OPC保护：已设计，投入运行 电超速保护：已设计，投入运行 机械超速保护：汽轮机发电机组已设计，投入运行 2. 查阅调试单位机组超速保护的试验报告 盖章：调试单位已盖章 审批：试验人员、技术负责人已签字 试验项目：与调整试验方案、措施一致 结论：合格 3. 查阅给水泵汽轮机电液控制系统、汽轮机数字电液控制系统、燃机控制系统调试单位工程验收表 调试项目：与调试大纲、方案、调试质量验收范围划分表一致

条款号	大纲条款	检查依据	检查要点
5.7.4	汽（燃气）轮发电机组、驱动汽动给水泵的汽轮机超速保护装置投运正常	**3.《火力发电建设工程机组调试质量验收及评价规程》DL/T 5295—2013** 4.3.8 热控单项工程调试质量验收，应符合表4.3.8的规定。 5 汽动给水泵汽轮机电液控制系统调试单位工程验收，应符合表4.3.9-5的规定。 8 汽轮机数字电液控制系统调试单位工程验收，应符合表4.3.9-8的规定。 10 燃机控制系统调试单位工程验收，应符合表4.3.9-10的规定	签字：调试、施工、监理、建设、生产单位专业工程师已签字 结论：合格
5.7.5	主汽门、调速汽门动作灵活，DEH阀位显示与就地开度一致	**1.《防止电力生产事故的二十五项重点要求》国能安全〔2014〕161号** 8.1.5 机组大修后，必须按规程要求进行汽轮机调节系统静止试验或仿真试验，确认调节系统工作正常。在调节部套有卡涩、调节系统工作不正常的情况下，严禁机组启动。 **2.《火力发电建设工程机组调试技术规范》DL/T 5294—2013** 8 热控专业调试项目及技术要求 8.3 分系统调试项目及技术要求 10 汽轮机电液控制系统调试 　1）检查调试应具备的条件：回路接线正确，检测仪表和开关单体调校已完成，汽轮机油质符合验收要求，阀门及控制组件安装就位，油动机开、关行程定位完成，功能正常，符合设计要求。 　2）阀门整定：阀门线性、死区、精度和动作速率等满足设计要求。 附录C 传动验收记录表 C.0.2 调节阀门和挡板传动验收记录表见表C.0.2。	1. 查看操作员站DEH系统监控画面 DEH阀位显示:与现场阀门阀位指示一致 2. 查阅调节阀门传动验收记录和DEH调试报告 盖章:报告调试单位已盖章 签字:试验人员、技术负责人已签字 试验项目:与调整试验方案、措施一致 结论:合格 3. 查阅汽轮机数字电液控制系统调试单位工程验收表 调试项目:与调试大纲、方案、调试质量验收范围划分表一致

条款号	大纲条款	检查依据	检查要点
5.7.5	主汽门、调速汽门动作灵活，DEH阀位显示与就地开度一致	**3.《火力发电建设工程机组调试质量验收及评价规程》DL/T 5295—2013** 3.3.8　热控单项工程调试质量验收，应符合表3.3.8的规定。 10　汽轮机数字电液控制系统调试单位工程验收，应符合表3.3.9-10的规定	签字：调试、施工、监理、建设、生产单位专业工程师已签字 结论：合格
5.7.6	发电机氢冷系统、内冷水系统运行正常	**1.《火力发电建设工程机组调试技术规范》DL/T 5294—2013** 6.3.2.13　发电机氢冷系统调试应符合下列要求： 　　1）确认氢系统严密性试验合格。 　　2）投入氢纯度测量装置。 　　3）气体干燥器试运。 　　4）发电机氢系统联锁、报警、保护及信号传动试验。 　　5）发电机气体置换。 　　6）氢气冷却器投运。 6.3.2.12　发电机内冷水系统调试应符合下列要求： 　　2）发电机内冷水系统阀门、联锁、报警、保护、启停等传动试验。 　　4）确认发电机温度测点全部投运，指示正确。 　　7）发电机内冷水系统试运；系统上水；系统充氮：内冷水泵试运，调整系统压力和流量；内冷水流量与发电机进出水压差测试，确定保护定值；水处理装置投运；加热装置及冷却器试运；内冷水系统流量低保护动作试验。	1.查阅发电机内冷水、氢冷系统调试报告 盖章：调试单位已盖章 签字：试验人员、技术负责人已签字 试验项目：与调整试验方案、措施一致 结论：合格 2.查阅汽轮机168h满负荷试运行单位工程验收表 调试项目：与调试大纲、方案、调试质量验收范围划分表一致 签字：调试、施工、监理、建设、生产单位专业工程师已签字 结论：合格

续表

条款号	大纲条款	检查依据	检查要点
5.7.6	发电机氢冷系统、内冷水系统运行正常	**2.《火力发电建设工程机组调试质量验收及评价规程》DL/T 5295—2013** 4.3.5.11 汽轮机168h满负荷试运行单位工程验收，应符合表4.3.5-11的规定	3. 查看操作员站发电机内冷水、氢冷系统监控画面 内冷水质：小于 2μs/cm 氢气湿度：小于−25℃（以露点温度替代） 氢气纯度：大于96% 发电机各部温升:符合设计要求
5.7.7	漏氢检测装置运行正常，漏氢量符合产品技术文件要求	**1.《汽轮发电机运行导则》DL/T 1164—2012** 3.6.3 与封闭母线直接连接的氢冷发电机出线箱上应设置排氢孔，出线箱与离相封闭母线连接处应采取密封隔离措施。测氢监测装置应监测每相封闭母线及中性点箱。 8.7.9 当封闭母线处含氢量超过1%，应立即停机处理。 8.7.10 发电机轴承油系统或主油箱内气体应每周排空一次。当发电机轴承油系统或主油箱内氢气体积含量超过1%时应立即处理。	1. 查阅发电机氢冷系统调试报告 盖章：调试单位已盖章 签字：试验人员、技术负责人已签字 漏氢量（标准状态下）：≤10m³/d 或符合合同保证值 氢系统漏氢检测装置:运行正常 结论：合格 2. 查阅汽轮机168h满负荷试运行单位工程验收表 调试项目：与调试大纲、方案、调试质量验收范围划分表一致

条款号	大纲条款	检查依据	检查要点
5.7.7	漏氢检测装置运行正常，漏氢量符合产品技术文件要求	**2.《火力发电建设工程机组调试质量验收及评价规程》DL/T 5295—2013** 4.3.5 汽轮机单位工程调试质量验收，应符合下列规定： 　　11 汽轮机 168h 满负荷试运行单位工程验收表，应符合表 4.3.5-11 的规定	签字：调试、施工、监理、建设、生产单位专业工程师已签字 结论：合格
5.7.8	继电保护和自动装置全部投入，无误动和拒动现象	**1.《火力发电建设工程机组调试质量验收及评价规程》DL/T 5295—2013** 4.3.7 电气单位调试质量验收，应符合下列规定： 　　11 电气 168h 满负荷试运行单位工程验收表，应符合表 4.3.7-11 的规定。 **2.《火力发电建设工程启动试运及验收规程》DL/T 5437—2009** 3.4.3.4 满负荷试运 　　2 同时满足下列要求后，既可以宣布或报告机组满负荷试运结束： 　　6）电气保护投入率 100%。 　　7）电气自动装置投入率 100%。 4.0.3.4 生产单位应继续维护和保持或进一步提高自动调节品质和保护、自动、测点/仪表的投入和正确率	1. 查阅电气 168h 满负荷试运行单位工程验收表 调试项目：与调试大纲、方案、调试质量验收范围划分表一致 签字：调试、施工、监理、建设、生产单位专业工程师已签字 电气保护装置投入率：100% 电气自动装置投入率：100% 结论：合格 2. 查看电气系统继电保护和自动装置运行统计记录 运行统计记录：继电保护及自动装置动作正确、无误动、拒动

续表

条款号	大纲条款	检查依据	检查要点
5.7.9	电压自动控制系统（AVC）、电力系统稳定器（PSS）等涉网试验完成	**1.《防止电力生产事故的二十五项重点要求》国家能源局〔2014〕161号** 4.1.6 并网电厂机组投入运行时,相关继电保护、安全自动装置等稳定措施、一次调频、电力系统稳定器（PSS）、自动发电控制（AGC）、自动电压控制（AVC）等自动调整措施和电力专用通信配套设备等应同时投入运行。 **2.《火力发电建设工程启动试运及验收规程》DL/T 5437—2009** 4.0.3.2 完成全部涉网特殊试验项目，提交报告、组织验收、办理相关手续，早日转入商业运行	查阅电压自动控制系统（AVC）、电力系统稳定器（PSS）等涉网试验报告 盖章：调试单位已盖章 签字：试验人员、技术负责人已签字 试验项目：与涉网试验方案、措施一致 结论：合格
5.7.10	厂用电快切装置动作投运正常	**1.《火力发电建设工程机组调试技术规范》DL/T 5294—2013** 7.4.3 带负荷试运阶段调试应符合下列要求： 7 机组负荷满足试验条件时，进行高压厂用电源带负荷手动切换试验和事故快速切换试验。	1. 查阅厂用电快切系统调试报告 盖章：调试单位已盖章 审批：试验人员、技术负责人已签字 试验项目：高压厂用电源带负荷手动切换试验和事故快速切换试验 结论：合格 2. 查阅厂用电源切换试验单位工程验收表 调试项目：与调试大纲、方案、调试质量验收范围划分表一致

条款号	大纲条款	检查依据	检查要点
5.7.10	厂用电快切装置动作投运正常	**2.《火力发电建设工程机组调试质量验收及评价规程》DL/T 5295—2013** 4.3.7 电气单位调试质量验收，应符合下列规定： 　　7 厂用电源切换试验单位工程验收，应符合表 4.3.7-7 的规定	签字：施工、调试、监理、建设、生产单位责任人已签字 结论：合格
5.7.11	自动发电控制（AGC）、一次调频、辅机故障减负荷（RUNBACK）系统功能试验完成，投运正常	**1.《防止电力生产事故的二十五项重点要求》国能安全〔2014〕161 号** 4.1.6 并网电厂机组投入运行时,相关继电保护、安全自动装置等稳定措施、一次调频、电力系统稳定器（PSS）、自动发电控制（AGC）、自动电压控制（AVC）等自动调整措施和电力专用通信配套设备等应同时投入运行。 5.1.15 发电机组一次调频运行管理。 5.1.15.1 并网发电机组的一次调频功能参数应按照电网运行的要求进行整定，一次调频功能应按照电网有关规定投入运行。 5.1.17 加强发电机组自动发电控制运行管理。 5.1.17.1 单机 300MW 及以上的机组和具备条件的单机容量 200MW 及以上机组，根据所在电网要求，都应参加电网自动发电控制运行。 5.1.17.2 发电机组自动发电控制的性能指标应满足接入电网的相关规定和要求。 **2.《火力发电建设工程启动试运及验收规程》DL/T 5437—2009** 4.0.3.2 完成全部涉网特殊试验项目，提交报告、组织验收、办理相关手续，早日转入商业运行。涉网特殊试验一般包括下列项目： 　　16 机组 AGC 功能试验。 　　17 机组一次调频试验。 4.0.3.3 组织完成机组的全部性能试验项目。一般包括下列试验项目： 　　15 机组 RB 功能试验	1. 查阅自动发电控制（AGC）、一次调频等涉网试验调试报告和辅机故障减负荷（RUNBACK）报告 盖章：调试单位已盖章 签字：试验人员、技术负责人已签字 试验内容：符合规程规定 结论：合格 2. 查看操作员站协调控制监控画面 一次调频：已投入 AGC：已投入 RUNBACK 功能：已投入

续表

条款号	大纲条款	检查依据	检查要点
5.7.12	热工保护装置按设计全部投入，运行可靠	**1.《火力发电建设工程启动试运及验收规程》DL/T 5437—2009** 3.4.3.4　满负荷试运 　　2　同时满足下列要求后，即可以宣布和报告机组满负荷试运结束： 　　　3）热控保护投入率100%。 4.0.3.4　生产单位应继续维护和保持或进一步提高自动调节品质和保护、自动、测点/仪表的投入和正确率。 4.0.3.5　全面考核机组的各项性能和技术经济指标，一般包括下列内容： 　　11　保护投入率	1. 查阅热工保护统计表 签字：施工、调试、监理、建设、生产单位责任人已签字 统计：与保护逻辑套数相符 投入率：100% 2. 查看热工保护统计记录 运行统计记录：热工保护动作正确、无误动、拒动
5.7.13	污染物排放指标符合环境保护的规定	**1.《火电厂大气污染物排放标准》GB 13223—2011** 4.1　自2014年7月1日起，现有火力发电锅炉及燃气轮机组执行表1规定的烟尘、二氧化硫、氮氧化物和烟气黑度排放限值。 4.2　自2012年1月1日起，新建火力发电锅炉及燃气轮机组执行表1规定的烟尘、二氧化硫、氮氧化物和烟气黑度排放限值。 4.3　自2015年1月1日起，燃烧锅炉执行表1规定的汞及其化合物污染物排放限值。 4.4　重点地区的火力发电锅炉及燃气轮机组执行表2规定的大气污染物特别排放限值。 　　执行大气污染物特别排放限值的具体地域范围、实施时间，由国务院环境保护行政主管部门规定。 5.1.1　对企业排放废气的采样，应根据监测污染物的种类，在规定的污染物排放监控位置进行，有废气处理设施的，应在该设施后监控。在污染物排放监控位置须设置规范的永久性测试孔、采样平台和排污口标志。 5.1.2　新建企业和现有企业安装污染物排放自动监控设备的要求，应按有关法律和《污染源自动监控管理办法》的规定执行。	1. 查阅固定污染源烟气排放连续监测系统验收报告 盖章：调试单位已盖章 签字：试验人员、技术负责人已签字 试验项目：与试验方案、措施一致 结论：明确 2. 查阅废水水质检测报告 盖章：检测资质单位的已盖章 审批：试验人员、技术负责人已签字 试验项目：与试验方案、措施一致

条款号	大纲条款	检查依据	检查要点
5.7.13	污染物排放指标符合环境保护的规定	5.1.3 污染物排放自动监控设备通过验收并正常运行的，应按照 HJ/T 75 和 HJ/T 76 的要求，定期对自动监测设备进行监督考核。 5.1.4 对企业污染物排放情况进行监测的采样方法、采样频次、采样时间和运行负荷等要求，按 GB/T 16157 和 HJ/T 397 的规定执行。 5.1.5 对火电厂大气污染物的监测，应按照 HJ/T 373 的要求进行监测质量保证和质量控制。 5.1.6 企业应按照有关法律和《环境监测管理办法》的规定，对排污状况进行监测，并保存原始监测记录。 5.1.7 对火电厂大气污染物排放浓度的测定采用表 3 所列的方法标准	结论：符合要求等肯定性结论 3. 查看在线污染物排放监测装置显示数据 烟尘：不超过排放限值 二氧化硫：不超过排放限值 氮氧化物：不超过排放限值
6 质量监督检测			
6.0.1	开展现场质量监督检查时，应重点对下列项目的检测试验报告进行查验，必要时可进行验证性抽样检测。对检验指标或结论有怀疑时，必须进行检测		

续表

条款号	大纲条款	检查依据	检查要点
（1）	热力设备及管道保温层外表温度	**1.《电力建设施工技术规范 第5部分：管道及系统》DL 5190.2—2012** 12.1.9 锅炉本体及热力设备和管道的保温应进行热态表面温度检测，环境温度不大于27℃时，表面温度不应大于50℃，环境温度大于27℃时，表面温度不应大于环境温度加25℃。特殊部位的热态表面温度应符合设计要求	查验抽测热力设备及管道保温层外表温度 锅炉本体外表温度值：符合DL 5190.2的规定 管道外表温度值：符合DL 5190.2的规定
（2）	输煤系统粉尘效果	**1.《火力发电厂运煤设计技术规程 第2部分：煤尘防治》 DL/T 5187.2—004** 4.0.2 运煤系统煤尘综合防治设计应符合DL 5000的下述标准： 1 煤尘中含有10%及以上游离二氧化硅时，工作地点空气中总含尘浓度不应大于2mg/m³，呼吸性煤尘浓度不应大于1mg/m³。当空气中呼吸性煤尘浓度大于1mg/m³时，应采取个人防护措施；除尘系统向室外排放浓度不应大于60mg/m³。 2 煤尘中含有10%以下游离二氧化硅时，工作地点空气中总含尘浓度为：时间加权平均容许浓度不应大于4mg/m³，短时间接触容许浓度不应大于6mg/m³，呼吸性煤尘时间加权平均容许浓度不应大于2.5mg/m³，短时间接触容许浓度不应大于3.5mg/m³。当空气中呼吸性煤尘浓度大于2.5mg/m³～3.5mg/m³时，应采取个人防护措施；除尘系统向室外排放浓度不应大于120mg/m³。 4.0.3 火力发电厂工作场所粉尘浓度限值应符合GBZ 2的要求	1. 查验抽测运煤系统 煤尘效果：符合 DL/T 5187.2—2004 中 4.0.2 和 DL 5000 的规定 2. 查验抽测输煤系统区域粉尘浓度 粉尘浓度值：符合 DL/T 5187.2 中 4.0.3 和 GBZ 2 的规定
（3）	废水处理后水质	**1.《污水综合排放标准》GB 8978—1996** 4.2 标准值 4.2.1 本标准将排放的污染物按其性质及控制方式分为两类。 4.2.1.1 第一类污染物，不分行业和污水排放方式，也不分受纳水体的功能类别，一律在车间或车间处理设施排放口采样，其最高允许排放浓度必须达到本标准要求（采矿行业的尾矿坝出水口不得视为车间排放口）。 4.2.1.2 第二类污染物，在排污单位排放口采样，其最高允许排放浓度必须达到本标准要求。	查验抽测废水处理后水质 第一类污染物：符合 GB 8978—1996 中 4.2.1.1 的规定 第二类污染物：符合 GB 8978—1996 中 4.2.1.2 的规定

条款号	大纲条款	检查依据	检查要点
（3）	废水处理后水质	4.2.2 本标准按年限规定了第一类污染物和第二类污染物最高允许排放浓度及部分行业最高允许排水量，分别为： 4.2.2.2 1998年1月1日起建设（包括改、扩建）的单位，水污染物的排放必须同时执行表1、表4、表5的规定。 4.2.2.3 建设（包括改、扩建）单位的建设时间，以环境影响评价报告书（表）批准日期为准划分。 **2.《火力发电厂废水治理设计技术规程》DL/T 5046—2006** 4.1.4 经处理后的废水需要排放时，其水质符合国家或地方的相关排放标准。 4.2.9 经处理后符合 GB 5084、GB 3838、GB 3097—1982 的排水，可就近分别用于农田灌溉、水产养殖和盐场	经处理后：符合 GB 5084、GB 3838、GB 3097—1982
（4）	设备噪声；	**1.《旋转电机噪声测定方法及限值 第3部分：噪声限值》GB 10069.3—2006** 6 声功率极限值 旋转电机在第五章规定的条件下所测得的声功率级，不得超过下列有关规定的数值： a）除 b）规定以外的电机，空载运行必须按表1的规定。 b）具有 IC01、IC11、IC21、IC411、IC511 或 IC611 冷却类型的，50Hz 或 60Hz 额定输出不低于 1kW 且不超过 400kW 的单速三相笼形感应电动机。 ——空载运行时应按表2的规定； ——额定负载时必须按表2和表3规定值的总合值。 **2.《火电机组启动验收性能试验导则》电综〔1998〕179号** 5.14.5 根据测量结果，检查机组主辅机运行噪声值是否符合设计或技术规范规定的指标；同时检查主要生产场所噪声水平是否超出劳动防护规范规定的指标	查验抽测设备噪声 设备噪声：符合 GB 10069.3 的规定 电机空载：符合 GB 10069.3—2006 中表1、表2的规定 电机负载：符合 GB 10069.3—2006 中表2、表3的规定
（5）	汽轮发电机组轴系振动值在线检测	**1.《火力发电建设工程机组调试技术规范》DL/T 5294—2013** 6.4 整套启动调试项目及技术要求 6.4.3 空负荷试运阶段调试应符合下列要求：	查验抽测汽轮发电机组轴系振动值

条款号	大纲条款	检查依据	检查要点
（5）	汽轮发电机组轴系振动值在线检测	12 启动过程中，汽轮机重要控制项目至少应包含下列项目： 　3）机组通过临界转速时轴振动值不大于 250μm。 　4）机组在额定转速时轴振动合格值不大于 125μm，优良值不大于 76μm。 6.4.4 带负荷试运阶段调试应符合下列要求： 16 机组带负荷试运过程中，汽轮机重要控制项目至少应包括下列项目： 　1）轴振动和轴承振动。 6.4.5 满负荷试运阶段调试应符合下列要求： 2 记录满负荷试运阶段汽轮发电机组振动数据。 **2.《发电厂废水治理设计规范》DL/T 5046—2018** 13.1.1 环评报告或水资源论证报告允许时，无法回用的废水经治理后水质应满足现行国家标准《污水综合排放标准》GB 8978 和《污水排入城镇下水道水质标准》GB/T 31962 以及厂址所在地区的有关污水排放标准，可直接排放。 13.2.4 总排口应有人工或自动采样设施，并应设置流量计、pH 计、浊度仪和 COD 表等在线仪表，其中流量计、pH 计、COD 表应有接入辅助网的输出信号	空负荷试运阶段：符合DL/T 5294—2013 中 6.4.3 的规定 带负荷试运阶段：符合DL/T 5294—2013 中 6.4.4 的规定 满负荷试运阶段：符合DL/T 5294—2013 中 6.4.5 和 DL 5190.3 的规定
（6）	汽轮机真空严密性测试	**1.《火力发电建设工程机组调试验收与评价规程》DL/T 5295—2013** 4.3.5 汽轮机单位工程调试质量验收，应符合下列规定： 6 主机各项试验单位工程验收，应符合表 4.3.5-6 的规定。 **2.《电力建设施工技术规范 第3部分：汽轮机发电机》DL 5190.3—2012** 11.4.5 空冷凝汽器侧及其真空系统采用风压检查时的压力应符合制造厂要求，制造厂无明确要求时宜为 0.03MPa～0.05MPa，24h 内每隔 15min 记录一次精密压力表或 U 形差压计的计数，平均压力下降速度不得超过制造厂的要求。当制作厂无要求时，压降速度应小于 0.2kPa/h 或 24h 内总压降小于 5kPa。 11.4.6 真空系统严密性检查应确认下列各部位无泄漏： 　1 所有处于真空状态的容器、管道、阀门、法兰结合面、焊缝、堵头、插座和接头等；	查验抽测汽轮机真空系统严密性 空冷凝汽器侧：符合 DL 5190.3—2012 中 11.4.5 的规定 真空系统:符合 DL 5190.3—2012 中 11.4.6 的规定 验收：符合 DL/T 5295—2013 中表 4.3.5-6 的规定

续表

条款号	大纲条款	检查依据	检查要点
（6）	汽轮机真空严密性测试	2 凝汽器和加热器的水位计； 3 凝结水泵和加热器疏水泵的格兰； 4 与真空系统连接的阀门、疏水器、U 形水封管的外露部分； 5 凝汽器冷却管束及胀口、焊口； 6 与凝汽器连接的排汽缸接口的疏水扩容器及其他设备	
（7）	脱硝效率及脱硫效率在线检测	**1.《燃煤电厂烟气脱硝装置性能验收试验规范》 DL/T 260—2012** 5.1 SCR 烟气脱销装置 5.1.1 测量及计算参数 　　a）烟气温度； 　　b）水分含量； 　　c）大气压力； 　　d）静压； 　　e）动压； 　　f）烟气密度； 　　g）烟气流量； 　　h）烟气浓度； 　　i）NO_x 浓度； 　　j）SO_2 浓度； 　　k）氧量； 　　l）SO_3 浓度。 5.1.2 性能指标 5.1.2.1 应做的性能指标 　　a）脱硫效率。	查验抽测脱硝效率及脱硫效率在线记录值 脱硫：符合 DL/T 260 的规定

条款号	大纲条款	检查依据	检查要点
（7）	脱硝效率及脱硫效率在线检测	**2.《火电厂烟气脱硫装置验收技术规范》DL/T 1150—2012** 5 验收内容 5.1 脱硫工艺性能指标：主要有脱硫效率、二氧化硫排放质量浓度等。 7 验收要求 7.1 基本要求 7.1.1 烟气排放指标应符合 GB 13223 的规定。 **3.《火电厂大气污染物排放标准》GB 13223—2011** 4 污染物排放控制要求 4.1 自 2014 年 7 月 1 日起，现有火力发电锅炉及燃气轮机组执行表 1 规定的烟尘、二氧化硫、氮氧化物和烟气黑度排放限值。 4.2 自 2012 年 1 月 1 日起，新建火力发电锅炉及燃气轮机组执行表 1 规定的烟尘、二氧化硫、氮氧化物和烟气黑度排放限值。 4.3 自 2015 年 1 月 1 日起，燃烧锅炉执行表 1 规定的汞及其化合物污染物排放限值。 **4.《火力发电建设工程启动试运及验收规程》DL/T 5437—2009** 4.0.3.3 组织完成机组的全部性能试验项目。一般包括下列试验项目： 20 脱硫效率测试； 21 脱销效率测试	
（8）	烟气中污染物（氮氧化物、二氧化硫、烟尘）排放浓度在线检测	**1.《火电厂大气污染物排放标准》GB 13223—2011** 4 污染物排放控制要求 4.1 自 2014 年 7 月 1 日起，现有火力发电锅炉及燃气轮机组执行表 1 规定的烟尘、二氧化硫、氮氧化物和烟气黑度排放限值。 4.2 自 2012 年 1 月 1 日起，新建火力发电锅炉及燃气轮机组执行表 1 规定的烟尘、二氧化硫、氮氧化物和烟气黑度排放限值。 4.3 自 2015 年 1 月 1 日起，燃烧锅炉执行表 1 规定的汞及其化合物污染物排放限值	查验抽测烟气中污染物排放浓度 污染物排放：符合 GB 13223—2011 中表 1 的规定

附　　录

《通用硅酸盐水泥》GB 175—2007

表 3　　　　　　　　　　　　　　　　　　强　度　表　　　　　　　　　　　　　　　　　　MPa

品种	强度等级	抗压强度		抗折强度	
		3d	28d	3d	28d
硅酸盐水泥	42.5	≥17.0	≥42.5	≥3.5	≥6.5
硅酸盐水泥	42.5R	≥22.0	≥42.5	≥4.0	≥6.5
	52.5	≥23.0	≥52.5	≥4.0	≥7.0
	52.5R	≥27.0		≥5.0	
	62.5	≥28.0	≥62.5	≥5.0	≥8.0
	62.5R	≥32.0		≥5.5	
普通硅酸盐水泥	42.5	≥17.0	≥42.5	≥3.5	≥6.5
	42.5R	≥22.0		≥4.0	
	52.5	≥23.0	≥52.5	≥4.0	≥7.0
	52.5R	≥27.0		≥5.0	

续表

品种	强度等级	抗压强度		抗折强度	
		3d	28d	3d	28d
矿渣硅酸盐水泥 火山灰硅酸盐水泥 粉煤灰硅酸盐水泥 复合硅酸盐水泥	32.5	≥10.0	≥32.5	≥2.5	≥5.5
	32.5R	≥15.0		≥3.5	
	42.5	≥15.0	≥42.5	≥3.5	≥6.5
	42.5R	≥19.0		≥4.0	
	52.5	≥21.0	≥52.5	≥4.0	≥7.0
	52.5R	≥23.0		≥4.5	

《碳素结构钢》GB/T 700—2006

表 2　　　　　　　　　　　　　　　钢材的拉伸和冲击试验结果规定

牌号	等级	屈服强度 $R_{eH}/$（N/mm²），不小于						抗拉强度 R_m（N/mm²）	断后伸长率（%），不小于					冲击试验（V 形缺口）	
		厚度（或直径）(mm)							厚度（或直径）(mm)					温度（℃）	冲击吸收功（纵向）(J)，不小于
		≤16	>16~40	>40~60	>60~100	>100~150	>150~200		≤40	>40~60	>60~100	>100~150	>150~200		
Q235	A	235	225	215	215	195	185	370~500	26	25	24	22	21	—	—
	B													20	27
	C													0	
	D													−20	

牌号	等级	屈服强度 R_{eH}/（N/mm²），不小于						抗拉强度 R_m（N/mm²）	断后伸长率（%），不小于					冲击试验（V 形缺口）	
		厚度（或直径）(mm)							厚度（或直径）(mm)					温度（℃）	冲击吸收功（纵向）(J)，不小于
		≤16	>16～40	>40～60	>60～100	>100～150	>150～200		≤40	>40～60	>60～100	>100～150	>150～200		
Q275	A	275	265	255	245	225	215	410～540	22	21	20	18	17	—	—
	B													20	
	C													0	27
	D													−20	
	B													20	27

表 4 　　　　　　　　　　　每批钢材的检验项目、取样个数、取样方法、试验方法

检验项目	取样个数	取样方法	试验方法
拉伸	1	GB/T 2975	GB/T 238
冷弯			GB/T 232
冲击	3		GB/T 239

《钢筋混凝土用钢　第 1 部分：热轧光圆钢筋》GB 1499.1—2017

表 4

公称直径 （mm）	实际重量与理论重量的偏差 （%）
6～12	±6
14～22	±5

表 6

牌号	下屈服强度 R_{eL}（MPa）	抗拉强度 R_m（MPa）	断后伸长率 A（%）	最大力总延伸率 A_{gt}（%）	冷 弯 试 验
	不　小　于				
HPB300	300	420	25	10	$d=a$

注：d 为弯心直径；a 为钢筋公称直径。

表 7

序号	检验项目	取样数量	取样方法	试验方法
1	化学成分 [a] （熔炼分析）	1	GB/T 20066	第 2 章中 GB/T 223、GB/T 4336、GB/T 20123、GB/T 20125 的相关规定
2	拉伸	2	不同根（盘）钢筋切取	GB/T 28900 和 8.2 的相关规定
3	弯曲	2	不同根（盘）钢筋切取	GB/T 28900 和 8.2 的相关规定

续表

序号	检验项目	取样数量	取样方法	试验方法
4	尺寸	逐支（盘）	—	8.3 的相关规定
5	表面	逐支（盘）	—	目视
6	重量偏差			8.4

a 对于化学成分的试验方法优先采用 GB/T 4336，对结果有争议时，仲裁试验按 2 章中 GB/T 223 规定的相关部分进行。

《钢筋混凝土用钢　第 2 部分：热轧带肋钢筋》GB 1499.2—2018

表 4

公称直 （mm）	实际重量与理论重量的偏差 （%）
6～12	±6
14～20	±5
22～50	±4

表 6

牌号	下屈服强度 R_{eL}（MPa）	抗拉强度 R_m（MPa）	断后伸长率 A（%）	最大力总延伸率 A_{gt}（%）	R_m^o/R_{eL}^o	R_{eL}^o/R_{eL}
	不小于					不大于
HRB400 HRBF400	400	540	16	7.5	—	—

续表

牌号	下屈服强度 R_{eL}（MPa）	抗拉强度 R_m（MPa）	断后伸长率 A（％）	最大力总延伸率 A_{gt}（％）	R_m^o/R_{eL}^o	R_{eL}^o/R_{eL}
			不小于			不大于
HRB400E HRBF400E	400	540	—	9	1.25	1.30
HRB500 HRBF500	500	630	15	7.5		
HRB500E HRBF500E			—	9	1.25	1.30
HRB600	600	730	14	7.5	—	—

注：R_m^o 为钢筋实测抗拉强度；R_{eL}^o 为钢筋实测下屈服强度。

表7

牌号	公称直径 d	弯曲压头直径
HRB400 HRBF400	6～25	4d
HRB400E HRBF400E	28～40	5d
	＞40～50	6d
HRB500 HRBF500	6～25	6d
HRB500E HRBF500E	28～40	7d
	＞40～50	8d

续表

牌号	公称直径 d	弯曲压头直径
HRB600	6～25	$6d$
	28～40	$7d$
	>40～50	$8d$

表8

序号	检验项目	取样数量	取样方法	试验方法
1	化学成分[a]（熔炼分析）	1	GB/T 20066	第 2 章中 GB/T223、GB/T 4336、GB/T 20123、GB/T 20124、GB/T 20125 的相关规定
2	拉伸	2	不同根（盘）钢筋切取	GB/T 28900 和 8.2 的相关规定
3	弯曲	2	不同根（盘）钢筋切取	GB/T 28900 和 8.2 的相关规定
4	反向弯曲	1	任 1 根（盘）钢筋切取	GB/T 28900 和 8.2 的相关规定
5	尺寸	逐支（盘）	—	8.3 的相关规定
6	表面	逐支（盘）	—	目视
7	重量偏差			8.4
8	金相组织	2	不同根（盘）钢筋切取	GB/T 13298 附录 B

　　[a]　对于化学成分的试验方法优先采用 GB/T 4336，对化学分析结果有争议时，仲裁试验应按第 2 章中 GB/T 223 规定的相关部分进行。

《低合金高强度结构钢》GB/T 1591—2018

表 6　　　　热机械轧制或热机械轧制加回火状态交货钢材的碳当量及焊接裂纹敏感性指数（基于熔炼分析）

| 牌号 | | 碳当量 CEV（质量分数） % | | | | | 焊接裂纹敏感性指数 P_{cm}（质量分数） % |
| | | 不大于 | | | | | |
纲级	质量等级	公称厚度或直径 mm					不大于
		≤16	>16～40	>40～63	>63～120	>120～150	
Q335M	B、C、D、E、F						0.2
Q390M	B、C、D、E	0.39	0.39	0.4	0.45	0.45	0.2
Q420M	B、C、D、E	0.41	0.43	0.44	0.46	0.46	0.2
Q460M	C、D、E	0.43	0.45	0.46	0.47	0.47	0.22
Q500M	C、D、E	0.45	0.46	0.47	0.48	0.48	0.25
Q550M	C、D、E	0.47	0.47	0.47	0.48	0.48	0.25
Q620M	C、D、E	0.47	0.47	0.47	0.48	0.48	0.25
Q690M	C、D、E	0.48	0.48	0.48	0.49	0.49	0.25

注：仅适用于棒材。

表9 正火、正火轧制钢材的拉伸性能

牌号		上屈服强度 R_{eH}^{a} MPa 不小于								抗拉强度 R_m MPa			断后伸长率 A % 不小于					
		公称厚度或直径 mm																
钢级	质量等级	≤16	>16 ~40	>40 ~63	>63 ~80	>80 ~100	>100 ~150	>150 ~200	>200 ~250	≤100	>100 ~200	>200 ~250	≤16	>16 ~40	>40 ~63	>63 ~80	>80 ~200	>200 ~250
Q335 N	B、C、D、E、F	335	345	335	325	315	295	285	275	470 ~630	450 ~600	450 ~600	22	22	22	21	21	21
Q390 N	B、C、D、E	390	380	360	360	340	320	310	300	490 ~650	470 ~620	470 ~620	20	20	20	19	19	19
Q420 N	B、C、D、E	420	400	390	370	360	340	330	320	520 ~680	500 ~650	500 ~650	19	19	19	18	18	18
Q460 N	C、D、E	460	440	430	410	400	380	370	370	540 ~720	530 ~710	510 ~690	17	17	17	17	17	16

注：正火状态包含正火加回火状态。

a 当屈服不明显时，可用规定塑性延伸强度 $R_{p0.2}$ 代替上屈服强度 R_{eH}。

《用于水泥和混凝土中的粉煤灰》GB/T 1596—2017

表1 拌制混凝土和砂浆用粉煤灰技术要求

试验项目		性能要求		
		Ⅰ级	Ⅱ级	Ⅲ级
细度（45μm 方孔筛筛余） %	F 类粉煤灰	≤12.0	≤30.0	≤45.0
	C 类粉煤灰			

试验项目		性能要求		
		Ⅰ级	Ⅱ级	Ⅲ级
需水量比 %	F 类粉煤灰	≤95	≤105	≤115
	C 类粉煤灰			
烧失量 %	F 类粉煤灰	≤5.0	≤8.0	≤10.0
	C 类粉煤灰			
含水量 %	F 类粉煤灰	≤1.0		
	C 类粉煤灰			
三氧化硫（SO_3）质量分数 %	F 类粉煤灰	≤3.0		
	C 类粉煤灰			
游离氧化钙（f-CaO）质量分数 %	F 类粉煤灰	≤1.0		
	C 类粉煤灰	≤4.0		
二氧化硅（SiO_2）、三氧化二铝（Al_2O_3）和三氧化二铁（Fe_2O_3）总质量分数 %	F 类粉煤灰	≥70.0		
	C 类粉煤灰	≥50.0		
密度 g/cm^2	F 类粉煤灰	≤2.6		
	C 类粉煤灰			
安定性（雷氏法） mm	C 类粉煤灰	≤5		
强度活性指数 %	F 类粉煤灰	≥70.0		

《钢结构用扭剪型高强度螺栓连接副》GB/T 3632—2008

表 12 连 接 副 紧 固 轴 力

螺纹规格		M16	M20	M22	M24	M27	M30
每批紧固轴力的平均值（kN）	公称	110	171	209	248	319	391
	min	100	155	190	225	290	355
	max	121	188	230	272	351	430
紧固轴力标准 偏差 $\sigma \leqslant$ （kN）		10	15.5	19	22.5	29	35.5

《烧结普通砖》GB 5101—2017

表 3 烧结普通砖和混凝土普通砖的强度指标 MPa

强度等级	抗压强度平均值 $f \geqslant$	强度标准值 $f_k \geqslant$
MU30	30.0	22.0
MU25	25.0	18.0
MU20	20.0	14.0
MU15	15.0	10.0
MU10	10.0	6.5

《建筑外门窗气密、水密、抗风压性能分级及检测方法》GB/T 7106—2008

表1　　　　　　　　　　　　　　　　　建筑外门窗气密性能分级表

分级	1	2	3	4	5	6	7	8
单位缝长分级指标值 q_1/[m³/(m·h)]	$4.0 \geqslant q_1 > 3.5$	$3.5 \geqslant q_1 > 3.0$	$3.0 \geqslant q_1 > 2.5$	$2.5 \geqslant q_1 > 2.0$	$2.0 \geqslant q_1 > 1.5$	$1.5 \geqslant q_1 > 1.0$	$1.0 \geqslant q_1 > 0.5$	$q_1 \leqslant 0.5$
单位面积分级指标值 q_2/[m³/(m²·h)]	$12 \geqslant q_2 > 10.5$	$10.5 \geqslant q_2 > 9.0$	$9.0 \geqslant q_2 > 7.5$	$7.5 \geqslant q_2 > 6.0$	$6.0 \geqslant q_2 > 4.5$	$4.5 \geqslant q_2 > 3.0$	$3.0 \geqslant q_2 > 1.5$	$q_2 \leqslant 1.5$

表2　　　　　　　　　　　　　　　　　建筑外门窗水密性能分级表

分级	1	2	3	4	5	6
分级指标 Δp（Pa）	$100 \leqslant \Delta p < 150$	$150 \leqslant \Delta p < 250$	$250 \leqslant \Delta p < 350$	$350 \leqslant \Delta p < 500$	$500 \leqslant \Delta p < 700$	$\Delta p \geqslant 700$

表3　　　　　　　　　　　　　　　　　建筑外门窗抗风压性能分级表

分级	1	2	3	4	5	6	7	8	9
分级指标值 p_3/（kPa）	$1.0 \leqslant p_3 < 1.5$	$1.5 \leqslant p_3 < 2.0$	$2.0 \leqslant p_3 < 2.5$	$2.5 \leqslant p_3 < 3.0$	$3.0 \leqslant p_3 < 3.5$	$3.5 \leqslant p_3 < 4.0$	$4.0 \leqslant p_3 < 4.5$	$4.5 \leqslant p_3 < 5.0$	$p_3 \geqslant 5.0$

《电厂运行中矿物涡轮机油质量》GB/T 7596—2017

表1　　　　　　　　　　　　　　　　　运行中矿物涡轮机油质量

序号	项目	质量指标	检验方法
1	外状	透明	DL/T 429.1
2	色度	$\leqslant 5.5$	GB/T 6540

序号	项目		质量指标	检验方法
3	运动黏度 a（40℃）（mm²/s）	32	不超过新油测定值±5%	GB/T 265
		46		
		68		
4	闪点（开口杯）（℃）		≥180，且比前次测定值不低 10℃	GB/T 3536
5	颗粒污染等级 bSAE AS4059F,级		≤8	DL/T 432
6	酸值（以 KOH 计）（mg/g）		≤0.3	GB/T 264
7	液相锈蚀 c		无锈	GB/T 11143（A 法）
8	抗乳化性 c（54℃）（min）		≤30	GB/T 7605
9	水分 c（mg/L）		≤100	GB/T 7600
10	泡沫性（泡沫倾向/泡沫稳定性）（mL/mL）≤	24℃	500/10	GB/T 12579
		93.5℃	100/10	
		后 24℃	500/10	
11	空气释放值（50℃）（min）		≤10	SH/T 0308
12	旋转氧弹值（150℃）（min）		不低于新油原始测定值的 25%，且汽轮机用油、水轮机用油≥100，燃气轮机用油≥200	SH/T 0193
13	抗氧剂含量（%）	T501 抗氧剂	不低于新油原始测定值的 25%	GB/T 7602
		受阻酚类或芳香胺类抗氧剂		ASTM D6971

a 32、46、68 为 GB/T 3141 中规定的 ISO 黏度等级。

b 对于 100MW 及以上机组检测颗粒度，对于 100MW 以下机组目视检查机械杂质。对于调试系统或润滑油系统和调速系统共用油箱使用矿物涡轮机油的设备，油中颗粒污染等级指标应参考设备制造厂提出的指标执行，SAE AS4059F 颗粒污染分级标准参见附录 A。

c 对于单一燃气轮机用矿物涡轮机油，该项指标可不用检测。

《混凝土外加剂》GB 8076—2008

受检混凝土性能指标

表1

项目		外加剂品种												
		高性能减水剂 HPWR			高效减水剂 HWR / HWR		普通减水剂 WR			引气减水剂 AEWR	泵送剂 PA	早强剂 AC	缓凝剂 RC	引气剂 AE
		早强型 HP-WR-A	标准型 HP-WR-S	缓凝型 HP-WR-R	标准型 HWR-S	缓凝型 HWR-R	早强型 WR-A	标准型 WR-S	缓凝型 WR-R					
减水率（%），不小于		25	25	25	14	14	8	8	8	10	12	—	—	6
泌水率比（%），不大于		50	60	70	90	100	95	100	100	70	70	100	100	70
含气量（%）		≤6.0	≤6.0	≤6.0	≤3.0	≤4.5	≤4.0	≤4.0	≤5.5	≥3.0	≤5.5	—	—	≥3.0
凝结时间之差（min）	初凝	−90～+90	−90～+120	>+90	−90～+120	>+90	−90～+90	−90～+120	>+90	−90～+120	—	−90～+90	>+90	−90～+120
	终凝			—		—			—					
1h 经时变化量	坍落度（mm）	—	≤80	≤60	—		—	—		—	≤80			—
	含气量（%）	—	—							−1.5～+1.5				−1.5～+1.5

续表

项目		外加剂品种												
		高性能减水剂 HPWR			高效减水剂 HWR / HWR		普通减水剂 WR			引气减水剂 AEWR	泵送剂 PA	早强剂 AC	缓凝剂 RC	引气剂 AE
		早强型 HP-WR-A	标准型 HP-WR-S	缓凝型 HP-WR-R	标准型 HWR-S	缓凝型 HWR-R	早强型 WR-A	标准型 WR-S	缓凝型 WR-R					
抗压强度比（%），不小于	1d	180	170	—	140	—	135	—	—	—	—	135	—	—
	3d	170	160	—	130	—	130	115	—	115	—	130	—	95
	7d	145	150	140	125	125	110	115	110	110	115	110	100	95
	28d	130	140	130	120	120	100	110	110	100	110	100	100	90
收缩率比（%），不大于	28d	110	110	110	135	135	135	135	135	135	135	135	135	135
相对耐久性（200次）（%），不小于		—	—	—	—	—	—	—	—	80	—	—	—	80

注：1. 表中抗压强度比，收缩率比、相对耐久性为强制性指标，其余为推荐性指标；

2. 除含气量和相对耐久性外，表中所列数据为外掺外加剂混凝土与基准混凝土的差值或比值；

3. 凝结时间之差性能指标中的"－"号表示提前，"＋"号表示延缓；

4. 相对耐久性（200次）性能指标中的"≥80"表示将28d龄期的受检混凝土试件快速冻融循环200次后，动弹性模量保留值≥80%；

5. 1h含气量经时变化量指标中"－"号表示含气量增加，"＋"号表示含气量减少；

6. 其他品种的外加剂是否需要测定相对耐久性指标，由供、需双方协商决定；

7. 当用户对泵送剂等产品有特殊要求时，需要进行的补充试验方法及指标，由供需双方协商决定。

《污水综合排放标准》GB 8978—1996

表1 第一类污染物最高允许排放浓度 mg/L

序号	污染物	最高允许排放浓度
1	总汞	0.05
2	烷基汞	不得检出
3	总镉	0.1
4	总铬	1.5
5	六价铬	0.5
6	总砷	0.5
7	总铅	1
8	总镍	1
9	苯并（a）芘	0.00003
10	总铍	0.005
11	总银	0.5
12	总α放射性	1Bq/L
13	总β放射性	10Bq/L

表4 第二类污染物最高允许排放浓度 mg/L

序号	污染物	适用范围	一级标准	二级标准	三级标准
1	pH	一切排污单位	6～9	6～9	6～9

序号	污染物	适用范围	一级标准	二级标准	三级标准
2	色度（稀释倍数）	一切排污单位	50	80	—
3		其他排污单位	70	150	400
4		其他排污单位	20	30	300
5		其他排污单位	100	150	500
6	石油类	一切排污单位	5	10	20
7	动植物油	一切排污单位	10	15	100
8	挥发酚	一切排污单位	0.5	0.5	2
9	总氰化合物	一切排污单位	0.5	0.5	1
10	硫化物	一切排污单位	1	1	1
11		其他排污单位	15	25	—
12		其他排污单位	10	10	20
13	磷酸盐（以 P 计）	一切排污单位	0.5	1	—
14	甲醛	一切排污单位	1	2	5
15	苯胺类	一切排污单位	1	2	5
16	硝基苯类	一切排污单位	2	3	5
17	阴离子表面活性剂（LAS）	一切排污单位	5	10	20
18	总铜	一切排污单位	0.5	1	2

续表

序号	污染物	适用范围	一级标准	二级标准	三级标准
19	总锌	一切排污单位	2	5	5
20		其他排污单位	2	2	5
23	元素磷	一切排污单位	0.1	0.1	0.3
24	有机磷农药（以 P 计）	一切排污单位	不得检出	0.5	0.5
25	乐果	一切排污单位	不得检出	1	2
26	对硫磷	一切排污单位	不得检出	1	2
27	甲基对硫磷	一切排污单位	不得检出	1	2
28	马拉硫磷	一切排污单位	不得检出	5	10
29	五氯酚及五氯酚钠（以五氯酚计）	一切排污单位	5	8	10
30	可吸附有机卤化物（AO_x）（以 Cl 计）	一切排污单位	1	5	8
31	三氯甲烷	一切排污单位	0.3	0.6	1
32	四氯化碳	一切排污单位	0.03	0.06	0.5
33	三氯乙烯	一切排污单位	0.3	0.6	1
34	四氯乙烯	一切排污单位	0.1	0.2	0.5
35	苯	一切排污单位	0.1	0.2	0.5
36	甲苯	一切排污单位	0.1	0.2	0.5
37	乙苯	一切排污单位	0.4	0.6	1

序号	污染物	适用范围	一级标准	二级标准	三级标准
38	邻-二甲苯	一切排污单位	0.4	0.6	1
39	对-二甲苯	一切排污单位	0.4	0.6	1
40	间-二甲苯	一切排污单位	0.4	0.6	1
41	氯苯	一切排污单位	0.2	0.4	1
42	邻-二氯苯	一切排污单位	0.4	0.6	1
43	对-二氯苯	一切排污单位	0.4	0.6	1
44	对-硝基氯苯	一切排污单位	0.5	1	5
45	2，4-二硝基氯苯	一切排污单位	0.5	1	5
46	苯酚	一切排污单位	0.3	0.4	1
47	间-甲酚	一切排污单位	0.1	0.2	0.5
48	2,4-二氯酚	一切排污单位	0.6	0.8	1
49	2,4,6-三氯酚	一切排污单位	0.6	0.8	1
50	邻苯二甲酸二丁脂	一切排污单位	0.2	0.4	2
51	邻苯二甲酸二辛脂	一切排污单位	0.3	0.6	2
52	丙烯腈	一切排污单位	2	5	5
53	总硒	一切排污单位	0.1	0.2	0.5
56		其他排污单位	20	30	—

表 5　　　　　　　　　部分行业最高允许排水量

序号	行业类别	最高允许排水量或最低允许排水重复利用率
19	火力发电工业	3.5m³/（MW·h）

《旋转电机噪声测定方法及限值　第 3 部分：噪声限值》GB 10069.3—2006

表 1　　　　　　　空载最大 A 计权声功率级 L_{WA}（表 2 规定的电机除外）

（冷却方法 IC 的代码见 GB/T 1993—1993，防护分级 IP 的代码见 GB/T 4942.1—2001）　　　　　　　　　（dB）

额定转速 η_N（r/min）	$\eta_N \leqslant 960$			$960 < \eta_N \leqslant 1320$			$1320 < \eta_N \leqslant 1900$			$1900 < \eta_N \leqslant 2360$			$2360 < \eta_N \leqslant 3150$			$3150 < \eta_N \leqslant 3750$		
冷却方式（简单代码）	IC01 IC11 IC21 注 1	IC411 IC511 IC611 注 2	IC31 IC71W IC81W IC8A1W7 注 2	IC01 IC11 IC21 注 1	IC411 IC511 IC611 注 2	IC31 IC71W IC81W IC8A1W7 注 2	IC01 IC11 IC21 注 1	IC411 IC511 IC611 注 2	IC31 IC71W IC81W IC8A1W7 注 2	IC01 IC11 IC21 注 1	IC411 IC511 IC611 注 2	IC31 IC71W IC81W IC8A1W7 注 2	IC01 IC11 IC21 注 1	IC411 IC511 IC611 注 2	IC31 IC71W IC81W IC8A1W7 注 2	IC01 IC11 IC21 注 1	IC411 IC511 IC611 注 2	IC31 IC71W IC81W IC8A1W7 注 2
额定输出 P_N（kW）（或 kVA）																		
$1 \leqslant P_N \leqslant 1.1$	73	73	—	76	76	—	77	78	—	79	81	—	81	84	—	82	88	—
$1.1 < P_N \leqslant 2.2$	74	74	—	78	78	—	81	82	—	83	85	—	85	88	—	86	91	—
$2.2 < P_N \leqslant 5.5$	77	78	—	81	82	—	85	85	—	86	90	—	89	93	—	93	95	—
$5.5 < P_N \leqslant 11$	81	82	—	85	85	—	88	90	—	90	93	—	93	97	—	97	98	—

续表

额定转速 η_N（r/min）	$\eta_N\leq960$			$960<\eta_N\leq1320$			$1320<\eta_N\leq1900$			$1900<\eta_N\leq2360$			$2360<\eta_N\leq3150$			$3150<\eta_N\leq3750$		
$11<P_N\leq22$	84	86	—	88	88	—	91	94	—	93	97	—	96	100	—	97	100	—
$22<P_N\leq37$	87	90	—	91	91	—	94	98	—	96	100	—	99	102	—	101	102	—
$37<P_N\leq55$	90	93	—	94	94	—	97	100	—	98	102	—	101	104	—	103	104	—
$55<P_N\leq110$	93	96	—	97	98	—	100	103	—	101	104	—	103	106	—	105	106	—
$110<P_N\leq220$	97	99	—	100	102	—	103	106	—	103	107	—	105	109	—	107	110	—
$220<P_N\leq550$	99	102	98	103	105	100	106	108	102	106	109	102	107	111	102	110	113	105
$550<P_N\leq1100$	101	105	100	106	108	102	108	111	104	108	111	104	109	112	104	111	116	106
$1100<P_N\leq2200$	103	107	102	108	110	105	109	113	105	109	113	105	110	113	105	112	118	107
$2200<P_N\leq5500$	105	109	104	110	112	106	110	115	106	111	115	107	112	115	107	114	120	109

注 1：典型的防护类型为 IP22 或 IP23。

注 2：典型的防护类型为 IP44 或 IP55。

表 2　　　　　　　　　　　空载最大 A 计权声功率级 L_{WA}

（IC01、IC11、IC21，IC411、IC511、IC611 单速三相笼形感应电动机）　　　　　　　　（dB）

额定输出 P_N（kW）	8 级		6 级		4 级		2 级	
	50Hz	60Hz	50Hz	60Hz	50Hz	60Hz	50Hz	60Hz
$1.0<P_N\leq2.2$	71	71	71	71	71	71	81	85
$2.2<P_N\leq5.5$	76	76	76	76	76	76	86	88

额定输出 P_N（kW）	8 级		6 级		4 级		2 级	
	50Hz	60Hz	50Hz	60Hz	50Hz	60Hz	50Hz	60Hz
$5.5 < P_N \leqslant 11$	80	80	80	80	81	81	91	91
$11 < P_N \leqslant 22$	84	84	84	84	88	88	94	94
$22 < P_N \leqslant 37$	87	87	87	87	91	91	96	100
$37 < P_N \leqslant 55$	89	90	90	91	94	95	98	101
$55 < P_N \leqslant 110$	92	93	94	95	97	98	100	104
$110 < P_N \leqslant 220$	96	97	98	99	101	102	103	107
$220 < P_N \leqslant 400$	98	99	101	102	105	106	107	110

表 3　　　　　　　　　　　**额定负载工况超过空载工况的 A 计权声功率级允许最大增加量 $\triangle L_{WA}$**

（电机的额定条件与表 2 一致）　　　　　　　　　　　　　　（dB）

额定输出 P_N（kW）	8 级	6 级	4 级	2 级
$1.0 < P_N \leqslant 11$	8	7	5	2
$11 < P_N \leqslant 37$	7	6	4	2
$37 < P_N \leqslant 110$	6	5	3	2
$110 < P_N \leqslant 400$	5	4	3	2

注 1：此表给出的是在额定负载工况下对任何空载数值的预期最大增加量。

注 2：此数值对 50Hz 和 60Hz 供电均适用。

《绝热用模塑聚苯乙烯泡沫塑料》GB/T 10801.1—2002

表3 物 理 机 械 性 能

项目		单位	性能指标					
			I	II	III	IV	V	VI
表观密度，不小于		kg/m³	15	20	30	40	50	60
压缩强度，不小于		kPa	60	100	150	200	300	400
导热系数，不大于		W/(m·K)	0.041			0.039		
燃烧性能（阻燃型）	氧指数，不小于	%	30					
	燃烧分级		达到 B₂ 级					

《蒸压加气混凝土砌块》GB 11968—2006

表3 砌块立方体抗压强度 MPa

强度等级	立方体抗压强度	
	平均值不小于	单组最小值不小于
A1.0	1	0.8
A2.0	2	1.6
A2.5	2.5	2
A3.5	3.5	2.8
A5.0	5	4

强度等级	立方体抗压强度	
	平均值不小于	单组最小值不小于
A7.5	7.5	6
A10.0	10	8

表4　　　　　　　　　　　　　　　　　　砌块的干密度　　　　　　　　　　　　　　　　　　kg/m³

干密度级别		B03	B04	B05	B06	B07	B08
干密度	优等品（A）≤	300	400	500	600	700	800
	合格品（B）≤	325	425	525	625	725	725

《火力发电机组及蒸汽动力设备水汽质量》GB/T 12145—2016

表1　　　　　　　　　　　　　　　　　　蒸　汽　质　量

过热蒸汽压力（MPa）	钠（μg/kg）		氢电导率（25℃）（μS/cm）		二氧化硅（μg/kg）		铁（μg/kg）		铜（μg/kg）	
	标准值	期望值	标准值	期望值	标准值	期望值	标准值	期望值	标准值	期望值
3.8～5.8	≤15	—	≤0.30	—	≤20	—	≤20	—	≤5	—
5.9～15.6	≤5	≤2	≤0.15[a]	—	≤15	≤10	≤15	≤10	≤3	≤2
15.7～18.3	≤3	≤2	≤0.15[a]	≤0.10[a]	≤15	≤10	≤10	≤5	≤3	≤2
＞18.3	≤2	≤1	≤0.10	≤0.08	≤10	≤5	≤5	≤3	≤2	≤1

[a]　表面式凝汽器、没有凝结水精除盐装置的机组，蒸汽的脱气氢电导率标准值不大于 0.15μS/cm，期望值不大于 0.10μS/cm；没有凝结水精除盐装置的
　　直接空冷机组，蒸汽的氢电导率标准值不大于 0.3μS/cm，期望值不大于 0.15μS/cm。

表 2 锅 炉 给 水 质 量

控制项目		标准值和期望值	过热蒸汽压力（MPa）					
			汽包炉				直流炉	
			3.8～5.8	5.9～12.6	12.7～15.6	＞15.6	5.9～18.3	＞18.3
氢电导率（25℃）（μS/cm）		标准值	—	≤0.30	≤0.30	≤0.15ᵃ	≤0.15	≤0.10
		期望值	—	—	—	≤0.10	≤0.10	≤0.08
硬度（μmol/L）		标准值	≤2.0	—	—	—	—	—
溶解氧 ᵇ（μg/L）	AVT（R）	标准值	≤15	≤7	≤7	≤7	≤7	≤7
	AVT（O）	标准值	≤15	≤10	≤10	≤10	≤10	≤10
铁（μg/L）		标准值	≤50	≤30	≤20	≤15	≤10	≤5
		期望值	—	—	—	≤10	≤5	≤3
铜（μg/L）		标准值	≤10	≤5	≤5	≤3	≤3	≤2
		期望值	—	—	—	≤2	≤2	≤1
钠（μg/L）		标准值	—	—	—	—	≤3	≤2
		期望值	—	—	—	—	≤2	≤1
二氧化硅（μg/L）		标准值	应保证蒸汽二氧化硅符合表 1 的规定			≤20	≤15	≤10
		期望值				≤10	≤10	≤5
氯离子（μg/L）		标准值	—	—	—	≤2	≤1	≤1
TOCi（μg/L）		标准值	—	≤500	≤500	≤200	≤200	≤200

ᵃ 没有凝结水精处理除盐装置的水冷机组，给水氢电导率不应大于 0.30μS/cm。

ᵇ 加氧处理溶解氧指标按表 4 控制。

表 3 全挥发处理给水的调节指标

炉型	锅炉过热蒸汽压力（MPa）	pH（25℃）	联氨（μg/L）	
			AVT（R）	AVT（O）
汽包炉	3.8～5.8	8.8～9.3	—	—
汽包炉	5.9～15.6	8.8～9.3（有铜给水系统）或 9.2～9.6ᵃ（无铜给水系统）	≤30	—
	>15.6			
直流炉	>5.9			

　　ᵃ　凝汽器管为铜管和其他换热器管为钢管的机组，给水 pH 值宜 9.1～9.4，并控制凝结水铜含量小于 2μg/L。

　　无凝结水精除盐装置、无铜给水系统的直接空冷机组，给水 pH 值应大于 9.4。

表 4 加氧处理给水 pH 值、氢电导率和溶解氧的含量

pH（25℃）	氢电导率（25℃）（μS/cm）		溶解氧（μg/L）
	标准值	期望值	标准值
8.5～9.3	≤0.15	≤0.10	10～150ᵃ

　　注：采用中性加氧处理的机组，给水的 pH 值宜为 7.0～8.0（无铜给水系统），溶解氧宜为 50μg/L～250μg/L。

　　ᵃ　氧含量接近下限值时，pH 值应大于 9.0。

表 5 凝 结 水 泵 出 口 水 质

锅炉过热蒸汽压力（MPa）	硬度（μmol/L）	钠（μg/L）	溶解氧ᵃ（μg/L）	氢电导率（25℃）（μS/cm）	
				标准值	期望值
3.8～5.8	≤2.0	—	≤50		—

续表

锅炉过热蒸汽压力（MPa）	硬度（μmol/L）	钠（μg/L）	溶解氧 a（μg/L）	氢电导率（25℃）（μS/cm）	
				标准值	期望值
5.9～12.6	≈0	—	≤50	≤0.30	—
12.7～15.6	≈0	—	≤40	≤0.30	≤0.20
15.7～18.3	≈0	≤5 b	≤30	≤0.30	≤0.15
>18.3	≈0	≤5	≤20	≤0.20	≤0.15

a 直接空冷机组凝结水溶解氧浓度标准值为小于 100μg/L，期望值小于 30μg/L。配有混合式凝汽器的间接空冷机组凝结水溶解氧浓度宜小于 200μg/L。

b 凝结水有精除盐装置时，凝结水泵出口的钠浓度可放宽至 10μg/L。

表 6   凝结水除盐后的水质

锅炉过热蒸汽压力（MPa）	氢电导率（25℃）（μS/cm）		钠		氯离子		铁		二氧化硅	
			μg/L							
	标准值	期望值	标准值	期望值	标准值	期望值	标准值	期望值	标准值	期望值
≤18.3	≤0.15	≤0.10	≤3	≤2	≤2	≤1	≤5	≤3	≤15	≤10
>18.3	≤0.10	≤0.08	≤2	≤1	≤1	—	≤5	≤3	≤10	≤5

表 7   汽包炉炉水电导率、氢电导率、氯离子和二氧化硅含量标准

锅炉汽包压力（MPa）	处理方式	二氧化硅	氯离子	电导率（25℃）（μS/cm）	氢电导率（25℃）（μS/cm）
		（mg/L）			
3.8～5.8	炉水固体碱化剂处理	—	—	—	—
5.9～10.0		≤2.0 a		<50	—

锅炉汽包压力（MPa）	处理方式	二氧化硅	氯离子	电导率（25℃）（μS/cm）	氢电导率（25℃）（μS/cm）
		（mg/L）			
10.1～12.6	炉水固体碱化剂处理	≤2.0[a]	—	＜30	—
12.7～15.6		≤0.45[a]	≤1.5	＜20	—
＞15.6	炉水固体碱化剂处理	≤0.10	≤0.4	＜15	＜5[b]
	炉水全挥发处理	≤0.08	≤0.03	—	＜1.0

[a]　汽包内有清洗装置时，其控制指标可适当放宽。炉水二氧化硅浓度指标应保证蒸汽二氧化硅浓度符合标准。

[b]　仅适用于炉水氢氧化钠处理。

表 8　　　　　　　　　　　　　　　汽包炉炉水磷酸根含量和 pH 标准

锅炉汽包压力（MPa）	处理方式	磷酸根（mg/L）	pH[a]（25℃）	
		标准值	标准值	期望值
3.8～5.8	炉水固体碱化剂处理	5～15	9.0～11.0	—
5.9～10.0		2～10	9.0～10.5	9.5～10.0
10.1～12.6		2～6	9.0～10.0	9.5～9.7
12.7～15.6		≤3[a]	9.0～9.7	9.3～9.7
＞15.6	炉水固体碱化剂处理	≤1[a]	9.0～9.7	9.3～9.6
	炉水全挥发处理	—	9.0～9.7	—

[a]　控制炉水无硬度。

表9　　　　　　　　　　　　　　　　　锅　炉　补　给　水　质　量

锅炉过热蒸汽压力（MPa）	二氧化硅（μg/L）	除盐水箱进水电导率（25℃）（μS/cm）		除盐水箱出口电导率（25℃）（μS/cm）	TOCiª（μg/L）
		标准值	期望值		
5.9～12.6	—	≤0.20	—		—
12.7～18.3	≤20	≤0.20	≤0.10	≤0.40	≤400
＞18.3	≤10	≤0.15	≤0.10		≤200

ª　必要时监测。对于供热机组，补给水 TOCi 含量应满足给水 TOCi 含量合格。

表14　　　　　　　　　　　　　　　发电机定子空心铜导线冷却水水质控制标准

溶解氧（μg/L）	pH（25℃）		电导率（25℃）（μS/cm）	含铜量（μg/L）	
	标准值	期望值		标准值	期望值
—	8.0～8.9	8.3～8.7	≤2.0	≤20	≤10
≤30	7.0～8.9	—			

表15　　　　　　　　　　　　　　　双水内冷发电机内冷却水水质控制标准

pH（25℃）		电导率（25℃）（μS/cm）	含铜量（μg/L）	
标准值	期望值		标准值	期望值
7.0～9.0	8.3～8.7	≤5.0	≤40	≤20

《火电厂大气污染控制标准》GB 13223—2011

火力发电锅炉及燃气轮机组大气污染物排放浓度限值烟气黑度除外

表1   mg/m³

序号	燃料和热能转化设施类型	污染物项目	适用条件	限值	污染物排放监控位置
1	燃煤锅炉	烟尘	全部	30	烟囱或烟道
		二氧化硫	新建锅炉	100	
				200ᵃ	
			现有锅炉	200	
				400ᵃ	
		氮氧化物（以 NO₂ 计）	全部	100	
				200ᵇ	
		汞及其化合物	全部	0.03	
2	以油为燃料的锅炉或燃气轮机组	烟尘	全部	30	
		二氧化硫	新建锅炉及燃气轮机机组	100	
			现有锅炉及燃气轮机机组	200	
		氮氧化物（以 NO₂ 计）	新建燃油锅炉	100	
			现有燃油锅炉	200	
			燃气轮机组	120	
3	以气体为燃料的锅炉或燃气轮机组	烟尘	天然气锅炉及燃气轮机机组	5	
			其他天然气锅炉及燃气轮机机组	10	

续表

序号	燃料和热能转化设施类型	污染物项目	适用条件	限值	污染物排放监控位置
3	以气体为燃料的锅炉或燃气轮机组	二氧化硫	天然气锅炉及燃气轮机组	35	
			其他天然气锅炉及燃气轮机组	100	
		氮氧化物（以 NO_2 计）	天然气锅炉	100	
			其他气体燃料锅炉	200	
			天然气燃气轮机组	50	
			其他气体燃料燃气轮机组	120	
4	燃煤锅炉，以油、气体为燃料的锅炉或燃气轮机组	烟气黑度（林格曼黑度，级）	全部	1	烟囱排放口

a 位于广西壮族自治区、重庆市、四川省和贵州省的火力发电锅炉执行该限值。

b 采用 W 形火焰炉膛的火力发电锅炉，现有循环流化床火力发电锅炉，以及 2003 年 12 月 31 日前建成投产或通过建设项目环境影响报告书审批的火力发电锅炉执行该限值。

表 2 　　　　　　　　　　　　　　　　　大气污染物特别排放限值（烟气黑度除外）　　　　　　　　　　　　　　　　　mg/m³

序号	燃料和热能转化设施类型	污染物项目	适用条件	限值	污染物排放监控位置
1	燃煤锅炉	烟尘	全部	20	烟囱或烟道
		二氧化硫	全部	50	
		氮氧化物（以 NO_2 计）	全部	100	
		汞及其化合物	全部	0.03	

序号	燃料和热能转化设施类型	污染物项目	适用条件	限值	污染物排放监控位置
2	以油为燃料的锅炉或燃气轮机组	烟尘	全部	20	
		二氧化硫	全部	50	
		氮氧化物（以 NO_2 计）	燃油锅炉	100	
			燃气轮机组	120	
3	以气体为燃料的锅炉或燃气轮机组	烟尘	全部	5	
		二氧化硫	全部	35	
		氮氧化物（以 NO_2 计）	燃气锅炉	100	
			燃气轮机组	50	
4	燃煤锅炉，以油、气体为燃料的锅炉或燃气轮机组	烟气黑度（林格曼黑度，级）	全部	1	烟囱排放口

表 3　　　　　　　　　　　　　　　　火电厂大气污染物浓度测定方法标准

序号	污染物项目	方法标准名称	方法标准编号
1	烟尘	固定污染源排气中颗粒物测定与气态污染物采样方法	GB/T 16157
2	烟气黑度	固定污染源排放烟气黑度的测定　林格曼烟气黑度图法	HJ/T 398
3	二氧化硫	固定污染源排气中二氧化硫的测定　碘量法	HJ/T 56
4		固定污染源排气中二氧化硫的测定　定电位电解法	HJ/T 57
		固定污染源排气中二氧化硫的测定　非分散红外吸收法	HJ 629

序号	污染物项目	方法标准名称	方法标准编号
5	汞及其化合物	固定污染源废气 汞的测定 冷原子吸收分光光度法（暂行）	HJ 543

《预拌混凝土》GB/T 14902—2012

表8 　　　　　　　　　　　　　混凝土拌合物稠度允许偏差 　　　　　　　　　　　　　　　　　mm

项目	控制目标值	允许偏差
坍落度	≤40	±10
	50～90	±20
	≥100	±30
扩展度	≥350	±30

表9　　　　　　　混凝土拌合物中水溶性氯离子最大含量（单位为水泥用量的质量百分比）

环境条件	水溶性氯离子最大含量		
	钢筋混凝土	预应力混凝土	素混凝土
干燥环境	0.3		
潮湿但不含氯离子的环境	0.2	0.06	1.0
潮湿而含有氯离子的环境、盐渍土环境	0.1		
除冰盐等侵蚀性物质的腐蚀环境	0.06		

《建筑用硅酮结构密封胶》GB 16776—2005

产 品 物 理 力 学 性 能

表1

序号	项目			技术指标
1	下垂度	垂直放置（mm）		≤3
		水平放置		不变形
2	表干时间（h）			≤3
3	硬度（shore A）			20～60
4	拉伸黏结性	拉伸黏结强度（MPa）	23℃	≥0.60
			90℃	≥0.45
			−30℃	≥0.45
			浸水后	≥0.45
			水—紫外线光照后	≥0.45
		黏结破坏面积（%）		≤5
		23℃时最大拉伸强度时伸长率（%）		≥100
5	热老化	热失重（%）		≤10
		龟裂		无
		粉化		无

《弹性体改性沥青防水卷材》GB 18242—2008

表 2   材 料 性 能

项目			指标					
			弹性体改性沥青防水卷材					
			Ⅰ 型		Ⅱ 型			
			PY	G	PY	G	PYG	
可溶物含量（g/m²）			3mm≥2100				—	
			4mm≥2900				—	
			5mm≥ 3500					
拉伸性能	最大峰拉力（N/50mm）≥		500	350	800	500	900	—
	次高峰拉力（N/50mm）≥		—	—	—	—	800	—
	试验现象		拉伸过程中，试件中部无沥青涂盖层开裂或与胎基分离现象					
	最大峰延伸率（%）≥		30	—	40	—	—	
	第二峰时延伸率（%）≥		—		—		15	
耐热性	℃		90		105			
	≤mm		2					
	试验现象		无流淌、滴落					
低温柔性（℃）			−20		−25			
			无裂纹					
不透水性 30min			0.3MPa	0.2MPa	0.3MPa			

《室内空气质量标准》GB/T 18883—2002

表1　　　　　　　　　　　　　　　　　　室 内 空 气 质 量 标 准

序号	参数类别	参数	单位	标准值	备注
1	物理性	温度	℃	22～28	夏季空调
				16～24	冬季采暖
2		绝对温度	%	40～80	夏季空调
				30～60	冬季采暖
3		空气风速	m/s	0.3	夏季空调
				0.2	冬季采暖
4		新风量	m³/（h・人）	30[a]	
5	化学性	二氧化硫 SO_2	mg/m³	0.5	1h 均值
6		二氧化氮 NO_2	mg/m³	0.24	1h 均值
7		一氧化碳 CO	mg/m³	10	1h 均值
8		二氧化碳 CO_2	%	0.1	日平均值
9		氨·NH_3	mg/m³	0.2	1h 均值
10		臭氧 O_3	mg/m³	0.16	1h 均值
11		甲醛 HCHO	mg/m³	0.1	1h 均值
12		苯 C_6H_6	mg/m³	0.11	1h 均值

序号	参数类别	参数	单位	标准值	备注
13		甲苯 GH8	mg/m³	0.2	1h 均值
14		二甲苯 C8H10	mg/m³	0.2	1h 均值
15	化学性	苯并[a]芘 B（a）P	mg/m³	1	日平均值
16		可吸入颗粒 PM10	mg/m³	0.15	日平均值
17		总挥发性有机物 TVOC	mg/m³	0.6	8h 均值
18	生物性	菌落总数	cfu/m³	2500	依据仪器定 [b]
19	放射性	氡 ^{222}Rn	Bq/m³	400	年平均值（行动水平）[c]

a 新风量要求不小于标准值，除温度、相对湿度外的其他参数要求不大于标准值。

b 见附录 D。

c 行动水平即达到此水平建议采取干预行动以降低室内氡浓度。

《透平型发电机定子绕组端部动态特性和振动试验方法及评定》GB/T 20140—2006

表 1 透平型发电机定子绕组端部局部及整体椭圆固有频率避开范围

额定转速（r/min）	支撑形式	线棒固有频率（Hz）	引线固有频率（Hz）	整体椭圆固有频率（Hz）
3000	刚性支撑	≤95，≥106	≤95，≥108	≤95，≥110
	柔性支撑	≤95，≥106	≤95，≥108	≤95，≥112
3600	刚性支撑	≤114，≥127	≤114，≥130	≤114，≥132
	柔性支撑	≤114，≥127	≤114，≥130	≤114，≥134

《电力安全工作规程　发电厂和变电站电气部分》GB 26860—2011

表 1　　　　　　　　　　　　　　　　　　设备不停电时的安全距离

电压等级 （kV）	安全距离 （m）
10 及以下	0.7
20、35	1.00
66、110	1.50
220	3.00
330	4.00
500	5.00
750	7.20
1000	8.70
±50 及以下	1.50
±500	6.00
±660	8.40
±800	9.30

注 1：表中未列电压等级按高一挡电压等级安全距离。

注 2：13.8kV 执行 10kV 的安全距离。

《建筑地基基础设计规范》GB 50007—2011

表 5.3.4 建筑物的地基变形允许值

变形特征			地基土类别	
			中、低压缩性土	高压缩性土
砌体承重结构基础的局部倾斜			0.02	0.03
工业与民用建筑结构相邻柱基的沉降差		框架结构	0.02L	0.03L
		砌体墙填充的边排柱	0.007L	0.01L
		当基础不均匀沉降时不产生附加应力的结构	0.005L	0.005L
单层排架结构（柱距为6m）柱基的沉降量（mm）			−120	200
桥式吊车轨面的倾斜（按不调整轨道考虑）		纵向	0.004	
		横向	0.003	
多层和高层建筑的整体倾斜		$H \leqslant 24$	0.004	
		$24 \leqslant H \leqslant 60$	0.003	
		$60 \leqslant H \leqslant 100$	0.0025	
		$H > 100$	0.002	
体型简单的高层建筑基础的平均沉降量（mm）			200	

变形特征		地基土类别	
		中、低压缩性土	高压缩性土
高耸结构基础的倾斜	$H \leqslant 20$	0.008	
	$20 \leqslant H \leqslant 50$	0.006	
	$50 \leqslant H \leqslant 100$	0.005	
	$100 \leqslant H \leqslant 150$	0.004	
	$150 \leqslant H \leqslant 200$	0.003	
	$200 \leqslant H \leqslant 250$	0.002	
高耸结构基础的沉降量	$H \leqslant 100$	400	
	$100 \leqslant H \leqslant 200$	300	
	$200 \leqslant H \leqslant 250$	200	

表 6.3.7　　　　　　　　　　　　　　　　压实填土地基压实系数控制值

结构类型	填土部位	压实系数（λ_c）	控制含水量（%）
砌体承重及框架结构	在地基主要承受力层范围内	$\geqslant 0.97$	$\mu_{op} \pm 2$
	在地基主要承受力层范围以下	$\geqslant 0.95$	
排架结构	在地基主要承受力层范围内	$\geqslant 0.96$	
	在地基主要承受力层范围以下	$\geqslant 0.94$	

注：1. 压实系数（λ_c）为填土的实际干密度与最大干密度之比；ω_{op} 为最优含水量。

　　2. 地坪垫层以下及基础底面标高以上的压实填土，压实系数不应小于 0.94。

《混凝土结构设计规范》GB 50010—2010

表 3.5.3   结构混凝土材料的耐久性基本要求

环境等级	最大水胶比	最低强度等级	最大氯离子含量（%）	最大碱含量（kg/m³）
一	0.60	C20	0.30	不限制
二 a	0.55	C25	0.20	3.0
二 b	0.50（0.55）	C30（C25）	0.15	
三 a	0.45（0.50）	C35（C30）	0.15	
三 b	0.40	C40	0.10	

注：1. 氯离子含量系指其点胶凝材料的总量百分比。

2. 预应力构件混凝土中的最大氯离子含量为 0.06%；其最低混凝土强度等级宜按表中的规定提高两个等级。

3. 素混凝土构件的水胶比及最低强度等级的要求可适当放松。

4. 有可靠工程经验时，二类环境中的最低混凝土强度等级可降低一个等级。

5. 处于严寒和寒冷地区二 b、三 a 类环境中的混凝土应使用引气剂，并可采用括号中的有关参数。

6. 当使用非碱活性骨料时，以混凝土中的碱含量可不作限制。

《工程测量规范》GB 50026—2007

表 8.3.3   建筑物施工放线、轴线投测和标高传递的允许偏差

项目	内容		允许偏差（mm）
基础桩位放样	单排桩或群桩中的边		±10
	群桩		±20
各施工层上放线	外廓主轴线长度 L（m）	L≤30	±5

项目	内容		允许偏差（mm）
各施工层上放线	外廓主轴线长度 L（m）	$30<L\leqslant60$	±10
		$60<L\leqslant90$	±15
		>90	±20
	细部轴线		±2
	承重墙、梁、柱边线		±3
	非承重墙边线		±3
	门窗洞口线		±3
轴线竖向投测	每层		3
	总高 H（m）	$H\leqslant30$	5
		$30<H\leqslant60$	10
		$60<H\leqslant90$	15
		$90<H\leqslant1200$	20
		$120<H\leqslant150$	25
		>150	30
标高竖向传递	每层		±3
	总高 H（m）	$H\leqslant30$	±5
		$30<H\leqslant60$	±10
		$60<H\leqslant90$	±15
		$90<H\leqslant1200$	±20
		$120<H\leqslant150$	±25
		>150	±30

《电气装置安装工程　高压电器施工及验收规范》GB 50147—2010

表 5.5.1　　　　　　　　　　　　　　　　　六氟化硫气体的技术条件

指标项目			指标
六氟化硫（SF_6）的质量分数（%）		≥	99.9
空气的质量分数（%）		≤	0.04
四氟化碳（CF_4）的质量分数（%）		≤	0.04
水分	水的质量分数（%）	≤	0.0005
	露点（℃）	≤	−49.7
酸度（以 HF 计）的质量分数（%）		≤	0.00002
可水解氟化物（以 HF 计）（%）		≤	0.0001
矿物油的质量分数（%）		≤	0.0004
毒性			生物实验无毒

表 5.5.2　　　　　　　　　　　　　　　　　新六氟化硫抽样比例

每批气瓶数	选取的最少气瓶数
1	1
2～40	2
41～70	3
70 以上	4

《电气装置安装工程　电力变压器、油浸电抗器、互感器施工及验收规范》GB 50148—2010

表 4.3.1　　　　　　　　　　　　　　　　　绝缘油取样数量

每批油的桶数	取样桶数	每批油的桶数	取样桶数
1	1	51～100	7
2～5	2	101～200	10
6～20	3	201～400	15
21～50	4	401 及以上	20

《电气装置安装工程　母线装置施工及验收规范》GB 50149—2010

表 3.1.14-1　　　　　　　　　　　　　　室内配电装置的安全净距离　　　　　　　　　　　　　　　　mm

符号	适用范围	图号	额定电压（kV）										
			0.4	1～3	6	10	15	20	35	60	110J	110	220J
A_1	1. 带电部分至接地部分之间； 2. 网状和板状遮栏向上延伸线距地 2.3m 处与遮栏上方带电部分之间	图 3.1.14-1	20	75	100	125	150	180	300	550	850	950	1800
A_2	1. 不同相的带电部分之间； 2. 断路器和隔离开关的断口两侧带电部分之间	图 3.1.14-1	20	75	100	125	150	180	300	550	900	1000	2000
B_1	1. 栅状遮栏至带电部分之间； 2. 交叉的不同时停电检修的无遮栏带电部分之间	图 3.1.14-1、图 3.1.14-2	800	825	850	875	900	930	1050	1300	1600	1700	2550
B_2	网状遮栏至带电部分之间	图 3.1.14-1、图 3.1.14-2	100	175	200	225	250	280	400	650	950	1050	1900
C	无遮栏裸导体至地（楼）面之间	图 3.1.14-1	2300	2375	2400	2425	2450	2480	2600	2850	3150	3250	4100

续表

符号	适用范围	图号	额定电压（kV）										
			0.4	1～3	6	10	15	20	35	60	110J	110	220J
D	平行的不同时停电检修的无遮栏裸导体之间	图 3.1.14-1	1875	1875	1900	1925	1950	1980	2100	2350	2650	2750	3600
E	通向室外的出线套管至室外通道的路面	图 3.1.14-2	3650	4000	4000	4000	4000	4000	4000	4500	5000	5000	6500

注：1. 110J、220J 指中性点直接接地电网；

2. 网状遮栏至带电部分之间为板状遮栏时，其 B_2 值可取 A_1+30mm；

3. 通向室外的出线套管至室外通道的路面，当出线套管外侧为室外配电装置时，其至室外地面的距离不应小于表 3.1.14-2 中所列室外部分的 C 值；

4. 海拔超过 1000m 时，A 值应按图 3.1.14-6 进行修正；

5. 本表不适用于制造厂生产的成套配电装置。

表 3.1.14-2 室外配电装置的安全净距离 mm

符号	适用范围	图号	额定电压（kV）										
			0.4	1～10	15～20	35	60	110J	110	220J	330J	500J	750J
A_1	1. 带电部分至接地部分之间； 2. 网状遮栏向上延伸距地面 2.5m 处遮栏上方带电部分之间	图 3.1.14-3、图 3.1.14-4、图 3.1.14-5	75	200	300	400	650	900	1000	1800	2500	3800	5600/5950
A_2	1. 不同相的带电部分之间； 2. 断路器和隔离开关的断口两侧引线带电部分之间	图 3.1.14-3	75	200	300	400	650	1000	1100	2000	2800	4300	7200/8000
B_1	1. 设备运输时，其外廓至无遮栏带电部分之间； 2. 交叉的不同时停电检修的无遮栏带电部分之间； 3. 栅栏遮栏至绝缘体和带电部分之间； 4. 带电作业时的带电部分至接地部分之间	图 3.1.14-3、图 3.1.14-4、图 3.1.14-5	825	950	1050	1150	1400	1650	1750	2550	3250	4550	6250/6700

符号	适用范围	图号	额定电压（kV）										
			0.4	1～10	15～20	35	60	110J	110	220J	330J	500J	750J
B_2	网状遮栏至带电部分之间	图3.1.14-4	175	300	400	500	750	1000	1100	1900	2600	3900	5600/6050
C	1. 无遮栏裸导体至地面之间； 2. 无遮栏裸导体至建筑物、构筑物顶部之间	图3.1.14-4 图3.1.14-5	2500	2700	2800	2900	3100	3400	3500	4300	5000	7500	12000/12000
D	1. 平行的不同时停电检修的无遮栏带电部分之间； 2. 带电部分与建筑物、构筑物的边沿部分之间	图3.1.14-3、 图3.1.14-4	2000	2200	2300	2400	2600	2900	3000	3800	4500	5800	7500/7950

注：1. 110J、220J、330J、500J、750J 指中性点直接接地电网；

　　2. 栅栏遮栏至绝缘体和带电部分之间，对于 220kV 及以上电压，可按绝缘体电位的实际分布，采用相应的 B 值检验，此时可允许栅栏遮栏与绝缘体的距离小于 B_1 值。当无给定的分布电位时，可按线性分布计算。500kV 及以上相间通道的安全净距，可按绝缘体电位的实际分布检验；当无给定的分布电位时，可按线性分布计算。

　　3. 带电作业时的带电部分至接地部分之间（110J～500J），带电作业时，不同相或交叉的不同回路带电部分之间，其 B_1 值可取 A_1+30mm；

　　4. 500kV 的 A_1 值，双分裂软导线至接地部分之间可取 3500mm；

　　5. 除额定电压 750J 外，海拔 1000m 时，A 值应按图 3.1.14-6 进行修正；750J 栏内"/"前为海拔 1000m 的安全净距，"/"后为海拔 2000m 的安全净距；

　　6. 本表不适用于制造厂生产的成套配电装置。

表 3.3.3　　　　　　　　　　　　　　　　　　钢制螺栓的紧固力矩值

螺栓规格（mm）	力矩值（N·m）
M8	8.8～10.8

续表

螺栓规格（mm）	力矩值（N·m）
M10	17.7～22.6
M12	31.4～39.2
M14	51.0～60.8
M16	78.5～98.1
M18	98.0～127.4
M20	156.9～196.2
M24	274.6～343.2

《电气装置安装工程 电气设备交接试验标准》GB 50150—2016

表 8.0.10 油浸式电力变压器绝缘电阻的温度换算系数

温度差 K	5	10	15	20	25	30	35	40	45	50	55	60
换算系数 A	1.2	1.5	1.8	2.3	2.8	3.4	4.1	5.1	6.2	7.5	9.2	11.2

注：1. 表中 K 为实测温度减去 20℃ 的绝对值。

2. 测量温度以上层油温为准。

表 19.0.1

绝缘油的试验项目及标准

序号	项目	标准	说明
1	外状	透明，无杂质或悬浮物	外观目视
2	水溶性酸（pH 值）	＞5.4	按《运行中变压器油、汽轮机油水溶性酸测定法（比色法）》GB/T 7598 中的有关要求进行试验
3	酸值（以 KOH 计）（mg/g）	≤0.03	按《石油产品酸值测定法》GB/T 264 的有关要求进行试验
4	闪点（闭口）（℃）	≥135	按《闪点的测定宾斯基-马丁闭口杯法》GB 261 中的有关要求进行试验
5	水含量（mg/L）	330kV～750kV：≤10 220kV：≤15 110kV 及以下电压等级：≤20	按《运行中变压器油水分测定法（库伦法）》GB/T 7600 或《运行中变压器油、汽轮机油水分测定法（气相色谱法）》GB/T 7601 中的有关要求进行试验
6	界面张力（25℃），（mN/m）	≥40	按《石油产品油对水界面张力测定法（圆环法）》GB/T 6541 中的有关要求进行试验
7	介质损耗因数 tanδ（%）	90℃时， 注入电气设备前≤0.5 注入电气设备后≤0.7	按《液体绝缘材料相对电容率、介质损耗因数和直流电阻率的测量》GB/T 5654 中的有关要求进行试验
8	击穿电压（kV）	750kV：≥70 500kV：≥60 330kV：≥50 66kV～220kV：≥40 35kV 及以下电压等级：≥35	（1）按《绝缘油 击穿电压测定法》GB/T 507 中的有关要求进行试验 （2）该指标为平板电极测定值，其他电极可参考《运行中变压器油质量标准》GB/T 7595

序号	项目	标准	说明
9	体积电阻率（90℃）（Ω·m）	$\geqslant 6\times 10^{10}$	按《液体绝缘材料相对电容率、介质损耗因数和直流电阻率的测量》GB/T 5654 或《电力用油体积电阻率测定法》DL/T 421 中的有关要求进行试验
10	油中含气量（%）（体积分数）	330～750kV：≤1.0	按《绝缘油中含气量测定方法 真空压差法》DL/T 423 或《绝缘油中含气量的气相色谱测定法》DL/T 703 中的有关要求进行试验（只对 330kV 及以上电压等级进行）
11	油泥与沉淀物（%）（质量分数）	≤0.02	按《石油和石油产品及添加剂机械杂质测定法》GB/T511 中的有关要求进行试验
12	油中溶解气体组分含量色谱分析	见有关章节	按《绝缘油中溶解气体组分含量的气相色谱测定法》GB/T 17623 或《变压器油中溶解气体分析和判断导则》GB/T 7252 及《变压器油中溶解气体分析和判断导则》DL/T 722 中的有关要求进行试验
13	变压器油中颗粒度限值	500kV 及以上交流变压器：投运前（热油循环后）100mL 油中大于 5μm 的颗粒数不超过 2000 个	按《变压器油中颗粒度限值》DL/T 1096 中的有关要求进行试验

表 19.0.2　　　　　　　　　　　　电气设备绝缘油试验分类

试验类别	适用范围
击穿电压	1. 6kV 以上电气设备内的绝缘油或新注入上述设备前、后的绝缘油。 2. 对下列情况之一者，可不进行击穿电压试验： 1）35kV 以下互感器，其主绝缘试验已合格的； 2）按本标准有关规定不需取油的

续表

试验类别	适用范围
简化分析	准备注入变压器、电抗器、互感器、套管的新油，应按表 19.0.1 中的第 2 项～第 9 项规定进行
全分析	对油的性能有怀疑时，应按本标准表 19.0.1 中的全部项目进行

表 19.0.4　　　　　　　　　　　　　　　　　SF_6 新到气瓶抽检比例

每批气瓶数	选取的最少气瓶数
1	1
2～40	2
41～70	3
71 以上	4

表 25.0.3　　　　　　　　　　　　　　　　　接 地 阻 抗 值

接地网类型	要求
有效接地系统	$Z \leqslant 2000/I$ 或当 $I > 4000A$ 时，$Z \leqslant 0.5\Omega$ 式中：I——经接地装置流入地中的短路电流，A 　　　Z——考虑季节变化的最大接地阻抗，Ω
	当接地阻抗不符合以上要求时，可通过技术经济比较增大接地阻抗，但不得大于 5Ω。并应结合地面电位测量对接地装置综合分析和采取隔离措施

接地网类型	要求
非有效接地系统	1. 当接地网与 1kV 及以下电压等级设备共用接地时，接地阻抗 $Z \leqslant 120/I$ 2. 当接地网仅用于 1kV 以上设备时，接地阻抗 $Z \leqslant 250/I$ 3. 上述两种情况下，接地阻抗一般不得大于 10Ω
1kV 以下电力设备	使用同一接地装置的所有这类电力设备，当总容量不小于 100kVA 时，接地阻抗不宜大于 4Ω，如总容量小于 100kVA 时，则接地阻抗允许大于 4Ω，但不应大于 10
独立微波站	接地阻抗不宜大于 5Ω
独立避雷针	不宜大于 10Ω 当与接地网连在一起时可不单独测量
发电厂烟囱附近的吸风机及该处装设的集中接地装置	不宜大于 10Ω 当与接地网连在一起时可不单独测量
独立的燃油、易爆气体储罐及其管道	不宜大于 30Ω，无独立避雷针保护的露天储罐不应超过 10Ω
露天配电装置的集中接地装置及独立避雷针（线）	不宜大于 10Ω
有架空地线的线路杆塔	1. 当杆塔高度在 40m 以下时，应符合下列规定： 1）土壤电阻率小于或等于 $500\Omega \cdot m$ 时，接地阻抗不应大于 10Ω； 2）土壤电阻率 $500\Omega \cdot m \sim 1000\Omega \cdot m$ 时，接地阻抗不应大于 20Ω； 3）土壤电阻率 $1000\Omega \cdot m \sim 2000\Omega \cdot m$ 时，接地阻抗不应大于 25Ω；

续表

接地网类型	要求
有架空地线的线路杆塔	4）土壤电阻率大于 2000Ω·m 时，接地阻抗不应大于 30Ω。 2. 当杆塔高度大于或等于 40m 时，取上述值的 50%，但当土壤电阻率大于 2000Ω·m 时，接地阻抗难以满足不大于 15Ω时，可不大于 20Ω
与架空线直接连接的旋转电机进线段上避雷器	不宜大于 3Ω
无架空地线的线路杆塔	1. 对于非有效接地系统的钢筋混凝土杆、金属杆，不宜大于 30Ω 2. 对于中性点不接地的低压电力网线路的钢筋混凝土杆、金属杆，不宜大于 50Ω 3. 对于低压进户线绝缘子铁脚，不宜大于 30Ω

表 A　　　　　　　　　　　　　　　　　特 殊 试 验 项 目

序号	条款	内容
1	4.0.4	定子绕组直流耐压试验
2	4.0.5	定子绕组交流耐压试验
3	4.0.14	测量转子绕组的交流阻抗和功率损耗
4	4.0.15	测量三相短路特性曲线
5	4.0.16	测量空载特性曲线
6	4.0.17	测量发电机空载额定电压下灭磁时间常数和转子过电压倍数

序号	条款	内容
7	4.0.18	发电机定子残压
8	4.0.20	测量轴电压
9	4.0.21	定子端部动态特性
10	4.0.22	定子绕组端部手包绝缘施加直流电压测量
11	4.0.23　、	转子通风试验
12	4.0.24	水流量试验
13	5.0.10	测录直流发电机的空载特性和以转子绕组为负载的励磁机负载特性曲线
14	6.0.5	测录空载特性曲线
15	8.0.11	变压器绕组变形试验
16	8.0.13	绕组连同套管的长时感应电压试验带局部放电测量
17	10.0.9（1）	用于关口计量的互感器（包括电流互感器、电压互感器和组合互感器）应进行误差测量
18	10.0.12（2）	电容式电压互感器（CVT）检测。CVT 电磁单元因结构原因不能将中压联线引出时必须进行误差试验。若对电容分压器绝缘油怀疑时，应打开电磁单元引出中压联线进行额定电压下的电容量和介质损耗因数 $\tan\delta$ 的测量
19	17.0.5	35kV 及以上电压等级橡塑电缆交流耐压试验

序号	条款	内容
20	17.0.9	电力电缆线路局部放电测量
21	18.0.6	冲击合闸试验
22	20.0.3	测量金属氧化物避雷器的工频参考电压和持续电流
23	24.0.3	测量 110（66）kV 及以上线路的工频参数
24	25.0.4	场区地表电位梯度、接触电位差、跨步电压和转移电位测量
25	I.0.3	交叉互联性能检验
26	全标准中	110（66）kV 及以上电压等级电气设备的交、直流耐压试验（或高电压测试）
27	全标准中	各种电气设备的局部放电试验
28	全标准中	SF$_6$ 气体（除含水量检验及检漏）和绝缘油（除击穿电压试验外）试验

《混凝土质量控制标准》GB 50164—2011

表 6.6.14　　　　　　　　　　　混凝土拌合物从搅拌机卸出料后到浇筑完毕的延续时间

混凝土生产地点	气温	
	≤25℃	>25℃
预拌混凝土搅拌站	150	120
施工现场	120	60
混凝土制品厂	90	60

《电气装置安装工程　旋转电机施工及验收规范》GB 50170—2006

表 2.6.2　　　　　　　　　　　　　　　　　水内冷电机冷却水水质标准

项目	标准
外观	透明纯洁，无机械混合物
pH 值（25℃）	7.0～9.0
电导率（μS/cm）（25℃）	0.5～1.5（5.0）
硬度（μmol/L）	＜2.0
含铜量（μg/L）	≤40
溶氨量（μg/L）	＜300
溶氧量（μg/L）	＜30

注：1. 电机启动时，冷却水的电导率不宜大于 5.0μS/cm。

　　2. 括号内为开启式水系统规定数据。

《建筑地基基础工程施工质量验收规范》GB 50202—2018

表 4.7.4　　　　　　　　　　　　　　　　　注浆地基质量检验标准

类别	序号	检查项目	允许偏差或允许值		检查方法
			单位	数值	
主控项目	1	地基承载力	不小于设计值		静载试验
	2	处理后地基土的强度	不小于设计值		原位测量
	3	变性指标	设计值		原位测量

类别	序号	检查项目			允许偏差或允许值		检查方法
					单位	数值	
一般项目	1	原材料检验	注浆用砂	粒径	mm	<2.5	筛析法
				细度模数	<2.0		筛析法
				含泥量	%	<3	水洗法
				有机物含量	%	<3	灼烧减量法
			注浆用黏土	塑性指数	>14		界限含水率试验
				黏粒含量	%	>25	密度计法
				含砂率	%	<5	
				有机物含量	%	<3	
			粉煤灰	细度模数	不粗于同时使用的水泥		试验室试验
				烧失量	%	<3	
			水玻璃：模数		3.0～3.3		试验室试验
			其他化学浆液		设计值		查产品合格证书或抽样送检
	2	注浆材料承重			%	±3	称重
	3	注浆孔位			mm	±50	用钢尺量
	4	注浆孔深			mm	±100	量测注浆孔深度
	5	注浆压力			%	±10	检查压力表读数

表 4.10.4 高压喷射注浆复合地基质量检验标准

项	序	检查项目	允许偏差或允许值		检查方法
			单位	数值	
主控项目	1	复合地基承载力	不小于设计值		静载试验
	2	单桩承载力	不小于设计值		静载试验
	3	水泥用量	不小于设计值		查看流量表
	4	桩长	不小于设计值		测钻杆长度
	5	桩身强度	不小于设计值		28d 试块强度或钻芯法
一般项目	1	水胶比	设计值		实际用水量与水泥等胶凝材料的重量比
	2	钻孔位置	mm	≤50	用钢尺量
	3	钻孔垂直度	≤1/100		经纬仪测钻杆
	4	桩位	mm	≤0.2D	开挖后桩顶下 500mm 处用钢尺量
	5	桩径	mm	≥−50	用钢尺量
	6	桩顶标高	不小于设计值		水准测量，最上部 500mm 浮浆层及劣质桩体不计入
	7	喷射压力	设计值		检查压力表读数
	8	提升速度	设计值		测机头上升距离及实际
	9	旋转速度	设计值		现场测定
	10	褥垫层夯填度	≤0.9		水准测量

注：D 为设计桩径（mm）。

表 4.11.4　　　　　　　　　　　　　　水泥土搅拌桩地基质量检验标准

项	序	检查项目	允许偏差或允许值		检查方法
			单位	数值	
主控项目	1	复合地基承载力	不小于设计值		静载试验
	2	单桩承载力	不小于设计值		静载试验
	3	水泥用量	不小于设计值		查看流量表
	4	搅拌叶回转直径	mm	±20	用钢尺量
	5	桩长	不小于设计值		测钻杆长度
	6	桩身强度	不小于设计值		28d 试块强度或钻芯法
一般项目	1	水胶比	设计值		实际用水量与水泥等胶凝材料的重量比
	2	提升速度	设计值		测机头上升距离及时间
	3	下沉速度	设计值		测机头下沉距离及时间
	4	桩位	条基边桩沿轴线	≤1/4D	全站仪或用钢尺量
			垂直轴线	≤1/6D	
			其他情况	≤2/5D	
	5	桩顶标高	mm	±200	水准测量，最上部 500mm 浮浆层及劣质桩体不计

项	序	检查项目	允许偏差或允许值		检查方法
			单位	数值	
一般项目	6	导向架垂直度	≤1/150		经纬仪测量
	7	褥垫层夯填度	≤0.9		水准测量

注：D 为设计桩径（mm）。

表 4.12.4   土和灰土挤密桩复合地基质量检验标准

项	序	检查项目	允许偏差或允许值		检查方法
			单位	数值	
主控项目	1	复合地基承载力	不小于设计值		静载试验
	2	桩体填料平均压实系数	≥0.97		环刀法
	3	桩长	不小于设计值		测桩管长度或用测绳测孔深
一般项目	1	土料有机质含量	≤5%		灼烧减量法
	2	含水量	最优含水量±2%		烘干法
	3	石灰粒径	mm	≤5	筛析法
	4	桩位	条基边桩沿轴线	≤1/4D	全站仪或用钢尺量
			垂直轴线	≤1/6D	
			其他情况	≤2/5D	

项	序	检查项目	允许偏差或允许值		检查方法
			单位	数值	
一般项目	5	桩径	mm	+500	用钢尺量
	6	桩顶标高	mm	±200	水准测量，最上部500mm浮浆层及劣质桩体不计
	7	垂直度	≤1/100		经纬仪测量
	8	砂、碎石褥垫层夯填度	≤0.9		水准测量
	9	灰土垫层压实系数	≥0.95		环刀法

注：D为设计桩径（mm）。

表 4.13.4　　　　　　　　　　　　　　　　水泥粉煤灰碎石桩复合地基质量检验标准

项	序	检查项目	允许偏差或允许值		检查方法
			单位	数值	
主控项目	1	复合地基承载力	不小于设计值		静载试验
	2	单桩承载力	不小于设计值		静载试验
	3	桩长	不小于设计值		测桩管长度或用测绳测孔深
	4	桩径	mm	−500	用钢尺量量
	5	桩身完整性	—		低应变检测

续表

项	序	检查项目	允许偏差或允许值		检查方法
			单位	数值	
主控项目	6	桩身强度	不小于设计值		28d 试块强度
一般项目	1	桩位	条基边桩沿轴线	≤1/4D	全站仪或用钢尺量
			垂直轴线	≤1/6D	
			其他情况	≤2/5D	
	2	桩顶标高	mm	±200	水准测量，最上部 500mm 浮浆层及劣质桩体不计
	3	桩垂直度	≤1/100		经纬仪测桩管
	4	混合料塌落度	mm	160～220	塌落度仪
	5	混合物充盈系数	≥1.0		实际灌注量与理论灌注量的比
	6	褥垫层夯填度	≤0.9		水准测量

注：D 为设计桩径（mm）。

表 4.14.4 　　　　　　　　　　　　　　　夯实水泥土桩复合地基质量检验标准

项	序	检查项目	允许偏差或允许值		检查方法
			单位	数值	
主控项目	1	复合地基承载力	不小于设计值		静载试验

项	序	检查项目	允许偏差或允许值		检查方法
			单位	数值	
主控项目	2	桩体填料平均压实系数	≥0.97		环刀法
	3	桩长	不小于设计值		用测绳测孔深
	4	桩身强度	不小于设计值		28d 试块强度
一般项目	1	土料有机物含量	≤5%		灼烧减量法
	2	含水量	最优含水量±2%		烘干法
	3	土料粒径	mm	≤20	筛析法
	4	桩位	条基边桩沿轴线	≤1/4D	全站仪或用钢尺量
			垂直轴线	≤1/6D	
			其他情况	≤2/5D	
	5	桩径	mm	±500	用钢尺量
	6	桩顶标高	mm	±200	水准测量，最上部 500mm 浮浆层及劣质桩体不计
	7	桩孔垂直度	≤1/100		经纬仪测桩管
	8	褥垫层夯填度	≤0.9		水准测量

注： D 为设计桩径（mm）。

表 5.1.2　　　　　　　　　　　　　　　　　　预制桩（钢桩）桩位的允许偏差

序	检查项目		允许偏差（mm）
1	带有基础梁的桩	垂直基础梁的中心线	≤100＋0.01H
		沿基础梁的中心线	≤150＋0.01H
2	承台桩	桩数为 1 根~3 根桩基中的桩	≤100＋0.01H
		桩数大于或等于 4 根桩基中的桩	≤1/2 桩径＋0.01H 或 1/2 边长＋0.01H

注：H 为桩基施工面与设计桩顶的距离（mm）。

表 5.1.4　　　　　　　　　　　　　灌注桩的桩径、垂直度及桩位的允许偏差

序号	成孔方法		桩径允许偏差（mm）	垂直度允许偏差	桩位允许偏差（mm）
1	泥浆护壁灌注桩	D≤1000mm	≥0	≤1/100	≤70＋0.01H
		D＞1000mm			≤100＋0.01H
2	套管成孔灌注桩	D≤500mm	≥0	≤1/100	≤70＋0.01H
		D＞500mm			≤100＋0.01H
3	干成孔灌注桩		≥0	≤1/100	≤70＋0.01H
4	人工挖孔桩		≥0	≤1/100	≤50＋0.005H

注：1. H 为桩基施工面至设计桩顶的距离（mm）。

　　　2. D 为设计桩径（mm）。

表 6.3.3 混凝土灌注桩质量检验标准

项	序	检查项目	允许偏差或允许值		检查方法
			单位	数值	
主控项目	1	地基承载力	不小于设计值		静载试验
	2	场地地温	℃	±0.05	热敏电阻测量
一般项目	1	混凝土灌注稳定	℃	5～10	用温度计量
	2	柱侧防冻措施	设计要求		目测法
	3	承台、基础梁下防冻措施	设计要求		目测法

表 9.5.2 填土施工时的分层厚度及压实遍数

压买机具	分层厚度（mm）	每层压实遍数
平碾	250～300	6～8
振动压实机	250～350	3～4
柴油打夯机	200～250	3～4
人工打夯	<200	3～4

《砌体结构工程施工质量验收规范》GB 50203—2011

表 9.2.3 检验批抽检锚固钢筋样本最小容量

检验批的容量	样本最小容量	检验批的容量	样本最小容量
≤90	5	281～500	20

检验批的容量	样本最小容量	检验批的容量	样本最小容量
91～150	8	501～1200	32
151～280	13	1201～3200	50

表 B.0.1　　　　　　　　　　　　　　　　　正常一次性抽样的判定

样本容量	合格判定数	不合格判定数	样本容量	合格判定数	不合格判定数
5	0	1	20	2	3
8	1	2	32	3	4
13	1	2	50	5	6

表 C.0.1　　　　　　　　　　　　　　　　　填充墙砌体植筋锚固力检测记录

工程名称		分项工程名称		植筋日期	
施工单位		项目经理			
分包单位		施工班组组长		检测日期	
检测执行标准及编号					
试件编号	实测荷载	检测部位		检测结果	
		轴线	层	完好	不符合要求情况

工程名称		分项工程名称		植筋日期	
施工单位		项目经理			
分包单位		施工班组组长		检测日期	
检测执行标准及编号					
试件编号	实测荷载	检测部位		检测结果	
		轴线	层	完好	不符合要求情况
监理（建设）单位验收结论					
备注	1. 植筋埋置深度（设计）：　　　mm； 2. 设备型号：　　　　　； 3. 基材混凝土设计强度等级为（C　）； 4. 锚固钢筋拉拔承载力检验值：6.0kN				

复核：　　　　　　　　　　检测：　　　　　　　　　　记录：

《混凝土结构工程施工质量验收规范》GB 50204—2015

表 8.3.2   现浇结构位置、尺寸允许偏差及检验方法

项目			允许偏差（mm）	检验方法
轴线位置	整体基础		15	经纬仪及尺量
	独立基础		10	经纬仪及尺量
	柱、墙、梁		8	尺量
垂直度	柱、墙层高	≤6m	10	经纬仪或吊线、尺量
		>6m	12	经纬仪或吊线、尺量
	全高（H）≤300m		$H/30000+20$	经纬仪、尺量
	全高（H）>300m		$H/10000$，且≤80	经纬仪、尺量
标高	层高		±10	水准仪或拉线、尺量
	全高		±20	水准仪或拉线、尺量
截面尺寸	基础		+15，−10	尺量
	柱、梁、板、墙		+10，−5	尺量
	楼梯相邻踏步高差		±6	尺量
电梯井洞	中心位置		10	尺量
	长、宽尺寸		+25，0	尺量
表面平整度			8	2m 靠尺和塞尺量测

项目		允许偏差（mm）	检验方法
预埋件	预埋板	10	尺量
	预埋螺栓	5	尺量
	预埋管	2	尺量
	其他	10	尺量
预留洞、孔中心线位置		15	尺量

注：1. 检查轴线、中心线位置时，沿纵、横两个方向测量，并取其中偏差的较大值。

　　2. H 为全高，单位为 mm。

《钢结构工程施工质量验收规范》GB 50205—2001

表 5.2.4　　　　　　　　　　　　　　　　　　一、二级焊缝质量等级及缺陷分级

焊缝质量等级		一级	二级
内部缺陷超声波探伤	评定等级	Ⅱ	Ⅲ
	检验等级	B 级	B 级
	探伤比例	100%	20%
内部缺陷射线探伤	评定等级	Ⅱ	Ⅲ
	检验等级	AB 级	AB 级
	探伤比例	100%	20%

表 10.3.3 　　　　　　　　　　　钢屋（托）架、梁及受压杆件垂直度和侧向弯曲矢高的允许偏差　　　　　　　　　　mm

项目		允许偏差
跨中的垂直度		$h/250$，且不应大于 15.0
侧向弯曲矢量高 f	$l\leqslant30m$	$l/1000$，且不应大于 10.0
	$30m<l\leqslant60m$	$l/1000$，且不应大于 30.0
	$l>60m$	$l/1000$，且不应大于 50.0

表 10.3.4 　　　　　　　　　　　整体垂直度和整体平面弯曲的允许偏差　　　　　　　　　　mm

项目	允许偏差
主体结构的整体垂直度	$H/1000$，且不应大于 25.0
主体结构的整体平面弯曲度	$L/1500$，且不应大于 25.0

《建筑防腐蚀工程施工质量验收规范》GB/T 50224—2018

表 8.3.4 　　　　　　　　　　　结合层的厚度

材料种类		结合层厚度（mm）				聚合物水泥砂浆
		树脂		水玻璃		
		胶泥	砂浆	胶泥	砂浆	
耐酸砖、耐酸耐温砖、防腐蚀碳砖		4～6	—	4～6	—	4~6
乙烯基酯树脂砂浆块材		4～6	—	—	—	—
天然石材	厚度≤30	4～8	—	4～8	—	4～8
	厚度>30	—	8～15	—	8～15	8～15

表 8.4.3　　　　　　　　　　　　　　　　　　　　　　　　灰缝宽度和深度

块材种类		灰缝宽度（mm）		灰缝深度
		挤缝	灌缝或嵌缝	
耐酸砖、耐酸耐温砖、防腐蚀碳砖		2～5	—	满缝
乙烯基酯树脂砂浆块材		2～5	8～12	满缝
天然石材	厚度≤30mm	3～6	8～12	满灌或满嵌
	厚度＞30mm	—	8～15	满灌或满嵌

《建筑工程施工质量验收统一标准》GB 50300—2013

表 D.0.1-1　　　　　　　　　　　　　　　　　　　一般项目正常检验一次抽样判定

样本容量	合格判定数	不合格判定数	样本容量	合格判定数	不合格判定数
5	1	2	32	7	8
8	2	3	50	10	11
13	3	4	80	14	15
20	5	6	125	21	22

表 D.0.1-2　　　　　　　　　　　　　　　　　　　一般项目正常检验二次抽样判定

抽样次数	样本容量	合格判定数	不合格判定数	抽样次数	样本容量	合格判定数	不合格判定数
（1）	3	0	2	（1）	20	3	86
（2）	6	1	2	（2）	40	9	10

续表

抽样次数	样本容量	合格判定数	不合格判定数	抽样次数	样本容量	合格判定数	不合格判定数
（1）	5	0	3	（1）	32	5	9
（2）	10	3	4	（2）	64	12	13
（1）	8	1	3	（1）	50	7	11
（2）	16	4	5	（2）	100	8	19
（1）	13	2	5	（1）	80	11	16
（2）	26	6	7	（2）	160	26	27

注：（1）和（2）表示抽样次数，（2）对应的样本容量为二次抽样的累计数量。

《屋面工程技术规范》GB 50345—2012

表 4.5.1　　　　　　　　　　　　　卷材、涂膜屋面防水等级和防水做法

防水等级	防水做法
Ⅰ级	卷材防水层和卷材防水层、卷材防水层和涂膜防水层、复合防水层
Ⅱ级	卷材防水层、涂膜防水层、复合防水层

注：在Ⅰ级屋面防水做法中，防水层仅做单层卷材层时，符合有关单层防水卷材屋面技术的规定。

表 4.5.5　　　　　　　　　　　　　每道卷材防水层最小厚度　　　　　　　　　　　　　mm

防水等级	合成高分子防水卷材	高聚物改性沥青防水卷材		
		聚酯胎、玻纤胎、聚乙烯胎	自黏聚酯胎	自黏无胎
Ⅰ级	1.2	3	2	1.5

表 4.5.6　　　　　　　　　　　　　　　　　　　　　　每道涂膜防水层最小厚度　　　　　　　　　　　　　　　　　　　　　　mm

防水等级	聚合物水泥防水涂膜	合成高分子防水涂膜	高聚物改性沥青防水涂膜
Ⅰ级	1.5	1.5	2
Ⅱ级	2	2	3

表 4.5.7　　　　　　　　　　　　　　　　　　　　　　复合防水层最小厚度　　　　　　　　　　　　　　　　　　　　　　mm

防水等级	合成高分子防水+合成高分子防水涂膜	自黏聚合物改性沥青防水卷材（无胎）+合成高分子防水涂膜	高聚物改性沥青防水卷材+高聚物改性沥青防水涂膜	聚乙烯丙纶卷材+聚合物水泥防水胶结材料
Ⅰ级	1.2+1.5	1.5+1.5	3.0+2.0	（0.7+1.3）×2
Ⅱ级	1.0+1.0	1.2.+1.0	3.0+1.2	0.7+1.3

表 4.8.1　　　　　　　　　　　　　　　　　　　　　　瓦屋面防水等级和防水做法

防水等级	防水做法
Ⅰ级	瓦+防水层
Ⅱ级	瓦+防水垫层

表 4.9.1　　　　　　　　　　　　　　　　　　　　　　金属板屋面防水等级和防水做法

防水等级	防水做法
Ⅰ级	压型金属板+防水垫层
Ⅱ级	压型金属板、金属面绝热夹芯板

《建筑节能工程施工质量验收规范》GB 50411—2007

表 12.2.2　　　　　　　　　　　　　　不同标称截面的电缆、电线每芯导体最大电阻值

标称截面（mm²）	20℃时导体最大电阻（Ω/km）圆筒导体（不镀金属）
0.5	36
0.75	24.5
1	18.1
1.5	12.1
2.5	7.41
4	4.61
6	3.08
10	1.83
16	1.15
25	0.727
35	0.524
50	0.387
70	0.268
95	0.193
120	0.153
150	0.124

续表

标称截面（mm²）	20℃时导体最大电阻（Ω/km）圆筒导体（不镀金属）
185	0.0991
240	0.0754
300	0.0601

附录 A　　　　　　　建筑节能工程进场材料和设备的复验项目

序号	分项工程	复验项目
4	墙体节能工程	1. 保温材料的导热系数、密度、抗压强度或压缩强度； 2. 黏结材料的黏结强度； 3. 增强网的力学性能、抗腐蚀性能
5	幕墙节能工程	1. 保温材料：导热系数、密度； 2. 幕墙玻璃：可见光透射比、传热系数、遮阳系数、中空玻璃露点； 3. 隔热型材：抗拉强度、抗剪强度
6	门窗节能工程	1. 严寒、寒冷地区：气密性、传热系数和中空玻璃露点； 2. 夏热冬冷地区：气密性、传热系数，玻璃遮阳系数、课可见光透射比、中空玻璃露点； 3. 夏热冬暖地区：气密性，玻璃遮阳系数、可见光透射比、中空玻璃露点
7	屋面节能工程	保温隔热材料的导热系数、密度、抗压强度或压缩强度
8	地面节能工程	保温材料的导热系数、密度、抗压强度或压缩强度
9	采暖节能工程	1. 散热器的单位散热量、金属热强度； 2. 保温材料的导热系数、密度、吸水率

续表

序号	分项工程	复验项目
10	通风与空调节能工程	1. 风机盘管机组的供冷量、供热量、风量、出口静压、噪声及功率； 2. 绝热材料的导热系数、密度、吸水率
11	空调与采暖系统冷热源及管网节能工程	绝热材料的导热系数、密度、吸水率
12	配电与照明节能工程	电缆、电线截面和每芯导体电阻值

《混凝土结构工程施工规范》GB 50666—2011

表 10.2.5   拌合水及骨料加热最高温度

水泥强度等级	拌合水（℃）	骨料（℃）
小于 42.5	80	60
42.5、42.5R	60	40

《钢结构工程施工规范》GB 50755—2012

表 7.4.7   扭剪型高强度螺栓初拧（复拧）扭矩值   N·m

螺栓公称直径	M16	M20	M22	M24	M27	M30
初拧（复拧）扭矩	115	220	300	390	560	760

《火电厂凝汽器管防腐防垢导则》DL/T 300—2011

表 2   循环水水质控制指标

项目		单位	参考标准
pH 值			8.0～9.0
悬浮物		mg/L	≤100
铜离子（凝汽器为铜管）		μg/L	≤40
总有机磷（PO_4^{3-}）		mg/L	1～3
总铁		mg/L	≤0.5
细菌总数		个/mL	≤1×10^5，期望值≤1×10^4
浓缩倍率	天然水		3～6
	再生水		2～5
余氯（连续式加药时）		mg/L	0.1～0.3

《电厂用磷酸酯抗燃油运行与维护导则》DL/T 571—2014

表 2   运行中磷酸酯抗燃油质量标准

序号	项目	指标	试验方法
1	外观	透明，无杂质或悬浮物	DL/T 429.1
2	颜色	桔红	DL/T 429.2

续表

序号	项目		指标	试验方法
3	密度（20℃）（kg/m³）		1130～1170	GB/T 1884
4	运动黏度（40℃）（mm²/s）	ISO VG32	27.2～36.8	GB/T 265
		ISO VG46	39.1～52.9	
5	倾点（℃）		≤−18	GB/T 3535
6	闪点（开口）（℃）		≥235	GB/T 3536
7	自燃点（℃）		≥530	DL/T 706
8	颗粒污染度（SAE AS4059F 级）		≤6	DL/T 432
9	水分（mg/L）		≤1000	GB/T 7600
10	酸值（mgKOH/g）		≤0.15	GB/T 264
11	氯含量（mg/kg）		≤100	DL/T 433
12	泡沫特性（mL/mL）	24℃	≤200/0	GB/T 12579
		93.5℃	≤40/0	
		后24℃	≤200/0	
13	电阻率（20℃）（Ω·cm）		≥6×109	DL/T 421
14	空气释放值（50℃）（min）		≤10	SH/T 0308
15	矿物油含量[%（m/m）]		≤4	附录 C

《火力发电厂锅炉化学清洗导则》DL/T 794—2012

表 7　　　　　　　　　　　GB 8978（第二类污染物最高允许排放浓度）的主要排放指标　　　　　　　　　　　mg/L

序号	有害物质或项目名称	最高允许排放浓度		
		一级标准	二级标准	三级标准
1	pH 值	6～9	6～9	6～9
2	悬浮物	70	150	400
3	化学需氧量（重铬酸钾法）	100	150	500
4	氟化物	10	10	20（用氟离子计测定）
5	油	5	10	20

《管道焊接接头超声波检验技术规程》DL/T 820—2002

表 4　　　　　　　　　　　距离——波幅曲线的灵敏度

检验级别	A	B	C
管壁厚度	14mm～50mm	14mm～160mm	14mm～160mm
判废线 RL	$\phi3\times40$	$\phi3\times40^{-4}dB$	$\phi3\times40^{-2}dB$
定量线 SL	$\phi3\times40^{-10}dB$	$\phi3\times40^{-10}dB$	$\phi3\times40^{-8}dB$
评定线 EL	$\phi3\times40^{-16}dB$	$\phi3\times40^{-16}dB$	$\phi3\times40^{-14}dB$

《火力发电厂焊接技术规程》DL/T 869—2012

表5   焊接接头分类检验的范围、方法及比例

接头类别	范围	检验方法及比例（%）					
		外观		无损检测		光谱	硬度 [a]
		自检	专检	射线	超声		
I	工作压力 $p \geqslant 22.13$ MPa 的锅炉的受热面管子	100	100	50	50	10	5
	9.81MPa$\leqslant P <$22.13MPa 的锅炉的受热面管子	100	100	25	25	10	5
	外径 $D>$159mm 或壁厚 $\delta>$20mm，工作压力 $p>$9.81MPa 的锅炉本体范围内的管子及管道	100	100	100		100	100
	外径 $D>$159mm，工作温度 $T>$450℃的蒸汽管道	100	100	100		100	100
	工作压力 $p>$8MPa 的汽、水、油、气管道	100	100	50		100	100
	工作温度 300℃$<T \leqslant$450℃的汽水管道及管件	100	100	50		100	100
	工作压力 0.1MPa$\leqslant P <$1.6MPa 的压力容器	100	100	50		100	100
II	工作压力 $P<$9.81MPa 的锅炉的受热面管子	100	100	25		不规定 [b]	5
	工作温度 150℃$<T \leqslant$300℃的蒸气管道及管件	100	25	5		不规定 [b]	100
	工作压力为 4MPa$\leqslant P \leqslant$8MPa 的汽、水、油、气管道	100	25	5		不规定 [b]	100
	工作压力 1.6MPa$<P<$4MPa 的汽、水、油、气管道	100	25	5		不规定 [b]	不规定
	承受静载荷的钢结构	100	25	按设计要求		不规定	不规定

接头类别	范围	检验方法及比例（%）					
		外观		无损检测		光谱	硬度 [a]
		自检	专检	射线	超声		
Ⅲ	工作压力 0.1MPa≤P≤1.6MPa 的汽、水、油、气管道	100	25	1		不规定	不规定
	烟、风、煤、粉、灰等管道及附件	100	25	100%的渗透检查		不规定	不规定
	非承压结构及密封结构	100	10	不规定		不规定	不规定
	一般支撑结构(设备支撑、梯子、平台、拉杆等)	100	10	不规定		不规定	不规定
	外径 D<76mm 的锅炉水压范围外的疏水、放水、排污、取样管子	100	10	不规定		不规定	不规定

[a]　经焊接工艺评定及首件硬度检验合格，并按照 DL/T 819 要求确定焊接热处理工作质量合格的同批焊接接头，以及 A 类钢焊接接头可免去硬度检验。

[b]　如涉及 A-Ⅲ、B、C 类钢材的焊接接头，要做光谱分析。

《电力基本建设热力设备化学监督导则》DL/T 889—2004

表 6　　　　　　　　　　　　　　　　　补 给 水 质 量 标 准

水 处 理 系 统	硬度（μmol/L）	SiO_2（μg/L）	电导率（25℃）（μS/cm）
一级化学除盐加混床出水	≈0	≤20	≤0.2

表 7 发电机内冷却水质量标准

pH（25℃）	电导率（25℃）（μS/cm）	硬度（μmol/L）	铜（μg/L）
＞6.8	≤2.0	≈0	≤200

注 1：全密封式冷却水系统。

注 2：铜含量目标值不大于 40μg/L。

注 3：pH 值（25℃）目标值为 7.0～8.5。

《火电工程项目质量管理规程》DL/T 1144—2012

表 A.1 新建、扩建机组推荐施工工期

规模	新建机组工期（首台+第 2 台）	扩建机组工期（首台+第 2 台）
2×300MW（总工期）	21+3	19+3
1. 主厂房浇注垫层至安装开始	3	3
2. 安装开始至水压试验	11	10
3. 水压试验至点火吹管	4	3.5
4. 点火吹管至机组投产	3	2.5
2×600MW（总工期）	24+4	22.5+3.5
1. 主厂房浇注垫层至安装开始	3.5	3.5
2. 安装开始至水压试验	13	12
3. 水压试验至点火吹管	4.5	4
4. 点火吹管至机组投产	3	3

规模	新建机组工期（首台+第 2 台）	扩建机组工期（首台+第 2 台）
2×1000MW（总工期）	29+5	27.5+5
1. 主厂房浇注垫层至安装开始	4	4
2. 安装开始至水压试验	16	15
3. 水压试验至点火吹管	5	5
4. 点火吹管至机组投产	4	3.5

注： 附录中工期为 I 类地区的推荐工期；II 类地区和 III 类地区的工期尚需适当增加。

表 D.1   **火电施工常见有追溯要求的产品清单**

专业名称	产品名称
土建	主体工程使用的钢筋、水泥、商品混凝土、高强螺栓
焊接	焊条、焊丝、焊剂
管道	高温高压或合金钢管、管件、阀门、流量测量组件、四大管道支吊架弹簧、管道保温材料
锅炉	锅炉钢结构高强螺栓、合金钢零部件、炉墙耐火及保温材料、锅炉水压试验防腐材料、锅炉酸洗材料、主要锅炉辅机的润滑油
汽轮机	汽轮机本体润滑油、抗燃泊、辅机润滑油、汽轮机本体保温材料
电气	变压器泊、六氟化硫气体、电缆、电缆头制作材料
热控	合金钢管、管件、阀门、电缆、主要热控元件

《汽轮发电机运行导则》DL/T 1164—2012

表 10 发电机每昼夜最大允许漏氢量

额定氢压（MPa）	≥0.5	≥0.4	≥0.3	≥0.2	≥0.1
合格值（m³）	18	16	14.5	7.5	5

《火力发电厂土建结构设计规程》DL 5022—2012

表 5.1.3 主厂房地基的变形容许值

主厂房结构	容许沉降差		容许沉降量（mm）	
	纵向	横向	非桩基	桩基
汽机房外侧柱	0.003L	—	200	150
汽机房外侧柱与框架	—	0.003L	—	—
主厂房框架	0.003L	0.002L	200	150
汽轮发电机基础	0.0015L		150～200	100～150
Π形锅炉炉架基础	0.002L		200	150
空冷器支架	0.002L		200	150
汽轮发电机基础与框架	0.005L		—	
锅炉基础与框架	0.005L		—	

注 1：表中 L 为相邻柱基的中心距离或汽轮机基础的边长。

注 2：表中桩基指预制钢筋混凝土方桩、预应力管（PHC）桩、钢筋混凝土灌注桩或钢管桩基础，表中非桩基指天然地基和复合地基。

注 3：桩端持力层应为中、低压缩性土层。

《发电厂化学设计规范》DL 5068—2014

表 5.1.5　　　　　　　　　　　　　　　　　　　　　　　电厂各项正常水汽损失

序号	损失类别		正常损失
1	厂内水汽循环损失 a	1000MW 级机组	为锅炉最大连续蒸发量的 1.0%
		300MW 级、600MW 级机组	为锅炉最大连续蒸发量的 1.5%
		125MW 级、200MW 级机组	为锅炉最大连续蒸发量的 2.0%
		100MW 级机组及以下	为锅炉最大连续蒸发量的 3.0%
		压水堆核电机组	蒸汽发生器额定蒸汽流量的 1.0%
2	汽包锅炉排污损失 b		根据计算或锅炉厂资料，但不少于 0.3%
3	厂内其他用水、用汽损失		根据具体工程情况确定
4	间接空冷机组循环冷却水损失		根据具体工程情况确定
5	闭式热水网损失		热水网循环水量的 0.5%～1.0%或根据具体工程情况确定
6	厂外供汽损失		根据具体工程情况确定
7	厂外供除盐水量		根据具体工程情况确定

a　厂内水汽循环损失包括锅炉吹灰用汽、凝结水精处理树脂再生及闭式循环冷却水系统等水汽损失。

b　对于除盐水作锅炉补充水的凝汽式机组，设有凝结水精除盐装置时，排污率不宜大于 0.5%，无凝结水精除盐装置，不宜大于 1.0%；对于背压供热机组，除盐水作锅炉补充水时，排污率不宜大于 2%，若以软化水或预脱盐水作锅炉补充水时，不宜大于 3%。

《火力发电厂保温油漆设计规程》DL/T 5072—2007

表 9.1.3　　　　　　　　　　　　　　涂 料 颜 色 表

序号	管道设备名称	面漆颜色
1	主蒸汽、再热蒸汽管道	—
2	抽汽、背压蒸、供热管道	—
3	其他蒸汽管道	—
4	凝结水管道（保温）	—
5	凝结水管道	浅绿色
6	给水管道	—
7	除盐水、化学补充水管道	浅绿色
8	疏放水、排水管道	—
9	热网水管道	—
10	循环水、工业水、射水、冲灰水管道	黑色
11	消防水管道	红色
12	油管道	黄色
13	冷风道	浅蓝色
14	热风道、除尘器加热风道	—
15	烟道	—
16	原煤管道	天蓝色
17	制粉、送粉管道（保温）	—
18	送粉管道	浅灰色

续表

序号	管道设备名称	面漆颜色
19	天然气、高炉煤气管道	黄色
20	空气管道	天蓝色
21	氧气管道	蓝色
22	氮气、二氧化碳管道	浅灰色
23	氢气管道	橙色
24	乙炔管道	白色
25	硫酸亚铁和硫酸铝管道	褐色
26	盐水管道	白色
27	氯气管道	深绿色
28	氨气管道	橙黄色
29	联氨	黄色
30	酸液	红色
31	碱液	黄色
32	磷酸三钠溶液	绿色
33	石灰浆	浅灰色
34	超滤水	浅蓝色
35	埋地管道	黑色
36	补水箱	天蓝色
37	除盐水箱	浅绿色
38	支吊架	银灰色
39	平台扶梯	银灰色

《电气装置安装工程 质量检验及评定规程》DL/T 5161—2002

表 5.0.5-5 号电除尘器振打及空负荷升压试验签证

除尘器型号		电场数		升压变压器定额电压 kV	
制造厂家		出厂编号		出厂日期	
试验前设备及系统检查					
检查项目	检查结果	检查项目		检查结果	
电除尘器振打装置安装		整流升压变压器安装			
控制保护装置		高压加热装置			
绝缘子表面		除尘器本体内遗留物			
二次回路接线标志		表计校验			
各项性能试验		操作及联动试验			
设备接地		电除尘器本体接地电阻（Ω）			
孔洞封堵		消防设施			
供电回路绝缘电阻（MΩ）		控制回路绝缘电阻（MΩ）			
电除尘器振打及空负荷升压试验检查					

1. 年 月 日 时 分～ 时 分，对电除尘器进行了振打试验，试验过程中，振打电机（共 台）旋转方向正确，振打装置动作正常。

2. 年 月 日 时 分，对电除尘器进行了空负荷升压试验，各电场均无放电现象。各电场试验数据为：

电场编号	1	2	3	4	5	6	7	8	
施加电压（kV）									
持续时间（min）									

《电力建设施工技术规范　第1部分：土建结构工程》DL 5190.1—2012

表 4.4.21　　　　　　　　　　　　　　　　　现浇混凝土结构尺寸允许偏差

项目	项目		允许偏差（mm）
轴线位移	独立基础		≤10
	其他基础		≤15
	墙、柱、梁		≤8
	剪力墙		≤5
垂直度	层高	≤5m	≤8
		>5m	≤10
	全高 H		不大于 $H/1000$，且≤30mm
标高偏差	杯形基础杯底		−10～0
	其他基础顶面		±10
	层高		±10
	全高		±30
截面尺寸偏差			−5～+8
表面平整度			≤8
预留洞中心位移			≤15
预埋设施中心线位置	预埋件		10
	预埋螺栓		5
	预埋管		5

续表

项目	项目	允许偏差（mm）
预留孔	中心位移	≤5
	截面尺寸偏差	−5～+10

表 7.2.19-1 　　　　　　　　　　　　　　　混凝土结构（基础底板）尺寸允许偏差

序号	检验项目	允许偏差（mm）
1	表面平整度	≤8
2	基础中心线位移	≤10
3	表面标高偏差	±10
4	外形尺寸偏差	±20
5	预埋件、插筋中心线位移	≤10
6	预埋件与混凝土表面高低差	≤5
7	全高垂直度	≤10

表 7.2.19-2 　　　　　　　　　　　　　　　混凝土结构尺寸（基础上部结构）允许偏差

序号	检验项目			允许偏差（mm）
1	预埋螺栓允许偏差	预埋管	中心	不大于 $0.1d_1$，且不大于 10mm
			孔壁垂直度	不大于 $L_6/200$，且不大于 10mm
		直埋式	中心	±2
			垂直度	≤$L_6/450$
			顶标高	0～+10

续表

序号	检验项目				允许偏差（mm）
1	预埋螺栓允许偏差	活动锚板		中心	<5
				标高	0～+15
			水平	带槽的	≤5
				带螺孔的	≤2
2	基础中心线位移				≤10
3	柱梁中心线对基础中心位移				≤5
4	层面标高偏差	台板部位			−10～0（有垫铁），0～+10（无垫铁）
5		其他部位			−20～0
6	柱梁截面尺寸偏差				−5～+8
7	表面平整度				≤8
8	墙柱全高垂直偏差				≤10
9	预埋件预留孔	中心线位移			≤10
		水平高差			≤5
10	平面外形（长、宽）尺寸偏差				±10

《电力建设施工技术规范 第 2 部分：锅炉机组》DL 5190.2—2012

表 5.1.6 通 球 试 验 的 球 径 mm

弯曲半径	管子外径		
	$60 \leq D_o < 76$	$32 < D_o < 60$	$D_o \leq 32$
$R \geq 2.5D_o$	$0.85D_i$	$0.80D_i$	$0.70D_i$
$1.8D_o \leq R < 2.5D_o$	$0.75D_i$	$0.75D_i$	$0.70D_i$
$1.4D_o \leq R < 1.8D_o$	$0.70D_i$	$0.70D_i$	$0.70D_i$
$R < 1.4D_o$	$0.65D_i$	$0.65D_i$	$0.65D_i$

注：D_i 为管子内径（进口管子 D_i 应为实测内径；内螺纹管 D_i 应为 $D_o-2\times$壁厚$-2\times$螺纹高度）；D_o 为管子外径；R 为弯曲半径。

表 5.4.2 过热器、再热器组合安装允许偏差 mm

检查项目	允许偏差
蛇形管自由端	± 10
管排间距	± 5
管排平整度	≤ 20
边缘管与外墙间距	± 5

表 5.4.3 省煤器组合安装允许偏差 mm

检查项目	允许偏差
组件宽度	± 5
组件对角线差	10
联箱中心距蛇形管弯头端部长度	± 10

检查项目	允许偏差
组件边管垂直度	±5
边缘管与外墙间距	±5

附录 K　　　　　　　　　　　　**水压试验临时管路与堵头的强度计算要求**

K.0.1　直管或直管道的理论计算厚度按式（K.0.1-1）计算：

$$\delta_L = \frac{pD_W}{2\varphi_h[\sigma] + p}$$（K.0.1-1）

式中：δ_L——直管或直管道的理论计算厚度，mm；

　　　　p——设计压力，MPa；

　　　　D_W——管子或管道的外径，mm；

　　　　$[\sigma]$——许用压力，MPa；

　　　　φ_h——焊缝减弱系数，对于无缝钢管取为 1.00。

K.0.2　平端盖的设计厚度按式（K.0.2-1）计算：

$$\delta_S = KD_n\sqrt{\frac{p}{[\sigma]}}$$（K.0.2-1）

平端盖取用厚度应满足 $\delta_1 > \delta_2$

式中：δ_S——平端盖的设计厚度，mm；

　　　　K——结构特性系数（见表 K.0.2）；

　　　　D_n——管道内径，mm；

　　　　p——计算压力，MPa；

　　　　$[\sigma]$——计算压力，MPa；

　　　　δ_1——平端盖的取用厚度，mm。

表 K.0.2 平端盖的结构特性系数 *K*

平端盖型式	结构要求	*K*	备注
	$k_1 \geqslant \delta$ $k_2 \geqslant \delta$ $h \leqslant (1 \pm 0.5)\text{mm}$	0.4	用于水压试验

注：用于水压试验时，可以不开或开小坡口。

《电力建设施工技术规范 第 3 部分：汽轮发电机组》DL 5190.3—2012

表 4.4.2 汽缸结合面的检查规定

检查方法	检查规定		
	高压缸水平结合面	中压缸垂直、水平结合面	低压缸垂直、水平结合面
按冷紧要求紧固1/3螺栓数量，用塞尺检查应达到的要求	0.03mm 塞尺自内外两侧检查均无间隙	0.05mm 塞尺自内外两侧检查无间隙，局部塞入部分不得超过汽缸法兰结合面宽度的1/3	0.05mm 塞尺检查，间隙不得贯通，在汽缸法兰同一断面处，从内外两侧塞入长度总和不得超过汽缸法兰宽度的1/3

表 4.6.7　　　　　　　　　　　　　　　　　　　　**轴 系 中 心 允 许 偏 差**　　　　　　　　　　　　　　　　mm

联轴器型式	允许偏差	
	圆周	端面
刚性与刚性	0.04	0.02
刚性与半挠性	0.05	0.04
蛇形弹簧式	0.08	0.06
齿式或爪式	0.10	0.05

注：表中数值不包括附加补偿值，施工中应按制造厂提供的补偿数据做必要的修正。

表 5.8.5-2　　　　　　　　　　　　　**发电机冷却水系统冲洗后水质指标标准**

pH 值（25℃）	电 导 率（25℃）（μS/cm）	硬　度（μmol/L）	铜（μg/L）	溶 氧 量（μg/L）
4.8～8.0	≤1.5	≤2	≤40	≤30

附录 A　　　　　　　　　　　　　　　**汽轮机台板砂浆垫块施工规定**

A.0.1　铲毛混凝土基础表面，规定凿出混凝土表面为稳固的混凝土，平面平均粗糙度为 10mm～20mm，并使基础表面到汽轮机台板下平面高度在 50mm～80mm；铲毛后应将表面凿屑、灰尘等去掉，并清理干净

A.0.2　台板就位，支垫稳当，调整好标高和水平与设计值偏差均在 1mm 之内，并紧固地脚螺丝，不使台板有移动可能

A.0.3　在准备安放混凝土垫块部位支膜，三面密封，一侧开口作为混凝土灌注捣固口，模板与台板接合面应封严，防止漏浆，模版应支撑牢固

A.0.4　浇灌前模板内部应吹扫干净，用水湿润 24h；开始浇注前应去掉混凝土基础表明的积水，并清理掉黏附在模具内侧和螺栓孔上的灰尘、油脂和其他物质	
A.0.5　浇灌采用制造厂指定的灌浆料	
A.0.6　搅拌规定：按照灌浆料说明书规定加入适量的水并保持合适的水混，充分搅拌均匀且排除搅拌过程中产生的气泡后方可浇灌	
A.0.7　浇灌规定：浇灌时应从一侧浇注，向另一侧流动，并有良好的排气与溢流效果，注意在浇筑过程中不得碰撞汽轮机台板；浇筑时应按规定做出混凝土试块，并于混凝土垫块在同一条件下进行养护，试块养护期满进行强度试验应符合制造厂要求	
A.0.8　养护：在垫块最初养护的 3 天内，温度应保持在 5℃～35℃ 范围内；并对暴露在空气中的部分用湿布进行覆盖，混凝土基础可用喷洒水的方式护养；3 天后可拆除灌浆模具，松开地脚螺栓，吊走台板；用湿布将垫块包裹起来，并继续使用碰洒水的方式使其保持湿润	

附录 G　　　　　氢冷及水氢氢冷发电机严密性试验参考值

发电机额定氢气压力（表压）（MPa）	严密性试验压力（MPa）			
	定子	转子	管道	整套
0.1～0.25 0.3～0.4	0.15～0.3 0.35～0.45	0.3～0.4 0.5～0.6	0.3～0.4 0.5～0.6	0.15～0.25 0.3～0.4
允许漏气量	折算到一昼夜的漏气率在 0.3%	试验 6h 压力降不应超过初压的 10%	试验 6h 平均每小时的压力降不应超过初压的 0.10%	在转子静止的情况下，折算到试验压力下，一昼夜的漏气率在 13% 以下
＞0.4～0.6	1.45～0.55	0.6～0.65	0.6～0.65	0.4～0.5
允许漏气量	同上条件漏气量 1.1m³/d	10%	0.10%	同上条件漏气量 4.3m³/d

附录 H

大型汽轮发电机组轴振参考标准（双振幅）

μm

范围	转速	1500r/min		3000r/min	
	位移	相对位移	绝对位移	相对位移	绝对位移
A		100	120	76	100
B		120	170	125	150
C		320	385	250	320

《电力建设施工技术规范　第 4 部分：热工仪表及控制装置》DL 5190.4—2012

表 5.1.8

盘 安 装 的 允 许 偏 差

mm

项目		允许偏差
垂直度（每米）		＜1.5
水平偏差	相邻两盘顶部	＜2
	成列盘顶部	＜5
盘面偏差	相邻两盘边	＜1.5
	成列盘面	＜5
盘间接缝		＜2

《电力建设施工技术规范　第 9 部分：水工结构工程》DL 5190.9—2012

表 C.6　　　　　　　　　　　　　　　　　　水池满水试验记录表

工程项目名称				
建设单位				
分项名称		施工单位		
水池名称		水池位号		
水池结构		允许渗水量 q_0		$L（m^2 \cdot d）$
水池平面尺寸（$L \times W$）	m	水面面积 A_1		m^2
水深	m	湿润面积 A_2		m^2
试验日期　　　年　月　日　　时开始，到　　　　年　月　日　　时至				
测度记录		初读	末读	两次读数差
水位测针读数 E（mm）		E_1	E_2	E_1-E_2
蒸发水箱水位测针读数 e（mm）		e_1	e_2	e_1-e_2
水温（℃）				
大气温度（℃）				
测度时间（月、日、时、分）		月　日　时　分	月　日　时　分	
实际渗水量 q $q=A_1/A_2\left[(E_1-E_2)-(e_1-e_2)\right]$		$L/（m^2 \cdot d）$	占允许渗水量的百分率 q_0/q	%

试验结果				
			试验员　　　　　年　　月　　日	
监理（建设）单位意见	代　表			
			年　　月　　日	
施工负责人		质检员		
班（组）长		施工员		

《电力建设施工质量验收及评价规程　第1部分：土建工程》DL/T 5210.1—2012

表 3-14　　　　　　　　　　　　　　　　　　　　水泥搅拌桩施工记录

工程名称：　　　　　　编号：　　　　　　　　　　　　　　　　　电土施表：3-14

建　设　单　位		设　计　单　位		监　理　单　位			施　工　单　位						
单位工程名称		设计桩径（mm）		设计有效桩长（m）		水泥浆比重（g/cm³）				设计水灰比			
水泥掺入比		水泥品种及标号			外　掺　剂				施工机号				
序号	桩号	施工日期	入土深度(m)	喷浆长度(m)	开钻时间(h:min)	喷浆下搅时间(h:min)	空搅提升时间(h:min)	二次喷浆下搅时间(h:min)	二次空搅提升时间(h:min)	结束时间(h:min)	水泥用量(kg)	木质素用量(kg)	备注

专业监理工程师：	施工员：	质检员：	记录员：
年　月　日	年　月　日	年　月　日	年　月　日

表 3.0.14　　　　　　　　　　　　　　　　　　施工现场质量管理检查记录

开工日期：　　年　　月　　日

工 程 名 称		施工许可证号（开工依据）			
建 设 单 位		项 目 负 责 人			
监 理 单 位		总 监 理 工 程 师			
设 计 单 位		项 目 负 责 人			
施 工 单 位		项 目 经 理		项目技术负责人	
序　　号	项　　　目	主 要 内 容			
1	现场质量管理制度				
2	质量责任制				

3	主要专业工种操作上岗证书	
4	分包方资格与对分包单位的管理制度	
5	施工图审查情况	
6	地质勘察资料	
7	施工组织设计、施工方案及审批	
8	施工技术标准	
9	工程质量检验制度	
10	搅拌站及计量设置	
11	现场实验室资质	
12	现场材料、设备存放与管理	
13	强制性条文实施计划	
14	质量通病预防措施实施计划	

检查结论：

监理工程师：　　　　　　　　　　　　　　　　　　总监理工程师：

　　　　　　　　　　　　　　　　　　　　　　　（建设单位项目负责人）　　　　　年　月　日

表 5.2.23　　　　　　　　　　　　　　　　螺旋钻、潜水钻、回旋钻和冲击钻成孔质量标准和检验方法

类　别	序　号	检　查　项　目		质　量　标　准	单　位	检验方法及器具
主控项目	1	孔底标高偏差		必须符合设计要求		测绳吊重锤检查或量钻杆
	2	孔底沉渣或虚土厚度	端承桩	≤50	mm	沉渣仪或测绳吊重锤（锤重）检查
			摩擦桩	≤150	mm	
主控项目	3	护壁泥浆质量	排出比重	1.2～1.5		泥浆比重计、含砂仪等仪器测定
			含砂率	<4	%	
			胶体率	≥90	%	
	4	桩基轴线位移	单排桩	≤10	mm	经纬仪、钢尺检查
			双排及以上桩	≤20	mm	
一般项目	1	桩径允许偏差	螺旋钻成孔 D=300mm～600mm	±20	mm	检孔圈、检孔器或检井机检查
			套管成孔及干成孔灌注桩	≥−20	mm	
			潜水和回旋钻成孔 D=500mm～1400mm	±50	mm	
			冲击钻成孔 D=600mm～1400mm	−50～+100	mm	
	2	垂直偏差		≤1%H_3		测斜仪或其他方法检测

类　别	序　号	检　查　项　目				质　量　标　准	单　位	检　验　方　法　及　器　具
一般项目	3	桩位允许偏差	1根～3根、单排桩基垂直于轴线的条形桩基群桩基边桩	泥浆护壁	$D\leq1000mm$	不大于 $D/6$ 且不大于 100mm		经纬仪、钢尺检查
					$D>1000mm$	$\leq100+0.01H_2$	mm	
				套管成孔	$D\leq500mm$	≤70	mm	
					$D>500mm$	≤100	mm	
				干成孔		≤70	mm	
			顺轴线条形桩基和群桩基的中间桩	泥浆护壁	$D\leq1000mm$	不大于 $D/4$ 且不大于 150mm		经纬仪、钢尺检查
					$D>1000mm$	$\leq150+0.01H_2$	mm	
				套管成孔	$D\leq500mm$	≤150	mm	
					$D>500mm$	≤150	mm	
				干成孔		≤150	mm	

表 5.2.25　　　　　　　　　　　　　　　人工挖大直径扩底墩成孔质量标准和检验方法

类　别	序　号	检　查　项　目	质　量　标　准	单　位	检　验　方　法　及　器　具
主控项目	1	孔底标高偏差	必须符合设计要求		测绳吊重锤或量钻杆
	2	孔底土质	必须符合设计要求		检查试验报告
	3	孔底虚土（沉渣）	严禁		绳吊重锤检查

续表

类　别	序　号	检 查 项 目		质 量 标 准	单　位	检 验 方 法 及 器 具
主控项目	4	墩身直径 D_1		必须符合设计要求且大于800mm		钢尺检查
	5	扩头直径 D_2 与 D_1 比值		应符合设计要求，D_2/D_1 不应大于3		钢尺检查
	6	墩底锅底深度		$0.1D \sim 0.15D$		钢尺检查
	7	扩头高于宽之比		$2 \sim 3$		钢尺检查
	8	墩间中距		$\geqslant 3D_1$	mm	钢尺检查
	9	墩底之间净距		$\geqslant 1000$	mm	钢尺检查
	10	墩底进入持力层深度	黏性和砂类土	$\geqslant 1500$	mm	检查施工记录或观察、尺量
			砂卵石或卵石层	$\geqslant 500$	mm	
			基岩	$\geqslant D_1$	mm	
	11	扩壁质量		应符合设计要求		检查施工记录或观察、尺量
	12	桩基轴线位移	单排桩	$\leqslant 10$	mm	钢尺检查
			双排及以上桩	$\leqslant 20$	mm	
一般项目	1	桩基允许偏差		$0 \sim 50$	mm	钢尺检查
	2	垂直偏差	混凝土护壁	$\leqslant 0.5\% H_3$		测斜仪或其他方法检查
			刚套管护壁	$\leqslant 1\% H_3$		

类　别	序　号	检　查　项　目		质　量　标　准	单　位	检　验　方　法　及　器　具
一般项目	3	桩位允许偏差	1根～3根、单排桩基垂直于中心线方向和群桩基的边桩			
			混凝土护壁	≤50	mm	钢尺检查
			刚套管护壁	≤100	mm	
		条形桩基沿中心线方向和群桩基础的中间桩	混凝土护壁	≤150	mm	钢尺检查
			刚套管护壁	≤200	mm	

表 5.2.27　　　　　　　　　　　混凝土灌注桩工程质量标准和检验方法

类　别	序　号	检　查　项　目		质　量　标　准		单　位	检　验　方　法　及　器　具
主控项目	1	工程桩承载力检验		必须符合设计要求			按基桩检测技术规范检测
	2	混凝土强度		应符合设计要求			检查试件报告或钻芯取样送检
		混凝土灌注程序		应符合先行有关标准的规定和施工措施要求			观察检查
		桩体质量检验		应符合 JGJ 106 的规定			按 JGJ 106 规定检测，如钻芯取样，大直径嵌岩桩应钻至桩尖下 50cm
	5	桩位偏差	1根～3根、单排桩基垂直于中心线方向和群桩基础的边桩	泥浆护壁	$D≤1000mm$	不大于 $D/6$ 且不大于 100mm		钢尺检查
					$D>1000mm$	≤100+0.01H_2	mm	钢尺检查
				套管成孔	$D≤500mm$	≤70	mm	钢尺检查
					$D>500mm$	≤100	mm	钢尺检查

类　别	序　号	检 查 项 目	质 量 标 准			单 位	检 验 方 法 及 器 具
主控项目	5	桩位偏差	1根～3根、单排桩基垂直于中心线方向和群桩基础的边桩	干成孔灌注桩	≤70	mm	钢尺检查
				钻扩机、洛阳铲、沉管法成孔	1根～2根或单排桩	≤70	mm	钢尺检查
					3根～20根群桩	≤D/2	mm	钢尺检查
				人工挖孔桩	混凝土护壁	≤50	mm	钢尺检查
					钢套管护壁	≤100	mm	钢尺检查
			条形桩基沿中心线方向和群桩基础的中间桩	泥浆护壁	D≤1000mm	不大于D/4且不大于150mm		钢尺检查
					D>1000mm	≤150+0.01H_2	mm	钢尺检查
				套管成孔	D≤500mm	≤150	mm	钢尺检查
					D>500mm	≤150	mm	钢尺检查
				干成孔	≤150	mm	钢尺检查
				钻扩机、洛阳铲、沉管法成孔	多余20根群桩边桩	≤D/2	mm	钢尺检查
					桩数多余20根中间桩	≤D	mm	钢尺检查
				人工挖孔桩	混凝土护壁	≤150	mm	钢尺检查
					钢套管护壁	≤200	mm	钢尺检查

类　别	序　号	检 查 项 目	质 量 标 准		单　位	检 验 方 法 及 器 具
一般项目	1	桩基偏差	泥浆护壁	潜水和回旋钻成孔	±50	mm	井径仪或超声波检测，干施工时用钢尺检查
				冲击钻成孔	50～100	mm	
			套管成孔灌注桩	≥20	mm	
			干成孔灌注桩	≥20	mm	
			人工挖孔桩	≥50	mm	
			沉管法成孔	20～50	mm	
			旋挖成孔	±50	mm	钢尺检查
	2	泥浆比重（黏土或砂性土）	1.15～1.20			比重计测，清孔后在孔距底50cm 处取样
	3	泥浆面高（高于地下水位）	0.5～1.0		m	观察检查
	4	混凝土坍落度	水下灌注	160～220	mm	坍落度仪检查
			干施工	70～100	mm	
	5	混凝土充盈系数	>1			检查每根桩的实际灌注量
	6	桩顶标高偏差	−50～+30		mm	水准仪检查，需扣除桩顶浮浆层及劣质桩体

表 5.10.12　　　　　　　　　　　　　　现浇混凝土结构外观及尺寸偏差质量标准和检验方法

类别	序号	检查项目	质量标准			单位	检验方法及器具
主控项目	1	外观质量	不应有严重缺陷。对已经出现的严重缺陷，应由施工单位提出技术处理方案，并经监理（建设）、设计单位认可后进行处理，对经处理的部位，应重新检查验收				观察，检查技术处理方案
	2	尺寸偏差	不应有影响结构性能和使用功能的尺寸偏差。对超过尺寸允许偏差且影响结构性能和安装、使用功能的部位，应由施工单位提出技术处理方案，并经监理（建设）、设计单位认可后进行处理。对经处理的部位，应重新检查验收				观察，检查技术处理方案
一般项目	1	外观质量	不宜有一般缺陷。对已经出现的一般缺陷，应由施工单位按技术处理方案进行处理，并重新检查验收				观察，检查技术处理方案
	2	轴线位移	独立基础		≤10	mm	钢尺检查
			其他基础		≤15		
			墙、柱、梁		≤8		
			剪力墙		≤5		
	3	垂直度	层高	≤5m	≤8	mm	经纬仪或吊线、钢尺检查
				>5m	≤10	mm	经纬仪或吊线、钢尺检查
			全高 H_4		不大于 $H_4/1000$，且不大于30mm		经纬仪、钢尺检查
	4	标高偏差	杯形基础杯底		−10～0	mm	水准仪或拉线、钢尺检查
			其他基础顶面		±10		

类别	序号	检查项目	质量标准		单位	检验方法及器具
一般项目	4	标高偏差	层高	±10	mm	水准仪或拉线、钢尺检查
			全高	±30		
	5	截面尺寸偏差	−5～+8		mm	钢尺检查
	6	表面平整度	≤8		mm	2m靠尺和楔形塞尺检查
	7	电梯井井筒长，宽对定位中心线偏差	+25～0		mm	钢尺检查
	8	预留洞中心位移	≤15		mm	钢尺检查
	9	预留孔	中心位移	≤3	mm	钢尺检查
	10		截面尺寸偏差	0～+10	mm	钢尺检查
	11	混凝土预埋件拆模后质量	应符合本部分附录B的规定			

表 6.2.8   混凝土结构外观及尺寸偏差质量标准与检验方法

类别	序号	检验项目	质量标准	单位	检验方法及器具
主控项目	1	外观质量	不应有严重缺陷。对已经出现的严重缺陷，应由施工单位提出技术处理方案，并经监理（建设）、设计单位认可后进行处理，对经处理的部位，应重新检查验收		观察，检查技术处理方案

续表

类别	序号	检验项目	质量标准		单位	检验方法及器具
主控项目	2	尺寸偏差	不应有影响结构性能和使用功能的尺寸偏差。对超过尺寸允许偏差且影响结构性能和安装、使用功能的部位，应由施工单位提出技术处理方案，并经监理（建设）、设计单位认可后进行处理。对经处理的部位，应重新检查验收			量测，检查技术处理方案
	3	大体积混凝土控温措施	必须符合设计要求和现行有关标准的规定			检查施工措施和记录
一般项目	1	外观质量	不宜有一般缺陷。对已经出现的一般缺陷，应由施工单位按技术处理方案进行处理，并重新检查验收			观察，检查技术处理方案
	2	预埋件	中心位移	≤10	mm	钢尺检查
			与混凝土面的平整偏差	≤5	mm	直尺和塞尺检查
			相邻预埋件高差	≤5 或（2）[a]	mm	水准仪检查
			水平偏差	≤3	mm	水平尺检查
			标高偏差	−10～+2	mm	水准仪检查
	3	预埋螺栓偏差	同组螺栓中心与轴线的相对位移偏差	≤2	mm	经纬仪、钢尺检查
			各组螺栓中心之间的相对位移偏差	≤1	mm	拉线、钢尺检查
			顶标高	0～+10	mm	水准仪测量
			垂直偏差	$<L_6/450$	mm	吊线检查
	4	预埋管	中心位移	≤5	mm	经纬仪或拉线、钢尺检查
	5	基础轴线位移	≤5		mm	经纬仪、钢尺检查

类别	序号	检验项目	质量标准		单位	检验方法及器具
一般项目	6	基础标高偏差	±8		mm	水准仪检查
	7	截面尺寸偏差	−5～+8		mm	钢尺检查
	8	全高垂直偏差	≤8		mm	钢尺、吊线检查
	9	标高偏差	有装配件的支承面	−10～0	mm	水准仪检查
			其　他	±8	mm	
	10	孔洞尺寸偏差	+15～0		mm	钢尺检查
	11	预留孔（洞）中心偏差	≤10		mm	纵横两个方向检查，并取其中的较大值
	12	混凝土表面平整度	≤8		mm	2m 靠尺和楔形塞尺检查
	13	上部结构插筋中心偏差	≤5		mm	观察、钢尺检查

注：L_6 为预埋螺栓长度。

ᵃ 括号内数字为支撑盘柜设备预埋件拆模后允许的偏差。

表 6.4.9　　　　　　　　　　　　　　**混凝土结构外观及尺寸偏差质量标准与检验方法**

类别	序号	检验项目	质量标准	单位	检验方法与器具
主控项目	1	外观质量	不应有严重缺陷。对已经出现的严重缺陷，应由施工单位提出技术处理方案，并经监理（建设）、设计单位认可后进行处理，对经处理的部位，应重新检查验收		观察，检查技术处理方案

续表

类别	序号	检验项目		质量标准	单位	检验方法与器具
主控项目	2	尺寸偏差		不应有影响结构性能和使用功能的尺寸偏差。对超过尺寸允许偏差且影响结构性能和安装、使用功能的部位，应由施工单位提出技术处理方案，并经监理（建设）、设计单位认可后进行处理。对经处理的部位，应重新检查验收		量测，检查技术处理方案
一般项目	1	外观质量		不宜有一般缺陷。对已经出现的一般缺陷，应由施工单位按技术处理方案进行处理，并重新检查验收		观察，检查技术处理方案
	2	清水混凝土	颜色	普通清水：无明显色差；饰面清水：颜色基本一致，无明显色差		距离墙面观察
	3		修补	普通清水：少量修补痕迹；饰面清水：基本无修补痕迹		距离墙面观察
	4		气泡	普通清水：气泡分散；饰面清水：最大直径不大于8mm，最大深度不大于2mm，每平方米气泡面积不大于20cm²		尺量
	5		裂缝	普通清水：宽度小于0.2mm；饰面清水：宽度小于0.2mm，且长度不大于1000mm		尺量、刻度放大镜
	6		光洁度	普通清水：无明显漏浆、流淌及冲刷痕迹；饰面清水：无漏浆、流淌及冲刷痕迹，无油迹、墨迹及锈斑，无粉化物		观察
	7		对拉螺栓孔眼	饰面清水：排列整齐，孔洞封堵密实，凹孔棱角清晰圆滑		观察、尺量
	8		明缝	饰面清水：位置规律、整齐、深度一致、水平交圈		观察、尺量
	9		蝉缝	饰面清水：横平竖直、水平交圈、竖向成线		观察、尺量
	10	轴线位移		≤5	mm	经纬仪、钢尺检查

类别	序号	检验项目		质量标准	单位	检验方法与器具
一般项目	11	柱墙垂直偏差	层高＜5m	≤8（普通清水≤8；饰面清水≤5）	mm	经纬仪或吊线和钢尺检查
			层高 5m～10m	≤10（普通清水≤8；饰面清水≤5）	mm	
			层高＞10m	≤15（普通清水≤8；饰面清水≤5）	mm	
			全高＞10m	不大于 $H_4/1000$，且不大于 30mm		
	12	标高偏差	层高	±10（普通清水±8；饰面清水±5）	mm	水准仪检查
			全高	±30	mm	
			支承面	−10～0	mm	
	13	侧向弯曲	柱	不大于 $H_4/750$，且不大于 20mm		拉线和钢尺检查
			梁	不大于 $L_2/750$，且不大于 15mm		
	14	截面尺寸偏差		±5（普通清水±5；饰面清水±3）	mm	钢尺检查
	15	表面平整度		≤8（普通清水≤4；饰面清水≤3）	mm	2m 靠尺和楔形塞尺检查
	16	预留孔洞	中心位移	≤15（普通清水≤10；饰面清水≤8）	mm	钢尺检查
			截面尺寸	0～+10	mm	
	17	预埋件质量		符合附录 B.0.3 的相关规定		
	18	角线顺直		普通清水≤4；饰面清水≤3	mm	拉线、尺量
	19	阴阳角	方正	普通清水≤4；饰面清水≤3	mm	尺量
			顺直	普通清水≤4；饰面清水≤3	mm	
	20	明缝直线度		饰面清水≤3	mm	拉 5m 线，不足 5m 拉通线,钢尺检查

类别	序号	检验项目	质量标准	单位	检验方法与器具
一般项目	21	蝉缝错台	饰面清水≤2	mm	尺量
	22	蝉缝交圈	饰面清水≤5	mm	拉5m线，不足5m拉通线,钢尺检查

注：H_5 为柱（墙）高度；L_2 为梁长度；括号内的数值为清水混凝土的检验标准。

表 6.6.15　　　　　　　混凝土结构外观及尺寸偏差（基础上部结构）质量标准与检验方法

类别	序号	检验项目		质量标准	单位	检验方法与器具
主控项目	1	外观质量（严重缺陷）		不应有严重缺陷。对已经出现的严重缺陷，应由施工单位提出技术处理方案，并经监理（建设）、设计单位认可后进行处理，对经处理的部位，应重新检查验收		观察，检查技术处理方案
	2	尺寸偏差		不应有影响结构性能和使用功能的尺寸偏差。对超过尺寸允许偏差且影响结构性能和安装、使用功能的部位，应由施工单位提出技术处理方案，并经监理（建设）、设计单位认可后进行处理。对经处理的部位，应重新检查验收		量测，检查技术处理方案
	3	沉降观测点		必须符合设计和现行有关标准的要求		观察检查
一般项目	1	外观质量（一般缺陷）		不宜有一般缺陷。对已经出现的一般缺陷，应由施工单位按技术处理方案进行处理，并重新检查验收		观察，检查技术处理方案
	2	清水混凝土外观质量	颜色	普通清水：无明显色差；饰面清水：颜色基本一致，无明显色差		距离墙面观察
			修补	普通清水：少量修补痕迹；饰面清水：基本无修补痕迹		距离墙面观察

续表

类别	序号	检验项目			质量标准	单位	检验方法与器具
一般项目	2	清水混凝土外观质量	气泡		普通清水：气泡分散；饰面清水：最大直径不大于 8mm，最大深度不大于 2mm，每平方米气泡面积不大于 20cm²		尺量
			裂缝		普通清水：宽度小于 0.2mm；饰面清水：宽度小于 0.2mm，且长度不大于 1000mm		尺量、刻度放大镜
			光洁度		普通清水：无明显漏浆、流淌及冲刷痕迹；饰面清水：无漏浆、流淌及冲刷痕迹，无油迹、墨迹及锈斑，无粉化物		观察
			对拉螺栓孔眼		饰面清水：排列整齐，孔洞封堵密实，凹孔棱角清晰圆滑		观察、尺量
			明缝		饰面清水：位置规律、整齐、深度一致、水平交圈		观察、尺量
			蝉缝		饰面清水：横平竖直、水平交圈、竖向成线		观察、尺量
	3	预埋螺栓允许偏差	预埋管	中心ᵃ	不大于 $0.1d_1$，且不大于 10mm		钢尺检查
				孔壁垂直度	不大于 $L_6/200$，且不大于 10mm		吊线检查
			直埋式	中心	±2	mm	在根部、顶部钢尺检查
				垂直度	≤$L_6/450$	mm	吊线检查
				顶标高	0～+10	mm	水准仪检查
			活动锚板	中心	<5	mm	钢尺检查
				标高	0～+15	mm	水准仪检查
				水平 带槽的	≤5	mm	水平尺检查
				水平 带螺孔的	≤2	mm	水平尺检查

类别	序号	检验项目		质量标准	单位	检验方法与器具
一般项目	4	基础中心线位移		≤10	mm	经纬仪和钢尺检查
	5	柱梁中心线对基础中心位移		≤5	mm	经纬仪和钢尺检查
	6	层面标高偏差	台板部位 b	（−10～0），0～+10（普通清水−8～0；饰面清水 0～+5）	mm	水准仪检查
	7		其他部位	−20～0	mm	水准仪检查
	8	柱梁截面尺寸偏差		−5～+8（普通清水±5；饰面清水±3）	mm	钢尺检查
	9	表面平整度		≤8（普通清水≤4；饰面清水≤3）	mm	2m 靠尺和楔形塞尺检查
	10	墙柱全高垂直偏差		≤10	mm	经纬仪或吊线及钢尺检查
	11	预留孔	中心线位移	≤10	mm	钢尺检查
			水平高差	≤5	mm	钢尺检查
	12	预埋件	中心位移	≤10	mm	钢尺检查
			与混凝土面的平整偏差	≤5	mm	直尺和塞尺检查
			相邻预埋件高差	≤5	mm	水准仪检查
			水平偏差	≤3	mm	水平尺检查
			标高偏差	−10～+2	mm	水准仪检查
	13	平面外形（长、宽）尺寸偏差		±10	mm	钢尺检查

注： d_1 为螺栓直径；L_6 为螺栓长度。

    a 预埋螺栓全数检查，其最大偏差值必须满足设备安装要求。

    b 0～10 适用于有垫铁安装工艺；0～+10 适用于泵送混凝土和无垫铁安装工艺。

表 6.7.7　　　　　　　　　混凝土外观及尺寸偏差（设备基础）质量标准与检验方法

类别	序号	检验项目		质量标准	单位	检验方法与器具
主控项目	1	外观质量		不应有严重缺陷。对已经出现的严重缺陷，应由施工单位提出技术处理方案，并经监理（建设）、设计单位认可后进行处理，对经处理的部位，应重新检查验收		观察，检查技术处理方案
	2	尺寸偏差		不应有影响结构性能和使用功能的尺寸偏差。对超过尺寸允许偏差且影响结构性能和安装、使用功能的部位，应由施工单位提出技术处理方案，并经监理（建设）、设计单位认可后进行处理。对经处理的部位，应重新检查验收		量测，检查技术处理方案
	3	大体积混凝土温控措施		必须符合设计要求及 GB 50496 的规定		检查施工技术措施和测温记录
	4	预埋件、预埋螺栓		应符合本部分附录 B.3 的有关规定		
一般项目	1	外观质量		不宜有一般缺陷。对已经出现的一般缺陷，应由施工单位按技术处理方案进行处理，并重新检查验收		观察，检查技术处理方案
	2	清水混凝土外观质量	颜色	普通清水：无明显色差；饰面清水：颜色基本一致，无明显色差		距离墙面观察
			修补	普通清水：少量修补痕迹；饰面清水：基本无修补痕迹		距离墙面观察
			气泡	普通清水：气泡分散；饰面清水：最大直径不大于 8mm，最大深度不大于 2mm，每平方米气泡面积不大于 20cm^2		尺量
			裂缝	普通清水：宽度小于 0.2mm；饰面清水：宽度小于 0.2mm，且长度不大于 1000mm		尺量、刻度放大镜
			光洁度	普通清水：无明显漏浆、流淌及冲刷痕迹；饰面清水：无漏浆、流淌及冲刷痕迹，无油迹、墨迹及锈斑，无粉化物		观察

类别	序号	检验项目		质量标准	单位	检验方法与器具
一般项目	2	清水混凝土外观质量	对拉螺栓孔眼	饰面清水：排列整齐，孔洞封堵密实，凹孔棱角清晰圆滑		观察、尺量
			明缝	饰面清水：位置规律、整齐、深度一致、水平交圈		观察、尺量
			蝉缝	饰面清水：横平竖直、水平交圈、竖向成线		观察、尺量
	3	基础中心对主厂房轴线偏差		≤10	mm	经纬仪或拉线和钢尺检查
	4	层面标高偏差		−20～0（普通清水−8～0；饰面清水−5～0）	mm	水准仪检查
	5	梁、柱截面尺寸偏差		±10（普通清水±5；饰面清水±3）	mm	钢尺检查
	6	表面平整度		≤8（普通清水≤4；饰面清水≤3）	mm	2m靠尺及楔形塞尺检查（埋土部分不检查）
	7	全高垂直偏差		≤10	mm	吊线和钢尺检查
	8	平面外形尺寸偏差		±20	mm	钢尺检查
	9	凸台上平面尺寸偏差		−20～0	mm	钢尺检查
	10	凹穴尺寸偏差		0～+20	mm	钢尺检查
	11	预留地脚螺栓孔	中心位移	≤10	mm	钢尺检查
			深度偏差	0～+20	mm	钢尺检查
			孔垂直偏差	≤10	mm	吊线和钢尺检查

表 17.0.6　　　　　　　　　　　　　　　　　　　强制性条文管理和执行情况评价

工　程　名　称		工　程　部　位		评　价　日　期		年　月　日
施　工　单　位			评　价　单　位			
序号	评价内容	应得分	判　定　结　果			实得分	备注
			100%	85%	70%		
1	是否有强制性条文执行计划	15					
2	实施计划的完整性、正对性、可操作性	15					
3	本部位（系统）强制性条文是否全部实施	30					
4	本部位（系统）强制性条文执行严格程度	15					
5	强制性条文执行记录是否齐全、符合规定	25					
评价结果	权重值 10 分。 应得分： 实得分： 强制性条文管理和执行情况评价分=实得分/应得分×10=						

评价人：　　　　　　　　　　　　　　　　　　　年　月　日

《电力建设施工质量验收规程　第 2 部分：锅炉机组》DL/T 5210.2—2018

表 5.1.6　　　　　　　　　　　　　　设 备 缺 陷 通 知 单

机组　　　　　　　　　　　　　　　　　　　　　　　　　　　　工程编号：

工程项目名称			
单位工程名称		分部工程名称	
分项工程名称		检验批名称	
发现日期		通知单编号	
设备名称			
设备缺陷情况：			
发现单位		监理单位	

处理意见：

制造单位：
年　月　日

确认单位	缺陷确认意见	签字
施工单位		年　月　日
设计单位		年　月　日
制造单位		年　月　日
总包单位		年　月　日
监理单位		年　月　日
建设单位		年　月　日

表 5.1.7   设备缺陷处理验收单

机组   工程编号：

工程项目名称			
单位工程名称		分部分项工程名称	
检验批工程名称		设备名称	
通知单编号		处理日期	

缺陷处理情况：

缺陷处理结果：

监理单位：
年　　月　　日

验收单位	验收意见	验收签字
施工单位		年　　月　　日
设计单位		年　　月　　日

制造单位		年　月　日
总包单位		年　月　日
监理单位		年　月　日
建设单位		年　月　日

表 5.1.11　　　　　　　　　　　　　（　　　）焊 缝 渗 油 试 验 签 证

机组　　　　　　　　　　　　　　　　　　　　　　　　　　　　　　　　工程编号：

单位工程项目名称		分部工程	
分项工程名称		试验部位	
环境温度		检查人	

检查记录

检查方法：焊缝背面刷石灰水待石灰水干燥后，在焊缝的另一面刷煤油，刷油 20min 之后，检查刷石灰水一侧焊缝

试验部位（部件）	检查项目	检查结果

检查结论：		
验收单位	验收意见	验收签字
施工单位		年　　月　　日
设计单位		年　　月　　日
制造单位		年　　月　　日
总承包单位		年　　月　　日
监理单位		年　　月　　日
建设单位		年　　月　　日

表 5.2.1　　　　　　　　　　　　　　　　　　　锅炉本体单位工程施工记录、签证清单

序号		资料名称	表号	备注
1		钢架安装		
	1	锅炉钢结构高强度螺栓复检见证抽样记录	表 6.1.10	
	2	锅炉钢结构高强度螺栓紧固记录	表 6.1.8	

序号		资料名称	表号	备注
1	3	锅炉钢结构高强度螺栓紧固后复查记录	表 6.1.9	
	4	锅炉钢结构大板梁挠度测量记录	表 6.1.11	包括按板梁安装后，水压上水前、上水后、放水后及整套启动前五阶段测量挠度值
	5	锅炉钢结构柱脚灌浆前隐蔽工程签证	表 6.1.12	
	6	高强度螺栓连接副现场复验报告		检测单位提供
	7	摩擦面抗滑移系数现场检验报告		检测单位提供
	8	锅炉钢结构施工记录	表 5.1.9	包括柱底板安装中心距、标高、对角线、锅炉安装 1m 标高线，立柱标高、垂直度、中心距、对角线、柱顶标高等施工记录图
	9	锅炉大板梁施工记录	表 5.1.9	
	10	锅炉钢结构安装过程中的沉降观测记录	表 5.1.9	
2		其他金属结构安装		
	1	钢构件组合安装记录	表 5.1.9	
	2	护板安装记录	表 5.1.9	
3		汽包安装		
	1	汽包安装记录	表 5.1.9	
3	2	汽包封闭签证	表 6.2.5	
	3	汽水分离器、储水箱安装记录	表 5.1.9	
	4	汽水分离器、储水箱封闭签证	表 6.2.5	

续表

序号			资料名称	表号	备注
4			水冷壁安装		
		1	水冷壁安装记录	表 5.1.9	
		2	水冷壁组合记录	表 5.1.9	
		3	下降管安装记录	表 5.1.9	
		4	受热面密封焊接检查签证	表 6.3.8	
		5	水冷壁向火面密封签证	表 6.3.9	
		6	硫化床锅炉炉膛密相区渗透试验签证	表 6.3.10	
		7	受热面组合前、安装前通球签证	表 6.3.11	
		8	集箱清理封闭签证	表 6.3.12	
5			过热器安装		
		1	过热器组合记录	表 5.1.9	包括高温过热器组合、低温过热器组合、包墙过热器组合、汽-汽加热器组合
		2	过热器安装记录	表 5.1.9	包括高温过热器安装、低温过热器安装、屏式过热器安装、顶棚过热器安装、包墙过热器安装、汽-汽加热器安装
		3	汽冷式旋风分离器组合记录	表 5.1.9	
		4	汽冷式旋风分离器安装记录	表 5.1.9	
		5	过热器通球试验签证	表 6.3.11	
		6	过热器集箱清理封闭签证	表 6.3.12	
		7	吊挂装置安装记录	表 5.1.9	

序号		资料名称	表号	备注
6		再热器安装		
	1	再热器组合记录	表 5.1.9	包括高温再热器组合、低温再热器组合、低压高温、低压低温再热器组合记录
	2	再热器管组合记录	表 5.1.9	包括高温再热器安装、低温再热器安装、低压高温、低压低温再热器安装记录
	3	再热器通球试验签证	表 6.3.11	
	4	再热器集箱清理封闭签证	表 6.3.12	
	5	吊挂装置安装记录	表 6.1.9	
7		省煤器安装		
	1	省煤器组合记录	表 5.1.9	
	2	省煤器安装记录	表 5.1.9	
	3	省煤器通球签证	表 6.3.11	
	4	省煤器联箱清理封闭签证	表 6.3.12	
	5	吊挂管安装记录	表 6.1.9	
8		本体范围内设备管道及附件安装		
	1	炉水循环泵安装记录	表 5.1.9	
	2	汽包水位计安装记录	表 5.1.9	
	3	膨胀指示器安装记录	表 5.1.9	

序号		资料名称	表号	备注
9		锅炉整体水压试验		
	1	锅炉整体水压试验签证	表 6.7.2	
	2	水压试验水质化验报告		检验报告
	3	水压试验药品化验报告		检验报告
10		燃烧设备安装		
	1	锅炉燃烧中心找正记录	表 5.1.9	
	2	锅炉燃烧器安装记录	表 5.1.9	
11		附属设备安装		
	1	管箱式空气预热器支撑钢架划线记录图	表 5.1.9	
	2	管箱式空气预热器人孔门封闭签证	表 5.1.18	
	3	管箱式空气预热器渗油试验签证	表 5.1.11	
	4	回转式空气预热器施工记录	表 5.1.9	包括支撑钢结构划线，连接板中间梁安装，轴承找正，转子安装找正（圆度、垂直度、晃度），传动围带安装，传动齿轮与围带找正，联轴器找正，密封间隙（中心筒、轴向、径向、圆周）等施工记录图
	5	回转式空气预热器人孔门封闭签证	表 5.1.18	
	6	回转式空气预热器油站冷却器水压签证	表 5.1.17	
	7	回转式空气预热器试运前检查签证	表 5.1.20、表 5.1.21	包括空气预热器和空气预热器油系统试运前检查签证、试运后签证

续表

序号		资料名称	表号	备注
11	8	容器清理封闭签证	表 6.3.12	包括定期排污扩容器、连续排污扩容器、疏水扩容器、空气预热器冲洗水箱、暖风器疏水箱等
	9	吹灰器施工记录	表 5.1.9	
	10	泵、小型风机分部试运前、试运后签证	表 5.1.20、表 5.1.21	包括疏水泵、空气预热器冲洗水泵、等离子冷却水泵、暖风器疏水泵、等离子载体风机等运前检查签证、分部试运试后签证
12		锅炉相关管道		
	1	管道水压试验签证	表 6.7.2	
13		烟、风、煤、粉管道安装		
	1	烟道焊口渗油试验签证	表 5.1.11	
	2	风道焊口渗油试验签证	表 5.1.11	
	3	旋风分离器渗油试验签证	表 5.1.11	包括旋风分离器进、出口烟道、本体部分、灰道等
	4	回料器至外置床灰道渗油试验签证	表 5.1.11	
	5	回料器至炉膛灰道渗油试验签证	表 5.1.11	
	6	外置床至炉膛渗油试验签证	表 5.1.11	
14		烟气余热回收装置安装		
	1	钢结构安装记录	表 5.1.9	
	2	模块间焊缝渗油试验	表 5.1.11	
	3	水压试验签证	表 6.7.2	

序号		资料名称	表号	备注
15		炉膛及烟风系统风压试验		
	1	炉膛及烟风系统风压试验签证	表 6.13.2	
16		锅炉启动试运阶段检测		
	1	锅炉膨胀记录表	表 6.14.3	

表 5.2.2   **锅炉除尘装置安装单位工程施工质量验收记录、签证清单**

序号		资料名称	表号	备注
1		电除尘器安装		
	1	电除尘安装	表 5.1.9	包括电除尘基础划线、钢架安装、柱顶支座安装、壳体安装、顶梁安装、极距调整、阴阳极振打安装
	2	电除尘渗油试验签证	表 5.1.11	包括电除尘灰斗、进出口烟箱、壳体、顶板
	3	电除尘阴阳极振打试运签证	表 5.1.20、表 5.1.21	包括电除尘阴极振打前、后和阳极振打前、后签证
2		袋式除尘器安装		
	1	袋式除尘器钢架安装记录	表 5.1.9	包括袋式除尘器基础划线、钢架安装、壳体安装、清灰装置安装、袋笼安装、袋安装
	2	袋式除尘器渗油试验签证	表 5.1.11	包括袋式除尘器灰斗、进出、口烟箱、壳体

序号		资料名称	表号	备注
2	3	袋式除尘器莹光粉检漏签证	表 7.2.6	、
	4	袋式除尘器清灰装置试运签证	表 5.1.20、表 5.1.21	包括试运前后签证
3		湿式除尘器		
	1	湿式除尘器安装记录	表 5.1.9	
	2	除尘器渗油试验签证	表 5.1.11	
	3	喷淋试验签证	表 7.3.5	

表 5.2.3 锅炉燃油设备及管道安装单位工程施工记录、签证清单

序号		资料名称	表号	备注
1		油罐及附件安装		
	1	油罐充水试验签证	表 5.1.22	
	2	油罐清理封闭签证	表 5.1.18	
	3	油罐充水试验沉降记录	表 5.1.9	按附录 C 的规定执行
2		锅炉房及厂区燃油管道安装		
	1	燃油管道阀门试验记录	《电力建设施工质量验收规程 第3部分：汽轮发电机组》DL/T 5210.3—2018 表 12.1.3	
	2	燃油管道系统强度试验和严密性试验签证	表 8.1.6	

序号		资料名称	表号	备注
2	3	油泵试运签证	表 5.1.20、表 5.1.21	包括试运前、试运后签证
	4	通油试验签证	表 8.1.8	

表 5.2.4 　　　　　　　　　　锅炉辅属机械安装单位工程施工记录、签证清单

序号		资料名称	表号	备注
1		钢球磨煤机安装		
	1	钢球磨煤机安装施工记录	表 5.1.9	
	2	钢球磨煤机联轴器找正施工记录	表 5.1.9	
	3	冷却器水压试验签证	表 5.1.17	
	4	磨煤机人孔门封闭签证	表 5.1.18	
	5	磨煤机分部试签证	表 5.1.20、表 5.1.21	包括磨煤机分部试运前、后签证
2		中速磨煤机安装		
	1	ZGM(MPS)中速磨煤机安装记录	表 5.1.9	包括磨煤机基础检查划线、台板安装找正、传动盘找正及刮板间隙、基座密封间隙、喷嘴环间隙、磨辊找正、压架导向板间隙、电动机与减速机连轴器找正
	2	碗式中速磨煤机施工记录	表 5.1.9	包括磨煤机基础检查划线、台板安装找正、减速机安装、裙罩装置与内气封环间隙、刮板间隙、密封片与磨碗壳间隙、磨碗调节环与分离器体间隙、内椎体与落煤管间隙、内椎体与倒椎体间隙、磨辊与磨碗间隙、加载装置与磨辊头间隙、电动机与减速机连轴器

序号		资料名称	表号	备注
2	3	磨煤机油站水压试验签证	表 5.1.17	
	4	磨煤机人孔门封闭签证	表 5.1.18	
	5	磨煤机试运签证	表 5.1.20、表 5.1.21	包括分部试运前、后签证
3		风扇磨煤机		
	1	风扇磨煤机叶轮螺栓热紧记录	表 5.1.9	
	2	风扇磨煤机人孔门封闭签证	表 5.1.18	
	3	风扇磨煤机试运签证	表 5.1.20、表 5.1.21	包括分部试运前、后签证
4		风机		
	1	轴流式风机安装施工记录	表 5.1.9	包括风机基础检查划线、台板找正、轴承座找正、叶片与机壳间隙找正、叶轮螺栓紧固记录、联轴器找正记录
	2	离心式风机安装施工记录	表 5.1.9	包括风机基础检查划线、台板找正、轴承座、叶片与机壳间隙找正、集流器找正、联轴器找正记录
	3	水压试验签证	表 5.1.17	包括轴承座冷却水室水压试验、油系统水压试验签证
	4	风机人孔门封闭签证	表 5.1.18	
	5	风机试运签证	表 5.1.20、表 5.1.21	包括分部试运前、后签证
5		给煤机安装		
	1	给煤机基础检查划线记录图	表 5.1.9	
	2	给煤机试运签证	表 5.1.20、表 5.1.21	包括分部试运前、后签证

序号		资料名称	表号	备注
6		空气压缩机安装		
	1	空气压缩机基础检查划线记录图	表 5.1.9	
	2	空气压缩机试运签证	表 5.1.20、表 5.1.21	包括分部试运前、后签证
7		除灰、除渣系统辅机安装		
	1	除灰、除渣系统辅机安装记录	表 5.1.9	
	2	除灰、除渣系统辅机试运签证	表 5.1.20、表 5.1.21	包括分部试运前、后签证
8		起重机负荷试验签证表	《电力建设施工质量验收规程　第 3 部分：汽轮发电机组》DL/T 5210.3—2018 表 17.5.1	
9		油质报告		
	1	润滑油样检验报告		检验单位提供

表 5.2.5　　　　　　　　　　　　　　　　输煤设备安装单位工程施工记录、签证清单

序号		资料名称	表号	备注
1		储煤场（仓）设备安装		
	1	叶轮拨煤机分部试运签证	表 5.1.20、表 5.1.21	包括分部试运前、后签证
	2	环形给煤机机配煤车分部试运签证	表 5.1.20、表 5.1.21	包括分部试运前、后签证
	3	桥式螺旋卸煤机分部试运签证	表 5.1.20、表 5.1.21	包括分部试运前、后签证
	4	取样装置试运签证	表 5.1.20、表 5.1.21	包括分部试运前、后签证

序号		资料名称	表号	备注
1	5	动态轨道衡试运签证	表 5.1.20、表 5.1.21	包括分部试运前、后签证
2		转子翻车机安装		
	1	转子翻车机安装施工记录	表 5.1.9	包括转子托辊底座基础检查划线、托辊底座找正、减速机安装找正、传动机与传动齿条找正、电动机与减速机连接联轴器找正
	2	翻车机高强度螺栓抽样复检记录	表 6.1.10	
	3	翻车机高强度螺栓紧固记录	表 6.1.8	
	4	翻车机高强度螺栓紧固后复查记录	表 5.1.9	
	5	翻车机液压油站及管道滤油签证	表 5.1.20、表 5.1.21	包括分部试运前、后签证
	6	翻车机试运签证	表 5.1.20、表 5.1.21	包括分部试运前、后签证
	7	牵车台安装记录	表 5.1.9	包括基础（行车轨道）检查、销齿块安装、导向间隙
	8	牵车台试运签证	表 5.1.20、表 5.1.21	包括分部试运前、后签证
	9	调车机试运安装	表 5.1.9	包括基础（行车轨道）检查、齿条座与齿条安装、齿条与齿轮吻合找正、导向间隙
	10	轻车调车机试运签证	表 5.1.20、表 5.1.21	包括分部试运前、后签证
	11	重车调车机试运签证	表 5.1.20、表 5.1.21	包括分部试运前、后签证
	12	煤水处理间设备试运签证	表 5.1.20、表 5.1.21	包括分部试运前、后签证
3		斗轮堆取料机安装		
	1	斗轮堆取料机安装施工记录	表 5.1.9	包括基础检查划线、减速机安装找正、减速机轴端齿轮与中心传动齿条找正

续表

序号		资料名称	表号	备注
3	2	斗轮堆取料机高强螺栓抽样复检记录	表 6.1.10	
	3	斗轮堆取料机高强螺栓紧固记录	表 6.1.8	
	4	斗轮堆取料机高强螺栓紧固后复查记录	表 5.1.9	
	5	斗轮机液压油站分部试运签证	表 5.1.20、表 5.1.21	包括分部试运前、后签证
	6	斗轮堆取料机试运签证	表 5.1.20、表 5.1.21	包括分部试运前、后签证
4		输煤系统设备		
	1	筛煤机安装施工记录	表 5.1.9	包括基础划线、联轴器找正记录
	2	筛煤机分部试运签证	表 5.1.20、表 5.1.21	包括分部试运前、后签证
	3	碎煤机安装施工记录	表 5.1.9	包括基础划线、联轴器找正记录
	4	碎煤机分部试运签证	表 5.1.20、表 5.1.21	包括分部试运前、后签证
	5	皮带输煤机安装施工记录	表 5.1.9	包括基础划线、联轴器找正记录
	6	皮带输煤机试运签证	表 5.1.20、表 5.1.21	包括分部试运前、后签证
	7	胶带试验接头拉力试验报告		检测单位提供
5		油质报告		
	1	油质检测报告		检测单位提供

表 5.2.6　　　　　　　　　　脱硫设备安装单位工程施工记录、签证清单

序号	资料名称	表号	备注
1	增压风机安装		

序号		资料名称	表号	备注
1	1	基础划线施工记录	表 5.1.9	
	2	二次灌浆签证	表 6.1.12	
	3	动、静部分间隙记录图	表 5.1.9	
	4	轴承座水平度记录图	表 5.1.9	
	5	联轴器安装找正记录图	表 5.1.9	
	6	叶片调整（动叶可调式）记录图	表 5.1.9	
	7	冷油器试压签证	表 5.1.17	
	8	分部试运前静态检查签证	表 5.1.20	
	9	分部试运签证	表 5.1.21	
2		风机安装		
	1	基础划线施工记录图	表 5.1.9	
	2	二次灌浆签证	表 6.1.12	
	3	分部试运前检查签证	表 5.1.20	
	4	分部试运签证	表 5.1.21	
3		烟道安装		
	1	渗油试验签证	表 5.1.11	
	2	清理封闭签证	表 5.1.18	

序号		资料名称	表号	备注
3	3	风压试验签证	表 6.13.2	
4		吸收塔安装		
	1	基础划线施工记录	表 5.1.9	
	2	二次灌浆签证	表 6.1.12	
	3	筒体垂直度、弧度施工记录	表 5.1.9	
	4	吸收塔清理封闭签证	表 5.1.18	
	5	吸收塔充水试验签证	表 5.1.22	
5		氧化风机安装		
	1	基础划线施工记录	表 5.1.9	
	2	二次灌浆签证	表 6.1.12	
	3	联轴器安装找正记录图	表 5.1.9	
	4	分部试运前检查签证	表 5.1.20	
	5	分部试运签证	表 5.1.21	
6		浆液循环泵安装		
	1	基础划线施工记录	表 5.1.9	
	2	二次灌浆签证	表 6.1.12	
	3	轴承座水平度记录图	表 5.1.9	
	4	联轴器安装记录图	表 5.1.9	

序号		资料名称	表号	备注
6	5	分部试运前检查签证	表 5.1.20	
	6	分部试运签证	表 5.1.21	
7		其他泵类安装		
	1	基础划线施工记录图	表 5.1.9	
	2	二次灌浆签证	表 6.1.12	
	3	分部试运前检查签证	表 5.1.20	
	4	分部试运签证	表 5.1.21	
8		石灰石制备系统钢球磨煤机安装		
	1	基础划线施工记录	表 5.1.9	
	2	二次灌浆签证	表 6.1.12	
	3	轴承冷却器水压试验签证	表 5.1.17	
	4	轴承水平度施工记录图	表 5.1.9	
	5	人孔门封闭签证	表 5.1.18	
	6	分部试运前检查签证	表 5.1.20	
	7	分部试运签证	表 5.1.21	
9		浆液制备及输送设备安装		
	1	基础划线施工记录	表 5.1.9	
	2	二次灌浆隐蔽工程签证	表 6.1.12	

续表

序号		资料名称	表号	备注
9	3	分部试运前检查签证	表 5.1.20	
	4	分部试运签证	表 5.1.21	
10		脱水系统输送设备安装		
	1	基础划线施工记录	表 5.1.9	
	2	分部试运前检查签证	表 5.1.20	
	3	分部试运签证	表 5.1.21	
11		其他箱罐安装		
	1	基础划线施工记录	表 5.1.9	
	2	二次灌浆签证	表 6.1.12	
	3	筒体垂直度、弧度施工记录图	表 5.1.9	
	4	人孔门清理封闭签证	表 5.1.18	
	5	充水试验签证	表 5.1.22	
12		搅拌器安装		
	1	分部试运前检查签证	表 5.1.20	
	2	分部试运签证	表 5.1.21	
13		管道安装		
	1	管道强度试验及严密性试验签证	表 8.1.6	

序号		资料名称	表号	备注
14		设备、箱罐防腐		
	1	现场配制施工记录表	表 5.1.9	
	2	清理封闭签证	表 5.1.18	
15		烟气热交换装置安装		
	1	基础划线施工记录	表 5.1.9	
	2	二次灌浆签证	表 6.1.12	
	3	轴承垂直度、水平度施工记录	表 5.1.9	
	4	人孔门封闭签证	表 5.1.18	
	5	分部试运前检查签证	表 5.1.20	
	6	分部试运签证	表 5.1.21	

表 5.2.7   脱硝设备安装单位工程施工记录、签证清单

序号		资料名称	表号	备注
1		钢结构及反应器设备安装		
	1	脱硝装置钢架高强螺栓复检抽样记录	表 6.1.10	
	2	脱硝装置钢架高强螺栓紧固记录	表 6.1.8	

续表

序号		资料名称	表号	备注
1	3	脱硝装置钢架高强螺栓紧固后复查记录	表6.1.9	
	4	高强螺栓连接副现场复验报告		检测单位提供
	5	摩擦面抗滑移系数现场检验报告		检测单位提供
	6	脱硝装置钢架施工记录	表5.1.9	钢架柱底板中心距、标高、立柱中心距、对角线、垂直度等
	7	烟道、灰斗焊缝渗油试验签证	表5.1.11	
	8	反应器清理及封闭签证	表5.1.18	
	9	催化剂模块安装记录	表12.1.3	
2		液氨储备输送系统安装		
	1	施工记录	表5.1.9	
	2	强度试验和严密性试验签证	表8.1.6	
	3	系统管道吹扫	表8.1.5	
	4	设备试运签证	表5.1.21	
3		尿素储备系统安装		
	1	施工记录	表5.1.9	
	2	强度试验和严密性试验签证	表8.1.6	
	3	系统管道吹扫	表8.1.5	
	4	设备试运签证	表5.1.21	

表 5.2.8　　　　　　　　　　　　　　　　锅炉炉墙砌筑单位工程施工记录、签证清单

序号		资料名称	表号	备注
1		锅炉本体炉墙砌筑		
	1	炉墙材料复检抽样记录	表 5.1.8	
	2	不定型耐火材料复检抽样记录	表 5.1.8	
	3	保温材料复检抽样记录	表 5.1.8	
	4	炉墙施工记录	表 13.3.10	
	5	材料复检（抽检）报告		检测单位提供
	6	耐磨耐火试块检验报告		检测单位提供
2		循环流化床锅炉		
	1	锅炉炉墙浇筑材料抽检复验记录	表 5.1.8	
	2	耐磨耐火材料及现场制品抽检记录	表 5.1.8	
	3	保温材料现场抽检记录	表 5.1.8	
	4	材料复检（抽检）报告		检测单位提供
	5	各部位锚固件安装签证	表 13.3.9	
	6	锅炉炉墙施工记录	表 13.3.10	
	7	锅炉炉墙表面温度检测记录	表 13.3.11	
	8	锅炉烘炉检查签证	表 13.3.12	
	9	烘炉后试块检验报告		检测单位提供
	10	耐磨耐火试块检验报告		检测单位提供

表 5.2.9   加工配置单位工程施工记录、签证清单

序号		资料名称	表号	备注
1		箱罐容器制作		
	1	渗油试验签证	表 5.1.11	
	2	容器充水试验签证	表 5.1.22	
2		烟风燃（物）料管道及附属设备制作		
	1	渗油试验签证	表 5.1.11	
3		循环水管制作		
	1	渗油试验签证	表 5.1.11	

5.2.10 全厂热力设备及管道保温单位工程施工记录、签证清单应执行《火力发电厂热力设备及管道保温防腐施工质量验收规程》DL/T 5704—2014 相关规定。

5.2.11 全厂热力设备及管道油漆单位工程施工记录、签证清单应执行《火力发电厂热力设备及管道保温防腐施工质量验收规程》DL/T 5704—2014 相关规定。

表 6.1.5   板 梁 检 查

工序	检查项目		性质	单位	质量标准	检验方法和器具
板梁检查	设备外观				无裂纹、重皮、严重锈蚀、损伤	工程编号
	厂家焊缝		主控			施工日期
	材质		主控			
	板梁高度偏差	$H \leq 1600$		mm	±3	用钢直尺检测腹板两端中心处
		$1600 < H \leq 3000$			±5	
		$H > 3000$			±8	

续表

工序	检查项目		性质	单位	质量标准	检验方法和器具
板梁检查	板梁长度偏差	主梁		mm	±15	用钢直尺检测上下盖板宽度中心位置
		次梁			0 −10	
	板梁宽度偏差			mm	±5	上下盖板每隔2m用钢尺检测
	板梁腹板中心位置偏差			mm	≤5	检测两端面位置，拉线，用钢尺检测
	板梁盖板倾斜度偏差	H≤1600		mm	≤3	用角尺、直尺检测两端面
		H>1600			≤5	
	板梁旁弯度偏差			mm	小于或等于板梁全长的1/1000，且小于或等于10	梁立放，在腹板的一侧拉线，用钢尺检测
	板梁垂直挠度			mm	符合设计要求	沿上翼板中心线拉线，用钢尺检测
	叠梁叠合面平整度检查				上下梁接合面间隙小于厂家规定值	用塞尺检测
	板梁扭曲值	≤2000		mm	小于或等于板梁全长的1/1000，且小于或等于10	按《电力建设施工技术规范　第2部分：锅炉机组》 DL 5190.2—2012附录D4.10的方法检测。用拉线、吊线和钢尺检测
		>2000			小于或等于板梁全长的1/1000，且小于或等于16	
	高强度螺栓连接孔中心间距			mm	符合设备技术文件要求	用钢尺检测
	高强度螺栓连接孔位置	水平距离偏差		mm	符合设备技术文件要求	用钢尺检测
		垂直距离偏差				
	连接螺栓孔群中心线高度偏差			mm	±2	以板梁下盖板为基准，检测根部两端高度
	连接螺栓孔群中心线水平偏差	L≤2m		mm	±3	用水平尺检测
		L>2m		mm	±5	

注：H为板梁高度，L为连接螺栓孔群中心线至测量基准线的距离。

表 6.1.8 锅炉钢架高强度螺栓紧固记录

| 机组 | | | | | | 工程编号： | |

单位工程项目名称				分部/分项工程名称			
检验批工程名称				紧固部位			
紧固要求（包括初紧、终紧扭矩）：							
校正后的扳手扭矩：		扳手编号：		扳手编号：		扳手编号：	
高强螺栓规格		高强螺栓数量	初紧人	初紧日期	终紧人		终紧日期
使用的工器具及编号							

检查结论

验收单位	验收意见	验收签证
施工单位		年　月　日
设计单位		年　月　日
制造单位		年　月　日
总承包单位		年　月　日
监理单位		年　月　日
建设单位		年　月　日

表 6.1.9　　　　　　　　　　　　　　　　　　　　锅炉钢架高强度螺栓紧固后复查记录

机组　　　　　　　　　　　　　　　　　　　　　　　　　　　　　　　　　　　　　　工程编号：

单位工程项目名称			分部/分项工程名称		
检验批工程名称			复检部位		
节点名称或编号	高强螺栓规格	高强螺栓数量	抽查数量		操作人	复查日期
			大六角头	扭剪型		
使用的工器具及检定编号						

复查要求：

1. 高强度大六角头螺栓按节点总数抽查 10%，且不应少于 10 个；每个被抽查节点按螺栓数抽查 10%，且不应少于 2 个。叠型大板梁上下梁接合面如采用高强度大六角头螺栓连接副紧固时应视为一组节点，每根板梁螺栓抽查数不少于 20 个。

2. 扭剪型高强度螺栓以梅花头拧断为准。非结构原因梅花头未拧断的高强度螺栓应按上款内容全数复查

检查结论

验收单位	验收意见	验收签证
施工单位		年 月 日
设计单位		年 月 日
制造单位		年 月 日
总承包单位		年 月 日
监理单位		年 月 日
建设单位		年 月 日

表 6.1.10   锅炉钢架高强度螺栓复检见证抽样记录

机组   工程编号：

工程项目名称				
单位工程名称			分部/分项工程名称	
检验批工程名称			安装部位	
抽样地点			抽样日期	
检验单位			送样日期	
高强螺栓生产批号	规格	供应数量（套）	抽样数量（套）	备注

结论		

验收单位	验收意见	验收签证
施工单位		年　月　日
设计单位		年　月　日
制造单位		年　月　日
总承包单位		年　月　日
监理单位		年　月　日
建设单位		年　月　日

表 6.1.13　　　　　　　　　　　　　　　　　平台、梯子设备安装

工序	检验项目	性质	单位	质量标准	检验方法和器具
外观检查	焊缝			焊缝尺寸符合设计要求，焊接无缺陷，焊缝成型良好	目测，焊缝尺寸用焊接检验尺检测
	设备外观		mm	主要构件无裂纹、重皮、严重锈蚀、损伤	目测
	长度偏差		mm	小于或等于设备长度的 2/1000，且小于或等于 10	用钢尺检测两端

工序	检验项目		性质	单位	质量标准	检验方法和器具
外观检查	宽度偏差			mm	±3	用钢尺检测两端
	挠度、旁弯度			mm	≤6	拉线用钢尺检测
	弯曲度			mm	≤5	
平台梯子组合、安装	平台标高偏差			mm	±10	按附录 C.1 的规定，检测平台四角位置
	平台托架水平度偏差			mm	小于或等于平台托架长度的 2/1000	托架本身用水平尺检测
	两平台连接高低差			mm	≤5	用钢板尺检测两点
	平台格栅安装	安装方向及固定			铺设方向一致，横平竖直，拼缝间隙均匀，固定牢固	观察
		平整度偏差		mm	≤3	目测或用钢尺检测
栏杆、围板安装	栏杆柱子垂直度偏差			mm	≤3	用水平尺检测
	柱距			mm	间距均匀，符合设计	用钢尺检测
	横杆平直度偏差		主控	mm	≤10	在互成 90° 两个方位，拉线，用钢尺检测
	栏杆安装				两侧栏杆对称，接头光洁、无毛刺	观察
	围板安装				平直、无明显凸凹不平	
连接方式	焊接		主控		焊接形式符合厂家技术文件要求，焊接无夹渣、咬边、气孔等缺陷，焊缝成型良好	目测，焊缝尺寸用焊接检验尺检测
	螺栓连接		主控		紧固牢固、可靠；外露丝扣不应少于 2 扣	目测，小锤敲击检测

表 6.3.8　　　　　　　　　　　　　　　　　　炉墙密封焊接检查签证

机组　　　　　　　　　　　　　　　　　　　　　　　　　　　　　　　　　　工程编号：

单位工程名称		分部/分项工程名称	
检验批工程名称		检验部位	
检查人			
检查内容	质量要求	检查结果	
膜式壁（螺旋）鳍片缝焊接	密封无渗漏		
施工割孔密封焊缝	密封无渗漏		
角部（局部）密封焊缝	密封无渗漏		
穿墙管处密封焊接	密封无渗漏		
孔门安装密封焊接	密封无渗漏		
护板与受热面连接处焊接	密封无渗漏		
热工测量装置开孔焊接	密封无渗漏		
检查结论：			
验收单位	验收意见	验收签字	
施工单位		年　月　日	
设计单位		年　月　日	
制造单位		年　月　日	
总承包单位		年　月　日	
监理单位		年　月　日	
建设单位		年　月　日	

表 6.3.11   锅炉受热面设备通球试验签证

机组   工程编号：

单位工程项目名称		分部/分项工程名称	
检验批工程名称		R 值	
管子规格		数量	
球径及编号		通球压力	

通球情况：

发球人：   收球人：   日 期   年   月   日

检查结论：

验收单位	验收意见	验收签字
施工单位		年 月 日
设计单位		年 月 日
制造单位		年 月 日
总承包单位		年 月 日
监理单位		年 月 日
建设单位		年 月 日

表 6.3.15 吊 架 装 置 安 装

工序	检验项目	性质	单位	质量标准	检验方法和器具
设备检查	零件材质			无错用，合金部件做光谱分析，并在明显处标识	核对产品技术资料，合金部件做光谱分析，并出具报告
	外观检查			表面无损伤、裂纹、重皮等缺陷；吊杆螺纹表面无碰伤，与螺母配合良好	目测，吊杆与螺母逐个试装
	零件外形尺寸		mm	符合设备技术文件要求	用钢尺抽查
	吊杆弯曲度		mm	小于或等于吊杆长度的 1‰，且全长小于或等于 4	目测，目测弯曲度较大的用拉线、钢尺检测
	厂家焊缝			焊缝高度符合设备技术文件要求，无裂纹、夹渣、气孔等缺陷，成型良好	目测，焊缝尺寸用焊接检测尺抽查
设备安装	纵横向中心线偏差		mm	±5	以锅炉纵横膨胀中心线为基准，根据图纸采用钢卷尺校核
	销轴安装			销轴、开口销安装齐全，开口销销固	观察
	吊挂装置连接	主控		连接型式符合图纸要求，吊杆丝扣拧进花篮螺母长度符合图纸要求，丝扣采取防脱措施	观察
	螺杆露出螺母的长度		mm	一致，且外露长度不少于 3 扣	观察
	吊架中间过渡连梁水平度偏差		mm	≤5	用铁水平测量
	球形垫接合面			方向符合设计要求，接合面涂有黑铅粉类润滑剂	观察
	弹簧安装高度		mm	符合设备技术文件	用钢板尺检测
	吊杆受力	主控		负荷分配合理	用手摇动吊杆或者用手锤震动吊杆来判断，应在锅炉水压上水前检查
	焊接			焊缝符合图纸要求，无裂纹、夹渣、气孔等缺陷，成型良好	观察，用焊缝检验尺抽查

表 6.6.1 　　　　　　　　　　　　　　　　　　　　　　　　锅 炉 附 属 管 道 安 装

工序	检验项目		性质	单位	质量标准	检验方法和器具
管道安装	管道布置	管线走向			走线短捷，整齐、美观，不影响运行通道和其他设备的操作	核对图纸或目测
		与母管连接			不同压力的排污、疏放水管不得接入同一母管，与母管连接角度符合设计要求	
		热膨胀补偿	主控		有膨胀补偿措施	
	阀门布置				位置便于操作和检修，阀门(多个)排列整齐、间隔均匀	核对图纸或目测
	管子内部清洁				无尘土、锈皮、积水、金属余屑等杂物，清理完毕进行可靠封堵	用压缩空气进行吹扫
	管子对口		主控		符合表 6.3.3 规定	
	水平管弯曲度（DN 为公称直径）	DN≤100mm		mm	≤1‰长度，且≤20	核对图纸，拉线，用钢尺测量
		DN＞100mm		mm	≤1.5‰长度，且≤20	
	立管垂直度偏差			mm	≤2‰长度，且≤15	观察、吊线坠，用钢尺检测
	成排管段				排列整齐、间距均匀	观察、用钢尺检测
	管道坡向、坡度			%	符合设计技术文件要求，无设计时大于长度的 2‰	用水平尺或拉线，用钢尺检测
	管道热膨胀		主控		能自由热补偿，并不影响锅炉本体部件的热膨胀，热态无碰撞、挤压、变形	计算膨胀量，目测
	疏水箱、放水漏斗				位置便于检查，有滤网及上盖，固定牢靠、工艺美观	目测
	支吊架		主控		安装牢固、位置准确、受力均匀，不影响管系的热膨胀，倾斜度满足规范的要求；不锈钢管与碳钢支架之间增加隔离	目测

工序	检验项目	性质	单位	质量标准	检验方法和器具
管道附件安装	法兰连接			结合面平整，无贯穿性划痕，法兰对接平行、同心，螺栓受力均匀，螺栓应露出螺母2扣～3扣	钢尺测量，目测
	取样管蒸汽取样器			安装方向正确	目测
	消音器安装			符合设计技术文件要求，安装牢固	目测
	厂家焊缝	主控		焊缝应符合设备技术文件要求，无裂纹、气孔等缺陷，成型良好	目测，用焊缝检验尺抽查

表 6.6.2　　　　　　　　　　　　　　　　汽包就地水位计安装

工序	检验项目	性质	单位	质量标准	检验方法和器具
设备检查	本体外观			螺丝无滑扣、弯曲、裂纹等缺陷；螺丝与螺母配合良好，部件无变形、裂纹、损伤等缺陷	试配目测
	盖板接合面	主控		玻璃压板及云母片盖板结合面平整、严密光滑，接触均匀	涂色检查
	各汽水阀门	主控		阀芯与阀座密封面严密，填料装填正确，阀门开关灵活	涂色检查密封面，试操作阀门
	云母片外观	主控		优质、透明、平直、均匀，无斑点、皱纹、裂纹、弯曲	目测
	云母片总厚度		mm	1.2～1.5	用外径千分卡检测
设备安装	一般要求			位置正确，横平竖直	目测，水平尺检测
	盖板结合面垫片			宜采用紫铜垫片且平整	目测
	水位计水压试验	主控		工作压力下无渗漏	目测或检查试验记录

续表

工序	检验项目	性质	单位	质量标准	检验方法和器具
设备安装	联通管内部清洁			管子采用 0.8 倍内径通球检查并吹扫，清洁无杂物	目测或检查试验记录
	水位计和汽包连通管安装			汽连通管向水位计方向倾斜，水连通管向汽包方向倾斜，汽水连通管支架应留出膨胀间隙，水位计连通管阀门水平安装	目测，用玻璃管水平或水平尺检测
	水位线偏差		mm	±1	依据图纸，以汽包中心线为基准，按设备技术条件要求，用玻璃管水平检测
	水位线标志			正常，高、低水位线明显	目测
	罩壳安装			符合设备技术文件要求，固定牢靠	目测
	水位计零位			引至汽包端部，永久标志	目测

表 6.6.3   **弹簧式安全装置安装**

工序	检验项目	性质	单位	质量标准	检验方法和器具
设备检查	设备外观			无砂眼、裂纹	目测
	合金部件材质	主控		无错用	光谱分析，查阅报告
	部件加工精度、粗糙度			符合设备技术文件要求	用量具检查
	合金螺栓硬度试验			符合《电力建设施工技术规范　第 2 部分：锅炉机组》DL 5190.2—2012 规定	检查试验记录
设备安装	阀瓣和阀座结合面	主控		无麻点、沟槽，接触良好	色印检查
	部件配合间隙		mm	符合设备技术文件要求	用塞尺、卡尺等检测
	开启行程	主控	mm	符合设备技术文件要求	实测行程

工序	检验项目	性质	单位	质量标准	检验方法和器具
设备安装	阀体铅直度		（O）	≤0.05	水平尺
	法兰连接			接合面平整，加垫正确，螺栓受力均匀，丝扣露出 2 扣～3 扣	目测
	对口焊接	主控		符合表 6.6.3 规定	
	疏水管安装			工艺美观，焊缝无漏焊、咬边、裂纹等缺陷	目测

表 6.6.4　　　　　　　　　　　　　　　　　　压 力 表 安 装

工序	检验项目		性质	单位	质量标准	检验方法和器具
设备安装	压力表安装				校验合格，标签完整，固定牢靠、便于观察、维护	检查压力表校验记录，目测
	压力表管安装	材质	主控		符合设计技术文件要求	查产品技术资料，合金部件做光谱分析，并出具报告
		缓冲装置安装			位置正确	目测
		阀门安装			位置正确，便于操作	目测
	支吊架布置				布置合理，结构牢固，不影响热膨胀	核对图纸、目测
	焊接		主控		焊缝符合设备技术文件要求，无裂纹、气孔等缺陷，成型良好	目测，用焊缝检验尺抽查

表 6.6.5　　　　　　　　　　　　　　　　　　　　膨 胀 指 示 器 安 装

工序	检验项目		性质	单位	质量标准	检验方法和器具
指示器安装	安装部位		主控		完整、齐全，便于观察	目测
	支架安装				焊接牢固可靠，安装位置留有足够的移动量，工艺美观，不影响通路	目测
	指示器安装	二向指针	主控		指针指示 0 点位置准确，焊接牢固，指针与刻度盘有大于或等于3mm 的间隙	目测
		三向指针	主控		指针指示 0 点位置准确，指针杆与套管滑动灵活，指针杆有足够的膨胀移动量，套管垂直焊接牢固	目测
		指示牌	主控		指示牌刻度清晰，零位明显，位置准确，量程足够	目测，用钢尺测量，核对膨胀量与指示牌刻度范围

表 6.7.1　　　　　　　　　　　　　　　　　　　　锅 炉 整 体 水 压 试 验

工序	检验项目		性质	单位	质量标准	检验方法和器具
水压试验条件	试验压力		主控	MPa	符合设备技术文件要求；无要求时，符合《电力建设施工技术规范　第 2 部分：锅炉机组》DL 5190.2—2012 规定	试验时使用已检定合格，符合标准的压力表（不低于 1.0 级）目测
	水压试验用水		主控		采用合格的除盐水	查验水质报告
	水质	氯离子含量	主控	mg/L	<0.2	水质由化学专业人员取样分析
		pH 值			≥10.5	
	水温			℃	符合设备技术文件的规定	温度计测量
	试验环境温度			℃	≥5	实测
	试验条件、范围、程序				应符合《电力建设施工技术规范　第 2 部分：锅炉机组》DL 5190—2012 规定和已审批的水压试验作业指导书的要求	在试验前、过程中检查
水压试验检查	严密性检查		主控			
	试验后恢复					

表 6.14.1　　　　　　　　　　　　　　　　　　锅炉吊挂装置受力检查

工序	检查项目	性质	单位	质量标准	检测方法的器具
吊挂装置检查点火前	吊杆受力情况			吊杆受力均匀	用手晃度检查，目测
	弹簧张紧检查	主控		弹簧锁定装置已拆除，承载力刻度表完好，无松动、卡死和断裂现象	目测
	阻尼器检查			表面无划痕，行程位置符合设计要求，生根牢固，位置正确	目测
	吊架中间过渡梁			受力均匀，无明显倾斜	目测
吊挂装置检查满负荷后	吊杆调整			吊杆垂直、无倾斜，受力均匀，无松动	目测
	弹簧检查			无接近行程或偏移设计位置较多，无失载或过载现象，荷载满足要求	目测
	阻尼器检查			无卡涩，行程位置符合设计要求	目测
	吊架中间过渡梁			水平、无倾斜	目测

注：锅炉吊挂装置受力检查分吹管前和首次机组满负荷两个阶段进行。

《电力建设施工质量验收规程　第 3 部分：汽轮发电机组》DL/T 5210.3—2018

表 5.0.1　　　　　　　　　　　　　　（　　）单位工程施工管理检查记录

机组　　　　　　　　　　　　　　　　　　　　　　　　　　　　　　工程编号：

工程项目名称		建设单位	
监理单位		单位工程监理工程师	
总承包单位		总承包工程项目技术负责人	
设计单位		设计单位专业负责人	

施工单位		单位工程施工技术负责人	
单位工程开工日期		单位工程竣工日期	
施工质量管理检查			
序号	检验项目		验收结果
1	执行的技术标准清单		
2	施工组织设计、施工方案编审		
3	施工图审查、会检		
4	设备及材料验收、检验		
5	绿色施工方案及执行情况		
6	特殊工种持证上岗情况		
7	计量器具管理		
8	工程技术资料管理情况		
9	质量监督检查结果及问题闭环情况		

验收结论：		

总监理工程师：　　　年　月　日

建设单位专业负责人：　　　年　月　日

表 6.1.3　　　　　　　　　　　　　　　　　　基 础 沉 降 观 测

工序	检验项目	性质	单位	质量标准	检测方法及测量器具
首次观测	基础养护期满后测量			数据齐全、准确	核查报告
阶段性观测	汽轮机汽缸就位前、后			数据齐全、准确，轴承座水平无明显变化	核查报告，测量轴承座水平
	发电机定子就位前、后			数据齐全、准确，汽缸、轴承座水平无明显变化	核查报告，测量汽缸、轴承座水平
	汽轮机和发电机二次灌浆前			数据齐全、准确，汽缸、轴承座水平无明显变化	核查报告，测量汽缸、轴承座水平
	整套试运前、后			数据齐全、准确	核查报告

表 6.3.7   汽轮机扣盖前检查签证单

_____机组

单位工程名称		分部工程名称	
分项工程名称		检 验 批 名 称	

签证说明或示意图：

序号	检 验 项 目	检 查 结 果
1	垫铁调整结束，地脚螺栓已紧固	
2	台板纵横滑销、汽缸立销和猫爪横销已调整结束并记录	
3	扣盖所需涂料内缸猫爪、纵横滑销和轴向定位销已调整结束并记录	
4	汽缸内部件试装汽缸水平结合面间隙已测量并记录	
5	汽轮机发电机组基础沉降汽轮机转子轴颈椭圆度和不柱度、联轴器晃度及飘偏、推力盘飘偏、转子弯曲度已测量并记录	
6	高温坚固件硬度，汽缸内可拆卸合金钢零部件及管材光谱复查汽缸水平及凝汽器与汽缸连接前、后的转子扬度已调整结束并记录	
7	扣盖范围内的缺陷、质量问题统计及封闭情况汽缸负荷分配已调整结束并记录	
8	扣盖范围内的施工记录、签证、验收及未完项汽轮机转子在汽封及油档洼窝处的中心位置已调整结束并记录	

序号	检 验 项 目	检 查 结 果
9	工具、器具清点编号及登记转子轴系中心已调整结束并记录	
10	现场文明施工及现场环境隔板中心已调整结束并记录	
11	工程各类施工方案、制度及文件转子与汽缸相对定位的定位位置已标记，数值已记录	
12	汽机房桥式起重机满足吊装需要汽封及通流间隙调整并记录	
13	合实缸状态下，汽轮机转子轴向间隙推拉检查、测量及定位完成并记录	
14	法兰加热装置渗漏试验检查完成并记录	
15	汽缸内合金钢部件的材质、硬度复查完成并记录	
16	高温紧固件的材质、硬度及探伤复查完成并记录	
17	对汽缸几何尺寸、轴系中心、通流间隙、轴封间隙有影响的热力管道已完成连接并记录	
18	汽缸、管段、蒸汽室内部已清理，管口、仪表插座和堵头已封闭	
19	汽缸内部疏水口通畅，内部热工元件已安装	
20	质量监督检查提出的整改项已整改完成并封闭	

验收结论：

续表

验 收 单 位	验 收 意 见	验 收 签 字
施 工 单 位		年　月　日
设 计 单 位		年　月　日
制 造 单 位		年　月　日
总 承 包 单 位		年　月　日
监 理 单 位		年　月　日
建 设 单 位		年　月　日

《火电工程达标投产验收规程》DL 5277—2012

表 4.5.1 　　　　　　　　　　　　　　电气、热工仪表及控制装置质量检查验收表

检验项目	检验内容	性质
2 盘柜安装及接地	1）振动场所安装的盘柜采取防振措施	
	2）盘柜的正面、背面贴有一致的双重命名编号	
	3）户外盘柜有防水、防火、防腐蚀、防尘措施	
	4）装有电气元件、可开启的盘柜门软导线接地可靠	
	5）盘柜接地可靠、明显	
	9）盘柜内的孔、洞应封堵严密	

表 4.6.1   **调整试验、性能试验和主要技术指标检查验收表**

检验项目	检验内容	性质	存在问题	验收结果		
				符合	基本符合	不符合
调试质量和性能试验技术指标						
5 考核期技术指标	18）电气保护投入率为 100%	主控				
	19）无电气保护误动	主控				
	20）无电气保护拒动	主控				

表 4.7   **工程综合管理与档案检查验收表**

检 验 项 目	检 验 内 容	性 质	存 在 问 题	验 收 结 果		
				符合	基本符合	不符合
调试质量和性能试验技术指标						
19 电气、热控安装主要项目文件	16）发电机保护、励磁自动装置调试报告	主控				
	17）变压器保护及自动装置调试报告	主控				

表 4.7.1   **工程综合管理与档案检查验收表**

检验项目	检验内容	性质	存在问题	验收结果		
				符合	基本符合	不符合
1 项目管理体系	3）建立本工程有效的技术标准清单，实施动态管理					

续表

检验项目	检验内容	性质	存在问题	验收结果		
				符合	基本符合	不符合
5 设备物资管理	2）设备监造符合《电力设备监造技术导则》DL/T 586 规定，设备监造报告、质量证明文件齐全					
6 强制性条文的执行	1）建设单位制定本工程执行强制性条文的实施计划，各参建单位应有针对性的实施细则，并对相关内容培训，应有记录					
	2）对执行强制性条文有相应经费支撑					
	3）建立强制性条文执行情况监督检查制度，并有相应责任人					
	4）规划、勘测设计、施工、调试、验收符合强制性条文规定					
	5）工程采用材料、设备符合强制性条文的规定					
	6）工程项目建筑、安装的质量符合强制性条文的规定					
	7）工程中采用方案措施、指南、手册、计算机软件的内容符合强制性条文的规定					
13 档案管理	4）项目文件质量					
	（1）项目文件应为原件。因故无原件的合法性、依据性、凭证性等永久保存的文件，提供单位应在复印件上加盖公章，便于追溯					
	（3）项目文件签字、印章、图文等应清晰，具有可追溯性					

《火力发电厂调试质量验收及评价规程》DL/T 5295—2013

表 3.3.2 　　　　　　　　　　　　　　　　　　锅炉单项工程调试质量验收汇总表

序号	单位工程名称	验收表编号	验收结果
1	空气压缩机及其系统调试	表 3.3.3-1	
2	启动锅炉调试	表 3.3.3-2	
3	空气预热器调试	表 3.3.3-3	
4	引风机及其系统调试	表 3.3.3-4	
5	送风机及其系统调试	表 3.3.3-5	
6	一次风机及其系统调试	表 3.3.3-6	
7	密封风机及其系统调试	表 3.3.3-7	
8	火检冷却风机调试	表 3.3.3-8	
9	炉水循环泵及其系统或锅炉汽水启动系统调试	表 3.3.3-9	
10	锅炉通风试验	表 3.3.3-10	
11	燃油或其他点火系统调试	表 3.3.3-11	
12	暖风器及其系统调试	表 3.3.3-12	
13	吹灰器及其系统调试	表 3.3.3-13	
14	直吹式制粉系统调试	表 3.3.3-14	
15	储仓式制粉系统调试	表 3.3.3-15	

续表

序号	单位工程名称	验收表编号	验收结果
16	输灰系统（含除灰及炉外输灰系统）调试	表 3.3.3-16	
17	除尘系统调试	表 3.3.3-17	
18	干式除渣系统调试	表 3.3.3-18	
19	湿式除渣系统调试	表 3.3.3-19	
20	输煤系统调试	表 3.3.3-20	
21	燃烧器静态检查及调试	表 3.3.3-21	
22	锅炉疏水、放空气及排污系统调试	表 3.3.3-22	
23	蒸汽吹管	表 3.3.3-23	
24	锅炉（切圆）冷态空气动力场试验	表 3.3.3-24	
25	循环流化床锅炉—高压流化风机及冷渣流化风机系统调试	表 3.3.3-25	
26	循环流化床锅炉—排渣系统	表 3.3.3-26	
27	循环流化床锅炉—冷态通风试验	表 3.3.3-27	
28	循环流化床锅炉—床料添加及石灰石添加系统调试	表 3.3.3-28	
29	余热锅炉—各系统调试	表 3.3.3-29	
30	脱硝系统调试—氨储存与制备系统调试	表 3.3.3-30	
31	脱硝系统调试—SCR 催化反应系统调试	表 3.3.3-31	
32	锅炉石灰石—石膏湿法脱硫系统调试—石灰石卸料及储存系统调试	表 3.3.3-32	

续表

序号	单位工程名称	验收表编号	验收结果
33	锅炉石灰石—石膏湿法脱硫系统调试—湿式球磨及干磨系统调试	表 3.3.3-33	
34	锅炉石灰石—石膏湿法脱硫系统调试—石灰石浆液供给系统调试	表 3.3.3-34	
35	锅炉石灰石—石膏湿法脱硫系统调试—吸收塔系统调试	表 3.3.3-35	
36	锅炉石灰石—石膏湿法脱硫系统调试—烟风系统调试	表 3.3.3-36	
37	锅炉石灰石—石膏湿法脱硫系统调试—工艺水系统调试	表 3.3.3-37	
38	锅炉石灰石—石膏湿法脱硫系统调试—石膏脱水系统调试	表 3.3.3-38	
39	锅炉石灰石—石膏湿法脱硫系统调试—烟气换热器系统调试	表 3.3.3-39	
40	锅炉石灰石—石膏湿法脱硫系统调试—脱硫废水处理系统调试	表 3.3.3-40	
施工单位（签字）		年　　月　　日	
调试单位（签字）		年　　月　　日	
生产单位（签字）		年　　月　　日	
监理单位（签字）		年　　月　　日	
建设单位（签字）		年　　月　　日	

表 3.3.4　　　　　　　　　　　　　　　汽轮机单项工程调试质量验收汇总表

序号	单位工程名称	验收表编号	验收结果
1	闭式冷却水系统调试	表 3.3.5-1	
2	开式冷却水系统调试	表 3.3.5-2	

序号	单位工程名称	验收表编号	验收结果
3	凝结水泵及凝结水系统（含凝结水补水系统）调试	表 3.3.5-3	
4	胶球清洗系统调	表 3.3.5-4	
5	循环水泵及循环水系统调试	表 3.3.5-5	
6	电动给水泵组及除氧给水系统调试	表 3.3.5-6	
7	主机润滑油、顶轴油系统及盘车装置调试	表 3.3.5-7	
8	润滑油净化系统调试	表 3.3.5-8	
9	汽轮机调节保安及控制油系统调试	表 3.3.5-9	
10	给气泵汽轮机润滑油系统及调节保安系统调试	表 3.3.5-10	
11	发电机水冷系统调试	表 3.3.5-11	
12	发电机密封油系统调试	表 3.3.5-12	
13	发电机氢冷系统调试	表 3.3.5-13	
14	主汽（再热汽）及高低压旁路系统调试	表 3.3.5-14	
15	辅助蒸汽系统调试	表 3.3.5-15	
16	抽汽回热系统调试	表 3.3.5-16	
17	真空系统调试	表 3.3.5-17	
18	轴封系统调试	表 3.3.5-18	
19	给气泵汽轮机及汽动给水泵组调试	表 3.3.5-19	
20	空冷机组—直接空冷系统调试	表 3.3.5-20	

续表

序号	单位工程名称	验收表编号	验收结果
21	空冷机组—间接空冷系统调试	表 3.3.5-21	
22	燃机—天然气调压站调试	表 3.3.5-22	
23	燃机—燃烧及点火系统调试	表 3.3.5-23	
24	燃机—天然气前置模块（供气系统）调试	表 3.3.5-24	
25	燃机—水洗清洁系统调试	表 3.3.5-25	
26	燃机—进、排气系统调试	表 3.3.5-26	
27	燃机—冷却及密封系统调试	表 3.3.5-27	
28	燃机—机岛消防系统调试	表 3.3.5-28	
	施工单位（签字）		年　月　日
	调试单位（签字）		年　月　日
	生产单位（签字）		年　月　日
	监理单位（签字）		年　月　日
	建设单位（签字）		年　月　日

表 3.3.6　　　　　　　　　　　电气单项工程调试质量验收汇总表

序号	单位工程名称	验收表编号	验收结果
1	升压站系统调试	表 3.3.7-1	
2	启动变压器系统调试	表 3.3.7-2	

序号	单位工程名称	验收表编号	验收结果
3	厂用电快切系统调试	表 3.3.7-3	
4	发电机同期系统调试	表 3.3.7-4	
5	发电机—变压器组保护系统调试	表 3.3.7-5	
6	主变压器、高压厂用变压器本体系统调试	表 3.3.7-6	
7	发电机—变压器组故障录波系统调试	表 3.3.7-7	
8	励磁系统试验	表 3.3.7-8	
9	厂用送配电系统调试	表 3.3.7-9	
10	厂用母线系统调试	表 3.3.7-10	
11	直流电源系统调试	表 3.3.7-11	
12	中央信号系统调试	表 3.3.7-12	
13	保安电源系统调试	表 3.3.7-13	
14	事故照明系统调试	表 3.3.7-14	
15	电除尘系统调试	表 3.3.7-15	
16	不停电电源系统调试	表 3.3.7-16	
17	厂用辅机系统调试	表 3.3.7-17	
18	厂用电源系统调试	表 3.3.7-18	
19	燃机变频启动系统调试	表 3.3.7-19	

序号	单位工程名称	验收表编号	验收结果
20	电气控制启动系统调试	表 3.3.7-20	
	施工单位（签字）		年　　月　　日
	调试单位（签字）		年　　月　　日
	生产单位（签字）		年　　月　　日
	监理单位（签字）		年　　月　　日
	建设单位（签字）		年　　月　　日

表 3.3.7-1　　　　　　　　　　　　　　　升压站系统调试单位工程验收表

检验项目		性质	单位	质量标准	检查方法
一次设备的接线及绝缘性能检查		主控		符合设计要求	目测和试验
一次设备接地检查		主控		正确	目测检查
保护、监控及自动化装置静态试验检查		主控		定值设置与定值单一致，动作值符合整定值允许范围，逻辑功能正确	检查记录
直流二次回路、电源回路核查		主控		符合设计要求	回路核查
TA、TV 二次回路核查及极性确认		主控		符合设计要求	回路核查
防误操作闭锁回路核查及传动试验		主控		正确	核查、试验
保护传动试验		主控		符合设计要求	试验
断路器、隔离开关、接地隔离开关传动试验	分、合闸动作正确率	主控	%	100	记录、统计
	分、合闸指示	主控		指示准确	观测

检验项目	性质	单位	质量标准	检查方法
气体开关室通风			符合设计要求	投通风观察
GIS 气体密封性试验	主控		符合标准要求	检查记录
绝缘子检查			清洁，无破损，无闪络	观测
新设备第一次受电	主控		无击穿，无闪络	检查
一次、二次设备核相	主控		正确	试验
保护带负荷校验	主控		正确	检查
监控及自动化装置带负荷检查	主控		正确	检查
断路器投切空载线路试验	主控		无重燃	录波
24h 试运行	主控		运行正常	运行记录

表 3.3.7-2   启动变压器系统调试单位工程验收表

检验项目	性质	单位	质量标准	检查方法
检查一次设备的接线及绝缘性能	主控		符合设计要求	目测和试验
一次设备接地检查	主控		正确	目测检查
保护、监控及自动化装置静态试验检查	主控		符合设计要求	检查记录
直流二次回路、电源回路核查	主控		符合设计要求	回路核查
变压器本体非电量保护传动试验	主控		正确	试验
TA、TV 二次回路核查及极性确认	主控		符合设计要求	回路核查
防误操作闭锁回路核查及传动试验	主控		正确	核查、试验

检验项目		性质	单位	质量标准	检查方法
保护传动试验		主控		符合设计要求	试验
断路器、隔离开关、接地开关传动试验	分、合闸动作正确率	主控	%	100	记录、统计
	分、合闸指示	主控		指示准确	观测
变压器有载调压系统传动试验		主控		正确	试验
变压器测温系统检查				正确	检查
变压器冷却系统传动试验				正确	试验
启动变压器耐受冲击力合闸能力检查		主控		无异常	录波
保护带负荷校验		主控		正确	检查
监控及自动化装置带负荷检查				正确	检查
一次、二次设备核相		主控		正确	试验
24h 试运行				运行正常	运行记录

表 3.3.7-3　　　　　　　　　　　　**厂用电快切系统调试单位工程验收表**

检验项目	性质	单位	质量标准	检查方法
切换装置静态试验核查			定值设置与定值单一致,动作值符合整定值允许范围,逻辑功能正确	检查记录
直流二次回路、电源回路核查	主控		符合设计要求	回路核查
TV、TA 二次回路核查及极性确认	主控		符合设计要求	回路核查
整组传动	主控		符合设计要求	试验

表 3.3.7-4   发电机同期系统调试单位工程验收表

检验项目	性质	单位	质量标准	检查方法
同期装置静态试验核查			定值设置与定值单一致，动作值符合整定值允许范围，逻辑功能正确	检查记录
直流二次回路、电源回路核查	主控		符合设计要求	回路核查
TV、TA 二次回路核查及极性确认	主控		符合设计要求	回路核查
整组传动	主控		符合设计要求	试验

表 3.3.7-5   发电机—变压器组保护系统调试单位工程验收表

检验项目	性质	单位	质量标准	检查方法
保护装置静态试验核查			定值设置与定值单一致，动作值符合整定值允许范围，逻辑功能正确	检查记录
直流二次回路、电源回路核查	主控		符合设计要求	回路核查
TV、TA 二次回路核查及极性确认	主控		符合设计要求	回路核查
保护传动试验	主控		符合设计要求	试验
整组传动	主控		符合设计要求	试验

表 3.3.7-6   主变压器、高压厂用变压器本体系统调试单位工程验收表

检验项目	性质	单位	质量标准	检查方法
一次设备接线及绝缘性能检查	主控		符合设计要求	目测和试验
一次设备接地检查	主控		正确	目测检查
变压器本体非电量保护传动试验	主控		正确	试验

检验项目	性质	单位	质量标准	检查方法
变压器有载调压系统传动试验	主控		符合设计要求	试验
变压器测温系统检查			正确	检查
变压器冷却系统传动试验			正确	试验
变压器耐受冲击合闸能力检查	主控		无异常	录波
变压器零起升压试验			无异常	试验
一次、二次设备核相	主控		正确	试验
24h 试运行			运行正常	运行记录

表 3.3.7-8 励磁系统试验单位工程验收表

检验项目	性质	单位	质量标准	检查方法
励磁装置静态试验核查			定值设置与定值单一致，动作值符合整定值允许范围，逻辑功能正确	
检查一次设备的接线及绝缘性能	主控		符合设计及标准要求	目测和试验
直流二次回路、电源回路核查	主控		符合设计要求	回路核查
TV、TA 二次回路核查及极性确认	主控		符合设计要求	回路核查
模拟量测量环节试验	主控		测量显示误差在 0.5% 以内，精度满足标准要求	试验
开关量输入输出环节试验			符合设计及标准要求	试验

检验项目	性质	单位	质量标准	检查方法
自动和手动环节调节范围测定	主控		自动范围：空载额定电压的 70%～110%，手动范围：空载额定励磁电压的 20%到额定励磁电压的 110%	试验
自动手动环节给定调节速度测定	主控		自动方式给定调节速度不大于 1%额定电压/s，不小于 0.3%额定电压/s	试验
过励限制参数整定和静态模拟试验	主控		符合设计及标准要求	试验
欠励限制参数整定和静态模拟试验	主控		符合设计及标准要求	试验
强励反时限参数整定和静态模拟试验	主控		符合设计及标准要求	试验
电压/频率限制参数整定和静态模拟试验	主控		符合设计及标准要求	试验
整组传动	主控		符合设计要求	试验

表 3.3.7-11　　　　　　　　　　　　　　　　　直流电源系统调试单位工程验收表

检验项目	性质	单位	质量标准	检查方法
直流屏、直流电源二次回路核查			符合设计及标准要求	回路核查
直流电源系统试运行			符合设计及标准要求	运行记录

表 3.3.7-13　　　　　　　　　　　　　　　　　保安电源系统调试单位工程验收表

检验项目	性质	单位	质量标准	检查方法
回路系统调试	主控		符合设计及标准要求	试验
柴油机组状况			运行正常	检查
保安电源投运试验			符合设计及标准要求	试验

表 3.3.7-14 事故照明系统调试单位工程验收表

检验项目	性质	单位	质量标准	检查方法
回路检查			正确	回路核查
切换装置验收			符合设计及标准要求	试验
切换试验	主控		符合设计及标准要求	试验

表 3.3.7-16 不停电电源系统调试单位工程验收表

检验项目	性质	单位	质量标准	检查方法
回路系统调试			符合设计及标准要求	试验
切换试验	主控		符合设计及标准要求	试验
系统试运行			符合设计及标准要求	运行记录

表 3.3.7-18 厂用电源系统试运验收表

检验项目	性质	单位	质量标准	检查方法
厂用电源母线一次相序检查	主要		符合设计要求	试验
TV、TA 二次回路检查	主要		幅值、相位正确	试验
系统联调			符合设计及标准要求	试验
系统试运行			符合设计及标准要求	运行记录

表 3.3.7-19　　　　　　　　　　　　　　　　　　　　　燃机变频启动系统调试单位工程验收表

检验项目	性质	单位	质量标准	检查方法
变频启动装置静态试验核查			定值设置与定值单一致，动作值符合整定值允许范围，逻辑功能正常	检查记录
一次设备的接线及绝缘性能检查	主控		符合设计及标准要求	目测和试验
直流二次回路、电源回路核查	主控		符合设计要求	
TV、TA 二次回路核查及极性确认	主控		符合设计要求	
变频控制系统设备检查	主控		符合设计要求	试验
用户软件检查和修改			符合设计要求	试验
变频控制系统接口通信检查			正常	试验
变频启动控制系统操作、监测、信号等回路试验			符合设计要求	试验
变频器整流单元和逆变单元特性检查	主控		符合设计要求	试验
变频器启动时励磁控制功能检查	主控		符合设计要求	试验
整组传动	主控		符合设计要求	试验
变频启动系统冷拖试验	主控		符合设计要求	试验
变频启动系统拖动发电机定速试验	主控		符合设计要求	试验

表 3.3.8　　　　　　　　　　　　　　　　　　　　　热控单项工程调试质量验收汇总表

序号	单位工程名称	验收表编号	验收结果
1	分散控制系统通电及复原试验	表 3.3.9-1	
2	计算机监视系统调试	表 3.3.9-2	

序号	单位工程名称	验收表编号	验收结果
3	顺序控制系统调试	表 3.3.9-3	
4	锅炉炉膛安全监控系统调试	表 3.3.9-4	
5	模拟量控制系统调试	表 3.3.9-5	
6	给水泵汽轮机监视仪表及保护系统调试	表 3.3.9-6	
7	给水泵汽轮机电液控制系统调试	表 3.3.9-7	
8	汽轮机旁路控制系统调试	表 3.3.9-8	
9	汽轮机监视仪表及保护系统调试	表 3.3.9-9	
10	汽轮机数字电液控制系统调试	表 3.3.9-10	
11	机组附属及外围设备控制系统调试	表 3.3.9-11	
12	燃机控制系统调试	表 3.3.9-12	
	施工单位（签字）		年　　月　　日
	调试单位（签字）		年　　月　　日
	生产单位（签字）		年　　月　　日
	监理单位（签字）		年　　月　　日
	建设单位（签字）		年　　月　　日

表 3.3.9-1　　　　　　　　　　　　　　　　分散控制系统通电及复原试验单位工程验收表

检验项目	性质	单位	质量标准	检查方法
输入电源电压误差		%	±10	查对
接地系统		Ω	按 DL/T 659—2006《火力发电厂分散控制系统验收测试规程》独立网不大于 2，与电气地网共用时不大于 0.5	接地仪检查
机柜绝缘电阻		MΩ	>200	500V 绝缘电阻表检查
预置电缆连接正确率		%	≥95	对
输入电源绝缘电阻		MΩ	>200	绝缘电阻表检查
通信电缆连接正确率		%	100	查对
电源切换时间	主控	ms	符合设计要求	录波器检查
SOE 分辨率	主控	ms	≤1	SOE 测试仪检查
控制器网络节点设置			结果正确	查对
显示器网络节点设置			结果正确	查对
处理器冗余切换试验			结果正确	检查调试记录
通信网络冗余切换试验			结果正确	检查调试记录
显示器操作功能			功能正常	测试
工程师站操作功能			功能正常	测试
历史站操作功能			功能正常	测试
打印机功能			功能正常	测试

表 3.3.9-2

计算机监视系统调试单位工程验收表

检查项目		性质	单位	质量标准	检查方法
硬件组态	控制站节点设置			结果正确	查对
	扫描周期			设置正确	查对
	通讯设置			设置正确	查对
	硬件监视功能			功能正常	查对
逻辑组态	设备控制逻辑	主控		符合设计要求	查对
	保护功能功能	主控		符合设计要求	查对
	闭环控制功能			符合设计要求	查对
	顺序控制功能			符合设计要求	查对
	系统间通讯功能			符合设计要求	查对
画面组态	工艺流程			符合设计要求	查对
	操作面板			动作正常	查对
	报警信息			动作正常	查对
	趋势调用			动作正常	查对
模拟量报警定值设置				设置正确	查对
模拟量保护定值设置				设置正确	查对
开关量定值检查				设置正确	查对
模拟量量程设置				设置正确	查对
热电偶分度设置				设置正确	查对
热电阻分度设置				设置正确	查对

表 3.3.10 化学单项工程调试质量验收汇总表

序号	单位工程名称	验收表编号	验收结果
1	净水预处理系统调试	表 3.3.11-1	
2	化学制水系统调试	表 3.3.11-2	
3	超滤（微滤）、反渗透系统调试	表 3.3.11-3	
4	凝结水精处理系统调试	表 3.3.11-4	
5	制氢及供氢系统调试	表 3.3.11-5	
6	炉内加药系统调试	表 3.3.11-6	
7	取样分析系统调试	表 3.3.11-7	
8	制氯、循环水处理系统试验	表 3.3.11-8	
9	废水处理系统调试	表 3.3.11-9	
10	化学清洗	表 3.3.11-10	
施工单位（签字）			年　月　日
调试单位（签字）			年　月　日
生产单位（签字）			年　月　日
监理单位（签字）			年　月　日
建设单位（签字）			年　月　日

表 3.3.11-1　　　　　　　　　　　　　　　　　　　　　　净水预处理系统调试单位工程验收表

检验项目		性质	单位	质量标准	检查方法
联锁保护		主控		全部投入，动作正常	查看调试记录
状态显示				正确	观察
热工仪表				安装齐全，校验准确	观察
反应沉淀池		主控		安装正确，运行正常	检查记录
水池管道	严密性			无泄漏	检查记录
	水冲洗			清洁，无杂物	检查记录
	排泥阀门	主控		安装正确，运行正常	检查记录
加药系统自动控制		主控		工作正常	观察运行
混凝剂计量泵可投率		主控	%	100	统计
助凝剂计量泵可投率		主控	%	100	统计
排泥泵可投率		主控	%	100	统计
排水泵可投率		主控	%	100	统计
浊度仪				安装正确，校验准确	检查记录

表 3.3.11-2　　　　　　　　　　　　　　　　　　　　　　化学制水系统调试单位工程验收表

检验项目	性质	单位	质量标准	检查方法
联锁保护	主控		全部投入，动作正确	检查记录
阳离子交换器	主控		安装正确，运行正常	检查记录

检验项目	性质	单位	质量标准	检查方法
阴离子交换器	主控		安装正确，运行正常	检查记录
混合离子交换器	主控		安装正确，运行正常	检查记录
压缩空气系统			安装正确，运行正常	检查记录
阳离子交换器出水	主控	$\mu g/L$	$Na^+ \leqslant 50$	检查记录
阴离子交换器出水	主控	$\mu g/L$	$SiO_2 \leqslant 100$	检查记录
	主控	$\mu S/cm$	$DD \leqslant 5$	检查记录
混合离子交换器出水	主控	$\mu S/cm$	$DD \leqslant 0.2$	检查记录
	主控	$\mu g/L$	$SiO_2 \leqslant 20$	检查记录
除盐系统出力	主控	m^3/h	达到设计要求	检查记录
化学补水程控系统	主控		工作正常	检查记录
阳床供给泵可投率	主控	%	100	统计
反洗水泵可投率		%	100	统计
再生水泵可投率	主控	%	100	统计
中间水泵可投率	主控	%	100	统计
除盐水泵可投率	主控	%	100	统计
废水泵可投率		%	100	统计

表 3.3.11-3　　　　　　　　　　超滤（微滤）、反渗透系统调试单位工程验收表

检验项目		性质	单位	质量标准	检查方法
联锁保护		主控		全部投入，动作正确	检查记录
状态显示				正确	观察
前置过滤器		主控		安装正确，运行正常	检查记录
超滤膜组件		主控		安装正确，运行正常	检查记录
反渗透膜组件		主控		安装正确，运行正常	检查记录
反渗透清洗装置				安装正确，运行正常	检查记录
电除盐装置		主控		安装正确，运行正常	检查记录
超滤反渗透加药装置				安装正确，运行正常	检查记录
床体管道系统	严密性			无泄漏	检查记录
	冲洗			清洁，无杂物	检查记录
	阀门			符合要求	检查记录
	废水排放沟道			工作正常	检查记录
超滤进水	浊度	主控	NTU	达到设计要求	检查记录
超滤出水	浊度	主控	NTU	≤0.4	检查记录
超滤系统回收率			%	达到设计要求	检查记录
超滤系统出力		主控	m³/h	达到设计要求	检查记录
RO 膜组件进水水质要求	浊度	主控	NTU	达到设计要求	检查记录
	余氯		mg/L	达到设计要求	检查记录
	SDI	主控		达到设计要求	检查记录

检验项目	性质	单位	质量标准	检查方法
RO膜组件出水导电度（25℃）	主控	μS/cm	达到设计要求	检查记录
反渗透系统脱盐率	主控	%	达到设计要求	检查记录
反渗透系统回收率	主控	%	达到设计要求	检查记录
反渗透系统出力	主控	m³/h	达到设计要求	检查记录
电除盐系统回收率	主控	%	达到设计要求	检查记录
电除盐系统出水导电度（25℃）	主控	μS/cm	达到设计要求	检查记录
电除盐系统出力	主控	m³/h	达到设计要求	检查记录
程控系统	主控		工作正常	检查记录
变频高压泵可投率	主控	%	100	统计
反洗水泵可投率		%	100	统计
冲洗水泵可投率		%	100	统计
增压泵可投率		%	100	统计
电除盐水泵可投率	主控	%	100	统计
加药计量泵可投率		%	100	统计

表 3.3.11-4 凝结水精处理系统调试单位工程验收表

检验项目	性质	单位	质量标准	检查方法
联锁保护	主控		全部投入，动作正确	检查记录
状态显示			正确	观察

检验项目	性质	单位	质量标准	检查方法
化学表计	主要		校验正确，安全齐全	观察
液位报警装置			报警正常	检查记录
前置过滤器系统	主控		满足设计要求	检查记录
混床除盐系统	主控		满足设计要求	检查记录
体外再生系统	主控		满足设计要求	检查记录
酸碱输送系统	主控		不泄漏，工作正常	检查记录
再生废液排放系统			不泄漏，工作正常	检查记录
热水箱工作状况			满足设计要求	检查记录
管道			清洁，无泄漏	检查记录
阀门			正常投运	检查记录
除盐侧程控运行	主控		正常	检查记录
再生侧程控运行	主控		正常	检查记录
混床出水质量	主控		$SiO_2 < 15\mu g/L$ $Na^+ < 5\mu g/L$ 氢导 $< 0.15\mu S/cm$ $pH = 6.5 \sim 7.5$	检查记录
再生水泵可投率	主控	%	100	统计
反洗水泵可投率	主控	%	100	统计
罗茨风机可投率	主控	%	100	统计
废水泵可投率	主控	%	100	统计

表 3.3.11-5　　　　　　　　　　　　　　　　　制氢及供氢系统调试单位工程验收表

检验项目		性质	单位	质量标准	检查方法
状态显示				正确	观察
联锁保护		主控		全部投入，动作正确	检查记录
管道、阀门				安装正确，操作灵活	观察
压缩空气系统		主控		安装正确，运行正常	观察
冷却水系统		主控		安装正确，运行正常	观察
电解制氢装置	组件检漏情况	主控		严密不漏	检查
	充/补氢架			安装正确，运行正常	检查
	电解槽工作情况	主控		正常	检查
	干燥装置工作情况	主控		安装正确，运行正常	检查
	氢分析仪			分析准确，工作正常	对比分析
	氧分析仪			分析准确，工作正常	对比分析
	氢气湿度仪			分析准确，工作正常	对比分析
	产氢量			达到设计要求	对比分析
	氢气纯度	主控		达到设计要求	对比分析
	氧气纯度	主控		达到设计要求	对比分析
	氢气湿度	主控		达到设计要求	对比分析
储氢罐安装情况				严密不漏，水压试验正常	观察
冷却水泵可投率		主控	%	100	统计

检验项目		性质	单位	质量标准	检查方法
制氢系统自动控制		主控		正常	观察记录
安全门				整定值符合设计要求	实际动作
供氢系统	漏氢报警装置			报警正常	观察
	氢气汇流排	主控		严密不漏，工作正常	观察
	供氢装置	主控		严密不漏，工作正常	观察
	充氮装置			严密不漏，工作正常	观察

表 3.3.11-6　　　　　　　　　　　　　　**炉内加药系统调试单位工程验收表**

检验项目		性质	单位	质量标准	检查方法
溶液箱				安装正确，运行正常	就地检查
管道、阀门				安装正确，操作灵活	就地检查
氨溶液箱	溶液箱自动配药			运行正常	就地检查
	溶液箱高高液位报警		mm	报警信号正确	检查记录
	溶液箱低液位报警		mm	报警信号正确	检查记录
	低低液位停泵	主控	mm	保护动作正确	检查记录
	溶液箱搅拌器工作情况			工作正常	就地检查
氨泵	泵体冲程调节		%	0～100	检查记录
	变频器调节		Hz	0～50	检查记录

续表

	检验项目	性质	单位	质量标准	检查方法
氨泵	自动加药情况	主控		工作正常	运行观察
	安全门动作压力		MPa	额定压力的 1.05 倍～1.1 倍	实际动作
磷酸盐溶液箱	溶液箱自动配药			工作正常	运行观察
	溶液箱高高液位报警		mm	报警信号正确	检查记录
	溶液箱低液位报警		mm	报警信号正确	检查记录
	低低液位停泵	主控	mm	保护动作正确	检查记录
	溶液箱搅拌器工作情况			工作正常	运行观察
磷酸盐泵	泵体冲程调节		%	0～100	检查记录
	变频器调节		Hz	0～50	检查记录
	自动加药情况	主控		工作正常	运行观察
	安全门动作压力		MPa	额定压力的 1.05 倍～1.1 倍	实际动作
联氨溶液箱	溶液箱自动配药			运行正常	运行观察
	溶液箱高高液位报警		mm	报警信号正确	检查记录
	溶液箱低液位报警		mm	报警信号正确	检查记录
	低低液位停泵	主控	mm	保护动作正确	检查记录
	溶液箱搅拌器工作情况			工作正常	运行观察
联氨泵	泵体冲程调节		%	0～100	检查记录
	变频器调节		Hz	0～50	检查记录

检验项目		性质	单位	质量标准	检查方法
联氨泵	自动加药情况	主控		工作正常	运行观察
	安全门动作压力		MPa	额定压力的 1.05 倍～1.1 倍	实际动作
十八胺溶液箱	溶液箱自动配药			运行正常	运行观察
	溶液箱高高液位报警		mm	报警信号正确	检查记录
	溶液箱低液位报警		mm	报警信号正确	检查记录
	低低液位停泵	主控	mm	保护动作正确	检查记录
	溶液箱搅拌器工作情况			工作正常	运行观察
十八胺泵	泵体冲程调节		%	0～100	检查记录
	变频器调节		Hz	0～50	检查记录
	自动加药情况	主控		工作正常	运行观察
	安全门动作压力		MPa	额定压力的 1.05 倍～1.1 倍	实际动作
自动加药系统运行情况		主控		运行情况良好	运行观察
加药泵可投率		主控	%	100	统计

表 3.3.11-7　　　　　　　　　　　取样分析系统调试单位工程验收表

检验项目	性质	单位	质量标准	检查方法
闭式冷却水电导率表			工作正常，校验准确	对比分析
闭式冷却水 pH 表			工作正常，校验准确	对比分析

检验项目	性质	单位	质量标准	检查方法
凝结水泵出口 pH 表			工作正常，校验准确	对比分析
凝结水泵出口电导率表	主控		工作正常，校验准确	对比分析
凝结水泵出口溶氧表	主控		工作正常，校验准确	对比分析
凝结水泵出口钠表	主控		工作正常，校验准确	对比分析
除氧器入口电导率表			工作正常，校验准确	对比分析
除氧器入口溶氧表	主控		工作正常，校验准确	对比分析
除氧器入口 pH 表	主控		工作正常，校验准确	对比分析
除氧器出口溶氧表	主控		工作正常，校验准确	对比分析
省煤器入口 pH 表	主控		工作正常，校验准确	对比分析
省煤器入口电导率表	主控		工作正常，校验准确	对比分析
省煤器入口/再热蒸汽/主蒸汽硅表	主控		工作正常，校验准确	对比分析
省煤器入口溶氧表	主控		工作正常，校验准确	对比分析
汽水分离器汽侧电导率表	主控		工作正常，校验准确	对比分析
主蒸汽钠表			工作正常，校验准确	对比分析
主蒸汽电导率表	主控		工作正常，校验准确	对比分析
主蒸汽氢表			工作正常，校验准确	对比分析
再热蒸汽电导率表	主控		工作正常，校验准确	对比分析
再热蒸汽氢表	主控		工作正常，校验准确	对比分析

检验项目	性质	单位	质量标准	检查方法
凝汽器热井电导率表	主控		工作正常，校验准确	对比分析
恒温装置	主控		工作正常，无泄漏	对比分析
取样管路	主控		安装正确，无泄漏	对比分析
样水冷却系统	主控		安装正常，无泄漏	对比分析
真空泵	主控		工作正常	就地检查
凝汽器监视系统			工作正常	就地检查

表 3.3.11-8　　　　　　　　　　　　　　　　　制氯、循环水处理系统调试单位工程验收表

检验项目		性质	单位	质量标准	检查方法
联锁保护		主控		全部投入，动作正确	检查记录
过滤器		主控		安装正确，运行正常	运行观察
风机系统				安装正确，运行正常	运行观察
管阀系统	严密性			无泄漏	就地检查
	阀门			符合要求	就地检查
	废水排放沟道、排空管道			工作正常	就地检查
次氯酸钠发生器	工作情况	主控		正常	就地检查
	组件检漏情况	主控		严密不漏	就地检查
	组件低流量停运	主控	m³/h	达到设计要求	检查记录

续表

检验项目		性质	单位	质量标准	检查方法
次氯酸钠发生器	电解槽工作电压	主控	V	达到设计要求	检查记录
	电解槽工作电流	主控	A	达到设计要求	检查记录
	电解槽工作温度	主控	℃	达到设计要求	检查记录
	次氯酸钠产率	主控	kg/h	达到设计要求	检查记录
加药泵可投率		主控	%	100	统计
酸洗泵可投率		主控	%	100	统计
卸药泵可投率		主控	%	100	统计
程控系统		主控		工作正常	就地检查

表 3.3.11-9　　　　　　　　　　　　　　　废水处理系统调试单位工程验收表

检验项目	性质	单位	质量标准	检查方法
联锁保护	主控		全部投入，动作正确	检查记录
状态显示			正确	运行观察
pH 计	主控		校验正确	检查记录
液位报警装置			报警正常	检查记录
废水池			清洁，无杂物	就地检查
酸、碱罐			清洁，无杂物	就地检查
最终中和池			正常投入使用	就地检查

检验项目		性质	单位	质量标准	检查方法
清净水池				清洁，无杂物	就地检查
反应器				正常投入使用	就地检查
管道		主控		清洁，无泄漏	就地检查
阀门		主控		正常投运	就地检查
清净水池出水	pH	主控		6～9	检查记录
	SS	主控	mg/L	70	检查记录
	COD	主控	mg/L	＜100	检查记录
	氟化物	主控	mg/L	＜10	检查记录
	硫化物	主控	mg/L	＜1.0	检查记录
酸计量泵可投率		主控	%	100	统计
碱计量泵可投率		主控	%	100	统计
罗茨风机可投率		主控	%	100	统计
搅拌器可投率			%	100	统计

表 3.3.11-10　　　　　　　　　　　　　　　化学清洗单位工程验收表

检验项目		性质	单位	质量标准	检验方法
废液排放	冲洗水排放			排入废水池处理	就地检查
	碱洗废液排放			排入废水池处理	就地检查
	酸洗液排放			排入废水池处理	就地检查

检验项目		性质	单位	质量标准	检验方法
清洗质量控制	残留附着物	主控		无	检查
	二次铁锈	主控		无	检查
	保护膜	主控		良好	检查
	表面状态	主控		无明显点蚀和过洗	检查
	腐蚀速率	主控	$g/(m^2 \cdot h)$	<8	检查
	腐蚀总量	主控	g/m^2	<80	检查记录
	腐蚀指示片	主控		钢灰色、无点蚀	检查记录
	清洗过程记录			齐全、准确	检查记录

表 4.2.2 　　　　　　　　　　　　　　机组整套试运前应具备条件的质量验收表

序号	检查项目	质量标准
6	试运现场安全文明	消防和生产电梯已验收合格，临时消防器材准备充足且摆放到位
		电缆和盘柜防火封堵合格
		现场脚手架已拆除，道路畅通，沟道和孔洞盖板齐全，楼梯和步道、扶手栏杆齐全且符合安全要求
		保温和油漆完整，现场整洁
		试运区域与运行或施工区域已安全隔离
		安全和治安保卫人员已上岗到位
		现场通信设备通信正常

序号	检查项目	质量标准
7	生产准备	启动试运需要的燃料（煤、油、气）化学药品、检测仪器及其他生产必需品以备足和配齐
		运行人员已全部持证上岗到位，岗位职责明确
		运行规程、系统图表和各项管理制度已颁布并配齐，在主控室有完整放置
		试运设备、管道、阀门、开关、保护压板、安全标识牌等标识齐全
		运行必需的操作票、工作票、专用工具、安全工器具、记录表格和值班用具、备品配件等已备齐

表 4.3.2　　　　　　　　　　　　　锅炉整套启动试运质量验收汇总表

序号	单位工程名称	验收表编号	验收结果
1	锅炉点火升压指标控制	表 4.3.3-1	
2	锅炉安全阀整定	表 4.3.3-2	
3	锅炉蒸汽严密性试验	表 4.3.3-3	
4	主机空负荷试运时锅炉技术指标控制	表 4.3.3-4	
5	锅炉本体带负荷调试和燃烧调整	表 4.3.3-5	
6	输煤系统带负荷调试	表 4.3.3-6	
7	直吹式制粉系统带负荷调试	表 4.3.3-7	
8	储仓式制粉系统带负荷调试	表 4.3.3-8	
9	烟风系统带负荷调试	表 4.3.3-9	
10	排汽和排污系统带负荷调试	表 4.3.3-10	

序号	单位工程名称	验收表编号	验收结果
11	吹灰系统带负荷调试	表 4.3.3-11	
12	除灰系统带负荷调试	表 4.3.3-12	
13	湿式除渣系统带负荷调试	表 4.3.3-13	
14	干式除渣系统带负荷调试	表 4.3.3-14	
15	锅炉 168h 满负荷试运行	表 4.3.3-15	
16	循环流化床—锅炉点火升压	表 4.3.3-16	
17	循环流化床锅炉—本体带负荷调试	表 4.3.3-17	
18	循环流化床锅炉—烟风系统带负荷调试	表 4.3.3-18	
19	循环流化床锅炉—给煤系统带负荷调试	表 4.3.3-19	
20	循环流化床锅炉—石灰石系统带负荷调试	表 4.3.3-20	
21	循环流化床锅炉排渣系统带负荷调试	表 4.3.3-21	
22	循环流化床锅炉紧急补水系统带负荷调试	表 4.3.3-22	
23	循环流化床锅炉—168h 满负荷试运	表 4.3.3-23	
24	锅炉单侧辅机运行试验	表 4.3.3-24	
25	锅炉给水、减温水调节阀流量特性试验	表 4.3.3-25	
26	余热锅炉—空负荷试运	表 4.3.3-26	
27	余热锅炉—本体带负荷调试	表 4.3.3-27	
28	余热锅炉—168h 满负荷试运	表 4.3.3-28	

序号	单位工程名称	验收表编号	验收结果
29	脱硝系统整套启动调试	表 4.3.3-29	
30	脱硝系统 168h 满负荷试运	表 4.3.3-30	
31	湿法脱硫系统整套启动试运	表 4.3.3-31	
32	湿法脱硫系统 168h 满负荷试运	表 4.3.3-32	
	施工单位（签字）	年　　月　　日	
	调试单位（签字）	年　　月　　日	
	生产单位（签字）	年　　月　　日	
	监理单位（签字）	年　　月　　日	
	建设单位	年　　月　　日	

表 4.3.3-3　　　　　　　　　　　　　　　　　　锅炉蒸汽严密性试验单位工程验收表

检验项目		性质	单位	质量标准	检查方法
试验参数	蒸汽压力	主控		达到过热器过热工作压力	观察在线仪表
	温度		℃	符合设计要求	
承压系统	承压部件	主控		无泄漏	
	焊口	主控		无泄漏	观察
	人孔、手孔、接头	主控		无泄漏	
	附件及汽水阀门			基本不泄漏	

检验项目		性质	单位	质量标准	检查方法
膨胀	受热面	主控		膨胀自由、不卡涩，符合设计要求	观察膨胀指示器
	各部管道			膨胀自由、不卡涩	观察
	支吊架			无异常	观察
	弹簧			受力均匀，方向、位移、伸缩正常	观察
锅炉燃烧				正常	观察

表 4.3.3-6　　　　　　　　　　　　　　　　输煤系统带负荷调试单位工程验收表

检验项目			性质	单位	质量标准	检查方法
卸煤装置	卸船机	起升/开闭机构	主控		运行正常、无异常声音	观察
		小车横移机构	主控		运行正常、液压张紧开关动作正确	
		悬臂俯仰机构			电动挂钩动作正常、制动可靠	
		大车行走机构			运行不啃轨，制动器、夹轨器联锁可靠	
		卸煤皮带机			无跑偏、无溢煤	
		除尘装置			喷水联动正常，除尘器运行正常	
	翻车机	调车装置			投运正常，出力达到设计要求	
		翻转装置				
	卸煤铰龙					
	叶轮式给煤机	机本体				
		轨道				
	切割破碎机					

续表

检验项目		性质	单位	质量标准	检查方法
皮带机	驱动装置	主控		运行声音无异常、启停符合设计要求	观察
	落煤挡板			位置正确	
	皮带	主控		无跑偏、无溢煤	
	清扫器			功能正常	
	皮带防撕裂 装置			工作正常	
	卸料小车或犁煤器	主控		运行正常，无杂声	
	联锁及报警	主控		投运正常、动作正确	
皮带机	斗轮装置	主控		限位正确、运行可靠	观察
	回转机构	主控		回转正常、无杂声	
	大车行走机构			运行正常、不啃轨	
	悬臂俯仰机构			运行正常、制动可靠	
	输送皮带机			分流装置动作灵敏、皮带无跑偏、无溢煤	
输煤系统附属设备	取样系统			所取样品符合分析要求	查阅化验报告
	碎煤机 出口煤粒径		mm	≤25	实测
	碎煤机 振动	主控		符合设计要求	实测
	碎煤机 轴承温度		℃	符合设计要求	实测
	给煤机			符合设计要求	观察

检验项目		性质	单位	质量标准	检查方法
输煤系统附属设备	皮带秤准确度			达到设计要求	实测
	实物校验装置			工作正常	实测
	煤杂物清除器			符合设计要求	实测
	除大块装置			工作正常、无卡塞	实测
	磁铁分离器	主控		工作正常，能吸取煤流底部 25mm³ 的铁块	实测
	金属探测器			工作正常，能探测到 25mm³ 的铁板	实测
	除尘器			除尘效果良好	实测
	喷水和冲洗系统			运行程序正常，过滤器状态良好	实测
	真空吸尘系统			符合设计要求	实测
	煤场排水系统			排污泵工作正常，煤泵分离良好，场地无积水	观察
	输煤栈桥冲洗水排放系统			排水正常	观察
	照明系统			符合运行及设计要求	观察
轨道衡				符合运行及设计要求	由铁道部门校验、检定
防冻及解冻设备				符合运行及设计要求	观察

表 4.3.3-12 　　　　　　　　　　　　　　　　　　除灰系统带负荷调试单位工程验收表

检验项目		性质	单位	质量标准	检查方法
飞灰输送系统	轴承振动	主控		符合 GB 50275—2010 的规定	振动表实测
	轴承温度		℃	符合 GB 50275—2010 的规定	观察在线仪表

检验项目		性质	单位	质量标准	检查方法
飞灰输送系统	风机出力			符合运行要求	观察在线仪表
	空气压缩机			出口压力符合设计要求，轴承、壳体温度正常，振动符合设计要求	观察在线仪表
	仓泵上、下给料阀	主控		严密不漏、开关灵活	观察
	阀门			开关灵活、状态正确	观察
	空气加热器			加热空气温度达到设计要求	观察在线仪表
	系统联锁保护	主控		模拟试验合格，正常投入、动作正确	查阅校验报告
	管道和伸缩节			不堵、不漏	观察
	灰斗气化系统			符合设计要求	观察
	灰斗料位计			指示准确	观察
	给料机			工作状态正常、出力达到设计要求	观察
	水封箱或调泵箱			密封良好、运行正常	观察
	出灰槽（沟）			运行正常、畅通	观察
	水喷嘴			喷嘴角度正确、水量正常	观察
灰库设备	轴承振动	主控		符合 GB 50275—2010 的规定	振动表实测
	轴承温度		℃	符合 GB 50275—2010 的规定	观察在线仪表
	风机出力			符合运行要求	观察在线仪表
	空气压缩机			符合设计要求	观察在线仪表
	空气加热器			加热空气温度达到设计要求	观察在线仪表

续表

检验项目		性质	单位	质量标准	检查方法
灰库设备	空气干燥器			投运正常	观察
	灰库除尘效率		%	≥99	查阅试验报告
	气灰分离器			投运正常	观察
	灰库气化系统			符合设计要求	观察
	打包机			投运正常	观察
	调湿机			投运正常、灰水比符合设计要求	观察
	干灰卸车装置			投运正常	观察
	阀门			开关灵活、状态正确	观察
	安全阀			设定值符合设计要求	观察
	管道和伸缩节			不堵、不漏	观察
	系统联锁保护	主控		全部投入、动作正确	查阅校验报告
	飞灰浆化系统			投运正常、灰水比达到设计要求	观察
高、低压冲灰水系统	泵轴承振动	主控		符合 GB 50275—2010 的规定	振动表实测
	泵轴承温度		℃	符合 GB 50275—2010 的规定	观察在线仪表
	泵出力			符合设计要求	观察在线仪表
	泵轴承密封			压力适宜、稳定	观察在线仪表
	联锁保护	主控		全部投入、动作正确	检查调试记录
	管道			不堵、不漏	观察

表 4.3.3-13　　　　　　　　　　　　　　　　湿式除渣系统带负荷调试单位工程验收表

检验项目		性质	单位	质量标准	检查方法
出渣系统	碎渣机	主控		运转正常	观察
	阀门			开关灵活、状态正确	观察
	压力开关			设定值正确、动作灵敏、有效	查阅校验报告
	料位计			指示正确	观察
	管道			不堵、不漏	观察
	喷射泵			不堵塞	观察
	捞渣机			运转正常	观察
	冲灰（渣）沟道			无杂物	观察
	喷嘴			高度、角度合适，水量正常	观察
	脱水仓			投运正常	观察
灰浆池及泵系统	泵轴承振动	主控		符合 GB 50275—2010 的规定	振动表测量
	泵轴承温度		℃	符合 GB 50275—2010 的规定	观察在线仪表
	泵出力			符合运行要求	观察在线仪表
	阀门			开关灵活、状态正确	观察
	泵盘根			温度正常，泄漏在允许范围内	观察
	轴密封水			压力正常适宜、稳定	观察在线仪表
	灰浆池料位计			指示准确，动作灵活	观察
	联锁保护	主控		全部投入、动作正确	检查调试记录

检验项目		性质	单位	质量标准	检查方法
灰浆池及泵系统	压力、流量开关			动作灵敏、正确	查阅校验报告
	管道			不堵、不漏	观察
	浓度指示器			指示准确	查阅校验报告
炉底溢流系统	泵出力	主控		工作状态正常，出力满足运行要求	观察在线仪表
	阀门			开关灵活、状态正确	观察
	料位计			指示准确、灵敏	观察
	溢流管道及系统			不堵、不漏	观察

表 4.3.3-14   干式除渣系统带负荷调试单位工程验收表

检验项目	性质	单位	质量标准	检查方法
渣仓			符合设计要求	观察
渣仓排渣门			指示准确，动作灵活	观察
液压泵站			符合设计要求	观察
料位计			指示准确	观察
一级碎渣机	主控		能正常稳定运行，出力满足运行要求	观察
二级碎渣机	主控		能正常稳定运行，出力满足运行要求	观察
碎渣机轴承温度	主控	℃	≤80	观察
碎渣机轴承振动		μm	≤80	测量

检验项目	性质	单位	质量标准	检查方法
清扫链			出力满足运行要求，不堵不漏	观察
钢带机	主控	t/h	出力满足运行要求，能正常稳定运行	观察
碎渣头	主控		动作灵活、状态正确	观察
斗提机	主控		符合运行要求	观察
钢带风门			开关灵活、状态正确	观察
水量			符合运行要求	观察
布袋过滤器			严密不漏，动作正常	观察
干灰散装机			出力满足运行要求，不堵不漏	观察
双轴搅拌机			出力满足运行要求，不堵不漏	观察
状态显示			正确	观察
联锁保护	主控		全部投入、动作正确	检查调试记录

表 4.3.3-15　　　　　　　　　　　　　　　　　锅炉 168h 满负荷试运行单位工程验收表

检验项目		性质	单位	质量标准	检查方法
流量及压力	给水流量		t/h	符合设计要求	观察在线仪表
	给水压力		MPa		
	主蒸汽流量		t/h		
	汽包/分离器压力		MPa		

续表

检验项目		性质	单位	质量标准	检查方法
流量及压力	主蒸汽压力		MPa		
	再热器进口压力		MPa		
	再热器出口压力		MPa	符合设计要求	观察在线仪表
	过热器减温喷水量		t/h		
	再热器减温喷水量		t/h		
温度	主蒸汽温度	主控	℃		
	再热器进口温度		℃		
	再热器出口温度		℃	符合设计要求	观察在线仪表
	给水温度		℃		
烟风系统	一次风总风量		t/h		
	二次风总风量		t/h		
	一次风压		kPa		
	二次风压		kPa		
	风箱风压		kPa	符合设计要求	观察在线仪表
	一次风温		℃		
	二次风温		℃		
	排烟温度		℃		
	省煤器出口氧量		%		

检验项目			性质	单位	质量标准	检查方法
油燃烧器					雾化良好、进退自如	观察
煤粉燃烧器					风门调节自如、摆动灵活、严密，不漏风粉	观察
锅炉燃烧			主控		燃烧稳定，火焰不刷墙，不冲屏过、无明显结焦	观察
飞灰含碳量					符合设计要求	观察
煤质成分					与设计值接近	查试验报告
过热器管壁温度			主控	℃	≤设计报警值	观察在线仪表
再热器管壁温度			主控	℃	≤设计报警值	观察在线仪表
炉墙外壁温度（环境温度25℃时）				℃	≤50	实测
炉顶密封					严密不漏、膨胀良好	观察
炉顶悬吊系统					受力均匀、正常	观察
锅炉膨胀系统					膨胀舒畅、均匀	观察
主控管道支吊架					符合设计要求	观察
附属机械		磨煤机			满足主设备运行，符合设计要求	查阅资料
		送风机				
		引风机				
		一次风机				
		排粉机				
设备可投率（按系统）				%	满足主设备要求	查阅资料

表 4.3.3-30 　　　　　　　　　　　　　　　脱硝系统 168h 满负荷试运单位工程验收表

检验项目	性质	单位	质量标准	检查方法
声波吹灰器吹灰			正常投运	检查记录
灰斗吹灰器吹灰			正常投运	观察
稀释风机			正常投运	观察
烟气处理量			符合设计要求	在线表计观测
脱硝效率	主控	%	符合设计要求	观察
脱硝系统压损	主控	Pa	符合设计要求	计算
反应器压损	主控	Pa	符合设计要求	计算
反应器出口 NOx 含量（标准状态下）	主控	mg/m³	符合设计要求	在线表计观测
氨逃逸量（标准状态下）	主控	mg/m³	符合设计要求	在线表计观测
供氨量自动控制	主控		满足脱硝系统要求	观察
顺控投入率		%	≥90	统计
联锁投入率		%	≥90	统计
电气测量仪表			正常投用	统计
继电保护装置			正常投用	统计
满负荷调试阶段试验			已完成	检查记录
低负荷调试阶段试验			已完成	检查记录
变负荷调试阶段试验			已完成	检查记录

表 4.3.3-32　　　　　　　　　　　　　　　**湿法脱硫系统 168h 满负荷试运单位工程验收表**

检验项目		性质	单位	质量标准	检查方法
主要运行参数	烟气流量		m³/h	符合设计要求	检查在线测量值
	入口烟气 SO₂ 含量		mg/m³	符合设计要求	依据 GB/T 16157 测试
	出口烟气 SO₂ 含量	主控	mg/m³	符合设计要求	依据 GB/T 16157 测试
	入口烟气 O₂ 含量		%	符合设计要求	依据 GB/T 16157 测试
	出口烟气 O₂ 含量		%	符合设计要求	依据 GB/T 16157 测试
	入口烟气含尘量		mg/m³	符合设计要求	依据 GB/T 16157 测试
	出口烟气含尘量		mg/m³	符合设计要求	依据 GB/T 16157 测试
	FDG 入口烟气温度		℃	符合设计要求	检查在线测量值
	吸收塔液位		m	符合设计要求	核查记录
	吸收塔石膏浆液 pH 值范围			符合设计要求	核查记录
	石膏浆液密度范围			严密、不泄露	核查记录
	除雾器冲洗水压		MPa	符合设计要求	核查记录
	GGH 单侧压差		Pa	符合设计要求	核查记录
石膏品质	石膏纯度	主控		符合设计要求	依据 GB 5484 测试
	CaCO₃ 残留量		%	符合设计要求	依据 GB 5484 测试
	CaSO₃·1/2H₂O 含量		%	符合设计要求	依据 GB 5484 测试
	Cl⁻含量		mg/kg	符合设计要求	依据 GB 5484 测试
CaCO₃ 消耗量		主控	t/h	符合设计要求	查记录统计

续表

	检验项目	性质	单位	质量标准	检查方法
石灰石浆液	密度		kg/m³	符合设计要求	测试比对
	含固率		%	符合设计要求	测试比对
	细度	主控	目	符合设计要求	测试,查记录
系统密封性				严密,不泄漏	测试,查记录
废水排放				依据 GB 8978 标准	依据《火电厂排水水质分析方法》DL/T 938—2005 测试比对
附属机械设备	氧化风机			满足设计、运行要求	检查记录
	浆液循环泵	主控		满足设计、运行要求	检查记录
	工艺水泵			满足设计、运行要求	检查记录
	石灰石浆液泵			满足设计、运行要求	检查记录
	增压风机	主控		满足设计、运行要求	检查记录
	搅拌器			满足设计、运行要求	检查记录
	石膏排出泵			满足设计、运行要求	检查记录
	石膏脱水机			满足设计、运行要求	检查记录
	空气压缩机			满足设计、运行要求	检查记录
	球磨机			满足设计、运行要求	检查记录
	GGH 及附属设备			满足设计、运行要求	检查记录
主要指标	脱硫效率	主控	%	达到设计要求	测试,查记录
	出口烟气温度	主控	℃	达到设计要求	查记录

	检验项目	性质	单位	质量标准	检查方法
主要指标	石膏含水率		%	≤10	测试，查记录
	主要仪表投入率	主控	%	100	记录，统计
	保护装置投入率	主控	%	100	记录，统计
	热控自动投入率	主控	%	≥80	记录，统计
	连续运行时间	主控	h	≥168	记录，统计
	累计满负荷时间	主控	h	≥72	记录，统计

表 4.3.4　　　　　　　　　　　　　　　　汽轮机整套启动试运质量验收汇总表

序号	单位工程名称	验收表编号	验收结果
1	主机冲转前检查（冷态启动）	表 4.3.5-1	
2	主机启动技术指标控制	表 4.3.5-2	
3	发电机充氢及运行	表 4.3.5-3	
4	主机额定转速空负荷试验	表 4.3.5-4	
5	主机带负荷运行重要指标	表 4.3.5-5	
6	主机各项试验	表 4.3.5-6	
7	主机油（控制油、润滑油）系统调试	表 4.3.5-7	
8	主机辅助设备调试	表 4.3.5-8	
9	主机附属机械调试	表 4.3.5-9	

序号	单位工程名称	验收表编号	验收结果
10	热力系统调试	表 4.3.5-10	
11	汽轮机 168h 满负荷试运行	表 4.3.5-11	
12	燃机空负荷试运	表 4.3.5-12	
13	燃机带负荷运行	表 4.3.5-13	
14	燃机 168h 满负荷试运行	表 4.3.5-14	
施工单位（签字）			年　　月　　日
调试单位（签字）			年　　月　　日
生产单位（签字）			年　　月　　日
监理单位（签字）			年　　月　　日
建设单位（签字）			年　　月　　日

表 4.3.5-6　　　　　　　　　　　　　　　　主机各项试验验收表

检验项目	性质	单位	质量标准	检查方法
惰走时间（真空状态下）		min	符合设计要求	计时
真空严密性试验	主控	kPa/min	水冷机组≤0.30	统计计算
			直接空冷机组≤0.20	

表 4.3.6   电气整套启动试运质量验收汇总表

序号	单位工程名称	验收表编号	验收结果
1	发电机空载励磁系统试验	表 4.3.7-1	
2	发电机（发电机变压器）短路特性试验	表 4.3.7-2	
3	发电机（发电机变压器）空载特性试验	表 4.3.7-3	
4	发电机同期系统检查及试验	表 4.3.7-4	
5	发电机变压器组保护带负荷试验	表 4.3.7-5	
6	发电机励磁系统带负荷试验	表 4.3.7-6	
7	厂用电源切换试验	表 4.3.7-7	
8	变压器试运	表 4.3.7-8	
9	发电机变压器组测量及监控系统带负荷试验	表 4.3.7-9	
10	电气 168h 满负荷试运行	表 4.3.7-10	
	施工单位（签字）	年　　月　　日	
	调试单位（签字）	年　　月　　日	
	生产单位（签字）	年　　月　　日	
	监理单位（签字）	年　　月　　日	
	建设单位（签字）	年　　月　　日	

表 4.3.7-1 发电机空载励磁系统试验验收表

	检验项目	性质	单位	质量标准	检查方法
升速过程中	转子线圈绝缘电阻	主控	MΩ	≥0.5	用 500V 绝缘电阻表测试
	转子交流阻抗及功率损耗			符合设计要求	测试
	永磁机 / 励磁变电压相序			正确	测量
	永磁机空载频率特性			符合设计要求	试验记录
额定转速下发电机空载	调节器稳定电源及同步电压测试			符合设计要求	测量
	永磁机负载特性及可控硅检查	主控		符合设计要求	测试
	主励磁机带整流柜的空载特性			符合设计要求	测量录取
	自动通道升压	主控		机端电压应平稳上升，超调量不应大于额定值的 10%，振荡次数不大于 3 次，调节时间不大于 5s	试验
	自动通道电压调节稳定范围	主控	%	70%～110%U_n	试验
	手动通道升压			符合标准要求	试验
	手动通道电压调节范围		%	20%～110%I_{fn}	试验
	自动/手动/两套调节通道切换试验			稳定、可靠	试验
	空载阶跃响应	主控		符合标准要求	试验
	电压/频率限制试验	主控		符合标准要求	试验
	TV 断线试验	主控		符合标准要求	试验
	调节器定子电压采集	主控		测量显示误差在 0.5%以内，精度满足标准要求	测量调整
	逆变灭磁试验	主控		符合要求	测量记录
	整流柜均流试验	主控		均流系数不小于 0.9	测量记录

表 4.3.7-2　　　　　　　　　　　　　　　　　　　发电机（发电机变压器）短路特性试验验收表

检验项目	性质	单位	质量标准	检查方法
发电机（发变组）TA 二次回路初查（小电流）	主控		三相平衡、不开路	试验
发电机（发变组）短路特性	主控		符合设计要求	试验
发电机（发变组）检查	主控		符合设计要求	试验
发电机（发变组）保护及测量装置检查	主控		采样值正确	试验
励磁系统检查	主控		励磁电压、励磁电流正确	试验
调节器定子电流采集及励磁电流采集			测量显示误差在 0.5%以内，精度满足标准要求	测量调整

表 4.3.7-3　　　　　　　　　　　　　　　　　　　发电机（发电机变压器）空载特性试验验收表

检验项目	性质	单位	质量标准	检查方法
发电机（发变组）TV 二次回路初查（小电压）	主控		三相平衡、不短路	试验
发电机（发变组）空载特性	主控			试验
发电机（发变组）检查	主控			试验
发电机出口电压互感器开口三角上的不平衡电压			符合设计要求	试验
发电机 TV 二次相序			符合设计要求	试验
发电机（发变组）保护及测量装置检查	主控		采样值正确	试验
励磁系统检查	主控		励磁电压、励磁电流正确	试验
额定电压下轴电压			符合设计要求	试验
发电机空载灭磁时间常数			符合设计要求	试验
发电机空载灭磁后定子线圈的残压和相序			符合设计要求	试验

表 4.3.7-7 厂用电源切换试验单位工程验收表

检验项目		性质	单位	质量标准	检查方法
手动并联切换	并列时间			符合定值要求	录波检查
	电压电流			无明显冲击	录波检查
事故切换	切换方式			符合定值要求	检查事件记录
	切换时间			符合定值要求	录波检查
	电压			符合定值要求	录波检查
	电流			无明显冲击	录波检查

表 4.3.7-8 变 压 器 试 运 验 收 表

检验项目	性质	单位	质量标准	检查方法
运行声音	主控		无杂声	听测
变压器上层油温			符合设计要求	观测
满负荷时最高油位			符合设计要求	观测
冷却装置	主控		正常投运、能互切	操作试验
严密性	主控		无渗漏	观察
套管、引线接头			无发热现象	仪器测试
风扇、油泵			全部正常投运	操作试验
温度指示			准确、完整、清晰	观测
绝缘瓷套			无闪络、放电	观察
气体监视测定		ppm	≤150	观察记录

表 4.3.7-10 电气控制系统调试验收表

检验项目		性质	单位	质量标准	检查方法
热态投运	已投系统的 I/O 投入率		%	≥95	检查调试记录
	已投系统的软操作投入率	主控	%	≥95	检查调试记录
	已投系统联锁保护投入率	主控	%	100	检查调试记录
	辅机联锁保护正确率		%	100	检查保护动作记录
	ECS 投入率		%	≥95	检查调试记录

表 4.3.7-11 电气 168h 满负荷试运行单位工程验收表

检验项目	性质	单位	质量标准	检查方法
电气测量仪表			显示准确	观测
继电保护	主控		动作正确	运行记录统计
自动装置			运行正常	观测
电气保护装置投入率		%	100	运行记录统计
电气自动装置投入率		%	100	运行记录统计
电气仪表投入率		%	100	运行记录统计

表 4.3.8 热控单项工程调试质量验收汇总表

序号	单位工程名称	验收表编号	验收结果
1	顺序控制系统调试	表 4.3.9-1	
2	炉膛安全监控系统调试	表 4.3.9-2	

序号	单位工程名称	验收表编号	验收结果
3	模拟量控制系统调试	表 4.3.9-3	
4	给水泵汽轮机监视仪表与保护系统调试	表 4.3.9-4	
5	给水泵汽轮机电液控制系统调试	表 4.3.9-5	
6	汽轮机旁路控制系统调试	表 4.3.9-6	
7	汽轮机监视仪表与保护系统调试	表 4.3.9-7	
8	汽轮机电液控制系统凋试	表 4.3.9-8	
9	168h 满负荷试运行	表 4.3.9-9	
10	燃机控制系统调试	表 4.3.9-10	
施工单位（签字）			年　　月　　日
调试单位（签字）			年　　月　　日
生产单位（签字）			年　　月　　日
监理单位（签字）			年　　月　　日
建设单位（签字）			年　　月　　日

表 4.3.9-9　　　　　　　　　　　　　　**168h 满负荷试运行单位工程验收表**

检验项目		性质	单位	质量标准	检查方法
I/O 测点	投入率	主控	%	≥99	记录、统计
	正确率			≥98	记录、统计

检验项目		性质	单位	质量标准	检查方法
分析仪表	投入率		%	≥90	记录、统计
	正确率			≥90	记录、统计
计算机监视系统主要功能	事故顺序记录(SOE)	主控	%	100	统计
	显示器			满足运行要求	观察
	打印机				
	报表打印机			投入	
	历史数据记录				
顺序控制系统	投入率		%	≥95	记录、统计
	辅机联锁保护投入率	主控	%	100	记录、统计
	辅机联锁保护动作正确率	主控	%	100	记录、统计
燃烧器控制系统	顺控投入率		%	≥95	记录、统计
	联锁保护投入率	主控		100	记录、统计
	联锁保护动作正确率	主控	%	100	记录、统计
锅炉保护	保护投入率	主控	%	100	记录、统计
	动作正确率			100	记录、统计
主机跳闸保护	保护投入率	主控	%	100	记录、统计
	动作正确率			100	记录、统计
模拟量控制自动投入率(MCS)		主控	%	≥95	记录、统计

检验项目		性质	单位	质量标准	检查方法
控制盘台	显示仪表投入率		%	100	记录、统计
	显示仪表准确率			≥95	记录、统计
	光字投入率	主控	%	≥95	记录、统计
	光字牌动作正确率			≥95	记录、统计
	M/A硬手操可用率		%	≥95	记录、统计
主机监控仪表投入率			%	≥95	记录、统计
给水泵汽轮机监控仪表投入率			%	≥95	记录、统计
旁路功能投入率	高旁联锁保护		%	100	记录、统计
	低旁联锁保护		%	100	记录、统计
主机数字式电液控制系统功能投入率			%	≥95	记录、统计
给水泵汽轮机电液控制系统功能投入率			%	≥90	记录、统计

表 4.3.10   **化学整套启动试运质量验收汇总表**

序号	单位工程名称	验收表编号	验收结果
1	机组空负荷整套试运的化学监督	表 4.3.11-1	
2	机组带负荷整套试运的化学监督	表 4.3.11-2	

序号	单位工程名称	验收表编号	验收结果		
3	168h 试运行期间的化学监督	表 4.3.11-3			
	施工单位（签字）		年	月	日
	调试单位（签字）		年	月	日
	生产单位（签字）		年	月	日
	监理单位（签字）		年	月	日
	建设单位（签字）		年	月	日

表 4.3.12　　　　　　　　　　　　　　　机组整套启动试运综合指标验收汇总表

序号	单位工程名称	验收表编号	验收结果
1	机组整套启动试运过程记录表	表 4.3.13-1	
2	机组进入满负荷试运条件确认表	表 4.3.13-2	
3	机组结束满负荷试运条件确认表	表 4.3.13-3	
4	机组额定负荷时主要运行参数记录表	表 4.3.13-4	
5	机组整套试运汽轮发电机组轴振记录表	表 4.3.13-5	
6	机组 168h 连续满负荷试运电量统计表	表 4.3.13-6	
7	机组热控保护投入情况统计表	表 4.3.13-7	
8	机组热控自动调节系统投入情况统计表	表 4.3.13-8	
9	机组热控测点投入情况统计表	表 4.3.13-9	

序号	单位工程名称	验收表编号	验收结果
10	机组电气保护装置投入情况统计表	表 4.3.13-10	
11	机组电气自动装置投入情况统计表	表 4.3.13-11	
12	机组电气测点投入情况统计表	表 4.3.13-12	
13	机组化学监督指标统计表	表 4.3.13-13	
14	机组整套启动试运经济技术指标统计表	表 4.3.13-14	
15	机组 168h 连续满负荷每日试运曲线（1～7）	表 4.3.13-15	
施工单位负责人（签字）			年　　月　　日
调试单位负责人（签字）			年　　月　　日
生产单位负责人（签字）			年　　月　　日
监理单位负责人（签字）			年　　月　　日
建设单位负责人（签字）			年　　月　　日

表 7.0.4 机组 168h 满负荷试运质量评价表

工程项目名称		机组编号	
调试单位		评价单位	
序号	评价内容	性质	考核标准/考核值
1	进入 168h 试运条件	主控	符合规定
2	连续运行时间	主控	≥168h

续表

工程项目名称				机组编号	
调试单位				评价单位	
序号	评价内容		性质	考核标准/考核值	
3	连续稳定负荷			符合预定负荷曲线	
4	连续平均负荷率			≥90%	
5	连续满负荷时间			≥96h	
6	热工保护投入率		主控	100%	
7	热控自动投入率（协调投入，调节品质达标）		主控	≥95%	
8	热控、电气测点/仪表投入率			≥99%	
9	热控、电气测点仪表指示正确率			≥98%	
10	电气保护投入率		主控	100%	
11	电气自动装置投入率		主控	100%	
12	汽水品质合格			合格	
13	满负荷试运结束		主控	经总指挥批准	
14	首次吹管点火至完成168h满负荷试运天数			不超过90天	
15	168h 试运启动次数			≤3 次	
16	真空系统严密性		主控	≤0.3（空冷0.2）kPa/min	
17	发电机漏氢量（标准状态下）			≤10 或厂家保证值 m³/d	
18	机组轴系振动		主控	≤76μm	
19	机组甩负荷试验			符合要求	

《电力建设工程监理规范》DL/T 5434—2009

表 A.3 施工组织设计报审表
（项目管理实施规划）

工程名称：　　　　　　　　　　　　　　　　　　　　　编号：

致　　　　　　　　　项目监理机构：
我方已根据施工合同的有关规定完成了　　　　　　　　工程施工组织设计（项目管理实施规划）的编制，并经我单位主管领导批准，请予以审查。 　　附：施工组织设计（项目管理实施规划）   　　　　　　　　　　　　　　　　　　　　　　　　　　　承包单位（章）： 　　　　　　　　　　　　　　　　　　　　　　　　　　　项目经理： 　　　　　　　　　　　　　　　　　　　　　　　　　　　日　　期：
专业监理工程师审查意见：   　　　　　　　　　　　　　　　　　　　　　　　　　　　专业监理工程师： 　　　　　　　　　　　　　　　　　　　　　　　　　　　日　　期：

总监理工程师审核意见：	
	项目监理机构（章）：
	总监理工程师：
	日　　期：
建设单位审批意见：	
	建设单位（章）：
	项目经理：
	日　　期：

填报说明：

本表一式三份，由承包单位填报，建设单位、项目监理机构，承包单位各一份。

表 A.4　　　　　　　　　　　　　　　　　方 案 报 审 表

工程名称：　　　　　　　　　　　　　　　　　　　　编号：

致：＿＿＿＿＿＿＿＿项目监理机构
现报上＿＿＿＿＿＿工程施工方案/安全方案/调试方案/特殊施工技术方案/采购方案/工艺方案/事故处理/节能减排/水土保持/环境保护方案，请审查。
附件：
承包单位（章）：
项目经理：
日　　期：

专业监理工程师审查意见：
专业监理工程师： 日　　　期：
总工程师核查意见：   项目监理机构（章）： 总监理工程师： 日　　　期：
建设单位审批意见：   建设单位（章）： 项目代表： 日　　　期：

填报说明：

本表一式＿＿份，由承包单位填报，建设单位、项目监理单位、承包单位各一份。特殊技术方案由承包单位总工程师批准，并附验算结果。

表 A.11　　　　　　　　　　　　　　　　**质量验收及评定项目划分报审表**

工程名称：　　　　　　　　　　　　　　　　　　　　　　编号：

致：＿＿＿＿＿＿项目监理机构
现报上＿＿＿＿＿＿＿＿＿＿＿工程质量验收及评定项目划分表，请审查。 附件：＿＿＿＿＿＿＿＿＿＿工程质量验收及评定项目划分表。   　　　　　　　　　　　　　　　　　　　　　　　承包单位（章）： 　　　　　　　　　　　　　　　　　　　　　　　项目经理： 　　　　　　　　　　　　　　　　　　　　　　　日　　期：
项目监理机构审查意见：   　　　　　　　　　　　　　　　　　　　　　　　项目监理机构（章）： 　　　　　　　　　　　　　　　　　　　　　　　总监理工程师： 　　　　　　　　　　　　　　　　　　　　　　　专业监理工程师： 　　　　　　　　　　　　　　　　　　　　　　　日　　期：

建设单位审批意见：

建设单位（章）：

项目代表：

日　　期：

填报说明：

本表一式＿份，由承包单位填报，建设单位、项目监理单位、承包单位各一份。

表 A.12　　　　　　　　　　　　　　　工程材料/构配件/设备报审表

工程名称：　　　　　　　　　　　　　　　　　　**编号：**

致：＿＿＿＿＿＿＿＿项目监理机构

　　我方于＿＿年＿＿月＿＿日进场的工程材料/构配件/设备数量如下（见附件）。现将质量证明文件及自检结果报上，拟用于下述部位：
请审核。

附件：1. 数量清单。

　　　2. 质量证明文件。

　　　3. 自检结果。

4. 复试报告。   　　　　　　　　　　　　　　　　　　　　　　　　　　承包单位（章）： 　　　　　　　　　　　　　　　　　　　　　　　　　　项目经理： 　　　　　　　　　　　　　　　　　　　　　　　　　　日　　期：
项目监理机构审查意见： 　　经检查，上述工程材料/构配件/设备符合/不符合设计文件和规范要求，准许/不准许进场，同意/不同意使用于拟定部位。   　　　　　　　　　　　　　　　　　　　　　　　　　　项目监理机构（章）： 　　　　　　　　　　　　　　　　　　　　　　　　　　专业监理工程师： 　　　　　　　　　　　　　　　　　　　　　　　　　　日　　期：

填报说明：

本表一式__份，由承包单位填报，建设单位、项目监理单位、承包单位各一份。

表 A.14   验 收 申 请 表

| 工程名称： | | 编号： |

致：_____项目监理机构

　　我方已完成_____工程（检验批/分项工程/分部工程/单位工程），经三级自检合格，具备____验收条件，现报上该工程验收申请表，请予以审查验收。

附件：自检报告。

承包单位（章）：

项目经理：

日　　期：

项目监理机构审查意见：

项目监理机构（章）：

总监理工程师：

专业监理工程师：

日　　　　期：

填报说明：

本表一式__份，由承包单位填报，建设单位、项目监理单位、承包单位各一份。

表 B.5　　　　　　　　　　　　　　　　　旁 站 监 理 记 录 表

工程名称：　　　　　　　　　　　　　　　　　　　　　　　　　编号：

日 期 及 气 候：	施 工 地 点：
旁站监理的部位及工序：	
旁站监理开始时间：	旁站监理结束时间：
施工情况：	
监理情况：	
发现问题：	
处理意见：	
备注（包括处理结果）：	
承包单位： 质 检 员： 日　　期：　年 月 日	项目监理机构： 旁站监理人员： 日　　　　期：　年 月 日

填报说明：

本表由项目监理机构填写，项目监理机构存__份。

《火力发电建设工程启动试运及验收规程》DL/T 5437—2009

表 A.3

整套启动试运条件检查确认表

_____工程_____机组

检查节点：_____

序号	检查内容	检查结果

序号	检查内容	检查结果
结论	经检查确认，该机组已具备××××试运条件，可以进入××××试运	
施工单位代表（签字）：		年　　月　　日
调试单位代表（签字）：		年　　月　　日
监理单位代表（签字）：		年　　月　　日
建设单位代表（签字）：		年　　月　　日
生产单位代表（签字）：		年　　月　　日
批　准（总指挥签字）：		年　　月　　日

表 B.1　　　　　　　　　　　　　　　　　　　　设备或系统代保管交接签证卡

_____工程_____机组

代保管区域和设备：_____

检查验收结论：

　经联合检查验收，该区域的建筑、装修、安装工作已全部完成，区域内的设备和系统已完成分部试运，并已按有关验收规程验收，办理完签证，区域内卫生状况良好，已经满足生产运行管理要求，生产单位同意对该区域和设备进行代保管，特签此证

主要遗留问题及处理意见：				
	施工单位代表（签字）：	年	月	日
	调试单位代表（签字）：	年	月	日
	监理单位代表（签字）：	年	月	日
	建设单位代表（签字）：	年	月	日
	生产单位代表（签字）：	年	月	日

表 C.1   **机组移交生产交接书**

_____工程_____机组

机组移交生产交接书

建设单位：

生产单位：

主体施工单位：

主体调试单位：

主体监理单位：

验收交接日期：　　　年　　月　　日

工程名称		机组编号	
工程地点			
建设依据			
建设规模			
工程正式开工日期		机组移交生产日期	
机组整套试运日期			
形成额定发电能力			
一、工程和机组试运概况			
二、遗留的主要问题及处理意见			
三、启动验收委员会意见			

《电力工程施工测量技术规范》DL/T 5445—2010

表 8.6.4 建（构）筑物施工放线、轴线投测和标高传递的允许偏差

项目	内容		允许偏差（mm）
基础桩位放样	单排桩或群桩中的边		10
	群桩		20
各施工层上放线	外廓主轴线长度 L（m）	$L \leq 30$	5
		$30 < L \leq 60$	10
		$60 < L \leq 90$	15
		> 90	20
	细部轴线		2
	承重墙、梁、柱边线		3
	非承重墙边线		3
	门窗洞口线		3
轴线竖向投测	每层		3
	总高 H（m）	$H \leq 30$	5
		$30 < H \leq 60$	10
		$60 < H \leq 90$	15
		$90 < H \leq 1200$	20
		$120 < H \leq 150$	25
		> 150	30

项目	内容		允许偏差（mm）
标高竖向传递	每层		3
	总高 H（m）	$H \leqslant 30$	5
		$30 < H \leqslant 60$	10
		$60 < H \leqslant 90$	15
		$90 < H \leqslant 1200$	20
		$120 < H \leqslant 150$	25
		> 150	30

表 11.1.2　　　　　　　　　　　　　　　　变形测量的级别、精度要求

变形测量等级	沉降观测	位移观测	主要适用范围
	变形观测点的高程中误差 (mm)	变形观测点的点位中误差(mm)	
一等	0.3	1.5	电力工程中科研性项目一级基坑
二等	0.5	3	火力发电厂主厂房（包括汽轮发电机基础、锅炉构架基础）主控制楼或网络控制楼、通信楼、220kV 以上屋内配电装置楼、高度大于 100m 烟囱、跨度大于 30m 干煤棚及其他厂房建筑；冷却塔、空冷平台、山谷一级灰坝、脱流场地；变电所主控制楼、220kV 以上屋内配电装置楼、GIS 设备及支架，换流站阀厅；二级基坑
三等	1	6	其他生产建筑、辅助及附属建（构）筑物；三级基坑；岩质滑坡；浅地基处理，打入桩基施工

续表

变形测量等级	沉降观测 变形观测点的高程中误差 (mm)	位移观测 变形观测点的点位中误差(mm)	主要适用范围
四等	2	12	机炉检修间、材料库、机车库、汽车库、材料库棚、推煤机库、警卫传达室、围墙、自行车棚及临时建筑等；土质滑坡

注：1 变形观测点的高程中误差和点位中误差，是指相对于邻近基准点的中误差。

    2 特定方向的位移中误差，可取表中相应等级点位中误差的 $1/\sqrt{2}$ 作为限值。

    3 沉降观测，可根据需要按变形观测点的高程中误差或相邻变形观测点的高差中误差，确定监测精度等级。

表 11.1.10   数据处理中的数值取位要求

等级	方向值（"）	边长（mm）	高程（mm）	垂直位移量（mm）
一、二等	0.01	0.1	0.01	0.01
三、四等	0.1	1	0.1	0.1

《固定污染源烟气（SO_2、NO_x、颗粒物）排放连续监测技术规范》HJ 75—2017

表 1   示值误差、系统响应时间、零点漂移和量程漂移验收技术要求

检测项目			技术要求
气态污染物 CEMS	二氧化硫	示值误差	当满量程≥100μmol/mol（286mg/m³）时，示值误差不超过±5%（相对于标准气体标称值）； 当满量程<100μmol/mol（286mg/m³）时，示值误差不超过±2.5%（相对于仪表满量程值）
		系统响应时间	≤200s
		零点漂移、量程漂移	不超过±2.5%

续表

	检测项目		技术要求
气态污染物 CEMS	氮氧化物	示值误差	当满量程≥200μmol/mol（410mg/m³）时，示值误差不超过±5%（相对于标准气体标称值）； 当满量程＜200μmol/mol（410mg/m³）时，示值误差不超过±2.5%（相对于仪表满量程值）
		系统响应时间	≤200s
		零点漂移、量程漂移	不超过±2.5%
氧气 CMS	O₂	示值误差	±5%（相对于标准气体标称值）
		系统响应时间	≤200s
		零点漂移、量程漂移	不超过±2.5%
颗粒物 CEMS	颗粒物	零点漂移、量程漂移	不超过±2.0%

注：氮氧化物以 NO₂ 计。

表 2　　　　　　　　　　　　　　　　　　　　　　　准确度验收技术要求　　　　　　　　　　　　　　　　　　　　　　　MPa

	检测项目		技术要求
气态污染物 CEMS	二氧化硫	准确度	排放浓度≥250μmol/mol（715mg/m³）时，相对准确度≤15%
			50μmol/mol（143mg/m³）≤排放浓度＜250μmol/mol（715mg/m³）时，绝对误差不超过±20μmol/mol（57mg/m³）
			20μmol/mol（57mg/m³）≤排放浓度＜50μmol/mol（143mg/m³）时，相对误差不超过±30%
			排放浓度＜20μmol/mol（57mg/m³）时，绝对误差不超过±6μmol/mol（17mg/m³）
气态污染物 CEMS	二氧化硫	准确度	排放浓度≥250μmol/mol（513mg/m³）时，相对准确度≤15%
			50μmol/mol（103mg/m³）≤排放浓度＜250μmol/mol（513mg/m³）时，绝对误差不超过±20μmol/mol（41mg/m³）
			20μmol/mol（41mg/m³）≤排放浓度＜50μmol/mol（103mg/m³）时，相对误差不超过±30%
			排放浓度＜20μmol/mol（41mg/m³）时，绝对误差不超过±6μmol/mol（12mg/m³）

检测项目			技术要求
气态污染物 CEMS	其他气态污染物	准确度	相对准确度≤15%
氧气 CMS	Q2	准确度	＞5.0%时，相对准确度≤15%
			≤5.0%时，绝对误差不超过±1.0%
颗粒物 CEMS	颗粒物	准确度	排放浓度＞200mg/m³ 时，相对误差不超过±15%
			100mg/m³＜排放浓度≤200mg/m³ 时，相对误差不超过±20%
			50mg/m³＜排放浓度≤100mg/m³ 时，相对误差不超过±25%
			20mg/m³＜排放浓度≤50mg/m³ 时，相对误差不超过±30%
			10mg/m³＜排放浓度≤20mg/m³ 时，绝对误差不超过±6mg/m³
			排放浓度≤10mg/m³ 时，绝对误差不超过±5mg/m³
流速 CMS	流速	准确度	流速＞10m/s 时，相对误差不超过±10%
			流速≤10m/s 时，相对误差不超过±12%
温度 CMS	温度	准确度	绝对误差不超过±3℃
湿度 CMS	湿度	准确度	烟气湿度＞5.0%时，相对误差不超过±25%
			烟气湿度≤5.0%时，绝对误差不超过±1.5%

注：氮氧化物以 NO_2 计，以上各参数区间划分以参比方法测量结果为准。

《氢冷电机气密封性检验方法及评定》JB/T 6227—2005

表 2　　　　　　　　　　　　　　　电机整套系统在转子静止时每昼夜最大允许漏空气量

评定等级	额定氢压（MPa）					
	≥0.5	≥0.4	≥0.3	≥0.2	≥0.1	<0.1
	漏空气量（m³/24h）					
合格	3.6	3.2	2.9	1.5	1	0.8
良	2.9	2.6	2.3	1.3	0.9	0.7
优	2.2	2	1.7	0.9	0.8	0.6

《粉煤灰砖》JC 239—2001

表 2　　　　　　　　　　　　　　粉 煤 灰 砖 强 度 指 标　　　　　　　　　　　　　　　MPa

强度等级	抗压强度		抗折强度	
	平均值	单块最小值	平均值	单块最小值
MU10	≥10.0	≥8.0	≥2.5	≥2
MU15	≥15.0	≥12.0	≥3.7	≥3.0
MU20	≥20.0	≥16.0	≥4.0	≥3.2
MU25	≥25.0	≥20.0	≥4.5	≥3.6
MU30	≥30.0	≥24.0	≥4.8	≥3.5

《普通混凝土用砂、石质量及检验方法标准》JGJ 52—2006

表 3.1.3   天 然 砂 中 含 泥 量

混凝土强度等级	≥C60	C55~C30	≤C25
含泥量（按质量计，%）	≤2.0	≤3.0	≤5.0

表 3.1.4   砂 中 泥 块 含 量

混凝土强度等级	≥C60	C55~C30	≤C25
泥块含量（按质量计，%）	≤0.5	≤1.0	≤2.0

表 3.1.5   人工砂或混合砂中石粉含量

混凝土强度等级		≥C60	C55~C30	≤C25
MB<1.4（合格）	石粉含量（%）	≤5.0	≤7.0	≤10.0
MB≥1.4（不合格）		≤2.0	≤3.0	≤5.0

表 3.2.3   碎石或卵石中含泥量

混凝土强度等级	≥C60	C55~C30	≤C25
含泥量（按质量计，%）	≤0.5	≤1.0	≤2.0

表 3.2.4   碎石或卵石中泥块含量

混凝土强度等级	≥C60	C55~C30	≤C25
泥块含量（按质量计，%）	≤0.2	≤0.5	≤0.7

《混凝土用水标准》JGJ 63—2006

表 3.1.1 混凝土拌合用水水质要求

项目	预应力混凝土	钢筋混凝土	素混凝土
pH 值	≥5.0	≥4.5	≥4.5
不溶物（mg/L）	≤2000	≤2000	≤5000
可溶物（mg/L）	≤2000	≤5000	≤10000
Cl^-（mg/L）	≤500	≤1000	≤3500
SO_4^{2-}（mg/L）	≤600	≤2000	≤2700
碱含量（mg/L）	≤1500	≤1500	≤1500

注：碱含量按 Na2O+0.658K2O 计算值来表示。

采用非碱活性骨料时，可不检验碱含量。

《建筑地基处理技术规范》JGJ 79—2012

表 6.2.2-1 填土每层铺填厚度及压实系数

施工设备	每层铺填厚度（mm）	每层压实遍数
平碾（8t～12t）	200～300	6～8
羊足碾（5t～16t）	200～350	8～16
振动碾（8t～15t）	500～1200	6～8
冲击碾压（冲击势能 15kJ～25kJ）	600～1500	20～40

表 6.2.2-2 　　　　　　　　　　　　　　　　　　　　压 实 的 质 量 控 制

结 构 类 型	填 土 部 位	压实系数 λ_c	控制含水量（%）
砌体承重结构和框架结构	在地基主要承受力层范围以内	≥0.97	$\mu_{op}\pm 2$
	在地基主要承受力层范围以下	≥0.95	
排架结构	在地基主要承受力层范围以内	≥0.96	
	在地基主要承受力层范围以下	≥0.94	

表 6.2.2-3 　　　　　　　　　　　　　　　　　　　压实填土的边坡坡度允许值

填土类型	边坡坡度允许值（高宽比）		压实系数 λ_c
	坡高在 8m 以内	坡高为 8m～15m	
碎石、卵石	1∶1.50～1∶1.25	1∶1.75～1∶1.50	0.94～0.97
砂加石（碎石卵石占全重 30%～50%）	1∶1.50～1∶1.25	1∶1.75～1∶1.50	
土加石（碎石卵石占全重 30%～50%）	1∶1.50～1∶1.25	1∶2.00～1∶1.50	
粉质黏土,黏粒含量≥10%的粉土	1∶1.75～1∶1.50	1∶2.25～1∶1.75	

表 7.1.8 　　　　　　　　　　　　　　　　　　　　沉 降 计 算 经 验 系 数

$\hat{E}_s$（MPa）	4.0	7.0	15.0	20.0	35.0
ψ_s	1.0	0.7	0.4	0.3	0.2

《钢结构高强度螺栓连接技术规程》JGJ 82—2011

表 6.4.15　　　　　　　　　　　　　　扭剪型高强度螺栓初拧（复拧）扭矩值　　　　　　　　　　　　　N·m

螺栓公称直径	M16	M20	M22	M24	M27	M30
初拧扭矩	115	220	300	390	560	760

《建筑桩基技术规范》JGJ 94—2008

表 5.5.4　　　　　　　　　　　　　　建筑桩基沉降变形允许值

变形特征	允许值
砌体承重结构基础的局部倾斜	0.002
各类建筑相邻柱（墙）基的沉降差	
（1）框架、框架—剪力墙、框架—核心筒结构	0.002 L
（2）砌体墙填充的边排柱	0.0007 L
（3）当基础不均匀沉降时不产生附加应力的结构	0.005 L
单层排架结构(柱距为 6m)柱基的沉降量(mm)	120
桥式吊车轨面的倾斜（按不调整轨道考虑）	
纵向	0.004
横向	0.003

续表

变形特征		允许值
多层和高层建筑的整体倾斜	$H \leqslant 24$	0.004
	$24 \leqslant H \leqslant 60$	0.003
	$60 \leqslant H \leqslant 100$	0.0025
	$H > 100$	0.002
高耸结构基础的倾斜	$H \leqslant 20$	0.008
	$20 \leqslant H \leqslant 50$	0.006
	$50 \leqslant H \leqslant 100$	0.005
	$100 \leqslant H \leqslant 150$	0.004
	$150 \leqslant H \leqslant 200$	0.003
	$200 \leqslant H \leqslant 250$	0.002
高耸结构基础的沉降量（mm）	$H \leqslant 100$	350
	$100 \leqslant H \leqslant 200$	250
	$200 \leqslant H \leqslant 250$	150
体型简单的剪力墙结构高层建筑桩基的最大沉降量（mm）		200

注：L 为相邻柱（墙）二测点距离；H 为自室外地面算起的建筑物高度（m）。

表 6.2.4　　　　　　　　　　　　　　　　　　　　　　　　灌注桩成孔施工允许偏差

成孔方法		桩径偏差（mm）	垂直度允许偏差（%）	桩位允许偏差（mm）	
				1 根～3 根桩、条形桩基沿垂直轴线方向和群桩基础中的边桩	条形桩基沿轴线方向和群桩基础的中间桩
泥浆护壁 150	$d{\leq}1000mm$	≤−50	d/6 且不大于 100	d/4 且不大于 150	
	$d{>}1000mm$	−50	100+0.01H	150+0.01H	
锤击（振动）沉管 振动冲击沉管成孔	$d{\leq}500mm$	−20	70	150	
	$d{>}500mm$		100	150	
螺旋钻、机动洛阳铲干作业成孔灌注桩		−20	70	150	
人工挖孔桩	现浇混凝土护壁	±50	50	150	
	长钢套管护壁	±20	100	200	

表 7.4.5　　　　　　　　　　　　　　　　　　　　　　　打入桩桩位的允许偏差　　　　　　　　　　　　　　　　　　　　　　mm

项目	允许偏差
带有基础梁的桩：（1）垂直基础梁的中心线 （2）沿基础梁的中心线	100+0.01H 150+0.01H
桩数为 1 根～3 根桩基中的桩　100	100
桩数为 4 根～16 根桩基中的桩	1/2 桩径或边长
桩数大于 16 根桩基中的桩：（1）最外边的桩 （2）中间桩	1/3 桩径或边长 1/2 桩径或边长

注：H 为施工现场地面标高与桩顶设计标高的距离。

《建筑工程冬期施工规程》JGJ/T 104—2011

表 4.3.3 暖棚法施工时的砌体养护时间

暖棚内温度（℃）	5	10	15	20
养护时间（d）	≥6	≥5	≥4	≥3

表 6.2.1 拌合水及骨料加热最高温度

水泥强度等级	拌合水（℃）	骨料（℃）
小于 42.5	80	60
42.5、42.5R	60	40

表 6.2.5 混凝土搅拌的最短时间

混凝土坍落度（mm）	搅拌机容积（L）	混凝土搅拌的最短时间(s)
≤80	<250	90
	250～500	135
	>500	180
>80	<250	90
	250～500	90
	>500	135

表 6.4.4　　　　　　　　　　　　　　　　　　　蒸汽加热养护混凝土升温和降温速度

结构表面系数（m⁻¹）	升温速度（℃/h）	降温速度（℃/h）
≥6	15	10
<6	10	5

表 6.5.3　　　　　　　　　　　　　　　　　　　　电极与钢筋之间的距离

工作电压(V)	最小距离（mm）
65.0	50～70
87.0	80～100
106.0	120～150

表 6.9.2　　　　　　　　　　　　　　　　　　　施工期间的测温项目与频次

测温项目	频次
室外气温	测量最高、最低气温
环境温度	每昼夜不少于 4 次
搅拌机棚温度	每工作班不少于 4 次
水、水泥、矿物掺合料、砂、石及外回剂溶液温度	每工作班不少于 4 次
混凝土出机、浇筑、入模温度	每工作班不少于 4 次

《钢筋机械连接技术规程》JGJ 107—2016

表 3.0.5 接 头 极 限 抗 拉 强 度

接头等级	Ⅰ级		Ⅱ级	Ⅲ级
极限抗拉强度	$f_{mst}^0 \geq f_{stk}$ 钢筋拉断 或 $f_{mst}^0 \geq 1.10 f_{stk}$ 连接件破坏		$f_{mst}^0 \geq f_{stk}$	$f_{mst}^0 \geq 1.25 f_{yk}$

注：1. 钢筋拉断指断于钢筋母材、套筒外钢筋丝头或钢筋镦粗过渡段。

    2. 连接件破坏指断于套筒、套筒纵向开裂或钢筋从套筒中拔出一级其他连接组件破坏。

《冻土地区建筑地基基础设计规范》JGJ 118—2011

表 3.2.4-1 多年冻土地基勘探点间距

冻土分布类型	孔间距（m）
岛状（不连续）多年冻土区	10～15
大片（连续）多年冻土区	15～25

注：为查清多年冻土平面分布界限时可根据情况适当加密勘探点间距。

表 3.2.4-2 多年冻土地基勘探深度

冻土分布类型	钻孔类型	钻孔深度
岛状（不连续）多年冻土区	控制性钻孔	穿透下限进入稳定地层不小于 5m 且孔深不小于 20m，若采用桩基础应大于 25m
	一般钻孔	穿透下限且孔深不小于 15m，若采用桩基础应大于 20m

冻土分布类型	钻孔类型	钻孔深度
大片（连续）多年冻土区	控制性钻孔	一般场地大于 15m，复杂场地或采用桩基大于 25m
	一般钻孔	一般场地大于 10m，复杂场地或采用桩基大于 20m

注：在钻探深度内遇到基岩时可适当减少钻孔深度。

《混凝土结构后锚固技术规程》JGJ 145—2013

表 C.2.3　　　　　　　　　　　　　　　　　　　抽　样　表

检验批锚栓总数	≤100	500	1000	2500	≥5000
最小抽样数量	20%，且不少于 5 件	10%	7%	4%	3%

《建筑工程检测试验技术管理规范》JGJ 190—2010

表 4.2.2　　　　　　　　　　施工过程质量检测试验项目、主要检测试验参数和取样依据

序号	类别		检测试验项目	主要检测试验参数	取样依据	备注
1	土方回填		土工击实	最大干密度	《土工试验方法标准》GB/T 50123	
				最优含水率		
			压实程度	压实系数	《建筑地基基础设计规范》GB 50007	
2	地基与基础		换填地基	压实系数或承载力	《建筑地基处理技术规范》JGJ 79、《建筑地基基础工程施工质量验收规范》GB 50202	
			加固地基、复合地基	承载力		
			桩基	承载力	《建筑基桩检测技术规范》JGJ 106	
				桩身完整性		钢桩除外

续表

序号		类别	检测试验项目	主要检测试验参数	取样依据	备注
3	基坑支护		土钉墙	土钉抗拔力	《建筑基坑支护技术规程》JGJ 120	
			水泥土墙	墙身完整性		
				墙体强度		设计有要求时
			锚杆、锚索	锁定力		
4	结构工程	钢筋连接	机械连接工艺检验	抗拉强度	《钢筋机械连接通用技术规程》JGJ 107	
			机械连接现场检验			
		钢筋连接	钢筋焊接工艺检验	抗拉强度	《钢筋焊接及验收规程》JGJ 18	适用于闪光对焊、气焊接头
				弯曲		
			闪光对焊	抗拉强度		
				弯曲		
			气压焊	抗拉强度		
				弯曲		适用于水平连接筋
			电弧焊、电渣压力焊、预埋件钢筋T形接头	抗拉强度		
			网片焊接	抗剪力		热轧带肋钢筋
				抗拉强度		冷轧带肋钢筋

序号		类别	检测试验项目	主要检测试验参数	取样依据	备注
4	结构工程	混凝土	混凝土配合比设计	工作性		指工作堵、坍落度和坍落扩展度等
				强度等级		
			混凝土性能	标准养护试件强度	《混凝土结构工程施工质量验收规范》GB 50204、《混凝土外加剂应用技术规范》GB 50119、《建筑工程冬期施工规程》JGJ 104	同条件养护28d转标准养护28d试件强度和受冻临界强度试件按冬期施工相关要求增设。其他同条件试件根据施工需要留置
				同条件试件强度（受冻临界、拆模、张拉、放张和临时负荷等）		
				同条件养护28d转标准养护28d试件强度		
			混凝土性能	抗渗性能	《地下防水工程质量验收规范》GB 50208、《混凝土结构工程施工质量验收规范》GB 50204	有抗渗要求时
		砌筑砂浆	砂浆配合比设计	强度等级	《砌筑砂浆配合比设计规程》JGJ 98	
				稠度		
		砌筑砂浆	砂浆力学性能	标准养护试件强度	《砌体工程施工质量验收规范》GB 50203	
				同条件养护试件强度		冬期施工时增设
		钢结构	网架结构焊接球节点、螺栓球节点	承载力	《钢结构工程施工质量验收规范》GB 50205	安全等级一级、$L \geqslant$ 40m且涉及有要求时
			焊缝质量	焊缝探伤		
			后锚固（植筋、锚栓）	抗拔承载力	《混凝土结构后锚固技术规程》JGJ 145	

序号		类别	检测试验项目	主要检测试验参数	取样依据	备注
5	装饰装修		饰面砖粘贴	粘结强度	《建筑工程饰面砖粘结强度检验标准》JGJ 110	

表 4.3.2   工程实体质量与使用功能检测项目、主要检测参数和取样依据

序号	类别	检测试验项目	主要检测试验参数	取样依据
1	实体质量	混凝土结构	钢筋保护层厚度	《混凝土结构施工质量验收规范》GB 50204
			结构实体检验用同条件养护试件强度	
		围护结构	外窗气密性能（适用于严寒、寒冷、夏热冬冷地区）	《建筑节能公司施工质量验收规范》GB 50411
			外墙节能构造	
2	使用功能	室内环境污染物	氡	《民用建筑工程室内环境污染控制规范》GB 50325
			甲醛	
			苯	
			氨	
			TVOC	
			室内温度	《建筑节能工程施工质量验收规范》GB 50411
			供热系统室外管网的水力平衡度	
			供热系统的补水率	
			室外管网的热输送效率	
			各风口的风量	

序号	类别	检测试验项目	主要检测试验参数	取样依据
2	使用功能	系统节能性能	通风与空调系统的总风量	
			空调机组的水流量	
			空调系统冷热水、冷却水总流量	
			平均照度与照明功率密度	

表 5.2.4　　　　　　　　　　　　　　　　现场试验站基本条件

项目	基本条件
现场试验人员	根据工程规模和试验工作的需要配置，宜为 1 人~3 人
试验设备	根据试验项目确定。一般应配备：天平、台（案）秤、温度计、湿度计、混凝土振动台、试模、坍落度筒、砂浆稠度仪、钢直（卷）尺、环刀、烘箱等
设施	工作间（操作间）面积不宜小于 15m²，温、湿度应满足有关规定
	对混凝土结构工程，宜设标准养护室，不具备条件时可采用养护箱或养护池。温、湿度应符合有关规定

《测量用电流互感器》JJG 313—2010

表 1　　　　　　　　　　　　　　　　测量用电流互感器的误差限值

准确度级别	比值误差（±）					相位误差（±）				
	倍率因数	额定电流下的百分数值				倍率因数	额定电流下的百分数值			
		5	20	100	120		5	20	100	120
0.5	%	1.5	0.75	0.5	0.5	(')	90	45	30	30

准确度级别	比值误差（±）					相位误差（±）				
	倍率因数	额定电流下的百分数值				倍率因数	额定电流下的百分数值			
		5	20	100	120		5	20	100	120
0.2		0.75	0.35	0.2	0.2		30	15	10	10
0.1		0.4	0.2	0.1	0.1		15	8	5	5
0.05	%	0.10	0.05	0.05	0.05	(')	4	2	2	2
0.02		0.04	0.02	0.02	0.02		1.2	0.6	0.6	0.6
0.01		0.02	0.01	0.01	0.01		0.6	0.3	0.3	0.3
0.005		100	50	50	50		100	50	50	50
0.002	10^{-6}	40	20	20	20	10^{-6}(rad)	40	20	20	20
0.001		20	10	10	10		20	10	10	10

注1：额定二次电流 5A，额定二次负荷 7.5VA 及以下的互感器，下限负荷由制造厂规定；制造厂未规定下限负荷的，下限负荷为 2.5VA。

注2：额定负荷电阻小于 0.2Ω 的电流互感器下限负荷为 0.1Ω。

注3：制造厂规定为固定负荷的电流互感器，在固定负荷的 ±10% 范围内误差应满足本表要求。

表 2　　　　　　　　　　　　　　　　　　　　特殊使用要求的电流互感器的误差限值

准确度级别	比值误差（±）						相位误差（±）					
	倍率因数	额定电流下的百分数值					倍率因数	额定电流下的百分数值				
		1	5	20	100	120		1	5	20	100	120
0.5S	%	1.5	0.75	0.5	0.5	0.5	(')	90	45	30	30	30
0.2S		0.75	0.35	0.2	0.2	0.2		30	15	10	10	10
0.1S		0.4	0.2	0.1	0.1	0.1		15	8	5	5	5
0.05S		0.10	0.05	0.05	0.05	0.05		4	2	2	2	2
0.02S		0.04	0.02	0.02	0.02	0.02		1.2	0.6	0.6	0.6	0.6
0.01S		0.02	0.01	0.01	0.01	0.01		0.6	0.3	0.3	0.3	0.3
0.005S	10^{-6}	100	75	50	50	50	$10^{-6}(rad)$	100	75	50	50	50
0.002S		40	30	20	20	20		40	30	20	20	20
0.001S		20	15	10	10	10		20	15	10	10	10

注 1：额定二次电流 5A，额定二次负荷 7.5VA 及以下的互感器，下限负荷由制造厂规定；制造厂未规定下限负荷的，下限负荷为 2.5VA。

注 2：额定负荷电阻小于 0.2 Ω的电流互感器下限负荷为 0.1Ω。

注 3：制造厂规定为固定负荷的电流互感器，在固定负荷的±10%范围内误差应满足本表要求。

《测量用电压互感器》JJG 314—2010

表1   测量用电压互感器的误差限值

准确度级别	比值误差（±）						相位误差（±）					
	倍率因数	额定电压百分值					倍率因数	额定电压百分值				
		20	50	80	100	120		20	50	80	100	120
0.5	%	—	—	0.5	0.5	0.5	(')	—	—	20	20	20
0.2		0.4	0.3	0.2	0.2	0.2		20	15	10	10	10
0.1		0.2	0.15	0.10	0.10	0.10		10.0	7.5	5.0	5.0	5.0
0.05		0.100	0.075	0.050	0.050	0.050		4.0	3.0	2.0	2.0	2.0
0.02		0.040	0.030	0.020	0.020	0.020		1.2	0.9	0.6	0.6	0.6
0.01		0.020	0.015	0.010	0.010	0.010		0.60	0.45	0.30	0.30	0.30
0.005	$\times 10^{-6}$	100	75	50	50	50	$\times 10^{-6}$(rad)	100	75	50	50	50
0.002		40	30	20	20	20		40	30	20	20	20
0.001		20	15	10	10	10		20	15	10	10	10

注：额定二次负荷小于或等于 0.2VA 时，下限负荷按 0VA 考核。

《电力工程检测试验管理办法（试行）》电力工程质量监督总站质监〔2015〕20 号

附件 1-3-2   土建检测试验机构现场试验室能力确认审查表（二）

确认内容和要求		确认准则	重要程度	确认结果			情况说明
★—为必备项				符合	基本符合	不符合	
......							
10.环境与安全							

续表

确认内容和要求	确认准则	重要程度	确认结果			情况说明
★—为必备项			符合	基本符合	不符合	
★10.1 现场试验室布局合理、安全，环境满足开展检验试验的要求	满足需求实用	必备项				
10.2 办公、试验、样品存储等分区，明确，有明显的标志，室内外整洁，无杂乱生活用品，环境良好	满足需求实用					
10.3 水、电管线布置合理走向整齐，工艺良好，符合安全、文明规范要求	满足需求实用					
★10.4 养护室及标准有要求的检测室，符合规范要求的标准条件	对养护室及有要求的试验环境，应符合标准所要求的条件	必备项				
10.5 工器具有明确分类，有固定的存放位置和标记	满足需求实用					
10.6 易燃、易爆、有毒、有害及其他危险品有明显标志，有固定合理的存放点，有安全措施，并有消防设施及危险品的防护设施	对水、电、气、易燃、易爆及危险品管理应符合安全规程要求。有毒物品管理还应符合保卫部门有关规定					
10.7 试验废弃物或废液处置良好，不会造成环境污染	符合环境排放规定的要求					
10.8 对试验中断或意外事故，有明确处理规定。当遇到非标准试验时，应有特定编制的试验方案，经规定程序审批后，作为规定执行并有专门记录	对停电、停水、设备故障、人为误操作或其他意外原因导致试验中断的情况，应有明确的处理规定，以确保试验数据的可靠性					

附件 2-3-2　　　　　　　　　　　　　　金属检测试验机构现场试验室能力确认审查表（二）

……			
2.1.2 安全与文明			
序号	检查项目	检查结果	备　注
1	★金属室总体环境概况	总布置_____间，各种专用室____间	
2	夜间作业照明设备/设施		
3	暗室防触电及通风、控湿		
4	γ射源管理、设施	源库□，监测仪器____台，报警器____个	
……			

附件 3-3-2　　　　　　　　　　　　　　电气检测试验机构现场试验室能力确认审查表（二）

确认内容和要求 ★—为必备项	确认准则	重要程度	确认结果			情况说明
			符合	基本符合	不符合	
……						
10.环境与安全						
★10.1 现场试验室布局合理、安全，环境满足开展检验试验的要求	满足需求实用	必备项				
10.2 办公、试验分区明确，有明显的标志，室内外整洁，无杂乱生活用品，环境良好	满足需求实用					
10.3 有试验检验应急预案，试验工作场所必须设置警戒线，挂警示牌	试验工作应急预案，有培训演练记录					

确认内容和要求	确认准则	重要程度	确认结果			情况说明
★—为必备项			符合	基本符合	不符合	
★10.4 有规定要求的工作室必须有控温、除湿装置，门窗密封，保证室内清洁无灰尘	有规定要求的工作室应配备空调，防静电措施，满足需求使用	必备项				
10.5 工器具有明确分类，有固定的存放位置和标记	满足需求实用					
10.6 易燃、易爆、有毒、有害及其他危险品有明显标志，有固定合理的存放点，有安全措施，并有消防设施及危险品的防护设施	对水、电、气、易燃、易爆及危险品管理应符合安全规程要求。有毒物品管理还应符合保卫部门有关规定					
★10.7 电气高压试验人员必须配备安全防护用品等	满足需求实用	必备项				
10.8 对试验中断或意外事故，有明确处理规定。当遇到非标准试验时，应有特定编制的试验方案，经规定程序审批后，作为规定执行并有专门记录	对停电、停水、设备故障、人为误操作或其他意外原因导致试验中断的情况，应有明确的处理规定，以确保试验数据的可靠性					
……						

附件 4-3-2　　　　　　　　　　　　　　　**热控检测试验机构现场试验室能力确认审查表（二）**

确认内容和要求	确认准则	重要程度	确认结果			情况说明
★—为必备项			符合	基本符合	不符合	
……						
10.环境与安全						
★10.1 现场试验室布局合理、安全，环境满足开展检验试验的要求	满足需求实用	必备项				

续表

确认内容和要求 ★—为必备项	确认准则	重要程度	确认结果			情况说明
			符合	基本符合	不符合	
10.2 办公、试验、样品存储等分区明确，有明显的标志，室内外整洁，无杂乱生活用品，环境良好	满足需求实用					
10.3 有试验检验应急预案，试验工作场所必须设置警戒线，挂警示牌	试验工作应急预案，有培训演练记录					
★10.4 有规定要求的工作室必须有控温、除湿装置，门窗密封，保证室内清洁无灰尘	有规定要求的工作室应配备空调，防静电措施，满足需求使用	必备项				
10.5 工器具有明确分类，有固定的存放位置和标记	满足需求实用					
10.6 易燃、易爆、有毒、有害及其他危险品有明显标志，有固定合理的存放点，有安全措施，并有消防设施及危险品的防护设施	对水、电、气、易燃、易爆及危险品管理应符合安全规程要求。有毒物品管理还应符合保卫部门有关规定					
10.7 热控试验人员配备安全防护用品等	满足需求实用					
10.8 对试验中断或意外事故，有明确处理规定。当遇到非标准试验时，应有特定编制的试验方案，经规定程序审批后，作为规定执行并有专门记录	对停电、停水、设备故障、人为误操作或其他意外原因导致试验中断的情况，应有明确的处理规定，以确保试验数据的可靠性					
……						

附件5　　　　　　　　　　　　　　电力工程项目检测试验能力等级要求划分表

工程类别		最低能力等级要求				备注
		土建检测机构	金属检测机构	电气检测机构	热控检测机构	
火电工程	单机容量600MW及以上	A级	A级	A级	A级	

续表

工程类别		最低能力等级要求				备注
		土建检测机构	金属检测机构	电气检测机构	热控检测机构	
火电工程	单机容量 200~600MW	B 级	B 级	B 级	B 级	
	单机容量 200MW 及以下	△	△	△	△	
......						

注：△表示可参照执行。

《电力工程质量监督实施管理程序（试行）》中电联质监〔2012〕437 号

附表 7　　　　　　　　　　　　　　　　　　电力工程质量监督检查整改回复单

	工程名称		注册登记号	
	监检阶段		监检日期	
	整改项目	整改情况	整改人员	检查人员
1				
2				
3				
4				
5				
6				

7			
8			
建设单位	监理单位	勘察、设计单位	
项目负责人：	总监：	项目经理：	
年　月　日	年　月　日	年　月　日	
施工单位	调试单位	运行单位	
项目经理：	项目经理：	负责人：	
年　月　日	年　月　日	年　月　日	

《工程监理企业资质管理规定》中华人民共和国建设部令〔2007〕158号

附表2

专业工程类别和等级表

序号	工程类别		一级	二级	三级
一	房屋建筑工程	一般公共建筑	28层以上；36m跨度以上（轻钢结构除外）；单项工程建筑面积3万m²以上	14～28层；24～36m跨度（轻钢结构除外）；单项工程建筑面积1万～3万m²	14层以下；24m跨度以下（轻钢结构除外）；单项工程建筑面积1万m²以下
		高耸构筑工程	高度120m以上	高度70～120m	高度70m以下
		住宅工程	小区建筑面积12万m²以上；单项工程28层以上	建筑面积6万～12万m²；单项工程14～28层	建筑面积6万m²以下；单项工程14层以下
二	冶炼工程	钢铁冶炼、连铸工程	年产100万t以上；单座高炉炉容1250m³以上；单座公称容量转炉100t以上；电炉50t以上；连铸年产100万t以上或板坯连铸单机1450mm以上	年产100万t以下；单座高炉炉容1250m³以下；单座公称容量转炉100t以下；电炉50t以下；连铸年产100万t以下或板坯连铸单机1450mm以下	
		轧钢工程	热轧年产100万t以上，装备连续、半连续轧机；冷轧带板年产100万t以上，冷轧线材年产30万t以上或装备连续、半连续轧机	热轧年产100万t以下，装备连续、半连续轧机；冷轧带板年产100万t以下，冷轧线材年产30万t以下或装备连续、半连续轧机	
		冶炼辅助工程	炼焦工程年产50万t以上或炭化室高度4.3m以上；单台烧结机100m²以上；小时制氧300m³以上	炼焦工程年产50万t以下或炭化室高度4.3m以下；单台烧结机100m²以下；小时制氧300m²以下	
		有色冶炼工程	有色冶炼年产10万t以上；有色金属加工年产5万t以上；氧化铝工程40万t以上	有色冶炼年产10万t以下；有色金属加工年产5万t以下；氧化铝工程40万t以下	

续表

序号	工程类别		一级	二级	三级
二	冶炼工程	建材工程	水泥日产 2000t 以上；浮化玻璃日熔量 400t 以上；池窑拉丝玻璃纤维、特种纤维；特种陶瓷生产线工程	水泥日产 2000t 以下；浮化玻璃日熔量 400t 以下；普通玻璃生产线；组合炉拉丝玻璃纤维；非金属材料、玻璃钢、耐火材料、建筑及卫生陶瓷厂工程	
三	矿山工程	煤矿工程	年产 120 万 t 以上的井工矿工程；年产 120 万 t 以上的洗选煤工程；深度 800m 以上的立井井筒工程；年产 400 万 t 以上的露天矿山工程	年产 120 万 t 以下的井工矿工程；年产 120 万 t 以下的洗选煤工程；深度 800m 以下的立井井筒工程；年产 400 万 t 以下的露天矿山工程	
		冶金矿山工程	年产 100 万 t 以上的黑色矿山采选工程；年产 100 万 t 以上的有色砂矿采、选工程；年产 60 万 t 以上的有色脉矿采、选工程	年产 100 万 t 以下的黑色矿山采选工程；年产 100 万 t 以下的有色砂矿采、选工程；年产 60 万 t 以下的有色脉矿采、选工程	
		化工矿山工程	年产 60 万 t 以上的磷矿、硫铁矿工程	年产 60 万 t 以下的磷矿、硫铁矿工程	
		铀矿工程	年产 10 万 t 以上的铀矿；年产 200t 以上的铀选冶	年产 10 万 t 以下的铀矿；年产 200t 以下的铀选冶	
		建材类非金属矿工程	年产 70 万 t 以上的石灰石矿；年产 30 万 t 以上的石膏矿、石英砂岩矿	年产 70 万 t 以下的石灰石矿；年产 30 万 t 以下的石膏矿、石英砂岩矿	
四	化工石油工程	油田工程	原油处理能力 150 万 t/年以上、天然气处理能力 150 万方/天以上、产能 50 万 t 以上及配套设施	原油处理能力 150 万 t/年以下、天然气处理能力 150 万方/天以下、产能 50 万 t 以下及配套设施	

序号	工程类别		一级	二级	三级
四	化工石油工程	油气储运工程	压力容器 8MPa 以上；油气储罐 10 万 m³/台以上；长输管道 120km 以上	压力容器 8MPa 以下；油气储罐 10 万 m³/台以下；长输管道 120km 以下	
		炼油化工工程	原油处理能力在 500 万 t/年以上的一次加工及相应二次加工装置和后加工装置	原油处理能力在 500 万 t/年以下的一次加工及相应二次加工装置和后加工装置	
		基本原材料工程	年产 30 万 t 以上的乙烯工程；年产 4 万 t 以上的合成橡胶、合成树脂及塑料和化纤工程	年产 30 万 t 以下的乙烯工程；年产 4 万 t 以下的合成橡胶、合成树脂及塑料和化纤工程	
		化肥工程	年产 20 万 t 以上合成氨及相应后加工装置；年产 24 万 t 以上磷氨工程	年产 20 万 t 以下合成氨及相应后加工装置；年产 24 万 t 以下磷氨工程	
		酸碱工程	年产硫酸 16 万 t 以上；年产烧碱 8 万 t 以上；年产纯碱 40 万 t 以上	年产硫酸 16 万 t 以下；年产烧碱 8 万 t 以下；年产纯碱 40 万 t 以下	
		轮胎工程	年产 30 万套以上	年产 30 万套以下	
		核化工及加工工程	年产 1000t 以上的铀转换化工工程；年产 100t 以上的铀浓缩工程；总投资 10 亿元以上的乏燃料后处理工程；年产 200t 以上的燃料元件加工工程；总投资 5000 万元以上的核技术及同位素应用工程	年产 1000t 以下的铀转换化工工程；年产 100t 以下的铀浓缩工程；总投资 10 亿元以下的乏燃料后处理工程；年产 200t 以下的燃料元件加工工程；总投资 5000 万元以下的核技术及同位素应用工程	
		医药及其他化工工程	总投资 1 亿元以上	总投资 1 亿元以下	

续表

序号	工程类别		一级	二级	三级
五	水利水电工程	水库工程	总库容 1 亿 m³ 以上	总库容 1 千万～1 亿 m³	总库容 1 千万 m³ 以下
		水力发电站工程	总装机容量 300MW 以上	总装机容量 50MW～300MW	总装机容量 50MW 以下
		其他水利工程	引调水堤防等级 1 级；灌溉排涝流量 5 m³/s 以上；河道整治面积 30 万亩以上；城市防洪城市人口 50 万人以上；围垦面积 5 万亩以上；水土保持综合治理面积 1000km² 以上	引调水堤防等级 2、3 级；灌溉排涝流量 0.5～5m³/s；河道整治面积 3 万～30 万亩；城市防洪城市人口 20 万～50 万人；围垦面积 0.5 万～5 万亩；水土保持综合治理面积 100～1000km²	引调水堤防等级 4、5 级；灌溉排涝流量 0.5m³/s 以下；河道整治面积 3 万亩以下；城市防洪城市人口 20 万人以下；围垦面积 0.5 万亩以下；水土保持综合治理面积 100km² 以下
六	电力工程	火力发电站工程	单机容量 30 万 kW 以上	单机容量 30 万 kW 以下	
		输变电工程	330kW 以上	330kW 以下	
		核电工程	核电站；核反应堆工程		
七	农林工程	林业局（场）总体工程	面积 35 万 km² 以上	面积 35 万 km² 以下	
		林产工业工程	总投资 5000 万元以上	总投资 5000 万元以下	
		农业综合开发工程	总投资 3000 万元以上	总投资 3000 万元以下	
		种植业工程	2 万亩以上或总投资 1500 万元以上；	2 万亩以下或总投资 1500 万元以下	
		兽医/畜牧工程	总投资 1500 万元以上	总投资 1500 万元以下	
		渔业工程	渔港工程总投资 3000 万元以上；水产养殖等其他工程总投资 1500 万元以上	渔港工程总投资 3000 万元以下；水产养殖等其他工程总投资 1500 万元以下	

序号	工程类别		一级	二级	三级
七	农林工程	设施农业工程	设施园艺工程 1 公顷以上；农产品加工等其他工程总投资 1500 万元以上	设施园艺工程 1 公顷以下；农产品加工等其他工程总投资 1500 万元以下	
		核设施退役及放射性三废处理处置工程	总投资 5000 万元以上	总投资 5000 万元以下	
八	铁路工程	铁路综合工程	新建、改建一级干线；单线铁路 40km 以上；双线 30km 以上及枢纽	单线铁路 40km 以下；双线 30km 以下；二级干线及站线；专用线、专用铁路	
		铁路桥梁工程	桥长 500m 以上	桥长 500m 以下	
		铁路隧道工程	单线 3000m 以上；双线 1500m 以上	单线 3000m 以下；双线 1500m 以下	
		铁路通信、信号、电力电气化工程	新建、改建铁路（含枢纽、配、变电所、分区亭）单双线 200km 及以上	新建、改建铁路（不含枢纽、配、变电所、分区亭）单双线 200km 及以下	
九	公路工程	公路工程	高速公路	高速公路路基工程及一级公路	一级公路路基工程及二级以下各级公路
		公路桥梁工程	独立大桥工程；特大桥总长 1000m 以上或单跨跨径 150m 以上	大桥、中桥桥梁总长 30～1000m 或单跨跨径 20～150m	小桥总长 30m 以下或单跨跨径 20m 以下；涵洞工程
		公路隧道工程	隧道长度 1000m 以上	隧道长度 500～1000m	隧道长度 500m 以下
		其他工程	通信、监控、收费等机电工程，高速公路交通安全设施、环保工程和沿线附属设施	一级公路交通安全设施、环保工程和沿线附属设施	二级及以下公路交通安全设施、环保工程和沿线附属设施

续表

序号	工程类别		一级	二级	三级
十	港口与航道工程	港口工程	集装箱、件杂、多用途等沿海港口工程 20000t 级以上；散货、原油沿海港口工程 30000t 级以上；1000t 级以上内河港口工程	集装箱、件杂、多用途等沿海港口工程 20000t 级以下；散货、原油沿海港口工程 30000t 级以下；1000t 级以下内河港口工程	
		通航建筑与整治工程	1000t 级以上	1000t 级以下	
		航道工程	通航 30000t 级以上船舶沿海复杂航道；通航 1000t 级以上船舶的内河航运工程项目	通航 30000t 级以下船舶沿海航道；通航 1000t 级以下船舶的内河航运工程项目	
		修造船水工工程	10000t 位以上的船坞工程；船体质量 5000t 级以上的船台、滑道工程	10000t 级以下的船坞工程；船体重量 5000t 级以下的船台、滑道工程	
		防波堤、导流堤等水工工程	最大水深 6m 以上	最大水深 6m 以下	
		其他水运工程项目	建安工程费 6000 万元以上的沿海水运工程项目；建安工程费 4000 万元以上的内河水运工程项目	建安工程费 6000 万元以下的沿海水运工程项目；建安工程费 4000 万元以下的内河水运工程项目	
十一	航天航空工程	民用机场工程	飞行区指标为 4E 及以上及其配套工程	飞行区指标为 4D 及以下和其配套工程	
		航空飞行器	航空飞行器（综合）工程总投资 1 亿元以上；航空飞行器（单项）工程总投资 3000 万元以上	航空飞行器（综合）工程总投资 1 亿元以下；航空飞行器（单项）工程总投资 3000 万元以下	
		航天空间飞行器	工程总投资 3000 万元以上；面积 3000m² 以上；跨度 18m 以上	工程总投资 3000 万元以下；面积 3000m² 以下；跨度 18m 以下	

续表

序号	工程类别		一级	二级	三级
十二	通信工程	有线、无线传输通信工程，卫星、综合布线	省际通信、信息网络工程	省内通信、信息网络工程	
		邮政、电信、广播枢纽及交换工程	省会城市邮政、电信枢纽	地市级城市邮政、电信枢纽	
		发射台工程	总发射功率 500kW 以上短波或 600kW 以上中波发射台；高度 200m 以上广播电视发射塔	总发射功率 500kW 以下短波或 600kW 以下中波发射台；高度 200m 以下广播电视发射塔	
十三	市政公用工程	城市道路工程	城市快速路、主干路，城市互通式立交桥及单孔跨径 100m 以上桥梁；长度 1000m 以上的隧道工程	城市次干路工程，城市分离式立交桥及单孔跨径 100m 以下的桥梁；长度 1000m 以下的隧道工程	城市支路工程、过街天桥及地下通道工程
		给水排水工程	10 万 t/日以上的给水厂；5 万 t/日以上污水处理工程；3m³/s 以上的给水、污水泵站；15m³/s 以上的雨泵站；直径 2.5m 以上的给排水管道	2 万～10 万 t/日的给水厂；1 万～5 万 t/日污水处理工程；1～3m³/s 的给水、污水泵站；5～15m³/s 的雨泵站；直径 1～2.5m 的给水管道；直径 1.5～2.5m 的排水管道	2 万 t/日以下的给水厂；1 万 t/日以下污水处理工程；1m³/s 以下的给水、污水泵站；5m³/s 以下的雨泵站；直径 1m 以下的给水管道；直径 1.5m 以下的排水管道
		燃气热力工程	总储存容积 1000m³ 以上液化气贮罐场（站）；供气规模 15 万 m³/日以上的燃气工程；中压以上的燃气管道、调压站；供热面积 150 万 m² 以上的热力工程	总储存容积 1000m³ 以下的液化气贮罐场（站）；供气规模 15 万 m³/日以下的燃气工程；中压以下的燃气管道、调压站；供热面积 50 万～150 万 m² 的热力工程	供热面积 50 万 m² 以下的热力工程

续表

序号	工程类别		一级	二级	三级
十三	市政公用工程	垃圾处理工程	1200t/日以上的垃圾焚烧和填埋工程	500～1200t/日的垃圾焚烧及填埋工程	500t/日以下的垃圾焚烧及填埋工程
		地铁轻轨工程	各类地铁轻轨工程		
		风景园林工程	总投资 3000 万元以上	总投资 1000 万～3000 万元	总投资 1000 万元以下
十四	机电安装工程	机械工程	总投资 5000 万元以上	总投资 5000 万以下	
		电子工程	总投资 1 亿元以上；含有净化级别 6 级以上的工程	总投资 1 亿元以下；含有净化级别 6 级以下的工程	
		轻纺工程	总投资 5000 万元以上	总投资 5000 万以下	
		兵器工程	建安工程费 3000 万元以上的坦克装甲车辆、炸药、弹箭工程；建安工程费 2000 万元以上的枪炮、光电工程；建安工程费 1000 万元以上的防化民爆工程	建安工程费 3000 万元以下的坦克装甲车辆、炸药、弹箭工程；建安工程费 2000 万元以下的枪炮、光电工程；建安工程费 1000 万元以下的防化民爆工程	
		船舶工程	船舶制造工程总投资 1 亿元以上；船舶科研、机械、修理工程总投资 5000 万元以上	船舶制造工程总投资 1 亿元以下；船舶科研、机械、修理工程总投资 5000 万元以下	
		其他工程	总投资 5000 万元以上	总投资 5000 万元以下	

《工程设计资质标准》中华人民共和国建设部建市〔2007〕86号

附件3-4

电力行业建设项目设计规模划分表

序号	建设项目	单位	特大型	大型	中型	小型	备注
1	火力发电	MW	≥300	100～200	25～50		单机容量
2	水力发电	MW		≥250	50～250	＜50	单机容量
3	风力发电	MW		≥100	50～100	≤50	
4	变电工程	kV		≥330	220	≤110	
5	送电工程	kV		≥330	220	≤110	
6	新能源	MW					

注：新能源发电工程设计包括太阳能、地热、垃圾、秸秆等可再生能源发电工程设计。

《注册建造师执业工程规模标准（试行）》中华人民共和国建设部建市〔2007〕171号

注册建造师执业工程规模标准（电力工程）

序号	工程类别	项目名称	单位	规模			备注
				大型	中型	小型	
1	火电机组（含燃气发电机组）	主厂房建筑	kW	30万kW及以上机组建筑工程	10万～30万kW机组建筑工程	10万kW以下机组建筑工程	

续表

序号	工程类别	项目名称	单位	规模			备注
				大型	中型	小型	
1	火电机组（含燃气发电机组）	烟囱	kW	30万kW及以上机组烟囱工程	10万～30万kW机组烟囱工程	10万kW以下机组烟囱工程	
		冷却塔	kW	30万kW及以上机组冷却塔工程	10万～30万kW机组冷却塔工程	10万kW以下机组冷却塔工程	
		机组安装	kW	30万kW及以上机组安装工程	10万～30万kW及以上机组安装工程	10万kW以下机组安装工程	
		锅炉安装	kW	30万kW及以上机组锅炉安装工程	10万～30万kW机组锅炉安装工程	10万kW以下机组锅炉安装工程	
		汽轮发电机安装	kW	30万kW及以上机组汽轮机安装工程	10万～30万kW机组汽轮机安装工程	10万kW以下机组汽轮机安装工程	
		升压站	kW	30万kW及以上机组升压站工程	20万kW及以上机组升压站工程	20万kW以下机组升压站工程	
		环保工程	kW	30万kW及以上机组环保工程	20万kW及以上机组环保工程	20万kW以下机组环保工程	
		附属工程	kW	30万kW及以上机组附属工程	20万kW及以上机组附属工程	20万kW以下机组附属工程	
		消防	kW	30万kW及以上机组消防工程	10万～30万kW机组消防工程	10万kW以下机组消防工程	
		单项工程合同额	万元	1000万元及以上的发电工程	500万～1000万元的发电工程	500万元以下的发电工程	
2				……			